Moderne Keramik
des 20. Jahrhunderts

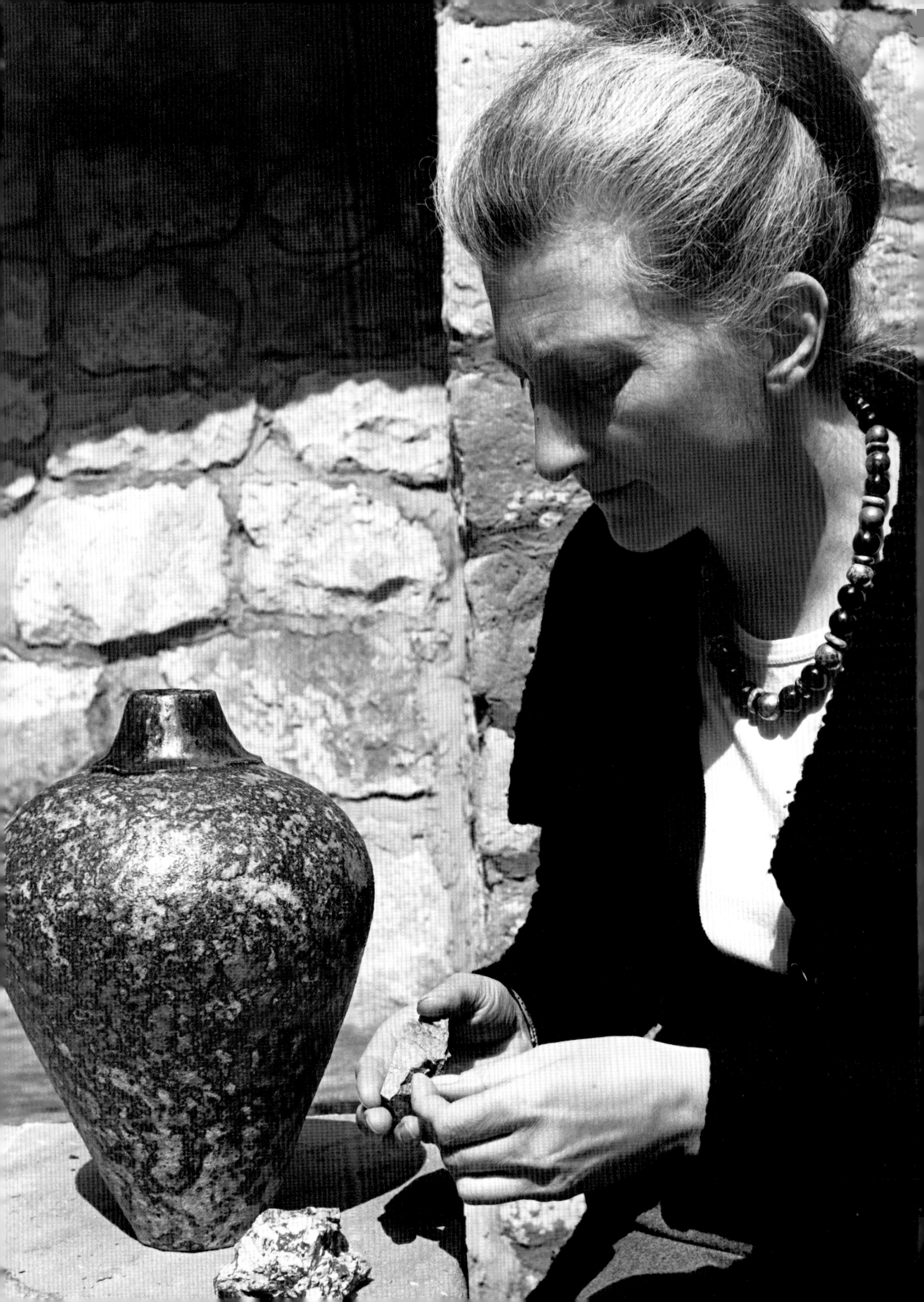

Ingrid Vetter

Moderne Keramik des 20. Jahrhunderts

Bestandskatalog der Sammlung
Hinder | Reimers
des Landes Rheinland-Pfalz

ARNOLDSCHE

Autorin
Dr. Ingrid Vetter, Edenkoben, Kunsthistorikerin, Wissenschaftliche Beauftragte des Ministeriums für Bildung, Wissenschaft, Jugend und Kultur des Landes Rheinland-Pfalz für die Sammlung Hinder/Reimers

Übersetzung (Deutsch-Englisch)
Elaine Curtis

Grafik
B. M. Design, Gabi Koch, Stuttgart

Offset-Reproduktionen
Repromayer, Reutlingen

Druck
Leibfarth & Schwarz, Dettingen/Erms

Gedruckt auf PEFC-zertifiziertem Papier. Dieses Zertifikat steht europaweit für nachhaltige und sozialverträgliche Waldbewirtschaftung.

Bibliografische Information der Deutschen Bibliothek
Die Deutsche Bibliothek verzeichnet diese Publikation in der Deutschen Nationalbibliografie; detaillierte bibliografische Daten sind im Internet über http://dnb.ddb.de abrufbar.

ISBN 978-3-89790-275-6

Umschlag-Vorderseite
Beate Kuhn, Begegnung, 1968, Inv.-Nr. 00197-752
Umschlag-Rückseite (von oben nach unten)
Walter Popp, Vase, 1966, Inv.-Nr. 00197-1.013
Ruth Duckworth, Gefäß/Objekt, vermutl. 1970er Jahre, Inv.-Nr. 00197-403
Hubert Griemert, Krug, um 1960, Inv.-Nr. 00197-515
Lotte Reimers, Vase, 1969, Inv.-Nr. 00197-1.065
Elizabeth Raeburn, Gefäß, Mitte 1980er Jahre, Inv.-Nr. 00197-1.046
Frontispiz
Lotte Reimers, Deidesheim, 1979, Foto: Ingrid Kirchner, Neustadt/Weinstraße

Bildnachweis
Farbabbildungen Seiten 74–123 und Umschlagabbildungen: Christian Grusa, Worms
Farbabbildungen Werkverzeichnis (Seiten 124–240): Lotte Reimers, Deidesheim
Abbildungen Markenverzeichnis (Seiten 241–247): Wilfried Vetter, Edenkoben
Schwarzweiß-Abbildungen: Bildnachweis bei den jeweiligen Abbildungen
Copyright VG Bild-Kunst, Bonn, 2007: Abbildungen von Ingeborg und Bruno Asshoff, Dieter Crumbiegel, Alev Siesbye Ebüzziya, Ulla Viotti, Per Rehfeldt, Kurt Spurey, Janice Tchalenko und Lotte Reimers.

Die Publikation wurde großzügig unterstützt durch:

CERAMICA-Stiftung, Basel

Ministerium für Bildung, Wissenschaft, Jugend und Kultur des Landes Rheinland-Pfalz, Mainz

Lotte Reimers-Stiftung, Deidesheim

Stiftung Rheinland-Pfalz für Kultur, Mainz

sowie durch:

Verein Museum für moderne Keramik Deidesheim, Deidesheim

Frank J. Lyden, Scholarship and Research Fund, Deidesheim

Paul und Yvonne Gillet Stiftung, Edenkoben

Sparkasse Südliche Weinstraße, Landau

Sparkasse Rhein-Haardt, Bad Dürkheim

Die Autorin dankt Lotte Reimers für die anregende kontinuierliche Begleitung des gesamten Projektes. Durch ihre Offenheit im Interview mit Martin Eberle bereichert Lotte Reimers die vorliegende Publikation um ein authentisches zeitgeschichtliches Dokument. Martin Eberle sei gedankt – seine Fragestellung und Gesprächsführung trugen zum Gelingen des Interviews bei. Bei den Arbeiten zum Katalog erhielt die Autorin von vielen in der Publikation vertretenen Künstlern Informationen zum jeweiligen Werk, darüber hinaus kollegiale Unterstützung von Museen, Hochschulinstitutionen und -bibliotheken, ihnen allen herzlichen Dank.

Inhalt

Moderne Keramik des 20. Jahrhunderts – Die Sammlung Hinder/Reimers des Landes Rheinland-Pfalz

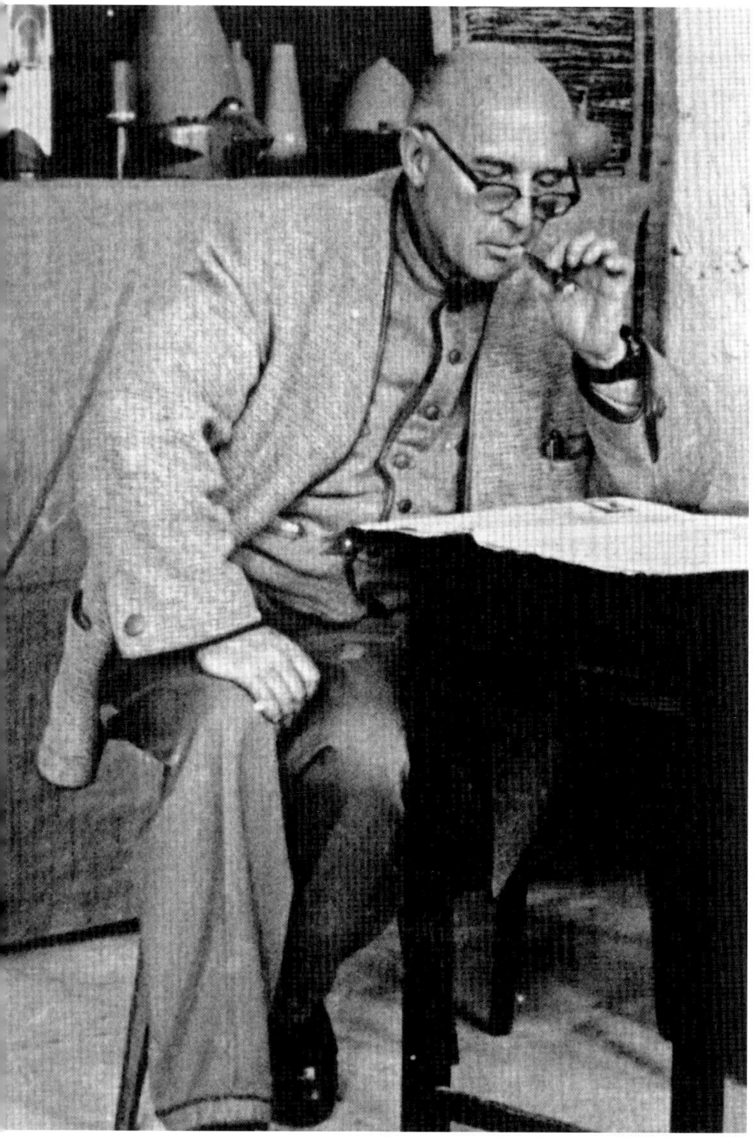

Jakob Wilhelm Hinder im Galerie-Gebäude Hannover-Herrenhausen, 1953
Foto: Archiv LR-Stiftung

Mit dem Bestand des Museums für moderne Keramik in Deidesheim nahm das Land Rheinland-Pfalz 1993 eine Sammlung in seine Obhut, die auf einzigartige Weise die Entwicklung der Keramik in der Bundesrepublik Deutschland von 1950 bis 1990 dokumentiert. Die unterschiedlichen Strömungen dieser Zeit sind in all ihren Facetten an qualitätvollen Exponaten nachzuvollziehen, geschaffen von den Protagonisten der Epoche.

Die Sammlung wurde von Jakob Wilhelm Hinder begründet und nach seinem Tod 1976 von seiner Mitarbeiterin, der Keramikerin Lotte Reimers, kontinuierlich ausgebaut. Handelte es sich zu Jakob Wilhelm Hinders Zeiten überwiegend um Arbeiten führender deutscher Keramiker, so ergänzte Lotte Reimers bis 1993 mit ihren Erwerbungen die Sammlung um wichtige Beispiele internationaler Keramiker.

Jakob Wilhelm Hinder und Lotte Reimers wirkten durch ihre Ausstellungstätigkeit auf zweifache Weise: Sie förderten die gute handwerksorientierte Form und verhalfen den entscheidenden Strömungen der künstlerischen Keramik zum Durchbruch. Arbeiten letzterer Art werden heute als „studio pottery" oder Studiokeramik bezeichnet. Sie stehen in einer Linie, die Ende des 19. Jahrhunderts unter dem Einfluss der japanischen und chinesischen Keramik in Frankreich begann und ebenso Anregungen aus der angelsächsischen „Arts and Crafts"-Bewegung aufnahm.

Die Idee einer Sammlung moderner Keramik hatte ihre Wurzeln in den zwanziger Jahren des vergangenen Jahrhunderts. 1925 gelang es dem jungen Kaufmann Jakob Wilhelm Hinder durch eine beispiellose Aktion – ausgehend von seinem Heimatort Weidenhausen in

Hessen – das Marburger Töpferhandwerk vor dem Niedergang zu bewahren.[1] Seinem Engagement verdankten es die Marburger Töpfer, dass sie wieder selbstständig arbeiten konnten. Landauf, landab war er unterwegs – anfangs mit dem Ochsenkarren, später mit dem gemieteten Lastkraftwagen – und machte ihre Waren bekannt.

Das Studium einschlägiger Fachliteratur und der Besuch vieler Werkstätten versetzten ihn bald in die Lage, seine Ausstellungen mit einführenden Gesprächen und Vorträgen zu verbinden und über Form, Dekor und Materialtreue zu sprechen.

1927 suchte Hinder in Höhr-Grenzhausen die junge Töpferin Elfriede Kopp auf. Sie hatte sich dort gerade selbstständig gemacht und setzte sich für die Erneuerung des salzglasierten Steinzeugs ein, allerdings mit wenig Erfolg. Hinder nahm ihre Arbeiten in seine bis dahin allein auf die anonyme bäuerliche Irdentöpferei ausgerichtete Verkaufsausstellung auf und verkaufte auch diese, so dass Elfriede Kopp mit neu entwickelten Formen die alten Techniken des Salzglasierens und Dekorierens (Red und Knibis) wieder aufnehmen konnte. Bald kamen die Arbeiten von Wim Mühlendyck dazu.

Zur selben Zeit waren auch andernorts Bestrebungen festzustellen, im Sinne von Morris und Ruskin alte handwerkliche Traditionen wieder zu erwecken. In England bemühte sich Bernard Leach, unterstützt durch den Japaner Shôji Hamada, um die Erneuerung der traditionellen Schlickerware-Töpferei.[2]

In der Rückschau zeigt es sich, dass Hinder mit seiner Aktion an einer Erneuerungsbewegung teilnahm, die, von Werkbund und Bauhaus angestoßen, alle Bereiche des täglichen Lebens erfasste. Getragen von einer Avantgarde in Architektur, Kunsthandwerk, Malerei, Grafik und Bildhauerei, wurde neben dem „Neuen Wohnen" funktionales und produktions- sowie materialgerechtes Gebrauchsgut entwickelt und produziert, das von fortschrittlich denkenden Museumsdirektoren auf jährlich stattfindenden Leistungsschauen, wie zum Beispiel auf der Grassimesse in Leipzig,[3] gezeigt wurde.

Bis zum Ende seiner Ausstellungstournee – er wurde zum Kriegsdienst eingezogen – hatte Hinder in über 1.100 Orten in Deutschland für das Töpferhandwerk geworben und Aufklärungsarbeit geleistet für seine Idee der Koexistenz von Handwerk und Industrieproduktion. Ausstellungsorte waren oft städtische oder staatliche Gebäude, Schlösser und Museen.[4]

Es war nicht allein beim Einsatz für die Bauerntöpfer geblieben. Hinder hatte auf seinen Reisen auch die Grassimessen besucht und Kontakte geknüpft zu Töpfereien wie der von Paul Dresler geführten „Grootenburg" in Krefeld und zu kunsthandwerklichen Ausbildungsstätten wie der Burg Giebichenstein in Halle, wo Hubert Griemert lehrte. So waren auch die Arbeiten derer, die Neues wagten, bei ihm zu finden.

Während seiner Reisetätigkeit hatte Hinder auch Keramiken für sich erworben, die nicht zum Verkauf bestimmt waren. Vielleicht entstand damals schon die Idee, besonders gute Arbeiten für die Allgemeinheit zu bewahren.

Ein Teil dieser Arbeiten wurde durch Kriegseinwirkungen in Ludwigshafen zerstört, mit dem größeren Teil seiner Ausstellung, die im Schloss Favorite in Rastatt lagerte, konnte er ab 1949/50 seine Vortrags- und Ausstellungstätigkeit wieder aufnehmen.

1951 kam Hinder nach Bad Gandersheim am Harz. Dort besuchte auch Lotte Reimers seine Ausstellung.

[1] S. hierzu Vetter 2002a, S. 12–16.
[2] Vetter 1997b, S. 26.
[3] S. hierzu Olaf Thormann u.a., 125 Jahre Museum für Kunsthandwerk Leipzig Grassimuseum, Teil 2/1. Die Museumschronik von den Anfängen bis zum Jahr 1929. Leipzig 2003.
[4] S. hierzu Vetter 2002a.

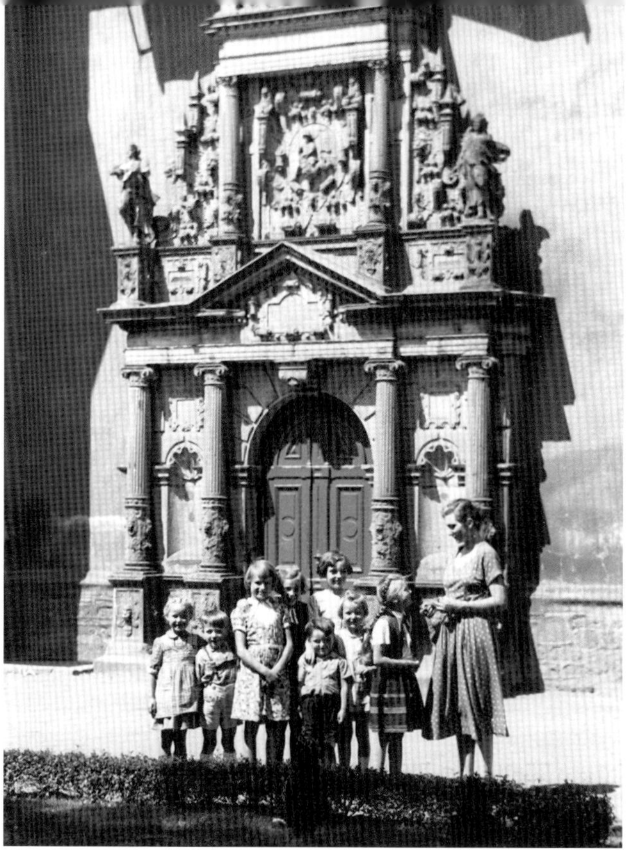

Lotte Reimers mit Kindergruppe vor der Aula des Juleums in Helmstedt, 1952
Foto: Archiv LR-Stiftung

Sie war von den Töpfen und der Idee der Ausstellung fasziniert. Der Wunsch, selbst keramisch zu arbeiten, ließ sie nicht mehr los. Sie bewog Hinder, der einen Assistenten suchte – allerdings einen jungen Mann, der ihn auch beim Ein- und Auspacken und Transportieren der schweren Keramikkisten unterstützen konnte –, sie zu engagieren und machte ihre Anmeldung an der Landeskunstschule in Hamburg rückgängig. Nach dem Abitur Anfang 1952 wurde sie endgültig seine Mitarbeiterin.[5]

Als sie 1961 nach ihrer Wanderung durch Nord- und Westdeutschland in Deidesheim sesshaft wurden und Lotte Reimers endlich zu eigener keramischer Arbeit fand, hatten Hinder und Reimers in 90 Ausstellungen an ständig wechselnden Orten kunstpädagogische Aufklärungsarbeit geleistet. Sie hatten vor Schulklassen und Erwachsenen über die Töpferkunst gesprochen und neue Keramiken aus Werkstätten zwischen Kiel und Konstanz nach strengen Qualitätskriterien ausgesucht. Wenn Hinder in seinen Vorträgen über „die gute Form" sprach, demonstrierte er das Gesagte mit Arbeiten aus der eigenen Sammlung. Für diese Sammlung errichteten sie in zehnjähriger Arbeit das eigene Museum. Am 3. August 1971 eröffnete der Bürgermeister der Stadt Deidesheim gemeinsam mit Jakob Wilhelm Hinder das Museum für moderne Keramik in Deidesheim.

Jakob Wilhelm Hinder hatte bis zu seinem plötzlichen Tod am 1. Januar 1976 die Verhandlungen mit dem Land Rheinland-Pfalz über die Zukunft der Sammlung nicht mehr zum Abschluss bringen können. Das Museum wurde geschlossen. Keramiker, Sammler und die Fachwelt bangten um seinen Erhalt.

Lotte Reimers gelang es mit Unterstützung durch die Stadt Deidesheim, Keramiker und Freunde der Keramik, die sich im „Verein Museum für moderne Keramik Deidesheim" zusammenschlossen, am 23. Oktober 1977 das Museum für moderne Keramik in der Deidesheimer Stadtmauergasse wiederzueröffnen. Hinders Lebenswerk wurde von ihr souverän und tatkräftig fortgeführt. Durch

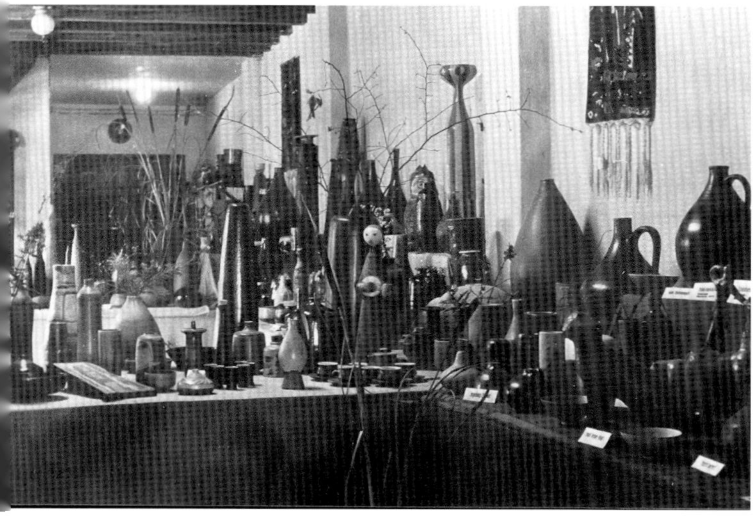

Ausstellungsraum in Deidesheim, 1960er Jahre
Foto: Dieter Crumbiegel

[5] S. hierzu Gespräch zwischen Martin Eberle und Lotte Reimers, S. 49.
[6] Eine Auswahl der Sammlung wurde publiziert in Vetter 1997b.

eine Vielzahl von Ausstellungen und Vorträgen informierte sie von 1977 bis zur Übernahme der Sammlung durch das Land Rheinland-Pfalz im Jahr 1993 über aktuelle Trends und Richtungen in der zeitgenössischen Keramik.

Am 16. März 1994 eröffnete die Ministerin für Bildung und Kultur des Landes Rheinland-Pfalz, Dr. Rose Götte, im Rheinischen Landesmuseum in Trier die Sonderausstellung „Keramik des 20. Jahrhunderts – Sammlung Reimers", die anschließend dort eingelagert wurde. In den folgenden Jahren wurde der Bestand komplett inventarisiert und teilweise publiziert.[6]

Um die Museumssammlung „im Gespräch" zu halten, wurden im April 1997 fünfundfünfzig ausgesuchte Arbeiten aus der Sammlung als Dauerpräsentation in die Abteilung „Kunst des 20. Jahrhunderts" des Landesmuseums Mainz integriert. Außerdem tourte die Themen-Ausstellung „Aspekte der Moderne – zeitgenössische Keramik aus der Sammlung Hinder/Reimers" nach der Auftaktausstellung 1997 auf dem Hambacher Schloss durch deutsche Museen: 1998 Theodor-Zink-Museum in Kaiserslautern, 1999 Internationales Keramik-Museum Weiden, Zweigmuseum der Neuen Sammlung München, im Jahr 2000 Schlossmuseum Schloss Friedenstein in Gotha und 2002 Staatliche Galerie Moritzburg Halle/Saale, Landeskunstmuseum Sachsen-Anhalt.

Parallel dazu liefen die Bemühungen des Landes und des Museumsvereins um einen festen Standort für diese international bedeutende Sammlung. Im Juli 2005 war es dann soweit: Die Museumssammlung konnte ihr neues Domizil beziehen. Im Gewölbekeller von Schloss Villa Ludwigshöhe in Edenkoben wurde ein Depot für die 1.587 Keramiken umfassende Sammlung eingerichtet, das durch schmale Fensterbänder einen Blick auf die vorhandenen Schätze gewährt. Im Raum davor wird in sieben Vitrinen ein interessantes Spektrum aus dem Gesamtfundus gezeigt.

Am 11. Januar 2007 wurde die Sammlung am neuen Platz durch den Kulturstaatssekretär Professor Dr. Joachim Hofmann-Göttig der Öffentlichkeit vorgestellt.

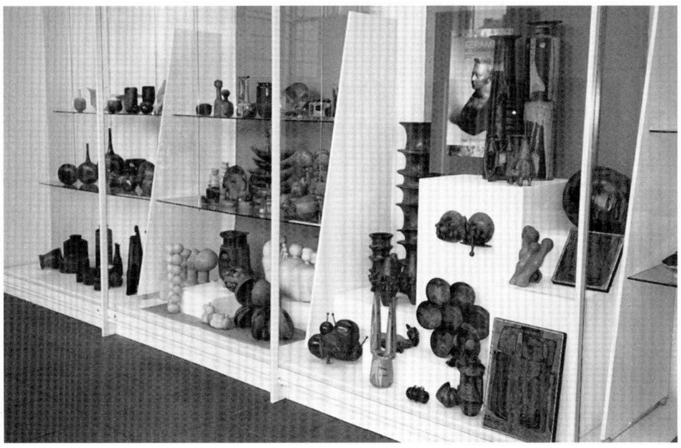

Ausstellung „Keramik des 20. Jahrhunderts" (Gesamtpräsentation der Sammlung Hinder/Reimers) im Rheinischen Landesmuseum Trier, 1994
Foto: Christian Grusa

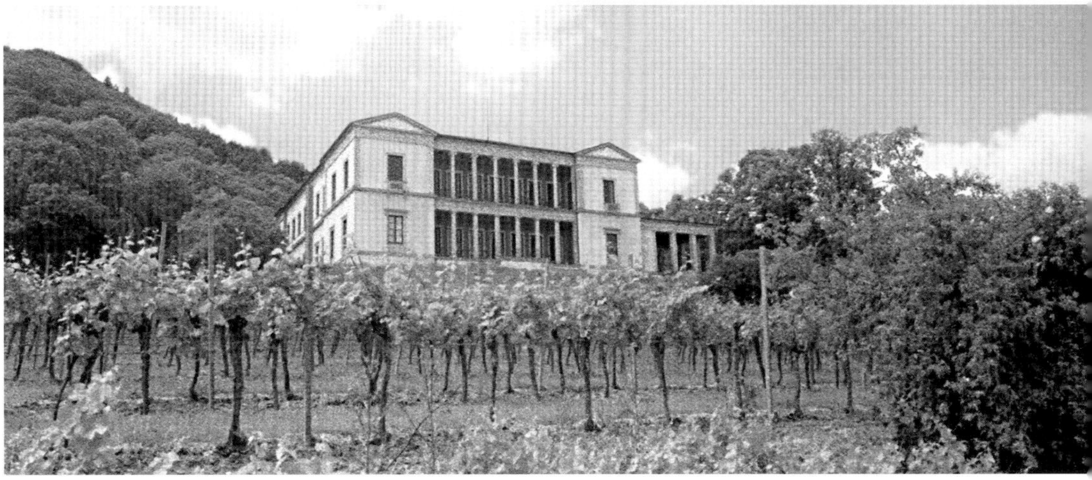

Schloss Villa Ludwigshöhe, Edenkoben, das neue Domizil der Sammlung
Foto: Christian Grusa

An der Schnittstelle vom Gefäß zur freien Form – eine Sammlung und ihre beiden Protagonisten: Jakob Wilhelm Hinder und Lotte Reimers

Die zweite Hälfte des 20. Jahrhunderts wirkt in der Rückschau wie das „Goldene Zeitalter" der modernen Keramik in Westdeutschland. Es gab viele Begeisterte für diese Kunst: begabte Künstler, engagierte Museumsleute, enthusiastische Sammler. Durch Institutionen und „Einzelkämpfer", unter ihnen Jakob Wilhelm Hinder, wurde die Keramik immer wieder durch Ausstellungen in Museen und Galerien und durch Publikationen und Fachzeitschriften ins Blickfeld der Öffentlichkeit gerückt.

Eingebettet war diese Entwicklung in den Neubeginn nach dem Zweiten Weltkrieg, als zu einem Neuanfang in Geschmacksfragen aufgerufen und die funktionale Form unter besonderer Berücksichtigung der Materialgerechtigkeit zur „guten Form" wurde.[1]

1949, als Jakob Wilhelm Hinder seine Reise- und Ausstellungstätigkeit wieder aufnahm,[2] fand in den Messehallen Köln-Deutz die erste Werkbundausstellung nach dem Krieg unter dem aktuellen Motto „Neues Wohnen" statt. Mit dieser Ausstellung verfolgte der Deutsche Werkbund das Ziel, „Industrie und Handwerk an[zu]regen und den Käufer [zu] erziehen, an Material, Form und Farbe höhere Ansprüche zu stellen (...)". Die systematische Demonstration, mit der der Werkbund den Besucher auf die Dokumentation des aktuellen Standards in Architektur und Wohnen vorbereitete, war von der Formsammlung der Stadt Braunschweig, durch Walter Dexel, zusammengestellt worden. Sie zeigte – nach Werkstoffgruppen gegliedert – Formenzusammenhänge, „wie sie sich unabhängig von den Werkstoffen innerhalb der Formgeschichte ergeben haben".[3]

In diesem auf die Zusammenarbeit zwischen Industrie und Handwerk ausgerichteten Kontext hatte in Verbindung mit der Materialgerechtigkeit die „gute Form" die tragende Rolle. Sie wurde, wie Rüdiger Joppien es beschreibt, „zur Metapher einer geistig moralischen Erneuerung erhoben", was unter anderem durch die Gründung des Rates für Formgebung 1951 zum Ausdruck kam. Joppien weist daraufhin, dass in deutschen Museen entsprechende Beispiele kaum gesammelt wurden und dass Diskussionen hierzu eher von Sonderausstellungen ausgingen.[4]

Jakob Wilhelm Hinder formulierte seine Überlegungen zur Koexistenz von Industrieproduktion und Handwerk im ersten Faltblatt, das er als Begleittext zu seiner Ausstellung „Handwerkliche Töpfereien und Webereien" herausgab: „Wo das genormte Massenprodukt auch aus einer sauberen Haltung kommt, wird es dem individuellen Handwerksstück nie feindlich gegenüberstehen. Aber Handwerk sollte auf alle Fälle sein. (...) Weil in ihm Kräfte sind, die fruchtbar auf uns zurückstrahlen. Und auch endlich deswegen, weil die Maschine den Handwerker braucht. Er erfindet, er erstellt sie. Erst dann speit sie tausendfach dasselbe aus. Aber sie selbst erfindet nicht, schafft nicht das Neue."[5]

Mit seiner Verkaufsausstellung an ständig wechselnden Orten erreichte Hinder einen überregionalen Käuferkreis. Er füllte eine Lücke in der sich erst langsam entwickelnden Infrastruktur, denn er brachte keramische Gebrauchsgegenstände, die so lange entbehrt wurden. Seine Vorträge über die aus dem jeweiligen Werkstoff heraus empfundene Gestaltung und die gute Gebrauchsform hatten aufklärenden Charakter. Hinders Prinzip der didaktischen Unterweisung überzeugte: An einem Krug oder einer Schale aus seiner wieder langsam entstehenden Schausammlung beispielhafter Arbeiten führender

Keramiker zeigte er dem Besucher die formale und stoffliche Qualität des Gefäßes auf. Den Unterschied zum formal schlechten Massenprodukt machte er an Beispielen aus der mitgeführten „Kitschecke" deutlich.

Seit 1952 war Lotte Reimers feste Mitarbeiterin in Hinders Ausstellung und unterstützte ihn bei allen anfallenden Arbeiten, der gesamten Organisation und sprach im Sinne Hinders vor Besuchergruppen und Schulklassen über die Keramik. Ihr Wunsch, selber Töpfe zu machen, erfüllte sich erst, nachdem Hinder und Reimers in Deidesheim den festen Platz für Ausstellung und Museumssammlung gefunden hatten.

Da es sich bei Hinders Tätigkeit zugleich um ein „öffentliches Anliegen" handelte, förderten die örtlichen Heimat- oder Kulturvereine, städtischen Kulturämter oder die jeweiligen Bürgermeister bzw. Stadtdirektoren seine Ausstellung durch Übernahme der Schirmherrschaft. Zur Ausstellungseröffnung nach dem Grußwort des Schirmherrn – in der Regel sonntags vormittags vor geladenen Gästen – hielt Hinder den einführenden Vortrag „Über das Wesen der keramischen Werkform".[6]

Die unter anderen ausgelegten Schriften Walter Dexels und Walter Passarges „Deutsche Werkkunst der Gegenwart" dienten der Vertiefung des Gesehenen und Gehörten.

Als Hinder und Reimers sich 1961 in Deidesheim niederließen, war die Nachkriegszeit vorbei, der wirtschaftliche Aufschwung der 1950er Jahre und der internationale Handel waren Motoren für Messen und Ausstellungen, die ihrerseits im beginnenden Wiederaufbau ein wichtiger Wirtschaftsfaktor waren.

In den ersten Jahren nach 1945 hatten die mit einfachsten Mitteln wieder aufgebauten bzw. neu gegründeten Keramikwerkstätten um ihre Existenz gekämpft und die Bevölkerung mit dem Notwendigsten zum Überleben versorgt: Geschirren und Gefäßen für den täglichen Bedarf. Die Lebensbeschreibung von Ingeborg und Bruno Asshoff, die nach dem Zweiten Weltkrieg in Bochum die Töpferei zu ihrer Profession machten und Maßstäbe setzten oder die Entstehung der Werkstatt Hohlt in Katzbach am Inn – um nur einige zu nennen – spiegeln neben vielen anderen diese Zeit.[7]

Bereits vor dem Krieg bestehende Werkstätten wie zum Beispiel die von Richard Bampi in Kandern konnten bald mit ihren Mitarbeitern künstlerisch an ihr Vorkriegswerk anknüpfen. Neben der Produktion von Gebrauchskeramik, Kachelöfen, Gartenplastiken und Brunnen begann Bampi mit der Entwicklung von neuen Form- und Modelltypen. Mit Erich Köllmann, dem Direktor des Kunstgewerbemuseums Köln, gehörte er zu den Gründern der „Gesellschaft der Keramikfreunde" und trug durch Aufsätze zur modernen Keramik zu deren besserem Verständnis bei.[8] Sein Name steht wie der von Jan Bontjes van Beek, Hubert Griemert und Albrecht Hohlt[9] für glasurtechnische Innovationen und Entwicklungen, die die gestalterischen Möglichkeiten der Keramik in den 1950er Jahren stilbildend erweiterten.

Auf den seit 1951 zweimal jährlich stattfindenden Gebrauchsgütermessen boten viele der neu gegründeten Keramikwerkstätten ihre Arbeiten an. Sie trafen dort auf die durch Bauhaus und Burg Giebichenstein geprägten Keramiker, die zum Teil an den wieder eröffneten Keramikfachschulen lehrten, wie z.B. Hubert Griemert[10] und Paul Dresler[11], oder die als Designer – hier sei als Beispiel neben Heinz Engler wieder Hubert Griemert genannt – die dort vertretenen Ideen durch ihre Ent-

[1] Joppien 2004, S. 31–35.
[2] Vetter 2002a, S. 16–29.
[3] Schriefers & Ernst 2000, S. 45–51.
[4] Joppien 2004.
[5] Faltblatt „Handwerkliche Töpfereien", o.O., o.J. (Marburg 1957), o.P.
[6] Vetter 1997b, S. 27, 149.
[7] Vetter 1997b, S. 37–45, 169–172, 221–227. Werkstatt Hohlt, Katalog München 1995, S. 80–84.
[8] Schüly 1993, S. 126 ff.
[9] Vetter 1997b, S. 18; Schüly 1993, S. 127–145.
[10] S. hierzu Biografie S. 159.
[11] S. hierzu Biografie S. 151.

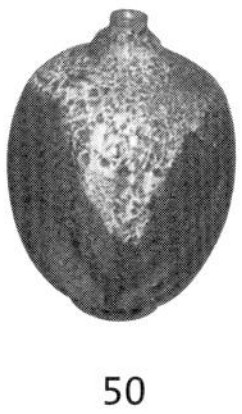

50

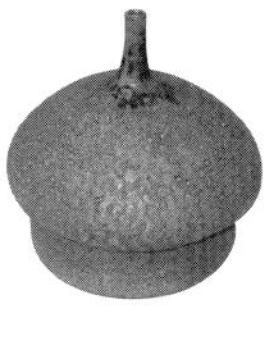

52

wurfstätigkeit für die Industrie weitergaben. Auch Jan Bontjes van Beek betreute neben seiner Lehrtätigkeit[12] Serien nach eigenen Entwürfen für die keramische Industrie wie z.B. für die Firma Dr.-Ing. Ungewiß in Dehme.[13] Durch die Mitarbeit bekannter Künstler konnte die Industrie als Vermittler der Ideen von Werkbund und Bauhaus ihren Kunden formal gutes Gebrauchsgerät anbieten.

So war seit Beginn der 1950er Jahre im Zuge der Neubelebung dieser Vorstellungen eine funktionsorientierte, formale und glasurtechnische Vervollkommnung auch in der deutschen Keramik zu beobachten. Wichtige Impulse hierzu gingen von Walter Dexel durch seinen Einsatz für die „gute Form" aus.[14]

Zugleich ist die Wirkung des skandinavischen Steinzeugs mit überwiegend monochromen Glasuren, häufig durch Ritzstrukturen gegliederten Oberflächen und eher strengen Formen oder wie bei Stig Lindberg mit einer gemäßigten Asymmetrie an vielen Arbeiten dieser Zeit abzulesen, während sich der Einfluss der italienischen und französischen Keramik eher in Entwürfen für die Porzellanindustrie zeigt.[15] Auf den Kunsthandwerksmessen galt dem Gefäß, dem handwerklichen Gebrauchsgut höchste Aufmerksamkeit und es wurde ausdrücklich zwischen Kunsthandwerk und freier Kunst unterschieden.[16]

Seit den 1950er Jahren kursierte das von Bernard Leach 1940 veröffentlichte „Potter's Book" in Westdeutschland. Obwohl es erst 1971 in deutscher Sprache veröffentlicht wurde, wirkte es seit seinem Bekanntwerden auf das Schaffen deutscher Töpfer. Lotte Reimers übersetzte das „Potter's Book" in Teilen für Jakob Wilhelm Hinder und empfing daraus Impulse für ihr späteres Werk. Auch Walter Popp, der seit 1954 in Kassel lehrte, regte seine Studenten zum Studium der von Leach vermittelten ostasiatischen Techniken und Stilmittel an, deren Auffassung anfangs die Arbeiten vieler seiner Schüler prägte.

In den von Hinder geförderten Werkstätten, deren Lebensgrundlage die Produktion von Geschirren und Gebrauchskeramik zur Versorgung der Bevölkerung bildete, konzentrierte man sich bereits – wie zum Beispiel in der Werkstatt Asshoff – auf die Erarbeitung des keramischen, nicht wiederholbaren Einzelstücks (Abb. Inv. -50, -52).

Konsequenterweise zeigte sich eine immer stärkere Orientierung vieler Keramiker an den Zeitströmungen. Allmählich, stufenweise wurden die dabei verarbeiteten Impulse sichtbar. Sie umfassten alle Bereiche der Keramik, drangen aber nicht sofort ins allgemeine Bewusstsein.

Durch Hinders Anleitung zum Betrachten eines Gefäßes (s.o.) erhielt der an der Keramik Interessierte das Rüstzeug, das ihn zur eigenen Beurteilung der Form beziehungsweise des Gegenstandes befähigte. Hinder stand damit in einer Tradition der praktischen Kunstförderung, die zu Anfang des 20. Jahrhunderts in Hamburg durch den Kunsthistoriker und Pädagogen Alfred Lichtwark initiiert wurde. Lichtwark – Direktor der Hamburger Kunsthalle – strebte über die Schulung des

[12] S. hierzu Biografie S. 139.
[13] Vetter 1997b, S. 46–48.
[14] Walter Dexel fasste seine Vorstellungen in „Keramik, Stoff und Form", Braunschweig 1958, zusammen. Auch die von ihm 1942 gegründete „Formsammlung" in Braunschweig gibt einen umfassenden Überblick.
[15] S. hierzu z.B. die Entwürfe von Beate Kuhn für Rosenthal. In: Kuhn & Runde 1989.
[16] Vetter 1997b, S. 15–16.
[17] „(...) erst die innige Berührung mit der Produktion der Gegenwart schafft Sammler, wie wir sie zur Förderung unserer lebendigen Kunst augenblicklich fast noch nötiger brauchen als Künstler." In: Lichtwark 1907, S. 15–17.
[18] Während Klaus Freiberger darüber berichtet, dass Hinder eine – im europäischen Vergleich – einmalig große „Sammler-Gemeinde" schuf, kann Heinz Spielmann in der Rückschau nur darüber spekulieren, wie es in der beschriebenen Zeit zum Entstehen von Keramik-Sammlungen kam, da es kaum bekenntnishaft programmatische Aussagen zu den Intentionen des Keramik-Sammelns gäbe. S. hierzu: Freiberger 1994, S. 28; Spielmann 2000, S. 7.

Sehens eine künstlerische, alle Lebensbereiche umfassende Erziehung an und sah im Sammeln von Gegenwartskunst die eigentliche Kunstförderung.[17]

Ab Mitte der 1950er Jahre entstanden vereinzelt private Keramiksammlungen, zugleich kam es zu ersten Gründungen von Galerien, die sich ausschließlich der Betreuung der modernen Keramik widmeten. Neben der Kunst-Krypta von Peter Hagenah, die ab 1946 in Bremen bestand, seien als Beispiele für den westdeutschen Raum hier zwei Galerien genannt: Paul Köster engagierte sich von 1960 an in seiner Galerie „Kunstkammer Ludger Köster" in Mönchengladbach für die moderne Keramik. Ab 1969 zeigte Alexander Deisenroth in Fulda Arbeiten aus den der modernen Keramik verpflichteten Werkstätten.

Jakob Wilhelm Hinder war mit seiner Ausstellung sowohl für Keramiker als auch für Sammler **die** Anlaufstation: Junge Töpfer wurden von ihren Ausbildern angeregt, sich in Hinders Ausstellung zu orientieren und ihm ihre Arbeiten zur Beurteilung zu zeigen. Sammler wussten, dass sie bei ihm über die neuesten Entwicklungen informiert würden und dazu Arbeiten in guter Qualität fänden. Daher reisten sie seiner Ausstellung – durch Einladungen informiert – nach. Die Keramiker schätzten den verlässlichen Förderer, der sich für ihre Arbeiten einsetzte, sofern sie seinen Qualitätsansprüchen entsprachen.

Ein Dokument für Hinders Publikationstätigkeit zur modernen Keramik sind die ab 1960 in der „Keramischen Zeitschrift" unter der Rubrik „Form und Dekor" veröffentlichten Artikel. Er stellte dort neue Entwicklungen auf dem Gebiet der modernen Keramik und die entsprechenden Werkstätten vor, deren Arbeiten zum großen Teil in seiner Verkaufsausstellung vertreten waren. Die illustrierenden Fotos mit Beispielen aus der Museumssammlung stammten von Lotte Reimers. Als zum Verkauf angebotene Sonderdrucke erreichten sie ein Publikum weit über Fachkreise hinaus.

Für die weitere Darstellung, die sich nicht als chronologische Abfolge versteht, sondern thematisch geordnet ist, sind diese Berichte die Quellen, um Hinders aufklärende und anregende Arbeit und ihre Wirkung zu dokumentieren, die vielleicht vielen Beteiligten damals nicht bewusst war.[18] Die abgebildeten Objekte – Hinders didaktisches „Lehr- und Anschauungsmaterial" – sind heute noch in der Sammlung Hinder/Reimers des Landes Rheinland-Pfalz vorhanden.

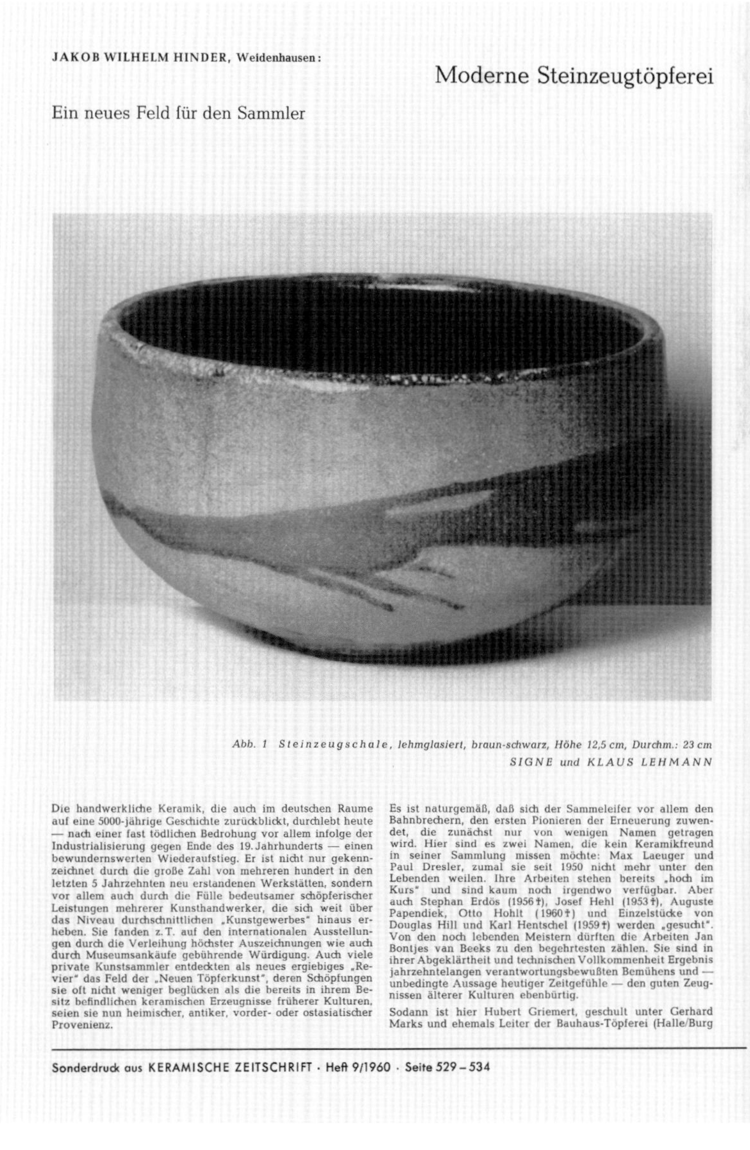

JAKOB WILHELM HINDER, Weidenhausen:

Moderne Steinzeugtöpferei

Ein neues Feld für den Sammler

Abb. 1 Steinzeugschale, lehmglasiert, braun-schwarz, Höhe 12,5 cm, Durchm.: 23 cm
SIGNE und KLAUS LEHMANN

Die handwerkliche Keramik, die auch im deutschen Raume auf eine 5000-jährige Geschichte zurückblickt, durchlebt heute — nach einer fast tödlichen Bedrohung vor allem infolge der Industrialisierung gegen Ende des 19. Jahrhunderts — einen bewundernswerten Wiederaufstieg. Er ist nicht nur gekennzeichnet durch die große Zahl von mehreren hundert in den letzten 5 Jahrzehnten neu erstandenen Werkstätten, sondern vor allem auch durch die Fülle bedeutsamer schöpferischer Leistungen mehrerer Kunsthandwerker, die sich weit über das Niveau durchschnittlichen „Kunstgewerbes" hinaus erheben. Sie fanden z. T. auf den internationalen Ausstellungen durch die Verleihung höchster Auszeichnungen wie auch durch Museumsankäufe gebührende Würdigung. Auch viele private Kunstsammler entdeckten als neues ergiebiges „Revier" das Feld der „Neuen Töpferkunst", deren Schöpfungen sie oft nicht weniger beglücken als die bereits in ihrem Besitz befindlichen keramischen Erzeugnisse früherer Kulturen, seien sie nun heimischer, antiker, vorder- oder ostasiatischer Provenienz.

Es ist naturgemäß, daß sich der Sammeleifer vor allem den Bahnbrechern, den ersten Pionieren der Erneuerung zuwendet, die zunächst nur von wenigen Namen getragen wird. Hier sind es zwei Namen, die kein Keramikfreund in seiner Sammlung missen möchte: Max Laeuger und Paul Dresler, zumal sie seit 1950 nicht mehr unter den Lebenden weilen. Ihre Arbeiten stehen bereits „hoch im Kurs" und sind kaum noch irgendwo verfügbar. Aber auch Stephan Erdös (1956†), Josef Hehl (1953†), Auguste Papendiek, Otto Hohlt (1960†) und Einzelstücke von Douglas Hill und Karl Hentschel (1959†) werden „gesucht". Von den noch lebenden Meistern dürften die Arbeiten Jan Bontjes van Beeks zu den begehrtesten zählen. Sie sind in ihrer Abgeklärtheit und technischen Vollkommenheit Ergebnis jahrzehntelangen verantwortungsbewußten Bemühens und — unbedingte Aussage heutiger Zeitgefühle — den guten Zeugnissen älterer Kulturen ebenbürtig.

Sodann ist hier Hubert Griemert, geschult unter Gerhard Marks und ehemals Leiter der Bauhaus-Töpferei (Halle/Burg

Sonderdruck aus KERAMISCHE ZEITSCHRIFT · Heft 9/1960 · Seite 529 – 534

Sonderdruck: Jakob Wilhelm Hinder, Moderne Steinzeugtöpferei. Ein neues Feld für den Sammler.
In: Keramische Zeitschrift, 12, (9) 1960, S. 529–534

Von der Arbeit des Galeristen: Empfehlungen für den Sammler

Hinders Gespür für neue Entwicklungen und sich abzeichnende Trends, gepaart mit Fachwissen und Erfahrung aus seiner 35jährigen Tätigkeit für die Keramik, spiegelt sich in dem Bericht aus dem Jahr 1960, in dem er empfiehlt, sich mit einem neuen Sammlerfeld auseinanderzusetzen: der „modernen Steinzeugtöpferei".[19]

Mit diesem Aufsatz spricht er den privaten Kunstsammler an und lenkt dessen Blick in der von Wiederaufbau und „Wirtschaftswunder" geprägten Zeit auf „Keramik als Kunst", „(...) die Fülle bedeutsamer schöpferischer Leistungen mehrerer Kunsthandwerker, die sich weit über das Niveau durchschnittlichen ‚Kunstgewerbes' hinaus erheben. Sie fanden z.T. auf den internationalen Ausstellungen durch Verleihung höchster Auszeichnungen wie auch durch Museumsankäufe gebührende Würdigung. Auch viele private Kunstsammler entdeckten als neues ergiebiges ‚Revier' das Feld der ‚Neuen Töpferkunst', deren Schöpfungen sie oft nicht weniger beglücken als die bereits in ihrem Besitz befindlichen keramischen Erzeugnisse früherer Kulturen, seien sie nun heimischer, antiker, vorder- oder ostasiatischer Provenienz. Es ist naturgemäß, dass sich der Sammeleifer vor allem den Bahnbrechern, den ersten Pionieren der Erneuerung zuwendet, die zunächst nur von wenigen Namen getragen wird."

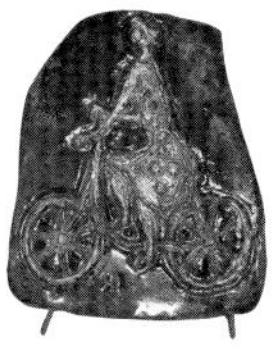
604

Nach dieser Einführung erhält der Leser konkrete Vorschläge zum Aufbau einer qualitätvollen Sammlung zeitgenössischer Keramik, die ihn als Kenner ausweist. Bedenkt man, dass viele aufgeschlossene Liebhaber seinem Rat folgten, half es den vorgestellten Werkstätten, die wirtschaftliche Grundlage zu sichern. Somit wurde das von Lichtwark propagierte Prinzip des „Sammelns als Kunstförderung" in die Praxis umgesetzt. In einer Zeit, in der der Produktion von Gebrauchsgerät in den Keramikwerkstätten durch Designprodukte der Industrie (zum Beispiel die Rosenthal „Studio-Linie"[20]) Konkurrenz gemacht wurde, sicherte das künstlerische Einzelstück – die Studiokeramik – den Werkstätten die Existenz.

Beginnend mit den „Bahnbrechern" Max Laeuger und Paul Dresler verweist Hinder u.a. auf die Arbeiten von Stephan Erdös und Otto Hohlt, „der als Bildhauer zur Töpferei stieß und in Katzbach/Inn (...) mit seinen aufgebauten Krügen, Vasen, Schalen und frei modellierten Wandreliefs [Abb. Inv. -604], wie auch durch sein gütiges und freundliches Wesen" Freunde für die Töpferei gewann.[21] Stephan Erdös (Abb. Inv. -478, -479) führte bis zu seinem Tod 1956 seine Studien mit Reduktionsglasuren in der zusammen mit Ida Erdös-Meisinger (Abb. Inv. -468) nach Kriegsende neu errichteten Werkstatt in Tittmoning fort. Geprägt durch seine Ausbildung bei Michael Powolny an der Wiener Hochschule für Angewandte Kunst und beeindruckt von Max Laeuger, fand er zu monochromen und durchscheinenden Glasuren, die zusammen mit seinem Formenvokabular in ihrer meditativen Ausstrahlung für die Nachkriegskeramik sehr ungewöhnlich sind.

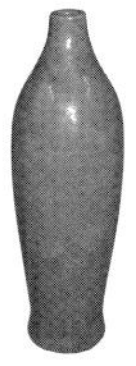
478

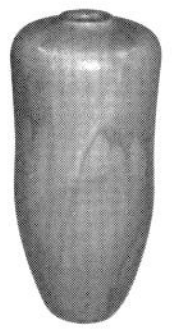
479

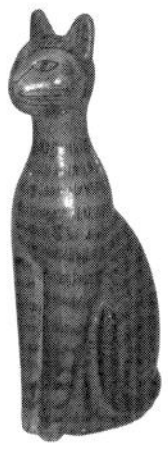
468

Hinder führt weiter aus: „Von den noch lebenden Meistern dürften die Arbeiten Jan Bontjes van Beeks zu den begehrtesten zählen. Sie sind in ihrer Abgeklärtheit und technischen Vollkommenheit Ergebnis

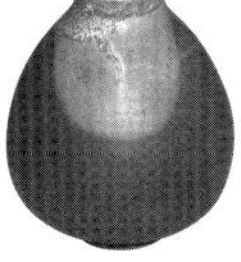
244

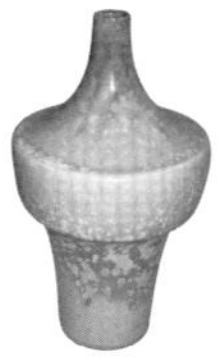

512

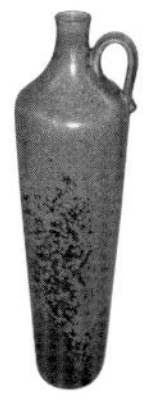

515

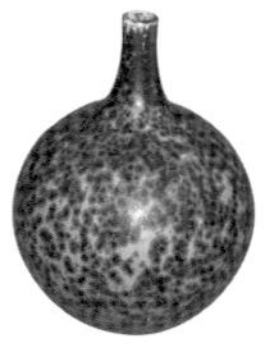

526

jahrzehntelangen verantwortungsbewussten Bemühens und – unbedingte Aussage heutiger Zeitgefühle – den guten Zeugnissen älterer Kulturen ebenbürtig.“ Für Bontjes’ Gefäßskulpturen, deren technoide Körper durch den malerischen Glasurauftrag so plastisch wirken, hat Hinders Beurteilung auch heute noch Gültigkeit (Abb. Inv. -244). Gefäßkeramiken mit dieser Ausstrahlung wurden von Heinz Spielmann als Beitrag der Keramik zu einer „farbigen Skulptur“ bezeichnet.[22] Auf diese Thematik bezog sich auch die eingehende Darstellung des Œuvres von Jan Bontjes van Beek sowie weiterer 18 deutscher Keramiker in der Publikation „Keramik in Deutschland“, Vetter 1997b. Da das Werk dieser Keramiker unter dem Aspekt „vom Gefäß zur freien Form“ in der vorgenannten Publikation bereits umfassend bearbeitet, abgebildet und inventarisiert wurde, wird von ihnen im farbigen Bildteil ab Seite 74 nur je ein Objekt gezeigt. Im Werk-Katalog ab Seite 124 sind auch von ihnen alle in der Sammlung vorhandenen Arbeiten abgebildet.[23]

Danach macht Hinder den Leser auf die Arbeiten von Hubert Griemert aufmerksam. Seine Herkunft vom Bauhaus, das Studium bei Gerhard Marcks und Griemerts Lehrtätigkeit an der Staatlichen Werkschule für Keramik in Höhr-Grenzhausen weisen ihn als authentischen Vermittler der klassischen Moderne aus. Griemerts Gefäße, ob Kugelvase oder schlank aufsteigender Krug, ausgewogen schwingende Formen mit schmalen Hälsen, die durch elegante Kristallglasuren akzentuiert werden (Abb. Inv. -512, -515, -526), entsprechen in ihren besten Beispielen einem Anliegen der damaligen Zeit: funktionsorientiert, bei gleichzeitigem Streben nach formaler und glasurtechnischer Vollkommenheit.

Zu dem von Hinder vorgeschlagenen Sammlungsaufbau gehören als traditionelle Komponente Einzelstücke von Elfriede Balzar-Kopp und Wim Mühlendyck, den beiden Werkstätten, mit denen er schon seit den späten 1920er Jahren zusammenarbeitet – zeitgemäße Formen in den traditionellen Westerwälder Techniken der Salzglasur und dem Red- und Knibisdekor[24] (Abb. Inv. -133, -144, -890/91, -893).

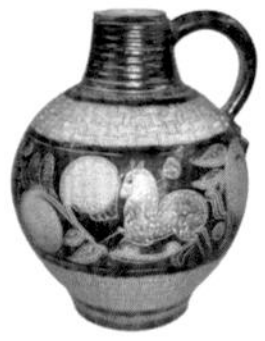

133

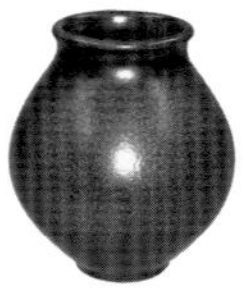

144

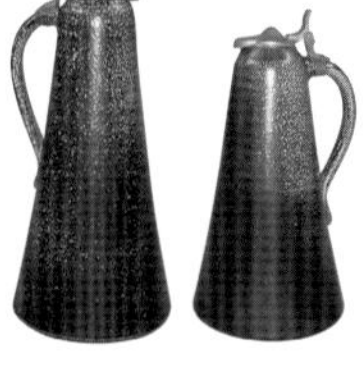

890/91

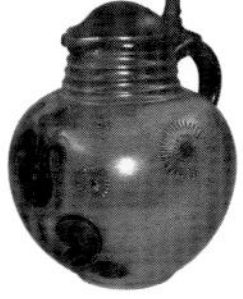

893

[19] Hinder 1960, S. 529–534.
[20] Von Philip Rosenthal initiierte Produkt-Linie des „New Look“ in Porzellan, mit dem der Versuch unternommen wurde, Bauhaus-Tradition und aus Italien übernommene avantgardistische Gestaltung der Gebrauchsform zu verbinden. 1961 entstand daraus die Rosenthal Studio-Linie. S. hierzu Ausstellungsbroschüre, Selb 2004.
[21] Hinder & Reimers 1971, S. 12, Abb. 57.
[22] Heinz Spielmann verweist auf Volumen, Schwere und Materialcharakter der Keramik und der daraus resultierenden Nähe zur Skulptur, während in Zeichnung, Struktur und Farbe der Glasur die Bezüge zur Malerei gegeben seien. Spielmann 1971, S. 17.
[23] Neben Jan Bontjes van Beek werden in der Publikation „Keramik in Deutschland“ folgende Keramiker ausführlich vorgestellt: Ingeborg und Bruno Asshoff, Antje Brüggemann-Breckwoldt, Dieter Crumbiegel, Beate Kuhn, Arno Lehmann, Klaus Lehmann, Signe Pistorius-Lehmann, Walter Popp, Lotte Reimers, Reinhold Rieckmann, Karl und Ursula Scheid, Robert Sturm, Fritz und Vera Vehring, Gotlind und Gerald Weigel.
[24] Plastisches Verzierungsverfahren, bei dem mit dem Red- oder Knibisholz Konturen in den Ton geschnitten werden, die vor dem Salzbrand oft mit Smalte gefüllt werden. Weiß 1984, S. 175, 243.

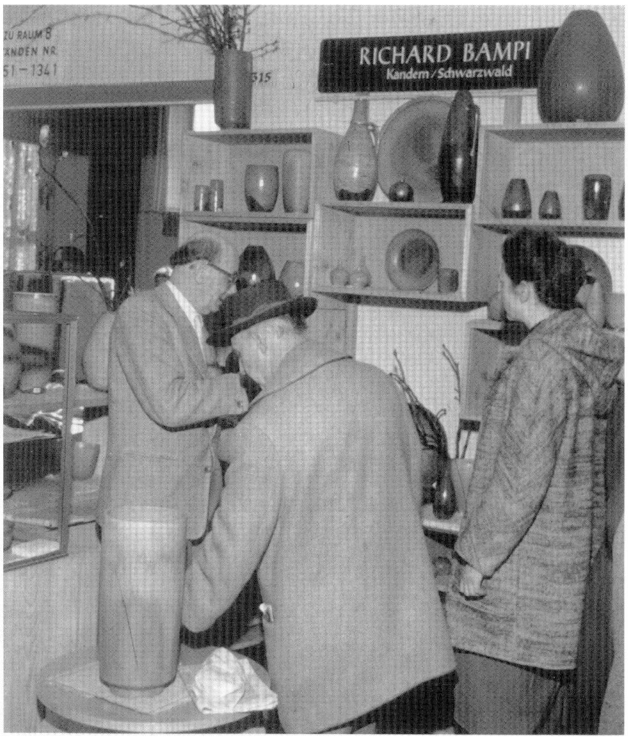

Jakob Wilhelm Hinder und Lotte Reimers 1958 auf der Frankfurter Messe am Stand von Richard Bampi
Foto: Nachlass Albrecht

Nach einem Hinweis auf den Bauhaustöpfer Otto Lindig und auf Rolf Weber stellt er die Arbeiten Richard Bampis vor. Bampis asymmetrisch aufgebaute, organoide Formen, die durch delikate, neu entwickelte Glasuren ihre besondere Spannung erhalten (Abb. Inv. -168, -180), dürften „in einigermaßen vollständigen Sammlungen (...) auch nicht [fehlen]".

Im Anschluss an die Vorstellung der „Klassiker" kommt Hinder auf sein eigentliches Anliegen zu sprechen: „(...) vor allem einige jüngere Nachwuchskräfte herauszustellen, die nicht weniger als die vorgenannten bedeutenden Meister gegenwärtig in hohem Maße dazu beitragen, dass die deutsche handwerkliche Steinzeugtöpferei wieder den Anschluss an die Spitzenleistung der Welt findet."

Er beginnt mit Walter Popp, dessen Lehrtätigkeit an der Staatlichen Werkakademie Kassel in Westdeutschland für die Entwicklung des Gefäßes von einer dienenden Funktion zur freien Form, zur Gefäßplastik entscheidend war. Wenn Hinder nach einem Hinweis auf Popps neuartige, an ostasiatischen Vorbildern orientierte Steinzeugglasuren schreibt, dass Popps Formen (Abb. Inv -1.013) oft kühn seien und manchmal vielleicht die Anhänger mehr traditionsgebundenen Formenguts schockierten, klingt hier bereits an, dass Popp sein Leben lang die offizielle Anerkennung seines keramischen Werks versagt geblieben ist. Die Montagen unterschiedlicher Drehteile, oft aus der Achse gerückt, waren zu neu und blieben es Zeit seines Lebens. Hinder dagegen erkannte das neue und formal Wegweisende. Er schätzte diese Arbeiten und kaufte sie, sobald es seine Mittel zuließen, für die eigene Sammlung. Dank seines Engagements ist der Werkkomplex Popp'scher Arbeiten ein „Eckpfeiler" seiner Sammlung.

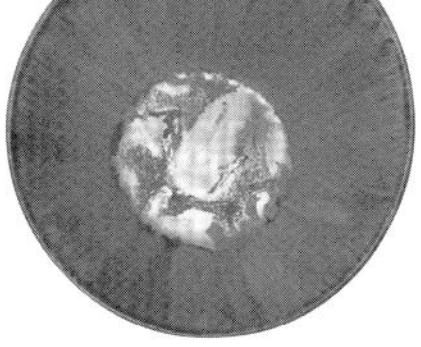

168

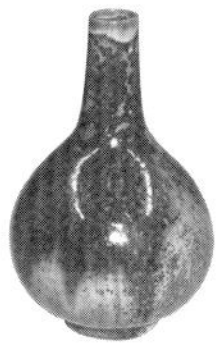

180

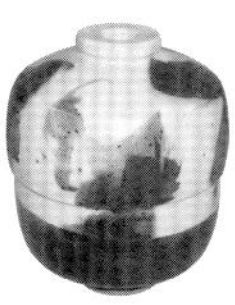

1.013

Danach lenkt er den Leser auf Ingeborg und Bruno Asshoff aus Bochum, deren unverwechselbare Arbeiten bereits über Deutschland hinaus international anerkannt seien. Hinder beschreibt Oberfläche und Ornament und charakterisiert die Form: „Manchmal scheinen die Gefäße die reine Zweckmäßigkeit zu verlassen, musikalisch beschwingt steigen sie oft schlank auf, am oberen Ende noch einmal eine Ausbuchtung wagend, um im Raum gleich einer Plastik oder nur als Symbol ‚Vase' zu stehen."

[25] Hinder 1969h.

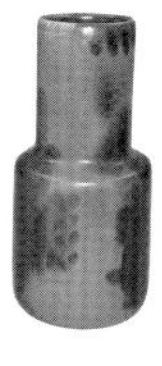

1.127

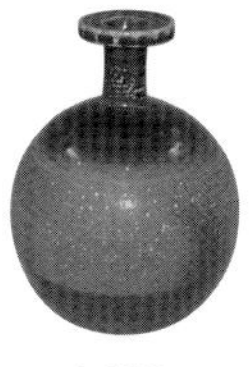

1.132

Er lobt Ingeborg Asshoffs Drehscheibenplastiken und stellt einen Extra-Bericht hierzu in Aussicht.[25]

Lange bevor Fachleute die „autonome Form“ entdeckten, weist Hinder auf diese Entwicklung hin, macht sie durch seine Beschreibung deutlich. In diesem Kontext haben für den Autor auch die Arbeiten von Signe und Klaus Lehmann einen eigenen Stellenwert: durch formale, farb- und glasurtechnische Selbstständigkeit und Erfindungsgabe.

Weiter informiert er über Entwicklungen aus dem Bereich der Salzglasur: In die Werkstätten Balzar-Kopp und Mühlendyck in Höhr-Grenzhausen sei bereits die nächste Generation eingetreten und sichere den Fortbestand dieser bekannten Werkstätten und zugleich die Tradition der einzigen Glasur, „die Deutschland (im 14. Jahrhundert) zu dem keramischen Schaffen der Welt beisteuerte“.

Und er stellt Neuerungen auf diesem Gebiet vor, für die der Töpfer Jürgen Riecke aus Duingen steht: „(...) ein salzglasiertes Steinzeug in Reduktionsbränden, das man bisher in dieser Farbigkeit nirgends sah [Abb. Inv. -1.127, -1.132]. Welch ein mildleuchtendes Rot auf speckig-zartem Scherben, im offenen Holzfeuer erzielt mit Übergängen in Kupfergrün, zuweilen Brandschatten aufweisend, und neuerdings oft bemalt mit ‚Metalltönen in Moll‘, blau-violett-gelb-schwarz, ineinanderverschwelt, Farben wie sie manchmal aus Flammen züngeln.“

Auch die Steinzeugarbeiten von Walther Stürmer empfiehlt er und hofft auf eine Fortsetzung dieses Ansatzes. Eine Ermutigung für den jungen Walther Stürmer und ein Anreiz für den interessierten Sammler, sich die Arbeiten des jungen Talents anzusehen.

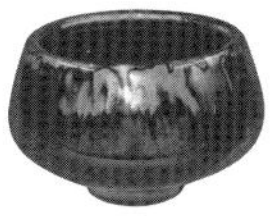

1.359

Wenn Hinder über die hohe technische Qualität der reizvollen Arbeiten von Margarete Schott (Abb. Inv. -1.359, -1.364) und ihre neuen ungewöhnlichen Glasurschöpfungen berichtet, um anschließend auf die handwerkstechnisch ausgefeilten und neu gesehenen Arbeiten von Karl und Ursula Scheid (Abb. Inv. -1.250, -1.316) aus Düdelsheim hinzuweisen, weiß der Sammler heute, dass er gut beraten war, diese innovativen Arbeiten zu erwerben.

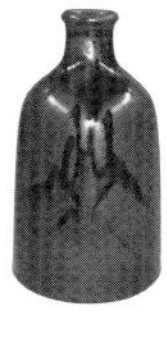

1.364

Danach ein weiterer Tipp: die formal reduzierten Gefäße des Designers Heinz Engler (Abb. Inv. -449) und die individuellen „edelgeformten“ Steinzeug- und Porzellanarbeiten mit ihren „glutvollen Sang de boeuf“- und zartblauen „Claire de lune“-Glasuren aus dem Reduktionsbrand des vom asiatischen Steinzeug faszinierten Albrecht Hohlt (Abb. Inv. -565).

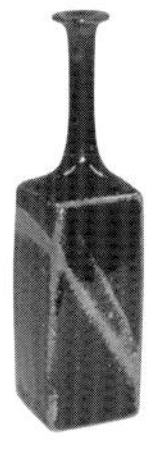

1.250

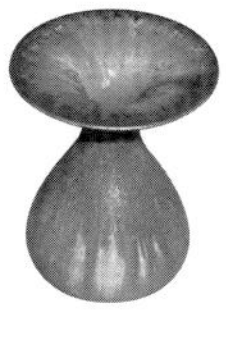

1.316

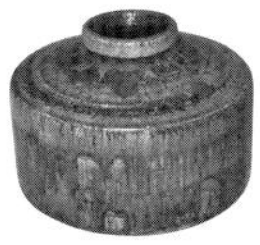

449

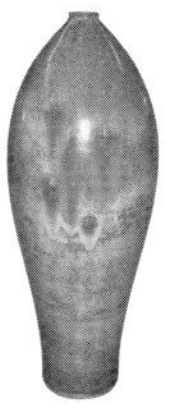

565

Nach einem Hinweis auf Steinzeug aus den Werkstätten von Karl-Heinz Modigell, der als Lehrer an der Werkkunstschule Krefeld wirkte, und Liebfriede Bernstiel kommt Hinder zu folgendem Resümee:

„Es sind noch viele Nachwuchskräfte im Kommen. Der Ausbildungsmöglichkeiten gibt es heute in Deutschland zahllose: in Werkstätten, Werkkunstschulen und Akademien. Die ‚Neuen Sammlungen‘ verschiedener Museen, Ausstellungen im In- und Ausland, wie auch das Frankfurter ‚Haus des Kunsthandwerks‘ (Messe, Halle VI) und die ‚Münchner Internationale Handwerksmesse‘ usf. laden zu edlem Wettstreit ein. Landeshandwerkspfleger und Kulturreferenten gewähren dem Nachwuchs Stütze und geben Ansporn. Das Interesse an der Handtöpferei

Jakob Wilhelm Hinder und Prof. Giichiro Ichida, Musikakademie Musashino Tokyo, 1971 in Deidesheim
Foto: Franz Klein

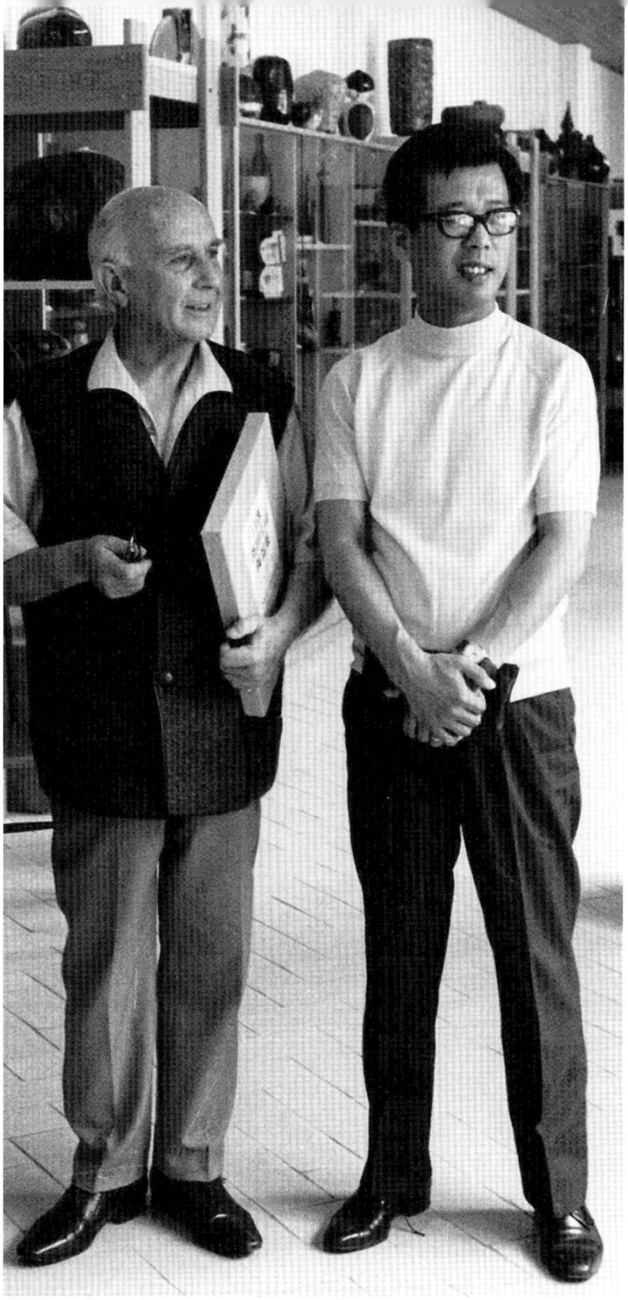

wird durch den kunsterzieherischen Unterricht vieler unserer Schulen und das Bemühen der Volkshochschulen weiter geweckt (...)."

Wie und auf welche Art Hinders Hinweise stilbildend und vielleicht auch prägend für den Aufbau einer Sammlung bei den an moderner Kunst und Keramik Interessierten wirkten, kann in den Publikationen zu einigen in dieser Zeit entstandenen großen westdeutschen Privatsammlungen nachvollzogen werden.[26] Als Heinz Spielmann 1979 bemerkte: „Vor rund 15 Jahren waren die Keramik-Sammler noch so etwas wie ein Geheimbund (...). Heute besitzt fast jeder, der etwas auf sich hält, seine kleine Gruppe von Steinzeug- oder Porzellan-Gefäßen (...)",[27] charakterisierte er damit eine Entwicklung, die in hohem Maße durch Hinder – wie durch den obigen Aufsatz gezeigt – vorbereitet worden war und weiter gefördert wurde.

In Deidesheim

In Deidesheim blieben Jakob Wilhelm Hinder noch 15 Jahre, in denen er zusammen mit Lotte Reimers das für Sammlung und Verkaufsausstellung erworbene

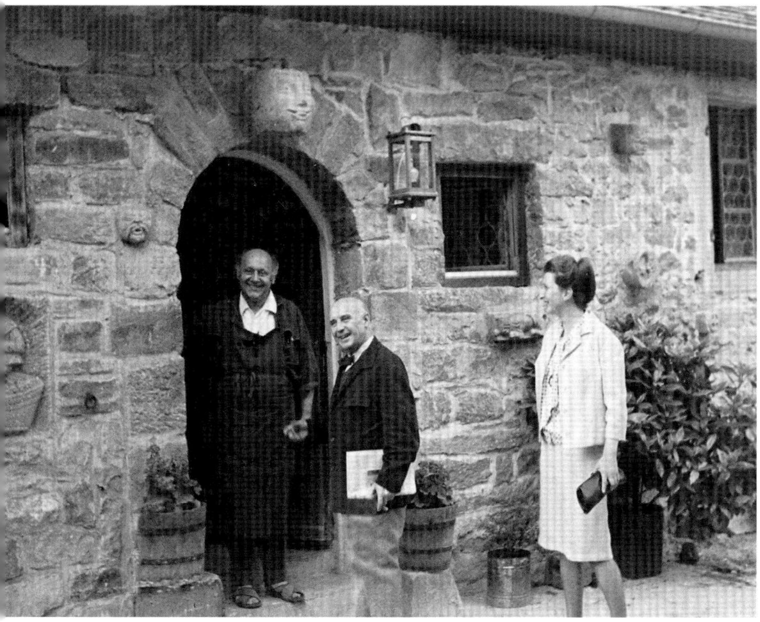

Jakob Wilhelm Hinder und Lotte Reimers mit dem Maler Fritz Wiedemann, Wirt der „Eselsburg" in Neustadt-Mußbach, Dezember 1967
Foto: Archiv LR-Stiftung

[26] S. hierzu z.B.: Cremer 1968, Karlsruhe 1972, Spielmann 1979.
[27] Spielmann 1979, S. 9.
[28] Vetter 2002a, S. 24
[29] Aus dem Text der Einladung zur Museumseröffnung (Archiv der Lotte Reimers-Stiftung, Deidesheim).
[30] Hinder & Reimers 1971.
[31] S. Brief Hinder an Antje Breckwoldt-Brüggemann vom 31.7.1965, Kopie im Besitz der Verfasserin.

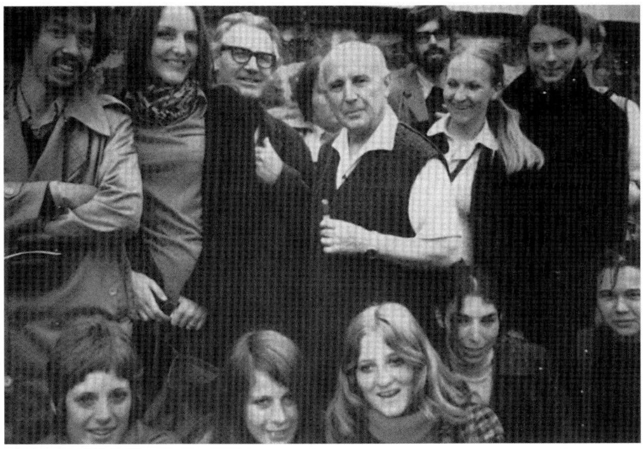

Gebäude schrittweise unter schwierigen finanziellen Bedingungen um- und ausbaute, den Galerie- und Ausstellungsbetrieb führte, Vorträge hielt und zu Symposien einlud. Der beschauliche Winzerort mit seinen berühmten Weinlagen wurde durch beider Tätigkeit zur „Drehscheibe" für die westdeutsche Keramikszene. Hinders Aktivitäten und Publikationen machten den Ort innerhalb kurzer Zeit über Rheinland-Pfalz hinaus zu einem Zentrum für Keramikinteressierte und Sammler aus Deutschland, Europa und Übersee. Über sein Engagement für die regionale und überregionale Kunstszene, die von Hinder initiierten Mittwochtreffs des von ihm ins Leben gerufenen „Deidesheimer Künstlerkreises" in einem Deidesheimer Lokal, die zum festen Bestandteil des kulturellen Lebens der Region gehörten, wurde bereits andernorts berichtet.[28]

Im August 1971 konnte endlich das „erste Museum, das ausschließlich der neuen deutschen Keramik gewidmet ist"[29] in Deidesheim eröffnet werden. In jenem Jahr veröffentlichten Hinder und Reimers auch ihr Buch „Moderne Keramik aus Deutschland", das „Buch zur Ausstellung", ein zu Beginn der 1970er Jahre seltenes und vertiefendes Kompendium.[30] Daneben blieb die Rubrik „Form und Dekor" in der „Keramischen Zeitschrift" die Plattform, von der aus Hinder sein Publikum über Trends und Entwicklungen in der Keramik informierte.

Walter Popp und die „Kasseler Schule"

So wie Hinder Besucher seiner Ausstellung auf neue Tendenzen in der modernen Keramik aufmerksam machte, spornte er junge Talente durch kritische Analyse der ihm vorgelegten Arbeiten zum Streben nach Eigenständigkeit und Qualität an und half ihnen dadurch auf der Suche nach dem eigenen gestalterischen Weg.[31] Besonderes Interesse galt der Lehrtätigkeit und – wie bereits beschrieben – den Arbeiten von Walter Popp und dessen Schülern. Walter Popp leitete von 1954 bis 1977 die Keramikklasse der Hochschule für Bildende Künste in Kassel. Er wirkte stilbildend durch das eigene Werk, die Entwicklung der Gefäßmontage, an deren Ende die freiplastische Keramik stand, und durch seine als inter-

Wir stellen vor:

WALTER POPP – ein bedeutender Keramiker und Erzieher unserer Zeit

von J. W. HINDER, Deidesheim/Weinstraße

Das große Sterben der deutschen Handtöpferei als Volkskunst setzte im 19. Jahrhundert ein. Jene umfaßte sicher in ihren Blütezeiten einige tausend kleinerer Werkstätten, die – zumeist mit kleiner Ackerwirtschaft gekoppelt – sich zwar auf alle deutschen Landstriche verteilten, aber in Hessen, Nassau, Franken, Thüringen, Schlesien und am Niederrhein besonders dichte Zentren besaßen. Heute gibt es wohl höchstens noch 1 bis 2 Dutzend solcher ländlichen Töpferbetriebe und unter diesen ist nur noch einigen wenigen, vielleicht in Oberfranken und Hessen, die Charakterisierung „Volkskunst" ernsthaft zuzubilligen.

An die Stelle der Volkskunst-Töpferei ist seit der Jahrhundertwende die neue kunsthandwerkliche Töpferei getreten, die aus ganz anderen Quellen gespeist wird und heute sicher durch 700–1000 kleinere Werkstätten repräsentiert wird. Ihre ersten Lehrmeister waren zumeist Selfmade-Männer, die ihre Liebe zum gefügigsten aller Werkstoffe – dem Töpferton –, ihre Besessenheit, die Verwandlung der Farben- und Glasurstoffe im keramischen Brand zu erleben, zu oft opferreichem Selbststudium trieb.

Etliche unter ihnen wurden Lehrer an Keramischen Fachschulen, Kunstgewerbeschulen, Akademien und gaben so ihre Erfahrungen, ihr Können weiter. Durch solche Ausbildungsstätten bekamen viele Orte in interessierten Kreisen guten Klang: Höhr-Grenzhausen, Bunzlau, Landshut, Selb, Berlin, Krefeld, Dornburg/Saale, Halle (Burg Giebichenstein) usw. und in neuerer Zeit Hamburg (Professor Jan Bontjes van Beek) und Kassel.

Die Betreuung der keramischen Ausbildung an der Hochschule für Bildende Künste in Kassel liegt seit 1954 in den Händen von WALTER POPP. Er schult angehende Kunsterzieher wie Kunsthandwerker. Angesichts dessen, was von ihm geschulte junge Menschen – die z. T. ja gar nicht die Absicht haben, Keramiker zu werden – nach 1–2 Semestern an hervorragender Keramik hervorzubringen vermögen, erscheint es gar nicht übertrieben, wenn eingeweihte Kreise diese Hochschule heute zu den besten Ausbildungsstätten der Welt für alle diejenigen rechnen, die „Töpferei als Kunsthandwerk" zu ihrem Lebensberuf erkoren haben.

Geübt werden unter ihm alle Techniken der Formbildung: Das Aufbauen aus Wülsten oder Bändern, das Drehen auf der Scheibe, das Ausdrücken aus dem Tonklumpen (wie beim ostasiatischen „Raku"), das Montieren aus Tonplatten usf. Schöpferische Begabungen kommen unter ihm zur eigenwüchsigen Entfaltung. Dem allzu Konventionellen ist ebenso Fehde angesagt wie dem modisch-kunstgewerblichen „Pfiff".

Vor allem aber erschließt sich dem Studierenden unter Walter Popp die reiche Wunderwelt der Farben und Glasuren. Aus Erde, Erz, Gestein, aus der Asche von Hölzern, Gräsern, Weinstöcken werden sie oft in langen Versuchsreihen eigenständig entwickelt, mitunter mit Metalloxyden bereichert und harmonisch dem Scherben verhaftet. Die auf diese Weise behandelten Gefäße haben oft die Schönheit von Steinen, Findlingen oder den samtenen Schmelz des alten Seladon, das eisendunkle Schwarzbraun des Tenmoku. Überhaupt gewinnt man in Kassel den Eindruck, daß die große Schönheit der ostasiatischen Keramik, wie z. B. der Tang-Zeit (618–906), der Sung-Zeit (960–1279) nirgendwo in gleichem Maße erreicht wurde, es sei denn von einigen wenigen Töpfern in England, den USA, soweit sie dem Kreis um Bernard Leach entstammen, und von einigen in Japan.

Daß nun gerade Ostasien hier oft Pate stand und nicht etwa der Vordere Orient, das alte Griechenland oder das alte Rom, liegt in der geübten Technik begründet, im Steinzeug. Ostasien ist das Ur-Mutterland des „Steinzeugs", während Babylon die „Fayence" entwickelte und Hellas und Rom nur die „Terrakotta" beherrschten. In Deutschland erfanden anonyme Bauerntöpfer um 1300 (vielleicht im hessischen Dreihausen, im Westerwald oder in dem Köln-Siegburger Raum) neu die Beherrschung des Steinzeugbrandes – und auch in Kassel übt man heute dieses hochwertigste aller keramischen Verfahren.

Die mit farbigen Glasuren in Kassel behandelten Gefäße verhalten sich vielfach kongruent der modernen Malerei. Ihr Dekor erscheint stets ungegenständlich in gelenkten Flüssen, Tupfen, Feldern oder Zonen in Beziehung zur Form gesetzt. Oft umgreifen verflatternde Glasuren gleich gespreizten Fingern die Gefäßwandungen. Die Glasuren enden oft vor Erreichen des Gefäßfußes und setzen somit die Scherbenschönheit in Nachbarschaft zur Schönheit der Glasur. Die Freilassung des Gefäßbodens von der Glasur kann man sich leisten, da der Scherben ja bei hohen Temperaturen (um 1300 Grad) gebrannt wird und gesintert ist.

Es gibt Gefäße von Walter Popp, die in neugefundener edler Schlichtheit, ihrem Zusammenklang von Form, Farbe, Glasur und unerhörter technischer Qualität die Güte besten klassischen Formengutes aufweisen. Und es gibt Formen von seinen Händen, die wie Aufschrei gegen alles Gestrige sind und die mit neuen Maßstäben gemessen werden müssen. Besonders bei seinen Montagen, bei denen er durch Auftürmen zweier oder mehrerer Formen neue Spannungen zu erreichen sucht. Mitunter gelingt hierbei eine wahrhaft neue und reizvolle Formtype, der man die Herkunft aus mehreren Körpern nicht mehr anmerkt und die nicht nur zweckmäßig blieb, sondern ihrem Zweck in neuartiger und vielleicht interessanterer Weise dient. Mitunter auch sind die aufeinandergetürmten

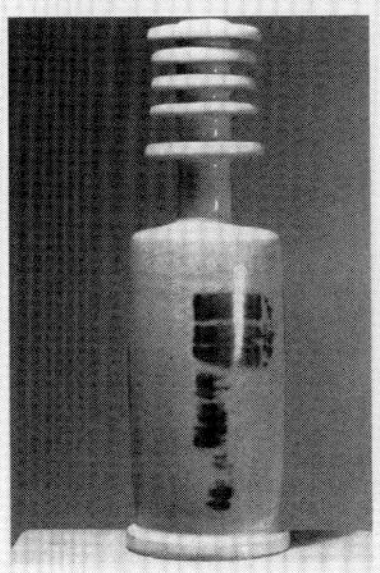

Abb. 1 Entwurf u. Ausführung: Walter Popp. Aufnahme: Walter Popp

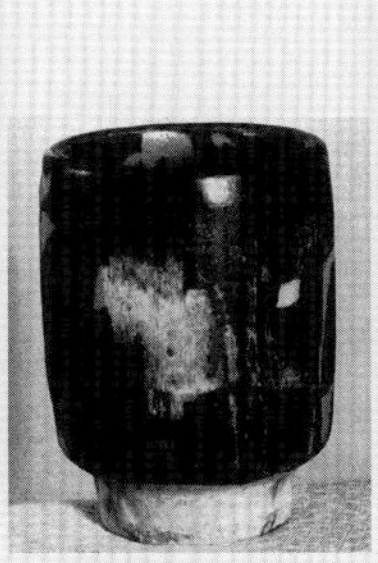

Abb. 2 Entwurf u. Ausführung: Walter Popp. Aufnahme: Hinder/Reimers

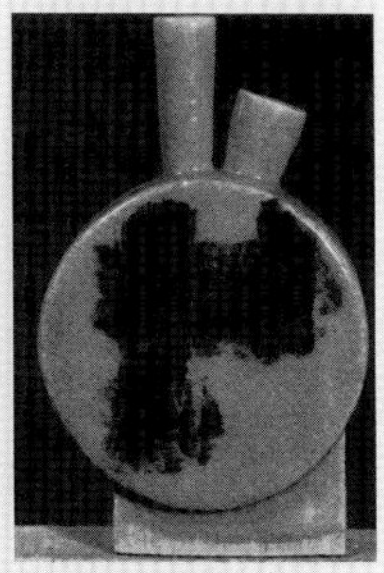

Abb. 3 Entwurf u. Ausführung: Walter Popp. Aufnahme: Walter Popp

Sonderdruck aus KERAMISCHE ZEITSCHRIFT · Nr. 3/1965 · Seite 161 – 162

Abb. oben:
Keramikklasse der École des Beaux Arts, Genf, Leiter Philippe Lambercy – links von Jakob Wilhelm Hinder, Mai 1971 in Deidesheim
Foto: Archiv LR-Stiftung

Jakob Wilhelm Hinder, Walter Popp – ein bedeutender Keramiker und Erzieher unserer Zeit.
In: Keramische Zeitschrift, 17, (3) 1965, S. 161–162

disziplinär zu bezeichnende Lehrtätigkeit. Die „Kasseler Schule" oder „Popp-Schule" ist als Begriff in der Geschichte der modernen deutschen Keramik verankert. Popp vermittelte seinen Schülern neben technischen und formalen Kenntnissen eine für die eigene schöpferische Tätigkeit unabdingbare geistige Haltung.

Hinder stand mit Walter Popp in ständigem Kontakt und informierte in unregelmäßigen Abständen von 1965 bis zu seinem Tod 1976 über Popps Werk und Lehre: „(...) Er schult angehende Kunsterzieher wie Kunsthandwerker. Angesichts dessen, was von ihm geschulte junge Menschen – die z.T. ja gar nicht die Absicht haben, Keramiker zu werden – nach 1–2 Semestern an hervorragender Keramik hervorzubringen vermögen, scheint es gar nicht übertrieben, wenn eingeweihte Kreise diese Hochschule heute zu den besten Ausbildungsstätten der Welt für alle diejenigen rechnen, die ‚Töpferei als Kunsthandwerk' zu ihrem Lebensberuf erkoren haben."[32] Hinder bedauert im weiteren Bericht, dass ein Teil dieser Studierenden, „oft außerordentlich ‚keramisch begabt', an sich gar nicht zur Keramik, sondern in die ‚sichere Existenz' des Kunsterziehers strebt." Popp bildete eine große Zahl junger Menschen aus, von denen viele nach ihrer Ausbildung zumindest noch eine Zeit lang künstlerisch tätig waren. Einige seiner Schüler – hier sei auf Dieter Crumbiegel, Robert Sturm, Ralf Busz und Fritz Vehring verwiesen – konnten das erworbene Wissen ihrerseits später als Lehrende an Hochschulen und Universitäten weitergeben.

In Einzelberichten skizzierte Hinder Entwicklung und aktuelle Arbeiten der jungen Keramiker aus Kassel, die schon bald eigene Wege in der keramischen Gestaltung beschritten. Dabei flossen in den keramischen Arbeitsprozess der bei Popp Lernenden auch die Erfahrungen aus anderen Disziplinen wie z.B. der Bildhauerei (Konrad Quillmann und Robert Sturm) und Malerei (Dieter Crumbiegel) ein. Diese nach neuen Wegen in der Keramik suchenden jungen „Namenlosen" hatten in Hinder einen Förderer, der ihre Arbeiten ausstellte, verkaufte und gleichzeitig sammelte.

Zu den Arbeiten Konrad Quillmanns bemerkte Hinder zum Beispiel, dass diese sich zwischen Gefäßkeramik und freier künstlerischer Gestaltung bewegten und durch formale Selbstständigkeit und eigene Formvorstellungen geprägt seien.[33] Dies kommt sowohl in der Montage aus versetzt-treppenartig über einem quadratischen Sockel aufsteigenden Tonplatten als auch im Gefäß „Mondsichel" (Abb. Inv. -1.037, -1.040) zum Ausdruck. Auch Dieter Crumbiegels gebauten Gefäßen mit dem durch Beschütten und Schleudern bewirkten „ungegenständlichen" Dekor bescheinigte Hinder diese „Form-Erfindungsgabe", die ebenso an seinen reliefartigen Wandbildern und Gefäßobjekten aus schichtartig angeordneten Platten zu beobachten sei, deren Zentren anfangs durch dunkel glasierte Aufbrüche in hellerem Umfeld akzentuiert waren (Abb. Inv. -389).[34]

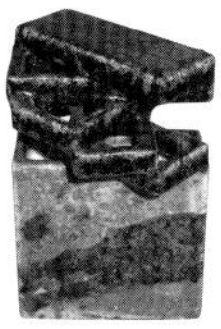

1.037

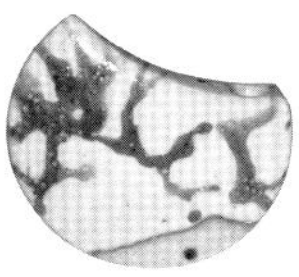

1.040

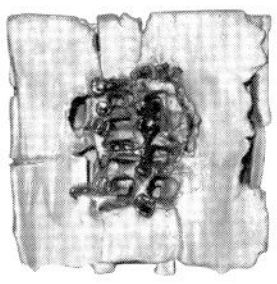

389

An Robert Sturms gebauten Gefäßplastiken und den vom „Zweck gänzlich gelösten ungegenständlichen Plastiken" schätzte Hinder „Formbildungen" und Gesteinsglasuren und merkte an, dass deren „Eigenständigkeit (...) in erfreulicher Weise das Bild der neuen deutschen Keramik [bereichert]".[35] Diesen Weg ist Robert Sturm zum Beispiel mit den morbid zerbrechlichen, aus

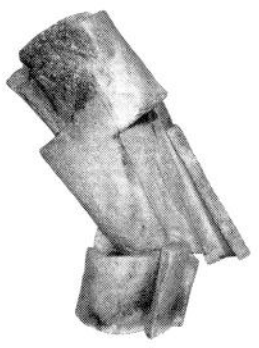

1.429

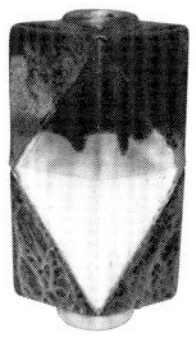

313

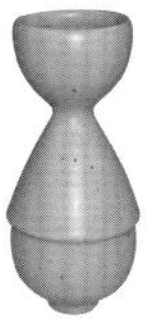

653

Röhrenformen entwickelten Körpern und Köpfen und körnig-schrundigen Oberflächen weitergegangen (Abb. Inv. -1.429).

Über die Gefäß-Objekte von Antje Brüggemann-Breckwoldt, die erst bei Jan Bontjes van Beek in Hamburg, dann bei Walter Popp in Kassel studierte und anschließend auf Sylt ihre erste Werkstatt gründete, schreibt Hinder: „In ihren handgebauten Arbeiten, die Antje Breckwoldts besondere Zuneigung haben, entfernt sie sich gerne von der absoluten Zweckmäßigkeit und erreicht sozusagen auf Anhieb überraschende Ergebnisse freikünstlerischer Gefäßplastik [Abb. Inv. -313]. Auch hierbei überzeugen ihre Gebilde durch gestalterische Kraft, wie durch Zucht und Maß.“[36] Und in seinem letzten Aufsatz bemerkt Hinder zu Reinhold Rieckmanns Gefäßkörpern und Montagen: „[D]em ernsthaften Ringen Rieckmanns um originale und saubere Formqualität wird kein Betrachter die Anerkennung versagen können. Sehr oft gelingt ihm bei seinen gedrehten Montagen der Durchbruch zur freien Plastik.“[37]

Diese „Neuigkeiten“ über einige der Absolventen der Kasseler Schule wurden ergänzt durch Berichte zu Werkstattneugründungen der jüngsten Vergangenheit, darunter auch über die von Heidi Kippenberg. Deren Domäne ist das gedrehte und montierte Gefäß, dessen hoher formaler Reiz durch unaufdringlich samtene Glasuren unterstrichen wird (Abb. Inv. -653).[38] Weiter informiert Hinder über die Lehrtätigkeit von Ralf Busz in Istanbul, der sich dort mit seinen Schülern – wie von Walter Popp vermittelt – in der Tradition von Bernard Leach bei der Glasurentwicklung auf die Verwendung heimischer, in diesem Fall türkischer Rohstoffe konzentriert.[39]

20 Jahre später – als Deidesheim durch die Arbeit von Jakob Wilhelm Hinder und Lotte Reimers bereits in der Geschichte der modernen Keramik der Bundesrepublik seinen festen Platz hatte – charakterisierte Dieter Crumbiegel Hinders Einsatz: „Das war also seinerzeit echte Pionierarbeit und es ist der erstaunlichen Fachkenntnis und Weitsicht dieses Mannes zuzuschreiben, dass er auch jeder weiterführenden, ja experimentellen Arbeit offen gegenüberstand und sie sofort auch der Sammlung zuführte, ohne die Bestätigung durch Dritte abwarten zu müssen, nur seinen eigenen Qualitätsansprüchen folgend. Dies führte schließlich zu einer der umfassendsten Sammlungen deutscher Keramiker.“[40]

„Zur Entwicklung der neuen deutschen Keramik“ um 1968/1969

Als Weiterführung von Hinders „schriftlicher Anleitung zum Sammeln von Keramik“ aus dem Jahr 1960 liest sich die neunteilige Aufsatzreihe „Zur Entwicklung der neuen deutschen Keramik“.[41] Acht Jahre nach seinen Anregungen, sozusagen dem „eye opener“ zum neuen Sammlerfeld „moderne Steinzeugtöpferei“, fächert er in knappen Übersichten den keramischen Entwicklungsverlauf seit der zweiten Hälfte des 19. Jahrhunderts auf. Diese in sich abgeschlossenen Skizzen informieren in Folge gelesen über Entwicklungsstränge von der Irdenware zum Steinzeug.

[32] Hinder 1965a, S. 161–162.
[33] Hinder 1965c, S. 857–858.
[34] Hinder 1966b, (o.P.).
[35] Hinder 1969g.
[36] Hinder 1967b.
[37] Hinder 1976.
[38] Hinder 1968b.
[39] Hinder 1970a.
[40] „Museum für moderne Keramik – Deidesheim. 10 Jahre am neuen Platz“, Betrachtungen von Bruno Asshoff, Dieter Crumbiegel, Hans-Ulrich Roller. Sonderdruck 1987, Archiv Lotte Reimers-Stiftung, Deidesheim.
[41] Hinder 1968c–1969a.

Jakob Wilhelm Hinder,
Zur Entwicklung der neuen deutschen Keramik (Teil 5).
In: Keramische Zeitschrift, 21, (5) 1969, S. 318–319

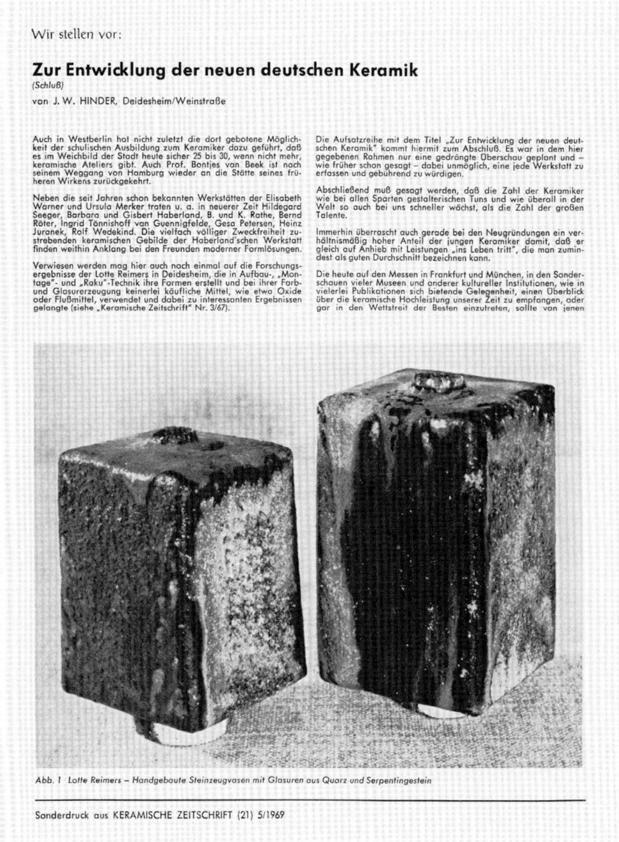

Wir stellen vor:

Zur Entwicklung der neuen deutschen Keramik

(Schluß)

von J. W. HINDER, Deidesheim/Weinstraße

Auch in Westberlin hat nicht zuletzt die dort gebotene Möglichkeit der schulischen Ausbildung zum Keramiker dazu geführt, daß es im Weichbild der Stadt heute sicher 25 bis 30, wenn nicht mehr, keramische Ateliers gibt. Auch Prof. Bontjes van Beek ist nach seinem Weggang von Hamburg wieder an die Stätte seines früheren Wirkens zurückgekehrt.

Neben die seit Jahren schon bekannten Werkstätten der Elisabeth Warner und Ursula Merker traten u. a. in neuerer Zeit Hildegard Seeger, Barbara und Gisbert Haberland, B. und K. Rathe, Bernd Röter, Ingrid Tönnishoff van Guennigfelde, Gesa Petersen, Heinz Juranek, Rolf Wedekind. Die vielfach völliger Zweckfreiheit zustrebenden keramischen Gebilde der Haberland'schen Werkstatt finden weithin Anklang bei den Freunden moderner Formlösungen.

Verwiesen werden mag hier auch noch einmal auf die Forschungsergebnisse der Lotte Reimers in Deidesheim, die in Aufbau-, „Montage"- und „Raku"-Technik ihre Formen erstellt und bei ihrer Farb- und Glasurerzeugung keinerlei käufliche Mittel, wie etwa Oxide oder Flußmittel, verwendet und dabei zu interessanten Ergebnissen gelangte (siehe „Keramische Zeitschrift" Nr. 3/67).

Die Aufsatzreihe mit dem Titel „Zur Entwicklung der neuen deutschen Keramik" kommt hiermit zum Abschluß. Es war in dem hier gegebenen Rahmen nur eine gedrängte Überschau geplant und – wie früher schon gesagt – dabei unmöglich, eine jede Werkstatt zu erfassen und gebührend zu würdigen.

Abschließend muß gesagt werden, daß die Zahl der Keramiker wie bei allen Sparten gestalterischen Tuns und wie überall in der Welt so auch bei uns schneller wächst, als die Zahl der großen Talente.

Immerhin überrascht auch gerade bei den Neugründungen ein verhältnismäßig hoher Anteil der jungen Keramiker damit, daß er gleich auf Anhieb mit Leistungen „ins Leben tritt", die man zumindest als guten Durchschnitt bezeichnen kann.

Die heute auf den Messen in Frankfurt und München, in den Sonderschauen vieler Museen und anderer kultureller Institutionen, wie in vielerlei Publikationen sich bietende Gelegenheit, einen Überblick über die keramische Hochleistung unserer Zeit zu empfangen, oder gar in den Wettstreit der Besten einzutreten, sollte von jenen

Abb. 1 Lotte Reimers – Handgebaute Steinzeugvasen mit Glasuren aus Quarz und Serpentingestein

Sonderdruck aus KERAMISCHE ZEITSCHRIFT (21) 5/1969

Hinder wandert noch einmal durch die deutschen Lande. Wie auf einer „keramischen Landkarte" findet der interessierte Mitwanderer in einzelnen Folgen über die westdeutschen Landschaften und ihre Keramiktradition die Namen von Töpferwerkstätten, erfährt Zusammenhänge, erhält Hintergrundinformationen.

Es wird berichtet über die handwerkliche Ausbildung am Beispiel von Werkstätten wie der von Helma Klett in Fredelsloh, in der „(...) viele, heute sehr angesehene Meister und Meisterinnen ihre erste handwerkliche Schulung" erhielten. Zu ihnen gehörten u.a. Ingeborg und Bruno Asshoff, Signe Pistorius und Antje Brüggemann.

Für die weiterführenden Ausbildungsmöglichkeiten der 1950er und 1960er Jahre an Fachschulen und Universitäten stehen – pars pro toto – die Namen der Lehrkräfte, zum Beispiel Hubert Griemert, erst an der Werkkunstschule Krefeld, dann an der Staatlichen Werkschule für Keramik in Höhr-Grenzhausen, oder Jan Bontjes van Beek, der Otto Lindig in Hamburg nachfolgte, Johannes Gebhardt in Kiel, Walter Popp in Kassel, Friedrich Theodor Schröder in Wiesbaden, Franz Eska in München.[42] Dazu wurden beispielhafte Arbeiten abgebildet. Die Vielfalt im Vergleich zu den Ausbildungsmöglichkeiten im Jahr 2007 ist offensichtlich und sicher ein wichtiger Aspekt für das Entstehen so vieler „neuzeitlicher Töpferwerkstätten" damals in Westdeutschland, die zum „Boom" der Keramik der 1970er und 1980er Jahre beitrugen.

Der Leser wird über die 1967 erfolgte Versteigerung des Nachlasses von Richard Bampi im Badischen Landesmuseum informiert und über Bampis Vermächtnis: die Errichtung einer Stiftung zur Förderung des keramischen Nachwuchses.[43] Horst Kerstan – Meisterschüler von Bampi – führte die traditionsreiche Werkstatt weiter.

Hinder schlägt den Bogen von der Tradition der Irdentöpferei zu Anfang des 20. Jahrhunderts mit Elisabeth Schmidt-Pecht (Abb. Inv. -1.336) und Peter Bertlings (Abb. Inv. -204), den durch Fayence-Malereien gestalteten Wandbildern und Schalen von Hildegard Storr-Britz (Abb. Inv. -1.399) über die Volkskunst des Marburger Raumes bis zu den Protagonisten des salzglasierten

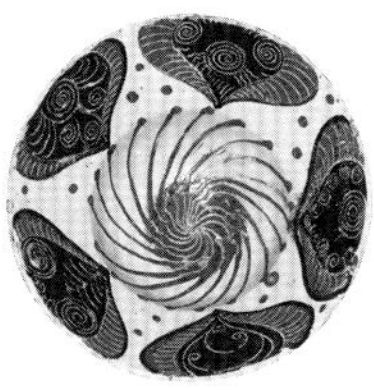

1.336

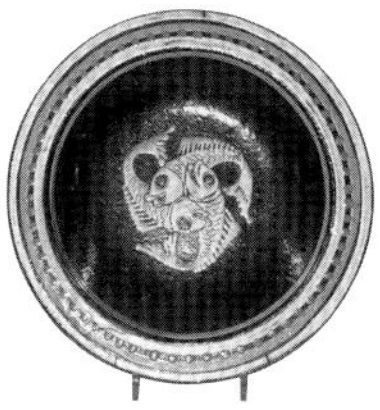

204

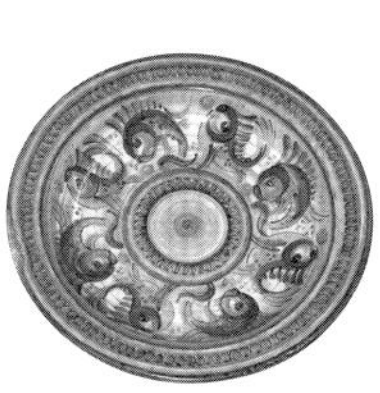

1.399

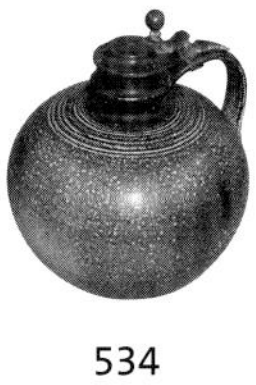

534

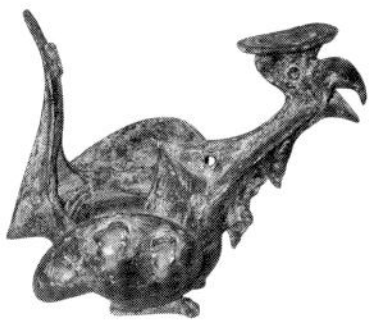

803

Steinzeugs: August Hanke aus Höhr-Grenzhausen (Abb. Inv. -534) und zu den ebenfalls dort ansässigen Werkstätten Balzar-Kopp und Mühlendyck. Hinder informiert jedoch nicht nur über westdeutsche Werkstätten der Vor- und Nachkriegszeit, sondern hält auch das Wissen über traditionsreiche Werkstätten in Sachsen und Thüringen wach.

Aus dem österreichischen Raum berichtet er über Arno Lehmanns Werkstatt auf der Festung Hohensalzburg und Lehmanns Schöpferkraft, dessen souveräne Materialbeherrschung ihren Ausdruck in fantastischen Formen der Gefäßkunst und Plastik (Abb. Inv. -803) findet. Hinders Wanderung führt ihn weiter nach Hessen, und er beschreibt das Wirken Walter Popps in Kassel: „Man übertreibt durchaus nicht, wenn man behauptet, dass mit dem Wirken Walter Popps an dieser Hochschule die handwerkliche deutsche Keramik eine weitere Steigerung erfährt. Das gilt sowohl für seine eigene gestalterische Tätigkeit als auch für seine pädagogische Ausstrahlung auf die Studierenden, die zu ihm fanden."

Danach lenkt Hinder den Blick auf die jetzt anerkannten Keramikkünstler Ingeborg und Bruno Asshoff, Signe Pistorius-Lehmann und Klaus Lehmann, Karl und Ursula Scheid, Heinz Engler und Margarete Schott, die er acht Jahre zuvor als „Nachwuchskräfte" vorgestellt hatte. Ihre Leistungen sind unbestritten, ihre Arbeiten gesucht. Zu diesem Kreis zählen auch Gotlind und Gerald Weigel, das Töpferpaar, „das in den letzten Jahren bedächtig, aber selbstsicher und stetig den Anschluss an die höchste

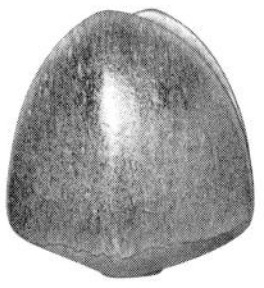

1.528

Stufe deutscher keramischer Qualitäten erstrebte und fand" (Abb. Inv. -1.528).[44] An Beate Kuhns geistvoll beschwingten Keramiken hebt Hinder hervor, dass diese „stets neu, unverwechselbar, überraschend und (...) von starkem Intellekt, wie von schöpferischer Phantasie" seien. Ihre auf der Töpferscheibe entwickelten und aus vielen Gefäßformen montierten Plastiken, mit farbigen Oberflächen in wax-resist-Technik, waren besonders in Italien geschätzt.[45]

Dass Görge Hohlt nach dem Tod seines Bruders Albrecht die Werkstatt in Katzbach führte und den Keramikfreunden „weiterhin die dünnwandigen Schalen in Steinzeug und Porzellan (...) in ‚Ochsenblut'-Rot, Seladon und anderen von höchster technischer Versiertheit getragenen Glasuren beschert[e]" (Abb. Inv. -584), garantierte Kontinuität. Dazu war gerade die neue Publikation von Heinz Spielmann zum Schaffen der Familie Hohlt erschienen.[46]

Hinder bedauert, dass im Werk Heinz Englers, dessen Arbeiten er bereits für seine Museumssammlung erworben hatte, die Steinzeugtöpferei durch die Designertätigkeit verdrängt wurde. Heinz Engler arbeitete seit Ende der 1950er Jahre für die in- und ausländische Porzellanindustrie[47] und erhielt viele Auszeichnungen. Die in der Sammlung vorhandene Kanne (Abb. Inv. -451) könnte als Ausgangspunkt für den Entwurf der Kaffeekanne des Geschirrs „RUSTIKA HERDFEST" von Bauscher in Weiden gedient haben. In der Werkstatt von Hans und Renate Heckmann in Schwäbisch-Hall entstehen dagegen auch im Jahr 2007 (in der vierten Generation) „praktische Gebrauchsgeschirre in hand-

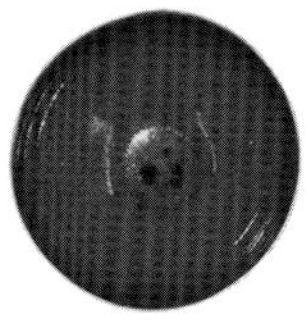

584

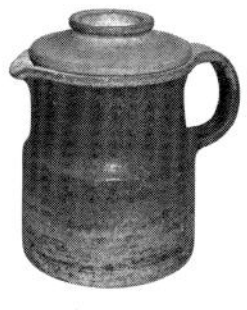

451

[42] Hinder 1968f.

[43] Der am 10. Juli 1965 verstorbene Keramiker Professor Richard Bampi hat die Gesellschaft der Keramikfreunde e.V. zu seinem Erben eingesetzt mit der Auflage, aus dem hinterlassenen Vermögen den Richard-Bampi-Preis zu vergeben. Bedacht werden sollen nur künstlerisch hochbegabte Keramiker, die selbstständig in der Bundesrepublik Deutschland arbeiten, das 33. Lebensjahr noch nicht überschritten haben und des Preises würdig sind. Die Preisträger werden in einem Wettbewerb ermittelt. Siehe hierzu http://www.gkf-ev.de/texte.php?typ=bampipreis.

[44] Hinder 1969b.

[45] Detaillierter hierzu Runde 1988, S. 9–33.

[46] Hinder 1969a, S. 50–51.

[47] U.a. war Engler für Arabia, Helsinki, Dr. Ungewiß/Dehme und Bauscher in Weiden tätig. Dort entwarf er z.B. das Geschirrsystem „Bauscher B 1100", das noch heute produziert wird.

Dr. Gottfried Cremer und Frau Cremer, Lotte Reimers und Jakob Wilhelm Hinder 1974 vor dem Museum für moderne Keramik in der Niederkirchener Straße in Deidesheim
Foto: Archiv LR-Stiftung

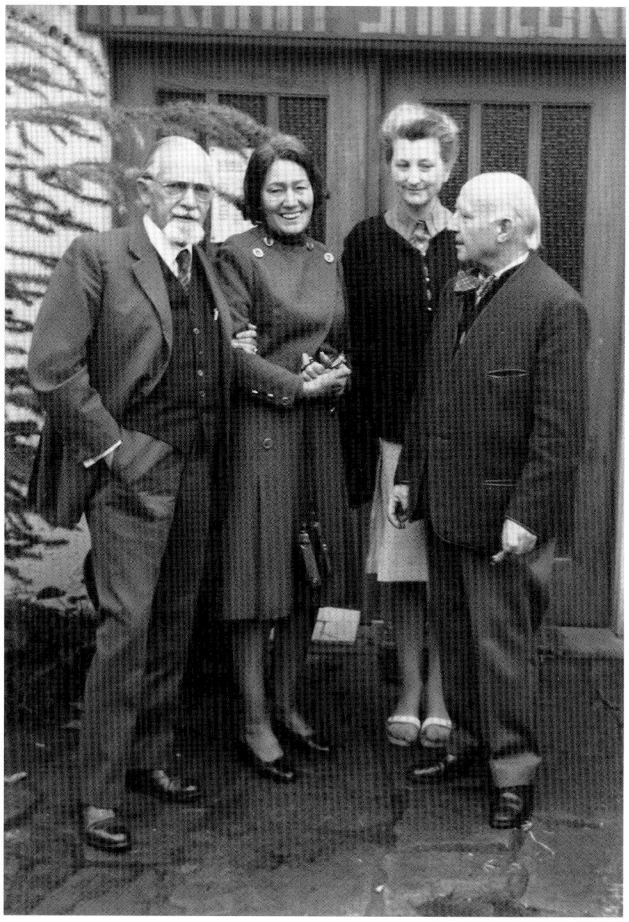

werklichen Kleinserien, die sich durch formale Gediegenheit auszeichnen" (Abb. Inv. -536, -538).[48] Im süddeutschen Raum macht Hinder u.a. auf die Werkstätten von Wilhelm und Elly Kuch in Burgthann aufmerksam und auf die Steinzeugarbeiten mit Temmoku- und „Ochsenblut"-Glasuren von Wilhelm G. Albouts, der erst in höherem Alter zur eigenen Töpferei gefunden hatte.[49]

Hinder verweist auf die „ausgezeichneten Steinzeugarbeiten" von Volker Ellwanger,[50] der bei Jan Bontjes van Beek in Berlin studierte. Ellwangers klassische Gefäßkörper demonstrieren technisch virtuos das „Spiel mit stereometrischen Grundformen und deren sinnvollen Abwandlungen auf der Drehscheibe".[51] Als Lehrer an der Schule für Gestaltung in Bern (1971–1983) und als Professor für Keramik im Fachbereich für Bildende Kunst an der Johannes Gutenberg-Universität Mainz (1984–2000) vermittelte er den Studierenden handwerkliche und gestalterische Disziplin für die Konzentration auf das Wesen des Gefäßes. Auch werden den „Freunden des Salzglasierten Steinzeugs" die neuen Formtypen Jürgen Rieckes[52] vorgestellt. Riecke bereicherte die aufgrund hoher Brenntemperaturen eingeengte Farbskala des salzglasierten Steinzeugs um neue Töne (z.B. Abb. Inv. -1.158).

Unermüdlich informiert Hinder auf seiner keramischen Wanderung über die Tradition als Basis der Moderne, über Werkstätten in allen Regionen Westdeutschlands, Ausbildungsmöglichkeiten und Initiativen im keramischen Bereich, zum Beispiel über das Wirken des Barons Werner von Stetten.[53] Dieser Idealist arbeitete unerkannt und unentgeltlich bei „kleinbäuerlichen Töpfern", um sich die elementaren Begriffe der Irdentöpferei anzueignen. Nach der Heimkehr aus sibirischer Kriegsgefangenschaft verließ Stetten ab und zu sein Hofgut in der Nähe von Augsburg und zog mit einer transportablen Töpferscheibe durch bayerische Dörfer und Städte, von Schule zu Schule. Durch seine Darbietungen an der Töpferscheibe weckte er bei Schülern und Lehrern – ohne kommerzielle Hintergedanken – Interesse und Begeisterung für die Töpferei (Abb. Inv. -1.381).

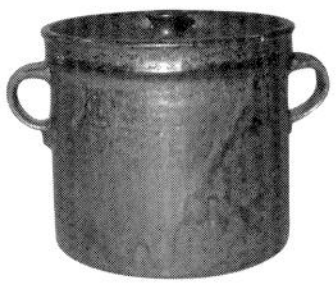
536

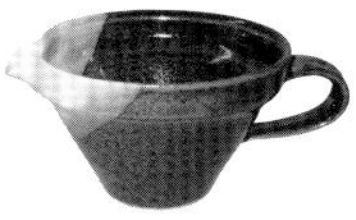
538

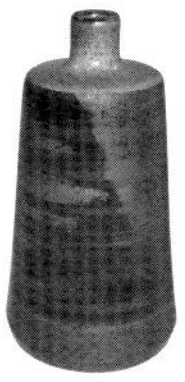
1.158

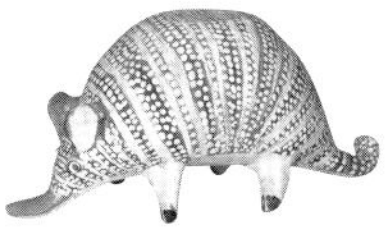
1.381

[48] Hinder 1969b.
[49] Hinder 1969c.
[50] Hinder 1969d.
[51] Zit. nach Gertz 1980, S. 7.
[52] Hinder 1969d.
[53] Hinder 1969c.
[54] Hinder hatte bereits außerhalb dieser Reihe über „Die keramischen Versuche der Lotte Reimers" berichtet, in: Hinder 1967a, S. 172–173.
[55] Hinder 1968f.
[56] „Keramion, Museum für zeitgenössische keramische Kunst", Frechen; seit 2002 „Stiftung Keramion – Zentrum für moderne + historische Keramik".
[57] Vetter 1997b, S. 160; Bürkner 2000, S. 33.
[58] Hinder 1971.

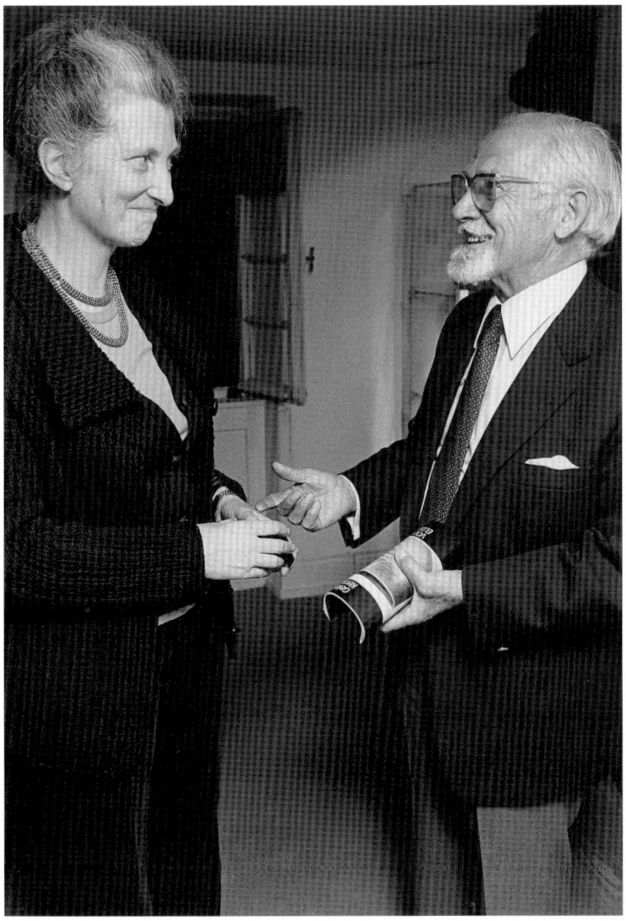

Lotte Reimers und
Dr. Gottfried Cremer in
Deidesheim, 1980
Foto: Hartmut Frien

Zu Beginn des Schlussartikels dieser Reihe verweist Hinder „noch einmal auf die Forschungsergebnisse der Lotte Reimers in Deidesheim, die in Aufbau-, Montage- und ‚Raku'-Technik ihre Formen erstellt und bei ihrer Farb- und Glasurerzeugung keinerlei käufliche Mittel, wie etwa Oxide oder Flussmittel, verwendet und dabei zu interessanten Ergebnissen gelangte" (Abb. Inv. -1.065).[54]

Um den keramischen Nachwuchs besorgt empfiehlt Hinder jungen Töpfern, die Messen in Frankfurt und München zu besuchen und sich in Sonderschauen der Museen „einen Überblick über die keramischen Hochleistungen unserer Zeit" zu verschaffen. Er rät weiter, sich an Wettbewerben zu beteiligen, „um letzte Maßstäbe zu empfangen, nicht um Eigenständigkeit aufzugeben". Der erfahrene Galerist und Förderer junger Talente weiß: „[E]twaige Verkaufserfolge, die sich gleich zu Beginn auch ohnedies hier und da einstellen mögen, sind ja nicht unbedingt ein Alibi für geschaffene Qualität."

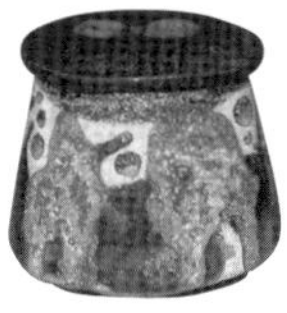

1.065

Zum Abschluss appelliert Hinder an seine Leser, die „Gemeinde" der Keramikfreunde: „Eine dauernde Stütze bietet dem wirklich hervorragenden Keramiker der Kreis der Sammler, der auch stetig wächst. Es gibt unter ihnen Leute, die fast die gesamte keramische Kultur der Welt kennen, mit dem letzten Gespür für Feinheiten in Form und Glasur, für das Eigenständige und dem Blick und der Überschau für das, was heute in der keramischen Welt unterwegs ist."

Hinder würdigt das Mäzenatentum des Industriellen Gottfried Cremer aus Frechen. Er verweist auf jüngste Projekte Cremers, u.a. die 1968 erfolgte Herausgabe des Bildbandes „Deutsche keramische Kunst der Gegenwart", eines Überblicks „über die wesentlichen Kräfte der gegenwärtigen deutschen Töpferkunst unter Heranziehung verschiedener Autoren (...)".[55] Mit Gottfried Cremer, der in den 1960er Jahren eine bedeutende Sammlung moderner Keramik aufbaute und für diese 1971 die Galerie „Keramion"[56] in Frechen errichten ließ, arbeiteten Hinder und Reimers seit 1961 zusammen. Damals erwarb er bei ihnen – kurz bevor sie in Deidesheim sesshaft wurden – seinen ersten Crumbiegel.[57]

Es ist faszinierend, heute Hinders Skizzen zu lesen. Sie sind zeitgemäß, der Bildteil dominiert. In der „Keramischen Zeitschrift", einer technisch-wissenschaftlichen Fachzeitschrift, dem Organ der keramischen Industrie, stößt man zwischen Berichten zu Forschung und Technik, über industrielle Herstellungsmethoden und Verfahren mit technischen Abbildungen, Firmenporträts und Unternehmensmitteilungen auf die Rubrik „FORM und DEKOR". Titel wie „Vom Bauerntöpfer zum Kunsthandwerker oder Töpferei im Wandel der Zeiten",[58] großformatige Abbildungen – z.B. einer Bodenvase von Beate Kuhn oder Abbildungsblocks mit Keramiken von Antje Brüggemann, Ingeborg und Bruno Asshoff, Walter Popp und einem irdenen Fleischbräter der Werkstatt Renner-

Sommer aus Thurnau – halten das Auge fest, fesseln. Die begrenzte Anschlagzahl zwang zu knappen, präzisen Formulierungen, mit denen der interessierte Laie am Thema gehalten wurde. Und er blieb am Thema, ob es sich z.B. um „Ruth Koppenhöfer – eine Pfälzer Töpferin“[59] und Bampi-Schülerin, ihre Gefäßformen und Glasurleistungen (Abb. Inv. -703, -710), oder um das „Plädoyer für die einfache Form“ oder die „Plastiken von der Töpferscheibe“[60] handelte. Es sind Aufsätze, in denen Hinder über aktuelle Prozesse informiert, Stellung bezieht und das Geschriebene durch entsprechende Fotografien illustriert. Und immer wird Hinders pädagogischer Impetus deutlich: das Bemühen um den Laien, um den der Kunst Fernstehenden, den es zu erreichen gilt.

Der Promotor berichtet als Zeitzeuge über den sich seit den 1960er und 1970er Jahren vollziehenden Wandel in der formalen Auffassung der modernen Keramik und dokumentiert diesen zugleich durch seine Sammlung: Die freien skulpturalen Arbeiten der Schüler Walter Popps und anderer sind hier ebenso vertreten wie Gefäßplastiken von Beate Kuhn und künstlerisch gestaltete Gefäßkeramik zum Beispiel aus den Werkstätten der Asshoffs, von Karl und Ursula Scheid, Margarete Schott, Gotlind und Gerald Weigel, Signe Pistorius-Lehmann und Klaus Lehmann, um nur einige zu nennen.[61] Nicht nur einzelne Arbeiten der jeweiligen Protagonisten, sondern Werkreihen schildern jeweils die stilistische Entwicklung.[62] Dass die Sammlung des Museums für moderne Keramik durchaus – wie jede Sammlung – die subjektive Sicht ihres Schöpfers, des Sammlers, spiegelt, erklärt auch, warum mancher Leser vielleicht den Namen eines von ihm geschätzten Keramikers vermissen wird.

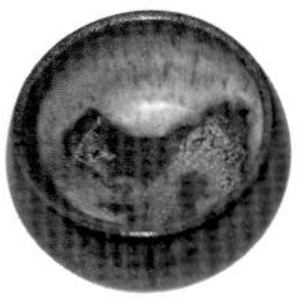

703

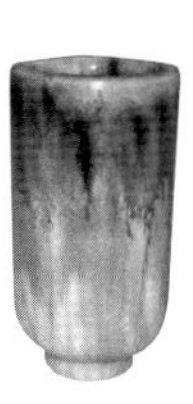

710

Deidesheim – Stadtmauergasse

Lotte Reimers eröffnete am 23.10.1977 – gut anderthalb Jahre nach Jakob Wilhelm Hinders Tod – das Museum für moderne Keramik in der Deidesheimer Stadtmauergasse. 1.100 Keramiken – die Hinder als den inneren Kern seiner Sammlung bezeichnete[63] – hatten in dem alten Winzerhaus mit dem großen Gewölbekeller eine neue Heimstatt gefunden. Bruno Asshoff wünschte als Stellvertreter der Töpfer in seiner Eröffnungsrede für die weitere Entwicklung der Sammlung unter der Ägide von Lotte Reimers, „(...) dass ihr die Gelegenheit gegeben wird, diese Sammlung, die überwiegend Keramiken des dritten Viertels dieses Jahrhunderts enthält, auch den Arbeiten vieler begabter junger Töpfer zu öffnen. Denn mit ihnen, die das Gesicht des letzten Viertel-Jahrhunderts mit ihren keramischen Objekten, vielleicht auch Scheiben-Gefäßkeramik bestimmen werden, würde diese Sammlung so erweitert, dass sie für Europa einzigartig und für die gesamte keramische Welt einen außerordentlichen kulturellen Beitrag bedeuten würde“. Dass Lotte Reimers bereits während der Reisetätigkeit als Mitarbeiterin des „Wandergaleristen“ und in der gemeinsamen Deidesheimer Zeit als kongeniale Partnerin Hinders adäquat im Hintergrund wirkte, befähigte sie in der Notzeit nach Hinders Tod zu der beinahe unmöglich scheinenden Rettung der Sammlung. Die Stadt Deidesheim, Hinders „Sammlergemeinde“, Freunde der Keramik und die Keramiker unterstützten Lotte

[59] Hinder 1966c.
[60] Hinder 1969h; Hinder 1970c.
[61] S. hierzu auch Klinge 1978, S. 323–326.
[62] S. zu den genannten Künstlern den Katalog der Sammlung mit Abbildungen = Vetter 1997b.
[63] S. hierzu Eröffnungsvortrag von Bruno Asshoff (als Vertreter der Töpfer) vom 23.10.1977 (Archiv der Lotte Reimers-Stiftung), S. 46ff.
[64] Für das erste Jahr (1977/78) nach der Wiedereröffnung weist das Gästebuch neben Einzelbesuchern 57 Gruppenführungen aus. Zu den Besuchern aus Deutschland kamen Besucher aus 21 Nationen (Europa und Übersee).
[65] S. hierzu die Chronik der Ausstellungstätigkeit, S. 37ff.
[66] Katalog München-Neuperlach 1979.
[67] S. hierzu S. 37ff.

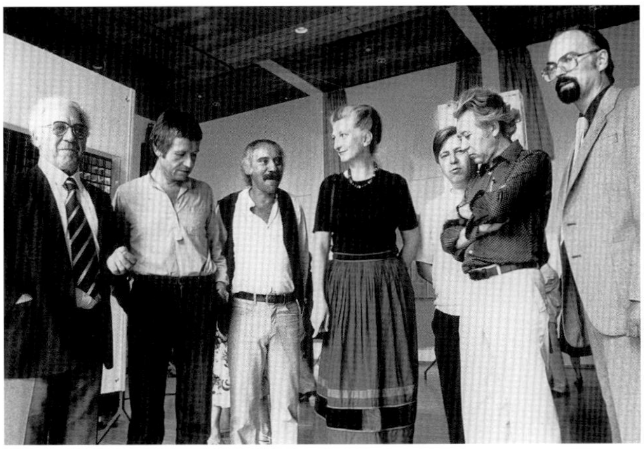

Eröffnung der Ausstellung des „Deidesheimer Künstlerkreises" 1982 mit dem Bildhauer Prof. Adolf Luther (links außen)
Foto: Archiv LR-Stiftung

Reimers und übertrugen auf sie das bereits Hinder entgegengebrachte Vertrauen. Sie schlossen sich im Verein Museum für moderne Keramik Deidesheim zusammen.

Die Keramikerin mit der unverwechselbaren Handschrift und dem sicheren Blick für Qualität prägte die Deidesheimer Museumssammlung während der 16 Jahre ihrer Leitung durch ihre Erwerbungen und setzte Akzente, die zugleich ihre Galeristentätigkeit dokumentieren. Die Mittel, die ihr dafür zur Verfügung standen, waren ähnlich begrenzt wie zu der Zeit mit Jakob Wilhelm Hinder, nur trug sie jetzt Verantwortung und Arbeit allein. Ästhetisch anspruchsvoll präsentierte Lotte Reimers in dem alten Winzerhaus auf drei Ebenen Museumssammlung und Galerie. Wie zu Hinders Zeiten wurden Besucher betreut und Gruppen geführt. Das bundesdeutsche und internationale Interesse an der Deidesheimer Museumssammlung blieb ungebrochen, die Institution Museum als Wirtschaftsfaktor für die Region erhalten.[64] Junge Keramiker wurden gefördert, ihre Arbeiten in der Galerie und in Sonderausstellungen gezeigt. Ausländische Keramiker erhielten in Deidesheim ein Forum, auf dem sie ihre Arbeiten dem deutschen Publikum vorstellen konnten. Dazu informierte Lotte Reimers über Entwicklungen und Tendenzen in den Werkstätten der etablierten Kollegen.

Begleiter ihrer Aktivitäten waren die Freunde des „Deidesheimer Künstlerkreises", deren „Mittwochtreffs" fortbestanden und Interessierte aus der Region und darüber hinaus anzogen. Deren jährliche Übersichtsausstellungen, zu denen jeweils ein Gast von außerhalb eingeladen wurde, so zum Beispiel 1982 der Bildhauer Adolf Luther, blieben ein „Highlight" unter den Kunstausstellungen in der Region.

Lotte Reimers forcierte die bereits zu Hinders Zeiten begonnenen Einzel- bzw. Sonderausstellungen.[65] Bis 1993 spiegelte sich das aktuelle keramische Geschehen Westdeutschlands und des europäischen Auslands in 57 Sonderausstellungen, die jeweils von Dia-Vorträgen der ausstellenden Künstler begleitet wurden. Es begann 1979: Im Kunstzentrum No. 66 in München-Neuperlach zeigte Lotte Reimers die erste Sonder-Ausstellung außerhalb des Museums für moderne Keramik: „Deutsche Keramik der Gegenwart".[66] 66 Exponate – Gefäße, Objekte und Reliefs – führender westdeutscher Keramiker, mit denen Hinder und Reimers seit langem zusammenarbeiteten, dokumentierten die moderne Keramik auf der Höhe der Zeit. Parallel dazu zeigte sie in Deidesheim „Gefäße – Plastiken – Reliefs – Neue Arbeiten von Signe Lehmann-Pistorius". Noch im selben Jahr folgte die Übersicht „Reinhold Rieckmann – Gefäße und Objekte".

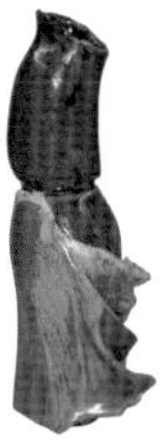

858

Das Konzept war konsequent, in Deidesheim wurde aktuelle keramische Kunst bester Qualität anspruchsvoll präsentiert und vermittelt. Wichtige Arbeiten aus der jeweiligen Ausstellung, so zum Beispiel die Plastik „Faltentorso" (Abb. Inv. -858) von Signe Pistorius-Lehmann oder der „Wandteller" von Reinhold Rieckmann aus einer späteren Präsentation, wurden sofort in die Museumssammlung integriert. Die Aufstellung „Ausstellungstätigkeit"[67] zeigt, dass Lotte Reimers dieses Programm

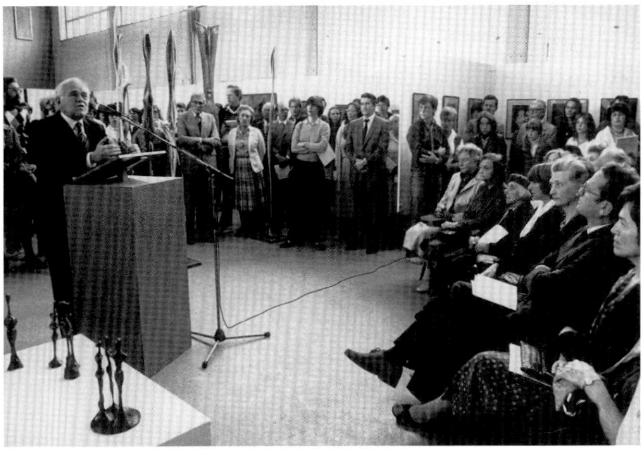

Eröffnung der Ausstellung des „Deidesheimer Künstlerkreises" durch Prof. Dr. Berthold Roland, Deidesheim, 1980
Foto: Bernd Franck

von Jahr zu Jahr ausweitete[68] und dass sie ab 1981 mit der Engländerin Gillian Still, den Dänen Heidi Guthmann Birck und Aage Birck und dem Schweizer Jean-Claude de Crousaz das „Fenster nach Europa" öffnete. Auch aus diesen Ausstellungen kaufte sie beispielhafte Arbeiten für die Museumssammlung an.

Der sich seit den 1970er Jahren immer deutlicher abzeichnende Trend zu Objekt, Gefäßplastik und Skulptur wird in Sonderausstellungen und Ankäufen offensichtlich: 45 der Ausstellungen hatten überwiegend Gefäßplastik, Objekt und Plastik zum Thema, zwölf das Gefäß. Für die Museumssammlung bedeutete das, dass von Lotte Reimers die Entwicklung in Westdeutschland dokumentiert wurde, indem sie die bereits von Hinder vertretenen Kollegen einlud, ihre neuen Arbeiten zu präsentieren. Diesem Vorgehen verdankt die Museumssammlung, dass von „etablierten" Keramikern, die bereits durch Werkreihen vertreten waren wie zum Beispiel Ingeborg und Bruno Asshoff, Karl und Ursula Scheid, Beate Kuhn (Abb. Inv. -757), Gotlind (Abb. Inv. -1.531) und Gerald Weigel und Görge Hohlt (Abb. Inv. -603), zur Komplettierung der Bandbreite des Gesamtwerks einzelne, exemplarische Arbeiten, die neue Ansätze zeigen, erworben wurden (s. hierzu Werkverzeichnis S. 124–240). Das gleiche gilt auch mit Ausnahmen für Vertreter der „Kasseler Schule". So wurden die für das Werk Robert Sturms – ausgelöst durch das Symposium von Kecskemét – neuen

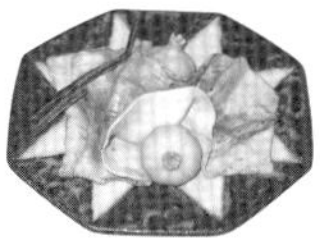

312

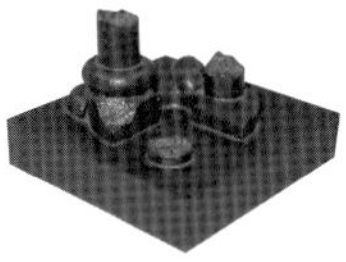

1.168

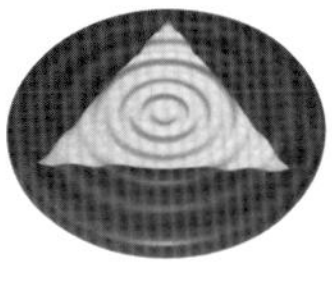

1.193

Plastiken und Helmköpfe (Inv. -1.429) für die Museumssammlung ebenso erworben wie Antje Brüggemanns Objekt „Stilllebenteller" (Abb. Inv. -312) als Beispiel für eine neue Richtung in ihrem Werk.

Von Reinhold Rieckmann, dessen plastisches Œuvre in den 1970er und 1980er Jahren u.a. durch den Themenkreis „Architekturformen und ihre Symbolik" (Abb. Inv. -1.168) oder durch in Trompe-l'œil-Manier (Abb. Inv. -1.193) verfremdete Oberflächen eine spannende Erweiterung erfuhr, sind diese Arbeiten in bewährter Weise dokumentiert. Das gilt auch für seine Gefäßplastiken mit den durch unterschiedliche Reserveverfahren gestalteten Oberflächen.

Was für Robert Sturm berichtet wurde, trifft auch auf Fritz und Vera Vehring (Abb. Inv. -1.455, -1.464) zu: Objekte aus der von Lotte Reimers 1983 gezeigten großen Werkschau „nach Kecskemét"[69] mit rauen und schrundigen Oberflächen wurden in der Museumssammlung verankert (Abb. Inv. -1.457, -1.476).

Ein neuer Anfang wie der von Signe Pistorius-Lehmann ist auch von Klaus Lehmann dokumentiert. Seit Ende der 1970er Jahre erwarb Lotte Reimers charakteristische Objekte seines plastischen Œuvres (Abb. Inv. -829). Von Walther Stürmer, der in einer kleinen Werkschau 1980

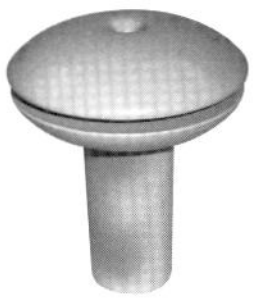

1.455

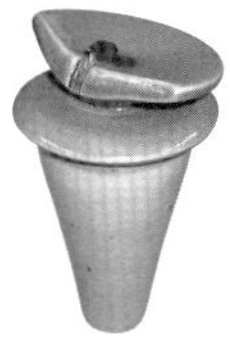

1.464

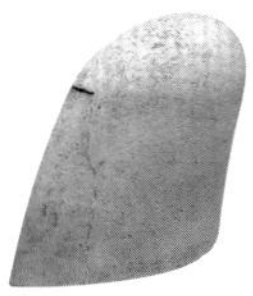

1.457

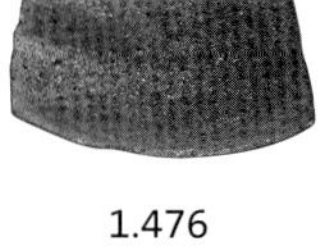

1.476

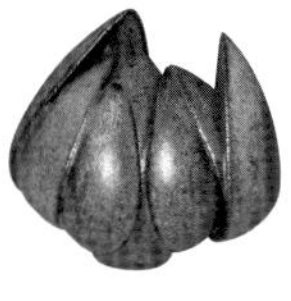

757

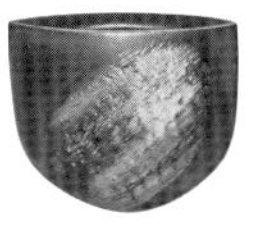

1.531

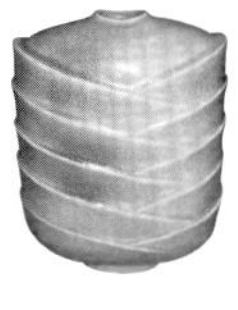

603

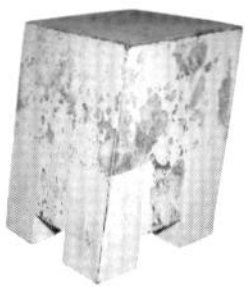

829

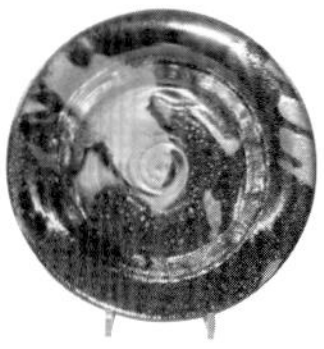

346

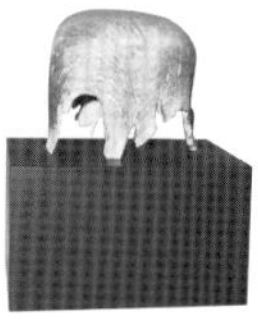

1.416

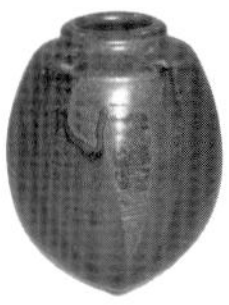

352

seine ersten Porzellane zeigte, ist diese neue Richtung im Beispiel des Objektes „Aufsteigende Kraft" (Abb. Inv. -1.416) vertreten.

Schon Rolf Overbergs doppelwandige Arbeiten aus den 1970er Jahren haben – obwohl noch Gebrauchsformen – Objektcharakter. Das „Aufgeschlagene Buch" (Abb. Inv.-939) aus der Ausstellung 1983 zeigt mit einem Abdruck von Buchseiten in schwarzem Manganton als Zentrum des Objekts eine Variante der konsequenten Weiterentwicklung zur Skulptur. Durch Volker Ellwangers kraftvoll neue Gefäßkeramiken, bei denen umlaufende Bänder – oft mit hellen Holzascheglasuren – das Körpervolumen akzentuierten, wurde die Aktualität der Gefäßtradition auch für die Museumssammlung festgehalten (Abb. Inv. -435, -438).

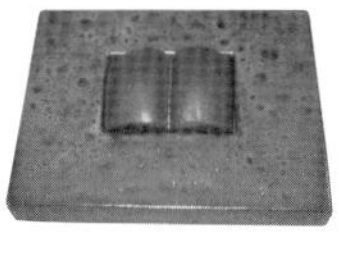

939

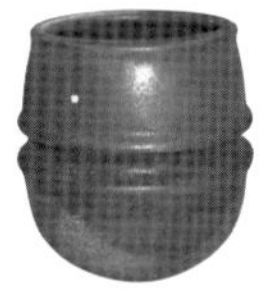

435

In der Gefäßtradition stehen auch Jürgen Rieckes Krüge und Vasen aus Duinger Steinzeugton. Raffinierte neue Farbigkeiten aus dem Salzbrand mit umlaufenden Dekoren verleihen diesen Körpern einen besonderen Touch. Die international zu beobachtende „Renaissance" dieser historischen Glasur aus Deutschland spiegelt sich auch in neuen Beispielen für Rieckes Meisterschaft in der Museumssammlung. Die haptisch, sinnliche Gefäßkunst Dorothea Chaberts – in Steinzeug und Porzellan, mit Lehm- und Aschenglasuren aus dem Noborigama oder oxidierend im Elektro-Ofen gebrannt, Europa und Japan verbindend – ist über einen Zeitraum von zehn Jahren in der Sammlung festgehalten (Abb. Inv. -346, -352).

Horst Kerstans frühen Gefäßen und Kummen – in der Glasurerfindung noch Bampi verpflichtet – folgten Vasenobjekte mit durch das Holzfeuer geprägter braunschwarzer oder olivgrün-metallen schimmernder Farbigkeit auf den teilweise mit Rillen und Ritzornamenten versehenen rauen Oberflächen (Abb. Inv. -638). Diese für die junge Generation reizvoll neue, an ostasiatischen Verfahrensweisen orientierte Richtung wurde von Lotte Reimers mit Arbeiten anderer junger Keramiker wie zum Beispiel den aus dem Kapselbrand stammenden Objekten von Ernst Pleuger (Abb. Inv. -946) angekauft und vermittelt. Lotte Reimers erwarb auch Steinzeuggefäße von Gerd Knäpper, dessen Formen mit rotgebrannten oder mit Wachsausspar-Ornament gestalteten Wandungen japanische Töpfertradition vermitteln, jedoch Knäppers westliche Herkunft zumindest erahnen lassen (Abb. Inv. -692).[70]

Für die jungen Keramiker, die nach 1980 gut ausgebildet die Fachschulen verließen, war Deidesheim eine erste Anlaufstätte. Und Lotte Reimers zeigte nun die aktuellen Arbeiten derjenigen, deren Lehrer – wie zum

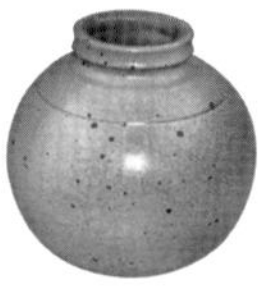

438

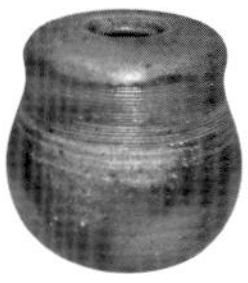

638

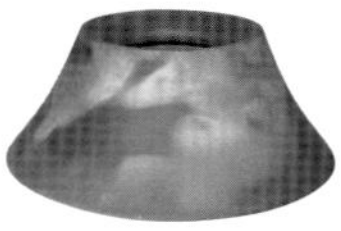

946

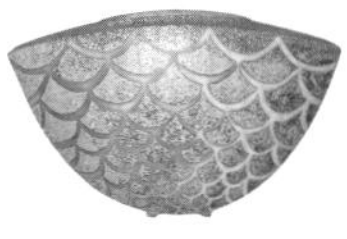

692

[68] Z.B. Ausstellungen ab 1980: 4; 1981: 7; 1982: 6; 1983: 7; 1984: 6; 1985 u. 1986: jeweils 5; 1987 u. 1988: jeweils 4.
[69] Vetter 1997b, S. 135–137 und 139–141.
[70] Die von dem seit 1967 in Japan ausgebildeten und dort lebenden Keramiker auf der Gesamtjapanischen Keramik-Biennale 1971 eingereichte Schale wurde mit der Begründung preisgekrönt, es sei „ein Werk, das am echtesten den künstlerischen Geist Japans zum Ausdruck bringt" (Ulrich Gertz).

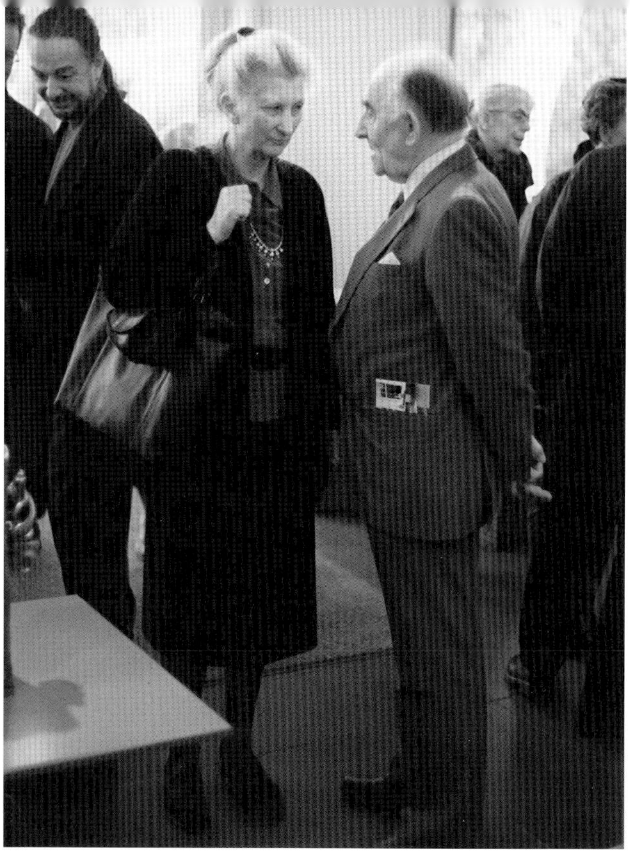

Lotte Reimers und David Leach in der Galerie Heller, Heidelberg, 1998
Foto: Archiv LR-Stiftung

Beispiel Dieter Crumbiegel – damals mit ihren neuen Arbeiten zu Hinder kamen. Von Thomas Naethe, frisch von der Meisterschule in Höhr-Grenzhausen „ins Leben entlassen", waren jüngst entstandene Gefäßformen – oft doppelwandig – aus dem Salzbrand mit raffinierten Glasuren und frei gelassenen Partien in einer kleinen Werkschau zu sehen. Auch seine späteren puristisch anmutenden Gefäß-Entwicklungen (Abb. Inv. -920) wurden durch Lotte Reimers dokumentiert. Plastische Arbeiten wie die aus unterschiedlichen Plattenformaten montierten Büsten oder Gewandformen von Rita Ternes (Abb. Inv. -1.441) mit farblich kontrastierend engobierten, körnigen Oberflächen zeigten neue formale Ansätze.

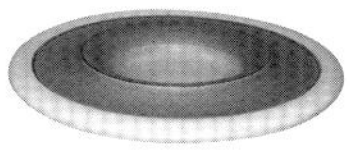

920

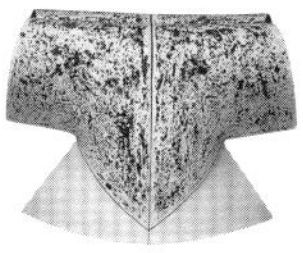

1.441

Das Fenster nach außen

Den Ausblick über die Grenzen, nach Europa und Übersee, zu dokumentieren war nicht die Intention dieser anspruchsvollen privaten Vorbild-Sammlung mit ihrer auf Deutschland ausgerichteten Galerietätigkeit, die ihren Ursprung dem Ziel verdankte, die Volkskunst zu retten und traditionelle Töpfereien und Handwerkstechniken zu unterstützen. Das europäische Geschehen in der keramischen Kunst wurde jedoch seit langem aufmerksam verfolgt. „A Potter's Book" von Bernard Leach wurde durch Lotte Reimers in Teilen für Hinder übersetzt und auch die Verbindung zu Bernard Leach aufgenommen. Aus dieser Zeit – den 1950er Jahren – stammen die beiden Arbeiten von Bernard Leach und seiner Werkstatt, eine Vierkant-Flasche in Steinzeug mit Temmoku-Glasur und geritztem Ornament auf den Breitseiten (Abb. Inv. -787) und eine Schale; später kam eine Vase von David Leach (Abb. Inv. -789) hinzu. Freundschaftliche Kontakte, durch Karl Scheid eingeleitet, bestanden zum Beispiel zu Henry Rothschild, dem Inhaber der Primavera Gallery in London und Cambridge, der englische Keramik auf den Kontinent brachte und die englische Übersetzung der Einführung zu ihrem Buch „Moderne Keramik aus Deutschland" übernahm. Die Deidesheimer Gästebücher informieren über das rege Interesse an der Sammlung, die ausländischen Besuchern und Museumsleuten als Informationsbörse über die deutsche Keramik diente. Neben den deutschen Fachschulen kamen auch die aus dem benachbarten Ausland, so zum Beispiel 1971 die Keramik-Klasse der École des Beaux Arts aus Genf unter der Leitung von Philippe Lambercy.

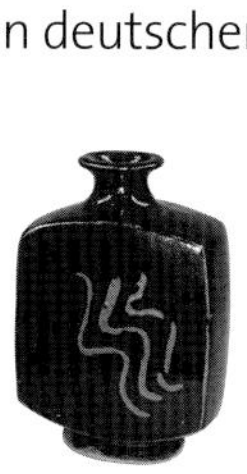

787

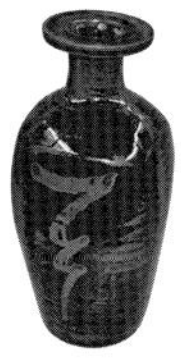

789

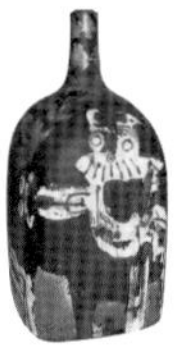

1.022

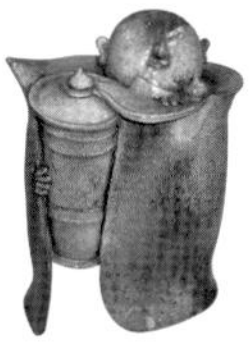

1.213

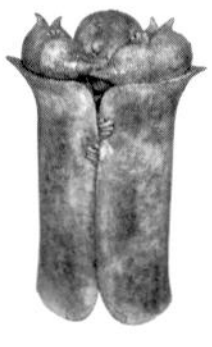

1.211

Zu dem kleinen eindrucksvollen Bestand internationaler Beispiele gehören u.a. Arbeiten von Gilbert Portanier aus den 1950er Jahren, darunter eine eckige Fayence-Vase mit von Picasso inspirierter Malerei in Weiß, Grün und Graugrün auf schwarzmattem Untergrund (Abb. Inv. -1.022). In den frühen 1970er Jahren entstanden die skurrilen Plastiken von Helena Samohelová aus Prag, die ein keramisches Pendant zu Arbeiten der der „ars phantastica" verpflichteten Maler des „Deidesheimer Künstlerkreises" sein könnten. Die figuralen Objekte „Mann mit Kaffeemühle" (Abb. Inv. -1.213) oder „Frau mit Ratten und Vögeln" (Abb. Inv. -1.211) sind Beispiele für den positiven Einfluss der Prager Kunstgewerbeschule auf die Ausbildung am dortigen keramischen Atelier unter Otto Eckert.[71] Abgerundet wird die Kollektion Jakob Wilhelm Hinders durch Objekte der amerikanischen Bildhauerin Ruth Duckworth aus den frühen 1970er Jahren in Porzellan und salzglasiertem Steinzeug. Es sind zweckfreie, gebaute Gefäße auf kleinen sockelähnlichen Füßen, Körper mit dünnen, raumausschließenden Wandungen von eindrucksvoller plastischer Wirkung (Abb. Inv. -400, -403).

Nachdem Lotte Reimers zusätzlich zur Museumsbetreuung und dem eigenen keramischen Arbeiten 1979 ihre galeristische „Tour de Force" begonnen hatte, waren zum Beispiel im Jahr 1981 von sieben Sonderausstellungen bereits drei Ausstellungen ausländischen Keramikern gewidmet. Dehnt man diese eher statistische Betrachtung auf die Gesamtzeit ihrer Galerietätigkeit aus, so galt ein Drittel ihrer 14 Jahre währenden Tätigkeit als „Einfraubetrieb" den ausländischen Kollegen.[72] Da Lotte Reimers auch bei diesen Ausstellungen und darüber hinaus vorbildliche Arbeiten für die Museumssammlung ankaufte, entstand ein neuer Schwerpunkt. Punktuell soll im Folgenden auf einige Themen eingegangen werden.

Die ersten drei Ausstellungen ausländischer Keramiker im Jahr 1981 zeigten denn auch die Länder, aus denen Künstler öfters mit ihren Arbeiten in Deidesheim zu sehen waren: England, Dänemark und die Schweiz. Dazu kamen Präsentationen von Keramikern aus Belgien, Schweden, Österreich, Tschechien, Südafrika, Korea und Japan. Dabei ist anzumerken, dass alle von Lotte Reimers vorgestellten Künstler mit ihren in der Sammlung vertretenen Werken keine Schulen im traditionellen Sinn repräsentieren. Grenzen gibt es in der Keramik nicht, Keramiker arbeiten gemeinsam auf Symposien, verbringen Studienaufenthalte im Ausland, verlegen wie zum Beispiel die Engländerin Mary White ihre Werkstatt nach Deutschland oder führen wie Alan Baxter Werkstatt und Keramikschule in Frankreich. Es sind Gefäße, Objekte und Skulpturen, gedreht, gebaut und montiert, ausgeführt in Porzellan, Steinzeug und Raku-Technik, ausschließlich von der persönlichen Handschrift des jeweiligen Keramikers geprägt.

Thema der ersten Ausstellung ausländischer Keramik 1981 waren die Porzellanskulpturen der Bildhauerin Gillian Still, deren spontane unkonventionelle Umset-

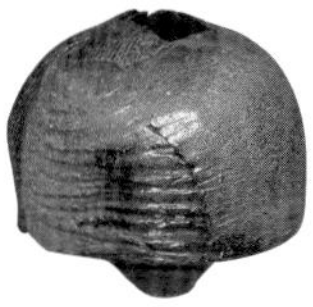

400

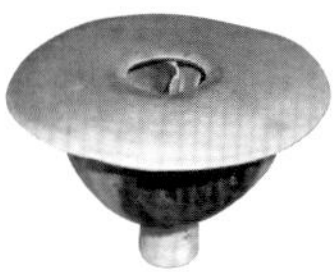

403

[71] Tučná 1979, S. 532–533.
[72] Hierzu ist anzumerken, dass Lotte Reimers 1989 krankheitsbedingt das Museum schließen musste und in diesem Jahr keine Sonderausstellungen durchführen konnte. Auch in den Jahren 1990 bis 1993 blieb das Museum geschlossen. Lotte Reimers zeigte während dieser Zeit noch sechs Sonderausstellungen, von denen drei den Kollegen gewidmet waren. Am 14.7.1991 wurde im Herrschaftshaus des Weingutes Reichsrat von Buhl, Weinstraße 16 in Deidesheim, durch den Museumsverein und die Stadt Deidesheim eine Zweigstelle des Museums für moderne Keramik eröffnet. Dort waren bis zur Übernahme durch das Land Rheinland-Pfalz 138 ausgewählte Exponate aus der Museumssammlung zu sehen.

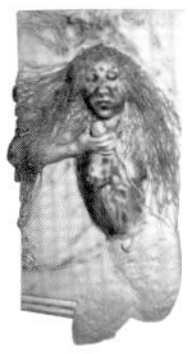

1.389

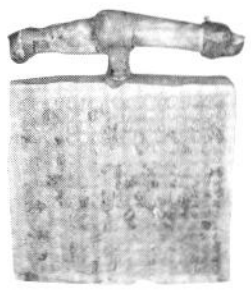

1.373

zung alltäglicher Themen fasziniert (Abb. Inv. -1.389). Das bildhauerische Schaffen in Porzellan von Gillian Still war in den folgenden Jahren noch einige Male Ausstellungsthema in Deidesheim. 1983 zeigte Lotte Reimers „Plastische Arbeiten" von Peter Simpson, der für sein von Landschaft inspiriertes Werk „Ocmic Menhir" (Abb. Inv. -1.373) Steinzeug mit Porzellan kombinierte.

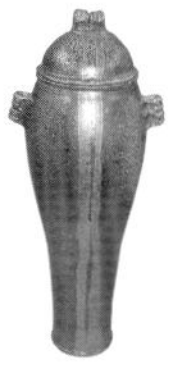

209

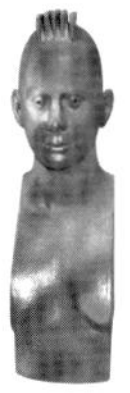

222

Die nächste Ausstellung im Jahr 1981 war der Salzglasur und dem Raku gewidmet. Die dänischen Künstler Aage Birck und Heidi Guthmann Birck verknüpften alte europäische Tradition mit ostasiatischer Technik. Der hohe Deckeltopf mit Ösen und Längsstreifen auf der Wandung von Aage Birck (Abb. Inv. -209) entspricht in Form und Dekor dem Hinder'schen Credo: eine zeitgenössische bzw. moderne Form, hier eine Gefäßplastik, aus dem traditionellen Salzbrand. Heidi Guthmann Birck folgte damals mit ihren Reliefs „Gesichter" in Rakutechnik demselben Prinzip. Sie ist mit Arbeiten wie der Plastik „Punkerin" (Abb. Inv. -222) – Steinzeug mit Salzglasur – den Schritt von der Wand in den Raum gegangen und hat diesen neuen Ansatz konsequent weiterverfolgt. Lotte Reimers hat den Weg der beiden Bircks mit weiteren Ausstellungen begleitet und zeigte in Sonderausstellungen auch noch Arbeiten anderer dänischer Keramiker.[73]

Gefäßen und Gefäßplastiken des Schweizers Jean-Claude de Crousaz galt die dritte Ausstellung ausländischer Keramik 1981. Von seinen Arbeiten sind die mit meisterlichem Pinselduktus gestalteten, zum Teil Textiles suggerierenden Platten und Teller (Abb. Inv. -363) nicht weniger originell als die mit dem in vielen Variationen immer wiederkehrenden Motiv „Huhn". Seine gedrehten und gebauten Tierplastiken ergänzen die „Augenlust". 1986 zeigte der bekannte Meister der Genfer Schule noch einmal aktuelle Arbeiten in Deidesheim. Und auch Aline Favre hat ihre keramischen Wurzeln in Genf. Die aus verschiedenartigen Tonmassen gedrehten, auf der Töpferscheibe montierten oder aus Platten gebauten, in unterschiedlichen keramischen Techniken gebrannten Objekte (Abb. Inv. -482)[74] hatten in der Deidesheimer Ausstellung „Bewegung" zum Thema.

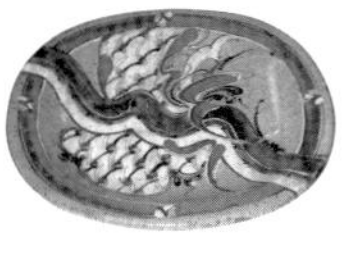

363

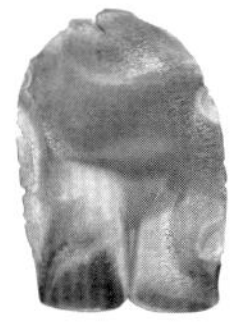

482

Die Vielfalt in der unterschiedlichen Betrachtung von Bewegung ist auch an der Gefäßplastik der Engländerin Joanna Constantinidis (Abb. Inv. -356), am Relief mit Fußabdruck der Schwedin Ulla Viotti (Abb. Inv. -1.484)[75] oder an der dreiteiligen, beweglichen Form des Schweizers Aschi Rüfenacht (Abb. Inv. -1.209) zu studieren. Die Vermutung liegt nahe, dass die Porzellanplastik von Jindra Viková aus Tschechien, die Porzellanbüste einer jungen Frau mit einer helmartigen, textilen Kopfbedeckung und dem Titel „Situation I" (Abb. Inv. -1.483),[76] auch in diesem Themenbereich angesiedelt ist. Im Werk des Belgiers Frank Steyaert finden sich in dem Motiv des Bootes zwei Darstellungen hierfür. Steyaert bemalte und besprühte die grünlichblaue Kugel-

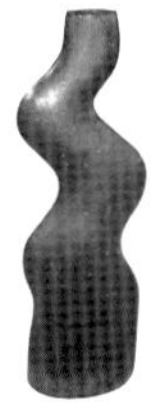

356

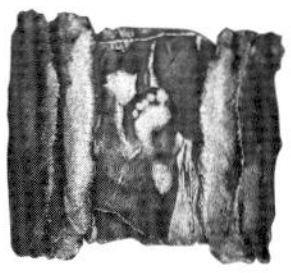

1.484

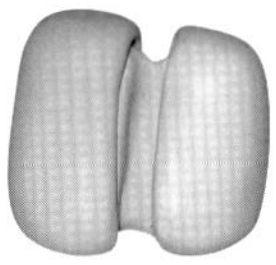

1.209

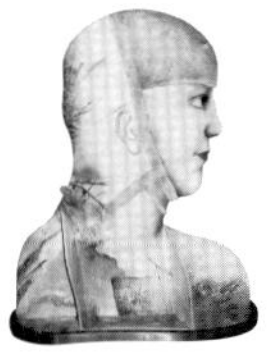

1.483

form mit goldenen, in halbkreisförmige Segmente einbeschriebenen, abstrahierten Schiffsmotiven (Abb. Inv. -1.385). Die Plastik „Boot“, in diesem Fall ein Fragment – das Ende einer Reise – (Abb. Inv. -1.386),[77] ist jedoch naturalistisch modelliert und montiert. Dieser Eindruck wird durch das Material, schwarzer Schamottescherben mit brauner und weißer Engobe, verfestigt.

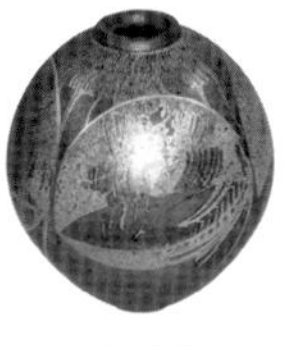
1.385

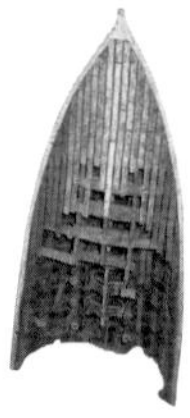
1.386

1982 zeigte Lotte Reimers Arbeiten der in Rheinhessen lebenden Mary White. Die gedrehten Gefäßobjekte in Porzellan mit den blütenrandartigen Öffnungen aus gebauten Elementen sind teilweise zart blaurosa glasiert (Abb. Inv. -1.552). Die Naturannäherung der Objekte bei Mary White ist auch der Kelchform von Sheila Fournier (Abb. Inv. -486) und dem von einem Blütenkranz eingefassten Schalenobjekt auf winzigem Fuß von Ursula Morley Price (Abb. Inv. -1.025) eigen. Ebenso ist diese Auffassung an dem Schälchen von Maria Stewart (Abb. Inv. -1.382) festzustellen. In die florale Richtung ging auch Elizabeth Raeburn mit dem Gefäß auf dem schlanken zylindrischen Sockel aus dem Rakubrand (Abb. Inv. -1.046). Die delikaten rosa-orangefarbenen Töne mit dem grünen Akzent assoziieren im schwingenden Öffnungsbereich eine tropische Blüte. Alle vier Künstlerinnen waren 1983 bei der von Henry Rothschild in Deidesheim arrangierten Übersichtsausstellung englischer Keramiker mit ihren Werken vertreten. Alan Baxter wählte eine andere Ausdrucksform. Er bemalte die körnige Oberfläche seiner offenen Becher (Abb. Inv. -197)[78] und Schalen aus mit Schamotte-Ton versetztem Steinzeug derart, dass Form und Dekor zum Landschaftsausschnitt werden. Andrew Walford ging das Naturthema auf seinen Gefäßen und Schalen in Anlehnung an ostasiatische Vorbilder an (Abb. Inv. -1.494), während Robin Welch (Abb. Inv. -1.533)[79] auf den Wandungen seiner spitzfüßigen Bechergefäße Natur durch

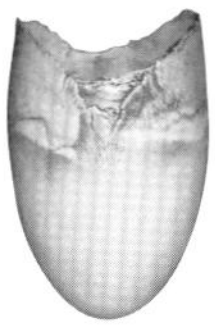
1.552

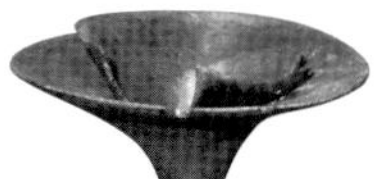
486

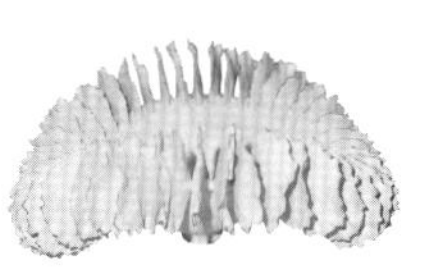
1.025

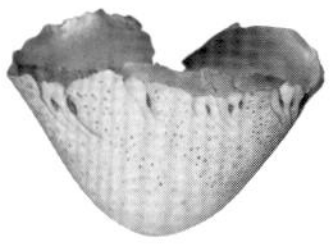
1.382

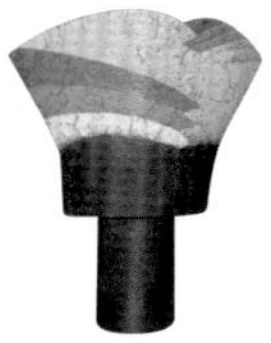
1.046

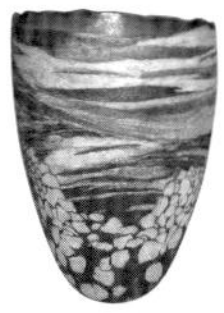
197

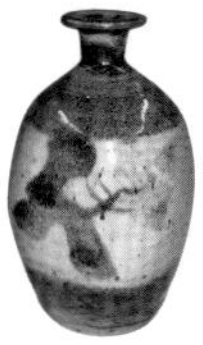
1.494

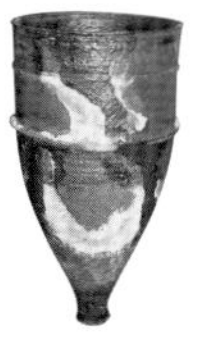
1.533

[73] S. hierzu Chronik der Ausstellungstätigkeit, S. 37ff.
[74] „Aline Favre – eine Schweizer Keramikerin“, 30.5.–21.6.1987.
[75] „Ulla Viotti – Schweden: Keramische Objekte“, 12.5.–1.6.1985.
[76] „Kontraste – Keramiken von Jindra Viková und Klaus Lehmann“, 11.9.–2.10.1988.
[77] „Frank Steyaert – Belgien: Gefäße und Plastiken“, 12.8.–1.9.1984.
[78] „Alan Baxter – England: Landschaftsimpressionen und textile Strukturen in keramischem Material“, 15.10.–4.11.1983.
[79] „Robin Welch, England, Steinzeug/Roma Babuniak: Porzellan“, 11.4.–26.4.1992.

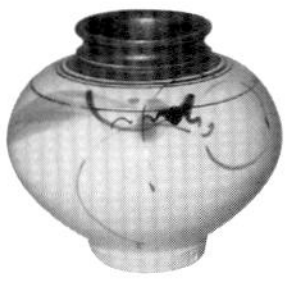

492

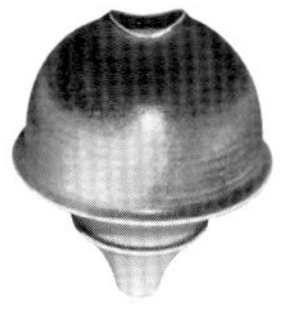

1.435

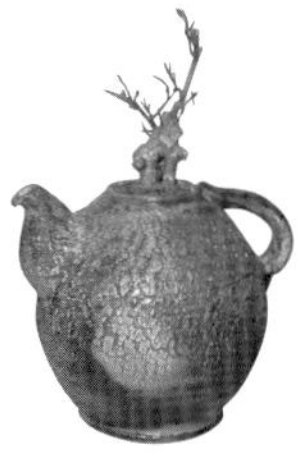

1.557

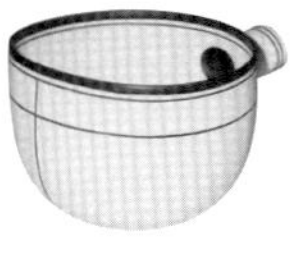

609

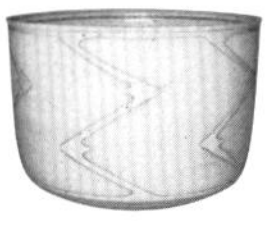

1.372

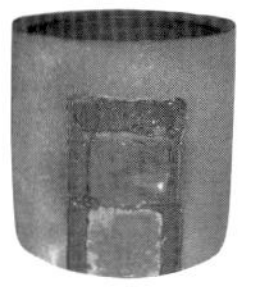

1.214

gegeneinandergesetzte Farbflächen in Grün, Weiß-, Ocker-, und Rottönen inszenierte. Der Australier Victor Greenaway abstrahierte das Blütenthema durch Pinselmalerei in Schwarz und Orange und einem Lüsterakzent auf weißem Porzellan (Abb. Inv. -492). Die Vielfalt der Bandbreite dieses Ansatzes zeigt die über einem spitzen Füßchen sich aufwölbende Blütenkapsel (Abb. Inv. -1.435) von Geoffrey Swindell und wurde durch Seung-Ho Yang auf die Spitze getrieben, indem er seinen Teekannen (Abb. Inv. -1.557),[80] deren schrundig-rissige Oberflächen bereits an Baumrinde erinnern, einen „Bonsai"-Deckel aufsetzte. Nicholas Homoky setzte mit seinem „Gefäß mit Stiel" (Abb. Inv. -609) den Kontrapunkt zu den Naturansätzen. Er „zeichnet" mit der schwarzen Einlegemasse so, dass die Linie Ornament und zugleich integraler Bestandteil der Form ist, Form pur. Geometrische, weiß glasierte Motive in Porzellan strukturieren umlaufend den rauen Schamottescherben des offenen Gefäßes von Alev Ebüzziya Siesbye in raffinierter Einfachheit (Abb. Inv. -1.372), während der in Ritz- und Reliefstruktur aufgetragene Dekor das geometrische Moment der offenen zylindrischen Form der Spanierin Carmen Sánchez Oroquieta betont (Abb. Inv. -1.214).

Der beschriebene Überblick spiegelt unterschiedliche Verfahren und Anliegen der keramischen Kunst. Ein Wechsel von Stilen und Strömungen wie in der Malerei und Bildhauerei dieser Zeit wird auch bei Formen und Oberflächen der Keramik deutlich. Dass die Keramik ihren „Platz bei den Künsten" hat, ein Zusammenhang von freier Kunst und Keramik besteht und die im zeitgenössischen Kontext auftretenden Strömungen im keramischen Material ihre spezifische Aussage erfahren, wurde an Beispielen aus der Sammlung von Jakob Wilhelm Hinder und Lotte Reimers bereits aufgezeigt.[81] Es ist das Verdienst beider Sammler, dies durch ihre Auswahl dokumentiert und sichtbar gemacht zu haben.

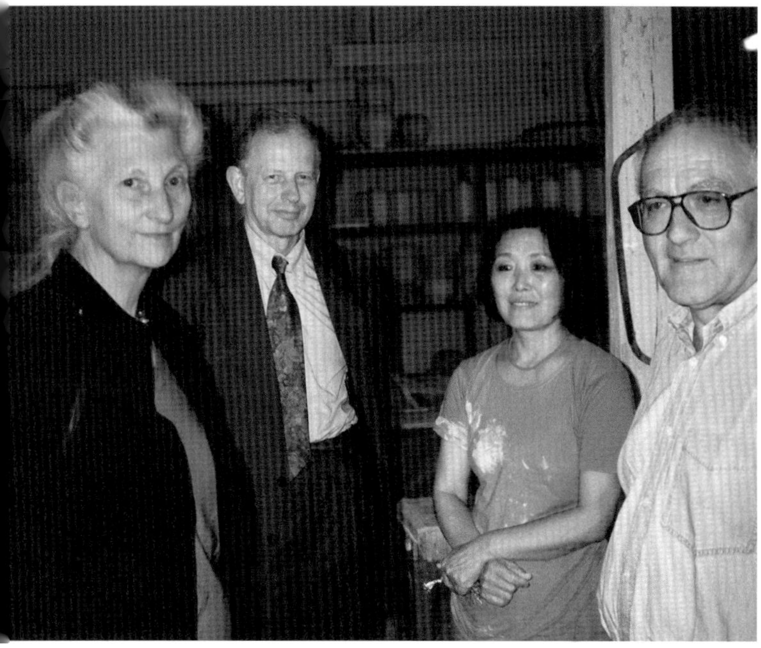

Lotte Reimers, Ulrich Philippi, und Wilfried Vetter mit Young-Yae Lee in ihrer Töpferei Margarethenhöhe Essen, 1990er Jahre
Foto: Ingrid Vetter

[80] „Roma Babuniak – Porzellan/ Seung-Ho Yang – Steinzeug", 9.10.–30.11.1988.
[81] S. hierzu Vetter 1997b.
[82] §2, Abs. 1, Stiftungssatzung vom 28.8.1996.
[83] S. hierzu Laudatio von Marlene Jochem zur Preisverleihung 2006, unveröff. Manuskript, Archiv Lotte Reimers-Stiftung, Deidesheim.

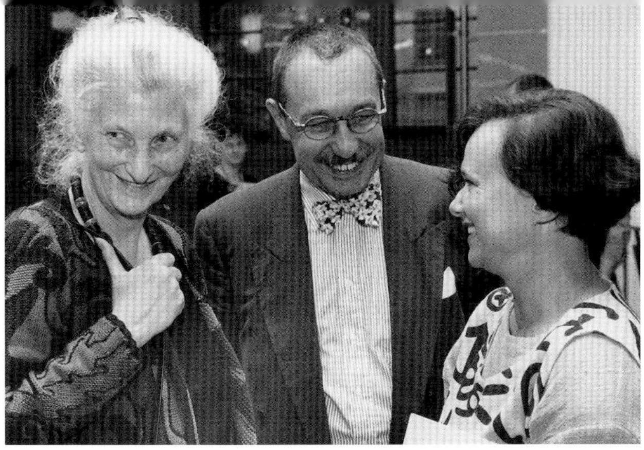

Ausstellungseröffnung „Reinhold Rieckmann: Keramik" 1998 im Grassimuseum Leipzig, Lotte Reimers, Dr. Bernd Goldmann und Direktorin Dr. Eva Maria Hoyer
Foto: Grassimuseum

Ausblick

Von der Sorge um die Zukunft des Museums befreit, errichtete Lotte Reimers im Herbst 1996 die Lotte Reimers-Stiftung zur weiteren langfristigen Förderung der keramischen Kunst „durch wissenschaftliche, publizistische, museale, galeristische und sonstige Arbeiten".[82] Dieses Ziel verfolgt die Stiftung durch vielerlei Maßnahmen, indem sie zum Beispiel Ausstellungen initiiert oder den Druck von Ausstellungskatalogen unterstützt. Darüber hinaus hat die Lotte Reimers-Stiftung in beachtlichem Umfang durch Schenkungen von Werken zeitgenössischer Keramikkünstler an Museen und öffentliche Sammlungen Lücken geschlossen oder neue Sammelimpulse gegeben. Sie zeichnet Künstler aus, die durch ihr besonders eigenständiges und konsequentes Schaffen in der keramischen Kunst eine herausragende Stellung einnehmen. Dieser in unregelmäßiger Folge verliehene Preis ist kein Preis, um den sich Künstler bewerben können, indem sie sich der Konkurrenz und einer Jury stellen. Der Preis versteht sich jedoch nicht nur als Ehrung für Geleistetes, sondern auch als Appell, auf diesem Weg weiterzugehen.[83] Bisher wurde er dreimal verliehen: 1997 an Beate Kuhn, 2003 an Rita Ternes und Thomas Naethe und 2006 an Reinhold Rieckmann.

Es bleibt zu wünschen, dass von der Sammlung des ehemaligen Museums für moderne Keramik und der Lotte Reimers-Stiftung weiterhin positive Signale für die

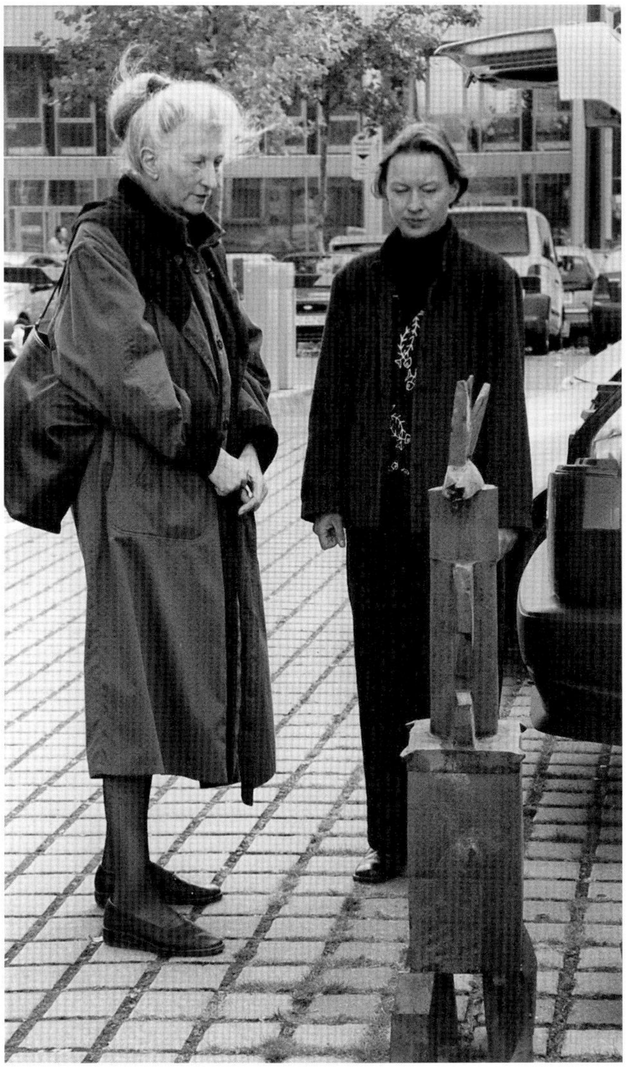

Lotte Reimers und die Keramikerin Renée Reichenbach in Magdeburg, 1999
Foto: Ingrid Vetter

Gespräch Dr. Olaf Thormann, Grassimuseum Leipzig, mit Lotte Reimers, Finissage der Studioausstellung „Lotte Reimers – Keramik aus drei Jahrzehnten", im Grassimuseum für Kunsthandwerk, Leipzig, 6.4.–20.6.2002
Foto: Grassimuseum

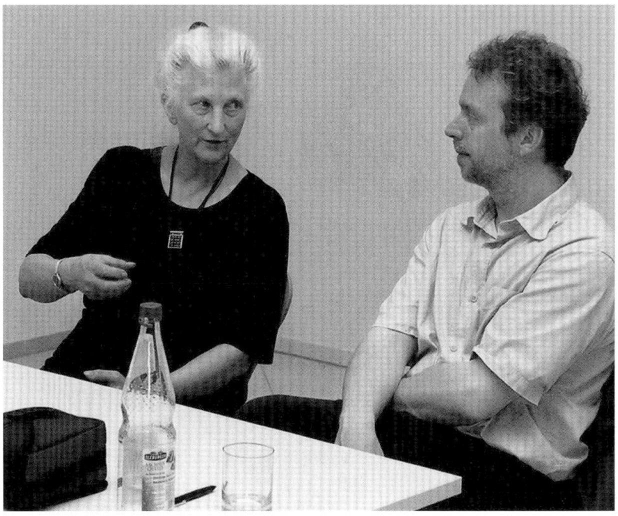

Arbeiten von Lotte Reimers, Stand der Handwerkskammer München auf der Handwerksmesse München 2005
Foto: Marianne Greune

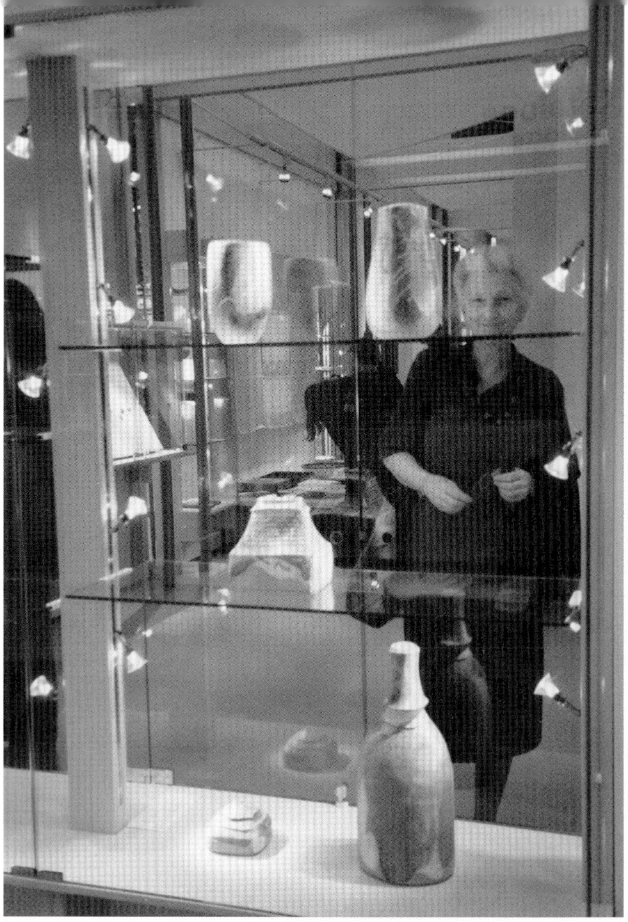

Entwicklung der modernen Keramik ausgehen, damit die von Ulrich Gertz 1975 umschriebenen Möglichkeiten des Arbeitens mit keramischem Material zu neuen, unverwechselbaren Aussagen führen mögen:

„Keramische Gestaltung als sinnlich erfahrenes Medium des humanen und kritischen Bewusstseins.

Keramische Gestaltung als Metapher eines spezifisch individuellen Verhaltens.

Keramische Gestaltung als Möglichkeit der Erkenntnis."[84]

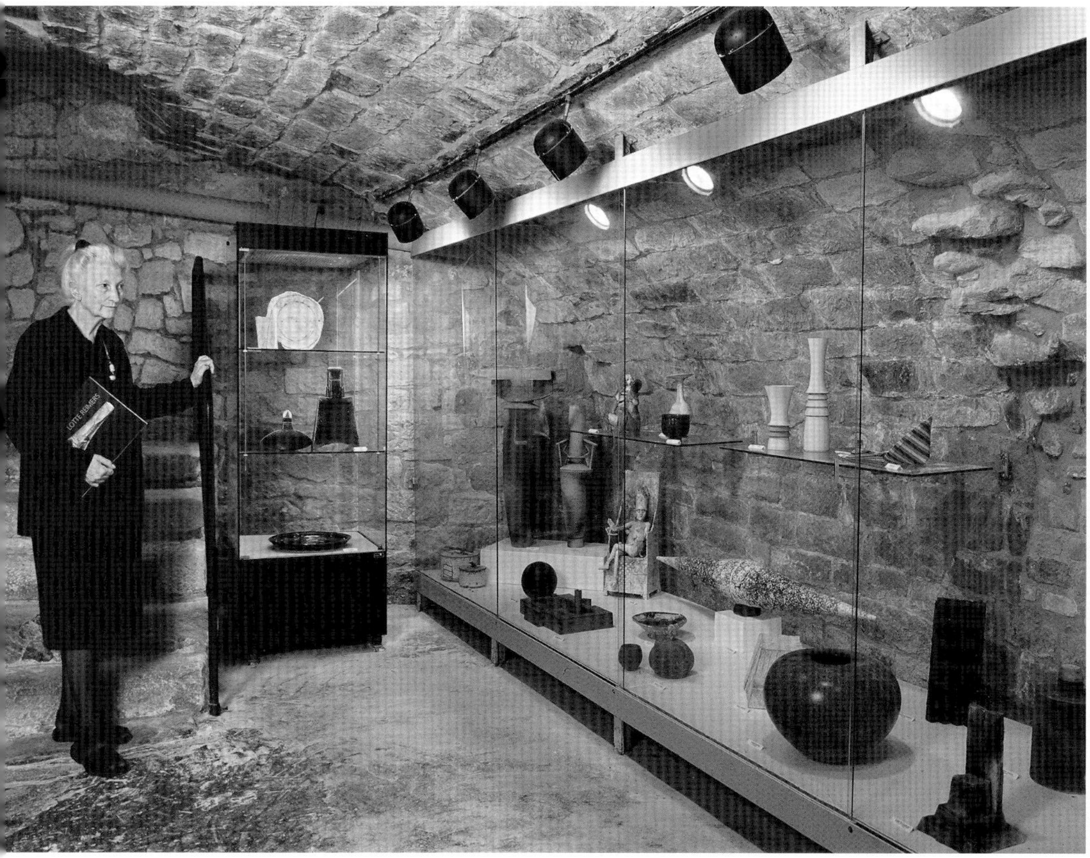

Lotte Reimers mit Objekten aus der Reimers-Stiftung im Gewölbekeller Stadtmauergasse 17, Deidesheim, 2006
Foto: Christian Grusa

[84] Gertz 1975, S. 6–8.

Chronik der Ausstellungstätigkeit (1951 bis 2002)

Jakob Wilhelm Hinder und Lotte Reimers, 1951 bis 1961[1]

Ein mit ergänzenden Anmerkungen von Lotte Reimers zu den jeweiligen Ausstellungsorten sowie der Darstellung von Organisation und Ablauf der Ausstellung mit Eröffnung an den wechselnden Orten versehener Überblick zur Reisetätigkeit von Jakob Wilhelm Hinder und Lotte Reimers findet sich in Vetter 1997b, S. 149–160.

Im Zeitraum von Ende 1951 bis Anfang 1952 gastierte die Ausstellung in Osterode, Bad Sachsa, Bad Lauterberg, Clausthal-Zellerfeld und im Schützenhaus in Braunlage, dem ersten Ort, den Lotte Reimers vorbereitet hatte.

13.4. – 23.4.1952
Bad Salzgitter, Eikelschule, Lotte Reimers hielt ihren ersten Vortrag.

26.4. – 7.5.1952
Salzgitter-Lebenstedt, Schule an der Schölke.

10.5. – 4.6.1952
Braunschweig, Herzog Anton Ulrich-Museum.

11.6. – 29.6.1952
Wolfsburg, Heimatmuseum und Goetheschule.

6.7. – 20.7.1952
Helmstedt, Aula des Juleums / ehemalige Universität.

27.7. – 10.8.1952
Bad Grund, Alte Volksschule.

13.8. – 29.8.1952
Hahnenklee, Lesesaal „Goldener Löwe", Kurhaus.

30.8. – 21.9.1952
Hildesheim, Staatsbauschule am Hohnsen.

28.9. – 5.10.1952
Springe am Deister, Alte Volksschule.

8.10. – 24.10.1952
Bad Münder, Kurhaus.

29.10. – 9.11.1952
Hameln, Klubhaus am Markt.

12.11. – 29.11.1952
Rinteln/Weser, Oberschule für Mädchen.

29.11. – 16.12.1952
Lemgo/Lippe, Gymnasium Rampendal.

4.1. – 14.1.1953
Detmold, Stadthalle am Schloßplatz.

25.1. – 8.2.1953
Bielefeld, Meisterschule am Sparrenberg.

15.2. – 25.2.1953
Enger, Krs. Herford, Widukindhaus.

8.3. – 18.3.1953
Bünde/Westf., Stadtgartensaal.

24.3. – 7.4.1953
Espelkamp-Mittwald, Krs. Lübbecke, Steilhof.

10.4. – 28.4.1953
Schloß Petershagen bei Minden.

3.5. – 13.5.1953
Bückeburg, Kreisberufsschule.

21.5. – 3.6.1953
Bad Salzuflen, Wandelhalle.

14.6. – 21.6.1953
Oerlinghausen bei Bielefeld, Stadthotel.

24.6. – 10.7.1953
Schötmar, Krs. Lippe, Schloß.

16.7. – 26.7.1953
Steinhude/Meer, Schule.

2.8. – 16.8.1953
Bad Pyrmont, Großes Palmenhaus.

23.8. – 6.9.1953
Bad Nenndorf, Schlößchen.

19.9. – 27.9.1953
Neustadt am Rübenberge, Bürgerhalle.

9.10. – 1.11.1953
Hannover-Herrenhausen, Galeriegebäude.

12.11. – 22.11.1953
Nienburg/Weser, Aula der Staatsbauschule.

1951

[1] Nach Aufzeichnungen von Bernhard Reimers, Vater von Lotte Reimers.

26.11. – 6.12.1953
Diepholz/Hannover, Turnhalle der Lübkemann-Volksschule.

3.1. – 17.1.1954
Herford, Heimatmuseum.

29.1. – 12.2.1954
Warendorf/Ems, Kreisheimatmuseum.

21.2. – 5.3.1954
Ahlen/Westf., Städtisches Gymnasium für Jungen, Zeichensaal.

8.3. – 30.3.1954
Oelde/Westf., Kolpinghaus (8.3. Besuch der Frankfurter Messe).

anschl. Beckum/Westf., Berufsschule Mühlstraße.

27.4. – 7.5.1954
Rietberg/Westf., Kolpinghaus.

danach Bad Lippspringe/ Deister, Sternkrug.

5.6. – 13.6.1954
Paderborn, Laurentiusheim am Hellweg.

24.6. – ... 1954
Geseke/Westf., Heimatmuseum.

25.7. – 16.8.1954
Lippstadt/Westf., Kreisheimatmuseum.

22.8. – 14.9.1954
Arnsberg/Westf., Landsberger Hof, Sauerländisches Heimatmuseum.

26.9. – 8.10.1954
Meschede/Westf., Volksschule Steinstraße.

... – 2.11.1954
Brilon-Stadt, Kath. Volksschule, Turnhalle.

9.11. – 18.11.1954
Bigge-Olsberg, Krs. Brilon, Schützenhalle.

28.11. – 12.12.1954
Frankenberg/Eder, Rathaushalle.

8.1. – 18.1.1955
Korbach/Waldeck, Stadthalle.

26.1. – 6.2.1955
Warburg/Westf., Müffertschule, Turnhalle.

10.2. – 2.3.1955
Wolfhagen, Bezirk Kassel, Mittelschule am Rosengarten.

13.3. – 27.3.1955
Fritzlar/Hessen, Stiftssaal am Dom.

3.4. – 17.4.1955
Homberg, Bezirk Kassel, Südschule.

20.4. – 11.5.1955
Eschwege, Bezirk Kassel, Bürgerknabenschule Humboldtstraße.

15.5. – 30.5.1955
Witzenhausen bei Kassel, Sommermannsgarten.

2.6. – 19.6.1955
Bad Hersfeld, Zunfthaus, Breitenstraße.

2.7. – 20.9.1955
Bad Salzschlirf, Kurhaus.

25.9. – 6.11.1955
Hannover-Herrenhausen, Galeriegebäude.

16.11. – 30.11.1955
Bad Münder/Deister, Rohmelbad (Schwimmbad).

11.12.1955 – 15.1.1956
Remscheid, Stadttheater.

1.2. – 1.3.1956
Velbert/Rheinland, Rathaus, Schloß- und Beschlägemuseum.

8.3. – ... 1956
Duisburg, Rheinisches Museum im Stadttheater.

4.5. – 27.5.1956
Mettmann, Bezirk Düsseldorf, Aula der katholischen Schule gegenüber dem Rathaus.

1.6. – 8.7.1956
Bad Salzuflen, Wandelhalle im Kurpark.

22.7. – 1.9.1956
Bad Salzschlirf, Altes Kurhaus.

13.9. – 17.11.1956
Solingen-Gräfrath, Deutsches Klingenmuseum.

23.11.1956 – 28.2.1957
Bochum,
Bergbaumuseum.

14.4. – 31.5.1957
Mönchengladbach,
Städtisches Museum
Schloß Rheydt.

Juni – August 1957
Hannover-Herrenhausen,
Orangeriegebäude.

6.9. – 20.10.1957
Wolfsburg, Heimatmuseum Goetheschule.

3.11. – 15.12.1957
Celle, Bomann-Museum.

5.1. – 31.3.1958
Göttingen, Städtisches Museum am Ritterplan.

20.4. – 26.5.1958
Schloß Corvey bei Höxter.

13.6. – 6.8.1958
Remscheid, Stadttheater.

23.9. – 6.11.1958
Aschaffenburg,
Frohsinngebäude in der Weissenburger Straße.

1.12. – 17.12.1958
Wiesbaden, Handwerkskammer.

5.1. – 28.2.1959
Ludwigshafen/Rhein,
Bürgermeister-Reichert-Haus.

Frühjahr 1959
In der Werkstatt Karl und Ursula Scheid: Hinder baute Bodenvase auf, Lotte Reimers' erste Drehversuche (ca. 70 Gefäße, die von Scheids mit deren eigenen Glasuren gebrannt wurden).

7.6. – 26.7.1959
Leverkusen-Wiesdorf,
Erholungsheim der Bayer-Werke.

4.8. – 15.11.1959
Solingen-Gräfrath, Deutsches Klingenmuseum.

26.11. – 22.12.1959
Wiesbaden, Handwerkskammer.

2.1. – 15.2.1960
Hanau, Goldschmiedehaus.

25.2. – 26.4.1960
Hannover-Herrenhausen,
Galeriegebäude.

22.5. – 15.7.1960
Bassum bei Bremen,
„Ehemaliges Altersheim".

30.7. – 24.9.1960
Hamburg-Harburg,
Knoopstr. 12–14, Helms-Museum.

13.10. – 24.11.1960
Mainz, Institut Français.

14.12.1960 – 28.1.1961
Koblenz, Kurfürstliches Schloß, Veranstalter:
Stadt Koblenz und Handwerkskammer.

5.3. – 3.4.1961
Deidesheim,
Winzerverein.

1961

Die Terminabsprachen umfassten noch folgende Ausstellungen:

23.4. – 4.6.1961
Kaiserslautern,
Handwerkskammer.

25.6. – 27.8.1961
Remscheid, Stadttheater.

Danach begann die Bauphase in Deidesheim, während der auch ständig weiter verkauft wurde. Im Frühjahr 1962 versandte Hinder an seine Anhängerschaft im In- und Ausland die Einladung, ihn in Deidesheim zu besuchen, wo er nach Jahrzehnten der Wanderschaft sesshaft geworden sei mit der ständigen Verkaufsausstellung und dem im Bau befindlichen Museum.

Museum für moderne Keramik, Deidesheim, 1961 bis 1993

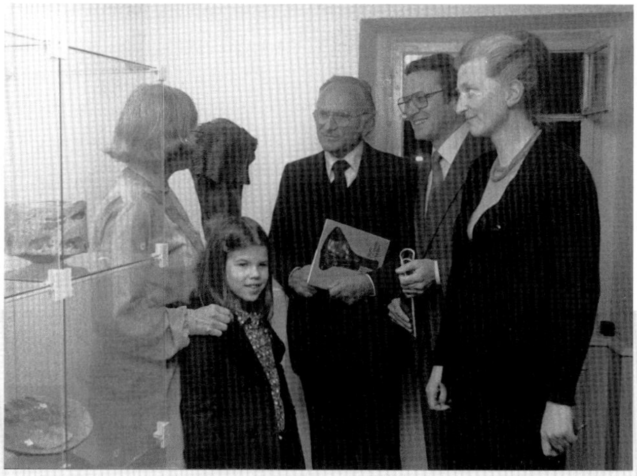

Ausführliche Hinweise zu Eröffnung, Einführung und Dia-Vorträgen, s. Vetter 1997b, S. 161–166.

1961 – 1971: Galerietätigkeit und Ausbau des Museumsgebäudes.

3.8.1971: Eröffnung des Museums für moderne Keramik in Deidesheim, Niederkirchener Straße.

1974: Keramik von Lotte Reimers, Katalog „Keramik von Lotte Reimers".

1975: Keramik von Lotte Reimers.

23.10.1977: Eröffnung des Museums für moderne Keramik am neuen Ort: Stadtmauergasse 17, Deidesheim.

24.4. – 27.5.1979: Museum für moderne Keramik, Deidesheim/Weinstraße – Deutsche Keramik der Gegenwart, 66 Stücke ausgewählt von Lotte Reimers. Ausstellung der Engelhorn Stiftung zur Pflege und Förderung der Kunst GmbH, Grünwald vor München, im Kunstzentrum No. 66, München-Neuperlach, Katalog „Deutsche Keramik der Gegenwart".

29.4. – 12.5.1979: 1. Sonder-Ausstellung: „Gefäße – Plastiken – Reliefs – Neue Arbeiten von Signe Lehmann-Pistorius", Katalog „Signe Lehmann-Pistorius – Gefäße, Plastiken, Reliefs".

6.10. – 19.10.1979: 2. Sonder-Ausstellung: „Reinhold Rieckmann – Gefäße und Objekte", Katalog „Reinhold Rieckmann, Keramiken – Gefäße und Objekte".

5.4. – 18.4.1980: „Kleine Werkschau": „Walther Stürmer".

17.5. – 30.5.1980: 3. Sonder-Ausstellung: „Beate Kuhn – Karl Scheid – Ursula Scheid – Margarete Schott – Gerald Weigel – Gotlind Weigel".

18.10. – 31.10.1980: Sonder-Ausstellung: „Volker Ellwanger – Gefäßkeramiken", Katalog „Gefäß-Keramiken Volker Ellwanger".

14. – 16.11.1980: „Kleine Werkschau": „Naethe zum Mitnehmen".

25.4. – 8.5.1981: Sonder-Ausstellung: „Antje und Volker Brüggemann – Gefäße und Plastiken", Katalog „Gefäße und Plastiken – Antje und Volker Brüggemann".

6.6. – 19.6.1981: Sonder-Ausstellung: „Gillian Still – England, Skulpturen in Porzellan".

8.8. – 21.8.1981: Sonder-Ausstellung: „Aage und Heidi Birck – Dänemark".

3.9. – 18.9.1981: „Kleine Werkschau": „Horst Schöneich".

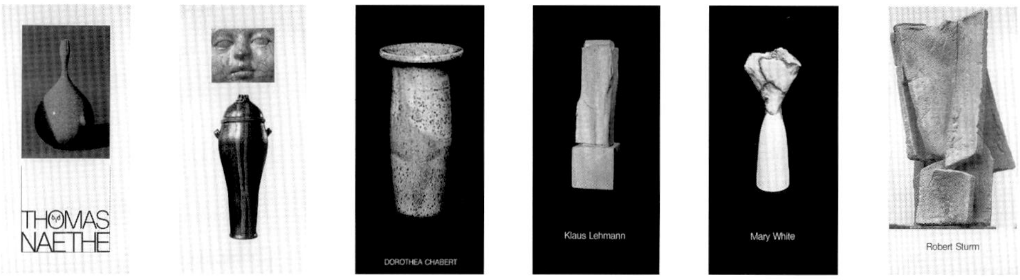

Abb. oben:
Ausstellung „Gefäße – Plastiken – Reliefs. Neue Arbeiten von Signe Lehmann-Pistorius". Prof. Dr. Siegfried Wichmann mit Signe Lehmann-Pistorius und Lotte Reimers
Foto: Archiv LR-Stiftung, 1979

links:
Einladungskarten

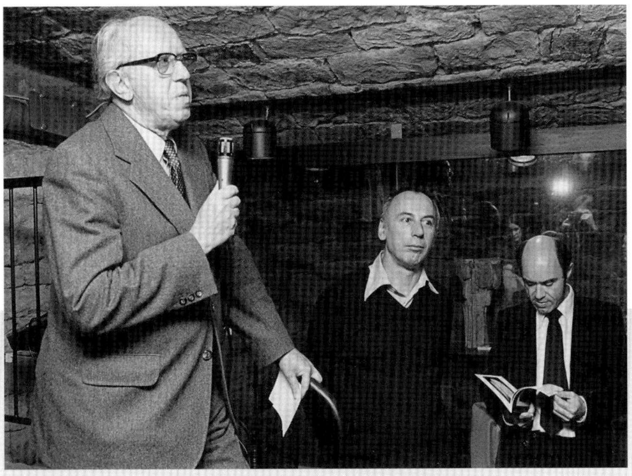

26.9. – 9.10.1981: Sonder-Ausstellung:
„Dorothea Chabert – Lehmglasiertes Steinzeug und Porzellan in Oxydation und Reduktion, Georges D. Joseph – Makrophotographie von Glasuren“, Katalog „Dorothea Chabert – Lehmglasiertes Steinzeug und Porzellan in Oxydation und Reduktion“.

23.10. – 1.11.1981: „Kleine Werkschau“: „Reiner Gehrig“.

31.10. – 22.11.1981: Sonder-Ausstellung:
„Jean-Claude de Crousaz – Gefäße und Plastiken in Steinzeug und Porzellan“.

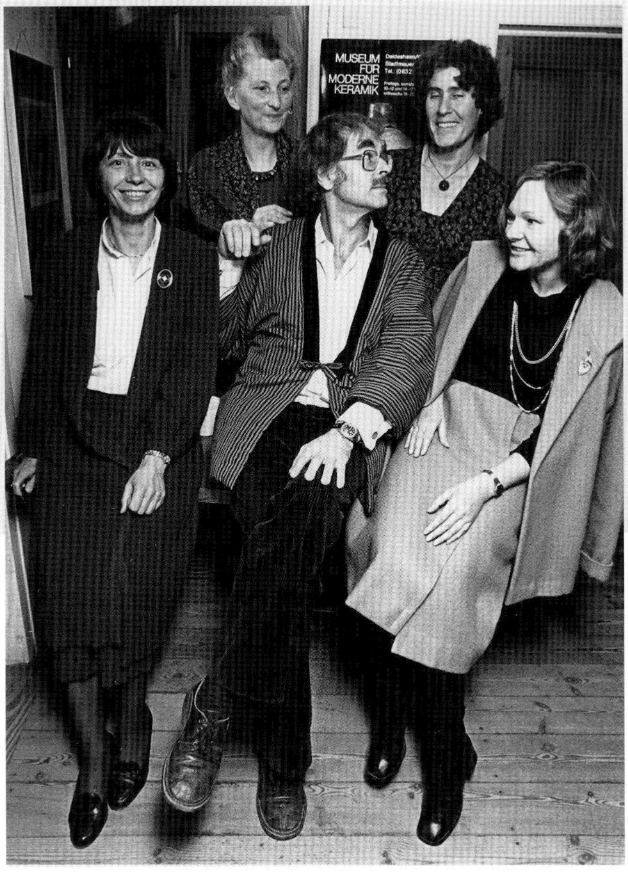

24.4. – 14.5.1982: Sonder-Ausstellung:
„Ingeborg und Bruno Asshoff, Gefäße und Plastiken“.

29.5. – 11.6.1982: „Kleine Werkschau“:
„Klaus Lehmann – keramische Objekte“.

26.6. – 16.7.1982: Sonder-Ausstellung:
„Mary White – neue Tendenzen, Porzellan und Steinzeug“.

28.8. – 17.9.1982: „Kleine Werkschau“:
„Keramische Aspekte – Objekte aus Dänemark: Aage Birck, Heidi Guthmann-Birck, Gunnar Palander, Peder Rasmussen“.

18.9. – 8.10.1982: Sonder-Ausstellung:
„Robert Sturm – Gefäße, Plastiken, Reliefs“.

30.10. – 19.11.1982: Sonder-Ausstellung:
„Brigitte Hohlt-Schuller und Görge Hohlt – Keramiken zwischen Tradition und Experiment“.

9.4. – 29.4.1983: Sonder-Ausstellung:
„Rolf Overberg – Gefäße, Plastiken und Reliefs“.

23.4. – 13.5.1983: „Kleine Werkschau“:
„Peter Simpson – England: Plastische Arbeiten“.

28.5. – 17.6.1983: „Kleine Werkschau“:
„Kurt Spurey – Österreich: Porzellan-Plastiken“.

25.6. – 15.7.1983: Sonder-Ausstellung:
„Fritz und Vera Vehring – Gefäße und Plastiken aus Elektro-Ofen und Holzbrand“.

Ausstellung „Jean-Claude de Crousaz – Gefäße und Plastiken in Steinzeug und Porzellan“. Ingrid Vetter, Lotte Reimers, Jean-Claude de Crousaz, Mme Crousaz, Dr. Elfrun E. Horn, 1981
Foto: Hartmut Frien

Abb. oben:
Eröffnungsrede Ausstellung „Volker Ellwanger – Gefäßkeramiken“. Prof. Dr. Ulrich Gertz, Volker Ellwanger, Dr. Lothar Sperber, 1980
Foto: Hartmut Frien

Blick in den Eingangsraum des Museums in Deidesheim
Foto: Angelika Wilde-Kaufhold

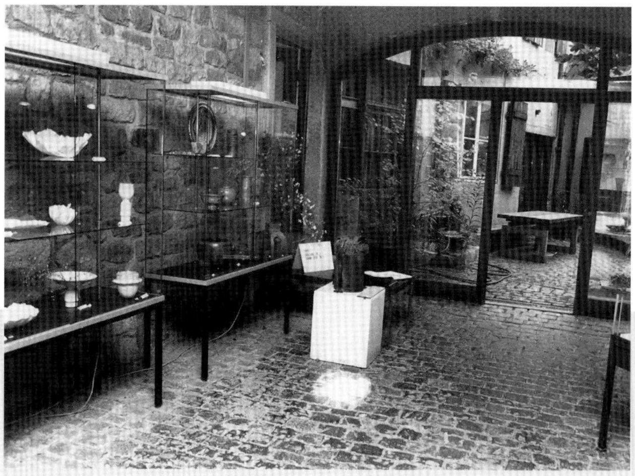

27.8. – 11.9.1983: Sonder-Ausstellung:
„Ein keramisches Kaleidoskop – 20 Keramiker aus England arbeiten in Raku, Steinzeug und Porzellan“.

24.9. – 9.10.1983: „Kleine Werkschau“:
„Gillian Still – England: Puppen in Porzellan“.

15.10. – 4.11.1983: Sonder-Ausstellung:
„Alan Baxter – England: Landschaftsimpressionen und textile Strukturen in keramischem Material“.

15.4. – 5.5.1984: Sonder-Ausstellung:
„Jürgen Riecke – Themen und Variationen aus dem Salzbrand“.

27.5. – 16.6.1984: Sonder-Ausstellung:
„Hans und Renate Heckmann – Steinzeug von der Töpferscheibe und im Aufbauverfahren“.

8.6. – 11.6.1984: „Pfingst-Treffen mit der englischen Bildhauerin Gillian Still“, Happening und Gespräche.

12.8. – 1.9.1984: Sonder-Ausstellung:
„Frank Steyaert – Belgien: Gefäße und Plastiken“.

2.9. – 22.9.1984: „Kleine Werkschau“:
„West-östliche Begegnung in Steinzeug und Porzellan: Dorothea Chabert/Deutschland – Norihiko Okabe/ Japan“.

7.10. – 27.10.1984: Sonder-Ausstellung:
„Lotte Reimers – neue Arbeiten“.

14.4. – 3.5.1985: „Kleine Werkschau“:
„Peder Rasmussen – Dänemark: Raku“.

12.5. – 1.6.1985: Sonder-Ausstellung:
„Ulla Viotti – Schweden: Keramische Objekte“.

25.8. – 15.9.1985: „Kleine Werkschau“:
„Per Rehfeldt – Dänemark: Gefäßkeramiken“.

15.9. – 6.10.1985: Sonder-Ausstellung:
„Heidi Guthmann-Birck – Dänemark: Plastische Arbeiten / Aage Birck – Dänemark: Gefäße“.

6.10. – 26.10.1985: Sonder-Ausstellung:
„Reinhold Rieckmann – Gefäß-Keramik und Objekte“.

6.4. – 26.4.1986: Sonder-Ausstellung:
„Mary White – Steinzeug und Porzellan“.

25.5. – 14.6.1986: Sonder-Ausstellung:
„Horst Kerstan – Steinzeug aus Elektro-Ofen und Holzbrand“.

7. 9. – 27.9.1986: Sonder-Ausstellung:
„Lotte Reimers – Keramiken“ (Eröffnung 6.9., Empfang und „Rückblende“ 25 Jahre Sammlung Hinder in Deidesheim, 6.9.).

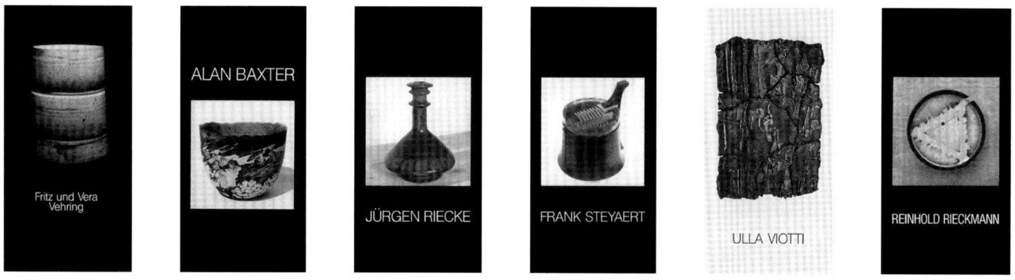

Einladungskarten

5.10. – 25.10.1986: Sonder-Ausstellung:
„Jean-Claude de Crousaz – Gefäße und Plastiken".

26.10. – 16.11.1986: „Kleine Werkschau":
„Gillian Still und Eunice Atkin – Porzellan und Textil aus England".

11.4. – 3.5.1987: Sonder-Ausstellung:
„Andrew Walford – Keramiken aus Südafrika".

30.5. – 21.6.1987: Sonder-Ausstellung:
„Aline Favre – eine Schweizer Keramikerin".

12.9. – 11.10.1987: Sonder-Ausstellung:
„Gefäße, Reliefs und Plastiken – 20 Keramiker aus Dänemark, England, Deutschland und der Schweiz" (Eröffnung 11.9., Eröffnung Dr. Georg Gölter, Kultusminister des Landes Rheinland-Pfalz, Anlass: zehnjähriges Bestehen des Museums für moderne Keramik in der Stadtmauergasse), Katalog: „Museum für moderne Keramik, Gefäße und Plastiken", Speyer 1987.

7.11. – 29.11.1987: „Kleine Werkschau":
„Brigitte Schuller – Gefäßobjekte und Reliefs".

10.4. – 1.5.1988: Sonder-Ausstellung:
„Keramiken in Steinzeug und Porzellan von Beate Kuhn – Karl und Ursula Scheid – Margarete Schott – Gotlind und Gerald Weigel".

29.5. – 19.6.1988: Sonder-Ausstellung:
„Steinzeug-Keramiken von Lotte Reimers".

11.9. – 2.10.1988: Sonder-Ausstellung:
„Kontraste – Keramiken von Jindra Viková und Klaus Lehmann"

9.10. – 30.10.1988: Sonder-Ausstellung:
„Roma Babuniak – Porzellan / Seung-Ho Yang – Steinzeug".

1989 fanden wegen Krankheit von Lotte Reimers keine Ausstellungen statt.

1988

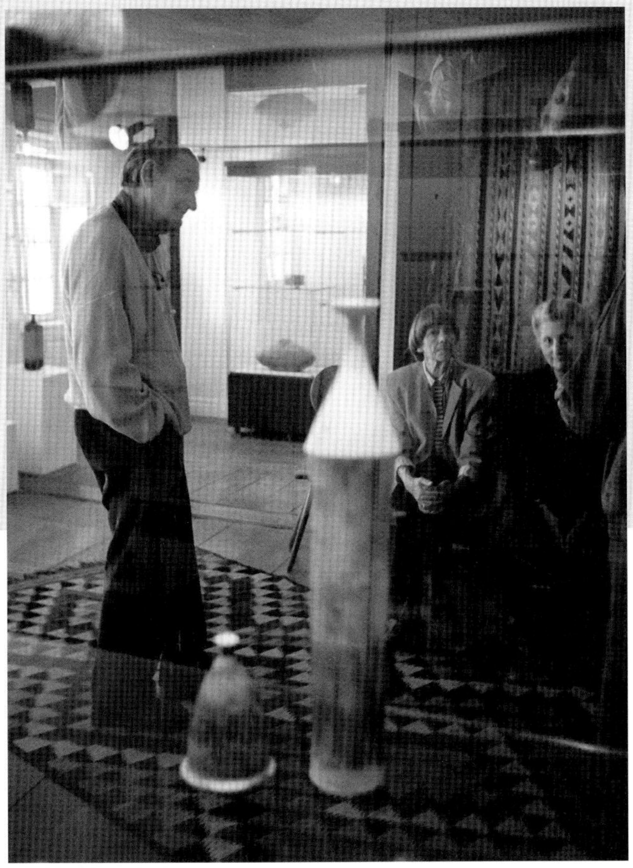

Ausstellung „Ingeborg und Bruno Asshoff – Keramiken", Bruno und Ingeborg Asshoff, Lotte Reimers, 1993
Foto: Sibylle Klütsch

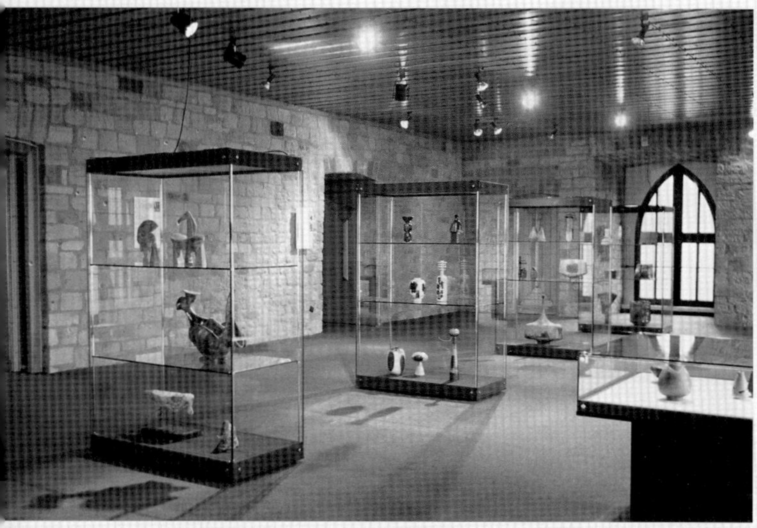

21.4. – 6.5.1990: Sonder-Ausstellung:
„Formen und Farben – neue Keramiken von Lotte Reimers“, Katalog „Formen und Farben – Keramiken von Lotte Reimers“.

20.10. – 3.11.1991: „Kleine Werkschau“:
„Arbeiten von Lotte Reimers aus den vergangenen drei Jahren“.

11.4. – 26.4.1992: Sonder-Ausstellung:
„Robin Welch – England: Steinzeug / Roma Babuniak: Porzellan“.

26.9. – 11.10.1992: Sonder-Ausstellung:
„Reinhold Rieckmann – Gefäße und Plastiken / Lotte Reimers – Gefäß-Formen“, Katalog „Lotte Reimers – Reinhold Rieckmann – Keramiken“.

8.5. – 23.5.1993: Sonder-Ausstellung:
„Ingeborg und Bruno Asshoff – Keramiken“.

18.9. – 3.10.1993: Sonder-Ausstellung in der Museums-Galerie: „Lotte Reimers – Keramiken aus dem Jahr 1993“.

Ab 1994 „Lotte Reimers – Archiv, Atelier, Ausstellung“:
Alljährlich im Herbst findet eine dreiwöchige Werkschau neuer Arbeiten von Lotte Reimers statt.

Abb. oben:
Ausstellung „Aspekte der Moderne“ im Hambacher Schloss, Neustadt/Weinstr., 1997
Foto: Christian Grusa

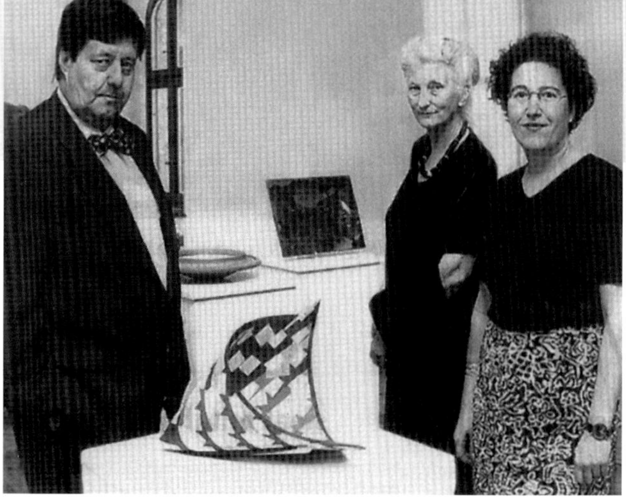

Schenkungsübergabe durch Lotte Reimers an das Internationale Keramikmuseum Weiden, Prof. Dr. Florian Hufnagl, Lotte Reimers, Stefanie Dietz M.A.
Foto: Der neue Tag Weiden, 27.7.1999

Land Rheinland-Pfalz, 1994 bis 2002

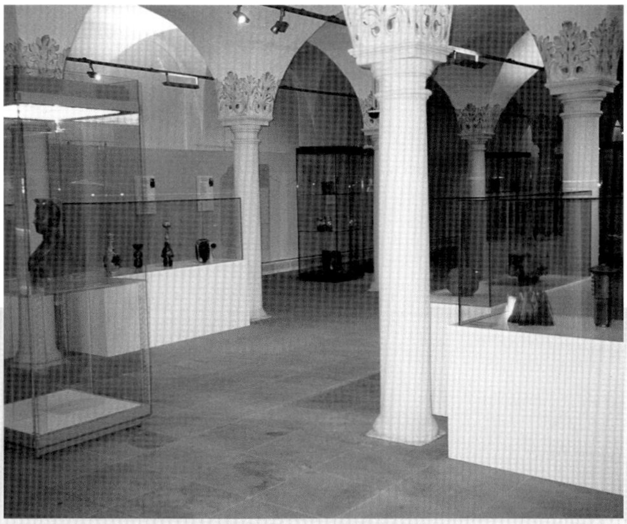

16.3. – 5.6.1994
Trier, Rheinisches Landesmuseum:
„Keramik des 20. Jahrhunderts – Sammlung Reimers“.

17.10. – 30.11.1997
Neustadt/Weinstraße, Hambacher Schloß:
„Aspekte der Moderne – Zeitgenössische Keramik aus der Sammlung Hinder/Reimers“.

6.6. – 23.8.1998
Kaiserslautern, Theodor-Zink-Museum:
„Aspekte der Moderne – Zeitgenössische Keramik aus der Sammlung Hinder/Reimers“.

24.1. – 12.9.1999
Weiden/Oberpfalz, Internationales Keramikmuseum, Zweigmuseum der Neuen Sammlung, München:
„Moderne Keramik in Deutschland (1955–1990) – Eine Auswahl aus der Sammlung Hinder/Reimers“.

8.4. – 18.6.2000
Gotha, Schlossmuseum, Schloss Friedenstein:
„Aspekte der Moderne – Zeitgenössische Keramik aus der Sammlung Hinder/Reimers (1955–1990)“.

10.2. – 20.5.2002
Halle/Saale: Staatliche Galerie Moritzburg, Landeskunstmuseum Sachsen-Anhalt:
„Aspekte der Moderne – Zeitgenössische Keramik aus der Sammlung Jakob Wilhelm Hinder und Lotte Reimers (1955–1990)“.

Preisträger der Lotte Reimers-Stiftung zur Förderung der keramischen Kunst Deidesheim:

2.10.1997
Mainz, Landesmuseum: Beate Kuhn.

15.2.2004
Kaiserslautern, Theodor-Zink-Museum:
Rita Ternes und Thomas Naethe.

7.10.2006
Kaiserslautern, Theodor-Zink-Museum:
Reinhold Rieckmann.

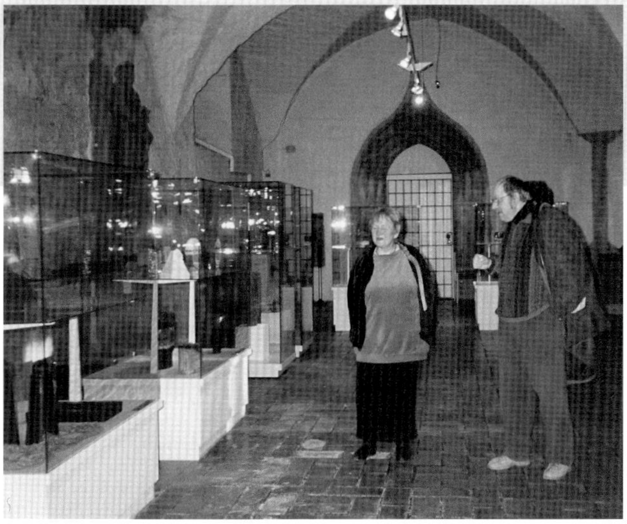

Die Keramiker Gertraud Möhwald und Reinhold Rieckmann in der Ausstellung „Aspekte der Moderne“, Staatliche Galerie Moritzburg, Kunstmuseum des Landes Sachsen-Anhalt, Halle, 2002
Foto: Wilfried Vetter

Abb. oben:
Ausstellung „Aspekte der Moderne“ im Schlossmuseum Schloss Friedenstein, Gotha, 2000
Foto: Archiv LR-Stiftung

Bruno Asshoff

Rede anlässlich der Eröffnung des Museums für Moderne Keramik, 1977

Vortrag (als Vertreter der Töpfer)
zur Eröffnung des "Museums für Moderne Keramik" am 23.10.1977

von Bruno Asshoff

Wer gebeten wird - stellvertretend für alle Töpfer - einen Nekrolog auf einen Menschen wie J.W. Hinder zu halten, gerät nicht in Verlegenheit, wenn er 30 Töpferjahre hinter sich hat und den größten Teil dieser Jahre mit ihm gemeinsame Wege gegangen ist.
Da waren die ersten Jahre an- und ausgefüllt mit der Auseinandersetzung im kulturellen und ökonomischen Bereich, eine Zeit, in der nach dem völligen Zusammenbruch aller bisherigen inneren und äußeren Werte, das Leben auf einen einfachen Nenner gebracht war -- der Überleben hieß.
Voller Wehmut schaut man heute auf diese Zeit zurück, in der die Menschen in ihrer Not zusammenrückten und nach dem großen Massenmorden das Individuum wiederentdeckten und lernten, wie schön es ist, mit Menschen menschlich zu leben. Selbst gewissermaßen als Neugeborener in die keramische Welt gestoßen, erlebte man nach einem destruktiven Dasein, nun mit vollem Bewußtsein und naiv zugleich, die unerschöpfliche Formenwelt der Natur, die man gestalterisch dem Menschen nutzbar zu machen versuchte. Das Unscheinbare, Kleine, Stille beherrschte unser Leben von nun an und schenkte uns unermeßlichen inneren Reichtum. Wir hatten wieder ein "Haus"!
Es konnte nicht anders sein, zwangsläufig kam es zu unserer ersten Begegnung - auf der Frankfurter Messe wohl - als ein agiler Mann meine Frau und mich im Stand aufsuchte und Interesse bekundete. Wie er eine Keramik in die Hand nahm, wie er vor Temperament übersprudelnd - wertend, zurückhaltend, anerkennend und kritisch zugleich sprach, war es uns klar:
Hier steht ein Mann mit großer Sachkenntnis, Leidenschaft und zugleich kühlem Kalkül vor uns.
Diesen ersten Eindruck bestätigten uns Besuche auf den vielen Stationen seiner Wanderjahre, in denen er auf Verkaufsausstellungen vielen Menschen Keramik als wesentliches Element kulturellen Lebens vor Augen führte. Eines der Ergebnisse kennen Sie alle: Keramik wurde aus ihrem volkstümelnden Image des Dritten Reiches in <u>die</u> Stellung geführt, die sie heute freier Kunst gleichberechtigt an die Seite stellt. Wir Töpfer waren seine geistigen Begleiter und ... materiellen Zulieferer. Von Idealen allein konnten wir nicht leben. Der Realist Hinder wußte das und fand ein Maß des ökonomischen Zusammenlebens, bei dem seine Sammelleidenschaft sichtbar mit seinem ausgeprägten Sinn für die Wirklichkeit konkurrierte,

wobei Letzterer zum Leidwesen des Töpfers fast immer den Sieg davontrug.
Aber ... er bezahlte bar, oft pauschal alles abnehmend. Es ist daher sein weiteres unbestreitbares Verdienst, uns damit in oft aussichtsloser, verzweifelter wirtschaftlicher Lage unterstützt und damit zur Weiterarbeit ermutigt zu haben. Wir alle sahen ja, wie spartanisch er selbst lebte und die besten Stücke für seine Sammlung behielt, um eine moderne Keramik-Sammlung an einem festen Domizil aufzubauen. Man stand stets unter dem Eindruck: Dieser Mensch will nichts für sich persönlich, so wie wir Töpfer es auf unsere Weise auch taten.
Stets lag eine verhaltene Spannung über der jeweiligen Szene, wenn man seine Keramiken auspackte. Dann wurde zunächst geschwiegen, dann kritisiert, gewertet und manchmal sogar gelobt. War man handelseinig geworden, wich die knisternde Spannung, und an Art und Umfang der Bewirtung konnte man ablesen, was die Keramiken in Hinders Augen wert waren. Dann sprach man in gelöster Stimmung über keramische Probleme, die er immer in eine "mitbestimmende" Richtung zu lenken versuchte. Töpferische, dem Handwerklichen scheinbar entgegenstehende Experimente lehnte er nie ab, wenn er ihnen ästhetisch-formale Werte abgewinnen konnte, ja er unterstützte sie sogar. Seiner ganzen Natur nach jedoch war er ein konservativer Mensch - im besten Sinne des Wortes, bewahrend wie es alle großen Sammler sind.
Mit dem, was er den inneren Kern seiner Sammlung nannte - der die heutige festliche Stunde gewidmet ist - hat er nach seinen eigenen, in der Praxis erworbenen Kenntnissen Maßstäbe gesetzt. Er fühlte, dachte, lebte und sprach "keramisch".
Dank dieser leidenschaftlichen Kenntnis, seiner sprachlichen, ökonomischen und organisatorischen Begabung hat er - als in Deutschland die Wirtschaft zu blühen begann - die Entstehung mancher Privatsammlung angeregt und beeinflußt. Damit trug er auch wesentlich dazu bei, daß deutsche Keramik ebenfalls in dieser Hinsicht heute einen Platz in der Welt hat wie nie zuvor.
Wir in den Werkstätten spürten die Wirkung seiner Tätigkeit, wenn man beim Besuch eines neuen Sammlers immer wieder hörte: "Wir sind durch Hinder angeregt, er hat uns für die Schönheit keramischer Objekte die Augen geöffnet und Wege gewiesen."
Wenn sein Habitus wie der eines Landesfürsten wirkte - oder besser - wie wir uns heute einen solchen vorstellen, so hatte der mit diesem sicher nur Mäzenatentum - das ja auch stets Selbstdarstellung beinhaltet - gemeinsam. Er war ein selbstbewußter, im Grunde jedoch bescheidener Mensch. Er paßte in diese Welt, ohne sich selber anzupassen. Das war bei dem Temperament und

der Intensität eines solchen Menschen manchmal kurios-ärgerlich, wenn er sich beispielsweise an nahtlosen Jacken und Schuhen, an Holznägeln begeisterte und die Maschine, die wir Töpfer inzwischen als ein notwendiges Hilfsmittel anwenden und schätzen gelernt haben, zum Teufel wünschte. Der Wechsel von Licht und Schatten im Spiegel des menschlichen Wesens ist, wie wir wissen, notwendigerweise ein Teil der organischen Funktion allen Lebens. Und so gesehen, vereinigen sich in Hinder alle Eigenschaften, die einen starken Charakter kennzeichnen.
Er hatte das Glück, in Lotte Reimers eine Mitarbeiterin zu finden, die ihn seit 1951 nicht nur unterstützte, sondern selbst zur Töpferin wurde und mit eigenwilliger Formensprache und ganz der Natur verbundenen Glasuren, Anerkennung durch Verleihung des Staatspreises dieses Bundeslandes und einer Ausstellung im bedeutendsten Kunstgewerbemuseum der Niederlande in Rotterdam fand.
Eine würdige Erbin, eine sachkundige Verwalterin dieser hochbedeutenden Sammlung, eine verehrte Kollegin, der wir Kollegen und sicher erwartungsvoll alle Keramikfreunde für diese Doppelaufgabe: Werkstatt und Museum ideenreich und schöpferisch zu führen - das Beste wünschen.
Wir hoffen, daß ihr die Gelegenheit gegeben wird, diese Sammlung, die überwiegend Keramiken des dritten Viertels dieses Jahrhunderts enthält, auch den Arbeiten vieler begabter junger Töpfer zu öffnen. Denn mit ihnen, die das Gesicht des letzten Viertel-Jahrhunderts mit ihren keramischen Objekten, vielleicht auch Scheiben-Gefäßkeramik bestimmen werden, würde diese Sammlung so erweitert, daß sie für Europa einzigartig und für die gesamte keramische Welt einen außerordentlichen kulturellen Beitrag bedeuten würde.
Sie alle, die hier sitzen und Hinder gekannt haben, werden mir zustimmen, daß Hinder den hier heute sprechenden Politiker von der Wichtigkeit der Keramik für unser tägliches kulturelles Leben überzeugt hätte und ihm die gerade beschworene Verpflichtung mit auf den Weg gegeben hätte, hier müsse er großzügig zum Wohle des regierten Volkes verfahren, damit dessen schöpferische Kräfte für die Nachwelt sichtbar zum Ausdruck kommen.
Und wenn Sie sich die Sammlung hier offenen Auges ansehen, spüren Sie - fast körperlich - wie Hinders Geist lebt.
Oberzeugender kann kein Lebender sprechen.

Die Sache, die begeistert mich ...

Dr. Martin Eberle, Direktor des Städtischen Museums am Löwenwall, Braunschweig,[1]
im Gespräch mit Lotte Reimers am 4. Mai 2006[2]

Vor den beiden stehen drei goldgelbe irdene Gefäße (ähnlich wie Abb. unten) und liegt ein handgeschriebener Text von Lotte Reimers aus dem Jahr 1994, den Martin Eberle zitiert:

„Meine ersten Töpfe – bäuerliche Irdenware aus Thurnau in Oberfranken, in den frühen 50er Jahren gekauft mit Taschengeld von meiner Mutter und Großmutter, jahrzehntelang in Kartons verpackt, verstaubt und nun wieder leuchtend wie damals zu Zeiten meiner ersten und immer noch anhaltenden Begeisterung."

M.E.
Das ist auch wirklich genau das Thema, denn damit ist ja eine Begeisterung entstanden, eine Begeisterung zum einen, aber ich denke auch eine Korrektur des bis dahin verlaufenen Lebens, denn ...

L.R.
Korrektur nur insofern, als ich die bereits laufende Anmeldung an der Landeskunstschule in Hamburg rückgängig gemacht habe. Ich bin dann ein Probejahr mit der Ausstellung von Jakob Wilhelm Hinder gewandert, nachdem ich noch schnell das Abitur in Bad Gandersheim gemacht hatte. Die ersten Ausstellungen mit ihm liefen dann in Bad Herzberg, Bad Sachsa und auch in Braunschweig, wo ich als Kind mit meinen Eltern gewohnt hatte. Aber dass mich diese Dinge, die Töpferei, so furchtbar interessiert haben, dafür hat später mein Vater den Schlüssel geliefert: Vorfahren von uns waren Töpfer in Tellingstedt und das kam zum Ausbruch. Ich wäre als Malerin genauso

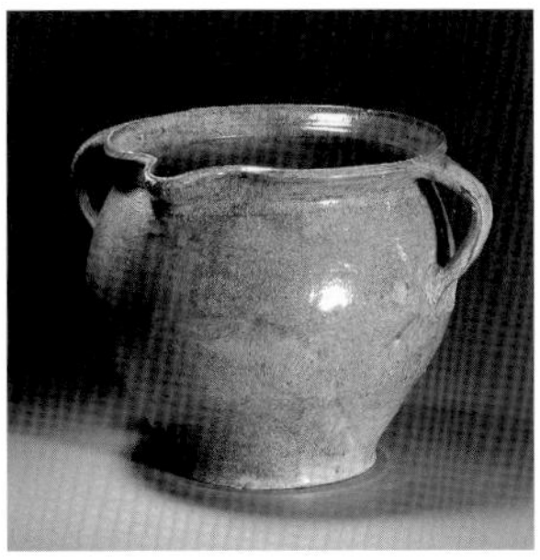

Großer Doppelhenkeltopf, um 1950
H (mit Deckel) 26 cm, D 30 cm
Inv.-Nr. 00197-1.566

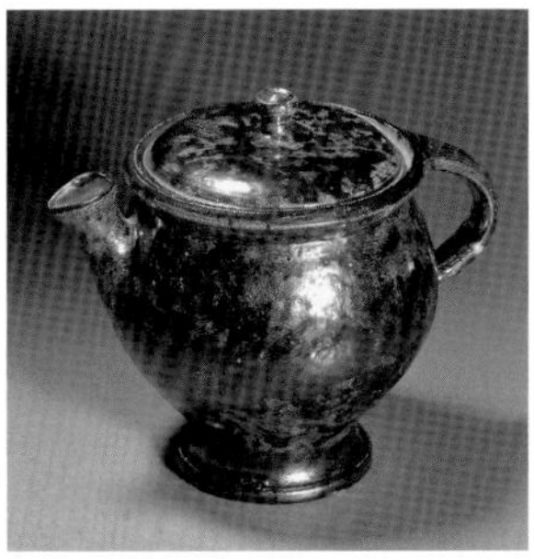

„Rohrhafen", um 1950
H (mit Deckel) 18,5 cm, D 15,5 cm
Inv.-Nr. 00197-1.567

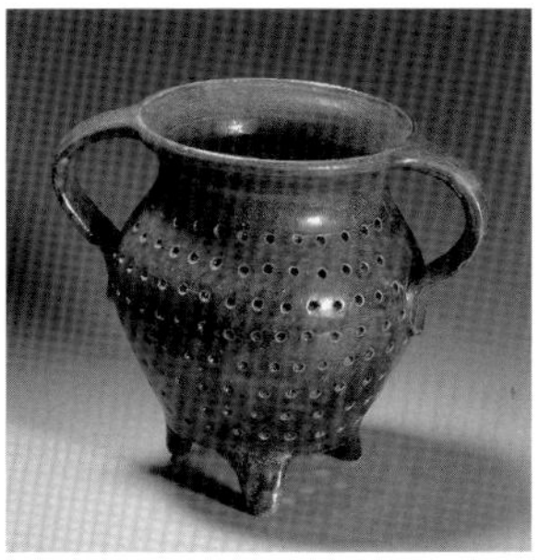

Käseseiher, um 1950
H 22 cm, D (mit Henkel) 25,5 cm
Inv.-Nr. 00197-1.569

[1] Dr. Martin Eberle ist seit 1.10.2007 Stiftungsdirektor der Stiftung Schloss Friedenstein, Gotha.
[2] Aufgenommen und aufgezeichnet durch Dr. Ingrid Vetter, Kunsthistorikerin, Vorsitzende des Vereins Museum für moderne Keramik Deidesheim e.V.

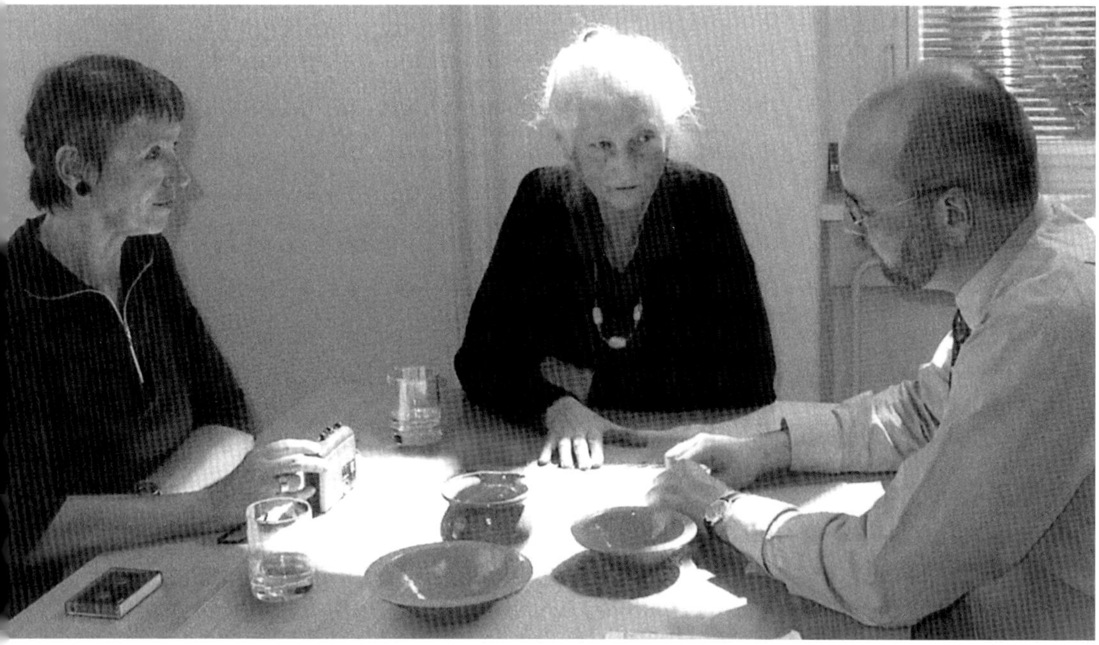

Dr. Martin Eberle im Gespräch mit Lotte Reimers, links Dr. Ingrid Vetter
Foto: Wilfried Vetter

M.E.
... und damit war Ihnen auch ein kreativ künstlerisches Element in die Wiege gelegt ...

L.R.
... andere waren Kirchenmaler ...

begeistert gewesen, aber in dem Moment, als die Keramik mich erfasst hat, habe ich mein Malerauge erst mal geschlossen, um mich ganz und gar in die Keramik hineinzuversetzen und zu erkennen, was gut ist.

Ich habe ja gestern Abend vor dem Laden hier gegenüber, in dem eine alte Uhlemeyer-Vase steht, erzählt, wie ich damals, als ich bei Hinder in der Ausstellung in Gandersheim war, geschimpft habe über Uhlemeyer.[3] Das Zeug war mir nicht gut genug. Und Hinder hat dann viel später immer noch gesagt, ich wäre so richtig aufmüpfig gewesen.

M.E.
Das kann ich mir gut vorstellen. Sie haben eben schon gesagt: Die Vorfahren waren Keramiker ...

L.R.
Richtige Bauerntöpfer!

M.E.
... und sicherlich war das ja relativ früh geweckt worden. Ich entsinne mich an die Scherenschnitte. Ich glaube, das war auch ein ganz wichtiges Element, die Scherenschnitte, die Präzision im Kleinen erfordern.

L.R.
Ja, die Urheberin war eine als „alter Drachen" verschrieene Schwester, schwarz gewandet, mit weißer Haube. Ich weiß nicht, zu welcher „Kategorie" diese Schwestern gehörten. Sie haben das Kinderheim im Harz betreut, wo ich lungenkrank lag. Eines Tages hat mir diese Schwester schwarzes Papier und eine Schere gebracht und gesagt: „Lotte, du kannst so was." Die hat wohl mein „Kritzeln" gesehen, zehn werde ich da gewesen sein. Da habe ich angefangen, womit ich mir später meine Theaterbesuche nicht in Braunschweig – das war damals nicht gut –, sondern in Göttingen beim Hilpert[4] finanziert habe. Es gab eine Buchhandlung in Gandersheim, die hat das heftig verkauft, und ich habe überall gestanden, geschnippelt und gemacht – ein Beispiel war ja auch in einem alten Katalog. Aber die Urheberin war die Schwester, die von den andern gefürchtet wurde, die hat mir den Schub ge-

[3] Richard Uhlemeyer (1900–1954), Töpfermeister, 1949–1954 erster Präsident des Zentralverbandes des Deutschen Handwerks (ZDH),Vereinigung der Handwerkskammern im Bundesgebiet; Obermeister der Töpferinnung Niedersachsen.

[4] Heinz Hilpert (1890–1967), Lehrer, Schauspieler, Regisseur, Theaterleiter, war von 1950–1966 Intendant des Deutschen Theaters in Göttingen, das unter seiner Ägide zu einem der führenden Theater der frühen Bundesrepublik wurde.

geben. Und von zu Hause war da auch schon manches als Vorläufer gewesen.

M.E.
Ich denke, es ist mehr als nur ein Schub gewesen, nämlich wirklich das Wecken eines Potentials. Denn der Scherenschnitt – ich kann ihn immer nur wieder hochhalten – bedeutet ja, abstrahieren zu können und eine Form zu geben. Er ist ein ganz wichtiges Schulungsmoment und hat damit sicher auch bei Ihnen zum einen die Leidenschaft für die Kunst geweckt und zum anderen auch Mut gegeben in dieser schweren Zeit, denn – Sie hatten es ja schon gesagt – es ist ja auch eine Zeit der Krankheit.

L.R.
Ja, auch, aber bei uns zu Hause gab es Kunstbände, Giorgione, die Italiener und dann Hieronymus Bosch usw. Meine Schwester war zwei Jahre jünger, die hat sich nicht dafür interessiert. Aber bei mir – mit sieben, acht Jahren – fiel das auf fruchtbaren Boden. Als ich dann durch die Krankheit später sozusagen auf meinen Kern zurückgeworfen wurde, da wusste ich, was ich später will, nämlich nur etwas mit Kunst. Damals mit 13 habe ich noch Aufsätze geschrieben wie „Entweder Kunst oder Kinder, ich entscheide mich für die Kunst“. Es hätte auch anders kommen können. Aber dieses Wissen darum, was man will, das verdanke ich der Krankheit, mit allen anderen Nebeneffekten. Dass ich immer mickrig geblieben bin, das ist egal. Wenn der Wille dahintersteht, kann man bis zu einem gewissen Grad das Schwache des Körpers austricksen.

M.E.
Das wäre vielleicht auch meine Frage gewesen: Wie wichtig war tatsächlich auch die Krankheit? Aber das haben Sie ja schon beantwortet, dass das eben so ein ganz entscheidender Punkt war ...

L.R.
... ich fühlte mich sogar bevorzugt ...

M.E.
Über den Scherenschnitt, dann eben immer mehr die Kunst entdeckt und immer mehr dieses Bewusstsein, ich will malen ...

L.R.
Und das muss man auch sagen: Wir hatten einen sehr guten Kunsterzieher, und wir hatten auch gute Lehrer in Latein, in Englisch, in Deutsch, super, spitze. Ich habe erst später erfahren, dass manche gar nicht den Lehrerberuf erlernt hatten. Der Mathematiklehrer z.B. kam aus der freien Wirtschaft und ist durch die Kriegswirren dahin gespült worden. Vor ihm hatten die andern auch Angst – wieder so ein Beispiel –, und genau der hat mich fasziniert, mich für mathematische Dinge interessiert, obgleich ich im Rechnen eine echte Niete bin. Aber so kam eins zum andern. Und der Kunsterzieher war als Maler echte spitze, was man ja von manchen Kunsterziehern nicht sagen kann, die hantieren nur damit. Der hat es auch verstanden, diese Begeisterung zu wecken und zu schüren. Da hat der Kerl doch einmal gesagt, als ich mich beschwerte, warum ich keine Eins habe, obwohl andere, die schlechter waren, eine hatten: „Nein, du kannst mehr“.

M.E.
Das mit der Mathematik, das wusste ich nicht, das finde ich ganz interessant. Es geht ja nicht wirklich um das Rechnen, sondern um die Schönheit der abstrakten Form.

L.R.
Und auch um die Begegnung, wo Chemie, Physik und Mathematik miteinander „hantieren“, sage ich jetzt ein-

Lotte Reimers in Bad Salzschlirf, Ausstellung 1956
Foto: Archiv LR-Stiftung

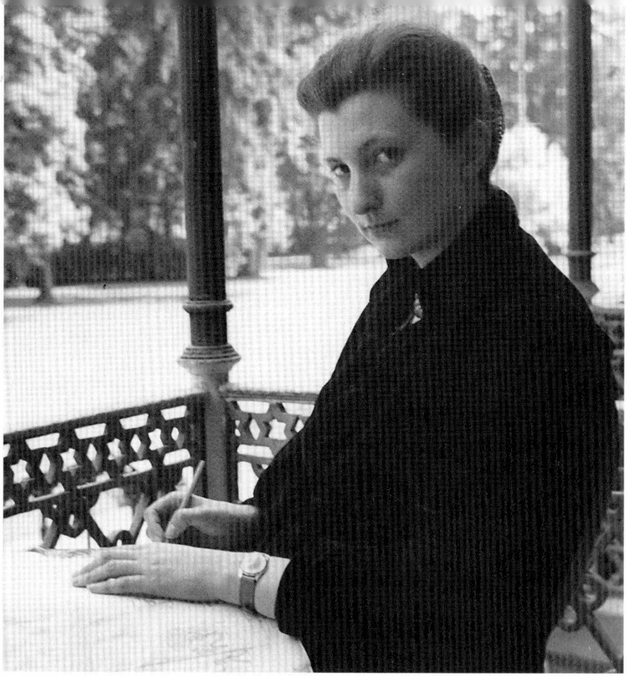

mal so simpel. Im Abitur hatte ich das Thema Eiweißverbindungen, die hatten mich schon immer fasziniert. Jahrzehnte später kam Rainer Flöhl[5] von der F.A.Z. zu uns. „Oh", sage ich, „ich schätze Ihre Aufsätze über Desoxyribonukleinsäure". „Oh", sagte er .... Ich hatte die Bezeichnung absichtlich nicht abgekürzt. Das waren Zusammenhänge, die fand ich toll. Damals, zu meiner Schulzeit, war Pascal Jordan mit dem „Urknall" aktuell. Da hatte ich vorgeschlagen, es müsse beim Urknall und diesem sich immer weiter Ausdehnen irgendwann einen Stillstand und ein Zurück geben, es müsse wie ein Atmen sein. Inzwischen gibt es Theorien von Fachleuten in diese Richtung. Ebenso habe ich auch in einer Art Umkehrung der üblichen Definition gedacht: Der Begriff „unendlich" ist denkbar, aber ein „Endlich" kann man sich nicht vorstellen.

Diese Verquickung der Disziplinen, das war faszinierend, und da waren die guten Lehrer ein Stimulans. Da ich so lange „unter Verschluss" gelegen hatte, ein paar Jahre nicht zur Schule gehen durfte, habe ich wie ein Schwamm das von überall her aufgesogen.

M.E.
Und dann entstand der Wunsch an die Akademie zu gehen, nach Hamburg. Nicht nur der Wunsch, Sie hatten sich bereits angemeldet.

L.R.
Meine Großmutter wohnte schräg gegenüber, und darum war Hamburg meine Wahl – aber nicht nur, weil ich da geboren war, sondern auch, weil die Schule damals auch einen guten Ruf hatte. Aber, als dann die Ausstellung kam ...

M.E.
Bleiben wir noch ein bisschen bei diesem Punkt. Wurde das von Ihren Eltern mitgetragen, gab es nur diesen Wunsch Malerei? Sie wollten ja schon ein bisschen in Richtung Kunsterziehung?

L.R.
Mein Vater hat gesagt: „Dann mach' auch Kunsterziehung, dann kannst Du davon leben, von der Malerei allein nicht." Das war die verbreitete Meinung, was manche Leute ja heute noch denken, womit sie ja im Allgemeinen auch Recht haben. Aber – hier greife ich wieder vor – ein „Knabe" aus Hessen im Alter von über 50 Jahren zog mit Keramiken durch Deutschland. Manchmal wusste man, wo er war, manchmal nicht. Nur in den Zeitungen war es nachzuverfolgen. Und ich sagte dann, ich will meine Anmeldung an der Landeskunstschule rückgängig machen und will dort mitgehen, nur für Essen und Trinken – nicht mehr das sichere Studium, sondern nur den Unsicherheitsfaktor der Ausstellungstournee. Dann sind meine Eltern in Bad Herzberg mit mir zur Eröffnung, und wir haben hinterher zusammengesessen. Sie haben ihm sozusagen „auf den Zahn gefühlt" und haben zu mir später gesagt: „Kannst mitgehen." Welche Eltern sonst hätten das so getan? Aber sie kannten mich ja schon 18 oder 19 Jahre, und sie haben meine Besessenheit bemerkt. Andere hätten wohl gesagt, „Nee, nee, so was Unsinniges". Der Kunsterzieher, der hat mich gewarnt, „um Gottes willen" hat er gesagt – es waren ja noch unsichere Zeiten. Aber so waren meine Eltern. Jahre später, als wir in Deidesheim schon längst sesshaft waren, saßen wir nach irgendeiner Eröffnung wie immer in großer Runde. Meine Mutter war zu Besuch, und ich war im Gespräch. Ich unterhielt mich über Eltern und ihr Verhalten Kindern gegenüber, und dann habe ich so in Umkehrworten

gesagt: „Ich war mit der Wahl meiner Eltern sehr zufrieden ...“. Da kam's vom anderen Ende: „Das freut mich.“

M.E.
Das war ja dann sozusagen – um bei dem Bild zu bleiben – Ihr „Urknall“, dieser Ausstellungsbesuch, dem dann ein durchaus pulsierendes Leben mit Ausweiten und wieder Zusammenziehen in der Keramik folgte ...

L.R.
Ich war begeistert für die Kunst, aber ...

M.E.
... hatten Sie davor irgendeine Berührung mit Keramik, also, dass Sie schon sagten, es gibt einfach meine Lieblingstöpfe zu Hause?

L.R.
Nein, wir waren ja evakuiert, und da gab es nicht viel. Ich kannte das meiste aus Büchern. Es gab da einen Lehrer und seine Frau, die mich einluden, mit ihnen mit dem Rad nach Delligsen zu fahren. Da gab es eine – nicht besonders gute – Töpferei, und da habe ich auch ein Töpfchen gekauft. Das war sozusagen ein Beginn, aber dass das nicht so gut war, wusste ich auch schon. Doch ich meine, die Beschäftigung mit der Kunst, ganz egal auf welchen Gebieten, schärft das Auge. Ich habe ja schon in der Schulzeit manchmal die Leute zur Verzweiflung getrieben, indem ich gesagt habe, „Slevogt“ oder ein anderer, „da muss ein Stück abgeschnitten werden, schlechte Komposition, ärgert mich, ist falsch“. Das gilt heute ebenso noch bei vielen Malern. Aber insofern war ich ja kein unbelecktes Blatt, und dabei kommt man wieder auf die ganze Zeit der Krankheit, die ich zwar liegend, aber nicht schlafend verbracht habe.

M.E.
Haben Sie die Ausstellung von 1951 noch vor Augen?

L.R.
Es war eine große Turnhalle in Gandersheim, und da stand viel Zeug. Es war alles provisorisch, wie es auch noch lange so blieb, aus Brettern und Gestellen zusammengebaut und Tücher drüber gehängt, und da standen dann die Töpfe. Als Erstes habe ich Hinder später „beigebracht“, wie man besser ausstellt, wie man Grüppchen bildet. Dabei bin ich aber manchmal – wie man das so tut – über's Ziel hinausgeschossen, bis ich gelernt habe: Man macht die Grüppchen besser nur mit jeweils einem Künstler, damit man dessen Werk auch erkennen kann. Während ein anderer vielleicht immer versucht hätte, einen in seinen Entscheidungen, Auffassungen zu beschneiden, tat er das nie.

Wenn ich jetzt einen ganz weiten Sprung mache: Ich wollte immer, dass es etwas Schriftliches gab, einen Katalog. Und dann hatte ich fertig gebracht, ihn davon zu überzeugen. Da war immer die Angst vor den Kosten, denn es war nie Geld da. In Marburg bei der Universitätsdruckerei kam die Schrift heraus. Vorne ist die Eule von Asshoffs[6] drauf, innen ein Aufsatz von Hinder über die Geschichte der Keramik in ganz kurzen Zügen und mit Beispielen. Das war der Anfang.

Als ich dann aber später ins Krankenhaus Bad Dürkheim musste – das ist jetzt der angedeutete Sprung –, hatte ich mir ein Rechenkästchenheft mitgenommen und mir geschworen, wenn ich aus der Narkose wieder wach

[5] Dr. Rainer Flöhl, 1980–2002 Ressortleiter „Natur und Wissenschaft“ der Frankfurter Allgemeinen Zeitung.
[6] Die Keramiker Ingeborg (1919–1998) und Bruno Asshoff (1914–2003) arbeiteten eng mit Jakob Wilhelm Hinder und Lotte Reimers zusammen. S. hierzu Vetter 1997b, S. 37–45, 169–172, 221–227.

werde, dann aber ... Und ich habe – noch halb tot – mit Bleistift „Sieben Töpfer, sieben Wege der Keramik“ oder so ähnlich rein gekritzelt und Texte dazu verfasst. Als ich wieder in die Ausstellung nach Deidesheim zurückkam, habe ich Hinder das gezeigt. „Oh“, hat er gesagt, „nein, das machen wir nicht nur mit sieben Keramikern, wir machen das richtig“. Und so ist das erste dicke Buch entstanden: „Moderne Keramik aus Deutschland“[7]. Einen Verlag zu finden, das war schwierig, da habe ich dann auch so vielerlei gelernt. Aber Hinder war jemand, der dann, wenn andere gute Ideen mitbrachten, drauf gesprungen ist und das auch mitgetragen und noch ausgeweitet und noch was drauf gesetzt hat. Und so hat er ja auch bei den Töpfern gute Stücke gewählt, hat ihnen seine Wahl klargemacht, hat sofort gekauft und mit „Geld in der Luft“ bezahlt. Aber damit wurden sie unterstützt und angespornt, und sie sahen, was gut bei ihnen war. Es gibt ja Künstler, die wissen selber, was gut ist, was spitze ist. Aber es gibt viele, die merken das noch nicht gleich, manche merken es später, manche merken es nie. So hat er eben gestützt.

Jahrzehnte später hat mal Kurt Spurey[8] aus Wien gesagt: „Ja, wenn wir so einen Mann in Österreich gehabt hätten, wäre auch vieles für uns leichter.“ Das gilt für viele Länder. Aber es gibt und gab ja auch in manchen Ländern Persönlichkeiten, die gestützt und gefördert und Maßstäbe aufgerichtet haben.

Und diese ganze Art und Weise von ihm, die hat mich begeistert. Da kam wahrscheinlich wieder die Lehrerfamilie durch, die Generationen hinter mir stand, von meines Vaters Seite, und von meiner Mutter kam ja auch so manches hinzu. Alles das zusammentreffend am richtigen Platz in Gandersheim, vor dem Abschluss des Abiturs, hat die Dinge in Gang gebracht, denn sonst wäre vieles anders gelaufen. Deshalb finde ich es auch wieder vom Schicksal schön, dass es so mit mir im guten Sinne umgesprungen ist.

M.E.

Noch mal 1951, die Ausstellung. War es tatsächlich die Keramik, die Sie sahen, oder waren es die Erklärungen von Hinder oder beides zusammen, die Sie so begeisterten?

L.R.

Ja, da habe ich zwar gemeckert, aber die Keramik habe ich gesehen – sein Bruder war mit Handweberei dabei, und die hab ich überhaupt nicht beachtet. Mich haben andere Besucher gefragt: „Ja, aber die Weberei?“ Habe ich nicht gesehen, obgleich ich später selber damit angefangen habe. Hinder hat seinem Bruder ja auch mal das Weben beigebracht, der hat es dann weiter ausgebaut. Hinder hat mir von Kircher in Marburg einen Webrahmen gekauft, den man transportieren konnte. Den habe ich mit in die Gaststätten geschleppt und habe auch da gewebt und in den Ausstellungen, wenn keine Besucher da waren. Und wenn Besucher kamen und ich hätte eigentlich ... Da hat er dann aber gesagt, ich soll sitzen bleiben. Da konnten noch so viele Leute um mich herum sein, das hat mich nie gestört, ich hab dann heftig weiter gemacht. Aber am Anfang hatte ich für die Weberei überhaupt kein Organ. Später hätte ich am liebsten auch mit Metall angefangen. Damit wollte ich dann ebenso von Grund auf beginnen. Am liebsten mit Bergwerk, mit Holz und mit Erz-Schmelzen und dann erst das Silber in Form bringen und nicht aus fertigen Drähten etwas machen. Aber man kann nicht alles.

[7] Hinder & Reimers 1971.
[8] Kurt Spurey (*1941), österreichischer Keramiker. Arbeiten von ihm wurden 1983 in der Ausstellungsreihe „Kleine Werkschau“ im Museum für moderne Keramik Deidesheim unter dem Titel „Kurt Spurey – Österreich, Porzellan-Plastiken“ präsentiert.
[9] Walter Popp (1913–1977), deutscher Keramiker, leitete von 1954 bis 1970 die Keramikklasse der Staatlichen Werkakademie (später Hochschule für Bildende Künste) Kassel. Seine Arbeiten und die seiner Schüler prägten die Entwicklung der modernen deutschen Keramik nachhaltig, so dass heute von „Kasseler“ bzw. „Popp-Schule“ gesprochen wird. S. hierzu Vetter 1997b, S. 96–101, 194–196, 248–253.

Dann fing ich an mit dem Fotografieren. Unterwegs waren bei uns Pressefotografen, und die haben mich geärgert. Ich hatte eine schöne Gruppe gemacht, und sie haben die immer wieder auseinandergezogen. So habe ich eines Tages – Hinder brauchte ein neues Passfoto – gesagt, er soll mir das mal zeigen, und dann habe ich vor lauter Aufregung so gezittert, dass sein Kopf nicht drauf war. Später hat er eine Rolleicord gekauft, und ich fing an, Aufnahmen zu machen und habe viel gelernt. Nicht so sehr von Zeitungsfotografen, aber es gab Kulturfilmer, z.B. den „Turckfilm". Der hat mir viel gezeigt und hat bei meinen Fotos auch gesagt, so oder so nicht. Und in Aschaffenburg gab es einen Fotohändler, bei dem wir haben entwickeln lassen, der muss ein guter Fotograf gewesen sein, er hat ebenfalls geholfen wie auch Walter Popp[9]. Popp war ursprünglich Fotograf, ehe er an der Kasseler Hochschule deren Keramik-Abteilung geleitet hat, und so habe ich von vielen gelernt.

M.E.
Das ist schnell erzählt und klingt so, als sei es eine zielgerichtete Aktion gewesen. Man darf aber nicht vergessen, dass bei Ihnen schon auch der Wunsch da war, Keramik zu machen, nicht nur Keramik auszustellen. Dann schlossen Sie sich Hinder an und das Erste, was Sie machen mussten – so stelle ich mir das vor –, ist innerhalb kürzester Zeit von Ort zu Ort wechseln, Kisten zu schleppen, aufzubauen, Besucher zu betreuen. Was Sie nicht machen durften, nicht machen konnten, ist Keramik. Als junger Mensch wäre doch jeder von uns, denke ich, nach einem halben Jahr abgesprungen und hätte gesagt: „Mach doch deinen Kram alleine."

L.R.
Ja, es gab aber einen großen Pluspunkt: Die Begeisterung und die missionarhafte Aufgabe, die Menschen für diese Sache zu gewinnen, die haben mich gefesselt. Einmal habe ich zwar unter unseren Vorratstüchern, auf denen oben die Sachen ausgestellt waren, unten Zeitungspapier gestapelt, gehockt und mich geschämt, weil ich so geheult hatte. Meine Mutter und mein Vater kamen zu Besuch und haben das mitgekriegt und gesagt: „Du weißt doch, du kannst jederzeit zu uns zurückkommen." Da habe ich gesagt: „Ja, das weiß ich, aber die Sache, die begeistert mich". Aber zum Heulen haben mich nicht die Kisten gebracht, sondern die Besucher, die so eine Sprache, wie ich mit meiner Begeisterung sie hatte, nicht verstehen konnten. Da hat Hinder gesagt: „Es ist keine Kunst, einen, der schon bei der Kunst steht, zu begeistern, sondern die anderen, die ferne stehen, die sogenannten Banausen, zu gewinnen, die manchmal nachher viel fester bei der Sache bleiben, begeisterte Förderer werden, mehr als manch einer, der von vornherein dabei war."

M.E.
Ich drücke das mal salopper aus: Ich sage immer, ich mache Museum nicht für den Klügsten, sondern für den Dümmsten, und das drückt das in etwa auch so aus. Das ist nicht arrogant …

L.R.
Nein, nein, man muss sich auch in die anderen hineinversetzen, und da hatte Hinder Recht. Sein Vater ist im Hessischen auf Missionsfeste gegangen. Ich kannte so etwas nicht, aber das muss es im Evangelischen geben. Von den acht Kindern hat sich kein einziges dafür interessiert, nur Jakob Wilhelm Hinder. Und der ging mit. Er sagte, es habe ihn interessiert, dass die Leute bei dem einen Redner einschliefen und bei dem anderen wie gebannt an den Lippen hingen. Woher kommt das? Später hat er sich mit Lavater[10] und mit der Phrenologie[11] befasst.

Als ich zu Anfang bei ihm war, hat er gesagt: „Die Dame, die da jetzt zur Tür reingekommen ist, die wird

[10] Johann Caspar Lavater (1741–1801), Schweizer Pfarrer, Philosoph und Schriftsteller gab in seinen „Physiognomischen Fragmenten zur Beförderung der Menschenkenntnis und Menschenliebe" (4 Bde., 1775–78) Anleitung, unterschiedliche Charaktere anhand von Gesichtszügen und Körperformen zu erkennen.

[11] Die Phrenologie ist eine zu Beginn des 19. Jahrhunderts von dem Arzt Franz Josef Gall (1758–1828) begründete pseudowissenschaftliche Lehre, die versuchte, geistige Eigenschaften und Zustände bestimmten, klar abgegrenzten Hirnarealen zuzuordnen. Dabei wurde ein Zusammenhang zwischen Schädel- und Gehirnform einerseits und Charakter und Geistesgaben andererseits unterstellt. Trotz ihrer unwissenschaftlichen Herangehensweise stellt sie einen wichtigen Vorläufer und Bezugspunkt der modernen Neuro- und Kognitionswissenschaften dar.

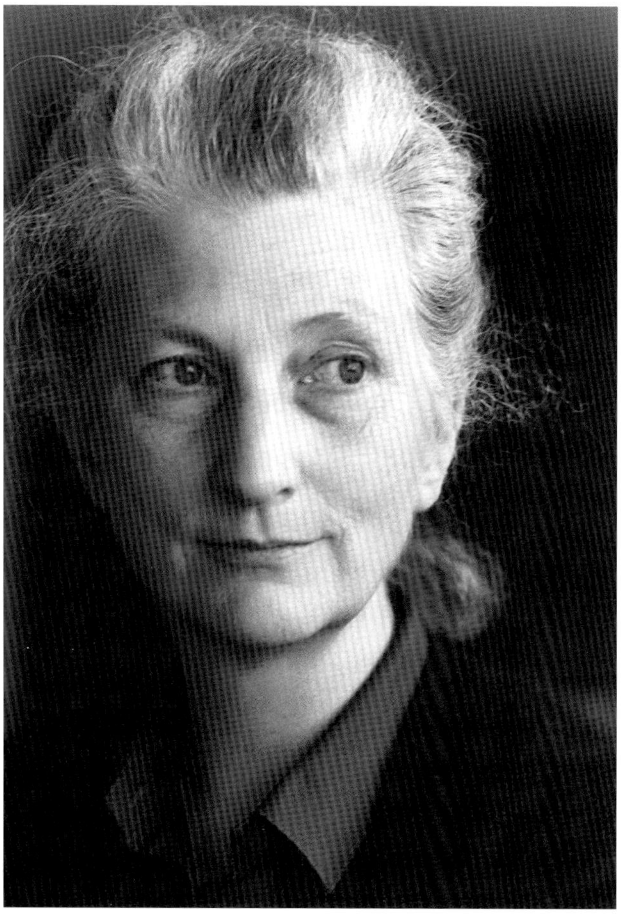

Lotte Reimers, 1986
Foto: Ursula Wünsche, Neustadt

eine Butterdose von Mühlendyck[12] kaufen und eine Vase von ..." Da habe ich gedacht, es kann mir ja viel erzählt werden. Es war so, aber nicht, weil er hellseherische Fähigkeiten hatte, sondern psychologisches Einfühlungsvermögen und erkannt hat, da kann er nicht versuchen, Bontjes van Beek[13] oder Erdös[14] zu verkaufen, sondern sie muss einen „Einstieg" haben. Dann hat er mir beigebracht, ich solle einfach erst einmal erzählen, wie im Westerwald die Salzglasur gemacht wird und auf diese Weise an die Leute herankommen.

Am Anfang fanden mich die Leute ganz nett und brachten mir Äpfel und Schokolade mit, aber gekauft haben sie nichts. Später lernte ich dann, dass man das auch lenken kann. Das war die harte Schule, die hat mich manchmal – wie ich schon sagte – zum Heulen gebracht. Aber hätte ich diese harte Schule nicht hinter mir gehabt, hätte sie mir später gefehlt. Denn das war abzusehen: Er ist 1901 geboren und ich 1932, irgendwann blieb vermutlich der Jüngere übrig. Er hatte ja versucht, das Werk mit den Arbeiten von den vielen, den hundert Keramikern oder noch mehr, dem Land Rheinland-Pfalz zu geben, damit es für die Zukunft bewahrt bleibe. Seine Familie hat immer gesagt: „Du mit deinen blöden Töppen". Ich habe ja nie geglaubt, dass es so schlimm kommen würde. Aber er hat die letzten Unterschriften nicht leisten können. Das wäre an seinem 75. Geburtstag geschehen. Denn die Verhandlungen mit dem Land – das dauert ja alles lange, was ich später auch gemerkt habe – waren nicht abgeschlossen, als er am 1. Januar 1976 – also zwei Monate vorher – gestorben ist. Dann kamen seine Verwandten und wollten ausräumen, haben auch. Aber in dem Museumstrakt steckte ein Sicherheitsschloss, und ich schlief oben im Dach. Na ja, und dann habe ich gekämpft, aber er hatte Recht mit seinen Befürchtungen – die Ereignisse, die damals damit zusammenhingen und die soweit gingen, dass alles zerstört zu werden drohte, das ganze Werk, das ja auch ein Dokument, ein zeitgeschichtliches, ist. Das und die menschlichen Dinge drum herum, das hat mich so erregt, dass ich das Zittern meiner Hände durch das Verschränken der Arme nur immer versteckt habe. Das war auch später noch immer auf Zeitungsfotos zu sehen. Ich habe jetzt vorgegriffen, das Werk ist ja gerettet.

[12] Wim Mühlendyck (1905–1986), Töpfer in Höhr-Grenzhausen, s. hierzu auch Vetter 1997b, S. 24 f., 151, 159.
[13] Jan Bontjes van Beek (1899–1969), seit Ende der 1920er Jahre für die Entwicklung der modernen deutschen Keramik wichtiger Künstler und Designer, u.a. 1960–1966 Professor und Leiter der Keramikklasse an der Hochschule für Bildende Künste in Hamburg. S. hierzu auch Vetter 1997b, S. 46–53, 173–174, 227–230.
[14] Stephan Erdös (1906–1956), Keramiker, 1953–1956 Direktor der Staatlichen Glasfachschule Zwiesel, 1956 Berufung an die Akademie der bildenden Künste, Stuttgart. S. hierzu Klinge 1975, S. 149–156.
[15] Die Keramiker Ursula (*1932) und Karl Scheid (*1929) gehören ebenso wie Ingeborg und Bruno Asshoff zu den Künstlern, die lange Jahre mit Jakob Wilhelm Hinder und Lotte Reimers zusammenarbeiteten. S. hierzu auch Vetter 1997b, S. 115–125, 206–207, 262–269.
[16] Ingrid Vetter – Aufzeichnung dieses Gesprächs, Wilfried Vetter – Foto.

M.E.
Ja, jetzt zurück zu den fünfziger Jahren: Es ist für mich schwer nachvollziehbar, dass man als junger Mensch eben diese Belastung auf sich nimmt und eigentlich sein Ideal noch nicht umsetzen kann, nur weiß, es wird kommen. Das finde ich immer wieder beeindruckend. Wie Sie auch richtig sagten: Es ist eine unglaublich wichtige Zeit für Sie gewesen. Es waren im Endeffekt wirklich die Lehrjahre im aller-allerbesten Sinne. Lehrjahre, die man ja nicht aufgezwungen bekam, sondern die man freiwillig machte, das ist der entscheidende Punkt. Das ist so in etwa wie bei einem Kind, das ein Instrument lernt: Die ersten drei Monate sofort ein Erfolg, und dann kommen 20 Jahre lang nur ganz kleine Teilschritte, die man macht, um dann mal irgendwann wirkliche Perfektion zu erreichen. Ein Kind kann ich zwingen, als Erwachsener muss man das selbst tragen. Aber Sie haben das sehr stark aus sich heraus gemacht.

L.R.
Ja, aber er hat das Pflänzchen sozusagen psychologisch gehegt. Denn er hat gesagt: Eines Tages wollen wir sesshaft werden, wir brauchen nur einen richtigen Platz. Das war damals schwierig, noch mehr, wenn man kein Geld hatte. Wir haben um Hamburg herum gesucht, in der Lüneburger Heide, im Taunus, im Frankfurter Raum. In der Pfalz, die er von 20 Jahren vorher kannte, hatten wir später Erfolg.

Als wir während der Ausstellungstournee im Bergbaumuseum in Bochum waren, hatte er mit den Asshoffs abgemacht, dass wir in dieser Zeit immer am Samstag zu Besuch kamen. In den zwei Stunden haben sie sich oben unterhalten, Kaffee und Tee getrunken, und ich habe unten „aufgebaut". Ein Topf davon steht heute noch bei mir auf der Fensterbank. Und dann sind wir wieder weitergezogen.

Später waren wir im Hessischen. In der Nähe, in Düdelsheim-Büdingen, waren Karl und Ursula Scheid[15]. Wir hatten zwischen zwei Ausstellungen 19 Tage „Luft", weil irgendein Termin nicht passte, und mit Scheids vereinbart, dass ich jeweils einen halben Tag in der Werkstatt half und den anderen halben Tag das Drehen übte. Ich kannte Hinders Vorführungen an der Töpferscheibe vor Schulklassen, Erwachsenengruppen, Kegelclubs, Universitätsstudenten etc. Da hatte ich die Handgriffe schon im Kopf und habe das dann in der Praxis eingesetzt. Ich wusste, Zylinder, immer schlanker und höher, sind am schwersten zu machen, denn die werden leicht durch die Fliehkraft von der Scheibe geschmissen – das wurden sie dann aber nicht. Diese 19 halben Tage haben 70 – Ihr[16] habt ja auch davon was – Töpfe erzeugt. Scheids haben sie später gebrannt, haben aber mich eine Glasur dafür auswählen lassen: einfarbig, bräunlich-schwärzlich.

Diese beiden Disziplinen – das Aufbauen und das Drehen – haben mich schon etwas beruhigt und etwas vorangetrieben. Wenn wir dann so unterwegs waren und gesucht haben und es war an den Plätzen etwas nicht sinnvoll, dann konnte ich das einsehen. Und erst in dem Moment, wo wir sesshaft wurden, konnte ich selber Keramik machen. Das Erste, was ich machte, war allerdings beim Mauern mithelfen. Da gibt es Deidesheimer, die haben das noch erlebt. Aber das war ja alles dann schon auf dem „Weg".

1965 habe ich dann mit der Keramik begonnen. Ich wusste, dass in Eisenberg bei Grünstadt, nicht weit von Deidesheim, eine Firma Rohlinge für den Stahlguss aus einem Ton machte, der mir gefiel. Er war beigefarben mit schwarzen Pünktchen – Eisenverunreinigungen –, und das gefiel mir, grob schamottiert. Aber sie wollten uns von dem Ton nichts verkaufen. Wir haben mit Engelszungen geredet, bis wir den Chef des Hauses sprechen konnten, und der sagte: „Sie kriegen." Daraus ist dort später ein Tonhandel geworden, von uns hatten ja viele Leute davon gehört.

Jedenfalls habe ich angefangen. Ich hatte noch keinen eigenen Ofen und habe die Dinge zum Brennen in dieses Werk gegeben. Dort war ein Riesenoval, ein Ringofen, der wurde mit Brikettgas befeuert. Lief er über das Wochenende, dann waren sie sehr lange drin. Meine Töpfe wurden zwischen deren Dinge gestellt. Und weil ich gerne spitze Füßchen gemacht habe, haben sie die Töpfe umgedreht und auf den Kopf gestülpt. Manchmal gab es Temperaturschwankungen von ca. 100°C.

Ich wusste, dass die alten Blaufärber etwas benutzt haben, was auch die Töpfer früherer Zeiten benutzten, was sogar noch im Odenwald im Schwange war, als wir in den fünfziger Jahren bei den Bauerntöpfern dort waren. Da mussten nämlich die Gesellen immer in eine bestimmte Ecke, in der sich der Ton befand, pinkeln. Der Urin hat den Ton geschmeidig gemacht.

In den Büchern stand, dass die Chinesen und auch die Japaner Kobalt statt mit Wasser mit Tee angemacht haben und auch mit Urin. Dann habe ich probiert: Wasser, Tee, Urin. Die das mitnahmen zum Brennen haben manchmal gesagt: „Das riecht aber merkwürdig?" Da habe ich nichts gesagt.

In Trier im Städtischen Museum Simeonstift[17] hingen Tafeln mit meinen Texten. Die Wächter haben erzählt, sie hätten am Lachen immer gemerkt, wo die Leute gerade lasen. Da stand dann: „Und als ich keinen Unterschied merkte zwischen Wasser, Tee und Urin, blieb ich beim Wasser."

Das waren die Anfänge. Später hatte ich dann einen eigenen Ofen. Zum Trocknen standen meine Sachen unter einer Vitrine im Eingangsraum. Die Leute gingen hin, packten rein und zogen es hoch, oh, oh ....

Das zur Untermalung, dass Hinder die Hoffnung immer psychologisch am „Flackern" gehalten und an die Vernunft appelliert hat. Man wusste ja, wenn man in eine Gegend geht, wo man nichts bewirken kann, dann hat das auch keinen Sinn, also wartet man noch.

M.E.
Aber Lehr- und Wanderjahre bedeutete sicherlich auch: Menschen kennenlernen, Menschen mit Keramik kennenlernen, das ist ja auch ganz wichtig gewesen, Museen kennenlernen. Ganz wichtig ist sicher auch das, was Sie sozusagen als Ersatzbefriedigung gemacht haben: die Weberei und das Fotografieren. Die Weberei sicherlich auch mit dem unglaublich Wichtigen, dem Haptischen, das man hat, dem Sticken und der Textilkunst, das kommt bei Ihren Keramiken auch bis heute noch zum Tragen, die haben eine textile Struktur ...

L.R.
... ohne, dass sie das Keramische unterdrückt ...

M.E.
Absolut, und sie haben etwas, was man auch nicht unterschätzen darf, gerade bei der Weberei: Es ist ein Aufbau Faden um Faden, es ist Ihre Technik.

L.R.
Ja, da berühren Sie einen Aspekt: Ich habe gesagt, dass ich 70 Gefäße gedreht habe, aber dann musste ich feststellen, dass die Defekte in meiner Wirbelsäule das Drehen nicht dulden. Sie haben mich ein paarmal von der Töpferscheibe abheben und auf die Bahre legen müssen. Dann haben diese Defekte auch noch Herzattacken ausgelöst. Also musste ich einsehen: Das Drehen muss zu den Akten gelegt werden, obgleich es mich fasziniert hat und hätte, ich hätte gerne beides gemacht. Aber beim Aufbauen konnte ich die Schäden immer wieder ein bisschen „strecken", indem ich zwischendrin den Platz verlassen und mich bewegt habe, notgedrungen sowieso durch die Museumstätigkeit. Wenn ich auf eins von beiden – Drehen oder Aufbauen – verzichten hätte müssen, dann hätte ich lieber auf das Drehen als auf das Aufbauen verzichtet, und das trifft sich mit Ihrem „Faden für Faden" und der Auffassung, wie man etwas aus dem Nichts aufbaut. Ich habe ja auch immer Häuser auf dem Papier gebaut. Und als ich – bin ja schon wieder in einer anderen Zeit – das Haus dann nach Hinders Tod verlassen musste, da habe ich ein Haus „ohne Geld" gekauft und habe das hergerichtet. Ich konnte mir keine Restauratoren leisten. Dann habe ich immer, wenn ich so gekratzt und gemacht habe, gesagt: „Haus, du kannst dich freuen, dass du mich gekriegt hast."

[17] Ausstellung „Keramik Lotte Reimers", 1979.
[18] Hans-Georg Weber (1936–1995), Kunsterzieher und Keramiker, Studium bei Walter Popp 1957–1961.

M.E.
Ich glaube, dass ist auch so ein ganz wichtiger Punkt bei Ihnen, wo Sie auch Glück hatten in Ihrem Leben, immer wieder Glück hatten ...

L.R.
... ja, wie schon zu Anfang: Krankheit, alte Hexe von Ordensschwester ...

M.E.
Wenn ich Sie so sehe, denke ich immer, Sie wirken so ruhig. Sie sind aber leidenschaftlich, ungeduldig, glaube ich, und Sie hatten das Glück, dass Sie immer, bei dem, was Sie ausführten, gezwungen wurden, Geduld zu haben. Sie mussten Geduld „lernen", ob es das Weben ist, ob es die Krankheit war, ob es das Aufbauen ist mit Wulstringen, eben nicht das Drehen, das ja schneller ist im ersten Moment.

L.R.
Ja, aber seltsamerweise, bei all diesen Tätigkeiten bin ich nicht ungeduldig, aber wenn ich anderes mache, dann muss es ganz schnell gehen.

M.E.
Aber ich glaube, das war auch Glück, dass Sie das machen mussten. Ich meine, das fordert mehr Überlegen, man hat auch mehr Zeit zum Überlegen, und es ist für einen an sich ungeduldigen Menschen eine große Verführung, etwas schnell huschen zu lassen. Aber das geht bei Ihnen nicht, das wollen Sie auch letztendlich im Grunde nicht.

L.R.
Ich denke, das kommt auch durch das Liegen in den Heilstätten. Denn es gab nur die Möglichkeit, möglichst still zu liegen, keine Sonne, atmen, dann „wurde man schneller gesund". Und diese Einübung von Geduld, die war immer da. Aber aus dieser Geduldseinübung resultierte dann die Ungeduld, weil ich immer gedacht habe, ich habe keine Zeit, es muss alles schnell passieren.

Bloß dann ist es ja gut – wenn der Mensch den Verstand eingesetzt bekommen hat und ihn benutzt –, dass man gewisse Dinge nur machen kann, wenn man ganz zäh bei der Sache bleibt, und auf einmal ist das, was so lange zu währen schien, fertig. Das ist das, wo Sie meinen, dass man durch die Tätigkeiten gezwungen ist. Es ist eher eine Wechselwirkung: Man versucht das, was man verwirklichen möchte ...

Das Fotografieren geht ja schneller, das ist etwas, womit ich mich immer getröstet habe, weil ich die Defekte mit dem Körper hatte. Wenn ich nicht mehr töpfern kann – denn es ist schon „saumäßig" mit den Defekten an den verschiedenen Stellen, sie setzen mich oft außer Verkehr –, dann könnte ich immer noch das Weben „angeben". Das Töpfern kann ich nur selber so, wie ich das will, die Art des Spontanen. Aber dann, als Trost, habe ich mir vor Jahrzehnten schon immer gesagt, kannst du immer noch den Fotoknopf drücken. Die Vergrößerungen selbst gemacht habe ich später nicht mehr. Damals hatte Hinder einen Apparat gekauft und gesagt: „So, wir holen den mit dem Keramiker Hans-Georg Weber[18] im Auto in Mannheim ab." Unterwegs hat mir Hans-Georg Weber gesagt, wie ich das ungefähr machen muss. Und Hinder hat hinzugefügt: „So, aber Ausschuss darf es nicht geben." So ist unser erstes Buch entstanden. Jeden Mittag stand der Mann von der Druckerei da und wartete auf die neuen Fotos.

Schnelligkeit, Geduld, Nicht-Geduld, Langsamkeit, Einsetzen der Langsamkeit, dass man doch dahin kommt, wohin man will. Also, vermutlich ist manches angelegt in einem, dann kommen die Glücksumstände dazu, und all diese verschiedenen Faktoren haben aus mir das gemacht, was ich heute bin. Früher, als ich zu Hinder kam und noch vorher, war ich mal ein schüchterner Mensch, das hält keiner heute mehr für möglich.

M.E.
Das Großartige in Ihrem Leben ist: Das eine sind die Schicksalsschläge, die jeder von uns hat, aber das andere, sie anzunehmen und positiv anzunehmen und zu sagen: So ist es und ich muss daraus etwas gestalten. Das ist die hohe Kunst und die große Schwierigkeit. Was für mich auch interessant ist, ist dieses „Sesshaft-werden". Deidesheim, schöne Gegend – ich stell' es mir schön vor. Wie waren die ersten Eindrücke in Deidesheim, als Sie ankamen, und zwar von der Bevölkerung?

L.R.
... das war wie überall, weil wir ja nun praktisch an jedem Ort ...

M.E.
... ein seltsames Paar, das da ankam ...

L.R.
... ja, ja, das kann man schon sagen. Um auf die Landschaft zu kommen: Als wir uns auf den Weg gemacht hatten, kamen wir mit dem Zug von Ludwigshafen durch diese langweilige Gemüsegegend und näherten uns Deidesheim, es war dunkel. Am anderen Morgen sah ich, da stehen zwar so Stöckchen herum, aber dahinter ist Wald. „Na", dachte ich, „ist ja doch nicht so traurig, wie ich das gestern Abend empfunden habe, und er wird es schon wissen". Und das Örtchen mit den Bauwerken, Sandsteingemäuer und schönen Häusern, das sah man dann auch.

Das war auf ein Inserat zustande gekommen, das Hinder – als wir in Mainz[19] ausstellten – an die „Rheinpfalz" gab, die Zeitung, die in dieser Gegend gelesen wird. Da hatte er geschrieben: „zwischen Bad Dürkheim und Neustadt". Deidesheim wäre ihm am liebsten gewesen, das kannte er von seinen früheren Ausstellungstourneen.

Da gab es verschiedene Angebote. Weil wir noch nicht direkt anfangen konnten, hat er dann aber gleich eine Ausstellung in dem damaligen großen Saal vom Winzerverein arrangiert, um zu sehen, wie das Publikum reagiert und wie man die Leute heranzieht. Dadurch war der Einstand ein anderer, als wenn wir nur so aufgetaucht wären, mit geschlossenen Kisten. Und wir hatten ja auch noch Verpflichtungen in Remscheid, Kaiserslautern, die mussten wir ausstellungsmäßig erst noch abwickeln.

Während wir bauten und änderten – es war ja nur die Scheune da, in der die Kisten abgestellt waren, in einer Ecke schlief ich, er schlief in der anderen Ecke (im Kalten, das waren wir ja gewöhnt, und die Deidesheimer Gegend war gar nicht so kalt) –, kamen uns schon Besucher nachgereist. Sie wussten, jetzt sind die beiden sesshaft. Sonst waren wir ja immer weiter unterwegs gewesen. Ich hatte ewig eine Tasche mit Adressmaterial dabei. Aus jedem Ort, meist in den Cafés, schrieben wir die Einladungen, und so auch aus Deidesheim. Dann kamen die Leute, ich kletterte auf die Kisten, und wir suchten heraus, was interessieren könnte, und verkauften bereits, denn Geld war keins da.

Der Architekt in Deidesheim, mit dem wir den Anbau planten, sagte: „Der ist ganz schnell fertig, Weihnachten können Sie schon eröffnen." Kein Wort war wahr, aber er hat uns die Angst genommen, und die Kreissparkasse hat Geld geliehen und die Deutsche Bank auch. Also, mit Schulden haben wir immer gelebt, und das ist auch bis heute so. Schulden deshalb, weil Hinder immer Geld ausgegeben hat für die Sache und die Keramiker und die Bauerei ... Und ich mache das aus Begeisterung weiter.

M.E.
Das sind viele kleine Fäden, ein wunderbares Gewebe. Mich interessiert nochmal 1965: erste Keramik. Da hat man sich dann über ein Jahrzehnt lang danach gesehnt, das machen zu dürfen, dann macht man es. Hatten Sie Angst?

L.R.
Nein, ich habe so groß, ganz groß angefangen. Einen Brennofen hatte ich ja nicht, aber das Werk, bei dem wir den Ton kauften, hatte die großen Öfen. Das war eine Schale, ein „Mordstrumm", und innen hatte ich die Glasur ausprobiert. Brikettasche hatten wir aus unserem eisernen Öfchen und Urin auch. Dann haben die Leute das große Stück zum Brennen mitgenommen: Es war heil, ohne jeglichen Fehler. Das lag natürlich auch am Schamottescherben und weil ich – sehr gewissenhaft –

wusste, dass man Luft nicht einschließen darf. Dann stand das draußen auf unserer Mauer, ein Blickfang. Und so waren die ersten Arbeiten alle immer sehr groß. Erst als ich den Ofen selber kaufen konnte, 35 cm im Würfel, gab es nur kleine Arbeiten. Und da ich ja auch nur des Nachts von 21 bis 24 oder 1 Uhr arbeiten konnte – tagsüber Museum, später dann Museum und Galerie –, habe ich sozusagen nur die Form fixiert und wusste nicht, ob ich am nächsten Abend weitermachen kann. Hauptsache, die Idee war ausgespuckt. Darum ist unten in meinem Kellergewölbe[20] anfangs alles so klein und bei Ihnen in der Ausstellung auch. Später ändert sich das.

Nun musste ich ja auch verkaufen. Hinder hat meine Stücke angekauft. Ich brauchte nie Preise zu machen, er machte sie, zog den Anteil für Galerie und Museum ab. Das war auch noch so etwas. Ingrid Vetter kennt die Zeit, in der ich gesagt habe: „Kannst Du mir nicht mal beim Preise machen helfen?" Aber auch das lernt man allmählich.

M.E.
Manchmal huschen Sie über Dinge hinweg, wo ich staunenden Ohres nur zuhören kann. Noch einmal dieser Punkt: Dieses jahrelang von etwas träumen und sich dann trauen. Denn viele Menschen sind anders. Davon zu träumen ist das eine, dann aber, wenn man die Möglichkeit hat, den Mut zu haben, diesen Schritt zu gehen, das ist ein anderes ...

L.R.
... also für mich gehört dazu kein Mut.

M.E.
Umso erstaunter bin ich ... Mut, Webrahmen.

L.R.
Den Webrahmen hatte Hinder gekauft, und ich habe gewebt. Sein Bruder hatte schon profimäßig Stoffe gewebt, und dann hat er meine Wandteppiche gesehen. Ich fing bei dem Motiv von unten an. Das bereits gewebte Stück wird ja dann auf den unteren Balken gewickelt, ist danach verschwunden, und dann geht es immer weiter. Und ich habe einfach die Fäden hinten abgeschnippelt – der Teppich mit der Kreuzigung hängt heute noch bei mir. Es war so festgeklopft, es konnte kein Faden heraus. Da hat der Weber-Fachmann gesagt, „So macht man das nicht", und ich sagte, „Aber **ich** mache das so".

Dieses Selbstbewusstsein, das hat nichts mit Arroganz zu tun. Wenn ich überzeugt bin, dass ich etwas machen, in Form bringen will, und einen Weg benutze, geht es mich gar nichts an, ob die andern Leute das anders gemacht haben. Ich habe auch nie die Keramiker gefragt, wie sie das machen. Ich wollte nicht, dass sie denken, ich will nachahmen. Denn das fand ich immer das Schlimmste. Und so war das bei der Weberei und auch beim Fotografieren. Dieses Wissen um das, was man will, ist einem vermutlich in die Wiege, in der ich nie lag, gelegt worden.

M.E.
Das ist vielleicht das Beeindruckendste, wenn man die Fotos aus Ihrem Leben sieht, wenn man Sie sieht und erlebt, wie auch in Ihrer Keramik: die Konsequenz. Einen Weg gefunden zu haben, diesen Weg zu gehen – Ihre Frisuren ändern sich in 40 Jahren nicht ...

[19] Ausstellung im Institut Français, Mainz, 13.10.–24.11.1960. S. hierzu Vetter 1997b, S. 159.
[20] „Tönernes Archiv" LR-Keramiken von 1965 bis heute.

L.R.
... doch, die Haare fallen aus ...

M.E.
Das einfach zu wissen, sich keinem modischen Trend zu unterwerfen, sondern zu wissen: Das ist meine Linie, und Sie haben das sehr früh gewusst.

L.R.
Ja, da hat die Fachschule in Höhr-Grenzhausen[21] auch die Nase gerümpft und gesagt, das sei doch keine Glasur, das sei doch nur Engobe. Die haben nicht begriffen, was ich wollte, weil hierzulande damals die Ausbildungsstätten noch anders strukturiert waren im Gegensatz z.B. zu Holland. Dort wurde Keramik an den Kunsthochschulen gelehrt, bei uns waren es die Fachschulen, und die waren an glänzende Glasuren gewöhnt. Auch super, haben wir ja gesammelt, ich später auch immer noch von anderen. Aber das war nicht das, was mich lockte, sondern dieser Scherben, dieser Ton, der diese Lebendigkeit hatte, das wollte ich ja nicht ganz zudecken. Am Anfang habe ich ja viel mehr frei gelassen, weil ich wusste, dass beim Brennen die Dinge ins Fließen kommen, die Mineralanteile, die Aschen, Eierschalen als Flussmittel etc. Und aus den Büchern wusste ich, dass die alten Chinesen in ihrer Frühzeit ja nur im oberen Drittel glasierten. Dann hatte das noch Platz, um zu laufen, ehe es festbackte, denn dann war der Topf kaputt. So habe ich das immer weiter geführt. Ich habe immer eine Vorliebe gehabt für diesen rauen, schamottehaltigen Scherben, der durch die Auflage der glasurähnlichen Substanzen noch hindurch schimmerte. Und das war ja schon eine Entscheidung, die ein anderer, der bei Uhlemeyer ausgebildet wurde, ja nicht so getroffen hätte. Aber das war eben doch das Erbe von Malerei- und Bildhauerei-Ambitionen, das seit Jahren schon drinsteckte. Deshalb ging ich da einen anderen Weg.

Dass die damals die Nase rümpften, das hat sich ja später geändert, und dass ich – aus obigen Gründen – nur aufbaute, hat ja dann nachher bei anderen Ähnliches hervorgerufen. Dass die ganze Entwicklung hier anders lief, das lag nicht nur an mir, sondern auch an den Zeiten und der Verbindung zu anderen Ländern. Aber auf den ersten Ausstellungen wie im Rotterdamer Boijmans-Museum in Holland waren die Sammler dort bei meinen Arbeiten schnell auf dem Plan, weil das für diese kein Fremdland war, weil sie die Mischung aus Malerei, Bildhauerei, Keramik kannten. Da waren die Grenzen fließend, und das ist bei uns erst danach aufgebrochen.

Zum Beispiel Walter Popp: Kassel, Kunstakademie, Koryphäe. Ein Jahrzehnt später noch – ach, noch länger –, als wir in Wiesbaden in der Handwerkskammer ausgestellt haben, da gab es ein Einrichtungshaus, die hatten auf der Frankfurter Messe etwas von Popp gekauft. Die Stücke standen da ewig, wir waren wochenlang in Wiesbaden. Da sind wir reingegangen und haben gesagt, dass wir sie kaufen wollten. „Ja, die kriegen Sie billiger, die sind nicht ganz glasiert unten am Fuß." Dass die Händler so etwas nicht wissen, kann man ja verstehen. Das allgemeine Wissen aber war ebenfalls noch unterentwickelt. Das war noch vor unserem Sesshaft-werden, aber so hat sich die Lage geändert. Dann kamen Leute wie Robert Sturm[22], er hat auch zuerst anderes gemacht. So laufen die Zeiten weiter, und wenn wir dann noch am Leben sind und das sehen, dann ist das äußerst interessant.

M.E.
Ja, das ist das Beeindruckende bei Ihnen: Wenn man sich Ihre Arbeiten aus den einzelnen Jahrzehnten anguckt, kann man natürlich, wenn man sich einsieht, auch schon irgendwann mal erahnen, wann was entstanden ist. Letztendlich aber ist es eine sehr konsequente, eine sehr eigene, eine Lotte Reimers-Linie, die Sie verwirklichen, und ich denke, Sie stehen immer noch zu den Gefäßen von 1965 mit dieser gleichen Sicherheit, wie Sie zu einem Gefäß, das Sie letztes Jahr geformt haben, stehen können. Das ist doch sehr beeindruckend, gerade bei

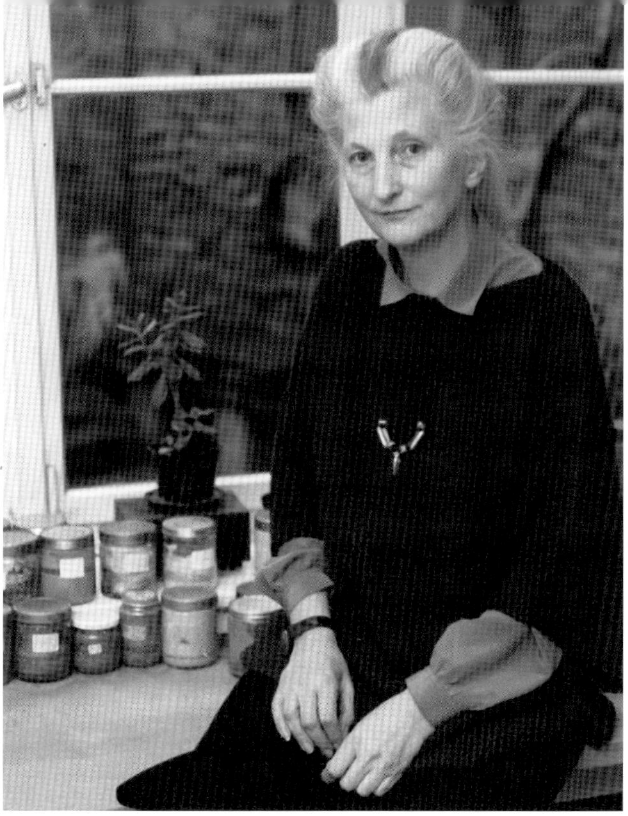

Lotte Reimers in ihrem Atelier, 1992
Foto: Peter Schönheit, Deidesheim

einem Werkstoff, der eigentlich verlockt zu spielen, der sehr lebendig ist.

L.R.
Ja, die Spielereien finden dann manchmal an den Halsrändern statt oder im Inneren ...

M.E.
... aber Sie sind ein „lieb spielendes Kind", also es bleibt schon in seinem Rahmen ...

L.R.
Ja, es stört nicht die Form. Denn das Primäre bleibt dann doch für mich immer die Form. Irmtraud Schaarschmidt-Richter[23] – die Japan-Frau bei der F.A.Z. früher – hat mal von irgendjemand einen Katalog von meinen Arbeiten mitgebracht bekommen und gesagt: „Ach ja, Japan ..." Da habe ich gedacht: „Na ja". Später haben wir uns manchmal angeregt miteinander unterhalten, und ich habe für diesen einen Film über uns[24] die Fernsehleute zu ihr geschickt, damit sie diese Auffassung von Japan her mit in das Interview einbringen. Denn ich schätze gute japanische Arbeiten, ich würde aber nie ... – es gibt ja genügend Beispiele, die die „Japan-Masche" vermarkten – das ist unter meiner Würde. Und da komme ich auf etwas aus der Schulzeit: Ein Jahr vor dem Abitur hatten wir einen neuen Deutschlehrer bekommen, der auch Direktor war. Der hat von uns eine Nacherzählung verlangt. Da haben sie alle gesessen und geschrieben. Ich aber habe geschrieben: „Nacherzählen ist unter meiner Würde." Es gab im Kollegium viel Wind, ich ging daraus unbeschadet hervor. Im Alter von zehn, zwölf, 13 – na gut, da sind das „Hantierungsarbeiten", um zu lernen, wie man mit Sprache umgeht. Aber dieses Nachahmen empfand ich als das Schlimmste. Und darum: Wenn schon, dann muss es ein eigener Weg sein. Wo ich gerade das aufgeschlagene Buch[25] da sehe: Es gibt gewisse Dinge, Typen von Formen, die sind Allgemeingut. 1990 diese oval-eiförmige Kumme oder wie auch immer das die Kunsthistorikerin fachlich richtig beschreiben würde – jedenfalls, das sind Typen. Und trotzdem: Wenn Sie jetzt ein solches Gefäß von der Koch[26] in London, den Scheids und von mir nebeneinander halten, sind das drei ähnliche Typen, aber drei Charaktere, und das halte ich für das Wichtige. Dass etwas einen eigenen Charakter hat, auch wenn Charakter heute manchmal nicht mehr so gilt.

M.E.
Sie sind Ihr Leben lang sehr konsequent gewesen, und das macht Sie nicht zu den einfachsten aller Mitmenschen. Das macht Sie nicht weniger liebenswert, aber auch nicht einfacher.

[21] Staatliche Fachschule für Keramik Höhr-Grenzhausen.
[22] Robert Sturm (1935–1994), Bildhauer und Keramiker, Studium der Keramik bei Walter Popp von 1956 bis 1962, u.a. 1971–1994 Professor für Kunst und visuelle Kommunikation an der Fachhochschule Fulda, arbeitete eng mit Jakob Wilhelm Hinder und Lotte Reimers zusammen. S. hierzu auch Vetter 1997b, S. 126–133, 208–210, 270–271.
[23] Irmtraud Schaarschmidt-Richter M.A., Kunsthistorikerin, Kunstkritikerin, Autorin, Expertin für japanische Kunst und Literatur.
[24] 25 Jahre Sammlung Hinder in Deidesheim, S3, Studio Mainz (Rheinland-Pfalz), Kultur – Spezial (Horst Schäfer), ausgestrahlt am 5.9.1986 von 21.15 bis 21.45.
[25] Vetter & Jochem 2002.
[26] Gabriele Koch (*1948), deutsche Keramikerin, lebt in Großbritannien. S. hierzu Katalog Kaiserslautern 2005, Abb. 13.

L.R.
Nein, und wenn es nur „einfache" Leute auf der Welt gäbe, dann wäre das äußerst langweilig. Mich haben immer die gelockt, an denen man sich die Zähne ausbeißt, und so einer war Hinder. Sein Bruder hatte versucht, mich zu angeln. Mit dem hatte ich nichts im Sinn, aber er ... Er wollte einen jungen Mann, der Kisten packen und heben kann. Denn der, den er gehabt hatte, war gerade fort an die Fachschule nach Höhr-Grenzhausen, in die technische Seite. Hinder hatte gedacht, dass Mädchen das nicht können. Unser Vater hatte uns aber beigebracht, mit Hammer und Säge umzugehen. Das erste war die „Nagelprobe" an diesen ausgefransten, schlechten Holzkisten, dicht gepackt bis an die Ränder.

M.E.
Bei Ihren Keramiken – Sie sagten schon, dass die Form alles für Sie sei ...

L.R.
Ja, das würde ich schon sagen, denn eine schlechte Form wird auch nicht durch schöne Glasuren gerettet, es muss zusammenstimmen. Und eine schwache Glasur versaut eine gute Form, das geht auch nicht, es muss einander ergänzen.

Es gibt manchmal Gefäße, die ich gemacht habe und eine Weile stehen lasse, weil ich noch dabei bin, eine neue Glasur dafür zu entwickeln, und dann müssen sie eben warten. So kommt es vor, dass ich am Arbeiten bin, am Aufbauen, und wenn ich in dem Jahr darauf eine Ausstellung mache, dann haben alle das Jahreszeichen noch vom Jahr vorher, weil ich nicht eher ruhe, bis ich sämtlichen Ton verarbeitet habe. Dann erst gehe ich an die Glasuren, dann kann ich mich auch da voll konzentrieren. Und das dauert auch wieder etwa ein halbes Jahr, aber dann versenke ich mich da hinein und konzentriere mich auch wieder ganz darauf.

Am liebsten würde ich ja nur zwischen diesen beiden Richtungen hin und her pendeln, aber da ich mir so viele andere Sachen – schon früher aus Überzeugung – an den Hals geladen habe und das auch weiterhin tue, muss ich immer Pausen machen. Und mein Körper ist froh, weil er so defekt ist, dass er die Pausen braucht, wie jetzt z.B. bei Ihnen hier, beim schönen Sitzen in der Sonne und Reden.

M.E.
Wenn Sie aufbauen, denken Sie da schon an die Glasur, denken Sie da schon dran in dem Moment?

L.R.
Nein, dann ist nur die Form ...

M.E.
Sie bauen die Form und dann nach einem Jahr ...

L.R.
... es ist nicht immer ein Jahr, ich wollte nur andeuten ...

M.E.
... im zweiten Abschnitt heißt es dann ganz Glasur ...

L.R.
Ja, das muss miteinander abgestimmt werden, aber deshalb, wie gesagt, schiebe ich manche Dinge nochmal eine Weile auf, weil ich dafür das Entsprechende noch nicht habe. Ich muss ja auch die Experimente brenntechnisch durchziehen. Früher war der kleine Ofen zwar ein Handicap, weil ich nichts Größeres machen konnte, aber der größere 60 cm-Ofen muss ja erst mal voll werden. Denn die Verschwendungssucht, dass ich den Ofen nur halb fülle, die liegt mir halt nicht. Dazu ist man eben zu sparsam, verantwortungsbewusst erzogen worden. Außerdem würde auch die Atmosphäre im Ofen wieder anders sein, abhängig davon, ob er dicht bepackt ist oder mit viel Luft zwischen den Stücken. Denn es gibt manchmal ja auch partielle Reduktion im Ofen, weil die Stoffe miteinander korrespondieren. Das ist auch wieder interessant, und das würde bei einem halbvollen Ofen nicht eintreten.

M.E.
Es ist ja nicht nur die Keramikwerkstatt gewesen, sondern auch das Museum. Es war ein wichtiges Anliegen, überhaupt die Didaktik im weitesten Sinne. Also nicht nur Keramik machen, sondern auch seine Leidenschaft

zu vermitteln. Sie machen das Jahrzehnte, das ist für mich nochmal spannend …

L.R.
… halbes Jahrhundert …

M.E.
… gibt es da einen Wandel bei den Käufern, Besuchern, bei den Kunden im weitesten Sinne? Ich denke mal, in den 1950er Jahren war es Gewohnheit, auch die Notwendigkeit, mit solchen Gefäßen zu leben …

L.R.
Ja, bei den Herstellern und bei den Käufern, das ist klar, siehe Beispiel Butterdosen …

M.E.
In den 1960er Jahren aber gab es dann auch einen ganz entscheidenden Schritt – jetzt greift wieder die Industrie, Porzellangeschirre kommen billig, Industriegeschirre –, dass man jetzt auch wieder das Einzelobjekt entdeckt.

L.R.
Ja, obgleich nebenher auch immer Leute gleichzeitig einzelne Gefäße zum Gebrauch noch gerne kauften. Nach und nach machten immer weniger Keramiker Gebrauchsgeschirr, weil sie nicht die nötigen Preise dafür verlangen konnten. Z.B. Klaus Lehmann[27] mit seinen schönen Teeschalen, aus denen wir manchmal bei mir trinken, oder Quillmann[28]. Die konnten das finanziell nicht mehr bewältigen, da wurde der Arbeitsaufwand für einen Keramiker zu groß, wenn er Geschirre und das Einzelstück gleichzeitig machen sollte. Heckmann[29] hat ja im Gegensatz zu seiner Frau fast ganz auf Geschirr hin gearbeitet – und seine Geschirre, die waren immer spitze. Aber das sind Sonderfälle. Wenn einer als Einzelmensch oder als Paar in der Werkstatt arbeitet und will das Einzelgefäß machen, der kann nicht gleichzeitig die Serienproduktion auch noch ebenso gut betreuen, einfach kräftemäßig, manchmal auch vom Platz her. Aber so wandelte sich das bei den Erzeugern und gleichzeitig bei den Käufern. Es ist ein ganz natürlicher Prozess gewesen, dass auch später Menschen Dinge erwarben, nicht, weil sie nun das Gefäß noch als Vase nutzen wollten, sondern es ging so weit, dass manche Sammler sagten: „Frau, du darfst die nicht für Blumen benutzen“, das fand ich ja nun auch blöd.

Hinder hatte einen Aufsatz geschrieben, in dem er das Sammlertum hervorkitzeln wollte (damals war die „Keramische Zeitschrift“[30] noch in Lübeck): „Moderne Keramik – ein neues Feld für den Sammler“. Zu der Zeit gab es noch nicht viele Sammler. Darin stand ein Passus, in etwa: „Wie andere Gespräche über ihren Picasso führen, führen die Keramiksammler Gespräche über Bontjes van Beek, Bampi[31] oder Walter Popp.“ So sind die Sammler allmählich dazu übergangen, die Keramik wie ein Werk der freien Kunst zu betrachten. Deshalb war uns auch diese ganze Lamentiererei „hier freie, dort angewandte Kunst“ immer egal. Wenn ein Ding gut ist, dann spielt das keine Rolle. Andererseits gibt es viele Bilder, die so schlecht sind, dass man von Kunst in dem Zusammenhang überhaupt nicht reden sollte. In den Fernsehsendungen habe ich das vor Jahrzehnten vielleicht besser ausgedrückt. Aber so wandelte es sich auf beiden Seiten.

[27] Klaus Lehmann (*1927), Keramiker, enge Zusammenarbeit mit Jakob Wilhelm Hinder und Lotte Reimers. S. hierzu auch Vetter 1997b, S. 86–89, 189–191, 243–245.

[28] Konrad Quillmann (1936–2002), Studium der Keramik bei Walter Popp 1957–1961, Keramiker, Bildhauer und Designer, Zusammenarbeit mit Jakob Wilhelm Hinder und Lotte Reimers.

[29] Hans Heckmann (*1935), Keramiker in Schwäbisch-Hall, s. hierzu Katalog Schwäbisch-Hall 1996.

[30] „Keramische Zeitschrift“, technisch-wissenschaftliche Fachzeitschrift, erscheint sechsmal jährlich im DVS-Verlag, Düsseldorf. Jakob Wilhelm Hinder berichtete in den 1960/70er Jahren in der Rubrik „Form und Dekor“ über die Entwicklung der modernen Keramik in Deutschland.

[31] Richard Bampi (1896–1965), Architekt und Keramiker, führender deutscher Keramiker der Nachkriegszeit, enge Zusammenarbeit mit Jakob Wilhelm Hinder. S. hierzu Schüly 1993.

Als dann 1993 die Sammlung ans Land[32] ging und damit die Museums- und auch die Galerietätigkeit aufhörte, da haben die Asshoffs mich beschimpft, dass jetzt ein Platz fehle, wo sich wirklich immer viel bewegt habe. Die letzte große Ausstellung in der Museumsgalerie habe ich noch mit den beiden[33] gemacht.

Wenn solche Präsentationen fehlen, dann ist kein „Muskeltraining" mehr da. Es gibt zwar noch Galerien, in Heidelberg die Heller[34] und die Wunderle[35] in München, aber es wird immer schwieriger: Die Mieten in den Großstädten sind hoch, und der Energieaufwand des Galeristen ist enorm. Da nützt es auch nichts, wenn sie Hilfskräfte einstellen, die können das im Allgemeinen nicht bringen. Und je weniger die Leute im Sehen geübt werden, desto weniger wird es auch mit dem Kauf dieser Dinge. Es gibt immer noch Plätze, die gut sind, und Leute, die angereist kommen.

In diesem Zusammenhang freut es einen ja, wenn überall immer noch Einzelne da sind – hören Sie mich auf Ihre Schulter klopfen? –, die diese Begeisterung teilen und ein Sprachrohr dafür bilden. Denn, wenn man nicht davon spricht, wenn Hinder damals nicht auf den Plan getreten wäre, da wären die Marburger Töpfer tot gewesen. Was sie heute machen, taugt zwar nichts, aber es hat Jahrzehnte noch schöne Dinge gegeben, und diese schönen Irdentöpfe hier aus Oberfranken hätte es auch schon viele Jahrzehnte nicht mehr so gegeben, und so ist es auch mit den sehr guten Keramikern.

Wenn Sammler oder auch andere Menschen, die dafür eintreten, in Galerien oder Museen keine Ansprüche an die Qualität stellen, dann verflachen diese Ansprüche, wenn auch nicht bei den wenigen, die genau wissen, was sie wollen, und die ihren Weg gehen, unabhängig von allem. Nur: Wenn sie gar nichts mehr einnehmen, dann versickert dieser Quell auch. Sie können nicht alle auswandern und ihre Sachen woanders anbieten oder mit Galeristen in anderen Ländern arbeiten, das hängt dann auch mit Alter, mit Auffassung, mit Familienanhang etc. zusammen. Und Lehrerstellen gibt es ja auch nicht mehr viele, weil an vielen Orten die Keramik durch Designabteilungen ersetzt wird.

M.E.
Was wir an Verlust von bürgerlicher Kultur haben, das ist doch eines der größten Probleme. Bürgerliche Kultur heißt immer der Kampf und die Auseinandersetzung mit den Dingen. Es reicht nicht mehr zu sagen, dass das schöne Kunst ist, sondern ich muss sie verstehen wollen. Ob ich es kann, das ist eine andere Frage ...

L.R.
... ja, die „Sprache der Dinge"[36] ...

M.E.
Die Sprache der Dinge, und heute haben wir das Problem, dass das den Jugendlichen gar nicht mehr mitgegeben wird ...

L.R.
... sie können auch nicht mehr gut schreiben, bis auf ein paar wenige ...

M.E.
... müssen aber natürlich repräsentieren, wenn sie dann Bankdirektor werden. Also schafft man wie im 19. Jahrhundert einen kaufbaren Bildungskanon, der da heißt „Alessi", „Philippe Starck" etc. Es ist sehr einfach, solche Dinge zu kaufen, zu erwerben. Sie sind anerkannt und scheinbar guter Geschmack, aber kein eigener. Leider führt das zu einem Verdummen des Publikums, weil es keine Kritik mehr üben kann, es wird willenlos. Es ist

[32] 1993 Übernahme der Sammlung des Museums für moderne Keramik Deidesheim durch das Ministerium für Bildung und Kultur des Landes Rheinland-Pfalz. S. hierzu auch Vetter in: Vetter & Jochem 2002, S. 30.

[33] Sonderausstellung „Ingeborg und Bruno Asshoff – Keramiken" in der Galerie des Museums für moderne Keramik Deidesheim vom 8.5. bis 23.5.1993.

[34] Galerie Marianne Heller, Heidelberg.

[35] Galerie b15 Renate Wunderle, München.

[36] „Die Sprache der Dinge – Arbeiten internationaler Künstler aus der Lotte Reimers-Stiftung", Ausstellung des Theodor-Zink-Museums Kaiserslautern vom 16.4. bis 12.6.2005, s. hierzu auch Katalog Kaiserslautern 2005, mit Beiträgen von Bernd Goldmann und Marlene Jochem.

auch mein Anliegen, dafür zu kämpfen, dass die Leute wieder sehen lernen, fühlen lernen ...

L.R.
... für Literatur gibt es ja Plätze, an denen Schreiben gelehrt wird, und das ist eben auch nötig auf diesem Gebiet ...

M.E.
... wobei da das große Problem ist, dass es ganz oft nur Behauptungen der Politik sind, Keramik interessiere heute keinen mehr. Man kann auch sagen: Wenn ich etwas anbiete, dann ist auch das Interesse da. Und wenn ich es konsequent anbiete, dann wächst auch das Interesse ...[37]

L.R.
... und die Fähigkeit und die Ausstrahlung der Dinge, die begeistern, bewirken wieder weitere Anhängerschaft.

M.E.
Also, nun die Frage zum Sammeln:

L.R.
Wenn ich nur sammeln würde, wäre das einfacher. Dieses Hüpfen aber von einem Gebiet auf das andere, was mir an sich ja nicht schwer fällt, fordert mir mit zunehmendem Alter auch immer mehr Kräfte ab. Ohne diesen „Faden des Sammelns", der mich bei Hinder und seinen Ideen so begeistert hat, gäbe es ja auch nicht die Sammlung beim Land und würde es auch kein zweites Buch[38] mit den Beispielen geben. Darum ist alles ineinander verwoben.

M.E.
Wobei Sie ja eigentlich beide Seiten repräsentieren: Sie sammeln ja auf der einen Seite selbst, werden aber auch selbst gesammelt, das darf man ja nicht vergessen. Sie haben bzw. hatten einerseits den selbstauferlegten Auftrag, für sich selbst eine Sammlung aufzubauen. Zum anderen pflegten Sie aber auch den Umgang mit Sammlern, in dem man ja dann doch auch an einem anderen Punkt ist, sich selbst ständig fragen muss, was sammelst du eigentlich und welchen Sammler wünschst du dir auf der anderen Seite?

L.R.
So eine Frage ist mir nie in den Sinn gekommen, weil ich immer nur von der Warte ausging: „Ich bin begeistert von Schönheit". Das ist ja ein Begriff, der nicht ganz hinkommt, denn es gibt Dinge von Werner Knaupp[39], das Verbrennungs-Bild, da würde jeder sagen, dass es ein Graus sei. Aber ich zähle Äußerungen der Kunst alle doch mit zu diesem Begriff. Es heißt ja: „Schönheit von innen und außen." Aber wie man sich den anderen wünscht, das kommt mir nie in den Sinn. Mich interessiert nur, ob irgendwo jemand ist, der mit mir auf dieser Welle agieren kann, genauso das Interesse teilt und dann auch in den Ausstellungen, in Galerien etwas kauft. Man kann nur versuchen, in anderen Menschen den Boden zu bereiten. Aber für Wunschvorstellungen bin ich wahrscheinlich zu realistisch, bei aller Träumerei. Ich sage mir: Wenn dann etwas wächst, dann freut es mich, und wenn die Sammler ein gutes Gespür entwickeln, freut es mich noch mehr. Und manchmal enttäuscht es mich, wenn ich langjährige Sammler bei uns woanders sehe, wie sie daneben greifen. Da denkt man: Haben die alles vergessen, haben die nicht gelernt, eigenständig Qualität auszuwählen? Aber damit muss man auch leben, und darum hat man nie die Vorstellung eines Wunschsammlers, weil es den im Grunde auch nie geben kann, denn auch die wandeln sich.

[37] Martin Eberles Ansicht, dass ein konsequentes Anbieten eines Themas das Interesse an diesem erzeugt und dadurch positiv ausstrahlt, wird in der Buchbesprechung von Julia Voss (F.A.Z. 19.6.2006) zu Carsten Kretschmann, „Räume öffnen sich". Naturhistorische Museen im Deutschland des neunzehnten Jahrhunderts. Berlin 2006 unterstrichen, in dem sie u.a. hervorhebt, dass die Naturkundemuseen im Deutschland des 19. Jahrhunderts als Volksbildungsstätten fungierten und die Naturwissenschaften durch diese Popularisierung ihren Siegeszug antraten.

[38] Erstes Buch: Vetter 1997b.

[39] Werner Knaupp (*1936), Maler, 1986–2001 Professor für Malerei an der Akademie der Bildenden Künste, Nürnberg.

Ich würde mir nur wünschen, dass weiterhin auch Jüngere diese Begeisterung teilen und sammeln; dass es nicht wie in manchen Galerien ist – bei mir ja zum Glück noch nicht –, dass alles nur im „antiquarischen" Alter verläuft. Denn dann kann es passieren, dass Sammler Nachkommen haben, die sich überhaupt nicht für Keramik interessieren und dann fragen: „Was machen wir?" Das kann natürlich für die Museen ganz schön sein, und ich begrüße das auch und gebe manchmal auch Tipps. Wenn man die Sammler kennt und weiß, was sie zusammengetragen haben, dann kann man auch mit gutem Gewissen Empfehlungen geben, so wie bei der Sammlung Crueger:[40] Leipzig[41]. Wenn jetzt jemand in großem Stile Volker Ellwanger[42] und Dorothea Chabert[43] gesammelt hätte, dann würde ich sagen: „Braunschweig"[44]. So kann man ein bisschen lenken, aber das ist eine Verteilung der künstlerischen Dinge an Stellen, wo sie dann auch gut aufgehoben sind. Das ist jedoch nur das eine Bein, das ja im Grunde nicht hilft, junge, qualifizierte Künstler zu ernähren. Da würde ich mir Museen, Galerien und vielleicht auch noch andere Möglichkeiten wünschen, Leute zu begeistern.

Etwas, was ich jetzt manchmal beobachte, sind die Märkte. Für einen guten Keramiker waren Märkte früher verpönt. Weil sich die Szene galeriemäßig aber sehr verengt hat, ist es inzwischen so, dass manche auf Märkte gehen und da mit guten Dingen stehen. Und es kaufen Leute, die vielleicht sonst nie in ein Museum oder eine Galerie gegangen wären. Die Hoffnung, dass sich daraus auch etwas entwickelt, ist klein, aber vorhanden. Das hätte man vor 30 Jahren nicht gebraucht. Da aber vieles andere jetzt fehlt, ist es gut, dass es wenigstens das gibt.

Was natürlich mit Kosten verbunden, aber eine gute Sache ist, ist, wenn sie in Korea oder sonstwo tolle Anstrengungen machen und Super-Areale erzeugen, die Welt einladen, die Keramiker sich beteiligen und Preise bekommen, wie z.B. Rita Ternes[45] in Korea. Aber weshalb ich das sage: Schon vor Jahrzehnten haben andere Länder – Deutsche, die in Kolumbien leben, erzählten es mir – die Beteiligung an Ausstellungen finanziert, sozusagen als ihr Aushängeschild. Und das gibt es jetzt in China, in Korea, Japan, Frankreich: Sie benutzen die Kultur als Wirtschaftsfaktor. Nur in Deutschland hat man das immer noch nicht gelernt, und so würde ich mir wünschen, dass das genauso selbstverständlich als ein wichtiger Faktor angesehen wird wie auf anderen Gebieten, z.B. in der Wissenschaft.

Wenn ein Klima dafür geschaffen wird, dann gibt es auch wieder Bewegung, dann gibt es auch wieder Interesse, und wenn man in diese „Rille" hineingräbt, entwickelt sich auch was. Bloß: Dass das mühselig ist und dass das einzelne Menschen allein – das haben wir ja vorhin schon angedeutet – nicht schaffen, das ist klar. Früher war es so, dass die Besucher von weither angereist sind und übernachtet haben. Da war dann der Posten Übernachtung und Benzinkosten ein kleiner Faktor. Aber heute ist es so, dass die Außenfaktoren, die mit dem Kunstwerk nichts zu tun haben, das Geld für das Kunstwerk um ein Mehrfaches überschreiten. Abgesehen noch von dem unliebsamen Verkehr auf den Straßen, so sind das alles veränderte Faktoren.

In den Städten sind die Mieten so hoch, dass jemand mit der Keramik hierzulande nicht auf einen grünen Zweig kommen kann. Zu Robert Sturm, dessen Arbeiten ja nun nicht niedrig im Preis waren – ein Objekt in Armhöhe kostete etwa 7.000–8.000, 12.000 Euro – hat ein Galerist gesagt, dass ihn die Sache wohl interessiere, aber man mit den geringen Preisen nichts werden könne. Die Galerien bekommen zwar ihre Prozente, aber sie müssen ja all den anderen Aufwand finanzieren. Und es ist nicht damit getan, dass jemand etwas hinstellt. Es gibt ja viele sogenannte Galerien in Deutschland, das sind – aller Ehren wert – Arztfrauen, Weingüter, die Ausstellungen machen und auch verkaufen. Aber sie benutzen die vorhandenen Sammler, erzeugen zumeist keine neuen. Und haben das Gefühl, sie haben sich eine Rose ins Knopfloch gesteckt und sich etwas Gutes getan, aber ob sie den Künstlern damit auch etwas Gutes tun, das ist im besten Sinne zweitrangig ...

M.E.
Wobei ein Galerist wie ein Museumsdirektor auch mindestens ebenfalls soviel Leidenschaft haben muss wie ein Künstler, und das zählt.

L.R.
Ja, und davon gibt es wenige, und dass Sachzwänge Hinderungsgrund sein können, das spielt natürlich auch mit. Das sind alles so Verquickungen, Verzahnungen. Weil wir auch davon sprachen, dass die Städte Kultur als Nebenwert sehen, den man nur mal zu gewissen Zeiten beachtet: Vor Jahrzehnten hat mir Professor Spielmann[46] gesagt, dass jeder, der 20 km weit von außerhalb kommt, im Ort eine statistische Summe Geld lässt und dass das ja auch wirtschaftlich für den Ort von Nutzen sei. Als wir uns in Deidesheim angesiedelt hatten, war der damalige Bürgermeister bei einer Tagung und wurde darauf angesprochen: „Ach, Sie sind aus dem Ort, in dem Hinder sesshaft geworden ist." Der Bürgermeister hatte natürlich erwartet, dass gesagt würde, „wo der gute Wein wächst". Aber dass etwas Kulturelles auch Geld bringen kann, das dringt in die Köpfe noch immer nicht so ein.

M.E.
Ein wichtiges Problem, denke ich: Wir haben hier sehr viel Kunstförderung, aber das ist das falsche Wort, es ist eine Künstlerförderung. Sie müssen heute 23 Jahre alt sein, frisch von der Hochschule kommen, dann bekommen Sie eine riesige Ausstellung in einem bedeutenden Museum mit einem dicken Katalog, und Sie sind für Ihr Leben lang verhunzt, weil Sie davon nie wieder weg kommen. Dafür bekommt man auch das Geld, für die Förderung, anstatt tatsächlich die Förderung darin zu investieren, ein günstigeres Klima zu schaffen und damit tatsächlich nicht nur Künstlern etwas im ersten Moment zugute kommen zu lassen, sondern auch einen Sammlerkreis zu pflegen, denn die Sammler helfen den Künstlern dann irgendwann weiter. D.h., das wären Investitionen, die tatsächlich ein kulturelles Klima und nicht einen einzelnen Künstler förderten.

L.R.
Und auch Beispielsammlungen, die andere heranziehen und so auf den Künstler zurückwirken. Schließlich ist er ja froh, wenn er seine Dinge nicht alle bei sich in Regalen stehen oder an den Wänden hängen hat. Da sind wir wieder beim Allgemeinen: Eine Pflanze, die in einem trockenen Boden sitzt, die kann unter Umständen auch mal blühen, alle zehn Jahre vielleicht. Aber wenn man ihr einen besseren Standort gibt und was sie braucht, dann gedeiht sie auch besser.

M.E.
Und das ist nicht mehr nur eine Frage des Geldes, sondern eine Frage der Haltung ...

L.R.
Genau, und wenn diese Haltung als Haltung vernachlässigt wird, dann stirbt das eben weg. Und wenn jemand etwas erwirbt, nur weil das andere auch erwerben, so hilft derjenige damit doch auch. Und wenn es dann kein Industrieobjekt wäre, sondern individuelle Dinge, dann würde das wieder Bewegung bewirken, und so verzahnt sich alles ineinander.

[40] Dres. Anneliese und Wulf Crueger, Kunstsammler mit Schwerpunkt auf moderner europäischer und japanischer Keramik. Autoren von: Tradition in der Gegenwart – Wege zur Japanischen Keramik. Tübingen/Berlin 2004.
[41] GRASSI Museum für Angewandte Kunst, Leipzig.
[42] Volker Ellwanger (*1933), Keramiker in Lenzkirch, 1971–1984 Leiter der Fachklasse Keramik an der Kunstgewerbeschule Bern, 1984–1999 Professor im Fachbereich Bildende Kunst an der Johannes-Gutenberg-Universität Mainz.
[43] Dorothea Chabert (*1931), Keramikerin in Wolfsburg.
[44] Städtisches Museum am Löwenwall, Braunschweig.
[45] Rita Ternes (*1955), Keramikerin in Utzerath/Eifel.
[46] Prof. Dr. Heinz Spielmann (*1930), Kunsthistoriker, 1986–1998 Direktor des Schleswig-Holsteinischen Landesmuseums, Schloss Gottorf, Schleswig; 2002–2005 künstlerischer Leiter des Bucerius Kunst Forums, Hamburg.

Diese Haltung habe ich zum ersten Mal vom Braunschweiger Architekten Bieber gehört. Er hat viel über Wohnungen und Ausstattungen mit Hinder diskutiert, war ein lebendiger „Knabe", und irgendwann fiel das Wort: „Ja, Herr Hinder, was haben Sie denn, Kultur ist sowieso hin?" Wenn man diese Haltung teilt, dann ist sie wirklich hin.

Was man unter Kultur versteht, ist eine zweite Frage, aber dazu gehört auch das, was ein Mensch direkt macht, und nicht das, was nur Reproduktion ist. Irgendwann hat mal jemand Gutmeinendes zu mir gesagt: „Ach, machen Sie doch nur noch Ihre Fotografie." Die freie Fotografie bringt unter Umständen ja auch mehr Geld. Nein, so eine Keramik, ein Original, zu machen, das ist für mich Imagination und Kreation, und das andere nur Selektion. Dazu gehört ebenso Kreativität, aber das ist eine andere Schicht. Vieles, was so an Kopfgeburten da ist, ist irgendwann – geben wir ihm mal zehn Jahre – tot, es rührt nichts mehr. Wenn Sie hier so ein Ding in die Finger nehmen, was vor 60 Jahren gefertigt wurde, dann fühlt man immer noch etwas. Und da die Welt in vielen Gegenden – nicht in allen, da gibt es ja nun an anderen Plätzen noch das verstärkte Andere – so weit weg ist von vielem, von Erde und Dreck und allem – wenn dieser Zusammenhang ganz weg ist, dann fehlt etwas. So seltsam sich das anhört: Der Mensch besteht ja nicht nur aus Armen und Beinen und Geldverdienen. Da ist ja noch ein bisschen mehr, was auch bewegt werden und „umgegraben" werden will. Es kann nicht etwas nur aus Gewächshäusern hervorkommen, es braucht auch wirklich die Begegnung mit den Urstoffen. Das hört sich jetzt romantisch an, aber ich bin gar nicht romantisch, sondern ziemlich realistisch.

M.E.
Jede Diktatur, jedes neue Herrschersystem hat immer versucht, den Menschen zu verändern, und das ist das einzig Sichere, was wir haben: Der Mensch ändert sich nicht. Der Mensch hat einen Schöpfersinn und er hat eine Liebe zu schönen Dingen und zu Kunst und Kultur. Die ist vielleicht heute nicht sehr geschult, die ist heute nicht sehr gepflegt – dazu gehört auch, dass ich von klein auf eine anständige Tischkultur lerne, dass ich ins Konzert gehe. Alles das gehört dazu und addiert sich, aber man kann sie nicht absterben lassen oder töten. Insofern habe ich da viel Vertrauen. Vielleicht gehen wir gerade durch die Wüste, aber wir kommen wieder ins blühende Paradies.

L.R.
Ich habe vor Jahren mal in einem Vortrag gesagt: Es wird immer Künstler geben, entweder sind sie der letzte Dreck oder sie werden der große Guru sein, aber geben wird es sie immer. Denn das, wie Sie es auch sagten, steckt im Menschen und äußert sich auf viele Arten, aber verschwinden wird es nicht. Es sei denn, der Mensch verschwindet, und dann hat es sich erledigt.

M.E.
Aber dann brauchen wir sie auch nicht mehr ...

L.R.
Wir nicht, und die Tiere produzieren schöne Formen, ohne dass sie darüber kunstgeschichtliche Bücher verfassen müssen. Aber wir verfassen noch, damit die Bücher dann wieder von anderen gelesen werden können.

M.E.
Das ist richtig und damit sich so eine Kulturpflege fortsetzt. Und der Mensch schafft mit Absicht, das ist das Prägende, er zerstört auch mit Absicht, aber er schafft

[47] Dr. Helmut Kohl (*1930), 1969–1976 Ministerpräsident des Landes Rheinland-Pfalz, 1982–1998 Bundeskanzler der Bundesrepublik Deutschland.
[48] Beteiligung am Westerwald-Preis, Höhr-Grenzhausen.

[49] Hubert Griemert (1905–1990), einflussreicher Keramiker und Lehrer, u.a. 1954–1970 Leiter der Staatlichen Werkschule für Keramik in Höhr-Grenzhausen, arbeitete eng mit Jakob Wilhelm Hinder und Lotte Reimers zusammen, s. hierzu Reinhold 1983.
[50] Ernst Barlach (1870–1938), Bildhauer, Schriftsteller und Zeichner. 1904/05 Lehrer an der Keramikschule in Höhr im Westerwald.
[51] Walter Scheel (*1919), 1961–1966 Bundesminister für wirtschaftliche Zusammenarbeit, 1969–1974 Bundesminister des Auswärtigen und Stellvertreter des Bundeskanzlers, 1974–1979 Bundespräsident der Bundesrepublik Deutschland.
[52] Dr. Gustav Heinemann (1899–1976), 1949–1950 Bundesminister des Innern, 1966–1969 Bundesminister der Justiz, 1969–1974 Bundespräsident der Bundesrepublik Deutschland.
[53] Hermann Muys (*1944), belgischer Keramiker, s. hierzu Katalog Kaiserslautern 2005, S. 15, Abb. 15.

Lotte Reimers, 2000
Foto: Archiv LR-Stiftung

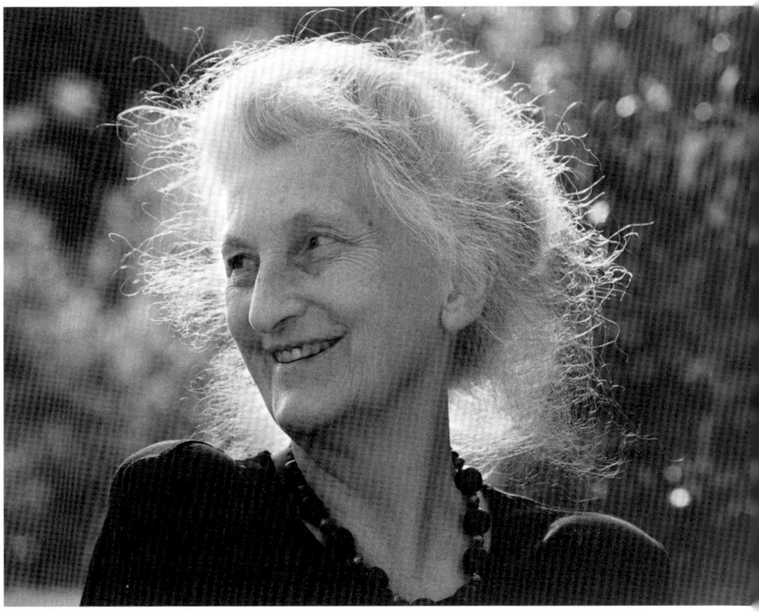

auch mit Absicht und baut auf. Jetzt kommen wir ja fast schon in eine philosophische Diskussion ... Ja, vielleicht noch eine Frage: Haben Sie jemals einem Sammler verweigert, ein Objekt zu verkaufen?

L.R.

Das musste ich nicht, ich hatte andere Methoden. Ich kann mich noch erinnern, als wir noch gar nicht lange in Deidesheim sesshaft waren und es an allen Ecken und Enden schwierig war, da kam aus Südamerika jemand, der sollte Kunst in Europa für den reichsten Mann Südamerikas kaufen. Sie haben ja Stücke in unserem Museumsbestand in dem ersten Buch gesehen, Werke, die Hinder über Jahrzehnte hinweg aufgehoben hat. Der Betreffende wollte davon etwas kaufen, da hat Hinder gesagt: „Nein, die bleiben in dem ganzen Bestand, die sind für kein Geld (er hätte es dringend gebraucht) zu haben." Psychologisch geschickt wie Hinder war, hat er ihn für andere Sachen begeistert.

Dann gab es noch eine Geschichte, die ein Stück von mir betraf, das bei uns ausgestellt war. Damals war Kohl[47] Ministerpräsident, es war Weihnachten, da bin ich immer anderthalb Tage zu meinen Eltern gefahren. Kohl hat ein Stück haben wollen, das ich aber Hinder für das Museum gegeben hatte. Hinder hat ihm versprechen müssen, dass er mit mir rede, damit er es bekommen kann. Da habe ich nein gesagt, aber ich würde mich nächstes Jahr wieder in Höhr-Grenzhausen[48] beteiligen, und dann würde ein verwandtes Stück dort stehen – unverkäuflich. Wenn er es wolle, dann sei es für ihn zu kaufen. Ich habe gedacht, das ist längst vergessen. Aber er hat es gekauft. Es stand dann irgendwann bei einer Fernsehsendung in seinem Regal.

Gut ist, wenn das „Nein" dazu führen kann, die Begehrlichkeit für ein bestimmtes Objekt auf ebenbürtige Objekte zu lenken. Denn man muss sich nicht für Geld verkaufen, wenn man nie in diesen Kategorien gedacht und so sein äußeres und inneres Leben in Einklang gebracht hat. Andererseits war es so, dass Kohl, als er in Mainz war, Heinen, der später Landrat im Westerwald war, mit seiner Neigung für die Keramik infiziert hat. Heinen hat dann später in Höhr-Grenzhausen endlich das Museum gebaut, von dem Hinder seit Jahrzehnten gesagt hatte: „Ihr habt Griemert[49] an der Schule gehabt, Ihr habt Barlach[50] gehabt, Ihr habt aber nie ein Museum errichtet." Na ja, es gibt auch interessierte Politiker – da sind wir wieder dabei. Der Scheel[51] gehört auch zu denen, die sich für dieses Gebiet begeisterten, Heinemann[52] ebenso, was mir nur so aus der Zeit – unserer Göttinger Ausstellung – einfällt. Soviel zur Kaufverweigerung.

Eine Verweigerung ist legitim, wenn sie nicht aus Habgier oder Egoismus erfolgt, sondern aus der Auffassung, dass dieses Objekt als Dokument für einen bestimmten Zeitraum in dieser Museumssammlung bleiben muss.

Die beiden Künstler mit dem „Thron", Herman Muys[53] und seine Frau, ebenfalls Keramikerin, haben, als sie mein schönes Keramik-Archiv sahen, gemeint: „Wir haben überhaupt nichts mehr von unseren Arbeiten." Meine Antwort war: „Wenn ich nur als Keramiker aufgewachsen wäre, hätte ich das vielleicht auch nicht." Da ich aber diese Auffassung der Ausstrahlung, der musealen Bewahrung und des Anschauungsunterrichts für das Publikum allgemein wie auch für die Machenden bei Hinder gelernt habe, ist mir das in Fleisch und Blut übergegangen, so dass ich auch versucht habe, aus meinem eigenen Schaffen immer Beispiele aufzubewahren. Es ist manchmal nicht gut geglückt, weil ich einfach das Geld brauchte, verkaufen musste, um das Museum zu finanzieren. Aber diese Anschauung finde ich für uns alle wichtig, das betrifft jetzt nicht nur meine eigenen Sachen. Auf der anderen Seite finde ich es für einen Künstler natürlich sehr angenehm, so ohne „Ballast" zu sein, denn auch „meine Träume sind leere Räume." Aber man kann nicht alles miteinander vereinen, so z.B. wenn man andere Vorhaben hat und dazu das Beispiel braucht. Und wie gut, dass wir zum 99. Geburtstag[54] des Städtischen Museums Braunschweig auf 99 Arbeiten – wovon ungefähr zwei Drittel aus dem Archivbestand waren – zurückgreifen konnten. Das gab die Übersicht ...

M.E.

... und für mich einen sehr lehrreichen Faden, und ich hoffe, auch für die Besucher. Denn auch wir lernen ja jedes Mal, wenn wir eine Ausstellung machen, das ist ja einfach auch das Schöne an diesem Beruf ...

L.R.

... dazu möchte ich noch anfügen: Die Asshoffs – das haben Sie ja in dem einen Film[55] gesehen – haben immer dann, wenn ausländische und andere Besucher bei ihnen waren, einen Trip nach Deidesheim ausgerichtet und stolz ihre Arbeiten in unserem Museumsbestand vorgeführt. Denn sie haben gesagt: „Wir sammeln unsere eigenen Sachen nicht, wir kaufen Glas." Hinder hatte den Keramikern immer geraten, dass sie einen kleinen Bestand ihrer eigenen Arbeiten bei sich behalten sollten. Die Scheids haben ihren Kindern was geschenkt, dann konnten sie sagen, dass man da nicht ran könne.

Um auf Ihre Frage mit dem Verweigern zurückzukommen: Ich habe vorhin gesagt, dass es andere Wege gäbe. Ich habe 1996 die Stiftung[56] errichtet, was ich aus Protestgründen tat. Ich konnte nicht mehr Museum und Galerie machen, das war ja nun abgeschlossen, und habe überlegt, wie ich trotzdem etwas für die Keramik der anderen tun könne. Da kam der Gedanke mit der Stiftung. Das war natürlich von mir sehr naiv gedacht. Wenn ich das in Hamburg – wo ich geboren bin – hätte machen wollen, hätte ich es nicht finanzieren können. Aber in Rheinland-Pfalz betrug die Summe an Geld, die man hinlegen musste, die Hälfte, nämlich 50.000 DM. Das große Geschrei fing bei unseren guten Freunden an, den Fachleuten, dass ich doch das Dach machen lassen solle – die Löcher sind bis jetzt noch drin, ich habe gedacht, das Klima ist ja mild. Es reut mich auch nicht, dass ich es gemacht habe, denn das ist so ein „Mini-Stich", da es immer heißt, es muss gespart werden und dann immer zuallererst an der Kultur, die noch immer am wenigsten Geld verschlingt. So habe ich gedacht, dann mache ich eine Stiftung. Das allererste, was kam, waren die Zahlungen für die Eintragung in der Staatszeitung, für die Eintragung beim Amtsgericht usw. Nun ja, aber die Stiftung besteht, und sie ist mein Erbe. Alles das, was ich, nachdem die Museumssammlung aus dem Haus war, von anderen Künstlern gekauft habe, kommt in die Stiftung. Deshalb meine schlaflosen Nächte, wie ich vorhin sagte. Geld ist immer weg und Schulden immer da, weil es, wenn ich von jemandem nur ein Stück kaufen kann, größer sein muss, um für den Künstler zu wirken, und das muss ich eben in Etappen abbezahlen. Aber damit diese Dinge auch bewahrt bleiben, ist die Stiftung Erbe von dem Haus und dessen Inhalt, und das Testament liegt – notariell beglaubigt – beim Amtsgericht.

[54] Ausstellung „Lotte Reimers – 99 Keramiken zum 99sten Geburtstag des Städtischen Museums am Löwenwall", Braunschweig, 20.3.–20.5.2005.
[55] S. hierzu Anmerkung 24.
[56] Lotte Reimers-Stiftung zur Förderung der keramischen Kunst, Deidesheim.

Katalog

98 ausgewählte Farbabbildungen

Gesamtes Werkverzeichnis aller 1.587 Keramiken der Sammlung Hinder/Reimers des Landes Rheinland-Pfalz

Die Werke der Keramiker Bruno und Ingeborg Asshoff, Jan Bontjes van Beek, Antje Brüggemann-Breckwoldt, Dieter Crumbiegel, Beate Kuhn, Arno Lehmann, Klaus Lehmann, Signe Pistorius-Lehmann, Walter Popp, Lotte Reimers, Reinhold Rieckmann, Karl und Ursula Scheid, Robert Sturm, Fritz Vehring und Vera Vehring, Gerald und Gotlind Weigel wurden bereits in ihrer Gesamtheit in der Publikation „Keramik in Deutschland 1955–1990. Die Sammlung Hinder/Reimers (eine Auswahl)" ausführlich beschrieben. Sie werden deshalb im Werkverzeichnis nur abgebildet und mit Inventar-Nummern gekennzeichnet.

142
Elfriede Balzar-Kopp
Krug, 1950er Jahre

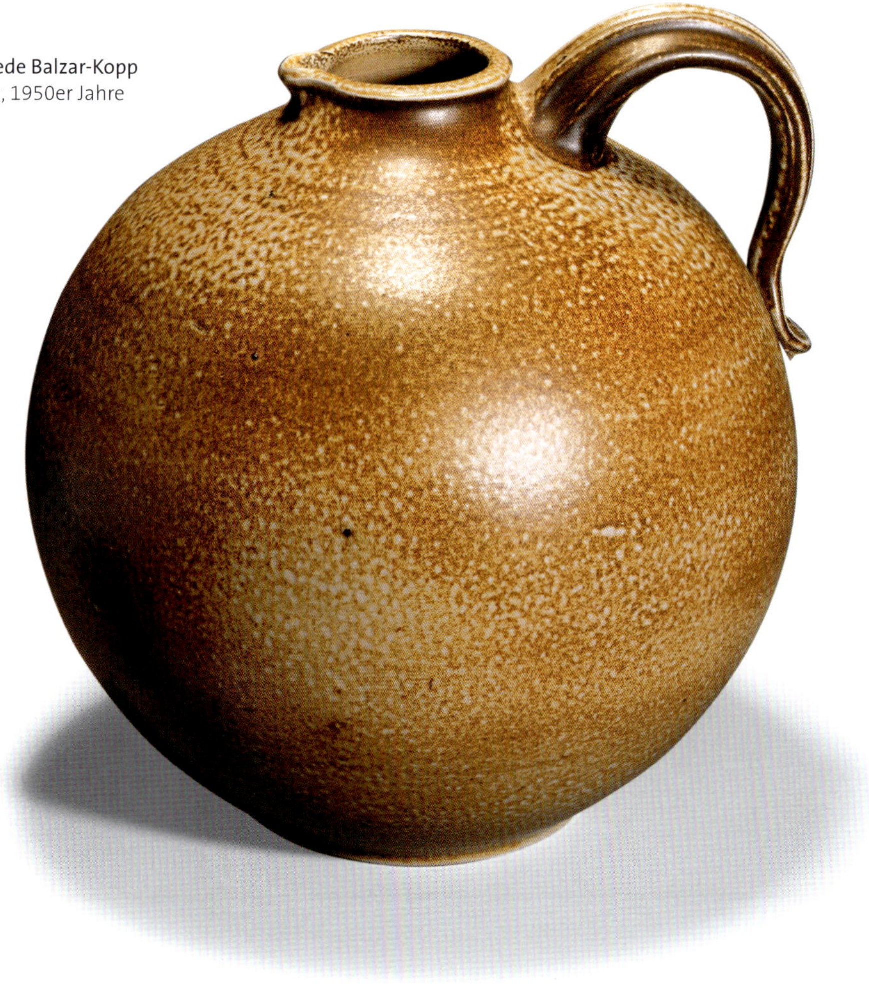

50
Ingeborg und Bruno Asshoff
Vase, um 1960

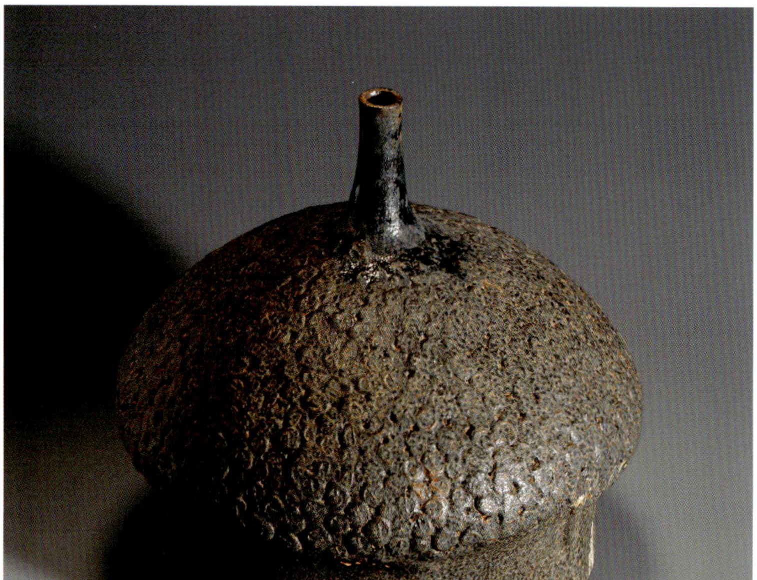

52
Ingeborg und Bruno Asshoff
Vase, Anfang 1960er Jahre

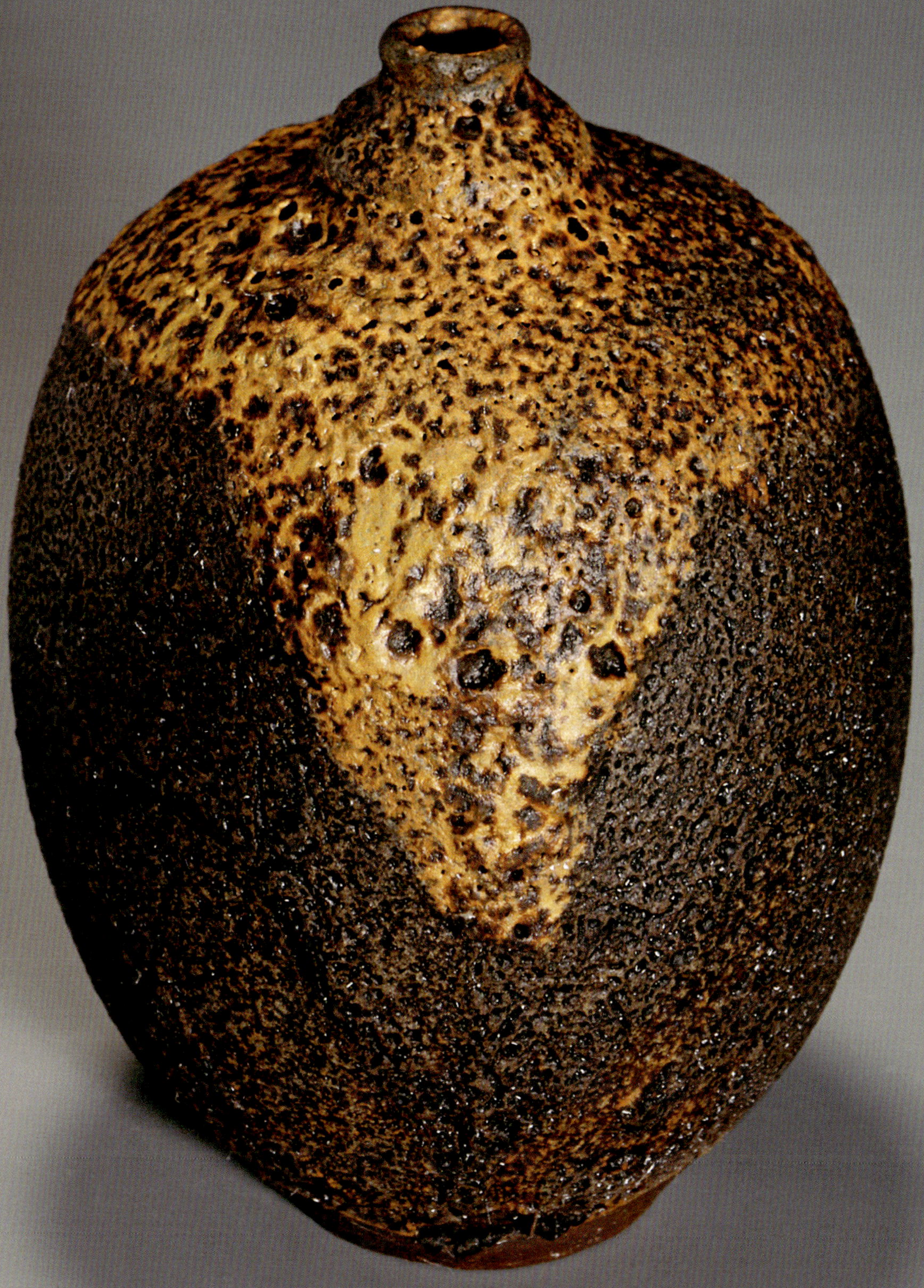

180
Richard Bampi
Vase (Modell 525), 1961

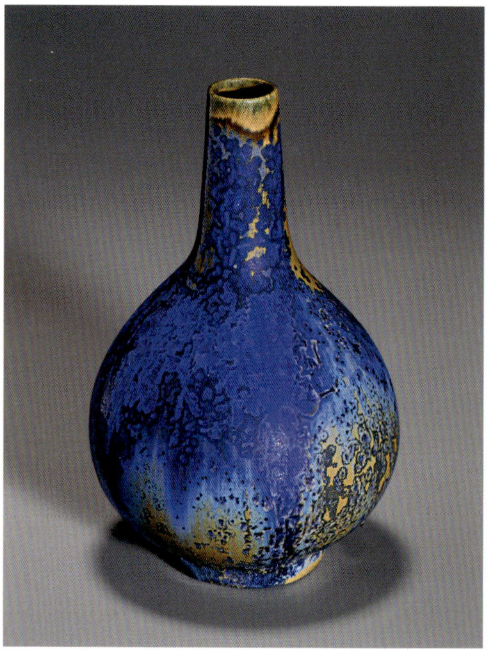

168
Richard Bampi
Asymmetrische Schale,
um 1956

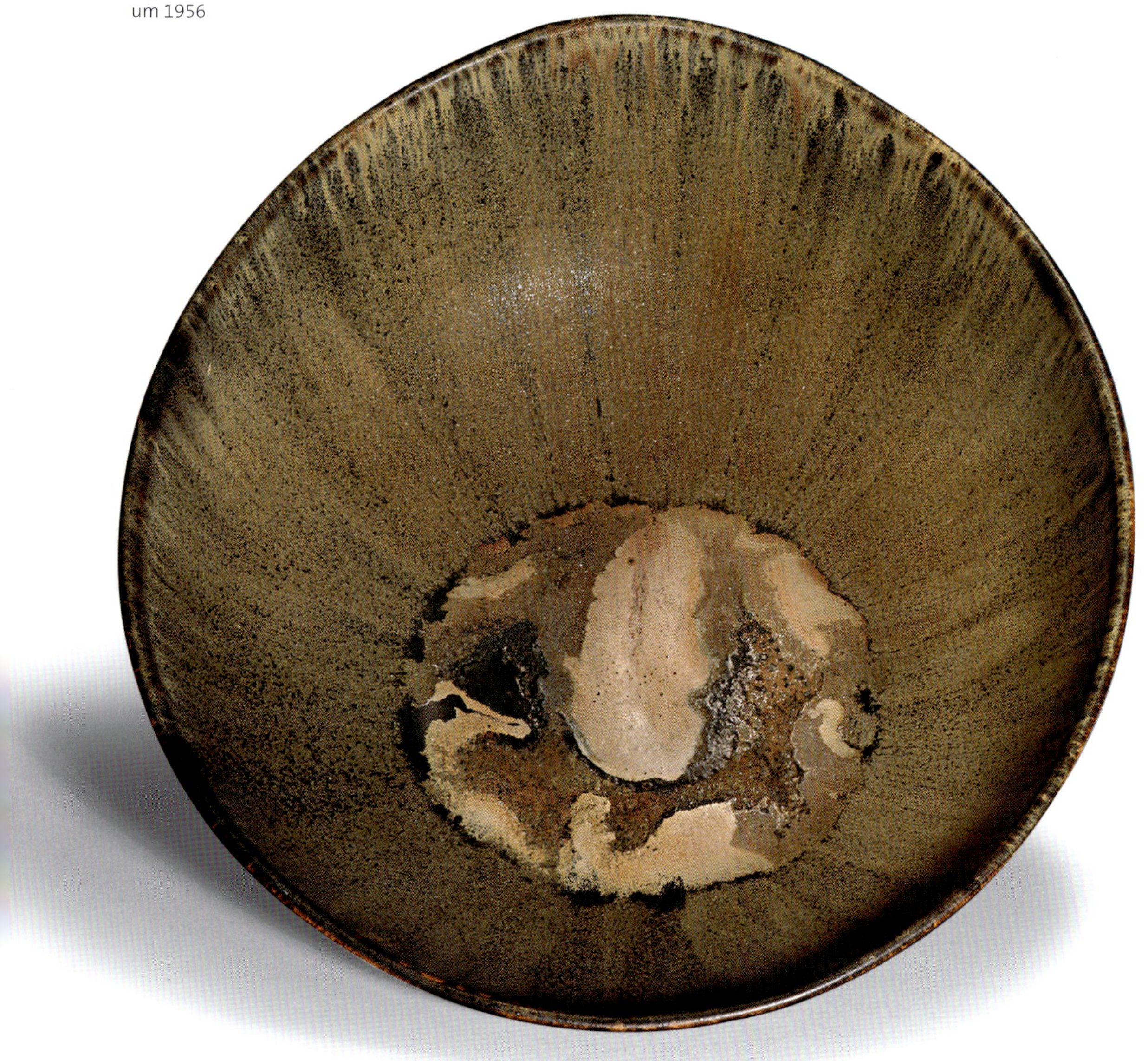

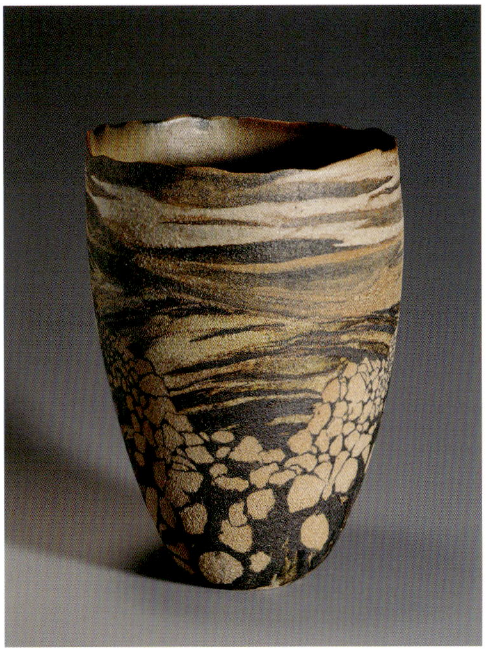

197
Alan Baxter
Offener Becher, 1980

209
Aage Birck
Hoher Deckeltopf mit
Ösen, um 1980

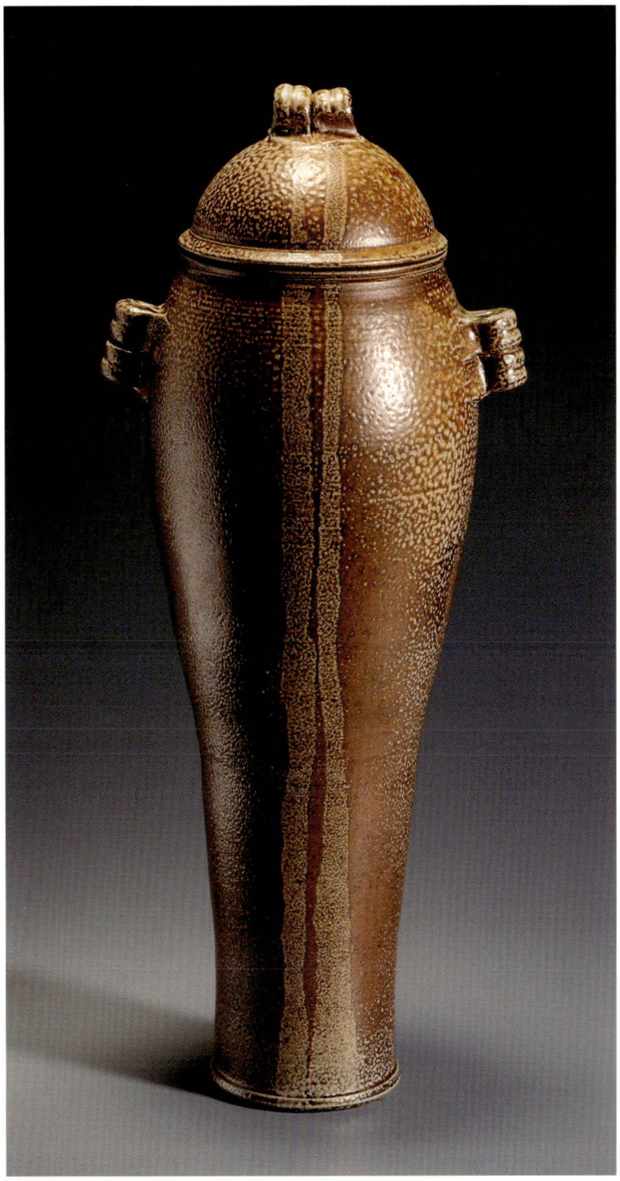

204
Peter Bertlings
Wandteller, 1940er Jahre

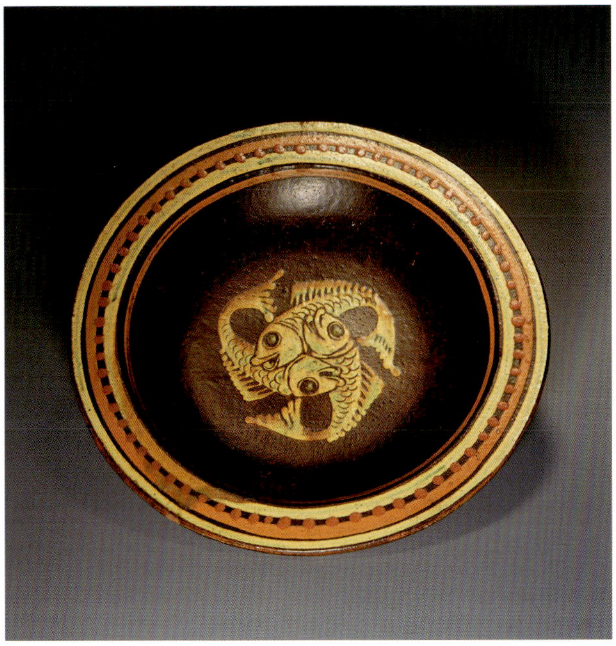

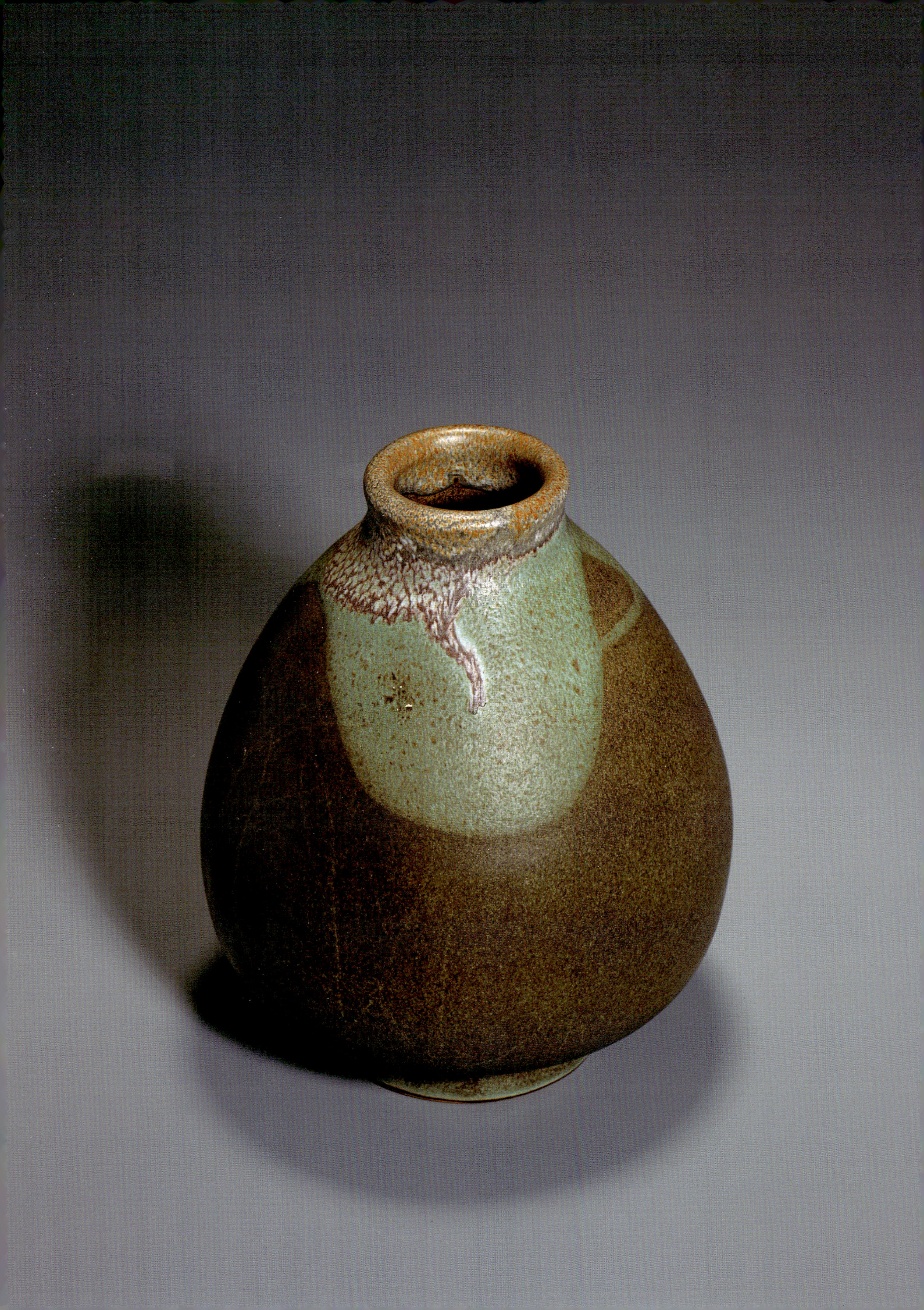

244
Jan Bontjes van Beek
Vase, um 1959

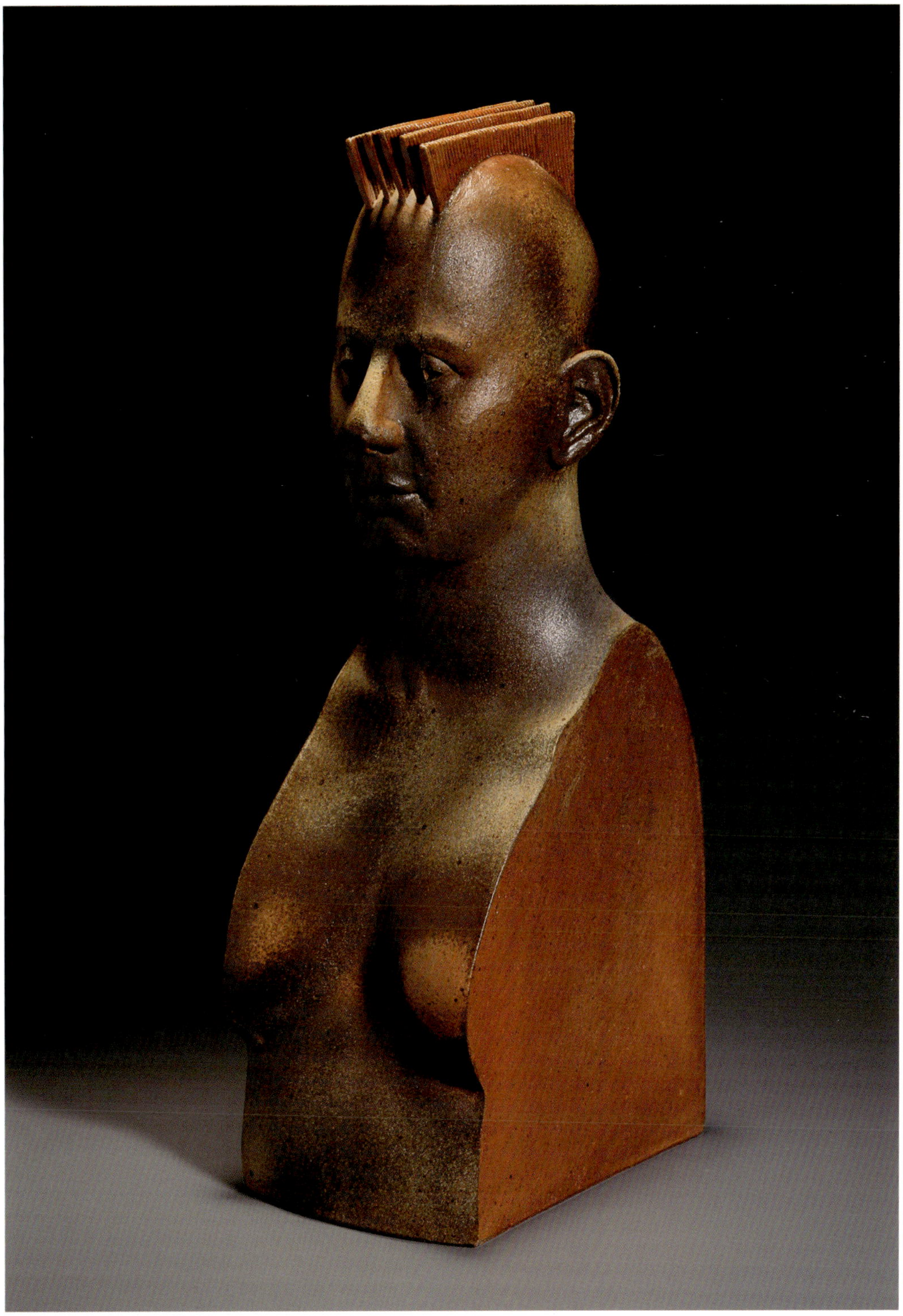

222
Heidi Guthmann Birck
Plastik „Punkerin", 1985

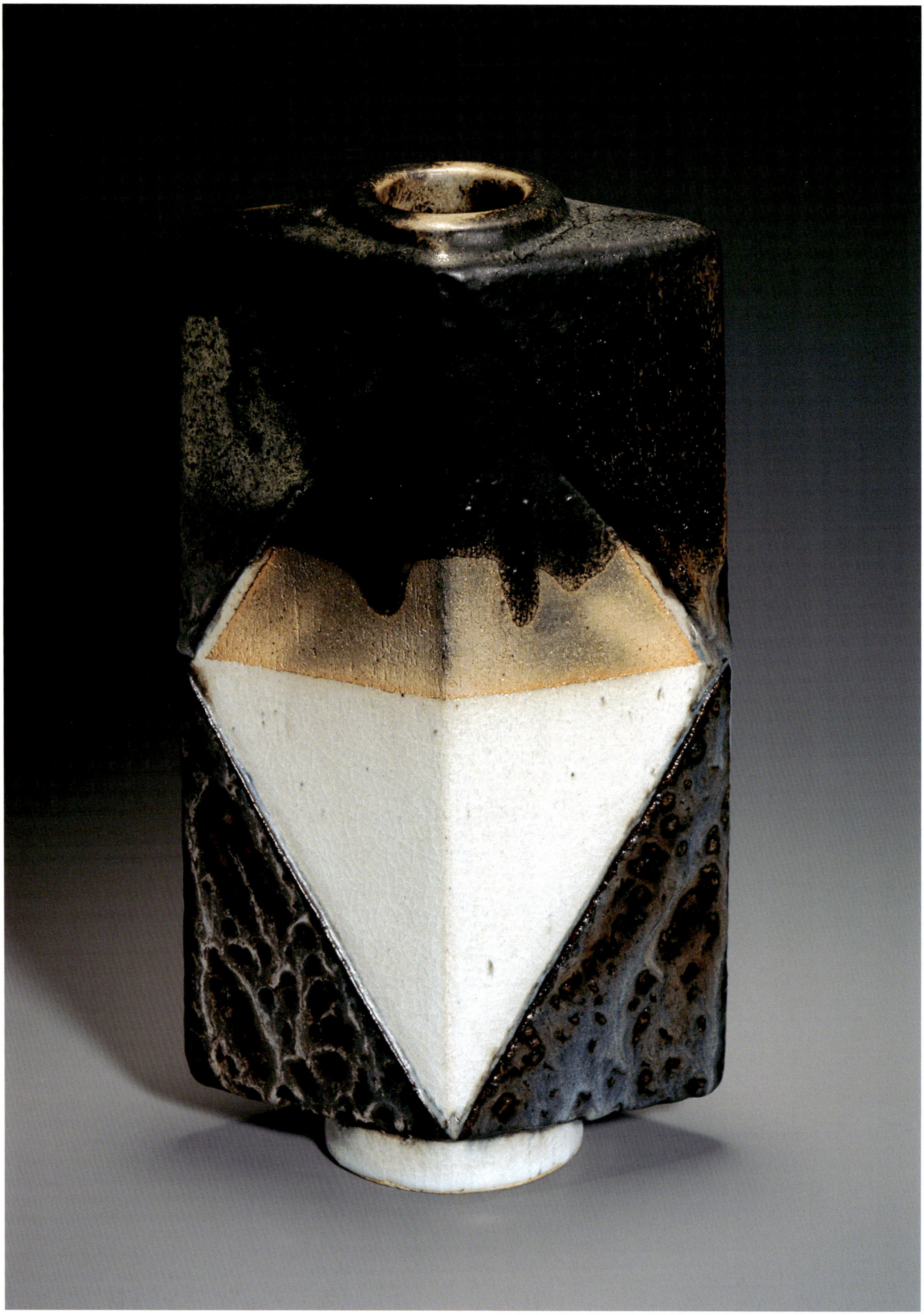

313
Antje Brüggemann-Breckwoldt
Vase, 1980

352
Dorothea Chabert
Vase „Vierpass", 1990/91

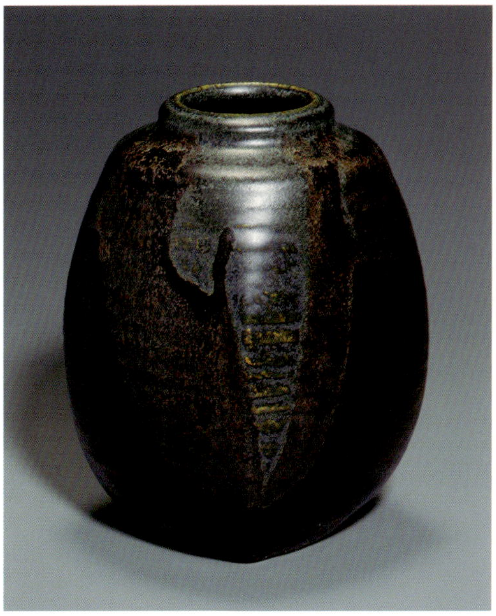

346
Dorothea Chabert
Teller, 1980er Jahre

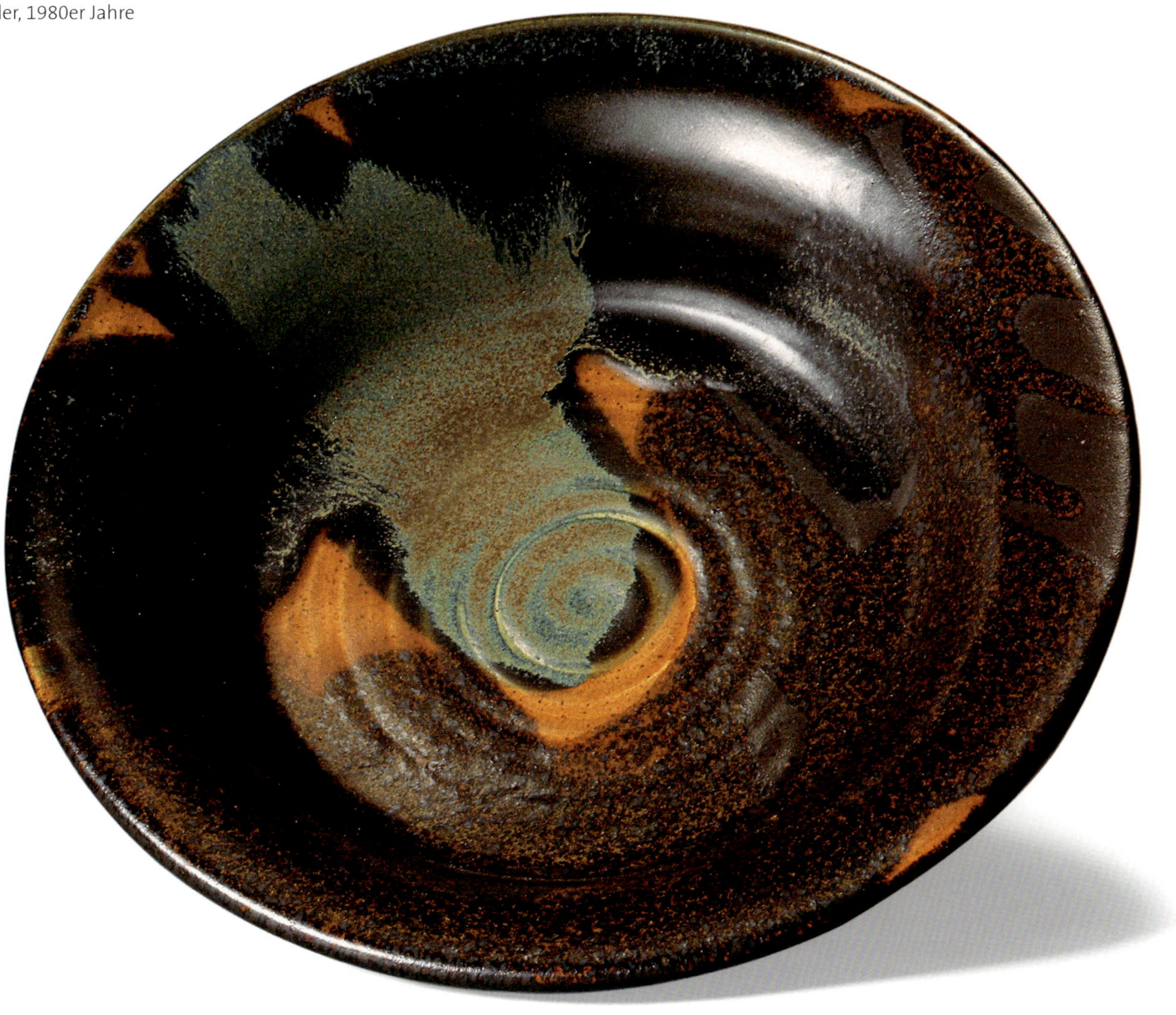

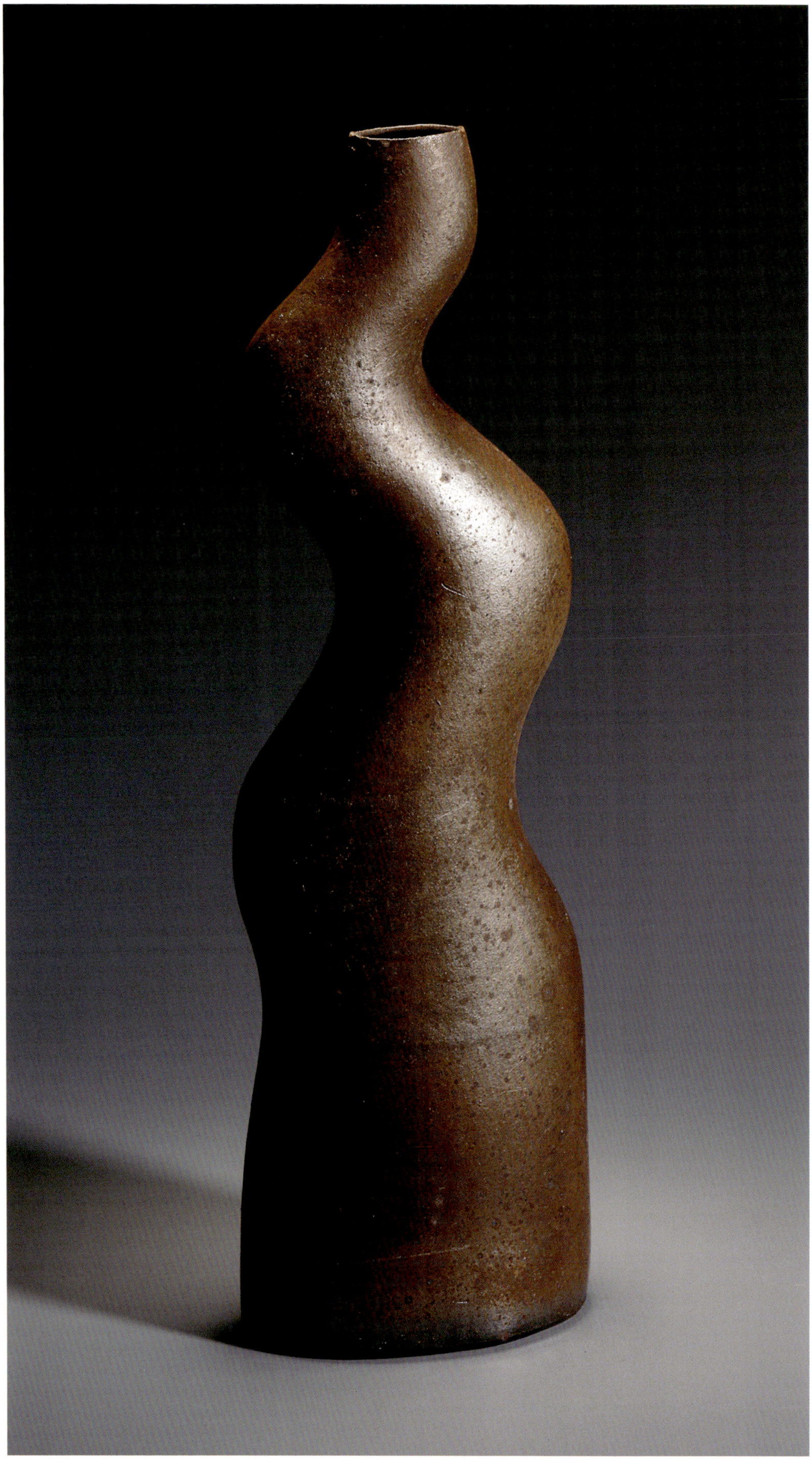

356
Joanna Constantinidis
Gefäß, 1978

389
Dieter Crumbiegel
Objekt, um 1970

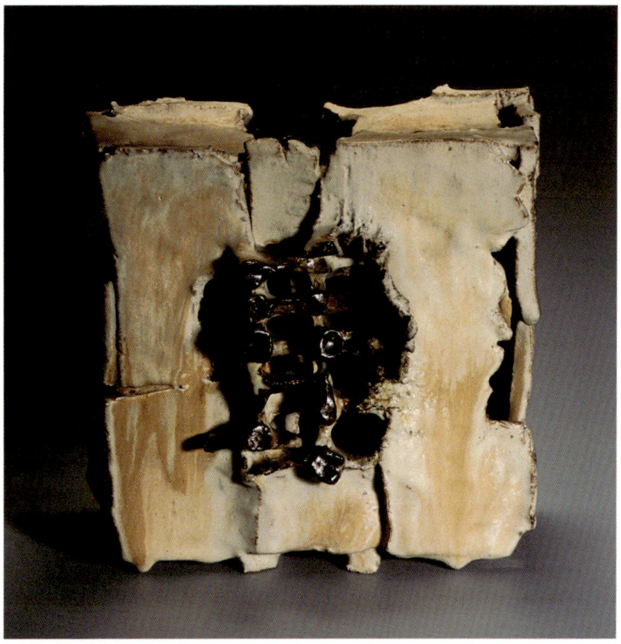

363
Jean-Claude de Crousaz
Ovale Platte, 1986

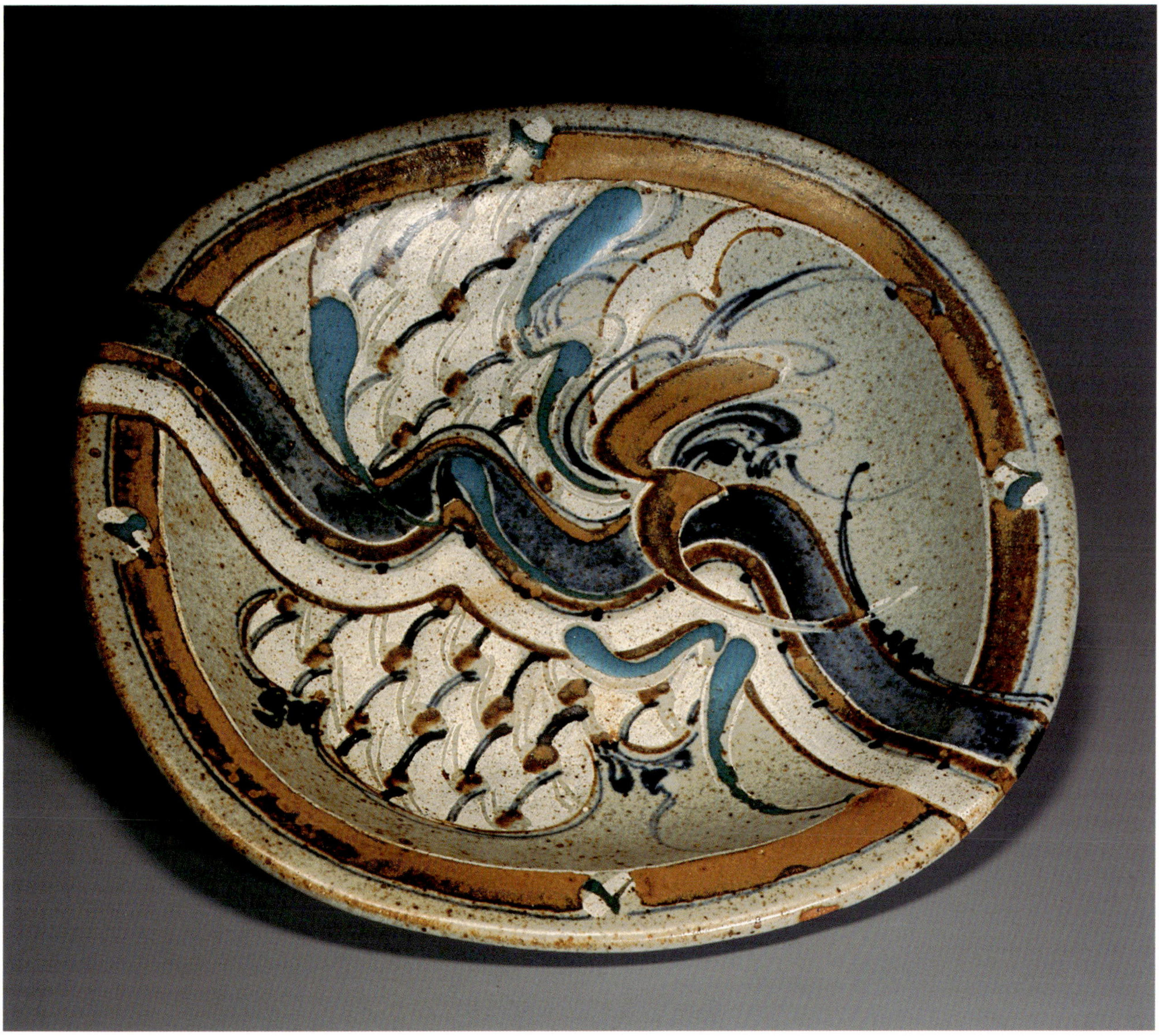

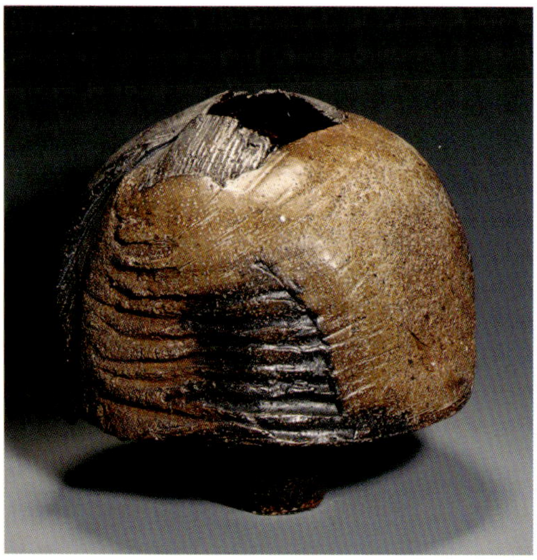

400
Ruth Duckworth
Gefäß, 1973

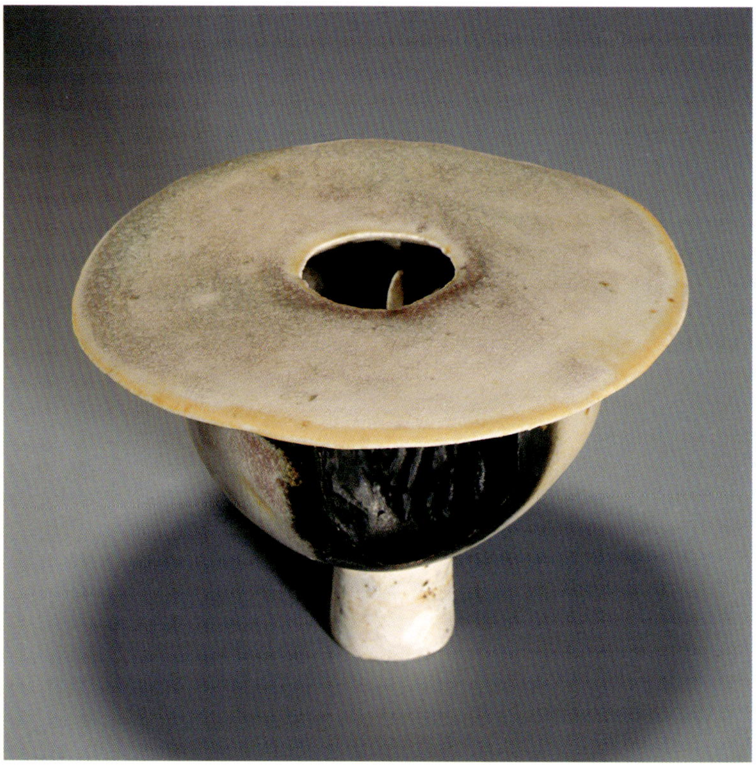

403
Ruth Duckworth
Gefäß/Objekt, vermutl.
1970er Jahre

Abb. rechts
446
Brigitte Enders
Gefäßobjekt, 1981

438
Volker Ellwanger
Vase, 1978/79

435
Volker Ellwanger
Gefäß (Urnenform),
1978

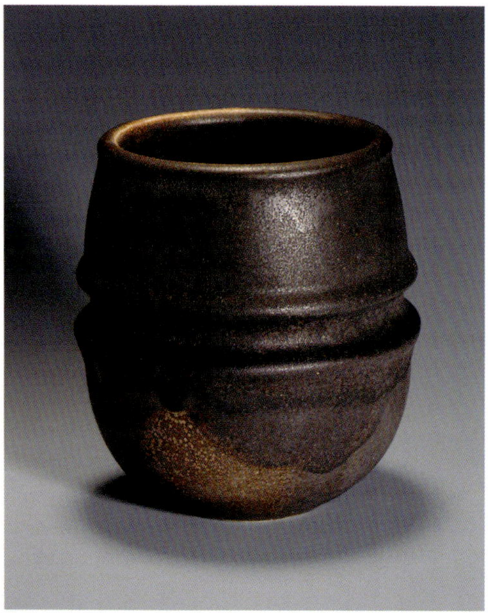

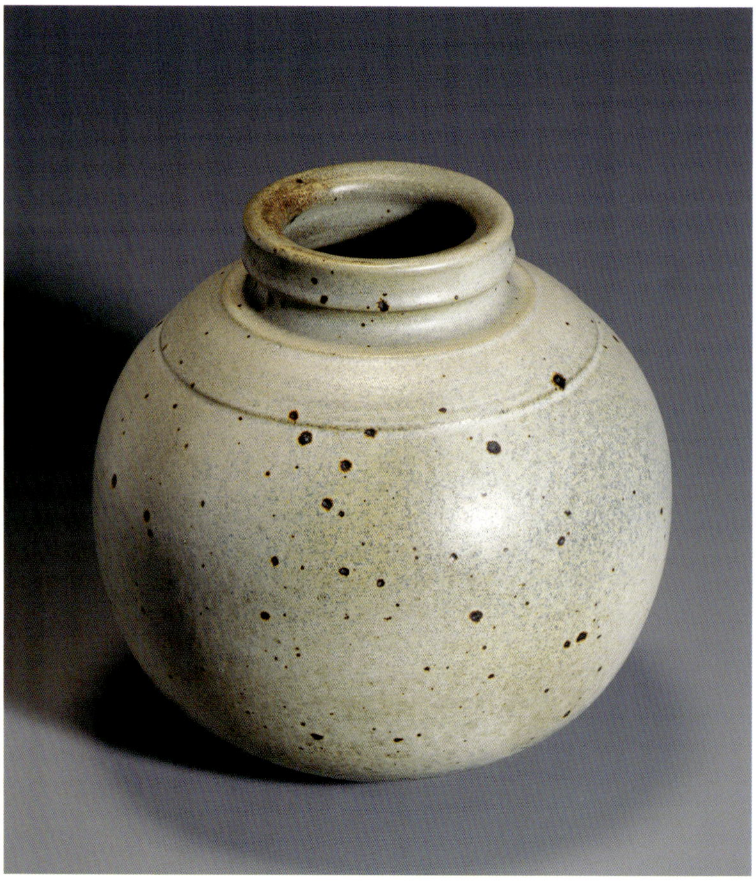

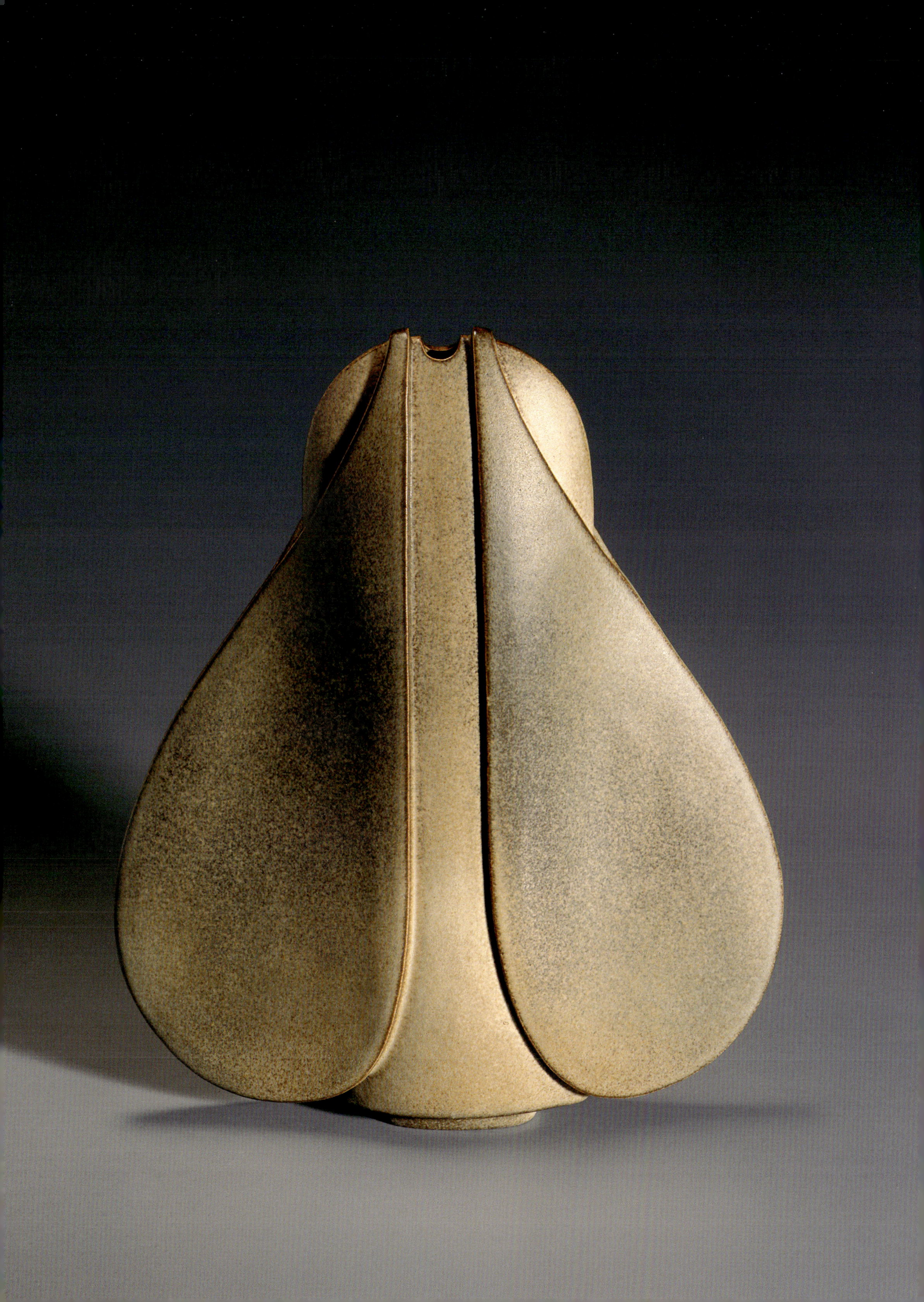

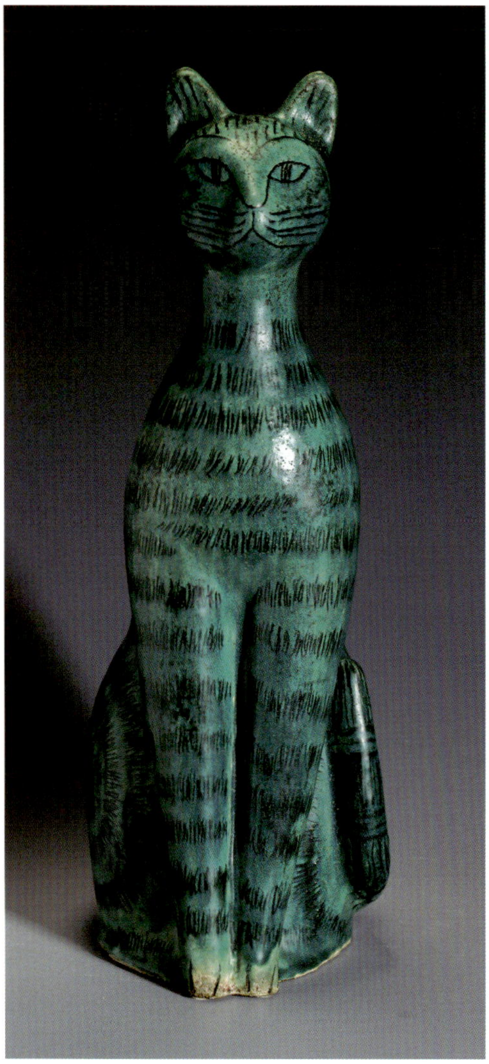

468
Ida Erdös-Meisinger
Plastik „Katze“, ohne Datierung (um 1955)

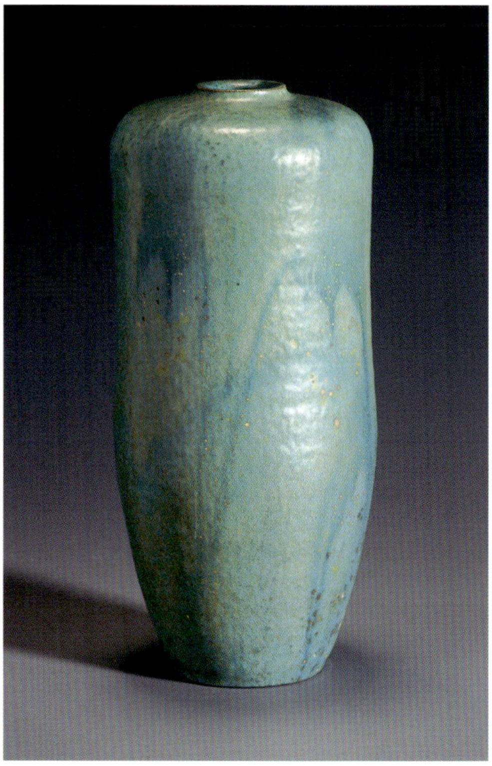

479
Stephan Erdös
Vase, ohne Datierung (nach 1950)

449
Heinz H. Engler
Vase, vermutl. 1950er Jahre

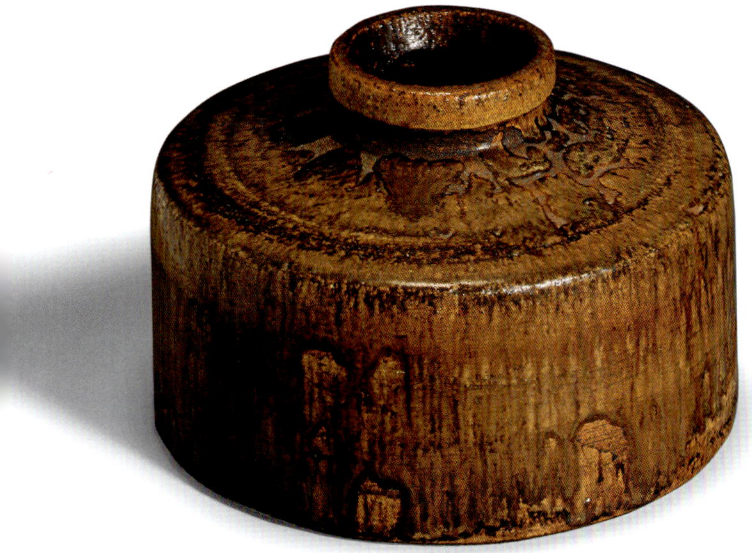

451
Heinz H. Engler
Kanne, 1950er Jahre

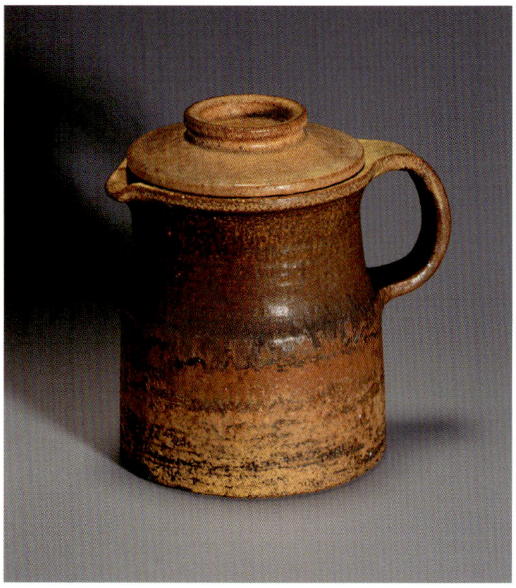

478
Stephan Erdös
Vase, ohne Datierung
(nach 1950)

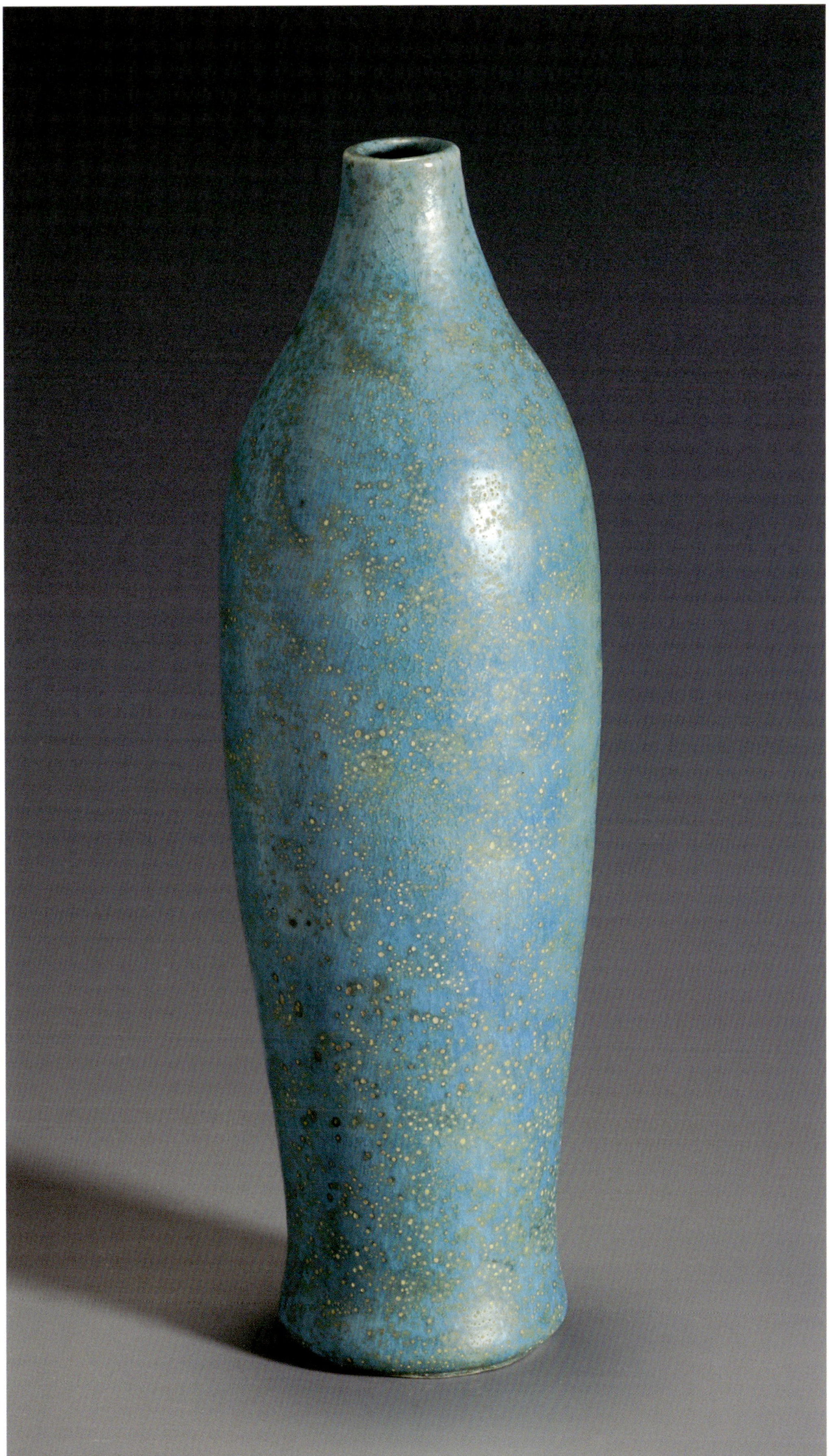

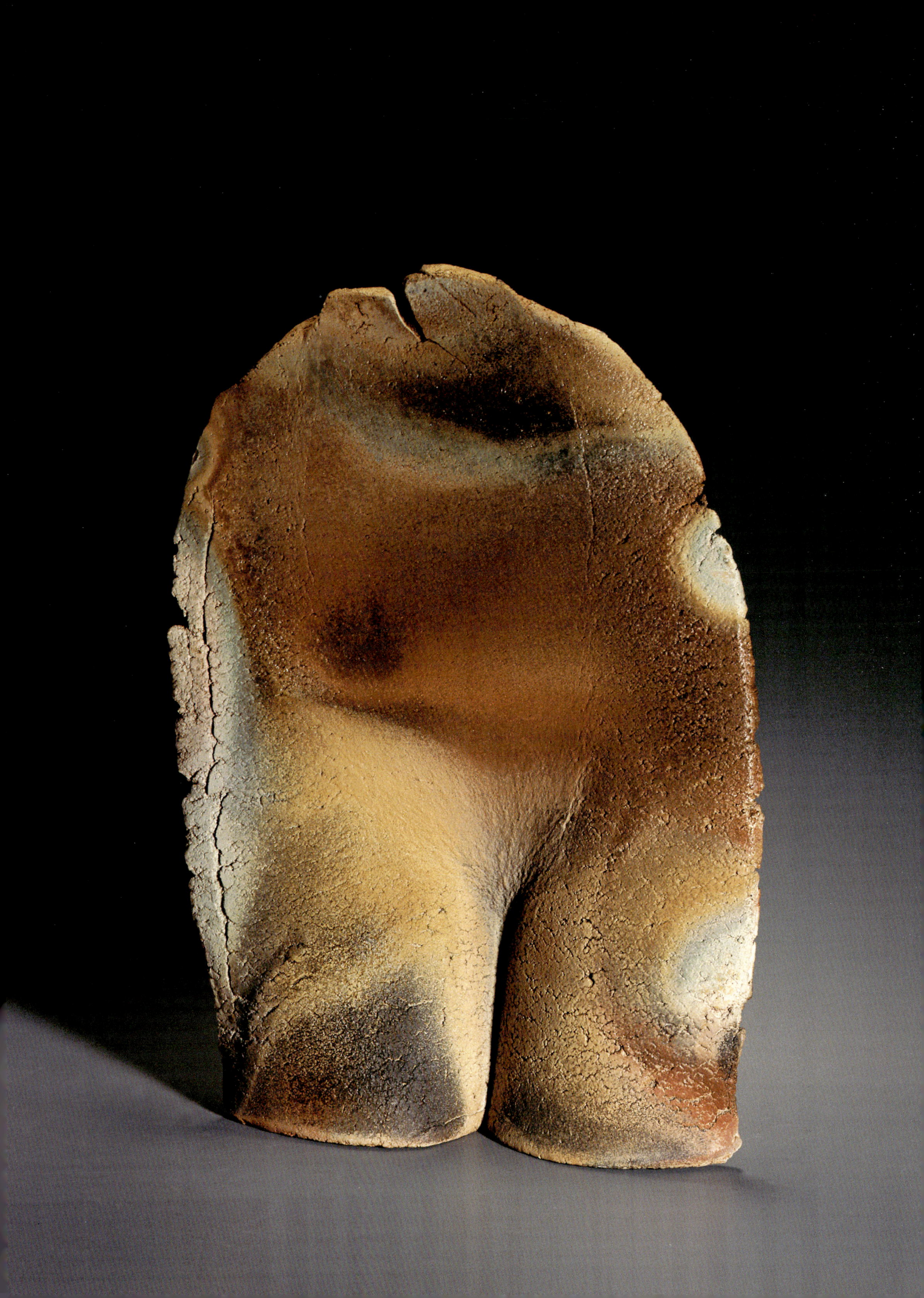

Abb. links
482
Aline Favre
Torso, 1987

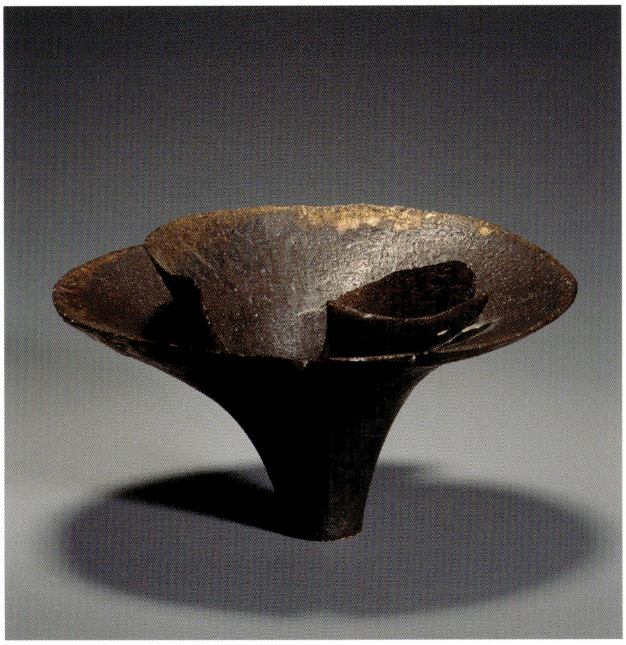

486
Sheila Fournier
Schale – Kelchform, 1978

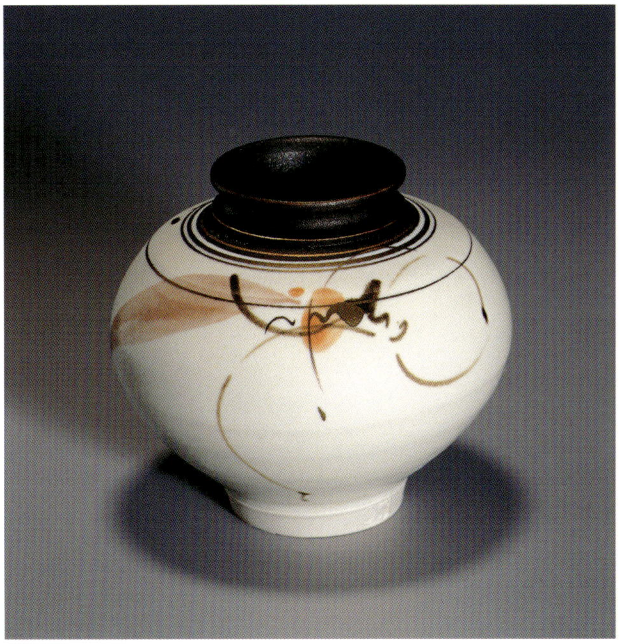

492
Victor Greenaway
Vase, 1989/90

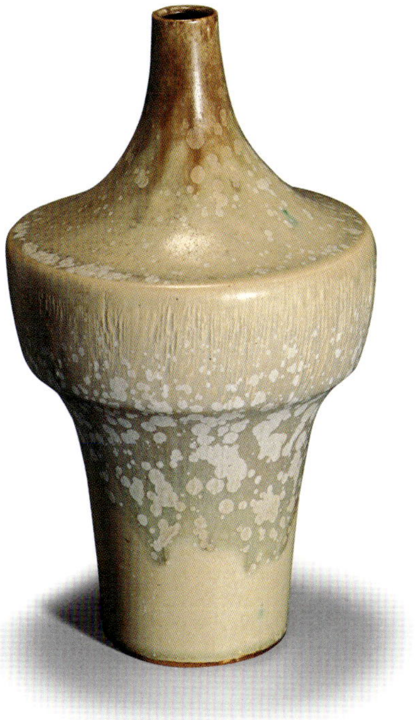

512
Hubert Griemert
Vase, um 1964

526
Hubert Griemert
Vase, um 1964

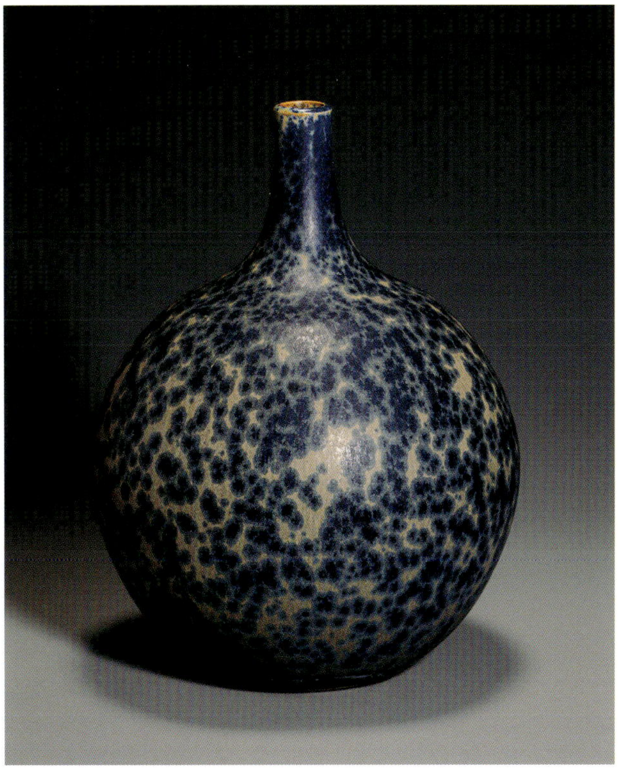

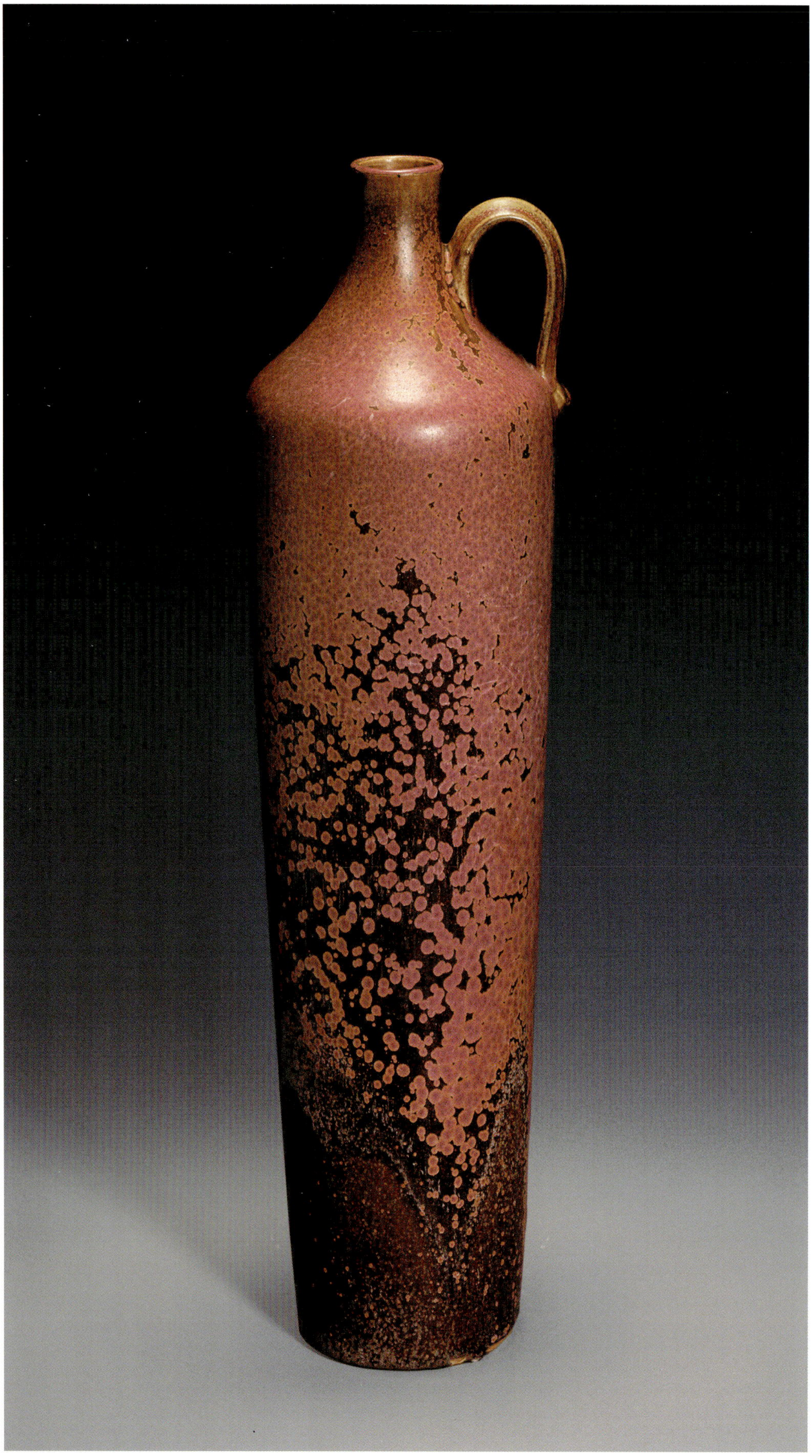

515
Hubert Griemert
Krug, um 1960

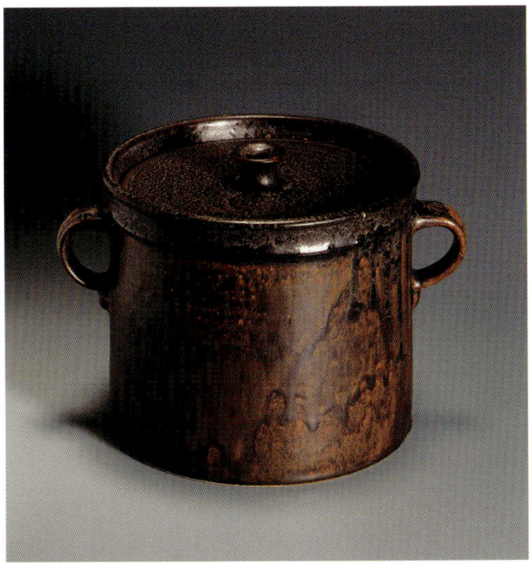

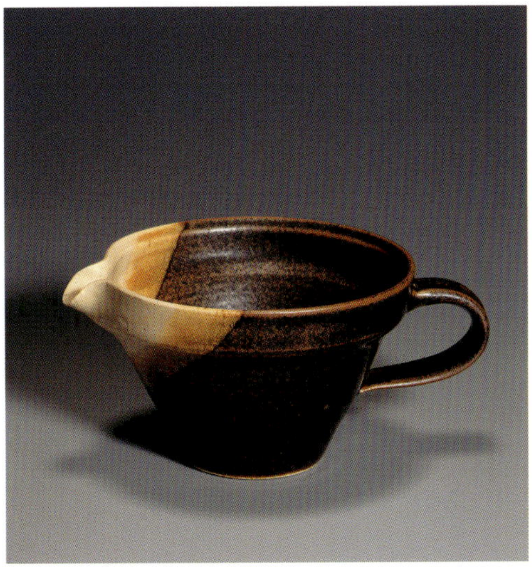

538
Hans und Renate Heckmann
Gefäß mit Ausguss und Henkel (handwerkliche Serie), 1973

536
Hans und Renate Heckmann
Deckeltopf mit zwei Henkeln (handwerkliche Serie), 1971

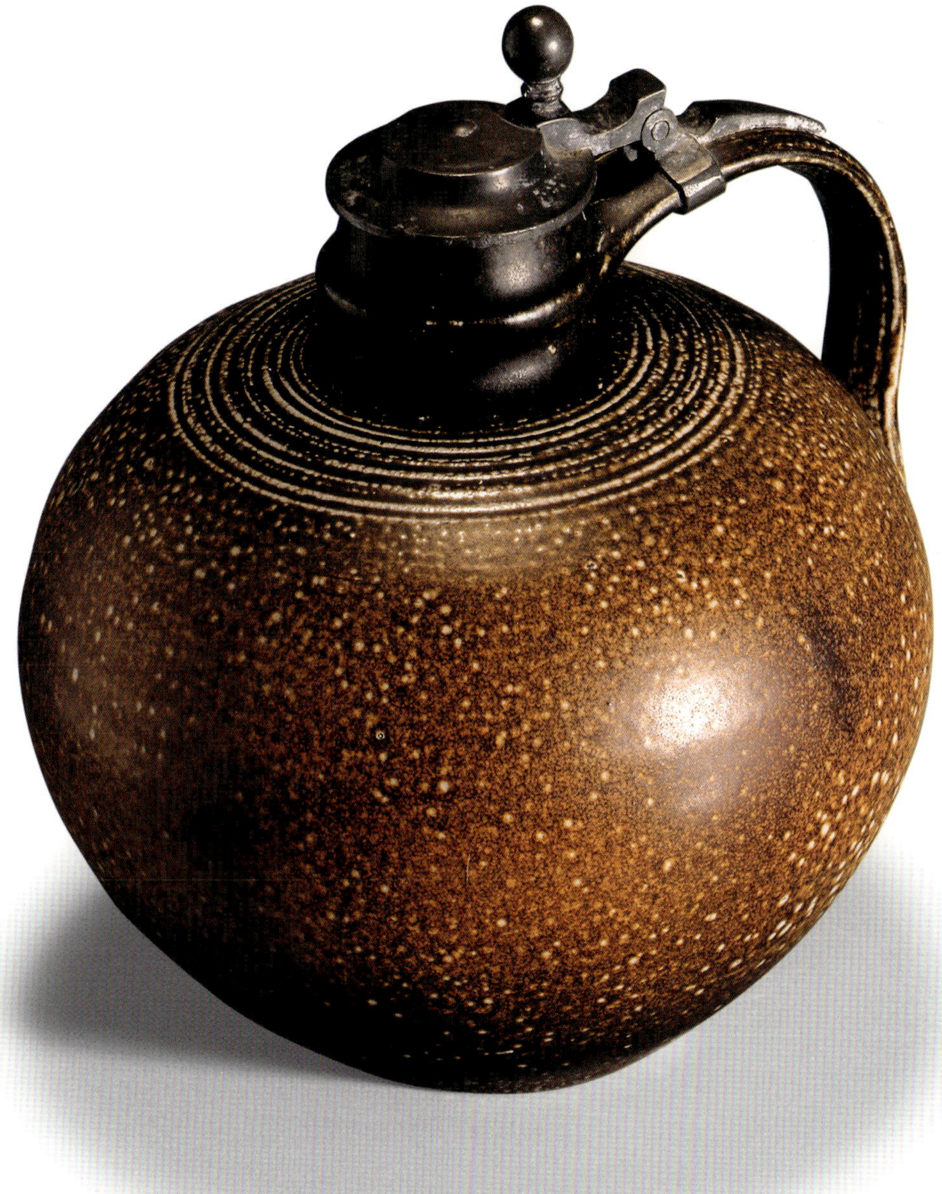

534
August Hanke
Krug mit Zinndeckel, Ende 1920er Jahre

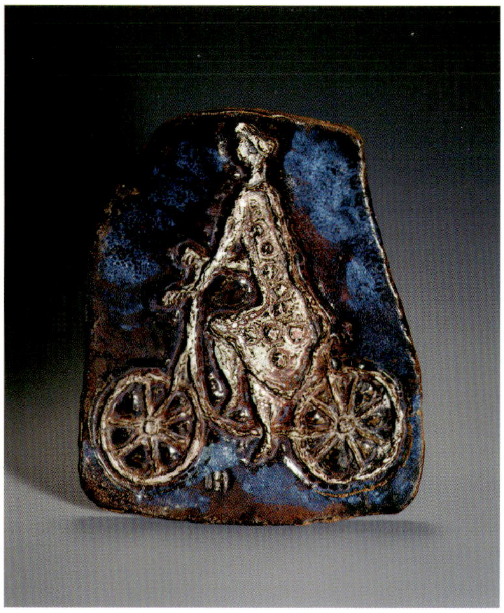

565
Albrecht Hohlt
Hohe Vase (Typ „Meiping“),
um 1958

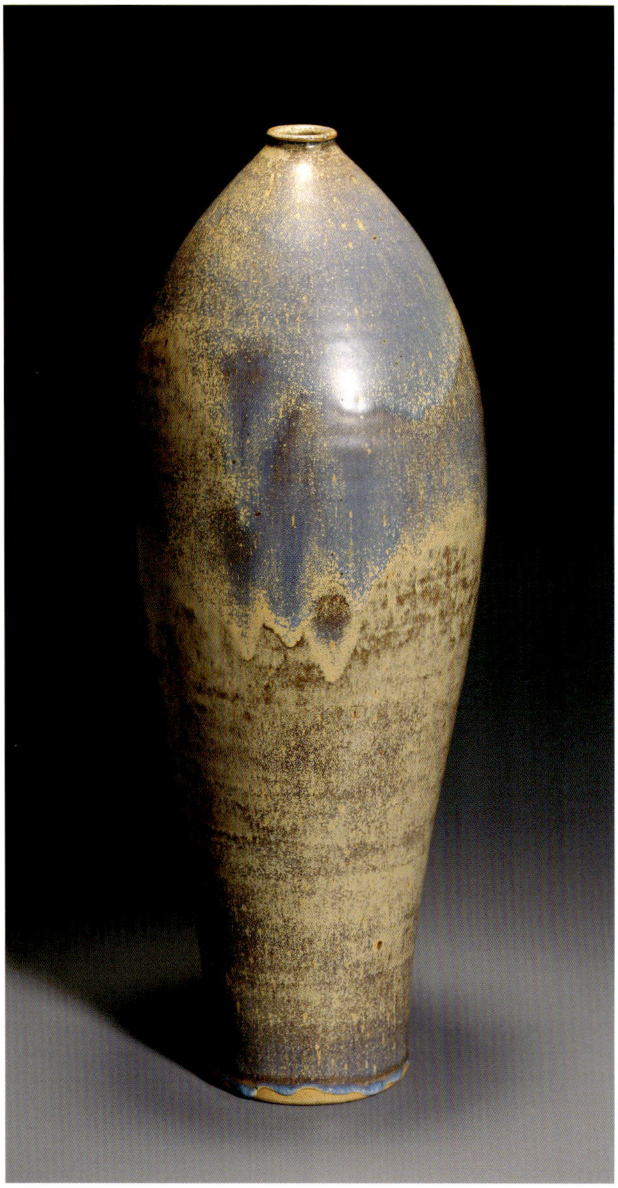

604
Otto Hohlt
Relief – „Radfahrerin“,
1956

Abb. rechts
603
Görge Hohlt
Vase – „Geflecht“, 1990

584
Görge Hohlt
Schale, um 1969

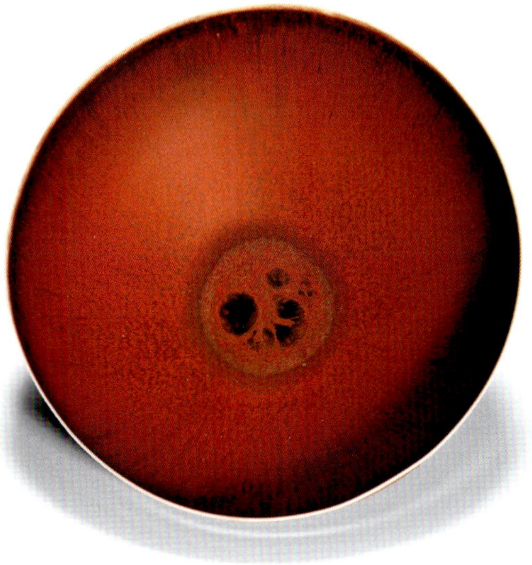

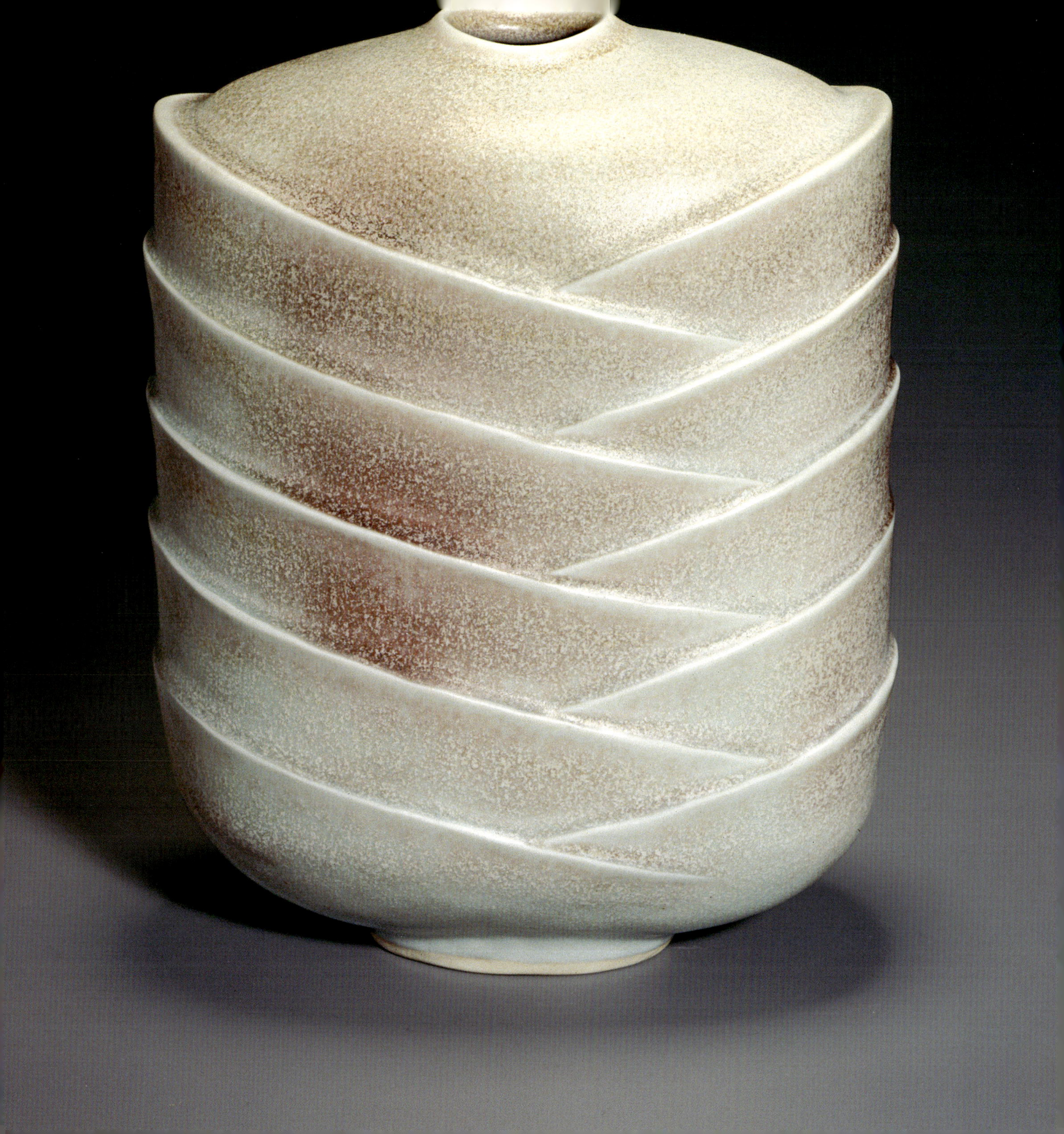

626
Horst Kerstan
Becher, um 1969

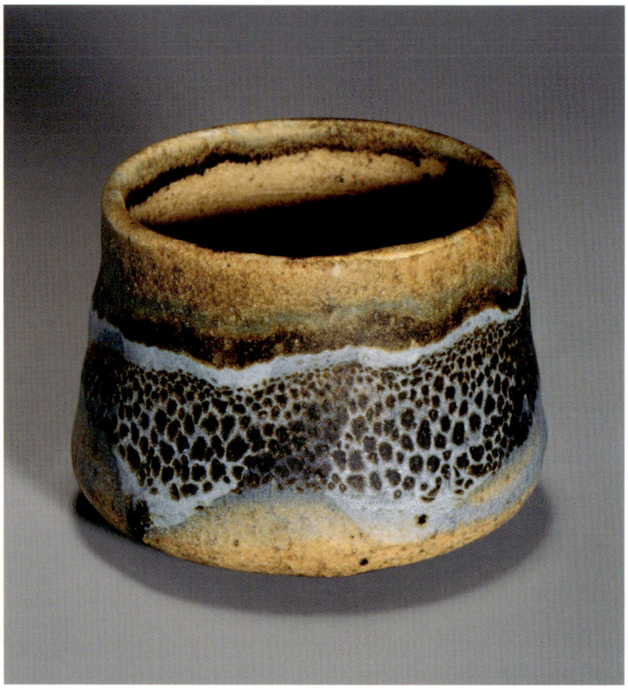

692
Gerd Knäpper
Gefäß, 1980er Jahre

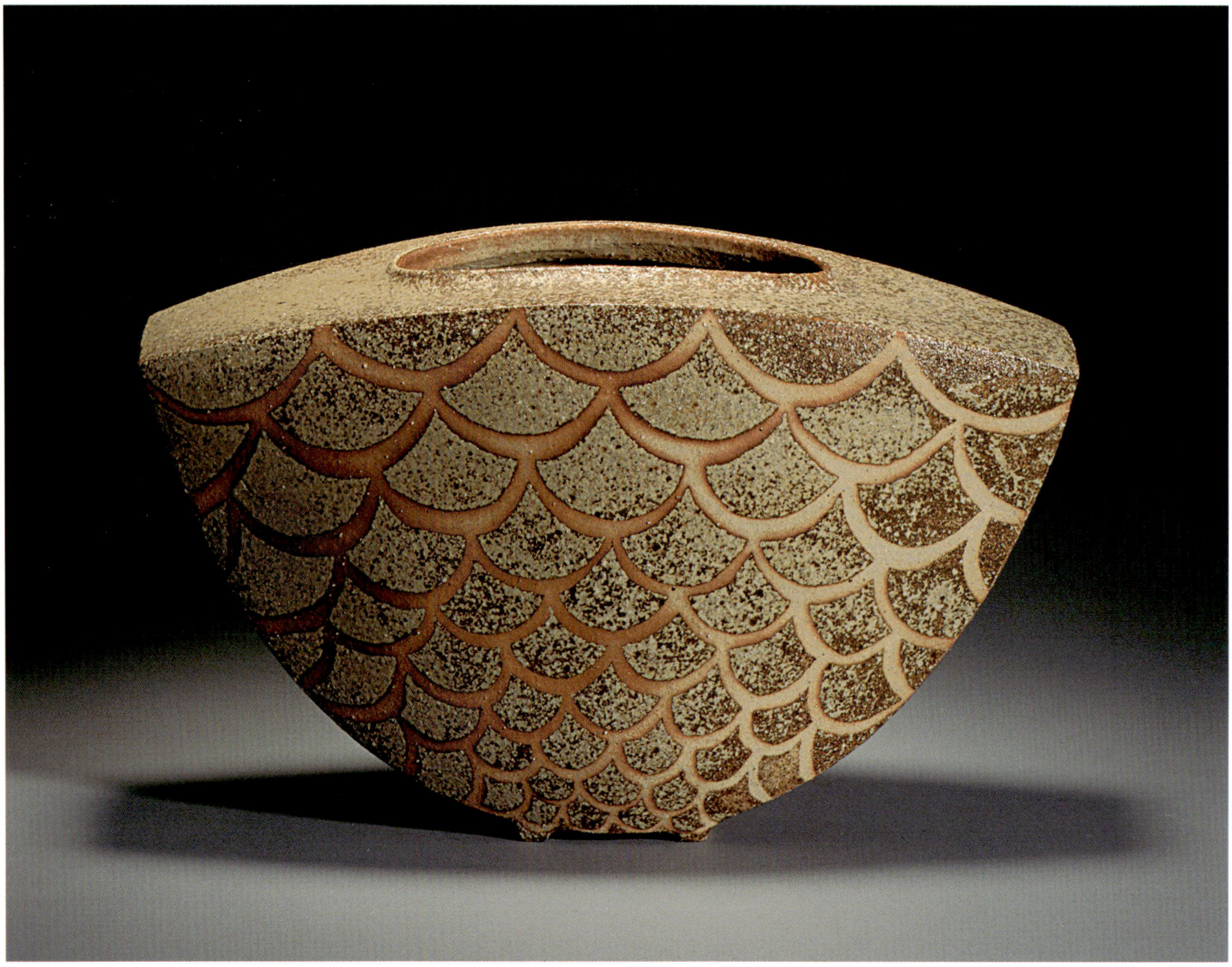

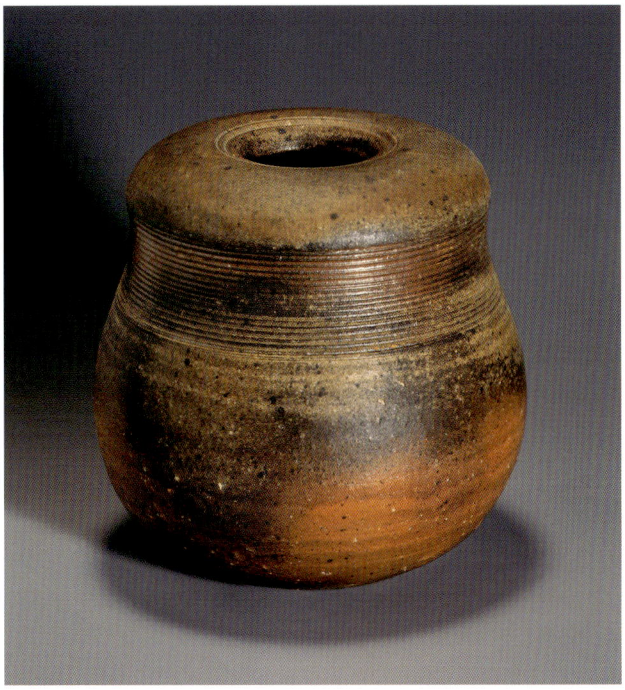

638
Horst Kerstan
Vase mit umlaufenden
Rillen, 1985

653
Heidi Kippenberg
Vase mit schalenartig
aufgesetzter Öffnung,
um 1965

668
Heidi Kippenberg
Schale, 1970

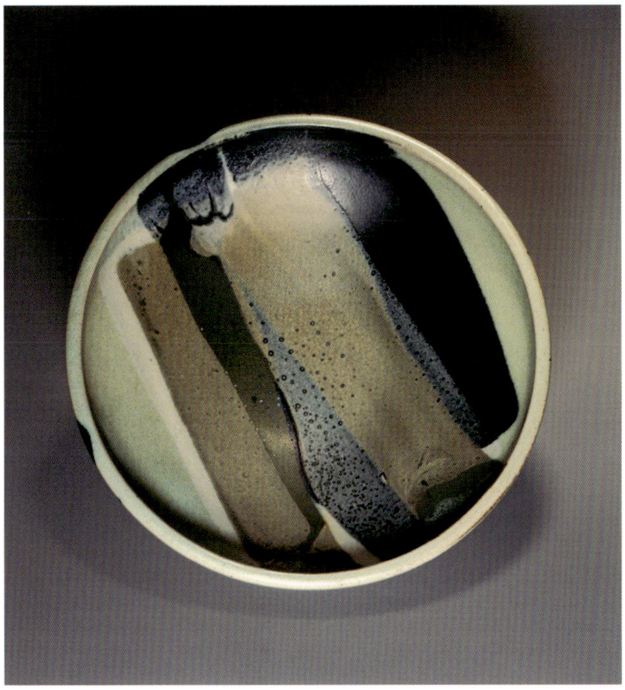

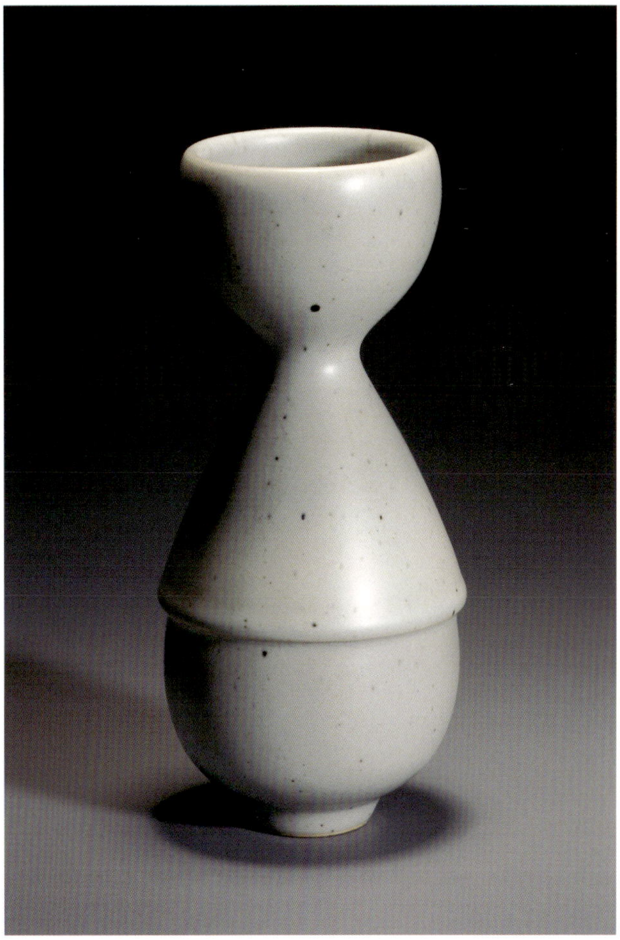

Abb. rechts
787
Bernard Leach
Flasche, um 1954

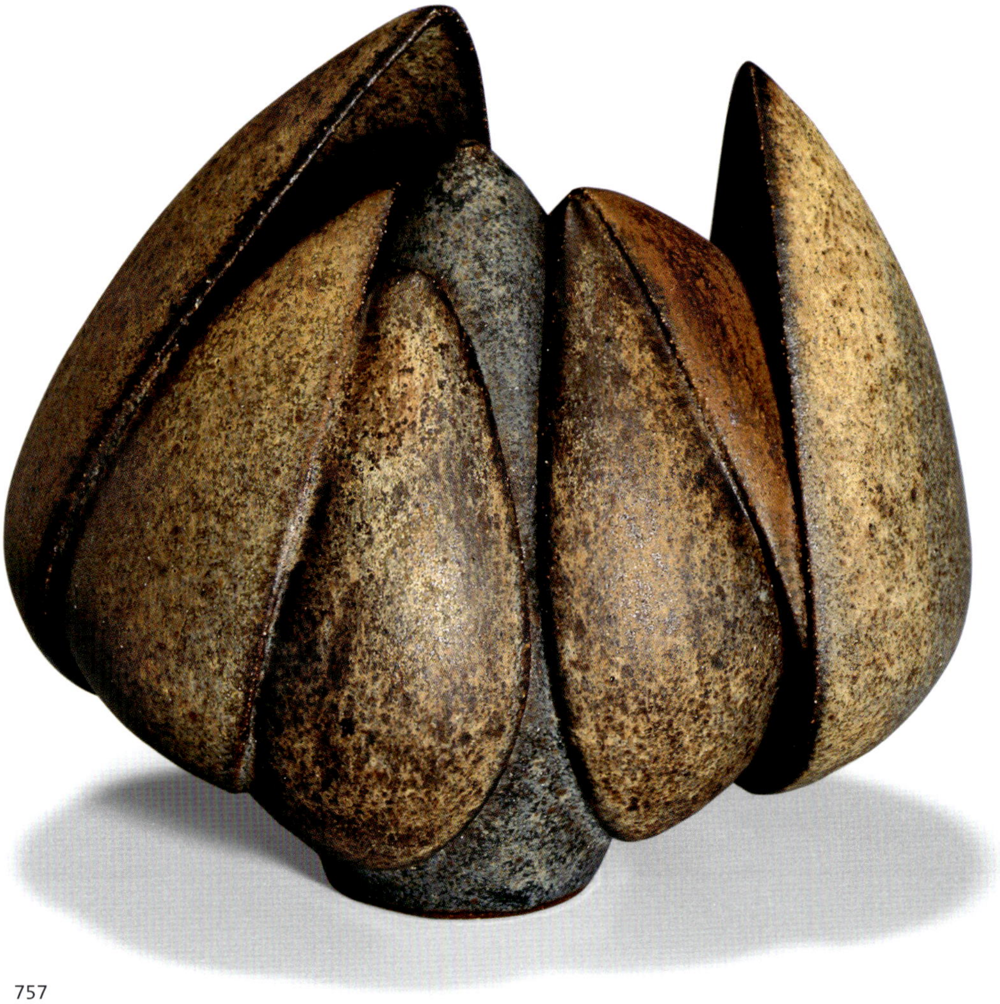

757
Beate Kuhn
Drehscheibenplastik
„Artischocke",
um 1969/70

710
Ruth Koppenhöfer
Bechervase, um 1970

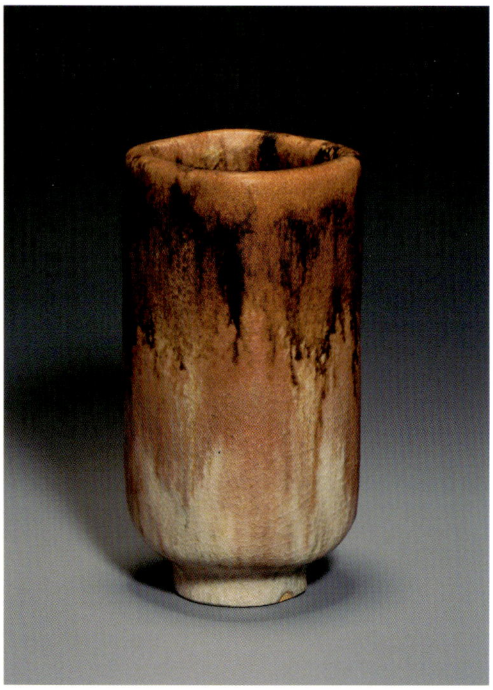

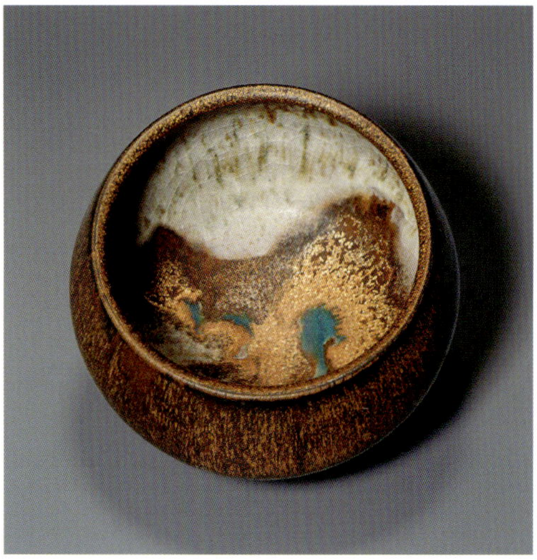

703
Ruth Koppenhöfer
Kumme, 1969

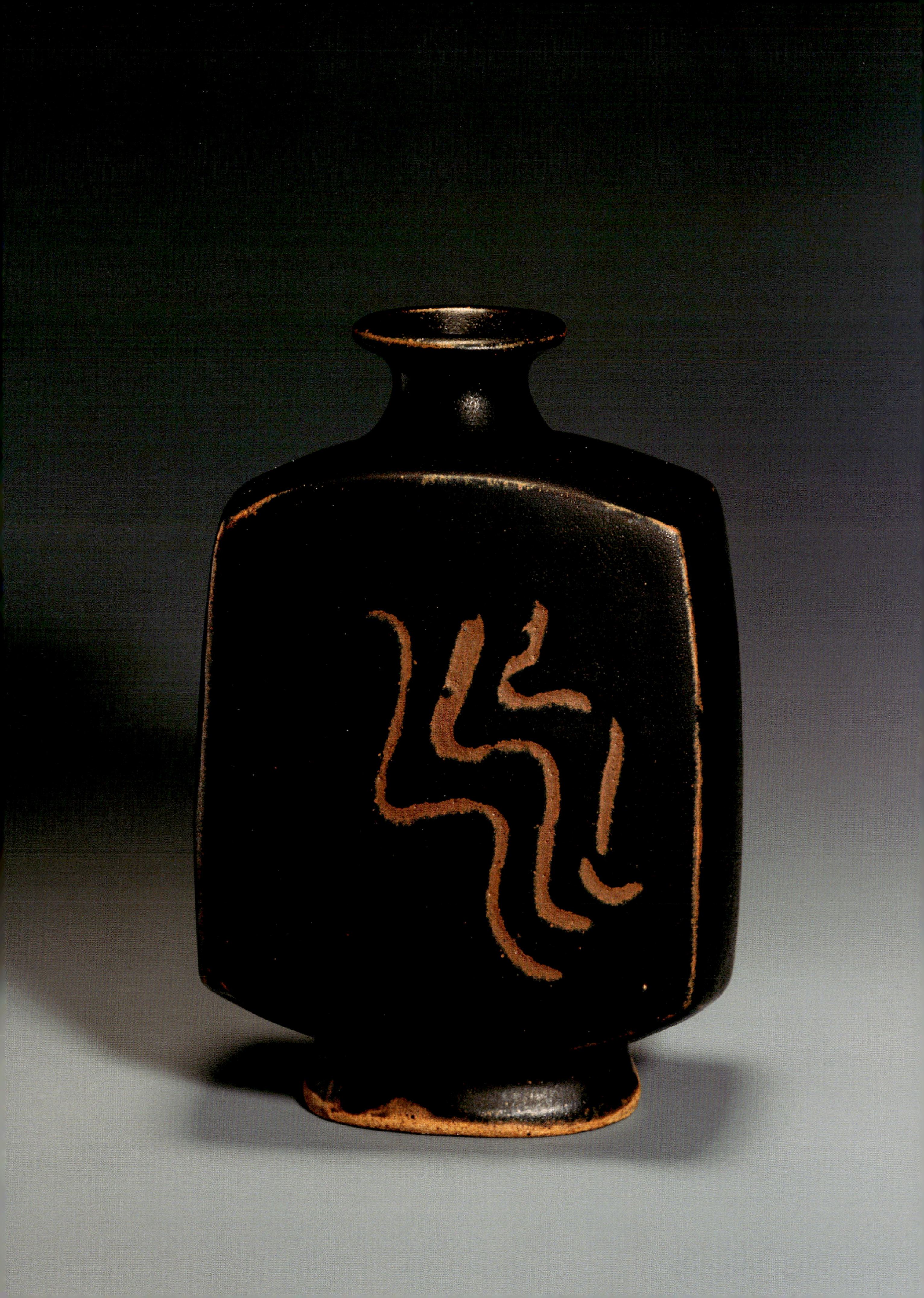

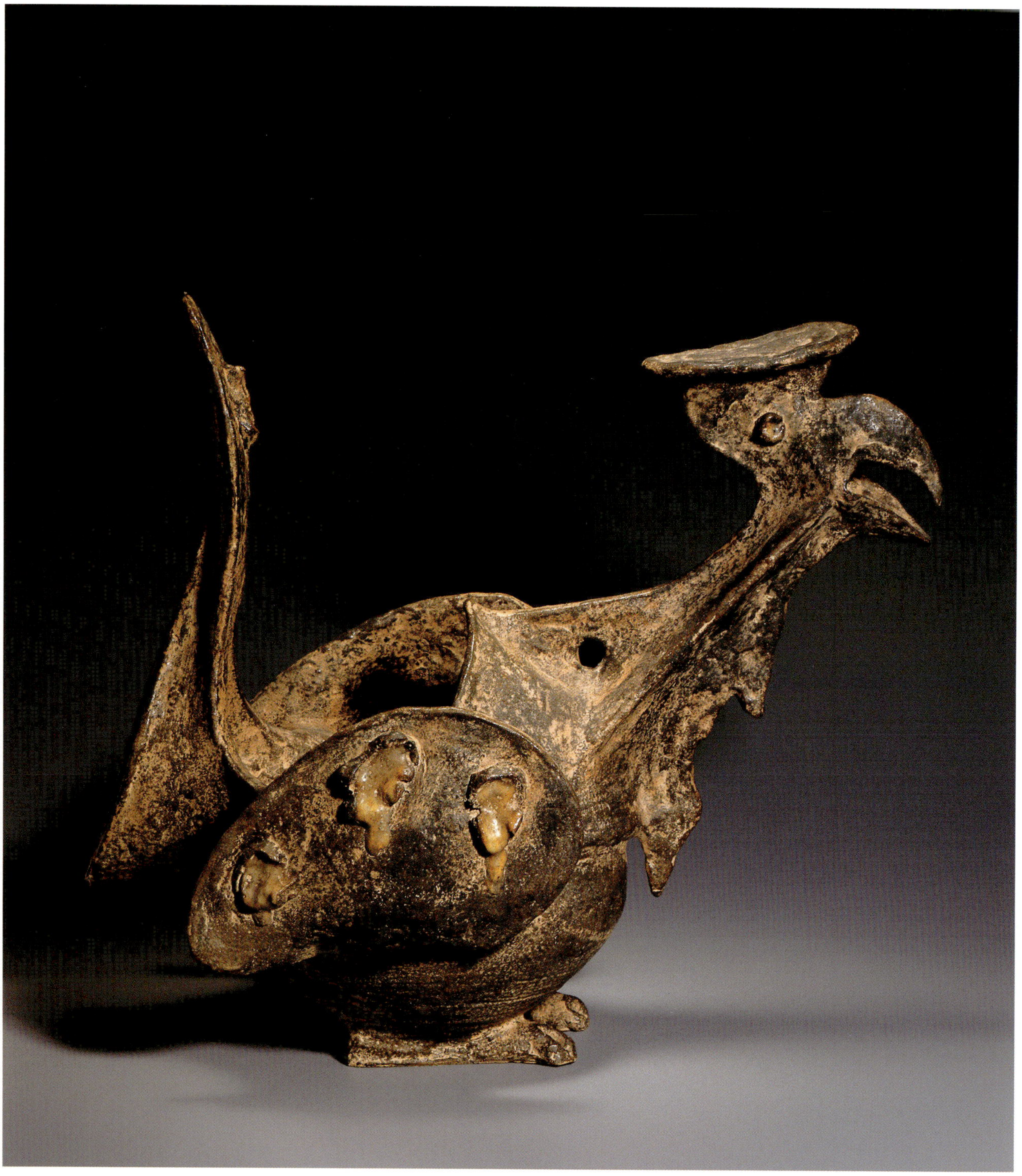

803
Arno Lehmann
„Großer Hahn", ab 1953

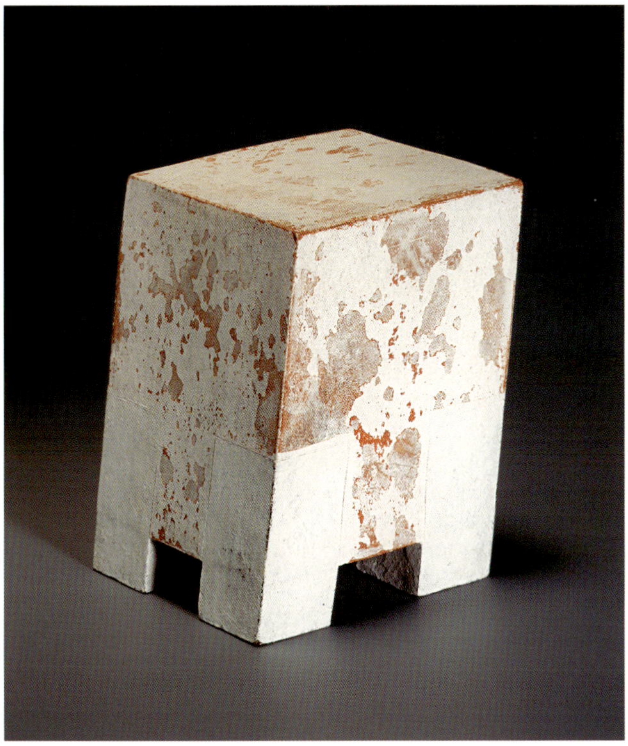

829
Klaus Lehmann
Plastik „Schrägstehender Block auf Beinen", 1984

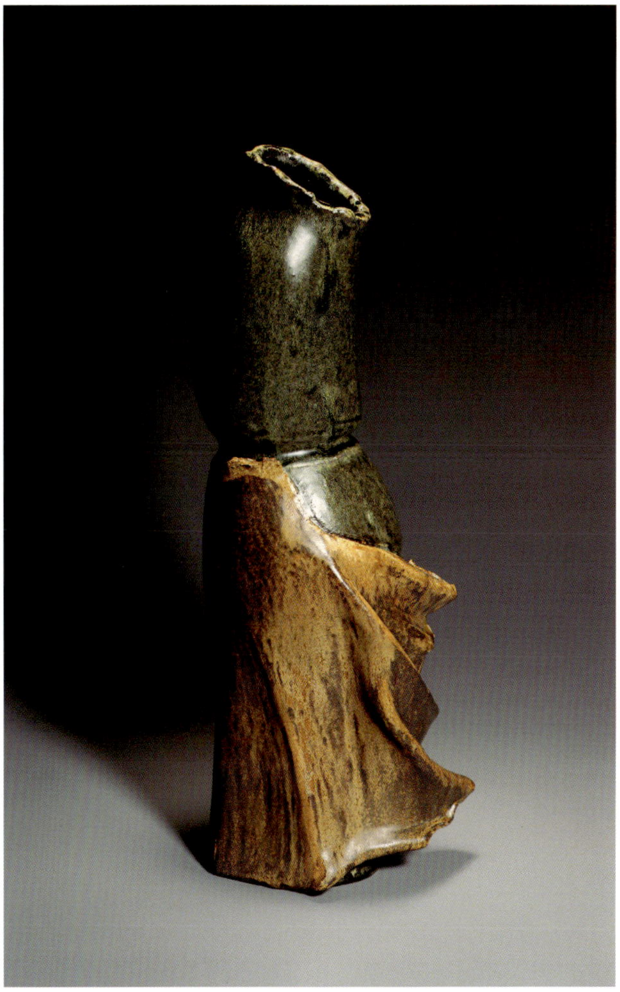

858
Signe Pistorius-Lehmann
Plastik „Faltentorso",
1977

873
Jean Linard
Plastik auf Holzsockel –
„Poupée", um 1980

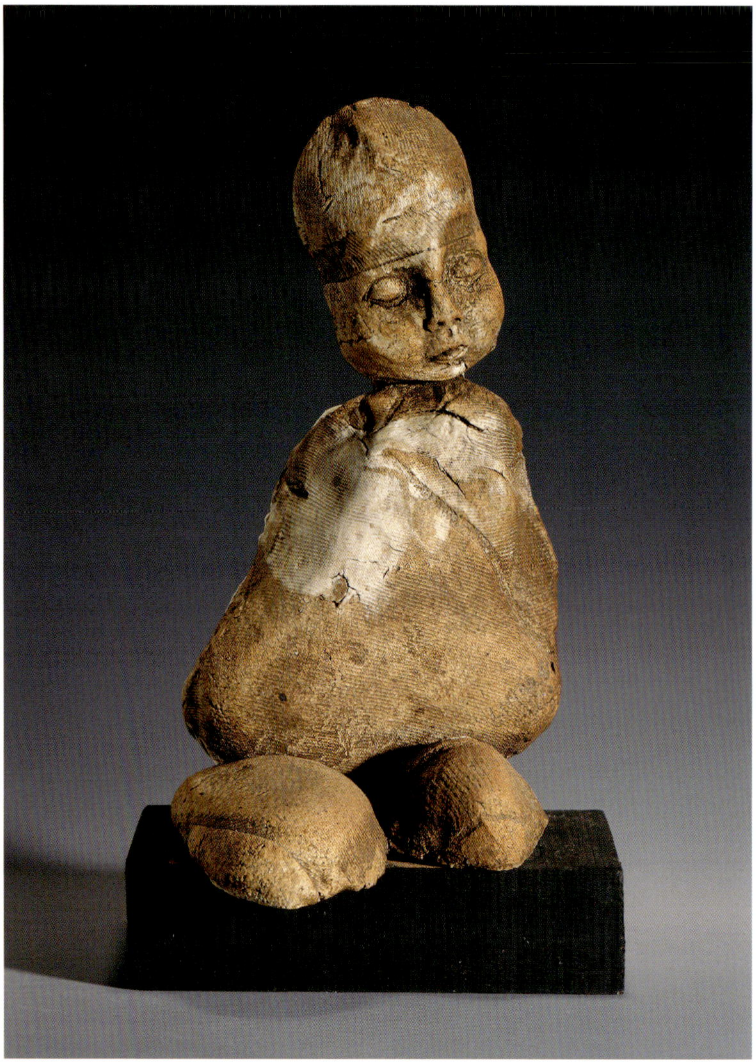

920
Thomas Naethe
Gefäß, 1986

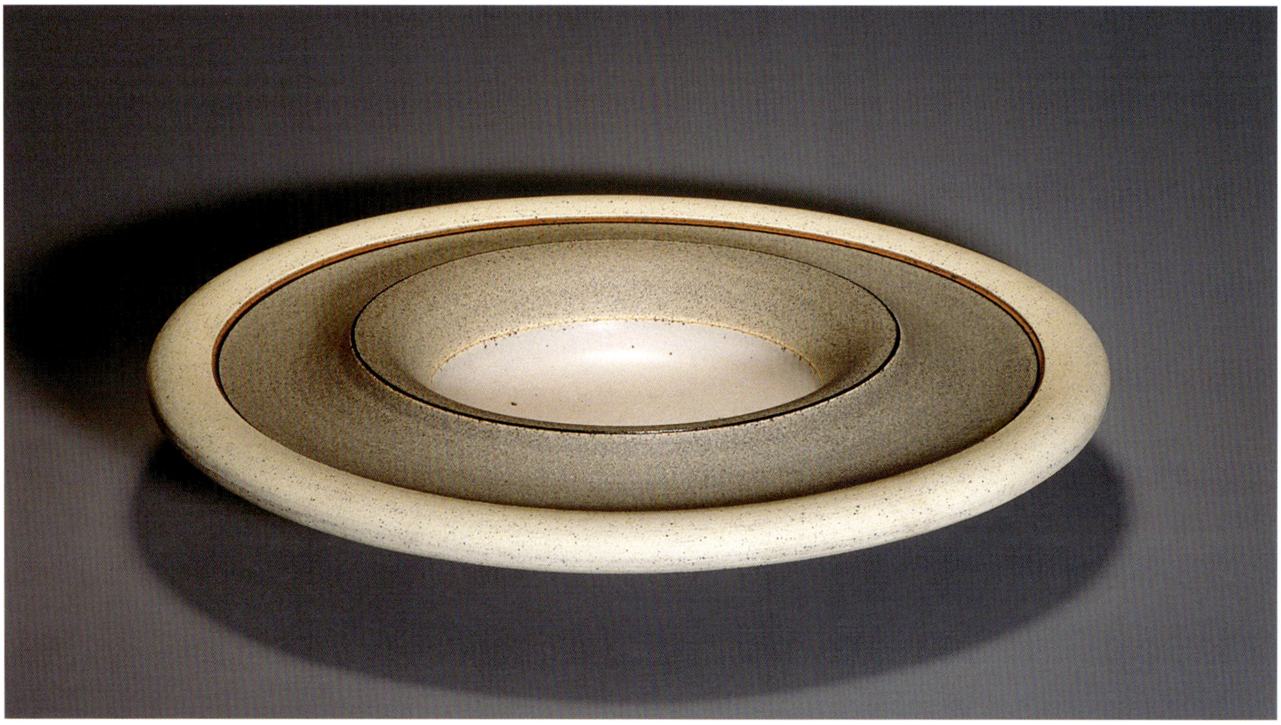

890/891
Wim Mühlendyck
Krüge mit Zinndeckel
(sog. „Siegburger
Schnelle"), um 1970

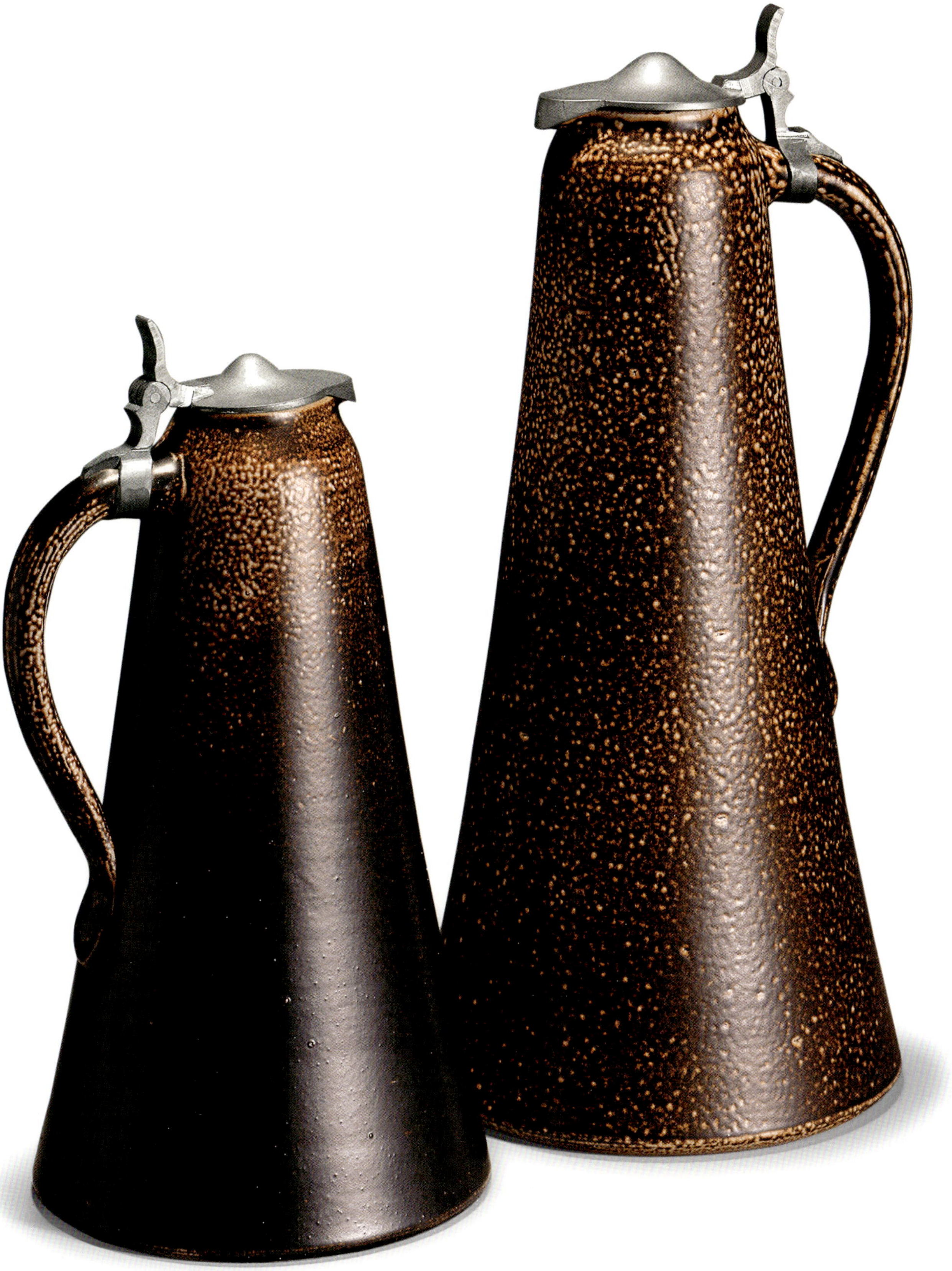

946
Ernst Pleuger
Vase, 1987

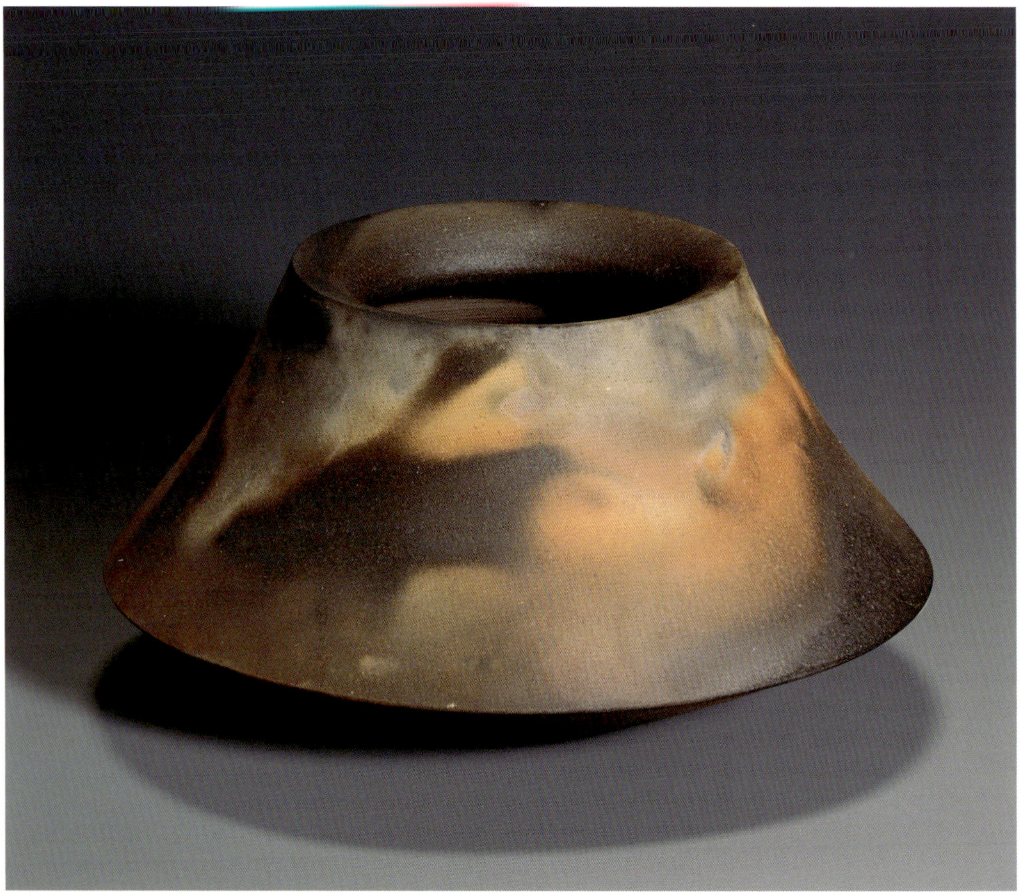

939
Rolf Overberg
Objekt mit Rahmen
„Aufgeschlagenes Buch“,
um 1980

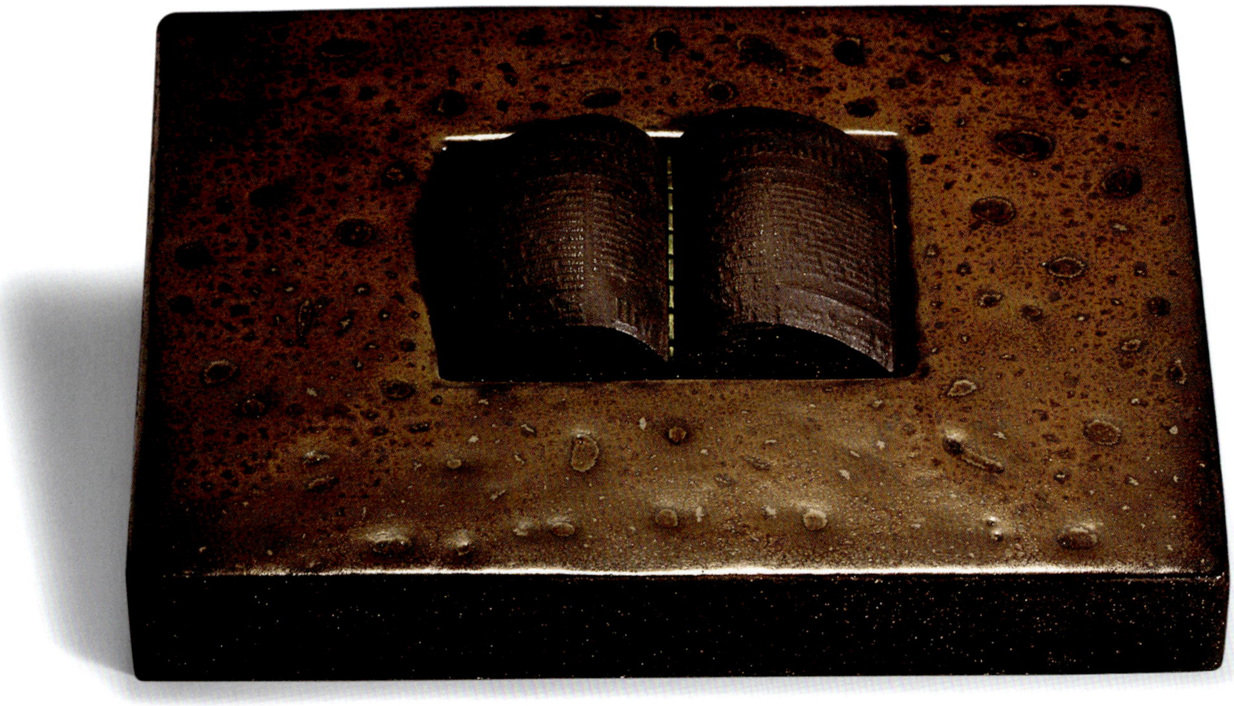

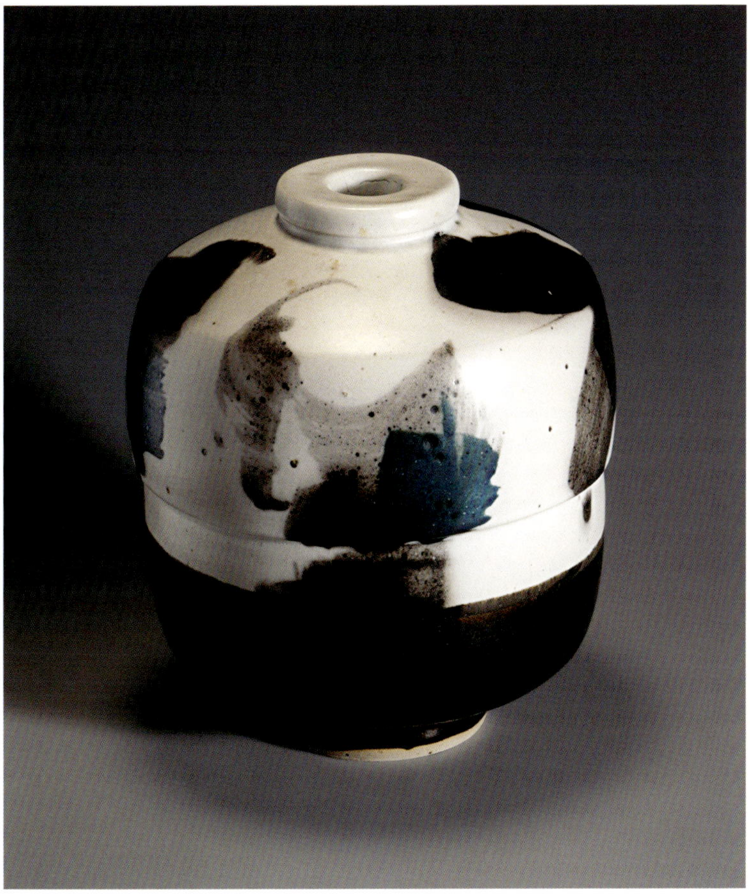

1.013
Walter Popp
Vase, 1966

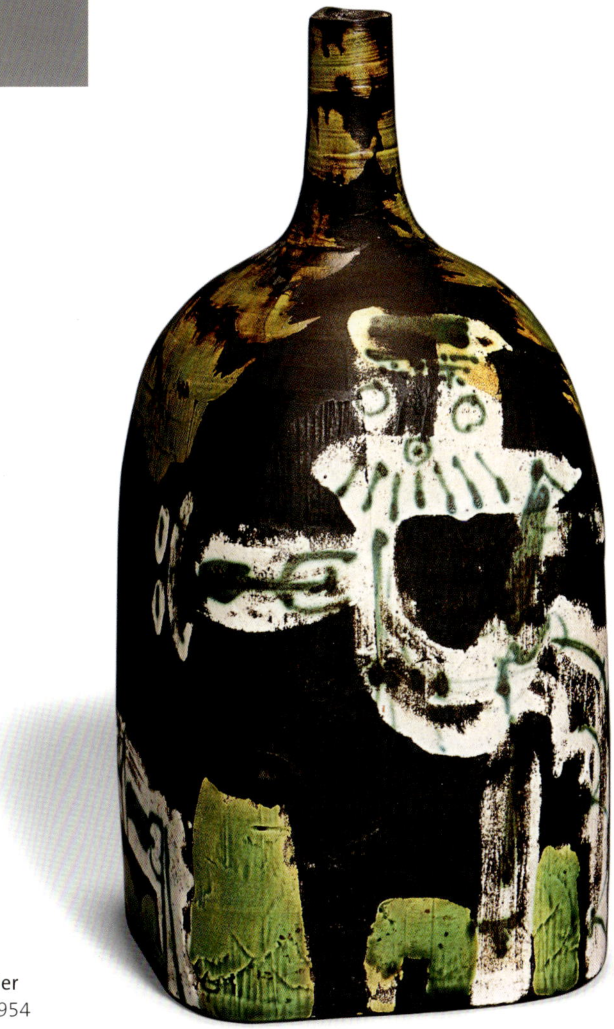

1.022
Gilbert Portanier
Vase – eckig, 1954

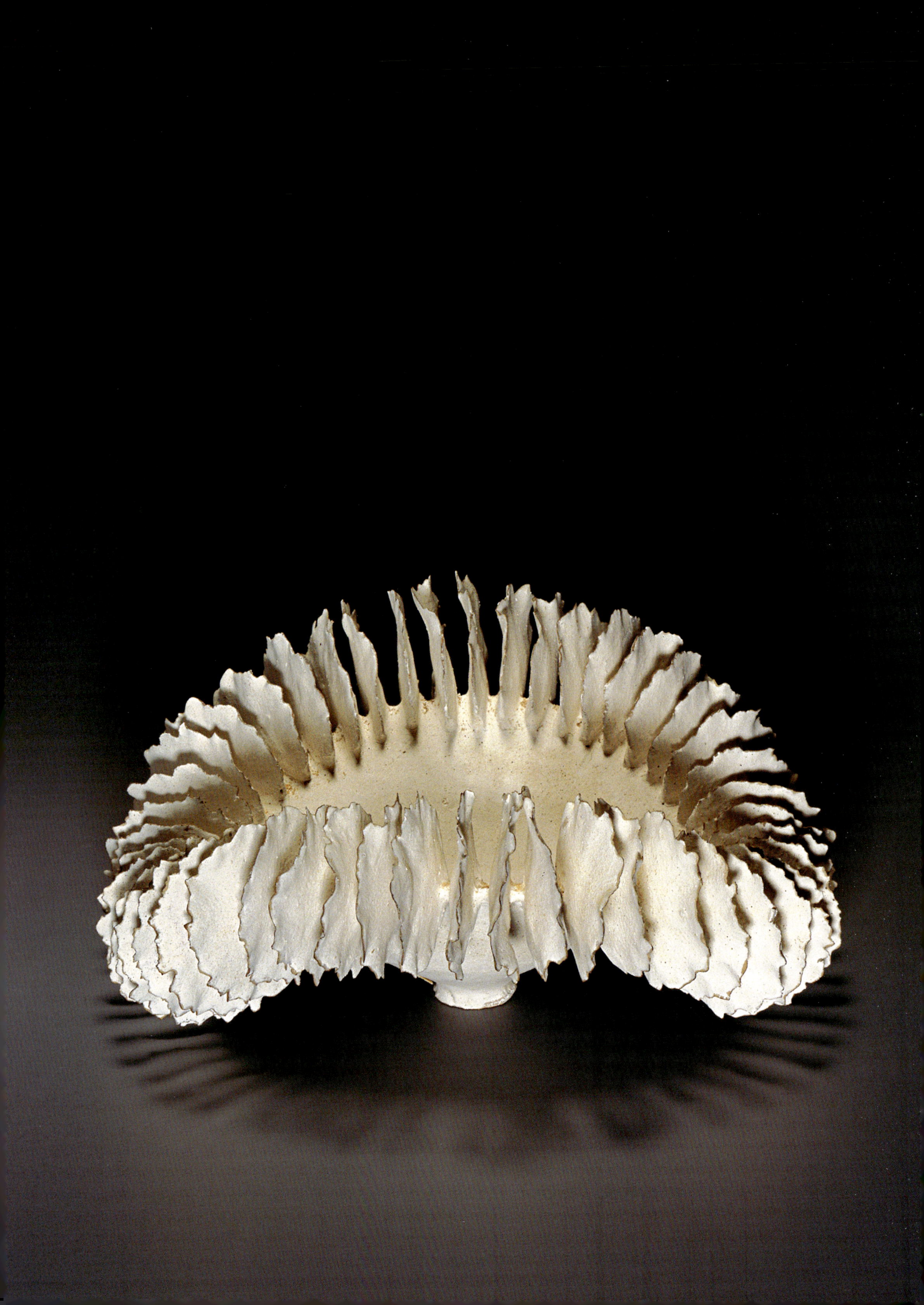

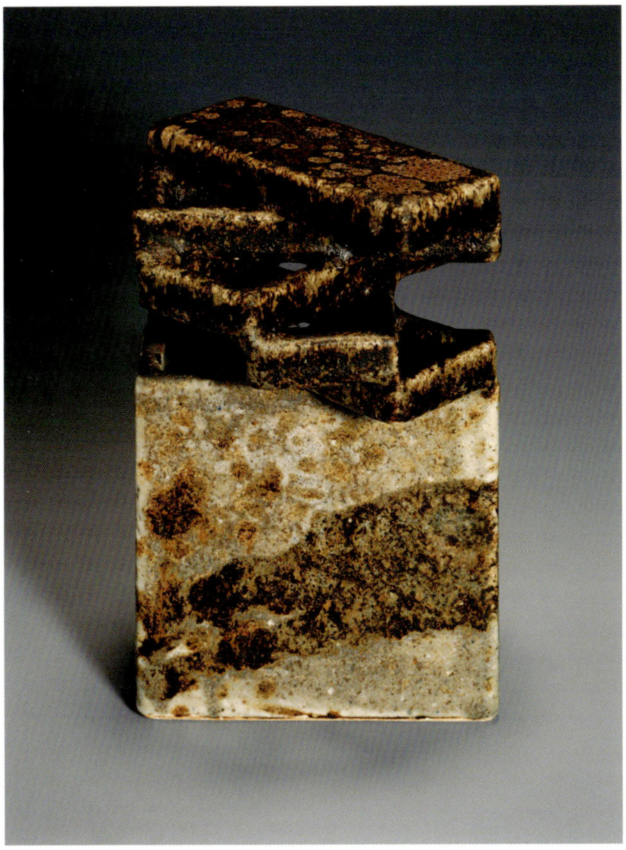

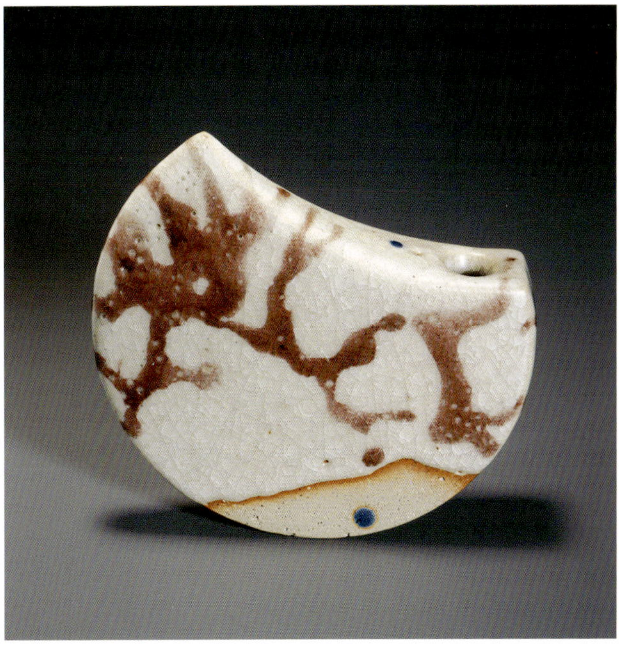

1.040
Konrad Quillmann
Gefäß „Mondsichel",
1967

1.037
Konrad Quillmann
Gefäßplastik, vermutl.
1964

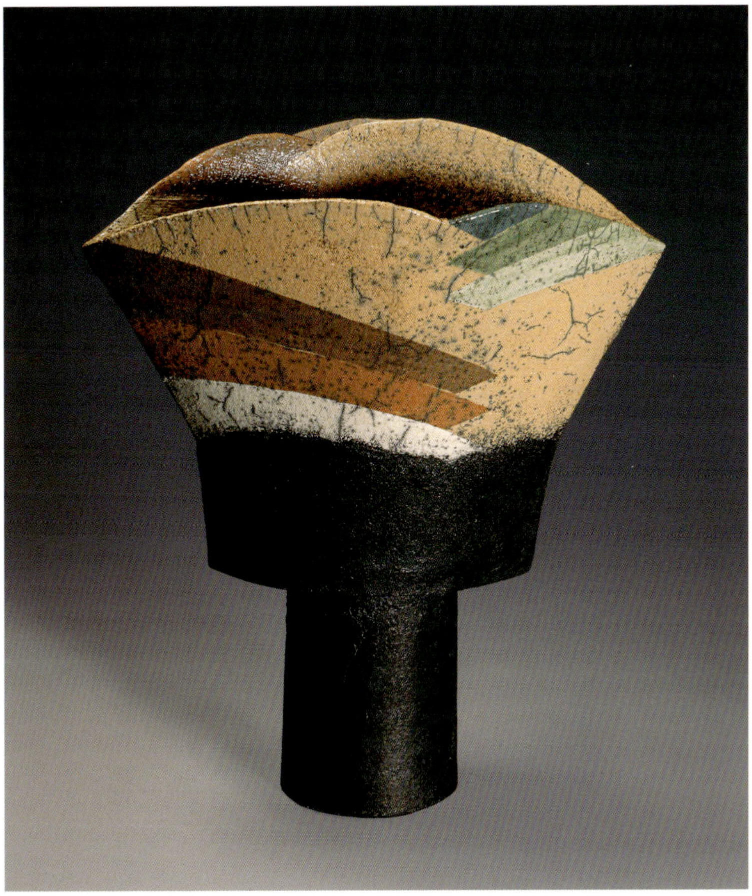

1.025
Ursula Morley Price
Objekt „Japanese Flange
Bowl", Mitte 1980er Jahre

1.046
Elizabeth Raeburn
Gefäß, Mitte 1980er
Jahre

1.049
Peder Rasmussen
Objekt „Kanne", 1985

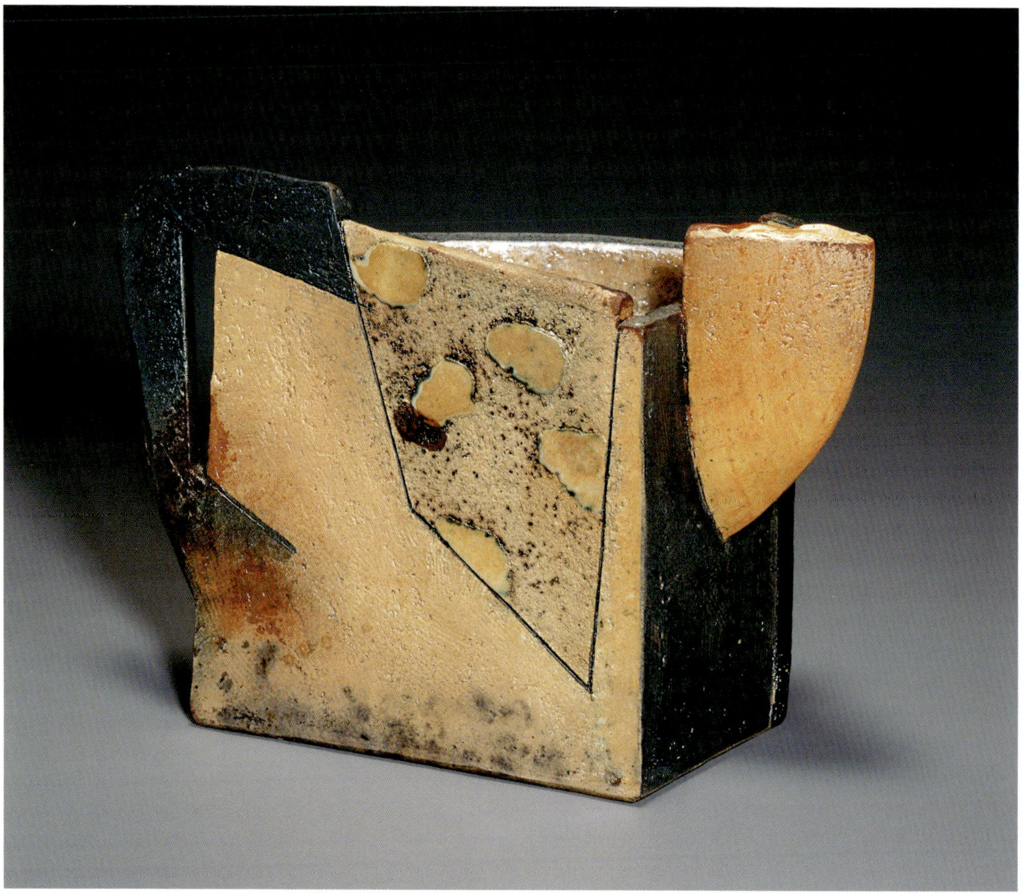

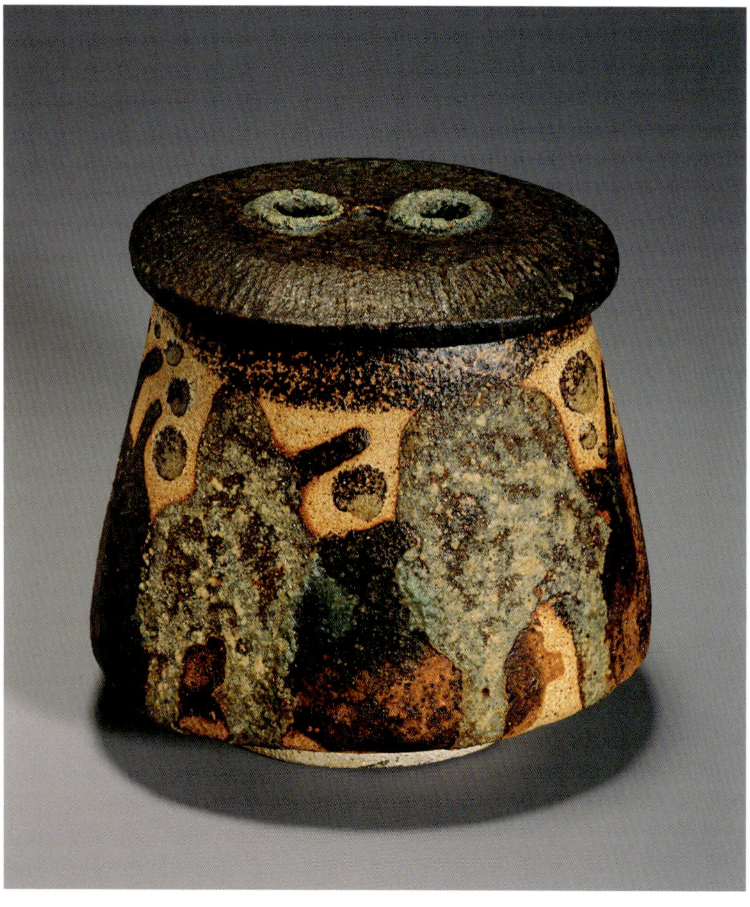

1.065
Lotte Reimers
Vase, 1969

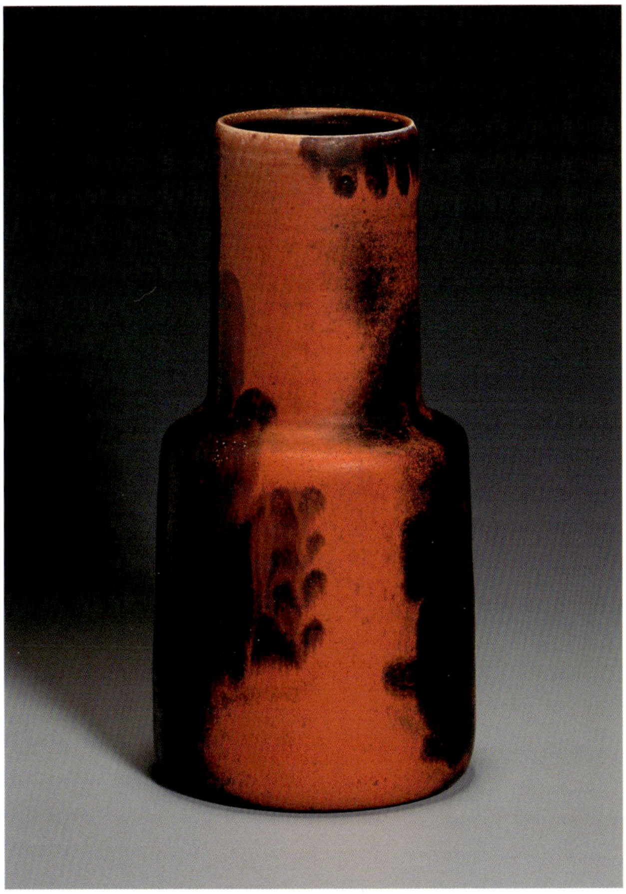

1.127
Jürgen Riecke
Vase, 1960

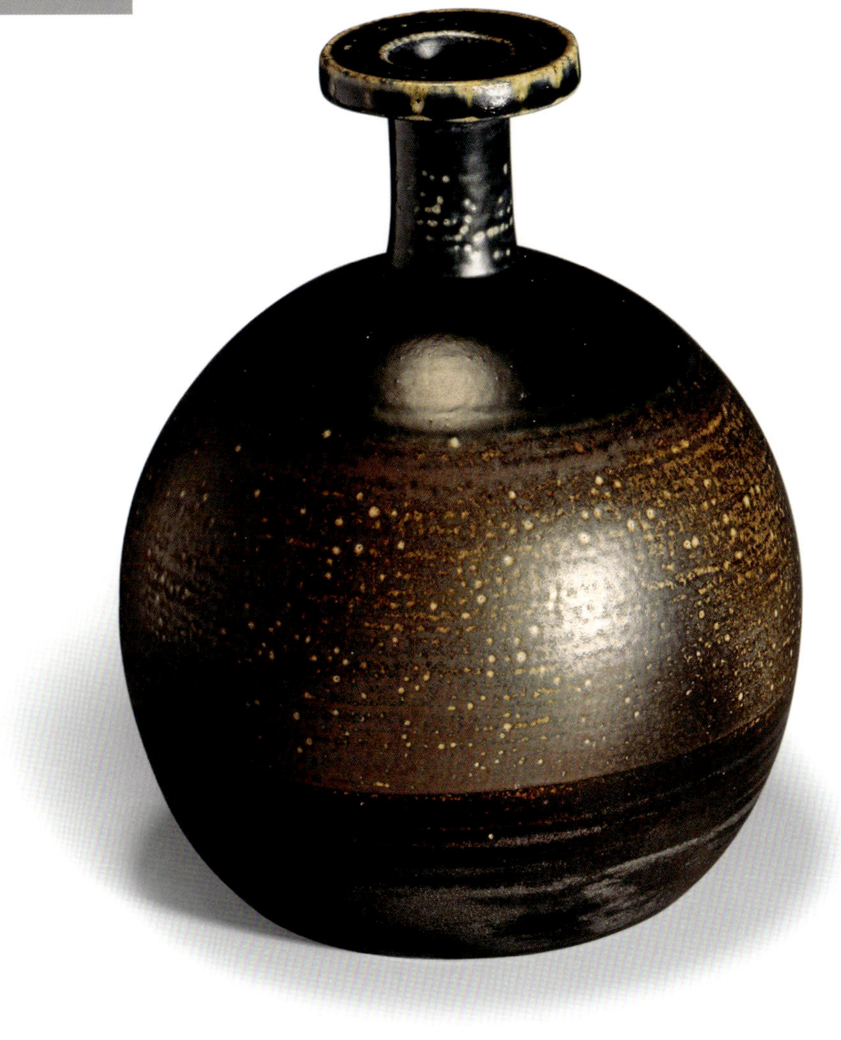

1.132
Jürgen Riecke
Vase, 1963

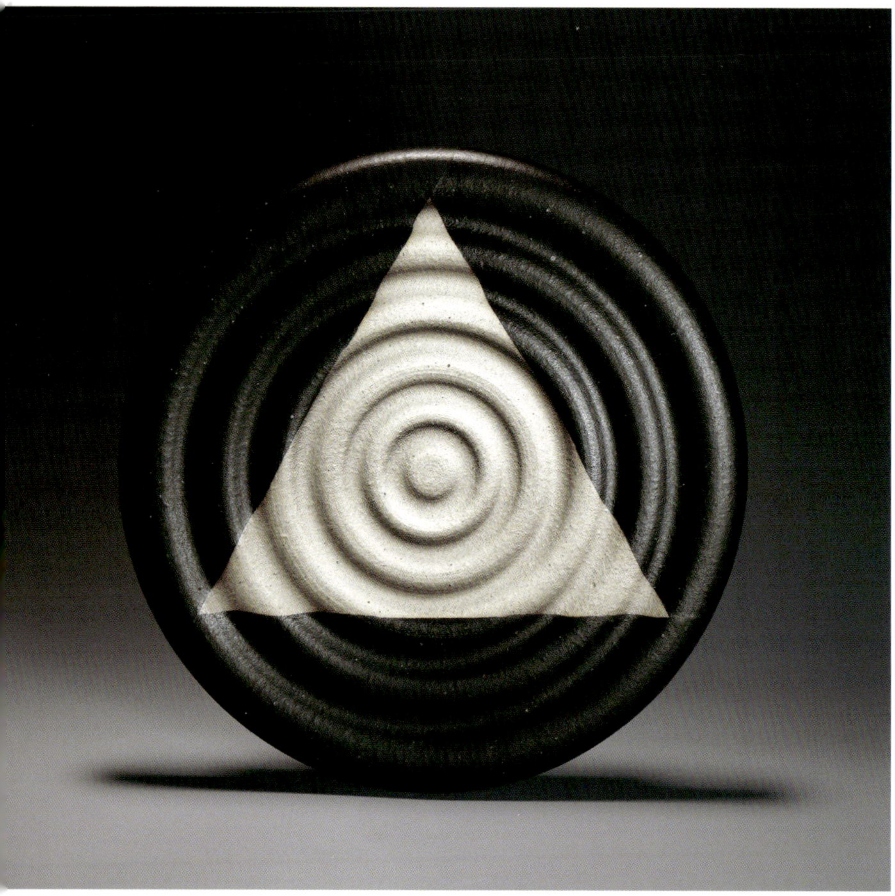

1.193
Reinhold Rieckmann
Wandteller, 1985

1.213
Helena Samohelová
Plastik „Mann mit Kaffeemühle", 1973

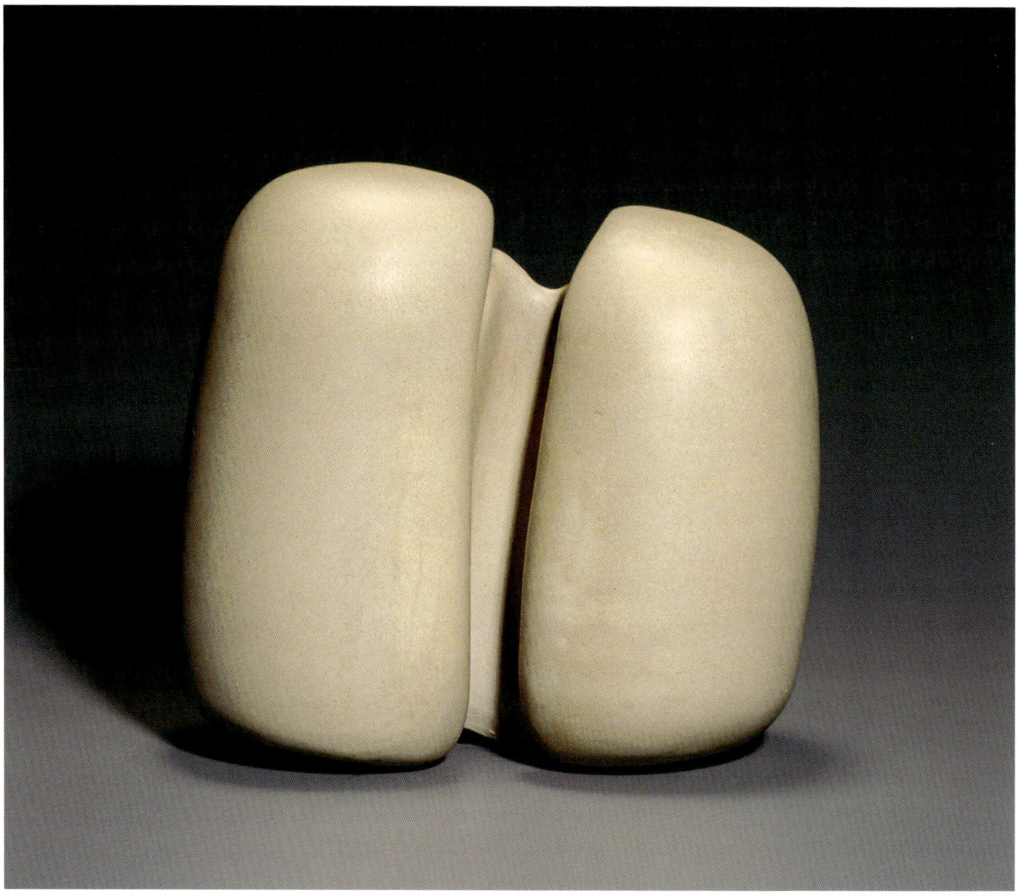

1.209
Aschi Rüfenacht
Plastik „Bewegliche Form" (dreiteilig), 1978

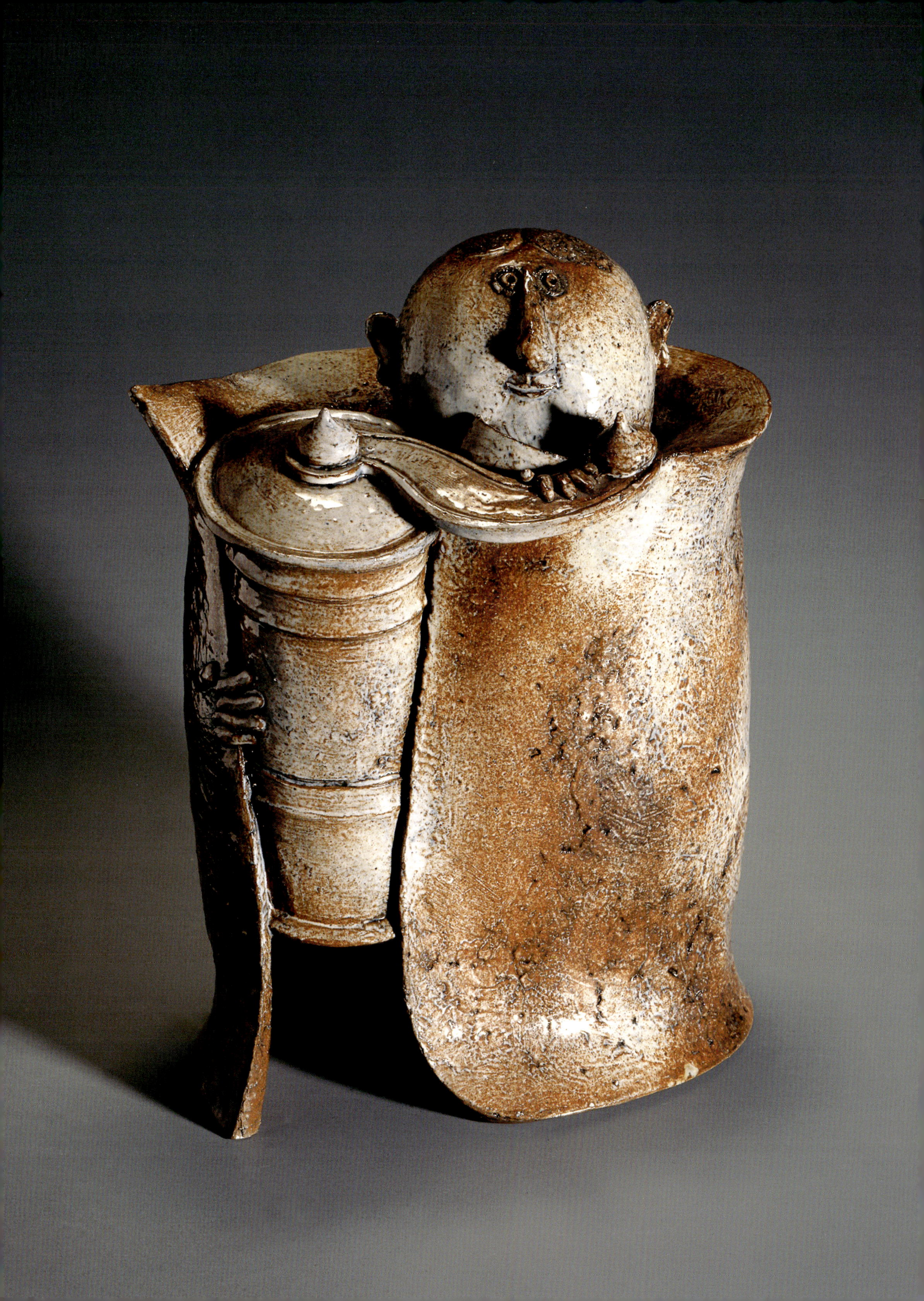

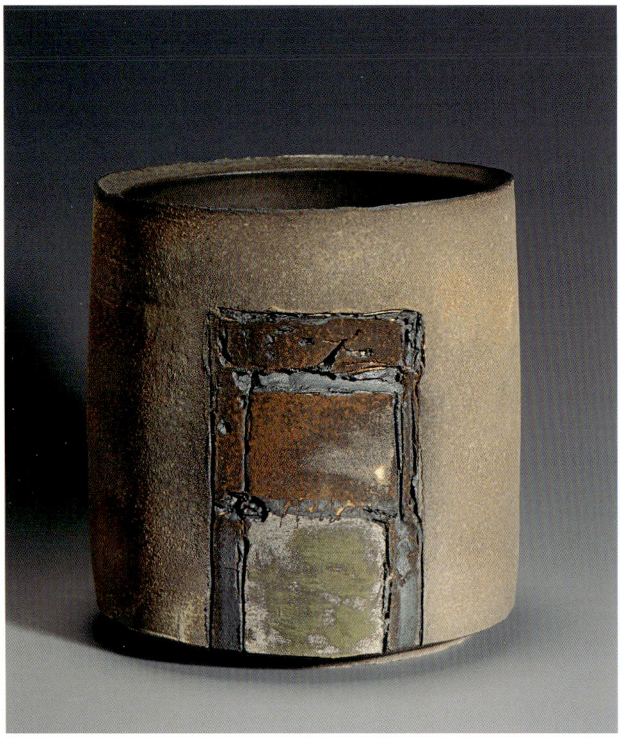

1.214
Carmen Sánchez
Oroquieta
Offenes zylindrisches
Gefäß, 1989/90

1.250
Karl Scheid
Eckige Vase, 1968

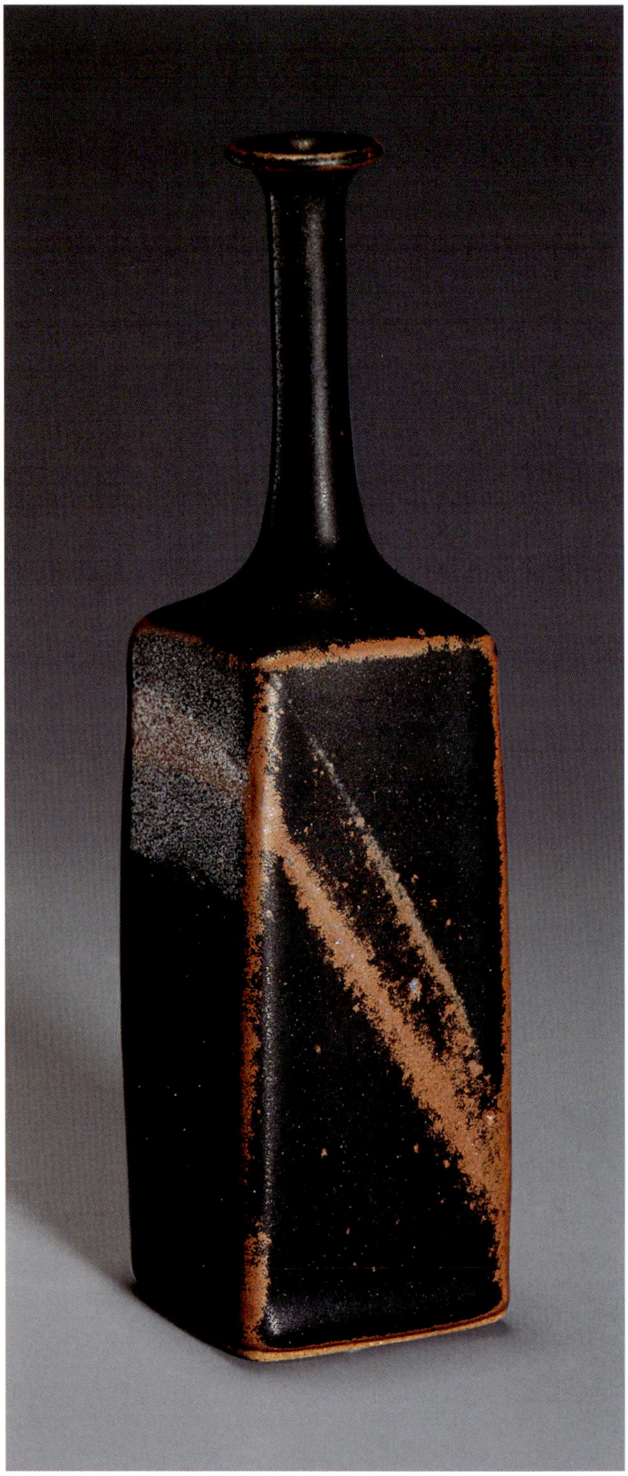

1.336
Elisabeth Schmidt-Pecht
Schale, 1910/14

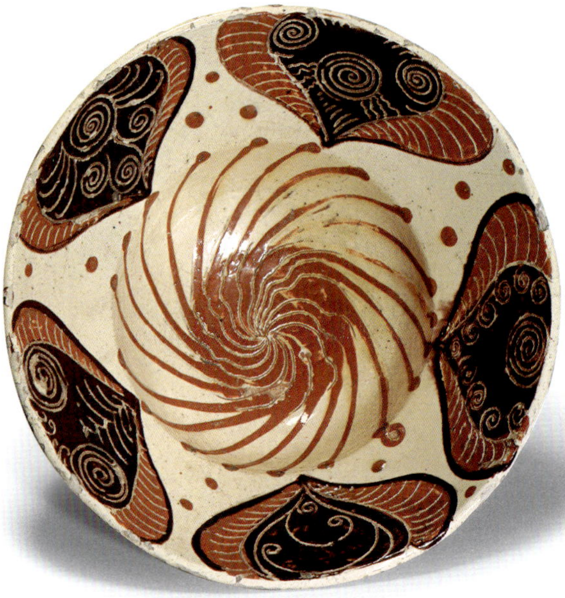

1.316
Ursula Scheid
Vase, 1971

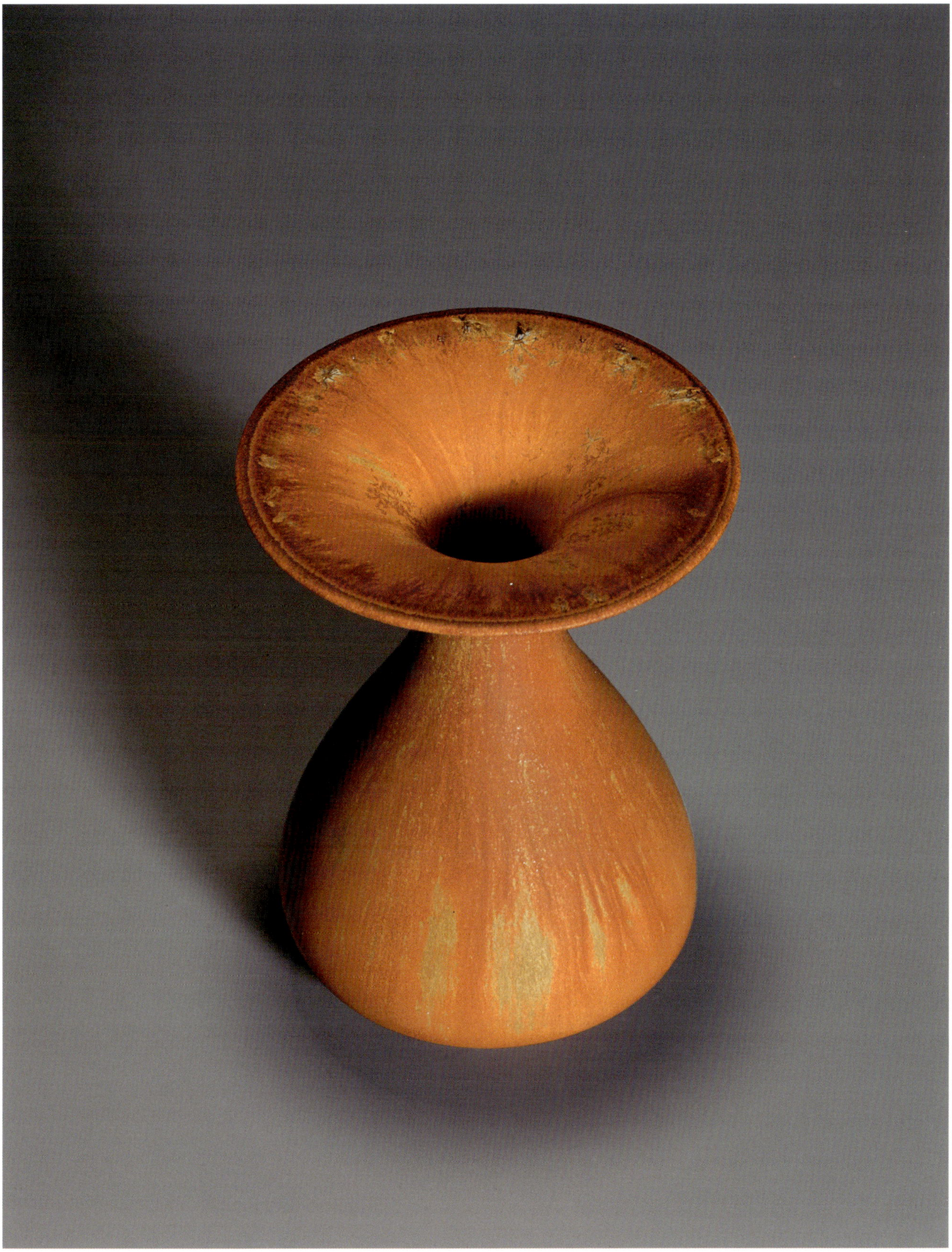

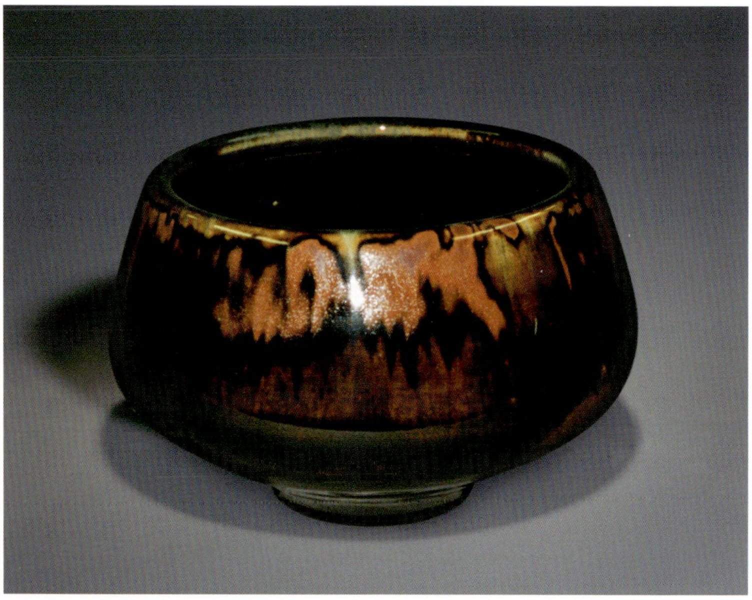

1.359
Margarete Schott
Kumme, vermutl.
Anfang 1970er Jahre

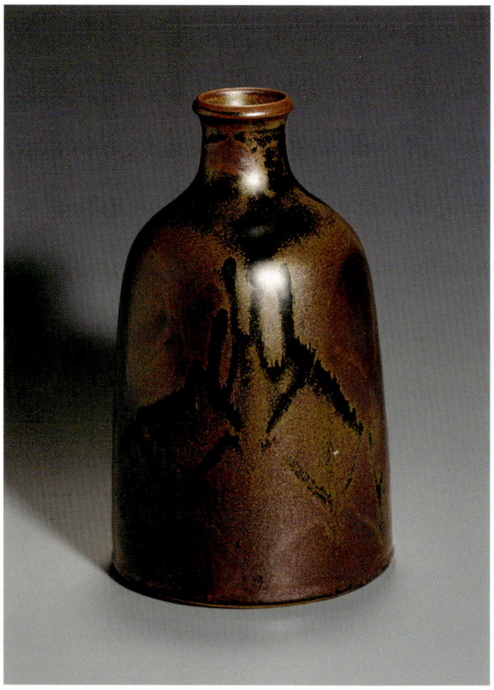

1.364
Margarete Schott
Vase, vermutl. Anfang
1970er Jahre

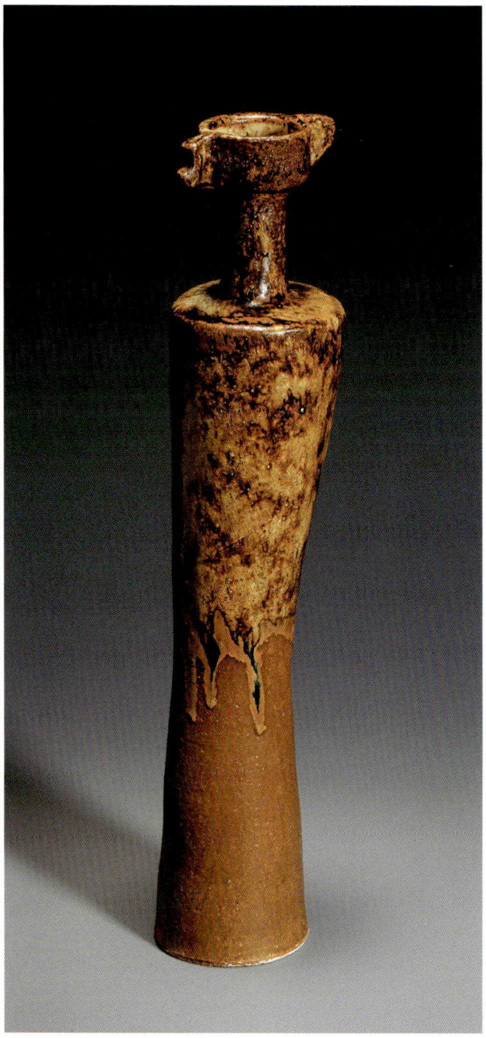

1.367
Brigitte Schuller
Gefäß – Montage,
um 1968

1.372
Alev Siesbye Ebüzziya
Schale, 1977

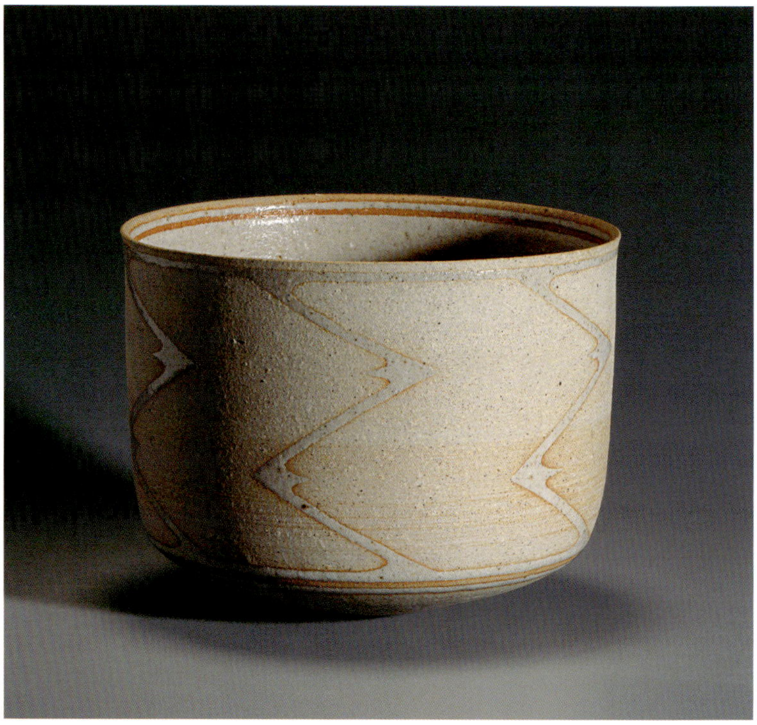

1.373
Peter Simpson
Plastik „Ocmic Menhir“,
um 1983

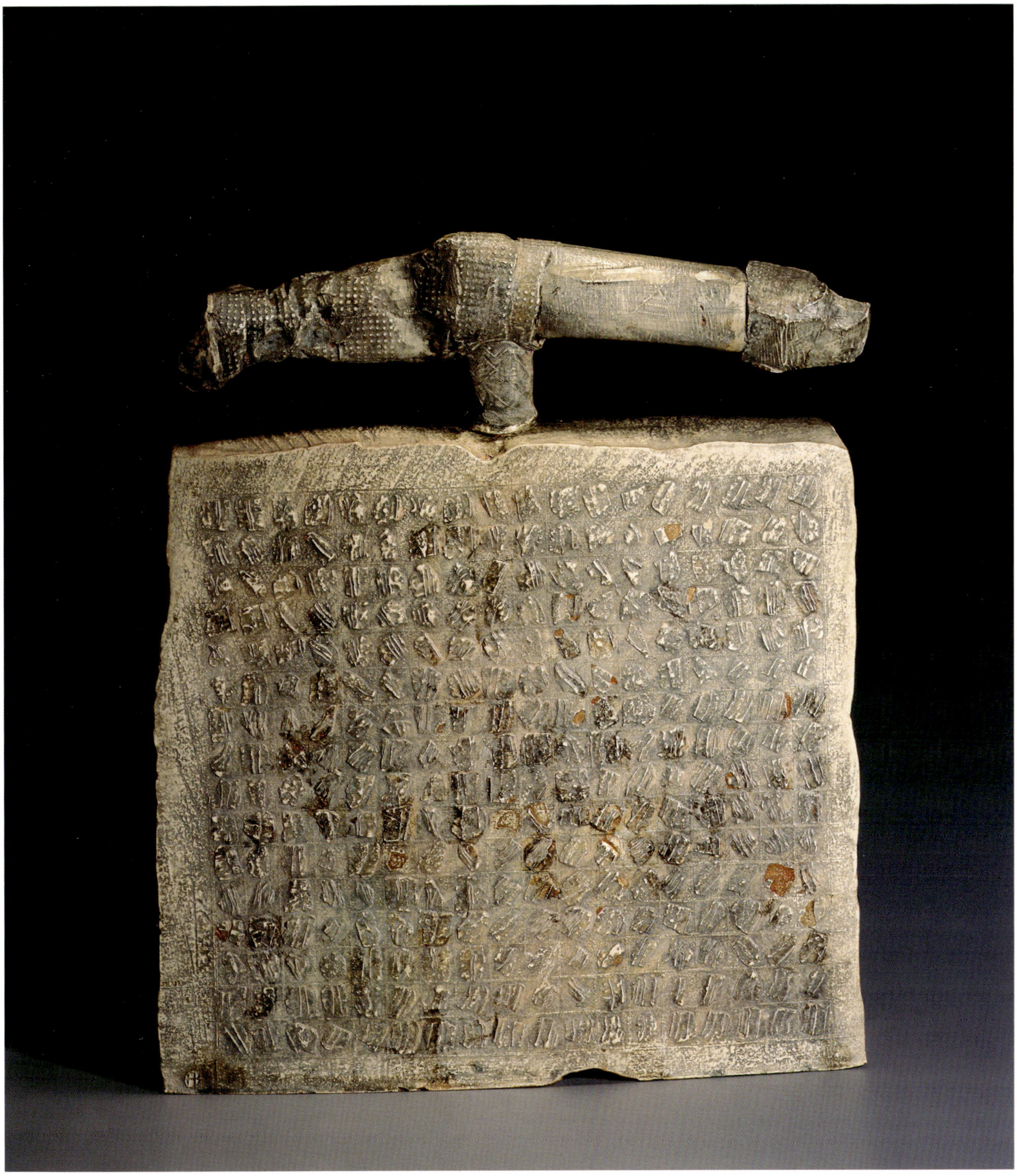

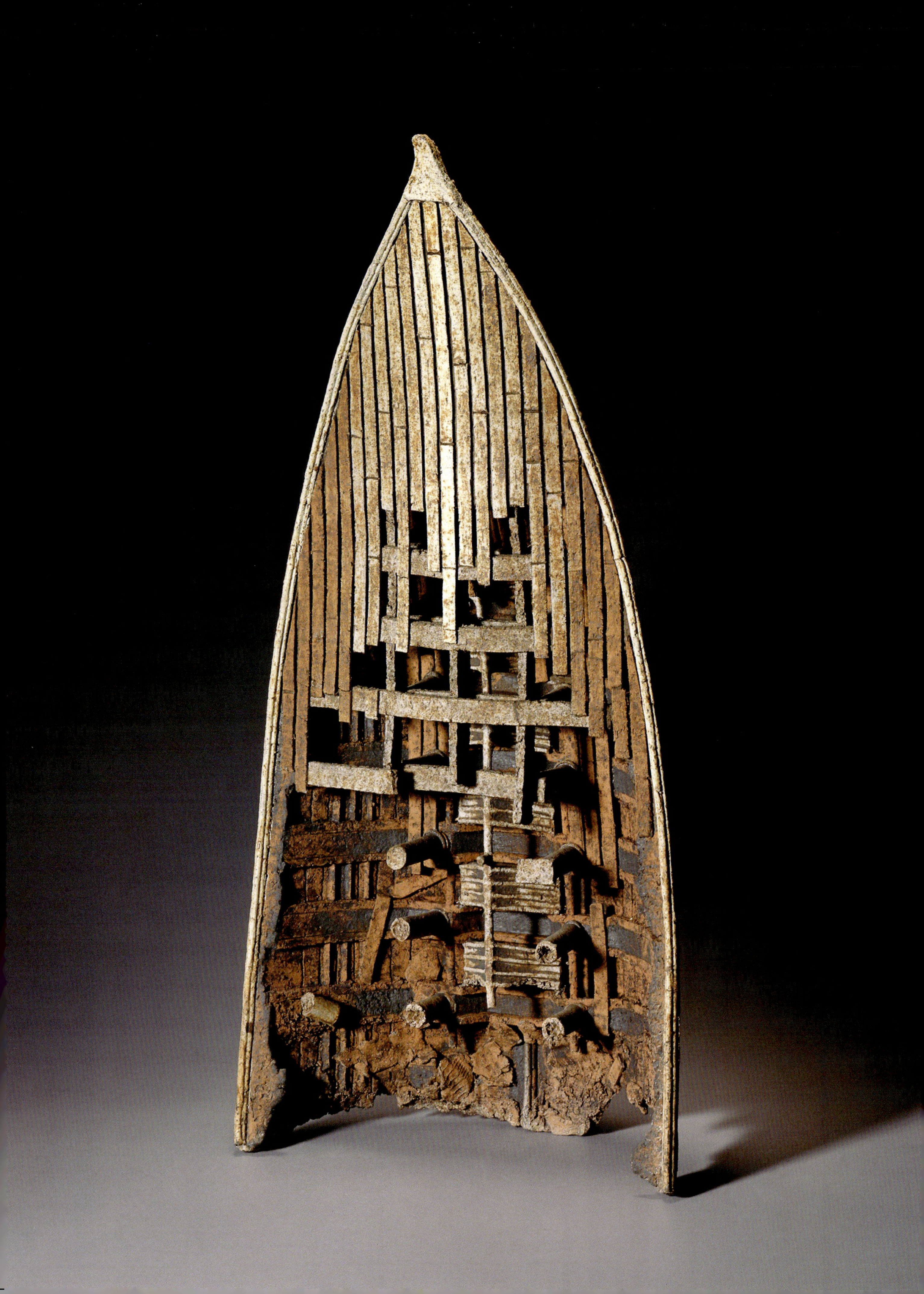

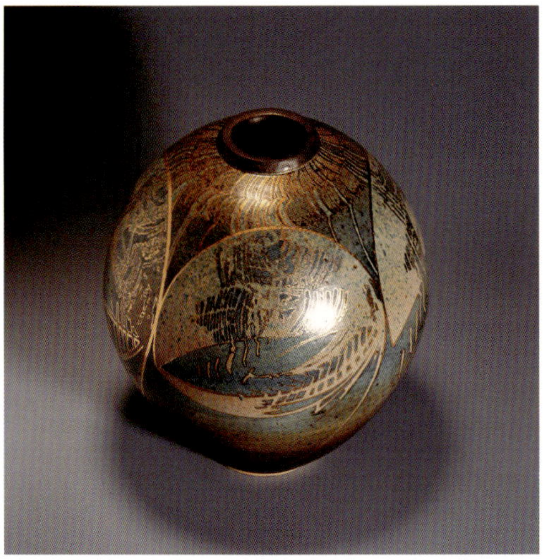

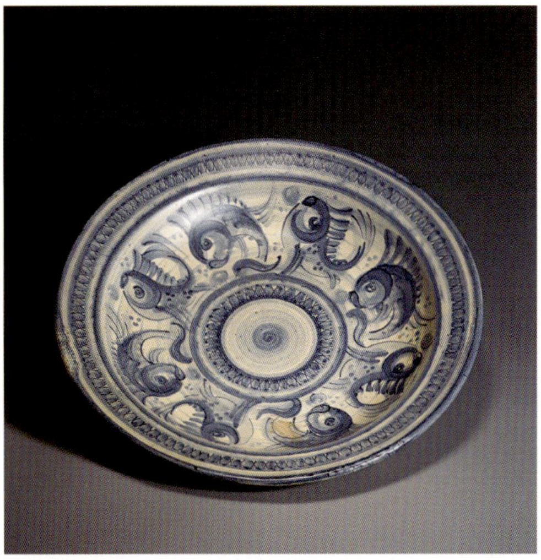

1.399
Hildegard Storr-Britz
Wandteller mit „Fisch-
ornament“, 1948

1.385
Frank Steyaert
Vase – Kugelform,
um 1984

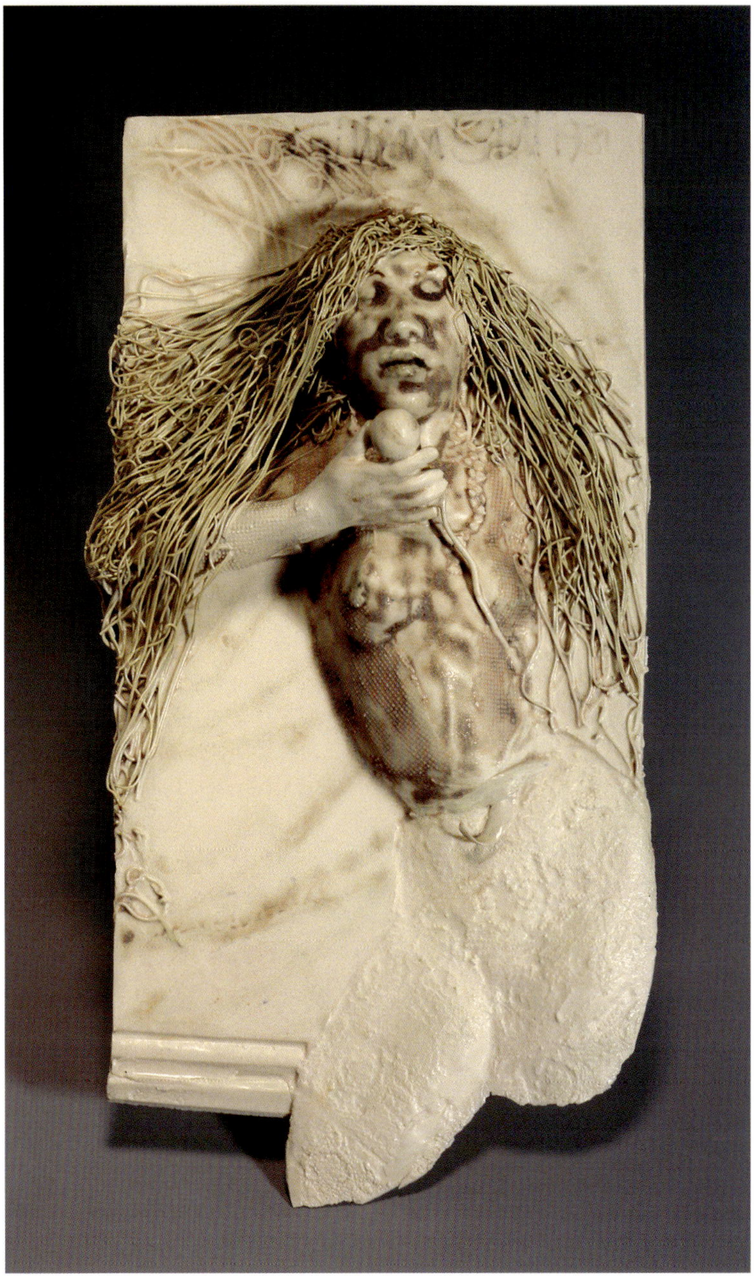

1.386
Frank Steyaert
Plastik „Boot“, 1983

1.389
Gillian Still
Relief „Black Singer“,
1981

1.429
Robert Sturm
Plastik, um 1980/82

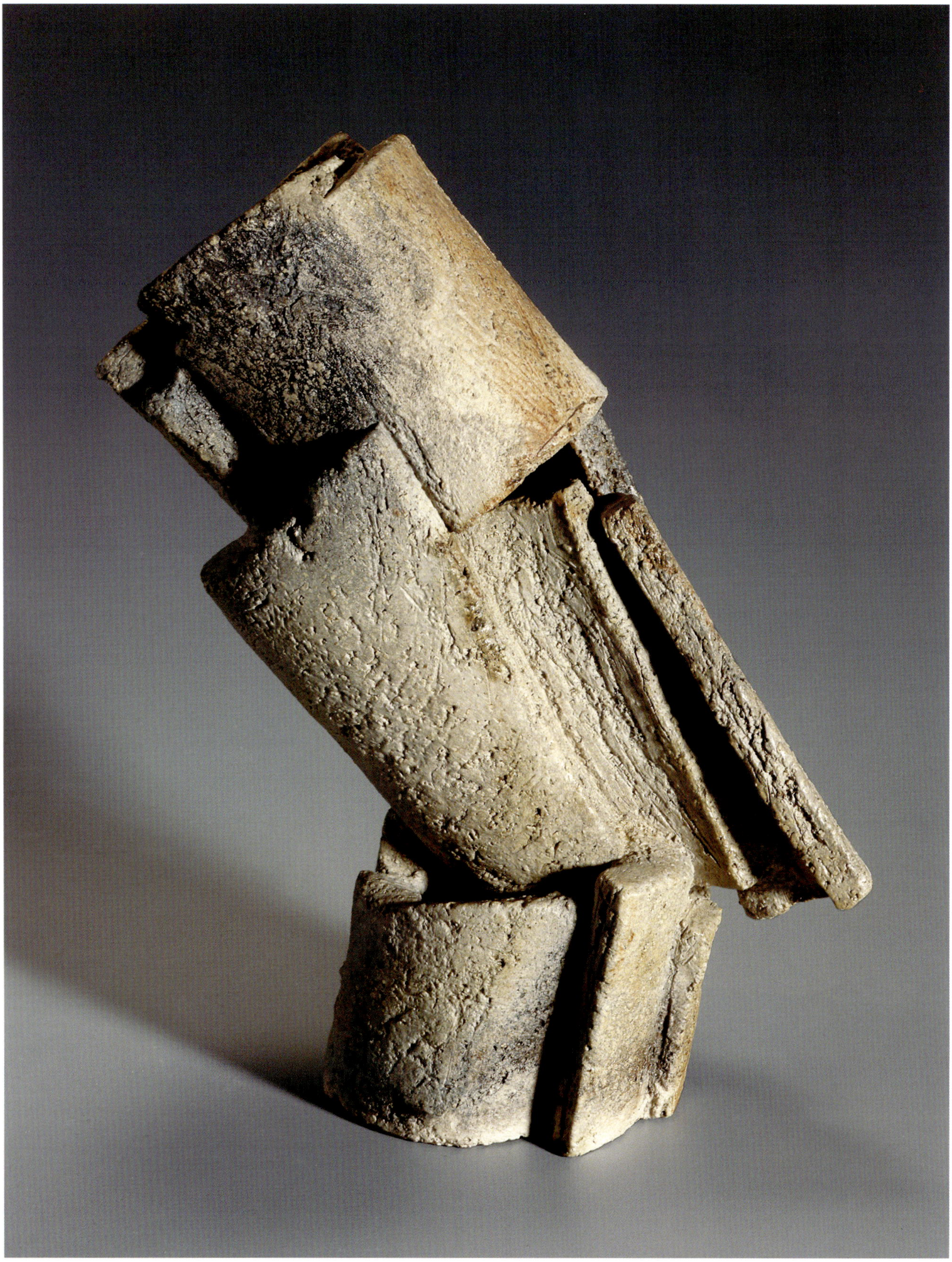

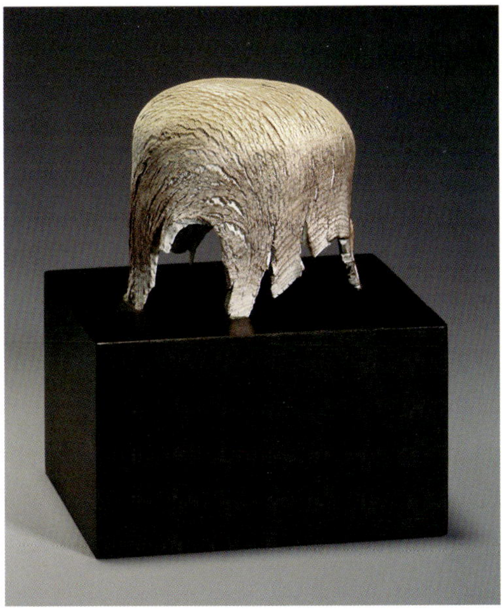

1.416
Walther Stürmer
„Aufsteigende Kraft" –
Plastik auf schwarzem
Holzsockel, 1980

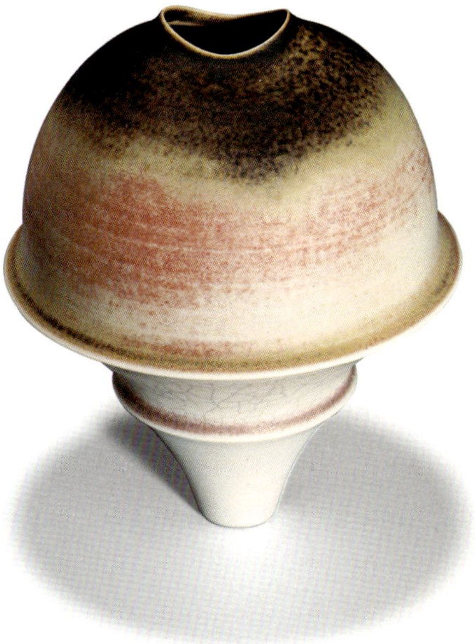

1.435
Geoffrey Swindell
Vase, 1978

1.441
Rita Ternes
Plastik – Gewandform,
1986

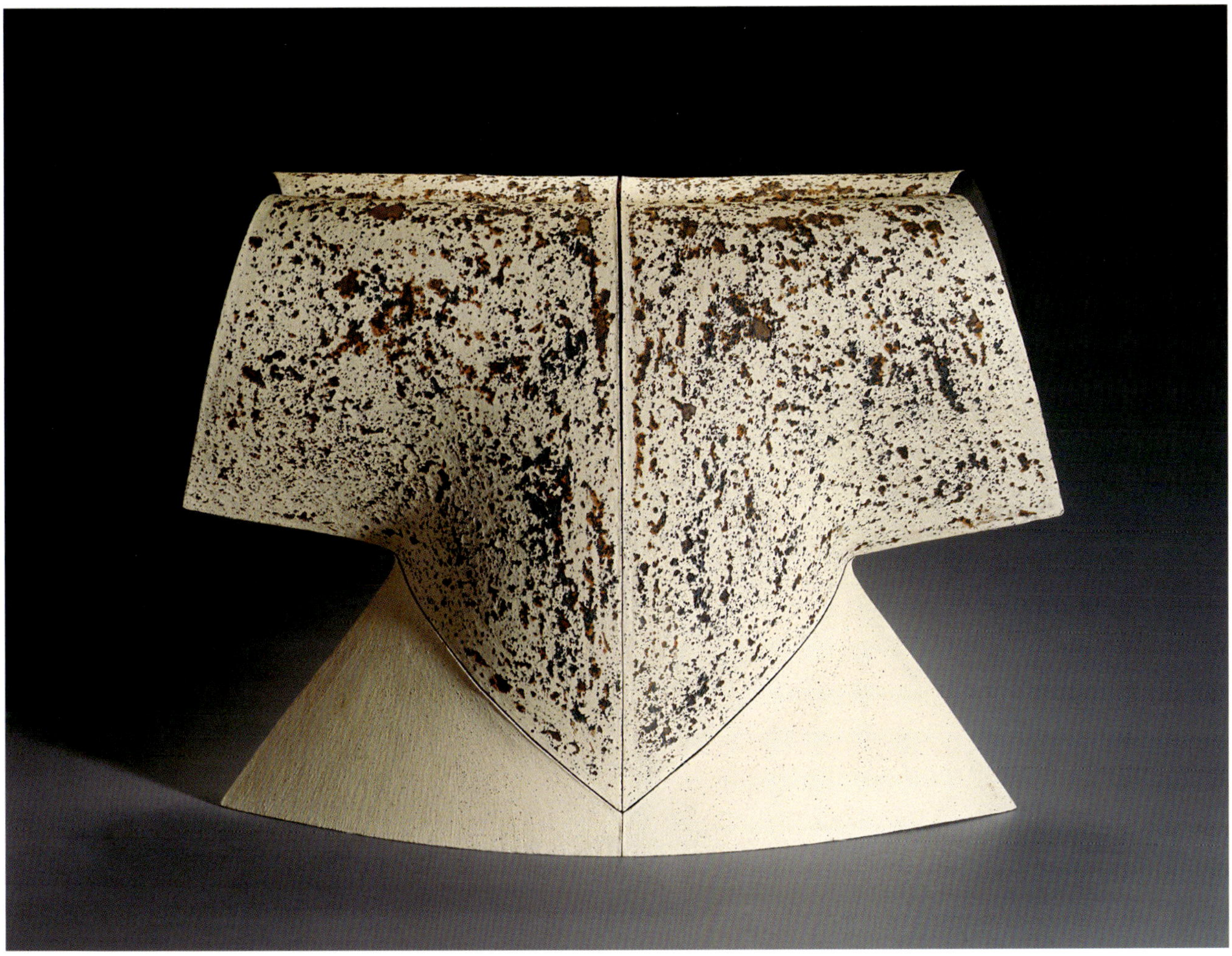

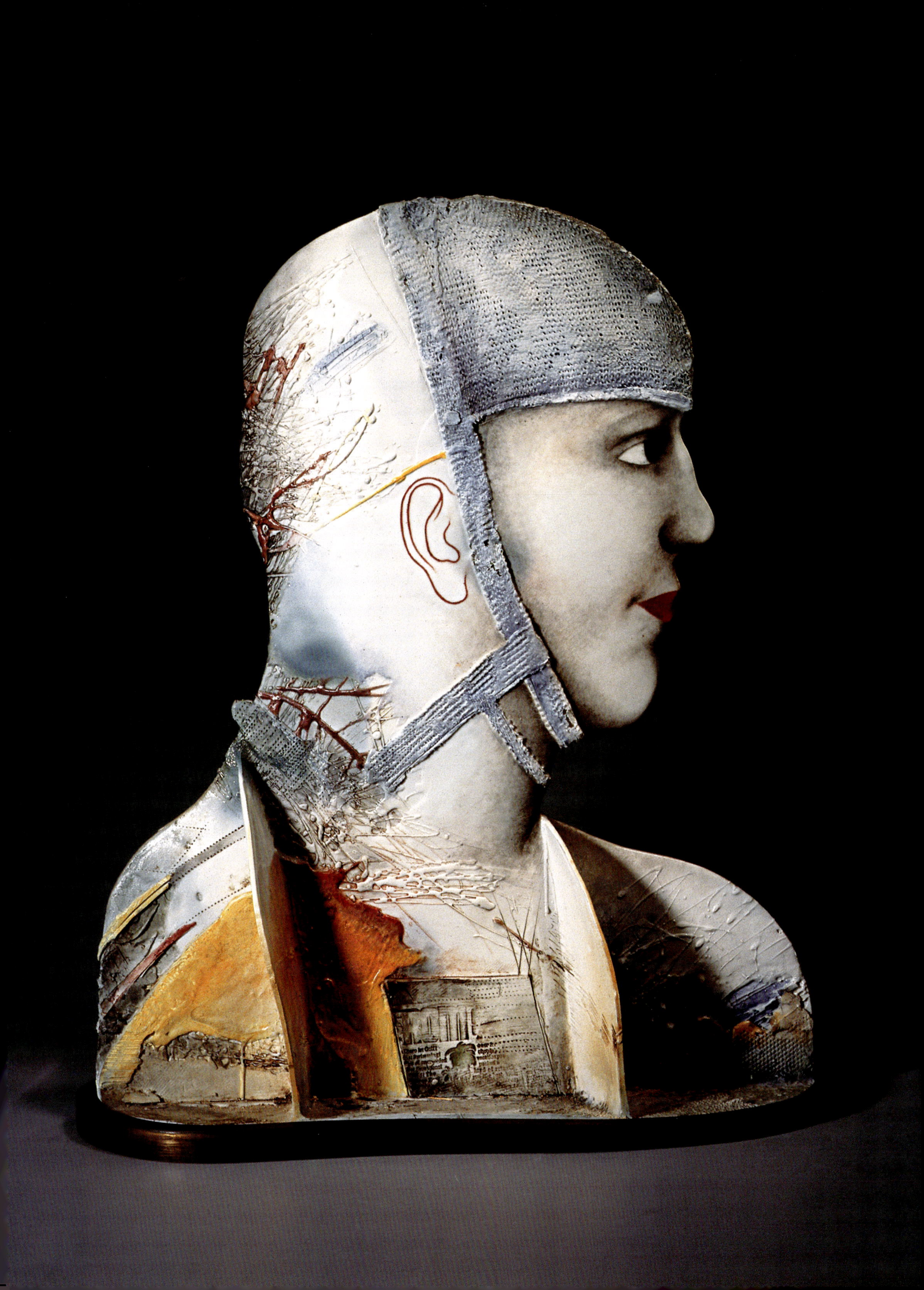

1.483
Jindra Viková
Plastik „Situation I", 1986

1.455
Fritz Vehring
Gefäßmontage, 1978

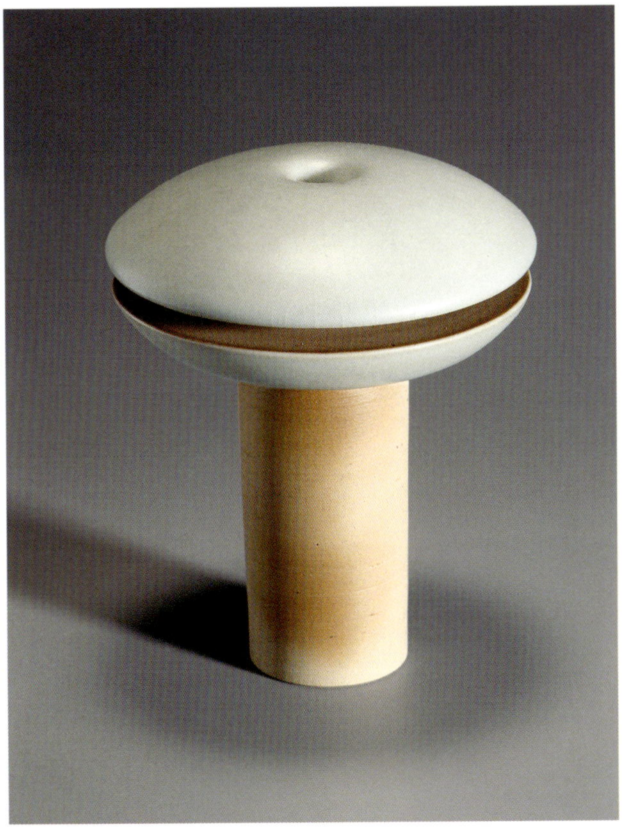

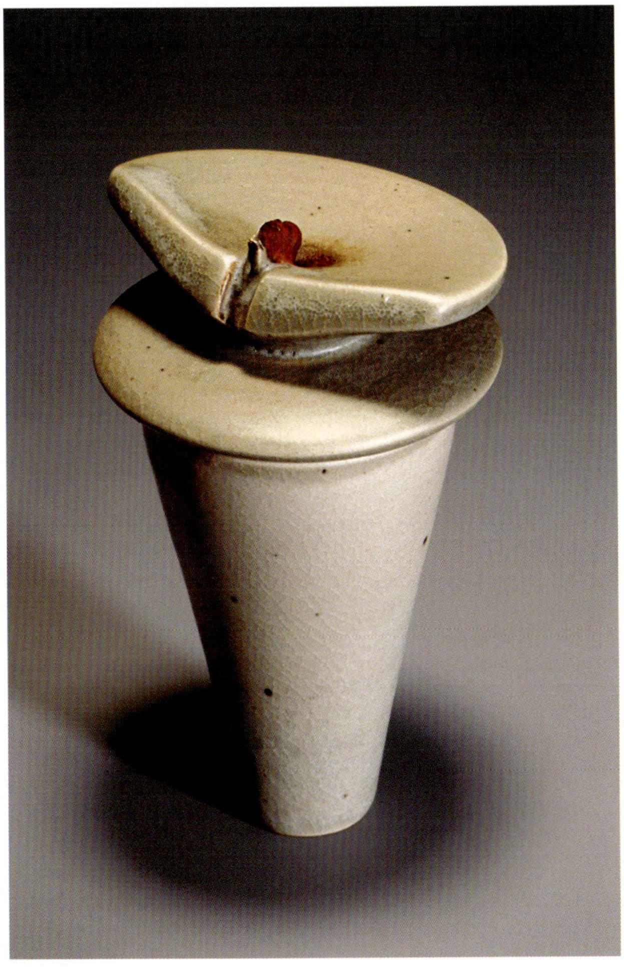

1.464
Vera Vehring
Gefäß, 1973

1.494
Andrew Walford
Vase, um 1986

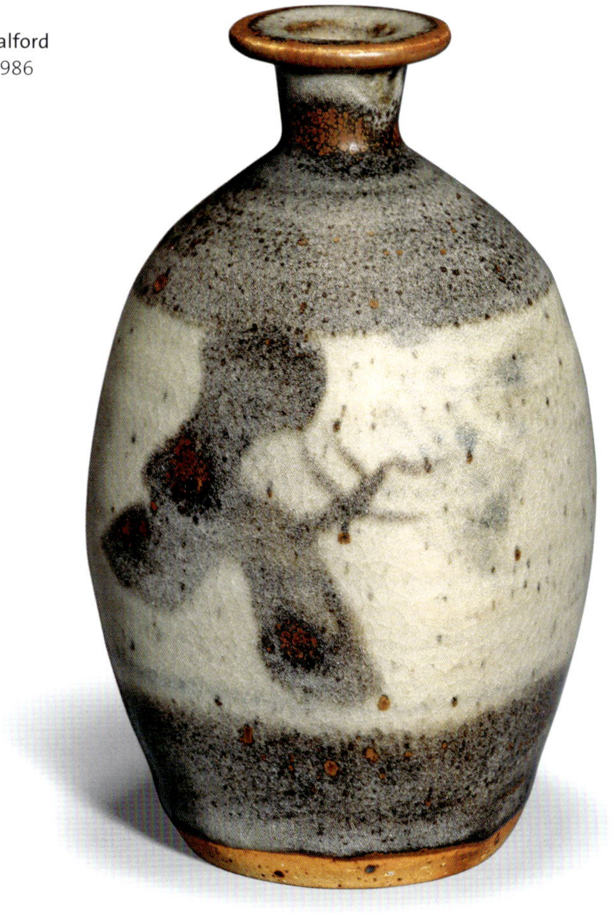

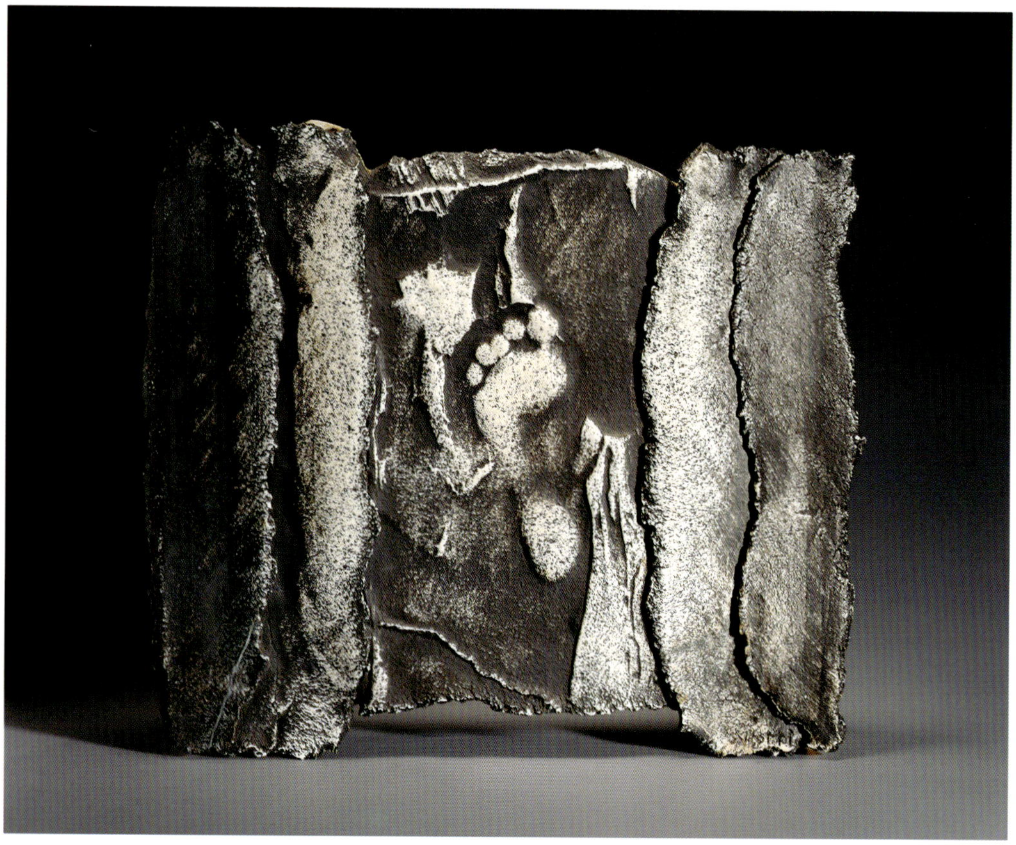

1.484
Ulla Viotti
Relief mit Fußabdruck,
um 1985

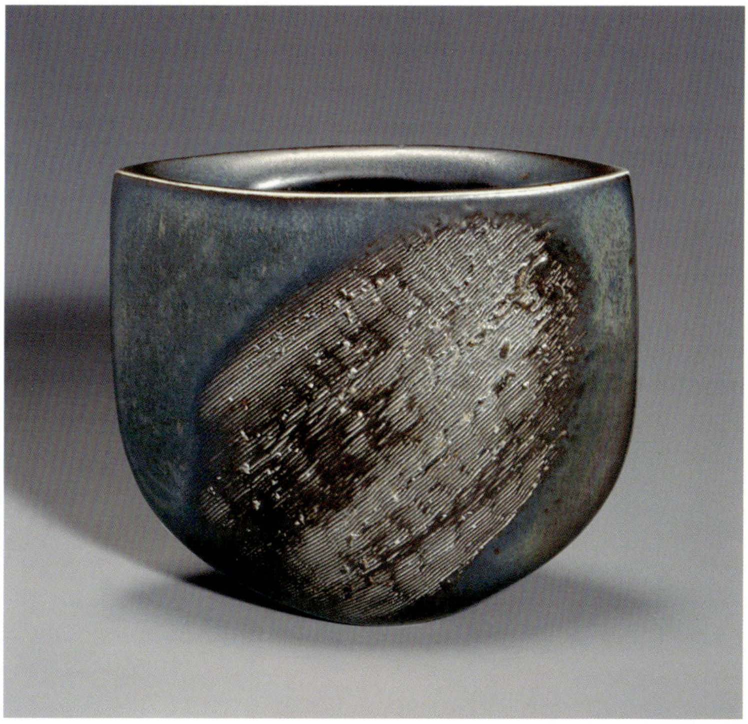

1.531
Gotlind Weigel
Vase – Tasche,
um 1985/86

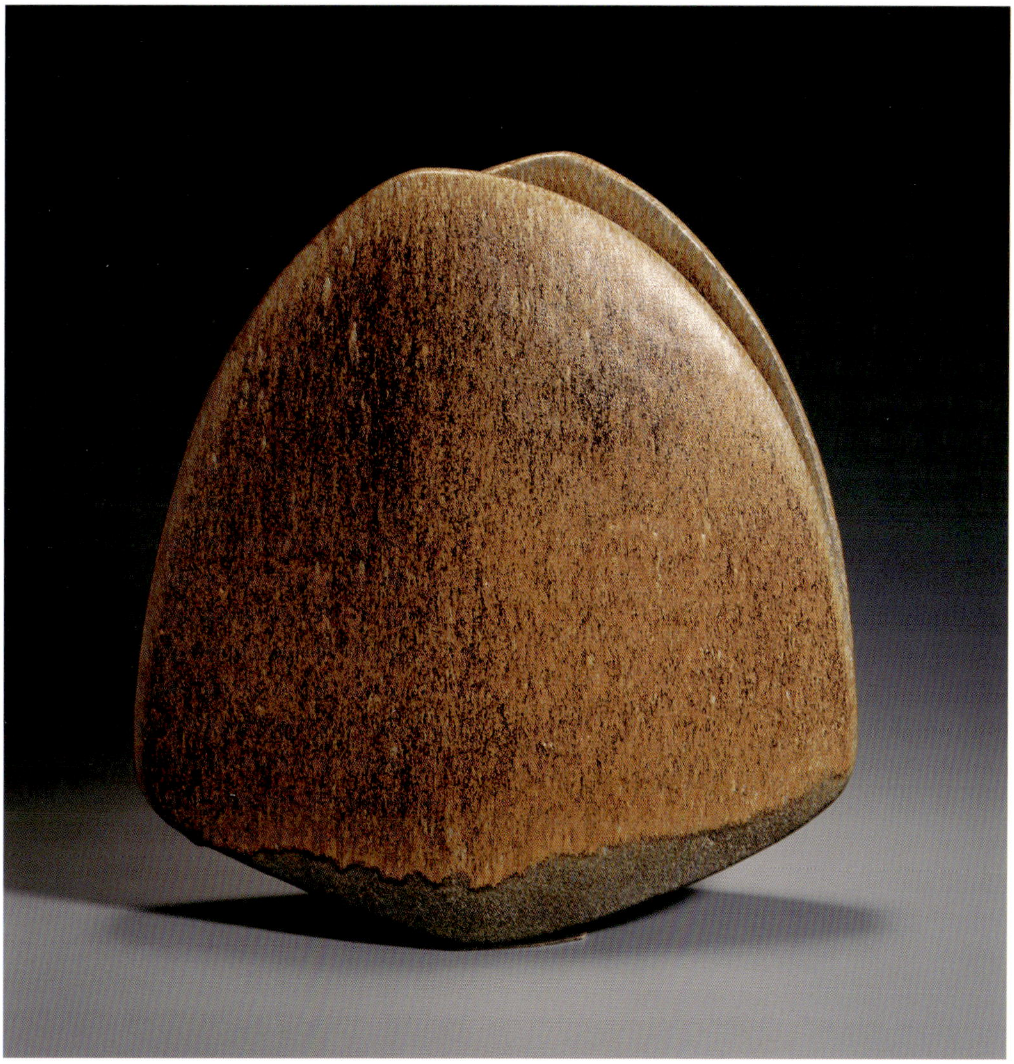

1.528
Gerald Weigel
Spatenform, 1974

1.533
Robin Welch
„Small Vessel“, um 1992

1.557
Seung Ho Yang
Teekanne mit „Bonsai“-
Deckel, 1987/88

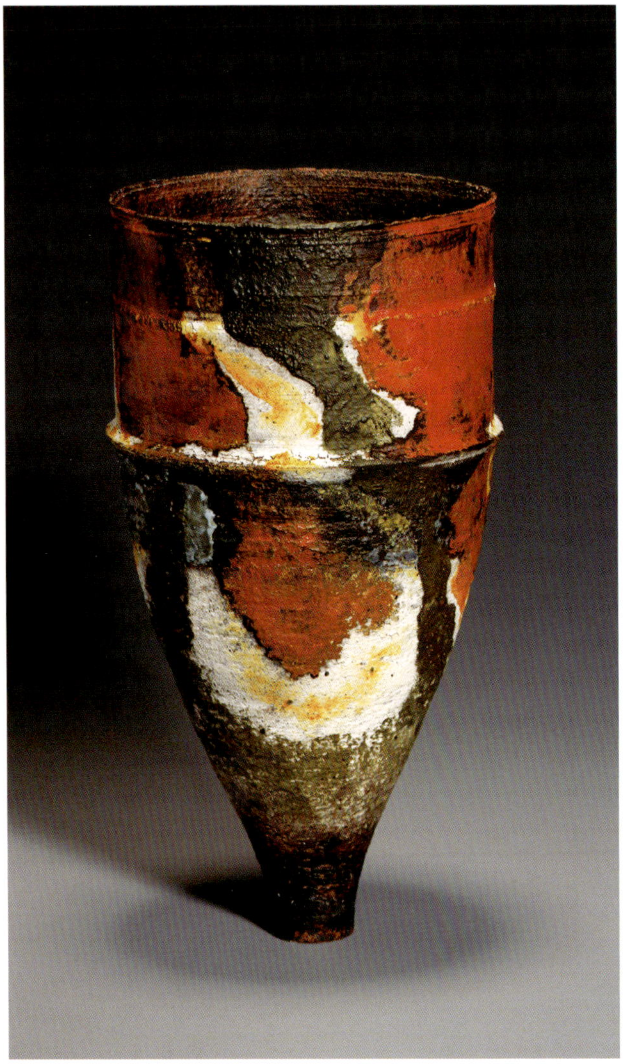

1.552
Mary White
Hohe ovale Form, 1988

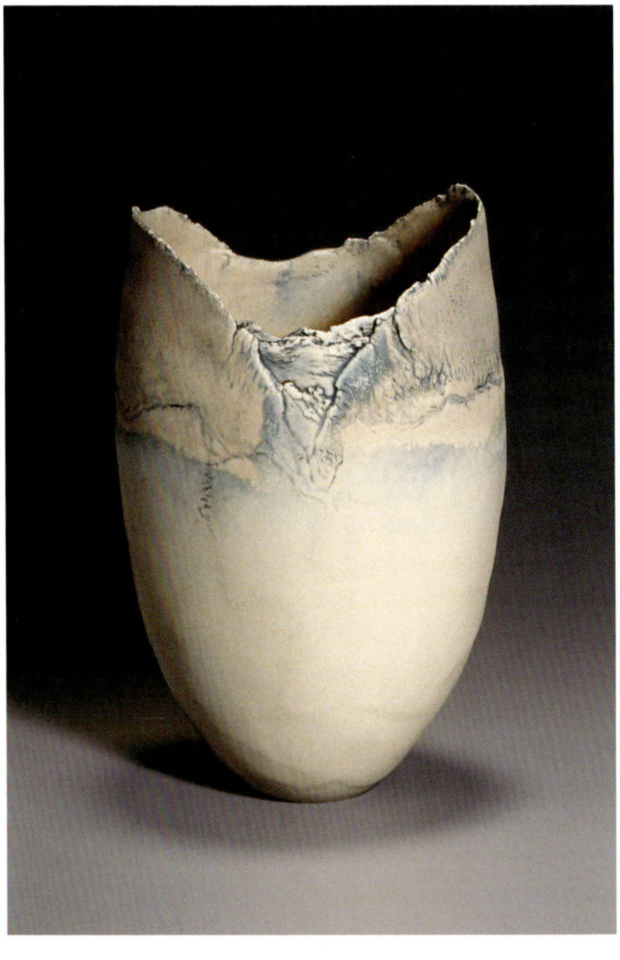

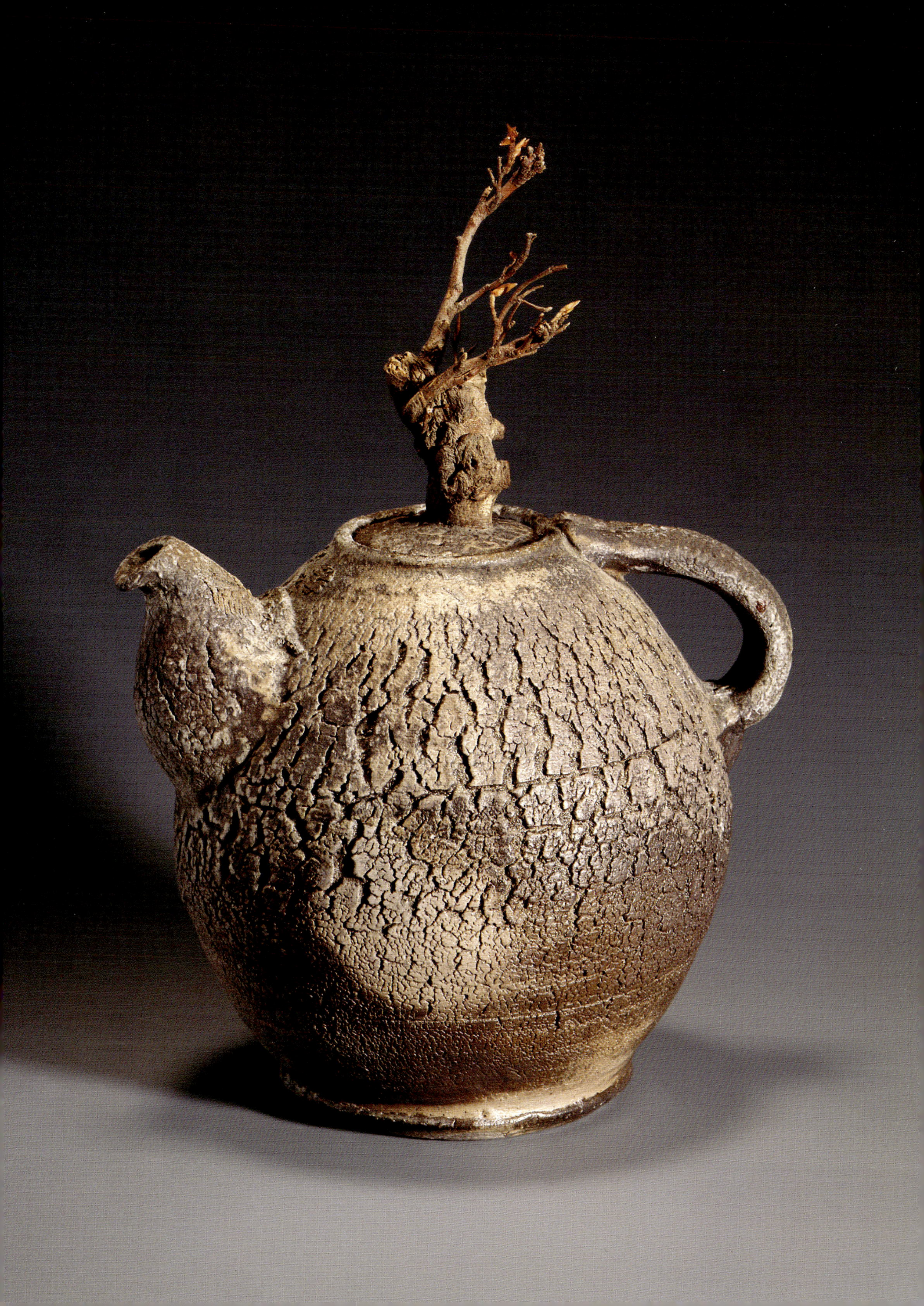

Ader, Reinhard

00197-1 – 00197-11

1949 in Kaiserslautern geboren, lebt und arbeitet in Speyer.
1969–1970 Studium Werkkunstschule, Mainz; 1970–1975 Hochschule für Bildende Künste, Kassel, Keramik bei Walter Popp. 1975–1987 Werkstatt in Dannstadt. Nach Zweitem Staatsexamen 1977 Tätigkeit als Kunsterzieher, in diesem Kontext Vermittlung von keramischen Techniken. Seit 1986 ausschließliche Beschäftigung mit Malerei; von 1987–1998 Atelier in Mannheim, seit 1998 Atelier in Speyer.

Lit.: Waldrich 1996, S. 2.

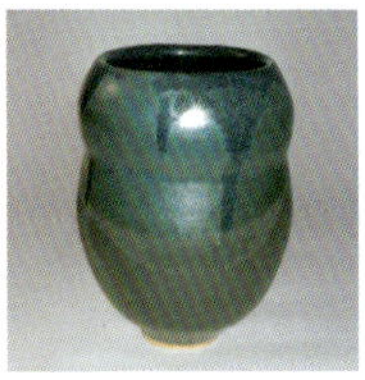

1
Bechergefäß, 1973
Steinzeug, hellgrauer Scherben – gedreht. Oxidationsbrand im Elektro-Ofen bei ca. 1.280°C, mit Propangas abgeräuchert.
H 17,5 cm, D 12,5 cm.
Werkstattzeichen Nr. 1, Pinselzeichen 8.
Erworben durch J. W. Hinder.
Inv.-Nr. 00197-1.

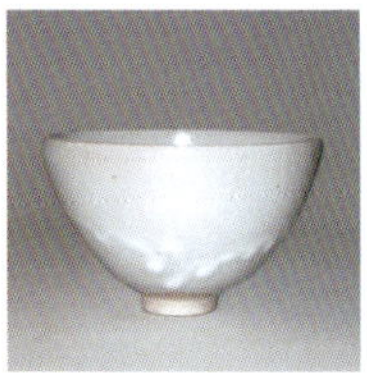

2
Schale, 1973
Steinzeug, grauer Scherben – gedreht. Reduktionsbrand im Elektro-Ofen bei 1.280°C.
H 8 cm, D 12,5 cm.
Werkstattzeichen Nr. 1.
Erworben durch J. W. Hinder.
Inv.-Nr. 00197-2.

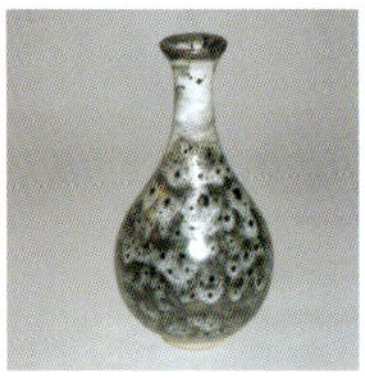

3
Vase, 1973
Steinzeug, braunweißer Scherben – gedreht. Reduktionsbrand im Elektro-Ofen bei 1.280°C.
H 20,5 cm, D 11 cm.
Werkstattzeichen Nr. 1, Pinselzeichen 36.
Erworben durch J. W. Hinder.
Inv.-Nr. 00197-3.

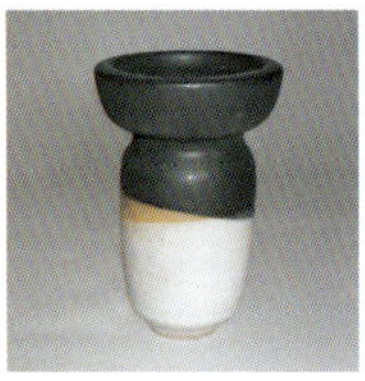

4
Vase, 1973
Steinzeug, braunweißer Scherben – gedreht. Reduktionsbrand im Elektro-Ofen bei 1.280°C.
H 15,5 cm, D 10,5 cm.
Werkstattzeichen Nr. 1.
Erworben durch J. W. Hinder.
Inv.-Nr. 00197-4.

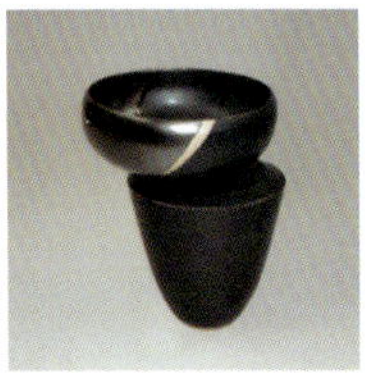

5
Gefäß, 1974
Steinzeug, braunweißer Scherben – gedreht und montiert. Reduktionsbrand im Elektro-Ofen bei 1.280°C.
H 16 cm, D 12,5 cm.
Werkstattzeichen Nr. 2.
Erworben durch J. W. Hinder.
Inv.-Nr. 00197-5.

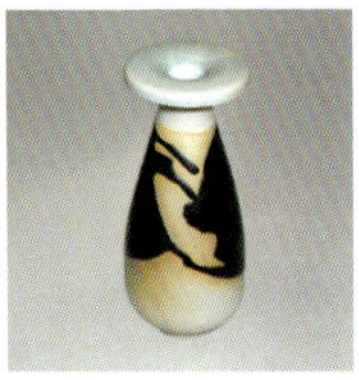

6
Vase, 1974
Steinzeug, braunweißer Scherben – gedreht. Reduktionsbrand im Elektro-Ofen bei 1.280°C.
H 18,5 cm, D 7,5 cm.
Werkstattzeichen Nr. 2, Pinselzeichen 62?
Erworben durch J. W. Hinder.
Inv.-Nr. 00197-6.

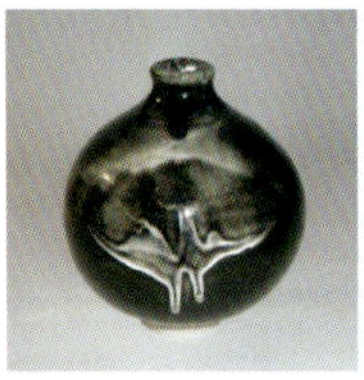

7
Vase, 1974
Steinzeug, hellgrauer Schamottescherben – gedreht. Reduktionsbrand im Elektro-Ofen bei 1.280°C.
H 16 cm, D 14,5 cm.
Werkstattzeichen Nr. 2.
Erworben durch J. W. Hinder.
Inv.-Nr. 00197-7.

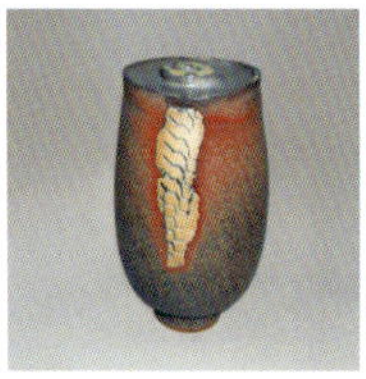

8
Vase, 1980
Steinzeug, grauer Scherben – gedreht, geschnitten und reliefiert. Reduktionsbrand (durch Zuführung von Holzstäbchen) im Elektro-Ofen bei 1.280°C.
H 17 cm, D 9 cm.
Werkstattzeichen Nr. 3, Pinselzeichen I0.II.
Erworben durch Lotte Reimers.
Inv.-Nr. 00197-8.

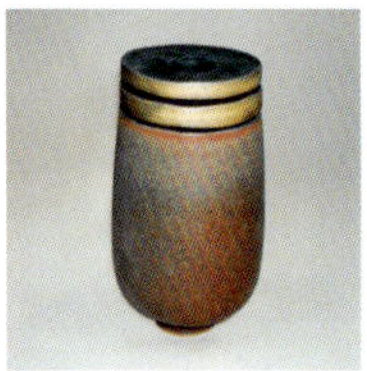

9
Vase, 1980
Steinzeug, grauer Scherben – gedreht, montiert. Reduktionsbrand (durch Zuführung von Holzstäbchen) im Elektro-Ofen bei 1.280°C.
H 21,5 cm, D 11,5 cm.
Werkstattzeichen Nr. 3, Pinselzeichen U3.
Erworben durch Lotte Reimers.
Inv.-Nr. 00197-9.

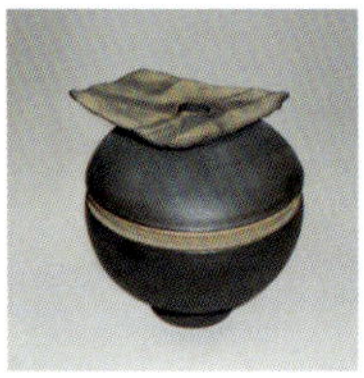

10
Vase, 1980
Steinzeug, heller graubrauner Scherben – gedreht, geschnitten und reliefiert. Oxidationsbrand im Elektro-Ofen bei 1.280°C.
H 15,5 cm, D 15,5 cm.
Werkstattzeichen Nr. 3.
Erworben durch Lotte Reimers.
Inv.-Nr. 00197-10.

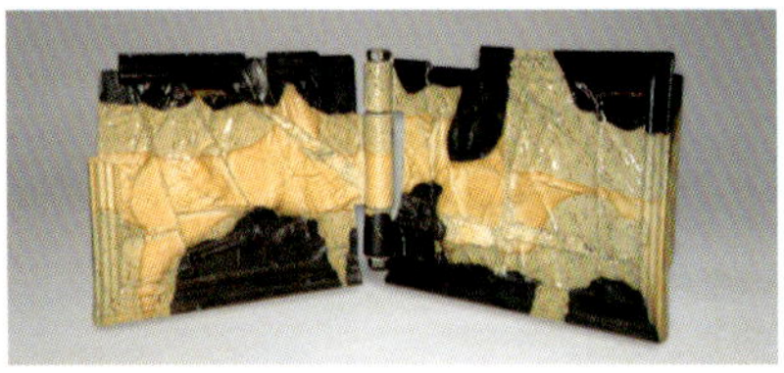

11
Zweiteiliges Klapp-Objekt mit Eisenscharnieren, um 1980
Steinzeug, mattbrauner Scherben – gebaut, modelliert, montiert. Oxidationsbrand im Elektro-Ofen bei 1.280°C.
34 x 41 x 43 cm.
Erworben durch Lotte Reimers.
Unbezeichnet.
Inv.-Nr. 00197-11.

Albouts, Wilhelm G.

00197-12 – 00197-24

1897 in Krefeld geboren, 1971 in Frankfurt/M. gestorben.
Lehrzeit 1918–1921 bei Paul Dresler in der Töpferei Grootenburg; Besuch der Staatlichen Keramischen Fachschule Höhr-Grenzhausen 1921–1922, 1925–1926 und 1933–1934.
1922–1925 Leiter der Kammerburger keramischen Werkstätten des Architekten Karl Wach in Lorch a. Rhein, 1926–1929 Leiter der Graverens Potterii, Sandnes bei Stavanger/Norwegen; 1929–1931 Mitarbeiter bei Christer Heyl in Stockholm und bei Upsala-Ekeby in Schweden; 1934–1938 tätig in der Steinzeugfabrik Albert Jacob Thewalt in Höhr-Grenzhausen; 1939–1959 keramischer Betriebsleiter in der Schleifmittelfabrik Fontaine & Co in Frankfurt/M., im Hof dieser Firma ab 1959 eigene keramische Werkstatt, seit 1966 eigener Elektro-Ofen.
Lit.: Klinge 1996, S. 294; Waldrich 1996, S. 5–6.

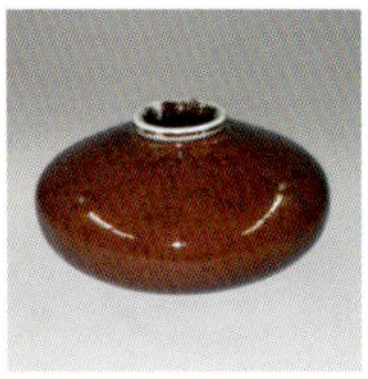

12
Vase, 1950er Jahre
Steinzeug, mattgrauer Scherben – gedreht. Reduktionsbrand im Gas-Ofen bei 1.250–1.350°C (Spielmann 1979, S. 78).
H 10,5 cm, D 18,5 cm.
Werkstattzeichen Nr. 4, Ritzzeichen zwei sich überschneidende Kreise.
Erworben durch J. W. Hinder.
Inv.-Nr. 00197-12.

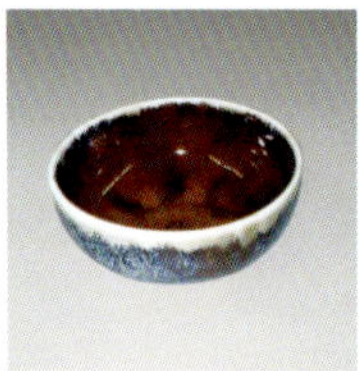

13
Schale, 1950er Jahre
Steinzeug, mattgrauer Scherben – gedreht. Reduktionsbrand im Gas-Ofen bei 1.250–1.350°C (Spielmann 1979, S. 78).
H 5 cm, D 10,5 cm.
Werkstattzeichen Nr. 4.
Erworben durch J. W. Hinder.
Inv.-Nr. 00197-13.

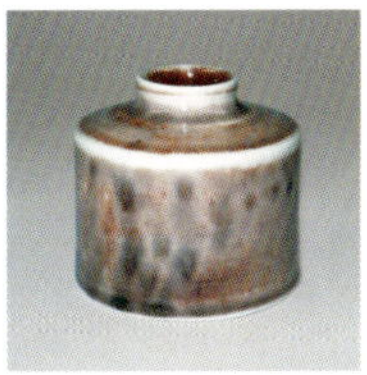

14
Vase – Trommelform, 1970
Porzellan, mattgrauer Scherben – gedreht. Reduktionsbrand im Gas-Ofen bei 1.250–1.350°C (Spielmann 1979, S. 78).
H 9 cm, D 9,5 cm.
Werkstattzeichen Nr. 4.
Erworben durch J. W. Hinder.
Inv.-Nr. 00197-14.

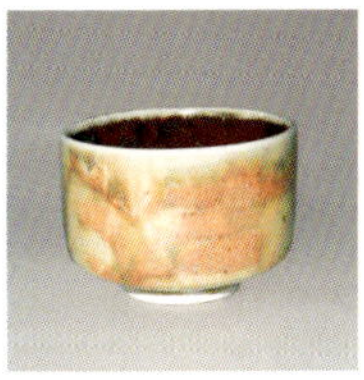

15
Kumme, um 1967
Steinzeug, mattgrauer Scherben – gedreht. Reduktionsbrand im Gas-Ofen bei 1.250–1.350°C (Spielmann 1979, S. 78).
H 7 cm, D 10,5 cm.
Werkstattzeichen Nr. 4.
Erworben durch J. W. Hinder.
Inv.-Nr. 00197-15.

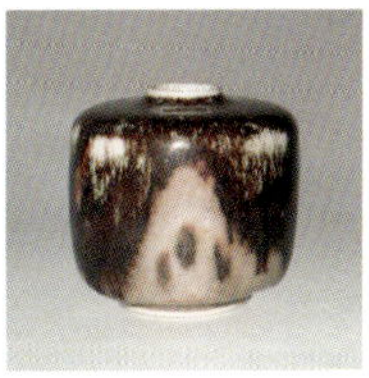

16
Vase, vermutl. 1960er Jahre
Steinzeug, mattgrauer Scherben – gedreht. Reduktionsbrand im Elektro-Ofen bei 1.300–1.350°C (Klinge 1975, S. 8–12).
H 8 cm, D 9 cm.
Werkstattzeichen Nr. 4, eingeritzt: 451.
Erworben durch J. W. Hinder.
Inv.-Nr. 00197-16.

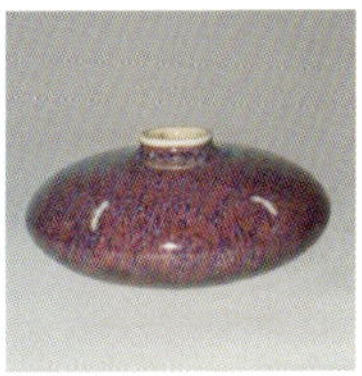

17
Vase – Diskusform mit ringartiger Öffnung, vermutl. 1960er Jahre
Steinzeug, mattgrauer Scherben – gedreht. Reduktionsbrand im Elektro-Ofen bei 1.300–1.350°C (Klinge 1975, S. 8–12).
H 7 cm, D 14,5 cm.
Werkstattzeichen Nr. 4, eingeritzt: 451.
Erworben durch J. W. Hinder.
Inv.-Nr. 00197-17.

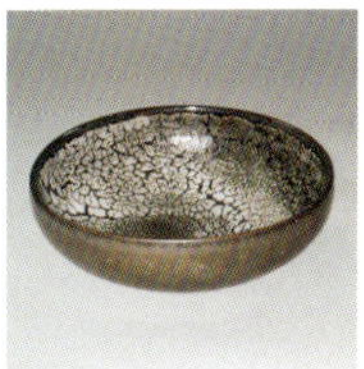

18
Schale, vermutl. 1960er Jahre
Steinzeug, mattgrauer Scherben – gedreht. Reduktionsbrand im Elektro-Ofen bei 1.300–1.350°C (Klinge 1975, S. 8–12).
H 5 cm, D 15,5 cm.
Werkstattzeichen Nr. 4.
Erworben durch J. W. Hinder.
Inv.-Nr. 00197-18.

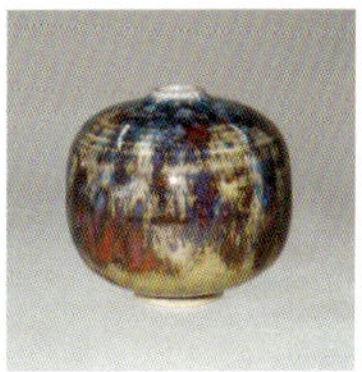

19
Vase – kugelige Form, 1970
Steinzeug, hellgrauer Scherben – gedreht. Reduktionsbrand im Elektro-Ofen bei 1.300–1.350°C (Klinge 1975, S. 8–12).
H 9 cm, D 10 cm.
Werkstattzeichen Nr. 4, eingeritzt: 451.
Erworben durch J. W. Hinder.
Inv.-Nr. 00197-19.

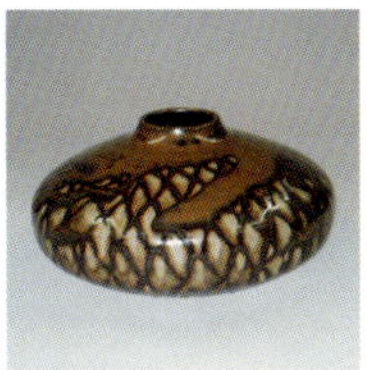

20
Vase – Diskusform m. abgeflachter Schulter, vermutl. 1960er Jahre
Steinzeug, mattgrauer Scherben – gedreht. Reduktionsbrand im Elektro-Ofen bei 1.300–1.350°C (Klinge 1975, S. 8–12).
H 9,5 cm, D 18,5 cm.
Werkstattzeichen Nr. 4.
Erworben durch J. W. Hinder.
Literatur: Hinder & Reimers 1971, Abb. 1.
Inv.-Nr. 00197-20.

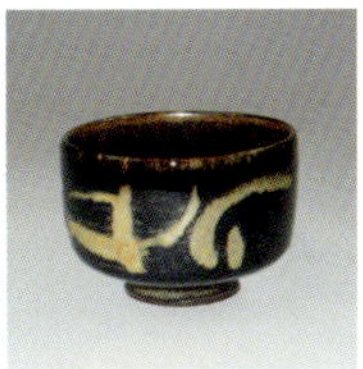

21
Kumme, vermutl. 1960er Jahre
Steinzeug, mattgrauer Scherben – gedreht. Reduktionsbrand im Elektro-Ofen bei 1.300–1.350°C (Klinge 1975, S. 8–12).
H 7 cm, D 10,5 cm.
Werkstattzeichen Nr. 4.
Erworben durch J. W. Hinder.
Inv.-Nr. 00197-21.

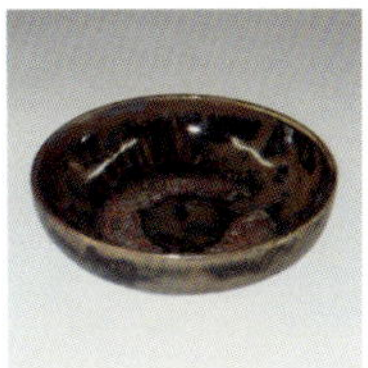

22
Schale, 1970
Steinzeug, weiß-brauner Scherben – gedreht. Reduktionsbrand im Elektro-Ofen bei 1.300–1.350°C (Klinge 1975, S. 8–12).
H 4,5 cm, D 15 cm.
Werkstattzeichen Nr. 4, Pinselzeichen: 7 °.
Erworben durch J. W. Hinder.
Inv.-Nr. 00197-22.

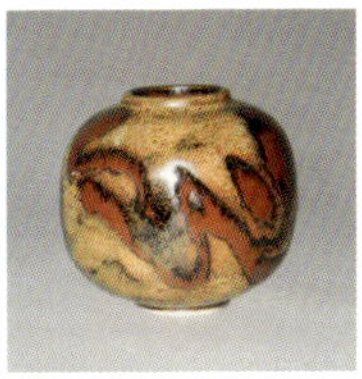

23
Vase, vermutl. 1960er Jahre
Steinzeug, mattgrauer Scherben – gedreht. Reduktionsbrand im Elektro-Ofen bei 1.300–1.350°C (Klinge 1975, S. 8–12).
H 9,5 cm, D 10,5 cm.
Werkstattzeichen Nr. 4.
Erworben durch J. W. Hinder.
Inv.-Nr. 00197-23.

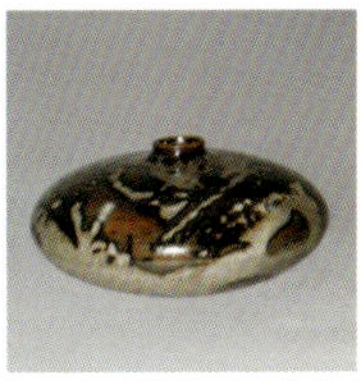

24
Vase – Diskusform, 1967
Steinzeug, hellgrauer Scherben – gedreht. Reduktionsbrand im Elektro-Ofen bei 1.300–1.350°C (Klinge 1975, S. 8–12).
H 7,5 cm, D 14 cm.
Werkstattzeichen Nr. 4.
Erworben durch J. W. Hinder.
Inv.-Nr. 00197-24.

Amoah, James Kwame
00197-25

1943 in Agoni/Ashanti, Ghana, geboren.
1962–1966 Studium der Keramik an der University of Science and Technology, Kumasi, Hochschulabschluss BA. Im Rahmen eines DAAD-Stipendiums 1969–1971 Studium der Keramik bei Walter Popp, Hochschule für Bildende Künste, Kassel.
Seit 1972 Dozent für Keramik, seit 1989 Leiter des Fachbereichs Kunsthandwerk und seit 1992 Dekan am College of Art der University of Science and Technology, Kumasi.
1983 und 1993 Gastdozent für Keramik an der Universität GhK Kassel.

Lit.: Schmalstieg 2001, S. 54.

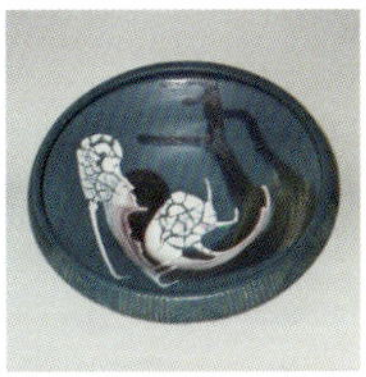

25
Schale, um 1970
Steinzeug, braun-weißer Scherben – gedreht. Reduktionsbrand im Elektro-Ofen um 1.280°C.
H 10 cm, D 32 cm.
Werkstattzeichen Nr. 5.
Erworben durch J. W. Hinder.
Inv.-Nr. 00197-25.

Arvay, Esther, in Zusammenarbeit mit Kruse, Hans Werner
00197-26

Esther Arvay: geboren 1949 in Berlin, lebt und arbeitet in Hofheim/Taunus.
1967–1969 Ausbildung in der „Siegburger Töpferei", danach Mitarbeit in verschiedenen Werkstätten. Seit 1973 eigene Werkstatt in Hofheim/Taunus.

Hans Werner Kruse: geboren 1948 in Wilhelmshaven, lebt und arbeitet in Schlüchtern. Autodidaktische Ausbildung als Töpfer. 1974–1984 gemeinsame Werkstatt mit Esther Arvey in Hofheim/Taunus; 1984–1994 eigene Werkstatt in Schlüchtern. Seit 1994 ausschließlich Performance-Art und Lehrtätigkeit im Bereich Psychiatrie und Vorschule sowie Projekte mit geistig behinderten Menschen.

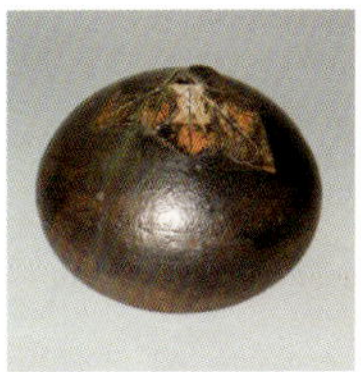

26
Vase mit „Blätter"-Relief, um 1980
Steinzeug, schwarzbrauner Scherben – gedreht. Reduktionsbrand (mit Gas) im Elektro-Ofen bei ca. 1.300°C.
H 8,5 cm, D 12 cm.
Werkstattzeichen Nr. 6.
Erworben durch Lotte Reimers.
Inv.-Nr. 00197-26.

Asshoff, Bruno und Ingeborg
00197-27 – 00197-111

Bruno Asshoff: 1914 in Essen geboren, 2003 in Bochum gestorben.
Nach Abitur und kaufmännischer Lehre von 1935 bis 1945 Soldat. 1945–1947 Töpferlehre bei Helma Klett in Fredelsloh/Solling.
Ab 1947 eigene Werkstatt zusammen mit Ingeborg Asshoff auf der stillgelegten Zeche Mansfeld in Bochum, von 1967 bis 1998 auf dem Frielingshof in Bochum-Querenburg.

Lit.: Vetter 1997b, S. 37–45, 169–172, 221–227.

Ingeborg Asshoff: 1919 in Bochum geboren, 1998 in Bochum gestorben.
1938–1940 Studium der Bildhauerei bei Sepp Mages an der Kunstakademie Düsseldorf.
1945–1947 Töpferlehre bei Helma Klett, Fredesloh/Solling, 1947 Meisterprüfung.
Ab 1947 eigene Werkstatt zusammen mit Bruno Asshoff auf der stillgelegten Zeche Mansfeld in Bochum, von 1967 bis 1998 auf dem Frielingshof in Bochum-Querenburg.

Lit.: Vetter 1997b, S. 37–45, 169–172, 221–227.

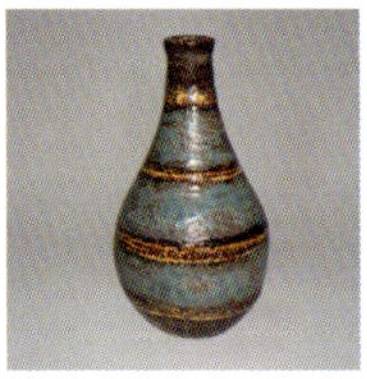

27
Vase, vor 1956
Inv.-Nr. 00197-27,
s. Vetter 1997b, Nr. 1.

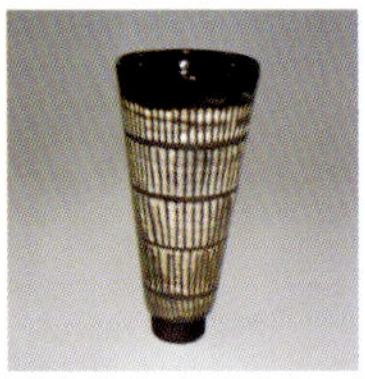

28
Becher, um 1953
Inv.-Nr. 00197-28,
s. Vetter 1997b, Nr. 2.

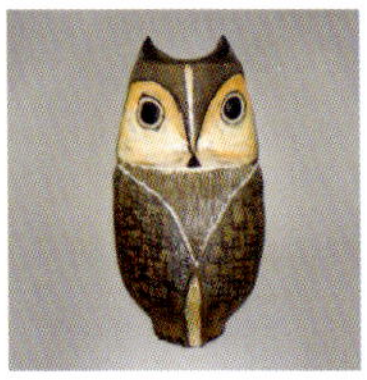

29
Drehscheibenplastik Eule, Mitte 1950er Jahre
Inv.-Nr. 00197-29,
s. Vetter 1997b, Nr. 3.

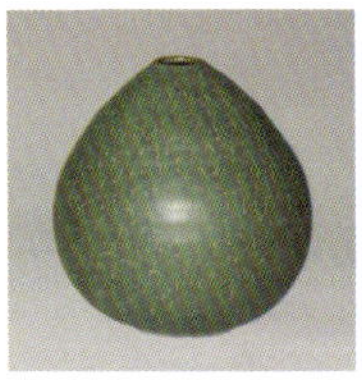

30
Vase, 1950er Jahre
Inv.-Nr. 00197-30,
s. Vetter 1997b, Nr. 4.

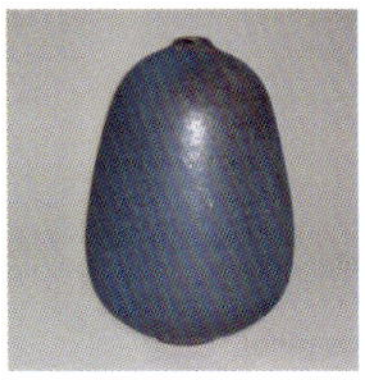

31
Vase, 1950er Jahre
Inv.-Nr. 00197-31,
s. Vetter 1997b, Nr. 5.

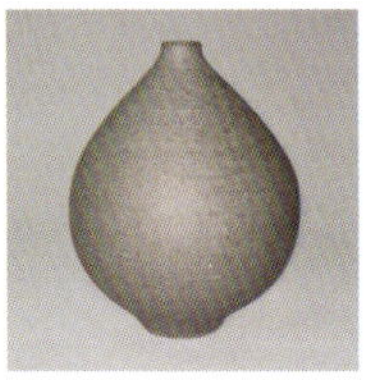

32
Vase, 1950er Jahre
Inv.-Nr. 00197-32,
s. Vetter 1997b, Nr. 6.

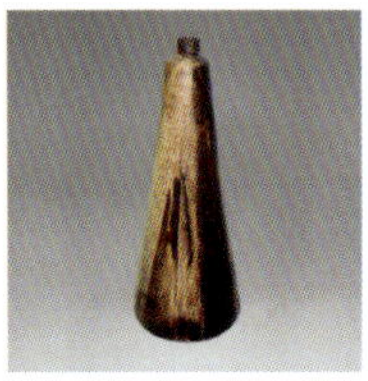

33
Vase, 1950er Jahre
Inv.-Nr. 00197-33,
s. Vetter 1997b, Nr. 7.

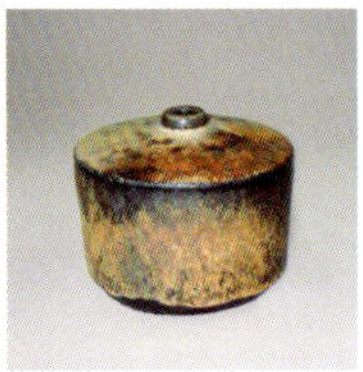

34
Vase, 1950er Jahre
Inv.-Nr. 00197-34,
s. Vetter 1997b, Nr. 8.

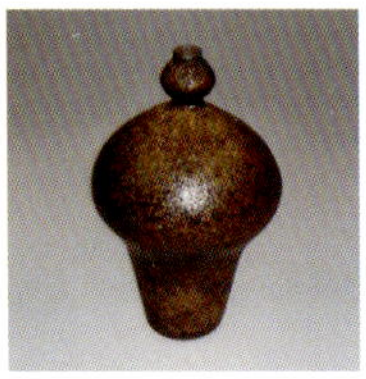

35
Vase, 1950er Jahre
Inv.-Nr. 00197-35,
s. Vetter 1997b, Nr. 9.

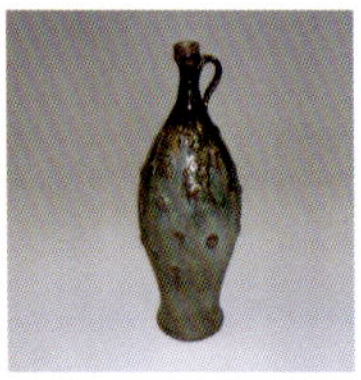

36
Krug, 1950er Jahre
Inv.-Nr. 00197-36,
s. Vetter 1997b, Nr. 10.

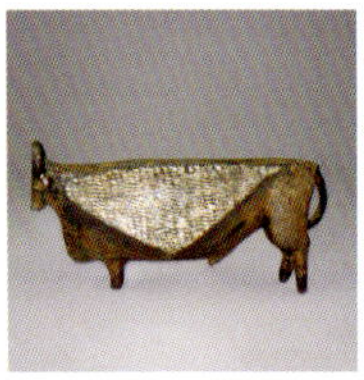

37
Drehscheibenplastik „Stier", ca. 1958
Inv.-Nr. 00197-37,
s. Vetter 1997b, Nr. 11.

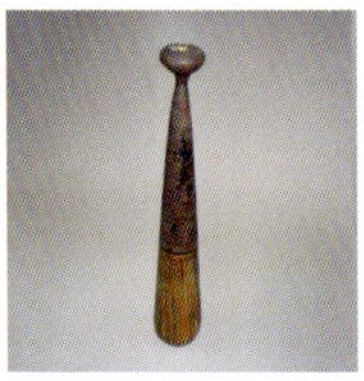

38
Vase, 1959
Inv.-Nr. 00197-38,
s. Vetter 1997b, Nr. 12.

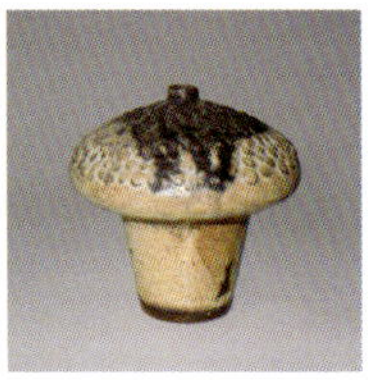

39
Vase, Ende 1950er Jahre
Inv.-Nr. 00197-39,
s. Vetter 1997b, Nr. 13.

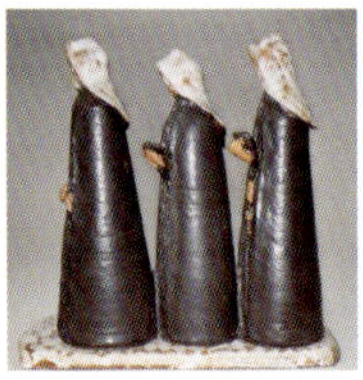

40
Drehscheibenplastik „Drei Nonnen", Ende 1950er Jahre
Inv.-Nr. 00197-40,
s. Vetter 1997b, Nr. 14.

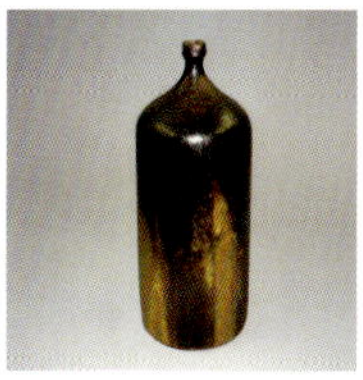
41
Vase, Ende 1950er Jahre
Inv.-Nr. 00197-41, s. Vetter 1997b, Nr. 15.

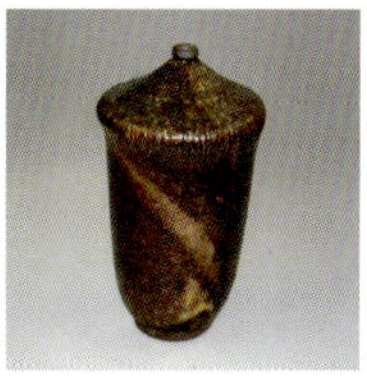
42
Vase, Ende 1950er Jahre
Inv.-Nr. 00197-42, s. Vetter 1997b, Nr. 16.

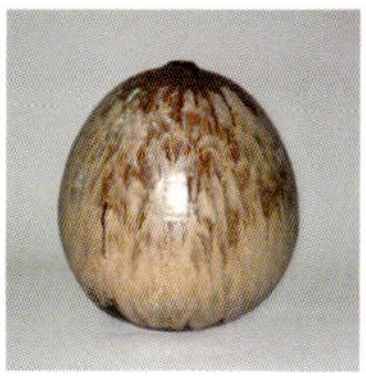
43
Vase, Ende 1950er Jahre
Inv.-Nr. 00197-43, s. Vetter 1997b, Nr. 17.

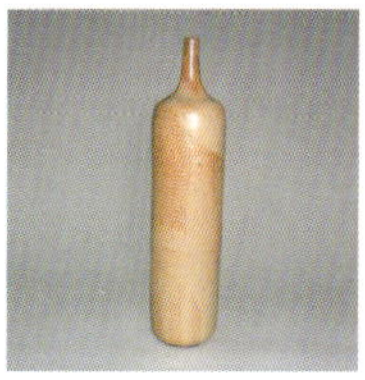
44
Vase, Ende 1950er/Anf. 1960er Jahre
Inv.-Nr. 00197-44, s. Vetter 1997b, Nr. 18.

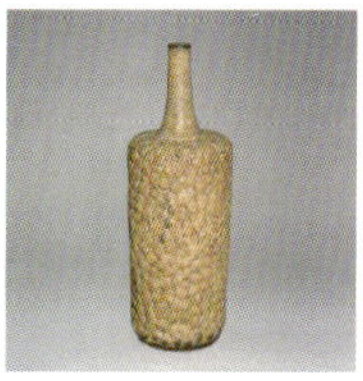
45
Vase, um 1960
Inv.-Nr. 00197-45, s. Vetter 1997b, Nr. 19.

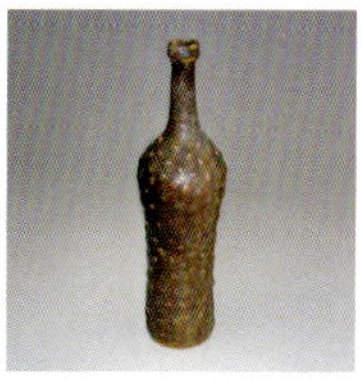
46
Vase, um 1960
Inv.-Nr. 00197-46, s. Vetter 1997b, Nr. 20.

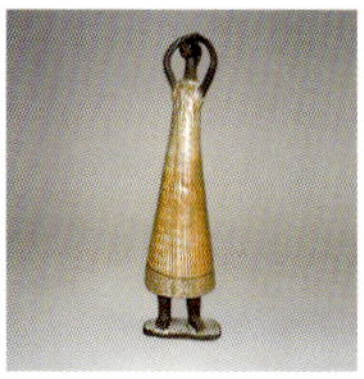
47
Drehscheibenplastik „Mädchen", 1960er Jahre
Inv.-Nr. 00197-47, s. Vetter 1997b, Nr. 21.

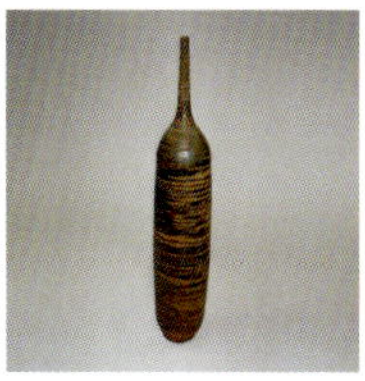
48
Vase, um 1960
Inv.-Nr. 00197-48, s. Vetter 1997b, Nr. 22.

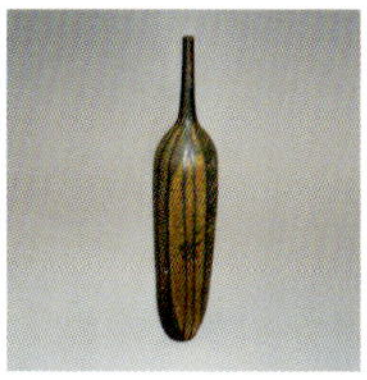
49
Vase, um 1960
Inv.-Nr. 00197-49, s. Vetter 1997b, Nr. 23.

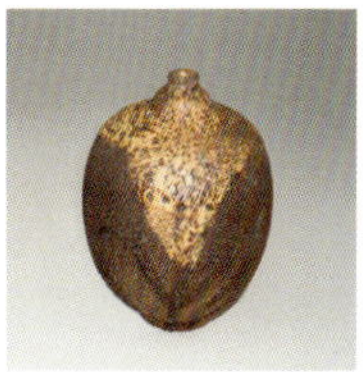
50
Vase, um 1960
Inv.-Nr. 00197-50, s. Vetter 1997b, Nr. 24.

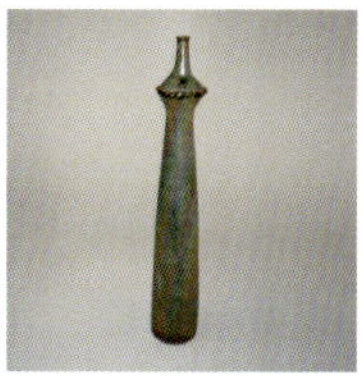
51
Vase, um 1960
Inv.-Nr. 00197-51, s. Vetter 1997b, Nr. 25.

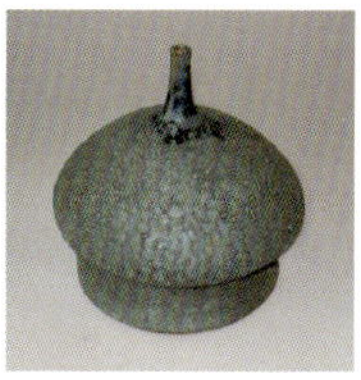
52
Vase, Anfang 1960er Jahre
Inv.-Nr. 00197-52, s. Vetter 1997b, Nr. 26.

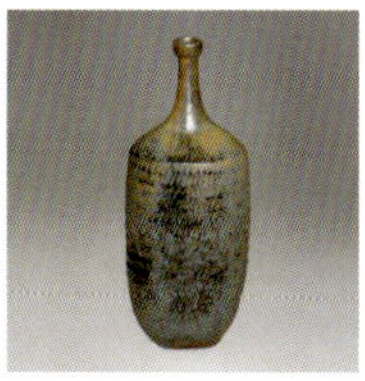
53
Vase, Anfang 1960er Jahre
Inv.-Nr. 00197-53, s. Vetter 1997b, Nr. 27.

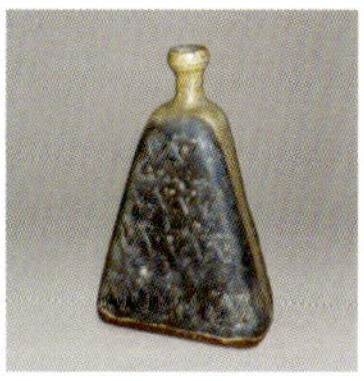
54
Vase, um 1960
Inv.-Nr. 00197-54, s. Vetter 1997b, Nr. 28.

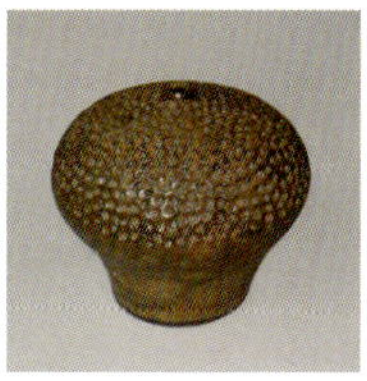
55
Vase, um 1960
Inv.-Nr. 00197-55, s. Vetter 1997b, Nr. 29.

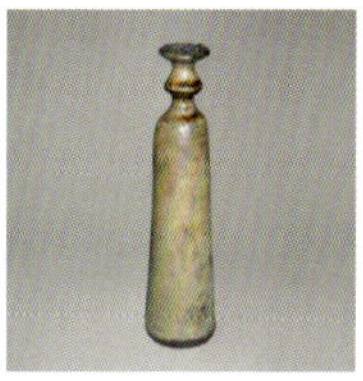
56
Vase, um 1960
Inv.-Nr. 00197-56, s. Vetter 1997b, Nr. 30.

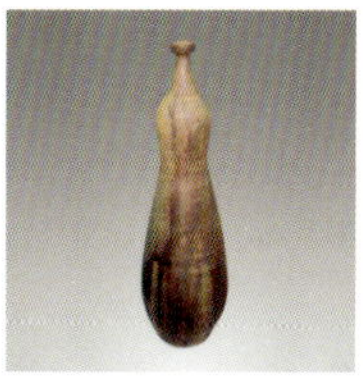
57
Vase, Anfang 1960er Jahre
Inv.-Nr. 00197-57, s. Vetter 1997b, Nr. 31.

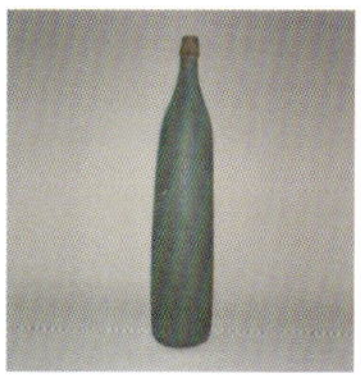
58
Vase, Anfang 1960er Jahre
Inv.-Nr. 00197-58, s. Vetter 1997b, Nr. 32.

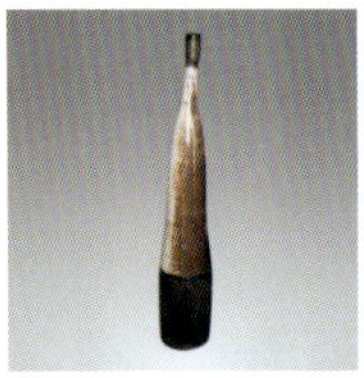

59
Vase, um 1960
Inv.-Nr. 00197-59,
s. Vetter 1997b, Nr. 33.

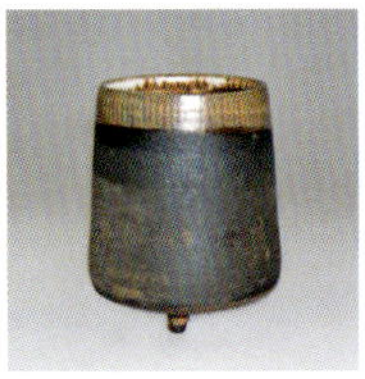

60
Becher auf drei Füßen, Anfang 1960er Jahre
Inv.-Nr. 00197-60,
s. Vetter 1997b, Nr. 34.

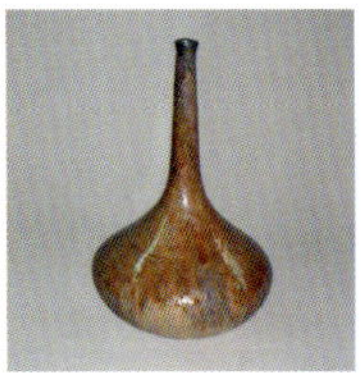

61
Vase, Anfang 1960er Jahre
Inv.-Nr. 00197-61,
s. Vetter 1997b, Nr. 35.

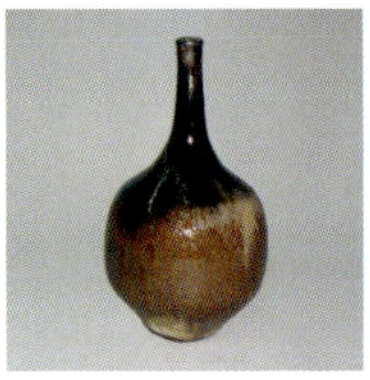

62
Vase, Anfang 1960er Jahre
Inv.-Nr. 00197-62,
s. Vetter 1997b, Nr. 36.

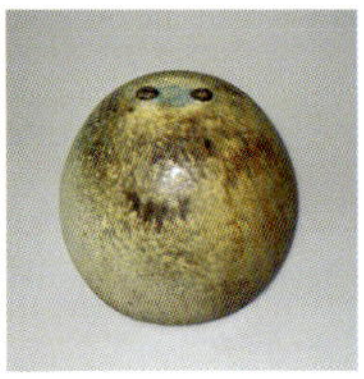

63
Vase, 1962
Inv.-Nr. 00197-63,
s. Vetter 1997b, Nr. 37.

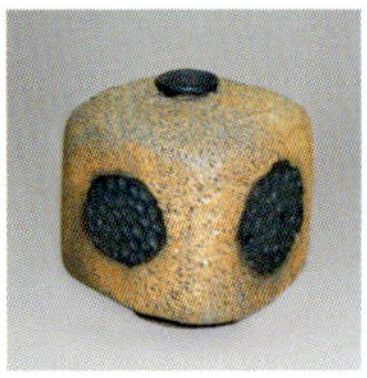

64
Vase, um 1963
Inv.-Nr. 00197-64,
s. Vetter 1997b, Nr. 38.

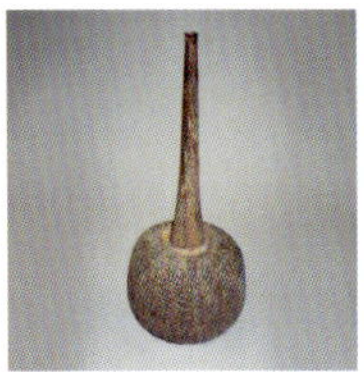

65
Vase, 1963
Inv.-Nr. 00197-65,
s. Vetter 1997b, Nr. 39.

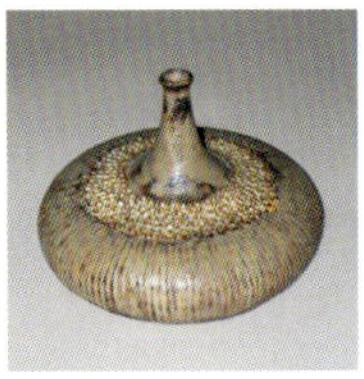

66
Vase, 1960er Jahre
Inv.-Nr. 00197-66,
s. Vetter 1997b, Nr. 40.

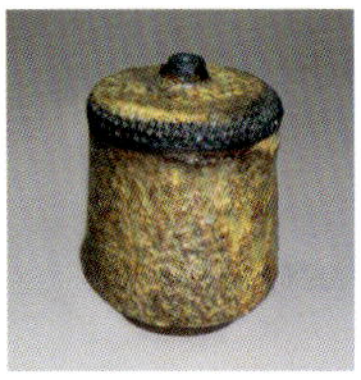

67
Vase, 1960er Jahre
Inv.-Nr. 00197-67,
s. Vetter 1997b, Nr. 41.

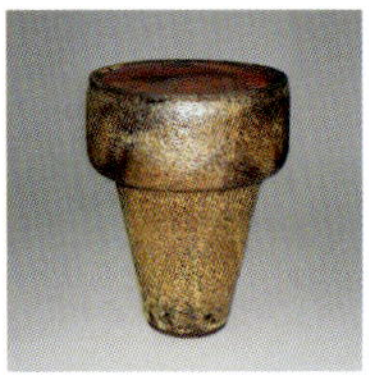

68
Vase, 1960er Jahre
Inv.-Nr. 00197-68,
s. Vetter 1997b, Nr. 42.

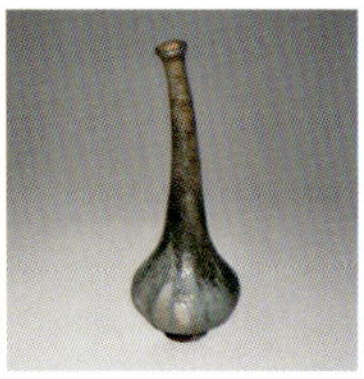

69
Vase, 1960er Jahre
Inv.-Nr. 00197-69,
s. Vetter 1997b, Nr. 43.

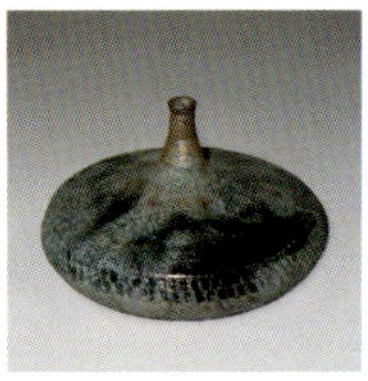

70
Vase, 1960er Jahre
Inv.-Nr. 00197-70,
s. Vetter 1997b, Nr. 44.

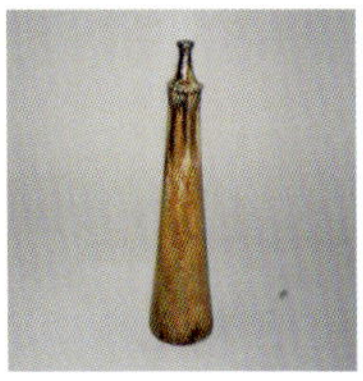

71
Vase, 1960er Jahre
Inv.-Nr. 00197-71,
s. Vetter 1997b, Nr. 45.

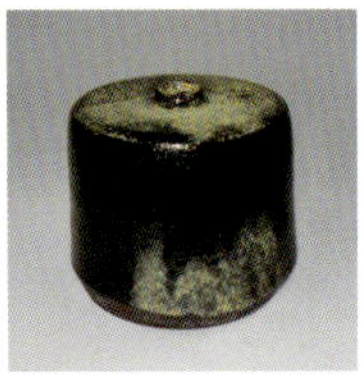

72
Vase, 1963
Inv.-Nr. 00197-72,
s. Vetter 1997b, Nr. 46.

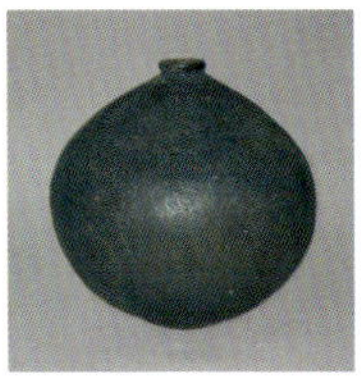

73
Vase, 1963
Inv.-Nr. 00197-73,
s. Vetter 1997b, Nr. 47.

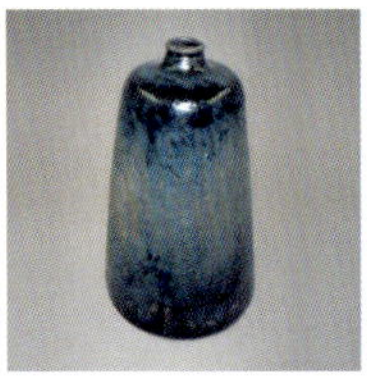

74
Vase, um 1965
Inv.-Nr. 00197-74,
s. Vetter 1997b, Nr. 48.

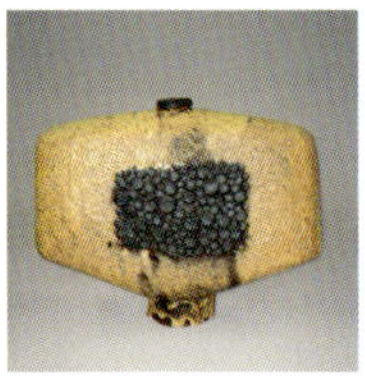

75
Vase, 1965
Inv.-Nr. 00197-75,
s. Vetter 1997b, Nr. 49.

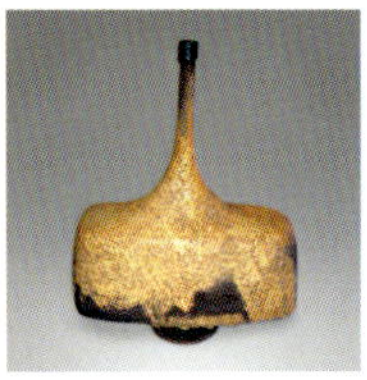

76
Vase, 1965
Inv.-Nr. 00197-76,
s. Vetter 1997b, Nr. 50.

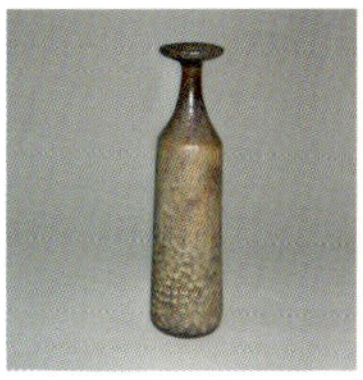
77
Vase, um 1965
Inv.-Nr. 00197-77,
s. Vetter 1997b, Nr. 51.

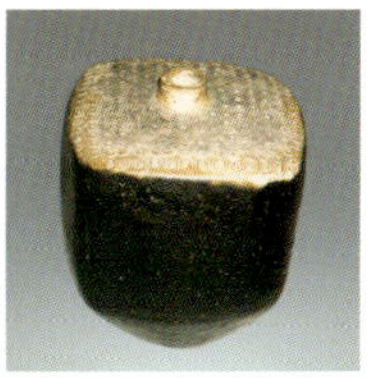
78
Vase, um 1965
Inv.-Nr. 00197-78,
s. Vetter 1997b, Nr. 52.

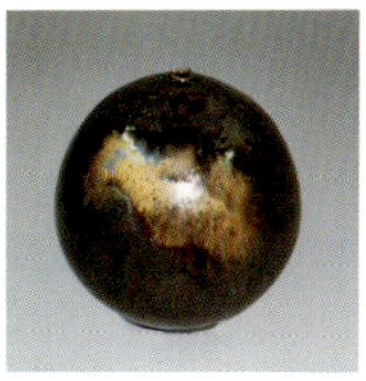
79
Vase, um 1965
Inv.-Nr. 00197-79,
s. Vetter 1997b, Nr. 53.

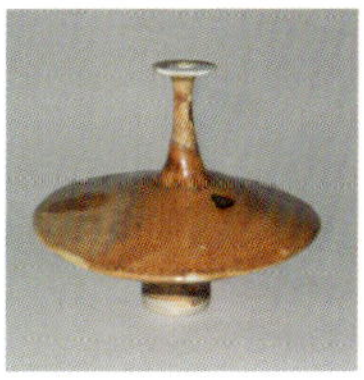
80
Vase, um 1965
Inv.-Nr. 00197-80,
s. Vetter 1997b, Nr. 54.

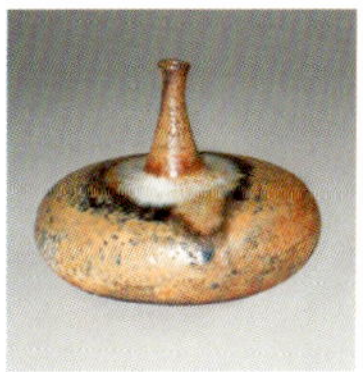
81
Vase, ab 1967
Inv.-Nr. 00197-81,
s. Vetter 1997b, Nr. 55.

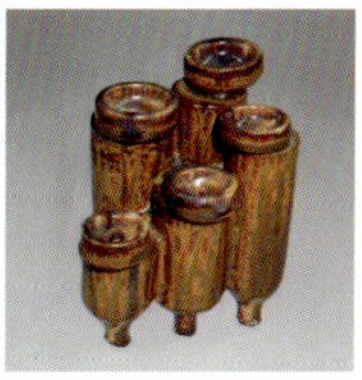
82
„Gruppe", um 1967
Inv.-Nr. 00197-82,
s. Vetter 1997b, Nr. 56.

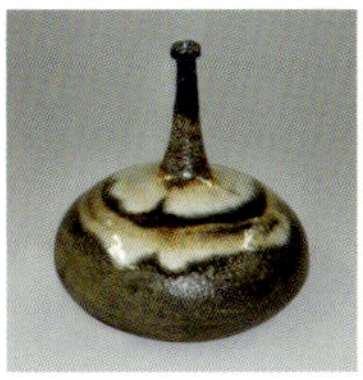
83
Vase, Ende 1960er Jahre
Inv.-Nr. 00197-83,
s. Vetter 1997b, Nr. 57.

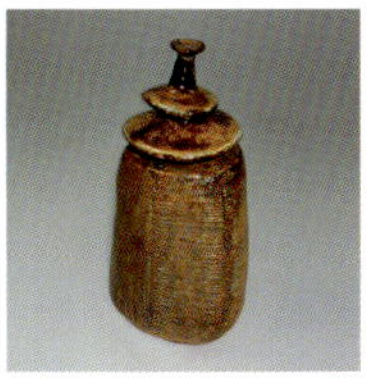
84
Vase, Ende 1960er Jahre
Inv.-Nr. 00197-84,
s. Vetter 1997b, Nr. 58.

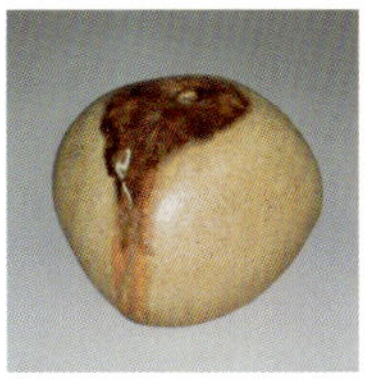
85
Vase, Ende 1960er Jahre
Inv.-Nr. 00197-85,
s. Vetter 1997b, Nr. 59.

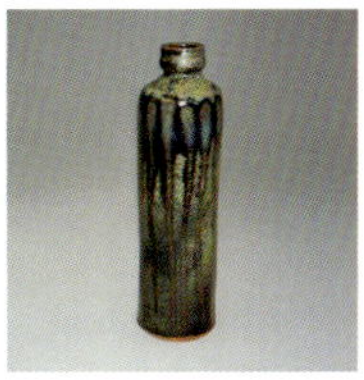
86
Vase, Ende 1960er Jahre
Inv.-Nr. 00197-86,
s. Vetter 1997b, Nr. 60.

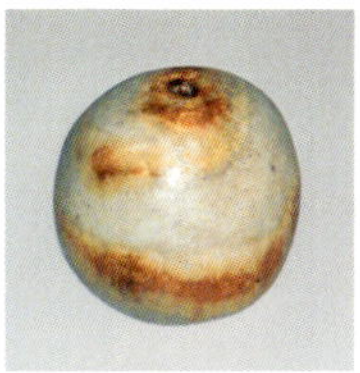
87
Vase, Ende 1960er Jahre
Inv.-Nr. 00197-87,
s. Vetter 1997b, Nr. 61.

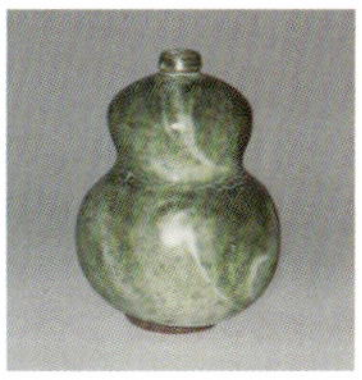
88
Vase, 1960er Jahre
Inv.-Nr. 00197-88,
s. Vetter 1997b, Nr. 62.

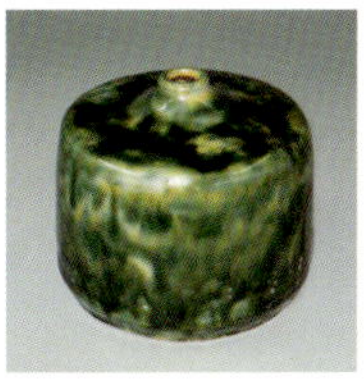
89
Vase, 1960er Jahre
Inv.-Nr. 00197-89,
s. Vetter 1997b, Nr. 63.

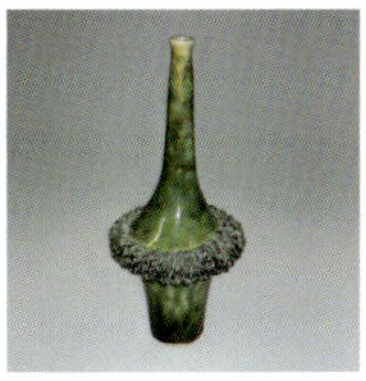
90
Vase, 1960er Jahre
Inv.-Nr. 00197-90,
s. Vetter 1997b, Nr. 64.

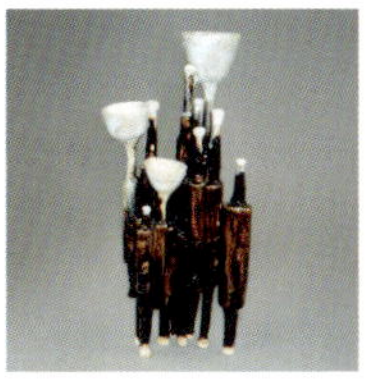
91
„Gruppe", 1970
Inv.-Nr. 00197-91,
s. Vetter 1997b, Nr. 65.

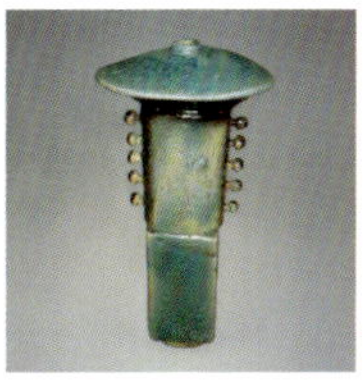
92
Gefäß, 1970
Inv.-Nr. 00197-92,
s. Vetter 1997b, Nr. 66.

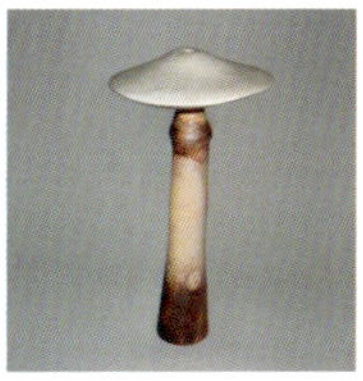
93
Gefäß, um 1970
Inv.-Nr. 00197-93,
s. Vetter 1997b, Nr. 67.

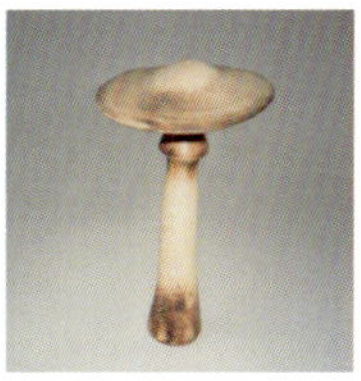
94
Gefäß, um 1970
Inv.-Nr. 00197-94,
s. Vetter 1997b, Nr. 68.

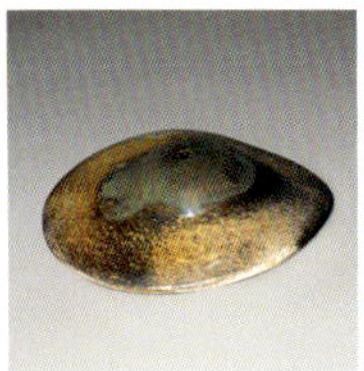

95
Gefäß, um 1970
Inv.-Nr. 00197-95,
s. Vetter 1997b, Nr. 69.

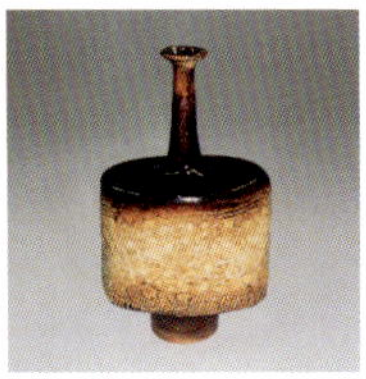

96
Vase, um 1970
Inv.-Nr. 00197-96,
s. Vetter 1997b, Nr. 70.

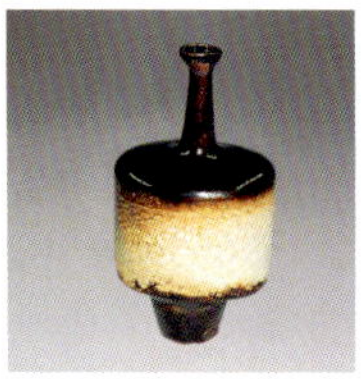

97
Vase, um 1970
Inv.-Nr. 00197-97,
s. Vetter 1997b, Nr. 71.

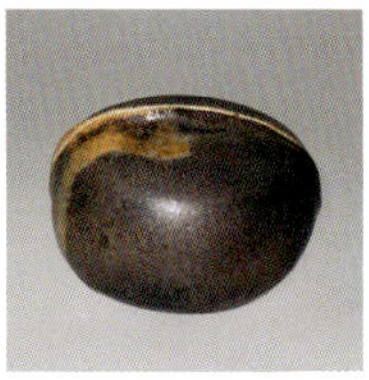

98
Vase, um 1971
Inv.-Nr. 00197-98,
s. Vetter 1997b, Nr. 72.

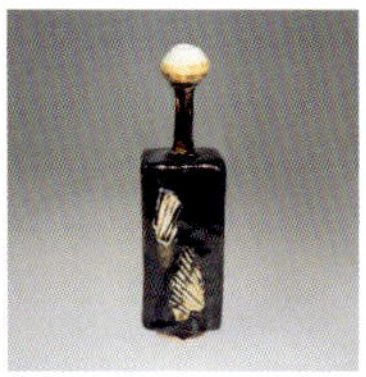

99
Vase, 1971
Inv.-Nr. 00197-99,
s. Vetter 1997b, Nr. 73.

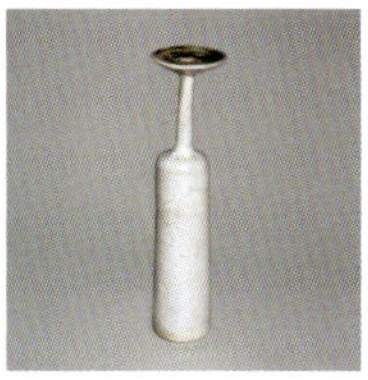

100
Vase, Ende 1970er Jahre
Inv.-Nr. 00197-100,
s. Vetter 1997b, Nr. 74.

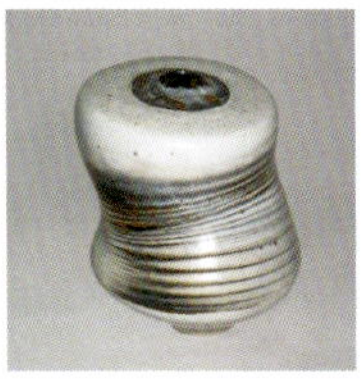

101
Vase, Ende 1970er Jahre
Inv.-Nr. 00197-101,
s. Vetter 1997b, Nr. 75.

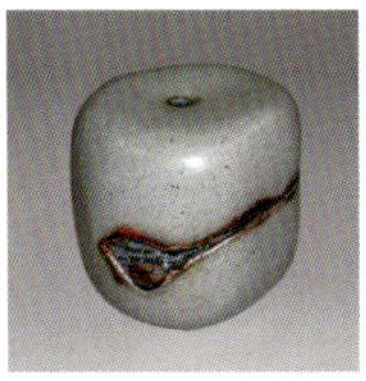

102
Vase, um 1980
Inv.-Nr. 00197-102,
s. Vetter 1997b, Nr. 76.

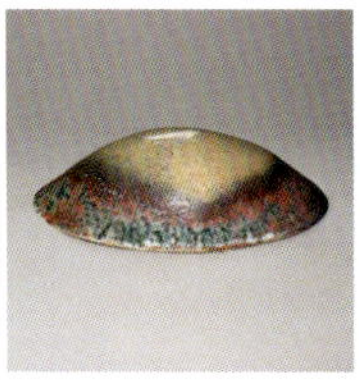

103
Vase, um 1980
Inv.-Nr. 00197-103,
s. Vetter 1997b, Nr. 77.

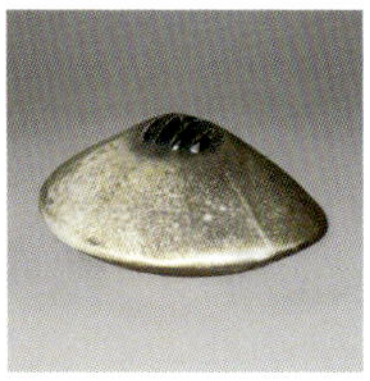

104
Vase, um 1980
Inv.-Nr. 00197-104,
s. Vetter 1997b, Nr. 78.

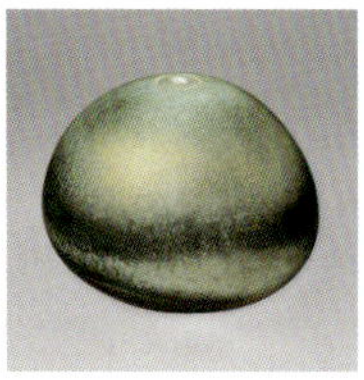

105
Vase, um 1982
Inv.-Nr. 00197-105,
s. Vetter 1997b, Nr. 79.

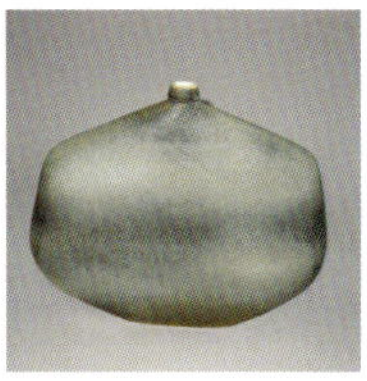

106
Vase, um 1982
Inv.-Nr. 00197-106,
s. Vetter 1997b, Nr. 80.

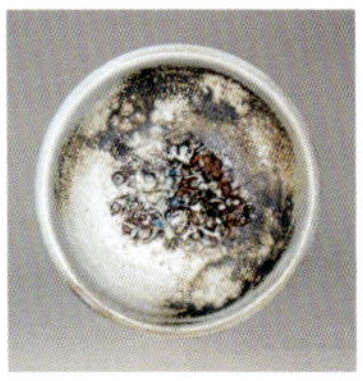

107
Teller, 1982
Inv.-Nr. 00197-107,
s. Vetter 1997b, Nr. 81.

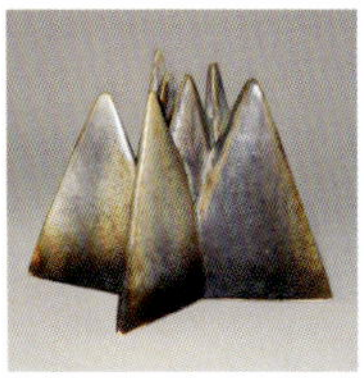

108
Plastik, um 1983
Inv.-Nr. 00197-108,
s. Vetter 1997b, Nr. 82.

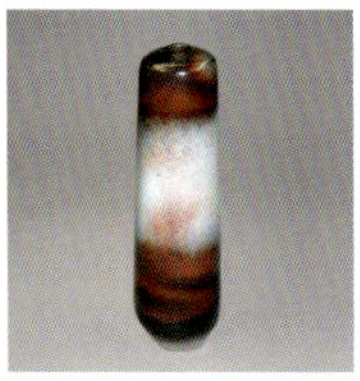

109
Vase, Ende 1980er Jahre
Inv.-Nr. 00197-109,
s. Vetter 1997b, Nr. 83.

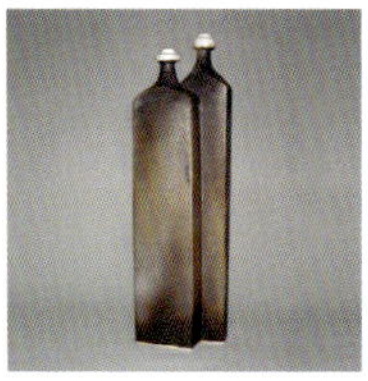

110
„Doppelvase", 1990
Inv.-Nr. 00197-110,
s. Vetter 1997b, Nr. 84.

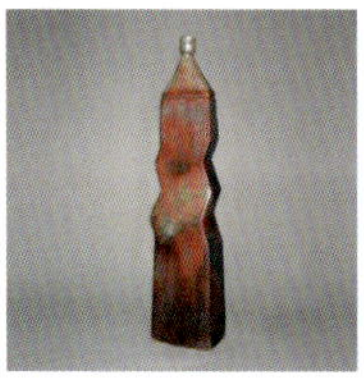

111
Vase, 1990
Inv.-Nr. 00197-111,
s. Vetter 1997b, Nr. 85.

Babuniak, Roma

00197-112 – 00197-114

1952 in Manchester/England geboren, lebt in Gmund/Tegernsee.
1971–1973 Studium am Salford College of Technology; 1973–1976 Studium an der Sheffield School of Art and Design, Sheffield, bei Tony Franks, Hochschulabschluss B.A. (Hons).
1977–1981 Werkstatt in Prestatyn/Wales.
1982 Umsiedlung in die Bundesrepublik Deutschland, 1982–1985 eigene Werkstatt in Bad Tölz, 1985–1986 in Rosenheim, seit 1986 Werkstatt in Gmund/Tegernsee. Seit 1996 mehrere Studienaufenthalte in Ostasien.

Lit.: Waldrich 1996, S. 26–27.

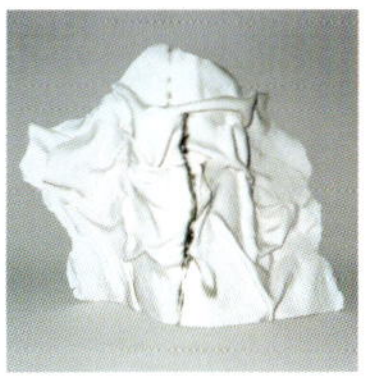

112
Objekt, 1989
Porzellan, weißer Scherben – modelliert. Oxidationsbrand im Elektro-Ofen bei 1.280°C.
Abmessungen 31,5 x 38 x 15,5 cm.
Werkstattzeichen Nr. 9.
Erworben durch Lotte Reimers.
Inv.-Nr. 00197-112.

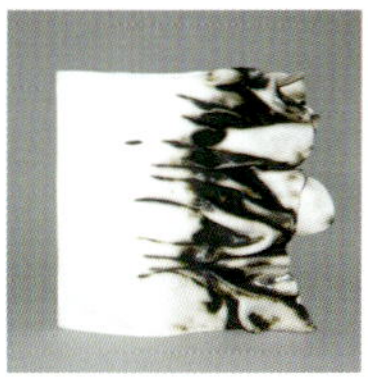

113
Gefäß/Objekt, 1989
Porzellan, weißer Scherben – modelliert. Oxidationsbrand im Elektro-Ofen bei 1.280°C.
Abmessungen 19,5 x 20 x 6,5 cm.
Erworben durch Lotte Reimers.
Werkstattzeichen Nr. 9.
Inv.-Nr. 00197-113.

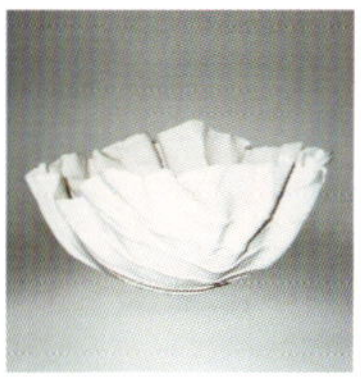

114
Schale, vermutl. 1989
Porzellan, weißer Scherben – modelliert. Oxidationsbrand im Elektro-Ofen bei 1.280°C.
H 24,5 cm, D 44 cm.
Unbezeichnet.
Erworben durch Lotte Reimers.
Inv.-Nr. 00197-114.

Balzar, Heiner

00197-115 – 00197-130, -132

1937 in Höhr-Grenzhausen geboren, lebt in Höhr-Grenzhausen.
1952–1954 Töpferlehre bei seiner Mutter Elfriede Balzar-Kopp, 1955 Gesellenjahr in den Niederlanden und Schweden. 1956–1958 Studium bei Hubert Griemert an der Staatlichen Werkschule Höhr-Grenzhausen, Abschluss Meisterprüfung.
Ab 1958 Mitarbeit in der Werkstatt Elfriede Balzar-Kopp.
Seit 1967 eigene Werkstatt in Höhr-Grenzhausen.

Lit.: Waldrich 1996, S. 29–33.

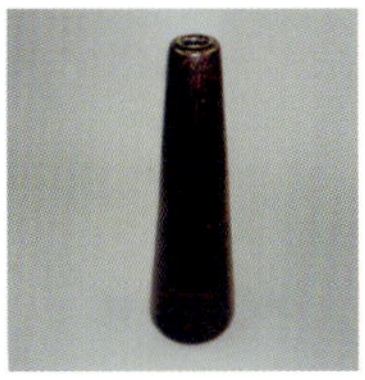

115
Zylindrische Vase, 1958/59
Steinzeug, mattgrauer Scherben – gedreht. Salzbrand im holzgefeuerten Kannofen bei 1.200–1.250°C.
H 48,5 cm, D 14 cm.
Werkstattzeichen Nr. 12 (Hersteller: Heiner Balzar).
Erworben durch J. W. Hinder.
Inv.-Nr. 00197-115.

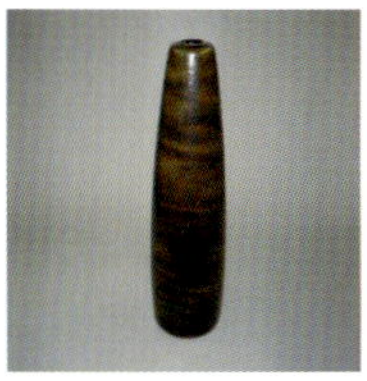

116
Vase, 1959–1961
Steinzeug, hellgrauer Scherben – gedreht. Salzbrand im holzgefeuerten Kannofen bei 1.200–1.250°C.
H 57 cm, D 15 cm.
Werkstattzeichen Nr. 15.
Erworben durch J. W. Hinder.
Inv.-Nr. 00197-116.

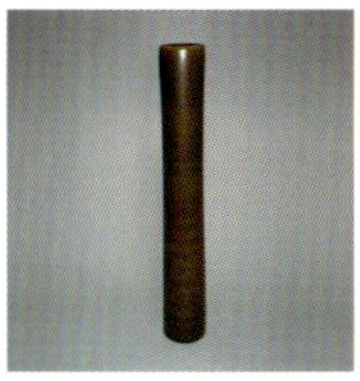

117
Vase (stangenähnlich), 1961–1963
Steinzeug, grauer Scherben – gedreht. Salzbrand im holzgefeuerten Kannofen bei 1.200–1.250°C.
H 43 cm, D 7 cm.
Werkstattzeichen Nr. 15.
Erworben durch J. W. Hinder.
Inv.-Nr. 00197-117.

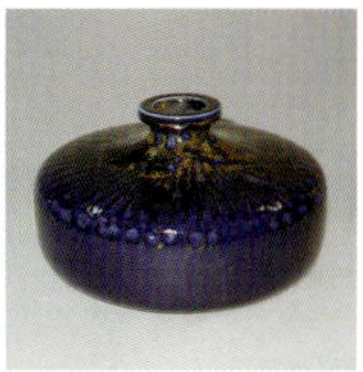

118
Vase mit breiter Schulter, 1960–1963
Steinzeug, hellgrauer Scherben – gedreht. Salzbrand im holzgefeuerten Kannofen bei 1.200–1.250°C.
H 9,5 cm, D 18,5 cm.
Werkstattzeichen Nr. 15.
Erworben durch J. W. Hinder.
Inv.-Nr. 00197-118.

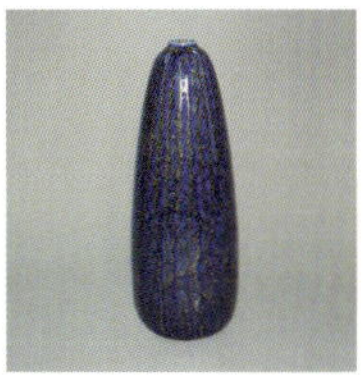

119
Vase – Kolbenform, 1957–1960
Steinzeug, hellgrauer Scherben – gedreht. Salzbrand im holzgefeuerten Kannofen bei 1.200–1.250°C.
H 25 cm, D 10 cm.
Unbezeichnet.
Erworben durch J. W. Hinder.
Inv.-Nr. 00197-119.

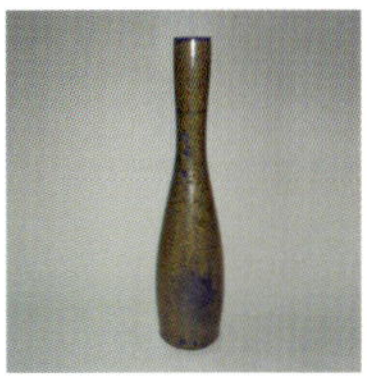

120
Vase, 1960–1964
Steinzeug, grauer Scherben – gedreht. Salzbrand im holzgefeuerten Kannofen bei 1.200–1.250°C.
H 42 cm, D 10 cm.
Werkstattzeichen Nr. 15.
Erworben durch J. W. Hinder.
Inv.-Nr. 00197-120.

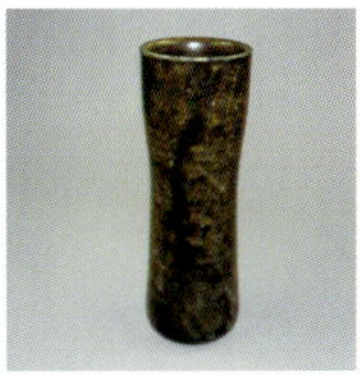

121
Vase – Bechergefäß, 1960er Jahre
Steinzeug, hellgrauer Scherben – gedreht. Salzbrand im holzgefeuerten Kannofen bei 1.200–1.250°C.
H 29,5 cm, D 11 cm.
Werkstattzeichen Nr. 15.
Erworben durch J. W. Hinder.
Inv.-Nr. 00197-121.

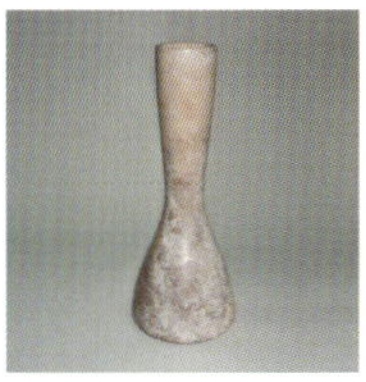

122
Vase mit schmalem langen Hals, 1958/1959
Steinzeug, hellgrauer Scherben – gedreht. Salzbrand im holzgefeuerten Kannofen bei 1.200–1.250°C.
H 22,5 cm, D 9 cm.
Werkstattzeichen Nr. 15.
Erworben durch J. W. Hinder.
Inv.-Nr. 00197-122.

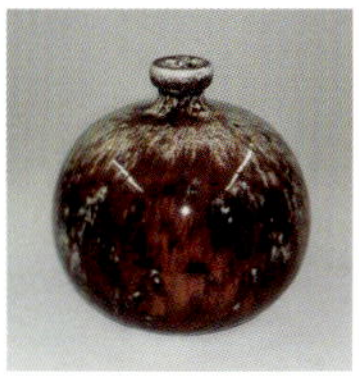

123
Vase – Kugelform, 1959
Steinzeug, grauer Scherben – gedreht. Salzbrand im holzgefeuerten Kannofen bei 1.200–1.250°C.
H 16 cm, D 16,5 cm.
Werkstattzeichen Nr. 15.
Erworben durch J. W. Hinder.
Inv.-Nr. 00197-123.

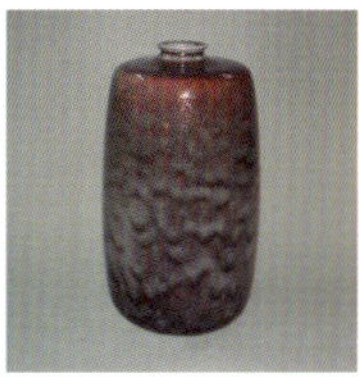

124
Vase, um 1960
Steinzeug, grauer Scherben – gedreht. Salzbrand im holzgefeuerten Kannofen reduzierend bei 1.200–1.250°C.
H 25,5 cm, D 15 cm.
Werkstattzeichen Nr. 15.
Erworben durch J. W. Hinder.
Inv.-Nr. 00197-124.

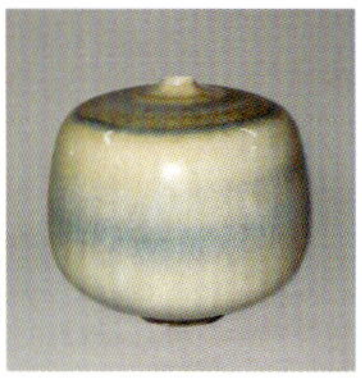

125
Vase – Walzenform, 1959
Steinzeug, hellgrauer Scherben – gedreht. Salzbrand im holzgefeuerten Kannofen bei 1.200–1.250°C. H 15 cm, D 17 cm. Werkstattzeichen Nr. 15. Erworben durch J.W. Hinder. Inv.-Nr. 00197-125.

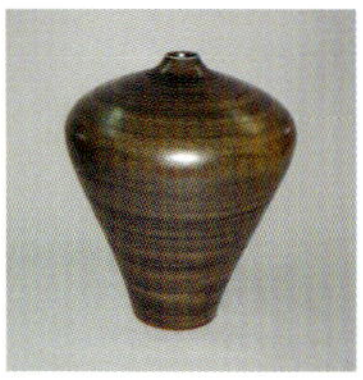

126
Vase mit breiter Schulter, 1959–1960
Steinzeug, hell-graubrauner Scherben – gedreht. Salzbrand im holzgefeuerten Kannofen bei 1.200–1.250°C. H 25 cm, D 21,5 cm. Werkstattzeichen Nr. 15. Erworben durch J.W. Hinder. Inv.-Nr. 00197-126.

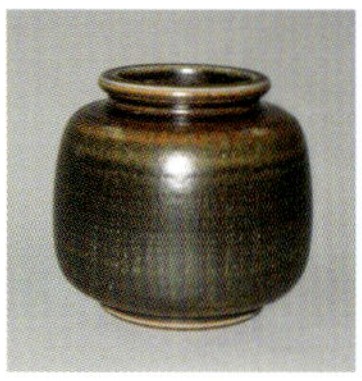

127
Vase mit weiter Öffnung und schmaler Schulter, 1958
Steinzeug, grauer Scherben – gedreht. Salzbrand im holzgefeuerten Kannofen bei 1.200–1.250°C. H 13 cm, D 14,5 cm. Werkstattzeichen Nr. 15. Erworben durch J.W. Hinder. Inv.-Nr. 00197-127.

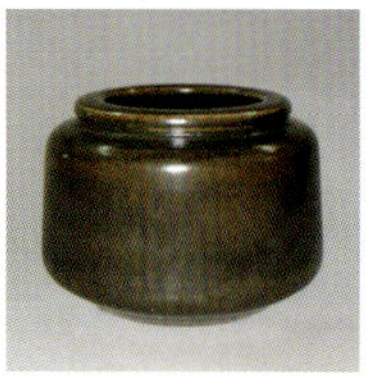

128
Vase mit weiter Öffnung und abgeflachtem Mündungsrand, um 1961
Steinzeug, hellgrauer Scherben – gedreht. Salzbrand im holzgefeuerten Kannofen bei 1.200–1.250°C. H 11,5 cm, D 16 cm. Werkstattzeichen Nr. 15. Inv.-Nr. 00197-128.

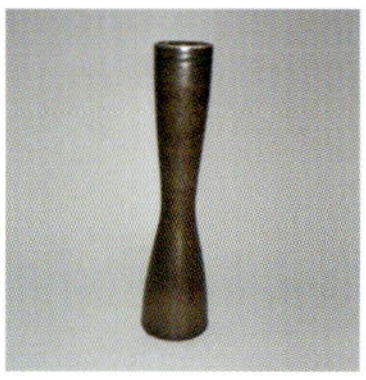

129
Vase, 1961–1962
Steinzeug, hellgrauer Scherben – gedreht. Salzbrand im holzgefeuerten Kannofen bei 1.200–1.250°C. H 25 cm, D 6,5 cm. Werkstattzeichen Nr. 15. Erworben durch J.W. Hinder. Inv.-Nr. 00197-129.

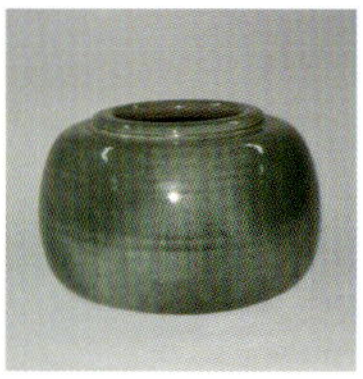

130
Vase, vermutl. 1960er Jahre
Steinzeug, grauer Scherben – gedreht. Salzbrand im holzgefeuerten Kannofen bei 1.200–1.250°C. H 15 cm, D 25 cm. Werkstattzeichen Nr. 15, XXII. Erworben durch J.W. Hinder. Inv.-Nr. 00197-130.

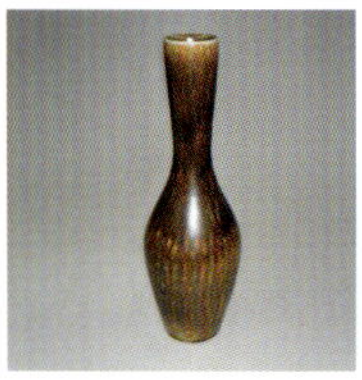

132
Vase, 1958–1960
Steinzeug, hellgrauer Scherben – gedreht. Salzbrand im holzgefeuerten Kannofen bei 1.200–1.250°C. H 33,5 cm, D 11 cm. Werkstattzeichen Nr. 10, von Heiner Balzar als eigene Arbeit identifiziert. Erworben durch J.W. Hinder. Inv.-Nr. 00197-132.

Balzar-Kopp, Elfriede

00197-133 – 00197-136, -140, -142, -144 – 149, -151, -152, -156

1904 in Bendorf geboren, 1983 in Höhr-Grenzhausen gestorben.
1924–1926 Ausbildung bei Hermann Bollenbach, Eduard Berdel und Alfred Kamp an der Staatlichen Ingenieur-Werkschule für Keramik, Höhr-Grenzhausen; 1926–1927 Tätigkeit an der Staatl. Majolika-Manufaktur, Karlsruhe, und weitere Ausbildung bei Ludwig König; 1937 Meisterprüfung.
1927–1976 Werkstatt in Höhr-Grenzhausen

Lit.: Waldrich 1996, S. 33–34.

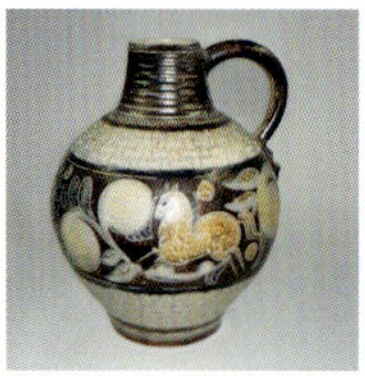

133
Krug, 1936–1940
Steinzeug, grauer Scherben – gedreht. Salzbrand im holzgefeuerten Kannofen bei ca. 1.200°C. H 37 cm, D 29 cm. Werkstattzeichen Nr. 12. Erworben durch J.W. Hinder 1940er Jahre. Inv.-Nr. 00197-133.

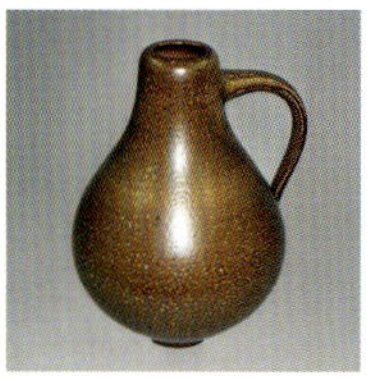

134
Krug, 1950–1960er Jahre
Steinzeug, grauer Scherben – gedreht. Salzbrand im holzgefeuerten Kannofen bei ca. 1.200°C. H 32,5 cm, D 23,5 cm. Werkstattzeichen Nr. 11. Erworben durch J.W. Hinder. Inv.-Nr. 00197-134.

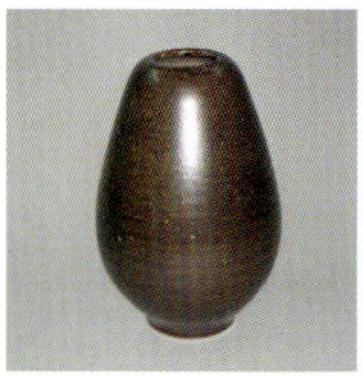

135
Vase, 1963–1965
Steinzeug, grauer Scherben – gedreht. Salzbrand im holzgefeuerten Kannofen bei ca. 1.200°C. H 18,5 cm, D 13 cm. Werkstattzeichen Nr. 12. Erworben durch J.W. Hinder. Inv.-Nr. 00197-135.

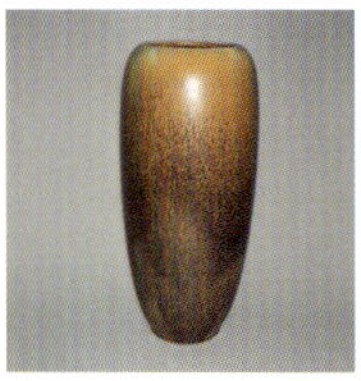

136
Vase, 1950–1960er Jahre
Steinzeug, hellgrauer Scherben – gedreht. Salzbrand im holzgefeuerten Kannofen bei ca. 1.200°C. H 34,5 cm, D 16,5 cm. Werkstattzeichen Nr. 12. Erworben durch J.W. Hinder. Inv.-Nr. 00197-136.

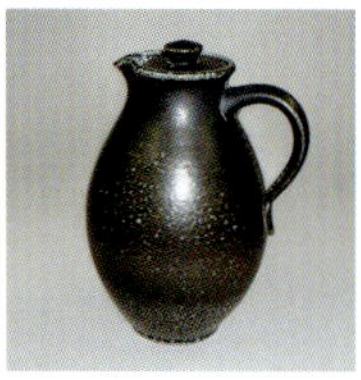

140
Kanne mit Deckel, vermutl. 1950–1960er Jahre
Steinzeug, grauer Schamottescherben – gedreht. Salzbrand im holzgefeuerten Kannofen bei ca. 1.200°C. H 21,5/21 cm, D 13,5 cm (1. Höhenangabe mit Deckel, 2. Höhenangabe ohne Deckel). Werkstattzeichen Nr. 12. Erworben durch J.W. Hinder. Inv.-Nr. 00197-140.

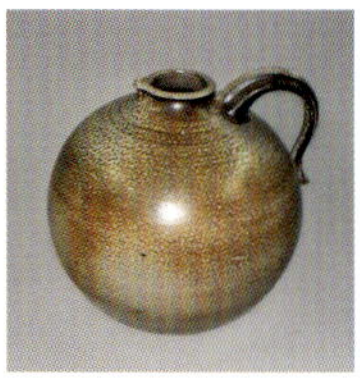

142
Krug, 1950er Jahre
Steinzeug, hellgrauer Scherben – gedreht. Salzbrand im holzgefeuerten Kannofen bei ca. 1.200°C. H 28 cm, D 27,5 cm. Werkstattzeichen Nr. 12. Erworben durch J.W. Hinder. Inv.-Nr. 00197-142.

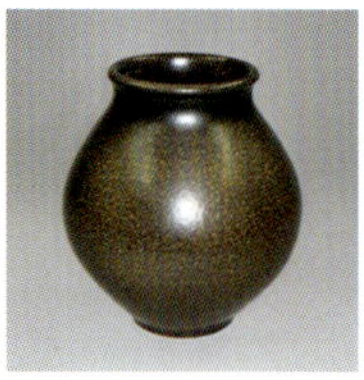

144
Bauchige Vase, vermutl. 1950–1960er Jahre
Steinzeug, hellbraungrauer Scherben – gedreht. Salzbrand im holzgefeuerten Kannofen bei ca. 1.200°C. H 17 cm, D 16 cm. Unbezeichnet. Erworben durch J.W. Hinder. Inv.-Nr. 00197-144.

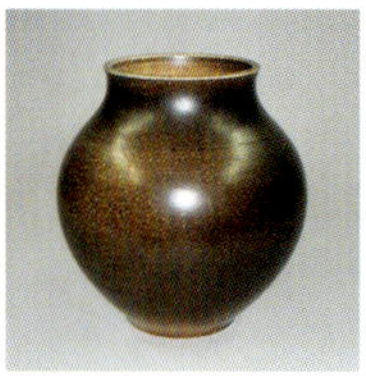

145
Bauchige Vase, vermutl. 1950–1960er Jahre
Steinzeug, hellbraungrauer Scherben – gedreht. Salzbrand im holzgefeuerten Kannofen bei 1.200°C. H 22 cm, D 22 cm. Unbezeichnet. Erworben durch J.W. Hinder. Inv.-Nr. 00197-145.

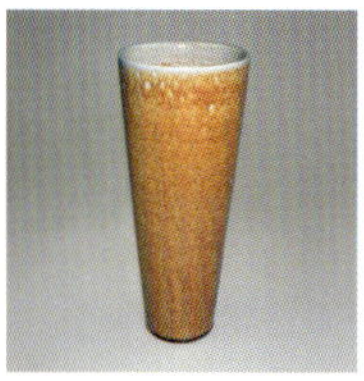

146
Vase, 1950er Jahre
Steinzeug, hellgrauer Scherben – gedreht. Salzbrand im holzgefeuerten Kannofen bei 1.200°C. H 22 cm, D 9,5 cm. Unbezeichnet. Erworben durch J.W. Hinder. Inv.-Nr. 00197-146.

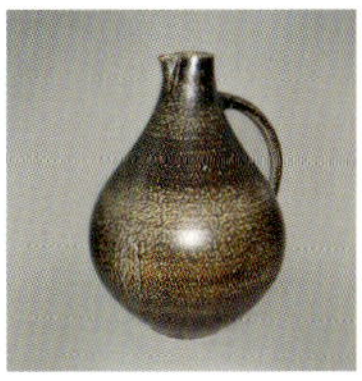

147
Großer Krug, vermutl. 1950–1960er Jahre.
Steinzeug, hell-graubrauner Scherben – gedreht.
Salzbrand im holzgefeuerten Kannofen bei 1.200°C.
H 56,5 cm, D 43,5 cm.
Werkstattzeichen Nr. 12.
Erworben durch J.W. Hinder.
Inv.-Nr. 00197-147.

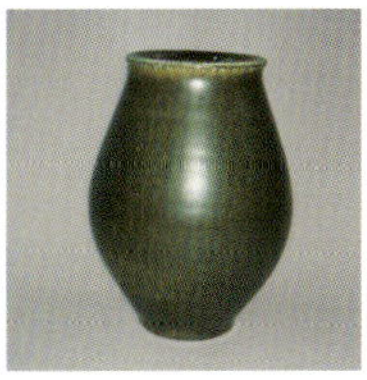

148
Vase, vermutl. 1950–1960er Jahre
Steinzeug, hellbraungrauer Scherben – gedreht. Salzbrand im holzgefeuerten Kannofen bei 1.200°C.
H 24 cm, D 18 cm.
Werkstattzeichen Nr. 13.
Erworben durch J.W. Hinder.
Inv.-Nr. 00197-148.

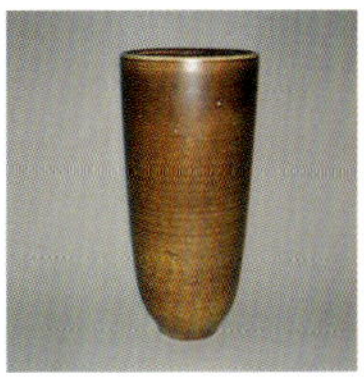

149
Vase mit weiter Öffnung, vermutl. 1950–1960er Jahre
Steinzeug, grauer Scherben – gedreht.
Salzbrand im holzgefeuerten Kannofen bei ca. 1.200°C.
H 34 cm, D 16 cm.
Werkstattzeichen Nr. 12.
Erworben durch J.W. Hinder.
Inv.-Nr. 00197-149.

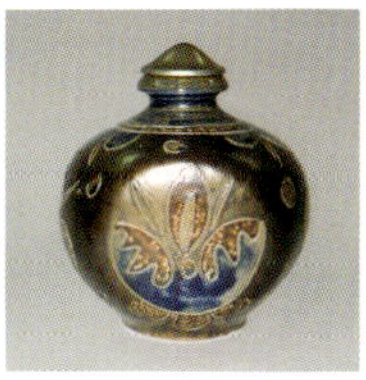

151
Flasche mit Zinnstopfen, 1950er Jahre
Steinzeug, grauer Scherben – gedreht, Zwei Seiten flachgeklopft. Salzbrand im holzgefeuerten Kannofen bei 1.200°C.
Abmessungen H 13/11,5, D 10 cm (erste Höhenangabe mit Zinnstopfen).
Werkstattzeichen Nr. 14.
Erworben durch J.W. Hinder.
Inv.-Nr. 00197-151.

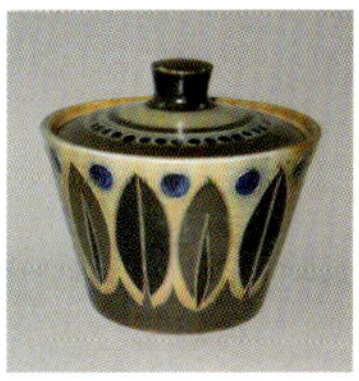

152
Dose mit Deckel, 1950er Jahre
Steinzeug, braungrauer Scherben – gedreht. Salzbrand im holzgefeuerten Kannofen bei 1.200°C.
H (mit Deckel) 16,5 cm, Durchmesser 19 cm.
Werkstattzeichen Nr. 12.
Erworben durch J.W. Hinder.
Inv.-Nr. 00197-152.

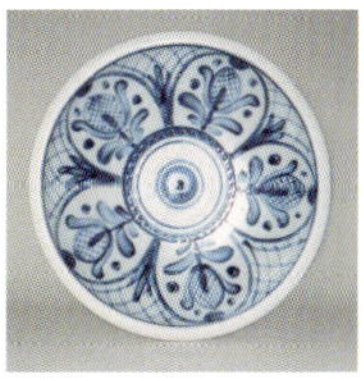

156
Teller, um 1950
Steinzeug, hellbraungrauer Scherben – gedreht. Salzbrand im holzgefeuerten Kannofen bei 1.200°C.
H 6 cm, D 28,5 cm.
Unbezeichnet.
Erworben durch J.W. Hinder.
Inv.-Nr. 00197-156.

Balzar-Kopp, Elfriede (Werkstatt)

00197-131, -137 – 139, -141, -143, -150, -153 – 155, -157, -158

1904 in Bendorf geboren, 1983 in Höhr-Grenzhausen gestorben.
1924–1926 Ausbildung bei Hermann Bollenbach, Eduard Berdel und Alfred Kamp an der Staatlichen Ingenieur-Werkschule für Keramik, Höhr-Grenzhausen; 1926–1927 Tätigkeit an der Staatl. Majolika-Manufaktur, Karlsruhe und weitere Ausbildung bei Ludwig König; 1937 Meisterprüfung.
1927–1976 Werkstatt in Höhr-Grenzhausen

Lit.: Waldrich 1996, S. 33–34.

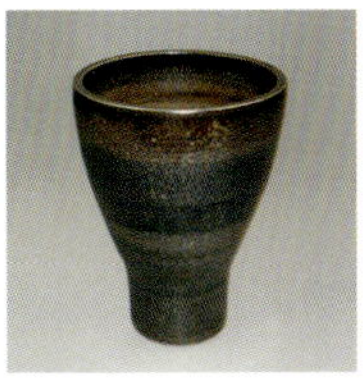

131
Vase, vermutl. 1940er Jahre
Steinzeug, braungrauer Scherben – gedreht. Salzbrand im holzgefeuerten Kannofen vermutl. bei 1.200°C.
H 15 cm, D 12 cm.
Unbezeichnet.
Erworben durch J.W. Hinder.
Inv.-Nr. 00197-131.

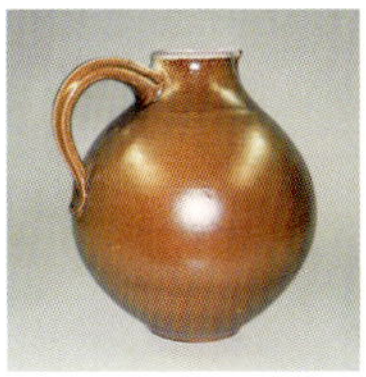

137
Krug, 1945–1955
Steinzeug, hellgrauer Scherben – gedreht.
Salzbrand im holzgefeuerten Kannofen bei ca. 1.200°C.
H 30 cm, D 26,5 cm.
Werkstattzeichen Nr. 12.
Erworben durch J.W. Hinder.
Inv.-Nr. 00197-137.

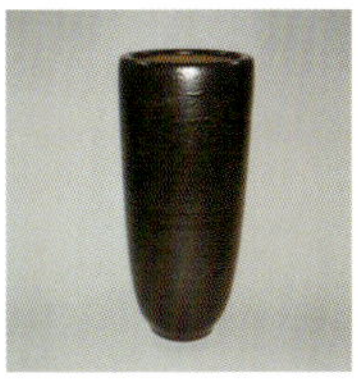

138
Vase mit weiter Öffnung, vermutl. Ende 1950er Jahre
Steinzeug, grauer Scherben – gedreht.
Salzbrand im holzgefeuerten Kannofen bei ca. 1.200°C.
H 32,5 cm, D 15,5 cm.
Unbezeichnet.
Erworben durch J.W. Hinder.
Inv.-Nr. 00197-138.

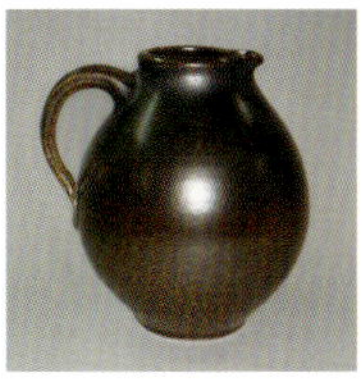

139
Krug, vermutl. 1950–1960er Jahre
Steinzeug, hellgrauer Scherben – gedreht.
Salzbrand im holzgefeuerten Kannofen bei ca. 1.200°C.
H 19 cm, D 16,5 cm.
Werkstattzeichen Nr. 12.
Erworben durch J.W. Hinder.
Inv.-Nr. 00197-139.

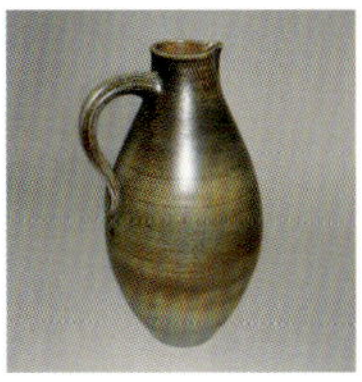

141
Krug, vermutl. 1950–1960er Jahre
Steinzeug, hellgrauer Scherben – gedreht.
Salzbrand im holzgefeuerten Kannofen bei ca. 1.200°C.
H 40 cm, D 21,5 cm.
Werkstattzeichen Nr. 12.
Erworben durch J.W. Hinder.
Inv.-Nr. 00197-141.

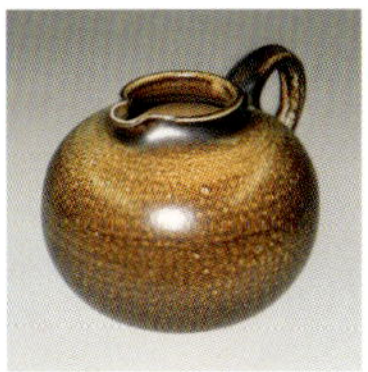

143
Krug, vermutl. 1950–1960er Jahre
Steinzeug, hellgrauer Scherben – gedreht.
Salzbrand im holzgefeuerten Kannofen bei vermutl. ca. 1.200°C.
H 11 cm, D 12,5 cm.
Unbezeichnet.
Erworben durch J.W. Hinder.
Inv.-Nr. 00197-143.

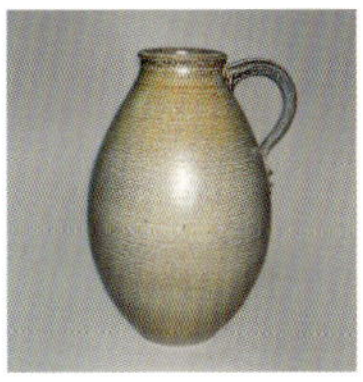

150
Krug, vermutl. 1950–1960er Jahre
Steinzeug, braungrauer Scherben – gedreht. Salzbrand im holzgefeuerten Kannofen bei 1.200°C.
H 48 cm, D 32 cm.
Unbezeichnet.
Erworben durch J.W. Hinder.
Inv.-Nr. 00197-150.

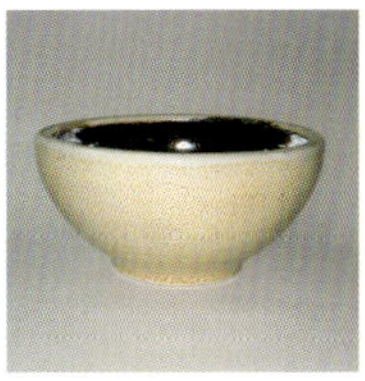

153
Schale, vermutl. 1950–1960er Jahre
Steinzeug, hellgrauer Scherben – gedreht.
Salzbrand im holzgefeuerten Kannofen bei ca. 1.200°C.
H 12,5 cm, D 26 cm.
Unbezeichnet.
Erworben durch J.W. Hinder.
Inv.-Nr. 00197-153.

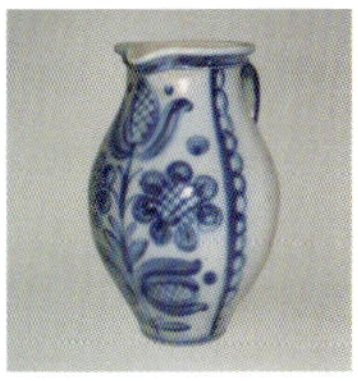

154
Krug, 1950er Jahre
Steinzeug, braungrauer Scherben – gedreht. Salzbrand im holzgefeuerten Kannofen bei ca. 1.200°C.
H 23,5 cm, D 16 cm.
Unbezeichnet.
Erworben durch J.W. Hinder.
Inv.-Nr. 00197-154.

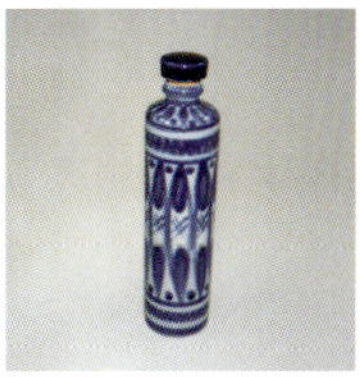

155
Schnapsflasche mit Stopfen, 1950er Jahre
Steinzeug, mattgrauer Scherben – gedreht.
Salzbrand im holzgefeuerten Kannofen bei 1.200°C.
H 24 cm (Maßangabe mit Stopfen), D 6 cm.
Unbezeichnet.
Erworben durch J.W. Hinder.
Inv.-Nr. 00197-155.

Bampi, Richard
00197-159 – 00197-187

1896 in Amparo/São Paulo, Brasilien, geboren, 1965 in Kandern gestorben. 1915–1918 Soldat; 1918–1919 Architekturstudium bei Theodor Fischer an der Technischen Hochschule München und am Staatlichen Bauhaus in Weimar bei Walter Gropius, Vorkurs bei Johannes Itten; 1920–1927 Aufenthalt in der Schweiz, Italien, Österreich und Brasilien, erste Bildhauer- und keramische Arbeiten; 1927 Errichtung der „Fayence Manufaktur Kandern GmbH", Kandern, bis 1934 zusammen mit Bernd Hakenjos; 1939 Einrichtung eines keramischen Versuchslabors; 1942 erste Steinzeug-Arbeiten. Der Erlös aus dem Verkauf seines gesamten künstlerischen und wissenschaftlichen Nachlasses ist die Basis für die alle drei Jahre erfolgende Auslobung des Richard-Bampi-Preises zur Förderung junger Keramiker. Zu seinen Schülern gehörten u.a. Ruth Koppenhöfer und Horst Kerstan, der Bampis Werkstatt übernahm.

Lit.: Schüly 1993; Waldrich 1996, S. 35–37.

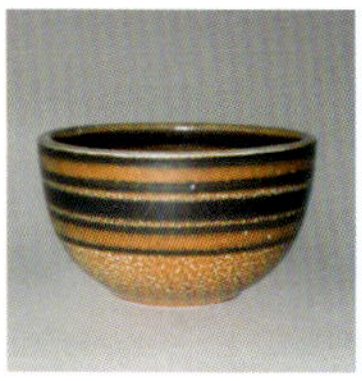

157
Schale, vermutl. 1950er Jahre
Steinzeug, graubrauner Scherben – gedreht. Salzbrand im holzgefeuerten Kannofen bei ca. 1.200°C.
H 7,5 cm, D 13,5 cm.
Unbezeichnet.
Erworben durch J.W. Hinder.
Inv.-Nr. 00197-157.

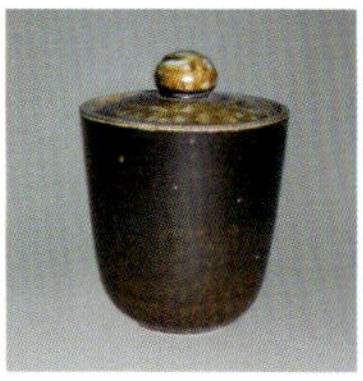

158
Dose, vermutl. 1950er Jahre
Steinzeug, braungrauer Scherben – gedreht. Salzbrand im holzgefeuerten Kannofen bei ca. 1.200°C.
Höhe 12,5 cm (Maßangabe mit Deckel), D 9,5 cm.
Unbezeichnet.
Erworben durch J.W. Hinder.
Inv.-Nr. 00197-158.

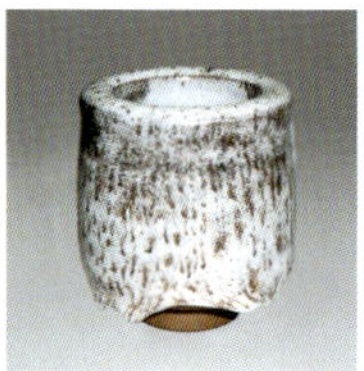

159
Bechergefäß – „Bambuvase" (Modell 315), 1947/48
Hochgebrannte Irdenware, brauner Scherben – gedreht. Oxidationsbrand im Kohlemuffelofen bei 1.060°C.
H 8 cm, D 8 cm.
Werkstattzeichen Nr. 16, Pinselzeichen „29".
Lit.: Schüly 1993, Nr. 400.
Erworben durch J.W. Hinder.
Inv.-Nr. 00197-159.

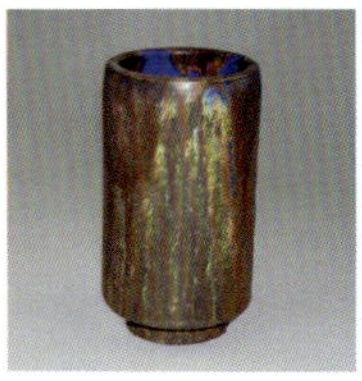

160
Zylindrische Vase (Modell 317), 1950
Hochgebrannte Irdenware, brauner Scherben – gedreht. Oxidationsbrand im Kohlemuffelofen bei 1.060°C.
H 15,5 cm, D 9 cm.
Werkstattzeichen: Stempel 317, Aufkleber „R. Bampi Kandern, Nr. 2/317".
Lit.: Schüly 1993, Nr. 407.
Erworben durch J.W. Hinder.
Inv.-Nr. 00197-160.

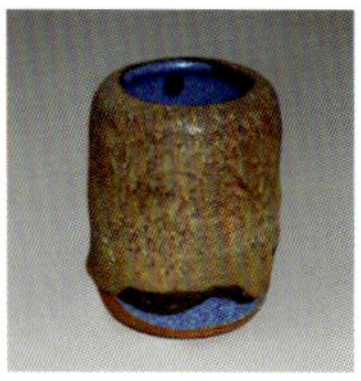

161
Vase (Modell 322), um 1950
Hochgebrannte Irdenware, brauner Scherben – gedreht. Oxidationsbrand im Kohlemuffelofen bei 1.060°C.
H 7,5 cm, D 6 cm.
Werkstattzeichen Nr. 16.
Lit.: Schüly 1993, Nr. 423.
Erworben durch J.W. Hinder.
Inv.-Nr. 00197-161.

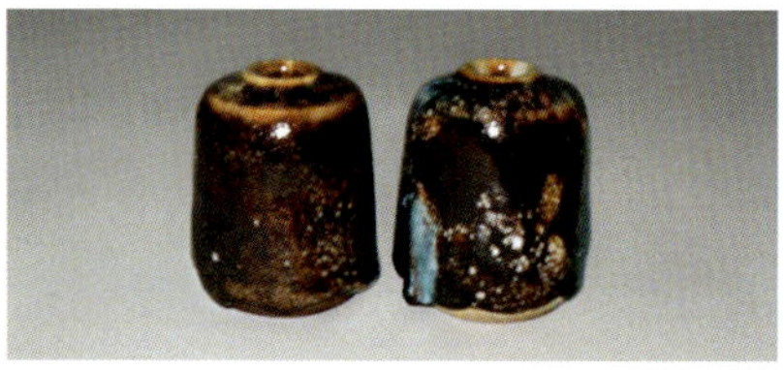

162
Vase, um 1950
Hochgebrannte Irdenware, mattbrauner Scherben – gedreht. Oxidationsbrand im Kohlemuffelofen bei 1.060°C.
H 6 cm, D 5 cm.
Werkstattzeichen Nr. 16.
Erworben durch J.W. Hinder.
Inv.-Nr. 00197-162.

163
Vase, um 1950
Hochgebrannte Irdenware, mattbrauner Scherben – gedreht. Oxidationsbrand im Kohlemuffelofen bei 1.060°C.
H 6 cm, D 5 cm.
Werkstattzeichen Nr. 16.
Erworben durch J.W. Hinder.
Inv.-Nr. 00197-163.

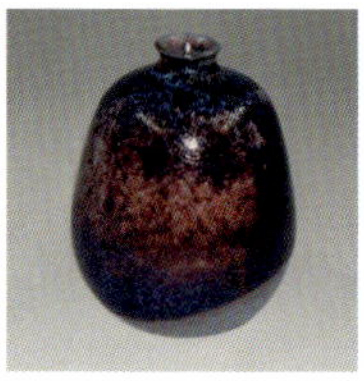

164
Vase (Modell 303), 1949
Hochgebrannte Irdenware, rotbrauner Scherben – gedreht. Reduktionsbrand.
H 10 cm, D 7,5 cm.
Werkstattzeichen Nr. 16, Stempel 303, gemalt: „1949.", Aufkleber: „Richard Bampi Nr. 12.Fr.1961".
Erworben durch J.W. Hinder.
Lit.: Schüly 1993, Nr. 351.
Inv.-Nr. 00197-164.

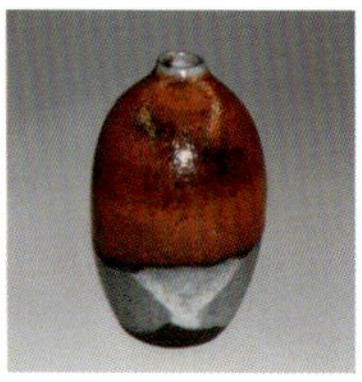

165
Vase (Modell 422 b), 1953
Hochgebrannte Irdenware, schwarzgraubrauner Scherben – gedreht. Reduktionsbrand.
H 10,5 cm, D 6,5 cm.
Werkstattzeichen Nr. 16, Stempel 422, Aufkleber: „Richard Bampi Kandern Nr. 33".
Erworben durch J.W. Hinder.
Lit.: Schüly 1993, Nr. 514.
Inv.-Nr. 00197-165.

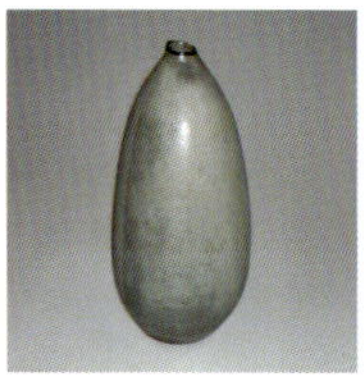

166
Vase „Fruchtform" (Modell 401 a), 1959/60
Hochgebrannte Irdenware, hellrotbrauner Scherben – gedreht. Oxidationsbrand bei 1.200°C.
H 26,5 cm, D 12,5 cm.
Werkstattzeichen Nr. 16, Stempel 401, geritzt, Aufkleber: „Richard Bampi Kandern Nr. 401, III".
Erworben durch J.W. Hinder.
Lit.: Schüly 1993, Nr. 653.2.
Inv.-Nr. 00197-166.

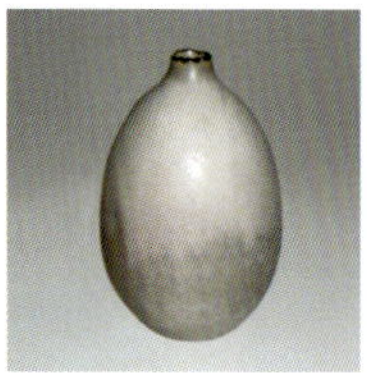

167
Vase „Fruchtform", Modell 400 (b), 1959/60
Hochgebrannte Irdenware, hellrotbrauner Scherben – gedreht. Oxidationsbrand bei 1.200°C.
H 15 cm, D 10 cm.
Werkstattzeichen Nr. 16, geritzt 400.
Erworben durch J.W. Hinder.
Lit.: Schüly 1993, Nr. 653.1.
Inv.-Nr. 00197-167.

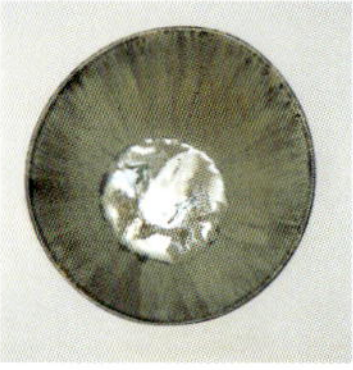

168
Asymmetrische Schale, um 1956
Steinzeug, weißbrauner Scherben – gedreht, verformt. Oxidationsbrand im Elektro-Ofen bei 1.160°C.
H 8,5 cm, D 24 cm.
Werkstattzeichen Nr. 16.
Erworben durch J.W. Hinder.
Lit.: Hinder & Reimers 1971, Abb. 9.
Inv.-Nr. 00197-168.

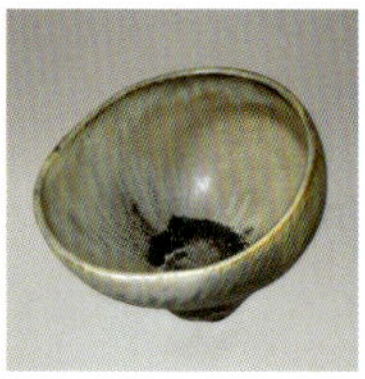

169
„Asymmetrische Schale 2", 1956
Steinzeug, braunweißer Scherben – gedreht, verformt. Oxidationsbrand im Elektro-Ofen bei 1.160°C.
H 16 cm, D 23,5 cm.
Werkstattzeichen Nr. 16, Aufkleber 531/II.
Erworben durch J.W. Hinder.
Lit.: Schüly 1993, Nr. 634.2.
Inv.-Nr. 00197-169.

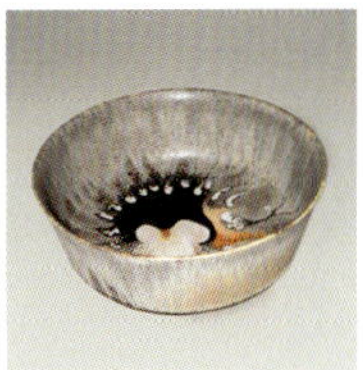

170
Schale, 1957/58
Steinzeug, weißbrauner Scherben – gedreht. Oxidationsbrand im Elektro-Ofen bei 1.160°C (vermutl.). H 8 cm, D 19 cm. Werkstattzeichen Nr. 16. Erworben durch J. W. Hinder. Lit.: Hinder & Reimers 1971, Abb. 7. Inv.-Nr. 00197-170.

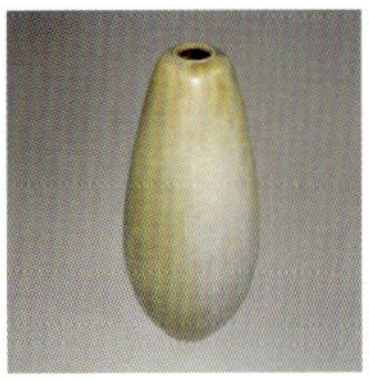

171
Vase, „Knospenform" (Modell 501), 1958
Steinzeug, weißbrauner Scherben – gedreht. Oxidationsbrand im Elektro-Ofen bei 1.200°C. H 37 cm, D 16,5 cm. Werkstattzeichen Nr. 16. Erworben durch J. W. Hinder. Lit.: Schüly 1993, Nr. 642.1. Inv.-Nr. 00197-171.

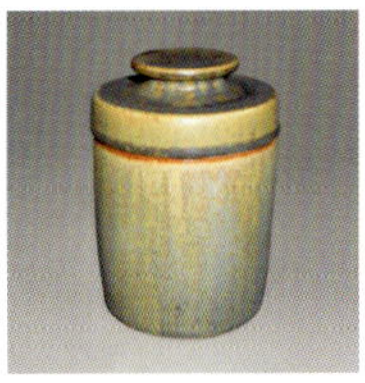

172
Dose (Modell 527), 1959
Steinzeug, braunweißer Scherben – gedreht. Oxidationsbrand im Elektro-Ofen bei 1.200°C. H 15,5 cm (mit Deckel), D 11 cm. Werkstattzeichen Nr 16, Stempel 34. Erworben durch J. W. Hinder. Lit.: Schüly 1993, Nr. 657.9. Inv.-Nr. 00197-172.

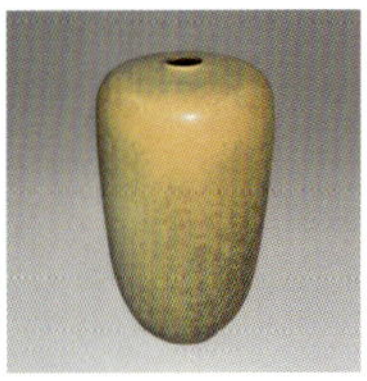

173
Vase (Modell 503), 1959
Steinzeug, braunweißer Scherben – gedreht. Oxidationsbrand im Elektro-Ofen bei 1.200°C. H 16 cm, D 9,5 cm. Werkstattzeichen Nr. 16. Erworben durch J. W. Hinder. Lit.: Schüly 1993, Nr. 657.5. Inv.-Nr. 00197-173.

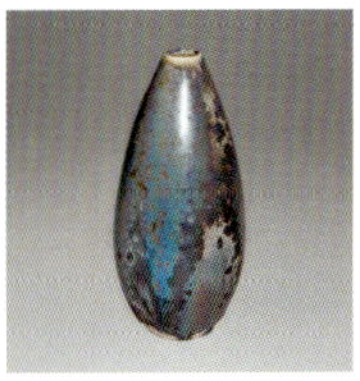

174
Vase (Modell 528), 1961
Steinzeug, braunweißer Scherben – gedreht. Oxidationsbrand im Elektro-Ofen bei 1.200°C. H 16 cm, D 7,5 cm. Werkstattzeichen Nr. 16. Erworben durch J. W. Hinder. Lit. Schüly 1993, Nr. 681.13. Inv.-Nr. 00197-174.

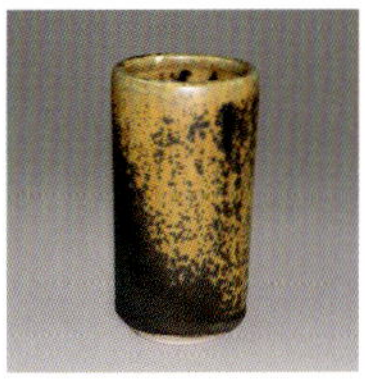

175
Zylinder (Modell 509), 1963
Steinzeug, braunweißer Scherben – gedreht. Oxidationsbrand im Elektro-Ofen bei 1.200°C. H 12 cm, D 16,5 cm. Werkstattzeichen Nr. 16. Erworben durch J. W. Hinder. Lit.: Schüly 1993, Nr. 690.7. Inv.-Nr. 00197-175.

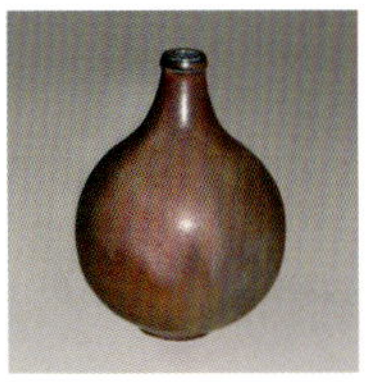

176
Vase „Fruchtform" (Modell 539), 1959/60
Steinzeug, braunweißer Scherben – gedreht. Oxidationsbrand im Elektro-Ofen bei 1.200°C. H 9,5 cm, D 7,5 cm. Werkstattzeichen Nr. 16. Erworben durch J. W. Hinder. Lit.: Schüly 1993, Nr. 653.21. Inv.-Nr. 00197-176.

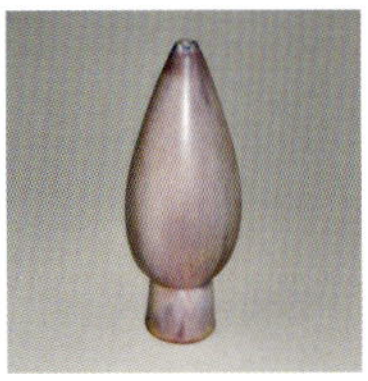

177
Vase (Modell 529), 1959/60
Steinzeug, braunweißer Scherben, gedreht. Oxidationsbrand im Elektro-Ofen bei 1.200°C H 22,50 cm, D 5 cm. Werkstattzeichen Nr. 16, Aufkleber 529/II. Erworben durch J. W. Hinder. Lit.: Schüly 1993, Nr. 653.16. Inv.-Nr. 00197-177.

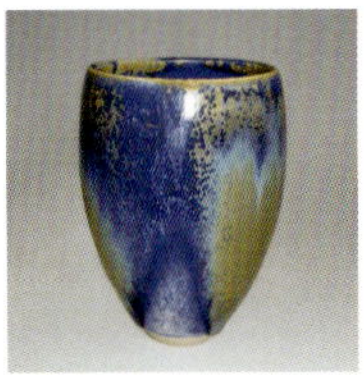

178
Bechergefäß (Modell 532), 1961
Steinzeug, braunweißer Scherben – gedreht. Oxidationsbrand im Elektro-Ofen bei 1.200°C. H 20 cm, D 15 cm. Werkstattzeichen Nr. 16, Aufkleber „Richard Bampi Kandern/Germany Nr. 532/25". Erworben durch J. W. Hinder. Lit.: Schüly 1993, Nr. 683.16. Inv.-Nr. 00197-178.

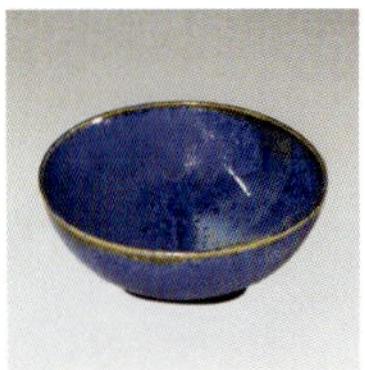

179
Schale (Modell 566), 1961
Steinzeug, braunweißer Scherben – gedreht. Oxidationsbrand im Elektro-Ofen bei 1.200°C. H 4 cm, D 10 cm. Werkstattzeichen Nr. 16, Aufkleber „Richard Bampi Kandern/Germany Nr. 566/25". Erworben durch J. W. Hinder. Lit.: Schüly 1993, Nr. 683.34. Inv.-Nr. 00197-179.

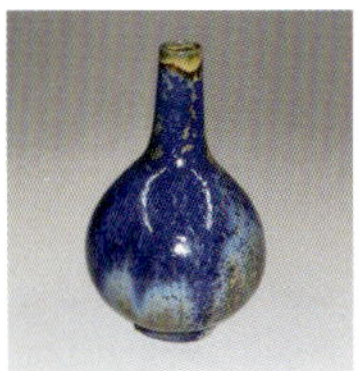

180
Vase (Modell 525), 1961
Steinzeug, braunweißer Scherben – gedreht. Oxidationsbrand im Elektro-Ofen bei 1.200°C. H 11,5 cm, D 7,5 cm. Werkstattzeichen Nr. 16. Erworben durch J. W. Hinder. Lit.: Schüly 1993, Nr. 683.11. Inv.-Nr. 00197-180.

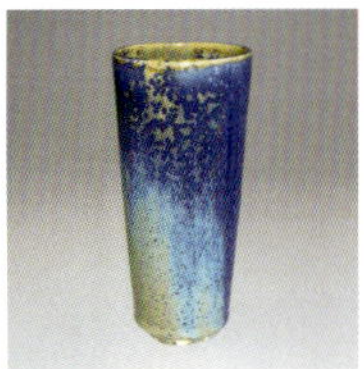

181
Vase (Modell 552), 1961
Steinzeug, braunweißer Scherben – gedreht. Oxidationsbrand im Elektro-Ofen bei 1.200°C. H 16 cm, D 7,5 cm. Werkstattzeichen Nr. 17. Erworben durch J. W. Hinder. Lit.: Schüly 1993, Nr. 683.19. Inv.-Nr. 00197-181.

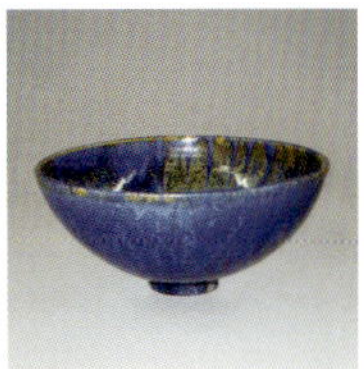

182
Schale (Modell 568), 1961
Steinzeug, braunweißer Scherben – gedreht. Oxidationsbrand im Elektro-Ofen bei 1.200°C. H 9,5 cm, D 22,5 cm. Werkstattzeichen Nr. 16. Erworben durch J. W. Hinder. Lit.: Schüly 1993, Nr. 683.37. Inv.-Nr. 00197-182.

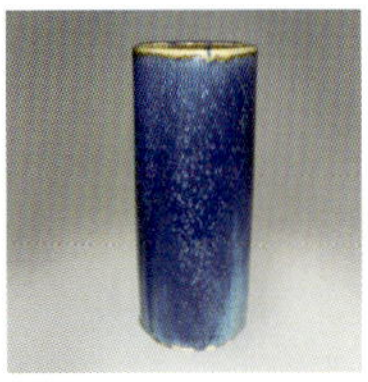

183
Vase (Modell 557), 1961
Steinzeug, braunweißer Scherben – gedreht. Oxidationsbrand im Elektro-Ofen bei 1.200°C. H 23,5 cm, D 9,5 cm. Werkstattzeichen Nr. 16, Aufkleber „Richard Bampi Kandern/Germany Nr. 557/25". Erworben durch J. W. Hinder. Lit.: Schüly 1993, Nr. 683.23. Inv.-Nr. 00197-183.

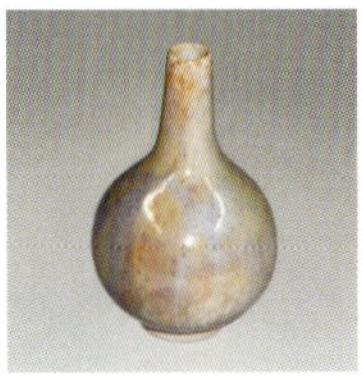

184
Vase (Modell 525), 1961
Steinzeug, braunweißer Scherben – gedreht. Oxidationsbrand im Elektro-Ofen bei 1.200°C. H 12 cm, D 7,5 cm. Unbezeichnet. Erworben durch J. W. Hinder. Lit.: Schüly 1993, Nr. 674.2. Inv.-Nr. 00197-184.

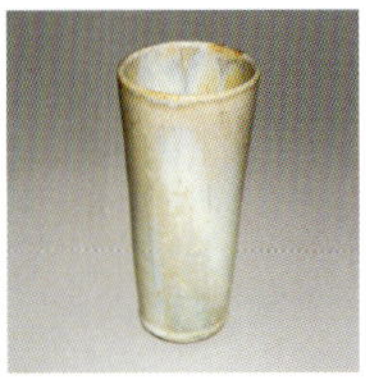

185
Vase (Modell 552), 1961
Steinzeug, braunweißer Scherben – gedreht. Oxidationsbrand im Elektro-Ofen bei 1.200°C. H 16,5 cm, D 7,5 cm. Werkstattzeichen Nr. 16. Erworben durch J.W. Hinder. Lit.: Schüly 1993, Nr. 686.28. Inv.-Nr. 00197-185.

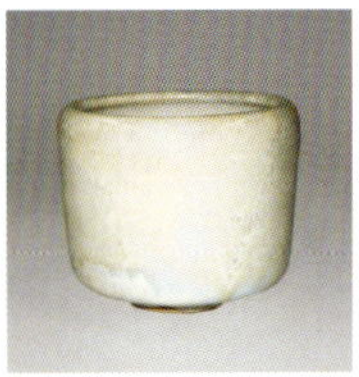

186
Kumme (Modell 562), 1961
Steinzeug, braunweißer Scherben – gedreht. Oxidationsbrand im Elektro-Ofen bei 1.200°C. H 10 cm, D 13 cm. Werkstattzeichen Nr. 16. Erworben durch J. W. Hinder. Lit.: Schüly 1993, Nr. 686.32. Inv.-Nr. 00197-186.

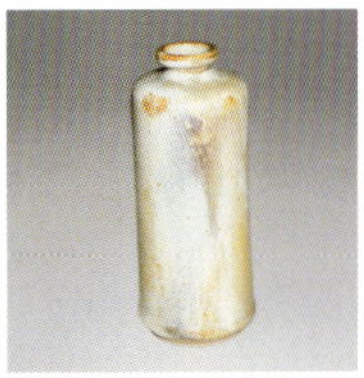

187
Vase (Modell 570), 1961
Steinzeug, braunweißer Scherben – gedreht. Oxidationsbrand im Elektro-Ofen bei 1.200°C. H 12,5 cm, D 5,5 cm. Werkstattzeichen Nr. 16. Erworben durch J. W. Hinder. Lit.: Schüly 1993, Nr. 686.46. Inv.-Nr. 00197-187.

Barlogie, Erika Yvonne
00197-188 – 00197-192

1941 in Krefeld geboren.
Studium der Keramik in Krefeld, Köln und sechs Semester bei Walter Popp an der Hochschule für Bildende Künste in Kassel, danach Ausbildung zur Gymnastin.

Lit.: Hinder 1972b; Broxtermann 1988, S. 168.

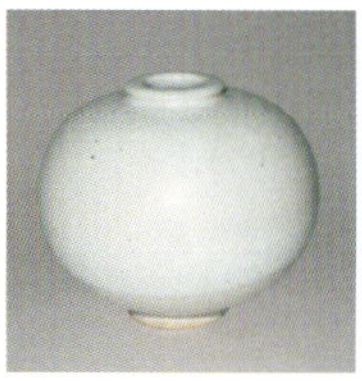

188
Vase, 1964
Steinzeug, mattbrauner Scherben – gedreht. Reduktionsbrand im Elektro-Ofen bei 1.280/1.300°C.
H 11,5 cm, D 13,5 cm.
Werkstattzeichen Nr. 18.
Erworben durch J.W. Hinder.
Inv.-Nr. 00197-188.

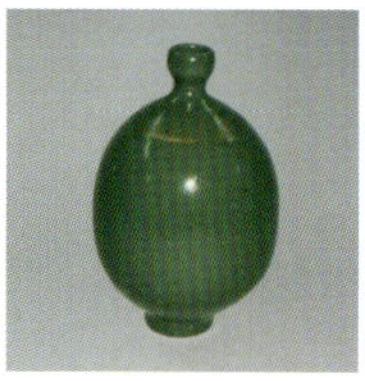

189
Vase, 1964
Steinzeug, braungrauer Scherben – gedreht. Reduktionsbrand im Elektro-Ofen bei 1.280/1.300°C.
H 16 cm, D 10,5 cm.
Werkstattzeichen Nr. 18.
Erworben durch J.W. Hinder.
Inv.-Nr. 00197-189.

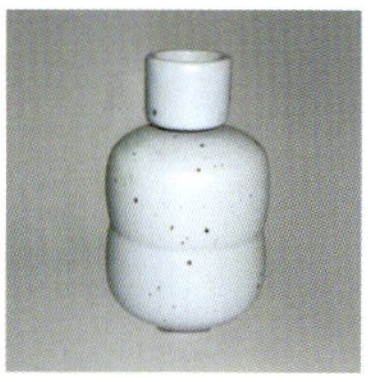

190
Vase, 1965
Steinzeug, grauer Scherben – gedreht. Reduktionsbrand im Elektro-Ofen bei 1.280/1.300°C.
H 19,5 cm, D 11,5 cm.
Werkstattzeichen wie Nr. 18, Entstehungsjahr 65.
Erworben durch J.W. Hinder.
Lit.: Hinder & Reimers 1971, Abb. 14, zusammen m. Inv.-Nr. 00197-192.
Inv.-Nr. 00197-190.

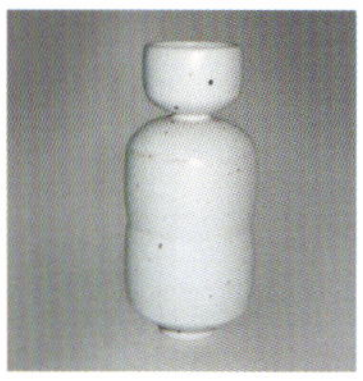

191
Vase, 1965
Steinzeug, grauer Scherben – gedreht. Reduktionsbrand im Elektro-Ofen bei 1.280/1.300°C.
H 24 cm, D 11,5 cm.
Werkstattzeichen wie Nr. 18, Entstehungsjahr 65.
Erworben durch J.W. Hinder.
Inv.-Nr. 00197-191.

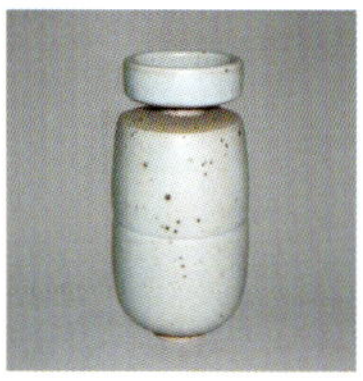

192
Vase, 1965
Steinzeug, grauer Scherben – gedreht. Reduktionsbrand im Elektro-Ofen bei 1.280/1.300°C.
H 22 cm, D 11 cm.
Werkstattzeichen wie Nr. 18, Entstehungsjahr 65.
Erworben durch J.W. Hinder.
Lit.: Hinder & Reimers 1971, Abb. 14, zusammen m. Inv.-Nr. 00197-190.
Inv.-Nr. 00197-192.

Barry, Val (Valerie Fox)
00197-193

1937 in Barnsley/Yorkshire geboren.
1967–1970 Studium an der Sir John Cass School of Art, London.
1970 eigene Werkstatt in London, danach in Isleworth/Middlesex.

Lit.: Spielmann 1979, S. 303.

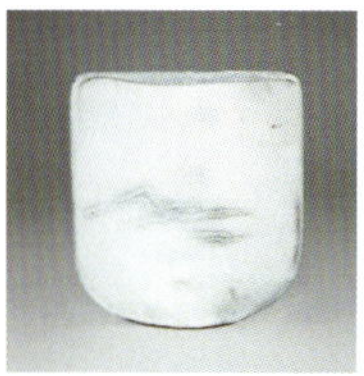

193
Vase, 1978
Steinzeug, mattgraubrauner Scherben – gebaut.
Abmessungen 14 x 13,5 x 2,5 cm.
Werkstattzeichen Nr. 19.
Erworben durch Lotte Reimers.
Inv.-Nr. 00197-193.

Batterham, Richard
00197-194

1936 geboren, lebt in Durweston/Dorset, England. Während der Schulzeit 1949–1954 erste Begegnung mit der Keramik durch einen von Michael Cardew beeinflussten Lehrer und Bildhauer. Während des Wehrdienstes 1955–1956 Mitarbeiter in der Wrecclesham Pottery, in der traditionelle englische „flower- and chimneypots“ hergestellt wurden. 1957–1958 Studienzeit bei Bernard Leach, Leach Pottery, St. Ives, Cornwall.
1959 Gründung der eigenen Werkstatt in Durweston/Dorset, England, die er 1967 erweiterte.

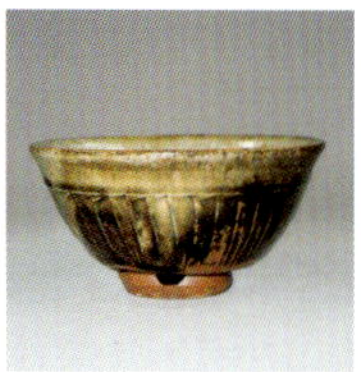

194
Schale, 1978
Steinzeug, braungrauer Scherben – gedreht, geschnitten. Reduktionsbrand im Öl-Ofen bei 1.300°C.
H 8,5 cm, D 17 cm.
Unbezeichnet.
Erworben durch Lotte Reimers.
Inv.-Nr. 00197-194.

Baxter, Alan
00197-195 – 00197-200

1943 in Warrington/Lancashire, England geboren, lebt in Prats de Mollo/Frankreich.
Nach Internatsschule in einem Benediktinerkloster Kunststudium an der Central School of Art and Design, London, Abschluss Bachelor of Arts.
Seit 1969 freischaffend; 1969–1971 gemeinsame Werkstatt mit Freunden in London; 1971–1979 eigenes Studio im Landschaftspark Peak District/Derbyshire; 1979 Studio in Somersham/Suffolk; 2006 Werkstatt und Schule in Prats de Mollo/Frankreich.

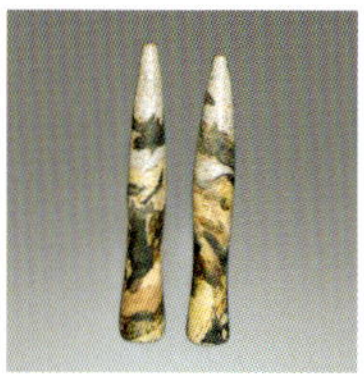

195
Vase „Small Growth“, um 1980 (links)
Steinzeug, hell-braungrauer Schamottescherben – gedreht, gewaschen und aufgeraut. Oxidationsbrand im Elektro-Ofen bei ca. 1.260°C.
H 18 cm, D 3 cm.
Unbezeichnet.
Erworben durch Lotte Reimers 1983.
Inv.-Nr. 00197-195.

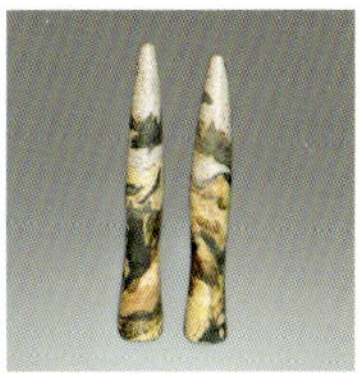

196
Vase „Small Growth“, um 1980 (rechts)
Steinzeug, hell-braun-grauer Schamottescherben – gedreht, gewaschen und aufgeraut. Oxidationsbrand im Elektro-Ofen bei ca. 1.260°C.
H 17,5 cm, D 2,5 cm.
Unbezeichnet.
Erworben durch Lotte Reimers 1983.
Inv.-Nr. 00197-196.

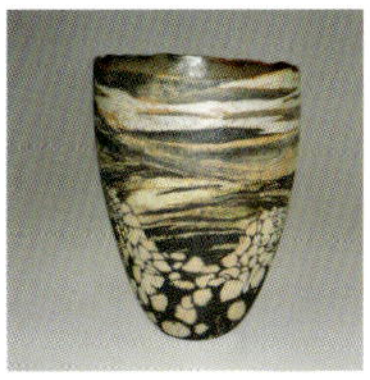

197
Offener Becher, 1980
Steinzeug, hell-graubrauner Schamottescherben – gedreht, gewickelt und gequetscht. Oxidationsbrand im Elektro-Ofen bei ca. 1.260°C.
H 23 cm, D 17 cm.
Werkstattzeichen Nr. 21.
Erworben durch Lotte Reimers 1983.
Inv.-Nr. 00197-197.

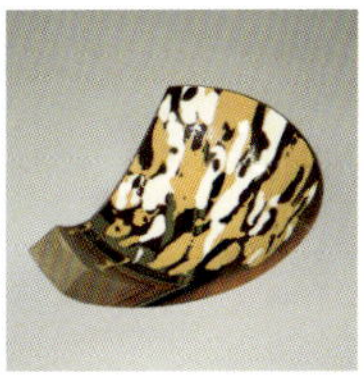

198
Objekt „Fragment“, 1981/1982
Terrakotta – geschnitten und geformt. Oxidationsbrand im Elektro-Ofen in drei Stufen bei 930°C, 1.080°C und 750°C.
Abmessungen 7 x 20 x 13,5 cm.
Werkstattzeichen Nr. 20.
Erworben durch Lotte Reimers 1983.
Inv.-Nr. 00197-198.

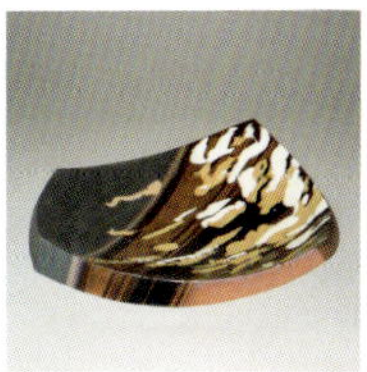

199
Objekt „Großes Fragment“, 1981/1982
Terrakotta – geschnitten und geformt. Oxidationsbrand im Elektro-Ofen in drei Stufen bei 930°C, 1.080°C und 750°C.
Abmessungen 6,5 x 24,5 x 23,5 cm.
Unbezeichnet.
Erworben durch Lotte Reimers 1983.
Inv.-Nr. 00197-199.

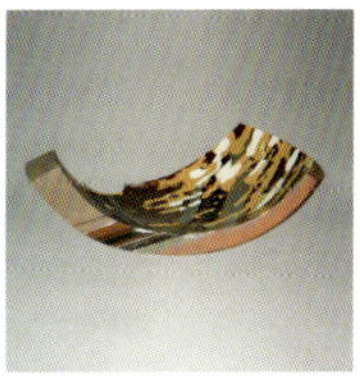

200
Objekt „Großes Fragment“, 1981/1982
Terrakotta – geschnitten und geformt. Oxidationsbrand im Elektro-Ofen in drei Stufen bei 930°C, 1.080°C und 750°C.
Abmessungen 15,5 x 41,5 x 29,5 cm.
Werkstattzeichen Nr. 20, Pinselzeichen 77 („77“ = 2. Werkstatt v. Alan Baxter).
Erworben durch Lotte Reimers 1983.
Inv.-Nr. 00197-200.

Benkö, Ilona
00197-201 – 00197-202

1937 in Szäkelykeresztür/Siebenbürgen geboren, lebt in Budapest.
Studium an der Hochschule für Angewandte Kunst, Budapest, bei Miklós Borsos, 1961 Diplomabschluss.

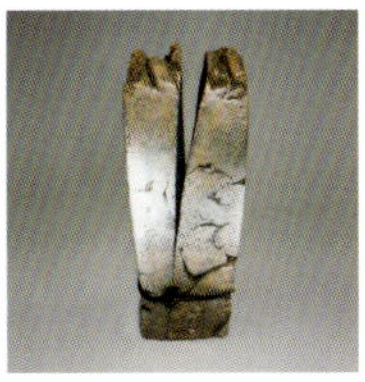

201
Objekt, Anfang 1980er Jahre
Steinzeug, braunschwarzer Scherben – gebaut und mit Draht umwickelt. Rakubrand bei 1.000°C.
Abmessungen 26 x 10,5 x 9 cm.
Werkstattzeichen Nr. 22.
Erworben durch Lotte Reimers.
Inv.-Nr. 00197-201.

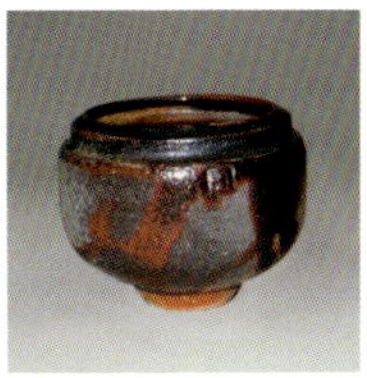

202
Vase mit weiter Öffnung, 1980er Jahre
Steinzeug, braunweißer Scherben – gedreht. Reduktionsbrand im Gasofen bei 1.260°C.
H 9 cm, D 12 cm.
Werkstattzeichen Nr. 22.
Erworben durch Lotte Reimers.
Inv.-Nr. 00197-202.

Bernstiel, Liebfriede
00197-203

1915 in Hamburg geboren, 1998 in Bad Oldesloe gestorben.
1933–1938 Studium, bis 1934 Landeskunstschule Hamburg, Töpferklasse von Max Wünsche, danach Werkstätten der Stadt Halle Burg Giebichenstein bei Hubert Griemert, Gesellenprüfung 1937. 1939–1946 Dornburg/Saale, Assistentin und Mitarbeiterin von Otto Lindig, Meisterprüfung 1944; 1947 Landeskunstschule Hamburg, Assistentin von Siegfried Möller und Gerhard Marcks; 1947–1955 Hochschule für Bildende Künste, Hamburg, Assistentin von Otto Lindig; von 1955–1998 eigene Werkstatt in Ahrensburg bei Hamburg.

Lit.: Klinge 1996, S. 295; Waldrich 1996, S. 56–58.

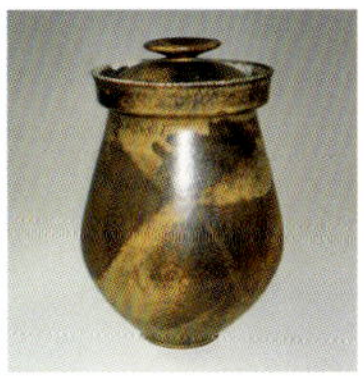

203
Dose – 1960er Jahre
Steinzeug, gelbbrauner Scherben – gedreht. Oxidationsbrand im Elektro-Ofen bei 1.280°C.
H (mit Deckel) 23 cm, D 16 cm.
Unbezeichnet.
Erworben durch J.W. Hinder.
Lit.: Hinder & Reimers 1971, Abb. 18.
Inv.-Nr. 00197-203.

Bertlings, Peter
00197-204

1885 in Krefeld geboren, 1982 in Krefeld gestorben.
1902–1904 Schüler der ersten Fachklasse der zukünftigen Handwerker- und Kunstgewerbeschule Krefeld; 1904–1907 Studium bei Franz Stuck an der Akademie der Bildenden Künste München; Romstipendium der Akademie.
1908–1954 Dozent für Malerei an der Handwerker- und Kunstgewerbeschule (Werkkunstschule) Krefeld; tätig als Maler, Keramiker und Kunstgewerbler; 1915–1918 Kriegsdienst; 1920 Aufbau des ersten Brennofens. 1922 Professur; 1943–1948 Leitung der Meisterschule für das gestaltende Handwerk, Krefeld.

Lit.: Krefeld 2004, S. 72–73.

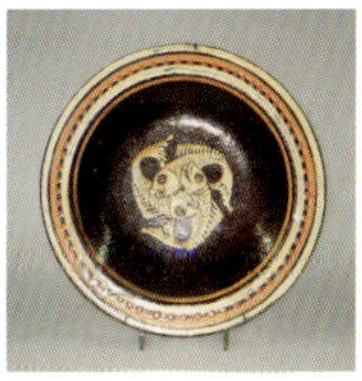

204
Wandteller – 1940er Jahre
Irdenware, hellorangeroter Scherben – gedreht.
H 5 cm, D 36,5 cm.
Unbezeichnet.
Erworben durch J.W. Hinder.
Lit.: Hinder & Reimers 1971, Abb. 19.
Inv.-Nr. 00197-204.

Birck, Aage
00197-205 – 00197-217

1941 in Kopenhagen geboren, lebt und arbeitet in Haderslev/Dänemark.
1958–1963 Ausbildung als Lehrer mit Schwerpunkt Werk- und Musikunterricht, gleichzeitig autodidaktische Weiterbildung im Bereich der Keramik und Mitarbeit in verschiedenen Werkstätten in Deutschland und Frankreich. Seit 1965 eigene Werkstatt zusammen mit Heidi Guthmann Birck.

Lit.: Tolstrup 1999.

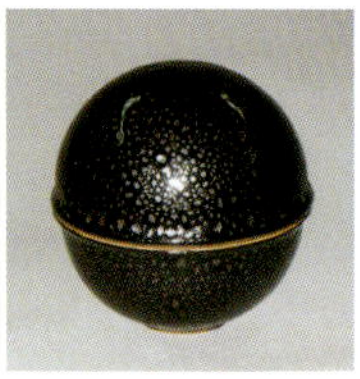

205
Dose, 1981
Steinzeug, mattgraubrauner Scherben – gedreht. Oxidationsbrand im Elektro-Ofen bei 1.280°C.
H 12,5 cm, D 13 cm.
Werkstattzeichen Nr. 23.
Erworben durch Lotte Reimers 1981.
Inv.-Nr. 00197-205.

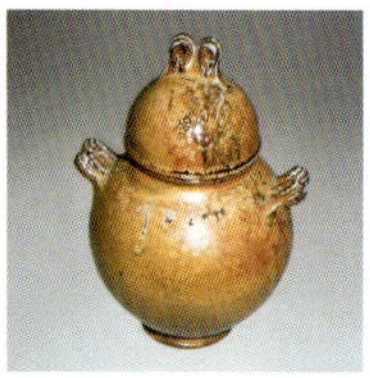

206
Deckeltopf mit Ösen, um 1980
Steinzeug, hellgrauer Scherben – gedreht. Reduktionsbrand im Gas-Ofen bei 1.280°C.
H 21 cm, D 14 cm.
Werkstattzeichen Nr. 23.
Erworben durch Lotte Reimers.
Inv.-Nr. 00197-206.

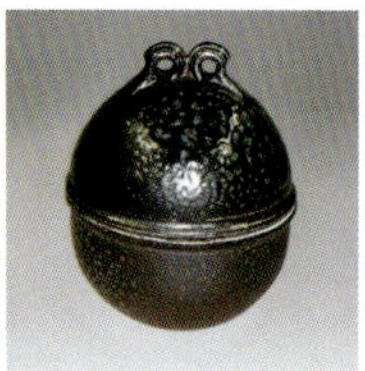

207
Deckelgefäß mit Ösen, um 1980
Steinzeug, braungrauer Scherben – gedreht. Reduktionsbrand im Gas-Ofen bei 1.280°C.
H 12,5 cm, D 10,5 cm.
Werkstattzeichen Nr. 23.
Erworben durch Lotte Reimers.
Inv.-Nr. 00197-207.

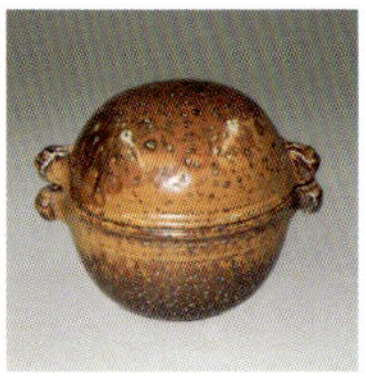

208
Deckelgefäß mit Ösen, um 1980
Steinzeug, braungrauer Scherben – gedreht. Reduktionsbrand im Gas-Ofen bei 1.280°C.
H 10 cm, D (mit Griffen) 13 cm.
Werkstattzeichen Nr. 23.
Erworben durch Lotte Reimers.
Inv.-Nr. 00197-208.

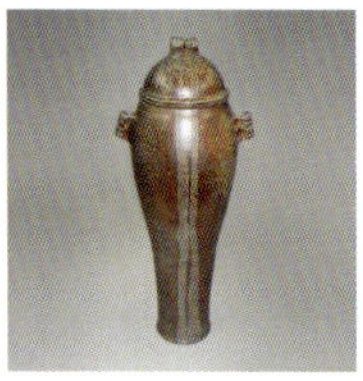

209
Hoher Deckeltopf mit Ösen, um 1980
Steinzeug, grauer Scherben – gedreht. Reduktionsbrand im Gas-Ofen bei 1.280°C.
H 48 cm, D (mit Ösen bzw. Henkeln) 20,5 cm.
Werkstattzeichen wie Nr. 24, ohne Jahreszahl
Erworben durch Lotte Reimers.
Inv.-Nr. 00197-209.

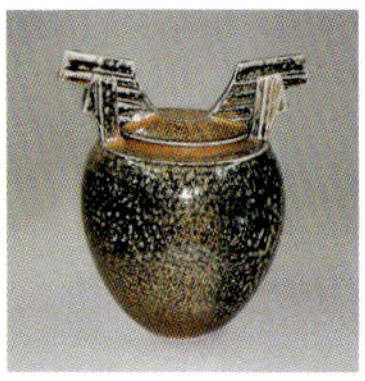

210
Deckelgefäß mit „Flügeln", 1985
Steinzeug, hellgrauer Scherben – gedreht. Reduktionsbrand im Gas-Ofen bei 1.280°C.
H 20 cm, D (mit Deckel) 17,5 cm.
Werkstattzeichen Nr. 24.
Erworben durch Lotte Reimers.
Inv.-Nr. 00197-210.

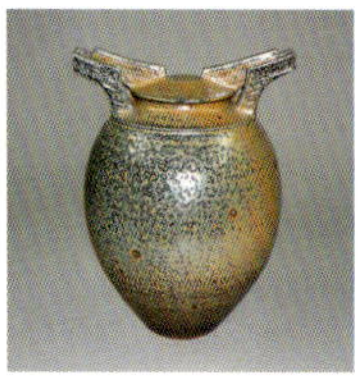

211
Deckelgefäß mit „Flügeln", 1984
Steinzeug, grauer Scherben – gedreht. Reduktionsbrand im Gas-Ofen bei 1.280°C.
H 25,5 cm, D (mit Deckel) 19,5 cm.
Werkstattzeichen wie Nr. 24, Jahreszahl 84.
Erworben durch Lotte Reimers 1985.
Inv.-Nr. 00197-211.

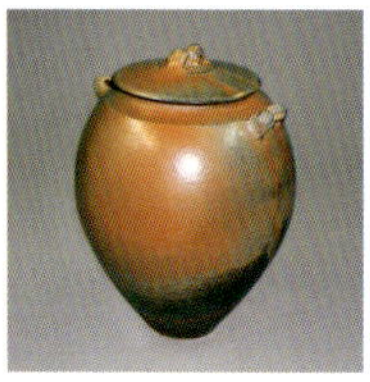

212
Gefäß mit Deckel und Henkelösen, 1985
Steinzeug, hellgrauer Scherben – gedreht. Reduktionsbrand im Gas-Ofen bei 1.280°C.
H 23 cm, D 17 cm.
Werkstattzeichen Nr. 24.
Erworben durch Lotte Reimers 1985.
Inv.-Nr. 00197-212.

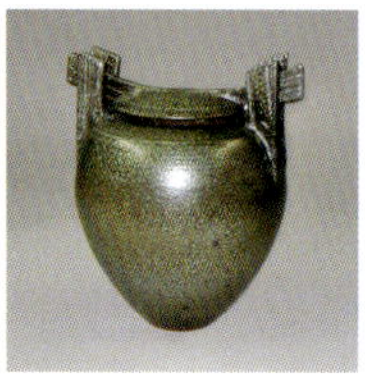

213
Deckelgefäß mit Stegen an Deckel und Körper, 1984
Steinzeug, hellgrauer Scherben – gedreht. Reduktionsbrand im Gas-Ofen bei 1.280°C.
H 18 cm, D 17,5 cm.
Werkstattzeichen wie Nr. 24, Jahreszahl 84.
Erworben durch Lotte Reimers 1985.
Inv.-Nr. 00197-213.

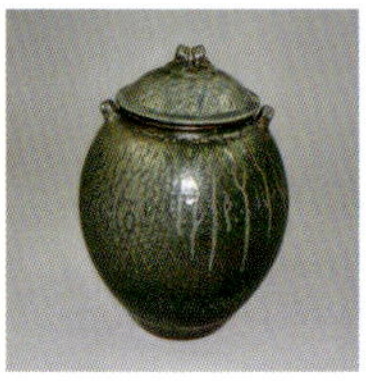

214
Gefäß mit Deckel und Henkelösen, 1982
Steinzeug, mattgrauer Scherben – gedreht. Reduktionsbrand im Gas-Ofen bei 1.280°C.
H 25,5 cm, D 19 cm.
Werkstattzeichen wie Nr. 24, Jahreszahl 82, Pinselzeichen: CORV.
Erworben durch Lotte Reimers 1985.
Inv.-Nr. 00197-214.

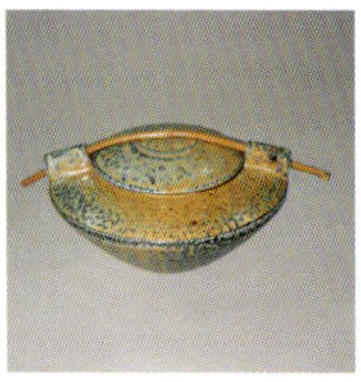

215
Gefäß mit Deckel, 2 Stegen und Bambusstab, 1985
Steinzeug, grauer Scherben – gedreht. Reduktionsbrand im Gas-Ofen bei 1.280°C.
H 9,5 cm, D 16,5 cm.
Werkstattzeichen Nr. 24.
Erworben durch Lotte Reimers 1985.
Inv.-Nr. 00197-215.

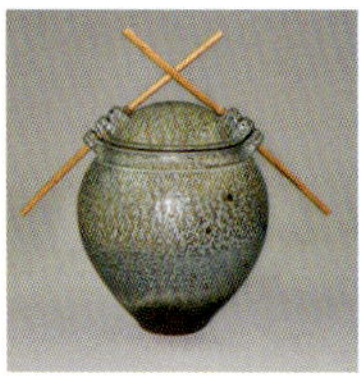

216
Deckelgefäß mit Ösen und Bambusstäben, 1983
Steinzeug, mattgraubrauner Scherben – gedreht. Reduktionsbrand im Gas-Ofen bei 1.280°C.
H 18,5 cm, D 16 cm.
Werkstattzeichen wie Nr. 24, Jahreszahl 83, Pinselzeichen CORV.
Erworben durch Lotte Reimers 1985.
Inv.-Nr. 00197-216.

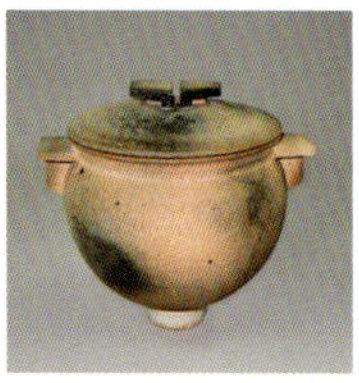

217
Gefäß mit Deckel, Griffen und Knäufen, 1987
Steinzeug, weißbrauner Scherben – gedreht und montiert. Reduktionsbrand im Gas-Ofen bei 1.280°C.
H 21,5 cm, D 23,5 cm.
Werkstattzeichen wie Nr. 24, Jahreszahl 87.
Erworben durch Lotte Reimers.
Inv.-Nr. 00197-217.

Guthmann Birck, Heidi
00197-218 – 00197-222

1941 in Köln geboren, lebt und arbeitet in Haderslev/Dänemark.
1959–1962 Keramiker- und Bildhauerlehre bei A. und G. von Stokar, Dachau, München, Abschluss Gesellenprüfung. 1963–1965 Mitarbeit in der Werkstatt von Gerhard Liebenthron, Bremen, und bei Jean Tessier, Atelier du Cep, Villenauxe, Frankreich. Seit 1965 eigene Werkstatt zusammen mit Aage Birck.

Lit.: Tolstrup 1999.

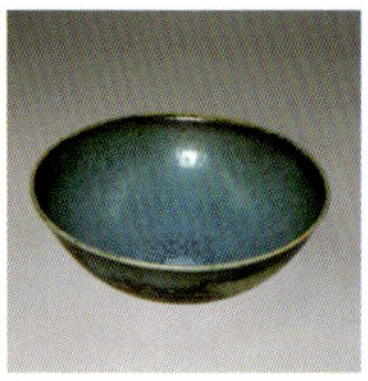

218
Schale, 1980er Jahre
Steinzeug, mattgraubrauner Scherben – gedreht. Oxidationsbrand im Elektro-Ofen bei 1.280°C.
H 7 cm, D 16 cm.
Werkstattzeichen Nr. 25, Pinselzeichen: 4.
Erworben durch Lotte Reimers.
Inv.-Nr. 00197-218.

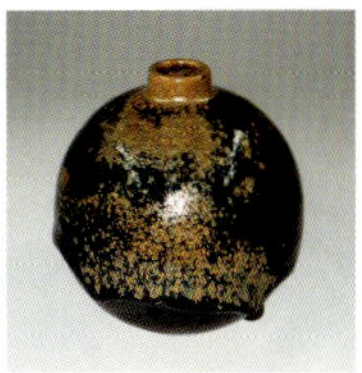

219
Vase mit kleiner Öffnung, 1980er Jahre
Steinzeug, weiß-brauner Scherben – gedreht. Reduktionsbrand im Gas-Ofen bei 1.280°C.
H 13 cm, D 13,5 cm.
Werkstattzeichen Nr. 26.
Erworben durch Lotte Reimers.
Inv.-Nr. 00197-219.

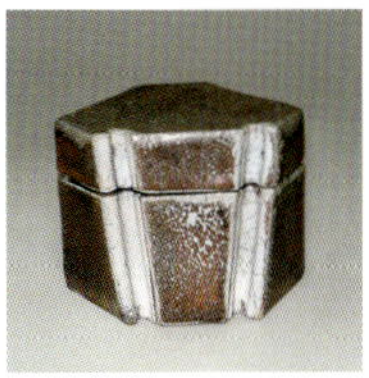

220
Dose – sechseckig, 1980er Jahre
Steinzeug, mattbrauner Scherben – modelliert in Gipsform. Rakubrand bei ca. 900°C (Sägemehlreduktion).
Abmessungen 9 x 12 x 11 cm.
Werkstattzeichen Nr. 27, Strichzeichnung: Gesicht mit lachendem Mund.
Erworben durch Lotte Reimers.
Inv.-Nr. 00197-220.

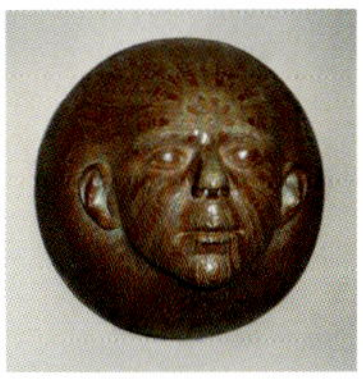

221
Relief mit Netzabdruck, 1985
Steinzeug, hellgrauer Scherben – modelliert. Reduktionsbrand im Gas-Ofen bei 1.280°C.
H 18 cm, D 28,5 cm.
Werkstattzeichen Nr. 27.
Erworben durch Lotte Reimers 1985.
Inv.-Nr. 00197-221.

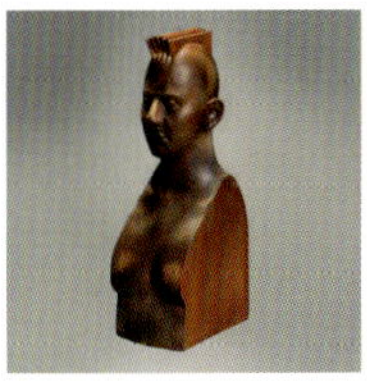

222
Plastik „Punkerin", 1985
Steinzeug, grauer Scherben – modelliert. Reduktionsbrand im Gas-Ofen bei 1.280°C.
Abmessungen 54,5 x 15,5 x 23,5 cm.
Werkstattzeichen wie Nr. 27, statt Guthmann „G.".
Erworben durch Lotte Reimers 1985.
Lit.: Reimers 1987, S. 108–109.
Inv.-Nr. 00197-222.

Blandino, Betty
00197-223

1927 in London geboren, lebt und arbeitet in Oxford, England.
1945–1947 Ausbildung am Bishop Otter-College, Chichester; 1957–1958 Studium der Malerei und Keramik am Goldsmiths College, University of London, danach in den 1960er Jahren Tätigkeiten u.a. als Lehrerin und Galeristin; 1972–1973 Studium am Institute of Education, London University, Diplom in Kunsterziehung. 1973 Einrichtung eines eigenen Studios in Südwales. Seit 1988 eigenes Studio in Oxford.

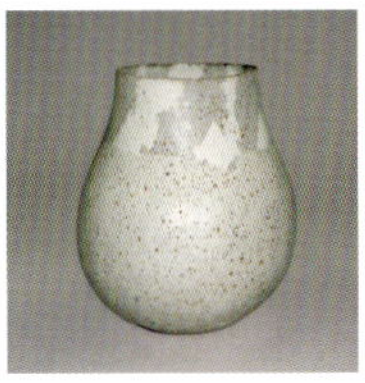

223
Eiförmiges Gefäß, vermutl. 1980er Jahre
Steinzeug, mattgraubrauner Scherben – gebaut.
H 18,5 cm, D 15,5 cm.
Werkstattzeichen Nr. 28.
Erworben durch Lotte Reimers.
Inv.-Nr. 00197-223.

Bontjes van Beek, Jan
00197-224 – 00197-267

1899 in Vejle/Jütland geboren, 1969 in Berlin gestorben.
1915–1918 Soldat; 1921–1922 keramische Ausbildung bei Valentin Frank in Undenheim. 1922–1931 Werkstatt mit der Bildhauerin Amelie Breling in Fischerhude b. Bremen, anschließend eigene Werkstatt bis zur Kriegszerstörung 1943 in Berlin. Nach Entlassung aus der Kriegsgefangenschaft 1946–1950 Lehrtätigkeit an der Hochschule für freie und angewandte Künste, Berlin-Weißensee, 1947 Ernennung zum Professor und Direktor. 1950–1967 Entwicklungsarbeiten im keramischen Werk Dr.-Ing. A. Ungewiß in Dehme bei Bad Oeynhausen, bis 1953 Entwürfe für die Philipp Rosenthal AG. Bei Dr. Ungewiß entstehen neben Entwürfen für die Serienfertigung seit 1963 Einzelstücke. Daneben 1953–1960 Direktor der Meisterschule für Kunsthandwerk in Berlin-Charlottenburg, 1960–1966 Professor an der Hochschule für bildende Künste in Hamburg.
Zu seinen Schülern gehörten in Berlin u.a. Volker Ellwanger, in Hamburg Christine Atmer de Reig, Antje Brüggemann-Breckwoldt und Barbara Stehr.

Lit.: Vetter 1997b, S. 46–53, 173–174, 227–230.

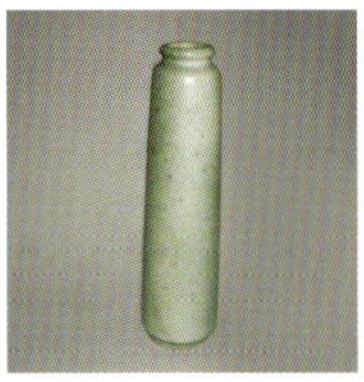

224
Vase – hohes zylindrisches Gefäß, 1951–55
Inv.-Nr. 00197-224,
s. Vetter 1997b, Nr. 86.

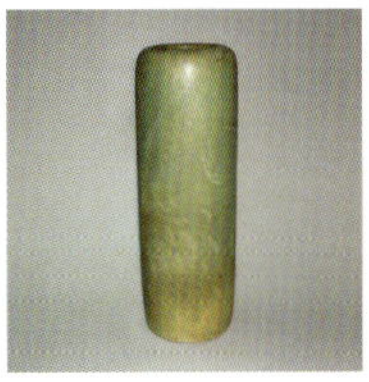

225
Vase – Zylinder, 1952/53
Inv.-Nr. 00197-225,
s. Vetter 1997b, Nr. 87.

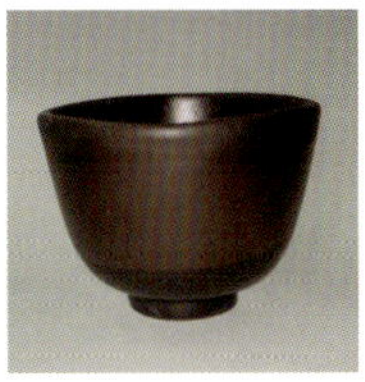

226
Kumme (eckige Form), Anf. 1950er Jahre
Inv.-Nr. 00197-226,
s. Vetter 1997b, Nr. 88.

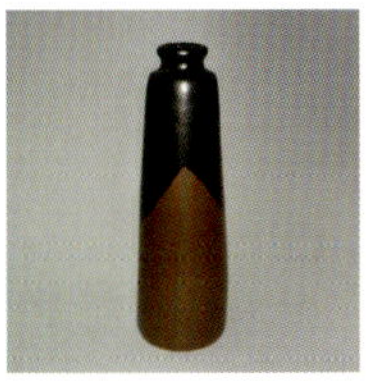

227
Vase – Flasche, Anf. 1950er Jahre
Inv.-Nr. 00197-227,
s. Vetter 1997b, Nr. 89.

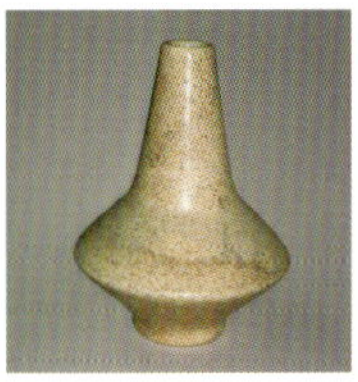

228
Vase – Doppelkegel, um 1953
Inv.-Nr. 00197-228,
s. Vetter 1997b, Nr. 90.

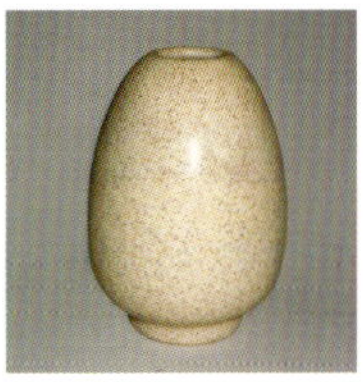

229
Vase – Eiform, um 1953
Inv.-Nr. 00197-229,
s. Vetter 1997b, Nr. 91.

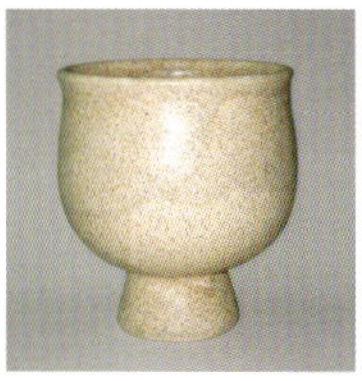

230
Bechergefäß, 1953/54
Inv.-Nr. 00197-230,
s. Vetter 1997b, Nr. 92.

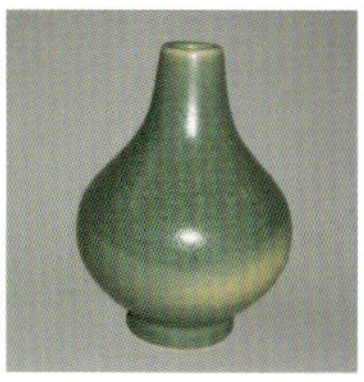

231
Vase – bauchige Form, 1953/54
Inv.-Nr. 00197-231,
s. Vetter 1997b, Nr. 93.

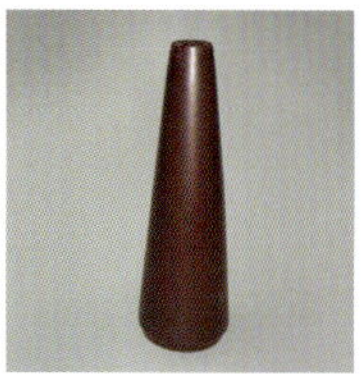

232
Vase – schmale Kegelform, um 1955
Inv.-Nr. 00197-232,
s. Vetter 1997b, Nr. 94.

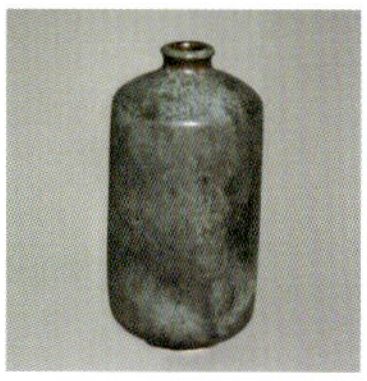

233
Vase – zylindrische Form, 1950er Jahre
Inv.-Nr. 00197-233,
s. Vetter 1997b, Nr. 95.

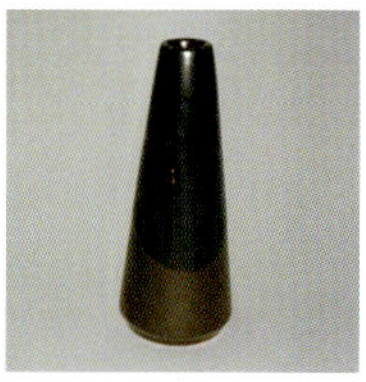

234
Vase – schmale Kegelform, um 1958
Inv.-Nr. 00197-234,
s. Vetter 1997b, Nr. 96.

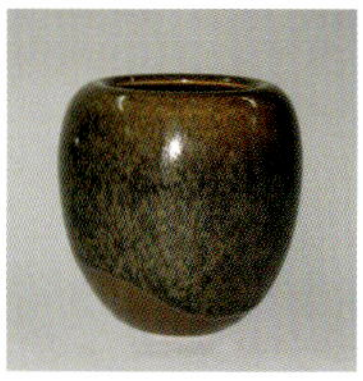

235
Kugelvase, 1958/59
Inv.-Nr. 00197-235,
s. Vetter 1997b, Nr. 97.

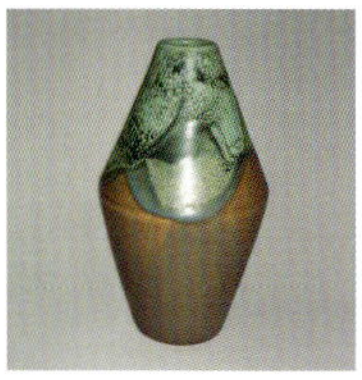

236
Vase – Doppelkegel, 1964/65
Inv.-Nr. 00197-236,
s. Vetter 1997b, Nr. 98.

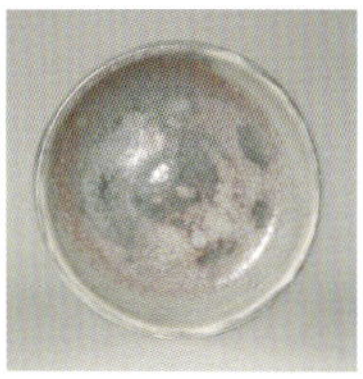

237
Flache Schale, 1967
Inv.-Nr. 00197-237,
s. Vetter 1997b, Nr. 99.

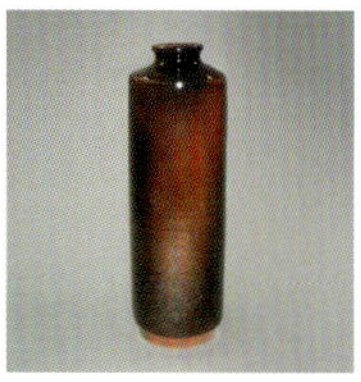

238
Vase – Zylinder, 1968
Inv.-Nr. 00197-238,
s. Vetter 1997b, Nr. 100.

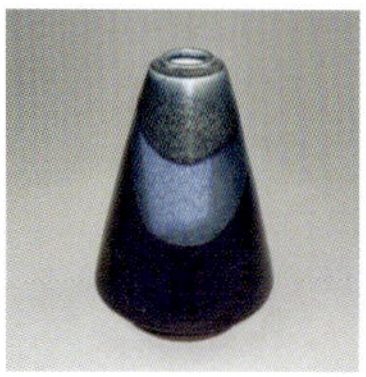

239
Gefäß – Kegelform, 1950er Jahre
Inv.-Nr. 00197-239,
s. Vetter 1997b, Nr. 101.

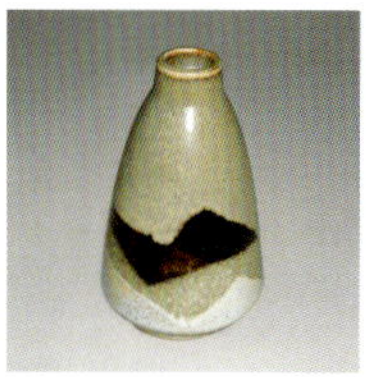

240
Gefäß – Kegelform, 1950er Jahre
Inv.-Nr. 00197-240,
s. Vetter 1997b, Nr. 102.

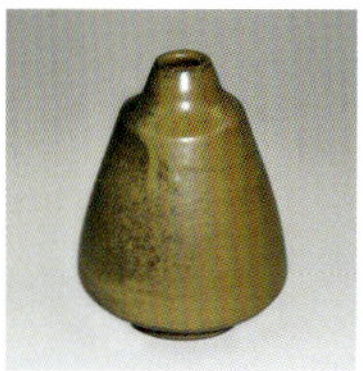

241
Gefäß – Kegelform, um 1957
Inv.-Nr. 00197-241,
s. Vetter 1997b, Nr. 103.

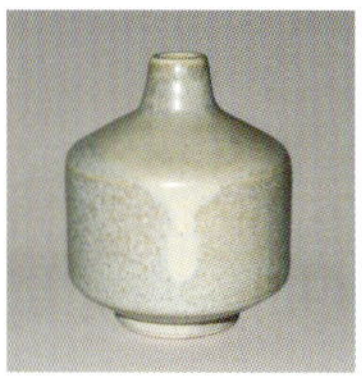

242
Vase – Walzenform, um 1958
Inv.-Nr. 00197-242,
s. Vetter 1997b, Nr. 104.

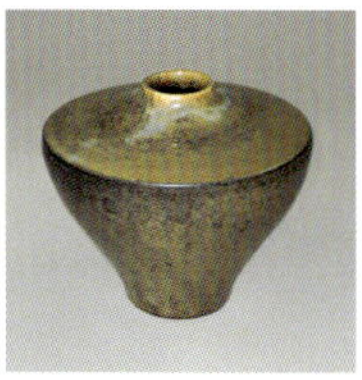

243
Vase – konische Form, um 1958
Inv.-Nr. 00197-243,
s. Vetter 1997b, Nr. 105.

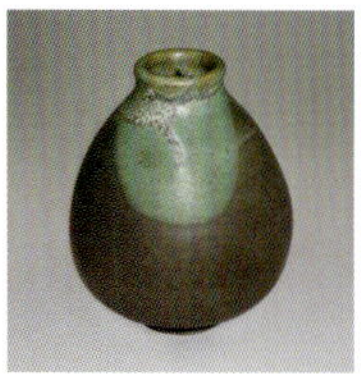

244
Vase – bauchige Form, um 1959
Inv.-Nr. 00197-244,
s. Vetter 1997b, Nr. 106.

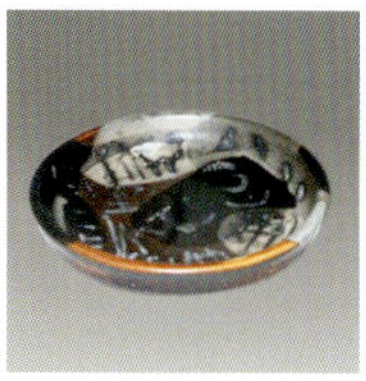

245
Flacher Teller, Ende 1950er Jahre
Inv.-Nr. 00197-245,
s. Vetter 1997b, Nr. 107.

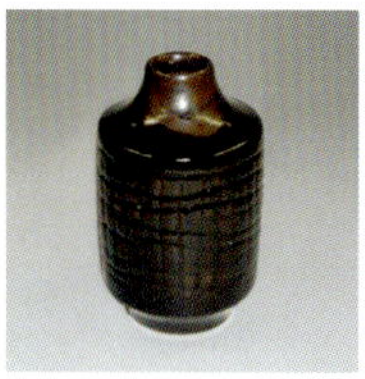

246
Vase – zylindrischer Korpus, Ende 1950er Jahre
Inv.-Nr. 00197-246,
s. Vetter 1997b, Nr. 108.

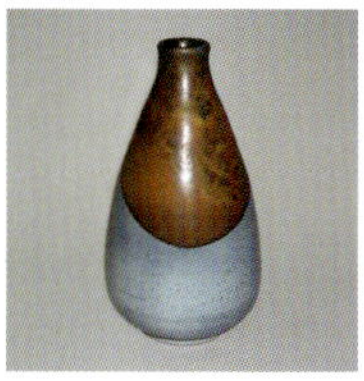

247
Vase – Tropfenform, Ende 1950er Jahre
Inv.-Nr. 00197-247,
s. Vetter 1997b, Nr. 109.

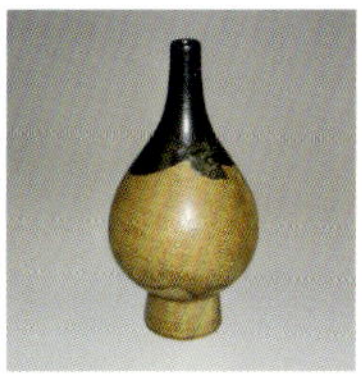

248
Vase – Tropfenform, um 1962/63
Inv.-Nr. 00197-248, s. Vetter 1997b, Nr. 110.

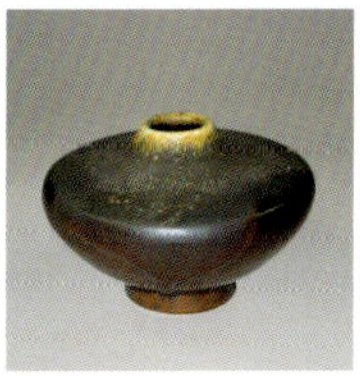

249
Flache, halbkugelige Form, 1962/63
Inv.-Nr. 00197-249, s. Vetter 1997b, Nr. 111.

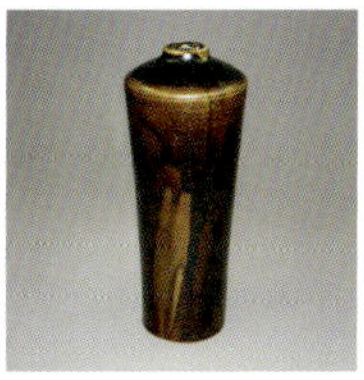

250
Zylinder mit breiter Schulter, vermutl. 1963/64
Inv.-Nr. 00197-250, s. Vetter 1997b, Nr. 112.

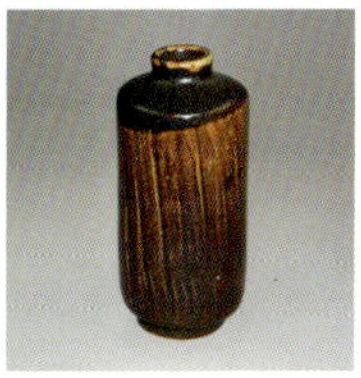

251
Zylindrische Form, vermutl. 1963/64
Inv.-Nr. 00197-251, s. Vetter 1997b, Nr. 113.

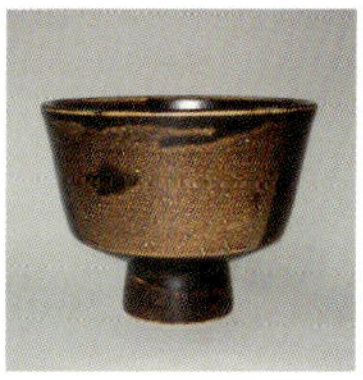

252
Fußschale, vermutl. 1963/64
Inv.-Nr. 00197-252, s. Vetter 1997b, Nr. 114.

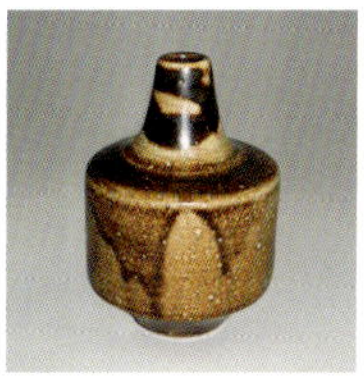

253
Vase – Walzenform, vermutl. 1963/64
Inv.-Nr. 00197-253, s. Vetter 1997b, Nr. 115.

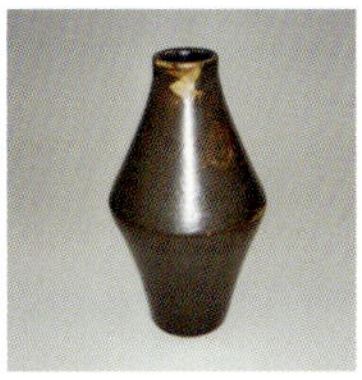

254
Vase – Doppelkegel, um 1964
Inv.-Nr. 00197-254, s. Vetter 1997b, Nr. 116.

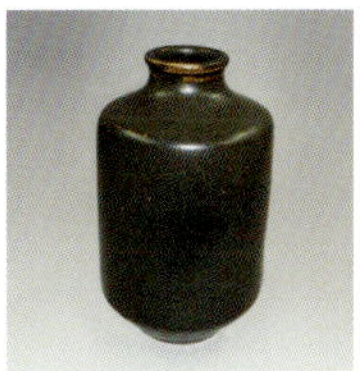

255
Vase – große Walzenform, um 1964
Inv.-Nr. 00197-255, s. Vetter 1997b, Nr. 117.

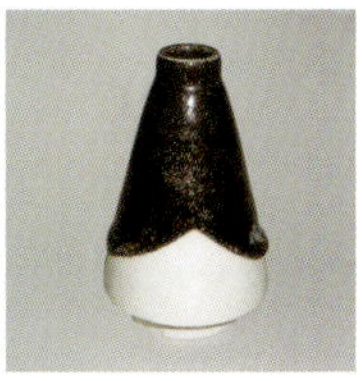

256
Vase – Kegelform, um 1964
Inv.-Nr. 00197-256, s. Vetter 1997b, Nr. 118.

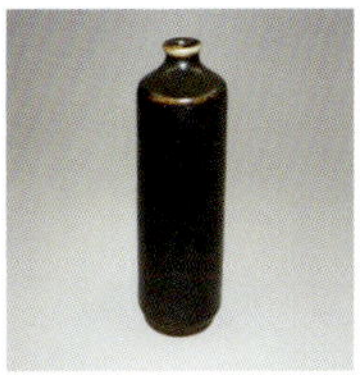

257
Vase – hohe zylindrische Form, vermutl. 1964
Inv.-Nr. 00197-257, s. Vetter 1997b, Nr. 119.

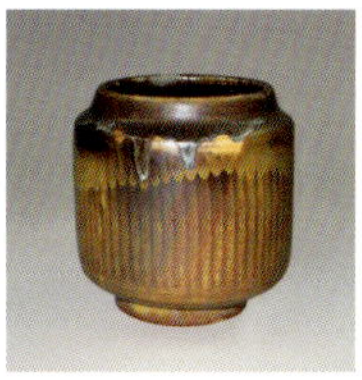

258
Vase – walzenförmiger Korpus, 1966
Inv.-Nr. 00197-258, s. Vetter 1997b, Nr. 120.

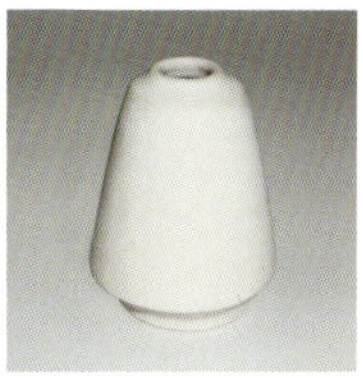

259
Vase – Kegelform, 1966
Inv.-Nr. 00197-259, s. Vetter 1997b, Nr. 121.

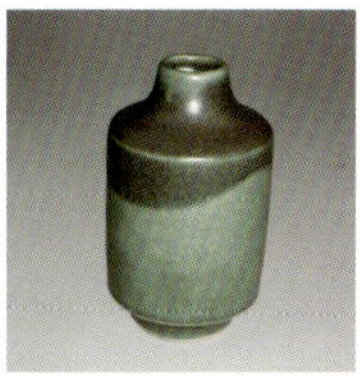

260
Vase – kleine Walzenform, um 1960
Inv.-Nr. 00197-260, s. Vetter 1997b, Nr. 122.

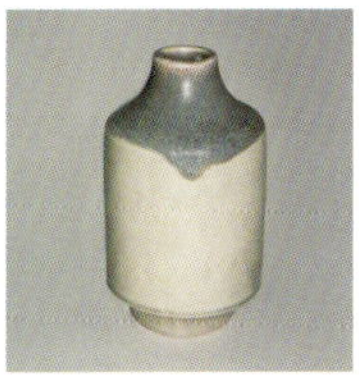

261
Vase – kleine Walzenform, 1966
Inv.-Nr. 00197-261, s. Vetter 1997b, Nr. 123.

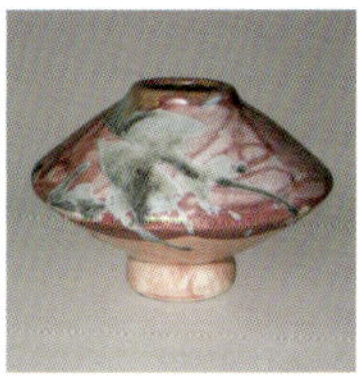

262
Vase – Doppelkegel, ca. 1966/67
Inv.-Nr. 00197-262, s. Vetter 1997b, Nr. 124.

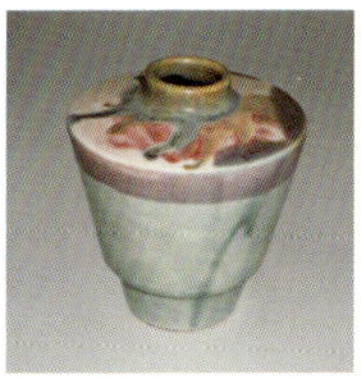

263
Vase – Kegelform, 1966/67
Inv.-Nr. 00197-263, s. Vetter 1997b, Nr. 125.

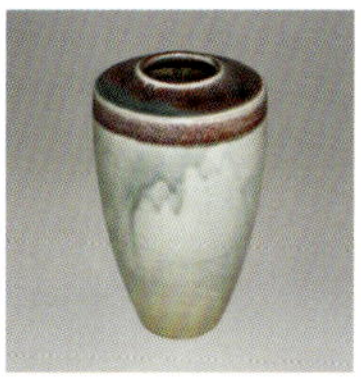

264
Vase, 1966/67
Inv.-Nr. 00197-264, s. Vetter 1997b, Nr. 126.

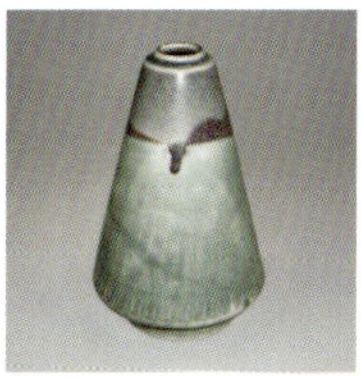

265
Vase – Kegelform, vermutl. 1966/67
Inv.-Nr. 00197-265, s. Vetter 1997b, Nr. 127.

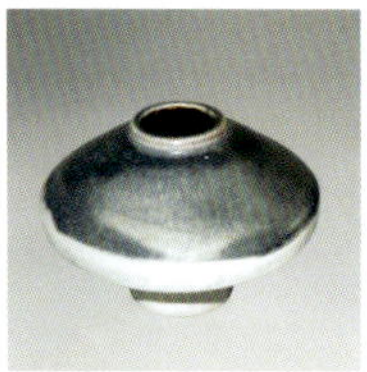

266
Vase – Spindelform, späte Arbeit
Inv.-Nr. 00197-266, s. Vetter 1997b, Nr. 128.

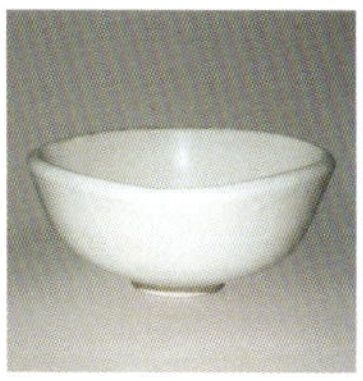

267
Schale – eckige Form, letzte Serie
Inv.-Nr. 00197-267, s. Vetter 1997b, Nr. 129.

Brück, Traute
00197-268 – 00197-269

1934 geboren, lebt und arbeitet in Plettenberg Bay, Südafrika.
Nach Tätigkeit als Buchhalterin und Übersiedelung nach Südafrika 1973–1975 Keramikausbildung bei Suzette Munnik, Johannesburg, 1978–1979 Studium von Glasurtechnologie, Skulptur und Zeichnen am Technikon Witwatersrand, Johannesburg, 1986–1988 Kunststudium am Technikon Witwatersrand. Seit 1975 eigenes Studio, zuerst in Johannesburg, danach von 1988–1994 in Flintbeck bei Kiel, 1994–2002 in Johannesburg, seit 2002 in Plettenberg Bay/Republik Südafrika. Teilnahme an Workshops, Studienreisen nach USA und in die Volksrepublik China.

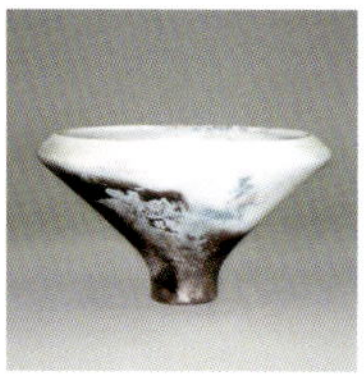

268
Schale, 1982
Porzellan, weißer Scherben – gedreht. Schrühbrand im Elektro-Ofen bei 1.100°C, Sägemehlreduktion bei 900°C.
H 10,5 cm, D 19 cm.
Werkstattzeichen Nr. 32.
Erworben durch Lotte Reimers.
Inv.-Nr. 00197-268.

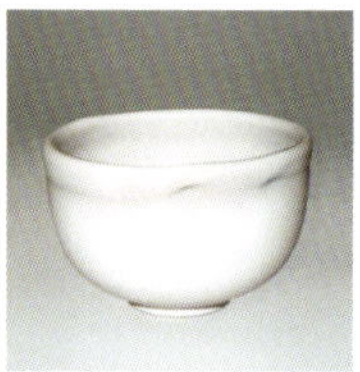

269
Schale, 1980
Porzellan, weißer Scherben – gedreht, gefaltet. Oxidationsbrand im Elektro-Ofen bei 1.260°C.
H 7,5 cm, D 13 cm.
Werkstattzeichen Nr. 32 (Unterglasur).
Erworben durch Lotte Reimers.
Inv.-Nr. 00197-269.

Brüggemann-Breckwoldt, Antje
00197-270 – 00197-313

1941 in Bützow/Mecklenburg geboren, lebt und arbeit in Wippershain bei Bad Hersfeld.
Nach dem Abitur 1961–1963 Töpferlehre bei Helma Klett in Fredelsloh/Solling, 1963 Gesellenprüfung. 1963–1965 Studium der Keramik bei Jan Bontjes van Beek an der Hochschule für Bildende Künste in Hamburg; 1965–1966 Studium der Keramik bei Walter Popp an der Hochschule für Bildende Künste in Kassel. 1966–1969 eigene Werkstatt in Westerland/Sylt, danach 1970–1975 in Bad Hersfeld; seit 1975 eigene Werkstatt in Wippershain bei Bad Hersfeld. 1980–1992 Entwurfstätigkeit für Rosenthal AG, Selb; 1997 Entwurfsarbeit für British Airways und die Deutsche BA (Gestaltung eines Flugzeughecks).

Lit.: Vetter 1997b, S. 54–61, 175–177, 231–234; Lauenburg 2003; Marburg 2003.

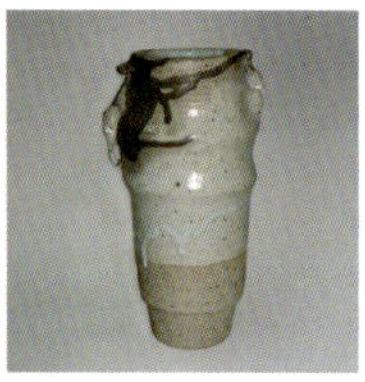

270
Vase, 1966 (Kassel)
Inv.-Nr. 00197-270, s. Vetter 1997b, Nr. 130.

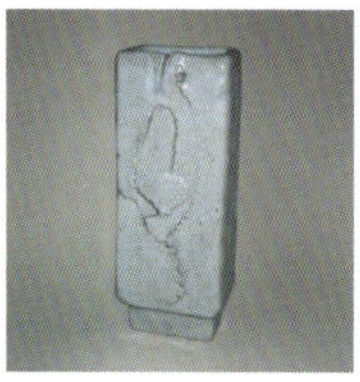

271
Eckige Vase, 1966 (Kassel)
Inv.-Nr. 00197-271, s. Vetter 1997b, Nr. 131.

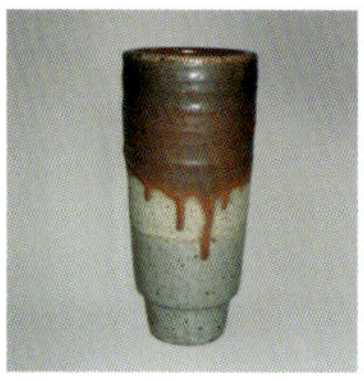

272
Vase, 1966 (Kassel)
Inv.-Nr. 00197-272, s. Vetter 1997b, Nr. 132.

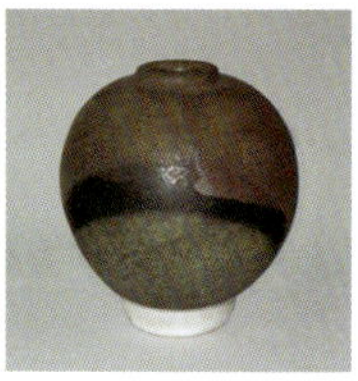

273
Vase, 1966 (Sylt)
Inv.-Nr. 00197-273, s. Vetter 1997b, Nr. 133.

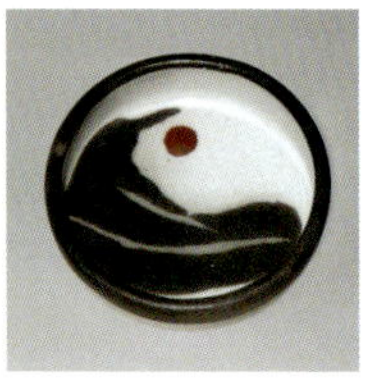

274
Schale, 1966
Inv.-Nr. 00197-274, s. Vetter 1997b, Nr. 134.

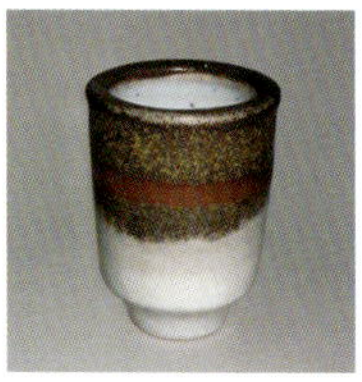

275
Bechergefäß, 1967 (Sylt)
Inv.-Nr. 00197-275, s. Vetter 1997b, Nr. 135.

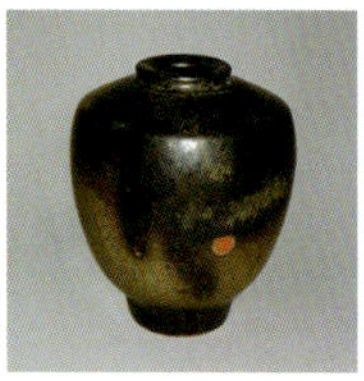

276
Vase, 1967 (Sylt)
Inv.-Nr. 00197-276, s. Vetter 1997b, Nr. 136.

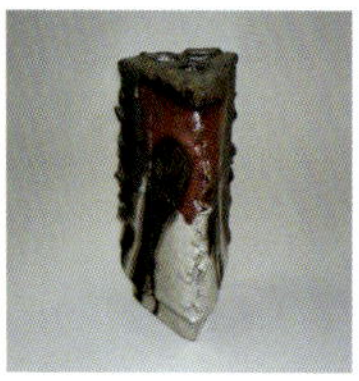

277
Vase, 1967 (Sylt)
Inv.-Nr. 00197-277, s. Vetter 1997b, Nr. 137.

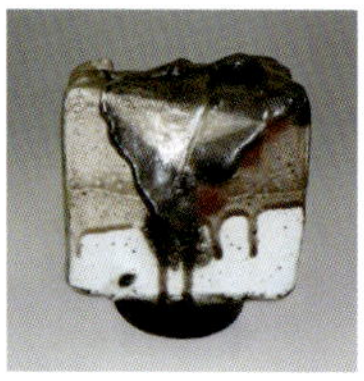

278
Eckige Vase mit zwei Öffnungen, 1967 (Sylt)
Inv.-Nr. 00197-278, s. Vetter 1997b, Nr. 138.

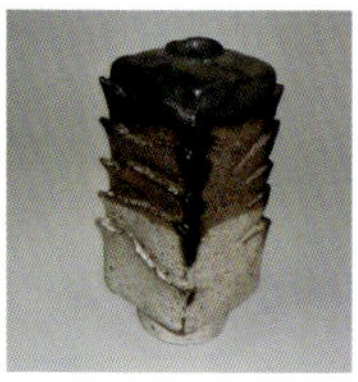

279
Gefäß, eckig, 1967 (Sylt)
Inv.-Nr. 00197-279, s. Vetter 1997b, Nr. 139.

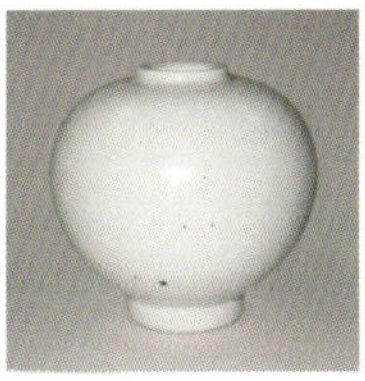
280
Vase, Kugelform, 1968 (Sylt)
Inv.-Nr. 00197-280,
s. Vetter 1997b,
Nr. 140.

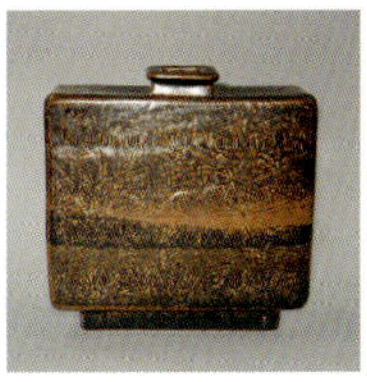
281
Vase, eckig, 1968 (Sylt)
Inv.-Nr. 00197-281,
s. Vetter 1997b,
Nr. 141.

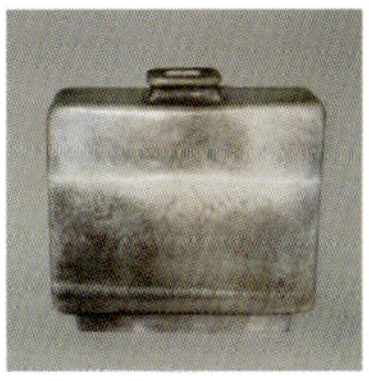
282
Vase, eckig, 1968 (Sylt)
Inv.-Nr. 00197-282,
s. Vetter 1997b,
Nr. 142.

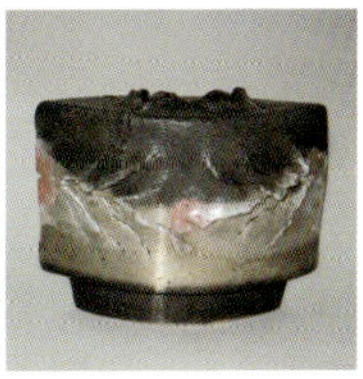
283
Gefäß mit zwei Öffnungen, 1968
Inv.-Nr. 00197-283,
s. Vetter 1997b,
Nr. 143.

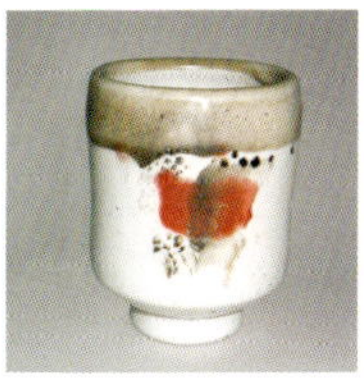
284
Becher, 1970
Inv.-Nr. 00197-284,
s. Vetter 1997b,
Nr. 144.

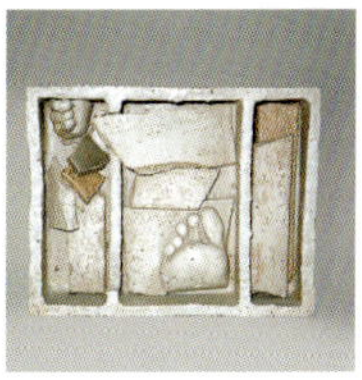
285
Kasten mit Relief, 1970 (Kassel)
Inv.-Nr. 00197-285,
s. Vetter 1997b,
Nr. 145.

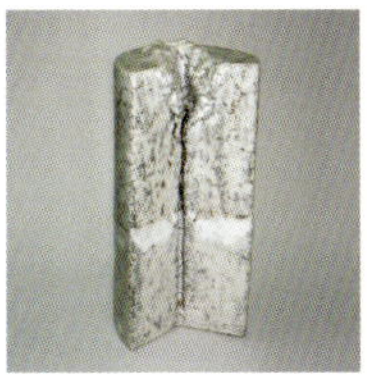
286
Gefäß, 1970
Inv.-Nr. 00197-286,
s. Vetter 1997b,
Nr. 146.

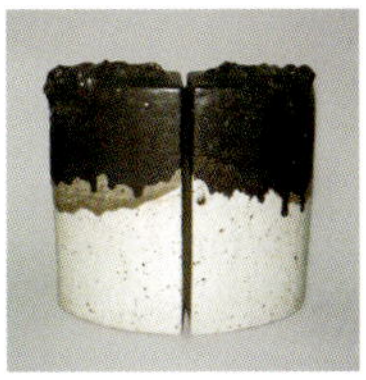
287
Gefäß, zweiteilig, 1970
Inv.-Nr. 00197-287,
s. Vetter 1997b,
Nr. 147.

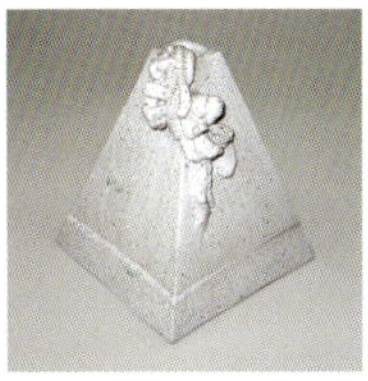
288
Gefäß „Pyramide", 1970 (Hersfeld)
Inv.-Nr. 00197-288,
s. Vetter 1997b,
Nr. 148.

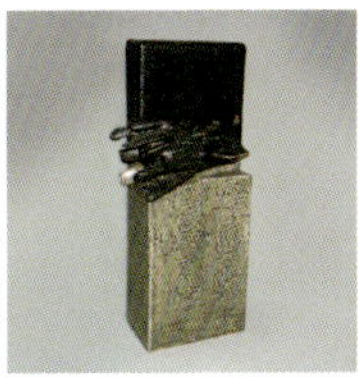
289
Eckiges Gefäß, 1970 (Hersfeld)
Inv.-Nr. 00197-289,
s. Vetter 1997b,
Nr. 149.

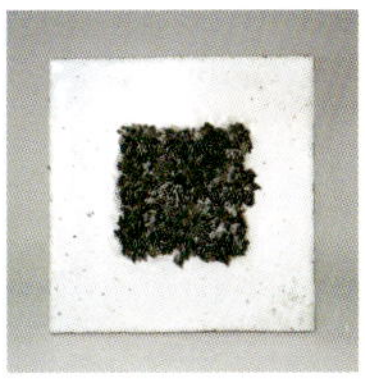
290
Wandplatte – Relief, 1971
Inv.-Nr. 00197-290,
s. Vetter 1997b,
Nr. 150.

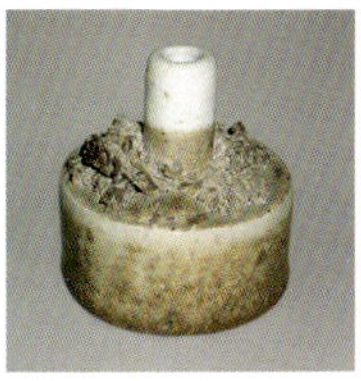
291
Vase, 1971
Inv.-Nr. 00197-291,
s. Vetter 1997b,
Nr. 151.

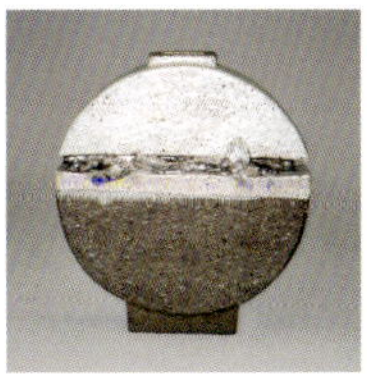
292
Gefäß, 1971
Inv.-Nr. 00197-292,
s. Vetter 1997b,
Nr. 152.

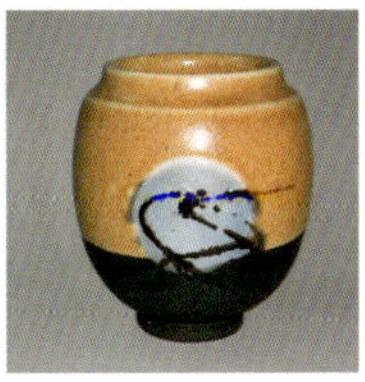
293
Vase, 1971
Inv.-Nr. 00197-293,
s. Vetter 1997b,
Nr. 153.

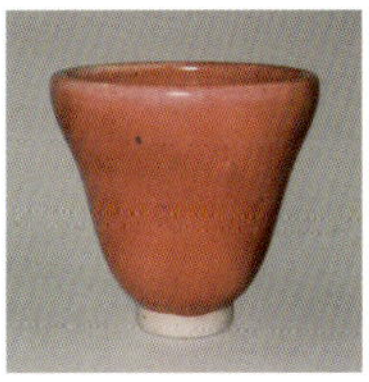
294
Bechergefäß, 1971
Inv.-Nr. 00197-294,
s. Vetter 1997b,
Nr. 154.

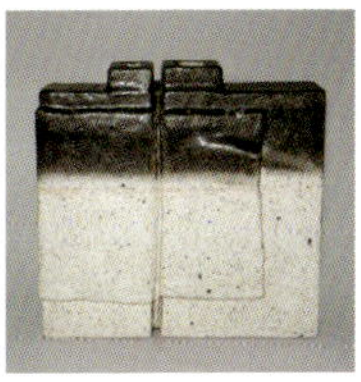
295
Vase mit zwei Öffnungen, 1971
Inv.-Nr. 00197-295,
s. Vetter 1997b,
Nr. 155.

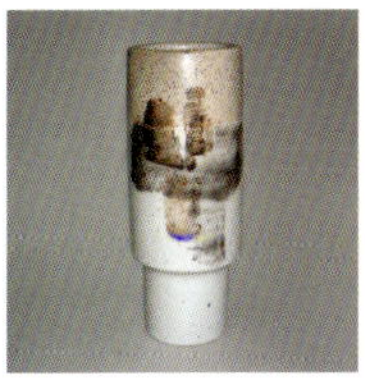
296
Vase, 1971
Inv.-Nr. 00197-296,
s. Vetter 1997b,
Nr. 156.

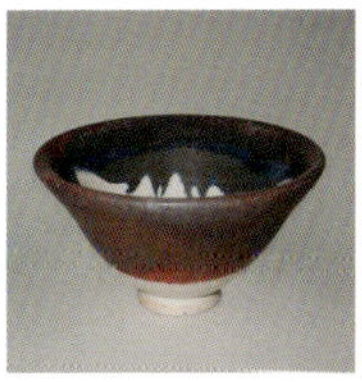
297
Schale, 1971
Inv.-Nr. 00197-297,
s. Vetter 1997b,
Nr. 157.

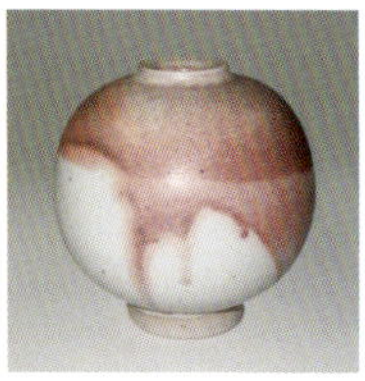

298
Vase, 1971
Inv.-Nr. 00197-298,
s. Vetter 1997b,
Nr. 158.

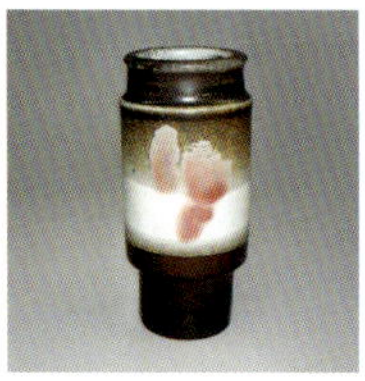

299
Bechervase, 1971
Inv.-Nr. 00197-299,
s. Vetter 1997b,
Nr. 159.

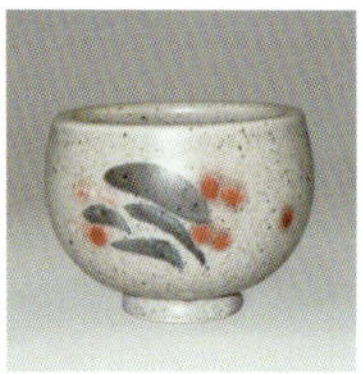

300
Schale, 1971
Inv.-Nr. 00197-300,
s. Vetter 1997b,
Nr. 160.

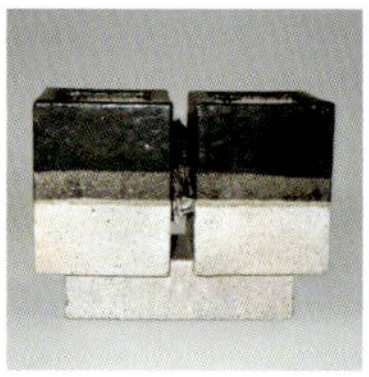

301
Vase – Doppelkasten, 1971
Inv.-Nr. 00197-301,
s. Vetter 1997b,
Nr. 161.

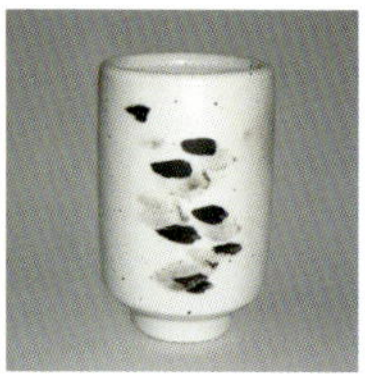

302
Bechervase, 1971
Inv.-Nr. 00197-302,
s. Vetter 1997b,
Nr. 162.

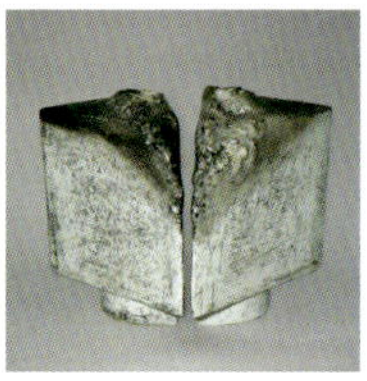

303
Gefäß, zweiteilig, 1972
Inv.-Nr. 00197-303,
s. Vetter 1997b,
Nr. 163.

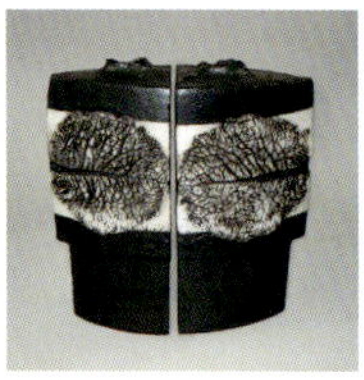

304
Gefäß, zweiteilig, 1972
Inv.-Nr. 00197-304,
s. Vetter 1997b,
Nr. 164.

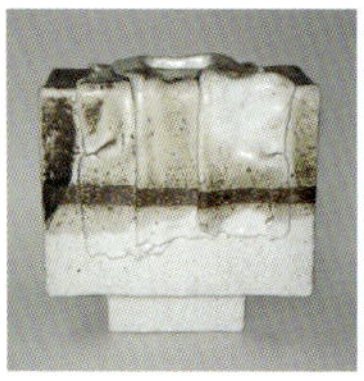

305
Gefäß, eckig, 1972
Inv.-Nr. 00197-305,
s. Vetter 1997b,
Nr. 165.

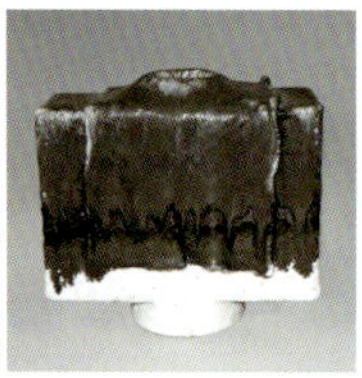

306
Gefäß, eckig – mit Tuch, 1972
Inv.-Nr. 00197-306,
s. Vetter 1997b,
Nr. 166.

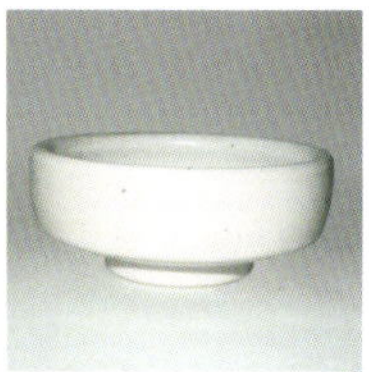

307
Schale, 1974
Inv.-Nr. 00197-307,
s. Vetter 1997b,
Nr. 167.

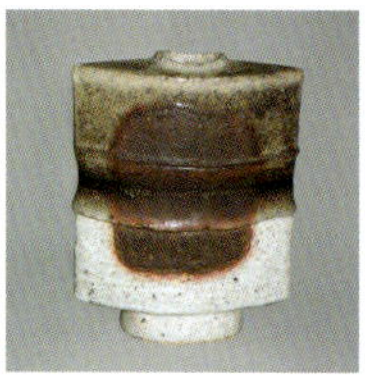

308
Vase, 1975
Inv.-Nr. 00197-308,
s. Vetter 1997b,
Nr. 168.

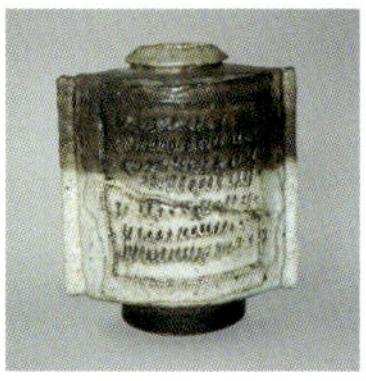

309
Vase, 1976
Inv.-Nr. 00197-309,
s. Vetter 1997b,
Nr. 169.

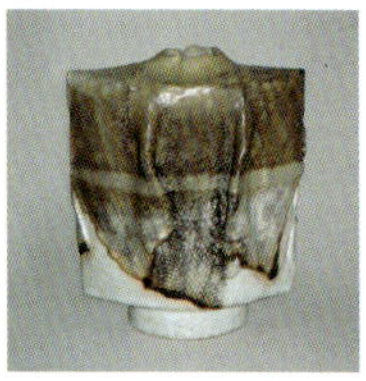

310
Gefäß, 1978
Inv.-Nr. 00197-310,
s. Vetter 1997b,
Nr. 170.

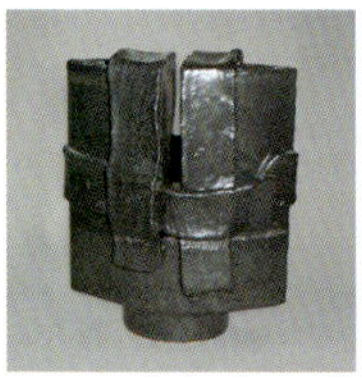

311
Gefäß mit zwei Öffnungen, 1978
Inv.-Nr. 00197-311,
s. Vetter 1997b,
Nr. 171.

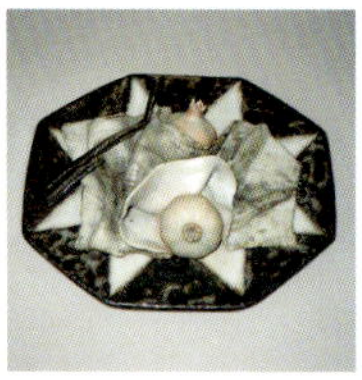

312
Achteckiger Still-lebenteller, 1978
Inv.-Nr. 00197-312,
s. Vetter 1997b,
Nr. 172.

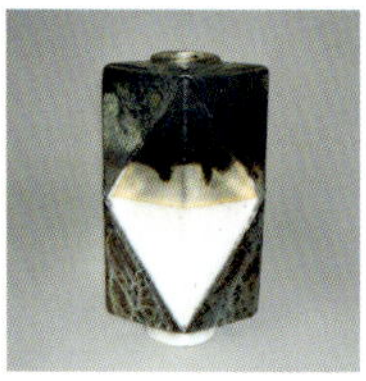

313
Vase, 1980
Inv.-Nr. 00197-313,
s. Vetter 1997b,
Nr. 173.

Brüggemann, Volker
00197-314

1942 in Viersen geboren, lebt und arbeit in Wippershain bei Bad Hersfeld.
Nach dem Abitur 1963–1964 Studium an der Universität Köln (Kunstgeschichte und Philosophie). 1964–1968 Studium an der Hochschule für Bildende Künste in Kassel u.a. bei Walter Popp (Keramik) und Bernhard Graf Bylandt von Rheydt (Bildhauerei), 1968 erstes Staatsexamen, 1970 zweites Staatsexamen. Seit 1970 Kunsterzieher in Bad Hersfeld.

Lit.: Waldrich 1996, S. 83; Marburg 2003.

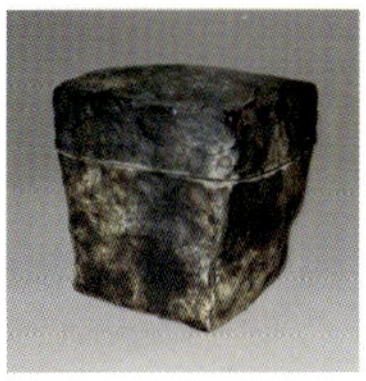

314
Dose „Pflasterstein", 1982
Steinzeug, weißbrauner Scherben – in Gipsform modelliert. Reduktionsbrand im Elektro-Ofen bei 1.280/1.300°C.
Abmessungen 14 x 13 x 12 cm.
Werkstattzeichen Nr. 36.
Erworben durch Lotte Reimers.
Inv.-Nr. 00197-314.

Burnett, Deirdre
00197-315

1939 in Simla, Indien, geboren, lebt und arbeitet in London.
1962–1964 Studium der Bildhauerei an der St. Martin's School of Art, London; 1964–1967 Studium der Keramik bei Lucie Rie und Hans Coper an der Camberwell School of Art & Design, London. Seit 1967 eigene Werkstatt, erst in East Dulwich, danach in London.

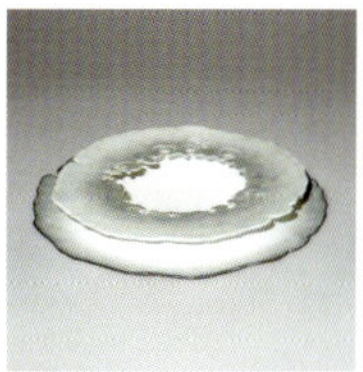

315
Offenes, doppelschichtiges Gefäß, vermutl. 1980er Jahre
Porzellan, weißer Scherben – gedreht und montiert.
H 5,5 cm, D 17,5 cm.
Werkstattzeichen Nr. 37.
Erworben durch Lotte Reimers.
Inv.-Nr. 00197-315.

Busz, Ralf
00197-316 – 00197-321

1939 in Krefeld geboren, lebt in Lichtenstein/Sachsen.
1960–1961 Universität Bonn naturwissenschaftliche Grundvorlesungen; 1961–1963 Studium bei Gertrud Schwarze und Karl-Heinz Modigell an der Werkkunstschule Krefeld; 1963–1966 Studium der Keramik bei Walter Popp an der Hochschule für Bildende Künste, Kassel. 1966 Lehrauftrag am Pädagogischen Fachinstitut, Kassel; 1966–1970 Dozent für Gefäß- und Glasurkeramik an der Hochschule für Angewandte Künste (TGSYO), Istanbul. 1970–1979 freischaffend, selbstständig mit eigener Werkstatt in Mannheim-Friedrichsfeld, Förderung durch die Friedrichsfeld GmbH/CREMER-Gruppe. 1979–2004 Professor für Keramik an der Hochschule für Bildende Künste, Kassel; in dieser Zeit Forschungen zur Kieselkeramik. 2004 Ruhestand.

Lit.: Waldrich 1996, S. 93–94.

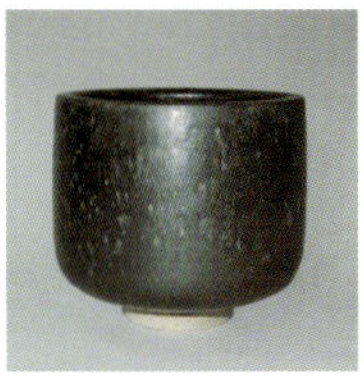

316
Kumme, 1965
Steinzeug, hellgrauer Scherben – gedreht. Naphtalin-Reduktion im Elektro-Ofen bei ca. 1.240°C.
H 11,5 cm, D 13 cm.
Werkstattzeichen Nr. 38.
Erworben durch J.W. Hinder.
Inv.-Nr. 00197-316.

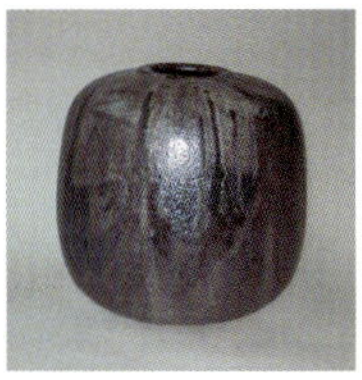

317
Vase, 1965
Steinzeug, hellgrauer Scherben – gedreht. Naphtalin-Reduktion im Elektro-Ofen bei ca. 1.240°C.
H 21,5 cm, D 22 cm.
Werkstattzeichen Nr. 38 – Pinselzeichen: 3V auf 3S.
Erworben durch J.W. Hinder.
Inv.-Nr. 00197-317.

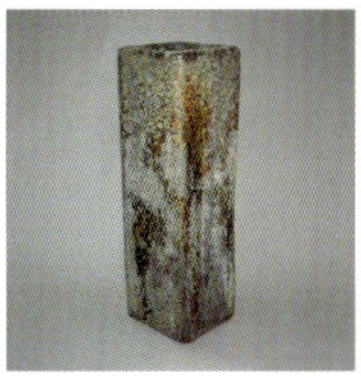

318
Hochrechteckige Vase, 1966
Steinzeug, weißbrauner Schamottescherben – gebaut. Reduktionsbrand im Gas-Ofen bei ca. 1.240°C.
Abmessungen 33,5 x 10,5 x 10,5 cm.
Werkstattzeichen wie Nr. 38, Jahreszahl 66.
Erworben durch J.W. Hinder.
Inv.-Nr. 00197-318.

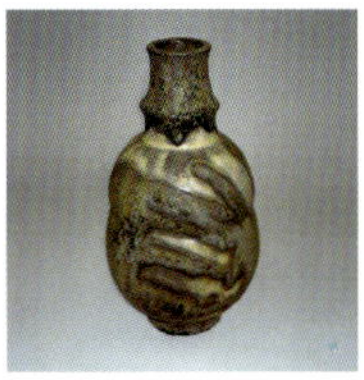

319
Vase, 1970
Steinzeug, grauer Schamottescherben – gedreht. Reduktionsbrand im Gas-Ofen.
H 38,5 cm, D 21 cm.
Werkstattzeichen Wappenstempel.
Erworben durch J.W. Hinder.
Lit.: Hinder & Reimers 1971, Abb. 27.
Inv.-Nr. 00197-319.

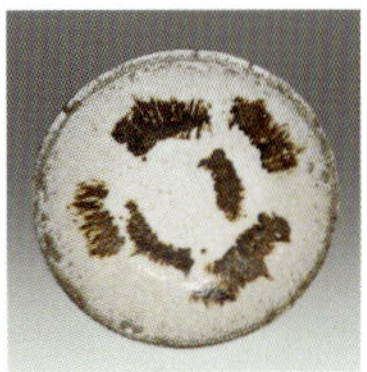

320
Große Schale, 1963
Manganton, dunkelockerbrauner Scherben – gedreht. Oxidationsbrand im Elektro-Ofen bei 1.200°C.
H 14 cm, D 60 cm.
Werkstattzeichen wie Nr. 38, ohne Jahreszahl.
Erworben durch J.W. Hinder.
Inv.-Nr. 00197-320.

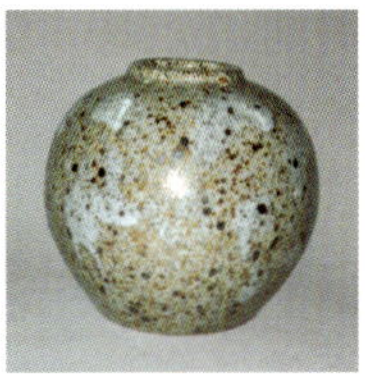

321
Vase, um 1973
Steinzeug, graubrauner Scherben – gedreht. Reduktionsbrand im Gas-Ofen.
H 13 cm, D 15 cm.
Werkstattzeichen wie Nr. 38 – unter Glasur.
Erworben durch J.W. Hinder.
Inv.-Nr. 00197-321.

Gerke-Schmitt, Ursula
00197-322 – 00197-324

1941 in Hannover geboren, lebt und arbeitet in Edingen-Neckarhausen.
1958–1960 Studium der Bildhauerei an der Werkkunstschule Hannover; 1961–1963 Töpferlehre bei Helma Klett in Fredelsloh, 1963 Gesellenprüfung. 1963–1966 Studium der Keramik bei Walter Popp Hochschule für Bildende Künste, Kassel. 1966–1975 gemeinsame Werkstatt mit Ralf Busz in Istanbul und Mannheim-Friedrichsfeld. Seit 1976 eigene Werkstatt in Edingen-Neckarhausen.

Lit.: Waldrich 1996, S. 208–209.

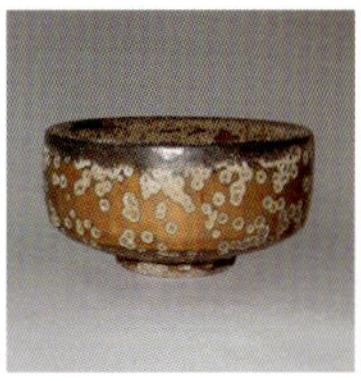

322
Schale, 1965
Steinzeug, braunweißer Scherben – gedreht. Naphtalin-Reduktion im Elektro-Ofen bei ca. 1.240°C.
H 7,5 cm, D 15 cm.
Werkstattzeichen wie Nr. 39, Jahreszahl 65, Pinsel: 1W.
Erworben durch J.W. Hinder.
Inv.-Nr. 00197-322.

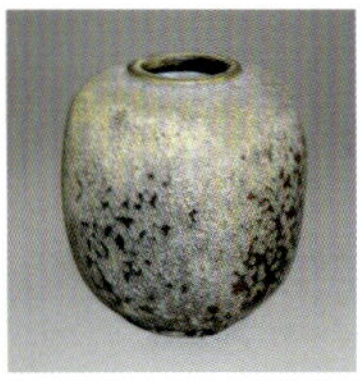

323
Vase, 1966
Steinzeug, mattgrauer Scherben – gedreht. Naphtalin-Reduktion im Elektro-Ofen bei ca. 1.240°C.
H 17 cm, D 15,5 cm.
Werkstattzeichen Nr. 40.
Erworben durch J.W. Hinder.
Inv.-Nr. 00197-323.

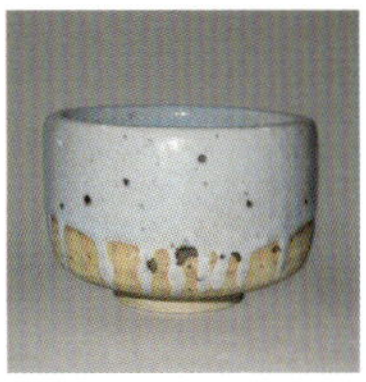

324
Schale, vermutl. 1966
Steinzeug, mattgraubrauner Scherben – gedreht. Naphtalin-Reduktion im Elektro-Ofen bei ca. 1.240°C.
H 9 cm, D 13,5 cm.
Werkstattzeichen Nr. 39.
Erworben durch J.W. Hinder.
Lit.: Hinder & Reimers 1971, Abb. 26.
Inv.-Nr. 00197-324.

Chabert, Dorothea
00197-325 – 00197-352

1931 in Berlin geboren, lebt und arbeitet in Wolfsburg.
1949–1951 Töpferlehre in Berlin; 1948–1956 Studium der Keramik bei Jan Bontjes van Beek an der Meisterschule für Kunsthandwerk, Berlin, 1956 Staatsexamen. 1956–1958 erste eigene Werkstatt in Berlin; 1959–1966 Werkstatt mit Volker Ellwanger in Ansbach und Lenzkirch. 1968–1972 Werkstatt in Heidwinkel. Seit 1972 eigene Werkstatt in Schloss Wolfsburg. 1974–1982 Lehrauftrag für Keramik an der Staatlichen Hochschule für Bildende Künste, Braunschweig.

Lit.: Waldrich 1996, S. 96–97.

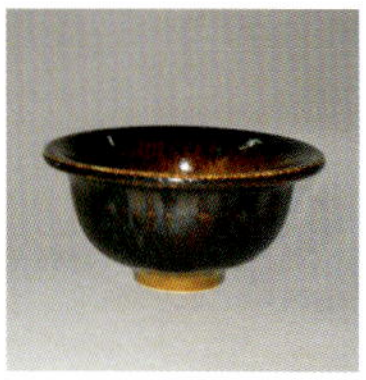

325
Schale, um 1978/80
Steinzeug, braunweißer Scherben – gedreht. Oxidationsbrand im Elektro-Ofen bei 1.300°C.
H 7 cm, D 15 cm.
Werkstattzeichen Nr. 42.
Erworben durch Lotte Reimers.
Inv.-Nr. 00197-325.

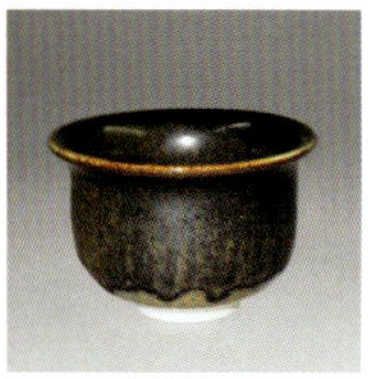

326
Teeschale, um 1981
Porzellan, weißer Scherben – gedreht. Reduktionsbrand im „Noborigama“ bei ca. 1.300°C.
H 7 cm, D 12 cm.
Werkstattzeichen Nr. 42.
Erworben durch Lotte Reimers.
Inv.-Nr. 00197-326.

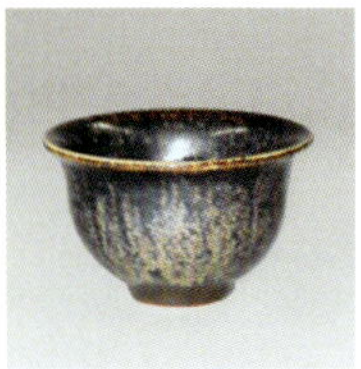

327
Teeschale, um 1981
Porzellan, weißer Scherben – gedreht. Reduktionsbrand im „Noborigama“ bei ca. 1.300°C.
H 6 cm, D 10 cm.
Werkstattzeichen Nr. 42
Erworben durch Lotte Reimers.
Inv.-Nr. 00197-327.

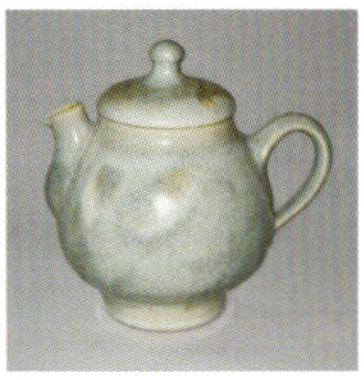

328
Kaffeekanne, um 1981
Steinzeug, braunweißer Scherben – gedreht. Oxidationsbrand im Elektro-Ofen bei 1.330°C.
H 20,5 cm, D 17/22 cm.
Werkstattzeichen Nr. 42.
Erworben durch Lotte Reimers.
Inv.-Nr. 00197-328.

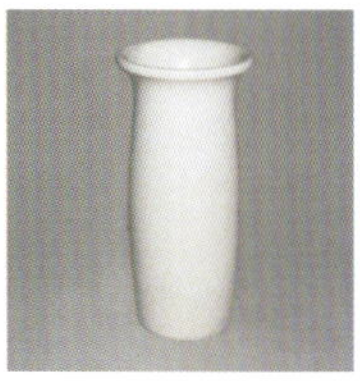

329
Vase – „Trompetenzylinder“, um 1981
Porzellan, weißer Scherben – gedreht. Reduktionsbrand im „Noborigama“ bei ca. 1.300°C.
H 16,5 cm, D 8 cm.
Werkstattzeichen Nr. 42.
Erworben durch Lotte Reimers.
Inv.-Nr. 00197-329.

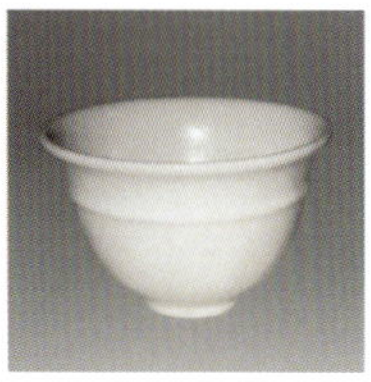

330
Kleine Kumme, um 1981
Porzellan, weißer Scherben – gedreht. Reduktionsbrand im „Noborigama“ bei ca. 1.300°C.
H 8 cm, D 12,5 cm.
Werkstattzeichen Nr. 42.
Erworben durch Lotte Reimers.
Inv.-Nr. 00197-330.

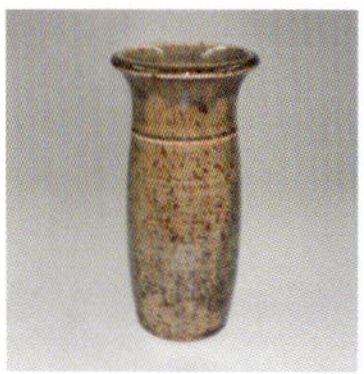

331
Vase – „Trompetenzylinder“, 1982
Steinzeug, hell-braungrauer Scherben – gedreht. Reduktionsbrand im „Noborigama“ bei ca. 1.300°C.
H 19 cm, D 9,5 cm.
Werkstattzeichen Nr. 42.
Erworben durch Lotte Reimers 1982.
Inv.-Nr. 00197-331.

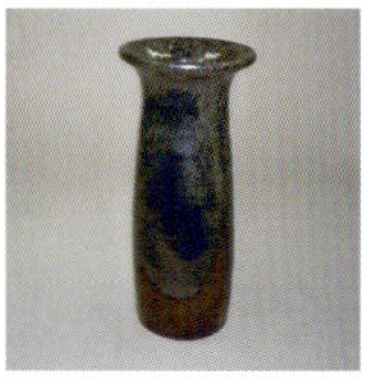

332
Vase – „Trompetenzylinder“, um 1983
Steinzeug, braunweißer Scherben – gedreht. Oxidationsbrand im Elektro-Ofen bei 1.300°C.
H 24,5 cm, D 11,5 cm.
Werkstattzeichen Nr. 42.
Erworben durch Lotte Reimers 1987.
Inv.-Nr. 00197-332.

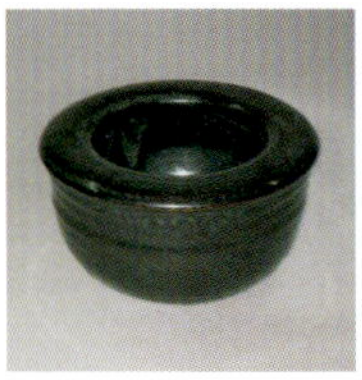

333
Gefäß mit breitem Rand, um 1983/84
Steinzeug, braunweißer Scherben – gedreht. Oxidationsbrand im Elektro-Ofen bei 1.300°C.
H 9 cm, D 15 cm.
Werkstattzeichen Nr. 42 und 41.
Erworben durch Lotte Reimers 1984.
Inv.-Nr. 00197-333.

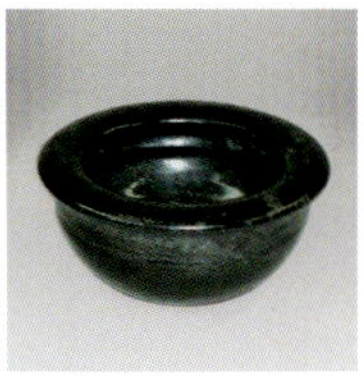

334
Kumme mit breitem Rand, um 1983/84
Steinzeug, braunweißer Scherben – gedreht. Oxidationsbrand im Elektro-Ofen bei 1.300°C.
H 9,5 cm, D 20,5 cm.
Werkstattzeichen Nr. 42 und 41.
Erworben durch Lotte Reimers.
Inv.-Nr. 00197-334.

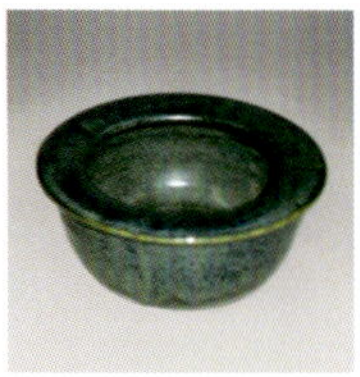

335
Kumme mit breitem Rand, um 1983/84
Steinzeug, braunweißer Scherben – gedreht. Oxidationsbrand im Elektro-Ofen bei 1.300°C.
H 7,5 cm, D 16 cm.
Werkstattzeichen Nr. 42.
Erworben durch Lotte Reimers.
Inv.-Nr. 00197-335.

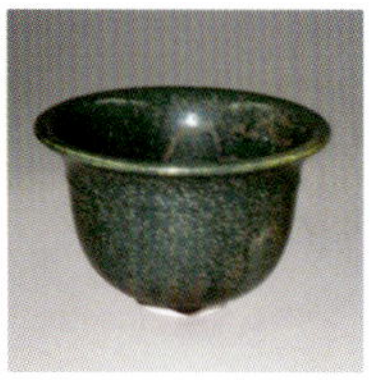

336
Teeschale, um 1983
Porzellan, weißer Scherben – gedreht. Reduktionsbrand im „Noborigama“ bei ca. 1.300°C.
H 10,5 cm, D 16 cm.
Werkstattzeichen Nr. 42.
Erworben durch Lotte Reimers.
Inv.-Nr. 00197-336.

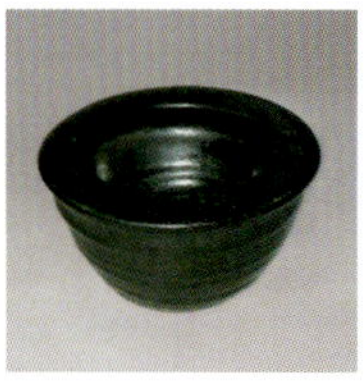

337
Gefäß mit breitem Rand, um 1983/85
Steinzeug, braunweißer Scherben – gedreht. Oxidationsbrand im Elektro-Ofen bei 1.300°C.
H 9 cm, D 14,5 cm.
Werkstattzeichen Nr. 42 und 41.
Erworben durch Lotte Reimers.
Inv.-Nr. 00197-337.

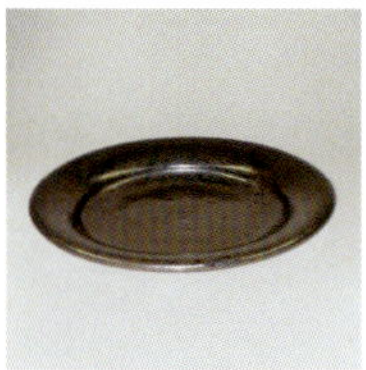

338
Teller, um 1987
Steinzeug, braunweißer Scherben – gedreht. Oxidationsbrand im Elektro-Ofen bei 1.300°C.
H 4,5 cm, D 31 cm.
Werkstattzeichen Nr. 42.
Erworben durch Lotte Reimers 1987.
Inv.-Nr. 00197-338.

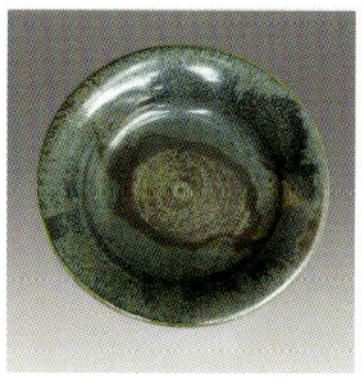

339
Teller, um 1982
Porzellan, weißer Scherben – gedreht. Reduktionsbrand im „Noborigama“ bei ca. 1.300°C.
H 4 cm, D 23 cm.
Werkstattzeichen Nr. 42.
Erworben durch Lotte Reimers 1982.
Inv.-Nr. 00197-339.

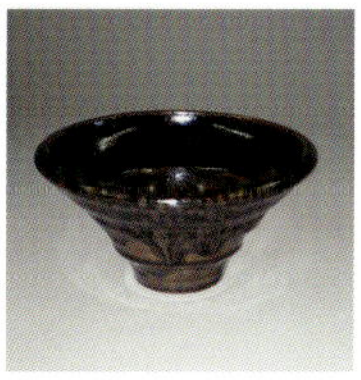

340
Schale mit Fuß, um 1987
Steinzeug, braunweißer Scherben – gedreht. Oxidationsbrand im Elektro-Ofen bei 1.300°C.
H 8,5 cm, D 17 cm.
Werkstattzeichen Nr. 42.
Erworben durch Lotte Reimers.
Inv.-Nr. 00197-340.

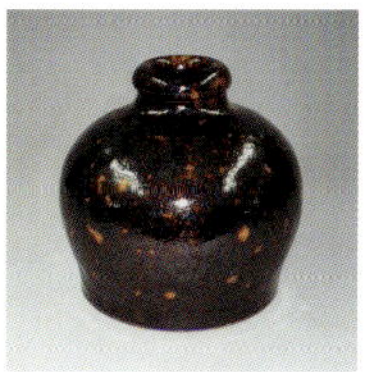

341
Vase, 1975–1979
Steinzeug, braunweißer Scherben – gedreht. Oxidationsbrand im Elektro-Ofen bei 1.300°C.
H 16 cm, D 17 cm.
Werkstattzeichen Nr. 42.
Erworben durch Lotte Reimers.
Inv.-Nr. 00197-341.

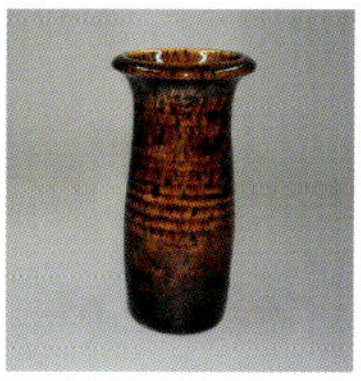

342
Vase – „Trompetenzylinder“, 1980er Jahre
Steinzeug, braunweißer Scherben – gedreht. Oxidationsbrand im Elektro-Ofen bei 1.300°C.
H 17 cm, D 9,5 cm.
Werkstattzeichen Nr. 42.
Erworben durch Lotte Reimers.
Inv.-Nr. 00197-342.

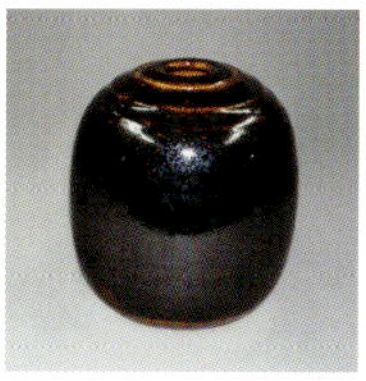

343
Teedose, 1980er Jahre
Steinzeug, braunweißer Scherben – gedreht. Oxidationsbrand im Elektro-Ofen bei 1.300°C.
H 15 cm, D 13,5 cm.
Werkstattzeichen Nr. 42.
Erworben durch Lotte Reimers.
Inv.-Nr. 00197-343.

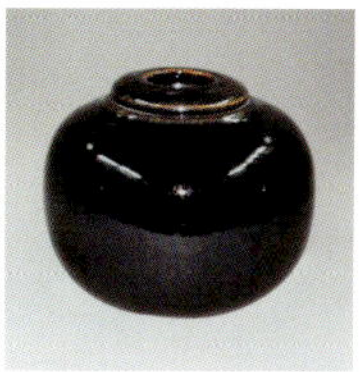

344
Teedose, um 1983
Porzellan, weißer Scherben – gedreht. Reduktionsbrand im „Noborigama“ bei ca. 1.300°C.
H 11,5 cm, D 15 cm.
Werkstattzeichen Nr. 42 unter Glasur.
Erworben durch Lotte Reimers.
Inv.-Nr. 00197-344.

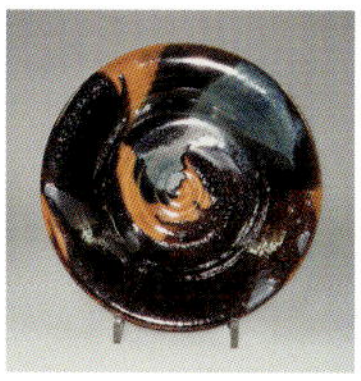

345
Teller, 1980er Jahre
Steinzeug, braunweißer Scherben – gedreht. Oxidationsbrand im Elektro-Ofen bei 1.300°C.
H 5 cm, D 26 cm.
Werkstattzeichen Nr. 42.
Erworben durch Lotte Reimers.
Inv.-Nr. 00197-345.

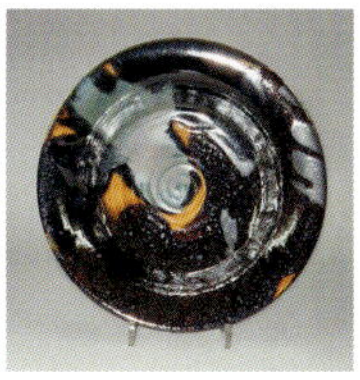

346
Teller, 1980er Jahre
Steinzeug, braunweißer Scherben – gedreht. Oxidationsbrand im Elektro-Ofen bei 1.300°C.
H 7,5 cm, D 33,5 cm.
Werkstattzeichen Nr. 42 und 41.
Erworben durch Lotte Reimers.
Inv.-Nr. 00197-346.

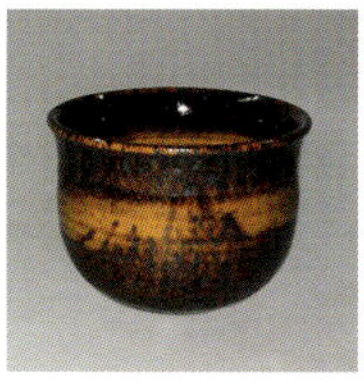

347
Teeschale, 1990/91
Steinzeug, braunweißer Scherben – gedreht. Oxidationsbrand im Elektro-Ofen bei 1.300°C.
H 7,5 cm, D 10,5 cm.
Werkstattzeichen Nr. 42.
Erworben durch Lotte Reimers.
Inv.-Nr. 00197-347.

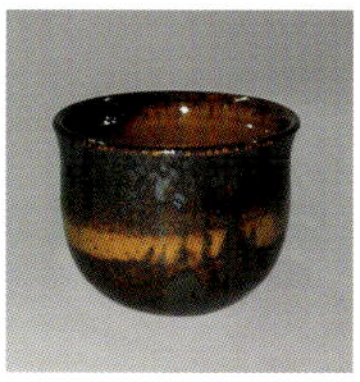

348
Teeschale, 1990/91
Steinzeug, braunweißer Scherben – gedreht. Oxidationsbrand im Elektro-Ofen bei 1.300°C.
H 7,5 cm, D 10 cm.
Werkstattzeichen Nr. 41.
Erworben durch Lotte Reimers.
Inv.-Nr. 00197-348.

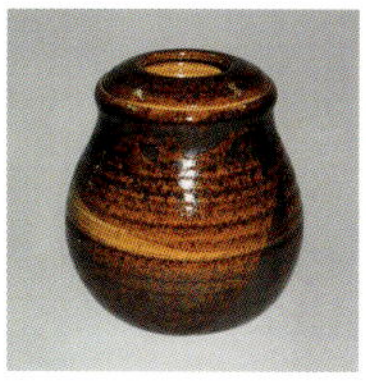

349
Dose, 1990/91
Steinzeug, braunweißer Scherben – gedreht. Oxidationsbrand im Elektro-Ofen bei 1.300°C.
H 13,5 cm, D 13 cm.
Werkstattzeichen Nr. 42.
Erworben durch Lotte Reimers.
Inv.-Nr. 00197-349.

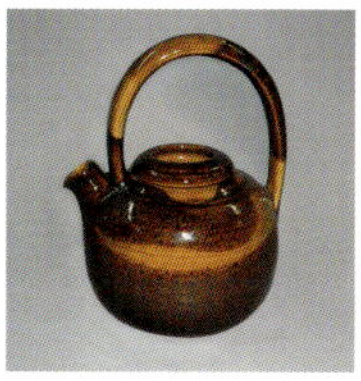

350
Bügelkanne (Entwurf 1985), 1990/91
Steinzeug, braunweißer Scherben – gedreht. Oxidationsbrand im Elektro-Ofen bei 1.300°C.
H 22,5 cm, D 16,5/19 cm.
Werkstattzeichen Nr. 42 und 41.
Erworben durch Lotte Reimers.
Inv.-Nr. 00197-350.

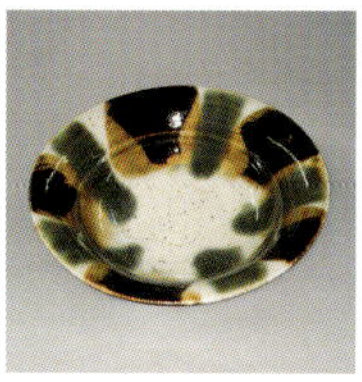

351
Flache Schale, 1990/91
Steinzeug, weißer Scherben – gedreht. Oxidationsbrand im Elektro-Ofen bei 1.300°C.
H 5,5 cm, D 21 cm.
Werkstattzeichen Nr. 42 und 41.
Erworben durch Lotte Reimers.
Inv.-Nr. 00197-351.

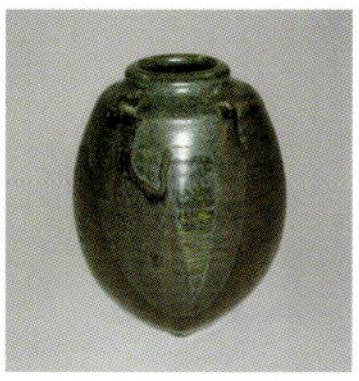

352
Vase – „Vierpaß“, 1990/91
Steinzeug, weißer Scherben – gedreht und geklopft. Oxidationsbrand im Elektro-Ofen bei 1.300°C.
Abmessungen 17 x 13 x 12,5 cm.
Werkstattzeichen Nr. 42 und 41.
Erworben durch Lotte Reimers.
Inv.-Nr. 00197-352.

Champy, Claude

00197-353 – 00197-354

1944 in Plaisir/Frankreich geboren, lebt und arbeitet in Plaisir/Frankreich.
1964–1968 Studium der Keramik bei M. Fouquet an der Ecole Nationale Supérieure des Métiers d’Art, Paris. Seit 1972 eigene Werkstatt in Plaisir, 1991 Einrichtung einer neuen Werkstatt.

Lit.: Landshut/Frechen 2000, S. 119, 121.

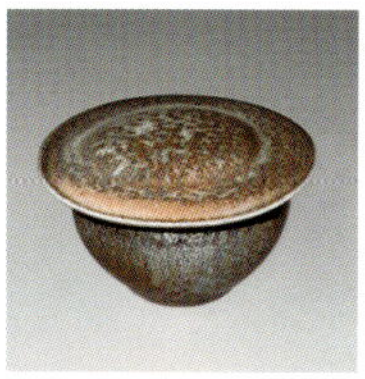

353
Kleine Dose, 1980
Steinzeug, braungrauer Scherben – gedreht. Holzbrand – abwechselnd reduzierend und oxidierend – bei 1.280°C.
H 5,5 cm, D 9 cm.
Werkstattzeichen Nr. 43.
Erworben durch Lotte Reimers 1980er Jahre.
Inv.-Nr. 00197-353.

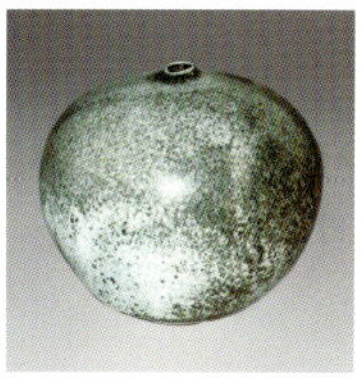

354
Vase, kugelige Form mit asymmetrischem Hals, 1980
Steinzeug, hellgrauer Scherben – gedreht. Holzbrand – abwechselnd reduzierend und oxidierend – bei 1.280°C.
H 10 cm, D 11 cm.
Werkstattzeichen Nr. 43.
Erworben durch Lotte Reimers.
Inv.-Nr. 00197-354.

Chapallaz, Edouard
00197-355

1921 in Yverdon/Schweiz geboren, lebt in Duillier-sur-Nyon/Schweiz.
1936–1939 Keramikausbildung bei Jean Allenbach und Claude Vittel an der Ecole Suisse de Céramique in Chavannes-Renens. 1939–1966 Tätigkeit u.a. als Entwerfer, Betriebsleiter und Direktor in verschiedenen Schweizer Keramikbetrieben. 1958–1968 Dozent für keramische Technologie an der Ecole des Arts Décoratifs, Genf, daneben seit 1953 eigenes Atelier in Embrach/Zürich, danach in Genf, seit 1958 in Duillier-sur Nyon. Seit 1968 ausschließlich künstlerisch tätig.

Lit.: Landshut/Frechen 2000, S. 112, 121.

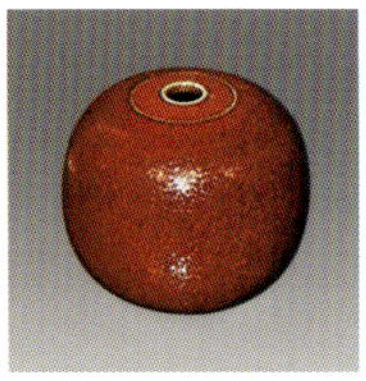

355
Kleine Vase, 1970/75
Steinzeug, mattgrauer Scherben – gedreht. Reduktionsbrand im Elektro-Ofen bei 1.280°C.
H 6 cm, D 6,5 cm.
Werkstattzeichen Nr. 44.
Inv.-Nr. 00197-355.

Constantinidis, Joanna
00197-356 – 00197-358

1927 in York/England geboren, 2000 in Chelmsford/England gestorben.
1946–1951 Kunststudium am Sheffield College of Art, Sheffield, Keramik bei H.R. Stone. 1951–1989 Dozentin für Keramik am Chelmer Institut of Higher Education, Chelmsford Technical College. Seit 1958 eigenes Studio in Great Baddow/Essex.

Lit.: Spielmann 1979, S. 304, 572–573; The Guardian – Obituaries – 3.8.2000: David Whiting: Joanna Constantinidis, Radical potter who went back to the wheel – and helped to reinvent the "thrown vessel".

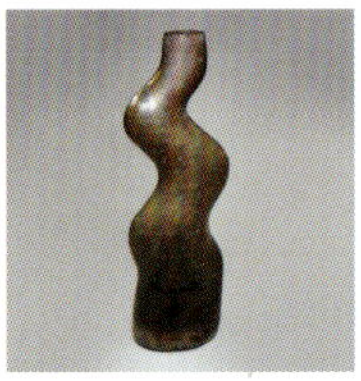

356
Gefäß, 1978
Steinzeug, braungrauer Scherben – gedreht, geformt.
Abmessungen 65 x 22,5 x 12,5 cm.
Werkstattzeichen Nr. 45, 1978.
Erworben durch Lotte Reimers.
Inv.-Nr. 00197-356.

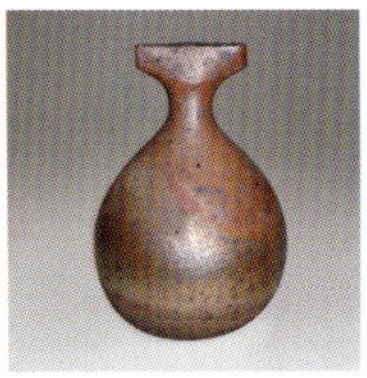

357
Vase, 1978
Steinzeug, schwarzgraubrauner Scherben – gedreht, gedrückt.
H 15,5 cm, D 10,5 cm.
Werkstattzeichen Nr. 45, 1978.
Erworben durch Lotte Reimers.
Inv.-Nr. 00197-357.

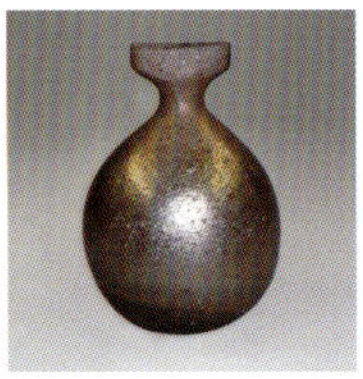

358
Vase, 1978
Steinzeug, schwarzgraubrauner Scherben – gedreht, gedrückt.
H 11,5 cm, D 8,5 cm.
Werkstattzeichen Nr. 45, 1978.
Erworben durch Lotte Reimers.
Inv.-Nr. 00197-358.

Crousaz, Jean-Claude de
00197-359 – 00197-363

1931 in Paris geboren, lebt und arbeitet in Bernex/Schweiz.
1947–1951 Studium der Keramik an der Ecole des Arts Décoratifs, Genf, 1952–1954 an der Ecole Suisse de Céramique in Chavannes-Renens. Seit 1980 Dozent an der Ecole des Arts Décoratifs, Genf, und der Ecole des Arts appliqués, Vevey. Seit 1955 eigenes Ateliers in Bernex.

Lit.: Spielmann 1979, S. 504–505; Waldrich 1996, S. 107–109.

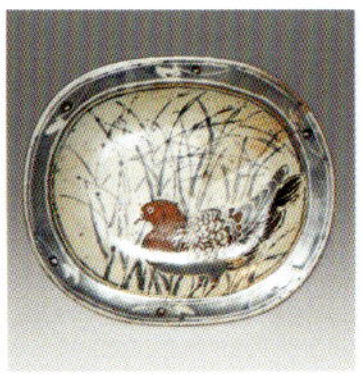

359
Ovaler Teller, um 1980
Steinzeug, braungrauer Scherben – modelliert. Reduktionsbrand im Gas-Ofen bei 1.300°C.
Abmessungen 30,5 x 40 x 5,5 cm.
Werkstattzeichen wie Nr. 46, ohne Zusatz.
Erworben durch Lotte Reimers 1981.
Inv.-Nr. 00197-359.

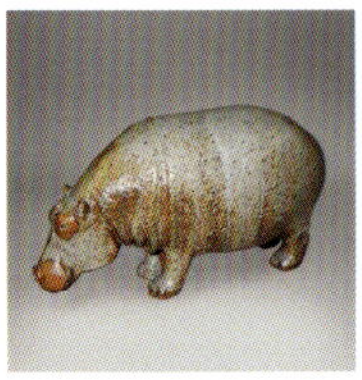

360
Plastik „Nilpferd", um 1980/1981
Steinzeug, braungrauer Scherben – gedreht und modelliert. Reduktionsbrand im Gas-Ofen bei 1.300°C.
Abmessungen 23 x 41 x 17,5 cm.
Werkstattzeichen wie Nr. 46, ohne Zusatz.
Erworben durch Lotte Reimers 1981.
Inv.-Nr. 00197-360.

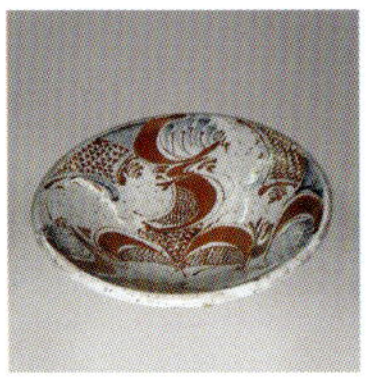

361
Große Schale, vermutl. 1986
Steinzeug, braungrauer Scherben – gedreht. Reduktionsbrand im Gas-Ofen bei 1.300°C.
H 10 cm, D 39 cm.
Werkstattzeichen Nr. 46.
Erworben durch Lotte Reimers.
Inv.-Nr. 00197-361.

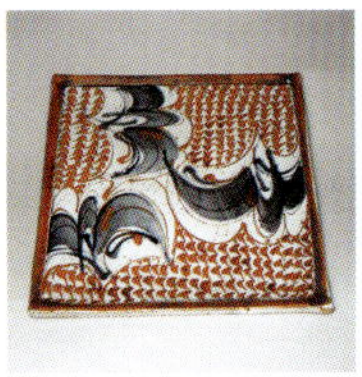

362
Quadratische Platte, 1985
Steinzeug, graubrauner Scherben – modelliert, in Gipsform. Reduktionsbrand im Gas-Ofen bei 1.300°C.
H 28,5 cm, B 28,5 cm.
Werkstattzeichen Nr. 47.
Erworben durch Lotte Reimers.
Inv.-Nr. 00197-362.

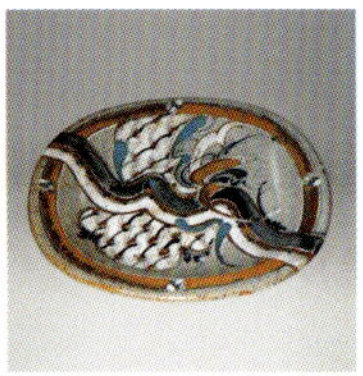

363
Ovale Platte, 1986
Steinzeug, braungrauer/gelbbrauner Scherben – modelliert, in Gipsform. Reduktionsbrand im Gas-Ofen bei 1.300°C.
Abmessungen 29 x 33 x 4,5 cm.
Werkstattzeichen Nr. 47.
Erworben durch Lotte Reimers 1986.
Inv.-Nr. 00197-363.

Crumbiegel, Dieter

00197-364 – 00197-398

1938 in Essen geboren, lebt und arbeitet in Heinsberg-Karken bei Krefeld. 1957–1961 Studium bei Fritz Winter (Malerei) und Walter Popp (Keramik) an der Hochschule für Bildende Künste in Kassel. 1958–1961 Stipendium der Studienstiftung des Deutschen Volkes; zweijährige Referendarausbildung für den höheren Schuldienst, 1964 zweites Staatsexamen; 1964–1965 Kunsterzieher am König-Heinrich-Gymnasium Fritzlar. Seit 1963 eigenes Atelier zunächst in Kassel, dann in Fulda, Höhr-Grenzhausen, Krefeld und Vlotho. 1966–1971 Dozent am Pädagogischen Fachinstitut, Fulda; 1971–1979 Dozent für Keramik an der Staatlichen Fachhochschule für Keramikgestaltung, Höhr-Grenzhausen; 1979–2001 Professur für Keramik-Design an der Fachhochschule Niederrhein, Krefeld. Daneben seit 1984 erneute Beschäftigung mit Malerei; seit 1993 eigenes Atelier in Heinsberg-Karken.

Lit.: Klinge 1996, S. 296; Vetter 1997b, S. 62–68, 178–181, 234–236.

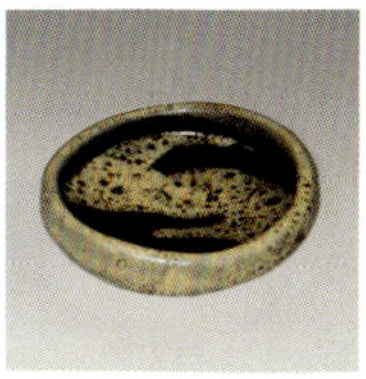

364
Kleine Schale, 1964
Inv.-Nr. 00197-364,
s. Vetter 1997b,
Nr. 174.

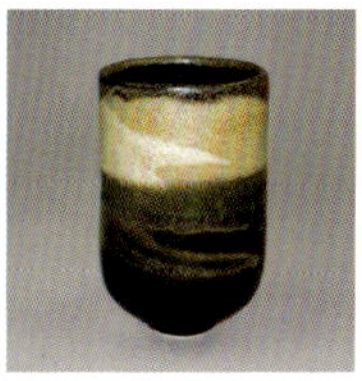

365
Becher, um 1964
Inv.-Nr. 00197-365,
s. Vetter 1997b,
Nr. 175.

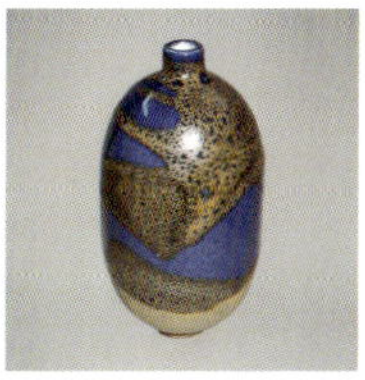

366
Vase, um 1964
Inv.-Nr. 00197-366,
s. Vetter 1997b,
Nr. 176.

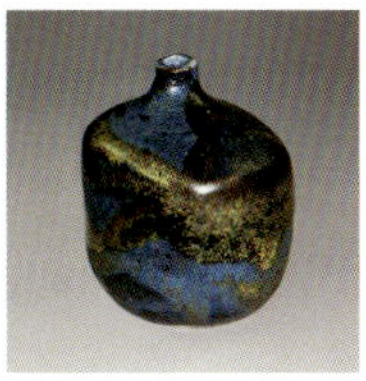

367
Vase, um 1965
Inv.-Nr. 00197-367,
s. Vetter 1997b,
Nr. 177.

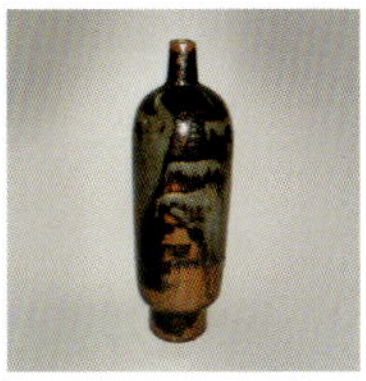

368
Vase, um 1965
Inv.-Nr. 00197-368,
s. Vetter 1997b,
Nr. 178.

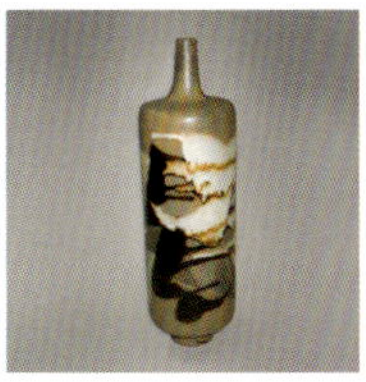

369
Vase, um 1965
Inv.-Nr. 00197-369,
s. Vetter 1997b,
Nr. 179.

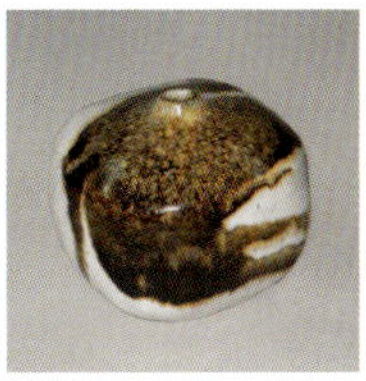

370
Vase, 1966
Inv.-Nr. 00197-370,
s. Vetter 1997b,
Nr. 180.

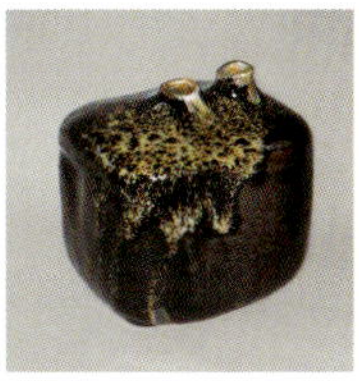

371
Vase mit zwei Öffnungen, 1966
Inv.-N. 00197-371,
s. Vetter 1997b,
Nr. 181.

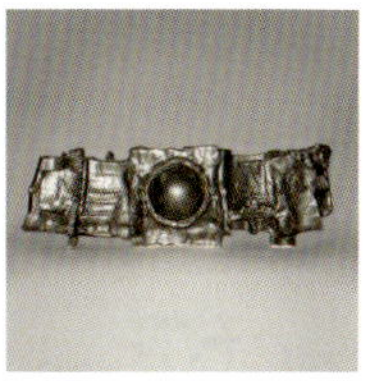

372
Waagerechte Kugelplastik, 1966
Inv.-Nr. 00197-372,
s. Vetter 1997b,
Nr. 182.

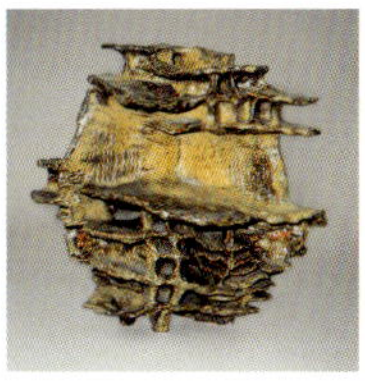

373
Plastik, um 1967
Inv.-Nr. 00197-373,
s. Vetter 1997b,
Nr. 183.

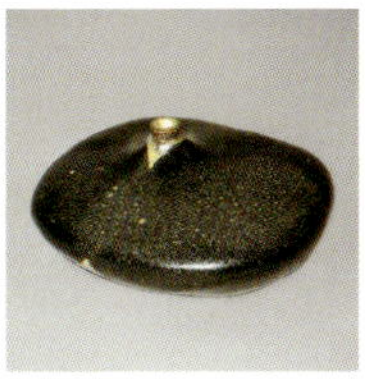

374
Vase, um 1967
Inv.-Nr. 00197-374,
s. Vetter 1997b,
Nr. 184.

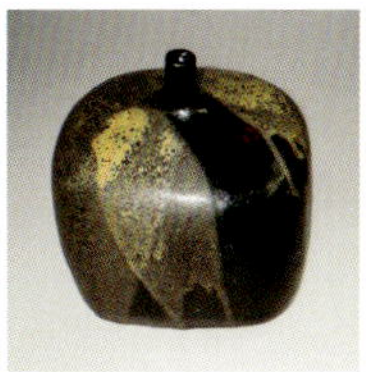

375
Vase, um 1968
Inv.-Nr. 00197-375,
s. Vetter 1997b,
Nr. 185.

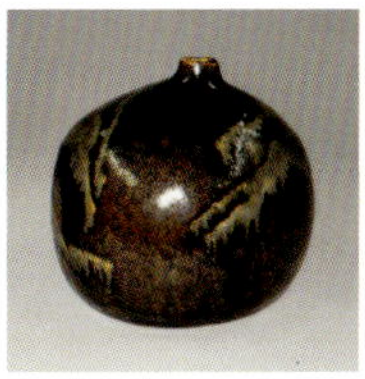

376
Gefäß, um 1968
Inv.-Nr. 00197-376,
s. Vetter 1997b,
Nr. 186.

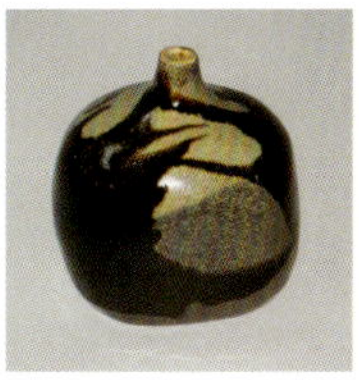

377
Gefäß, 1968
Inv.-Nr. 00197-377,
s. Vetter 1997b,
Nr. 187.

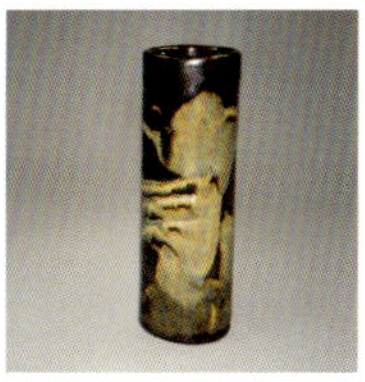

378
Vase, um 1968
Inv.-Nr. 00197-378,
s. Vetter 1997b,
Nr. 188.

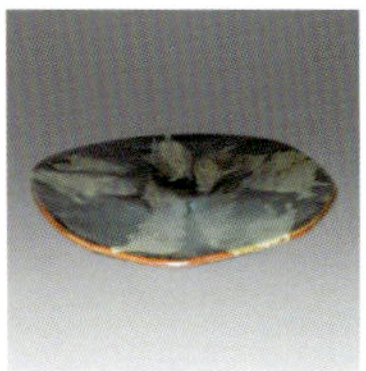

379
Teller, 1968
Inv.-Nr. 00197-379,
s. Vetter 1997b,
Nr. 189.

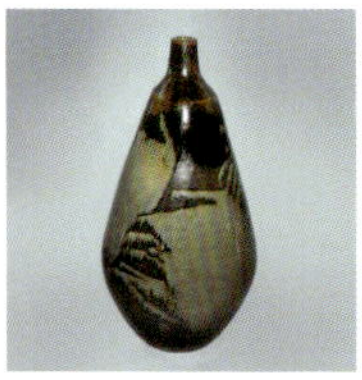

380
Vase, 1968
Inv.-Nr. 00197-380,
s. Vetter 1997b,
Nr. 190.

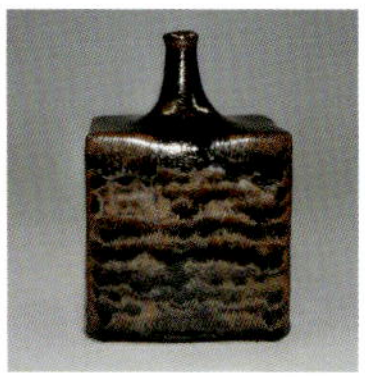

381
Vase – eckige Form, 1968
Inv.-Nr. 00197-381,
s. Vetter 1997b,
Nr. 191.

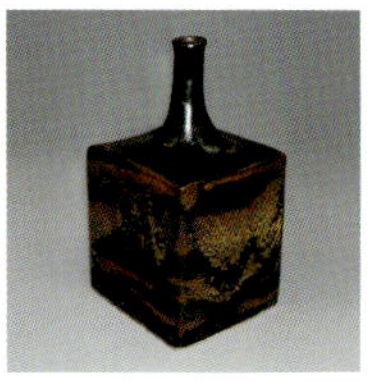

382
Vase – eckige Form, 1968
Inv.-Nr. 00197-382,
s. Vetter 1997b,
Nr. 192.

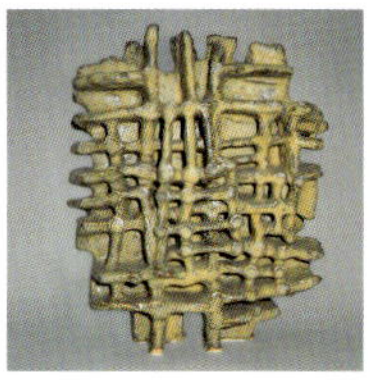

383
Plastik, um 1968
Inv.-Nr. 00197-383,
s. Vetter 1997b,
Nr. 193.

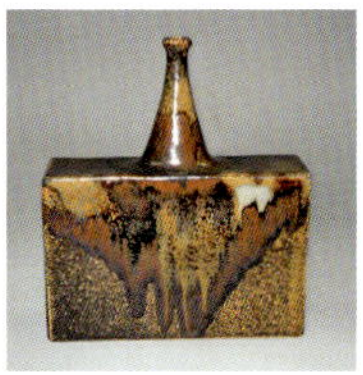

384
Gefäß, 1969
Inv.-Nr. 00197-384,
s. Vetter 1997b,
Nr. 194.

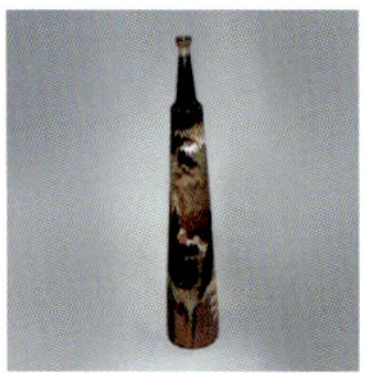

385
Vase – schlanke Form, 1970
Inv.-Nr. 00197-385,
s. Vetter 1997b,
Nr. 195.

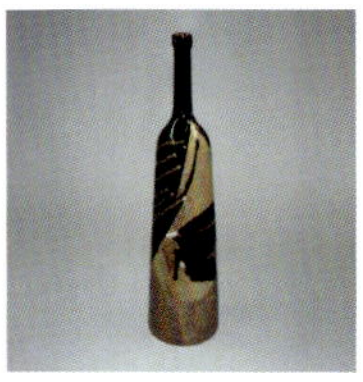

386
Vase, 1970
Inv.-Nr. 00197-386,
s. Vetter 1997b,
Nr. 196.

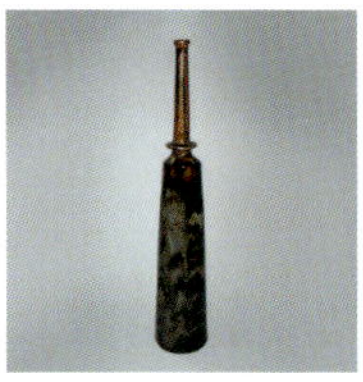

387
Vase, 1970
Inv.-Nr. 00197-387,
s. Vetter 1997b,
Nr. 197.

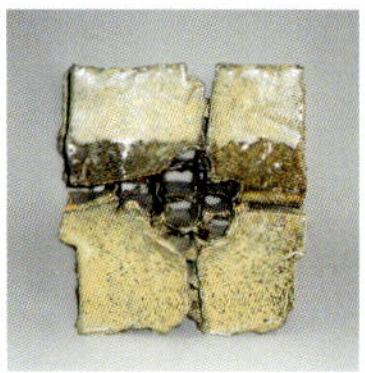

388
Objekt, um 1970
Inv.-Nr. 00197-388,
s. Vetter 1997b,
Nr. 198.

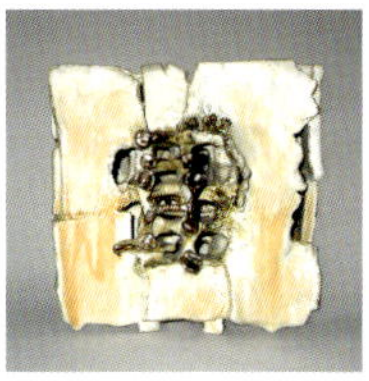

389
Objekt, um 1970
Inv.-Nr. 00197-389,
s. Vetter 1997b,
Nr. 199.

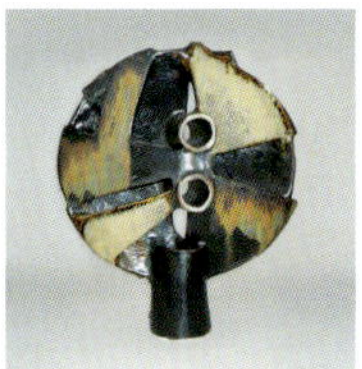

390
Scheibenplastik, 1970
Inv.-Nr. 00197-390,
s. Vetter 1997b,
Nr. 200.

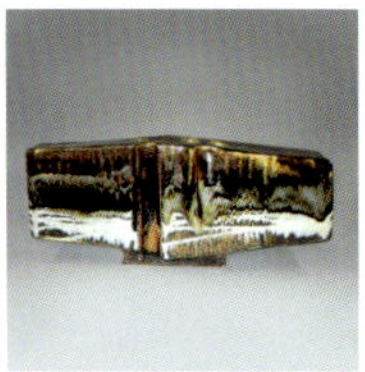

391
Gefäß, 1971
Inv.-Nr. 00197-391,
s. Vetter 1997b,
Nr. 201.

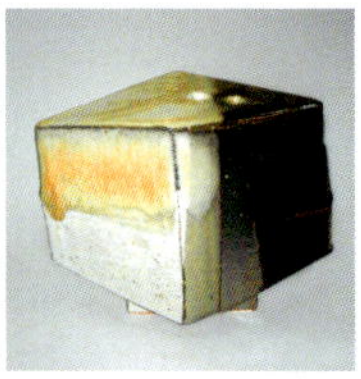

392
Vase mit zwei Öffnungen, 1971
Inv.-Nr. 00197-392,
s. Vetter 1997b,
Nr. 202.

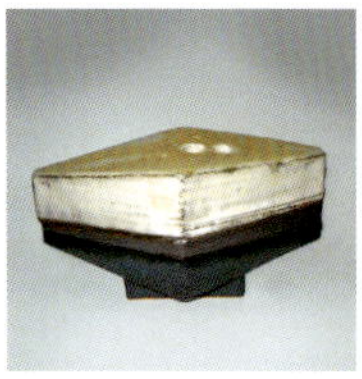

393
Vase mit zwei Öffnungen, 1972
Inv.-Nr. 00197-393,
s. Vetter 1997b,
Nr. 203.

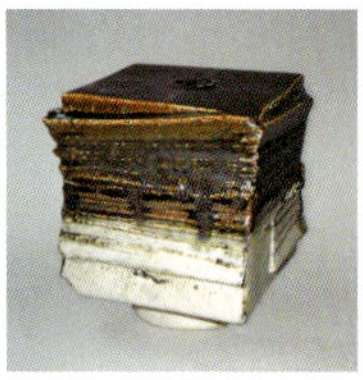

394
Gefäß, 1973
Inv.-Nr. 00197-394,
s. Vetter 1997b,
Nr. 204.

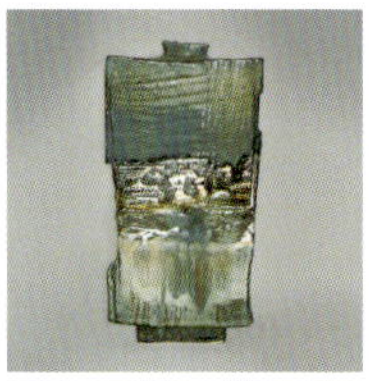

395
Vase, 1973
Inv.-Nr. 00197-395,
s. Vetter 1997b,
Nr. 205.

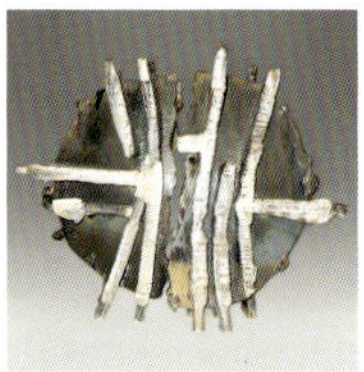

396
Plastik, zweiteilig, 1975
Inv.-Nr. 00197-396,
s. Vetter 1997b,
Nr. 206.

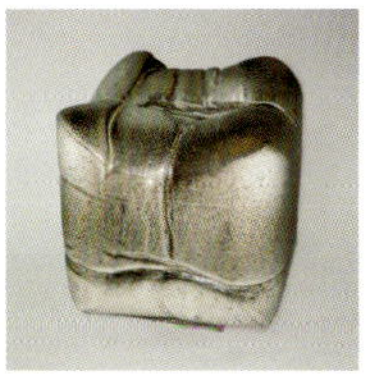

397
„Abgerundetes Kubusgefäß", 1987
Inv.-Nr. 00197-397, s. Vetter 1997b, Nr. 207.

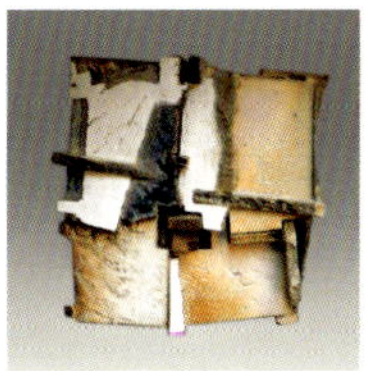

398
Großes Relief, vermutl. 1987
Inv.-Nr. 00197-398, s. Vetter 1997b, Nr. 208.

Dresler, Paul
00197-399

1879 in Siegen geboren, 1950 in Krefeld gestorben. Nach Medizinstudium in Leipzig und Berlin Studium an der Kunstschule München und Studium der Malerei an der Debschitzschule bei Wilhelm von Debschitz. 1910 Besuch der Ausstellung „Meisterwerke muhammedanischer Kunst" in München. Der Besuch dieser Ausstellung führte zum Entschluss, Keramiker zu werden. 1912 Studium an der keramischen Fachschule Landshut. 1913 Eröffnung der Töpferei Grootenburg, Krefeld. 1947–1949 Leiter der keramischen Lehrwerkstatt der Werkkunstschule Wiesbaden. Ab 1949 Leiter der keramischen Abteilung der Werkkunstschule Krefeld.

Lit.: Klinge 1975, S. 113–133; Katalog Krefeld 2004, S. 146–147.

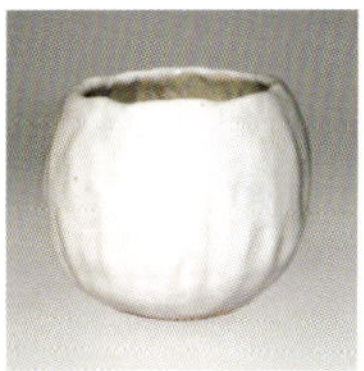

399
Kumme, Ende 1940er Jahre
Steinzeug, vermutl. weißbrauner Scherben – handgeformt. H 10,5 cm, D 13 cm. Werkstattzeichen Nr. 50. Erworben durch J.W. Hinder. Lit.: Hinder & Reimers 1971, Abb. 34. Inv.-Nr. 00197-399.

Duckworth, Ruth
00197-400 – 00197-403

1919 in Hamburg geboren, lebt und arbeitet in Chicago.
1936 Emigration nach England.
1936–1940 Studium von Zeichnen, Malerei und Skulptur an der Liverpool School of Art, Liverpool; 1944 Werkstatt in Mortlake Surrey, als Puppenspielerin und Bildhauerin tätig. 1946 Studium der Bildhauerei an der Kennington School of Art, London; 1955 Studium der Keramik an der Hammersmith School of Art, London; 1956–1958 Keramik bei Dora Billington an der Central School of Arts and Crafts, London. Seit 1957 eigene Werkstatt in London, dann in Kew/Surrey. Dozentin für Keramik 1959–1964 an der Central School of Arts and Crafts, London, 1964–1966 und 1968–1977 am Midway Studio der Universität von Chicago, Department of Art. Seit 1972 zahlreiche Gastdozenturen, Workshops etc.

Lit.: Spielmann & Heise 1994; Klinge 1996, S. 296.

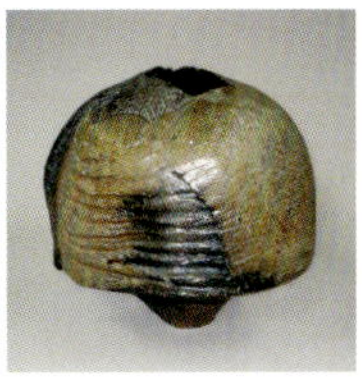

400
Gefäß, 1973
Steinzeug, grauer Scherben – gebaut. Abmessungen 31 x 29,5 x 30,5 cm. Werkstattzeichen Nr. 52. Erworben durch J.W. Hinder. Inv.-Nr. 00197-400.

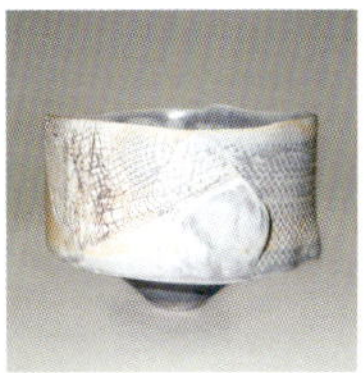

401
Kumme, 1973
Porzellan, mattgrauer Scherben – gedreht und montiert. H 12,5 cm, D 17 cm. Werkstattzeichen wie Nr. 52, ohne Jahreszahl (nach Angabe der Künstlerin: 1973). Erworben durch J.W. Hinder. Inv.-Nr. 00197-401.

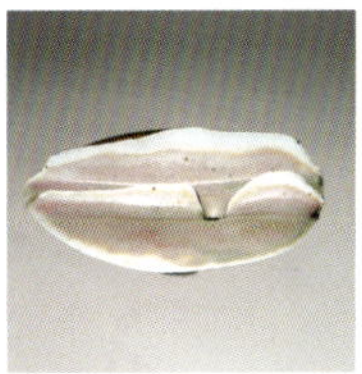

402
Gefäß, vermutl. 1970er Jahre
Porzellan, weißer Scherben – gebaut. Abmessungen 7 x 14,5 x 14,5 cm. Werkstattzeichen Nr. 51. Erworben durch J.W. Hinder. Inv.-Nr. 00197-402.

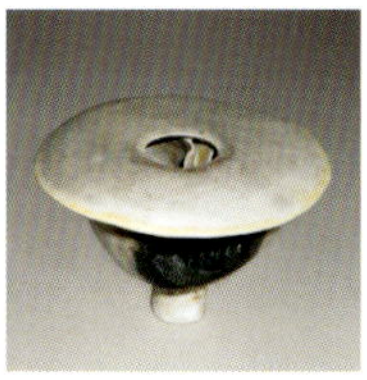

403
Gefäß/Objekt, vermutl. 1970er Jahre
Porzellan, mattgrauer Scherben – gedreht, gebaut und montiert. H 8,5 cm, D 13 cm. Werkstattzeichen Nr. 51. Erworben durch J.W. Hinder. Inv.-Nr. 00197-403.

Ellwanger, Volker in Zusammenarbeit mit Chabert, Dorothea (Werkstatt in Lenzkirch, s. hierzu auch Hinder 1966a)
00197-404 – 00197-412

Lebensdaten zu Dorothea Chabert siehe Seite 146, zu Volker Ellwanger siehe Seite 152

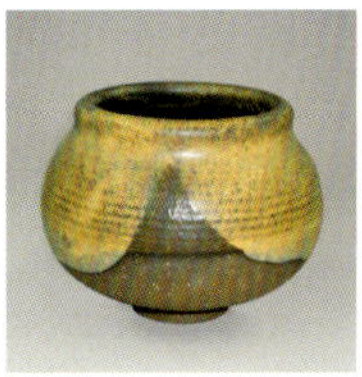

404
Kumme, 1963
Klinker, brauner schamottierter Scherben – gedreht. Oxidationsbrand im Elektro-Ofen bei 1.040°C, Lenzkirch. H 13,5 cm, D 18,5 cm. Werkstattzeichen Nr. 54. Erworben durch J.W. Hinder. Lit.: Hinder & Reimers 1971, Abb. 36. Inv.-Nr. 00197-404.

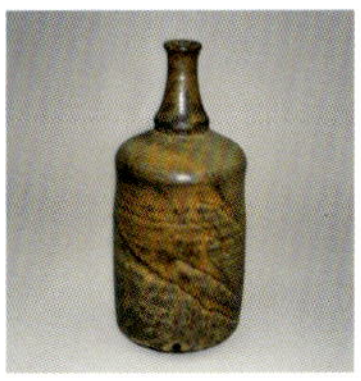

405
Vase, 1963
Klinker, brauner schamottierter Scherben – gedreht. Oxidationsbrand im Elektro-Ofen bei 1.020°C, Lenzkirch. H 34 cm, D 16 cm. Werkstattzeichen Nr. 54. Erworben durch J.W. Hinder. Lit.: Hinder 1966a, S. 116. Inv.-Nr. 00197-405.

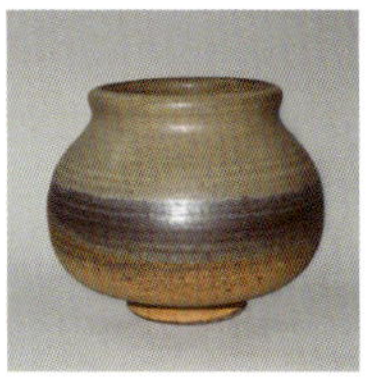

406
Vase, 1964
Klinker, brauner schamottierter Scherben – gedreht. Oxidationsbrand im Elektro-Ofen bei 1.020°C, Lenzkirch. H 14 cm, D 17,5 cm. Werkstattzeichen Nr. 54. Erworben durch J.W. Hinder. Inv.-Nr. 00197-406.

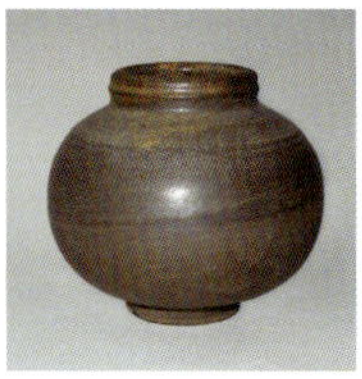

407
Vase, 1964
Klinker, dunkellilabrauner schamottierter Scherben – gedreht. Oxidationsbrand im Elektro-Ofen bei 1.020°C, Lenzkirch. H 11,5 cm, D 13,5 cm. Werkstattzeichen Nr. 54. Erworben durch J.W. Hinder. Inv.-Nr. 00197-407.

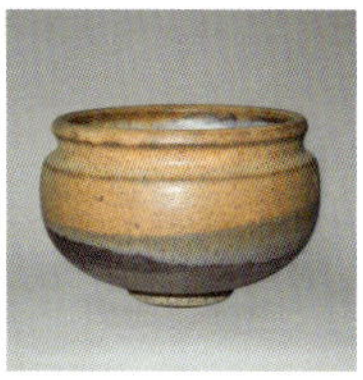

408
Kumme, 1964/65
Klinker, schwarzer Scherben – gedreht. Oxidationsbrand im Elektro-Ofen bei 1.020°C, Lenzkirch. H 11,5 cm, D 17,5 cm. Werkstattzeichen Nr. 54. Erworben durch J.W. Hinder. Inv.-Nr. 00197-408.

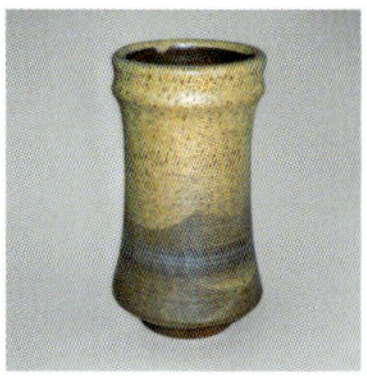

409
Gefäß – eingezogene Zylinderform, 1964/65
Klinker, brauner schamottierter Scherben – gedreht. Oxidationsbrand im Elektro-Ofen bei 1.020°C, Lenzkirch. H 16,5 cm, D 9,5 cm. Werkstattzeichen Nr. 54. Erworben durch J.W. Hinder. Inv.-Nr. 00197-409.

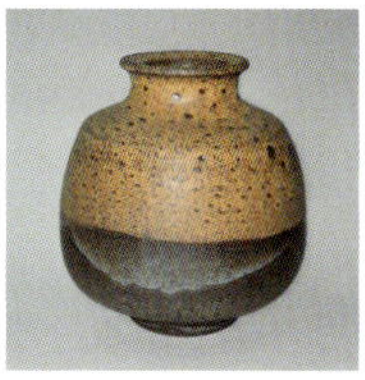

410
Vase, 1965
Klinker, dunkelbrauner schamottierter Scherben – gedreht. Oxidationsbrand im Elektro-Ofen bei 1.020°C, Lenzkirch. H 14 cm, D 13 cm. Werkstattzeichen Nr. 54. Erworben durch J.W. Hinder. Lit.: Hinder 1966a, S. 116. Inv.-Nr. 00197-410.

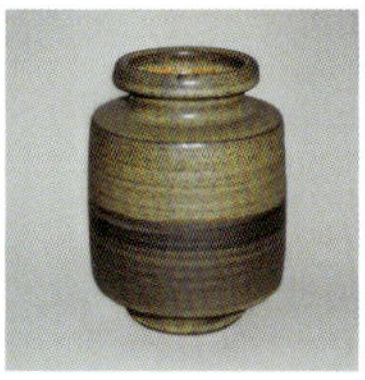

411
Vase, 1965
Klinker, dunkelbrauner schamottierter Scherben – gedreht. Oxidationsbrand im Elektro-Ofen bei 1.020°C, Lenzkirch. H 16 cm, D 12 cm. Werkstattzeichen Nr. 54. Erworben durch J.W. Hinder. Lit.: Hinder 1966a, S. 116. Inv.-Nr. 00197-411.

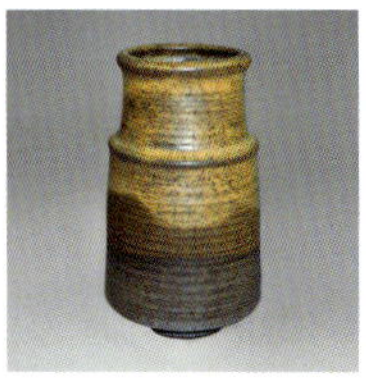

412
Vase, 1965
Klinker, dunkellilabrauner schamottierter Scherben – gedreht. Oxidationsbrand im Elektro-Ofen bei 1.020°C, Lenzkirch. H 19,5 cm, D 11,5 cm. Werkstattzeichen Nr. 54. Erworben durch J.W. Hinder. Lit.: Hinder & Reimers 1971, Abb. 35. Inv.-Nr. 00197-412.

Ellwanger, Volker

00197-413 – 00197-443

1933 in Baden-Baden geboren, lebt und arbeitet in Lenzkirch. 1949–1952 Keramikerlehre in der Kachelofen-Fabrik Emil Löw in Baden-Baden. 1953–1954 Studium an der Werkakademie Kassel bei Ernst Röttger, Vorlehre, und bei Signe Pistorius, Keramik; 1955–1956 Studium der Keramik bei F. Th. Schroeder und Margarete Schott an der Werkkunstschule Darmstadt; 1956–1957 Studium bei Jan Bontjes van Beek an der Meisterschule für das Kunsthandwerk, Berlin, Abschluss Diplom-Designer. 1958–1961 Tätigkeit in der Kachelofenfabrik Emil Löw und im Steatitwerk in Ansbach. Daneben eigenes Atelier gemeinsam mit Dorothea Chabert 1959–1961 in Ansbach und 1961–1966 in Lenzkirch; seit 1967 gemeinsames Atelier mit Veronika Ellwanger in Lenzkirch. 1971–1984 Lehrer an der Schule für Gestaltung der Stadt Bern, Leiter der Sektion Gestaltung im Fachgebiet Keramik, Lehrauftrag in Kunstgeschichte und Technologie der Keramik; 1984–2000 Professor an der Johannes Gutenberg-Universität Mainz, Fachbereich Bildende Kunst.

Lit.: Waldrich 1996, S. 146–150; Karlsruhe 2003.

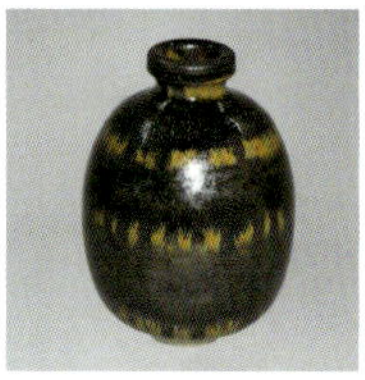

413
Vase, 1966/67
Steinzeug, braunweißer Scherben – gedreht. Oxidationsbrand im Elektro-Ofen bei 1.300°C H 14,5 cm, D 10,5 cm. Werkstattzeichen Nr. 54. Erworben durch J.W. Hinder. Inv.-Nr. 00197-413.

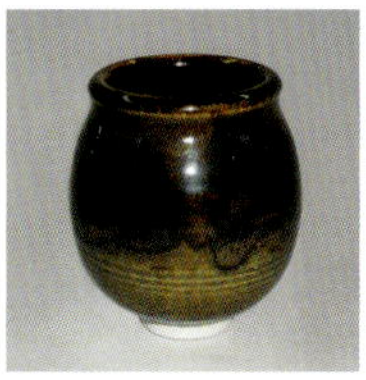

414
Gefäß, 1966/67
Steinzeug, braunweißer Scherben – gedreht. Oxidationsbrand im Elektro-Ofen bei 1.300°C. H 13 cm, D 11,5 cm. Werkstattzeichen Nr. 54. Erworben durch J.W. Hinder. Inv.-Nr. 00197-414.

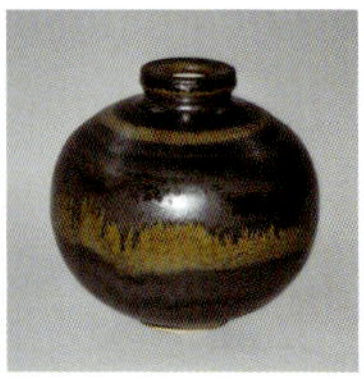

415
Vase, 1966/67
Steinzeug, braunweißer Scherben – gedreht. Oxidationsbrand im Elektro-Ofen bei 1.300°C. H 18,5 cm, D 19 cm. Werkstattzeichen Nr. 54. Erworben durch J.W. Hinder. Inv.-Nr. 00197-415.

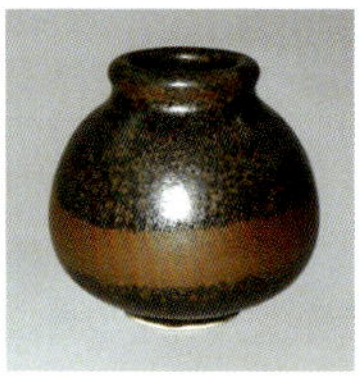

416
Vase, 1966/67 (Lenzkirch)
Steinzeug, weißer Scherben – gedreht. Oxidationsbrand im Elektro-Ofen bei 1.300°C. H 10,5 cm, D 11 cm. Werkstattzeichen Nr. 54. Erworben durch J.W. Hinder. Inv.-Nr. 00197-416.

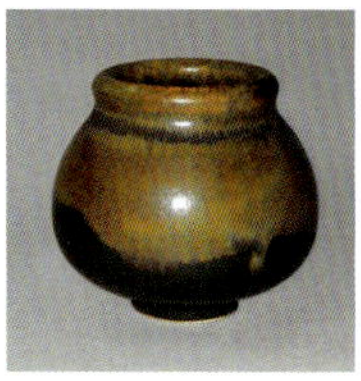

417
Vase, 1966/67 (Lenzkirch)
Steinzeug, braunweißer Scherben – gedreht. Oxidationsbrand im Elektro-Ofen bei 1.300°C. H 8,5 cm, D 10 cm. Werkstattzeichen Nr. 54. Erworben durch J.W. Hinder. Inv.-Nr. 00197-417.

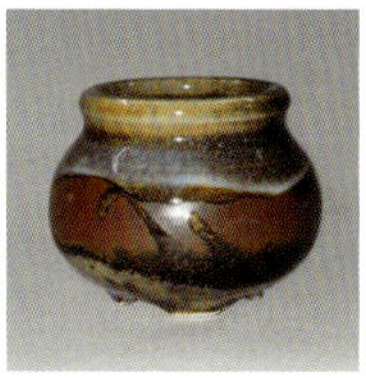

418
Kleines Gefäß, 1966/67 (Lenzkirch)
Steinzeug, braunweißer Scherben – gedreht. Oxidationsbrand im Elektro-Ofen bei 1.300°C. H 8 cm, D 10 cm. Werkstattzeichen Nr. 54. Erworben durch J.W. Hinder. Inv.-Nr. 00197-418.

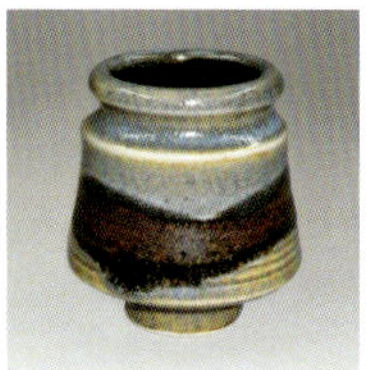

419
Bechergefäß, 1966/67 (Lenzkirch)
Steinzeug, braunweißer Scherben – gedreht. Oxidationsbrand im Elektro-Ofen bei 1.300°C. H 10,5 cm, D 10 cm. Werkstattzeichen Nr. 54 Erworben durch J.W. Hinder. Lit.: Hinder & Reimers 1971, Abb. 37. Inv.-Nr. 00197-419.

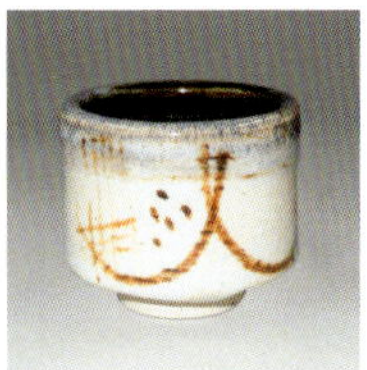

420
Bechergefäß, 1968 (Lenzkirch)
Steinzeug, weißbrauner Scherben – gedreht. Oxidationsbrand im Elektro-Ofen bei 1.300°C. H 7 cm, D 8,5 cm. Werkstattzeichen wie Nr. 53, Jahreszahl 68. Erworben durch J.W. Hinder. Inv.-Nr. 00197-420.

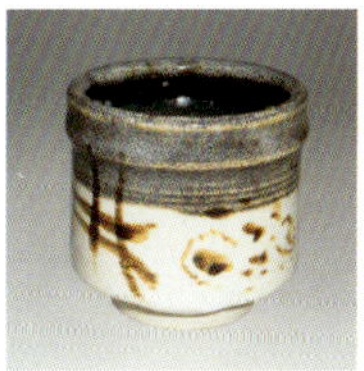

421
Bechergefäß, 1968 (Lenzkirch)
Steinzeug, weißer Scherben – gedreht. Oxidationsbrand im Elektro-Ofen bei 1.300°C.
H 10 cm, D 11 cm.
Werkstattzeichen wie Nr. 53, Jahreszahl 68.
Erworben durch J.W. Hinder.
Inv.-Nr. 00197-421.

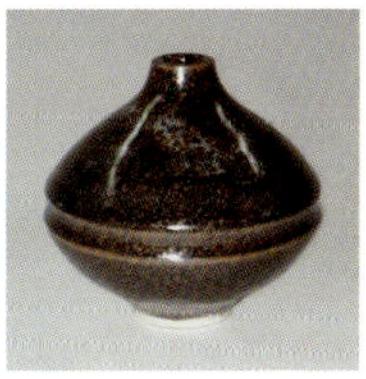

422
Vase, 1968/69 (Lenzkirch)
Steinzeug, braun-weißer Scherben – gedreht. Oxidationsbrand im Elektro-Ofen bei 1.300°C.
H 10,5 cm, D 11,5 cm.
Werkstattzeichen Nr. 54.
Erworben durch J.W. Hinder.
Inv.-Nr. 00197-422.

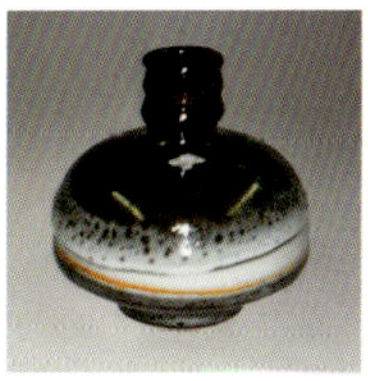

423
Vase, 1972 (Bern)
Steinzeug, braungrauer Scherben – gedreht. Reduktionsbrand im Gas-Ofen bei 1.300°C.
H 12 cm, D 12,5 cm.
Werkstattzeichen Nr. 54, durch Glasur verdeckt.
Erworben durch J.W. Hinder.
Inv.-Nr. 00197-423.

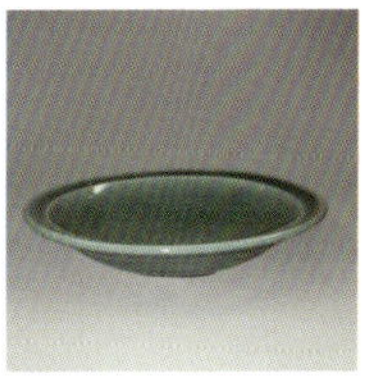

424
Flache Schale, 1972/73 (Bern)
Porzellan, mattgrauer Scherben – gedreht. Reduktionsbrand im Gas-Ofen bei 1.300°C.
H 5,5 cm, D 28 cm.
Werkstattzeichen Nr. 54, durch Glasur verdeckt.
Erworben vermutlich durch J.W. Hinder.
Inv.-Nr. 00197-424.

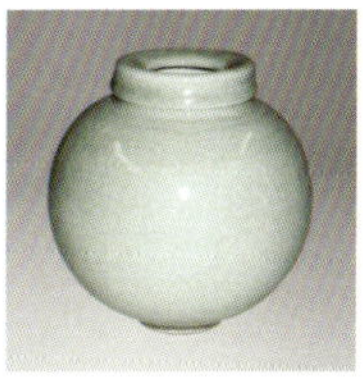

425
Vase, 1974/75 (Bern)
Porzellan, mattgrauer Scherben – gedreht. Reduktionsbrand im Gas-Ofen bei 1.300°C.
H 14,5 cm, D 14,5 cm.
Werkstattzeichen Nr. 54, Jahreszahl unter Glasur verdeckt.
Erworben durch J.W. Hinder/Lotte Reimers.
Inv.-Nr. 00197-425.

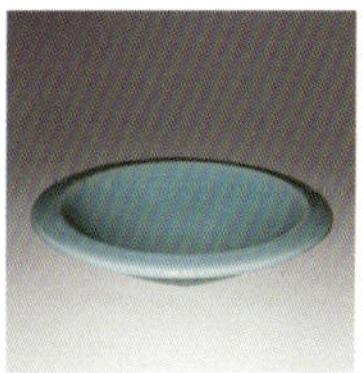

426
Flache Schale, 1974/76
Porzellan, mattgrauer Scherben – gedreht. Reduktionsbrand im Gas-Ofen bei 1.300°C.
H 3,5 cm, D 18,5 cm.
Werkstattzeichen Nr. 54.
Erworben durch Lotte Reimers.
Inv.-Nr. 00197-426.

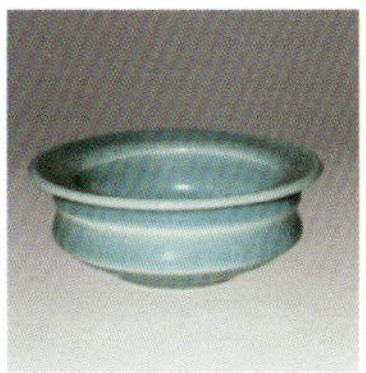

427
Schale, 1974/76 (Bern)
Porzellan, mattgrauer Scherben – gedreht. Reduktionsbrand im Gas-Ofen bei 1.300°C.
H 5 cm, D 13 cm.
Werkstattzeichen Nr. 54.
Erworben durch Lotte Reimers.
Inv.-Nr. 00197-427.

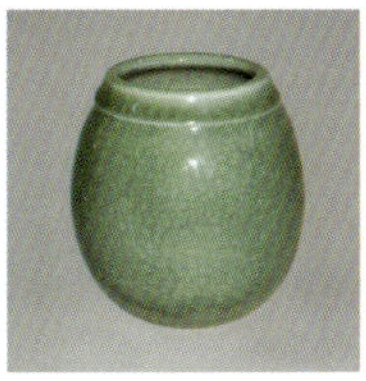

428
Vase (Eiform), 1975 (Bern)
Porzellan, mattgrauer Scherben – gedreht. Reduktionsbrand im Gas-Ofen bei 1.300°C.
H 13,5 cm, D 12,5 cm.
Werkstattzeichen Nr. 54.
Erworben durch J.W. Hinder.
Inv.-Nr. 00197-428.

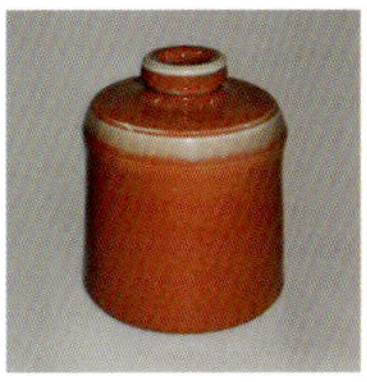

429
Vase, 1975 (Bern)
Porzellan, mattgrauer Scherben – gedreht. Reduktionsbrand im Gas-Ofen bei 1.300°C.
H 13 cm, D 10,5 cm.
Werkstattzeichen Nr. 53.
Erworben durch Lotte Reimers.
Inv.-Nr. 00197-429.

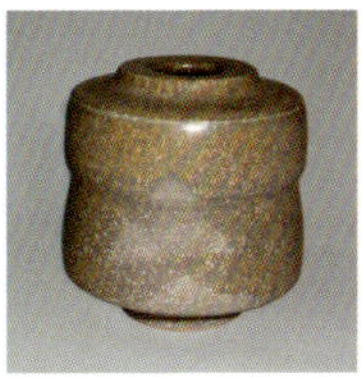

430
Vase, 1975 (Bern)
Steinzeug, braungrauer Scherben – gedreht. Reduktionsbrand im Gas-Ofen bei 1.300°C.
H 13 cm, D 10,5 cm.
Werkstattzeichen Nr. 53.
Erworben durch J.W. Hinder/Lotte Reimers.
Inv.-Nr. 00197-430.

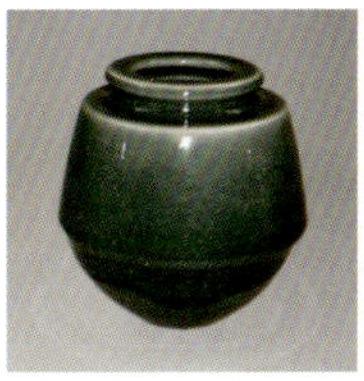

431
Vase, 1976/77 (Bern)
Porzellan, weißer Scherben – gedreht. Reduktionsbrand im Gas-Ofen bei 1.300°C.
H 15 cm, D 15 cm.
Werkstattzeichen Nr. 54.
Erworben durch Lotte Reimers.
Inv.-Nr. 00197-431.

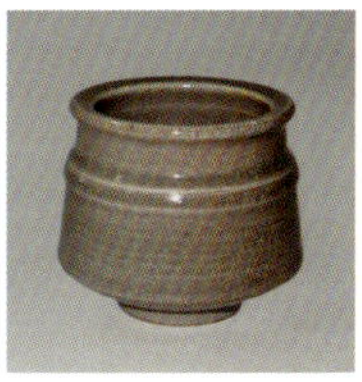

432
Gefäß, 1976/78 (Bern)
Porzellan, hellbraungrauer Scherben – gedreht. Reduktionsbrand im Gas-Ofen bei 1.300°C.
H 10 cm, D 12 cm.
Werkstattzeichen Nr. 54.
Erworben durch Lotte Reimers.
Inv.-Nr. 00197-432.

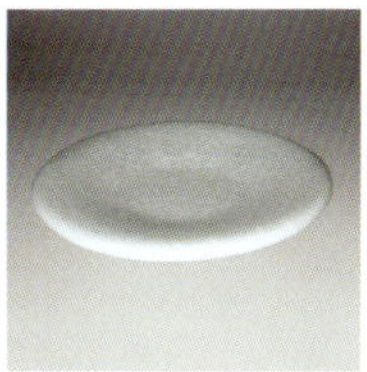

433
Flache Schale, 1977 (Bern)
Porzellan, hellgrauer Scherben – gedreht. Reduktionsbrand im Gas-Ofen bei 1.300°C.
H 3,5 cm, D 19 cm.
Werkstattzeichen Nr. 54.
Erworben durch Lotte Reimers.
Inv.-Nr. 00197-433.

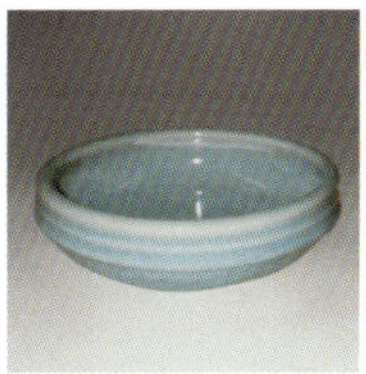

434
Schale, 1977/79 (Bern)
Porzellan, weißer Scherben – gedreht. Reduktionsbrand im Gas-Ofen bei 1.300°C.
H 5,5 cm, D 17,5 cm.
Werkstattzeichen Nr. 54.
Erworben durch Lotte Reimers.
Inv.-Nr. 00197-434.

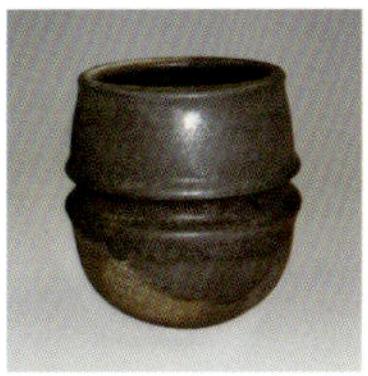

435
Gefäß (Urnenform), 1978 (Bern)
Steinzeug, mattgrauer Scherben – gedreht. Reduktionsbrand im Gas-Ofen bei 1.300°C.
H 15,5 cm, D 14,5 cm.
Werkstattzeichen Nr. 53.
Erworben durch Lotte Reimers.
Inv.-Nr. 00197-435.

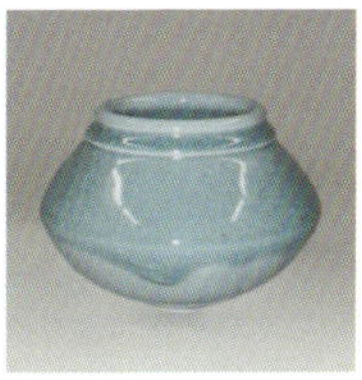

436
Gefäß (Urnenform), 1978 (Bern)
Porzellan, weißer Scherben – gedreht. Reduktionsbrand im Gas-Ofen bei 1.300°C.
H 13 cm, D 18,5 cm.
Werkstattzeichen Nr. 54.
Erworben durch Lotte Reimers.
Inv.-Nr. 00197-436.

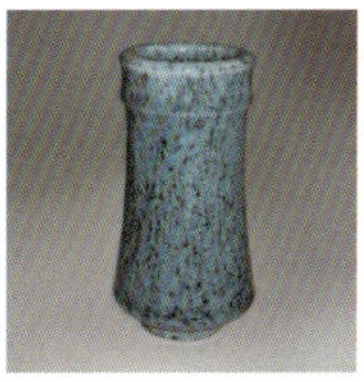

437
Zylindervase, 1978 (Bern)
Porzellan, mattgrauer Scherben – gedreht. Reduktionsbrand im Gas-Ofen bei 1.300°C.
D 9 cm, H 17 cm,
Werkstattzeichen Nr. 54.
Erworben durch Lotte Reimers.
Inv.-Nr. 00197-437.

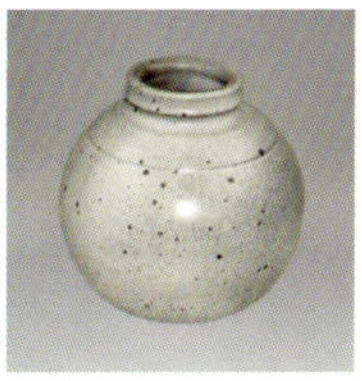

438
Vase, 1978/79 (Bern)
Steinzeug, hell-braungrauer Scherben – gedreht. Reduktionsbrand im Gas-Ofen bei 1.300°C.
H 18 cm, D 19 cm.
Werkstattzeichen Nr. 53.
Erworben durch Lotte Reimers.
Inv.-Nr. 00197-438.

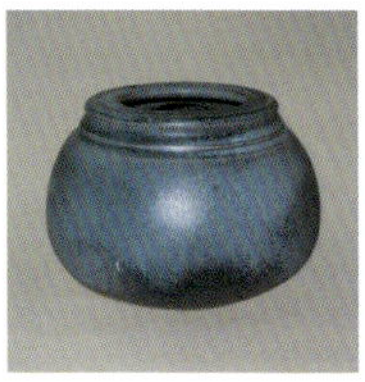

439
Vase, 1978/79 (Bern)
Steinzeug, gelbbrauner Scherben – gedreht. Reduktionsbrand im Gas-Ofen bei 1.300°C.
H 13,5 cm, D 18,5 cm.
Werkstattzeichen Nr. 53.
Erworben durch Lotte Reimers.
Inv.-Nr. 00197-439.

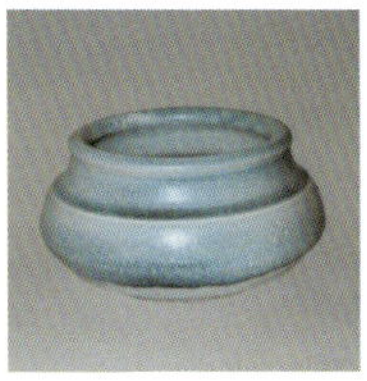

440
Niedrige offene Form (Urnenform), 1978/79 (Bern)
Steinzeug, mattbrauner Scherben – gedreht. Reduktionsbrand im Gas-Ofen bei 1.300°C.
H 9 cm, D 16 cm.
Werkstattzeichen Nr. 54.
Erworben durch Lotte Reimers.
Inv.-Nr. 00197-440.

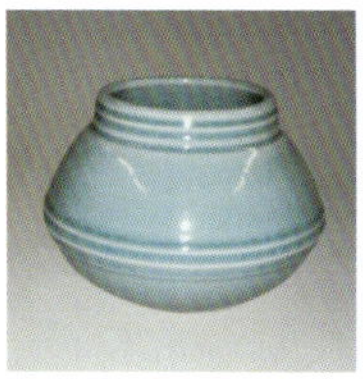

441
Gefäß (Urnenform), 1979 (Bern)
Porzellan, weißer Scherben – gedreht. Reduktionsbrand im Gas-Ofen bei 1.300°C.
H 13,5 cm, D 19 cm.
Werkstattzeichen Nr. 53, Jahreszahl 79.
Erworben durch Lotte Reimers.
Inv.-Nr. 00197-441.

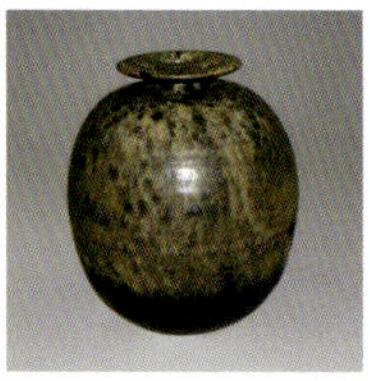

442
Vase, 1979/80 (Lenzkirch)
Steinzeug, braunweißer Schamottescherben – gedreht. Oxidationsbrand im Elektro-Ofen bei 1.300°C.
H 18 cm, D 15 cm.
Werkstattzeichen Nr. 54.
Erworben durch Lotte Reimers.
Inv.-Nr. 00197-442.

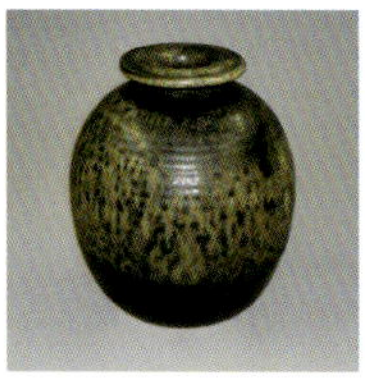

443
Vase, 1979/80 (Lenzkirch)
Steinzeug, braunweißer Scherben – gedreht. Oxidationsbrand im Elektro-Ofen bei 1.300°C.
H 23 cm, D 19 cm.
Werkstattzeichen Nr. 54.
Erworben durch Lotte Reimers.
Inv.-Nr. 00197-443.

Elsner, Dante
00197-444

Englischer Keramiker.
Ausstellung „Ein keramisches Kaleidoskop – 20 Keramiker aus England arbeiten in Raku, Steinzeug und Porzellan.“ Sonder-Ausstellung im Museum für moderne Keramik, Deidesheim, 27.8.–11.9.1983.

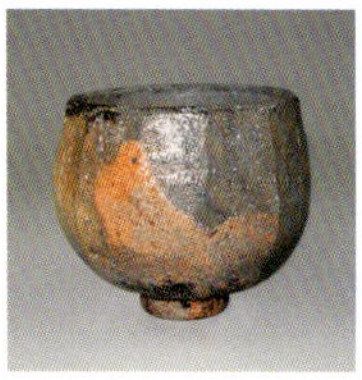

444
Kumme mit Fuß, 1980er Jahre
Steinzeug, braungrauer Schamottescherben – gedreht, geschnitten. Rakubrand.
H 11,5 cm, D 13,5 cm.
Werkstattzeichen Nr. 55.
Erworben durch Lotte Reimers 1983.
Inv.-Nr. 00197-444.

Enders, Brigitte
00197-445 – 00197-448

1949 in Offenbach/Main geboren, lebt und arbeitet in Wapengo/New South Wales, Australien.
1966–1968 Studium am Pädagogischen Fachinstitut Fulda; 1969–1970 Studium der Keramik bei Walter Popp an der Staatlichen Hochschule für Bildende Künste, Kassel; 1970 Entwurfsarbeit für die Staatliche Porzellanmanufaktur, Berlin. 1971–1972 Studium an der Fachschule für Keramikgestaltung, Höhr-Grenzhausen; 1973–1982 eigene Werkstatt in Hamburg, Tätigkeit als Beschäftigungstherapeutin (Keramik) für verhaltensgestörte Kinder. 1975–1980 Studium Industrie-Design an der Hochschule für Bildende Künste, Hamburg, Diplom; 1983 Lehrauftrag am Canberra Institute of the Arts. Seit 1983 eigene Werkstatt in Wapengo/New South Wales. 1988–1990 Studium Industrie-Design an der Universität Canberra; 1991–1994 Postgraduierten-Studium der Keramik an der Australian National University, Institut of the Arts, Canberra, Graduate Diploma Visual Art – Ceramic.

Lit.: Waldrich 1996, S. 154–155.

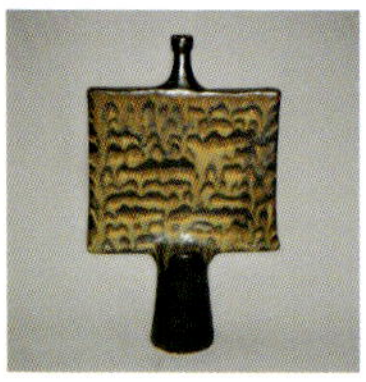

445
Vase, 1969
Steinzeug, mattgrauer Schamottescherben – gebaut. Oxidationsbrand im Elektro-Ofen bei 1.300°C.
Abmessungen 28,5 x 19 x 6 cm.
Werkstattzeichen wie Nr. 49, mit Jahreszahl 69.
Erworben durch J.W. Hinder.
Lit.: Hinder & Reimers 1971, Abb. 33.
Inv.-Nr. 00197-445.

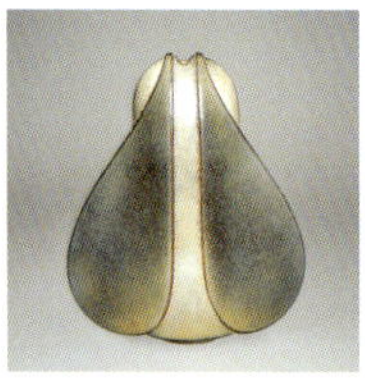

446
Gefäßobjekt, 1981
Steinzeug, braunweißer Scherben – aus Drehteilen und Platten, geschnitten und montiert. Oxidationsbrand im Elektro-Ofen bei 1.300°C.
Abmessungen 29,5 x 25 x 6,5 cm.
Werkstattzeichen Nr. 57.
Erworben durch Lotte Reimers.
Lit.: Reimers 1987, S. 100–101.
Inv.-Nr. 00197-446.

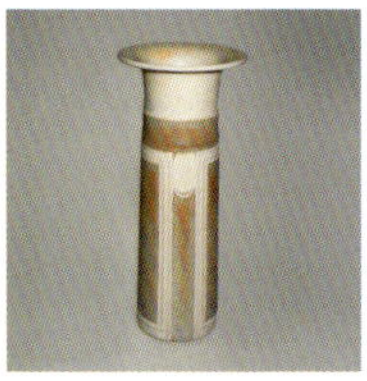

447
Vase – Zylinderform mit aufgebogenem Rand, 1982
Steinzeug, braunweißer Scherben – gedreht, geschnitten. Oxidationsbrand im Elektro-Ofen bei 1.300°C.
H 20,5 cm, D 9 cm.
Werkstattzeichen Nr. 56.
Erworben durch Lotte Reimers.
Inv.-Nr. 00197-447.

Engler, Heinz H.
00197-449 – 00197-465

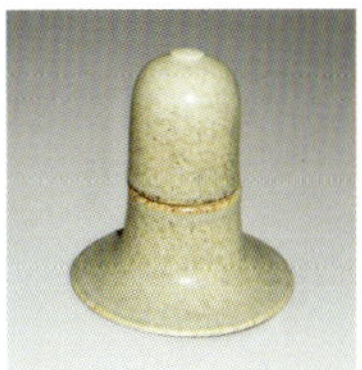

448
Dose, vermutl. 1982
Steinzeug, braun-weißer Scherben – gedreht. Oxidationsbrand im Elektro-Ofen bei 1.300°C.
H 10 cm, D 9 cm.
Werkstattzeichen wie Nr. 56, ohne Jahreszahl.
Erworben durch Lotte Reimers.
Inv.-Nr. 00197-448.

1928 in Biberach an der Riß geboren, 1986 in Biberach an der Riß gestorben.
1949–1952 nach dem Abitur und Töpferlehre in der Werkstatt von Margarete Frauer Studium an der Höheren Staatlichen Fachschule für Keramik, Höhr-Grenzhausen, Abschluss Diplom. 1952–1963 Leiter der Oberschwäbischen Töpferwerkstatt gemeinsam mit Margarete Frauer in Biberach. 1956–1957 Entwerfer und Keramiker in der Design-Abteilung der Firma Arabia/Wärtsilä-Konzernen in Helsinki/Finnland. Ab 1958 eigenes Studio für Modellentwicklung in Biberach, Modell- und Typenentwicklung für die Produktion der Porzellan-, Steinzeug-, Glas- und Kunststoffindustrie. 1958–1968 Zusammenarbeit mit der Wiesenthal-Glashütte, Schwäbisch-Gmünd. 1960–1984 Zusammenarbeit mit dem Keramischen Werk Dr.-Ing. A. Ungewiß, Dehme, später Keramisches Werk Heisterholz, Bad Oeynhausen. Ab 1960 Zusammenarbeit mit der Porzellanfabrik Weiden Gebr. Bauscher, Weiden, ab 1972 dort Chefdesigner und Designer für die Firma Stölzle Glasindustrie, Wien. Berufungen, nicht ausgeübt: 1967 Lehrstuhl für keramische Produktgestaltung an der Hochschule der Bildenden Künste, Hamburg, 1977 Lehrstuhl für Keramik- und Glasdesign an der Hochschule für angewandte Kunst, Wien, 1981 Lehrstuhl für Industrie-Design, Bereich „Plastische Massen" an der Hochschule für Bildende Künste, Hamburg.

Lit.: Waldrich 1996, S. 156–157.

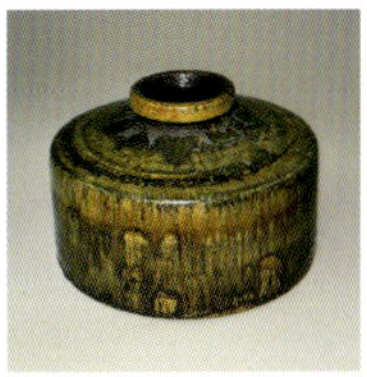

449
Vase, vermutl. 1950er Jahre
Steinzeug, weiß-brauner Schamottescherben – gedreht.
H 15 cm, D 23 cm.
Werkstattzeichen wie Nr. 58 ohne Zusatz „h".
Erworben durch J.W. Hinder.
Lit.: Hinder & Reimers 1971, Abb. 40.
Inv.-Nr. 00197-449.

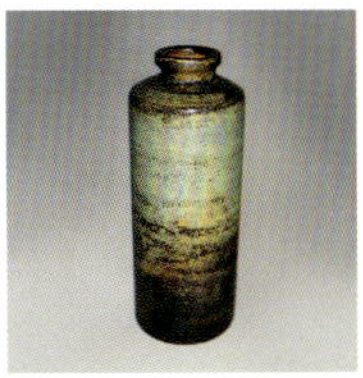

450
Vase, 1950er Jahre
Steinzeug, weiß-brauner Schamottescherben – gedreht.
H 6 cm, D 14,5 cm.
Werkstattzeichen wie Nr. 58 ohne Zusatz „h".
Erworben durch J.W. Hinder.
Inv.-Nr. 00197-450.

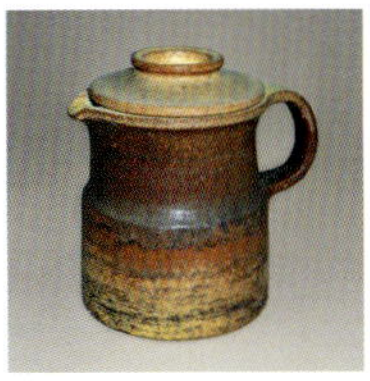

451
Kanne, 1950er Jahre
Steinzeug, gelb-brauner Schamottescherben – gedreht.
H (mit Deckel) 17,5 cm, D 13 cm.
Werkstattzeichen wie Nr. 58 ohne Zusatz „h".
Entwurf: Heinz H. Engler, Ausführung Margarete Frauer-Engler oder Werkstatt.
Erworben durch J.W. Hinder.
Lit.: Hinder & Reimers 1971, Abb. 39.
Inv.-Nr. 00197-451.

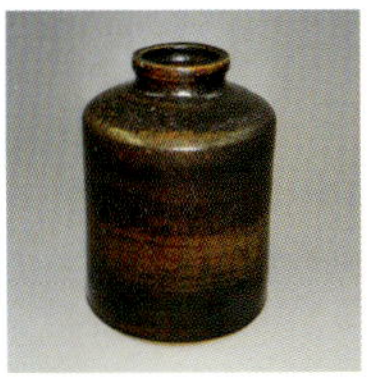

452
Vase – Walzenform, vermutl. 1950er Jahre
Steinzeug, matt-brauner Schamottescherben – gedreht.
H 26 cm, D 19 cm.
Werkstattzeichen wie Nr. 58 ohne Zusatz „h".
Entwurf: Heinz H. Engler, Ausführung Margarete Frauer-Engler oder Werkstatt.
Erworben durch J.W. Hinder.
Inv.-Nr. 00197-452.

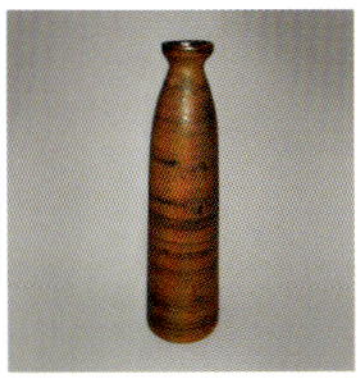

453
Vase, vermutl. 1950er Jahre
Steinzeug, matt-brauner Schamottescherben – gedreht.
H 32 cm, D 9 cm.
Werkstattzeichen Nr. 58.
Entwurf: Heinz H. Engler, Ausführung Margarete Frauer-Engler oder Werkstatt.
Erworben durch J.W. Hinder.
Inv.-Nr. 00197-453.

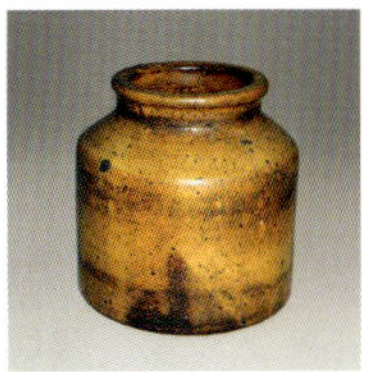

454
Vase – Walzenform mit weiter Öffnung, vermutl. 1950er Jahre
Steinzeug, orange-brauner Scherben – gedreht.
H 11,5 cm, D 1,5 cm.
Werkstattzeichen wie Nr. 58 ohne Zusatz „h".
Entwurf: Heinz H. Engler, Ausführung Margarete Frauer-Engler oder Werkstatt.
Erworben durch J.W. Hinder.
Inv.-Nr. 00197-454.

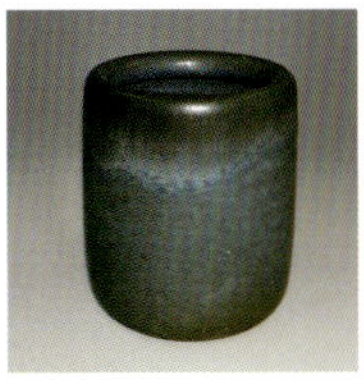

455
Bechergefäß, vermutl. 1950/60er Jahre
Steinzeug, braun-schwarzer Schamottescherben – gedreht.
H 12,5 cm, D 11 cm.
Werkstattzeichen wie Nr. 58 ohne Zusatz „h".
Entwurf: Heinz H. Engler, Ausführung Margarete Frauer-Engler oder Werkstatt.
Erworben durch J.W. Hinder.
Inv.-Nr. 00197-455.

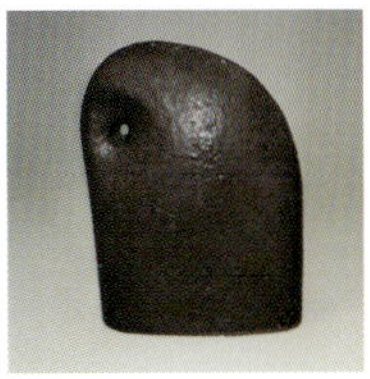

456
Plastik „Mammut", vermutl. 1950/60er Jahre
Steinzeug, brauner Schamottescherben – geformt.
Abmessungen 21,5 x 16 x 8 cm.
Unbezeichnet.
Entwurf: Heinz H. Engler, Ausführung Margarete Frauer-Engler oder Werkstatt.
Erworben durch J.W. Hinder.
Inv.-Nr. 00197-456.

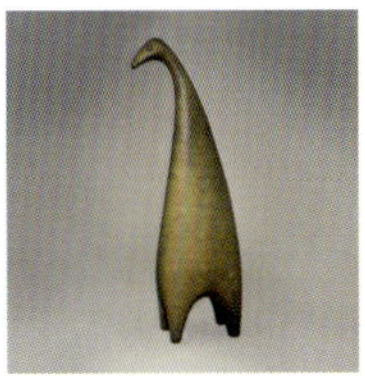

457
Plastik „Tier mit langem Hals", 1951
Steinzeug, schwarz-brauner Schamottescherben – geformt.
Abmessungen 48,5 x 15,5 x 8,5 cm.
Werkstattzeichen Nr. 59.
Entwurf: Heinz H. Engler, Ausführung Margarete Frauer-Engler oder Werkstatt.
Erworben durch J.W. Hinder.
Inv.-Nr. 00197-457.

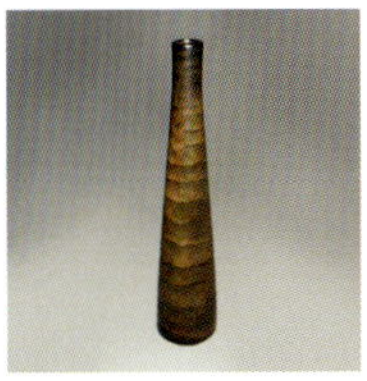

458
Vase, vermutl. 1950er Jahre
Steinzeug, braun-schwarzer Scherben – gedreht.
H 31 cm, D 7 cm.
Werkstattzeichen wie Nr. 58 ohne Zusatz „h".
Entwurf: Heinz H. Engler, Ausführung Margarete Frauer-Engler oder Werkstatt.
Erworben durch J.W. Hinder.
Inv.-Nr. 00197-458.

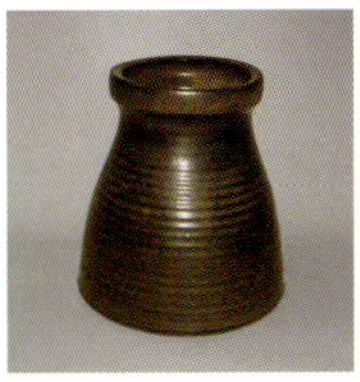

459
Vase mit weiter Öffnung, vermutl. 1950er Jahre
Steinzeug, braun-schwarzer Scherben – gedreht.
H 17,5 cm, D 17 cm.
Werkstattzeichen Nr. 58.
Entwurf: Heinz H. Engler, Ausführung Margarete Frauer-Engler oder Werkstatt.
Erworben durch J.W. Hinder.
Inv.-Nr. 00197-459.

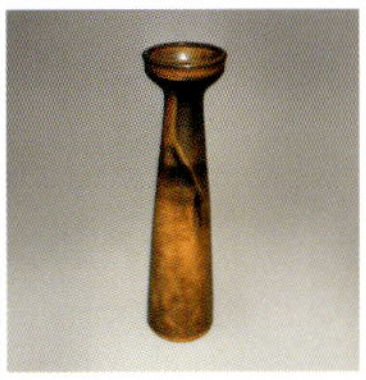

460
Vase mit ringartiger Öffnung, vermutl. 1950/60er Jahre
Steinzeug, braun-schwarzer Scherben – gedreht.
H 38 cm, D 10 cm.
Werkstattzeichen Nr. 58.
Entwurf: Heinz H. Engler, Ausführung Margarete Frauer-Engler oder Werkstatt.
Erworben durch J.W. Hinder.
Inv.-Nr. 00197-460.

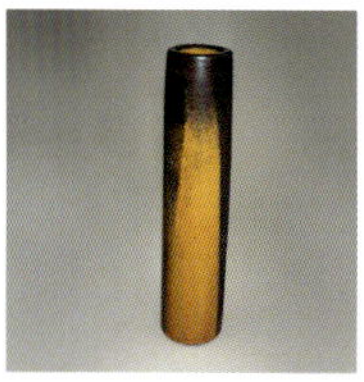

461
Vase – Zylinderform, vermutl. 1950/60er Jahre
Steinzeug, braun-schwarzer Scherben – gedreht.
H 33,5 cm, D 8 cm.
Werkstattzeichen wie Nr. 58 ohne Zusatz „h".
Entwurf: Heinz H. Engler, Ausführung Margarete Frauer-Engler oder Werkstatt.
Erworben durch J.W. Hinder.
Inv.-Nr. 00197-461.

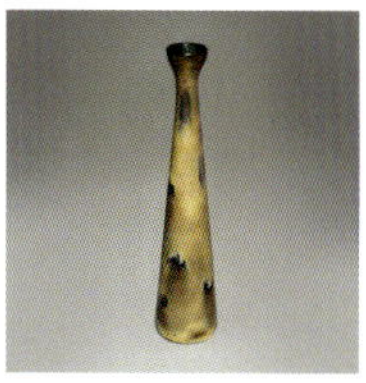

462
Schlanke Vase, um 1956
Steinzeug, schwarzbrauner Scherben – gedreht.
H 23,5 cm, D 5,5 cm.
Werkstattzeichen wie Nr. 58 ohne Zusatz „h", Schildchen: Cannes 1956, F1.
Entwurf: Heinz H. Engler, Ausführung Margarete Frauer-Engler oder Werkstatt.
Erworben durch J.W. Hinder.
Inv.-Nr. 00197-462.

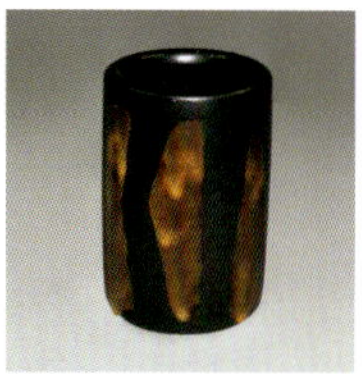

463
Becher, 1950er Jahre
Steinzeug, schwarzer Scherben – gedreht.
H 12 cm, D 8,5 cm
Werkstattzeichen wie Nr. 58 ohne Zusatz „h".
Entwurf: Heinz H. Engler, Ausführung Margarete Frauer-Engler oder Werkstatt.
Erworben durch J.W. Hinder.
Inv.-Nr. 00197-463.

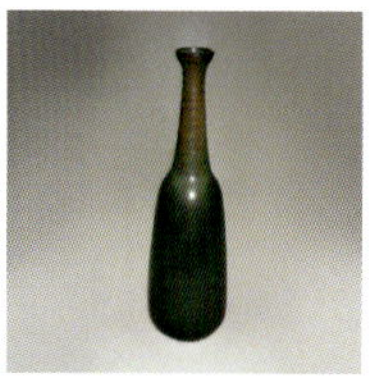

464
Flaschenvase, um 1954
Steinzeug, schwarzbrauner Scherben – gedreht.
H 25,5 cm, D 7,5 cm
Werkstattzeichen wie Nr. 58 ohne Zusatz „h".
Entwurf: Heinz H. Engler, Ausführung Margarete Frauer-Engler oder Werkstatt.
Erworben durch J.W. Hinder.
Lit.: Ähnl. Arbeit s. Spielmann 1979, S. 129.
Inv.-Nr. 00197-464.

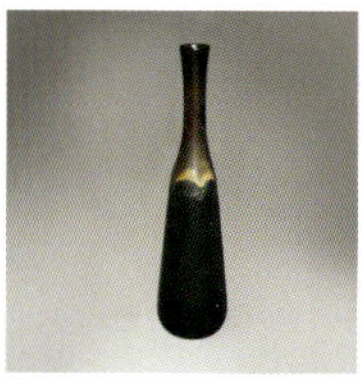

465
Vase mit schlankem Hals, vermutl. 1950er Jahre
Steinzeug, braun-schwarzer Scherben – gedreht.
H 25,5 cm, D 7 cm.
Werkstattzeichen Nr. 60.
Entwurf: Heinz H. Engler, Ausführung Margarete Frauer-Engler oder Werkstatt.
Erworben durch J.W. Hinder.
Inv.-Nr. 00197-465.

Erdös-Meisinger, Ida
00197-466 – 00197-468

1897 in Prachatitz/Südböhmen geboren, 1985 gestorben.
1924/1925 Töpferlehre in der Werkstatt Kirsch in Wien; 1925–1929 Studium der Keramik bei Michael Powolny an der Hochschule für angewandte Kunst, Wien, Abschlussprüfung. 1928–1933 Tätigkeit in der Manufaktur Friedrich Goldscheider, Wien. 1934–1945 Werkstatt mit Stephan Erdös in Znaim/Südböhmen. Seit 1946 eigene Werkstatt mit Stephan Erdös in Tittmoning/Niederbayern, seit 1957 gemeinsam mit Ilse Ludwig-Korbel.

Lit.: Waldrich 1996, S. 160–161.

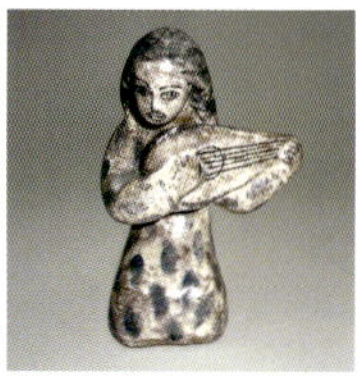

466
Plastik „Lautenspielerin", ohne Datierung, vermutl. 1950er Jahre
Fayence – brauner Scherben – aufgebaut/geformt (?).
Reduktionsbrand im Elektro-Ofen bei 1.050–1.100°C.
Abmessungen 20 x 14 x 10,5 cm.
Werkstattzeichen Nr. 61 (2x).
Erworben durch J.W. Hinder.
Inv.-Nr. 00197-466.

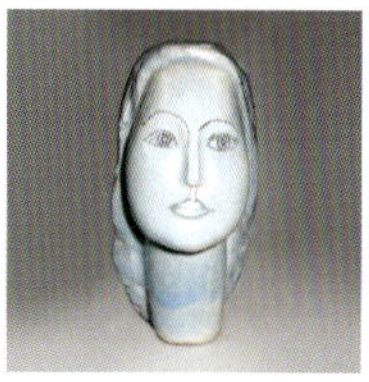

467
Plastik „Kopf", ohne Datierung, vermutl. 1950er Jahre
Fayence – braungrauer Scherben – aufgebaut/geformt (?).
Reduktionsbrand im Elektro-Ofen bei 1.050–1.100°C.
Abmessungen 24 x 12,5 x 16 cm.
Werkstattzeichen Nr. 61, geritzt 3097.
Erworben durch J.W. Hinder.
Inv.-Nr. 00197-467.

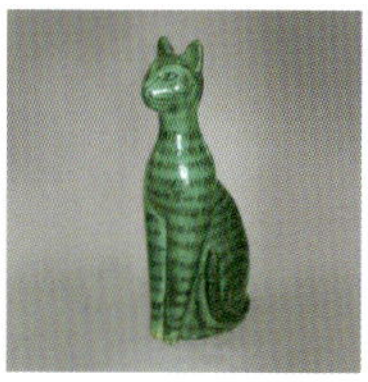

468
Plastik „Katze", ohne Datierung (um 1955)
Fayence – schwarzbrauner Scherben – aufgebaut/geformt (?).
Reduktionsbrand im Elektro-Ofen bei 1.050–1.100°C.
Abmessungen 53 x 17,5 x 21,5 cm.
Werkstattzeichen Nr. 61.
Erworben durch J.W. Hinder. Goldmedaille auf der Internationalen Keramikausstellung in Cannes 1955.
Inv.-Nr. 00197-468.

Erdös, Stephan
00197-469 – 00197-479

1906 in Lipine/Ungarn geboren, 1956 in Bad Wiessee gestorben.
1922–1925 Ausbildung an der Staatlichen Porzellanfachschule in Karlsbad, anschließend Praktikum bei Sonnenhuber in Steyr/Oberösterreich. 1925–1929 Studium der Keramik bei Michael Powolny und der Silikatchemie bei Emmerich Selch an der Hochschule für Angewandte Kunst, Wien; 1929–1932 Assistent von Michael Powolny. 1934–1945 eigene Werkstatt zusammen mit Ida Erdös-Meisinger, daneben Lehrer für Kunsterziehung und Zeichnen am Realgymnasium und an der Lehrerbildungsanstalt, Znaim. 1936 Begegnung mit Max Laeuger. Seit 1942 Kriegsdienst; 1946 eigenes Atelier zusammen mit Ida Erdös-Meisinger in Tittmoning. 1953–1956 Direktor der Staatlichen Glasfachschule Zwiesel. 1956 Berufung als Leiter der Abteilung Keramik an die Akademie der bildenden Künste, Stuttgart.

Lit.: Klinge 1996, S. 160–161.

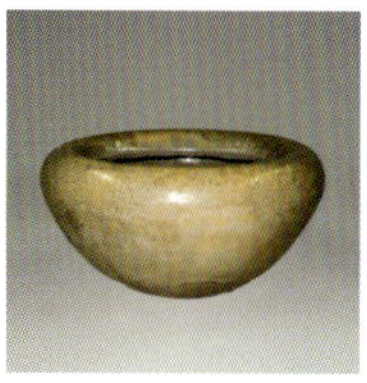

469
Schale, 1940/50er Jahre
Fayence, schwarzbrauner Scherben – gedreht. Vermutlich Reduktionsbrand (durch Naphtalin) im Elektro-Ofen bei 1.050–1.100°C.
H 10,5 cm, D 21 cm.
Werkstattzeichen Nr. 61.
Erworben durch J.W. Hinder.
Lit.: Hinder & Reimers 1971, Abb. 43.
Inv.-Nr. 00197-469.

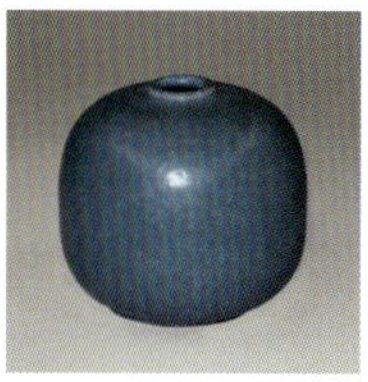

470
Vase, ohne Datierung (Ende 1940er/Anfang 1950er Jahre)
Fayence, schwarzbrauner Scherben – gedreht. Vermutlich Reduktionsbrand (durch Naphtalin) im Elektro-Ofen bei 1.050–1.100°C.
H 10 cm, D 11,5 cm.
Werkstattzeichen Nr. 61, mit Pinsel 3950, Made in Germany.
Erworben durch J.W. Hinder.
Inv.-Nr. 00197-470.

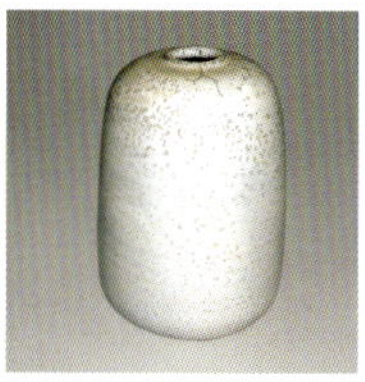

471
Vase, ohne Datierung (Ende 1940er/Anfang 1950er Jahre)
Fayence, schwarzbrauner Scherben – gedreht. Vermutlich Reduktionsbrand (durch Naphtalin) im Elektro-Ofen bei 1.050–1.100°C.
H 17,5 cm, D 12 cm.
Nr. 61, mit Pinsel 3741.
Erworben durch J.W. Hinder.
Inv.-Nr. 00197-471.

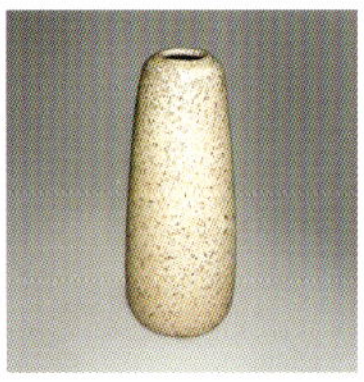

472
Vase, ohne Datierung (Ende 1940er/Anfang 1950er Jahre)
Fayence, schwarzgraubrauner Scherben – gedreht. Vermutlich Reduktionsbrand (durch Naphtalin) im Elektro-Ofen bei 1.050–1.100°C.
H 23 cm, D 8,5 cm.
Werkstattzeichen Nr. 62, mit Pinsel 3681, geritzt 41(?)1.
Erworben durch J.W. Hinder.
Inv.-Nr. 00197-472.

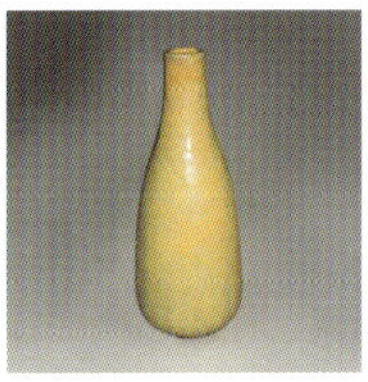

473
Vase, ohne Datierung (Ende 1940er/Anfang 1950er Jahre)
Fayence, schwarzbrauner Scherben – gedreht. Vermutlich Reduktionsbrand (durch Naphtalin) im Elektro-Ofen bei 1.050–1.100°C.
H 28,5 cm, D 10,5 cm.
Werkstattzeichen Nr. 62, mit Pinsel 4179, 4107.
Inv.-Nr. 00197-473.

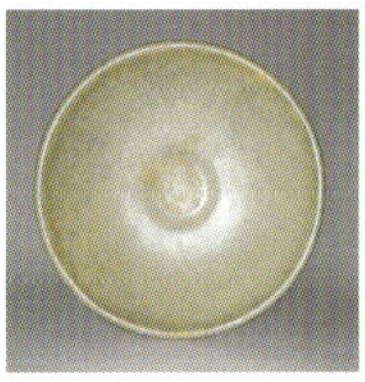

474
Flache Schale, ohne Datierung (Ende 1940er / Anfang 1950er Jahre)
Fayence, graubrauner Scherben – gedreht. Vermutlich Reduktionsbrand (durch Naphtalin) im Elektro-Ofen bei 1.050–1.100°C.
H 5,50 cm, D 19,50 cm.
Werkstattzeichen Nr. 62, mit Pinsel 4236, geritzt 3(?)34.
Erworben durch J.W. Hinder.
Inv.-Nr. 00197-474.

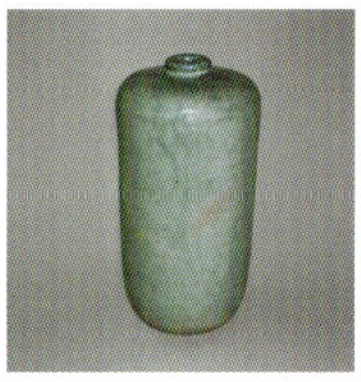

475
Vase, ohne Datierung (Ende 1940er / Anfang 1950er Jahre)
Fayence, graubrauner Scherben – gedreht. Vermutlich Reduktionsbrand (durch Naphtalin) im Elektro-Ofen bei 1.050–1.100°C.
H 20 cm, D 10,5 cm.
Werkstattzeichen Nr. 61, mit Pinsel 3655, geritzt 3777.
Erworben durch J.W. Hinder.
Inv.-Nr. 00197-475.

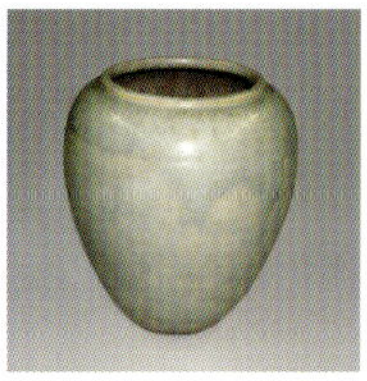

476
Vase, ohne Datierung, nach 1950
Fayence, schwarzbrauner Scherben – gedreht. Vermutlich Reduktionsbrand (durch Naphtalin) im Elektro-Ofen bei 1.050–1.100°C.
H 19 cm, D 16,5 cm.
Werkstattzeichen Nr. 62.
Erworben durch J.W. Hinder.
Inv.-Nr. 00197-476.

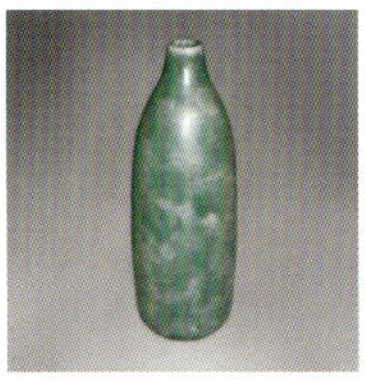

477
Vase, ohne Datierung
Fayence, schwarzbrauner Scherben – gedreht. Vermutlich Reduktionsbrand (durch Naphtalin) im Elektro-Ofen bei 1.050–1.100°C.
H 27 cm, D 9,5 cm.
Werkstattzeichen Nr. 62, mit Pinsel 4259.
Erworben durch J.W. Hinder.
Lit.: Hinder & Reimers 1971, Abb. 42.
Inv.-Nr. 00197-477.

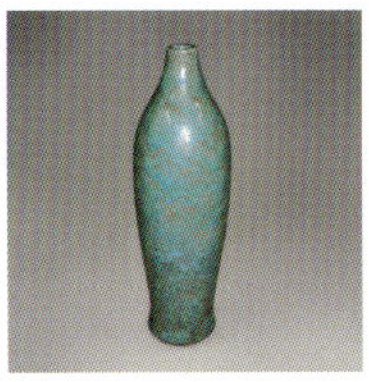

478
Vase, ohne Datierung (nach 1950)
Fayence, schwarzbrauner Scherben – gedreht. Vermutlich Reduktionsbrand (durch Naphtalin) im Elektro-Ofen bei 1.050–1.100°C.
H 30,5 cm, D 10 cm.
Werkstattzeichen Nr. 62, mit Pinsel 3642 und 4172.
Erworben durch J.W. Hinder.
Lit.: Hinder 1970c, S. 576.
Inv.-Nr. 00197-478.

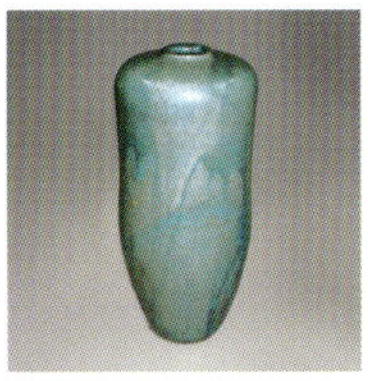

479
Vase, ohne Datierung, nach 1950
Fayence, schwarzbrauner Scherben – gedreht. Vermutlich Reduktionsbrand (durch Naphtalin) im Elektro-Ofen bei 1.050–1.100°C.
H 24 cm, D 11 cm.
Werkstattzeichen Nr. 61, mit Pinsel 34/32.
Erworben durch J.W. Hinder.
Inv.-Nr. 00197-479.

Favre, Aline
00197-480 – 00197-485

1932 in Genf geboren, lebt und arbeitet in Juriens/Waadt, Schweiz.
1945–1953 Ausbildung als Keramikmalerin und Keramikerin an der Ecole des Arts Décoratifs, Genf. 1954–1975 eigenes Atelier u.a. in Jussy und Arare, seit 1976 in Juriens. 1960–1965 Fachlehrerin für Zeichnen an der Ecole des Beaux-Arts, Genf; 1965–1990 Fachlehrerin für Keramik an der Ecole des Arts Décoratifs, Genf. Seit 1983 zahlreiche Gastdozenturen, Workshops etc.

Lit.: Waldrich 1996, S. 166–167.

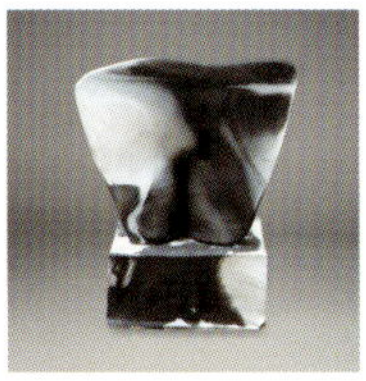

480
Objekt auf Sockel, 1986/1987
Porzellan, weißer Scherben – modelliert, gedreht und geschnitten. Salzbrand im Papier-Ofen bei 900°C, geräuchert.
Abmessungen 27 (Höhe mit Sockel) x 23 x 11 cm.
Werkstattzeichen Nr. 63.
Erworben durch Lotte Reimers 1987.
Inv.-Nr. 00197-480.

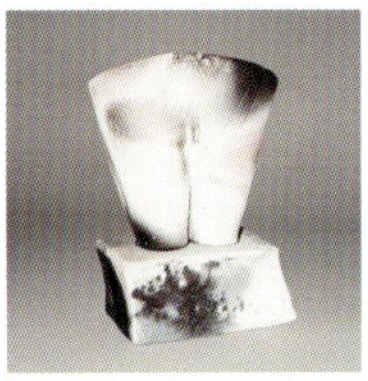

481
Torso mit Sockel, 1987
Porzellan, weißer Scherben – modelliert, gedreht und geschnitten. Salzbrand im Papier-Ofen bei 900°C, geräuchert.
Abmessungen 23 (Höhe mit Sockel) x 15 x 10 cm.
Werkstattzeichen Nr. 63.
Erworben durch Lotte Reimers 1987.
Inv.-Nr. 00197-481.

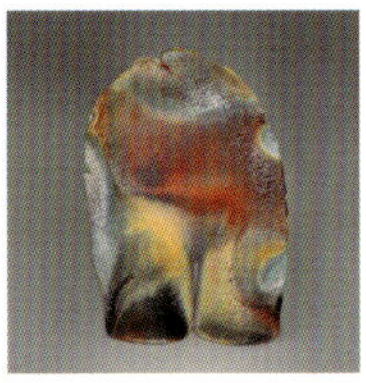

482
Torso, 1987
Steinzeug, mattbrauner Schamottescherben – modelliert. Niedrig-Salzbrand im Papier-Ofen bei 900°C, geräuchert.
Abmessungen 37 x 25,5 x 8 cm.
Werkstattzeichen Nr. 64.
Erworben durch Lotte Reimers 1987.
Inv.-Nr. 00197-482.

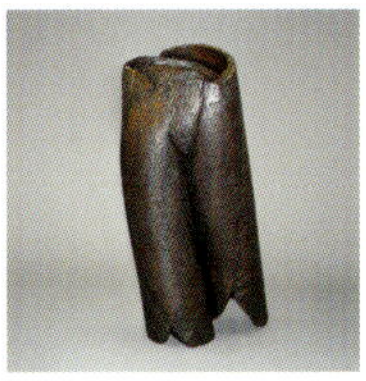

483
Plastik „Warten", 1986
Steinzeug, mattbrauner Schamottescherben – gebaut: gerollt, montiert. Holzbrand bei 1.200°C (Salzbrand).
Abmessungen 40 x 21 x 19 cm.
Unbezeichnet.
Erworben durch Lotte Reimers 1987.
Inv.-Nr. 00197-483.

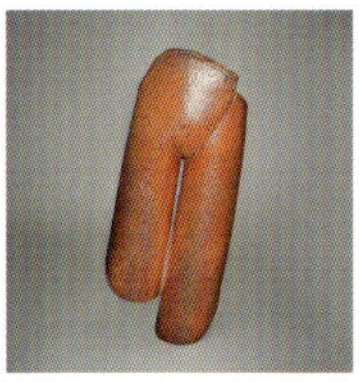

484
Plastik „Unentschlossenheit", 1986
Steinzeug, orangebrauner Schamottescherben – gebaut: gerollt, montiert. Holzbrand bei 1.200°C (Salzbrand).
Abmessungen 47,5 x 24,5 x 14 cm.
Unbezeichnet.
Erworben durch Lotte Reimers 1987.
Inv.-Nr. 00197-484.

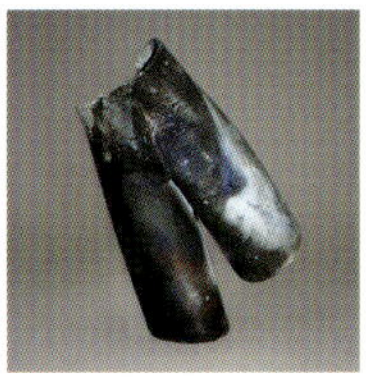

485
Plastik „Tänzer", 1987
Steinzeug, mattbrauner Schamottescherben – gebaut: gerollt, montiert. Niedrigsalzbrand im Papierofen bei 900°C.
Abmessungen 30 x 23 x 18 cm.
Unbezeichnet.
Erworben durch Lotte Reimers 1987.
Inv.-Nr. 00197-485.

Fournier, Sheila
00197-486

1930 in der Nähe von Filey, Yorkshire, geboren, 2000 gestorben.
1949–1950 Ausbildung am Goldsmith's College, School of Art, London, Töpferausbildung bei Robert Fournier. 1961–1987 gemeinsame Werkstatt mit Robert Fournier in Greenwich, Brenchley/Kent und Lacock/Wiltshire, danach Tätigkeit als Malerin und Mode-Designerin. Robert und Sheila Fournier begründeten das Archiv der „Craft Potters Association", das die Basis für das Ceramic Archive Aberystwyth bildete.

Lit.: Sheila Fournier 1930–2000. Einladung Gedächtnisausstellung Sheila Fournier, The Gallery at Handel House, Devizes/Wiltshire, Oktober–November 2001. In: Ceramic Archive, The University of Wales, School of Art, Aberystwyth/Wales.

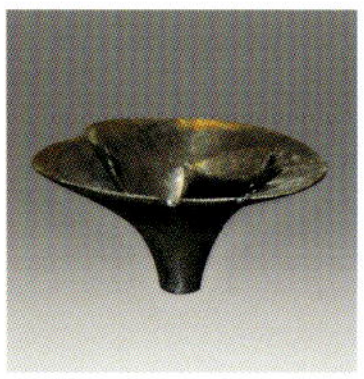

486
Schale – Kelchform, 1978
Ton, mattgraubrauner Scherben – aufgebaut.
H 11 cm, D 20 cm.
Werkstattzeichen Nr. 65, 1978.
Erworben durch Lotte Reimers.
Inv.-Nr. 00197-486.

Frenzel, Gisela
00197-487 – 00197-489

1943 in Much/Siegburg geboren, lebt und arbeitet in Siegburg.
1958–1961 Studium an der Staatlichen Glasfachschule Hadamar. 1962–1965 Töpferausbildung. Seit 1965 freischaffend tätig in der Glasveredelung, Töpferei und Malerei. 1976 Gründung der Siegburger Töpferei in Siegburg. 1980 Meisterprüfung, seitdem Meisterin der Siegburger Töpferei.

Lit.: Hinder 1974a; Waldrich 1996, S. 180–181.

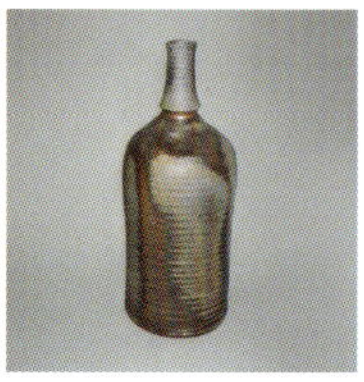

487
Flasche, 1973
Steinzeug, graubrauner Schamottescherben – gedreht, gedrückt. Reduktionsbrand im Holzofen bei 1.240–1.260°C.
H 24 cm, D 10 cm.
Werkstattzeichen Nr. 66, Bleistift 1973.
Erworben durch J.W. Hinder.
Lit.: Hinder 1974a.
Inv.-Nr. 00197-487.

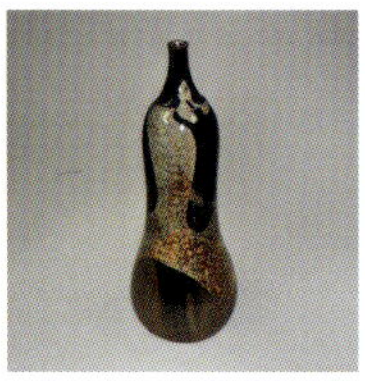

488
Vase – Kalebassenform, 1975
Steinzeug, braunweißer Schamottescherben – gedreht. Reduktionsbrand im Holzofen bei 1.240–1.260°C.
H 28,5 cm, D 11 cm.
Werkstattzeichen Nr. 67.
Erworben durch J.W. Hinder 1975.
Inv.-Nr. 00197-488.

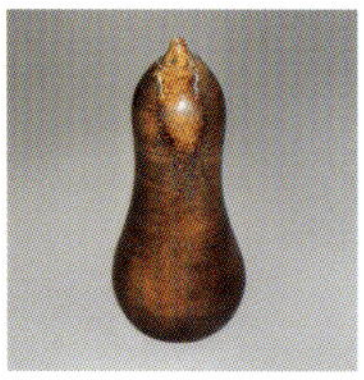

489
Vase – Kalebassenform, 1975
Steinzeug, hellgraubrauner Schamottescherben – gedreht. Reduktionsbrand im Holzofen bei 1.240–1.260°C.
H 19,5 cm, D 9,5 cm.
Werkstattzeichen Nr. 67.
Erworben durch J.W. Hinder 1975.
Inv.-Nr. 00197-489.

Gehrig, Reiner
00197-490–00197-491

1938 in Montabaur geboren, lebt und arbeitet in Grünstadt.
Nach Töpferlehre 1953–1956 Gesellenjahre in verschiedenen Werkstätten. 1956–1959 Studium an der Staatlichen Werkschule für Keramik, Meisterklasse Hubert Griemert, Meisterprüfung. Bis 1974 technischer Leiter in verschiedenen Werkstätten, seit 1974 eigene Werkstatt in Grünstadt.

Lit.: Waldrich 1996, S. 201–202.

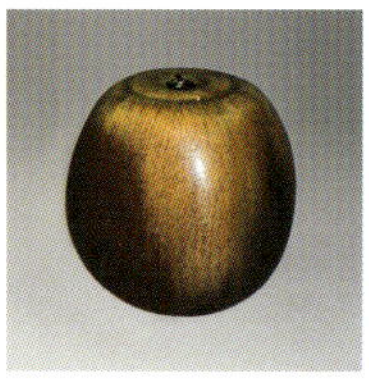

490
Vase, 1980
Porzellan, weißer Scherben – gedreht, geklopft. Oxidationsbrand vermutl. im Elektro-Ofen bei ca. 1.300°C.
Abmessungen 12,5 x 11 x 11 cm.
Werkstattzeichen Nr. 68.
Erworben durch Lotte Reimers 1981.
Inv.-Nr. 00197-490.

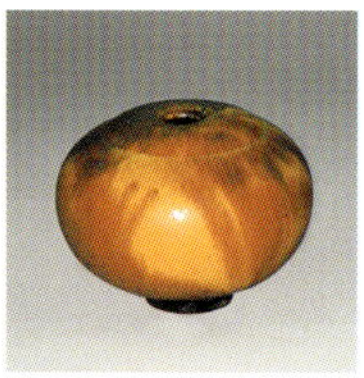

491
Vase, 1980/1981
Porzellan, weißer Scherben – gedreht. Oxidationsbrand vermutl. im Elektro-Ofen bei ca. 1.300°C.
H 7,5 cm, D 11 cm.
Werkstattzeichen Nr. 68.
Erworben durch Lotte Reimers 1981.
Inv.-Nr. 00197-491.

Greenaway, Victor
00197-492 – 00197-493

1947 geboren, lebt und arbeitet in Nungurner/Victoria, Australien.
1967 Royal Melbourne Institute of Technology, Diploma of Art; 1971–1973 Leiter der „Ian Sprague's Mungeribar Pottery". 1974 Studienreisen nach Japan, Schweden, Finnland, Dänemark und Großbritannien. 1974–1992 Errichtung und Führung der „Broomhill" Pottery in Upper Beaconsfield, Australien; seit 1994 Studio in Nungurner, Gippsland Lakes. 1993–1998 Koordinator des Keramik-Workshops „Victorian Meat Market Craft Centre".

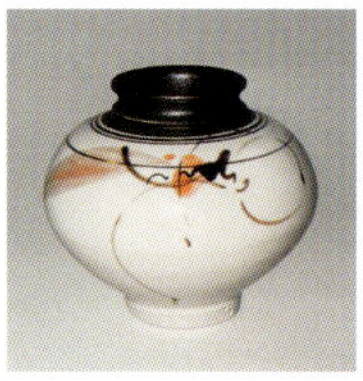

492
Vase, 1989/90
Porzellan, weißer Scherben – gedreht. Reduktionsbrand im Gasofen bei 1.280°C, Lüsterbrand bei 800°C.
H 8,5 cm, D 10 cm.
Werkstattzeichen Nr. 69, Nr. 70, Pinselzeichen „Vic Greenaway" (Schriftzug).
Erworben durch Lotte Reimers.
Inv.-Nr. 00197-492.

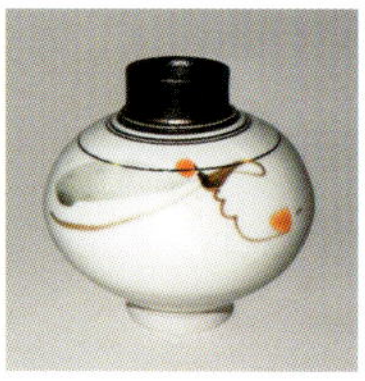

493
Vase, 1989/90
Porzellan, weißer Scherben – gedreht. Reduktionsbrand im Gasofen bei 1.280°C, Lüsterbrand bei 800°C.
H 9,5 cm, D 10,5 cm.
Werkstattzeichen Nr. 69, Nr. 70, Pinselzeichen „Vic Greenaway".
Erworben durch Lotte Reimers.
Inv.-Nr. 00197-493.

Griemert, Hubert
00197-494 – 00197-528

1905 in Keula/Thüringen geboren, 1990 in Lauf/Pegnitz gestorben. 1921–1925 Zeichnen-, Mal- und Keramikunterricht an der Kunstgewerbeschule Hildesheim. 1925–1927 Volontariat bei Kurt Feuerriegel in Frohburg/Sachsen. Keramikstudium 1927–1929 bei Eduard Berdel und Arthur Hennig an der Keramischen Fachschule in Bunzlau; 1930–1933 bei Marguerite Friedländer, Franz Wildenhain und Gerhard Marcks an den Werkstätten der Stadt Halle, Staatlich-Städtische Kunstgewerbeschule Burg Giebichenstein. 1934–1943 Leiter der Keramikklasse Burg Giebichenstein. 1944–1945 Kriegsdienst. 1947–1954 eigene Werkstatt in Schötmar/Lippe. 1950–1954 Leiter der Keramikklasse der Werkkunstschule Krefeld. 1954–1970 Leiter der Meisterklasse der Staatlichen Werkschule Höhr-Grenzhausen.

Lit.: Reinhold 1983; Waldrich 1996, S. 226–229.

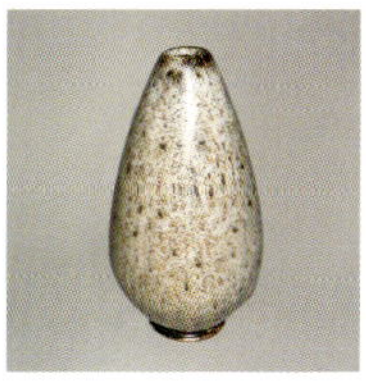

494
Vase, 1950er Jahre (ab 1954)
Steinzeug, braunweißer Scherben – gedreht. Oxidationsbrand im Elektro-Ofen bei 1.240°C.
H 20 cm, D 11 cm.
Werkstattzeichen Nr. 71, (Schulstempel Höhr-Grenzhausen 1954–1970).
Erworben durch J.W. Hinder.
Inv.-Nr. 00197-494.

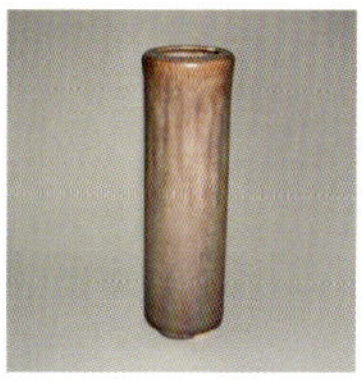

495
Zylindrische Vase, 1950er Jahre (ab 1954)
Steinzeug, weißbrauner Scherben – gedreht. Oxidationsbrand im Elektro-Ofen bei 1.240°C.
H 18,5 cm, D 6 cm.
Werkstattzeichen Nr. 71, (Schulstempel Höhr-Grenzhausen 1954–1970).
Erworben durch J.W. Hinder.
Inv.-Nr. 00197-495.

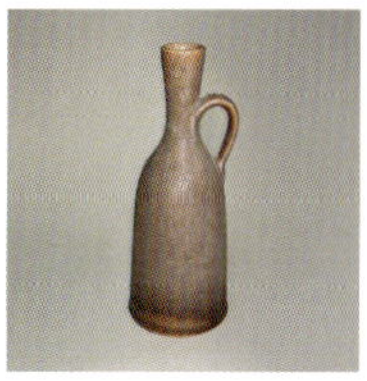

496
Krug, 1950er Jahre (ab 1954)
Steinzeug, weißbrauner Scherben – gedreht. Oxidationsbrand im Elektro-Ofen bei 1.240°C.
H 21 cm, D 8 cm.
Werkstattzeichen Nr. 71, (Schulstempel Höhr-Grenzhausen 1954–1970).
Erworben durch J.W. Hinder.
Inv.-Nr. 00197-496.

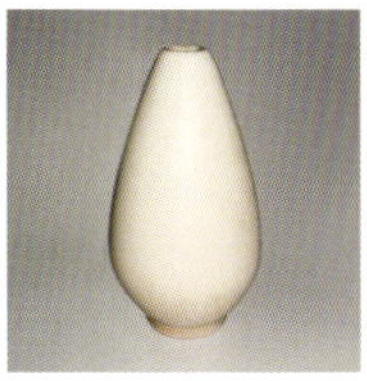

497
Vase, 1950er Jahre (ab 1954)
Steinzeug, braunweißer Scherben – gedreht. Oxidationsbrand im Elektro-Ofen bei 1.240°C.
H 19 cm, D 10,5 cm.
Unbezeichnet.
Erworben durch J.W. Hinder.
Inv.-Nr. 00197-497.

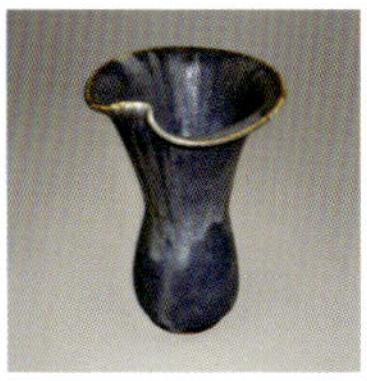

498
Vase, 1953 (Schötmar)
Steinzeug, ockerbrauner Scherben – gedreht, gedrückt. Oxidationsbrand im Elektro-Ofen bei 1.200°C.
D 14,5 cm, H 21 cm.
Werkstattzeichen wie Nr. 72, gestempelt.
Erworben durch J.W. Hinder.
Ähnliche Arbeit s. Klinge 1975, Nr. 229, S. 181.
Inv.-Nr. 00197-498.

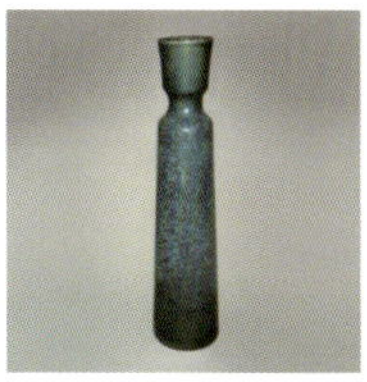

499
Vase, um 1960
Steinzeug, weißbrauner Scherben – gedreht. Oxidationsbrand im Elektro-Ofen bei 1.240°C.
H 54 cm, D 13 cm.
Werkstattzeichen Nr. 71, (Schulstempel Höhr-Grenzhausen 1954–1970), Nr. 72.
Erworben durch J.W. Hinder.
Inv.-Nr. 00197-499.

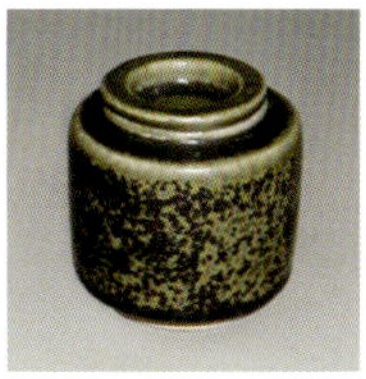

500
Dose, 1950er Jahre (ab 1954)
Steinzeug, weißbrauner Scherben – gedreht. Oxidationsbrand im Elektro-Ofen bei 1.240°C.
H 6,5 cm, D 6,5 cm.
Werkstattzeichen Nr. 71, (Schulstempel Höhr-Grenzhausen 1954–1970), Nr. 72.
Erworben durch J.W. Hinder.
Inv.-Nr. 00197-500.

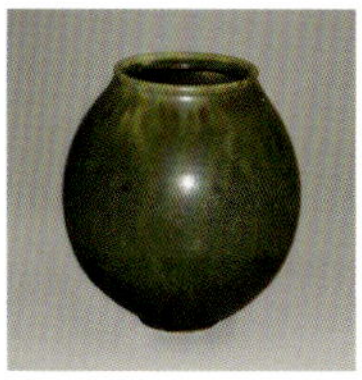

501
Vase, um 1960
Steinzeug, braunweißer Scherben – gedreht. Oxidationsbrand im Elektro-Ofen bei 1.240°C.
H 18,5 cm, D 17,5 cm.
Werkstattzeichen Nr. 71, (Schulstempel Höhr-Grenzhausen 1954–1970).
Erworben durch J.W. Hinder.
Lit.: Hinder & Reimers 1971, Abb. 44.
Inv.-Nr. 00197-501.

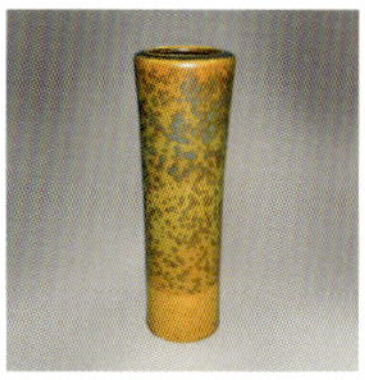

502
Vase, um 1960
Steinzeug, braun weißer Scherben – gedreht. Oxidations brand im Elektro-Ofen bei 1.240°C.
H 35 cm, D 11,5 cm.
Werkstattzeichen Nr. 71, (Schulstempel Höhr-Grenzhausen 1954–1970).
Erworben durch J.W. Hinder.
Inv.-Nr. 00197-502.

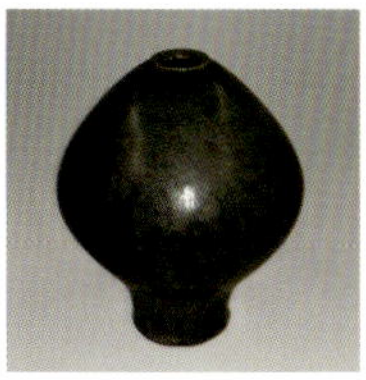

503
Vase, 1960er Jahre
Steinzeug, weißbrauner Scherben – gedreht. Oxidationsbrand im Elektro-Ofen bei 1.240°C.
H 18 cm, D 15,5 cm.
Werkstattzeichen Nr. 71, (Schulstempel Höhr-Grenzhausen 1954–1970).
Erworben durch J.W. Hinder.
Inv.-Nr. 00197-503.

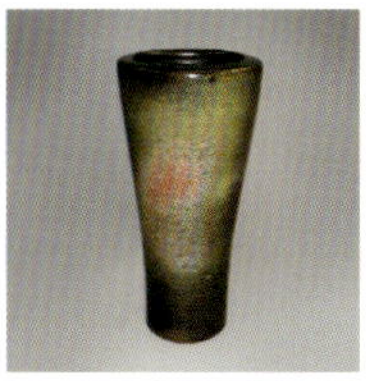

504
Vase, 1961
Steinzeug, weißbrauner Scherben – gedreht. Oxidationsbrand im Elektro-Ofen bei 1.240°C.
H 35 cm, D 17,5 cm.
Werkstattzeichen Nr. 71, (Schulstempel Höhr-Grenzhausen 1954–1970).
Erworben durch J.W. Hinder.
Lit.: Hinder & Reimers 1971, Abb. 45.
Inv.-Nr. 00197-504.

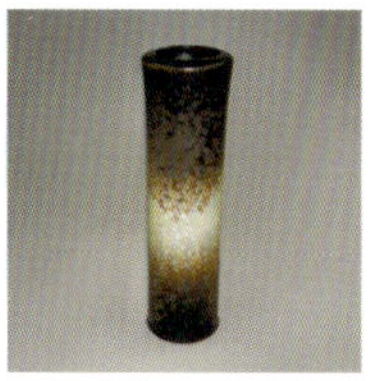

505
Stangenvase, 1961
Steinzeug, weißbrauner Scherben – gedreht. Oxidationsbrand im Elektro-Ofen bei 1.240°C.
H 30 cm, D 9 cm.
Werkstattzeichen Nr. 71, (Schulstempel Höhr-Grenzhausen 1954–1970).
Erworben durch J.W. Hinder.
Inv.-Nr. 00197-505.

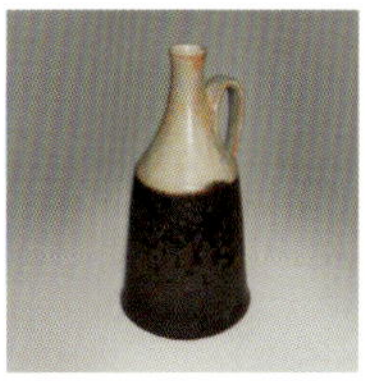

506
Krug, um 1960
Steinzeug, weißbrauner Scherben – gedreht. Oxidationsbrand im Elektro-Ofen bei 1.240°C.
H 24 cm, D 13 cm.
Werkstattzeichen Nr. 71, (Schulstempel Höhr-Grenzhausen 1954–1970).
Erworben durch J.W. Hinder.
Inv.-Nr. 00197-506.

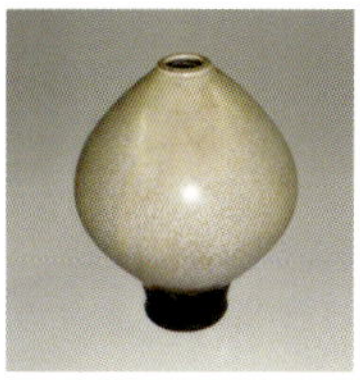

507
Vase, um 1968
Steinzeug, weißbrauner Scherben – gedreht. Oxidationsbrand im Elektro-Ofen bei 1.240°C.
H 18,5 cm, D 16 cm.
Werkstattzeichen Nr. 71, (Schulstempel Höhr-Grenzhausen 1954–1970).
Erworben durch J.W. Hinder.
Lit.: Hinder & Reimers 1971, Abb. 46.
Inv.-Nr. 00197-507.

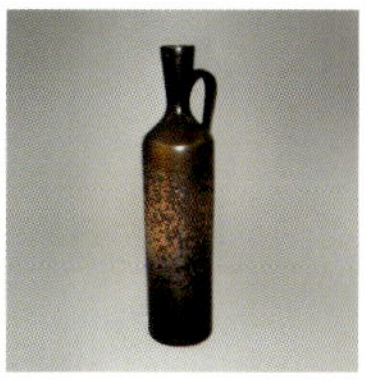

508
Krug, um 1960
Steinzeug, weißbrauner Scherben – gedreht. Oxidationsbrand im Elektro-Ofen bei 1.240°C.
H 39,5 cm, D 10 cm.
Werkstattzeichen Nr. 71, (Schulstempel Höhr-Grenzhausen 1954–1970), Aufkleber A73/31.
Erworben durch J.W. Hinder.
Inv.-Nr. 00197-508.

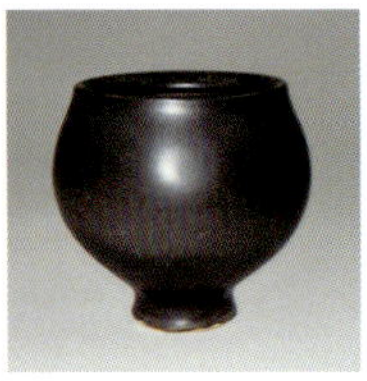

509
Bechergefäß, um 1957
Steinzeug, braun-weißer Scherben – gedreht. Oxidationsbrand im Elektro-Ofen bei 1.240°C.
H 12,5 cm, D 13,5 cm.
Werkstattzeichen Nr. 71, (Schulstempel Höhr-Grenzhausen 1954–1970).
Erworben durch J.W. Hinder.
Inv.-Nr. 00197-509.

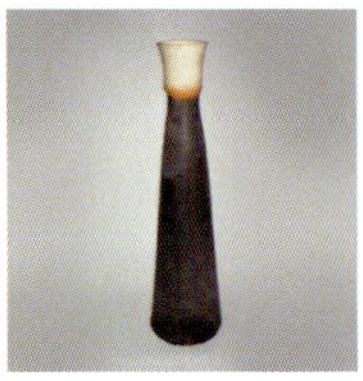

510
Vase, um 1957
Steinzeug, braun-weißer Scherben – gedreht. Oxidationsbrand im Elektro-Ofen bei 1.240°C.
H 49 cm, D 13 cm.
Werkstattzeichen Nr. 71, (Schulstempel Höhr-Grenzhausen 1954–1970).
Erworben durch J.W. Hinder.
Inv.-Nr. 00197-510.

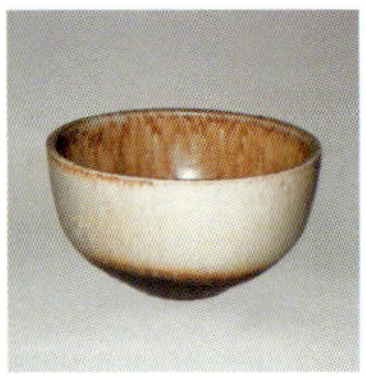

511
Schale, um 1960
Steinzeug, weiß-brauner Scherben – gedreht. Oxidationsbrand im Elektro-Ofen bei 1.240°C.
H 9 cm, D 16,5 cm.
Werkstattzeichen Nr. 71, (Schulstempel Höhr-Grenzhausen 1954–1970).
Erworben durch J.W. Hinder.
Inv.-Nr. 00197-511.

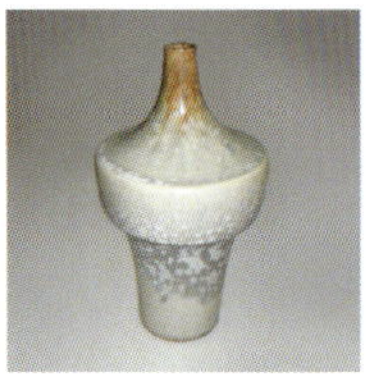

512
Vase, um 1964
Steinzeug, weiß-brauner Scherben – gedreht. Oxidationsbrand im Elektro-Ofen bei 1.240°C.
H 23 cm, D 13,5 cm.
Werkstattzeichen Nr. 71, (Schulstempel Höhr-Grenzhausen 1954–1970).
Erworben durch J.W. Hinder.
Inv.-Nr. 00197-512.

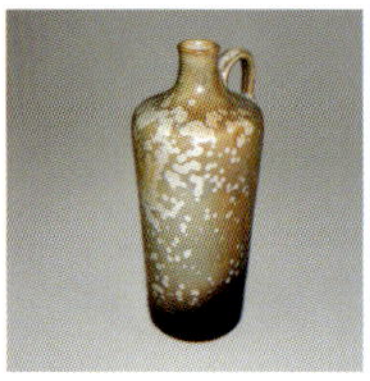

513
Krug, um 1960
Steinzeug, weiß-brauner Scherben – gedreht. Oxidationsbrand im Elektro-Ofen bei 1.240°C.
H 23,5 cm, D 10 cm.
Werkstattzeichen Nr. 71, (Schulstempel Höhr-Grenzhausen 1954–1970).
Erworben durch J.W. Hinder.
Inv.-Nr. 00197-513.

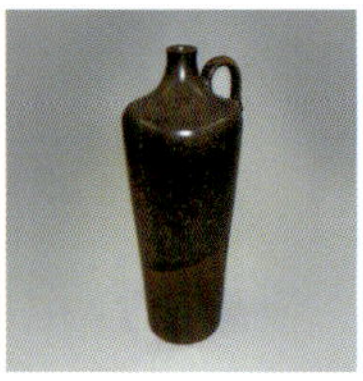

514
Krug, um 1960
Steinzeug, braun-weißer Scherben – gedreht. Oxidationsbrand im Elektro-Ofen bei 1.240°C
H 35 cm, D 13,5 cm.
Werkstattzeichen Nr. 71, (Schulstempel Höhr-Grenzhausen 1954–1970).
Erworben durch J.W. Hinder.
Inv.-Nr. 00197-514.

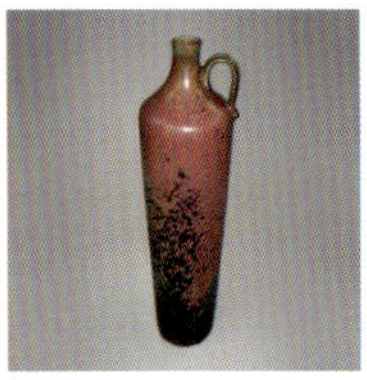

515
Krug, um 1960
Steinzeug, weiß-brauner Scherben – gedreht. Oxidationsbrand im Elektro-Ofen bei 1.240°C.
H 49,5 cm, D 13,5 cm.
Werkstattzeichen Nr. 71, (Schulstempel Höhr-Grenzhausen 1954–1970), Aufkleber 10/III.
Erworben durch J.W. Hinder.
Inv.-Nr. 00197-515.

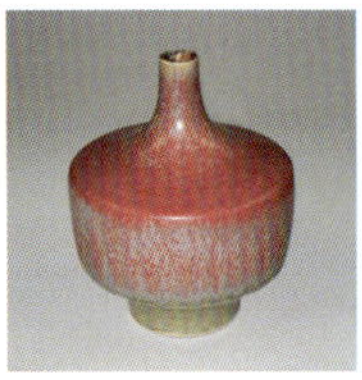

516
Vase – Walzenform, um 1959
Steinzeug, weiß-brauner Scherben – gedreht. Oxidationsbrand im Elektro-Ofen bei 1.240°C.
H 16 cm, D 14 cm.
Werkstattzeichen Nr. 71, (Schulstempel Höhr-Grenzhausen 1954–1970), Aufkleber 10/22800.
Erworben durch J.W. Hinder.
Inv.-Nr. 00197-516.

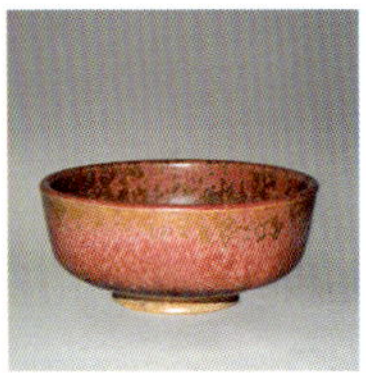

517
Schale, 1961
Steinzeug, weiß-brauner Scherben – gedreht. Oxidationsbrand im Elektro-Ofen bei 1.240°C.
H 8 cm, D 18 cm.
Werkstattzeichen Nr. 71, (Schulstempel Höhr-Grenzhausen 1954–1970).
Erworben durch J.W. Hinder.
Inv.-Nr. 00197-517.

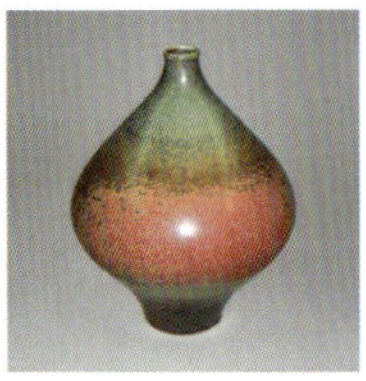

518
Vase, um 1960
Steinzeug, weiß-brauner Scherben – gedreht. Oxidationsbrand im Elektro-Ofen bei 1.240°C.
H 28 cm, D 22,5 cm.
Werkstattzeichen Nr. 71, (Schulstempel Höhr-Grenzhausen 1954–1970).
Erworben durch J.W. Hinder.
Inv.-Nr. 00197-518.

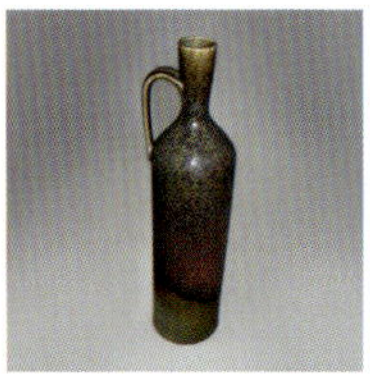

519
Große Flasche mit Henkel, 1961
Steinzeug, weiß-brauner Scherben – gedreht. Oxidationsbrand im Elektro-Ofen bei 1.240°C.
H 45 cm, D 11 cm.
Werkstattzeichen Nr. 71, (Schulstempel Höhr-Grenzhausen 1954–1970).
Erworben durch J.W. Hinder.
Inv.-Nr. 00197-519.

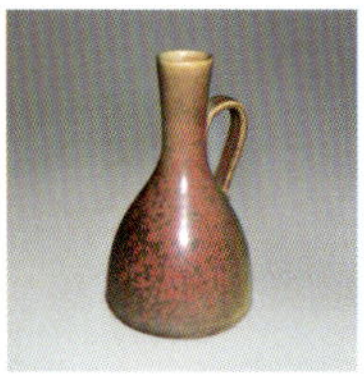

520
Krug, 1958
Steinzeug, weiß-brauner Scherben – gedreht. Oxidationsbrand im Elektro-Ofen bei 1.240°C.
H 15,5 cm, D 9,5 cm.
Unbezeichnet.
Erworben durch J.W. Hinder.
Inv.-Nr. 00197-520.

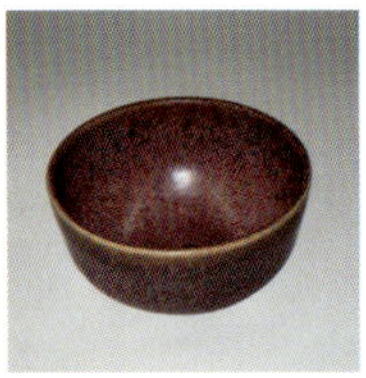

521
Schale, um 1958
Steinzeug, braun-weißer Scherben – gedreht. Oxidationsbrand im Elektro-Ofen bei 1.240°C.
H 9,5 cm, D 17 cm.
Werkstattzeichen Nr. 71, (Schulstempel Höhr-Grenzhausen 1954–1970).
Erworben durch J.W. Hinder.
Inv.-Nr. 00197-521.

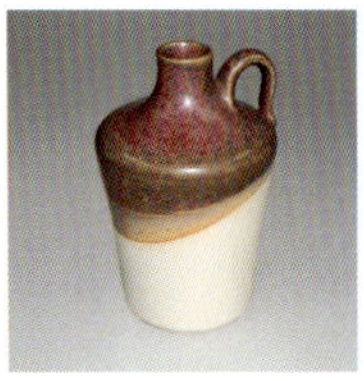

522
Krug, 1958
Steinzeug, braun-weißer Scherben – gedreht. Oxidationsbrand im Elektro-Ofen bei 1.240°C.
H 14,5 cm, D 10 cm.
Werkstattzeichen Nr. 71, (Schulstempel Höhr-Grenzhausen 1954–1970).
Erworben durch J.W. Hinder.
Inv.-Nr. 00197-522.

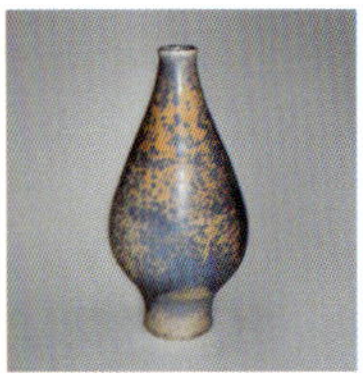

523
Vase, um 1960
Steinzeug, braun-weißer Scherben – gedreht. Oxidationsbrand im Elektro-Ofen bei 1.240°C.
H 21,5 cm, D 11 cm.
Unbezeichnet.
Erworben durch J.W. Hinder.
Inv.-Nr. 00197-523.

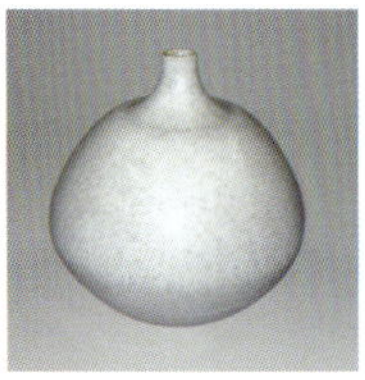

524
Vase, 1961
Steinzeug, braun-weißer Scherben – gedreht. Oxidationsbrand im Elektro-Ofen bei 1.240°C.
H 19 cm, D 18,5 cm.
Werkstattzeichen Nr. 71, (Schulstempel Höhr-Grenzhausen 1954–1970).
Erworben durch J.W. Hinder.
Inv.-Nr. 00197-524.

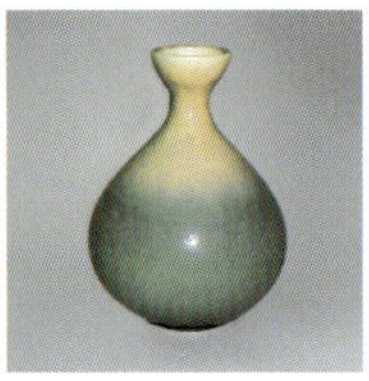

525
Vase, um 1959
Steinzeug, weiß-brauner Scherben – gedreht. Oxidationsbrand im Elektro-Ofen bei 1.240°C.
H 21 cm, D 15,5 cm.
Werkstattzeichen Nr. 71, (Schulstempel Höhr-Grenzhausen 1954–1970).
Erworben durch J.W. Hinder.
Lit.: Klinge 1975, S. 167–197, Reinhold 1983, Abb. 163, S. 196.
Inv.-Nr. 00197-525.

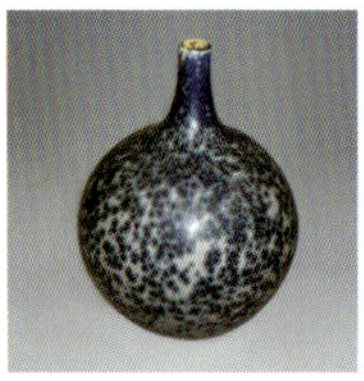

526
Vase, um 1964
Steinzeug, braun-weißer Scherben – gedreht. Oxidationsbrand im Elektro-Ofen bei 1.240°C.
H 21,5 cm, D 17 cm.
Werkstattzeichen Nr. 71, (Schulstempel Höhr-Grenzhausen 1954–1970), Aufkleber „A73/33".
Erworben durch J.W. Hinder.
Inv.-Nr. 00197-526.

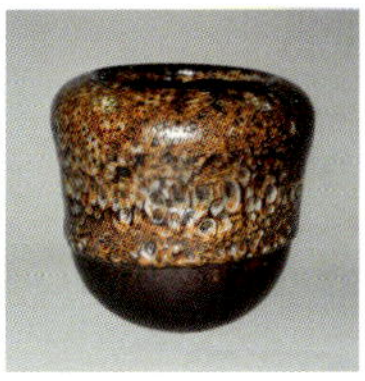

527
Vase, um 1968
Steinzeug, braun-weißer Scherben – gedreht. Oxidationsbrand im Elektro-Ofen bei 1.240°C.
H 13 cm, D 14 cm.
Werkstattzeichen Nr. 71, (Schulstempel Höhr-Grenzhausen 1954–1970), Nr. 72.
Erworben durch J.W. Hinder.
Inv.-Nr. 00197-527.

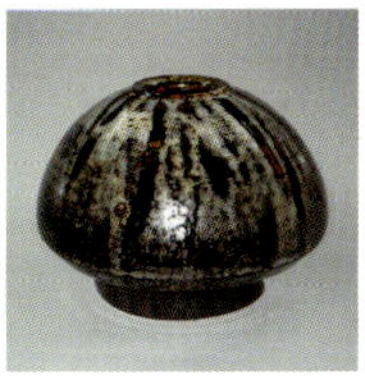

528
Vase, 1968
Steinzeug, braun-weißer Scherben – gedreht. Oxidationsbrand im Elektro-Ofen bei 1.240°C.
H 22 cm, D 30 cm.
Werkstattzeichen Nr. 71, (Schulstempel Höhr-Grenzhausen 1954–1970).
Erworben durch J.W. Hinder.
Inv.-Nr. 00197-528.

Grub, Ludwig
00197-529 – 00197-531

1930 in Wiesbach/Sickinger Höhe geboren, lebt und arbeitet in Kusel und Butte de Suin, Burgund. Nach Lehrzeit als Anstreicher Studium der Malerei und Grafik bei Boris Kleint, Werkkunstschule Saarbrücken. Beschäftigung mit der Keramik in den 1970er Jahren, danach mit Malerei und Bildhauerei.

Lit.: Seyl 1994, S. 30 f.

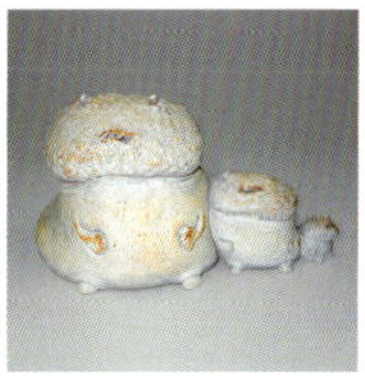

529
Drehscheibenplastik „Familie", 1975
Schamotte-Ton, braun-weißer Scherben – gedreht und modelliert.
Abmessungen 15,5 x 29 x 15 cm.
Werkstattzeichen Nr. 73.
Erworben vermutl. durch J.W. Hinder.
Inv.-Nr. 00197-529.

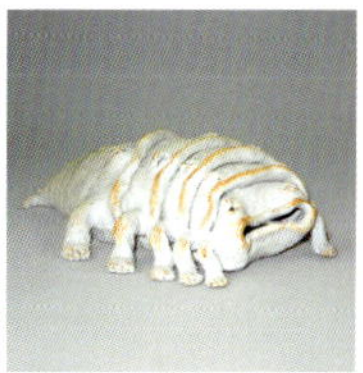

530
Drehscheibenplastik „Einer frisst den anderen", um 1975
Schamotte-Ton, braun-weißer Scherben – gedreht und modelliert.
Abmessungen 9 x 33 x 23,5 cm.
Werkstattzeichen Nr. 73.
Erworben vermutl. durch J.W. Hinder.
Inv.-Nr. 00197-530.

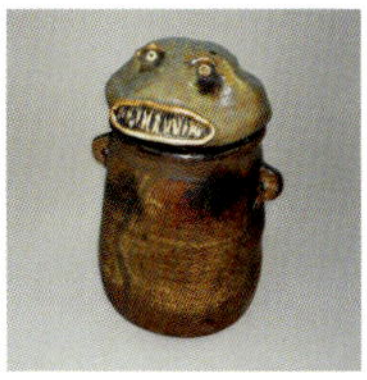

531
Topf mit Deckel, 1970er Jahre (nach 1975)
Steinzeug, weiß-brauner Schamottescherben – gedreht, gedrückt und modelliert.
Höhe (mit Deckel) 29 cm, D 20,5 cm.
Werkstattzeichen Nr. 73.
Erworben durch Lotte Reimers.
Inv.-Nr. 00197-531.

Guggenbühler, Peter
00197-532 – 00197-533

1928 in Karlsruhe geboren, lebt und arbeitet in Karlsruhe.
1949–1951 Publizistikstudium; 1951–1952 Studienaufenthalt in Frankreich, Keramikausbildung. 1952–1960 eigenes Atelier in Saarbrücken, seit 1961 in Karlsruhe, tätig als Designer für die Porzellanindustrie.

Lit.: Waldrich 1996, S. 237.

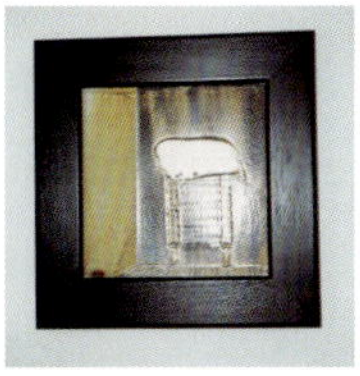

532
Relief Nr. 455, 1979
Porzellan, weißer Scherben – modelliert. Reduktionsbrand im Porzellan-Ofen bei 1.400°C.
H (mit Rahmen) 33 cm, B (mit Rahmen) 33 cm.
Werkstattzeichen wie Nr. 74, Jahreszahl 79.
Erworben durch Lotte Reimers.
Inv.-Nr. 00197-532.

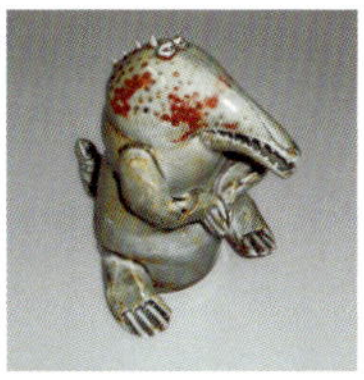

533
Plastik „Krokodil", 1982
Porzellan, weißer Scherben – modelliert. Reduktionsbrand im Porzellan-Ofen bei 1.400°C.
Abmessungen 13 x 10,5 x 13,5 cm.
Werkstattzeichen Nr. 74.
Erworben durch Lotte Reimers.
Inv.-Nr. 00197-533.

Hanke, August
00197-534

1875 in Höhr-Grenzhausen geboren, 1938 in Höhr-Grenzhausen gestorben.

Lit.: Klinge 1975, S. 204–205.

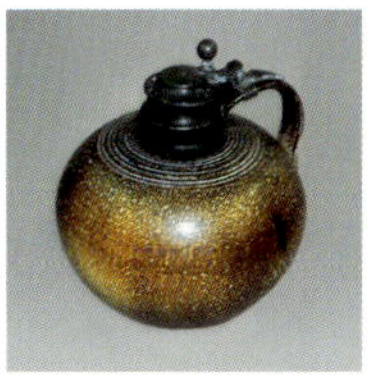

534
Krug mit Zinndeckel, Ende 1920er Jahre
Steinzeug, hellgrauer Scherben – gedreht. Salzglasurbrand im Holzofen vermutl. um 1.200°C.
H 23 cm, D 20 cm.
Werkstattzeichen Nr. 75.
Erworben durch J.W. Hinder.
Lit.: Hinder & Reimers 1971, Abb. 48.
Inv.-Nr. 00197-534.

Heckmann, Hans und Renate (Werkstatt)

00197-535 – 00197-538

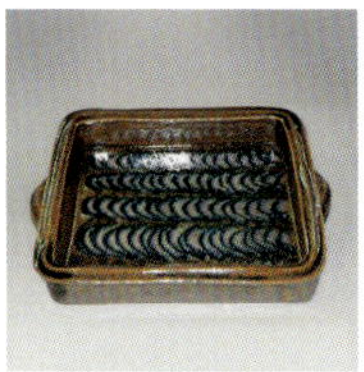

535
Quadratische Auflaufform (handwerkliche Serie), um/ab 1975
Steinzeug, hell-graubrauner Schamottescherben – überformt. Oxidationsbrand im Elektro-Ofen bei 1.300°C.
Abmessungen 5 x 27 x 21,5 cm.
Werkstattzeichen Nr. 76.
Erworben durch Lotte Reimers.
Inv.-Nr. 00197-535.

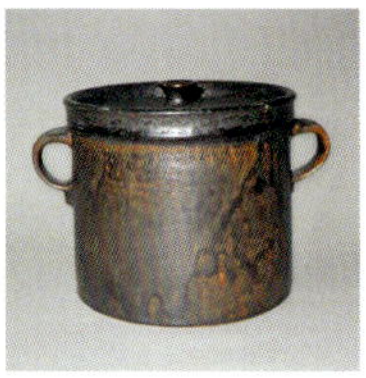

536
Deckeltopf mit zwei Henkeln (handwerkliche Serie), 1971
Steinzeug, weißbrauner Scherben – freigedreht. Oxidationsbrand im Elektro-Ofen bei 1.300°C.
H (mit Deckel) 17 cm, D (mit Henkeln) 24,5 cm.
Unbezeichnet, Stempel: 6.
Erworben durch J.W. Hinder.
Lit.: Hinder & Reimers 1971, Abb. 50.
Inv.-Nr. 00197-536.

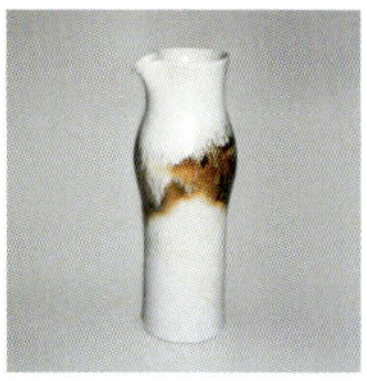

537
Schmaler Gießer ohne Henkel (handwerkliche Serie), 1971
Steinzeug, grauer Scherben – freigedreht. Oxidationsbrand im Elektro-Ofen bei 1.300°C.
H 15,5 cm, D 6 cm.
Unbezeichnet.
Erworben durch J.W. Hinder.
Lit.: Hinder & Reimers 1971, Abb. 49.
Inv.-Nr. 00197-537.

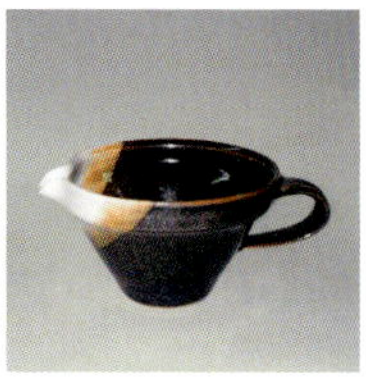

538
Gefäß mit Ausguss und Henkel (handwerkliche Serie), 1973
Steinzeug, braunweißer Scherben – freigedreht und gehenkelt. Oxidationsbrand im Elektro-Ofen bei 1.300°C.
H 8 cm, B (mit Ausguss und Henkel) 18 cm, D 13 cm.
Unbezeichnet.
Erworben durch J.W. Hinder.
Inv.-Nr. 00197-538.

Heckmann, Renate

00197-539 – 00197-540

1937 in Wunsiedel geboren, lebt und arbeitet in Schwäbisch-Hall.
1956–1959 Ausbildung und Tätigkeit als Dekorateurin; 1959–1962 Lehrzeit in der Töpferei Heckmann; 1963–1965 Meisterklasse Hubert Griemert an der Staatlichen Werkschule für Keramik, Höhr-Grenzhausen, Meisterprüfung. Seit 1965 gemeinsame Arbeit mit Hans Heckmann in der Werkstatt Heckmann.

Lit.: Waldrich 1996, S. 259–263; Schwäbisch Hall 1996.

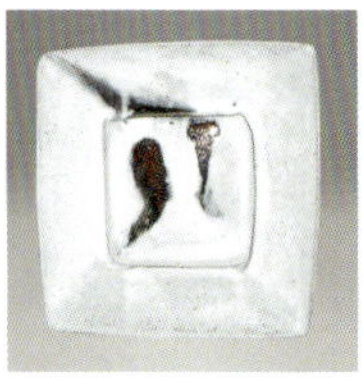

539
Großer viereckiger Fahnenteller, 1979
Steinzeug, braunweißer grob schamottierter Scherben – frei aufgebaut. Oxidationsbrand im Elektro-Ofen bei 1.300°C.
Abmessungen 13,5 x 48 x 49 cm.
Werkstattzeichen Nr. 78.
Erworben durch Lotte Reimers.
Inv.-Nr. 00197-539.

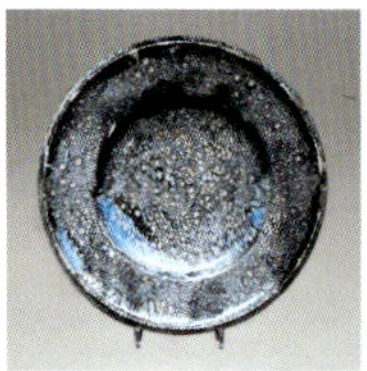

540
Großer Fahnenteller, 1984
Steinzeug, braunweißer grob schamottierter Scherben – frei aufgebaut. Oxidationsbrand im Elektro-Ofen bei 1.300°C.
H 5 cm, D 36 cm.
Werkstattzeichen wie Nr. 78, durch Glasur verdeckt, Jahreszahl 84.
Erworben durch Lotte Reimers.
Inv.-Nr. 00197-540.

Heckmann, Hans

00197-541

1935 in Schwäbisch-Hall geboren, lebt und arbeitet in Schwäbisch-Hall.
1950–1953 Töpferlehre in der Töpferei Heckmann, Gesellenprüfung. 1956–1958 Meisterklasse Hubert Griemert an der Staatlichen Werkschule für Keramik, Höhr-Grenzhausen, Meisterprüfung. 1958 Übernahme der Töpferei Heckmann, seit 1965 zusammen mit Renate Heckmann.

Lit.: Waldrich 1996, S. 257–259; Schwäbisch Hall 1996.

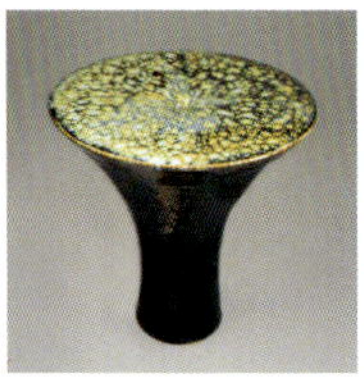

541
Vase, 1984
Steinzeug, weißer Scherben – freigedreht. Oxidationsbrand im Elektro-Ofen bei 1.300°C.
H 17 cm, D 17 cm.
Werkstattzeichen Nr. 77.
Erworben durch Lotte Reimers.
Inv.-Nr. 00197-541.

Heise, Elisabeth

00197-542 – 00197-545

1914 in Köln geboren.
1933–1934 Studium der figürlichen Plastik bei Maria Eulenbruch an der Handwerker- und Kunstgewerbeschule Aachen, 1934–1935 figürliche Plastik bei Wolfgang Wallner an den Werkkunstschulen Köln. 1935–1937 Musikstudium. 1947–1948 Entwerferin figürlicher Keramik bei Alfred Fohr, Feinsteinzeugfabrik Ransbach/Westerwald. 1956–1967 eigene Keramikwerkstatt in Otterberg, danach ab 1968 textile Arbeiten und Coudragen. 1974–1975 Wiederaufnahme der keramischen Tätigkeit.

Lit.: Hinder 1972a; Waldrich 1996, S. 267.

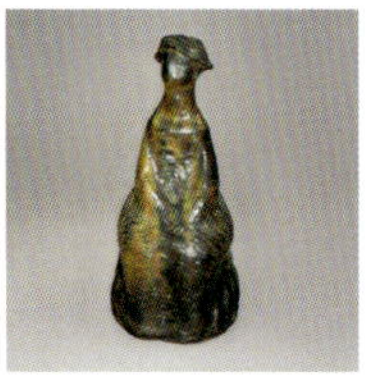

542
Drehscheibenplastik „Sitzende", ohne Datierung (Ende 1950er Jahre)
Steinzeug, graubrauner Schamottescherben – gedreht und modelliert.
Abmessungen 22,5 x 11 x 11 cm.
Unbezeichnet.
Erworben durch J.W. Hinder.
Inv.-Nr. 00197-542.

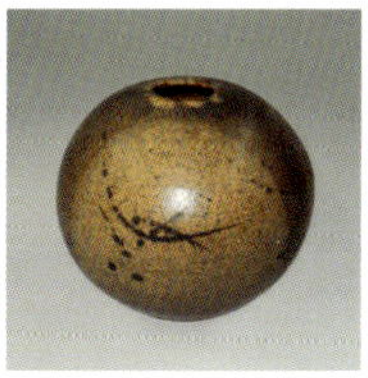

543
Vase – Kugelform, ohne Datierung (1960er Jahre)
Steinzeug, hellorangeroter Scherben – gedreht.
H 11,5 cm, D 13 cm.
Werkstattzeichen Nr. 79.
Erworben durch J.W. Hinder.
Lit.: Hinder & Reimers 1971, Abb. 51.
Inv.-Nr. 00197-543.

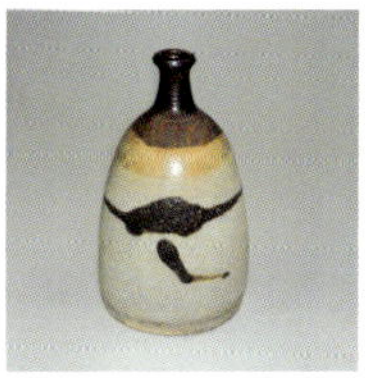

544
Vase, ohne Datierung (1960er Jahre)
Steinzeug, vermutl. weißbrauner Scherben – gedreht.
H 19,5 cm, D 12 cm.
Unbezeichnet.
Erworben durch J.W. Hinder.
Inv.-Nr. 00197-544.

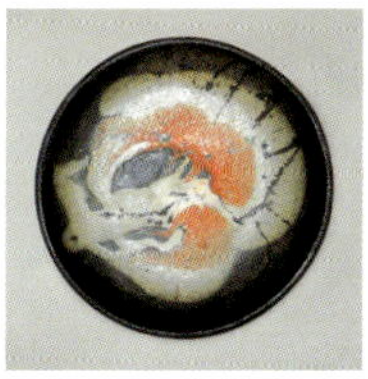

545
Teller, ohne Datierung (1960er Jahre)
Steinzeug, vermutl. mattbrauner Scherben – gedreht.
H 5 cm, D 25 cm.
Werkstattzeichen Nr. 79.
Erworben durch J.W. Hinder.
Inv.-Nr. 00197-545.

Hensellek, Karl-Heinz
00197-546 – 00197-550

1943 in Berlin geboren, lebt in Wolfach.
1971–1975 Studium der Keramik bei Walter Popp an der Hochschule für Bildende Künste in Kassel.

Lit.: Waldrich 1996, S. 270.

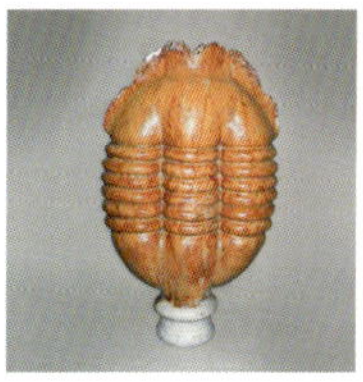

546
Plastik, 1974
Steinzeug, braunweißer Schamottescherben – gebaut. Reduktionsbrand im Elektro-Ofen um 1.280°C.
Abmessungen 39 x 23,5 x 11,50 cm.
Werkstattzeichen Nr. 80.
Erworben durch J.W. Hinder.
Inv.-Nr. 00197-546.

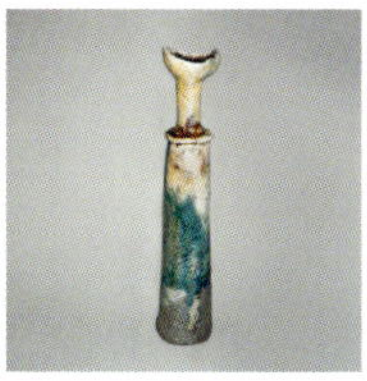

547
Vase, um 1974
Steinzeug, dunkelgrauer Scherben – gebaut. Reduktionsbrand im Elektro-Ofen um 1.280°C.
H 20,5 cm, D 4 cm.
Unbezeichnet.
Erworben durch J.W. Hinder.
Inv.-Nr. 00197-547.

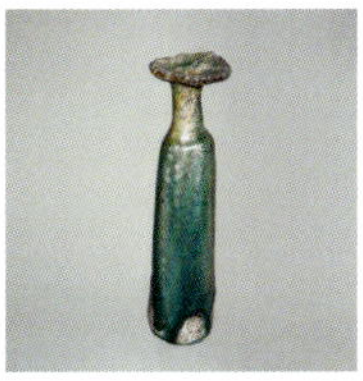

548
Vase, um 1974
Steinzeug, braungrauer Schamottescherben – gebaut. Reduktionsbrand im Elektro-Ofen um 1.280°C.
H 18 cm, D 4,5 cm.
Unbezeichnet.
Erworben durch J.W. Hinder.
Inv.-Nr. 00197-548.

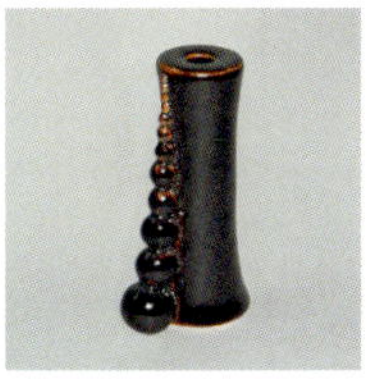

549
Gefäß mit Kugelreihung, 1974
Steinzeug, braunweißer Scherben – gedreht und montiert. Oxidationsbrand im Elektro-Ofen um 1.280°C.
Abmessungen 10 x 6,5 x 4 cm.
Werkstattzeichen Nr. 80.
Erworben durch J.W. Hinder.
Inv.-Nr. 00197-549.

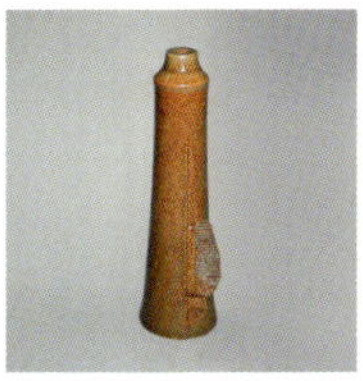

550
Vase mit Relief, 1974
Steinzeug, braunweißer Scherben – gedreht, geschnitten, montiert. Reduktionsbrand im Elektro-Ofen um 1.280°C.
Abmessungen 15,5 x 5,5 x 4,5 cm.
Werkstattzeichen Nr. 80.
Erworben durch J.W. Hinder.
Inv.-Nr. 00197-550.

Hentschel, Karl
00197-551 – 00197-560

1884 in Dessau geboren, 1959 in Tittmoning gestorben.
1902–1903 Studium an der Handwerks- und Kunstgewerbeschule Dessau; 1903–1907 Studium der Malerei bei Eugen Bracht an der Hochschule für Bildende Künste, Dresden. 1908–1920 freischaffender Maler in Alkmaar, Niederlande; Studienreisen nach Süditalien und Frankreich. 1920–1929 freischaffend in Dresden, Beschäftigung mit der figürlichen Plastik. 1929 Hausbau in der Oberlausitz, Möbelgestaltung in Lausitzer Tradition. 1933 Gründung der Großschönauer Werkstätten (Möbeltischlerei, Drechslerei und volkstümliche Keramik). 1938 Aufbau einer Töpferei zur Steinzeugherstellung in Ebersbach bei Großschönau. 1943 Gründung und Aufbau der eigenen keramischen Werkstatt zusammen mit Erna Leitner.

Lit.: Klinge 1975, S. 235–239; Waldrich 1996, S. 270–271.

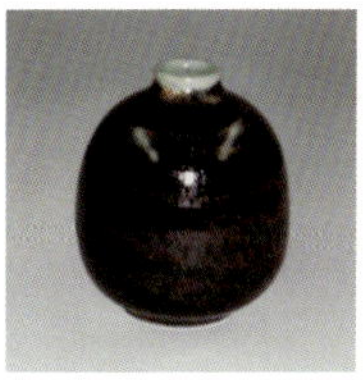

551
Vase, undatiert (um 1950)
Steinzeug, braunweißer Scherben – gedreht.
H 8,5 cm, D 7,5 cm.
Werkstattzeichen Nr. 81.
Erworben durch J.W. Hinder.
Inv.-Nr. 00197-551.

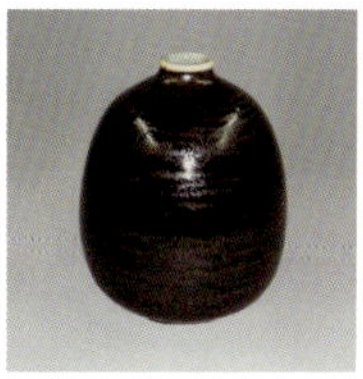

552
Vase, undatiert (um 1950)
Steinzeug, braunweißer Scherben – gedreht.
H 15 cm, D 13 cm.
Werkstattzeichen Nr. 81.
Erworben durch J.W. Hinder.
Inv.-Nr. 00197-552.

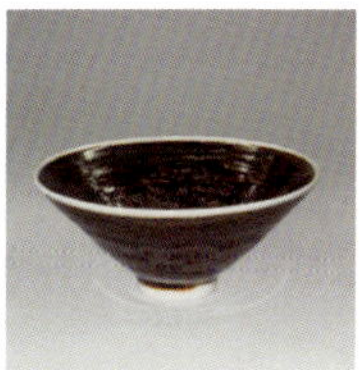

553
Schale, undatiert (1950er Jahre)
Steinzeug, braunweißer Scherben – gedreht.
H 7,5 cm, D 18 cm.
Werkstattzeichen Nr. 81.
Erworben durch J.W. Hinder.
Inv.-Nr. 00197-553.

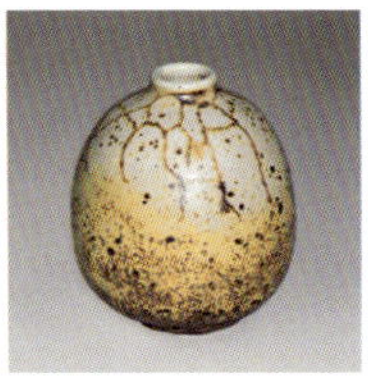

554
Vase, undatiert (um 1950)
Steinzeug, weißbrauner Scherben – gedreht.
H 9 cm, D 8 cm.
Werkstattzeichen Nr. 81.
Erworben durch J.W. Hinder
Inv.-Nr. 00197-554.

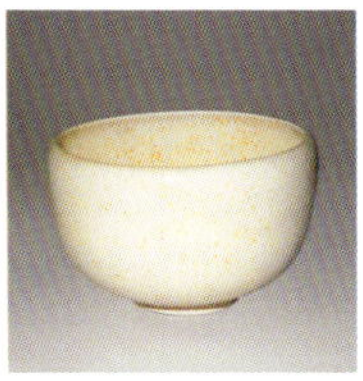

555
Schale, um 1950
Steinzeug, braunweißer Scherben – gedreht.
H 9 cm, D 15 cm.
Werkstattzeichen Nr. 81.
Erworben durch J.W. Hinder.
Lit.: Hinder & Reimers 1971, Abb. 52.
Inv.-Nr. 00197-555.

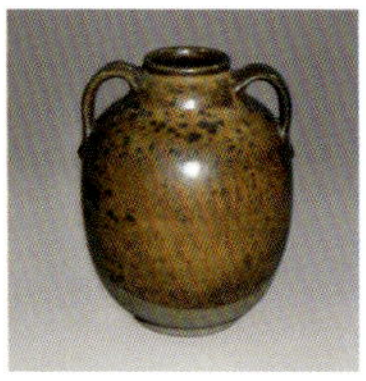

556
Vase, um 1950
Steinzeug, graubrauner Scherben – gedreht.
H 12,5 cm, D 10 cm.
Werkstattzeichen Nr. 81.
Erworben durch J.W. Hinder.
Inv.-Nr. 00197-556.

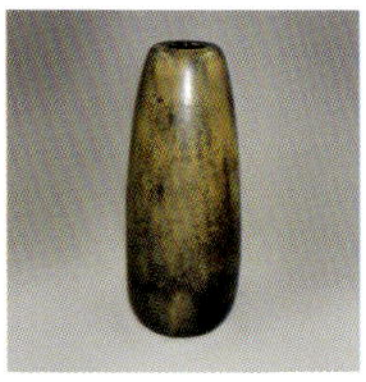

557
Vase, um 1950
Steinzeug, braunweißer Scherben – gedreht.
H 29,5 cm, D 12 cm.
Werkstattzeichen Nr. 81, durch Glasur verdeckt.
Erworben durch J.W. Hinder.
Inv.-Nr. 00197-557.

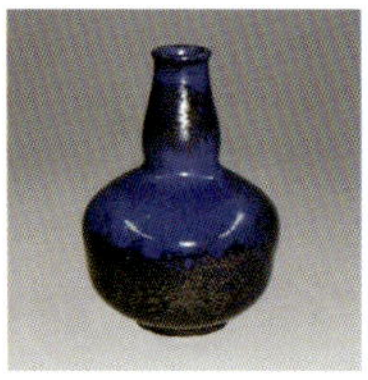

558
Vase, 1939 oder um 1950
Steinzeug, vermutl. braunweißer Scherben – gedreht.
H 12 cm, D 9 cm.
Werkstattzeichen Nr. 81.
Erworben durch J.W. Hinder.
Inv.-Nr. 00197-558.

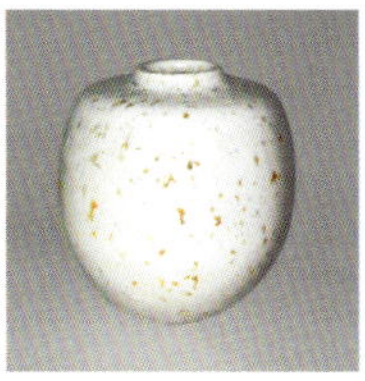

559
Vase, ohne Datierung (um 1950)
Steinzeug, braunweißer Scherben – gedreht.
H 10 cm, D 9 cm.
Unbezeichnet.
Erworben durch J.W. Hinder.
Inv.-Nr. 00197-559.

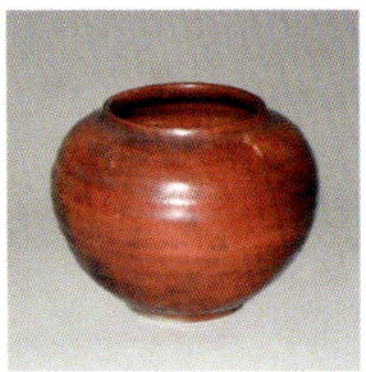

560
Vase, ohne Datierung (um 1950)
Steinzeug, braungrauer Scherben – gedreht.
H 9 cm, D 12 cm.
Unbezeichnet.
Erworben durch J.W. Hinder.
Inv.-Nr. 00197-560.

Heyne, Wolfgang
00197-561

1944 in Kaiserslautern geboren, lebt und arbeitet in Kassel. 1958–1961 Lehre als Gipsformengießer in Höhr-Grenzhausen, Facharbeiterprüfung. 1961–1962 Praktikum beim Forschungsinstitut der Feuerfest-Industrie. 1962–1963 Mitarbeit in der keramischen Werkstatt Kate Weaver, South Croydon, England. 1963–1966 Studium der Keramik bei Gisela Schmidt-Reuther an der Staatlichen Werkschule für Keramik, Höhr-Grenzhausen, Abschluss staatlich geprüfter Keramikmodelleur. 1966–1967 Bundeswehr. 1967–1972 Studium der Keramik bei Walter Popp, Plastik bei Harry Kramer an der Hochschule für bildende Künste, Kassel. 1973 eigene Werkstatt in Kassel. 1973–1975 Lehrauftrag für bildhauerische Techniken und Keramik als bildhauerische Disziplin an der Gesamthochschule Kassel, Organisationseinheit Kunst; 1976–1978 Lehrer für Keramik in Masaya/Nicaragua, 1981–1984 in Moca/Dominikanische Republik.

Lit.: Klinge 1975, S. 244–245; Waldrich 1996, S. 272–273.

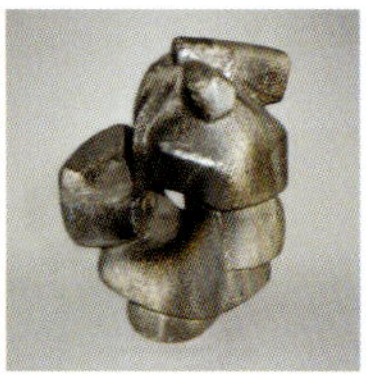

561
Plastik, um 1971
Steinzeug, hell-graubrauner Schamottescherben – gebaut.
Reduktionsbrand im Elektro-Ofen bei 1.280/1.300°C.
Abmessungen 41 x 32,5 x 25,5 cm.
Unbezeichnet.
Erworben durch J.W. Hinder.
Lit.: Hinder & Reimers 1971, Abb. 53.
Inv.-Nr. 00197-561.

Hinder, Jakob Wilhelm
00197-562

1901 in Weidenhausen/Hessen geboren, 1976 in Deidesheim gestorben.
Nach kaufmännischer Lehre Führung der elterlichen Eisenwarenhandlung in Weidenhausen, Kreis Biedenkopf. Seit 1925 Ausstellungstournee für die Keramik durch Deutschland. Nach Unterbrechung durch den Kriegsdienst ab 1949/1950 Wiederaufnahme der Ausstellungstournee durch die Bundesrepublik Deutschland, ab 1952 mit Lotte Reimers. 1961 Sesshaftwerdung in Deidesheim. 1971 Eröffnung des Museums für moderne Keramik, Deidesheim, und Herausgabe von „Keramik aus Deutschland“ (Text J.W. Hinder, Fotos Lotte Reimers). Autor zahlreicher Artikel zur modernen Keramik.

Lit.: Vetter 1997b, S. 24–33, 149–160; Vetter & Jochem 2002, S. 12–29.

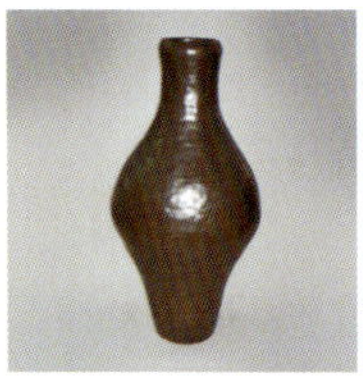

562
Vase, 1959
Steinzeug, weißbrauner Scherben – gebaut. Oxidationsbrand im Elektro-Ofen bei 1.260°C (Werkstatt Karl Scheid).
H 58,5 cm, D 29,5 cm.
Werkstattzeichen Nr. 82.
Inv.-Nr. 00197-562.

Hohlt, Albrecht
00197-563 – 00197-578

1928 in München geboren, 1960 in Freiburg/Brsg. gestorben.
1947 Abitur, danach Mitarbeit zusammen mit Görge Hohlt beim Aufbau der „Werkstatt Hohlt“ unter der Leitung des Vaters, des Bildhauers Otto Hohlt. 1948 Besuch der Ausstellung chinesischer Kunst in der Eigelsteintorburg Köln, prägende Eindrücke für das eigene keramische Schaffen. Nach Studium bei Toni Stadler an der Akademie der Bildenden Künste München 1951 Gesellenprüfung im Töpferhandwerk bei Franz Eska.

Lit.: Klinge 1975, S. 252–259; Frechen 1995; Waldrich 1996, S. 283–284.

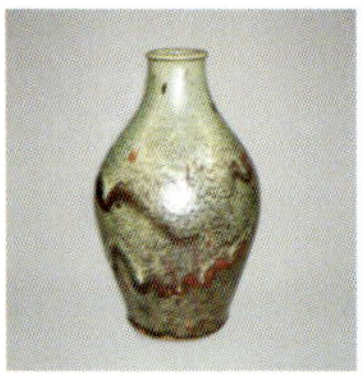

563
Vase, vor 1953
Steinzeug, schwarzgraubrauner Scherben – gedreht. Reduktionsbrand (Mottenkugelreduktion) im Elektro-Ofen bei ca. 1.200°C.
H 32,5 cm, D 20 cm.
Werkstattzeichen Stempel Katze „alt“.
Erworben durch J.W. Hinder.
Inv.-Nr. 00197-563.

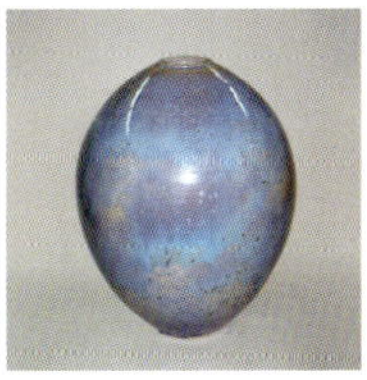

564
Große Vase (eiförmig), 1950er Jahre
Steinzeug, mattgraubrauner Scherben – gedreht. Reduktionsbrand (Mottenkugelreduktion) im Elektro-Ofen bei ca. 1.200°C.
H 44,5 cm, D 34 cm.
Werkstattzeichen Nr. 85.
Erworben durch J.W. Hinder.
Inv.-Nr. 00197-564.

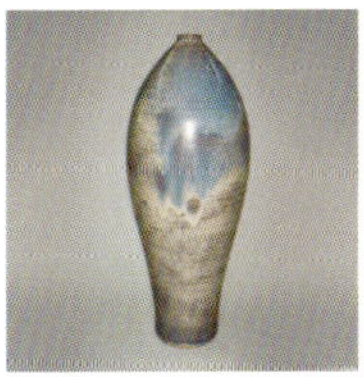

565
Hohe Vase (Typ „Meiping"), um 1958
Steinzeug, weißbrauner Scherben – gedreht. Reduktionsbrand (Mottenkugelreduktion) im Elektro-Ofen bis 1.300°C.
H 50 cm, D 20 cm.
Werkstattzeichen Nr. 85.
Erworben durch J.W. Hinder.
Inv.-Nr. 00197-565.

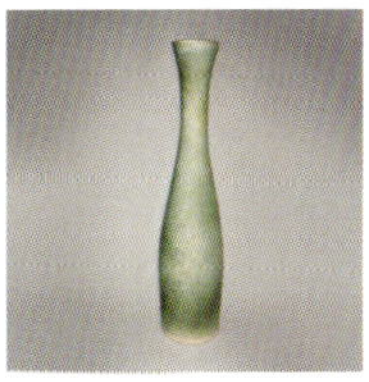

566
Vase – Flaschenform mit langgestrecktem Hals, nach 1953
Steinzeug, weißbrauner Scherben – gedreht. Reduktionsbrand (Mottenkugelreduktion) im Elektro-Ofen bis 1.300°C.
H 35,5 cm, D 8 cm.
Werkstattzeichen Nr. 84.
Erworben durch J.W. Hinder.
Inv.-Nr. 00197-566.

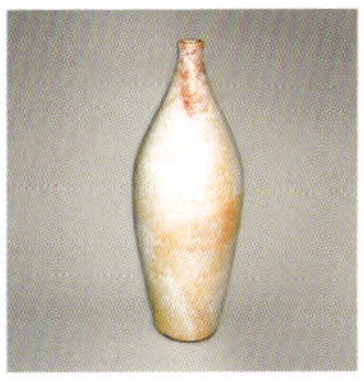

567
Vase – Spindelform mit kleiner Öffnung, nach 1953
Steinzeug, orangebrauner Scherben – gedreht. Oxidationsbrand im Elektro-Ofen um 1.150°C.
H 25 cm, D 9,5 cm.
Werkstattzeichen Nr. 84.
Erworben durch J.W. Hinder.
Inv.-Nr. 00197-567.

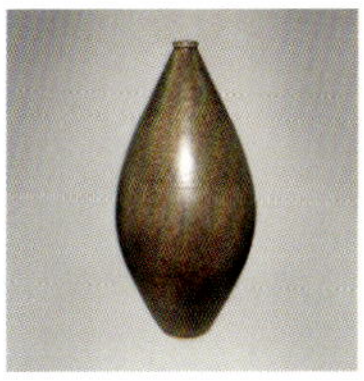

568
Hohe Vase – Spindelform, 1960
Steinzeug, weißolivbrauner Schamottescherben – gedreht. Vermutl. Oxidationsbrand im Elektro-Ofen bis 1.300°C.
H 66,5 cm, D 34,5 cm.
Werkstattzeichen Nr. 85, Ritzzeichen: 16.02.1960.
Erworben durch J.W. Hinder.
Inv.-Nr. 00197-568.

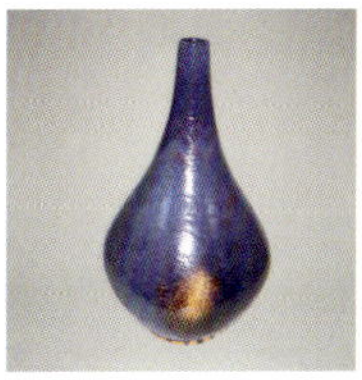

569
Vase, 1956
Steinzeug, graubrauner Scherben – gedreht. Reduktionsbrand (Mottenkugelreduktion) im Elektro-Ofen bis 1.300°C.
H 51 cm, D 28,5 cm.
Werkstattzeichen Nr. 85, Ritzzeichen: 28.1.1956.
Erworben durch J.W. Hinder.
Inv.-Nr. 00197-569.

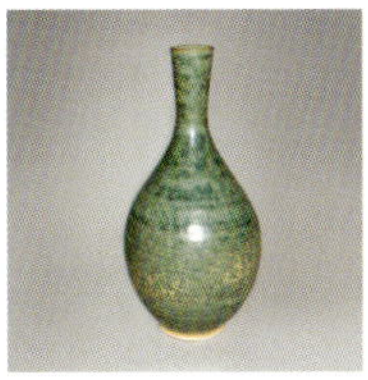

570
Vase – kugelige Form m. langgestrecktem Hals, um 1955–1960
Steinzeug, mattbraungrauer Scherben – gedreht. Oxidationsbrand im Elektro-Ofen bis 1.300°C.
H 24,5 cm, D 12 cm.
Werkstattzeichen Nr. 85.
Erworben durch J.W. Hinder.
Inv.-Nr. 00197-570.

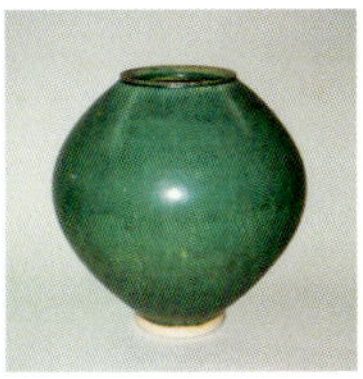

571
Vase – kugelige Form mit weiter Öffnung, um 1955–1960
Steinzeug, braunweißer Scherben – gedreht. Oxidationsbrand im Elektro-Ofen bis 1.300°C.
H 21,5 cm, D 21,5 cm.
Werkstattzeichen Nr. 85.
Erworben durch J.W. Hinder.
Inv.-Nr. 00197-571.

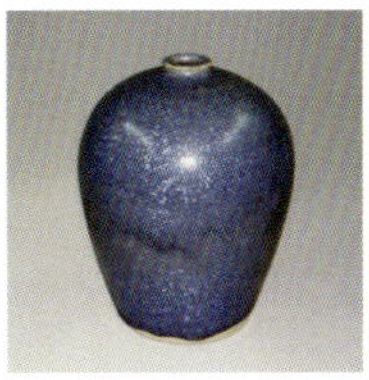

572
Vase (Typ „Meiping"), um 1955–1960
Steinzeug, weißbrauner Scherben – gedreht. Reduktionsbrand (Mottenkugelreduktion) im Elektro-Ofen bis 1.300°C.
H 15,5 cm, D 12 cm.
Werkstattzeichen Nr. 85.
Erworben durch J.W. Hinder.
Inv.-Nr. 00197-572.

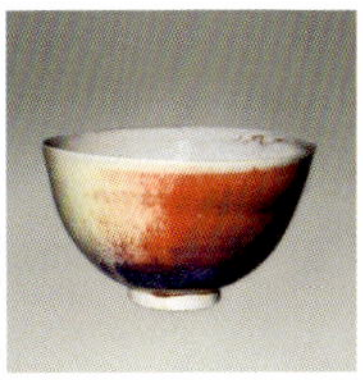

573
Schale, 1957–1960
Porzellan, weißer Scherben – gedreht. Reduktionsbrand (Mottenkugelreduktion) mit Reoxidation im Elektro-Ofen bis 1.300°C.
H 5,5 cm, D 10 cm.
Werkstattzeichen Nr. 85 mit Krone.
Erworben durch J.W. Hinder.
Inv.-Nr. 00197-573.

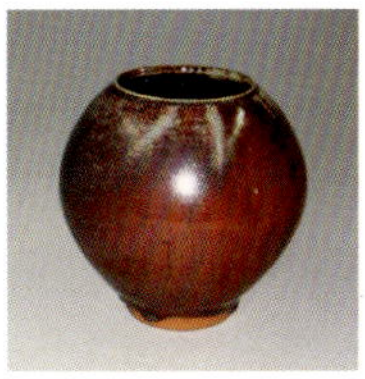

574
Vase – kugelige Form mit weiter Öffnung, 1955–1960
Steinzeug, graubrauner Scherben – gedreht. Reduktionsbrand (Mottenkugelreduktion) im Elektro-Ofen um 1.250°C.
H 11 cm, D 11 cm.
Werkstattzeichen Nr. 85, Ritzzeichen SK8/9.
Erworben durch J.W. Hinder.
Inv.-Nr. 00197-574.

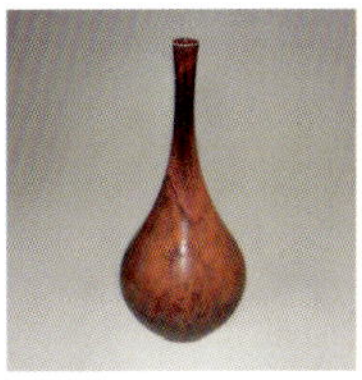

575
Hohe Vase, 1955–1960
Steinzeug, mattbrauner Scherben – gedreht. Reduktionsbrand (Mottenkugelreduktion) im Elektro-Ofen bis 1.300°C.
H 56 cm, D 26 cm.
Werkstattzeichen Nr. 85.
Erworben durch J.W. Hinder
Inv.-Nr. 00197-575.

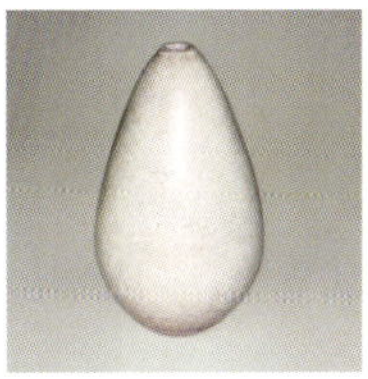

576
Vase – Kolbenform, 1953–1955
Steinzeug, rotbrauner Scherben – gedreht. Oxidationsbrand im Elektro-Ofen um 1.150°C.
H 21 cm, D 13 cm.
Werkstattzeichen Nr. 83.
Erworben durch J.W. Hinder.
Inv.-Nr. 00197-576.

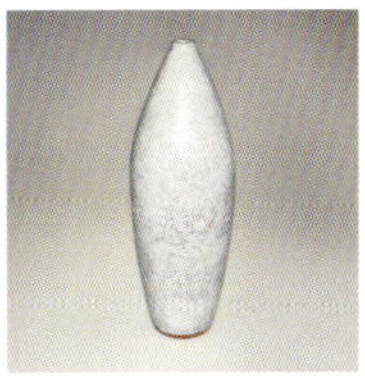

577
Vase – Kolbenform, 1953–1955
Steinzeug, rotbrauner Scherben – gedreht. Oxidationsbrand im Elektro-Ofen um 1.150°C.
H 31 cm, D 11 cm.
Werkstattzeichen Nr. 83.
Erworben durch J.W. Hinder.
Inv.-Nr. 00197-577.

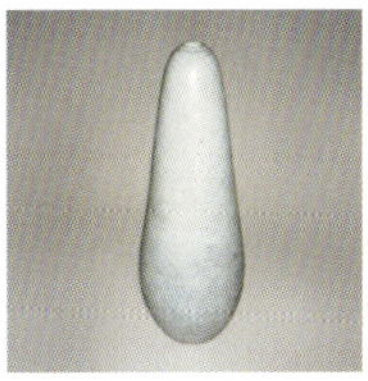

578
Hohe Vase mit kleiner Öffnung, 1953–1955
Steinzeug, rotbrauner Scherben – gedreht. Oxidationsbrand im Elektro-Ofen um 1.150°C.
H 55 cm, D 20 cm.
Werkstattzeichen Nr. 83.
Erworben durch J.W. Hinder.
Inv.-Nr. 00197-578.

Hohlt, Görge
00197-579 – 00197-603

1930 in München geboren, lebt und arbeitet in Katzbach am Inn.
Nach dem Abitur 1949–1956 Mitarbeit am Aufbau der „Werkstatt Hohlt" gemeinsam mit seinem Vater Otto Hohlt und seinem Bruder Albrecht Hohlt. 1952–1953 Studium bei Franz Eska an der Akademie der Bildenden Künste München, Gesellenprüfung. 1956–1959 Studium an der Staatlichen Ingenieur- und Werkschule für Keramik in Höhr-Grenzhausen, Abschluss Keramik-Ingenieur. 1959–1964 Keramik-Ingenieur bei Steatit-Magnesia A.G., Lauf. 1965 Übernahme der „Werkstatt Hohlt" in Katzbach am Inn.

Lit.: Klinge 1975, S. 260–263; Frechen 1995; Waldrich 1996, S. 284–290.

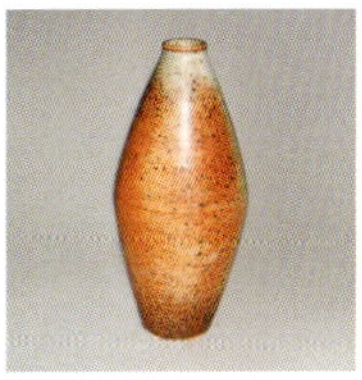

579
Vase – Kolbenform, 1950/1960er Jahre
Steinzeug, weißbrauner Scherben – gedreht. Oxidationsbrand im Elektro-Ofen bei 1.200°C.
H 15,5 cm, D 7 cm.
Werkstattzeichen Nr. 87.
Erworben durch J.W. Hinder.
Inv.-Nr. 00197-579.

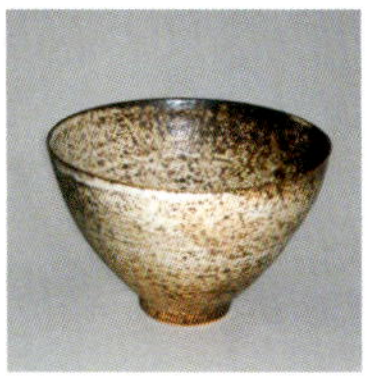

580
Schale, 1950/1960er Jahre
Steinzeug, weiß-brauner Scherben – gedreht. Oxidationsbrand im Elektro-Ofen um 1.200°C.
H 6,5 cm, D 10,5 cm.
Werkstattzeichen Nr. 87.
Erworben durch J.W. Hinder.
Inv.-Nr. 00197-580.

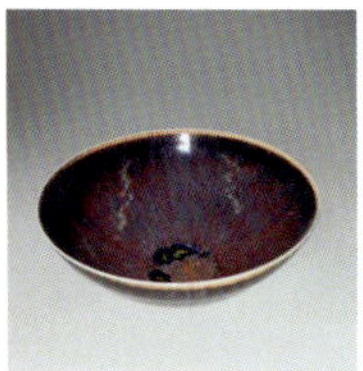

581
Schale, nach 1965
Porzellan, weißer Scherben – gedreht. Reduktionsbrand (Mottenkugelreduktion) im Elektro-Ofen um 1.350°C.
H 6 cm, D 15 cm.
Werkstattzeichen Nr. 87.
Erworben durch J.W. Hinder.
Inv.-Nr. 00197-581.

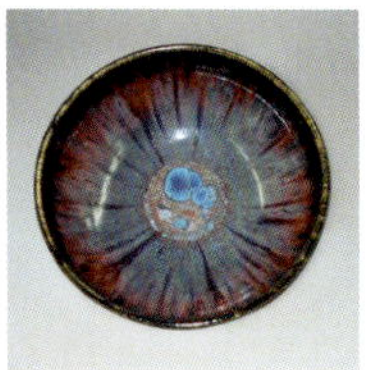

582
Schale, nach 1965
Steinzeug, weißer Scherben – gedreht. Reduktionsbrand (Mottenkugelreduktion) im Elektro-Ofen um 1.350°C, starke Reduktion.
H 11 cm, D 29,5 cm.
Werkstattzeichen Nr. 87.
Erworben durch J.W. Hinder.
Inv.-Nr. 00197-582.

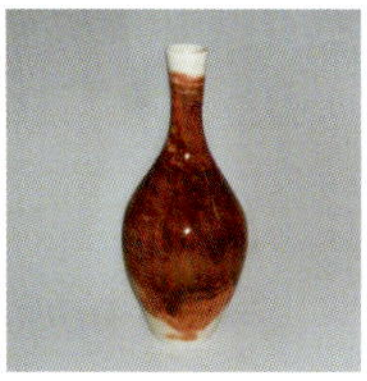

583
Vase, nach 1965
Porzellan, weißer Scherben – gedreht. Reduktionsbrand (Mottenkugelreduktion) im Elektro-Ofen um 1.350°C.
H 14 cm, D 6 cm.
Werkstattzeichen Nr. 87.
Erworben durch J.W. Hinder.
Inv.-Nr. 00197-583.

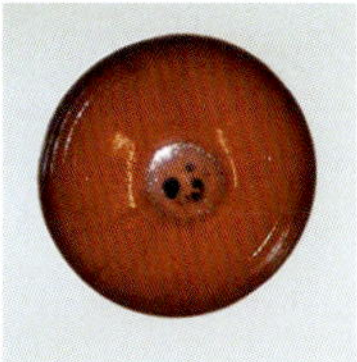

584
Schale, um 1969
Porzellan, weißer Scherben – gedreht. Reduktionsbrand im Öl-Ofen um 1.350°C.
H 6,5 cm, D 14 cm.
Werkstattzeichen Nr. 87.
Erworben durch J.W. Hinder.
Inv.-Nr. 00197-584.

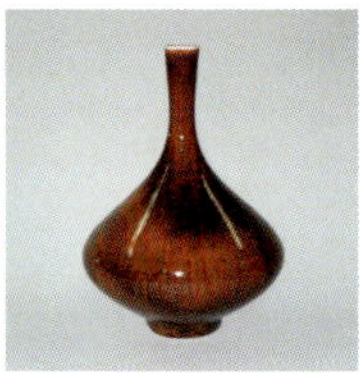

585
Vase – ausschwingend mit schlankem Hals, 1969
Porzellan, weißer Scherben – gedreht. Reduktionsbrand im Öl-Ofen um 1.350°C.
H 16 cm, D 12 cm.
Werkstattzeichen Nr. 86, Jahreszahl 69.
Erworben durch J.W. Hinder.
Inv.-Nr. 00197-585.

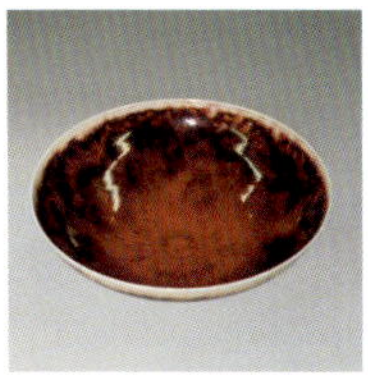

586
Schale, nach 1965
Porzellan, weißer Scherben – gedreht. Reduktionsbrand (Mottenkugelreduktion) im Elektro-Ofen um 1.350°C.
H 6 cm, D 16 cm.
Werkstattzeichen Nr. 87.
Erworben durch J.W. Hinder.
Inv.-Nr. 00197-586.

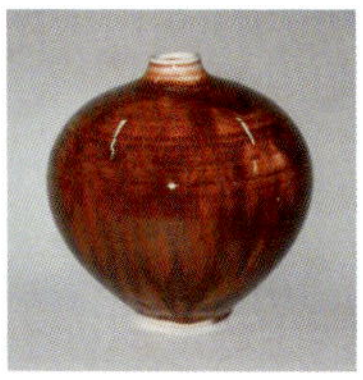

587
Vase – Kugelform mit kleinem Hals, nach 1965
Porzellan, weißer Scherben – gedreht. Reduktionsbrand (Mottenkugelreduktion) im Elektro-Ofen um 1.350°C.
H 12 cm, D 12 cm.
Werkstattzeichen Nr. 87.
Erworben durch J.W. Hinder.
Inv.-Nr. 00197-587.

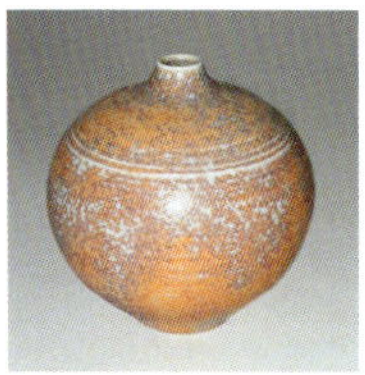

588
Vase – Kugelform, 1970
Porzellan, weißer Scherben – gedreht. Reduktionsbrand im Öl-Ofen um 1.350°C.
H 11 cm, D 11 cm.
Werkstattzeichen Nr. 87.
Erworben durch J.W. Hinder.
Lit.: Hinder & Reimers 1971, Abb. 55.
Inv.-Nr. 00197-588.

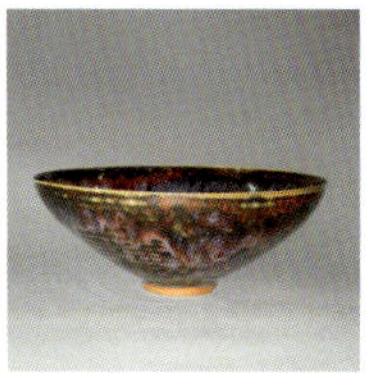

589
Schale, nach 1965
Steinzeug, mattgrau-brauner Scherben – gedreht. Reduktionsbrand im Öl-Ofen bis 1.300°C.
H 6,5 cm, D 17 cm.
Werkstattzeichen Nr. 87, K 141 (Masse-Vermerk).
Erworben durch J.W. Hinder.
Inv.-Nr. 00197-589.

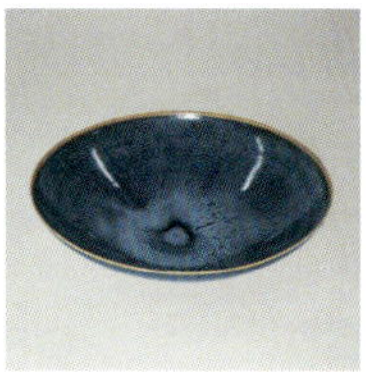

590
Schale, nach 1965
Steinzeug, mattbraun-grauer Scherben – gedreht. Reduktionsbrand im Öl-Ofen bis 1.300°C.
H 5 cm, D 16,5 cm.
Werkstattzeichen Nr. 87.
Erworben durch J.W. Hinder.
Lit.: Hinder & Reimers 1971, Abb. 56.
Inv.-Nr. 00197-590.

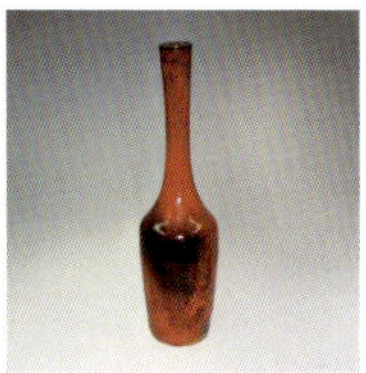

591
Flaschenvase, nach 1965
Steinzeug, brauner Scherben – gedreht. Reduktionsbrand (Mottenkugelreduktion) im Elektro-Ofen bis 1.300°C.
H 26 cm, D 7,5 cm.
Werkstattzeichen Nr. 87, K 141.
Erworben durch J.W. Hinder.
Inv.-Nr. 00197-591.

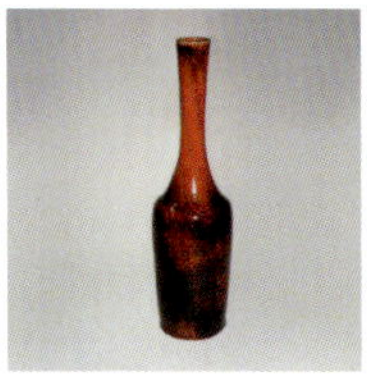

592
Flaschenvase, nach 1965
Steinzeug, braun-grauer Scherben – gedreht. Reduktionsbrand (Mottenkugelreduktion) im Elektro-Ofen bis 1.300°C.
H 23 cm, D 6,5 cm.
Werkstattzeichen Nr. 87.
Erworben durch J.W. Hinder.
Inv.-Nr. 00197-592.

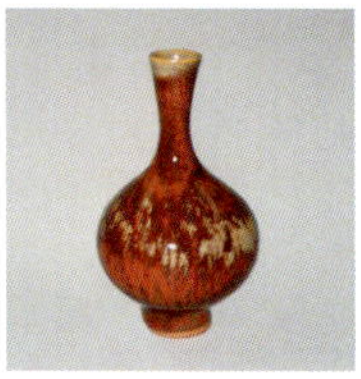

593
Vase, nach 1965
Steinzeug, grau-brauner Scherben – gedreht. Reduktionsbrand (Mottenkugelreduktion) im Elektro-Ofen bis 1.300°C.
H 10,5 cm, D 6 cm.
Werkstattzeichen Nr. 84.
Erworben durch J.W. Hinder.
Inv.-Nr. 00197-593.

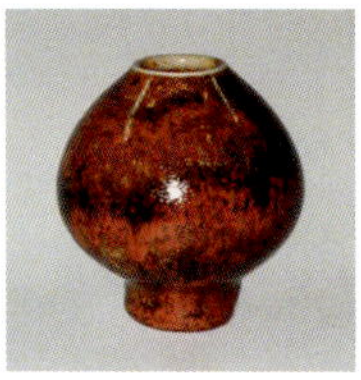

594
Vase, 1965
Steinzeug, braun-grauer Scherben – gedreht. Reduktionsbrand (Mottenkugelreduktion) im Elektro-Ofen bis 1.300°C.
H 8 cm.
Werkstattzeichen Nr. 84.
Erworben durch J.W. Hinder.
Inv.-Nr. 00197-594.

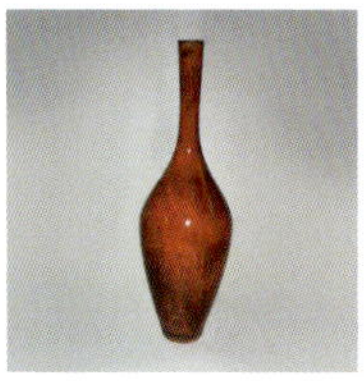

595
Vase – Kolbenform mit schlankem Hals, nach 1965
Steinzeug, grau-brauner Scherben – gedreht. Reduktionsbrand (Mottenkugelreduktion) im Elektro-Ofen bis 1.300°C.
H 35 cm, D 11,5 cm.
Werkstattzeichen Nr. 87.
Erworben durch J.W. Hinder.
Inv.-Nr. 00197-595.

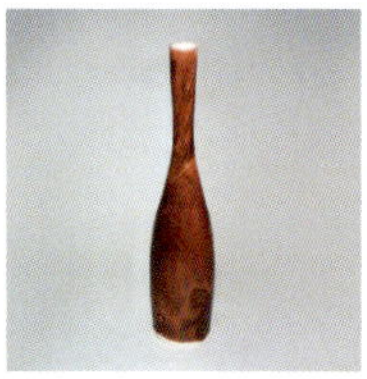

596
Vase – Flaschenform mit schlankem Hals, nach 1965
Porzellan, weißer Scherben – gedreht. Reduktionsbrand (Mottenkugelreduktion) im Elektro-Ofen bei 1.350°C.
H 25,5 cm, D 6 cm.
Werkstattzeichen Nr. 87.
Erworben durch J.W. Hinder.
Inv.-Nr. 00197-596.

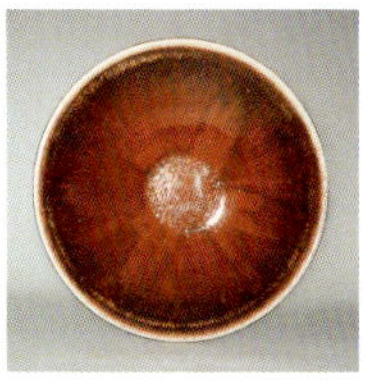

597
„Tellerschale“, 1972
Steinzeug, grau-brauner Scherben – gedreht. Reduktionsbrand im Öl-Ofen bis 1.300°C.
H 5 cm, D 25,5 cm.
Werkstattzeichen Nr. 86, Jahreszahl 72.
Erworben durch J.W. Hinder.
Inv.-Nr. 00197-597.

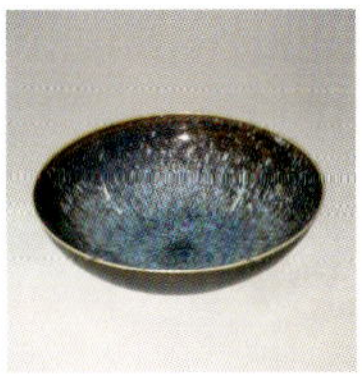

598
Schale, nach 1965
Porzellan, mattgrauer Scherben – gedreht. Reduktionsbrand im Öl-Ofen um 1.350°C. H 7 cm, D 16,5 cm. Werkstattzeichen Nr. 87. Erworben durch J.W. Hinder. Inv.-Nr. 00197-598.

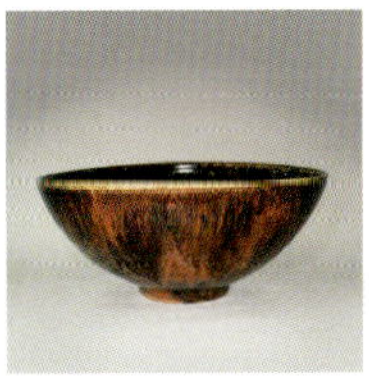

599
Schale, 1974
Steinzeug, graubrauner Scherben – gedreht. Reduktionsbrand im Öl-Ofen um 1.350°C. H 16,5 cm, D 37 cm. Werkstattzeichen wie Nr. 86, Jahreszahl 74. Erworben durch J.W. Hinder. Inv.-Nr. 00197-599.

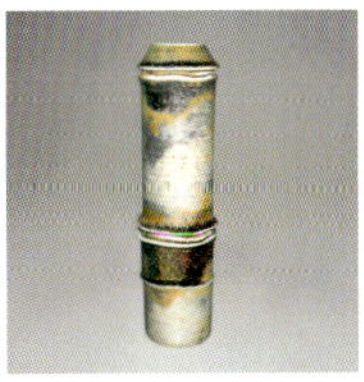

600
Vase – „Bambus“, 1980
Porzellan, weißer Scherben – gedreht und modelliert. Reduktionsbrand im Öl-Ofen um 1.350°C. H 25 cm, D 8 cm. Werkstattzeichen Nr. 86. Erworben durch Lotte Reimers. Inv.-Nr. 00197-600.

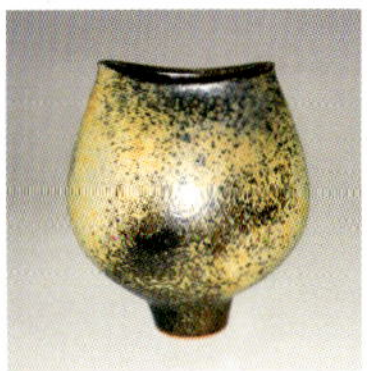

601
Vase – ovale Form, 1980
Steinzeug, mattgrauer Scherben – gedreht, gedrückt. Reduktionsbrand im Öl-Ofen bis 1.300°C. Abmessungen 22 x 20 x 16 cm. Werkstattzeichen Nr. 86. Erworben durch Lotte Reimers. Inv.-Nr. 00197-601.

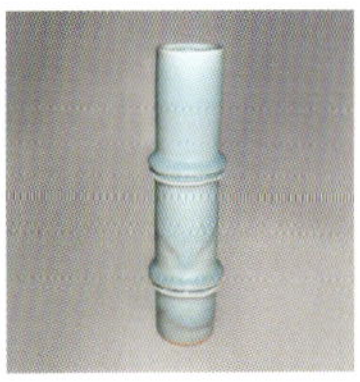

602
Vase – „Bambus“, 1982
Porzellan, mattgrauer Scherben – gedreht und modelliert. Reduktionsbrand im Öl-Ofen um 1.350°C. H 23 cm, D 6,5 cm. Werkstattzeichen wie Nr. 86, Jahreszahl 82. Erworben durch Lotte Reimers. Inv.-Nr. 00197-602.

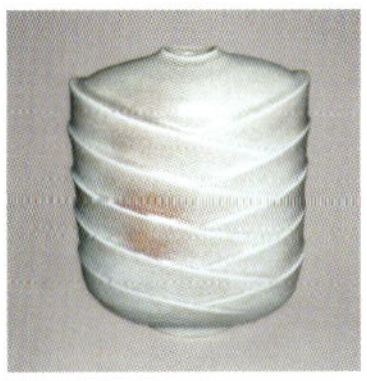

603
Vase – „Geflecht“, 1990
Porzellan, weißer Scherben – gedreht, gedrückt, montiert. Reduktionsbrand im Öl-Ofen um 1.350°C. Abmessungen 20,5 x 16,5 x 10 cm. Werkstattzeichen wie Nr. 86, Jahreszahl 90. Erworben durch Lotte Reimers. Inv.-Nr. 00197-603.

Hohlt, Otto
00197-604 – 00197-607

1889 in Santo Domingo, Westindische Inseln, geboren, 1960 in Katzbach/Rott am Inn gestorben. 1909 Studium der Malerei in London, 1910–1914 bei Franz von Stuck an der Akademie der Bildenden Künste München und bei Wilhelm von Debschitz (Debschitzschule) München. 1914–1918 Soldat. Ab 1923 Bildhauer in Katzbach/Rott am Inn. 1939 erste Tonplastiken; 1939–1944 Soldat. 1947 Aufbau der „Werkstatt Hohlt“ zusammen mit seinen Söhnen Albrecht und Görge.

Lit.: Spielmann 1979, S. 157–158; Frechen 1995; Waldrich 1996, S. 290–291.

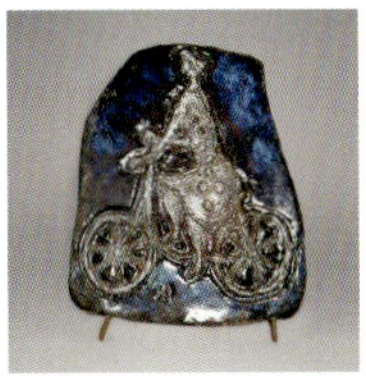

604
Relief – „Radfahrerin“, 1956
Steinzeug, gelbbrauner Scherben – modelliert. Reduktionsbrand (Mottenkugelreduktion) im Elektro-Ofen um 1.250°C. Abmessungen 32 x 27 x 2,5 cm. Werkstattzeichen Nr. 88, auf Vorders. Stempel: H. Erworben durch J.W. Hinder. Lit.: Hinder & Reimers 1971, Abb. 57. Inv.-Nr. 00197-604.

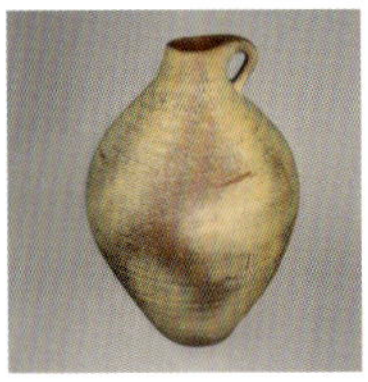

605
Großer Krug, um 1953–1960
Steinzeug, sienafarbener Scherben – gebaut. Oxidationsbrand im Elektro-Ofen um 1.150°C. H 49 cm, D 30 cm. Werkstattzeichen Nr. 89. Erworben durch J.W. Hinder. Inv.-Nr. 00197-605.

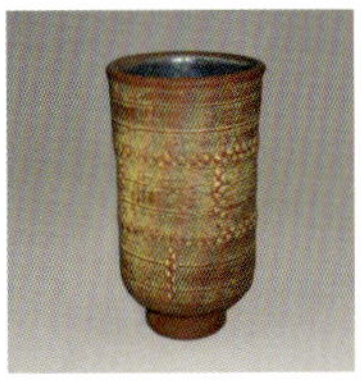

606
Bechervase, um 1953–1960
Steinzeug, orangebrauner Scherben – gebaut. Oxidationsbrand im Elektro-Ofen um 1.150°C. H 18 cm, D 10,5 cm. Werkstattzeichen Nr. 84. Erworben durch J.W. Hinder. Inv.-Nr. 00197-606.

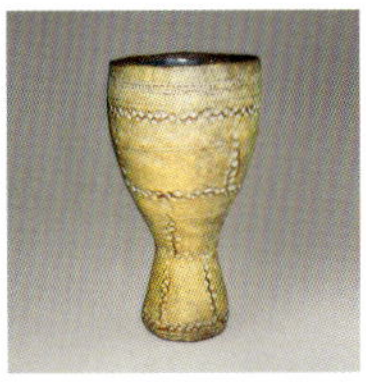

607
Bechervase auf hohem Fuß, um 1953–1960
Steinzeug, sienafarbener Scherben – gebaut. Oxidationsbrand im Elektro-Ofen um 1.150°C. H 21 cm, D 11 cm. Werkstattzeichen Nr. 89. Erworben durch J.W. Hinder. Inv.-Nr. 00197-607.

Homoky, Nicholas
00197-608 – 00197-612

1950 in Sárvár/Ungarn geboren, lebt und arbeitet in Yatton/North Somerset.
1956 Umzug der Familie nach Manchester/England. 1970–1973 Studium der Keramik u.a. bei Ian Godfrey am West of England College of Art, Bristol, Abschluss B.A., 1973–1976 Studium u.a. bei Eduardo Paolozzi und Hans Coper am Royal College of Art, London, Abschluss M.A. 1976–1979 Dozent für „Three Dimensional Design Ceramics“ in Cardiff/South Wales, seit 1979 am Bristol Polytechnic (UWE), Bristol. 1989–1990 Fulbright „Scholarship Teaching Exchange“ an der Towson State University, Baltimore, Maryland.

Lit.: Homoky 1997.

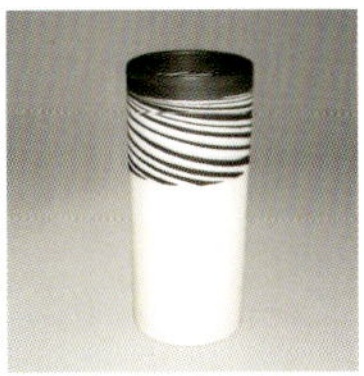

608
Zylindrische Vase, um 1980
Porzellan, weißer Scherben („David Leach porcelain“) – gedreht in zwei Phasen. Oxidationsbrand im Elektro-Ofen bei 1.260°C. H 16,5 cm, D 7,5 cm. Werkstattzeichen Nr. 90. Erworben durch Lotte Reimers. Inv.-Nr. 00197-608.

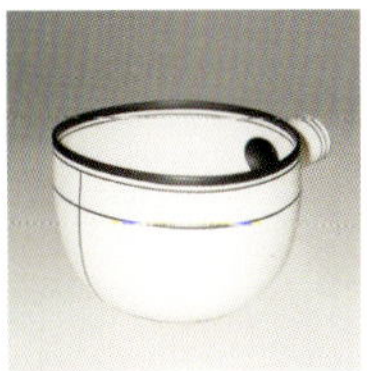

609
Schale mit Stiel, um 1980
Porzellan, weißer Scherben („David Leach porcelain“) – gedreht in zwei Phasen. Oxidationsbrand im Elektro-Ofen bei 1.260°C. Abmessungen 9 x 15 x 12,5 cm. Werkstattzeichen Nr. 90. Erworben durch Lotte Reimers. Inv.-Nr. 00197-609.

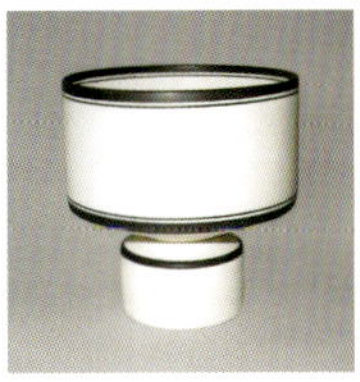

610
Fußschale („Pedestal Bowl“), um 1980
Porzellan, weißer Scherben („David Leach porcelain“) – gedreht in zwei Phasen. Oxidationsbrand im Elektro-Ofen bei 1.260°C. H 12,5 cm, D 13 cm. Werkstattzeichen Nr. 90. Erworben durch Lotte Reimers. Inv.-Nr. 00197-610.

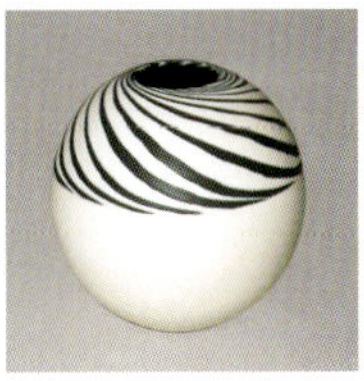

611
Vase – Kugelform, um 1980
Porzellan, weißer Scherben („David Leach porcelain“) – gedreht in zwei Phasen. Oxidationsbrand im Elektro-Ofen bei 1.260°C. H 10 cm, D 10 cm. Werkstattzeichen Nr. 90. Erworben durch Lotte Reimers. Inv.-Nr. 00197-611.

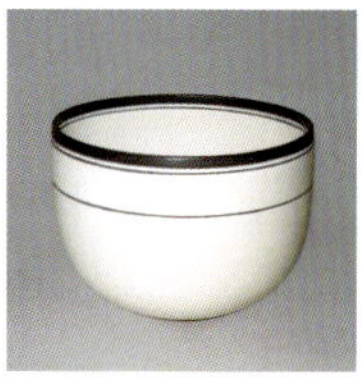

612
Offene Form, um 1980
Porzellan, weißer Scherben („David Leach porcelain") – gedreht in zwei Phasen. Oxidationsbrand im Elektro-Ofen bei 1.260°C.
Abmessungen 9 x 12,5 x 12 cm.
Werkstattzeichen Nr. 90.
Erworben durch Lotte Reimers.
Inv.-Nr. 00197-612.

Hornberger, Willi
00197-613

1932 in Königshofen an der Heide geboren, 1995 gestorben.
1948–1951 Töpferlehre bei A. Lutz in Gunzenhausen, Gesellenprüfung, danach Arbeit in verschiedenen Werkstätten. 1958–1961 Meisterklasse Hubert Griemert an der Staatlichen Werkschule für Keramik, Höhr-Grenzhausen, Meisterprüfung 1960. 1962–1963 eigene Werkstatt in Nürnberg, 1963–1972 eigene Werkstatt in Mannheim zusammen mit Lotti Hornberger. 1972–1990 Lehrer an der Staatlichen Fachschule für Keramik Landshut.

Lit.: Waldrich 1996, S. 294–295.

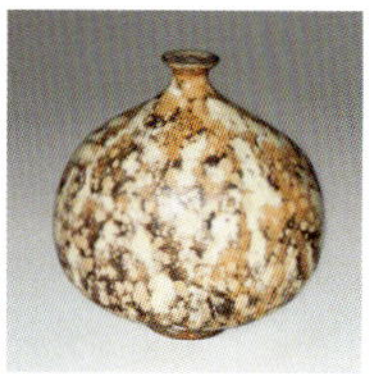

613
Vase, vor 1971
Steinzeug, weiß-brauner Schamottescherben – gedreht, gedrückt. Oxidationsbrand im Elektro-Ofen bei 1.300°C.
Abmessungen 11,5 x 11 x 8,5 cm.
Werkstattzeichen Nr. 91.
Erworben durch J.W. Hinder.
Lit.: Hinder & Reimers 1971, Abb. 58.
Inv.-Nr. 00197-613.

Ikemoto, Kozo
00197-614 – 00197-622

1946 in Kyoto/Japan geboren, lebt und arbeitet in Fukuoka/Japan.
1965–1970 Architekturstudium, 1973 Abschluss Diplom-Architekt. Ab 1974 Studium der Keramik bei Walter Popp an der Gesamthochschule Kassel, Volontariat bei Wendelin Stahl, 1979 Abschlussprüfung bei Ralf Busz. 1980–1983 Lehrauftrag für Polytechnik an der Gesamthochschule Kassel. Seit 1984 eigene Werkstatt in Fukuoka/Japan.

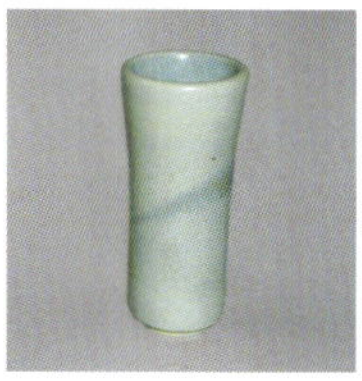

614
Bechergefäß, 1974
Steinzeug, braun-weißer Scherben – gedreht. Oxidationsbrand im Elektro-Ofen vermutl. bei 1.280°C.
H 11,5 cm, D 5 cm.
Werkstattzeichen Nr. 92.
Erworben durch J.W. Hinder.
Inv.-Nr. 00197-614.

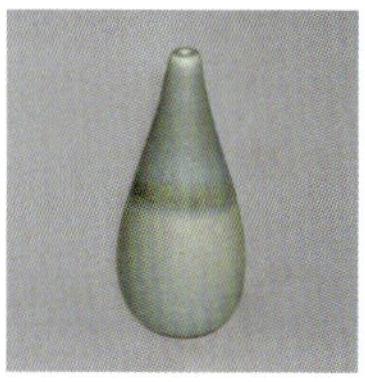

615
Vase, 1974
Steinzeug, braun-weißer Scherben – gedreht. Oxidationsbrand im Elektro-Ofen vermutl. bei 1.280°C.
H 11,5 cm, D 5 cm.
Werkstattzeichen Nr. 92.
Erworben durch J.W. Hinder.
Inv.-Nr. 00197-615.

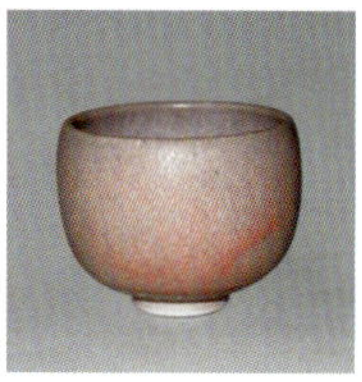

616
Kleine Kumme, um 1974
Steinzeug, hellgrauer Scherben – gedreht. Reduktionsbrand im Elektro-Ofen vermutl. bei 1.260–1.280°C.
H 6,5 cm, D 8,5 cm.
Werkstattzeichen: Nr. 92, Pinselzeichen 32.
Erworben durch J.W. Hinder.
Inv.-Nr. 00197-616.

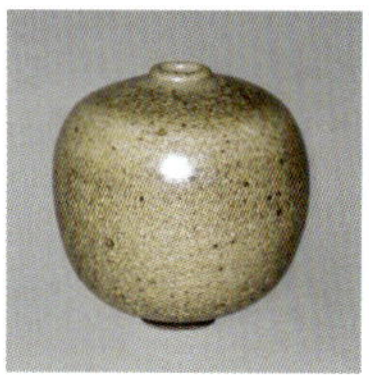

617
Vase mit kleinem Öffnungsring, 1974
Steinzeug, mattgrauer Scherben – gedreht. Reduktionsbrand im Elektro-Ofen vermutl. bei 1.260–1.280°C.
H 10,5 cm, D 10,5 cm.
Werkstattzeichen wie Nr. 93.
Erworben durch J.W. Hinder.
Inv.-Nr. 00197-617.

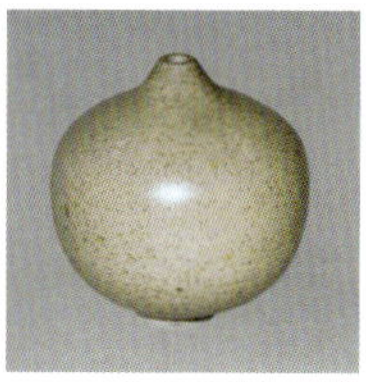

618
Vase – Kugelform, 1974
Steinzeug, hellgrauer Scherben – gedreht. Reduktionsbrand im Elektro-Ofen vermutl. bei 1.260–1.280°C.
H 9,5 cm, D 9,5 cm.
Werkstattzeichen Nr. 93.
Erworben durch J.W. Hinder.
Inv.-Nr. 00197-618.

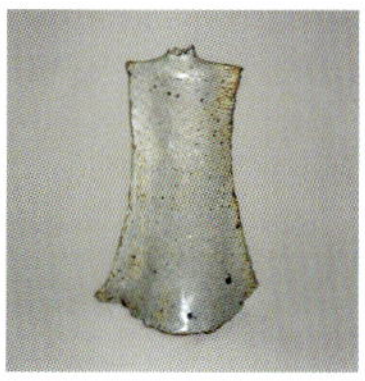

619
Vase – „Kastenvase", um 1974/76
Steinzeug, hellgrauer Schamottescherben – gebaut. Reduktionsbrand im Elektro-Ofen vermutl. bei 1.260–1.280°C.
Abmessungen 21 x 13 x 7,5 cm.
Werkstattzeichen durch Glasur verdeckt.
Erworben durch Lotte Reimers.
Inv.-Nr. 00197-619.

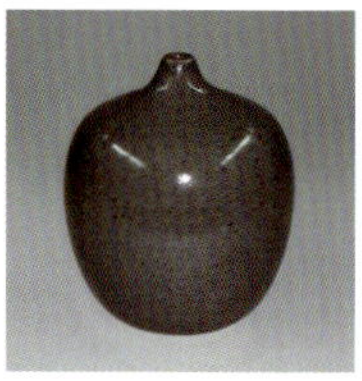

620
Vase – Kugelform, 1974
Steinzeug, hellgrauer Scherben – gedreht. Reduktionsbrand im Elektro-Ofen vermutl. bei 1.260–1.280°C.
H 14 cm, D 12 cm.
Werkstattzeichen Nr. 93.
Erworben durch J.W. Hinder.
Inv.-Nr. 00197-620.

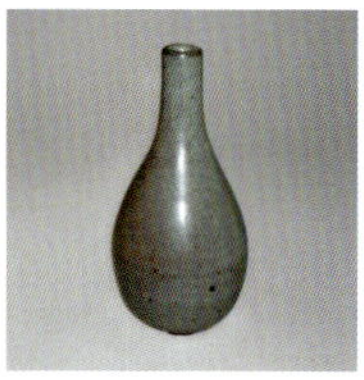

621
Vase, 1976
Steinzeug, hellgrauer Scherben – gedreht. Reduktionsbrand im Elektro-Ofen vermutl. bei 1.260–1.280°C.
H 17,5 cm, D 8,5 cm.
Werkstattzeichen Nr. 94.
Erworben durch Lotte Reimers.
Inv.-Nr. 00197-621.

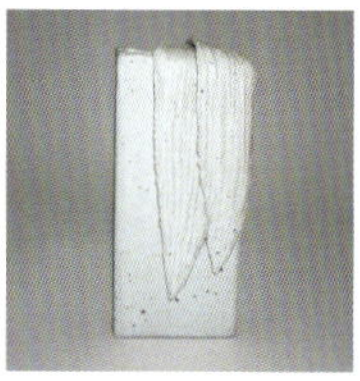

622
Vase – „Kastenform", um 1976/77
Steinzeug, hellgrauer Schamottescherben – gebaut und Reliefauflage. Reduktionsbrand im Elektro-Ofen vermutl. bei 1.260–1.280°C.
Abmessungen 24,5 x 12 x 6 cm.
Werkstattzeichen Nr. 95.
Erworben durch Lotte Reimers.
Inv.-Nr. 00197-622.

Kerstan, Horst
00197-623 – 00197-639

1941 in Frankfurt/Main geboren, 2005 in Kandern gestorben.
1956–1957 Lehre als Porzellanmaler bei Hoechster Porzellanmanufaktur; 1957–1959 Studium der Keramik bei Lore Kramer-Koehn an der Werkkunstschule Offenbach; Zeichenunterricht bei Peter Herkenhahn an der Staatlichen Hochschule für Bildende Künste, Städelschule, Frankfurt/M.; 1959–1962 Töpferlehre bei Richard Bampi in Kandern, danach Gesellenzeit in Florenz. 1963–1965 Meisterschüler bei Richard Bampi, nach dessen Tod 1965 Übernahme der Werkstatt; 1967 Meisterprüfung. 1969 freier Designer bei Porzellan-Fabrik Arzberg und Schönwald. Seit 1970 mehrere Studienreisen nach Japan, Korea und China. 1977 Bau eines Holzfeuer-Brennofens, 1989 Bau eines neuen Anagama-Ofens; Zusammenarbeit mit Horst Antes und Otmar Alt.
Lit.: Waldrich 1996, S. 328–332.

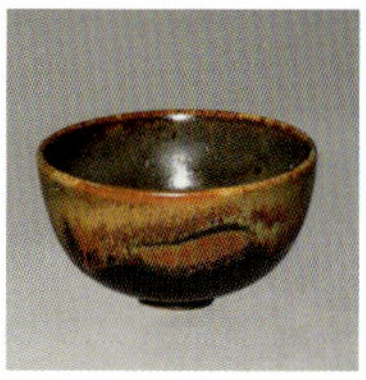

623
Kleine Schale, um 1967
Steinzeug, braun-weißer Scherben – gedreht. Oxidationsbrand im Elektro-Ofen.
H 6 cm, D 10,5 cm.
Werkstattzeichen Nr. 98.
Erworben durch J.W. Hinder.
Inv.-Nr. 00197-623.

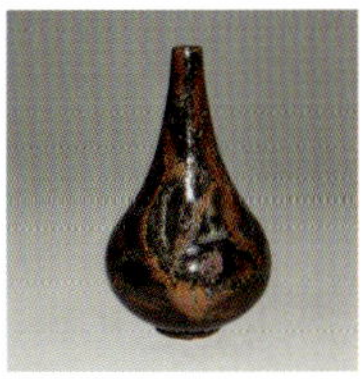

624
Vase, 1968
Steinzeug, braunweißer Scherben – gedreht. Oxidationsbrand im Elektro-Ofen. H 14 cm, D 18 cm. Werkstattzeichen wie Nr. 97, Jahreszahl 1968. Erworben durch J.W. Hinder. Inv.-Nr. 00197-624.

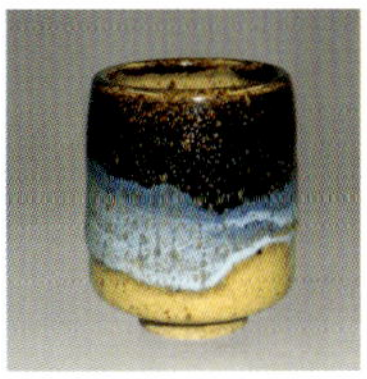

625
Becher, 1969
Steinzeug, braunweißer Scherben – gedreht. Oxidationsbrand im Elektro-Ofen bei 1.200°C. H 13 cm, D 11 cm. Werkstattzeichen Nr. 97. Erworben durch J.W. Hinder. Lit.: Hinder & Reimers 1971, Abb. 59 zus. m. Inv.-Nr. 00197-626. Inv.-Nr. 00197-625.

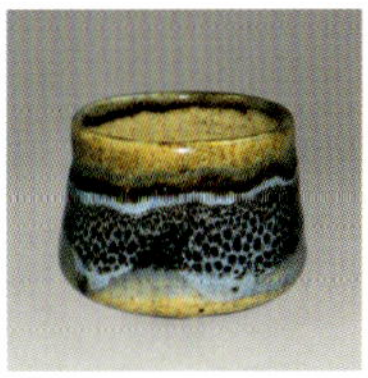

626
Becher, um 1969
Steinzeug, braunweißer Schamottescherben – gedreht. Oxidationsbrand im Elektro-Ofen bei 1.200°C. H 7,5 cm, D 10,5 cm. Werkstattzeichen Nr. 96. Erworben durch J.W. Hinder. Lit.: Hinder & Reimers 1971, Abb. 59 zus. m. Inv.-Nr. 00197-625. Inv.-Nr. 00197-626.

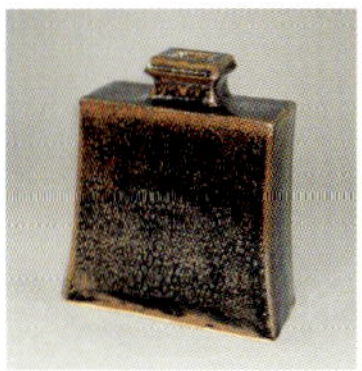

627
Vase auf rechteckigem Grundriss, 1974
Steinzeug, weißbrauner Schamottescherben – ausgeformt. Oxidationsbrand im Elektro-Ofen bei 1.200°C. Abmessungen 19,5 x 17 x 7 cm. Werkstattzeichen Nr. 101. Erworben durch J.W. Hinder. Inv.-Nr. 00197-627.

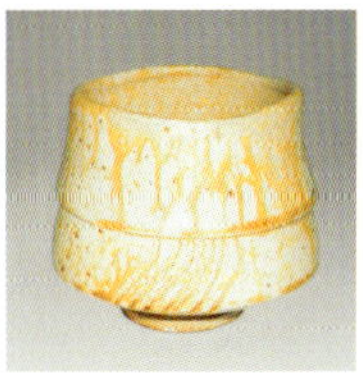

628
Kumme, 1974
Steinzeug, weißbrauner Schamottescherben – gedreht. Oxidationsbrand im Elektro-Ofen bei 1.200°C. H 12 cm, D 14,5 cm. Werkstattzeichen Nr. 101. Erworben durch Lotte Reimers. Inv.-Nr. 00197-628.

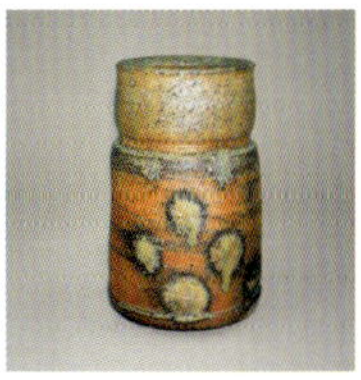

629
Vase, 1985
Steinzeug, braungrauer Scherben – gedreht. Holzbrand im Anagama, sechs Tage Feuer bei 1.300°C. H 20 cm, D 13 cm. Werkstattzeichen Nr. 100. Erworben durch Lotte Reimers. Inv.-Nr. 00197-629.

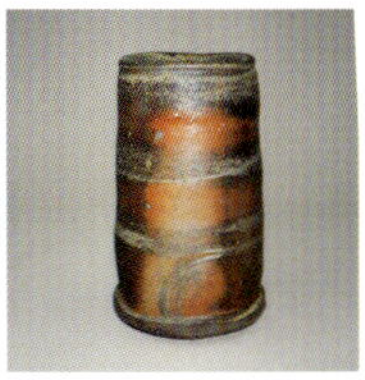

630
Zylindrische Vase mit Drehspuren und Ritzornament, 1985
Steinzeug, braungrauer Scherben – gedreht. Holzbrand im Anagama, sechs Tage Feuer bei 1.300°C. H 22 cm, D 13,5 cm. Werkstattzeichen Nr. 100. Erworben durch Lotte Reimers. Inv.-Nr. 00197-630.

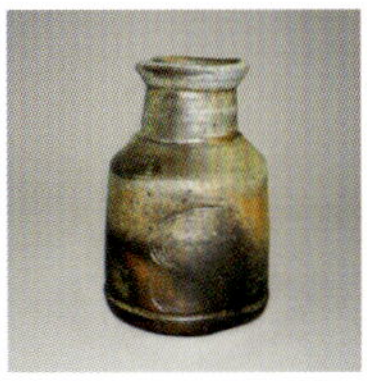

631
Vase mit Ritzornament, 1985
Steinzeug, braungrauer Scherben – gedreht. Holzbrand im Anagama, sechs Tage Feuer bei 1.300°C. H 21,5 cm, D 14 cm. Werkstattzeichen wie Nr. 99, Jahreszahl 1985. Erworben durch Lotte Reimers. Inv.-Nr. 00197-631.

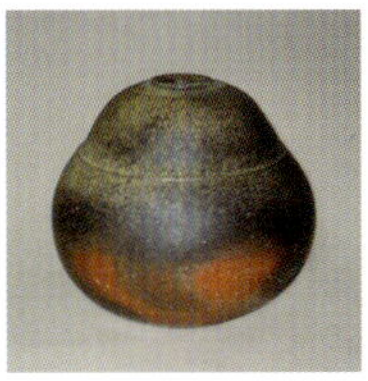

632
Vase, 1985
Steinzeug, braungrauer Scherben – gedreht. Holzbrand im Anagama, sechs Tage Feuer bei 1.300°C. H 17 cm, D 19,5 cm. Werkstattzeichen Nr. 100. Erworben durch Lotte Reimers. Inv.-Nr. 00197-632.

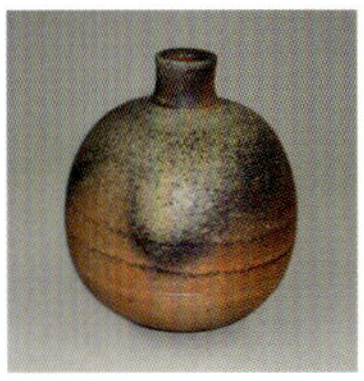

633
Vase – Kugelform, 1985
Steinzeug, braungrauer Scherben – gedreht. Holzbrand im Anagama, sechs Tage Feuer bei 1.300°C. H 20 cm, D 17,5 cm. Werkstattzeichen Nr. 100. Erworben durch Lotte Reimers. Inv.-Nr. 00197-633.

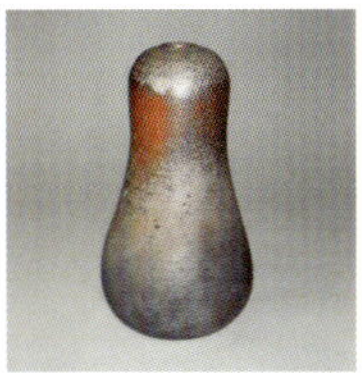

634
Vase – Kalebassenform mit Drehrillen, 1978
Steinzeug, braungrauer Scherben – gedreht. Holzbrand im Anagama, sechs Tage Feuer bei 1.300°C. H 26,5 cm, D 15 cm. Werkstattzeichen Nr. 99. Erworben durch Lotte Reimers. Inv.-Nr. 00197-634.

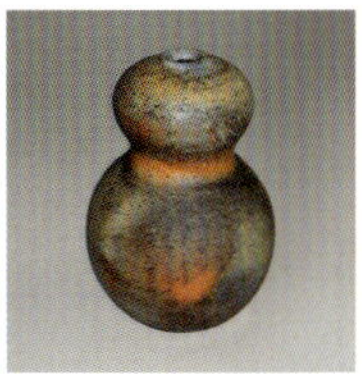

635
Vase – Doppelform, 1985
Steinzeug, braungrauer Scherben – gedreht. Holzbrand im Anagama, sechs Tage Feuer bei 1.300°C. H 14 cm, D 10 cm. Werkstattzeichen Nr. 100. Erworben durch Lotte Reimers. Inv.-Nr. 00197-635.

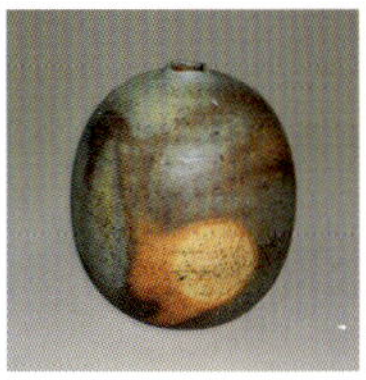

636
Vase – Kugelform mit runder, unregelmäßig aufgebogener Öffnung, 1985
Steinzeug, braungrauer Scherben – gedreht. Holzbrand im Anagama, sechs Tage Feuer bei 1.300°C. H 17 cm, D 15 cm. Werkstattzeichen Nr. 100. Erworben durch Lotte Reimers. Inv.-Nr. 00197-636.

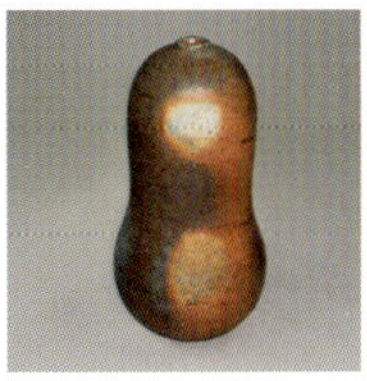

637
Vase – Kalebassenform mit kleinem Öffnungsring, um 1985
Steinzeug, braungrauer Scherben – gedreht. Holzbrand im Anagama, sechs Tage Feuer bei 1.300°C. H 19 cm, D 10 cm. Werkstattzeichen wie Nr. 101, quadratische Rahmung. Erworben durch Lotte Reimers. Inv.-Nr. 00197-637.

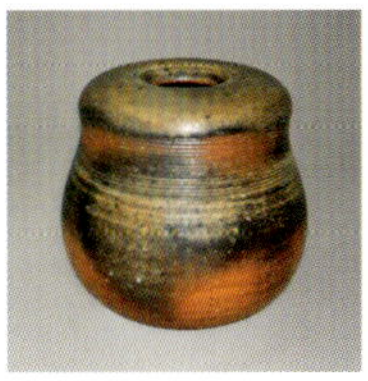

638
Vase mit umlaufenden Rillen, 1985
Steinzeug, hellgraubrauner Scherben – gedreht. Holzbrand im Anagama, sechs Tage Feuer bei 1.300°C. H 16,5 cm, D 17 cm. Werkstattzeichen Nr. 100. Erworben durch Lotte Reimers. Inv.-Nr. 00197-638.

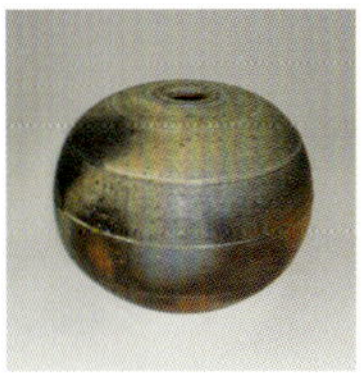

639
Vase – Kugelform mit umlaufenden Rillen, 1985
Steinzeug, braungrauer Scherben – gedreht. Holzbrand im Anagama, sechs Tage Feuer bei 1.300°C. H 15,5 cm, D 19,5 cm. Werkstattzeichen Nr. 100. Erworben durch Lotte Reimers. Inv.-Nr. 00197-639.

Kiessling, Felicity
00197-640 – 00197-643, -648

1945 in Limerick/Irland geboren.
Bis 1968 Studium der Literatur und Philosophie an der Universität Dublin, Abschluss B.A.; 1969–1974 Studium der Keramik bei Walter Popp an der Hochschule für Bildende Künste, Kassel.

Lit.: Hinder 1974b, S. 157–158.

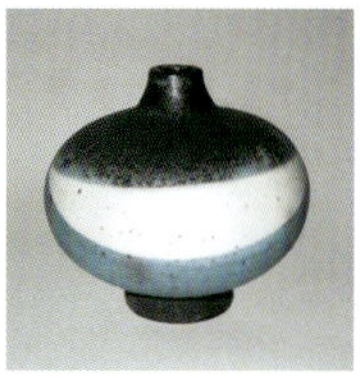

640
Vase – Kugelform, um 1970
Steinzeug, mattgrauer Scherben – gedreht. Reduktionsbrand (durch Mottenkugeln) im Elektro-Ofen bei 1.260–1.280 °C.
H 14 cm, D 16 cm.
Werkstattzeichen Nr. 102.
Erworben durch J.W. Hinder.
Inv.-Nr. 00197-640.

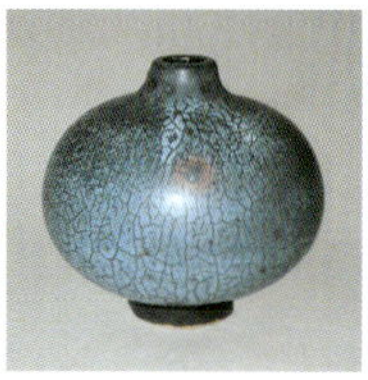

641
Vase – Kugelform, um 1970
Steinzeug, mattgrauer Scherben – gedreht. Reduktionsbrand (durch Mottenkugeln) im Elektro-Ofen um 1.280°C.
H 13,5 cm, D 14,5 cm.
Werkstattzeichen Nr. 102.
Erworben durch J.W. Hinder.
Inv.-Nr. 00197-641.

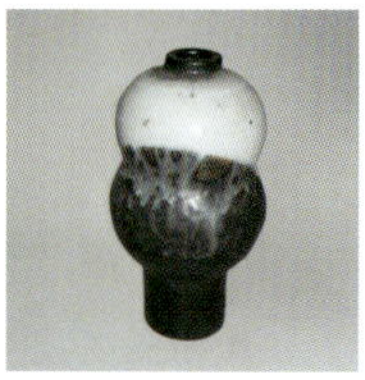

642
Vase – Ballusterform auf Sockel, 1973
Steinzeug, grauer Scherben – gedreht. Reduktionsbrand im Elektro-Ofen um 1.280°C, Überbrand um 1.320°C.
H 19 cm, D 10,5 cm.
Werkstattzeichen Nr. 102.
Erworben durch J.W. Hinder.
Inv.-Nr. 00197-642.

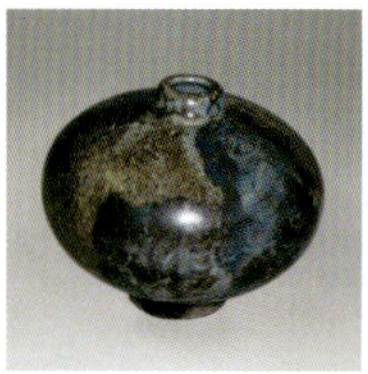

643
Vase – kugelige Form, um 1970
Steinzeug, grauer Scherben – gedreht. Reduktionsbrand im Elektro-Ofen um 1.280°C, vermutl. zwei Glattbrände.
H 11,5 cm, D 14 cm.
Werkstattzeichen Nr. 102.
Erworben durch J.W. Hinder.
Inv.-Nr. 00197-643.

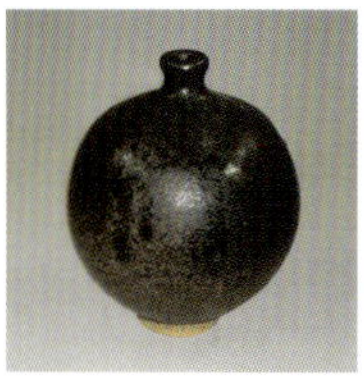

648
Vase, Kugelform m. kurzem zylindrischem Hals, um 1970/1973
Steinzeug, grauer Scherben – gedreht. Reduktionsbrand im Elektro-Ofen um 1.300 °C.
H 20,5 cm, D 17 cm.
Werkstattzeichen Nr. 102.
Erworben durch J.W. Hinder.
Inv.-Nr. 00197-648.

Kiessling, Johannes
00197-644 – 00197-647

1947 in Zwickau/Sachsen geboren.
1968–1975 Studium der Keramik bei Walter Popp an der Hochschule der Bildenden Künste, Kassel. 1978 eigene Werkstatt in Waldenburg/Nordwürttemberg.

Lit.: Hinder 1974b, S. 157–158; Waldrich 1996, S. 333.

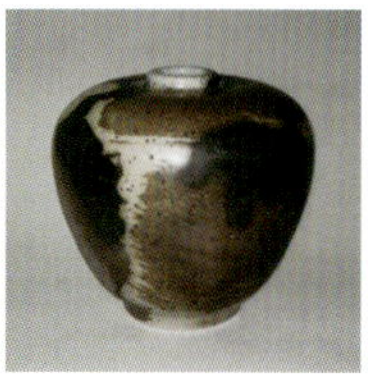

644
Vase – Kugelform mit abgeflachter Schulter, 1970
Steinzeug, hell-braungrauer Scherben – gedreht. Reduktionsbrand im Elektro-Ofen um 1.280°C.
H 15 cm, D 15,5 cm.
Werkstattzeichen wie Nr. 103, Jahreszahl 70.
Erworben durch J.W. Hinder.
Inv.-Nr. 00197-644.

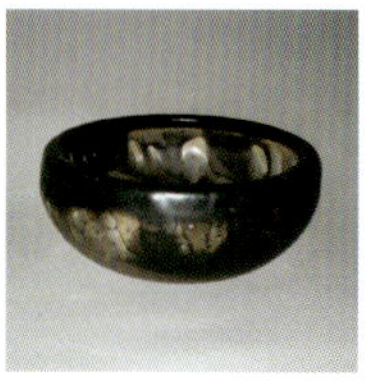

645
Schale, 1971
Steinzeug, grauer Scherben – gedreht. Reduktionsbrand im Elektro-Ofen um 1.280°C.
H 11 cm, D 22,5 cm.
Werkstattzeichen wie Nr. 103, Jahreszahl 71.
Erworben durch J.W. Hinder.
Inv.-Nr. 00197-645.

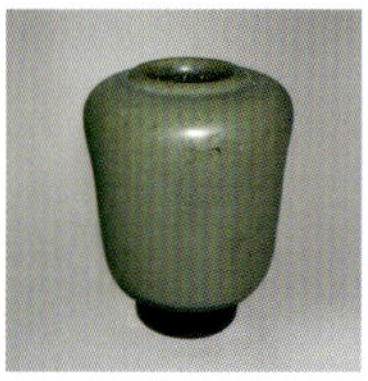

646
Vase, 1971
Steinzeug, hell-braungrauer Scherben – gedreht. Reduktionsbrand im Elektro-Ofen um 1.280 °C.
H 16,5 cm, D 13 cm.
Werkstattzeichen wie Nr. 103, Jahreszahl 71.
Erworben durch J.W. Hinder.
Inv.-Nr. 00197-646.

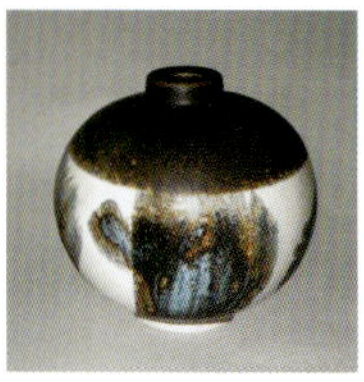

647
Vase – Kugelform, 1973
Steinzeug, mattgrauer Scherben – gedreht. Reduktionsbrand im Elektro-Ofen um 1.280°C.
H 15,5 cm, D 16,5 cm.
Werkstattzeichen Nr. 104.
Erworben durch J.W. Hinder.
Inv.-Nr. 00197-647.

Kippenberg, Heidi
00197-649 – 00197-690

1941 in Berlin geboren, lebt und arbeitet in Buch/Mittelfranken.
1962–1963 Praktikum bei Wilhelm und Elly Kuch in Burgthann. 1963–1967 Studium der Keramik bei Walter Popp an der Hochschule der Bildenden Künste, Kassel, 1964–1965 Assistentin bei Walter Popp. 1967–1969 Kunsterzieherin am Musischen Gymnasium in Erlangen. Seit 1968 eigene Werkstatt in Buch bei Weisendorf/Mittelfranken.

Lit.: Waldrich 1996, S. 334–336.

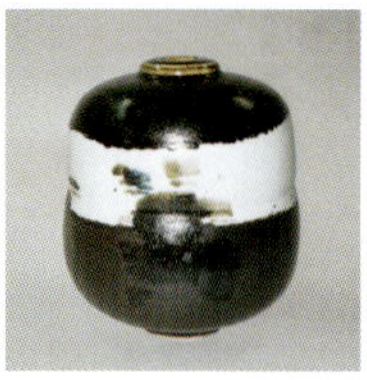

649
Vase mit ringartig aufgesetzter Öffnung, 1964
Steinzeug, mattbraungrauer Scherben – gedreht. Reduktionsbrand im Elektro-Ofen bei 1.260–1.280°C.
H 16 cm, D 14 cm.
Werkstattzeichen Nr. 106.
Erworben durch J.W. Hinder.
Inv.-Nr. 00197-649.

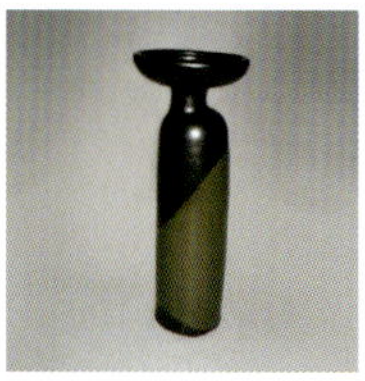

650
Vase mit schalenartig aufgesetzter Öffnung, 1965
Steinzeug, mattbraungrauer Scherben – gedreht. Reduktionsbrand im Elektro-Ofen bei 1.260–1.280 °C.
H 26 cm, D 10,5 cm.
Werkstattzeichen wie Nr. 106, Jahreszahl 65.
Erworben durch J.W. Hinder.
Lit.: Hinder & Reimers 1971, Abb. 61.
Inv.-Nr. 00197-650.

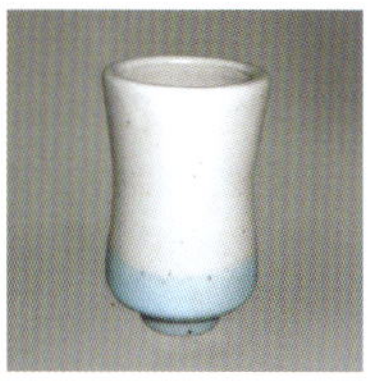

651
Bechergefäß, 1965
Steinzeug, hellbraungrauer Scherben – gedreht. Reduktionsbrand im Elektro-Ofen bei 1.260–1.280°C (vermutl.).
H 16 cm, D 10 cm.
Werkstattzeichen wie Nr. 106, Jahreszahl 65.
Erworben durch J.W. Hinder.
Lit.: Hinder & Reimers 1971, Abb. 63.
Inv.-Nr. 00197-651.

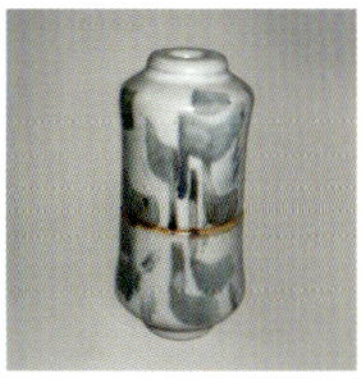

652
Vase, 1965
Steinzeug, mattbraun-grauer Scherben – gedreht, aus zwei Teilen montiert. Reduktionsbrand im Elektro-Ofen bei 1.260–1.280°C (vermutl.).
H 21,5 cm, D 10,5 cm.
Werkstattzeichen wie Nr. 106, Jahreszahl 65.
Erworben durch J.W. Hinder.
Inv.-Nr. 00197-652.

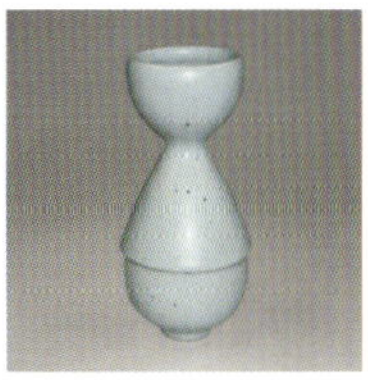

653
Vase mit schalenartig aufgesetzter Öffnung, um 1965
Reduktionsbrand im Elektro-Ofen bei 1.260–1.280°C (vermutl.).
H 20 cm, D 9,5 cm.
Werkstattzeichen Nr. 105.
Erworben durch J.W. Hinder.
Inv.-Nr. 00197-653.

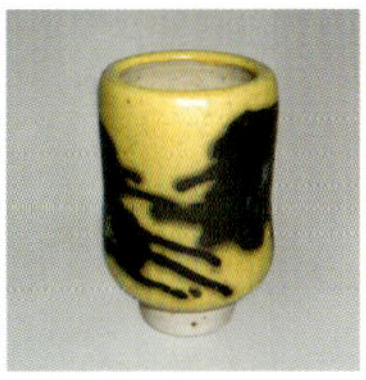

654
Becher, 1966
Steinzeug, hell-braun-grauer Scherben – gedreht. Reduktionsbrand im Elektro-Ofen bei 1.260–1.280°C (vermutl.).
H 14 cm, D 9,5 cm.
Werkstattzeichen wie Nr. 106, Jahreszahl 66.
Erworben durch J.W. Hinder.
Inv.-Nr. 00197-654.

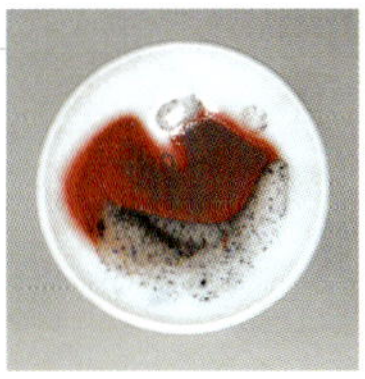

655
Kleiner Teller, 1968
Steinzeug, weiß-brauner Scherben – gedreht. Reduktionsbrand im Elektro-Ofen bei 1.280°C.
H 3 cm, D 10 cm.
Werkstattzeichen wie Nr. 107, geritzt 1 (= 1968).
Erworben durch J.W. Hinder.
Inv.-Nr. 00197-655.

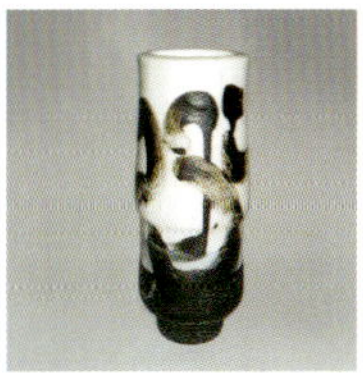

656
Zylindrische Vase mit Absatz, 1968
Steinzeug, weiß-brauner Scherben – gedreht. Reduktionsbrand im Elektro-Ofen bei 1.280°C.
H 23 cm, D 9,5 cm.
Werkstattzeichen wie Nr. 106, Jahreszahl 68.
Erworben durch J.W. Hinder.
Inv.-Nr. 00197-656.

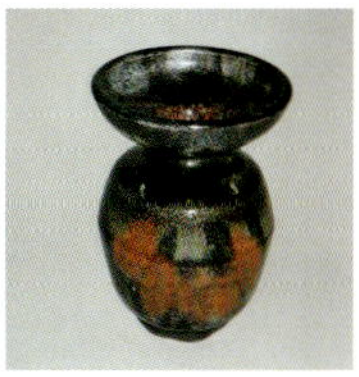

657
Vase mit schalenartig aufgesetzter Öffnung, 1968
Steinzeug, mattbraun-grauer Scherben – gedreht und montiert (drei Teile). Reduktionsbrand im Elektro-Ofen bei 1.280°C.
H 14,5 cm, D 10,5 cm.
Werkstattzeichen wie Nr. 107, geritzt 1.
Erworben durch J.W. Hinder.
Inv.-Nr. 00197-657.

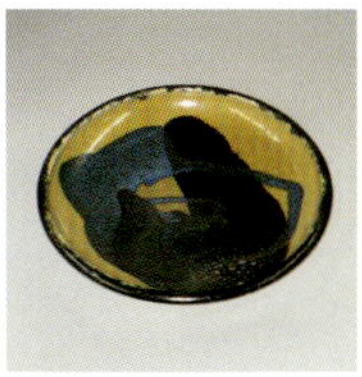

658
Teller mit nach oben gebogenem, gerundetem Rand, 1968
Steinzeug, braun-weißer Scherben – gedreht. Reduktionsbrand im Elektro-Ofen bei 1.280°C.
H 7 cm, D 27,5 cm.
Werkstattzeichen wie Nr. 107, geritzt 1.
Erworben durch J.W. Hinder.
Inv.-Nr. 00197-658.

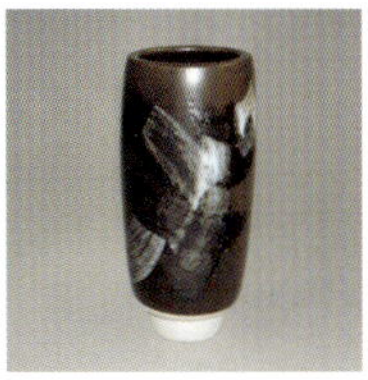

659
Becher über zylindrischem Sockel, 1968
Steinzeug, braun-weißer Scherben – gedreht. Reduktionsbrand im Elektro-Ofen bei 1.280°C.
H 20 cm, D 9,5 cm.
Werkstattzeichen wie Nr. 106, Jahreszahl 68.
Erworben durch J.W. Hinder.
Inv.-Nr. 00197-659.

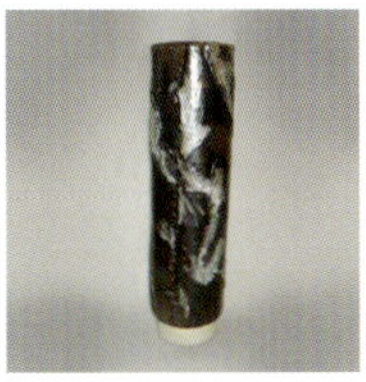

660
Große Vase mit Relief, um 1968
Steinzeug, mattgrau-brauner Schamottescherben – gebaut. Reduktionsbrand im Elektro-Ofen bei 1.280°C.
H 64 cm, D 18 cm.
Werkstattzeichen Nr. 105.
Erworben durch J.W. Hinder.
Inv.-Nr. 00197-660.

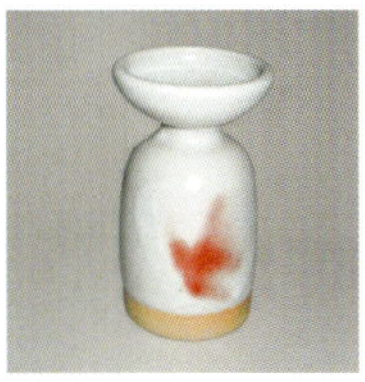

661
Vase mit schalenartiger Öffnung, 1969
Steinzeug, mattgrau-brauner Scherben – gedreht und montiert (zwei Teile). Reduktionsbrand im Elektro-Ofen bei 1.280°C.
H 13,5 cm, D 8 cm.
Werkstattzeichen wie Nr. 107, geritzt 2.
Erworben durch J.W. Hinder.
Inv.-Nr. 00197-661.

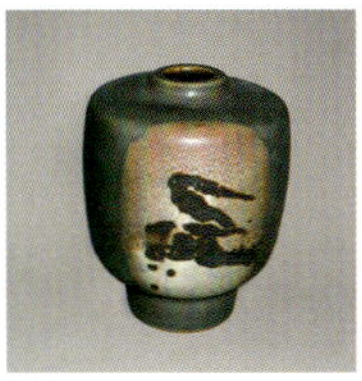

662
Vase mit ringartiger Mündung, 1970
Steinzeug, mattgrau-brauner Scherben – gedreht. Reduktionsbrand im Elektro-Ofen bei 1.280°C.
H 12 cm, D 10 cm.
Werkstattzeichen Nr. 107.
Erworben durch J.W. Hinder.
Inv.-Nr. 00197-662.

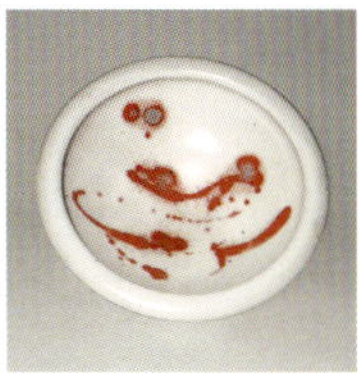

663
Schale mit abgeflachtem Rand, 1970
Steinzeug, mattbraun-grauer Scherben – gedreht. Reduktionsbrand im Elektro-Ofen bei 1.280°C.
H 5 cm, D 12,5 cm.
Werkstattzeichen Nr. 107.
Erworben durch J.W. Hinder.
Inv.-Nr. 00197-663.

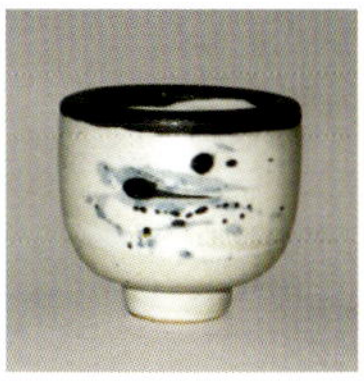

664
Kleine Kumme über zylindrischem Sockel, 1970
Steinzeug, mattgrau-brauner Scherben – gedreht. Reduktionsbrand im Elektro-Ofen bei 1.280°C.
H 7 cm, D 7,5 cm.
Werkstattzeichen Nr. 107.
Erworben durch J.W. Hinder.
Inv.-Nr. 00197-664.

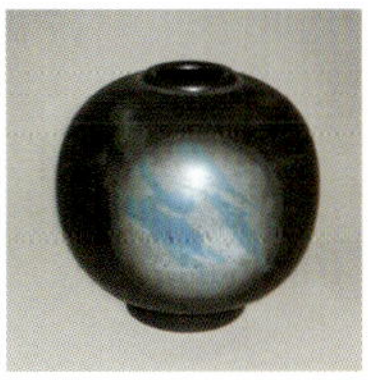

665
Vase, Kugelform mit ringartig aufgesetzter Öffnung, 1970
Steinzeug, hell-grau-brauner Scherben – gedreht. Reduktionsbrand im Elektro-Ofen bei 1.280°C.
H 11,5 cm, D 12,5 cm.
Werkstattzeichen Nr. 107.
Erworben durch J.W. Hinder.
Inv.-Nr. 00197-665.

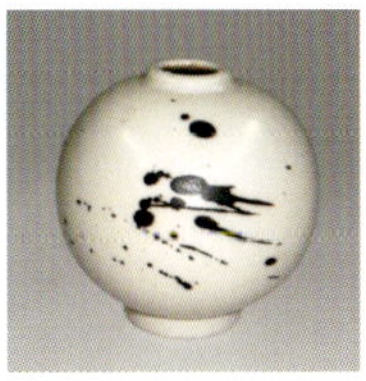

666
Vase – Kugelform mit ringartig aufgesetzter Öffnung, 1970
Steinzeug, mattbraun-grauer Scherben – gedreht. Reduktionsbrand im Elektro-Ofen bei 1.280°C.
H 11 cm, D 11,5 cm.
Werkstattzeichen Nr. 107.
Erworben durch J.W. Hinder.
Lit.: Hinder & Reimers 1971, Abb. 62.
Inv.-Nr. 00197-666.

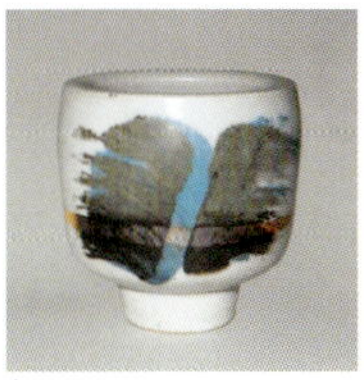

667
Kumme mit Fuß, 1970
Steinzeug, weiß-brauner Scherben – gedreht. Reduktionsbrand im Elektro-Ofen bei 1.280°C.
H 10 cm, D 10 cm.
Werkstattzeichen Nr. 107.
Erworben durch J.W. Hinder.
Inv.-Nr. 00197-667.

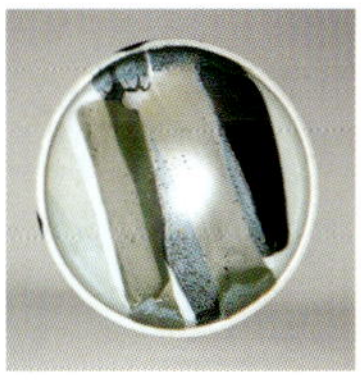

668
Schale, 1970
Steinzeug, grau-brauner Scherben – gedreht. Reduktionsbrand im Elektro-Ofen bei 1.280°C.
H 8 cm, D 27 cm.
Werkstattzeichen Nr. 107.
Erworben durch J.W. Hinder.
Inv.-Nr. 00197-668.

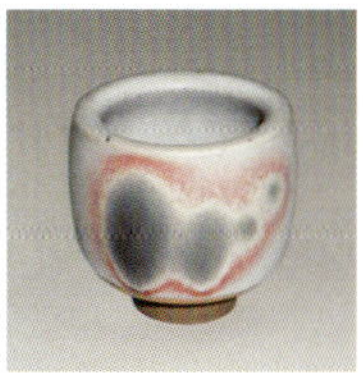

669
Kleine Kumme, 1970
Steinzeug, grau-brauner Scherben – gedreht. Reduktionsbrand im Elektro-Ofen bei 1.280°C.
H 6,5 cm, D 7 cm.
Werkstattzeichen Nr. 107.
Erworben durch J.W. Hinder.
Inv.-Nr. 00197-669.

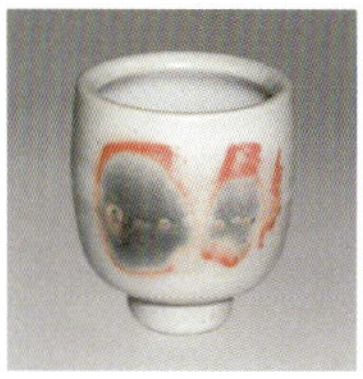

670
Kleiner Becher, 1970
Steinzeug, weiß-brauner Scherben – gedreht. Reduktionsbrand im Elektro-Ofen bei 1.280°C.
H 7,5 cm, D 6,5 cm.
Werkstattzeichen Nr. 107.
Erworben durch J.W. Hinder.
Inv.-Nr. 00197-670.

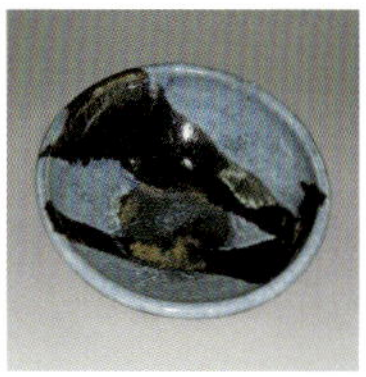

671
Schale, 1969
Steinzeug, hellgrauer Scherben – gedreht. Reduktionsbrand im Elektro-Ofen bei 1.280°C.
H 5,5 cm, D 16,5 cm.
Werkstattzeichen wie Nr. 107, geritzt 2, mit Pinsel 19.
Erworben durch J.W. Hinder.
Inv.-Nr. 00197-671.

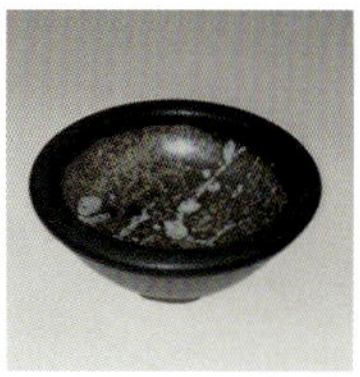

672
Schälchen, 1971
Steinzeug, grau-brauner Scherben – gedreht. Reduktionsbrand im Elektro-Ofen bei 1.280°C.
H 5 cm, D 11,5 cm.
Werkstattzeichen wie Nr. 107, geritzt 4.
Erworben durch J.W. Hinder.
Inv.-Nr. 00197-672.

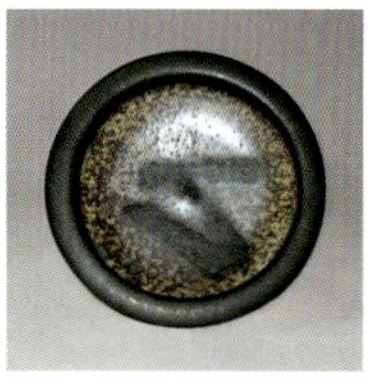

673
Kleine Schale, 1971
Steinzeug, grau-brauner Scherben – gedreht. Reduktionsbrand im Elektro-Ofen bei 1.280°C.
H 4,2 cm, D 11 cm.
Werkstattzeichen wie Nr. 107, geritzt 4, 26.
Erworben durch J.W. Hinder.
Inv.-Nr. 00197-673.

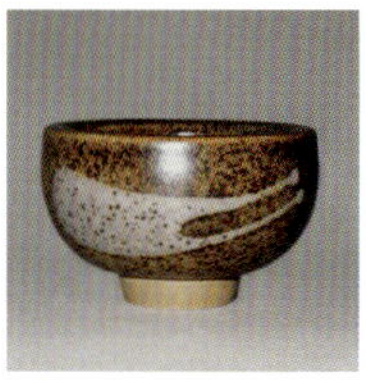

674
Schälchen, 1971
Steinzeug, matt-brauner Scherben – gedreht. Reduktionsbrand im Elektro-Ofen bei 1.280°C.
H 6 cm, D 10 cm.
Werkstattzeichen wie Nr. 107, geritzt 4, 28.
Erworben durch J.W. Hinder.
Inv.-Nr. 00197-674.

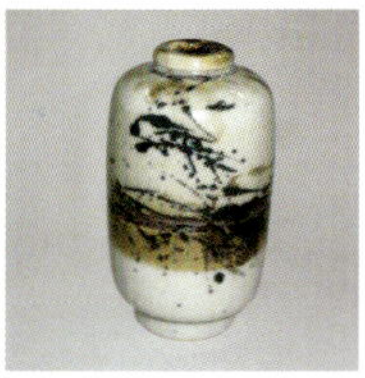

675
Zylindrische Vase auf niedrigem Sockel m. ringartig eingefasster Öffnung, 1971
Steinzeug, mattgrau-brauner Scherben – gedreht. Reduktionsbrand im Elektro-Ofen bei 1.280°C.
H 14,5 cm, D 8,5 cm.
Werkstattzeichen wie Nr. 107, geritzt 4, 267.
Erworben durch J.W. Hinder.
Inv.-Nr. 00197-675.

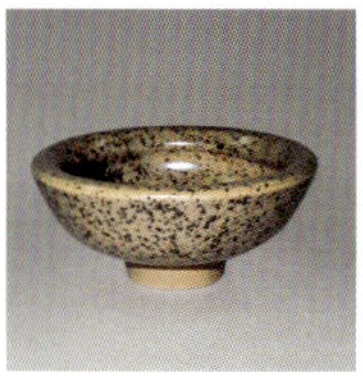

676
Schale, 1971
Steinzeug, grau-brauner Scherben – gedreht. Reduktionsbrand im Elektro-Ofen bei 1.280°C.
H 4,5 cm, D 11 cm.
Werkstattzeichen wie Nr. 107, geritzt 4, 7.
Erworben durch J.W. Hinder.
Inv.-Nr. 00197-676.

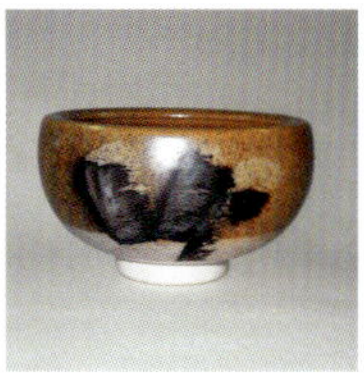

677
Schale, 1971
Steinzeug, mattbraun-grauer Scherben – gedreht. Reduktionsbrand im Elektro-Ofen bei 1.280°C.
H 10,5 cm, D 18,5 cm.
Werkstattzeichen wie Nr. 107, geritzt 4, 119.
Erworben durch J.W. Hinder.
Inv.-Nr. 00197-677.

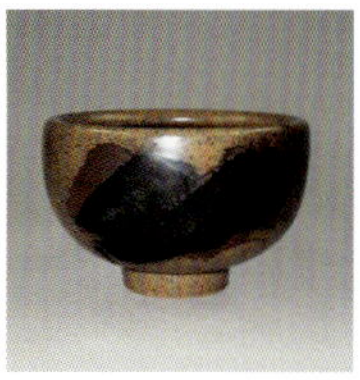

678
Schale, 1971
Steinzeug, mattgrau-brauner Scherben – gedreht. Reduktionsbrand im Elektro-Ofen bei 1.280°C.
H 10,5 cm, D 17 cm.
Werkstattzeichen wie Nr.107, geritzt 4, 117.
Erworben durch J.W. Hinder.
Inv.-Nr. 00197-678.

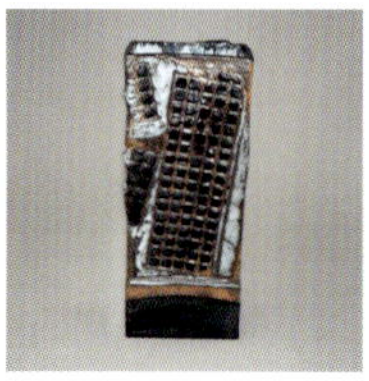

679
Eckiges Gefäß, 1969/70
Steinzeug, grau-brauner Scherben – gebaut. Reduktionsbrand im Elektro-Ofen bei 1.280°C.
Abmessungen 39 x 16 x 11,5 cm.
Werkstattzeichen Nr. 105.
Erworben durch J.W. Hinder.
Lit.: Hinder & Reimers 1971, Abb. 64.
Inv.-Nr. 00197-679.

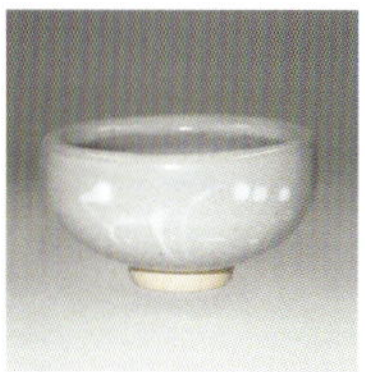

680
Schale, 1971
Steinzeug, mattgrau-brauner Scherben – gedreht. Reduktionsbrand im Elektro-Ofen bei 1.280°C.
H 7 cm, D 13 cm.
Werkstattzeichen wie Nr. 107, geritzt 4, 244.
Erworben durch J.W. Hinder.
Inv.-Nr. 00197-680.

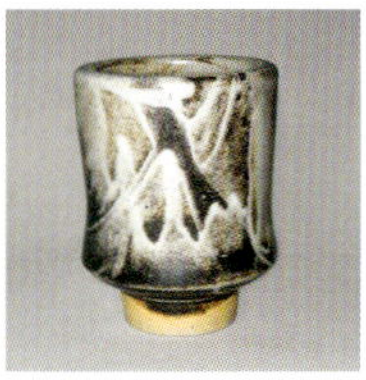

681
Becher auf zylindrischem Fuß, 1971
Steinzeug, hell-braun-grauer Scherben – gedreht. Reduktionsbrand im Elektro-Ofen bei 1.280°C.
H 11,5 cm, D 9 cm.
Werkstattzeichen wie Nr. 107, geritzt 4, 204.
Erworben durch J.W. Hinder.
Inv.-Nr. 00197-681.

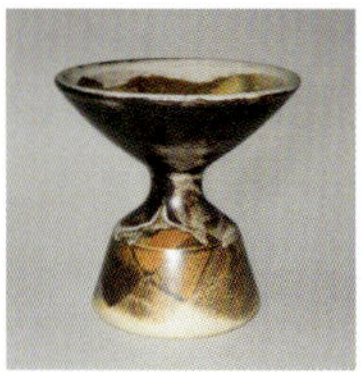

682
Vase mit kelchartiger Öffnung, 1971
Steinzeug, weiß-brauner Scherben – gedreht. Reduktionsbrand im Elektro-Ofen bei 1.280°C.
H 14 cm, D 14,5 cm.
Werkstattzeichen wie Nr. 107, geritzt 4, 554.
Erworben durch J.W. Hinder.
Inv.-Nr. 00197-682.

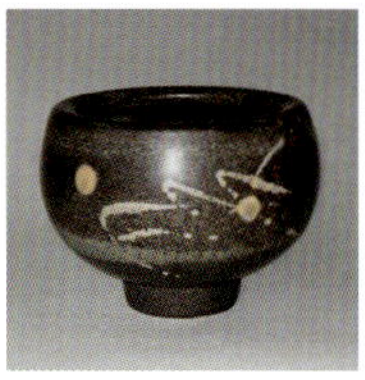

683
Kumme, 1971
Steinzeug, mattbraun-grauer Scherben – gedreht. Reduktionsbrand im Elektro-Ofen bei 1.280°C.
H 9 cm, D 12,5 cm.
Werkstattzeichen wie Nr. 107, geritzt 4, 361.
Erworben durch J.W. Hinder.
Inv.-Nr. 00197-683.

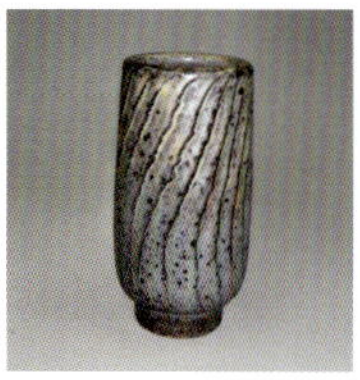

684
Bechergefäß 1979
Steinzeug, grau-brauner Scherben – gedreht, geschnitten. Reduktionsbrand im Elektro-Ofen bei 1.280°C
H 20 cm, D 10,5 cm.
Werkstattzeichen wie Nr. 106, Jahreszahl 79, 73 (am Fußrand).
Erworben durch Lotte Reimers.
Inv.-Nr. 00197-684.

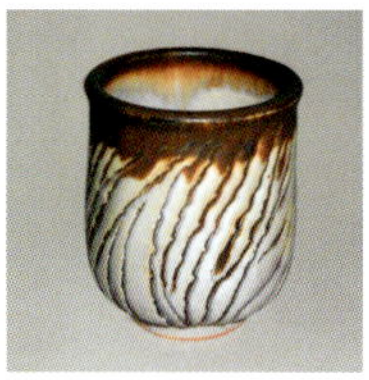

685
Bechergefäß, 1980
Porzellan, weißer Scherben – gedreht, geschnitten. Reduktionsbrand im Elektro-Ofen bei 1.280°C.
H 13 cm, D 11 cm.
Werkstattzeichen wie Nr. 106, Jahreszahl 80, 55 (am Fußrand).
Erworben durch Lotte Reimers.
Inv.-Nr. 00197-685.

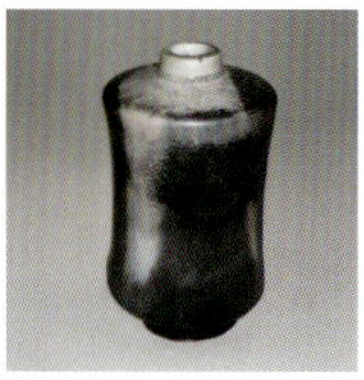

686
Vase, 1966.
Steinzeug, braun-grauer Scherben – gedreht. Reduktionsbrand im Elektro-Ofen vermutl. bei 1.260–1.280°C.
H 15,5 cm, D 9,5 cm.
Werkstattzeichen wie Nr. 106, Jahreszahl 66.
Erworben durch J.W. Hinder.
Inv.-Nr. 00197-686.

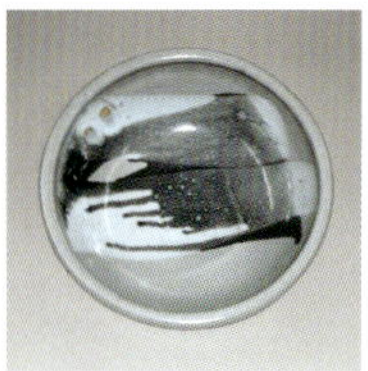

687
Schale, 1971
Steinzeug, hell-grau-brauner Scherben – gedreht. Reduktionsbrand im Elektro-Ofen bei 1.280°C.
H 10 cm, D 27 cm.
Werkstattzeichen wie Nr. 107, geritzt 4, 261 (auf Rand).
Erworben durch J.W. Hinder.
Inv.-Nr. 00197-687.

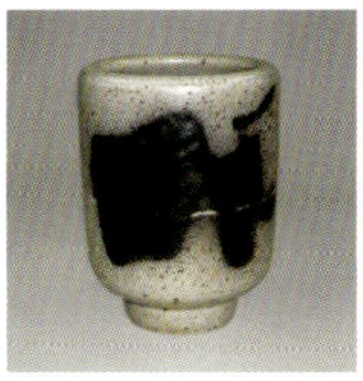

688
Bechergefäß, 1973
Steinzeug, hellgrauer Scherben – gedreht. Reduktionsbrand im Elektro-Ofen bei 1.280°C.
H 15,5 cm, D 12 cm.
Werkstattzeichen wie Nr. 107, geritzt 6, 93 (am Fußrand).
Erworben durch J.W. Hinder.
Inv.-Nr. 00197-688.

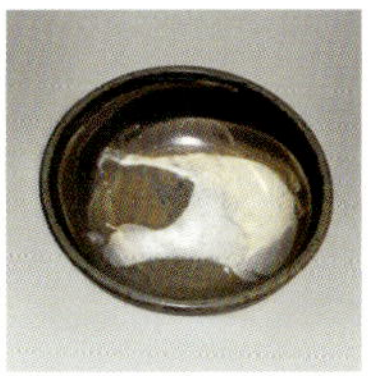

689
Schale, 1973
Steinzeug, braunweißer Scherben – gedreht. Reduktionsbrand im Elektro-Ofen bei 1.280°C.
H 11,5 cm, D 30 cm.
Werkstattzeichen wie Nr. 107, geritzt 6, 5 (am Fußrand).
Erworben durch J.W. Hinder.
Inv.-Nr. 00197-689.

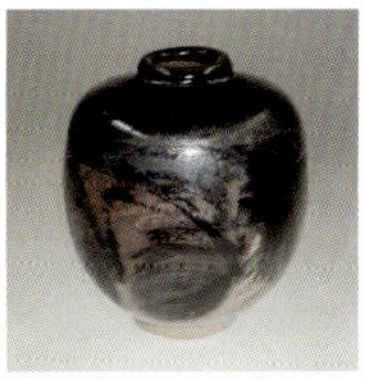

690
Vase, 1966
Steinzeug, mattgraubrauner Scherben – gedreht. Reduktionsbrand im Elektro-Ofen vermutl. bei 1.260–1.280°C.
H 16,5 cm, D 15 cm.
Werkstattzeichen wie Nr. 106, Jahreszahl 66.
Erworben durch J.W. Hinder.
Inv.-Nr. 00197-690.

Knäpper, Gerd
00197-691 – 00197-692

1943 in Wuppertal geboren, lebt und arbeitet in Daigo/Japan.
Nach Malerlehre, Töpfer- und Zeichenkursen an der Volkshochschule und Werkkunstschule Wuppertal, ab 1961 bis 1963 Studienreisen und -aufenthalte in Künstler- und Handwerkszentren in Europa, Klein-Asien und Indien. 1965–1966 Studienaufenthalt mit Schwerpunkt Keramik und Bildhauerei in den USA; 1967 Mitarbeiter bei Seisei Suzuki in Seto; 1968 Mitarbeiter bei Horst Kerstan in Kandern; 1969 auf Empfehlung von Bernard Leach Praktikum bei Tatsuzo Shimaoka in Mashiko/Japan, Gründung einer eigenen Werkstatt in Mashiko/Japan. 1969–1970 „Visiting Artist" an der Universität von Hawaii, Honolulu, daneben zahlreiche Vorträge und Workshops. 1970–1971 Einrichtung einer Töpfer-Werkstatt-Klasse im Kunstzentrum Kona auf Hawaii. 1971 neue Werkstatt in Mashiko. Seit 1975 eigene Werkstatt in Daigo. Zahlreiche Studienreisen, Vorträge, Workshops.

Lit.: Waldrich 1996, S. 347–349; Kaiserslautern 2004.

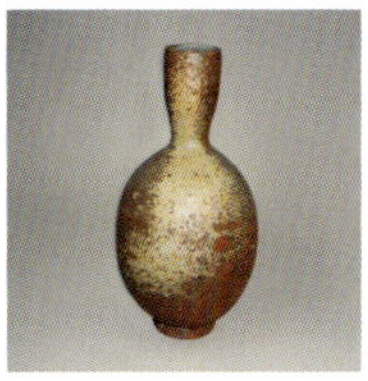

691
Vase, um 1980
Steinzeug, mattbrauner Scherben – gedreht. Reduktionsbrand im Hangofen aus fünf Kammern = „Noborigama" bei 1.280–1.300°C.
H 36,5 cm, D 18,5 cm.
Werkstattzeichen Nr. 108.
Erworben durch Lotte Reimers.
Inv.-Nr. 00197-691.

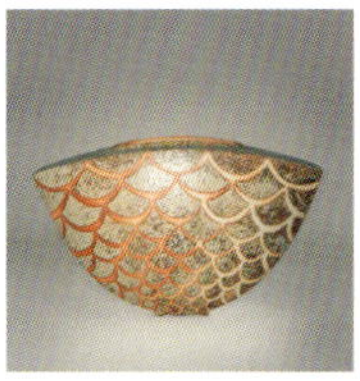

692
Gefäß, 1980er Jahre
Steinzeug, weißbrauner Scherben – gebaut. Reduktionsbrand im Hangofen aus fünf Kammern = „Noborigama" bei 1.280–1.300°C.
Abmessungen 23,5 x 38 x 15,5 cm.
Werkstattzeichen Nr. 108.
Erworben durch Lotte Reimers.
Inv.-Nr. 00197-692.

Köhncke-Nebe, Elisabeth
00197-693 – 00197-698

1938 in Plauen geboren.
1958 Mitarbeit in der Gutenhalde-Keramik-Werkstatt in Bonlanden bei Stuttgart und bei Elfriede Reimold in Stuttgart-Hohenheim. 1959–1960 Töpferlehre an der Berufsoberschule Nürnberg. 1961–1965 Studium der Keramik bei Walter Popp an der Hochschule für Bildende Künste, Kassel. 1963 vorübergehend Mitarbeit bei Volker Ellwanger, Lenzkirch, seit 1966 Keramikkurse. 1973 Beginn eines Lehramtsstudiums. 1978 eigene Werkstatt in Gießen.

Lit.: Spielmann 1979, S. 182.

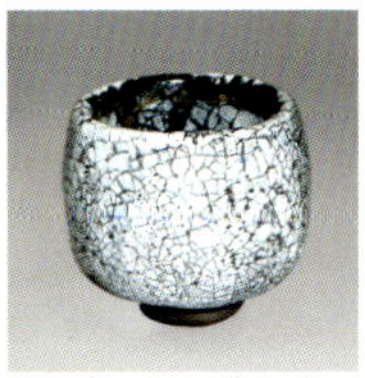

693
Kumme, 1960er Jahre
Steinzeug, braunschwarzer Scherben – gebaut. Reduktionsbrand im Elektro-Ofen bei ca. 1.280 °C.
H 8,5 cm, D 9 cm.
Unbezeichnet.
Erworben durch J.W. Hinder.
Lit.: Hinder & Reimers 1971, Abb. 68.
Inv.-Nr. 00197-693.

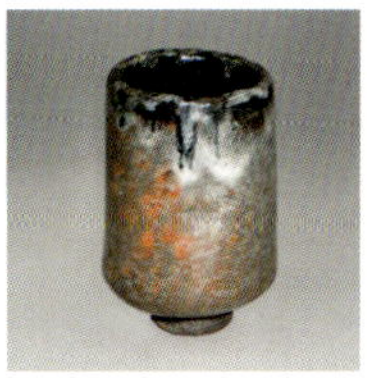

694
Bechergefäß, 1960er Jahre
Steinzeug, orangebrauner Schamottescherben – gebaut, gedrückt. Reduktionsbrand im Elektro-Ofen bei 1.260–1.280 °C.
H 12 cm, D 8 cm.
Unbezeichnet.
Erworben durch J.W. Hinder.
Inv.-Nr. 00197-694.

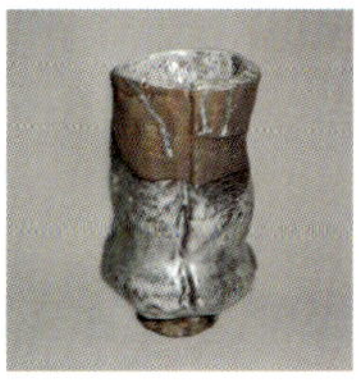

695
Bechergefäß, 1963
Steinzeug, schwarzbrauner Schamottescherben – gebaut. Reduktionsbrand im Elektro-Ofen bei 1.260–1.280 °C.
H 14 cm, D 8 cm.
Unbezeichnet.
Erworben durch J.W. Hinder.
Lit.: Hinder & Reimers 1971, Abb. 67.
Inv.-Nr. 00197-695.

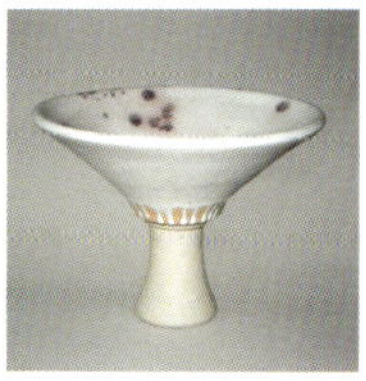

696
Schale auf Fuß, 1973
Steinzeug, weißbrauner Schamottescherben – gedreht. Reduktionsbrand im Elektro-Ofen bei 1.260–1.280 °C.
H 15 cm, D 20,5 cm.
Werkstattzeichen Nr. 110.
Erworben durch J.W. Hinder.
Inv.-Nr. 00197-696.

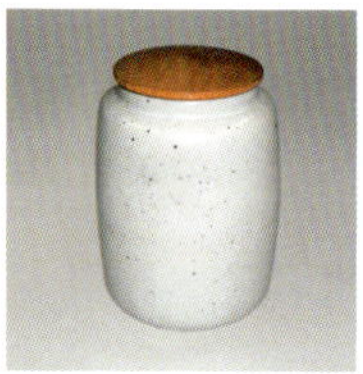

697
Zylindrische Dose mit Holzdeckel, 1960/1970er Jahre
Steinzeug, mattgraubrauner Scherben – gedreht. Reduktionsbrand im Elektro-Ofen bei 1.260–1.280 °C.
H 12,5 cm, D 8,5 cm.
Werkstattzeichen durch Glasur verdeckt.
Erworben durch J.W. Hinder.
Inv.-Nr. 00197-697.

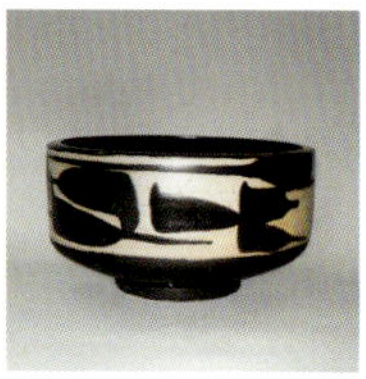

698
Schale, 1970er Jahre
Steinzeug, hell-graubrauner Scherben – gedreht. Reduktionsbrand im Elektro-Ofen bei 1.260–1.280 °C.
H 13 cm, D 23,5 cm.
Werkstattzeichen Nr. 109.
Erworben durch J.W. Hinder.
Inv.-Nr. 00197-698.

Koppenhöfer, Ruth
00197-699 – 00197-716

1922 in Heilbronn geboren, 1994 in Neustadt/Weinstr. gestorben
1942–1949 Studium der Architektur an der Technischen Hochschule, Stuttgart, Diplom-Abschluss. 1949–1950 Mitarbeit im Architekturbüro Joseph Müller, Neustadt. 1951–1956 Architektin im väterlichen Bauunternehmen; erste autodidaktische keramische Versuche, 1954 eigener Brennofen. 1956–1957 Gastschülerin für Keramik bei Hildegard Storr-Britz, Gisela Schmidt-Reuther und Werner Lehnhäuser an der Staatlichen Werkschule für Keramik in Höhr-Grenzhausen, 1957–1959 Schülerin bei Richard Bampi in Kandern. 1959 eigenes Atelier in Neustadt/Weinstraße.

Lit.: Klinge 1996, S. 298; Waldrich 1996, S. 359–362.

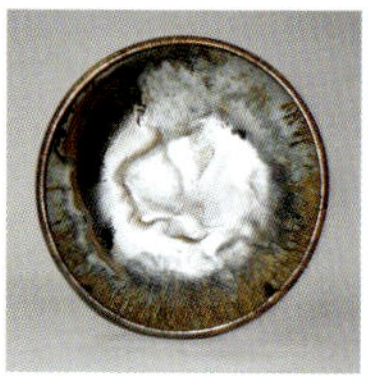

699
Schale, um 1965
Steinzeug, rotbrauner Scherben – gedreht. Reduktionsbrand (Naphtalin) im Elektro-Ofen bei 1.140–1.160°C.
H 6 cm, D 22 cm.
Werkstattzeichen Nr. 111.
Erworben durch J.W. Hinder.
Inv.-Nr. 00197-699.

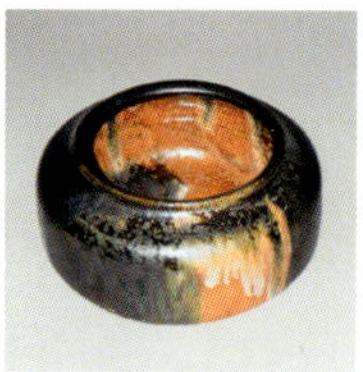

700
Kumme, 1960er Jahre
Steinzeug, hellgelbbrauner Scherben – gedreht. Reduktionsbrand im Elektro-Ofen (Naphtalin) bei 1.140–1.160°C.
H 10 cm, D 21,5 cm.
Werkstattzeichen Nr. 111.
Erworben durch J.W. Hinder.
Inv.-Nr. 00197-700.

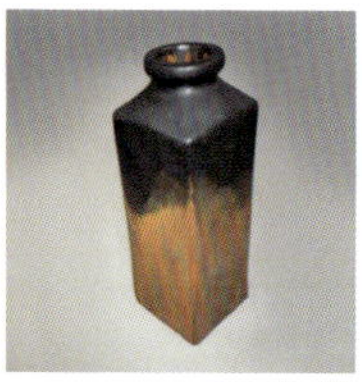

701
Eckige Vase, 1960er Jahre
Steinzeug, weißbrauner Schamottescherben – gebaut, gedreht, montiert. Reduktionsbrand im Elektro-Ofen (Naphtalin) bei 1.140–1.160°C.
Abmessungen 38,5 x 14 x 13,5 cm.
Werkstattzeichen Nr. 111.
Erworben durch J.W. Hinder.
Inv.-Nr. 00197-701.

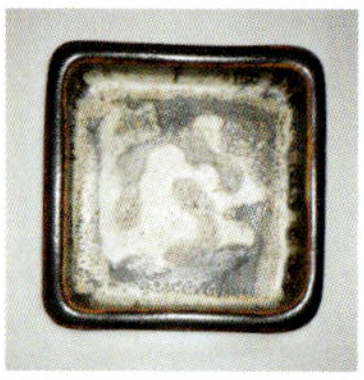

702
Eckige Schale, 1960er Jahre
Steinzeug, weißbrauner Schamottescherben – gebaut. Reduktionsbrand im Elektro-Ofen (Naphtalin) bei 1.140–1.160°C.
Abmessungen 6,5 x 18 x 18 cm.
Werkstattzeichen Nr. 111.
Erworben durch J.W. Hinder.
Lit.: Hinder & Reimers 1971, Abb. 65.
Inv.-Nr. 00197-702.

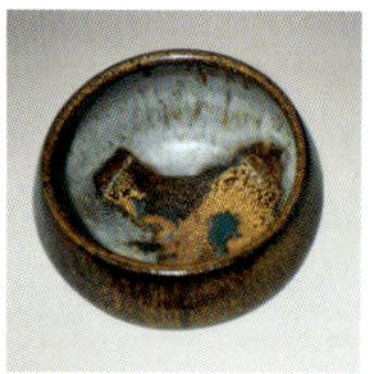

703
Kumme, 1969
Steinzeug, orangebrauner Scherben – gedreht. Reduktionsbrand im Elektro-Ofen (Naphtalin) bei 1.140–1.160°C.
H 8,5 cm, D 14 cm.
Werkstattzeichen Nr. 111.
Erworben durch J.W. Hinder.
Inv.-Nr. 00197-703.

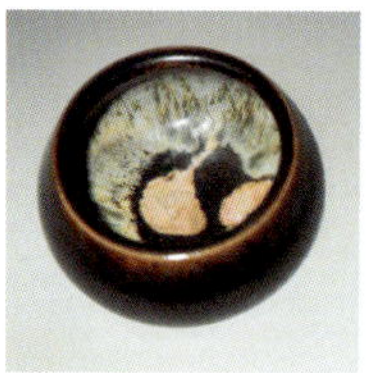

704
Kumme, 1960er Jahre
Steinzeug, orangebrauner Scherben – gedreht. Reduktionsbrand im Elektro-Ofen (Naphtalin) bei 1.140–1.160°C.
H 7 cm, D 11,5 cm.
Werkstattzeichen Nr. 111.
Erworben durch J.W. Hinder.
Inv.-Nr. 00197-704.

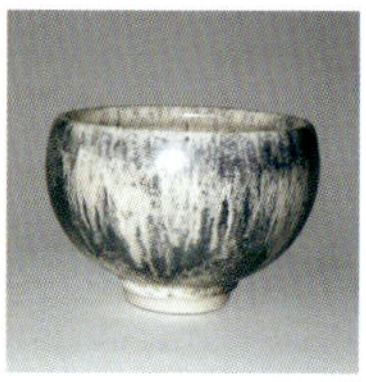

705
Schale, 1960er Jahre
Steinzeug, mattgrauer Scherben – gedreht. Reduktionsbrand im Elektro-Ofen (Naphtalin) bei 1.140–1.160°C.
H 7,5 cm, D 11,5 cm.
Werkstattzeichen Nr. 111.
Erworben durch J.W. Hinder.
Inv.-Nr. 00197-705.

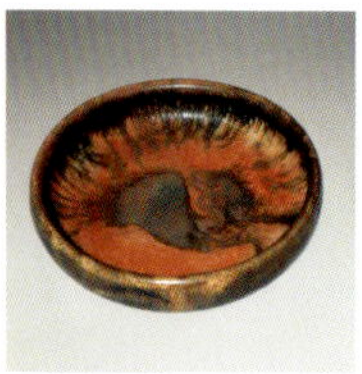

706
Schale, 1967
Steinzeug, braunweißer Scherben – gedreht. Reduktionsbrand im Elektro-Ofen (Naphtalin) bei 1.140–1.160°C.
H 4,5 cm, D 15 cm.
Werkstattzeichen Nr. 111.
Erworben durch J.W. Hinder.
Inv.-Nr. 00197-706.

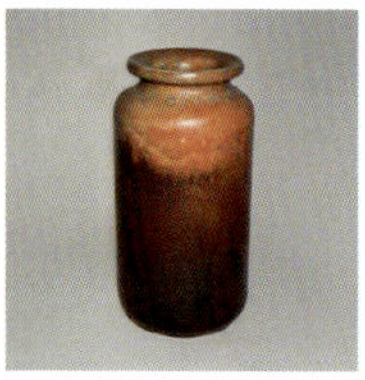

707
Vase mit aufgebogenem Öffnungsrand, 1960/1970er Jahre
Steinzeug, weißbrauner Scherben – gedreht. Reduktionsbrand im Elektro-Ofen (Naphtalin) bei 1.140–1.160°C.
H 15 cm, D 8 cm.
Werkstattzeichen Nr. 111.
Erworben durch J.W. Hinder.
Inv.-Nr. 00197-707.

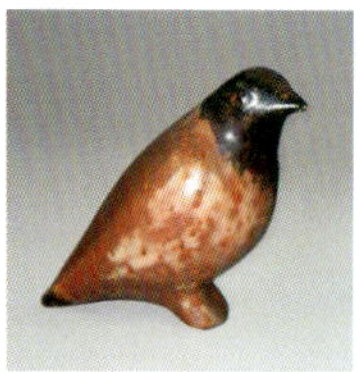

708
Plastik „Vogel", 1960er Jahre
Steinzeug, hell-braungrauer Scherben – ausgeformt. Reduktionsbrand im Elektro-Ofen (Naphtalin) bei 1.140–1.160°C.
Abmessungen 11,5 x 12,5 x 7 cm.
Unbezeichnet.
Erworben durch J.W. Hinder.
Inv.-Nr. 00197-708.

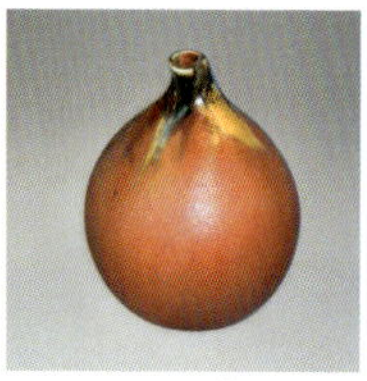

709
Vase – Fruchtform „Apfel", 1970
Steinzeug, weißbrauner Scherben – gedreht, gedrückt. Reduktionsbrand im Elektro-Ofen (Naphtalin) bei 1.140–1.160°C.
H 15,5 cm, D 12 cm.
Werkstattzeichen Nr. 111.
Erworben durch J.W. Hinder.
Inv.-Nr. 00197-709.

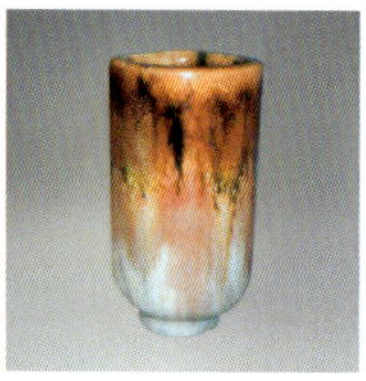

710
Bechervase, um 1970
Steinzeug, braunweißer Scherben – gedreht, gedrückt. Reduktionsbrand im Elektro-Ofen (Naphtalin) bei 1.140–1.160°C.
Abmessungen 18 x 9 x 9 cm.
Werkstattzeichen Nr. 111.
Erworben durch J.W. Hinder.
Inv.-Nr. 00197-710.

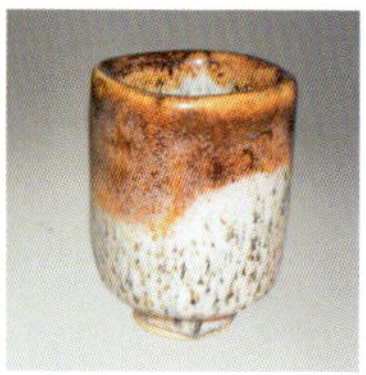

711
Bechervase, 1970
Steinzeug, braunweißer Scherben – gedreht, gedrückt. Reduktionsbrand im Elektro-Ofen (Naphtalin) bei 1.140–1.160°C.
Abmessungen 14,5 x 10,5 x 10,5 cm.
Unbezeichnet.
Erworben durch J.W. Hinder.
Inv.-Nr. 00197-711.

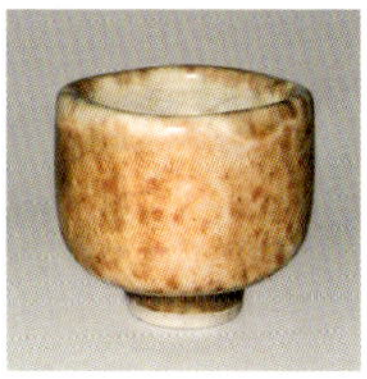

712
Kumme, um 1970
Steinzeug, braun-weißer Scherben – gedreht, gedrückt. Reduktionsbrand im Elektro-Ofen (Naphtalin) bei 1.140–1.160°C. Abmessungen 7,5 x 8 x 8 cm. Werkstattzeichen Nr. 111. Erworben durch J.W. Hinder. Inv.-Nr. 00197-712.

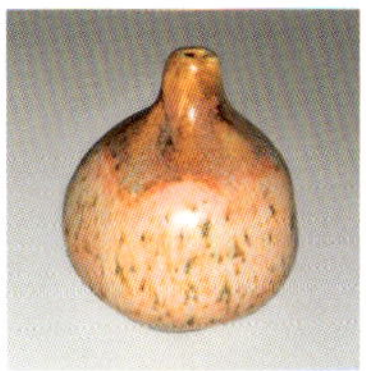

713
Vase, 1970
Steinzeug, weiß-brauner Scherben – gedreht, geschnitten. Reduktionsbrand im Elektro-Ofen (Naphtalin) bei 1.140–1.160°C. H 10 cm, D 9 cm. Werkstattzeichen Nr. 111. Erworben durch J.W. Hinder. Inv.-Nr. 00197-713.

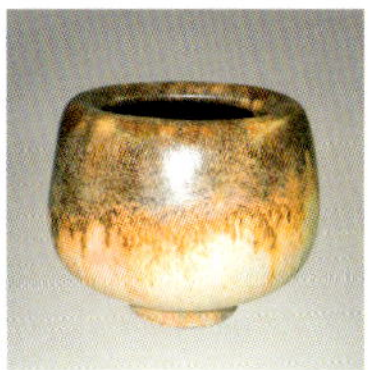

714
Große ovale Kumme, 1970
Steinzeug, weiß-brauner Scherben – gedreht, gedrückt. Reduktionsbrand im Elektro-Ofen (Naphtalin) bei 1.140–1.160°C. Abmessungen 22,5 x 27,5 x 25 cm. Werkstattzeichen Stempelzeichen RK 111. Erworben durch J.W. Hinder. Inv.-Nr. 00197-714.

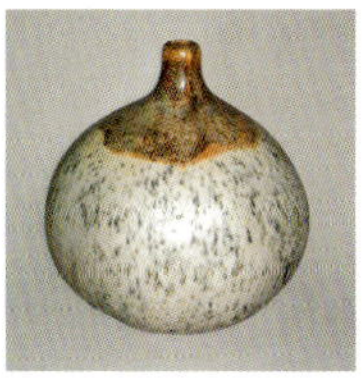

715
Vase – Fruchtform, 1970
Steinzeug, weiß-brauner Scherben – gedreht, geschnitten. Reduktionsbrand im Elektro-Ofen (Naphtalin) bei 1.140–1.160°C. H 18,5 cm, D 18 cm. Werkstattzeichen Nr. 111. Erworben durch J.W. Hinder. Inv.-Nr. 00197-715.

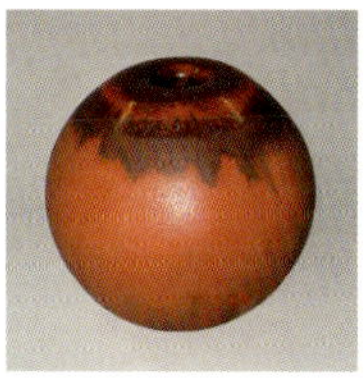

716
Vase, 1971
Steinzeug, weiß-brauner Scherben – gedreht, geschnitten. Reduktionsbrand im Elektro-Ofen (Naphtalin) bei 1.140–1.160°C. H 11 cm, D 13 cm. Werkstattzeichen Pinselzeichen bzw. Filzstift Ruth Koppenhöfer 1971. Erworben durch J.W. Hinder. Inv.-Nr. 00197-716.

Krumbacher, Beate
00197-717 – 00197-720

1930 in München geboren, 2005 gestorben. Keramiklehre in der Werkstatt Popp in Diessen/Ammersee. Ab 1954/55 Studium der Keramik bei Walter Popp an der Hochschule für Bildende Künste, Kassel, zeitweise Assistentin von Walter Popp.

Lit.: Hinder 1972a; Schmalstieg 2001, S. 345.

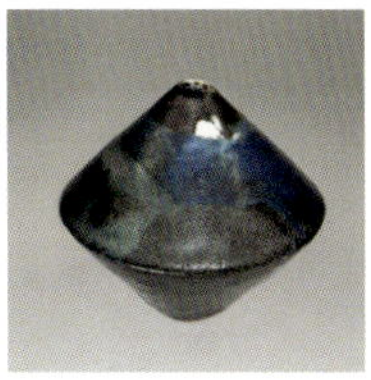

717
Vase – Doppelkegel, um 1970
Steinzeug, weiß-brauner Scherben – gedreht. Reduktionsbrand im Elektro-Ofen bei 1.260–1.280°C. H 12 cm, D 13 cm. Unbezeichnet. Erworben durch J.W. Hinder. Lit.: Hinder & Reimers 1971, Abb. 70. Inv.-Nr. 00197-717.

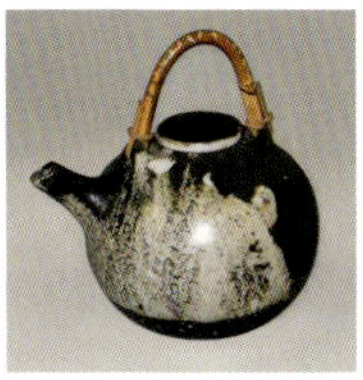

718
Teekanne mit Rohrbügel, um 1970
Steinzeug, hellbraun-grauer Scherben – gedreht. Reduktionsbrand im Elektro-Ofen bei 1260–1280°C. H 12/17 cm (ohne und mit Bügel), D 14 cm. Werkstattzeichen Nr. 112. Erworben durch J.W. Hinder. Lit.: Hinder & Reimers 1971, Abb. 69. Inv.-Nr. 00197-718.

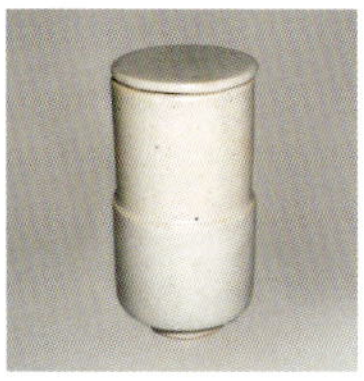

719
Dose mit Deckel, um 1970
Steinzeug, weiß-brauner Scherben – gedreht. Reduktionsbrand im Elektro-Ofen bei 1.260–1.280°C. H 12,5 cm, D 6,5 cm. Werkstattzeichen wie Nr. 112, K verdeckt, Pinselzeichen 32. Erworben durch J.W. Hinder. Inv.-Nr. 00197-719.

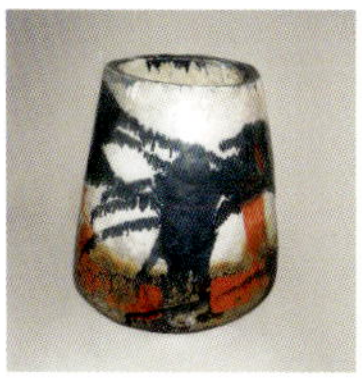

720
Große Bechervase, 1960/70er Jahre
Steinzeug, grau-brauner Schamottescherben – gebaut. Reduktionsbrand im Elektro-Ofen bei 1.260–1.280°C. H 40 cm, D 33,5 cm. Unbezeichnet. Erworben durch J.W. Hinder. Inv.-Nr. 00197-720.

Kuch, Elly und Wilhelm
00197-721 – 00197-723

Elly Kuch: 1929 in Nürnberg geboren, lebt und arbeitet in Burgthann.
1946–1949 Töpferlehre in verschiedenen Werkstätten, Gesellenprüfung; 1949–1951 Goldschmiedelehre bei Hans Bub in Nürnberg, 1953 Meisterprüfung. Seit 1953 gemeinsame Werkstatt mit Wilhelm Kuch.

Wilhelm Kuch: 1925 in Fürth geboren, lebt und arbeitet in Burgthann.
1947 Erlernen der Drehtechnik bei Gusso Reuss, 1953 Meisterprüfung. Seit 1953 gemeinsame Werkstatt mit Elly Kuch.

Lit.: Waldrich 1996, S. 380–387.

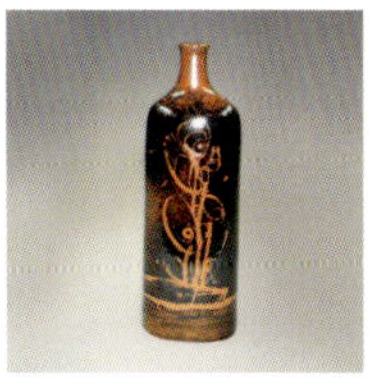

721
Vase – Flaschenform, 1970er Jahre
Steinzeug, weiß-brauner Scherben – gedreht, gedrückt. Reduktionsbrand im Gasofen bei 1.320°C. Abmessungen 26 x 9 x 6 cm. Werkstattzeichen Nr. 113. Erworben durch J.W. Hinder. Inv.-Nr. 00197-721.

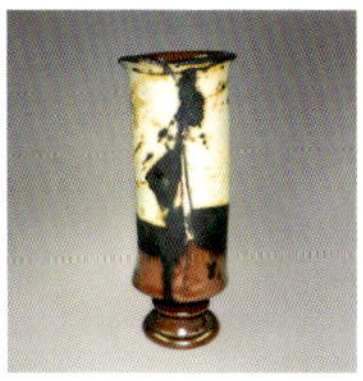

722
Bechervase – 1970er Jahre
Steinzeug, mattbraun-grauer Scherben – gebaut, gedreht und gewickelt. Reduktionsbrand im Gasofen bei 1.320°C. H 22,5 cm, D 9 cm. Werkstattzeichen Nr. 113. Erworben durch J.W. Hinder. Lit.: Hinder & Reimers 1971, Abb. 71. Inv.-Nr. 00197-722.

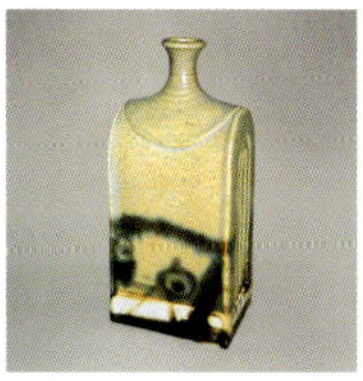

723
Vase, 1970er Jahre
Steinzeug, mattbraun-grauer Scherben – gebaut, gedreht. Reduktionsbrand im Gasofen bei 1.320°C. Abmessungen 23 x 10,5 x 7,5 cm. Werkstattzeichen Nr. 113, geritzt 2/3 KA + 0,5. Erworben durch J.W. Hinder. Inv.-Nr. 00197-723.

Külz, Walburga
00197-724

1921 in Mittelberg/Allgäu geboren, 2002 in Erbach/Rheingau gestorben.
1940–1942 Töpferlehre bei Otto Lindig in Dornburg/Saale, 1942 Gesellenprüfung; 1942–1945 Mitarbeit in der Werkstatt von Otto Lindig, 1944–1945 Praktikum in der Fürstenberger Porzellanfabrik, Fürstenberg/Weser, 1945 Meisterprüfung. 1948–1953 Leiterin der Keramischen Werkstatt Margarethenhöhe in Essen. 1953–1988 eigene Werkstatt in Erbach/Rheingau.

Lit.: Waldrich 1996, S. 394–396; Jakobson 2001.

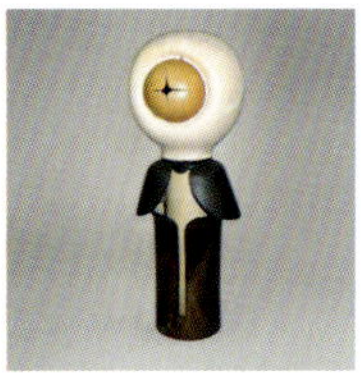

724
Plastik, vermutl. Anfang 1970er Jahre
Steinzeug, weißbrauner Scherben – gedreht und montiert. Oxidationsbrand im Elektro-Ofen bei 1.200°C.
Abmessungen 43 x 15 x 16 cm
Werkstattzeichen Nr. 114.
Erworben durch J.W. Hinder.
Inv.-Nr. 00197-724.

Kuhn, Beate
00197-725 – 00197-776

1927 in Düsseldorf geboren, lebt und arbeitet in Büdingen-Düdelsheim.
1947–1949 Studium der Kunstgeschichte bei Kurt Bauch und Lisa Schürenberg an der Albert-Ludwig-Universität in Freiburg/Brsg. 1949–1951 Studium der Keramik bei Erika Opitz und Hans Karl Starke an der Werkkunstschule Wiesbaden, 1951 Gesellenprüfung; 1951–1953 Studium der Keramik bei Friedrich Theodor Schroeder und Margarete Schott an der Werkkunstschule Darmstadt. 1953–1956 gemeinsame Werkstatt mit Karl Scheid in Lottstetten/Südbaden. 1953–1957 freie Mitarbeit bei Rosenthal. 1957 Errichtung des eigenen Ateliers in der Nachbarschaft von Karl und Ursula Scheid.

Lit.: Vetter 1997b, S. 69–77, 182–187, 237–241.

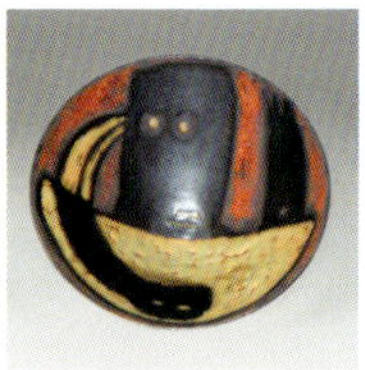

725
Schale, um 1955
Inv.-Nr. 00197-725,
s. Vetter 1997b,
Nr. 209.

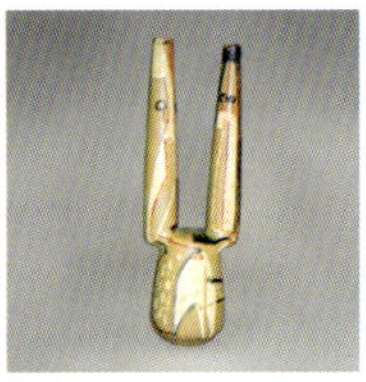

726
Gefäßplastik „Stimmgabel", 1955
Inv.-Nr. 00197-726,
s. Vetter 1997b,
Nr. 210.

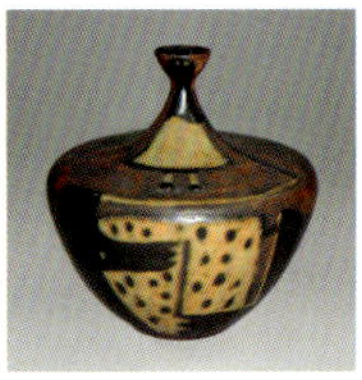

727
Vase, um 1956/57
Inv.-Nr. 00197-727,
s. Vetter 1997b,
Nr. 211.

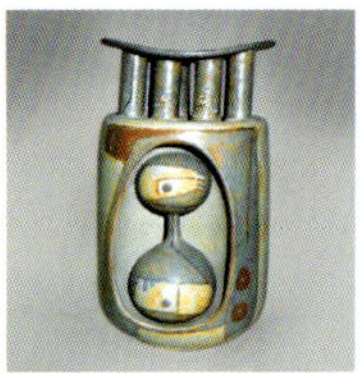

728
Drehscheibenplastik, um 1957
Inv.-Nr. 00197-728,
s. Vetter 1997b,
Nr. 212.

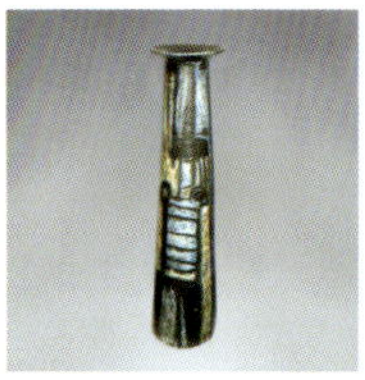

729
Vase, 1959
Inv.-Nr. 00197-729,
s. Vetter 1997b,
Nr. 213.

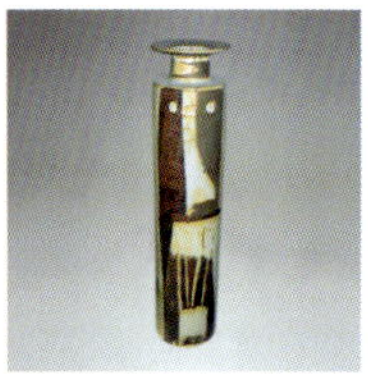

730
Vase, um 1960
Inv.-Nr. 00197-730,
s. Vetter 1997b,
Nr. 214.

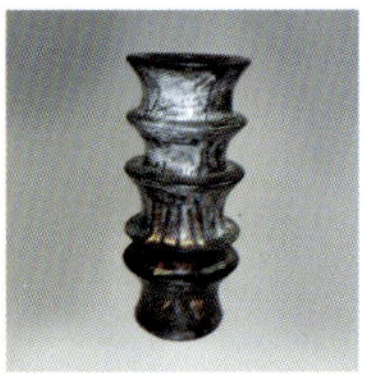

731
Gefäß „Kleines Rückgrat", Anfang 1960er Jahre
Inv.-Nr. 00197-731,
s. Vetter 1997b,
Nr. 215.

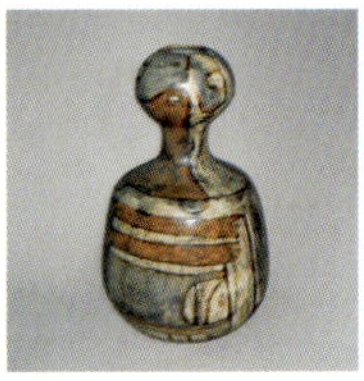

732
Vase, 1960/61
Inv.-Nr. 00197-732,
s. Vetter 1997b,
Nr. 216.

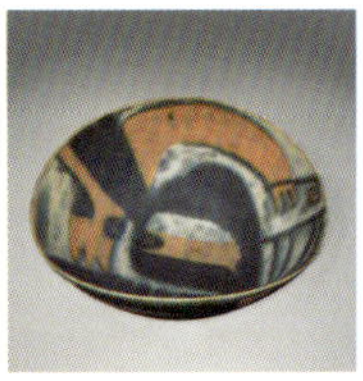

733
Schale, 1961
Inv.-Nr. 00197-733,
s. Vetter 1997b,
Nr. 217.

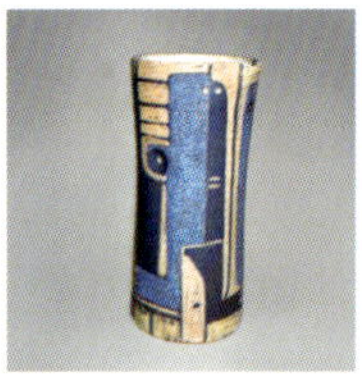

734
Krug (ohne Henkel), 1962
Inv.-Nr. 00197-734,
s. Vetter 1997b,
Nr. 218.

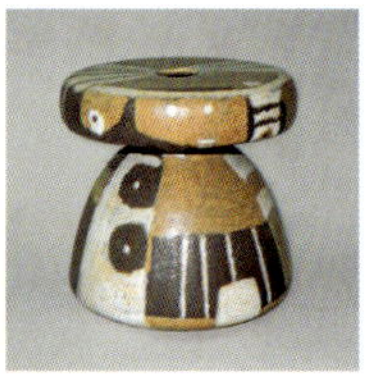

735
Vase „Madam", 1962
Inv.-Nr. 00197-735,
s. Vetter 1997b,
Nr. 219.

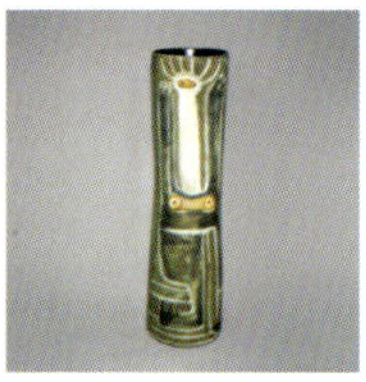

736
Vase, um 1963
Inv.-Nr. 00197-736,
s. Vetter 1997b,
Nr. 220.

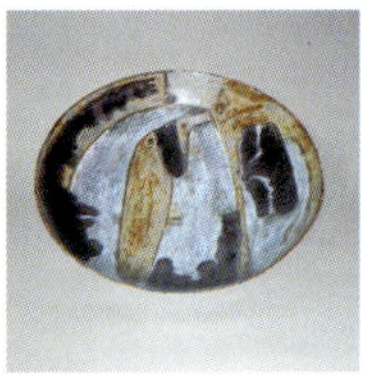

737
Schale, 1963
Inv.-Nr. 00197-737,
s. Vetter 1997b,
Nr. 221.

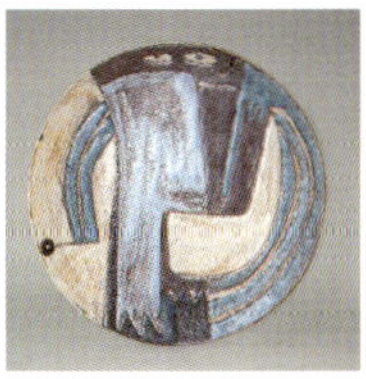

738
Teller, 1963
Inv.-Nr. 00197-738,
s. Vetter 1997b,
Nr. 222.

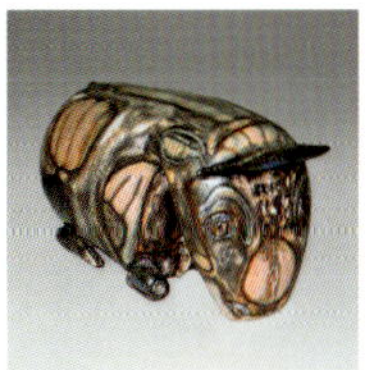

739
Drehscheibenplastik „Öchslein", 1963
Inv.-Nr. 00197-739,
s. Vetter 1997b,
Nr. 223.

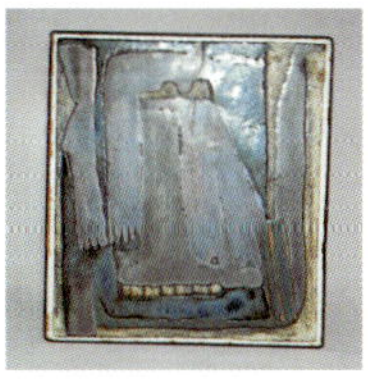

740
Wandplatte mit Eisenrahmen, 1963
Inv.-Nr. 00197-740,
s. Vetter 1997b,
Nr. 224.

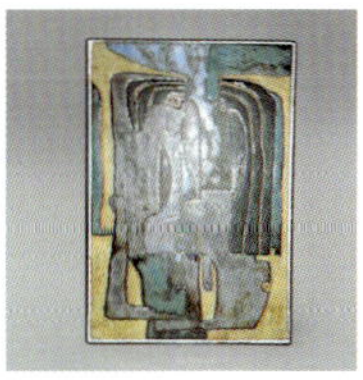

741
Wandplatte mit Eisenrahmen, 1964
Inv.-Nr. 00197-741,
s. Vetter 1997b,
Nr. 225.

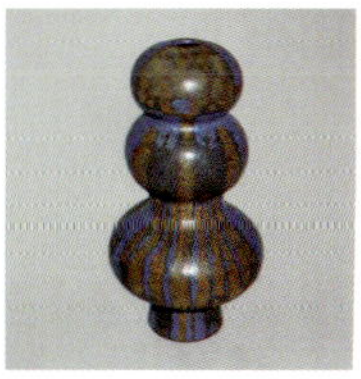

742
Vase, 1964
Inv.-Nr. 00197-742,
s. Vetter 1997b,
Nr. 226.

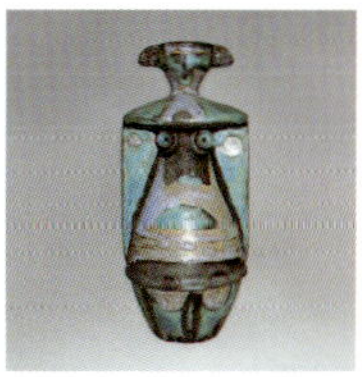

743
Drehscheibenplastik „Madam", 1964
Inv.-Nr. 00197-743,
s. Vetter 1997b,
Nr. 227.

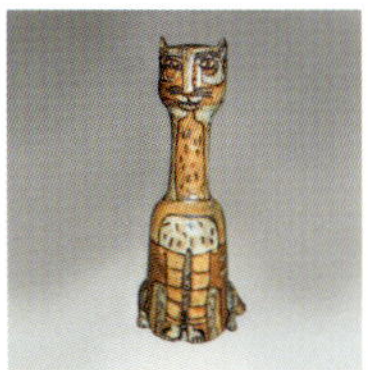

744
Drehscheibenplastik „Katze", 1964
Inv.-Nr. 00197-744,
s. Vetter 1997b,
Nr. 228.

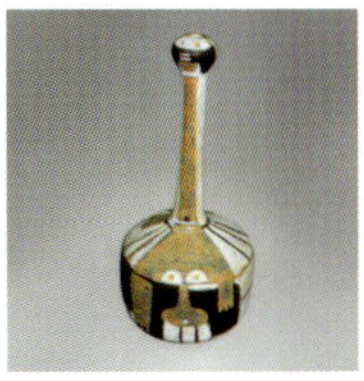

745
Vase „Madam", 1964
Inv.-Nr. 00197-745,
s. Vetter 1997b,
Nr. 229.

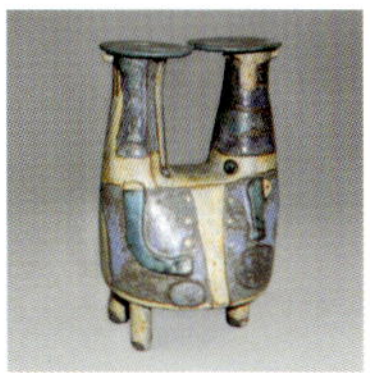

746
Drehscheibenplastik „Zwiegespräch" (auch: „Marktfrauen"), 1964
Inv.-Nr. 00197-746,
s. Vetter 1997b,
Nr. 230.

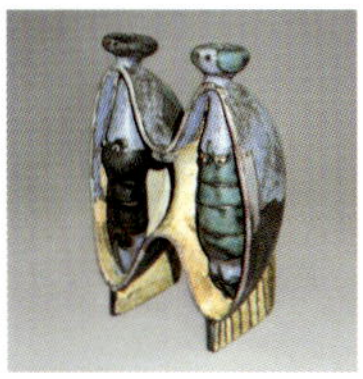

747
Drehscheibenplastik „Zwillinge", 1964
Inv.-Nr. 00197-747,
s. Vetter 1997b,
Nr. 231.

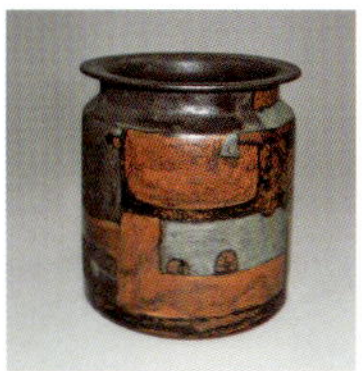

748
Vase, 1965
Inv.-Nr. 00197-748,
s. Vetter 1997b,
Nr. 232.

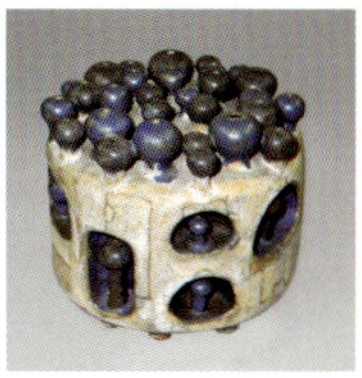

749
Plastik „Kleines Stockwerk", 1965
Inv.-Nr. 00197-749,
s. Vetter 1997b,
Nr. 233.

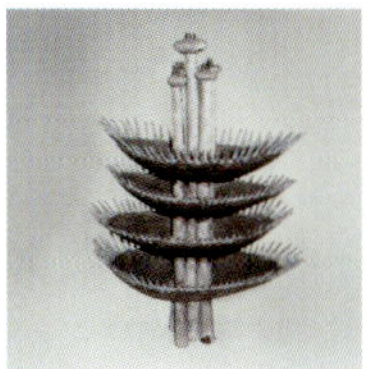

750
Drehscheibenplastik „Fregatte", 1965
Inv.-Nr. 00197-750,
s. Vetter 1997b,
Nr. 234.

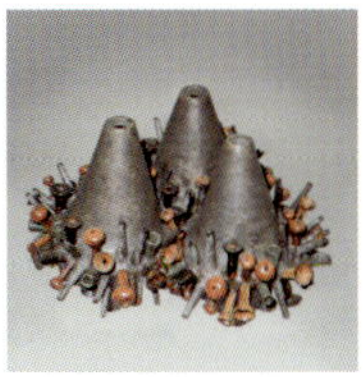

751
Drehscheibenplastik „Stachelige Dreiergruppe" (auch: „Weltraumschiff"), 1966
Inv.-Nr. 00197-751,
s. Vetter 1997b,
Nr. 235.

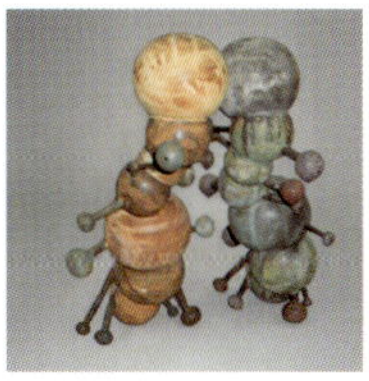

752
Drehscheibenplastik „Begegnung", 1968
Inv.-Nr. 00197-752,
s. Vetter 1997b,
Nr. 236.

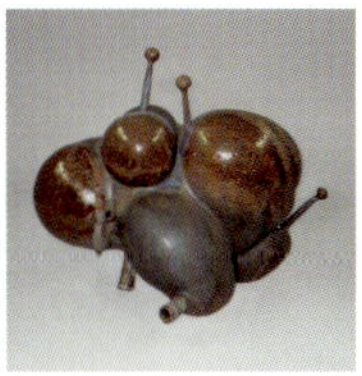

753
Drehscheibenplastik „Lindwurm", 1968
Inv.-Nr. 00197-753,
s. Vetter 1997b,
Nr. 237.

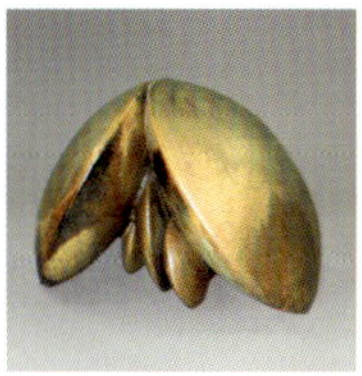

754
Plastik aus Drehteilen, 1969
Inv.-Nr. 00197-754,
s. Vetter 1997b,
Nr. 238.

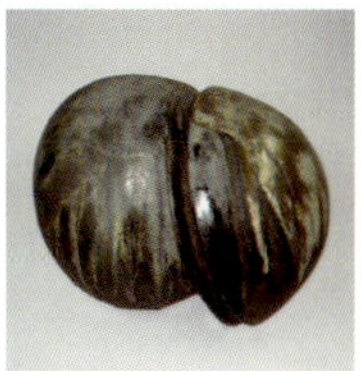

755
Plastik, 1969
Inv.-Nr. 00197-755,
s. Vetter 1997b,
Nr. 239.

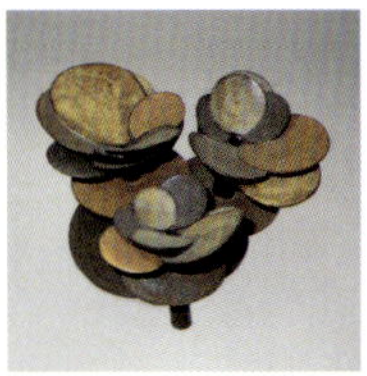
756
Drehscheibenplastik, 1969
Inv.-Nr. 00197-756, s. Vetter 1997b, Nr. 240.

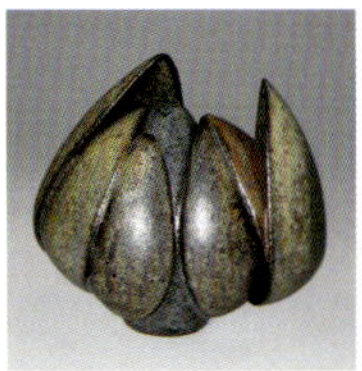
757
Drehscheibenplastik „Artischocke", um 1969/70
Inv.-Nr. 00197-757, s. Vetter 1997b, Nr. 241.

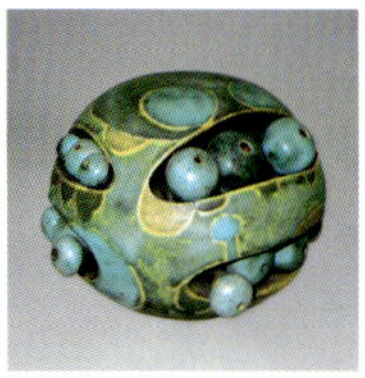
758
Plastik, 1970
Inv.-Nr. 00197-758, s. Vetter 1997b, Nr. 242.

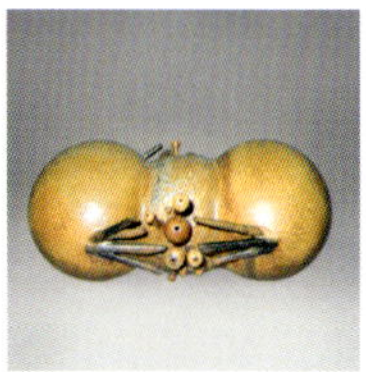
759
Drehscheibenplastik „Kleine Begegnung", vermutl. 1970
Inv.-Nr. 00197-759, s. Vetter 1997b, Nr. 243.

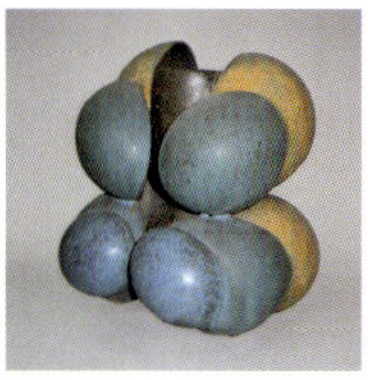
760
Drehscheibenplastik „Versteck", 1970
Inv.-Nr. 00197-760, s. Vetter 1997b, Nr. 244.

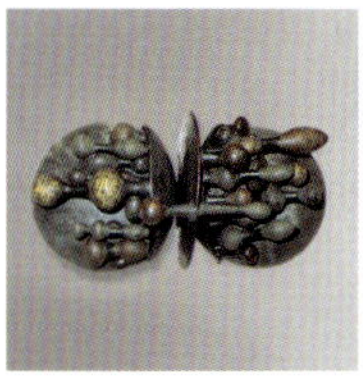
761
Wandplastikplastik aus Drehteilen, 1971
Inv.-Nr. 00197-761, s. Vetter 1997b, Nr. 245.

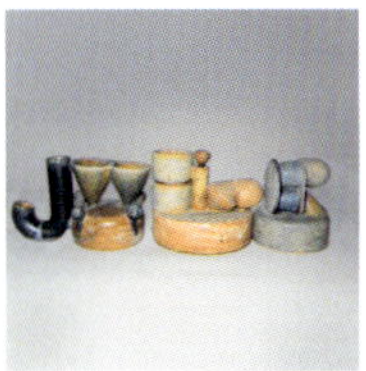
762
Drehscheibenplastik „Lokomotive", 1971
Inv.-Nr. 00197-762, s. Vetter 1997b, Nr. 246.

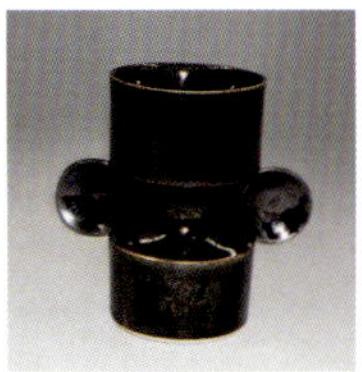
763
Gefäß aus Drehteilen, „Ohrenvase", 1971
Inv.-Nr. 00197-763, s. Vetter 1997b, Nr. 247.

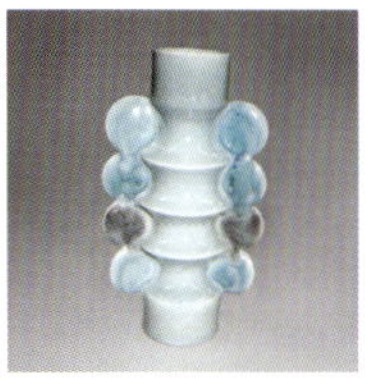
764
Gefäß aus Drehteilen, „Ohrenvase", 1971
Inv.-Nr. 00197-764, s. Vetter 1997b, Nr. 248.

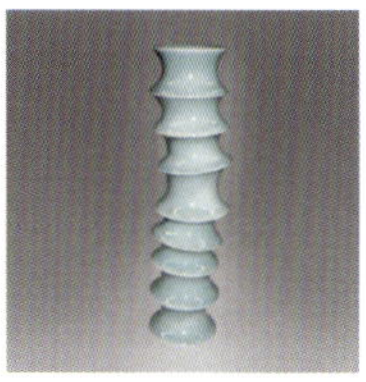
765
Gefäß aus Drehteilen, „Wirbelsäule", 1971
Inv.-Nr. 00197-765, s. Vetter 1997b, Nr. 249.

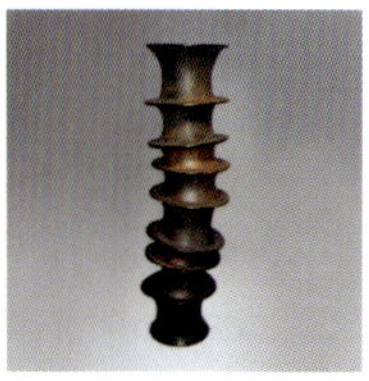
766
Plastik „Große Wirbelsäule", 1971
Inv.-Nr. 00197-766, s. Vetter 1997b, Nr. 250.

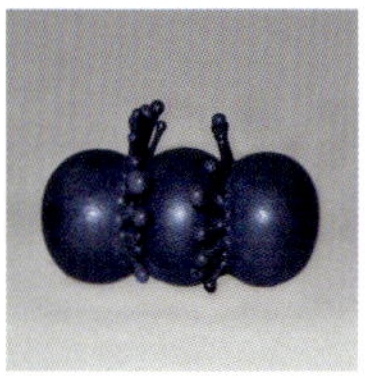
767
Drehscheibenplastik „Kleines Nadelkissen", 1972
Inv.-Nr. 00197-767, s. Vetter 1997b, Nr. 251.

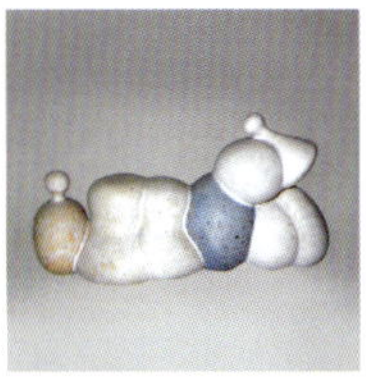
768
Drehscheibenplastik, 1973
Inv.-Nr. 00197-768, s. Vetter 1997b, Nr. 252.

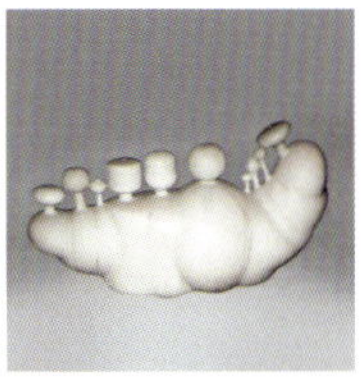
769
Drehscheibenplastik „Walfisch" (auch: „Engerling"), 1973
Inv.-Nr. 00197-769, s. Vetter 1997b, Nr. 253.

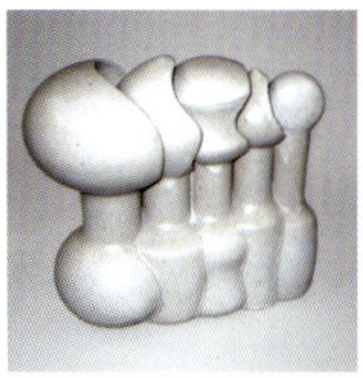
770
Drehscheibenplastik „Weiße Reihung mit verschiedenen Formen", 1973
Inv.-Nr. 00197-770, s. Vetter 1997b, Nr. 254.

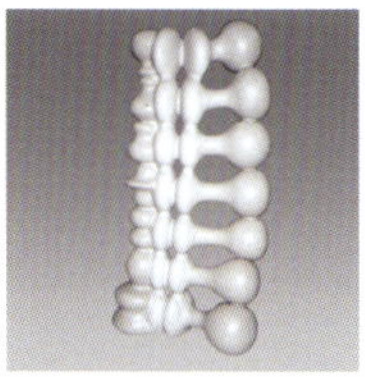
771
Drehscheibenplastik „Hohe Reihung – weiß", 1973
Inv.-Nr. 00197-771, s. Vetter 1997b, Nr. 255.

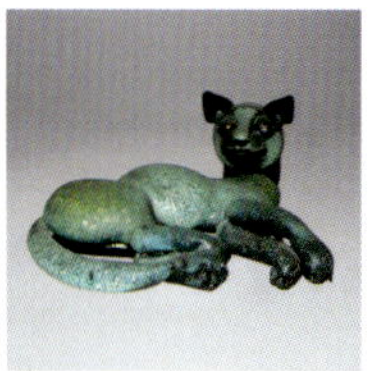
772
Drehscheibenplastik „Herrin Katze", 1975
Inv.-Nr. 00197-772, s. Vetter 1997b, Nr. 256.

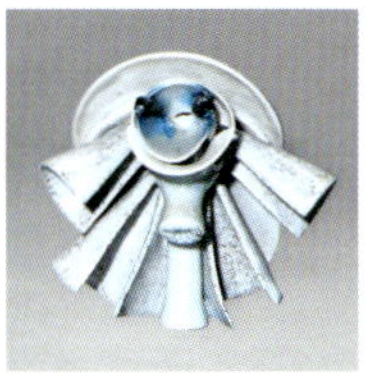
773
Plastik „Kleines Insekt", 1970er Jahre
Inv.-Nr. 00197-773, s. Vetter 1997b, Nr. 257.

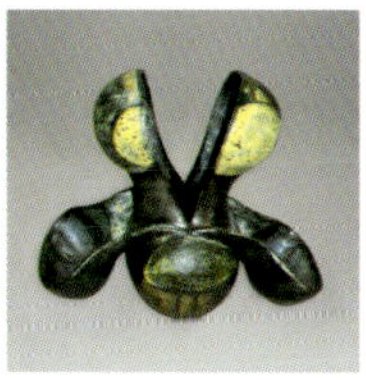

774
Plastik „Doppelform", 1980
Inv.-Nr. 00197-774, s. Vetter 1997b, Nr. 258.

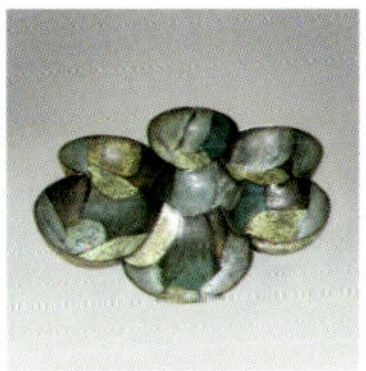

775
Schalenobjekt, 1980
Inv.-Nr. 00197-775, s. Vetter 1997b, Nr. 259.

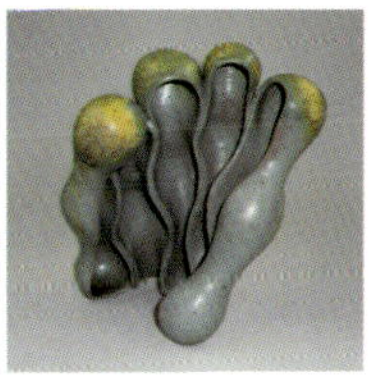

776
Plastik „Kleine Familie", Januar 1988
Inv.-Nr. 00197-776, s. Vetter 1997b, Nr. 260.

Lakotta, Peter

00197-777 – 00197-786

1933 in Hamburg geboren, 1991 in Kassel gestorben.
1955–1960 Studium der Keramik bei Walter Popp, Malerei bei Arnold Bode an der Hochschule für Bildende Künste in Kassel. 1960–1962 Kunsterzieher in Marburg und Kassel; 1962–1966 Referent beim Rat für Formgebung, Darmstadt; 1966 eigenes Atelier, 1966–1972 Kunsterzieher in Kassel.

Lit.: Schmalstieg 2001, S. 350.

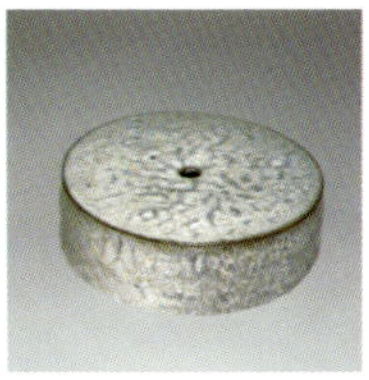

777
Vase, Trommelform, ohne Datierung (um 1960)
Steinzeug, schwarzgraubrauner Scherben – gedreht. Reduktionsbrand im Elektro-Ofen bei 1.250°C.
H 6 cm, D 15 cm.
Werkstattzeichen wie Nr. 119, ohne Datierung.
Erworben durch J.W. Hinder.
Inv.-Nr. 00197-777.

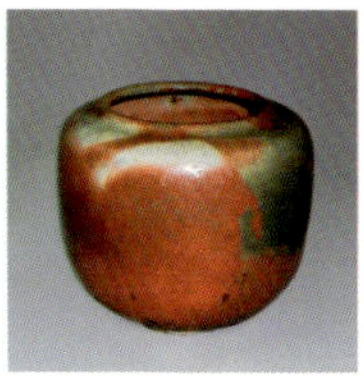

778
Vase, ohne Datierung (um 1960)
Steinzeug, hell-graubrauner Scherben – gedreht. Reduktionsbrand im Elektro-Ofen bei 1.250°C.
H 13,5 cm, D 16 cm.
Werkstattzeichen wie Nr. 119, ohne Datierung.
Erworben durch J.W. Hinder.
Inv.-Nr. 00197-778.

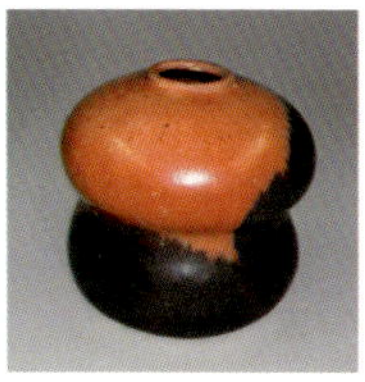

779
Vase, 1960
Steinzeug, hellbraungrauer Scherben – gedreht. Reduktionsbrand im Elektro-Ofen bei 1.250°C.
H 11 cm, D 12 cm.
Werkstattzeichen Nr. 119.
Erworben durch J.W. Hinder.
Inv.-Nr. 00197-779.

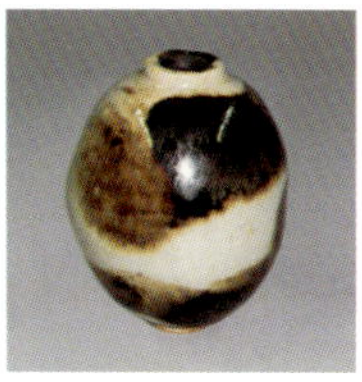

780
Vase, ohne Datierung (um 1960)
Steinzeug, weißolivbrauner Scherben – gedreht. Reduktionsbrand im Elektro-Ofen bei 1.250°C.
H 9 cm, D 7,5 cm.
Werkstattzeichen wie Nr. 119, ohne Datierung.
Erworben durch J.W. Hinder.
Inv.-Nr. 00197-780.

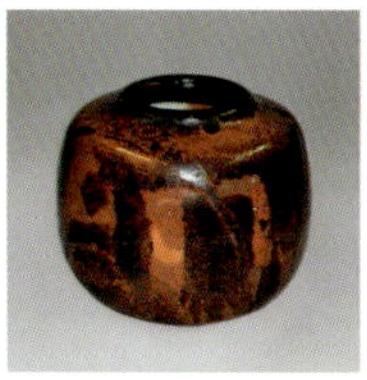

781
Vase mit gerader Schulter, ohne Datierung (um 1960)
Steinzeug, hell-graubrauner Scherben – gedreht. Reduktionsbrand im Elektro-Ofen bei 1.250°C.
H 10 cm, D 12 cm.
Werkstattzeichen wie Nr. 119, ohne Datierung.
Erworben durch J.W. Hinder.
Inv.-Nr. 00197-781.

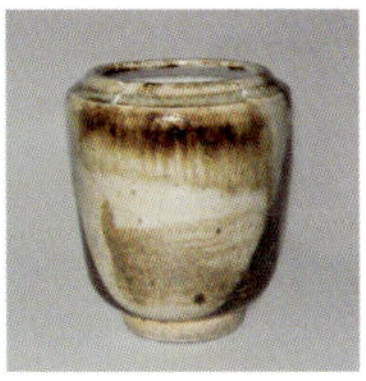

782
Bechergefäß, ohne Datierung (um 1960)
Steinzeug, hellgraubrauner Scherben – gedreht. Reduktionsbrand im Elektro-Ofen bei 1.250°C.
H 12 cm, D 10,5 cm.
Werkstattzeichen wie Nr. 119, ohne Datierung.
Erworben durch J.W. Hinder.
Inv.-Nr. 00197-782.

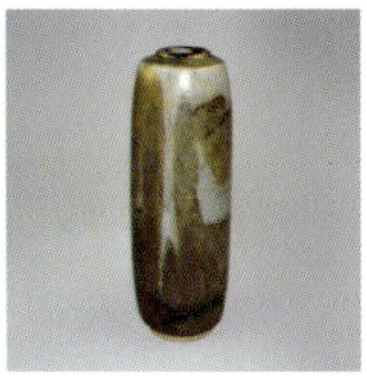

783
Vase, Kolbenform, ohne Datierung (um 1960)
Steinzeug, braungrauer Scherben – gedreht. Reduktionsbrand im Elektro-Ofen bei 1.250°C.
H 27 cm, D 9,5 cm.
Werkstattzeichen wie Nr. 119, ohne Datierung.
Erworben durch J.W. Hinder.
Inv.-Nr. 00197-783.

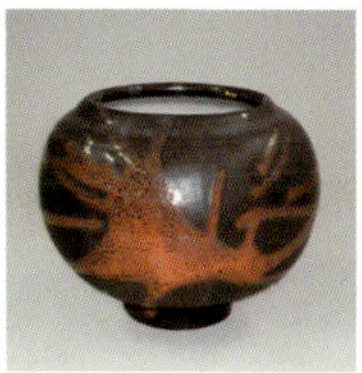

784
Vase, ohne Datierung (um 1960)
Steinzeug, hell-graubrauner Scherben – gedreht. Reduktionsbrand im Elektro-Ofen bei 1.250°C.
H 15 cm, D 19 cm.
Werkstattzeichen wie Nr. 119, ohne Datierung.
Lit.: Hinder & Reimers 1971, Abb. 77.
Erworben durch J.W. Hinder.
Inv.-Nr. 00197-784.

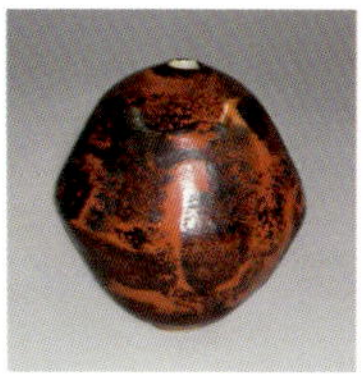

785
Vase, ohne Datierung (um 1960)
Steinzeug, hellgraubrauner Scherben – gedreht. Reduktionsbrand im Elektro-Ofen bei 1.250°C.
H 10 cm, D 10 cm.
Werkstattzeichen wie Nr. 119, ohne Datierung.
Erworben durch J.W. Hinder.
Inv.-Nr. 00197-785.

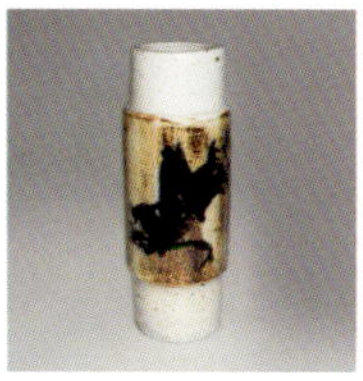

786
Vase – Zylinder, ohne Datierung (um 1960)
Steinzeug, hellgrauer Scherben – gedreht. Reduktionsbrand im Elektro-Ofen bei 1.250°C.
H 18 cm, D 7 cm.
Werkstattzeichen wie Nr. 119, ohne Datierung.
Erworben durch J.W. Hinder.
Inv.-Nr. 00197-786.

Leach, Bernard Howell
00197-787 – 00197-788

1887 in Hongkong geboren, 1979 in St. Ives/Cornwall gestorben. 1903–1909 Studium an der Slade School of Art und Zeichenstudium an der London School of Art. 1909 Lehrer für Zeichen- und Radierkunst in Tokio. 1912–1913 Studium von Raku- und Steinzeugkeramik bei Ogata Kenzan VI. in der Nähe von Tokio. 1915–1918 Studienreisen nach Peking und Korea. 1920 Rückkehr nach England, zusammen mit Shôji Hamada Aufbau der Leach Pottery in St. Ives/Cornwall. 1933 Aufbau der Shinner's Bridge Pottery in Dartington/Devon und Lehrer an der Dartington Hall School. 1934–1935 Studienreisen nach Japan und Korea, Mitarbeit bei Shôji Hamada. 1940 erscheint „A Potter's Book". 1948 Mitbegründer des National British Craft Centre. Zahlreiche Vortragsreisen nach Australien, Japan, Südamerika, USA und innerhalb von Europa. 1973 Aufgabe der Töpferei wegen zunehmender Erblindung.

Lit.: Hogben 1979.

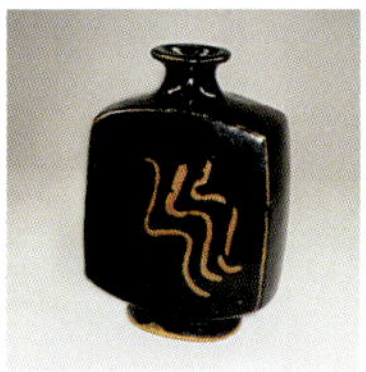

787
Flasche, um 1954
Steinzeug, braungrauer Scherben – geformt. Reduktionsbrand im ölbeheizten Ofen bei 1.300°C. Abmessungen 19,5 x 13,5 x 9 cm. Werkstattzeichen Nr. 120 und 121. Erworben durch J.W. Hinder. Inv.-Nr. 00197-787.

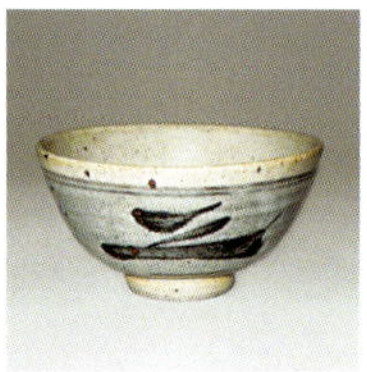

788
Schale, Anfang, 1950er Jahre
Steinzeug, grauer Scherben – gedreht. Reduktionsbrand im ölbeheizten Ofen bei 1.280°C. H 7,5 cm, D 14,5 cm. Werkstattzeichen Nr. 120, Stempelzeichen Leach, darunter: ENGLAND. Erworben durch J.W. Hinder. Inv.-Nr. 00197-788.

Leach, David Andrew
00197-789

1911 in Tokio geboren, 2005 gestorben. 1930–1932 keramische Ausbildung bei seinem Vater Bernard Leach in St. Ives/Cornwall. 1933–1934 Keramiklehrer an der Dartington Hall School und Mitwirkung beim Aufbau der Shinner's Bridge Pottery in Dartington. 1935–1937 Studium am North Staffordshire Technical College in Stoke-on-Trent. 1937–1941 Mitarbeit in der Leach Pottery in St. Ives, teilweise Leitung der Werkstatt. 1941–1945 Soldat. 1945–1955 Partner des Vaters und Lehrer an der Penzance Art School, Penzance/Cornwall, und 1949 an der Camberwell School of Arts and Crafts, London. 1953 Leiter der Keramikabteilung am Loughborough College of Art and Design, Loughborough/Leicestershire, später dort Dozent. 1954 Aufbau einer Keramikwerkstatt für die Karmeliter in Aylesford/Kent. 1956 Gründung der Lowerdown Pottery in Bovey Tracey/Devon.

Lit.: David Leach – Obituaries – Times Online, 25. Februar 2005.

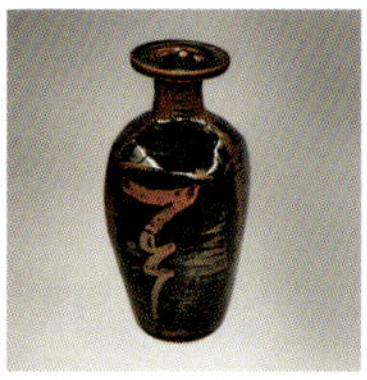

789
Vase, Anfang 1980er Jahre
Steinzeug, graubrauner Scherben – gedreht. Reduktionsbrand im ölbeheizten Ofen bei 1.300°C. Abmessungen 32,5 x 15,5 x 15,5 cm. Werkstattzeichen Nr. 122. Inv.-Nr. 00197-789.

Lehmann, Arno
00197-790 – 00197-810

1905 in Berlin geboren, 1973 in Salzburg gestorben. 1923 Praktikum in der Töpferei Rudolf Rempel in Groß-Almerode bei Kassel; 1924–1927 Banklehre; 1927–1929 Studium bei Joseph Wackerle und Adelbert Niemeyer an der Hochschule für angewandte Kunst München. 1929 Entwerfer in der Steinzeugfabrik Velten-Vordamm; 1930–1931 Praktikum in der Werkstatt von Helene Körting in Berlin-Oranienburg. 1931–1932 Studium an der Fachschule für Keramik Höhr-Grenzhausen, danach Tätigkeit in verschiedenen Werkstätten in Dänemark und Schweden. 1933 eigenes Atelier in Berlin-Steglitz, 1934–1943 in Berlin-Lichterfelde. 1940–1945 Kriegsdienst. 1946 Aufbau einer Werkstatt in Bad Aussee/Steiermark, 1949 neue Werkstatt auf der Festung Hohensalzburg, Salzburg.

Lit.: Vetter 1997b, S. 78–85, 188, 241–243.

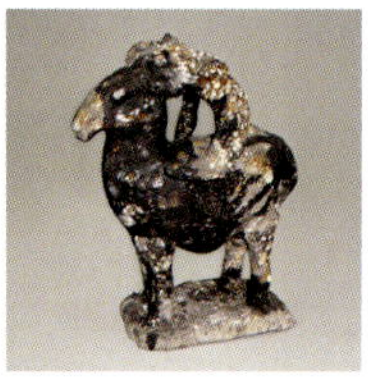

790
„Widder", ab 1951
Inv.-Nr. 00197-790, s. Vetter 1997b, Nr. 261.

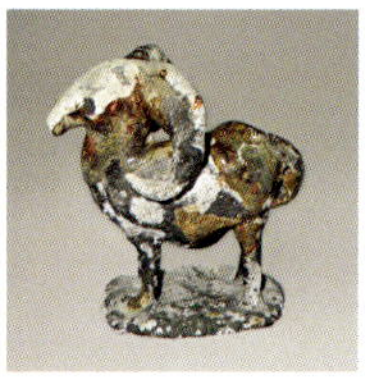

791
„Widder", ab 1951
Inv.-Nr. 00197-791, s. Vetter 1997b, Nr. 262.

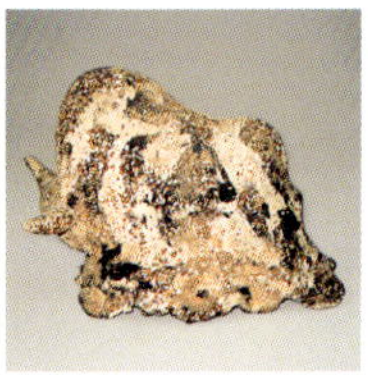

792
„Yak", ab 1952
Inv.-Nr. 00197-792, s. Vetter 1997b, Nr. 263.

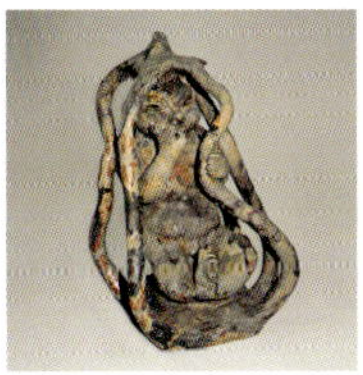

793
„Mann im Käfig“, ab 1952
Inv.-Nr. 00197-793, s. Vetter 1997b, Nr. 264.

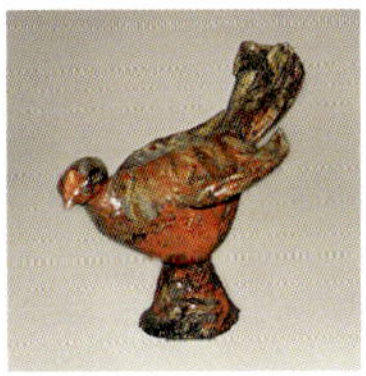

794
„Vogel“, ab 1952
Inv.-Nr. 00197-794, s. Vetter 1997b, Nr. 265.

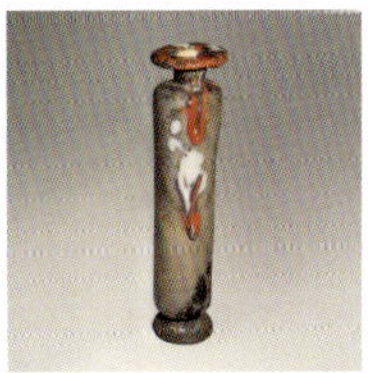

795
Vase – Walzenform, ab 1952
Inv.-Nr. 00197-795, s. Vetter 1997b, Nr. 266.

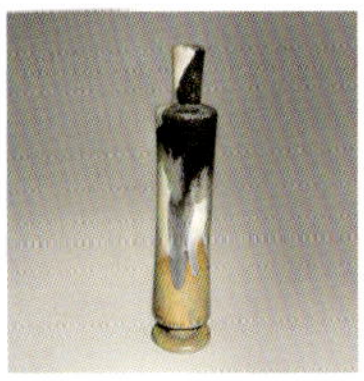

796
Vase – Walzenform, ab 1952
Inv.-Nr. 00197-796, s. Vetter 1997b, Nr. 267.

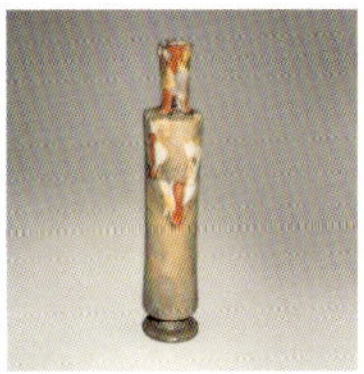

797
Vase – Walzenform, ab 1952
Inv.-Nr. 00197-797, s. Vetter 1997b, Nr. 268.

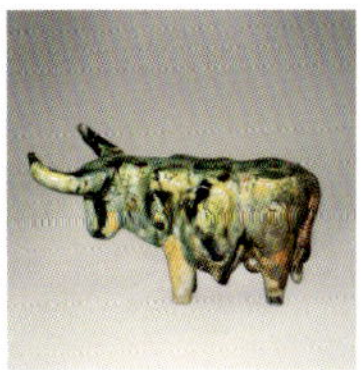

798
„Stier“, ab 1953
Inv.-Nr. 00197-798, s. Vetter 1997b, Nr. 269.

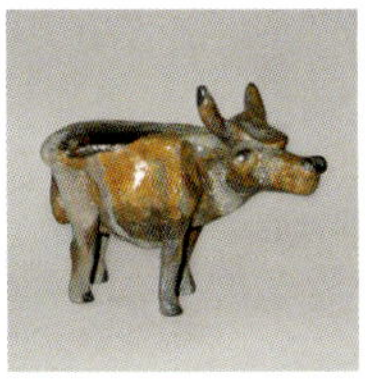

799
„Kleiner Stier“, ab 1953
Inv.-Nr. 00197-799, s. Vetter 1997b, Nr. 270.

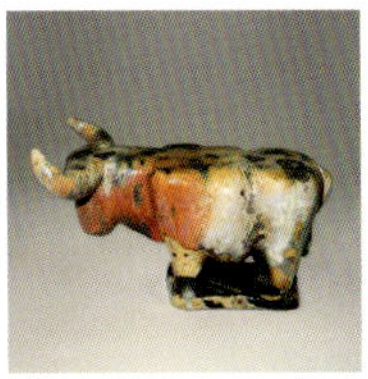

800
„Stier“ (auf Fußplatte), ab 1953
Inv.-Nr. 00197-800, s. Vetter 1997b, Nr. 271.

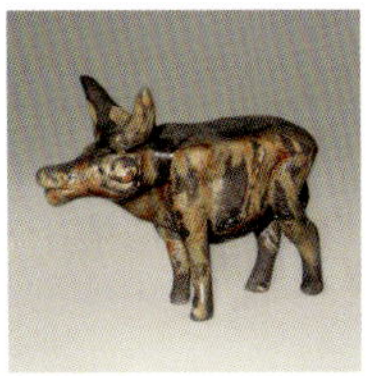

801
„Kleiner Stier“, ab 1953
Inv.-Nr. 00197-801, s. Vetter 1997b, Nr. 272.

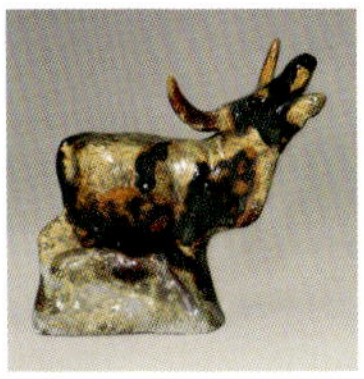

802
„Brüllende Kuh“, ohne Datierung
Inv.-Nr. 00197-802, s. Vetter 1997b, Nr. 273.

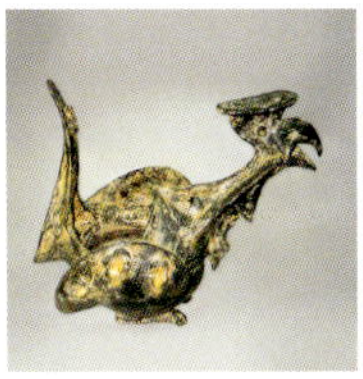

803
„Großer Hahn“, ab 1953
Inv.-Nr. 00197-803, s. Vetter 1997b, Nr. 274.

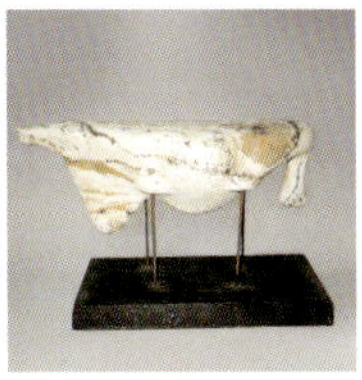

804
„Stier auf Stiften“, ab 1953
Inv.-Nr. 00197-804, s. Vetter 1997b, Nr. 275.

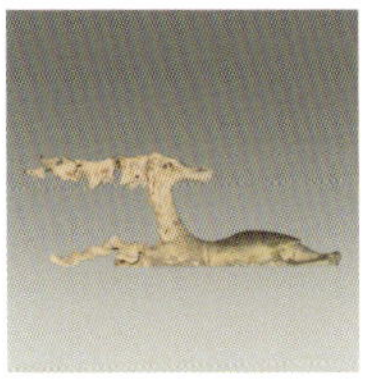

805
„Weiße Gazelle“, ab 1953
Inv.-Nr. 00197-805, s. Vetter 1997b, Nr. 276.

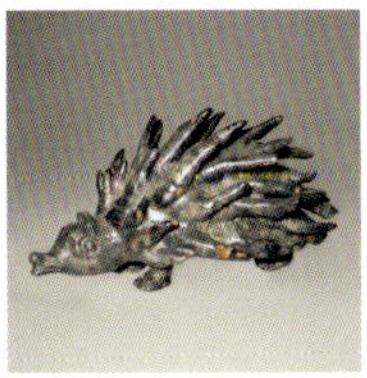

806
„Igel“, ab 1954
Inv.-Nr. 00197-806, s. Vetter 1997b, Nr. 277.

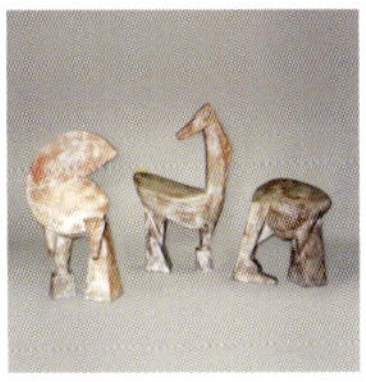

807–809
Pferde-Gruppe „Geburt, Leben und Tod“ (auch: „Morgen, Mittag und Abend“), vermutl. 1957
Inv.-Nr. 00197-807, -808, -809, s. Vetter 1997b, Nr. 278–280.

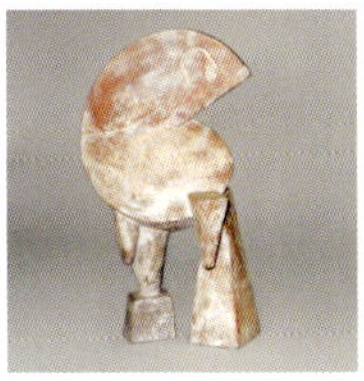

807
„Geburt“, auch: „Morgen“ (Teil von Pferde-Gruppe „Geburt, Leben und Tod“, auch: „Morgen, Mittag und Abend“)
Inv.-Nr. 00197-807, s. Vetter 1997b, Nr. 278–280.

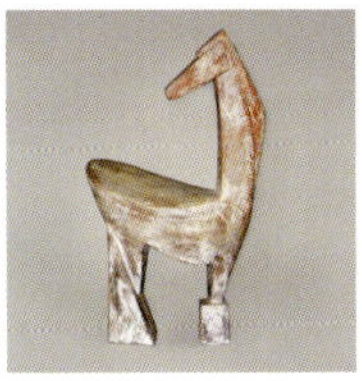

808
„Leben“, auch: „Mittag“ (Teil von Pferde-Gruppe „Geburt, Leben und Tod“, auch: „Morgen, Mittag und Abend“)
Inv.-Nr. 00197-808, s. Vetter 1997b, Nr. 278–280.

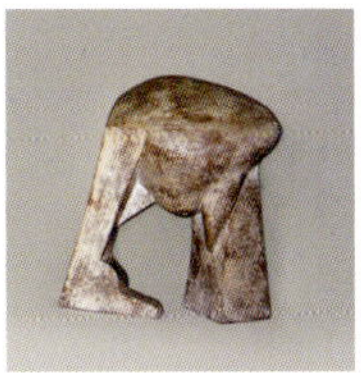

809
„Tod“, auch: „Abend“ (Teil von Pferde-Gruppe „Geburt, Leben und Tod“, auch: „Morgen, Mittag und Abend“)
Inv.-Nr. 00197-809, s. Vetter 1997b, Nr. 278–280.

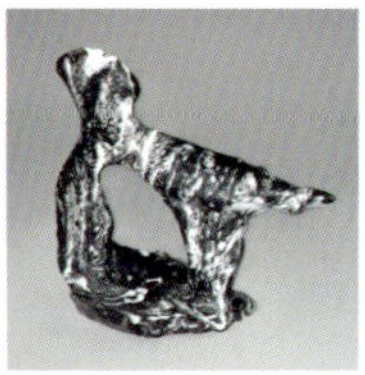

810
„Tiefseefisch“, 1966
Inv.-Nr. 00197-810,
s. Vetter 1997b,
Nr. 281.

Lehmann, Klaus
00197-811 – 00197-837

1927 in Berlin geboren, lebt und arbeitet in Darmstadt.
1948–1951 Studium der Pädagogik und Kunsterziehung an den Pädagogischen Hochschulen in Braunschweig und Göttingen, 1952–1953 Paris. 1954 Studium der Keramik bei Signe Pistorius-Lehmann an der Werkakademie (später Gesamthochschule) Kassel. 1955–1964 gemeinsame Werkstatt mit Signe Pistorius-Lehmann in Hornsmühle/Odenwald; 1965–1971 Werkstatt in Lengfeld/Odenwald, 1972–1981 in Otzberg bei Zipfen, seit 1982 in Darmstadt.

Lit.: Vetter 1997b, S. 86–89, 189–191, 243–245.

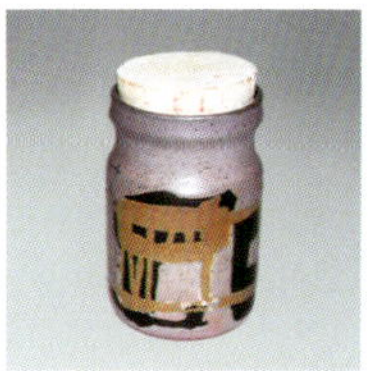

811
Dose mit Korkstopfen, um 1958
Inv.-Nr. 00197-811,
s. Vetter 1997b,
Nr. 282.

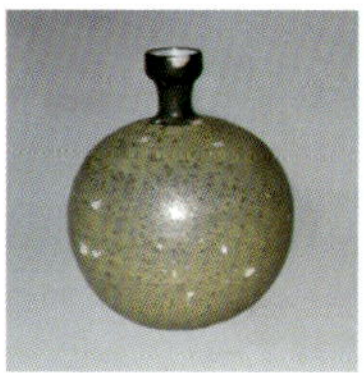

812
Vase, um 1959
Inv.-Nr. 00197-812,
s. Vetter 1997b,
Nr. 283.

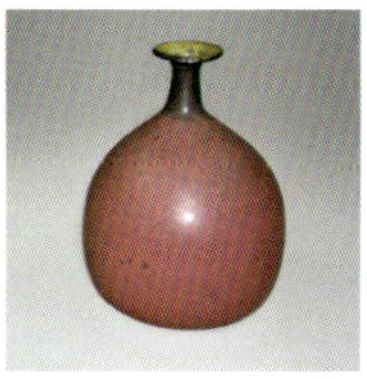

813
Vase, um 1960
Inv.-Nr. 00197-813,
s. Vetter 1997b,
Nr. 284.

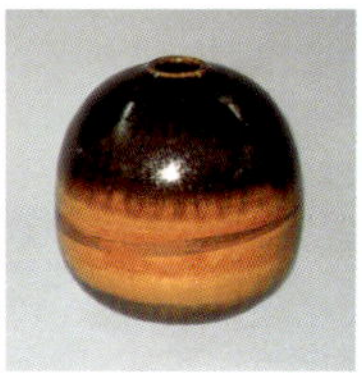

814
Vase, 1960/61
Inv.-Nr. 00197-814,
s. Vetter 1997b,
Nr. 285.

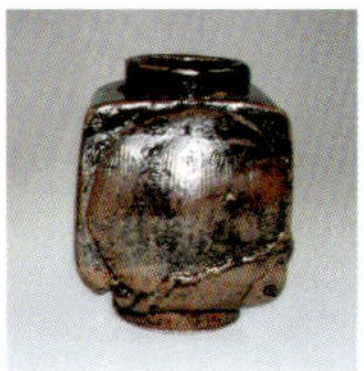

815
Vase, um 1969
Inv.-Nr. 00197-815,
s. Vetter 1997b,
Nr. 286.

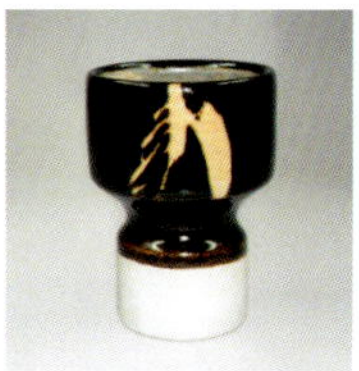

816
Vase, 1970
Inv.-Nr. 00197-816,
s. Vetter 1997b,
Nr. 287.

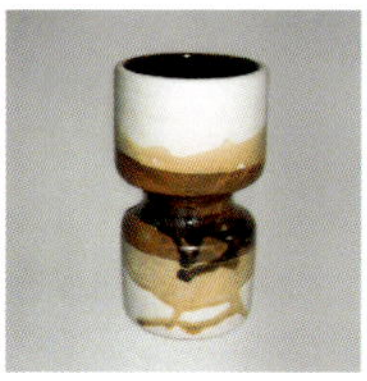

817
Vase, um 1970
Inv.-Nr. 00197-817,
s. Vetter 1997b,
Nr. 288.

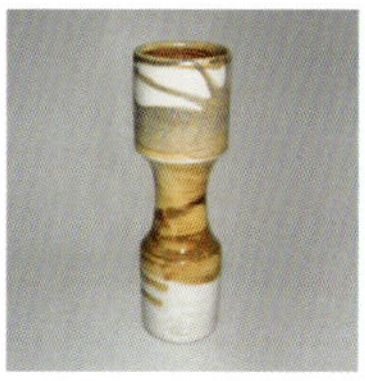

818
Vase, um 1970
Inv.-Nr. 00197-818,
s. Vetter 1997b,
Nr. 289.

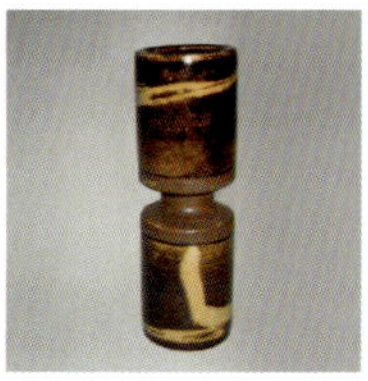

819
Vase, 1970
Inv.-Nr. 00197-819,
s. Vetter 1997b,
Nr. 290.

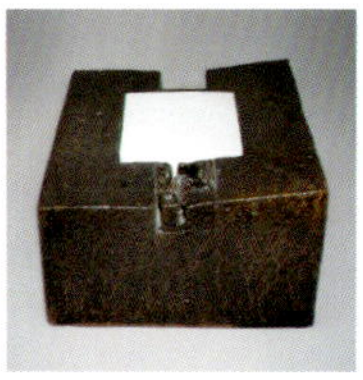

820
Plastik, 1978
Inv.-Nr. 00197-820,
s. Vetter 1997b,
Nr. 291.

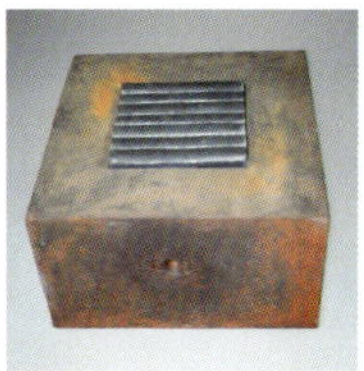

821
Plastik „Batterie II“, 1979
Inv.-Nr. 00197-821,
s. Vetter 1997b,
Nr. 292.

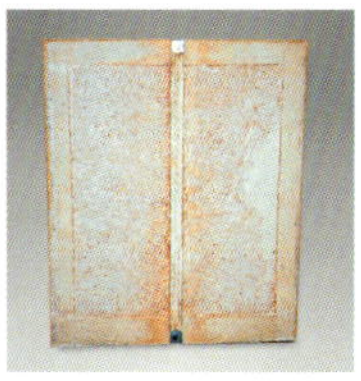

822
Wandplatte, 1980
Inv.-Nr. 00197-822,
s. Vetter 1997b,
Nr. 293.

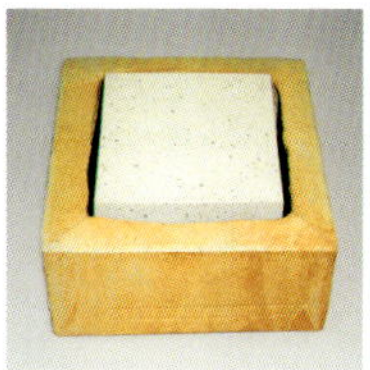

823
Plastik „Äthiopien VII“, 1981
Inv.-Nr. 00197-823,
s. Vetter 1997b,
Nr. 294.

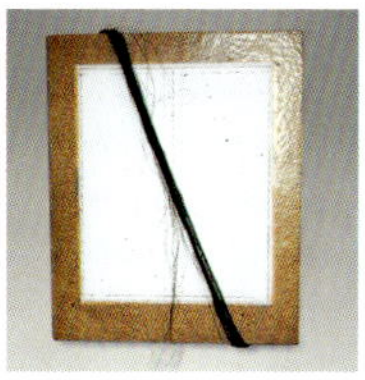

824
Wandplatte – Objekt, 1981
Inv.-Nr. 00197-824,
s. Vetter 1997b,
Nr. 295.

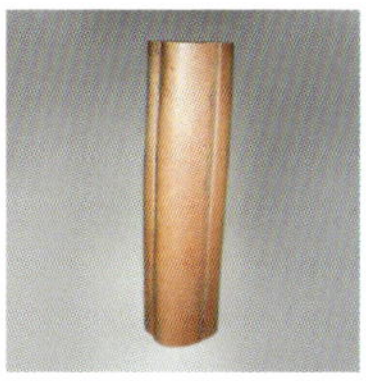

825
Stele, 1982
Inv.-Nr. 00197-825,
s. Vetter 1997b,
Nr. 296.

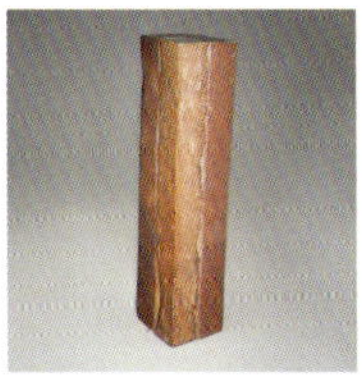

826
Stele, 1982
Inv.-Nr. 00197-826,
s. Vetter 1997b,
Nr. 297.

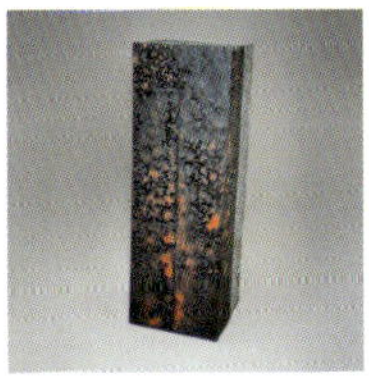

827
Stele, 1983
Inv.-Nr. 00197-827,
s. Vetter 1997b,
Nr. 298.

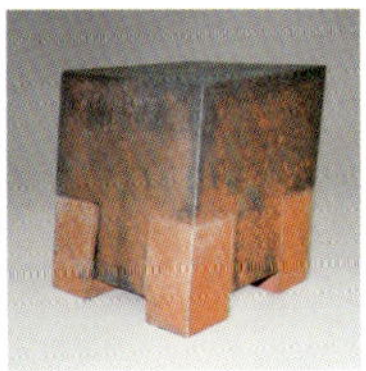

828
Plastik „Schrägstehender Block auf Beinen“, 1984
Inv.-Nr. 00197-828,
s. Vetter 1997b,
Nr. 299.

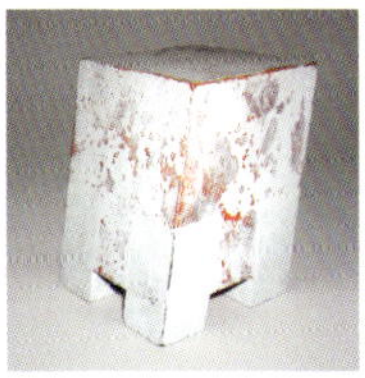

829
Plastik „Schrägstehender Block auf Beinen“, 1984
Inv.-Nr. 00197-829,
s. Vetter 1997b,
Nr. 300.

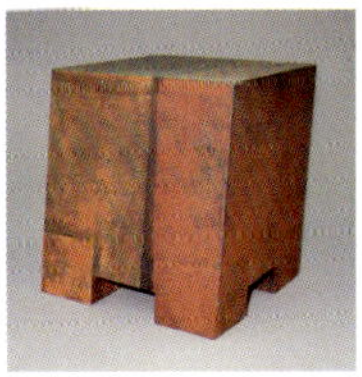

830
Plastik „Schrägstehender Block auf Beinen“, 1984
Inv.-Nr. 00197-830,
s. Vetter 1997b,
Nr. 301.

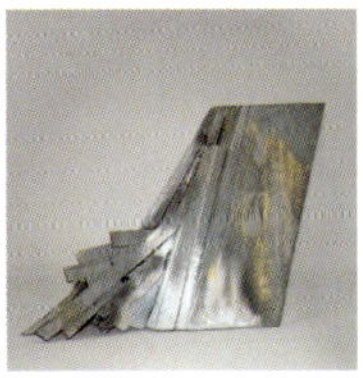

831
Plastik, 1985/86
Inv.-Nr. 00197-831,
s. Vetter 1997b,
Nr. 302.

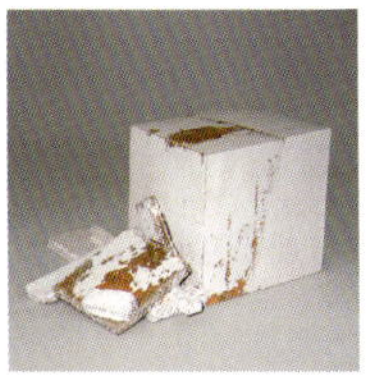

832
Plastik, 1987
Inv.-Nr. 00197-832,
s. Vetter 1997b,
Nr. 303.

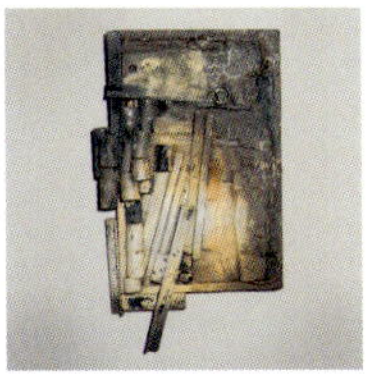

833
Relief mit Stahl, 1986/88
Inv.-Nr. 00197-833,
s. Vetter 1997b,
Nr. 304.

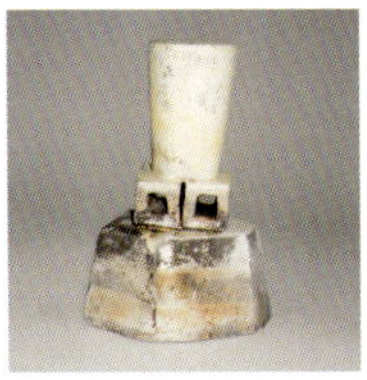

834
Plastik „Tutor“, 1988
Inv.-Nr. 00197-834,
s. Vetter 1997b,
Nr. 305.

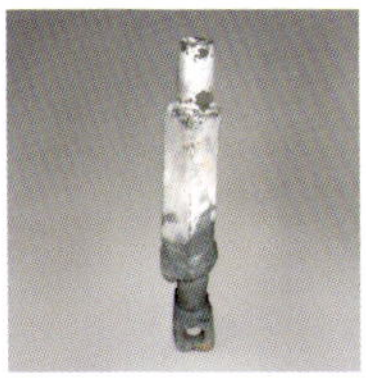

835
„Kleine Stele“, 1988
Inv.-Nr. 00197-835,
s. Vetter 1997b,
Nr. 306.

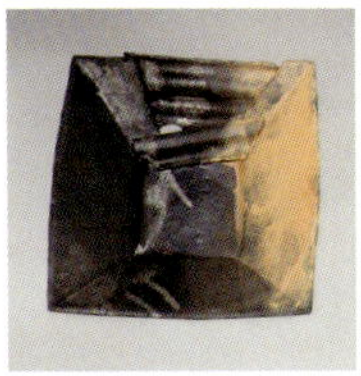

836
Teller, 1988
Inv.-Nr. 00197-836,
s. Vetter 1997b,
Nr. 307.

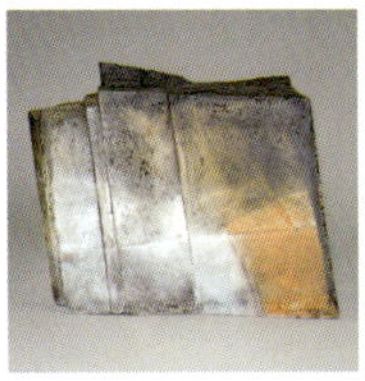

837
Plastik „Zarter flacher Block“, 1988
Inv.-Nr. 00197-837,
s. Vetter 1997b,
Nr. 308.

Pistorius-Lehmann, Signe

00197-838 – 00197-871

1925 in Erfurt geboren, lebt in Lahr. 1946–1948 Töpferlehre bei Helma Klett in Fredelsloh/Solling, Gesellenprüfung. 1950–1951 Mitarbeit in der Töpferei Asshoff in Bochum. 1951–1952 Ausbildung als Fliesenlegerin, 1952 Meisterprüfung im Töpferhandwerk. 1952–1954 Leitung der Keramikwerkstatt an der Werkakademie (später Gesamthochschule) Kassel. 1955–1965 eigene Werkstatt – bis 1964 zusammen mit Klaus Lehmann – in Hornsmühle/Odenwald. 1967–1968 Ausbildung als Werk- und Zeichenlehrerin, 1969–1978 Werk- und Zeichenlehrerin in Lahr und Mahlberg, 1973–1977 Dozentin an der Volkshochschule Lahr. 1975–1981 eigene Werkstatt in Kippenheim bei Lahr, von 1982–1993 in Lahr.

Lit.: Vetter 1997b, S. 90–95, 192–193, 245–248.

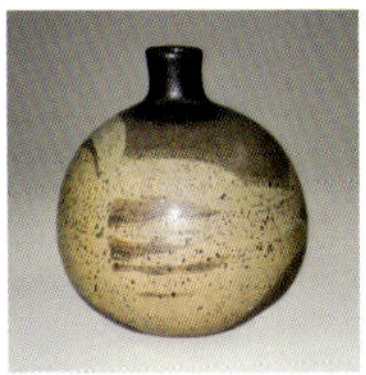

838
Vase, um 1957
Inv.-Nr. 00197-838,
s. Vetter 1997b,
Nr. 309.

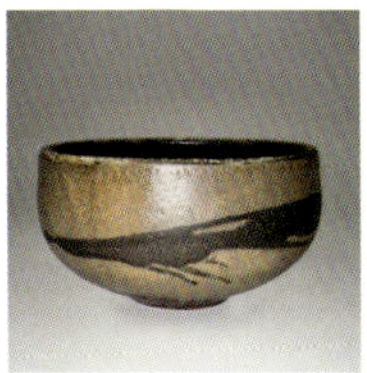

839
Schale, um 1957
Inv.-Nr. 00197-839,
s. Vetter 1997b,
Nr. 310.

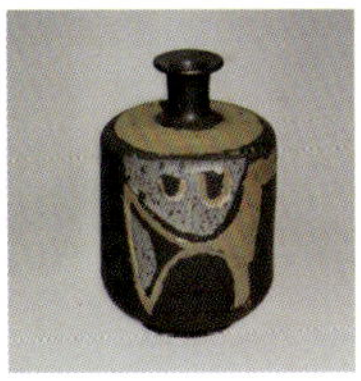

840
Vase (Werkstatt), um 1957
Inv.-Nr. 00197-840,
s. Vetter 1997b,
Nr. 311.

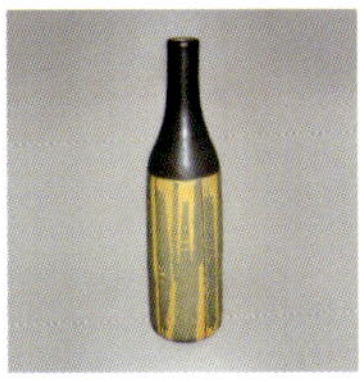

841
Vase, um 1958
Inv.-Nr. 00197-841,
s. Vetter 1997b,
Nr. 312.

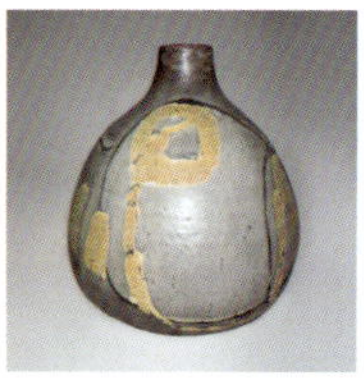

842
Vase, um 1959
Inv.-Nr. 00197-842,
s. Vetter 1997b,
Nr. 313.

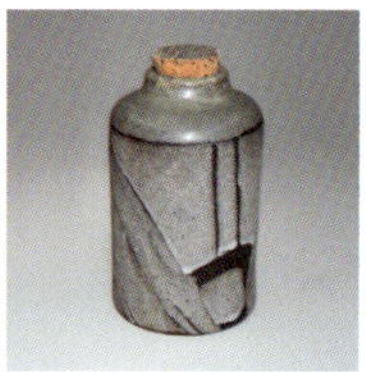

843
Dose mit Korkstopfen, um 1960
Inv.-Nr. 00197-843,
s. Vetter 1997b,
Nr. 314.

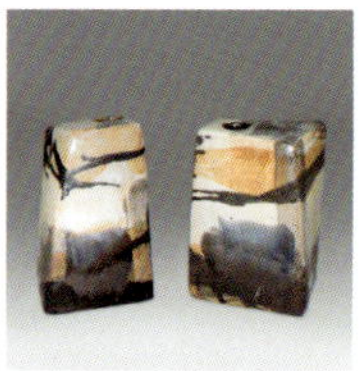

844
Gefäßplastik zweiteilig, um 1960
Inv.-Nr. 00197-844,
s. Vetter 1997b,
Nr. 315.

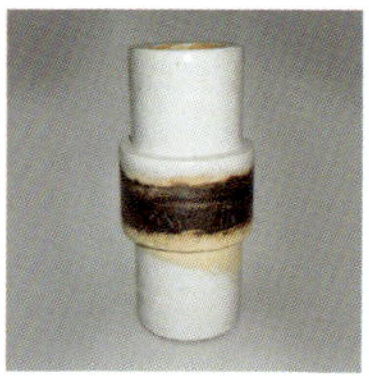

845
Vase, um 1962
Inv.-Nr. 00197-845,
s. Vetter 1997b,
Nr. 316.

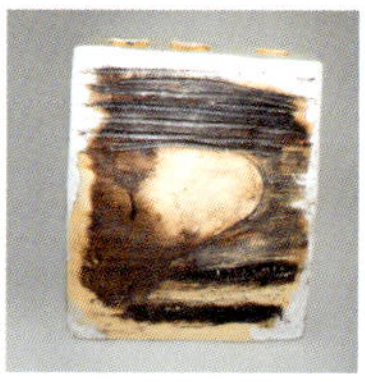

846
Große Kastenvase, um 1962
Inv.-Nr. 00197-846,
s. Vetter 1997b,
Nr. 317.

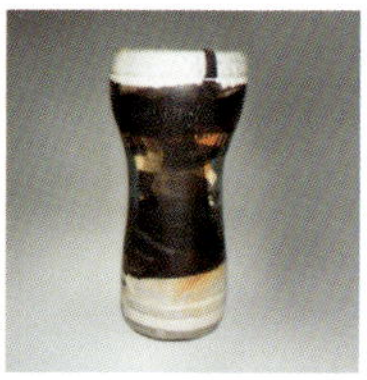

847
Trommel, um 1962
Inv.-Nr. 00197-847,
s. Vetter 1997b,
Nr. 318.

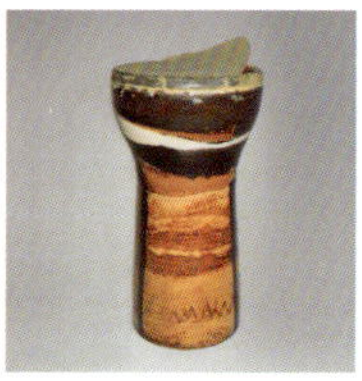

848
Trommel, um 1962
Inv.-Nr. 00197-848,
s. Vetter 1997b,
Nr. 319.

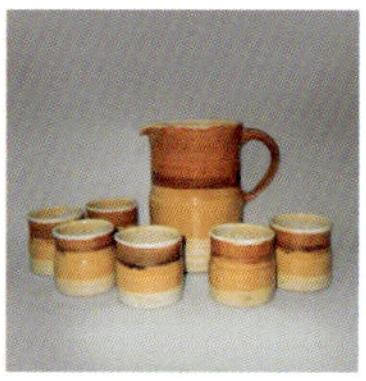

849
Krug mit 6 Bechern (Werkstatt), um 1962
Inv.-Nr. 00197-849,
s. Vetter 1997b,
Nr. 320.

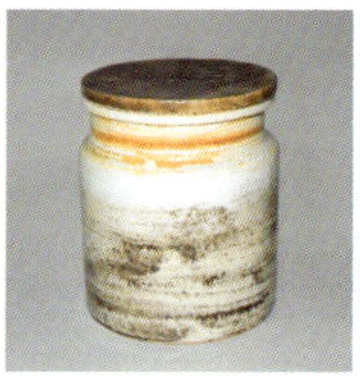

850
Dose (Werkstatt), um 1963
Inv.-Nr. 00197-850,
s. Vetter 1997b,
Nr. 321.

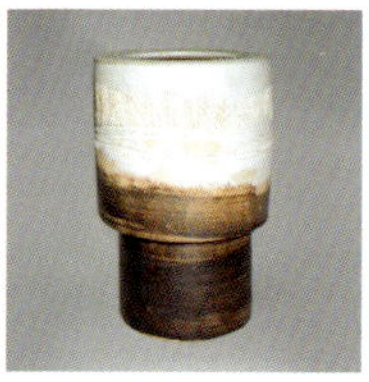

851
Gefäß, um 1963
Inv.-Nr. 00197-851,
s. Vetter 1997b,
Nr. 322.

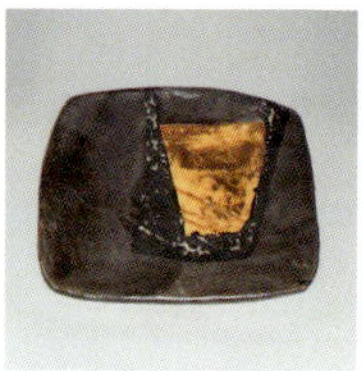

852
Schale, eckig mit Fuß, um 1963
Inv.-Nr. 00197-852,
s. Vetter 1997b,
Nr. 323.

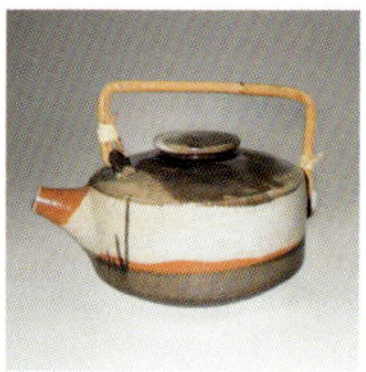

853
Teekanne mit Rohrbügel, um 1964
Inv.-Nr. 00197-853,
s. Vetter 1997b,
Nr. 324.

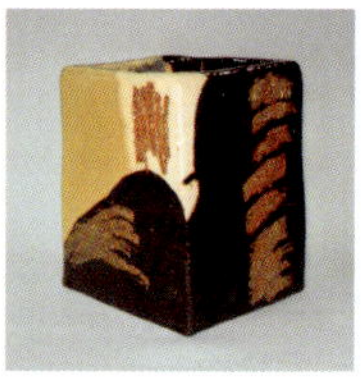

854
Vase, eckige Kastenform, 1964
Inv.-Nr. 00197-854,
s. Vetter 1997b,
Nr. 325.

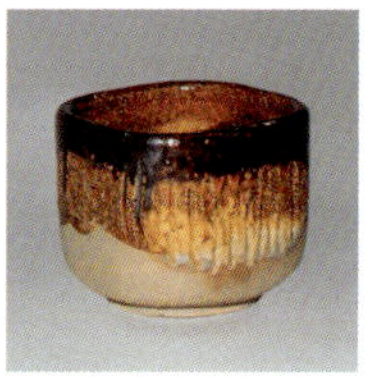

855
Schale, 1964
Inv.-Nr. 00197-855,
s. Vetter 1997b,
Nr. 326.

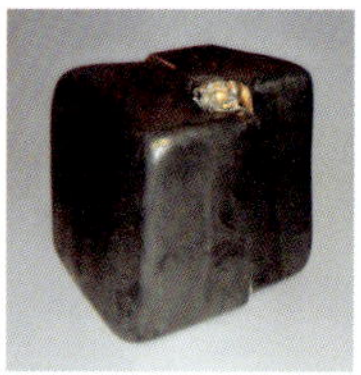

856
Plastik „Gebrochener Stein", 1975
Inv.-Nr. 00197-856,
s. Vetter 1997b,
Nr. 327.

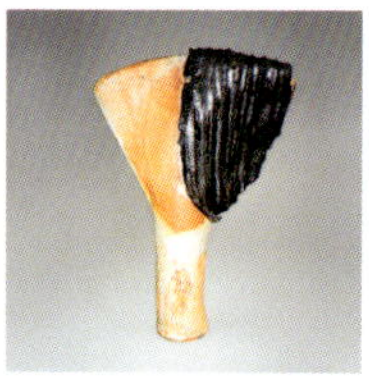

857
Objekt, 1977
Inv.-Nr. 00197-857,
s. Vetter 1997b,
Nr. 328.

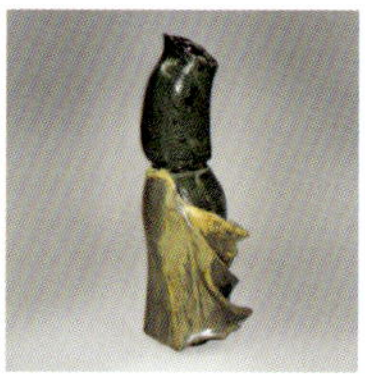

858
Plastik „Faltentorso", 1977
Inv.-Nr. 00197-858,
s. Vetter 1997b,
Nr. 329.

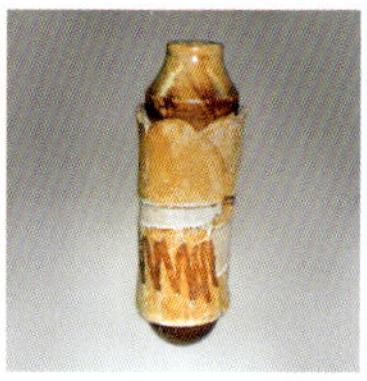

859
Vase „Hüllenform", 1978
Inv.-Nr. 00197-859,
s. Vetter 1997b,
Nr. 330.

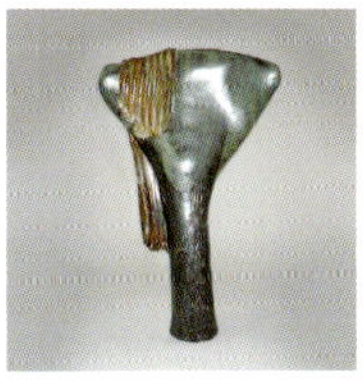

860
Plastik „Faltentorso", 1978
Inv.-Nr. 00197-860,
s. Vetter 1997b,
Nr. 331.

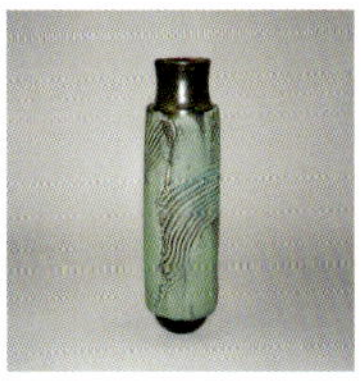

861
Vase „Hüllenform", 1978
Inv.-Nr. 0197-861,
s. Vetter 1997b,
Nr. 332.

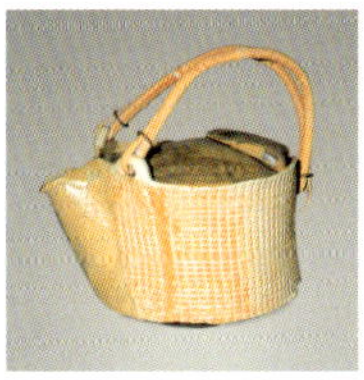

862
Teekanne mit Doppelbügel, 1978
Inv.-Nr. 00197-862,
s. Vetter 1997b,
Nr. 333.

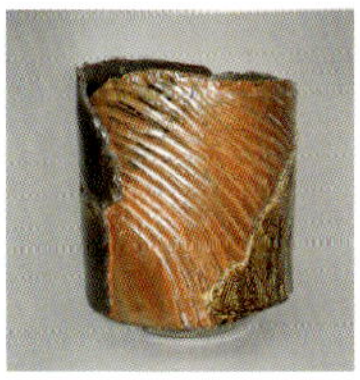

863
Großer offener Topf, 1978
Inv.-Nr. 00197-863,
s. Vetter 1997b,
Nr. 334.

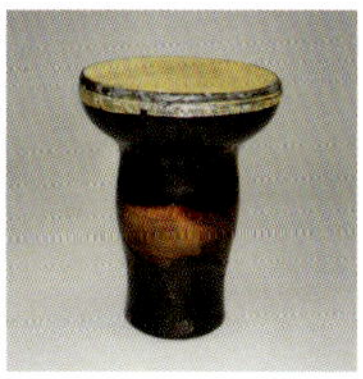

864
Trommel, 1978/79
Inv.-Nr. 00197-864,
s. Vetter 1997b,
Nr. 335.

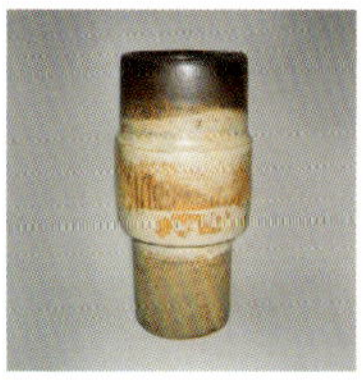

865
Vase, 1979
Inv.-Nr. 00197-865,
s. Vetter 1997b,
Nr. 336.

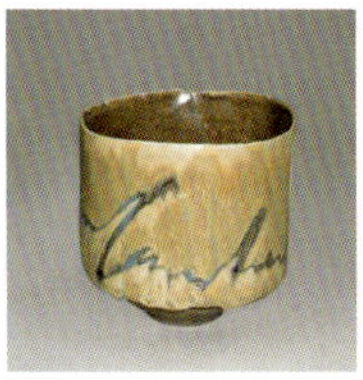

866
Kumme, 1979
Inv.-Nr. 00197-866,
s. Vetter 1997b,
Nr. 337.

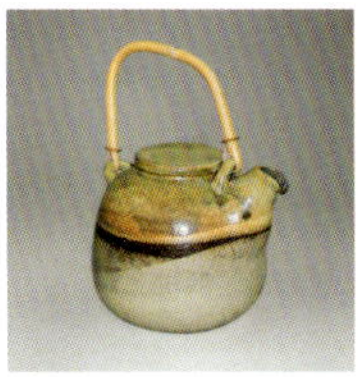

867
Teekanne mit Rohrbügel, 1979
Inv.-Nr. 00197-867,
s. Vetter 1997b,
Nr. 338.

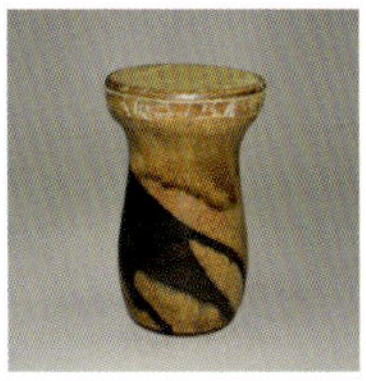

868
Trommel, um 1979
Inv.-Nr. 00197-868,
s. Vetter 1997b,
Nr. 339.

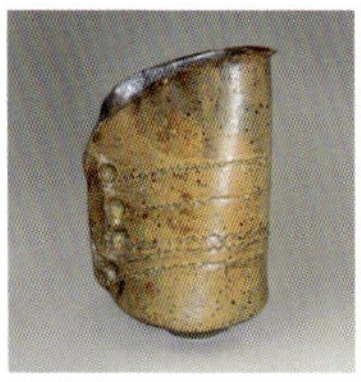

869
Gefäß, um 1982
Inv.-Nr. 00197-869,
s. Vetter 1997b,
Nr. 340.

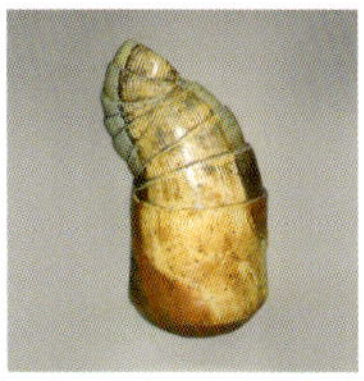

870
Objekt „Wachstum", um 1982
Inv.-Nr. 00197-870,
s. Vetter 1997b,
Nr. 341.

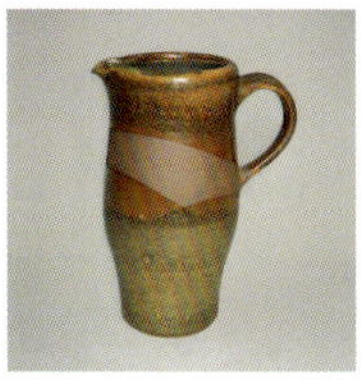

871
Krug, um 1982
Inv.-Nr. 00197-871,
s. Vetter 1997b,
Nr. 342.

Lerch, Uwe
00197-872

1942 in Büdelsdorf bei Rendsburg geboren, lebt und arbeitet in Bünsdorf.
1961–1966 Studium der Werbegrafik bei Hermann Bentele und der Keramik bei Johannes Gebhardt an der Muthesius-Werkkunstschule in Kiel.
1967–1968 eigene Werkstatt in Borgstedt.
1968–1970 Lehrauftrag für Keramik an der Muthesius-Werkkunstschule Kiel. Seit 1971 Werkstatt zusammen mit Inke Lerch-Brodersen in Bünsdorf.
1970–1975 Kunsterzieher Realschule Büdelsdorf und Rendsburg. 1975–1982 Entwurfstätigkeit für die Keramikmanufaktur Kupfermühle in Hohenlockstedt/Holstein.

Lit.: Waldrich 1996, S. 421–422.

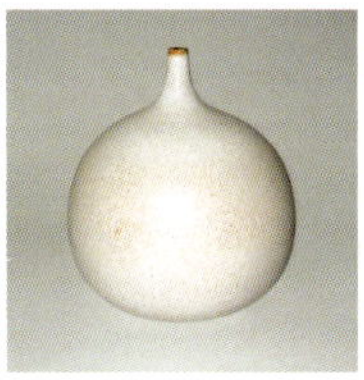

872
Vase, 1974
Steinzeug, weiß-brauner Scherben – gedreht. Oxidationsbrand im Elektro-Ofen bei 1.260°C.
H 14 cm, D 12,5 cm.
Werkstattzeichen Nr. 131.
Erworben durch J.W. Hinder.
Inv.-Nr. 00197-872.

Linard, Jean
00197-873

1931 in La Marche (Nièvre)/Frankreich geboren, lebt und arbeitet in Henrichemont (Cher)/Frankreich.
Nach einem Grafikstudium an der Ecole Estienne in Paris 1960–1973 Werkstatt in Neuvy-deux-Clochers/Henrichemont zusammen mit Anne Kjærsgaard, bei der er töpfern lernte. Jetzt eigene Werkstatt in Les Poteries/Henrichemont (Cher)/Frankreich.

Lit.: Spielmann 1979, S. 375, 577.

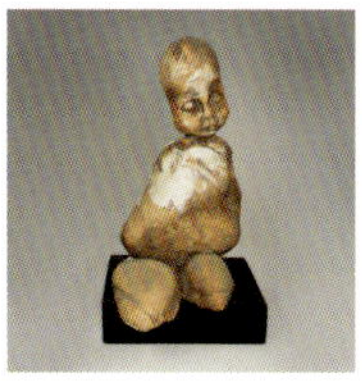

873
Plastik auf Holzsockel – „Poupée", um 1980
Schamotte-Ton, weiß-brauner Scherben, körnig modelliert.
Abmessungen 32 (mit Sockel) x 14,5 x 15,5 cm.
Unbezeichnet.
Erworben durch Lotte Reimers.
Inv.-Nr. 00197-873.

Lindh-Mascitti, Francesca
00197-874 – 00197-875

1931 in Aversa-degli-Abruzzi/Italien geboren, lebt und arbeitet in Helsinki.
1946–1948 Ausbildung am Liceo Artistico delle Belle Arti in Rom. 1949–1952 Studium bei Runar Engblom an Taideteollinen oppilaitos (Institut für angewandte Kunst) Helsinki. 1953–1955 Atelier zusammen mit Richard Lindh in Helsinki. Von 1955–1989 in der Kunstabteilung von Oy Arabia in Helsinki tätig. Seitdem Konzentration auf Malerei und Schmuckkunst.

Lit.: Spielmann 1979, S. 347, 575–576.

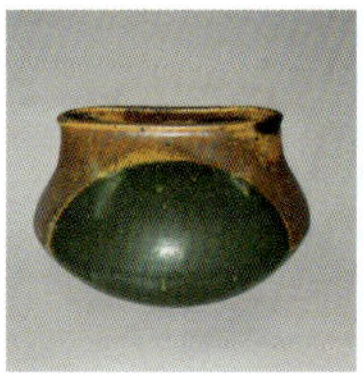

874
Vase mit ovaler Öffnung, Ende 1950er Jahre.
Steinzeug, hell-braun-grauer Schamotte-scherben – gedreht, gedrückt.
Abmessungen 13,5 x 21 x 21 cm.
Werkstattzeichen Nr. 132.
Erworben durch J.W. Hinder.
Inv.-Nr. 00197-874.

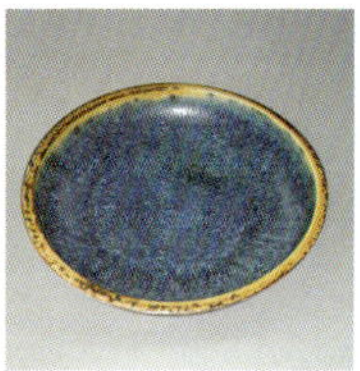

875
Flacher Teller, Ende 1950er Jahre
Steinzeug, braun-weißer Scherben – gedreht.
H 5 cm, D 24 cm.
Werkstattzeichen wie Nr. 132, Stempel ARABIA MADE IN FINLAND.
Erworben durch J.W. Hinder.
Inv.-Nr. 00197-875.

Lindig, Otto
00197-876

1895 in Pößneck/Thüringen geboren, 1966 in Hamburg gestorben.
1909–1911 Besuch der Zeichen- und Modellierschule Lichte/Thüringer Wald. 1911–1913 Bildhauer-Lehre bei Max Bechstein in Ilmenau; 1913–1915 Ausbildung in der keramischen Abteilung der Kunstgewerbeschule Weimar, daneben Abendkurse bei Richard Engelmann an der Staatlichen Akademie, 1915–1918 Studium der Bildhauerei bei Richard Engelmann an der Staatlichen Akademie Weimar; 1918 Kriegsdienst; 1919–1925 Leiter eines Meisterateliers am Staatlichen Bauhaus Weimar, 1920 Eintritt in die Keramikabteilung, Töpferlehre und Ausbildung bei Max Krehan und Gerhard Marcks, Gesellenprüfung 1922, Ausbau der Bauhaus-Werkstatt in Dornburg/Saale zusammen mit Theodor Bogler. 1925–1930 Lehrer und Leiter der Werkstatt als Außenstelle der neu gegründeten Hochschule für Handwerk und Baukunst in Weimar, der späteren Staatlichen Bauhochschule unter Otto Bartning, 1926 Meisterprüfung. 1930–1947 Führung der Dornburger Werkstatt nach Abtrennung von der Weimarer Hochschule als Pächter. 1947–1960 Leiter der Keramikklasse der Hochschule für Bildende Künste Hamburg.
Lit.: Spielmann 1979, S. 195, 593; Waldrich 1996, S. 429–430.

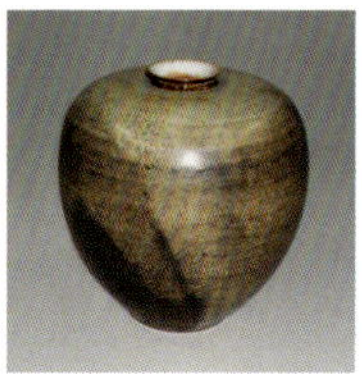

876
Vase, undatiert, vermutl. 1940/50er Jahre
Steinzeug, matt-brauner Scherben – gedreht.
H 12,5 cm, D 12,5 cm.
Unbezeichnet.
Erworben durch J.W. Hinder.
Inv.-Nr. 00197-876.

Mentzel-Marcks, Anne
00197-877 – 00197-879

1920 in Neusalz/Schlesien geboren, lebt in Berlin.
1939–1940 Besuch der Kunstgewerbeakademie Dresden; 1940–1943 Studium an der Keramischen Fachschule Bunzlau, der Staatlichen Fachschule für Keramik, Landshut, und Besuch der Meisterschule des Handwerks, Berlin; 1943 Meisterprüfung in Königsberg. Nach Wanderjahren von 1947–1951 eigene Werkstatt in Bad Boll, 1952–1962 in Neuwied, 1963–1970 Werkstatt in Schloss Freudental, 1970–1973 Werkstatt Töpferhaus Wangen in Wangen. 1973–1980 Lehrauftrag für Keramik an der Akademie der Bildenden Künste Stuttgart. Nach dreijährigem Segeltörn über die Weltmeere und keramischem Arbeiten in Kanada Rückkehr nach Deutschland, Errichtung einer Werkstatt in Wabern-Harle und Entwurfstätigkeit für die Industrie. Daran anschließend Arbeit in der Entwicklungshilfe in Afrika, auf den Philippinen und in Thailand, Beratungstätigkeit in Russland.

Lit.: Waldrich 1996, S. 472.

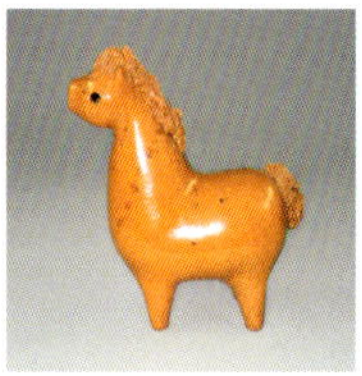

877
Drehscheibenplastik „Pferd“, um 1951–1963
Steinzeug, gelbbrauner Scherben – gedreht und montiert. Oxidationsbrand im Elektro-Ofen bei ca. 1.100°C.
Abmessungen 15,5 x 14 x 7 cm.
Unbezeichnet.
Erworben durch J.W. Hinder.
Lit.: Hinder & Reimers 1971, Abb. 87.
Inv.-Nr. 00197-877.

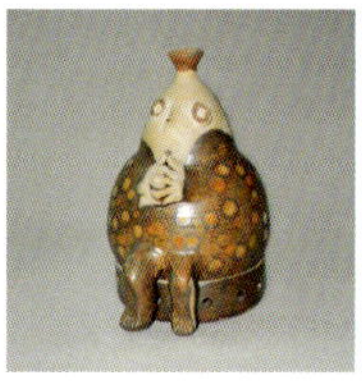

878
Drehscheibenplastik „Räuchermännchen“, um 1970
Steinzeug, grau-brauner Scherben (Westerwald) – gedreht und montiert. Oxidationsbrand im Elektro-Ofen vermutl. bei 1.100°C.
Abmessungen 14,5 x 10 x 12 cm.
Unbezeichnet.
Lit.: Hinder & Reimers 1971, Abb. 88.
Inv.-Nr. 00197-878.

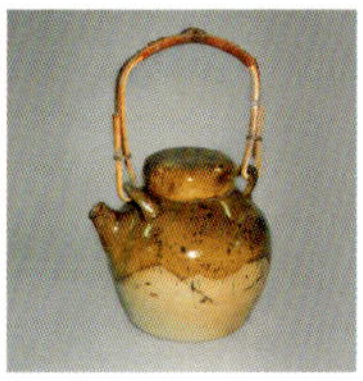

879
Teekanne mit Rohrbügel, vermutl. um 1970
Steinzeug, grau-brauner Scherben – gedreht. Oxidationsbrand im Elektro-Ofen bei ca. 1.100°C.
H 11,5 cm, D 13 cm.
Unbezeichnet.
Erworben durch J.W. Hinder.
Inv.-Nr. 00197-879.

Möller, Siegfried
00197-880 – 00197-881

1896 in Hamburg-Altona geboren, 1970 in Kiel gestorben.
1911–1915 Besuch der Kunstgewerbe- und Handwerkerschule Hamburg-Altona, um Holzbildhauer zu werden. 1915–1918 Kriegsdienst. 1919–1920 Studium an der Kunstgewerbeschule Hamburg-Altona. 1920–1922 als selbstständiger Bildhauer in Hamburg-Altona tätig. 1922–1923 Keramikstudium an der Landeskunstschule Hamburg. 1923–1926 Einrichtung und Leitung einer keramischen Abteilung bei Hirschauer Steingutfabrik, Hirschau/Oberpfalz; 1926–1927 künstlerischer Leiter der Hamelner Töpferei, Hameln/Weser, und der Rheinsberger Steingutfabrik C.+E. Carstens, Rheinsberg; 1927–1929 künstlerischer Leiter bei Steingutfabrik Carstens-Uffrecht, Neuhaldensleben, und der Wittenberger Steingutfabrik, Wittenberg; 1929–1935 künstlerischer Leiter bei der Steingutfabrik Elsterwerda/Sachsen, Porzellanfabrik Sorau und Steingutfabrik Elmshorn; 1933–1934 während der Tätigkeit in Elmshorn Studium der Keramik an der Hochschule für Bildende Künste Hamburg. 1934–1938 eigene keramische Werkstatt in Kupfermühle bei Bad Oldesloe/Holstein; 1936 Meisterprüfung im Töpferhandwerk. 1937 neben der eigenen Werkstatt für die Staatliche Majolika-Manufaktur Karlsruhe tätig. 1938–1945 Dozent für Keramik und Fachklassenleiter an der Nordischen Kunsthochschule, Bremen. 1945–1948 eigene Werkstatt in Kupfermühle bei Bad Oldesloe/Holstein. 1946–1947 Fachklassenleiter an der Landeskunstschule Hamburg; 1948–1954 Fachklassenleiter an der Muthesius-Kunstschule, Kiel. 1954–1970 eigene Werkstatt in Plön/Holstein.
Lit.: Klinge 1978, S. 96–101; Waldrich 1996, S. 490.

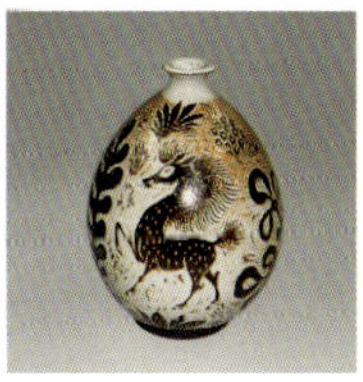

880
Vase, vermutl. 1957
Fayence, brauner Scherben.
H 15 cm, D 11,5 cm.
Werkstattzeichen Nr. 134.
Erworben durch J.W. Hinder.
Inv.-Nr. 00197-880.

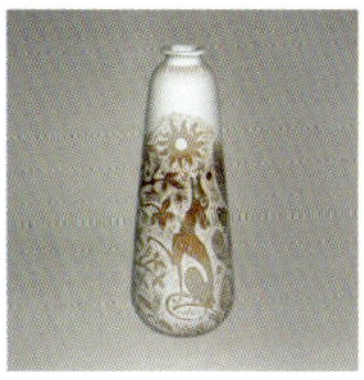

881
Vase, vermutl. 1950er Jahre
Fayence, brauner Scherben.
H 20,5 cm, D 8 cm.
Werkstattzeichen Nr. 133.
Erworben durch J.W. Hinder.
Inv.-Nr. 00197-881.

Mühlendyck, Johannes
00197-882 – 00197-883

1933 in Höhr-Grenzhausen geboren, lebt in Königswinter.
1948–1951 Töpferlehre in der Töpferei seines Vaters Wim Mühlendyck, Höhr-Grenzhausen, Gesellenprüfung. 1952–1954 Besuch der Staatlichen Fachschule für Keramik, Landshut, Meisterprüfung. 1956–1986 Mitarbeit im Töpferhof Mühlendyck, Höhr-Grenzhausen.

Lit.: Waldrich 1996, S. 497.

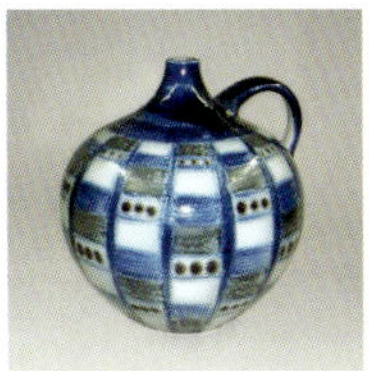

882
Krug (bemalt von Bita Mühlendyck), vermutl. 1960/1970er Jahre
Steinzeug, hellgrauer Scherben – gedreht. Salzbrand vermutl. im Holzofen bei 1.150–1.280/1.300°C.
H 27 cm, D 25 cm.
Werkstattzeichen Nr. 135.
Erworben durch J.W. Hinder.
Lit.: Hinder & Reimers 1971, Abb. 91.
Inv.-Nr. 00197-882.

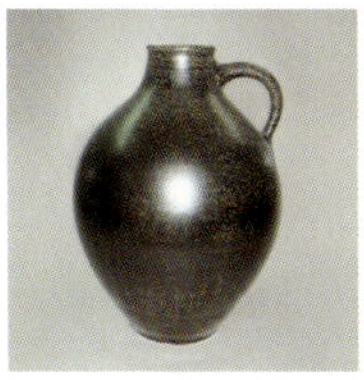

883
Krug, 1976
Steinzeug, hellgrauer Scherben – gedreht. Salzbrand im Holzofen bei 1.150–1.280/1.300 °C.
H 40 cm, D 26,5 cm.
Werkstattzeichen Nr. 136.
Erworben durch Lotte Reimers.
Inv.-Nr. 00197-883.

Mühlendyck, Wim
00197-884 – 00197-896

1905 in Porz/Köln geboren, 1986 in Höhr-Grenzhausen gestorben.
1924–1925 Studium der Forstwirtschaft an der Universität Köln; 1925–1926 Töpferlehre u.a. bei Georg Roth an den Kölner Werkschulen, Köln; 1926–1927 Studium an der Keramischen Fachschule Höhr-Grenzhausen; 1927–1930 Ausbildung zum Gewerbeoberlehrer am berufspädagogischen Institut Köln, gleichzeitig Lehrer an der Berufsschule in Frechen. 1931 Zusammenarbeit mit Elfriede Balzar-Kopp und eigene gemietete Werkstatt; 1936 Errichtung der eigenen Werkstatt („Töpferhof").

Lit.: Klinge 1978, S. 102–110; Waldrich 1996, S. 498–500.

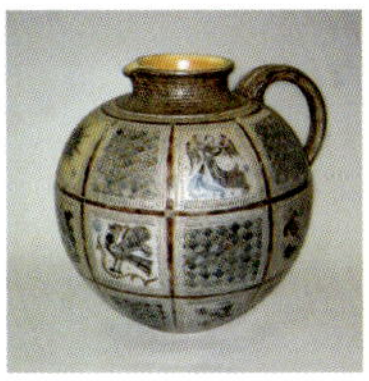

884
Krug, 1950
Steinzeug, hellbraungrauer Scherben – gedreht. Holzbrand im Kannofen bei 1.150–1.280/1.300°C.
H 38 cm, D 36,5 cm.
Werkstattzeichen Nr. 138, Jahreszahl 1950.
Erworben durch J.W. Hinder.
Inv.-Nr. 00197-884.

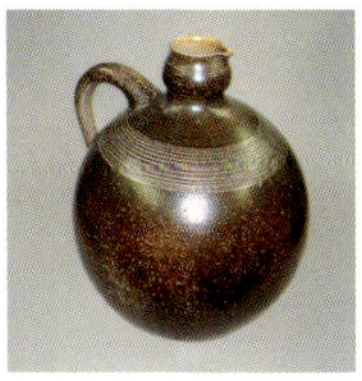

885
Krug, vermutl. 1950er Jahre
Steinzeug, grauer Scherben – gedreht. Holzbrand im Kannofen bei 1.150–1.280/1.300°C.
H 45,5 cm, D 35,5 cm.
Unbezeichnet (Werkstatt Mühlendyck).
Erworben durch J.W. Hinder.
Inv.-Nr. 00197-885.

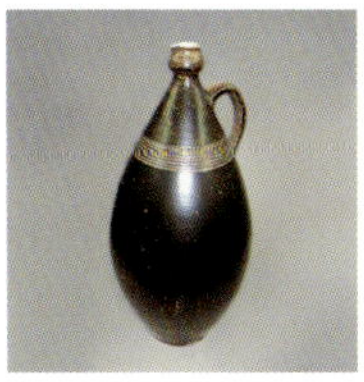

886
Krug, vermutl. 1950er Jahre
Steinzeug, weißbrauner Scherben – gedreht. Holzbrand im Kannofen bei 1.150–1.280/1.300°C.
H 61,5 cm, D 30 cm.
Werkstattzeichen Nr. 137.
Erworben durch J.W. Hinder.
Inv.-Nr. 00197-886.

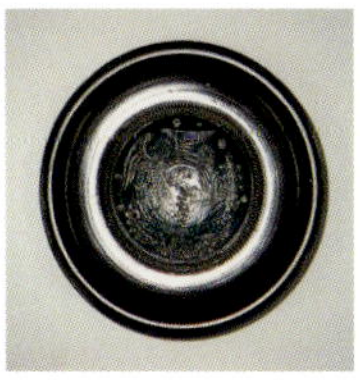

887
Teller „Verkündigung", Ende 1950er Jahre
Steinzeug, hellgrauer Scherben – gedreht. Holzbrand im Kannofen bei 1.150–1.280/1.300°C.
H 4 cm, D 34 cm.
Werkstattzeichen Nr. 138.
Erworben durch J.W. Hinder.
Inv.-Nr. 00197-887.

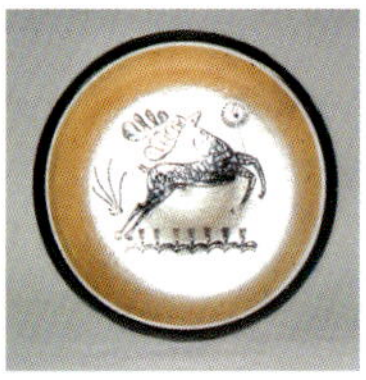

888
Wandteller „Hirsch“, 1950er Jahre
Steinzeug, hellgrauer Scherben – gedreht. Holzbrand im Kannofen bei 1.150–1.280/1.300°C.
H 3,5 cm, D 24,5 cm.
Werkstattzeichen Nr. 138.
Erworben durch J.W. Hinder.
Inv.-Nr. 00197-888.

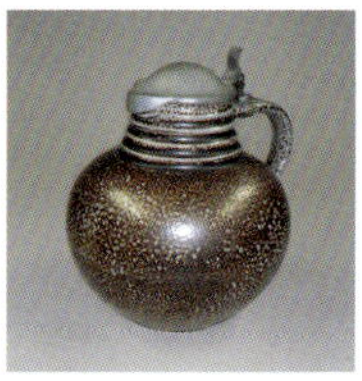

889
Krug mit Zinndeckel, vermutl. 1950er Jahre
Steinzeug, hellgrauer Scherben – gedreht. Holzbrand im Kannofen bei 1.150–1.280/1.300°C.
H 21,5 cm (mit Zinndeckel u. Griff), D 19,5 cm.
Werkstattzeichen Nr. 139, geritzt 426 C.
Erworben durch J.W. Hinder.
Inv.-Nr. 00197-889.

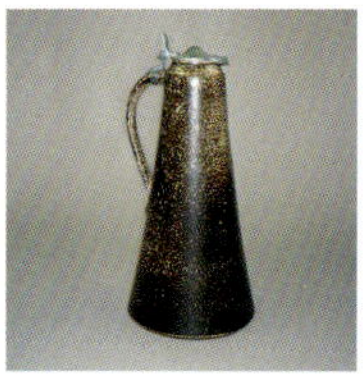

890
Krug mit Zinndeckel (sog. „Siegburger Schnelle“), um 1970
Steinzeug, mattgraubrauner Scherben – gedreht. Holzbrand im Kannofen bei 1.150–1.280/1.300°C.
H 36 cm (mit Zinndeckel), D 17 cm.
Werkstattzeichen Nr. 139, geritzt 432 B.
Erworben durch J.W. Hinder.
Inv.-Nr. 00197-890.

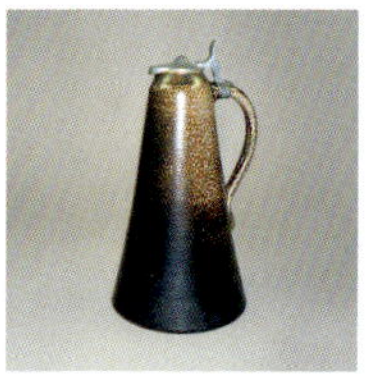

891
Krug mit Zinndeckel (sog. „Siegburger Schnelle“), um 1970
Steinzeug, mattgraubrauner Scherben – gedreht. Holzbrand im Kannofen bei 1.150–1.280/1.300°C.
H 28,5 cm (mit Zinndeckel), D 15 cm.
Werkstattzeichen Nr. 139, geritzt 432 B.
Erworben durch J.W. Hinder.
Inv.-Nr. 00197-891.

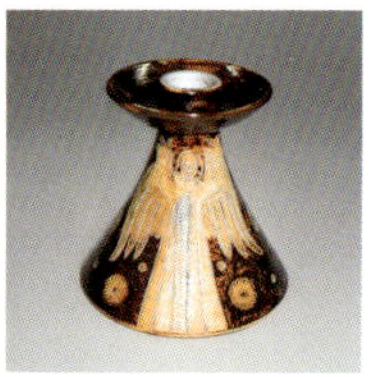

892
Leuchter, Motiv „Engel“, vermutl. Ende 1950er Jahre
Steinzeug, hellgrauer Scherben – gedreht. Holzbrand im Kannofen bei 1.150–1.280/1.300°C.
H 12 cm, D 12 cm.
Werkstattzeichen Nr. 138.
Erworben durch J.W. Hinder.
Inv.-Nr. 00197-892.

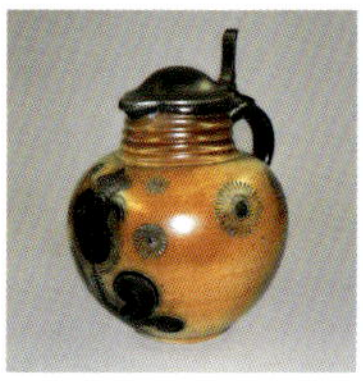

893
Krug mit Zinndeckel, vermutl. 1950er Jahre
Steinzeug, hellgrauer (vermutl.) Scherben – gedreht. Holzbrand im Kannofen bei 1.150–1.280/1.300°C.
H 28 cm (mit Zinndeckel), D 22 cm.
Werkstattzeichen Nr. 139, geritzt 426 A.
Erworben durch J.W. Hinder.
Inv.-Nr. 00197-893.

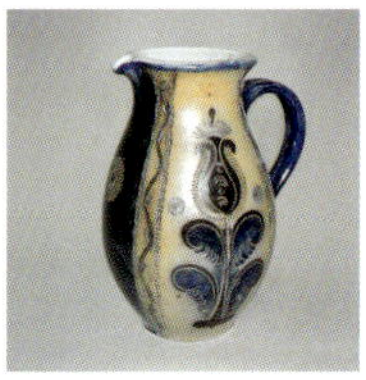

894
Krug, um 1953
Steinzeug, grauer Scherben – gedreht. Holzbrand im Kannofen bei 1.150–1.280/1.300°C.
H 21,5 cm, D 14 cm.
Werkstattzeichen Nr. 139, geritzt 401 A.
Erworben durch J.W. Hinder.
Inv.-Nr. 00197-894.

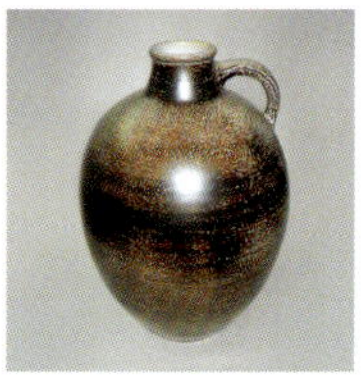

895
Krug, um 1945
Steinzeug, grauer Scherben – gedreht. Holzbrand im Kannofen bei 1.150–1.280/1.300°C.
H 47 cm, D 32 cm.
Unbezeichnet (Werkstatt Mühlendyck).
Erworben durch J.W. Hinder.
Inv.-Nr. 00197-895.

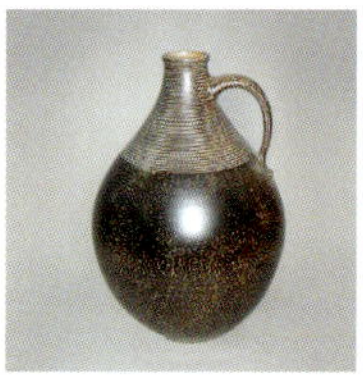

896
Krug, um 1954
Steinzeug, grauer Scherben – gedreht. Holzbrand im Kannofen bei 1.150–1.280/1.300°C.
H 38 cm, D 26,5 cm.
Unbezeichnet (Werkstatt Mühlendyck).
Auszeichnung: Goldmedaille Mailand 1954.
Erworben durch J.W. Hinder.
Inv.-Nr. 00197-896.

Müller Dr., Horst
00197-897 – 00197-899

In den 1960er Jahren Studium der Keramik bei Walter Popp an der Hochschule für Bildende Künste in Kassel.

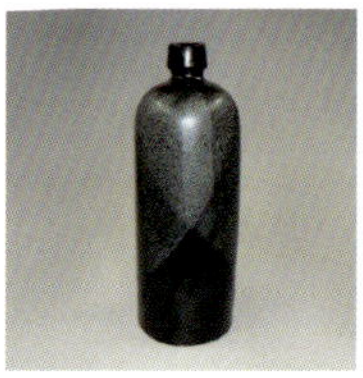

897
Vase – Flaschenform, 1965
Steinzeug, mattbraungrauer Schamottescherben – gebaut.
H 35 cm, D 13 cm.
Werkstattzeichen Nr. 140.
Erworben durch J.W. Hinder.
Inv.-Nr. 00197-897.

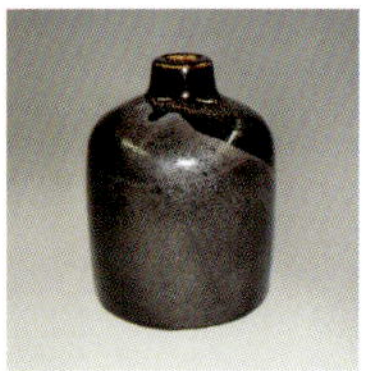

898
Vase, um 1965
Steinzeug, mattbraungrauer Schamottescherben – gebaut.
H 15,5 cm, B 12,5 cm.
Werkstattzeichen Nr. 141.
Erworben durch J.W. Hinder.
Inv.-Nr. 00197-898.

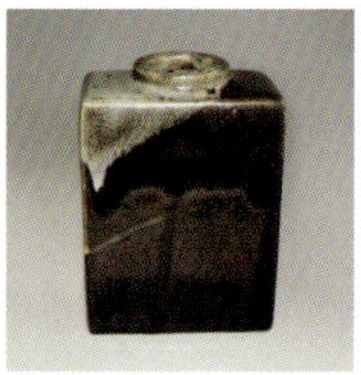

899
Kastenvase, um 1965
Steinzeug, mattbraungrauer Schamottescherben – gebaut.
Abmessungen 15,5 x 11,5 x 7 cm.
Werkstattzeichen Nr. 141.
Erworben durch J.W. Hinder.
Inv.-Nr. 00197-899.

Müller, Klaus
0197-900 – 00197-901

1937 geboren.
Studium der Kunsterziehung und Studium der Keramik bei Walter Popp an der Hochschule für Bildende Künste in Kassel.

Lit.: Hinder 1965a, S. 161–162; Hinder 1972c; Broxtermann 1988, S. 168.

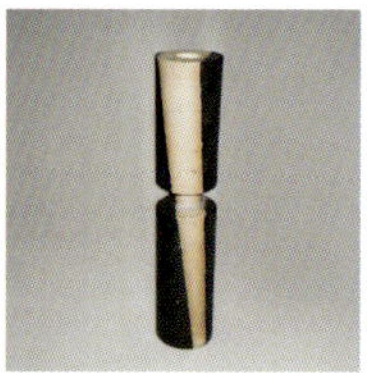

900
Vase, um 1970
Steinzeug, weißbrauner Scherben – gedreht. Reduktionsbrand im Elektro-Ofen um 1.260–1.280°C.
H 21,5 cm, D 4,5 cm.
Werkstattzeichen Nr. 142.
Erworben durch J.W. Hinder.
Lit.: Hinder & Reimers 1971, Abb. 92.
Inv.-Nr. 00197-900.

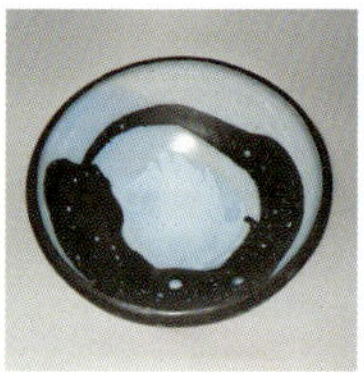

901
Schale, um 1970
Steinzeug, weißbrauner Scherben – gedreht. Reduktionsbrand im Elektro-Ofen um 1.260–1.280°C.
H 12 cm, D 28,5 cm.
Werkstattzeichen Nr. 142.
Erworben durch J.W. Hinder.
Inv.-Nr. 00197-901.

Naethe, Thomas
00197-902 – 00197-920

1954 in Berlin geboren, lebt und arbeitet in Utzerath/Eifel.
1973–1976 Ausbildung bei Gisela Schliessler, Fayence-Manufaktur, Krösselbach/Eberbach. 1976–1978 Zivildienst. 1978–1981 Studium an der Staatlichen Fachschule für Keramikgestaltung in Höhr-Grenzhausen, Meisterprüfung und Gestalterexamen. 1982–1987 gemeinsame Werkstatt mit Rita Ternes in Bippen/Emsland, seit 1988 gemeinsame Werkstatt mit Rita Ternes in Utzerath/Eifel. Seit 1995 Dozent am Kunstzentrum Bosener Mühle, seit 1996 Dozent an der Europäischen Kunstakademie Trier, seit 2002 Lehrauftrag an der Universität Köln.

Lit.: Waldrich 1996, S. 508–509; Kaiserslautern 2000.

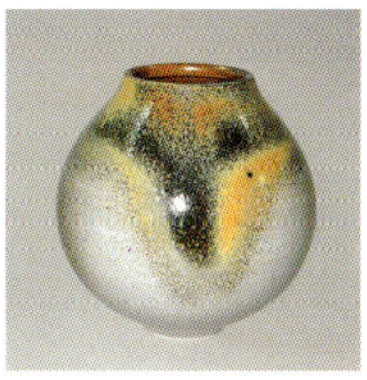

902
Vase, um 1979
Steinzeug, hellgrauer Scherben – gedreht, abgedreht. Salzbrand im Gas-Ofen bei 1.280°C.
H 14 cm, D 14 cm.
Werkstattzeichen Nr. 144.
Erworben durch Lotte Reimers 1980.
Inv.-Nr. 00197-902.

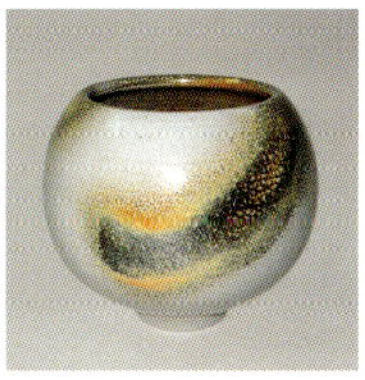

903
Vase, um 1979
Steinzeug, hellgrauer Scherben – gedreht, abgedreht. Salzbrand im Gas-Ofen bei 1.280°C.
H 12 cm, D 14,5 cm,
Werkstattzeichen Nr. 143.
Erworben durch Lotte Reimers 1980.
Inv.-Nr. 00197-903.

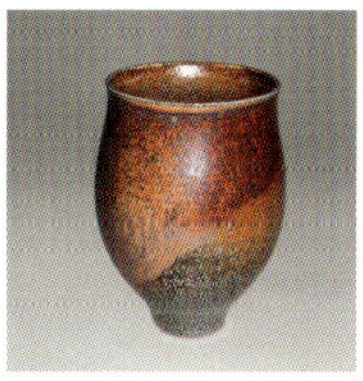

904
Bechergefäß, um 1979
Steinzeug, grauer Scherben – gedreht, abgedreht. Salzbrand im Gas-Ofen bei 1.280°C.
H 12,5 cm, D 9,5 cm.
Werkstattzeichen Nr. 144.
Erworben durch Lotte Reimers 1980.
Inv.-Nr. 00197-904.

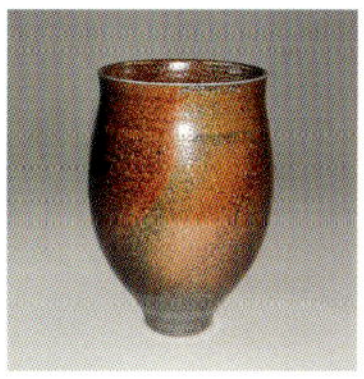

905
Bechergefäß, um 1979
Steinzeug, grauer Scherben – gedreht, abgedreht. Salzbrand im Gas-Ofen bei 1.280°C.
H 14,5 cm, D 10 cm.
Werkstattzeichen Nr. 143.
Erworben durch Lotte Reimers 1980.
Inv.-Nr. 00197-905.

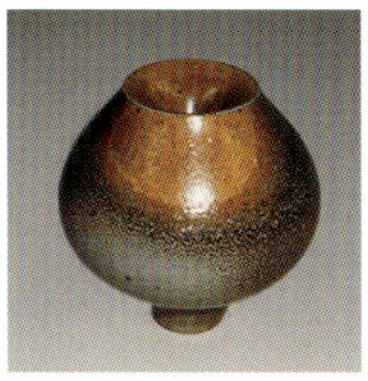

906
Vase – Doppelwandform, um 1980
Steinzeug, graubrauner Scherben – gedreht, abgedreht. Salzbrand im Gas-Ofen bei 1.280°C.
H 8,50 cm, D 9,5 cm.
Werkstattzeichen Nr. 143.
Erworben durch Lotte Reimers 1980.
Inv.-Nr. 00197-906.

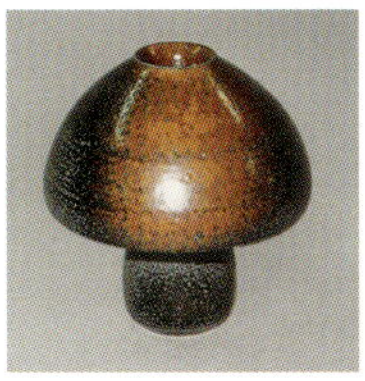

907
Vase „Pilz", um 1980
Steinzeug, graubrauner Scherben – gedreht, abgedreht. Salzbrand im Gas-Ofen bei 1.280°C.
H 10 cm, D 10 cm.
Werkstattzeichen Nr. 143.
Erworben durch Lotte Reimers 1980.
Inv.-Nr. 00197-907.

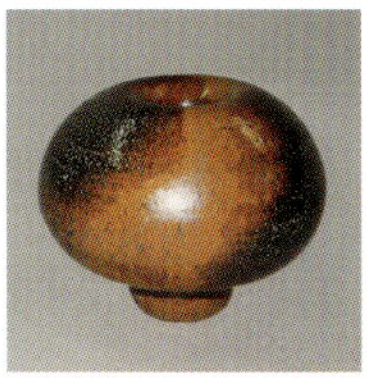

908
Vase „Pilz", um 1980
Steinzeug, graubrauner Scherben – gedreht, abgedreht. Salzbrand im Gas-Ofen bei 1.280°C.
H 9 cm, D 11 cm.
Werkstattzeichen Nr. 143.
Erworben durch Lotte Reimers 1980.
Inv.-Nr. 00197-908.

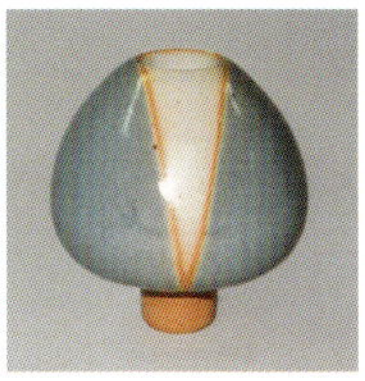

909
Vase, um 1980
Steinzeug, mattbraungrauer Scherben – gedreht, abgedreht. Reduktionsbrand im Gas-Ofen bei 1.230°C.
H 10 cm, D 9,5 cm.
Werkstattzeichen Nr. 143.
Erworben durch Lotte Reimers 1980.
Inv.-Nr. 00197-909.

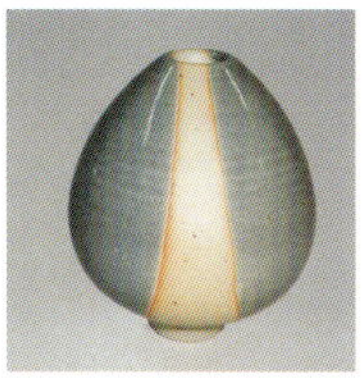

910
Vase, um 1980
Steinzeug, hellbraungrauer Scherben – gedreht, abgedreht. Reduktionsbrand im Gas-Ofen bei 1.230°C.
H 12 cm, D 11 cm.
Werkstattzeichen Nr. 144.
Erworben durch Lotte Reimers 1980.
Inv.-Nr. 00197-910.

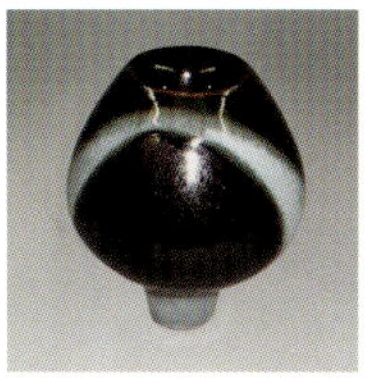

911
Vase – Doppelwandform, um 1980
Steinzeug, hellbraungrauer Scherben – gedreht, abgedreht. Reduktionsbrand im Gas-Ofen bei 1.230°C.
H 13 cm, D 11 cm.
Werkstattzeichen Nr. 143.
Erworben durch Lotte Reimers 1980.
Inv.-Nr. 00197-911.

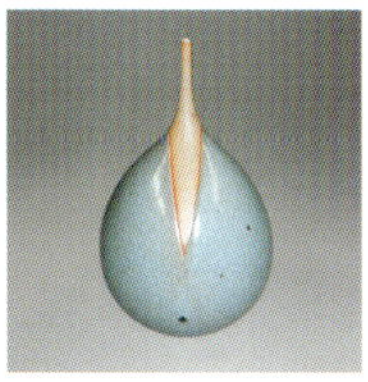

912
Vase, um 1980
Steinzeug, mattbraungrauer Scherben – gedreht, abgedreht. Reduktionsbrand im Gas-Ofen bei 1.230°C.
H 17 cm, D 10 cm.
Werkstattzeichen Nr. 144.
Erworben durch Lotte Reimers 1980.
Inv.-Nr. 00197-912.

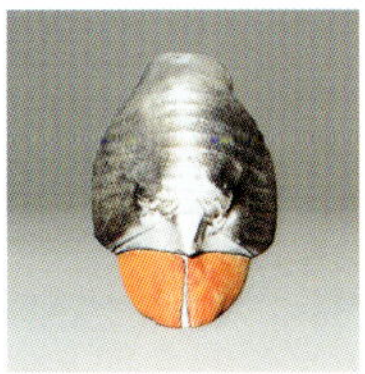

913
Köpfchen mit dunkelorangerotem Hals, um 1984
Steinzeug – gedreht, abgedreht, geknautscht und modelliert. Rakubrand (geräuchert mit Holzwolle) bei ca. 800/900°C.
H 7,5 cm, B 5,5 cm.
Unbezeichnet.
Inv.-Nr. 00197-913.

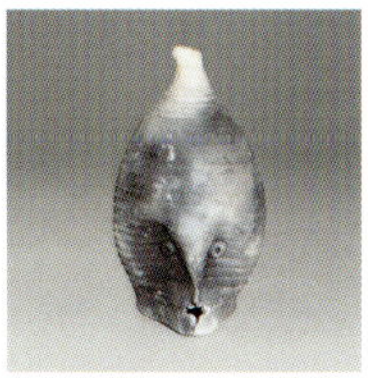

914
Köpfchen, um 1982
Steinzeug – gedreht, abgedreht, geknautscht u. modelliert. Rakubrand (geräuchert mit Holzwolle) bei ca. 800/900°C.
Abmessungen 11 x 7 x 6,5 cm.
Unbezeichnet.
Inv.-Nr. 00197-914.

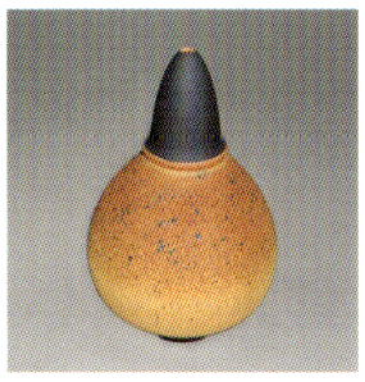

915
Vase, um 1983/84
Steinzeug, hellbraungrauer Scherben – gedreht, abgedreht. Reduktionsbrand im Gas-Ofen bei 1.230/1.240°C.
H 15,5 cm, D 10 cm.
Unbezeichnet.
Erworben durch Lotte Reimers.
Inv.-Nr. 00197-915.

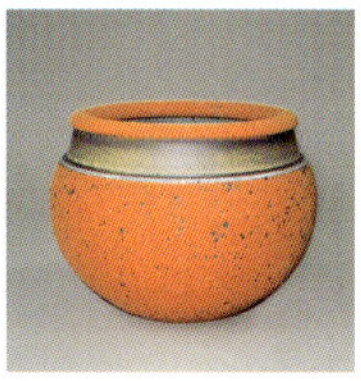

916
Gefäß, um 1983/84
Steinzeug (eingefärbt), graubrauner Scherben – gedreht, abgedreht. Reduktionsbrand im Gas-Ofen bei 1.240°C.
H 11,5 cm, D 16 cm.
Unbezeichnet.
Erworben durch Lotte Reimers.
Inv.-Nr. 00197-916.

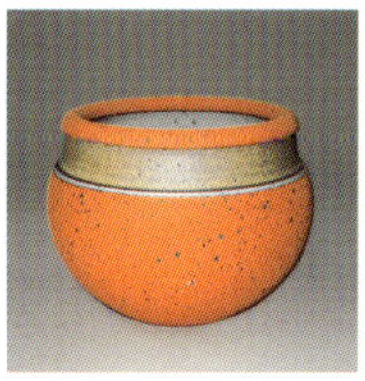

917
Gefäß, um 1983/84
Steinzeug (eingefärbt), graubrauner Scherben – gedreht, abgedreht. Reduktionsbrand im Gas-Ofen bei 1.240°C.
H 15,5 cm, D 22 cm.
Unbezeichnet.
Erworben durch Lotte Reimers.
Inv.-Nr. 00197-917.

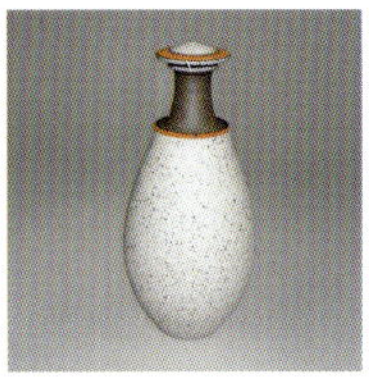

918
Flasche mit Stöpsel, um 1984
Steinzeug (eingefärbt), weißbrauner Scherben – gedreht, abgedreht, Stöpsel eingeschliffen. Reduktionsbrand im Gas-Ofen bei 1.240°C.
H 21,5 cm, D 9,5 cm.
Unbezeichnet.
Erworben durch Lotte Reimers.
Inv.-Nr. 00197-918.

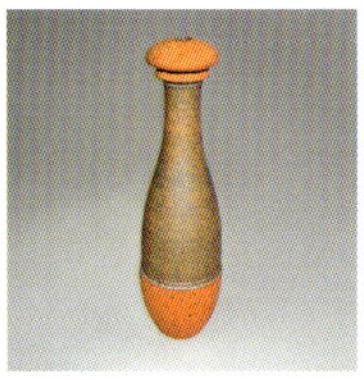

919
Flasche mit Stöpsel, um 1983
Steinzeug (eingefärbt), graubrauner Scherben – gedreht, abgedreht, Stöpsel eingeschliffen. Reduktionsbrand im Gas-Ofen bei 1.240°C.
H 24,5 cm, D 7 cm.
Werkstattzeichen Nr. 144.
Erworben durch Lotte Reimers.
Inv.-Nr. 00197-919.

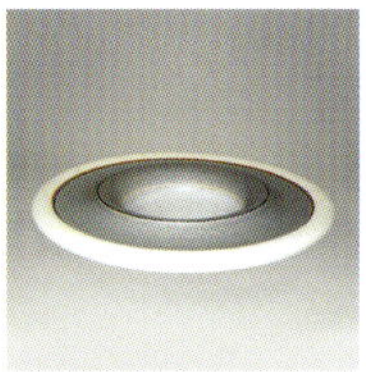

920
Gefäß, 1986
Steinzeug, weißbrauner Scherben – gedreht, abgedreht. Reduktionsbrand im Gas-Ofen bei 1.240°C.
H 7 cm, D 41 cm.
Unbezeichnet.
Erworben durch Lotte Reimers.
Inv.-Nr. 00197-920.

Niemeyer, Ute Yael
00197-921 – 00197-922

1943 in Berlin geboren, lebt und arbeitet in Bielefeld.
1962–1963 Studium der Theaterwissenschaft und Germanistik an der Universität Köln; 1963–1968 Studium der Malerei bei Arnold Bode und Fritz Winter, der Keramik bei Walter Popp an der Hochschule für Bildende Künste in Kassel, 1965 Meisterschülerin von Fritz Winter, 1967 Beginn mit Metallplastik.
1968–1970 Assistentin an der Hochschule für Bildende Künste Kassel, Einrichtung der Metallwerkstatt. 1970–1976 eigene Werkstatt in Bielefeld.
1975–1977 Lehrauftrag an der Fachhochschule Bielefeld, Abt. Design.
1977 Berufung an die Museums of Fine Art School, Tufts University, Boston/USA.
1981 Aufbau und Leitung der Sparte Kunst der Musik- und Kunstschule Bielefeld, seit 2004 Leiterin der Musik- und Kunstschule Bielefeld.

Lit.: Waldrich 1996, S. 515.

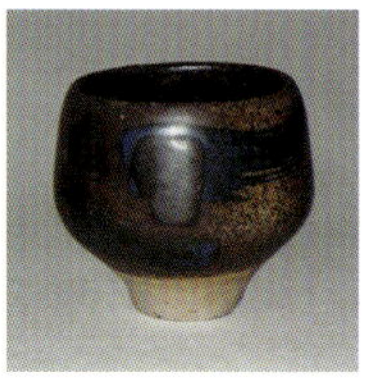

921
Kleine Kumme, um 1964
Steinzeug, braungrauer Scherben – gedreht. Reduktionsbrand im Elektro-Ofen bei 1.260–1.280°C.
H 8 cm, D 9 cm.
Unbezeichnet.
Erworben durch J.W. Hinder.
Inv.-Nr. 00197-921.

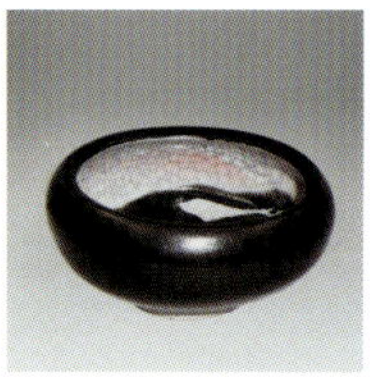

922
Schale, 1964
Steinzeug, mattbraungrauer Scherben – gedreht. Reduktionsbrand im Elektro-Ofen um 1.260–1.280°C.
H 7 cm, D 15 cm.
Werkstattzeichen Nr. Ritzzeichen UN (ineinander geschrieben).
1995 bei Verpackung zerbrochen, Verlust.
Inv.-Nr. 00197-922.

Okabe, Norihiko
00197-923 – 00197-932

1946 in der Tochigi Präfektur/Japan geboren.
1970–1971 Lehre an der Keramikschule der Tochigi Präfektur in Mashiko; 1971–1973 Lehre in der Narui Werkstatt, Mashiko. 1974 Gründung der eigenen Werkstatt.

Lit.: Christiani 1989, S. 44–54.

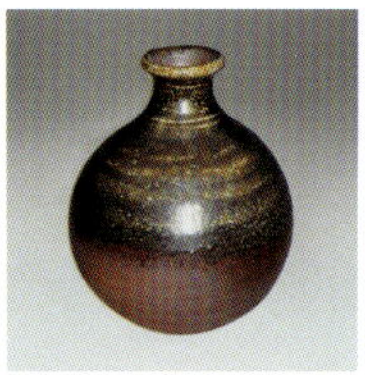

923
Vase – Kugelform mit zylindrischem Hals, 1983
Steinzeug, dunkelbraungrauer Scherben – gedreht. Holzofenbrand, reduzierende Atmosphäre.
H 11 cm, D 9,5 cm.
Werkstattzeichen Nr. 145.
Erworben durch Lotte Reimers 1984.
Inv.-Nr. 00197-923.

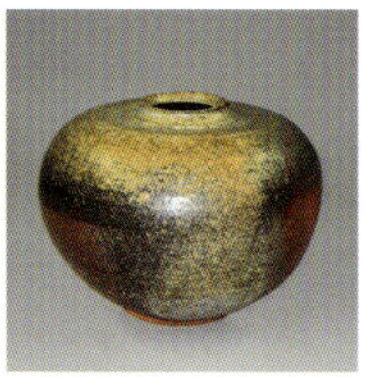

924
Vase – Kugelform mit ringartiger Öffnung, um 1980/1983
Steinzeug, orangefarbener Scherben – gedreht. Holzofenbrand, reduzierende Atmosphäre.
H 18 cm, D 24,5 cm.
Unbezeichnet.
Erworben durch Lotte Reimers 1984.
Inv.-Nr. 00197-924.

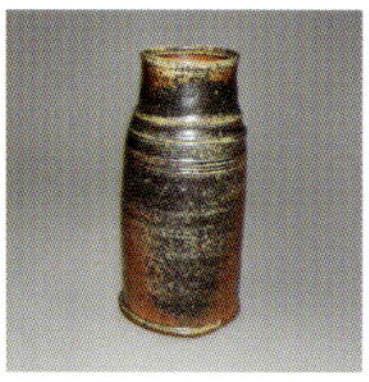

925
Vase – Zylinderform mit weiter Öffnung, um 1980/1983
Steinzeug, gelbbrauner Scherben – gedreht. Holzofenbrand, reduzierende Atmosphäre.
H 23 cm, D 11 cm.
Unbezeichnet.
Erworben durch Lotte Reimers 1984.
Inv.-Nr. 00197-925.

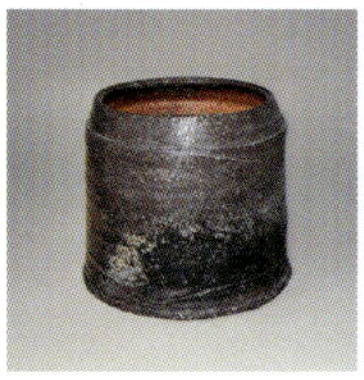

926
Großer Topf, 1984
Steinzeug, gelbbrauner Schamottescherben – gedreht. Holzofenbrand, reduzierende Atmosphäre.
H 20,5 cm, D 23,5 cm.
Unbezeichnet.
Erworben durch Lotte Reimers 1984.
Inv.-Nr. 00197-926.

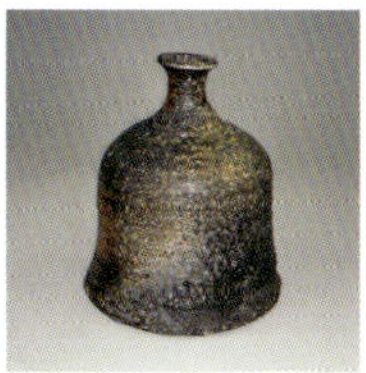

927
Vase mit zyl. Hals und aufgebogener Mündung, 1984
Steinzeug, orange-brauner Schamottescherben – gedreht. Holzofenbrand, reduzierende Atmosphäre. H 19,5 cm, D 16 cm. Unbezeichnet. Erworben durch Lotte Reimers 1984. Inv.-Nr. 00197-927.

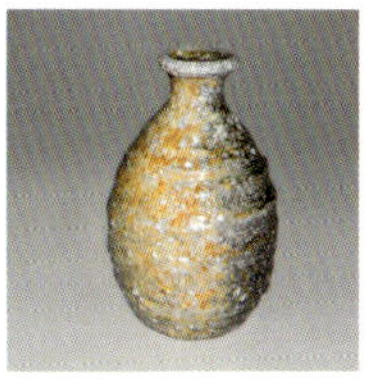

928
Vase, Eiform mit zylindrischem Hals, 1984
Steinzeug, brauner Scherben – gedreht. Holzofenbrand, reduzierende Atmosphäre. H 13,5 cm, D 8,5 cm. Unbezeichnet. Erworben durch Lotte Reimers 1984. Inv.-Nr. 00197-928.

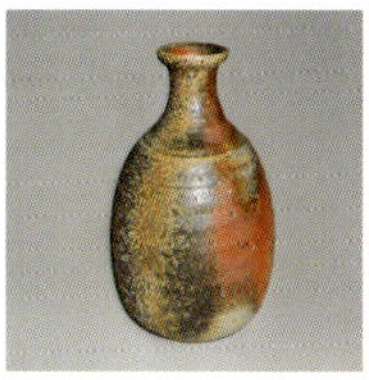

929
Sake-Flasche, 1984
Steinzeug, brauner Scherben – gedreht. Holzofenbrand, reduzierende Atmosphäre. H 15,5 cm, D 9 cm. Unbezeichnet. Erworben durch Lotte Reimers 1984. Inv.-Nr. 00197-929.

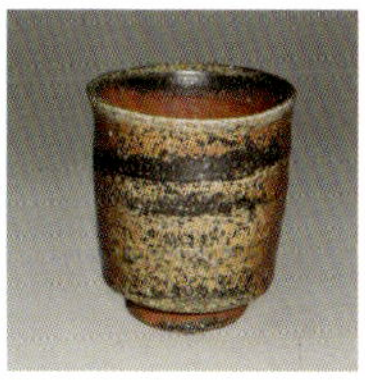

930
Bechergefäß, 1984
Steinzeug, gelbbrauner Scherben – gedreht. Holzofenbrand, reduzierende Atmosphäre. H 9 cm, D 8 cm. Unbezeichnet. Erworben durch Lotte Reimers 1984. Inv.-Nr. 00197-930.

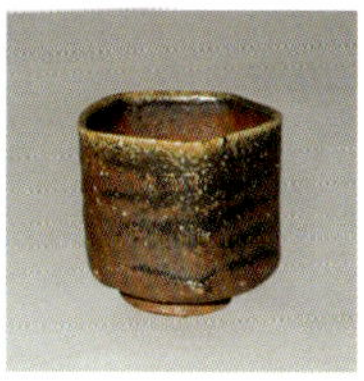

931
Becher, 1984
Steinzeug, gelbbrauner Scherben – gedreht und geklopft. Holzofenbrand, reduzierende Atmosphäre. H 6 cm, D 6 cm. Unbezeichnet. Erworben durch Lotte Reimers 1984. Inv.-Nr. 00197-931.

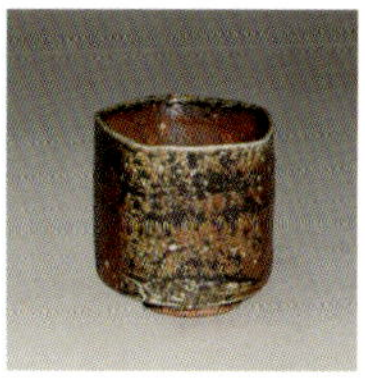

932
Kleiner Becher, 1984
Steinzeug, gelbbrauner Schamottescherben – gedreht und geklopft. Holzofenbrand, reduzierende Atmosphäre. H 6 cm, D 6 cm. Unbezeichnet. Erworben durch Lotte Reimers 1984. Inv.-Nr. 00197-932.

Overberg, Rolf
00197-933 – 00197-943

1933 in Osnabrück geboren, 1993 in Osnabrück gestorben.
1957–1960 Töpferlehre bei Ruth Landmann (Schülerin von Wim Mühlendyck) in Osnabrück; 1957–1960 Studium der Keramik bei Irene Brinkhaus, Bildhauerei bei Carl Ehlers an der Werkkunstschule Münster. 1971 Japan-Aufenthalt, Experimente mit Aschenglasuren. 1960–1993 eigene Werkstatt in Osnabrück.

Lit.: Waldrich 1996, S. 524–527.

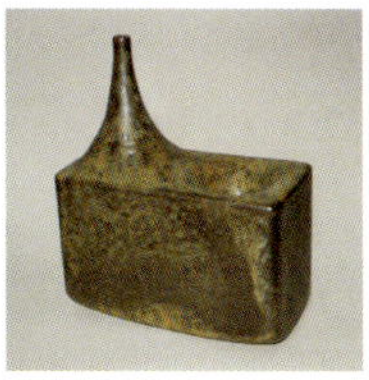

933
Vase mit Vertiefung – 1970
Steinzeug, braunschwarzer Scherben – gebaut. Oxidationsbrand im Elektro-Ofen um 1.215°C. Abmessungen 24,5 x 20,5 x 10,5 cm. Werkstattzeichen Nr. 146. Erworben durch J.W. Hinder. Inv.-Nr. 00197-933.

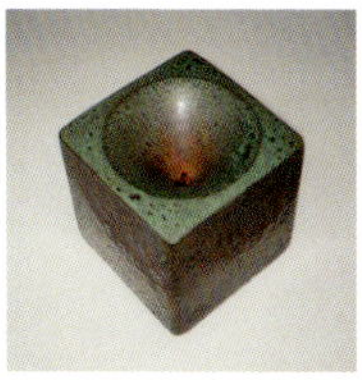

934
Vase würfelförmig mit Trichtervertiefung, um 1970
Steinzeug, braunschwarzer Scherben – gedreht, gebaut und montiert. Oxidationsbrand im Elektro-Ofen bei 1.215°C. Abmessungen 14,3 x 14,3 x 14,3 cm. Werkstattzeichen Nr. 146. Erworben durch J.W. Hinder. Inv.-Nr. 00197-934.

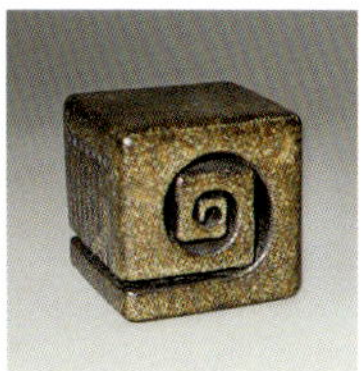

935
Plastik „Stein", um 1970
Steinzeug, braunschwarzer Scherben – gebaut, geschnitten. Oxidationsbrand im Elektro-Ofen bei 1.215°C. Abmessungen 7 x 7,5 x 7 cm. Werkstattzeichen Nr. 146. Erworben durch J.W. Hinder. Inv.-Nr. 00197-935.

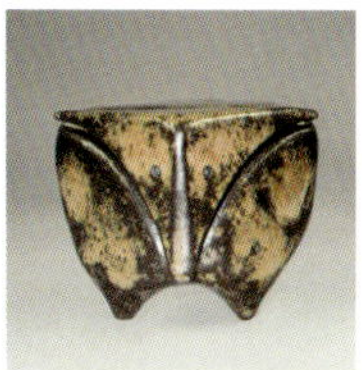

936
Plastik „Tier", 1969/70
Steinzeug, braunschwarzer Scherben – gebaut, geschnitten. Oxidationsbrand im Elektro-Ofen bei 1.215°C. Abmessungen 9 x 12 x 12 cm. Werkstattzeichen Nr. 146. Erworben durch J.W. Hinder. Lit.: Hinder & Reimers 1971, Abb. 93. Inv.-Nr. 00197-936.

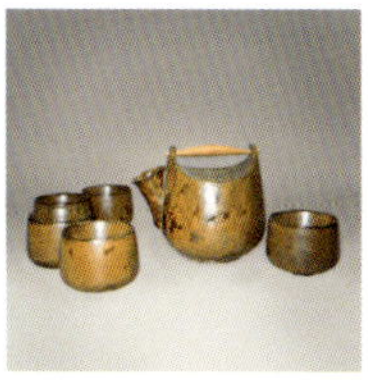

937
Teekanne m. Holzbügel und fünf doppelwandigen Schalen, 1969/70
Steinzeug, braunschwarzer Scherben – gedreht. Oxidationsbrand im Elektro-Ofen bei 1.215°C. H 24,5 cm (Oberkante Holzbügel), D 9,5 cm (Kanne), H 7,5 cm (Schalen). Werkstattzeichen Nr. 146. Erworben durch J.W. Hinder. Inv.-Nr. 00197-937.

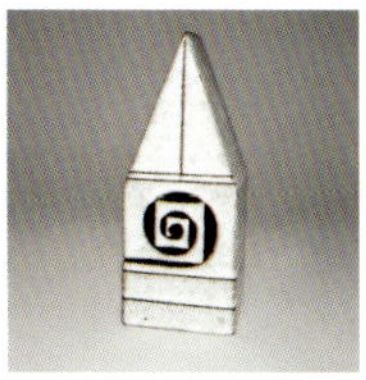

938
Plastik „Schnecken"-Haus, um 1970
Steinzeug, braunschwarzer Scherben – gebaut, geschnitten. Oxidationsbrand im Elektro-Ofen bei 1.215°C. Abmessungen 19 x 8 x 8 cm. Werkstattzeichen Nr. 146. Erworben durch J.W. Hinder. Inv.-Nr. 00197-938.

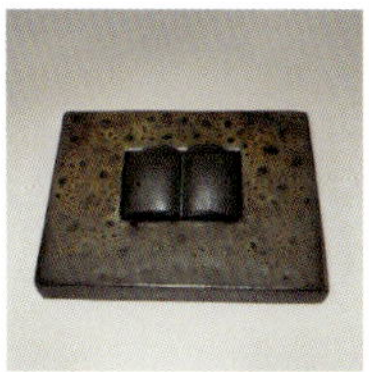

939
Objekt mit Rahmen „Aufgeschlagenes Buch", um 1980
Steinzeug, braunschwarzer manganhaltiger Schamottescherben – gebaut. Oxidationsbrand im Elektro-Ofen bei ca. 1.215°C. Abmessungen 26,5 x 35 x 6,5 cm. Werkstattzeichen Nr. 146. Erworben durch Lotte Reimers. Inv.-Nr. 00197-939.

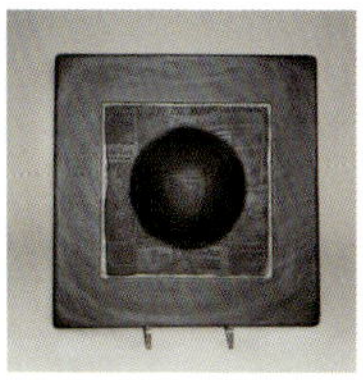

940
Wandplatte mit vorspringender Kugel und Zeitungsabdruck, um 1980
Steinzeug, braunschwarzer Scherben – gebaut. Oxidationsbrand im Elektro-Ofen bei ca. 1.215°C. Abmessungen 37 x 32 x 5 cm. Werkstattzeichen Nr. 146. Erworben durch Lotte Reimers. Inv.-Nr. 00197-940.

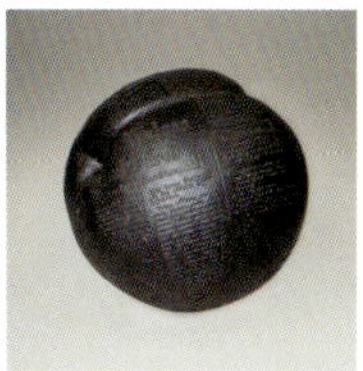

941
Plastik „Apfel" mit Abdruck von Zeitungsmatern, um 1983
Steinzeug, schwarzer schamottierter Scherben – modelliert. Oxidationsbrand im Elektro-Ofen bei 1.215°C. H 14 cm, D 15 cm. Werkstattzeichen Nr. 146. Erworben durch Lotte Reimers 1983. Inv.-Nr. 00197-941.

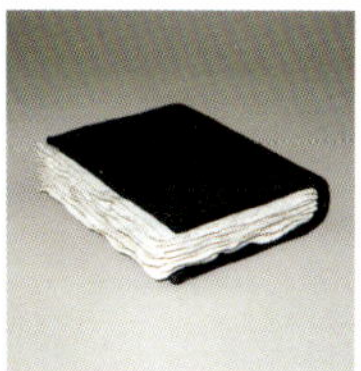

942
Objekt „Buch" mit Abdruck von Zeitungsmatern, um 1983
Steinzeug, braunschwarzer Scherben und Porzellan, weiß – modelliert. Oxidationsbrand im Elektro-Ofen bei 1.215°C. Abmessungen 17 x 15 x 4,5 cm. Werkstattzeichen Nr. 146. Erworben durch Lotte Reimers 1983. Inv.-Nr. 00197-942.

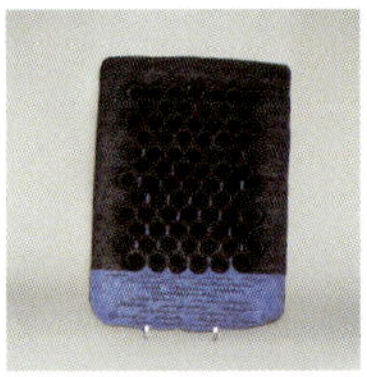

943
Wandplatte mit Schriftspuren, Anfang/Mitte 1980
Steinzeug, schwarzer Scherben – modelliert, geformt, Platte gewalzt. Oxidationsbrand im Elektro-Ofen bei 1.215°C.
H 41 cm, B 29,5 cm.
Werkstattzeichen Nr. 146.
Erworben durch Lotte Reimers.
Inv.-Nr. 00197-943.

Owen, Elspeth
00197-944

1938 geboren, lebt und arbeitet in Grantchester bei Cambridge/England.
Studium der Geschichte in Oxford; Studium der Soziologie an der London School of Economics, London; Tätigkeit als Sozialarbeiterin und Lehrerin; Mitte der 1970er Jahre Besuch der Abendkurse am Cambridge College of Arts, Studium der Keramik bei Zoë Ellison, eigenes Studio. Seit 1992 Videoinstallationen und -performances mit Keramik .

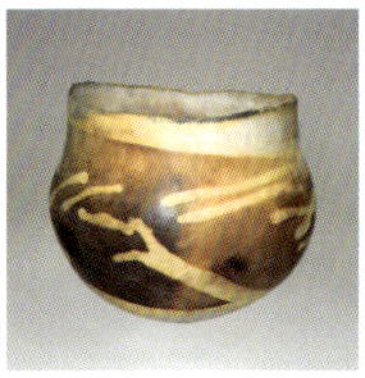

944
Offener Topf, Anfang 1980er Jahre
Irdenware – gebaut. Erster Oxidationsbrand im Elektro-Ofen, zweiter Rauchbrand.
H 17 cm, D 20,5 cm.
Unbezeichnet.
Erworben durch Lotte Reimers 1983.
Inv.-Nr. 00197-944.

Pearson, Colin
00197-945

1923 in Friern Barnet/Hertfordshire geboren, 2007 in London gestorben.
Nach Kriegsdienst 1947–1952 Studium der Malerei an der Goldsmith College School of Art, London; 1953 Ausbildung und Mitarbeiter bei Raymond Finch, Winchcombe Pottery, Winchcombe/Gloucestershire; 1954–1955 Mitarbeit bei Royal Doulton Pottery Works, London. 1955 Mitarbeit bei David Leach in der Aylesford Pottery „The Friars“ in Aylesford/Kent, danach deren Leiter. 1961–1980 eigene Werkstatt „The Quay Pottery“ in Aylesford. Seit 1982 Studio in Islington, London; 1958–1992 Lehrer für Keramik an der Camberwell School of Art and Crafts und 1967–1977 am Harrow College of Technology and Art in London sowie 1975–1991 am Medway College of Design in Rochester/Kent; seit 1981 Lehraufträge an Universitäten in Australien, USA, Israel und Deutschland, Symposien in USA, Europa und Australien.

Lit.: Klinge 1996, S. 300.

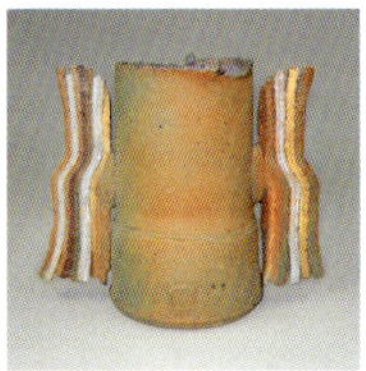

945
Ovale Form mit Flügeln, 1982
Steinzeug, braungrauer Schamottescherben – gedreht, gebaut. Oxidationsbrand.
Abmessungen 20,5 x 25,5 x 13 cm.
Werkstattzeichen Nr. 147.
Erworben durch Lotte Reimers.
Inv.-Nr. 00197-945.

Pleuger, Ernst
00197-946 – 00197-948

1949 in Oldenburg geboren, lebt und arbeitet in Limburg.
1966–1969 Schriftsetzerlehre; 1969–1971 Studium an der Freien Kunstschule Stuttgart; 1977–1979 Ausbildung zum Keramiker; 1979–1982 Studium an der Staatlichen Fachschule für Keramik-Technik und Keramikgestaltung Höhr-Grenzhausen, Meisterprüfung. 1971–1977 Tätigkeit als Schriftsetzer und Grafiker; 1984–1990 Mitglied der Werkstattgruppe Hillscheid; 1988–1992 Werkstatt zusammen mit Almuth Kothe in Mölln. Seit 1995 Leiter der keramischen Abteilung in einer Werkstatt für psychisch kranke Menschen.

Lit.: Waldrich 1996, S. 538–540.

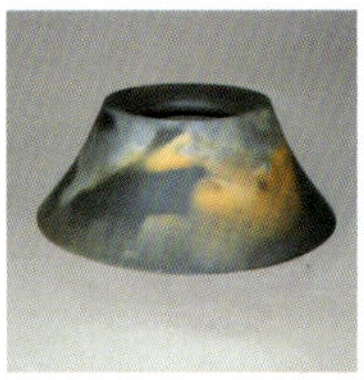

946
Vase, 1987
Steinzeug, schwarzgrauer Scherben – gedreht. Kapselbrand im Gasofen um 1.230°C.
H 10 cm, D 19 cm.
Werkstattzeichen Nr. 148.
Erworben durch Lotte Reimers.
Inv.-Nr. 00197-946.

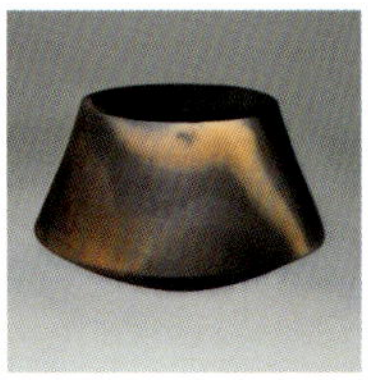

947
Vase, 1987
Steinzeug, grauschwarzer Scherben – gedreht. Kapselbrand im Gasofen um 1.230°C.
H 10 cm, D 16,5 cm.
Werkstattzeichen Nr. 148.
Erworben durch Lotte Reimers.
Inv.-Nr. 00197-947.

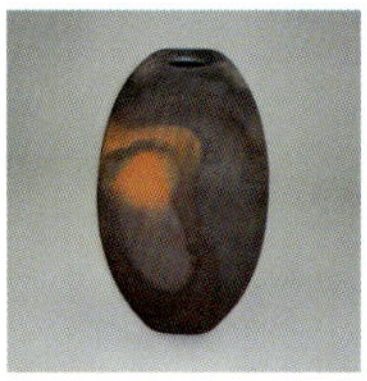

948
Hohe Vase, 1988
Steinzeug, schwarzgraubrauner Scherben – gedreht und geklopft. Kapselbrand im Gasofen um 1.230°C.
Abmessungen 28 x 17 x 15,5 cm.
Werkstattzeichen wie Nr. 148, Jahreszahl 88.
Erworben durch Lotte Reimers.
Inv.-Nr. 00197-948.

Popp, Walter
00197-949 – 00197-1.021

1913 in Bunzlau geboren, 1977 in Kassel gestorben. 1933–1935 Fotografenlehre in Krefeld; 1935–1937 Besuch der Meisterklasse der Bayerischen Staatslehranstalt für Lichtbildwesen, Gestaltende Fotografie, München. 1939–1945 Kriegsdienst. Nach 1945 Beschäftigung mit Malerei und Zeichnen, Selbststudium der Keramik. 1948–1954 eigene Werkstatt in Diessen/Ammersee. 1954–1977 Leiter der Keramikklasse an der Staatlichen Werkakademie (Hochschule für Bildende Künste) Kassel. Zu seinen Schülern gehörten u.a. Antje Brüggemann-Breckwoldt, Dieter Crumbiegel, Reinhold Rieckmann, Robert Sturm, Konrad Quillmann, Fritz und Vera Vehring.

Lit.: Broxtermann 1988; Vetter 1997b, S. 96–101, 194–196, 248–253.

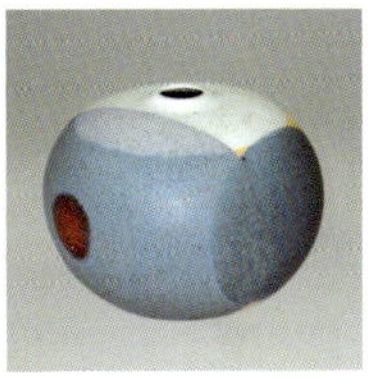

949
Vase, 1959
Inv.-Nr. 00197-949,
s. Vetter 1997b,
Nr. 343.

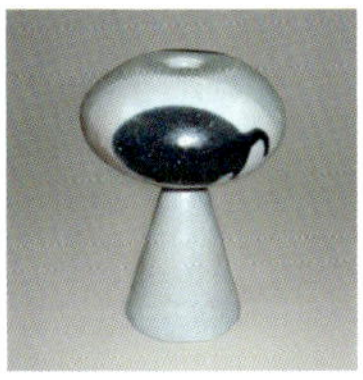

950
Montage, um 1954–1960
Inv.-Nr. 00197-950,
s. Vetter 1997b,
Nr. 344.

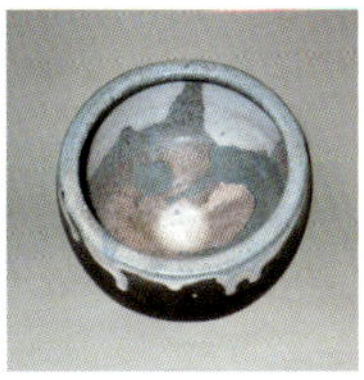

951
Kumme, 1959
Inv.-Nr. 00197-951,
s. Vetter 1997b,
Nr. 345.

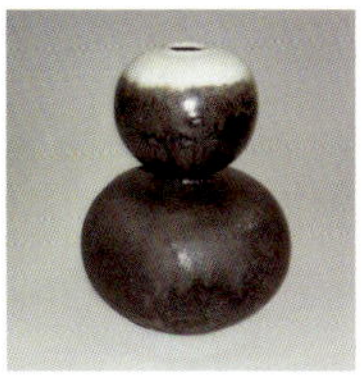

952
Vase – Montage, 1959
Inv.-Nr. 00197-952,
s. Vetter 1997b,
Nr. 346.

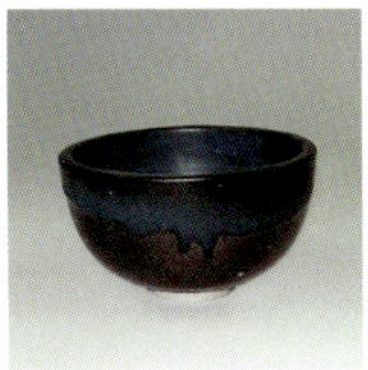

953
Schale, 1962
Inv.-Nr. 00197-953,
s. Vetter, 1997b,
Nr. 347.

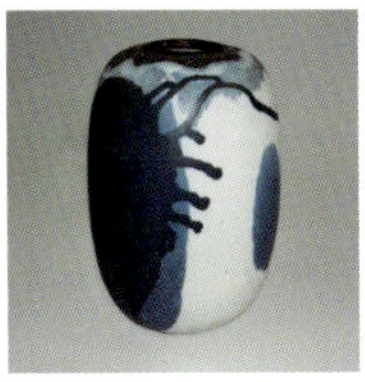

954
Vase, 1962
Inv.-Nr. 00197-954,
s. Vetter 1997b,
Nr. 348.

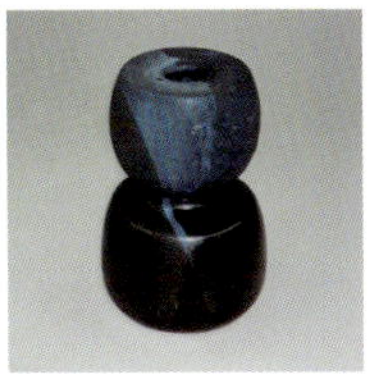

955
Vase – Montage, 1962
Inv.-Nr. 00197-955,
s. Vetter 1997b,
Nr. 349.

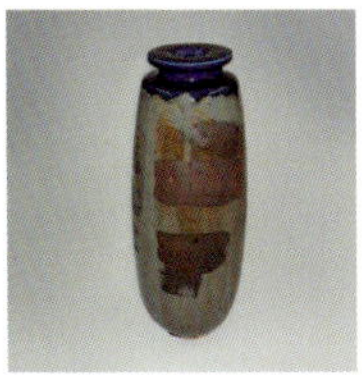

956
Große Vase, 1962
Inv.-Nr. 00197-956,
s. Vetter 1997b,
Nr. 350.

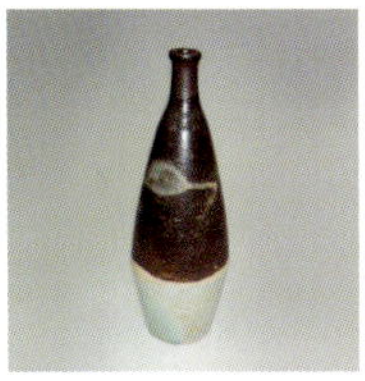

957
Vase, o.J.
Inv.-Nr. 00197-957,
s. Vetter 1997b,
Nr. 351.

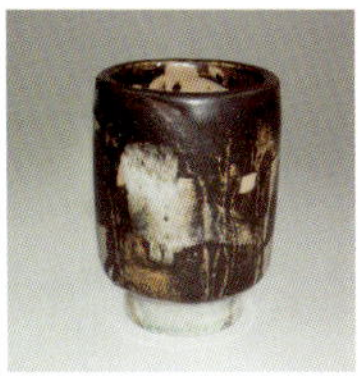

958
Bechergefäß, um 1965
Inv.-Nr. 00197-958,
s. Vetter 1997b,
Nr. 352.

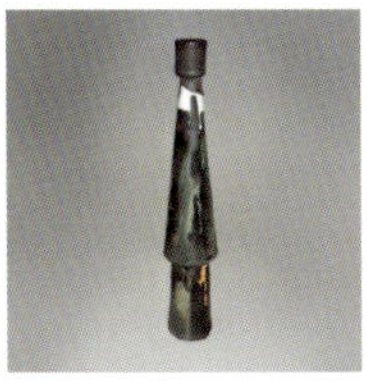

959
Vase, um 1959
Inv.-Nr. 00197-959,
s. Vetter 1997b,
Nr. 353.

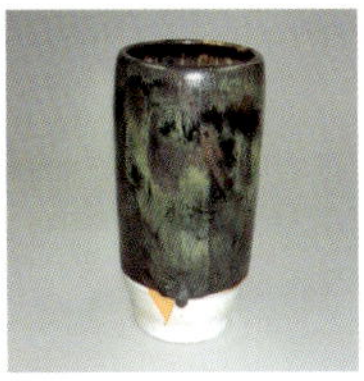

960
Bechervase, um 1959
Inv.-Nr. 00197-960,
s. Vetter 1997b,
Nr. 354.

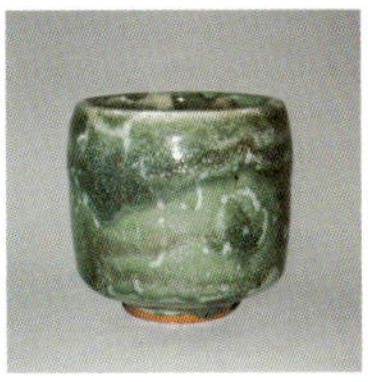

961
Kumme, 1963
Inv.-Nr. 00197-961,
s. Vetter 1997b,
Nr. 355.

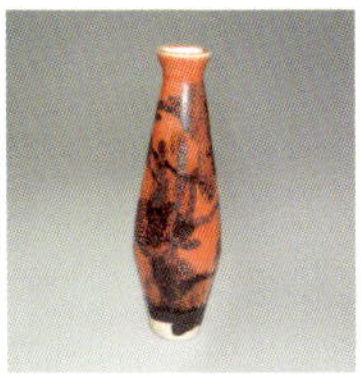

962
Vase, um 1955/56
Inv.-Nr. 00197-962,
s. Vetter 1997b,
Nr. 356.

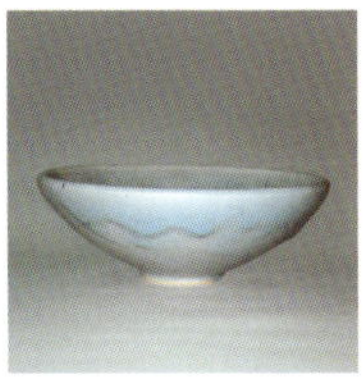

963
Schale, o.J.
Inv.-Nr. 00197-963,
s. Vetter 1997b,
Nr. 357.

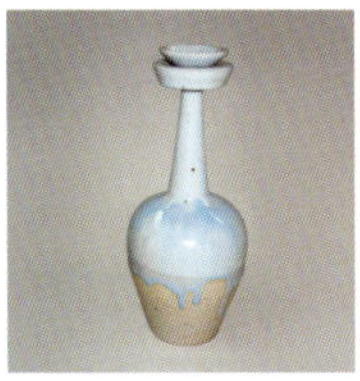

964
Vase, 1963
Inv.-Nr. 00197-964,
s. Vetter 1997b,
Nr. 358.

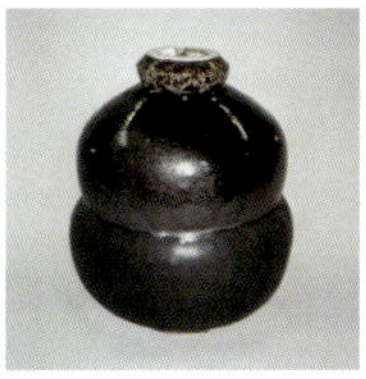

965
Vase, 1963
Inv.-Nr. 00197-965,
s. Vetter 1997b,
Nr. 359.

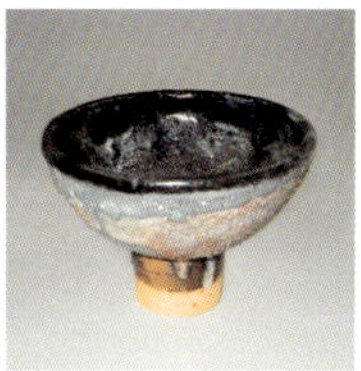

966
Schale, 1963
Inv.-Nr. 00197-966,
s. Vetter 1997b,
Nr. 360.

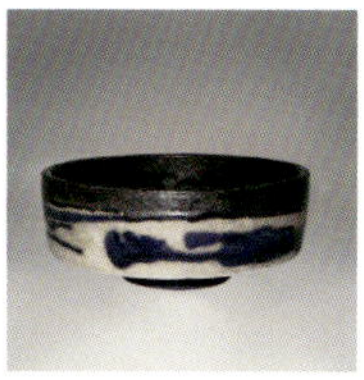

967
Schale, 1963
Inv.-Nr. 00197-967,
s. Vetter 1997b,
Nr. 361.

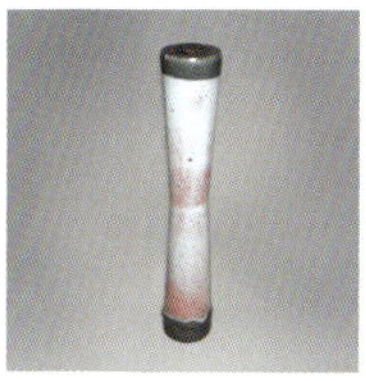

968
Vase, 1963
Inv.-Nr. 00197-968,
s. Vetter 1997b,
Nr. 362.

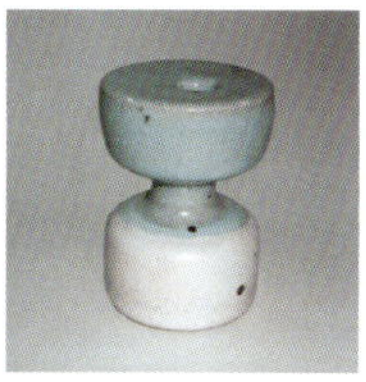

969
Vase, Anfang 1960er Jahre
Inv.-Nr. 00197-969,
s. Vetter 1997b,
Nr. 363.

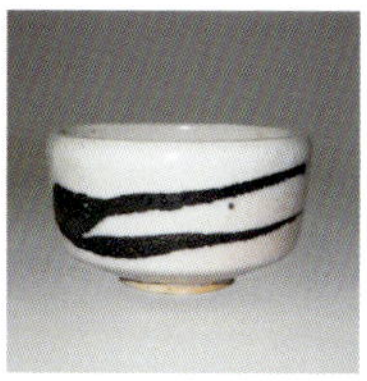

970
Schale, 1963
Inv.-Nr. 00197-970,
s. Vetter 1997b,
Nr. 364.

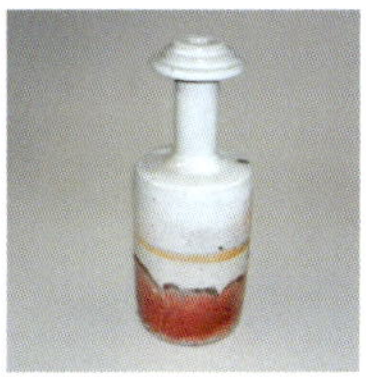

971
Vase, o.J.
Inv.-Nr. 00197-971,
s. Vetter 1997b,
Nr. 365.

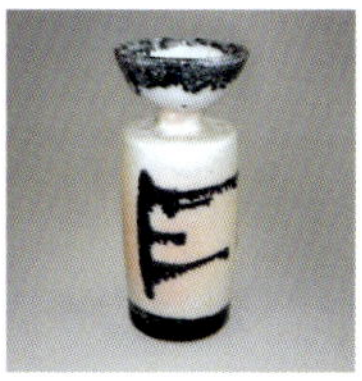

972
Vase, 1963
Inv.-Nr. 00197-972,
s. Vetter 1997b,
Nr. 366.

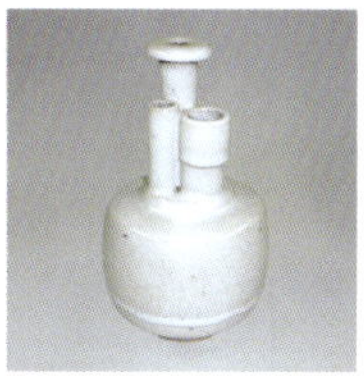

973
Vase, 1963
Inv.-Nr. 00197-973,
s. Vetter 1997b,
Nr. 367.

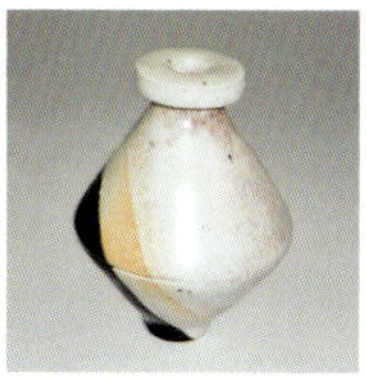

974
Vase, 1963
Inv.-Nr. 00197-974,
s. Vetter 1997b,
Nr. 368.

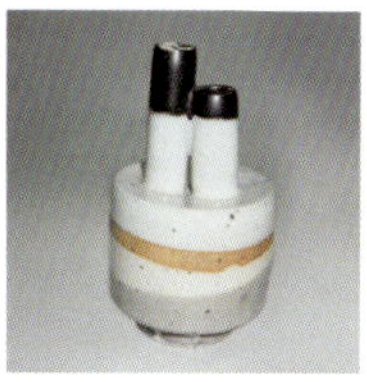

975
Vase mit zwei Öffnungen, um 1963
Inv.-Nr. 00197-975,
s. Vetter 1997b,
Nr. 369.

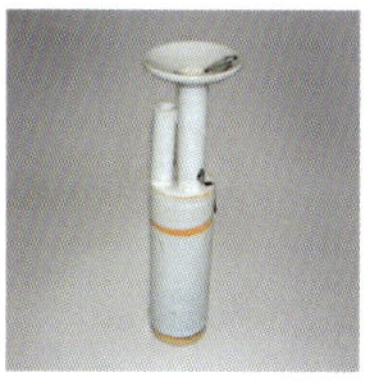

976
Vase, 1963
Inv.-Nr. 00197-976,
s. Vetter 1997b,
Nr. 370.

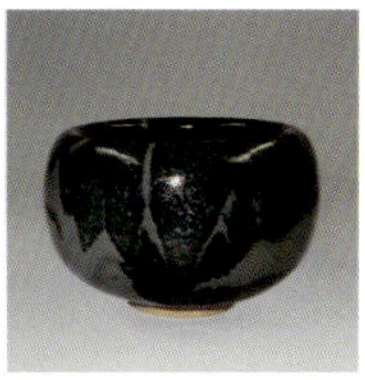

977
Kumme, 1963
Inv.-Nr. 00197-977,
s. Vetter 1997b,
Nr. 371.

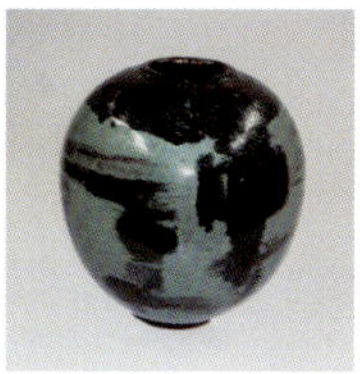

978
Vase, 1963
Inv.-Nr. 00197-978,
s. Vetter 1997b,
Nr. 372.

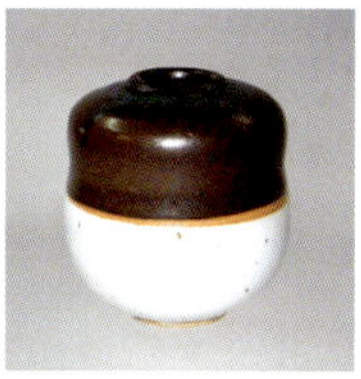

979
Vase, 1963
Inv.-Nr. 00197-979,
s. Vetter 1997b,
Nr. 373.

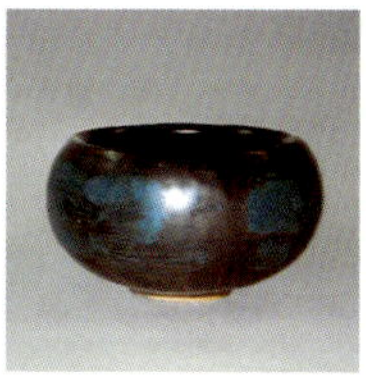

980
Schale, 1963
Inv.-Nr. 00197-980,
s. Vetter 1997b,
Nr. 374.

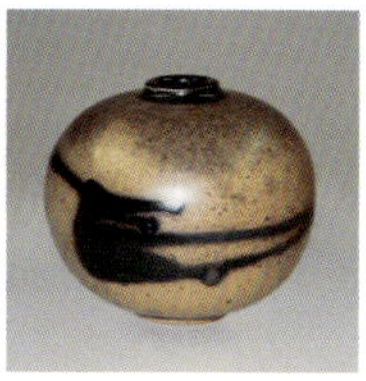

981
Vase, 1964
Inv.-Nr. 00197-981,
s. Vetter 1997b,
Nr. 375.

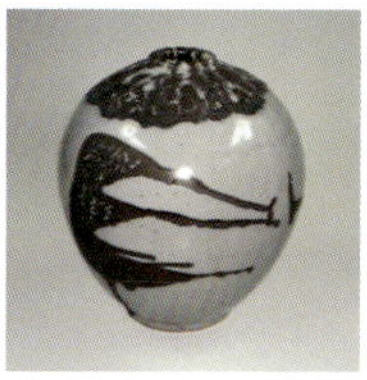

982
Vase, 1964
Inv.-Nr. 00197-982,
s. Vetter 1997b,
Nr. 376.

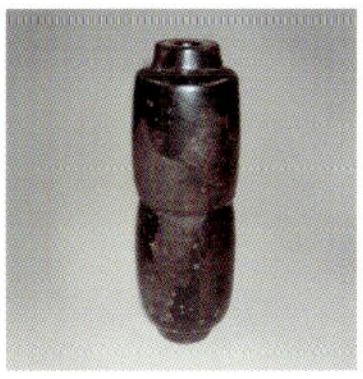

983
Vase, 1964
Inv.-Nr. 00197-983,
s. Vetter 1997b,
Nr. 377.

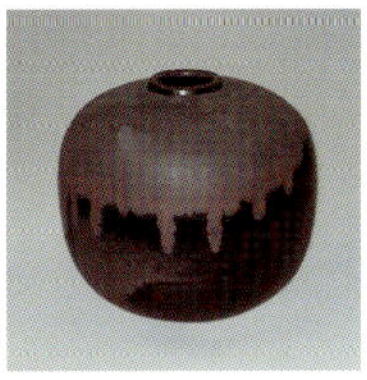

984
Vase, 1964
Inv.-Nr. 00197-984,
s. Vetter 1997b,
Nr. 378.

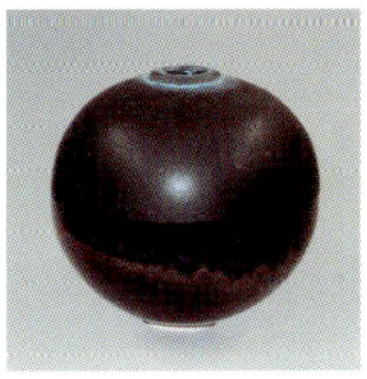

985
Vase, 1964
Inv.-Nr. 00197-985,
s. Vetter 1997b,
Nr. 379.

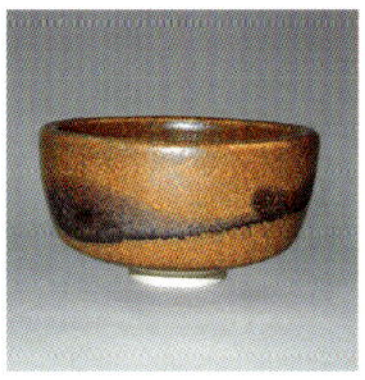

986
Schale, 1964
Inv.-Nr. 00197-986,
s. Vetter 1997b,
Nr. 380.

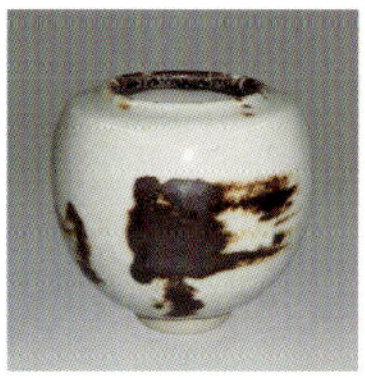

987
Vase, 1964
Inv.-Nr. 00197-987,
s. Vetter 1997b,
Nr. 381.

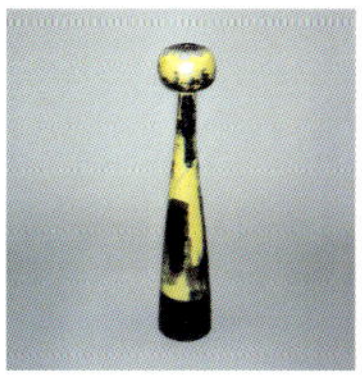

988
Vase, 1965
Inv.-Nr. 00197-988,
s. Vetter 1997b,
Nr. 382.

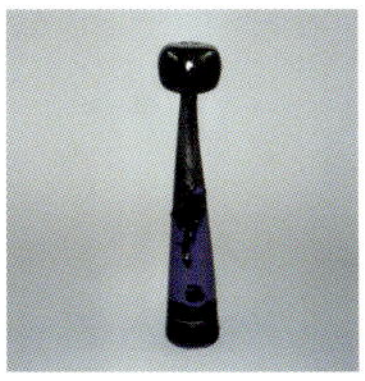

989
Vase, 1965
Inv.-Nr. 00197-989,
s. Vetter 1997b,
Nr. 383.

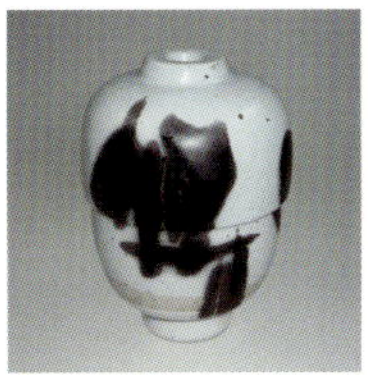

990
Vase, 1965
Inv.-Nr. 00197-990,
s. Vetter 1997b,
Nr. 384.

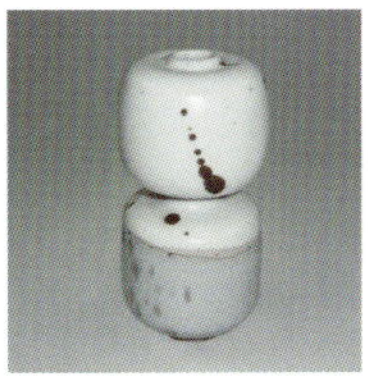

991
Vase, 1965
Inv.-Nr. 00197-991,
s. Vetter 1997b,
Nr. 385.

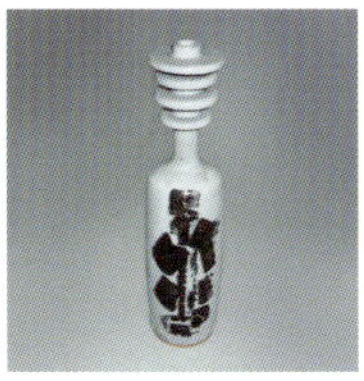

992
Vase, 1965
Inv.-Nr. 00197-992,
s. Vetter 1997b,
Nr. 386.

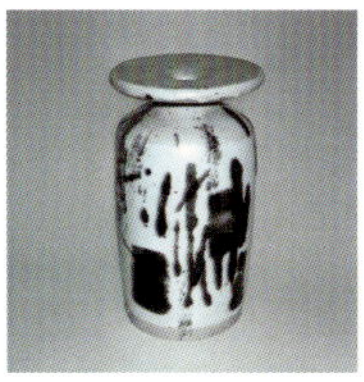

993
Vase, 1965
Inv.-Nr. 00197-993,
s. Vetter 1997b,
Nr. 387.

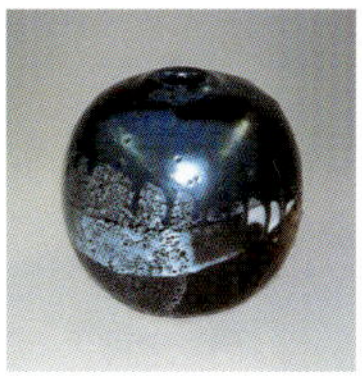

994
Vase, 1965
Inv.-Nr. 00197-994,
s. Vetter 1997b,
Nr. 388.

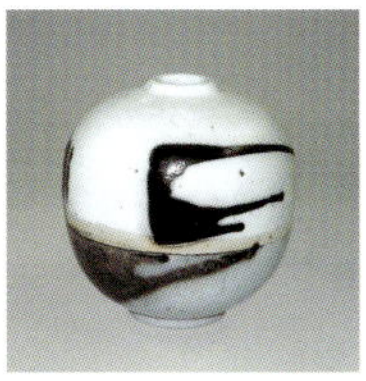

995
Vase, 1965
Inv.-Nr. 00197-995,
s. Vetter 1997b,
Nr. 389.

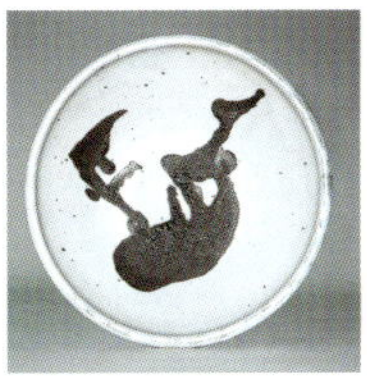

996
Schale, 1965
Inv.-Nr. 00197-996,
s. Vetter 1997b,
Nr. 390.

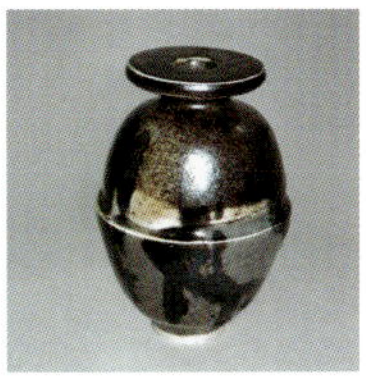

997
Vase, 1965
Inv.-Nr. 00197-997,
s. Vetter 1997b,
Nr. 391.

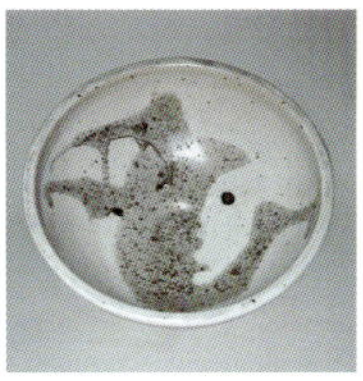

998
Schale, 1965
Inv.-Nr. 00197-998,
s. Vetter 1997b,
Nr. 392.

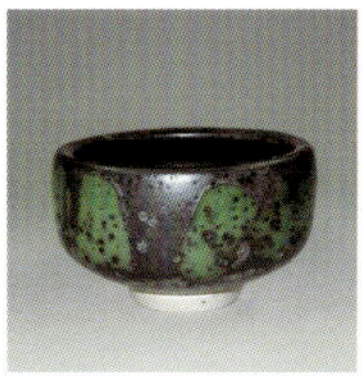

999
Schale, 1965
Inv.-Nr. 00197-999,
s. Vetter 1997b,
Nr. 393.

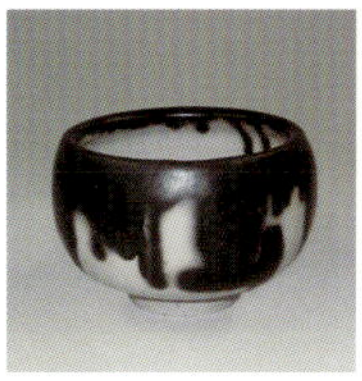

1.000
Schale, 1965
Inv.-Nr. 00197-1.000,
s. Vetter 1997b,
Nr. 394.

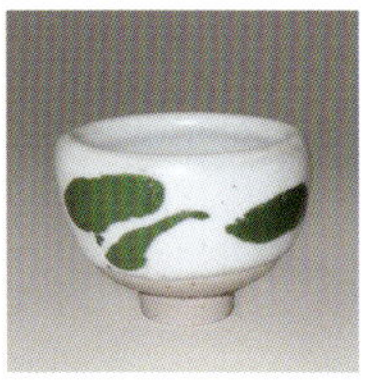
1.001
Schale, 1965
Inv.-Nr. 00197-1.001,
s. Vetter 1997b,
Nr. 395.

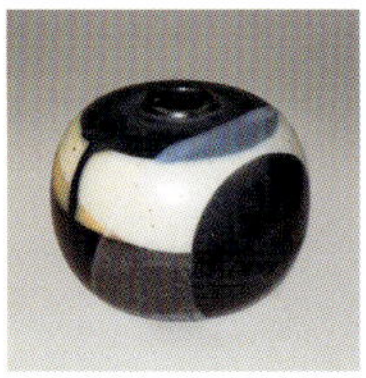
1.002
Vase, um 1954–60
Inv.-Nr. 00197-1.002,
s. Vetter 1997b,
Nr. 396.

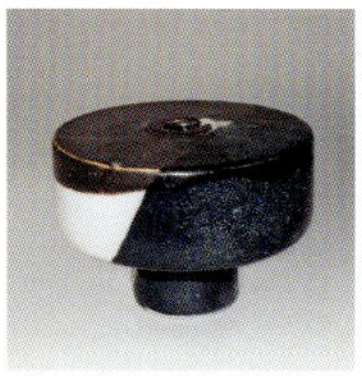
1.003
Vase, o.J.
Inv.-Nr. 00197-1.003,
s. Vetter 1997b,
Nr. 397.

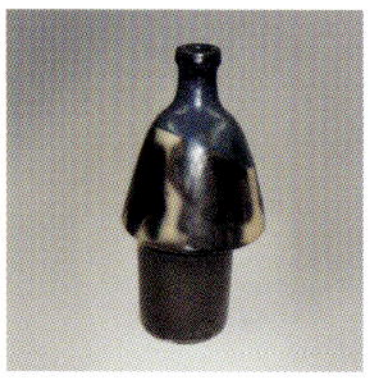
1.004
Vase, 1965
Inv.-Nr. 00197-1.004,
s. Vetter 1997b,
Nr. 398.

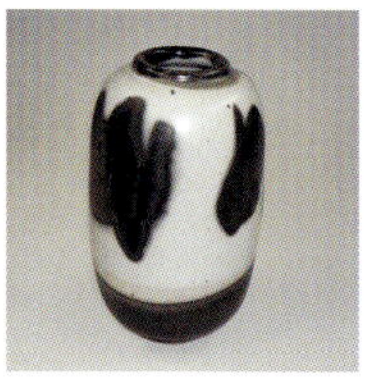
1.005
Vase, 1965
Inv.-Nr. 00197-1.005,
s. Vetter 1997b,
Nr. 399.

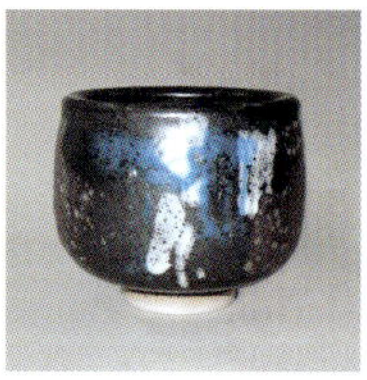
1.006
Kumme, 1965
Inv.-Nr. 00197-1.006,
s. Vetter 1997b,
Nr. 400.

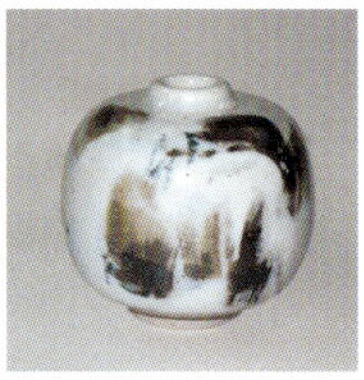
1.007
Vase, 1965
Inv.-Nr. 00197-1.007,
s. Vetter 1997b,
Nr. 401.

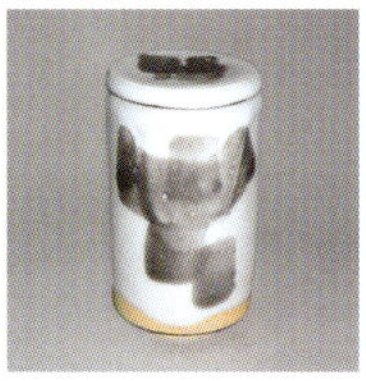
1.008
Dose, o.J.
Inv.-Nr. 00197-1.008,
s. Vetter 1997b,
Nr. 402.

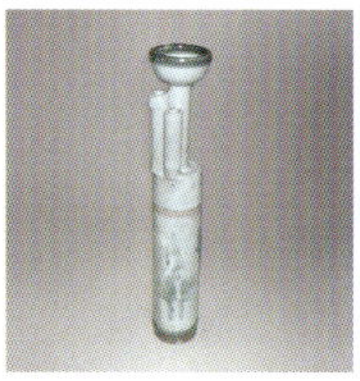
1.009
Vase, 1965
Inv.-Nr. 00197-1.009,
s. Vetter 1997b,
Nr. 403.

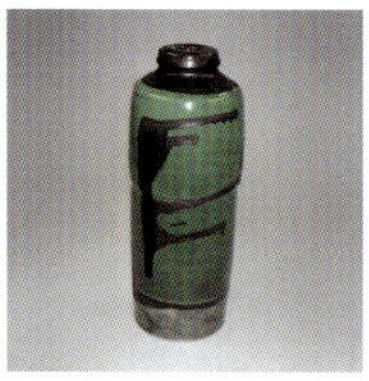
1.010
Vase, 1966
Inv.-Nr. 00197-1.010,
s. Vetter 1997b,
Nr. 404.

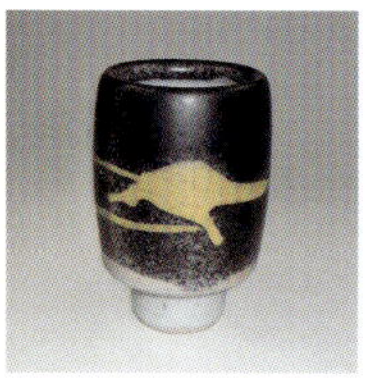
1.011
Becher, 1966
Inv.-Nr. 00197-1.011,
s. Vetter 1997b,
Nr. 405.

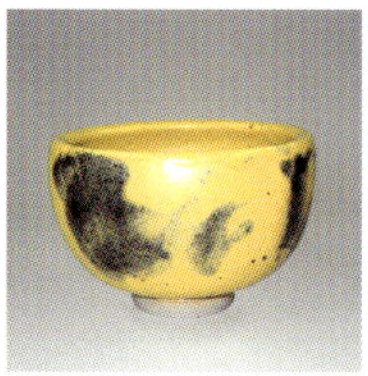
1.012
Schale, 1966
Inv.-Nr. 00197-1.012,
s. Vetter 1997b,
Nr. 406.

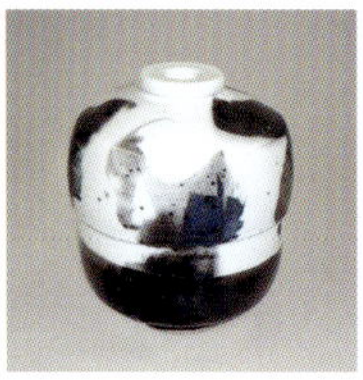
1.013
Vase, 1966
Inv.-Nr. 00197-1.013,
s. Vetter 1997b,
Nr. 407.

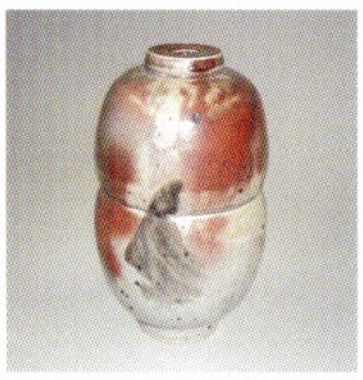
1.014
Vase, 1966
Inv.-Nr. 00197-1.014,
s. Vetter 1997b,
Nr. 408.

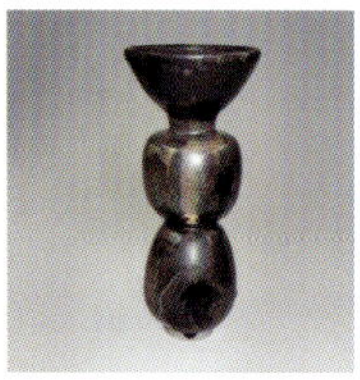
1.015
Vase, 1966
Inv.-Nr. 00197-1.015,
s. Vetter 1997b,
Nr. 409.

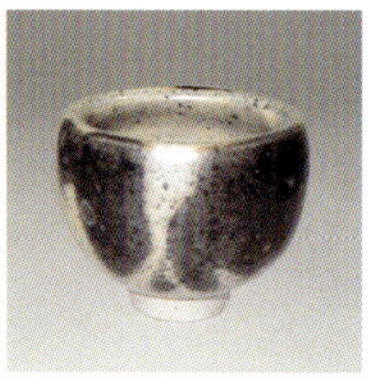
1.016
Kleine Kumme, 1965
Inv.-Nr. 00197-1.016,
s. Vetter 1997b,
Nr. 410.

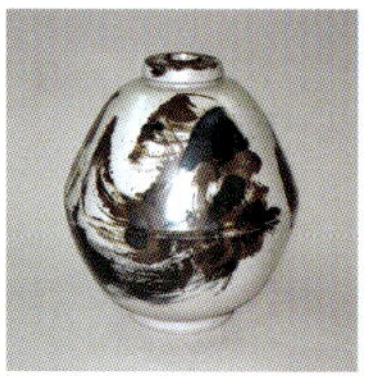
1.017
Vase, 1966
Inv.-Nr. 00197-1.017,
s. Vetter 1997b,
Nr. 411.

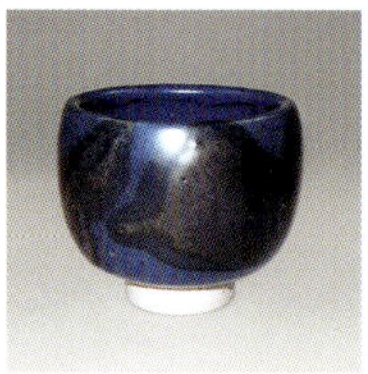
1.018
Kumme, 1966
Inv.-Nr. 00197-1.018,
s. Vetter 1997b,
Nr. 412.

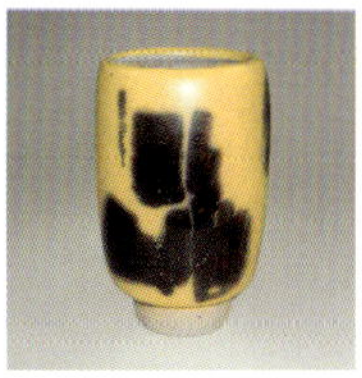

1.019
Bechervase, 1966
Inv.-Nr. 00197-1.019,
s. Vetter 1997b,
Nr. 413.

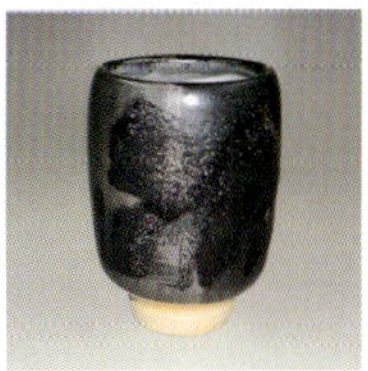

1.020
Becher, 1967
Inv.-Nr. 00197-1.020,
s. Vetter 1997b,
Nr. 414.

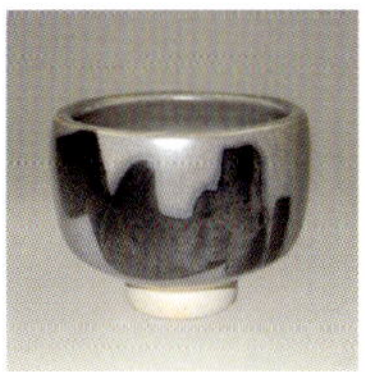

1.021
Kumme, 1967
Inv.-Nr. 00197-1.021,
s. Vetter 1997b,
Nr. 415.

Portanier, Gilbert
00197-1.022 – 00197-1.023

1926 in Cannes geboren, lebt und arbeitet in Vallauris.
1945–1947 Studium der Architektur und Malerei an der Ecole Nationale Supérieure des Beaux-Arts in Paris. 1947 Malstudien in Brüssel, Hinwendung zur Keramik. Selbststudium und Tätigkeit im Gemeinschaftsatelier „Triptique" von Alberto Diato und Francine del Pierre in Vallauris. Seit 1953 eigenes Atelier in Vallauris.

Lit.: Spielmann 1979, S. 383–387, 577; Klinge 1996, S. 300.

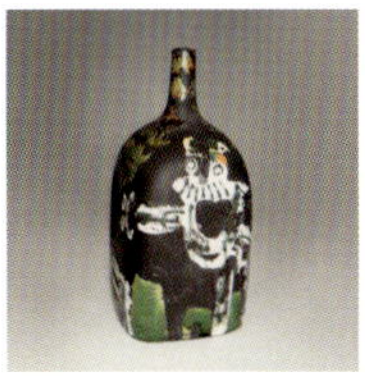

1.022
Vase – eckig, 1954
Fayence, weißer Scherben, gedreht, modelliert. Oxidationsbrand bei 1.000°C.
Abmessungen 21 x 10,5 x 11 cm.
Werkstattzeichen Nr. 151.
Erworben durch J.W. Hinder.
Inv.-Nr. 00197-1.022.

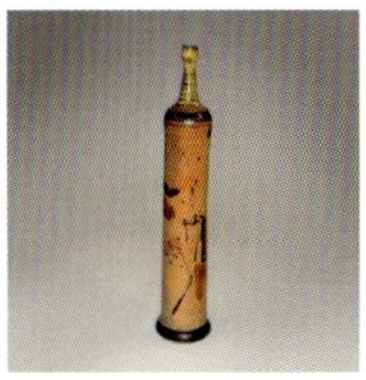

1.023
Vase – Flaschenform, um 1957
Fayence, mattbräunlichroter Scherben – gedreht. Oxidationsbrand bei 1.000°C.
H 33 cm, D 7 cm.
Werkstattzeichen Nr. 151.
Erworben durch J.W. Hinder.
Inv.-Nr. 00197-1.023.

Preis, Roswitha
00197-1.024

1956 in Aachen geboren, lebt und arbeitet in Aachen.
1957–1977 Besuch der Fachoberschule für Gestaltung in Aachen, danach 1977–1985 Fachhochschule für Keramik-Design in Krefeld, 1985 Abschluss Diplom-Designerin. Seit 1983 eigene Werkstatt in Aachen. 1984–1989 Lehrauftrag an der staatlich anerkannten Schule für Beschäftigungs- und Arbeitstherapie, Rheinische Landesklinik Düren, Fachbereich Handwerk. 1992 Studienreise nach Japan.

Lit.: Waldrich 1996, S. 548–549.

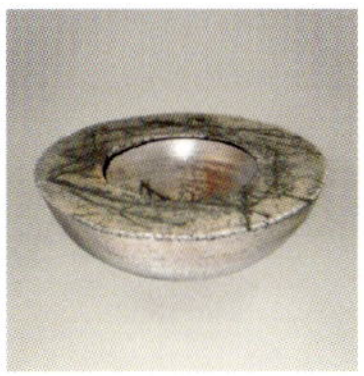

1.024
Große Schale mit breitem Rand, 1986
Steinzeug, grauschwarz brennender Scherben – gedreht, geschnitten. Soda-Raku-Brand im Gas-Ofen bei 1.000°C.
H 18 cm, D 45,5 cm.
Werkstattzeichen Nr. 152.
Erworben durch Lotte Reimers.
Inv.-Nr. 00197-1.024.

Morley Price, Ursula
00197-1.025

1938 in Holloway bei London geboren, lebt und arbeitet in Villebois-Lavalette/Frankreich.
1954–1959 Studium von Weberei, Zeichnen und Malerei, Keramik (sechs Monate) bei Hans Coper an der Camberwell School of Art and Crafts, London; 1959–1961 Studium der Malerei und Grafik bei Sir William Coldstream und Gilbert Spencer an der Slade School of Fine Arts, London. 1964–1967 Studio Mill Hill, North London, 1967–1973 Letchmore Heath, Spinney Studio, Hertfordshire, 1973–1979 Studio Chez Gaty, Villebois-Lavalette/Charente. 1978 Gastdozentur am Harrow College of Higher Education, London. 1979–1981 Great Oakley Studio, Essex, seit 1981 mit Zwischenaufenthalten in England und Australien Studio Chez Gaty, Villebois-Lavalette/Charente.

Lit.: Frankfurt/M. 1992, S. 296.

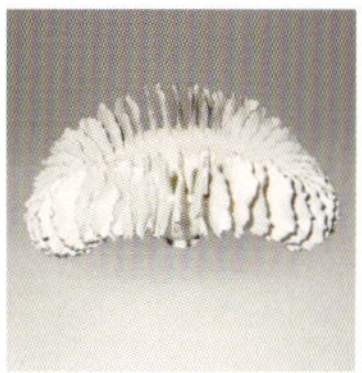

1.025
Objekt „Japanese Flange Bowl", Mitte 1980er Jahre
Porzellan, weißbrauner Scherben – gebaut, gewickelt. Reduktionsbrand im Öl-Ofen bei 1.240°C.
Abmessungen 11 x 25,5 x 22 cm.
Werkstattzeichen M unter Glasur (nicht sichtbar).
Erworben durch Lotte Reimers.
Inv.-Nr. 00197-1.025.

Quillmann, Konrad
00197-1.026 – 00197-1.045

1936 in Berlin geboren, 2002 in Ostheim gestorben.
1957–1961 Studium an der Werkakademie, später Hochschule für Bildende Künste Kassel, u.a. bei Walter Popp (Keramik), Bernhard Graf Bylandt von Rheydt (Bildhauerei), Ernst Röttger (Vorlehre), 1961 Erstes Staatsexamen. 1961–1963 Studienreferendar in Frankfurt/M. und eigene Werkstatt in Himbach/Oberau; 1962 Lehrauftrag für Keramik an der Hochschule für Erziehung, Frankfurt/M.; 1963 Zweites Staatsexamen. 1963–1967 eigene Werkstatt in Hainstadt/Main und Assistent am Institut für Kunst und Werkerziehung der Universität Frankfurt/M. Danach im höheren Schuldienst tätig. 1967 Verlegung der Werkstatt nach Himbach, jetzt Limeshain, bei Büdingen/Oberhessen; Entwürfe für Serienerzeugnisse u.a. für die Staatliche Porzellanmanufaktur Berlin. Ab 1970 Hinwendung zur Acrylglas-Plastik, es entstehen keine keramischen Einzelstücke mehr.

Lit.: Klinge 1978, S. 137–139; Spielmann 1979, S. 212–214, 562; Waldrich 1996, S. 555–556.

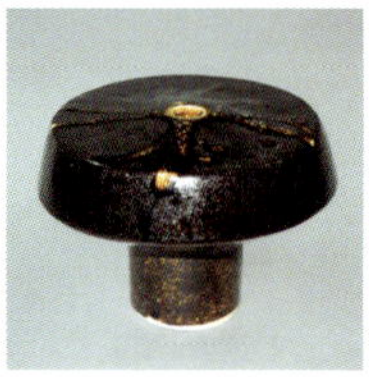

1.026
Vase, 1962/63
Steinzeug, mattbraungrauer Schamottescherben – gebaut.
H 13,5 cm, D 18,5 cm.
Werkstattzeichen Nr. 153.
Erworben durch J.W. Hinder.
Inv.-Nr. 00197-1.026.

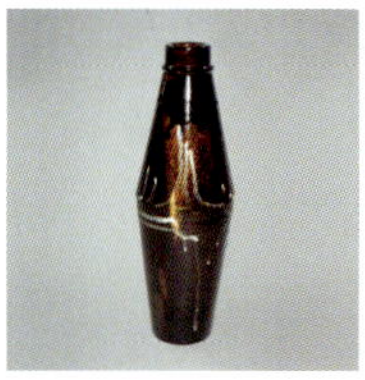

1.027
Vase, 1962/63
Steinzeug, braunweißer Scherben – gedreht.
H 33,5 cm, D 11 cm.
Werkstattzeichen Nr. 153.
Erworben durch J.W. Hinder.
Inv.-Nr. 00197-1.027.

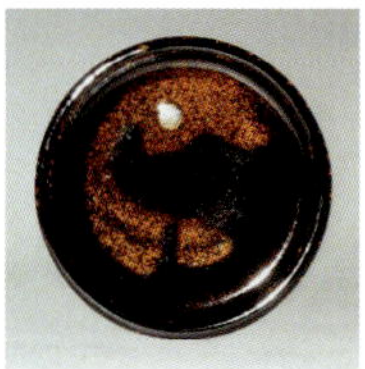

1.028
Flache Schale, 1962/63
Steinzeug, braunweißer Scherben – gedreht.
H 4,5 cm, D 12,5 cm.
Werkstattzeichen Nr. 153.
Erworben durch J.W. Hinder.
Inv.-Nr. 00197-1.028.

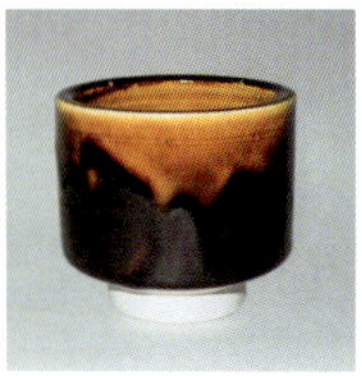

1.029
Kumme – 1962/63
Steinzeug, braunweißer Scherben – gedreht.
H 9,5 cm, D 10,5 cm.
Werkstattzeichen Nr. 153.
Erworben durch J.W. Hinder.
Inv.-N. 00197-1.029.

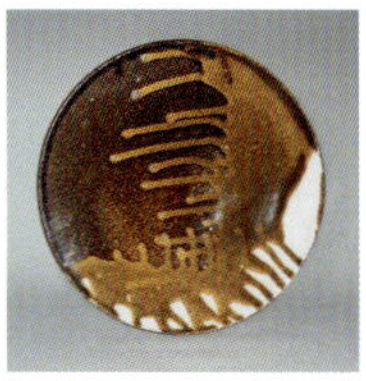

1.030
Teller, vermutl. 1960er Jahre
Steinzeug, mattbraungrauer Scherben – gedreht.
H 5 cm, D 28,5 cm.
Werkstattzeichen Nr. 153.
Erworben durch J.W. Hinder.
Inv.-Nr. 00197-1.030.

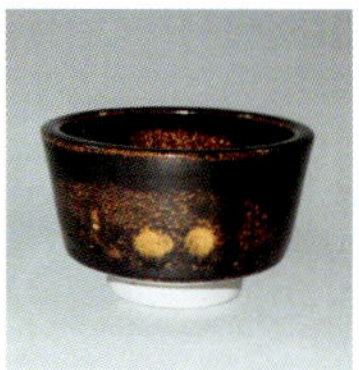

1.031
Kumme, vermutl. 1960er Jahre
Steinzeug, braunweißer Scherben – gedreht.
H 7,5 cm, D 12,5 cm.
Werkstattzeichen Nr. 153.
Erworben durch J.W. Hinder.
Inv.-Nr. 00197-1.031.

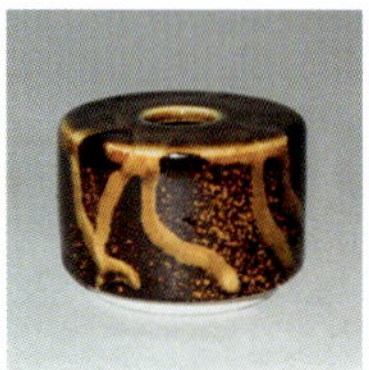

1.032
Vase, 1960er Jahre
Steinzeug, braunweißer Scherben – gedreht.
H 5 cm, D 7,5 cm.
Werkstattzeichen Nr. 153.
Erworben durch J.W. Hinder.
Inv.-Nr. 00197-1.032.

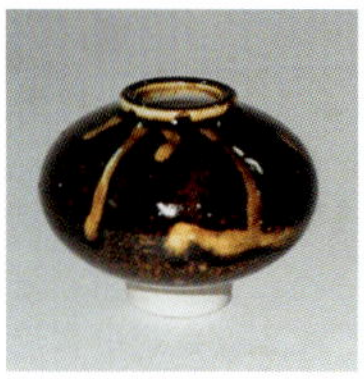

1.033
Vase, 1960er Jahre
Steinzeug, braunweißer Scherben – gedreht.
H 7,5 cm, D 9,5 cm.
Werkstattzeichen Nr. 153.
Erworben durch J.W. Hinder.
9.8.2005 als fehlend festgestellt. Verbleib unbekannt.
Inv.-Nr. 00197-1.033.

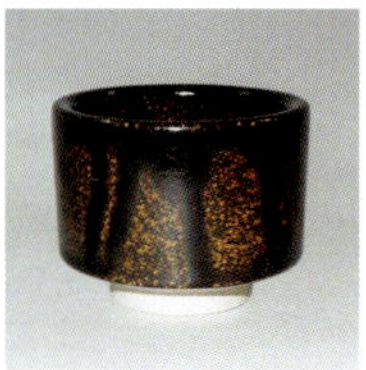

1.034
Kumme, 1960er Jahre
Steinzeug, braunweißer Scherben – gedreht.
H 7,5 cm, D 9,5 cm.
Werkstattzeichen Nr. 153.
Erworben durch J.W. Hinder.
Inv.-Nr. 00197-1.034.

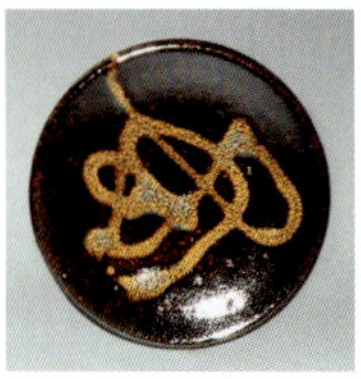

1.035
Kleiner Teller, 1960er Jahre
Steinzeug, braunweißer Scherben – gedreht.
H 3 cm, D 13,5 cm.
Werkstattzeichen Nr. 153.
Erworben durch J.W. Hinder.
Inv.-Nr. 00197-1.035.

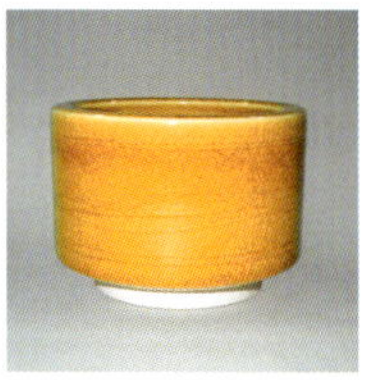

1.036
Kumme, 1960er Jahre
Steinzeug, braunweißer Scherben – gedreht.
H 11,5 cm, D 16,5 cm.
Werkstattzeichen Nr. 153.
Erworben durch J.W. Hinder.
Inv.-Nr. 00197-1.036.

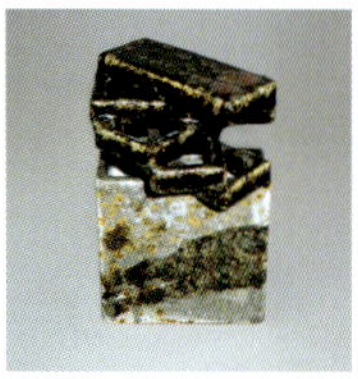

1.037
Gefäßplastik, vermutl. 1964
Steinzeug, braunweißer Scherben – gebaut, geschnitten.
Abmessungen 21 x 13,5 x 14 cm.
Werkstattzeichen wie Nr. 153, mit Jahreszahl (nicht lesbar).
Erworben durch J.W. Hinder.
Inv.-Nr. 00197-1.037.

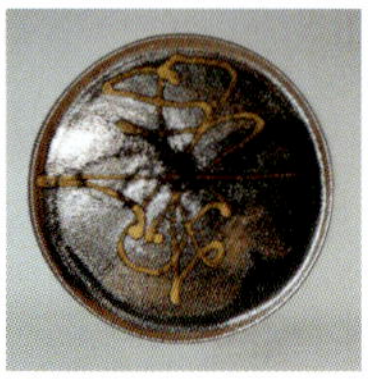

1.038
Flacher Teller, 1960er Jahre
Steinzeug, braunweißer Scherben – gedreht.
H 3,5 cm, D 36,5 cm.
Werkstattzeichen Nr. 153.
Erworben durch J.W. Hinder.
Inv.-Nr. 00197-1.038.

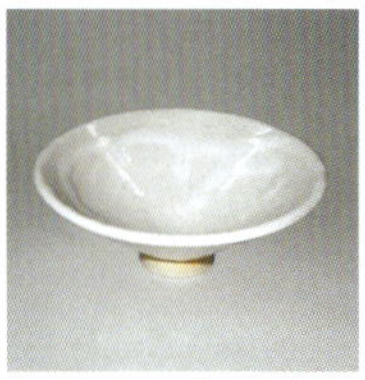

1.039
Schale, 1960er Jahre
Steinzeug, braunweißer Scherben – gedreht.
H 6 cm, D 17 cm.
Werkstattzeichen Nr. 153.
Erworben durch J.W. Hinder.
Inv.-Nr. 00197-1.039.

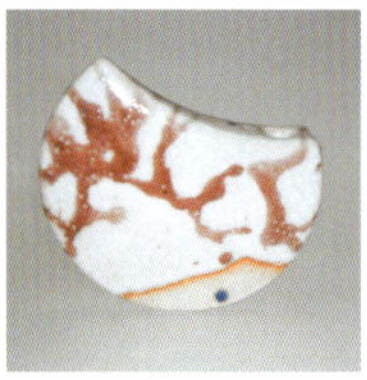

1.040
Gefäß „Mondsichel", 1967
Steinzeug, braunweißer Scherben – gebaut.
Abmessungen 17 x 18,5 x 5 cm.
Werkstattzeichen Nr. 154.
Erworben durch J.W. Hinder.
Inv.-Nr. 00197-1.040.

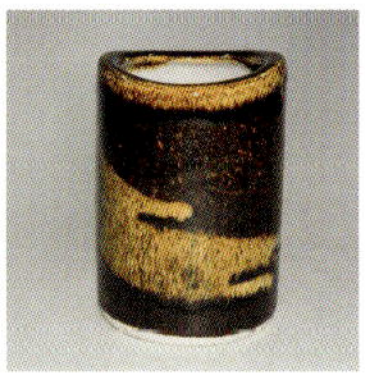

1.041
Vase, 1960er Jahre
Steinzeug, braunweißer Scherben – gebaut.
H 12 cm, D 8,5 cm.
Werkstattzeichen Nr. 153.
Erworben durch J.W. Hinder.
Inv.-Nr. 00197-1.041.

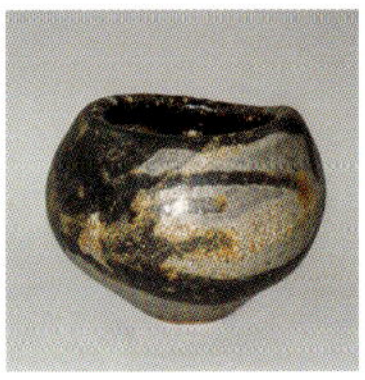

1.042
Kumme, vermutl. 1967
Steinzeug, braunockerfarbener Scherben – handgeformt.
H 10,5 cm, D 14 cm.
Werkstattzeichen wie Nr. 154, Jahreszahl vermutlich 67.
Erworben durch J.W. Hinder.
Inv.-Nr. 00197-1.042.

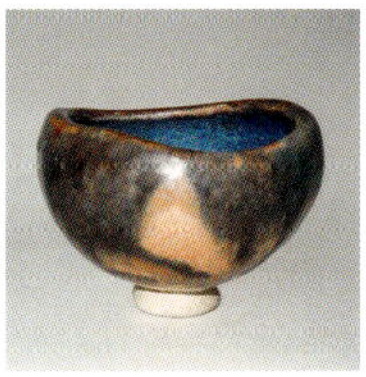

1.043
Kumme, 1960er Jahre
Steinzeug, braunweißer Scherben – gedreht, gedrückt.
Abmessungen 9,5 x 13 x 13,5 cm.
Werkstattzeichen Nr. 153.
Lit.: Hinder & Reimers 1971, Abb. 99.
Erworben durch J.W. Hinder.
Inv.-Nr. 00197-1.043.

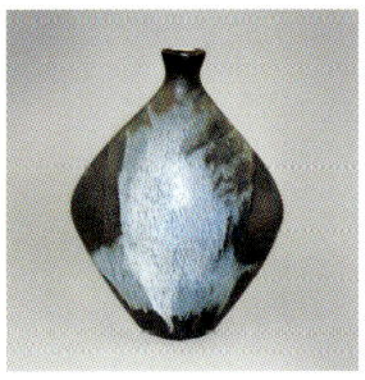

1.044
Vase – flach-oval, 1961
Steinzeug, weißbrauner Scherben – gebaut.
Abmessungen 53,5 x 39 x 22,5 cm.
Werkstattzeichen Nr. 153.
Erworben durch J.W. Hinder.
Inv.-Nr. 00197-1.044.

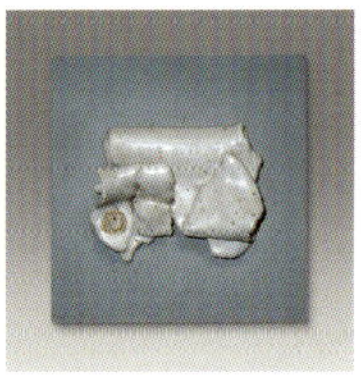

1.045
Relief auf Holzplatte, um 1971
Steinzeug, vermutl. weißbrauner Scherben – gebaut.
Abmessungen 10 x 14 x 4 cm (Abmessungen ohne Holzplatte).
Werkstattzeichen Nr. 155, s. auch Klinge 1978, S. 137.
Erworben durch J.W. Hinder.
Inv.-Nr. 00197-1.045.

Raeburn, Elizabeth
00197-1.046 – 00197-1.047

1943 in Little Bookham, Surrey, England geboren, lebt und arbeitet in West Pennard bei Glastonbury, Somerset/England.
1968–1973 Tätigkeit als Lehrerin und Publizistin. 1973–1975 Studium der Keramik am Harrow College of Higher Education, London, kurze Mitarbeit bei David Leach in der Lowerdown Pottery in Bovey Tracey/Devon. 1975 Gründung der eigenen Werkstatt zusammen mit Rodney Lawrence in West Pennard bei Glastonbury, Somerset.

Lit.: Frankfurt/M. 1992, S. 158–159, 298.

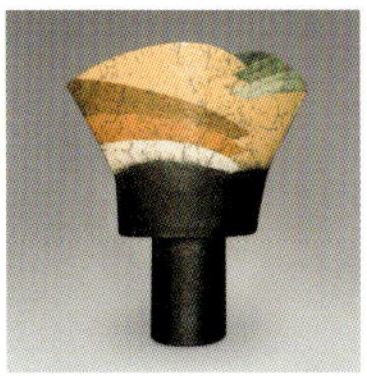

1.046
Gefäß, Mitte 1980er Jahre
Steinzeug, grauschwarzer Scherben – gebaut aus Platten, modelliert. Rakubrand im Elektro-Ofen bei 970°C, Reduktion durch Sägemehl und Hobelspäne.
Abmessungen 25 x 21 x 9,5 cm.
Werkstattzeichen Nr. 156.
Erworben durch Lotte Reimers.
Inv.-Nr. 00197-1.046.

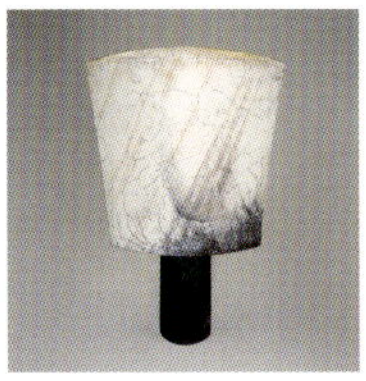

1.047
Gefäß – Objekt, Mitte 1980er Jahre
Steinzeug, grauschwarzer Scherben – gebaut aus Platten, modelliert. Rakubrand im Elektro-Ofen bei 970°C, Reduktion durch Sägemehl und Hobelspäne.
Abmessungen 32 x 20 x 11 cm.
Werkstattzeichen Nr. 156.
Erworben durch Lotte Reimers.
Inv.-Nr. 00197-1.047.

Rasmussen, Peder
00197-1.048 – 00197-1.049

1948 in Næstved/Dänemark geboren, lebt und arbeitet in Haslev/Dänemark.
1966–1970 Töpferlehre bei Hermann A. Kähler in Næstved; 1970–1971 Studium am Istituto Statale per la Ceramica und Academia di belle Arte, Florenz. Seit 1972 eigene Werkstatt zusammen mit Karen Bennicke, zuerst in Kopenhagen, ab 1974 in Haslev. Seit 1983 Gastdozenturen an Kunsthandwerkerschulen in Dänemark, 1992 am Banff Centre for the Arts, Banff/Alberta, und am Red Deer College, Red Deer/Alberta, Kanada.

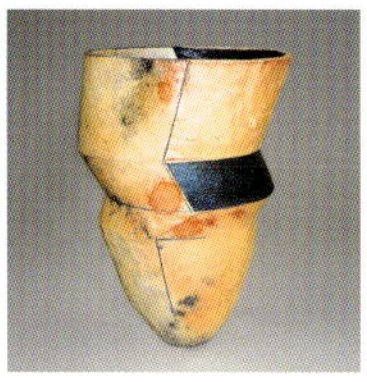

1.048
Bechergefäß, 1983
Steinzeug, hellgrauer Schamottescherben – gebaut. Rakubrand (geräuchert) – Reduktionsbrand bei 1.000°C.
H 24,5 cm, D 16,5 cm.
Werkstattzeichen wie Nr. 157, Jahreszahl 83.
Erworben durch Lotte Reimers 1985.
Inv.-Nr. 00197-1.048.

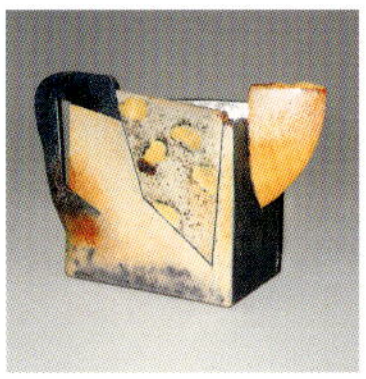

1.049
Objekt „Kanne", 1985
Steinzeug, weißbrauner Schamottescherben – gebaut aus Platten. Rakubrand (geräuchert) – Reduktionsbrand bei 1.000°C.
H 16,5 cm, B 23 cm.
Werkstattzeichen Nr. 157.
Erworben durch Lotte Reimers 1985.
Inv.-Nr. 00197-1.049.

Rast, Uwe
00197-1.050

1931 in Erfurt geboren, lebt und arbeitet in Krefeld. 1945–1948 Lehre als Kunstschmied bei Otto Ernst Baumann in Erfurt; 1952–1954 Lehre als technischer Zeichner bei Fritz Bunse in Solingen. 1954 Grafikstudium bei Eduard Levsen an der Muthesius-Werkkunstschule Kiel; 1956–1957 Besuch der Meisterklasse von Oswald Haerdtl für kunsthandwerkliche Industrie-Entwürfe an der Hochschule für Angewandte Kunst in Wien. 1958–1960 Studium der Keramik bei Karl-Heinz Modigell an der Werkkunstschule Krefeld, Gesellenprüfung. 1961 eigene Werkstatt in Krefeld. 1964–1966 Lehrer in der Töpferwerkstatt der Kreisberufsschule Kempen, 1966–1968 Zeichen- und Werklehrer an der Kreisrealschule Kempen.

Lit.: Spielmann 1979, S. 215–216, 562; Waldrich 1996, S. 560–561.

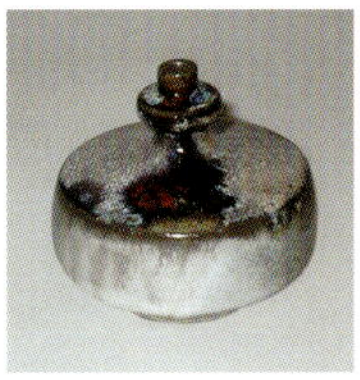

1.050
Vase – Trommelform, 1968
Steinzeug, schwarzbrauner Scherben – gedreht. Reduktionsbrand.
H 8 cm, D 10 cm.
Werkstattzeichen Nr. 157.
Erworben durch J.W. Hinder.
Inv.-Nr. 00197-1.050.

Rehfeldt, Per
00197-1.051 – 00197-1.052

1951 auf Bornholm/Dänemark geboren, lebt und arbeitet in Kopenhagen.
1970–1974 Gesellenzeit, 1974 Meisterprüfung.
1978–2001 eigene Werkstatt auf Bornholm, daneben ab 1985 als Designer tätig. Seit 2002 Designer und Journalist in Kopenhagen.

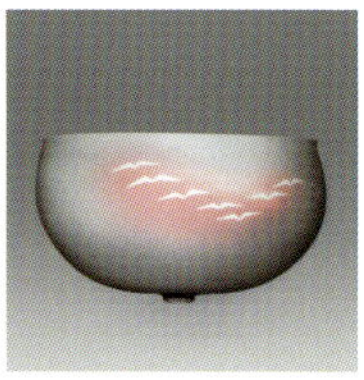

1.051
Kumme auf spitzem Fuß, um 1985
Porzellan, weißer Scherben – gedreht.
H 9 cm, D 16,5 cm.
Werkstattzeichen Nr. 159.
Erworben durch Lotte Reimers 1985.
Inv.-Nr. 00197-1.051.

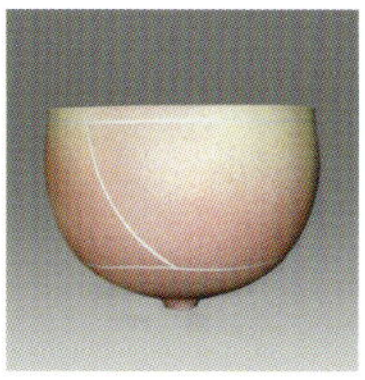

1.052
Kumme auf spitzem Fuß, um 1985
Porzellan, weißer Scherben – gedreht.
H 10,5 cm, D 15 cm.
Werkstattzeichen Nr. 159.
Erworben durch Lotte Reimers 1985.
Inv.-Nr. 00197-1.052.

Reimers, Lotte
00197-1.053 – 00197-1.119

1932 in Hamburg geboren, lebt und arbeitet in Deidesheim.
1951–1961 Wanderjahre durch Deutschland mit Jakob Wilhelm Hinder, Ausstellung „Moderne Keramik“, 1953–1976 Textilarbeiten, seit 1957 Fotografie. 1961–1975 Mitwirkung bei Aufbau und Führung des Museums für moderne Keramik in Deidesheim an der Weinstraße; seit 1965 Keramik-Arbeiten. 1977 Wiedereröffnung und Leitung des Museums für moderne Keramik. 1993 Übernahme der Museumssammlung durch das Land Rheinland-Pfalz. 1996 Errichtung der Lotte Reimers-Stiftung zur Förderung der keramischen Kunst.

Lit.: Vetter & Jochem 2002.

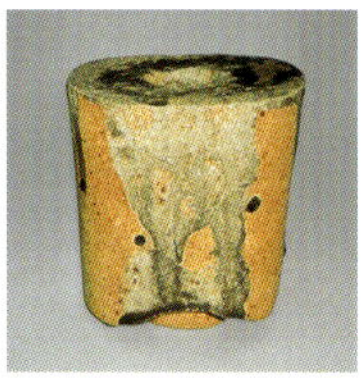

1.053
Vase, 1966 (21)
Inv.-Nr. 00197-1.053, s. Vetter 1997b, Nr. 416.

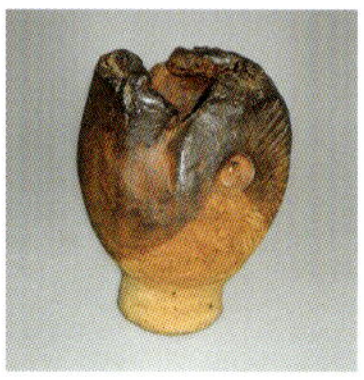

1.054
Offenes Gefäß mit Auge 1966 (41)
Inv.-Nr. 00197-1.054, s. Vetter 1997b, Nr. 417.

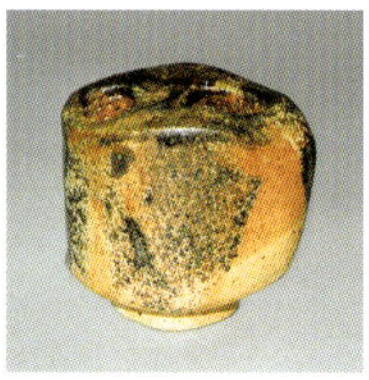

1.055
Vase 1966 (67)
Inv.-Nr. 00197-1.055, s. Vetter 1997b, Nr. 418.

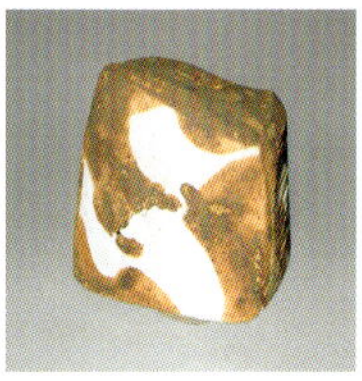

1.056
Vase 1967 (2)
Inv.-Nr. 00197-1.056, s. Vetter 1997b, Nr. 419.

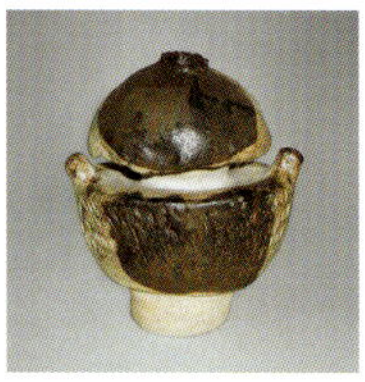

1.057
Vase – Montage, 1967 (65)
Inv.-Nr. 00197-1.057, s. Vetter 1997b, Nr. 420.

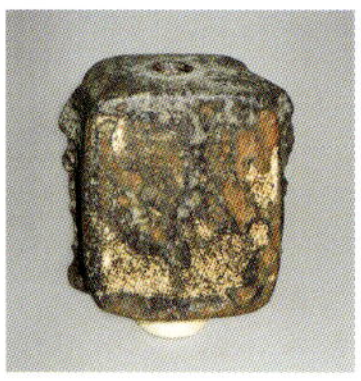

1.058
Vase, 1967 (146)
Inv.-Nr. 00197-1.058, s. Vetter 1997b, Nr. 421.

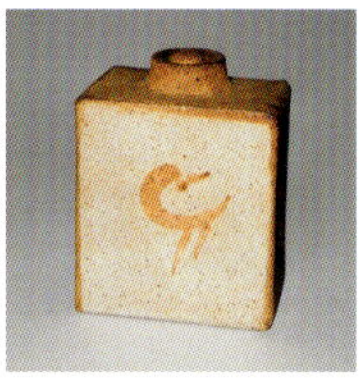

1.059
Vase, 1967 (163)
Inv.-Nr. 00197-1.059, s. Vetter 1997b, Nr. 422.

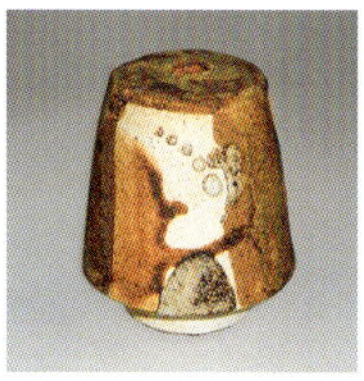

1.060
Vase, 1967 (170)
Inv.-Nr. 00197-1.060, s. Vetter 1997b, Nr. 423.

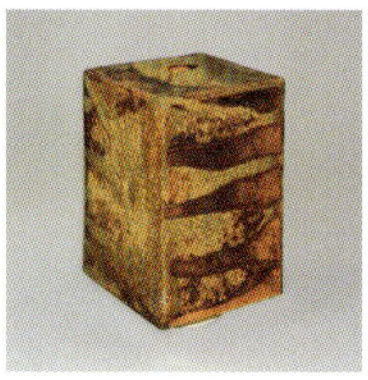

1.061
Vase, 1967 (182)
Inv.-Nr. 00197-1.061, s. Vetter 1997b, Nr. 424.

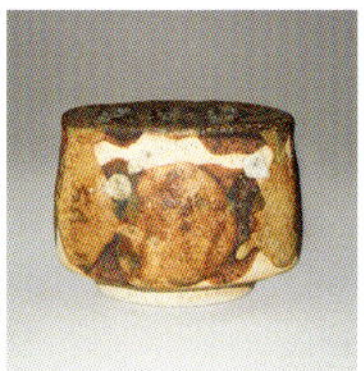

1.062
Vase, 1968 (34)
Inv.-Nr. 00197-1.062, s. Vetter 1997b, Nr. 425.

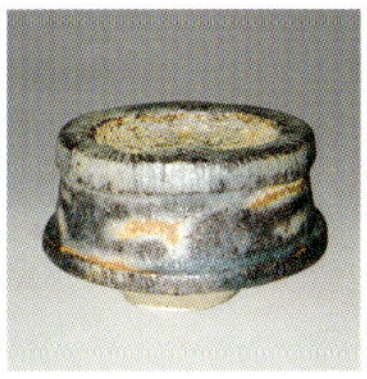

1.063
Vase, 1969 (22)
Inv.-Nr. 00197-1.063,
s. Vetter 1997b,
Nr. 426.

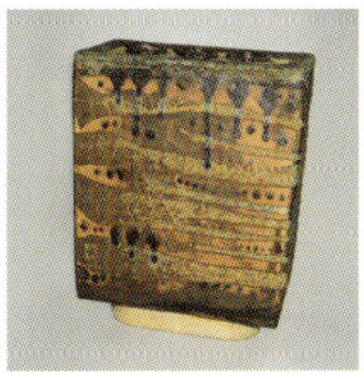

1.064
Vase, 1969 (23)
Inv.-Nr. 00197-1.064,
s. Vetter 1997b,
Nr. 427.

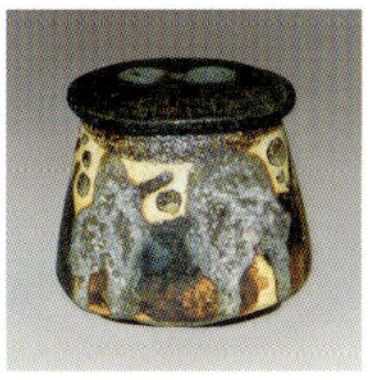

1.065
Vase, 1969 (55)
Inv.-Nr. 00197-1.065,
s. Vetter 1997b,
Nr. 428.

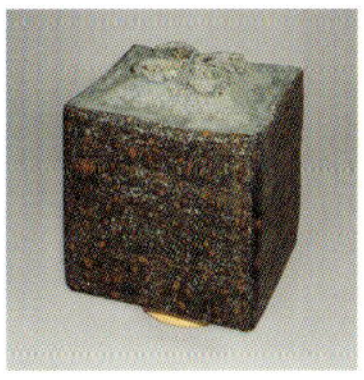

1.066
Vase, 1969 (81)
Inv.-Nr. 00197-1.066,
s. Vetter 1997b,
Nr. 429.

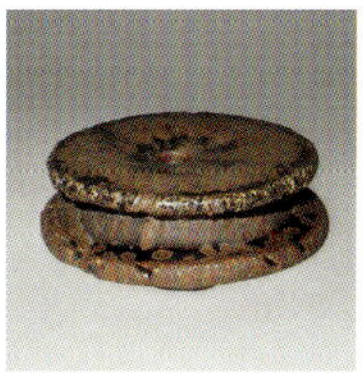

1.067
Vase – Montage, 1969 (106)
Inv.-Nr. 00197-1.067,
s. Vetter 1997b,
Nr. 430.

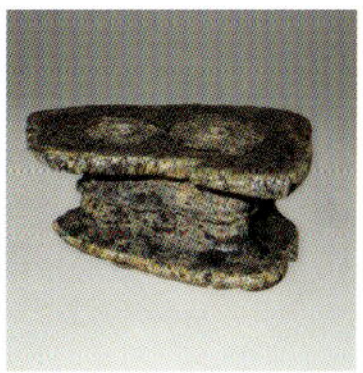

1.068
Vase – Montage, 1969 (144)
Inv.-Nr. 00197-1.068,
s. Vetter 1997b,
Nr. 431.

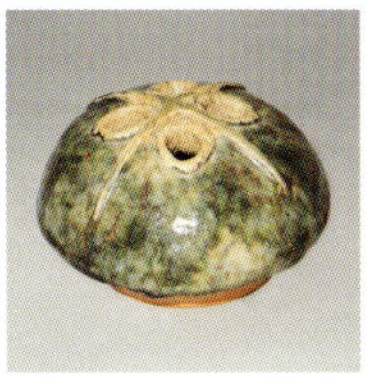

1.069
Vase, 1970 (12)
Inv.-Nr. 00197-1.069,
s. Vetter 1997b,
Nr. 432.

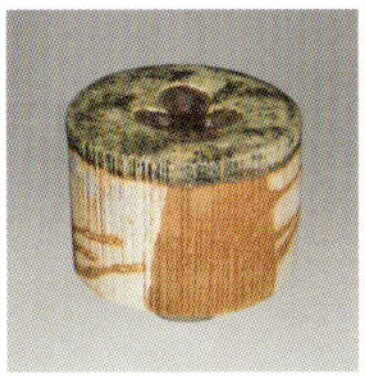

1.070
Vase, 1970 (39)
Inv.-Nr. 00197-1.070,
s. Vetter 1997b,
Nr. 433.

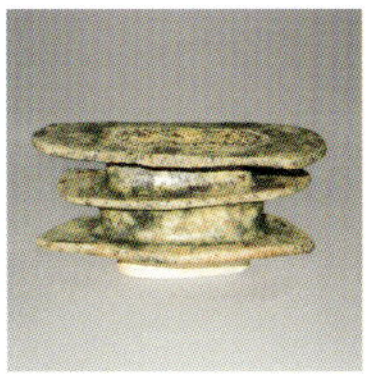

1.071
Vase – Montage, 1970 (67)
Inv.-Nr. 00197-1.071,
s. Vetter 1997b,
Nr. 434.

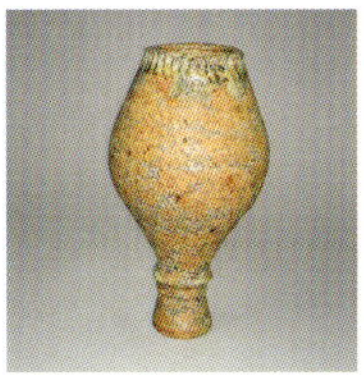

1.072
Vase, 1972 (8)
Inv.-Nr. 00197-1.072,
s. Vetter 1997b,
Nr. 435.

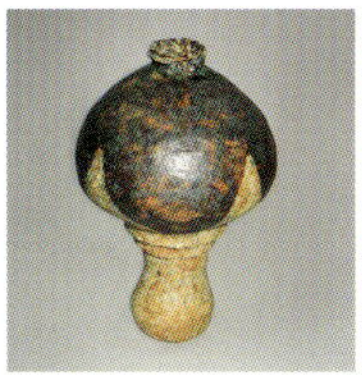

1.073
Vase, 1972 (11)
Inv.-Nr. 00197-1.073,
s. Vetter 1997b,
Nr. 436.

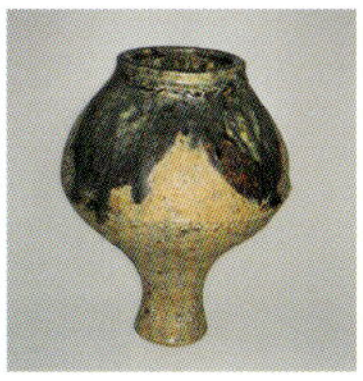

1.074
Großes Bechergefäß, 1972 (42)
Inv.-Nr. 00197-1.074,
s. Vetter 1997b,
Nr. 437.

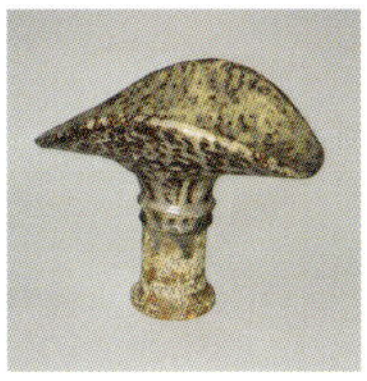

1.075
Gefäß, 1972 (83)
Inv.-Nr. 00197-1.075,
s. Vetter 1997b,
Nr. 438.

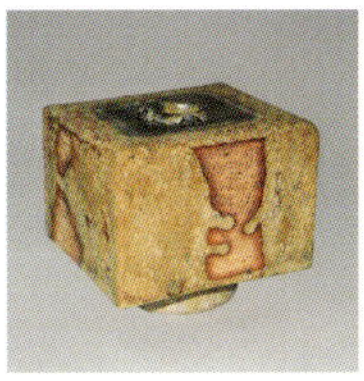

1.076
Vase, 1972 (91)
Inv.-Nr. 00197-1.076,
s. Vetter 1997b,
Nr. 439.

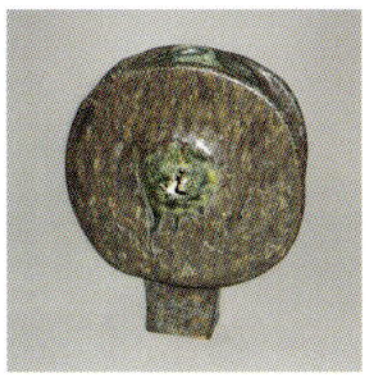

1.077
Vase – Montage, 1973 (9)
Inv.-Nr. 00197-1.077,
s. Vetter 1997b,
Nr. 440.

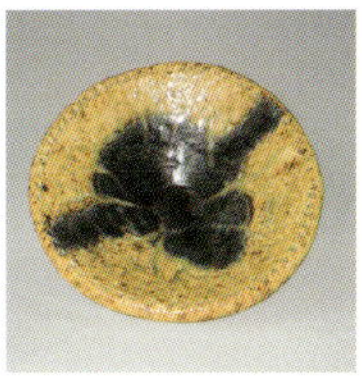

1.078
Schale, 1973 (42)
Inv.-Nr. 00197-1.078,
s. Vetter 1997b,
Nr. 441.

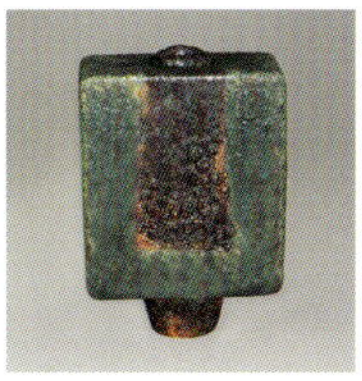

1.079
Vase, 1973 (46)
Inv.-Nr. 00197-1.079,
s. Vetter 1997b,
Nr. 442.

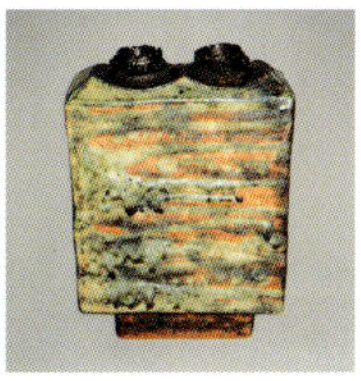

1.080
Vase, 1973 (70)
Inv.-Nr. 00197-1.080,
s. Vetter 1997b,
Nr. 443.

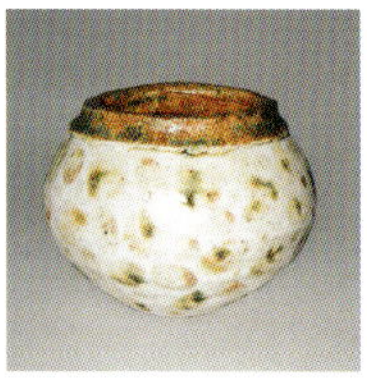

1.081
Offenes Gefäß, 1973 (103)
Inv.-Nr. 00197-1.081, s. Vetter 1997b, Nr. 444.

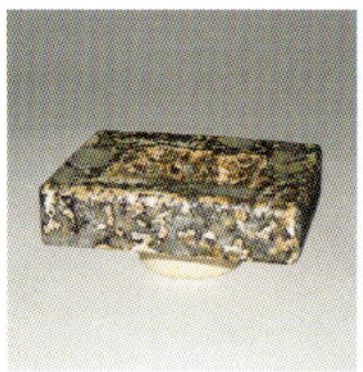

1.082
Eckige Form, 1973 (264)
Inv.-Nr. 00197-1.082, s. Vetter 1997b, Nr. 445.

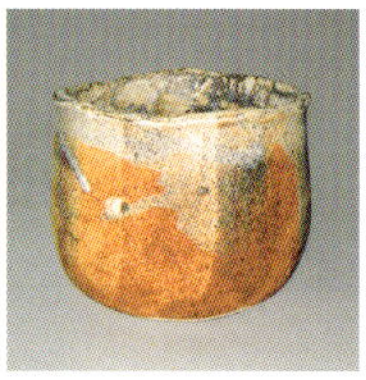

1.083
Kumme, 1975 (127)
Inv.-Nr. 00197-1.083, s. Vetter 1997b, Nr. 446.

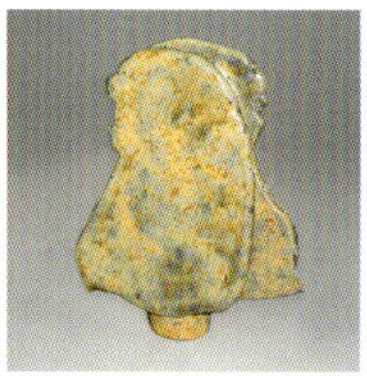

1.084
Gefäß – Montage, 1973 (196)
Inv.-Nr. 00197-1.084, s. Vetter 1997b, Nr. 447.

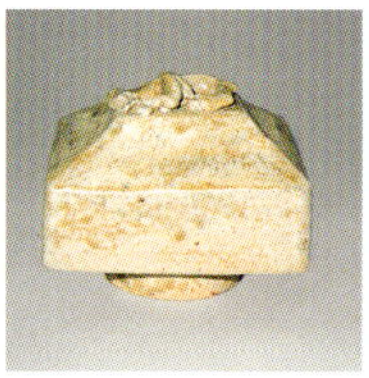

1.085
Vase – eckige Form, 1973 (252)
Inv.-Nr. 00197-1.085, s. Vetter 1997b, Nr. 448.

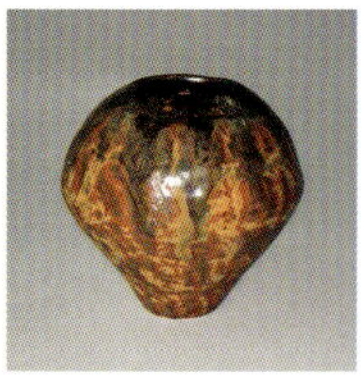

1.086
Vase, 1975 (211)
Inv.-Nr. 00197-1.086, s. Vetter 1997b, Nr. 449.

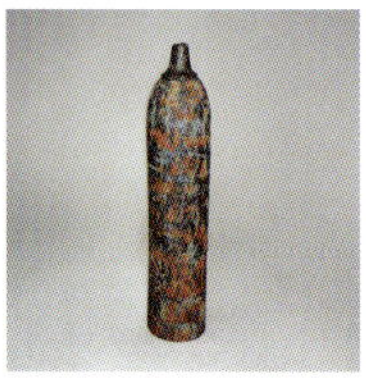

1.087
Vase, 1975 (226)
Inv.-Nr. 00197-1.087, s. Vetter 1997b, Nr. 450.

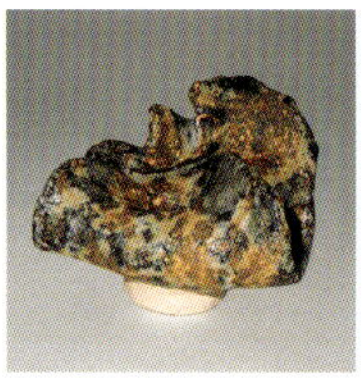

1.088
Gefäßplastik, 1975 (285)
Inv.-Nr. 00197-1.088, s. Vetter 1997b, Nr. 451.

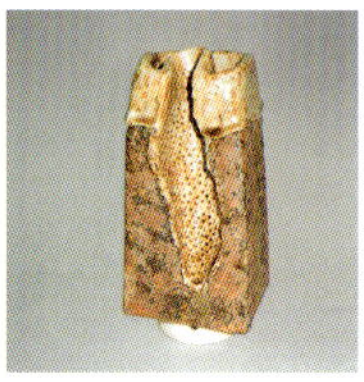

1.089
Gefäß, 1976 (113)
Inv.-Nr. 00197-1.089, s. Vetter 1997b, Nr. 452.

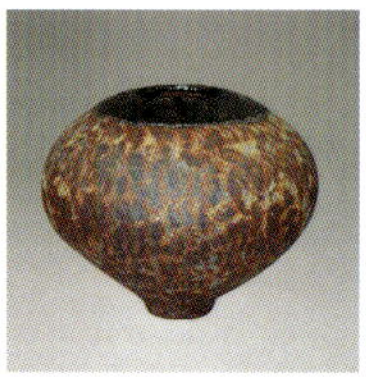

1.090
Vase, 1978 (105)
Inv.-Nr. 00197-1.090, s. Vetter 1997b, Nr. 453.

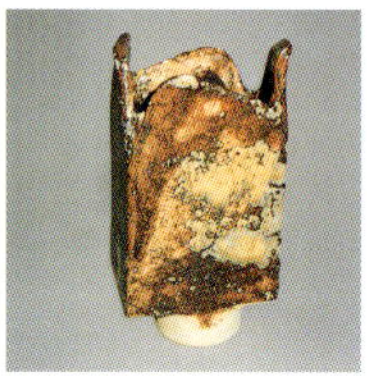

1.091
Vase – Montage, 1979 (15)
Inv.-Nr. 00197-1.091, s. Vetter 1997b, Nr. 454.

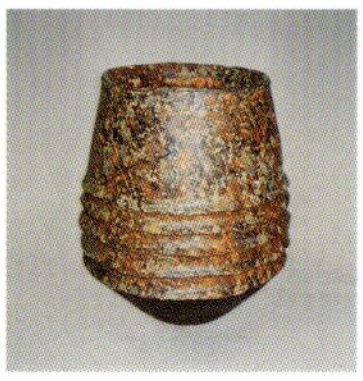

1.092
Offene Vase, 1980 (21)
Inv.-Nr. 00197-1.092, s. Vetter 1997b, Nr. 455.

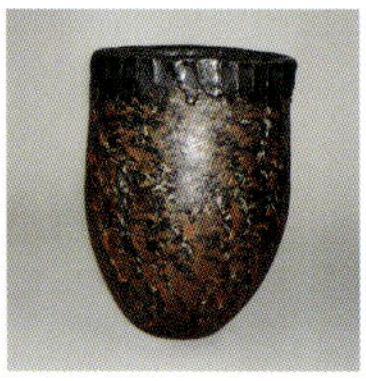

1.093
Große Vase, 1980 (33)
Inv.-Nr. 00197-1.093, s. Vetter 1997b, Nr. 456.

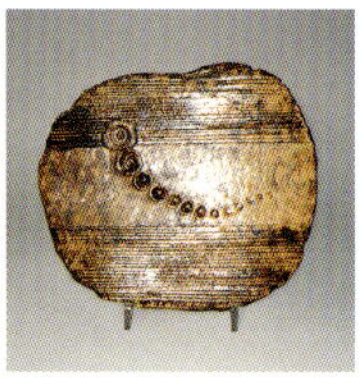

1.094
Platte, 1980 (101)
Inv.-Nr. 00197-1.094, s. Vetter 1997b, Nr. 457.

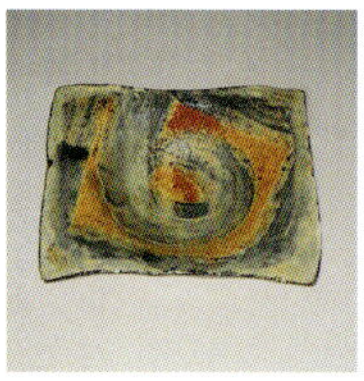

1.095
Platte, 1981 (7)
Inv.-Nr. 00197-1.095, s. Vetter 1997b, Nr. 458.

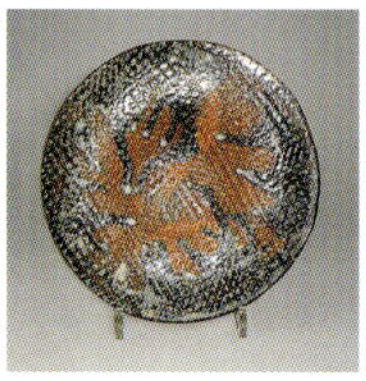

1.096
Platte, 1981 (9)
Inv.-Nr. 00197-1.096, s. Vetter 1997b, Nr. 459.

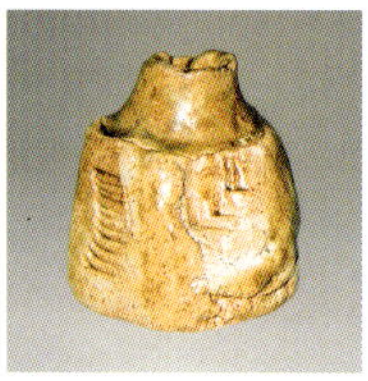

1.097
Vase, 1981 (48)
Inv.-Nr. 00197-1.097, s. Vetter 1997b, Nr. 460.

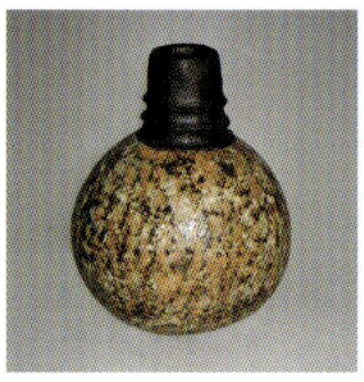

1.098
Vase, 1981 (72)
Inv.-Nr. 00197-1.098, s. Vetter 1997b, Nr. 461.

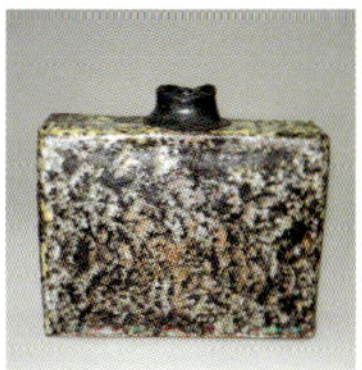

1.099
Vase, 1982 (59)
Inv.-Nr. 00197-1.099,
s. Vetter 1997b,
Nr. 462.

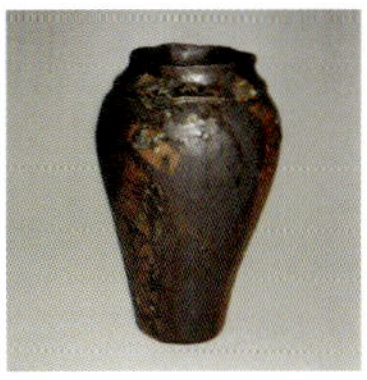

1.100
Vase, 1983 (10)
Inv.-Nr. 00197-1.100,
s. Vetter 1997b,
Nr. 463.

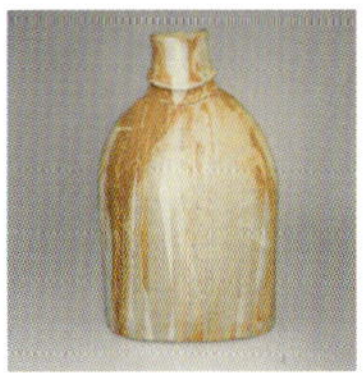

1.101
Vase, 1984 (98)
Inv.-Nr. 00197-1.101,
s. Vetter 1997b,
Nr. 464.

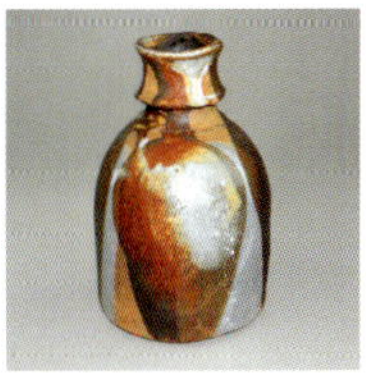

1.102
Vase, 1984 (141)
Inv.-Nr. 00197-1.102,
s. Vetter 1997b,
Nr. 465.

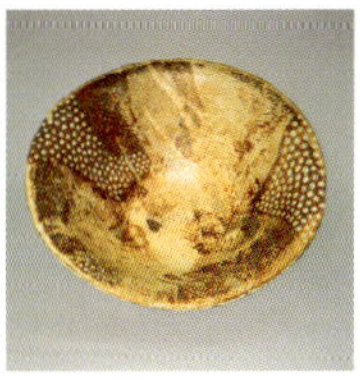

1.103
Große Schale,
1984 (151)
Inv.-Nr. 00197-1.103,
s. Vetter 1997b,
Nr. 466.

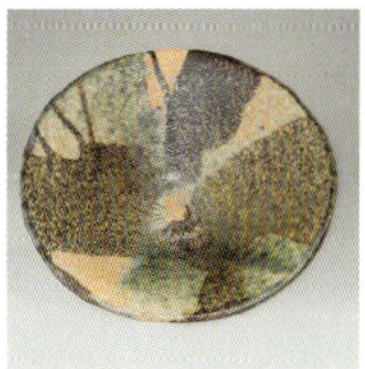

1.104
Schale, 1984 (227)
Inv.-Nr. 00197-1.104,
s. Vetter 1997b,
Nr. 467.

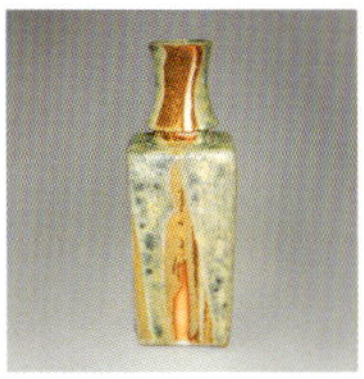

1.105
Eckige Vase, 1985 (18)
Inv.-Nr. 00197-1.105,
s. Vetter 1997b,
Nr. 468.

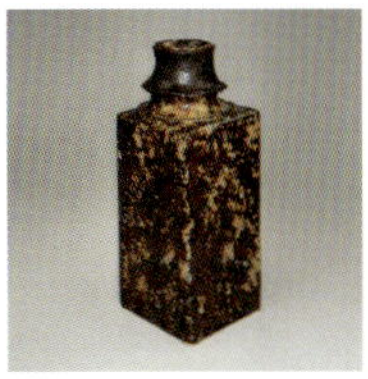

1.106
Eckige Vase, 1987 (81)
Inv.-Nr. 00197-1.106,
s. Vetter 1997b,
Nr. 469.

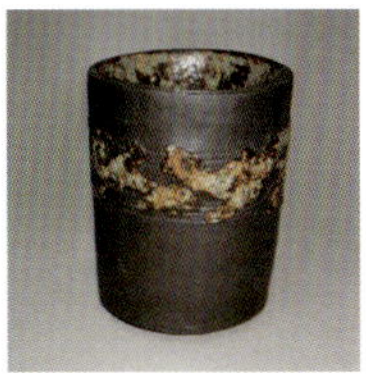

1.107
Zylinder, 1989 (55)
Inv.-Nr. 00197-1.107,
s. Vetter 1997b,
Nr. 470.

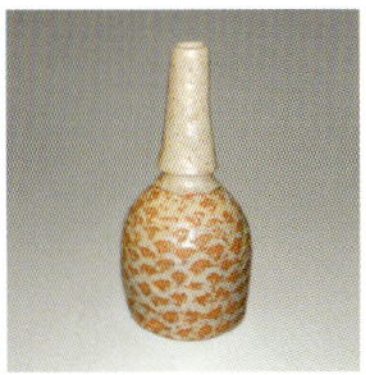

1.108
Vase, 1989 (123)
Inv.-Nr. 00197-1.108,
s. Vetter 1997b,
Nr. 471.

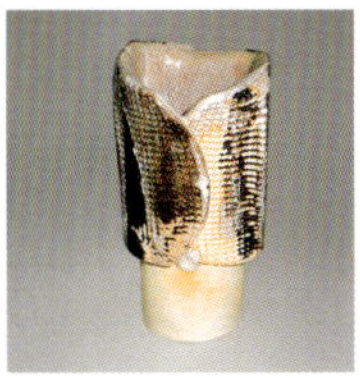

1.109
Montage, 1989 (127)
Inv.-Nr. 00197-1.109,
s. Vetter 1997b,
Nr. 472.

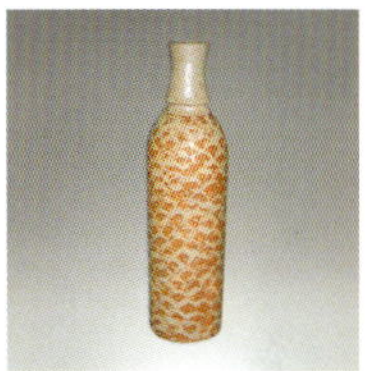

1.110
Hohe Vase, 1989 (133)
Inv.-Nr. 00197-1.110,
s. Vetter 1997b,
Nr. 473.

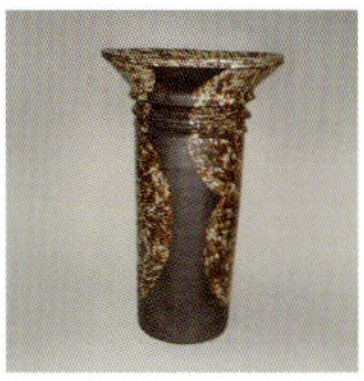

1.111
Hohe Vase mit weiter
Öffnung, 1989 (141)
Inv.-Nr. 00197-1.111,
s. Vetter 1997b,
Nr. 474.

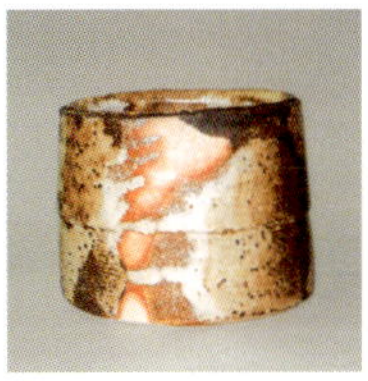

1.112
Gefäß – offene Form,
1989 (149)
Inv.-Nr. 00197-1.112,
s. Vetter 1997b,
Nr. 475.

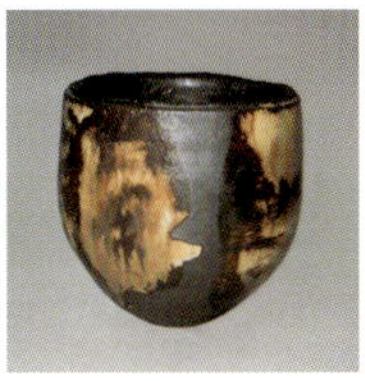

1.113
Kumme, 1989 (152)
Inv.-Nr. 00197-1.113,
s. Vetter 1997b,
Nr. 476.

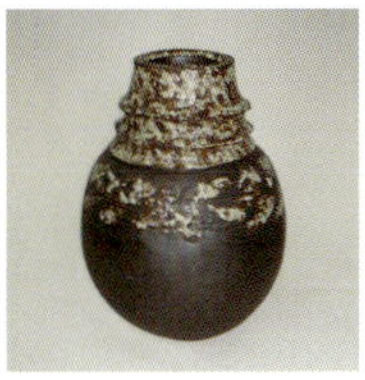

1.114
Kumme, 1989 (181)
Inv.-Nr. 00197-1.114,
s. Vetter 1997b,
Nr. 477.

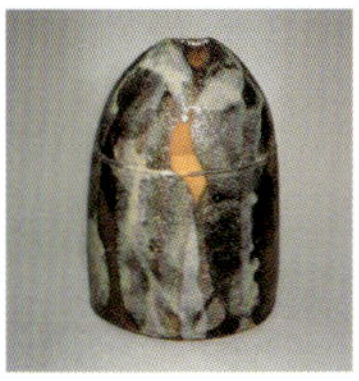

1.115
Vase, 1989 (196)
Inv.-Nr. 00197-1.115,
s. Vetter 1997b,
Nr. 478.

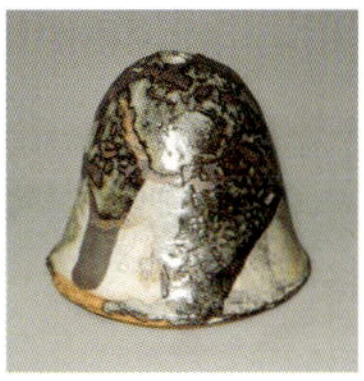

1.116
Vase, 1990 (60)
Inv.-Nr. 00197-1.116,
s. Vetter 1997b,
Nr. 479.

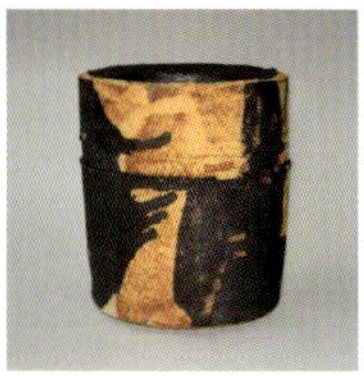

1.117
Vase – offene Form, 1990 (66)
Inv.-Nr. 00197-1.117, s. Vetter 1997b, Nr. 480.

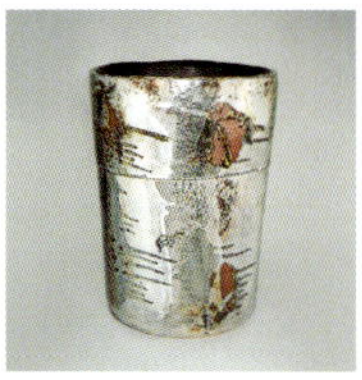

1.118
Gefäß – hohe offene Form, 1993 (11)
Inv.-Nr. 00197-1.118, s. Vetter 1997b, Nr. 481.

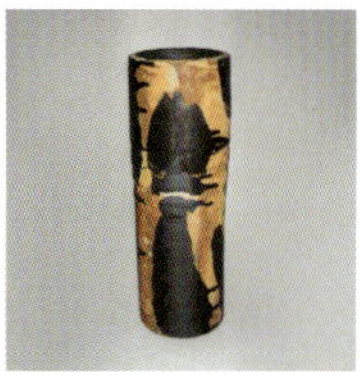

1.119
Zylinder, 1993 (15)
Inv.-Nr. 00197-1.119, s. Vetter 1997b, Nr. 482.

Rich, Mary
00197-1.120

1940 in Helston/Cornwall geboren, lebt und arbeitet in Old Kea bei Truro/Cornwall. 1957–1961 Studium der Malerei und Keramik am Bournemouth College of Art, Praktika bei Harry und May Davis, Crowan Pottery in Praze/Cornwall und bei David Leach, Lowerdown Pottery in Bovey Tracey/Devon. 1962–1970 eigenes Studio in Falmouth, seit 1970 in Old Kea, bei Truro/Cornwall.

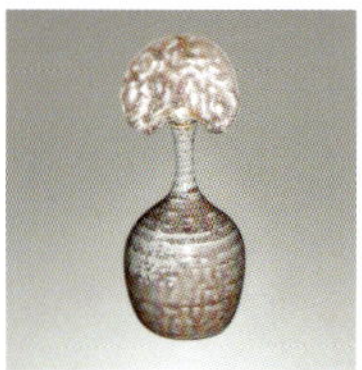

1.120
Flasche mit „Wolkenstöpsel", 1978
Porzellan, weißer Scherben – gedreht, gebaut. Reduktionsbrand (Salzbrand) im Öl-Ofen bei 1.280°C.
H (mit Stöpsel) 16 cm, D 7 cm.
Werkstattzeichen Nr. 161.
Erworben durch Lotte Reimers.
Inv.-Nr. 00197-1.120.

Riecke, Jürgen
00197-1.121 – 00197-1.162

1927 in Münster/Westf. geboren, 1997 in Duingen gestorben.
1947 Abitur und autodidaktische Ausbildung als Töpfer, 1947–1949 Praktikum als Töpfer im Steinzeugbetrieb Knolle, Duingen. 1950 eigene Werkstatt in Duingen. Seit 1962 Töpferkurse an Volkshochschulen, 1963–1964 Töpferkurs für Architekturstudenten an der Technischen Hochschule Hannover, 1964–1973 Töpferkurse an der Pädagogischen Hochschule Alsfeld/Hildesheim. 1970–1973 Studium der Pädagogik, seitdem Lehrer und Töpfer. 1977–1978 Lehrauftrag für Ästhetische Theorie an der Fachhochschule Hildesheim/Holzminden. Seit 1974 Dia-Vorträge über Wahrnehmung und Gestaltung.

Lit.: Waldrich 1996, S. 578–579; Vetter 2004b, S. 101–106.

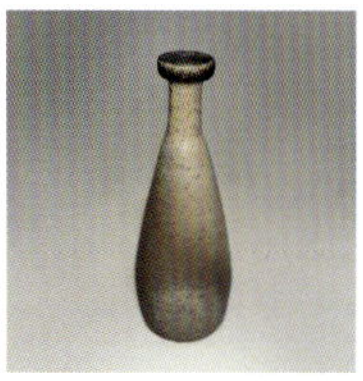

1.121
Vase, um 1960
Steinzeug, braungrauer Scherben (Duinger Steinzeugton) – gedreht. Reduktions-/Salzbrand im Holzofen bei 1.200–1.250°C.
H 25,5 cm, D 9,5 cm.
Werkstattzeichen Nr. 162.
Erworben durch J.W. Hinder.
Inv.-Nr. 00197-1.121.

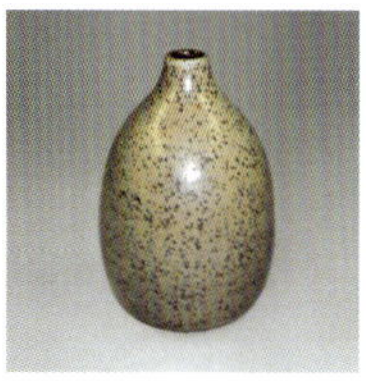

1.122
Vase, 1960er Jahre
Steinzeug, braungrauer Scherben (Duinger Steinzeugton) – gedreht. Reduktions-/Salzbrand im Holzofen bei 1.200–1.250°C.
H 18 cm, D 13 cm.
Werkstattzeichen Nr. 162.
Erworben durch J.W. Hinder.
Inv.-Nr. 00197-1.122.

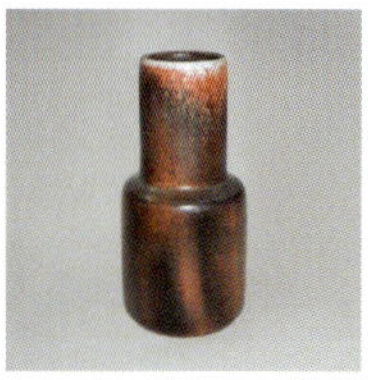

1.123
Vase, um 1960
Steinzeug, braungrauer Scherben (Duinger Steinzeugton) – gedreht. Reduktions-/Salzbrand im Holzofen bei 1.200–1.250°C.
H 21,5 cm, D 10,5 cm.
Werkstattzeichen Nr. 162.
Erworben durch J.W. Hinder.
Inv.-Nr. 00197-1.123.

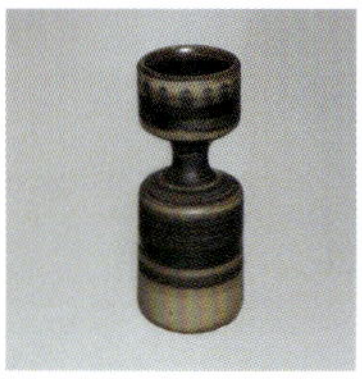

1.124
Vase, um 1960
Steinzeug, braungrauer Scherben (Duinger Steinzeugton) – gedreht. Reduktions-/Salzbrand im Holzofen bei 1.200–1.250°C.
H 12 cm, D 5 cm.
Werkstattzeichen Nr. 162, geritzt 1, 4.
Erworben durch J.W. Hinder.
Inv.-Nr. 00197-1.124.

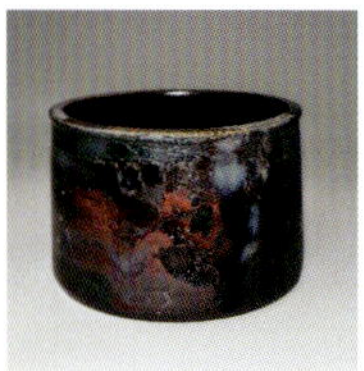

1.125
Kumme, um 1960
Steinzeug, braungrauer Scherben (Duinger Steinzeugton) – gedreht. Reduktions-/Salzbrand im Holzofen bei 1.200–1.250°C.
H 10,5 cm, D 15,5 cm.
Werkstattzeichen Nr. 162.
Erworben durch J.W. Hinder.
Inv.-Nr. 00197-1.125.

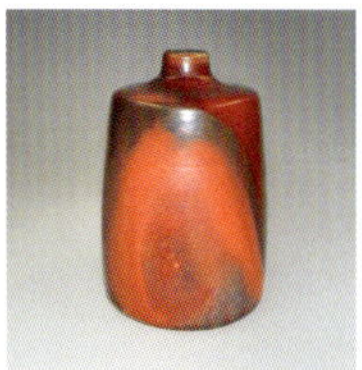

1.126
Vase, um 1960
Steinzeug, braungrauer Scherben (Duinger Steinzeugton) – gedreht. Reduktions-/Salzbrand im Holzofen bei 1.200–1.250°C.
H 18,5 cm, D 12,5 cm.
Werkstattzeichen Nr. 162.
Erworben durch J.W. Hinder.
Inv.-Nr. 00197-1.126.

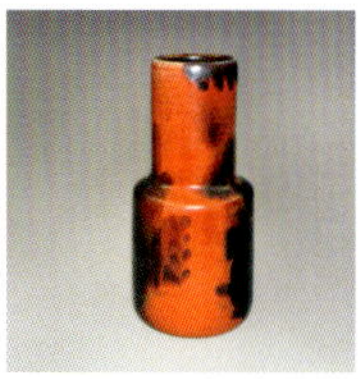

1.127
Vase, 1960
Steinzeug, braungrauer Scherben (Duinger Steinzeugton) – gedreht. Reduktions-/Salzbrand im Holzofen bei 1.200–1.250°C.
H 21 cm, D 10,5 cm.
Werkstattzeichen wie Nr. 163, Jahreszahl 60.
Erworben durch J.W. Hinder.
Inv.-Nr. 00197-1.127.

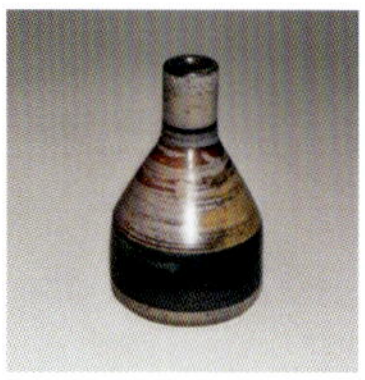

1.128
Vase, 1960er Jahre
Steinzeug, braungrauer Scherben (Duinger Steinzeugton) – gedreht. Reduktions-/Salzbrand im Holzofen bei 1.200–1.250°C.
H 10,5 cm, D 7 cm.
Werkstattzeichen Nr. 162.
Erworben durch J.W. Hinder.
Inv.-Nr. 00197-1.128.

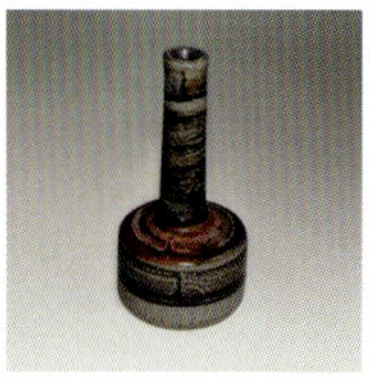

1.129
Vase, 1960er Jahre
Steinzeug, dunkelbraungrauer Scherben (Duinger Steinzeugton) – gedreht. Reduktions-/Salzbrand im Holzofen bei 1.200–1.250°C.
H 12,5 cm, D 6 cm.
Werkstattzeichen Nr. 162.
Erworben durch J.W. Hinder.
Inv.-Nr. 00197-1.129.

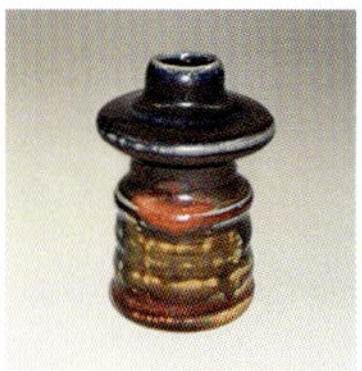

1.130
Vase, 1960er Jahre
Steinzeug, braungrauer Scherben (Duinger Steinzeugton) – gedreht. Reduktions-/Salzbrand im Holzofen bei 1.200–1.250°C.
H 9,5 cm, D 6,5 cm.
Werkstattzeichen Nr. 162.
Erworben durch J.W. Hinder.
Inv.-Nr. 00197-1.130.

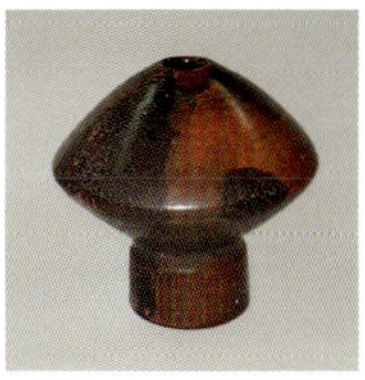

1.131
Vase, 1960er Jahre
Steinzeug, braun-grauer Scherben (Duinger Steinzeugton) – gedreht. Reduktions-/Salzbrand im Holzofen bei 1.200–1.250°C.
H 14 cm, D 14,5 cm.
Werkstattzeichen Nr. 162.
Erworben durch J.W. Hinder.
Inv.-Nr. 00197-1.131.

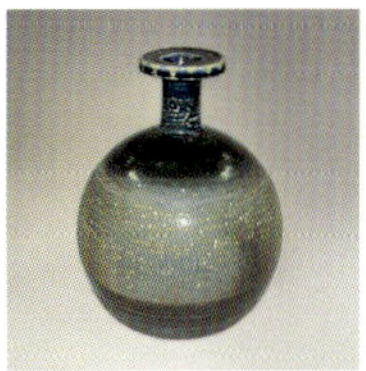

1.132
Vase, 1963
Steinzeug, braun-grauer Scherben (Duinger Steinzeugton) – gedreht. Reduktions-/Salzbrand im Holzofen bei 1.200–1.250°C.
H 23 cm, D 19 cm.
Werkstattzeichen wie Nr. 163, Jahreszahl 63.
Erworben durch J.W. Hinder.
Lit.: Hinder & Reimers 1971, Abb. 107.
Inv.-Nr. 00197-1.132.

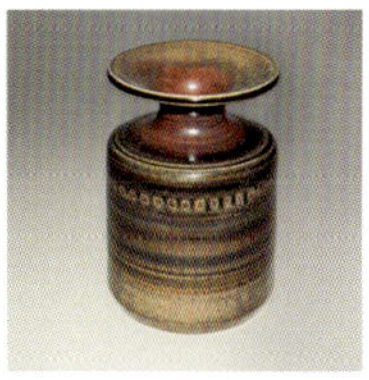

1.133
Vase, 1970
Steinzeug, braun-grauer Scherben (Duinger Steinzeugton) – gedreht. Reduktions-/Salzbrand im Holzofen bei 1.200–1.250°C.
H 15 cm, D 11 cm.
Werkstattzeichen Nr. 162.
Erworben durch J.W. Hinder.
Inv.-Nr. 00197-1.133.

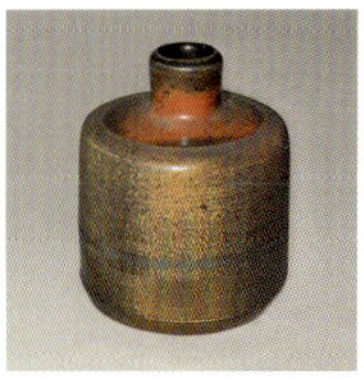

1.134
Vase, 1978
Steinzeug, braun-grauer Scherben (Duinger Steinzeugton) – gedreht. Reduktions-/Salzbrand im Holzofen bei 1.200–1.250°C.
H 9,5 cm, D 8 cm.
Werkstattzeichen wie Nr. 163, Jahreszahl 1978, geritzt 5, I, 3.
Erworben durch Lotte Reimers.
Inv.-Nr. 00197-1.134.

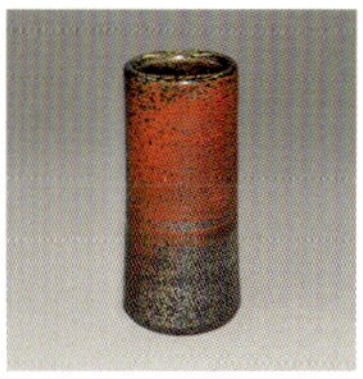

1.135
Vase – Zylinderform, 1978
Steinzeug, braun-grauer Scherben (Duinger Steinzeugton) – gedreht. Reduktions-/Salzbrand im Holzofen bei 1.200–1.250°C.
H 10,5 cm, D 5 cm.
Werkstattzeichen wie Nr. 163, Jahreszahl 78, geritzt II, 2c, bg.
Erworben durch Lotte Reimers.
Inv.-Nr. 00197-1.135.

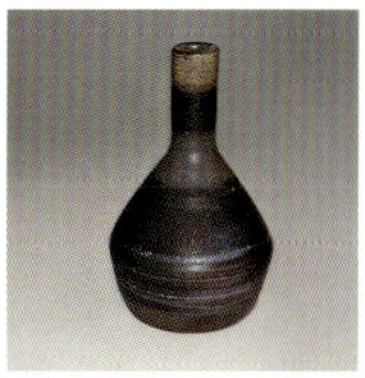

1.136
Vase, 1978
Steinzeug, braun-grauer Scherben (Duinger Steinzeugton) – gedreht. Reduktions-/Salzbrand im Holzofen bei 1.200–1.250°C.
H 14,5 cm, D 9,5 cm.
Werkstattzeichen wie Nr. 163, Jahreszahl 1978, geritzt: 1, 3, 10.
Erworben durch Lotte Reimers.
Inv.-Nr. 00197-1.136.

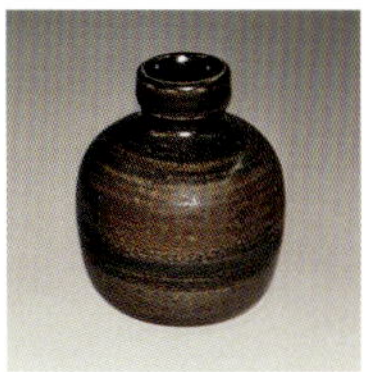

1.137
Vase, 1970er Jahre
Steinzeug, braun-grauer Scherben (Duinger Steinzeugton) – gedreht. Reduktions-/Salzbrand im Holzofen bei 1.200–1.250°C.
H 7,5 cm, D 7 cm.
Werkstattzeichen Nr. 162, geritzt 5, 1, 10.
Erworben vermutl. durch Lotte Reimers.
Inv.-Nr. 00197-1.137.

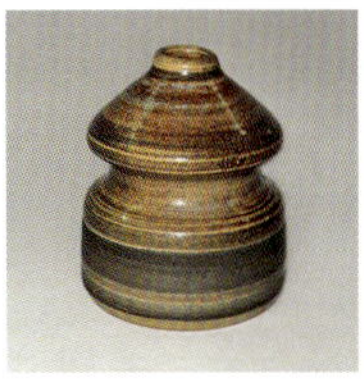

1.138
Vase, 1970er Jahre
Steinzeug, braun-grauer Scherben (Duinger Steinzeugton) – gedreht. Reduktions-/Salzbrand im Holzofen bei 1.200–1.250°C.
H 10 cm, D 8,5 cm.
Werkstattzeichen Nr. 162.
Erworben vermutl. durch Lotte Reimers.
Inv.-Nr. 00197-1.138.

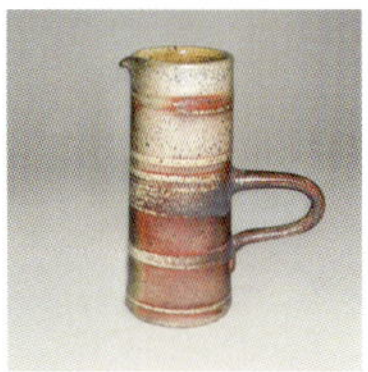

1.139
Krug, 1985
Steinzeug, braun-grauer Scherben (Duinger Steinzeugton) – gedreht. Reduktions-/Salzbrand im Holzofen bei 1.200–1.250°C.
H 17,5 cm, D 14 cm (Maßangabe mit Henkel und Schnaupe).
Werkstattzeichen wie Nr. 163, Jahreszahl 85, XIV + 1m, I, 1, III, 1.
Erworben durch Lotte Reimers.
Inv.-Nr. 00197-1.139.

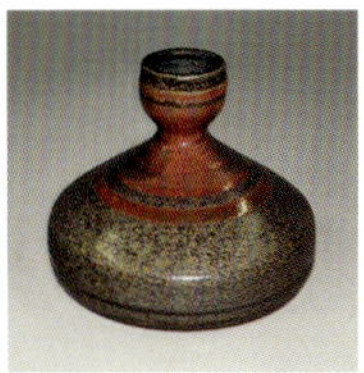

1.140
Vase, 1980er Jahre
Steinzeug, braun-grauer Scherben (Duinger Steinzeugton) – gedreht. Reduktions-/Salzbrand im Holzofen bei 1.200–1.250°C.
H 10,5 cm, D 14 cm.
Werkstattzeichen Nr. 162, geritzt VIII, F, WF, Rot, III, 10, 36.
Erworben durch Lotte Reimers.
Inv.-Nr. 00197-1.140.

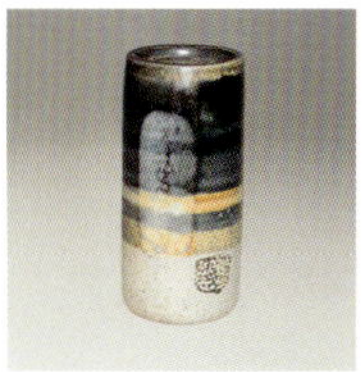

1.141
Vase – Zylinderform, vermutl. 1980er Jahre
Steinzeug, braun-grauer Scherben (Duinger Steinzeugton) – gedreht. Reduktions-/Salzbrand im Holzofen bei 1.200–1.250°C.
H 11 cm, D 5,5 cm.
Werkstattzeichen Nr. 162.
Erworben durch Lotte Reimers.
Inv.-Nr. 00197-1.141.

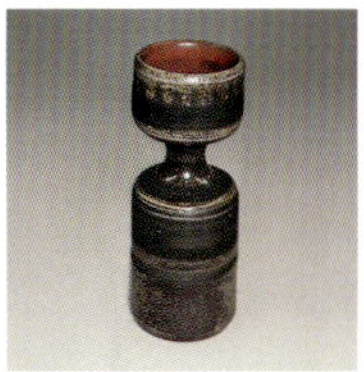

1.142
Vase, vermutl. 1980er Jahre
Steinzeug, braun-grauer Scherben (Duinger Steinzeugton) – gedreht. Reduktions-/Salzbrand im Holzofen bei 1.200–1.250°C.
H 12 cm, D 5 cm.
Werkstattzeichen Nr. 162, geritzt B 1 n.
Erworben durch Lotte Reimers.
Inv.-Nr. 00197-1.142.

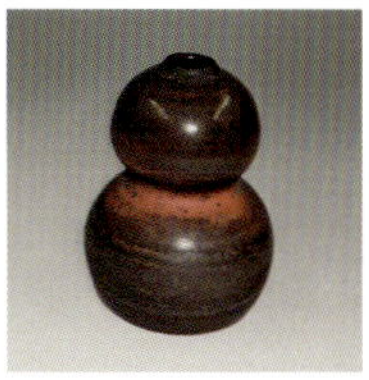

1.143
Vase „Doppelkugel", vermutl. 1980er Jahre
Steinzeug, braun-grauer Scherben (Duinger Steinzeugton) – gedreht. Reduktions-/Salzbrand im Holzofen bei 1.200–1.250°C.
H 10,5 cm, D 8,5 cm.
Werkstattzeichen Nr. 162, geritzt B, 2b, III, 10c/3e, 5, 12/c.
Erworben durch Lotte Reimers.
Inv.-Nr. 00197-1.143.

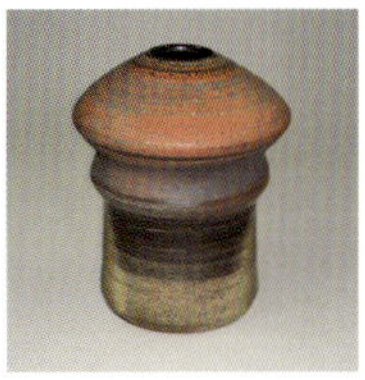

1.144
Vase, 1984
Steinzeug, braun-grauer Scherben (Duinger Steinzeugton) – gedreht. Reduktions-/Salzbrand im Holzofen bei 1.200–1.250°C.
H 20 cm, D 16,5 cm.
Werkstattzeichen Nr. 163, VIII, F, Wm, 2 I, III, 5, 10.
Erworben durch Lotte Reimers.
Inv.-Nr. 00197-1.144.

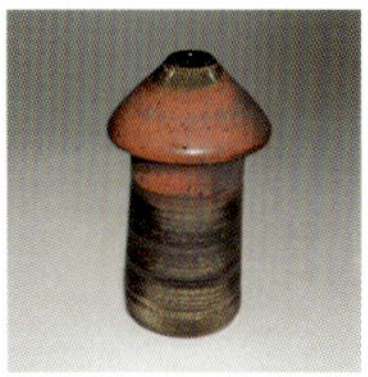

1.145
Vase, um 1984
Steinzeug, braun-grauer Scherben (Duinger Steinzeugton) – gedreht. Reduktions-/Salzbrand im Holzofen bei 1.200–1.250°C.
H 14 cm, D 8 cm.
Werkstattzeichen Nr. 162, geritzt VIII 1; Wm 1, 5; 31; 5, 2 d; III; 10.
Erworben durch Lotte Reimers.
Inv.-Nr. 00197-1.145.

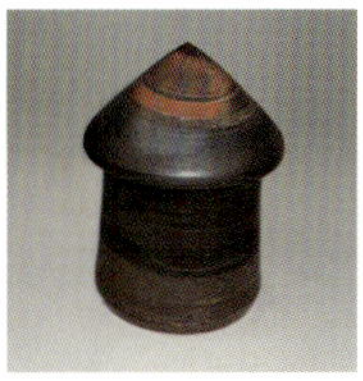

1.146
Objekt, um 1984
Steinzeug, braun-grauer Scherben (Duinger Steinzeugton) – gedreht. Reduktions-/Salzbrand im Holzofen bei 1.200–1.250°C.
H 16 cm, D 12 cm.
Werkstattzeichen Nr. 162, geritzt 2 f; III; 5; 1UC.
Erworben durch Lotte Reimers.
Inv.-Nr. 00197-1.146.

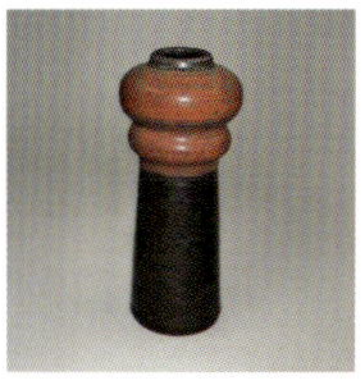

1.147
Vase, um 1984
Steinzeug, braun-grauer Scherben (Duinger Steinzeugton) – gedreht. Reduktions-/Salzbrand im Holzofen bei 1.200–1.250°C.
H 20 cm, D 9,5 cm.
Werkstattzeichen Nr. 162, geritzt VIII, 2d, 5, 10c, 4c.
Erworben durch Lotte Reimers.
Inv.-Nr. 00197-1.147.

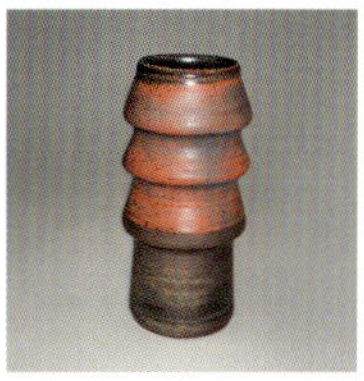

1.148
Vase, um 1984
Steinzeug, braun-grauer Scherben (Duinger Steinzeugton) – gedreht. Reduktions-/Salzbrand im Holzofen bei 1.200–1.250°C.
H 19 cm, D 9 cm.
Werkstattzeichen Nr. 162, geritzt VIII F+Wm, 2d, III, 5, 10, II.
Erworben durch Lotte Reimers.
Inv.-Nr. 00197-1.148.

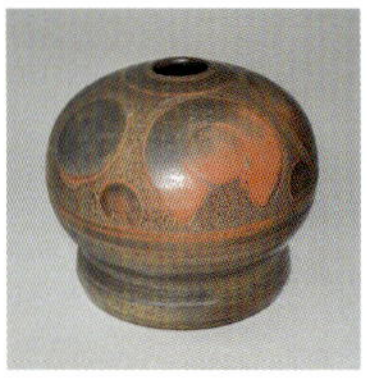

1.149
Vase – Kugelform auf Sockel, 1984
Steinzeug, braungrauer Scherben (Duinger Steinzeugton) – gedreht. Reduktions-/Salzbrand im Holzofen bei 1.200–1.250°C.
H 15,5 cm, D 19 cm.
Werkstattzeichen Nr. 163, geritzt VIII F Wn, 2f, ld, 2d,III, 5, 35, m.
Erworben durch Lotte Reimers.
Inv.-Nr. 00197-1.149.

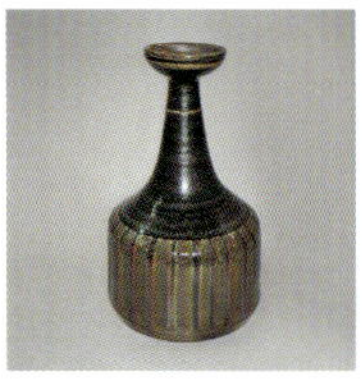

1.150
Vase – Trommelform mit schlankem Hals, 1986
Steinzeug, braungrauer Scherben (Duinger Steinzeugton) – gedreht. Reduktions-/Salzbrand im Holzofen bei 1.200–1.250°C.
H 32 cm, D 20 cm.
Werkstattzeichen wie Nr. 163, Jahreszahl 86, geritzt 5, 4 e (1x), 20 II (3x),16 d, +20, 2,1 0d.
Erworben durch Lotte Reimers.
Inv.-Nr. 00197-1.150.

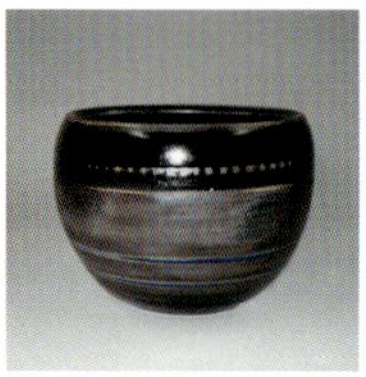

1.151
Kugelschale, 1980
Steinzeug, braungrauer Scherben (Duinger Steinzeugton) – gedreht. Reduktions-/Salzbrand im Holzofen bei 1.200–1.250°C.
H 14 cm, D 19 cm.
Werkstattzeichen Nr. 162, geritzt 5, 1, 3, 16, 10 n.
Erworben durch Lotte Reimers.
Inv.-Nr. 00197-1.151.

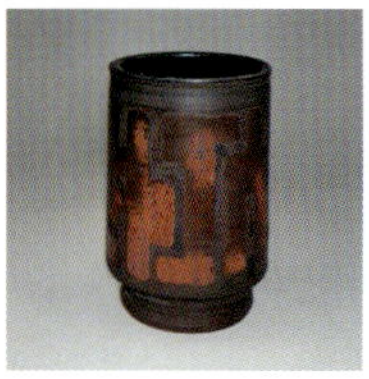

1.152
Bechervase, 1980
Steinzeug, braungrauer Scherben (Duinger Steinzeugton) – gedreht. Reduktions-/Salzbrand im Holzofen bei 1.200–1.250°C.
H 17,5 cm, D 11,5 cm.
Werkstattzeichen Nr. 162, geritzt V, 2c, 5, 3.
Erworben durch Lotte Reimers.
Inv.-Nr. 00197-1.152.

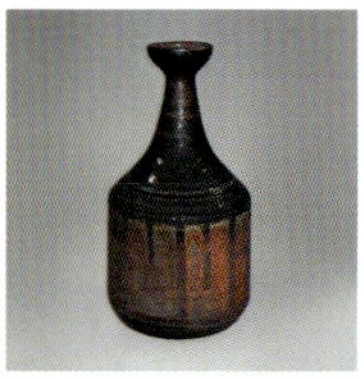

1.153
Vase – Trommelform mit schlankem Hals, 1980er Jahre
Steinzeug, braungrauer Scherben (Duinger Steinzeugton) – gedreht. Reduktions-/Salzbrand im Holzofen bei 1.200– 1.250°C.
H 27 cm, D 15,5 cm.
Werkstattzeichen Nr. 162, geritzt 5, 1a, 4c, 2d, III, 10c, VIII F.
Erworben durch Lotte Reimers.
Inv.-Nr. 00197-1.153.

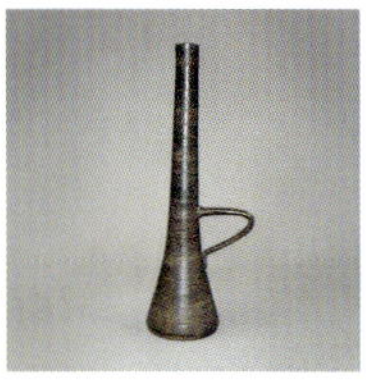

1.154
Hoher Krug mit schmalem Hals, 1980er Jahre
Steinzeug, braungrauer Scherben (Duinger Steinzeugton) – gedreht. Reduktions-/Salzbrand im Holzofen bei 1.200–1.250°C.
H 54 cm, D (mit Henkel) 20 cm.
Werkstattzeichen Nr. 162, geritzt 1, 5, 10 c.
Erworben durch Lotte Reimers.
Inv.-Nr. 00197-1.154.

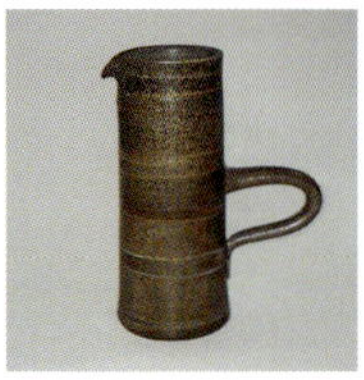

1.155
Zylindrischer Krug, 1985
Steinzeug, braungrauer Scherben (Duinger Steinzeugton) – gedreht. Reduktions-/Salzbrand im Holzofen bei 1.200–1.250°C.
H 16,5 cm, D (mit Henkel und Schnaupe) 13,5 cm.
Werkstattzeichen wie Nr. 163, Jahreszahl 1985, geritzt 26, VIII F.
Erworben durch Lotte Reimers.
Inv.-Nr. 00197-1.155.

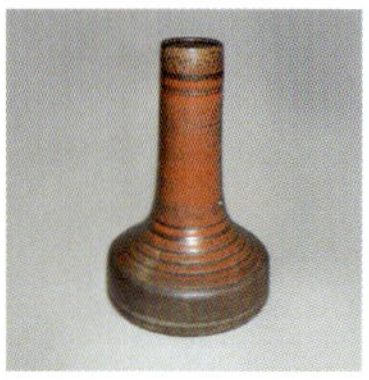

1.156
Vase mit zylindrischem Hals, 1986
Steinzeug, braungrauer Scherben (Duinger Steinzeugton) – gedreht. Reduktions-/Salzbrand im Holzofen bei 1.200–1.250°C.
H 19,5 cm, D 13 cm.
Werkstattzeichen Nr. 162, geritzt 20 (2x), 10, II, +II.
Erworben durch Lotte Reimers.
Inv.-Nr. 00197-1.156.

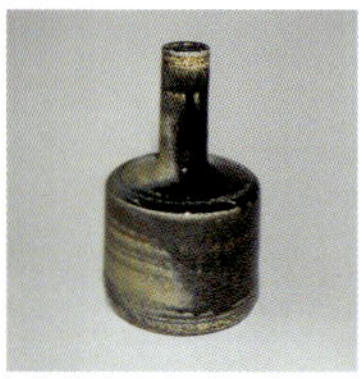

1.157
Vase mit zylindrischem Hals, 1988
Steinzeug, braungrauer Scherben (Duinger Steinzeugton) – gedreht. Reduktions-/Salzbrand im Holzofen bei 1.200–1.250°C.
H 18,5 cm, D 12 cm.
Werkstattzeichen Nr. 162.
Erworben durch Lotte Reimers.
Inv.-Nr. 00197-1.157.

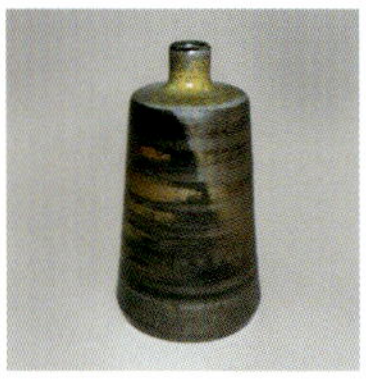

1.158
Vase, 1988
Steinzeug, braungrauer Scherben (Duinger Steinzeugton) – gedreht. Reduktions-/Salzbrand im Holzofen bei 1.200–1.250°C.
H 21 cm, D 12 cm.
Werkstattzeichen Nr. 162, geritzt 20 (2x), 1px, 10d, II.
Erworben durch Lotte Reimers.
Inv.-Nr. 00197-1.158.

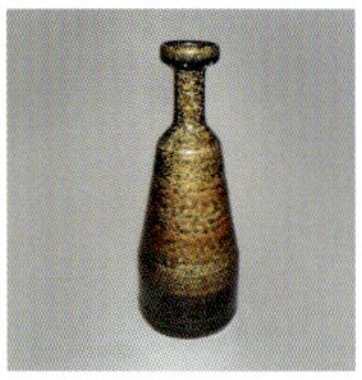

1.159
Vase mit ringartig eingefasster Mündung, 1988
Steinzeug, braungrauer Scherben (Duinger Steinzeugton) – gedreht. Reduktions-/Salzbrand im Holzofen bei 1.200–1.250°C.
H 25 cm, D 10 cm.
Werkstattzeichen Nr. 162, geritzt VIIIF, II, 5, 10c, 3e, m. Stift: 2a.
Erworben durch Lotte Reimers.
Inv.-Nr. 00197-1.159.

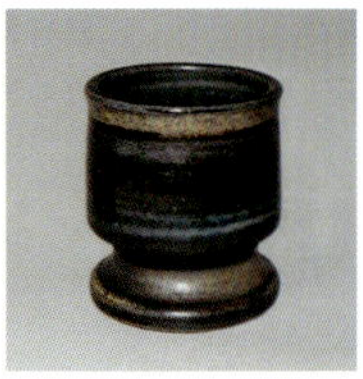

1.160
Vase, 1989
Steinzeug, braungrauer Scherben (Duinger Steinzeugton) – gedreht. Reduktions-/Salzbrand im Holzofen bei 1.200–1.250°C.
H 9 cm, D 8 cm.
Werkstattzeichen Nr. 162, geritzt 4f, II 2c, 10d.
Erworben durch Lotte Reimers.
Inv.-Nr. 00197-1.160.

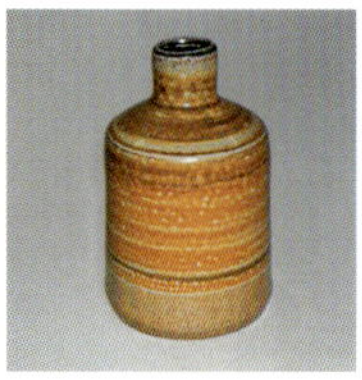

1.161
Vase, 1989
Steinzeug, hell-graubrauner Scherben – gedreht. Reduktions-/Salzbrand im Holzofen bei 1.200–1.250°C.
H 11,5 cm, D 7,5 cm.
Werkstattzeichen Nr. 162, geritzt IVb, IVa, 10 1 II.
Erworben durch Lotte Reimers.
Inv.-Nr. 00197-1.161.

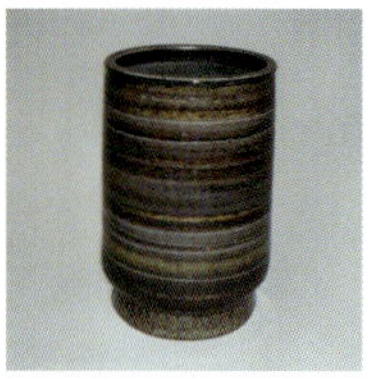

1.162
Zylindrische Vase, 1989
Steinzeug, braungrauer Scherben (Duinger Steinzeugton) – gedreht. Reduktions-/Salzbrand im Holzofen bei 1.200–1.250°C.
H 17 cm, D 11,5 cm.
Werkstattzeichen Nr. 162.
Erworben durch Lotte Reimers.
Inv.-Nr. 00197-1.162.

Rieckmann, Reinhold
00197-1.163 – 00197-1.206

1942 in Hamburg geboren, lebt und arbeitet in Gudensberg/Hessen.
1958–1961 Lehre als Keramiker, Gesellenprüfung, 1961–1964 Lehre als Chemigraph, Gesellenprüfung. 1964–1966 Keramische Fachschule Landshut, Meisterprüfung. 1966–1971 Studium der Keramik bei Walter Popp, Plastik bei Harry Kramer an der Hochschule für bildende Künste Kassel. 1971–1973 Lehrauftrag für Keramik an der Gesamthochschule Kassel. 1971–1975 Grafikstudium bei Heinz Nickel an der Gesamthochschule Kassel. 1972–1976 eigene Werkstatt in Kassel, seit 1976 in Gudensberg-Dissen.

Lit.: Vetter 1997b, S. 108–114, 201–205, 258–262; Vetter 2002b, S. 105–110.

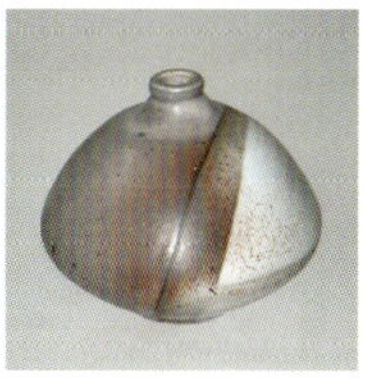

1.163
Vase, 1966
Inv.-Nr. 00197-1.163,
s. Vetter 1997b,
Nr. 483.

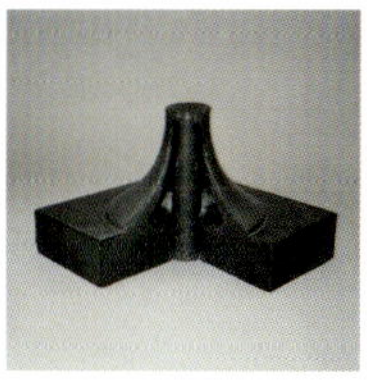

1.164
Objekt „Vulkan“, o.J. (1972)
Inv.-Nr. 00197-1.164,
s. Vetter 1997b,
Nr. 484.

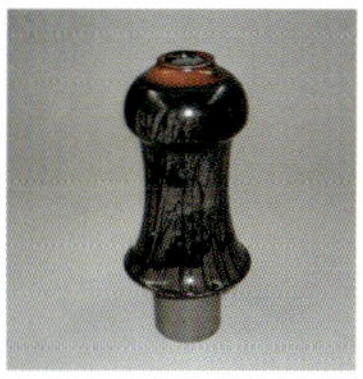

1.165
Vase, 1972
Inv.-Nr. 00197-1.165,
s. Vetter 1997b,
Nr. 485.

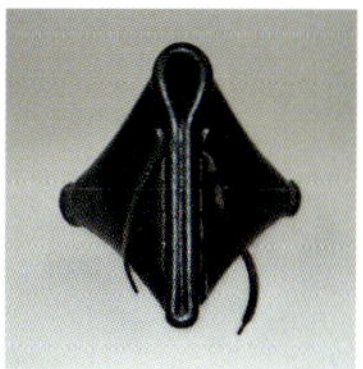

1.166
„Tütenobjekt“, 1973
Inv.-Nr. 00197-1.166,
s. Vetter 1997b,
Nr. 486.

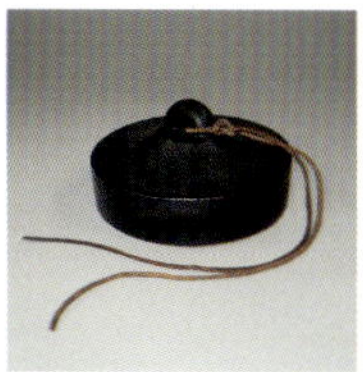

1.167
Objekt „Gewicht“, 1973
Inv.-Nr. 00197-1.167,
s. Vetter 1997b,
Nr. 487.

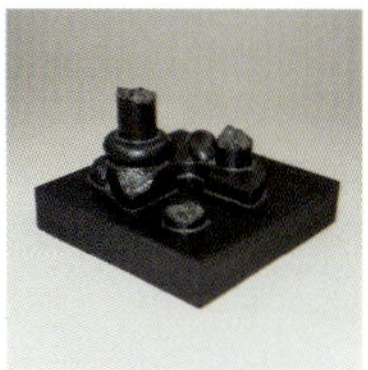

1.168
Plastik „Tempel“, 1973/74
Inv.-Nr. 00197-1.168,
s. Vetter 1997b,
Nr. 488.

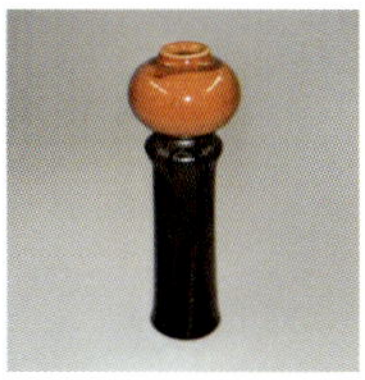

1.169
Vase, 1974
Inv.-Nr. 00197-1.169,
s. Vetter 1997b,
Nr. 489.

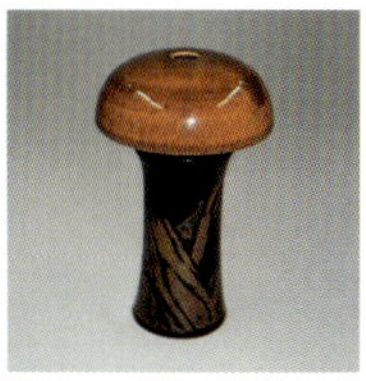

1.170
Vase – Pilzform, 1974
Inv.-Nr. 00197-1.170,
s. Vetter 1997b,
Nr. 490.

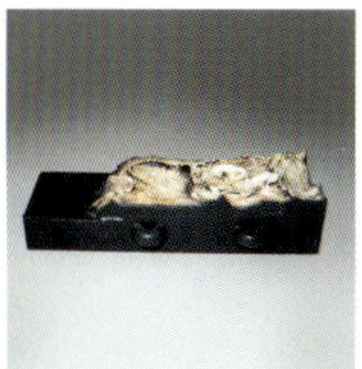

1.171
Objekt „Landschafts-ausschnitt“, 1974
Inv.-Nr. 00197-1.171,
s. Vetter 1997b,
Nr. 491.

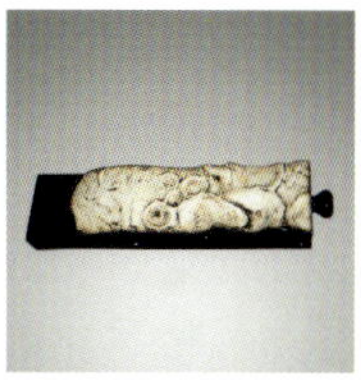

1.172
Objekt „Landschafts-ausschnitt“, 1975
Inv.-Nr. 00197-1.172,
s. Vetter 1997b,
Nr. 492.

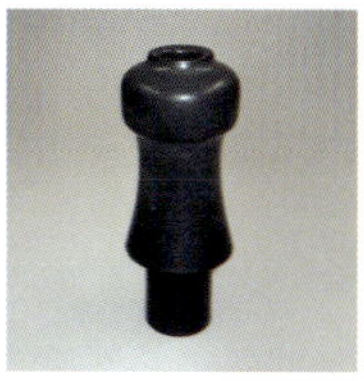

1.173
Vase, 1975
Inv.-Nr. 00197-1.173,
s. Vetter 1997b,
Nr. 493.

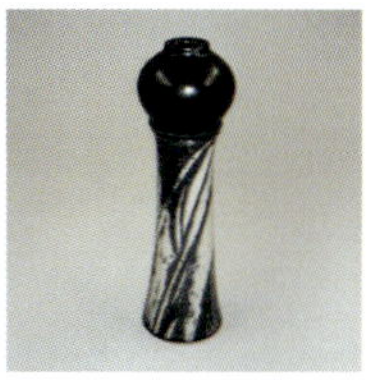

1.174
Vase, 1975
Inv.-Nr. 00197-1.174,
s. Vetter, Nr. 494.

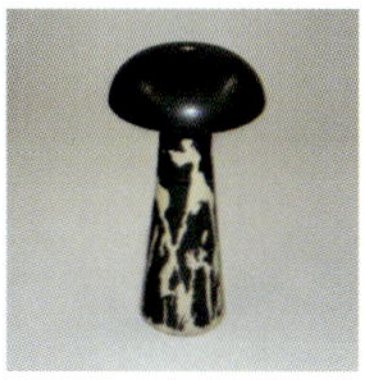

1.175
Vase – Pilzform, 1977
Inv.-Nr. 00197-1.175,
s. Vetter 1997b,
Nr. 495.

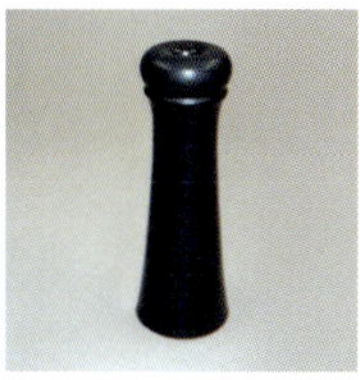

1.176
Vase, 1977
Inv.-Nr. 00197-1.176,
s. Vetter 1997b,
Nr. 496.

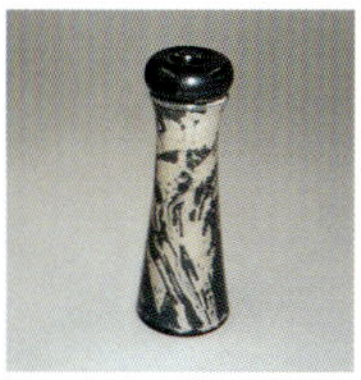

1.177
Kleine Phallus-Vase, 1977
Inv.-Nr. 00197-1.177,
s. Vetter 1997b,
Nr. 497.

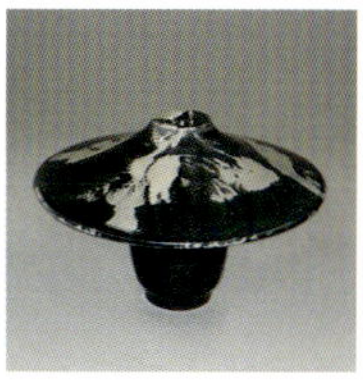

1.178
Vase, 1978
Inv.-Nr. 00197-1.178,
s. Vetter 1997b,
Nr. 498.

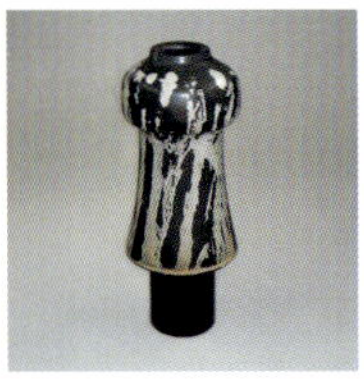

1.179
Vase, 1978
Inv.-Nr. 00197-1.179,
s. Vetter 1997b,
Nr. 499.

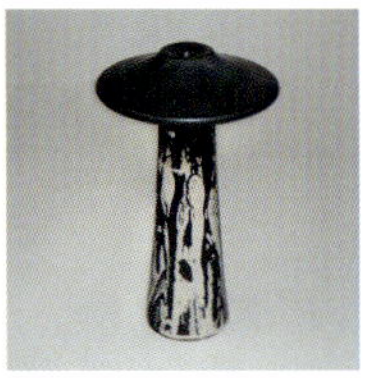

1.180
Vase, 1979
Inv.-Nr. 00197-1.180,
s. Vetter 1997b,
Nr. 500.

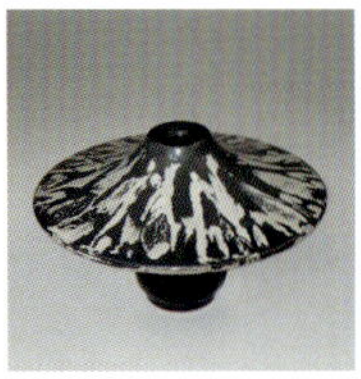

1.181
Vase, 1979
Inv.-Nr. 00197-1.181,
s. Vetter 1997b,
Nr. 501.

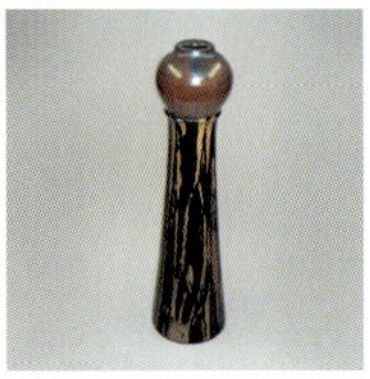

1.182
Vase, 1979
Inv.-Nr. 00197-1.182,
s. Vetter 1997b,
Nr. 502.

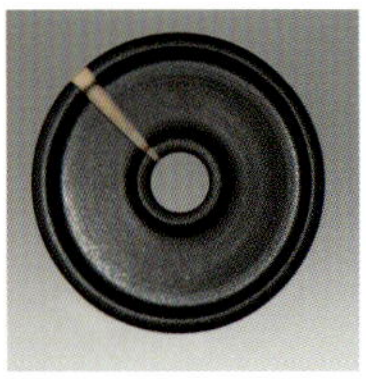

1.183
Objekt, 1979
Inv.-Nr. 00197-1.183,
s. Vetter 1997b,
Nr. 503.

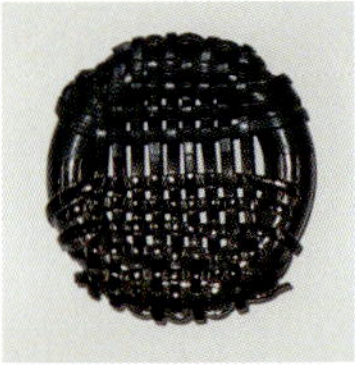

1.184
Objekt, 1979
Inv.-Nr. 00197-1.184,
s. Vetter 1997b,
Nr. 504.

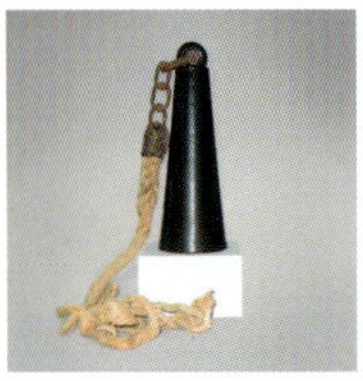

1.185
Objekt, 1979
Inv.-Nr. 00197-1.185,
s. Vetter 1997b,
Nr. 505.

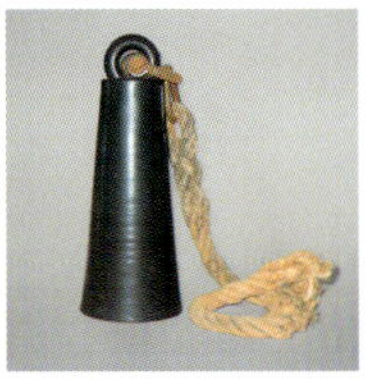

1.186
Objekt, 1979
Inv.-Nr. 00197-1.186,
s. Vetter 1997b,
Nr. 506.

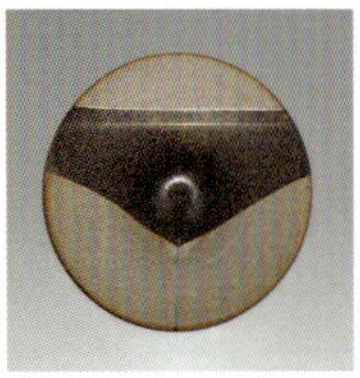

1.187
Objekt, 1982
Inv.-Nr. 00197-1.187,
s. Vetter 1997b,
Nr. 507.

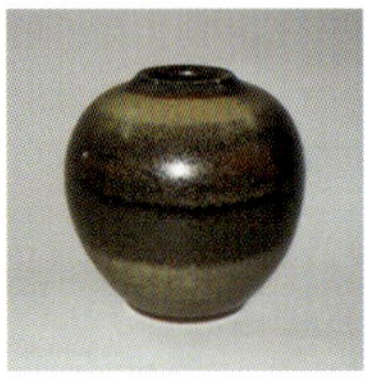

1.188
Vase, 1983/84
Inv.-Nr. 00197-1.188,
s. Vetter 1997b,
Nr. 508.

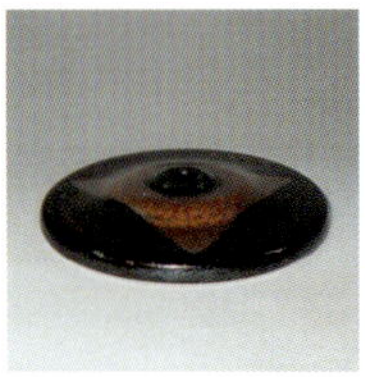

1.189
Vase, 1984
Inv.-Nr. 00197-1.189,
s. Vetter 1997b,
Nr. 509.

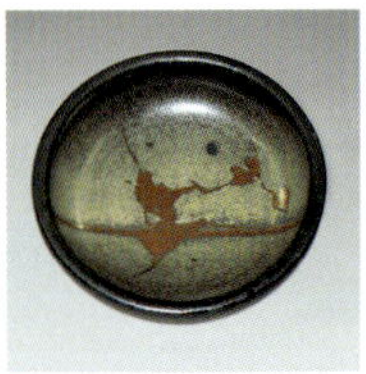

1.190
Schale, 1986
Inv.-Nr. 00197-1.190,
s. Vetter, 1997b
Nr. 510.

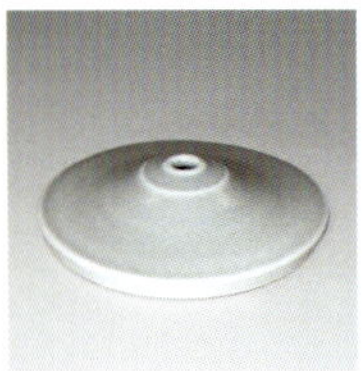

1.191
Vase, 1984
Inv.-Nr. 00197-1.191,
s. Vetter 1997b,
Nr. 511.

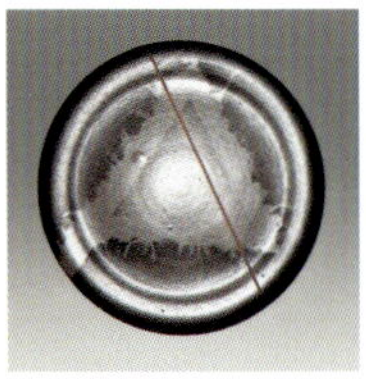

1.192
Teller, 1985
Inv.-Nr. 00197-1.192,
s. Vetter 1997b,
Nr. 512.

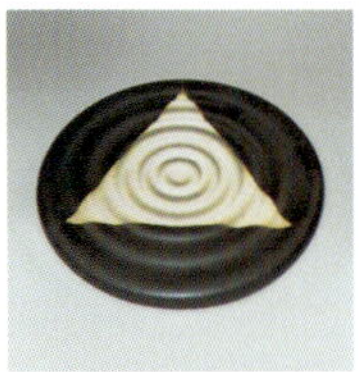

1.193
Wandteller, 1985
Inv.-Nr. 00197-1.193,
s. Vetter 1997b,
Nr. 513.

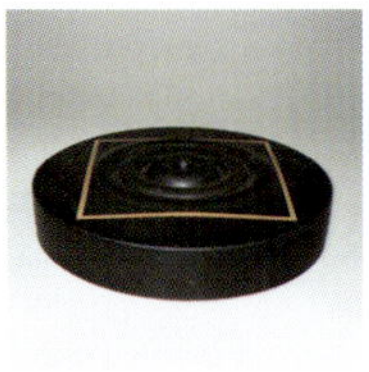

1.194
Objekt, 1985
Inv.-Nr. 00197-1.194,
s. Vetter 1997b,
Nr. 514.

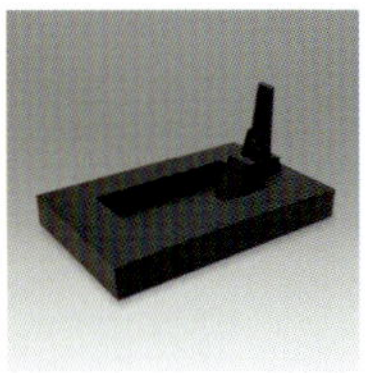

1.195
Plastik „Reste einer Diktatur", 1986
Inv.-Nr. 00197-1.195,
s. Vetter 1997b,
Nr. 515.

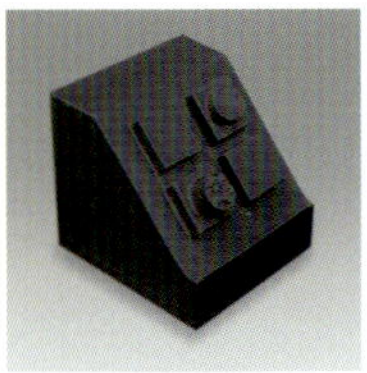

1.196
Plastik „Schwarzer Tempel" – Teil 1, 1986
Inv.-Nr. 00197-1.196,
s. Vetter 1997b,
Nr. 516–517.

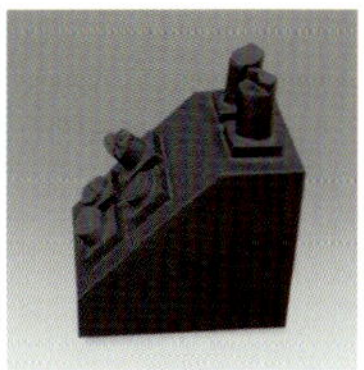

1.197
Plastik „Schwarzer Tempel" – Teil 2, 1986
Inv.-Nr. 00197-1.197, s. Vetter 1997b, Nr. 516–517.

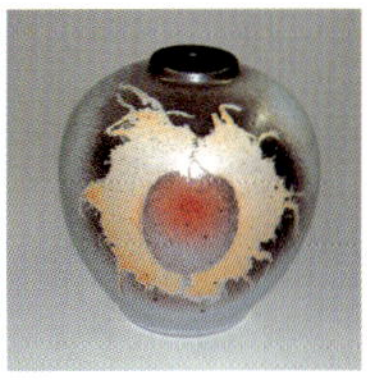

1.198
Vase – Kugelform, 1986
Inv.-Nr. 00197-1.198, s. Vetter 1997b, Nr. 518.

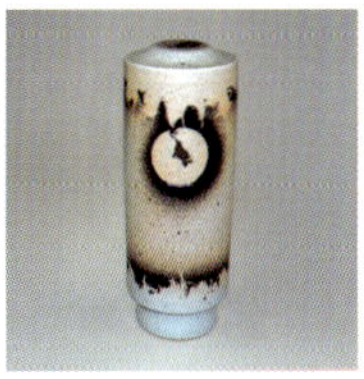

1.199
Vase, 1987
Inv.-Nr. 00197-1.199, s. Vetter 1997b, Nr. 519.

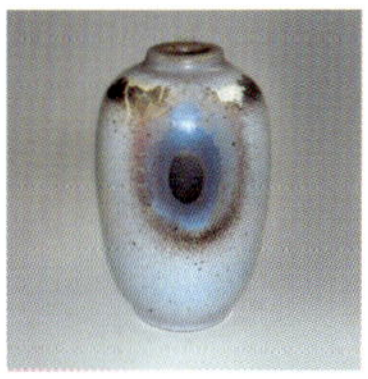

1.200
Vase, 1988
Inv.-Nr. 00197-1.200, s. Vetter 1997b, Nr. 520.

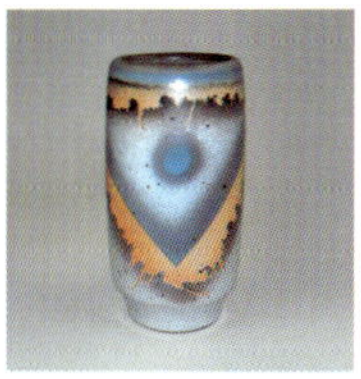

1.201
Vase, 1988
Inv.-Nr. 00197-1.201, s. Vetter 1997b, Nr. 521.

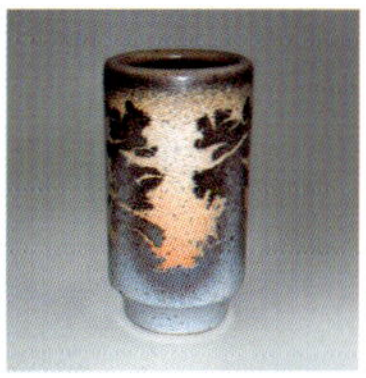

1.202
Vase, 1988
Inv.-Nr. 00197-1.202, s. Vetter 1997b, Nr. 522.

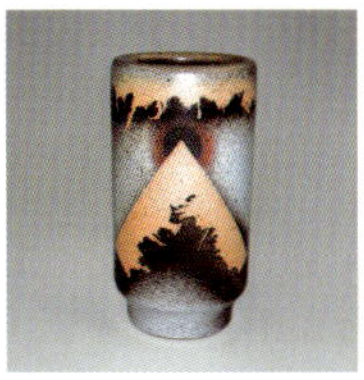

1.203
Vase, 1988
Inv.-Nr. 00197-1.203, s. Vetter 1997b, Nr. 523.

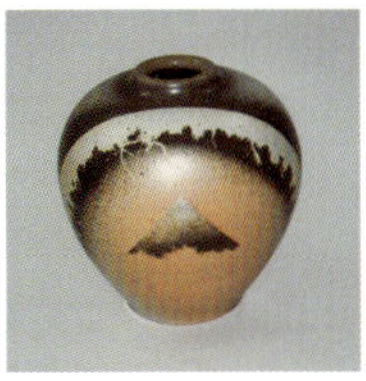

1.204
Vase, 1987
Inv.-Nr. 00197-1.204, s. Vetter 1997b, Nr. 524.

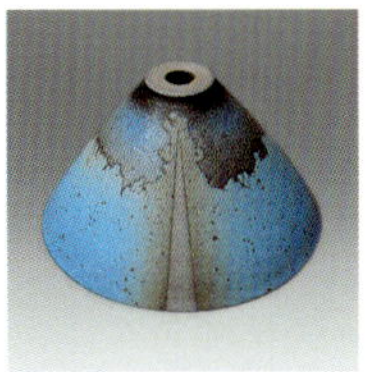

1.205
Vase – Kegelform, mit kleinem Ring im Bodeninnern, 1989
Inv.-Nr. 00197-1.205, s. Vetter 1997b, Nr. 525.

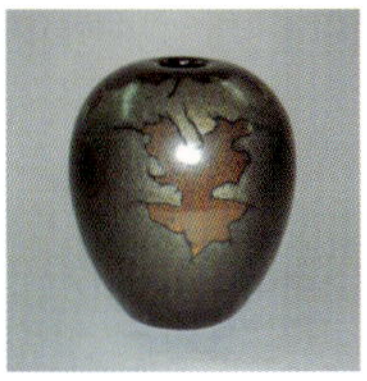

1.206
Vase, 1989
Inv.-Nr. 00197-1.206, s. Vetter 1997b, Nr. 526.

Röter, Bernd
00197-1.207 – 00197-1.208

1943 in Bad Wilsnack/Mecklenburg geboren, lebt und arbeitet in Mainz.
1963–1967 keramische Ausbildung bei Eduard Meine an der Staatlichen Akademie für Werkkunst Berlin, Abschlussexamen, 1963 Gesellenprüfung. 1967 eigene Werkstatt in Berlin, 1976–1984 eigene Werkstatt in Schloß Clemenswerth, Sögel. Seit 1985 Leiter der Beratungsstelle für Formgebung für das gestaltende Handwerk in Rheinland-Pfalz.

Lit.: Waldrich 1996, S. 587–588.

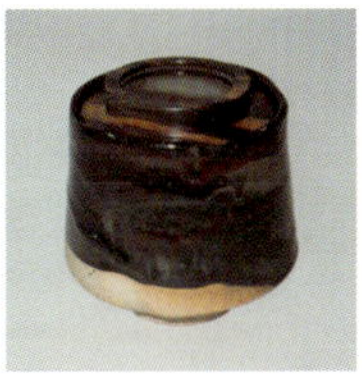

1.207
Dose mit Holzdeckel und eingelassenem Achat, 1972
Steinzeug, hell-graubrauner Schamottescherben (Westerwälder Steinzeugton) – gedreht. Oxidationsbrand im Elektro-Ofen um 1.280°C.
H (mit Deckel) 13 cm, D 14 cm.
Werkstattzeichen wie Nr. 165, Jahreszahl 72.
Erworben durch J.W. Hinder.
Inv.-Nr. 00197-1.207.

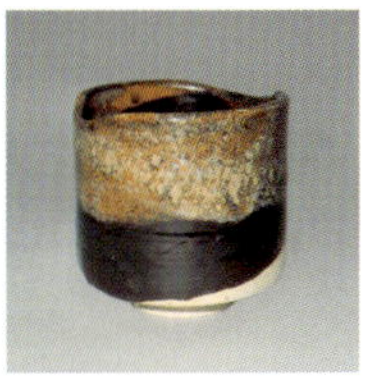

1.208
Kumme, 1973
Steinzeug, hell-graubrauner Schamottescherben (Westerwälder Steinzeugton) – gedreht, Rand geschnitten. Oxidationsbrand im Elektro-Ofen um 1.280°C.
H 10 cm, D 10,5 cm.
Werkstattzeichen Nr. 165.
Erworben durch J.W. Hinder.
Inv.-Nr. 00197-1.208.

Rüfenacht, Aschi
00197-1.209 – 00197-1.210

1952 in St. Gallen geboren, lebt und arbeitet in Affoltern/Emmental.
Töpferlehre bei Steinlin in St. Gallen. Seit 1973 „Töpferei im Sack" in Affoltern/Emmental. Keramikgestalter, seit 1986 Fachlehrer an der Schule für Gestaltung Bern und Biel.

Lit.: Waldrich 1996, S. 593–594.

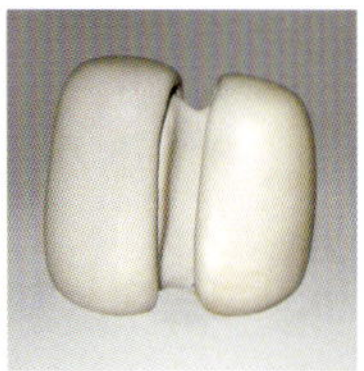

1.209
Plastik „Bewegliche Form" (dreiteilig), 1978
Steinzeug, weißer Scherben – gedreht und montiert. Oxidationsbrand bei 1.300°C. Abmessungen 17 x 19 x 11 cm. Werkstattzeichen nicht lesbar, geritzt unter Glasur. Erworben durch Lotte Reimers 1980. Inv.-Nr. 00197-1.209.

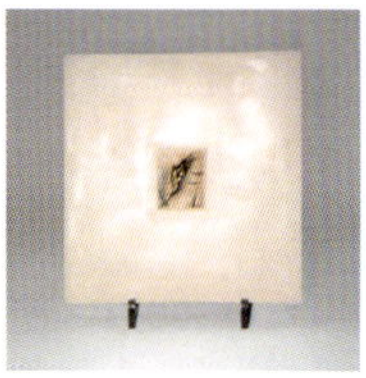

1.210
Platte mit ausgespartem reliefiertem Quadrat im Zentrum, 1978
Steinzeug, braunweißer Scherben – gebaut, montiert. Oxidationsbrand bei 1.300°C. H 22 cm, B 21,5 cm. Werkstattzeichen Nr. 166. Erworben durch Lotte Reimers 1980. Inv.-Nr. 00197-1.210.

Samohelová, Helena
00197-1.211 – 00197-1.213

1941 in Prag geboren, lebt und arbeitet in Prag. 1954–1959 Studium u.a. bei Václav Markup an der Strední umělecko-průmyslová škola (Kunstgewerbeschule), Prag. 1959–1961 Restauratorin am Zentralinstitut für Kunsthandwerk, Prag. 1961–1967 Studium der Keramik bei Otto Eckert an der Vysoká škola umělecko-průmyslová (Hochschule für angewandte Kunst), Prag. 1967–1969 als Stipendiatin des tschechischen Verbandes bildender Künstler in verschiedenen Keramikbetrieben tätig. Seit 1969 eigene Werkstatt in Prag.

Lit.: Spielmann 1979, S. 536.

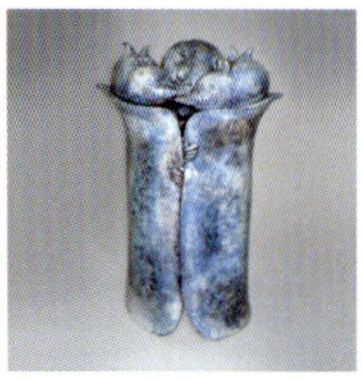

1.211
Plastik „Frau mit Ratten und Vögeln", 1972
Hellrotbraun brennender Ton – modelliert und gebaut. Abmessungen 48 x 30,5 x 23 cm. Werkstattzeichen wie Nr. 167, Jahreszahl 72. Erworben durch J.W. Hinder. Inv.-Nr. 00197-1.211.

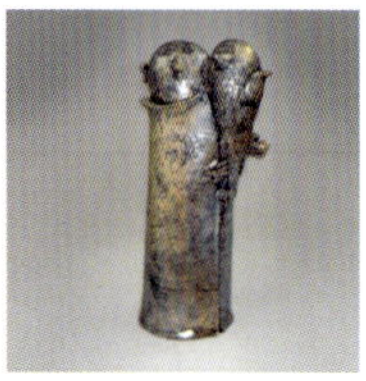

1.212
Plastik „Frau mit Vogel", 1973
Orangebraun brennender Ton – modelliert und gebaut. Abmessungen 32 x 14 x 10 cm. Werkstattzeichen Nr. 167. Erworben durch J.W. Hinder. Inv.-Nr. 00197-1.212.

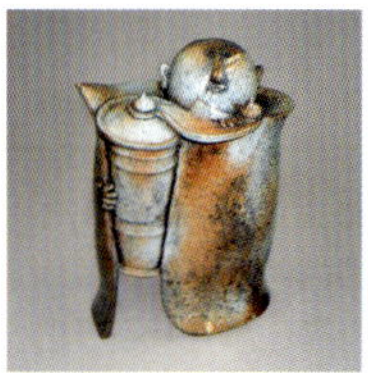

1.213
Plastik „Mann mit Kaffeemühle", 1973
Orangebraun brennender Ton – modelliert und gebaut. Abmessungen 28 x 20 x 15,5 cm. Werkstattzeichen Nr. 168. Erworben durch J.W. Hinder. Inv.-Nr. 00197-1.213.

Sánchez Oroquieta, Carmen
00197-1.214 – 00197-1.215

1945 in San Sebastian/Spanien geboren, lebt und arbeitet in Valencia.
1971 Keramikstudium an der Escuela de Artes y Oficios de Valencia; 1978 Ausbildung an der Escuela Forma Barcelona.

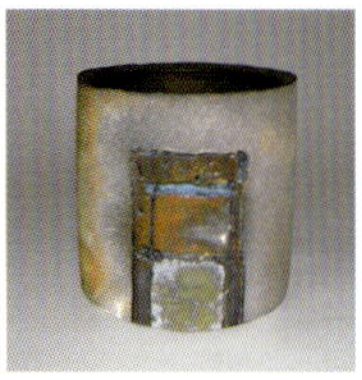

1.214
Offenes zylindrisches Gefäß, 1989/90
Steinzeug, braunweißer Scherben – gedreht, geritzt und reliefiert. Oxidationsbrand im Elektro-Ofen bei 1.270°C. H 16,5 cm, D 16,5 cm. Werkstattzeichen Nr. 169. Erworben durch Lotte Reimers. Inv.-Nr. 00197-1.214.

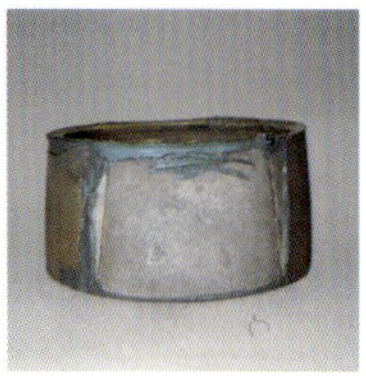

1.215
Offene Form, 1989/90
Steinzeug, braunweißer Scherben – gedreht und geritzt. Oxidationsbrand im Elektro-Ofen bei 1.270°C. H 11,5 cm, D 21 cm. Werkstattzeichen Nr. 169. Erworben durch Lotte Reimers. Inv.-Nr. 00197-1.215.

Scheid, Karl
00197-1.216 – 00197-1.290

1929 in Lengfeld/Kreis Dieburg geboren, lebt und arbeitet in Düdelsheim.
1948–1952 Keramikausbildung, zunächst am Werkhaus Merz in Stuttgart, ab 1949 bei Friedrich Theodor Schroeder an der Werkkunstschule Darmstadt, 1951 Gesellenprüfung. 1952–1953 Praktikant bei Harry Davis in der Crowan Pottery in Praze/Cornwall, England. 1953–1956 gemeinsames Atelier mit Beate Kuhn in Lottstetten/Südbaden. 1956 eigenes Atelier, seit 1959 gemeinsam mit Ursula Scheid in Düdelsheim. 1963–1992 freie Mitarbeit in der Porzellanindustrie (Hutschenreuther-Porzellan, Wächtersbacher-Keramik, Gail'sche Tonwerke, Rosenthal-Porzellan). 1985–1991 Workshops und Vorträge in den USA, Kanada und Australien.

Lit.: Vetter 1997b, S. 115–125, 206–207, 262–266.

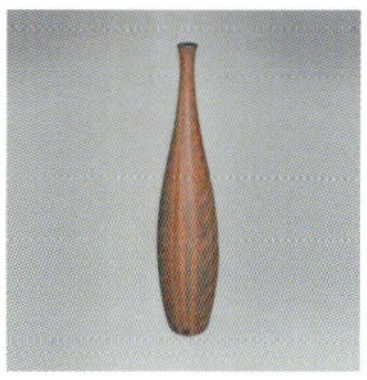

1.216
Vase, 1954 (Lottstetten)
Inv.-Nr. 00197-1.216, s. Vetter 1997b, Nr. 527.

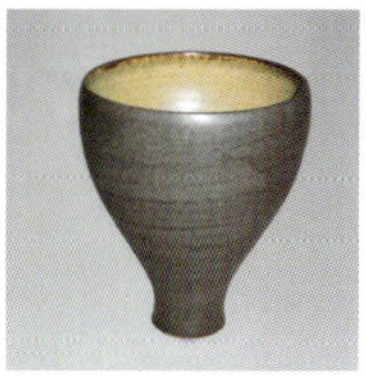

1.217
Becher, um 1957
Inv.-Nr. 00197-1.217, s. Vetter 1997b, Nr. 528.

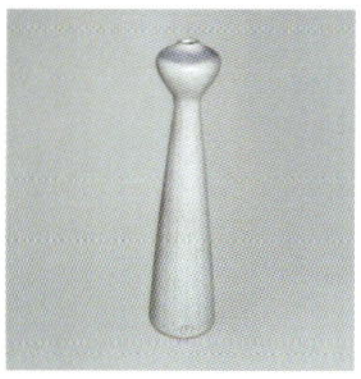

1.218
Vase, 1958
Inv.-Nr. 00197-1.218, s. Vetter 1997b, Nr. 529.

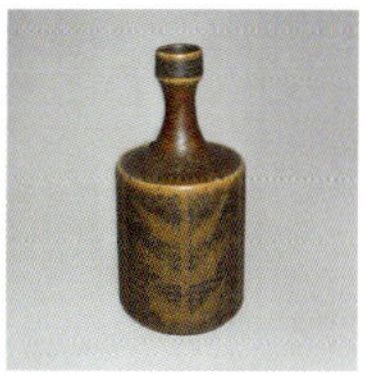

1.219
Vase, 1961/62
Inv.-Nr. 00197-1.219, s. Vetter 1997b, Nr. 530.

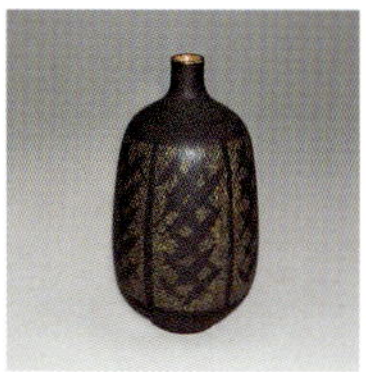

1.220
Vase, 1961/62
Inv.-Nr. 00197-1.220, s. Vetter 1997b, Nr. 531.

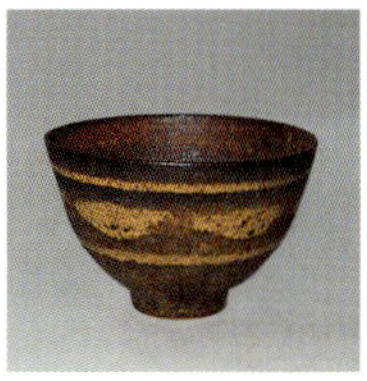

1.221
Schale, 1961/63
Inv.-Nr. 00197-1.221, s. Vetter 1997b, Nr. 532.

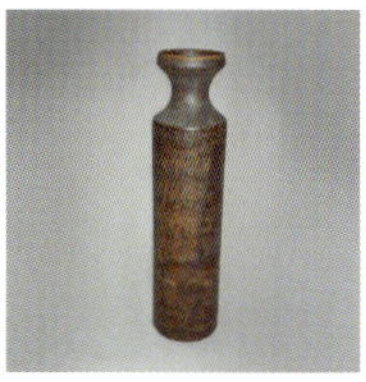

1.222
Vase, 1961/63
Inv.-Nr. 00197-1.222, s. Vetter 1997b, Nr. 533.

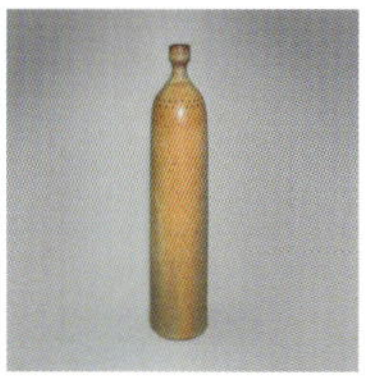

1.223
Vase, 1961/63
Inv.-Nr. 00197-1.223, s. Vetter 1997b, Nr. 534.

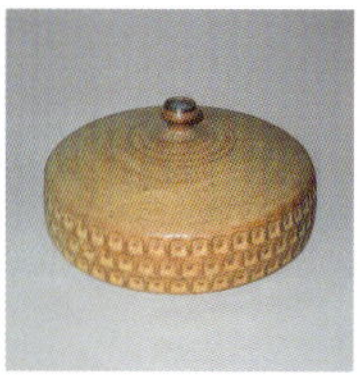

1.224
Vase, um 1963
Inv.-Nr. 00197-1.224, s. Vetter 1997b, Nr. 535.

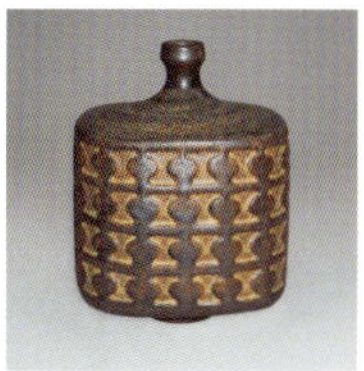

1.225
Vase, 1963
Inv.-Nr. 00197-1.225, s. Vetter 1997b, Nr. 536.

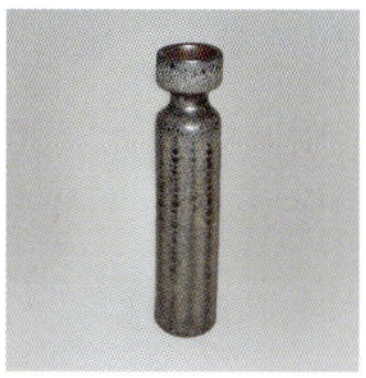

1.226
Vase, um 1963/64
Inv.-Nr. 00197-1.226, s. Vetter 1997b, Nr. 537.

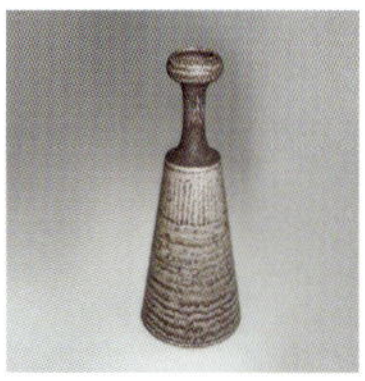

1.227
Vase, 1963/64
Inv.-Nr. 00197-1.227, s. Vetter 1997b, Nr. 538.

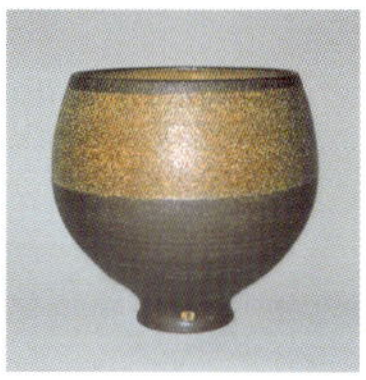

1.228
Becher, 1963/64
Inv.-Nr. 00197-1.228, s. Vetter 1997b, Nr. 539.

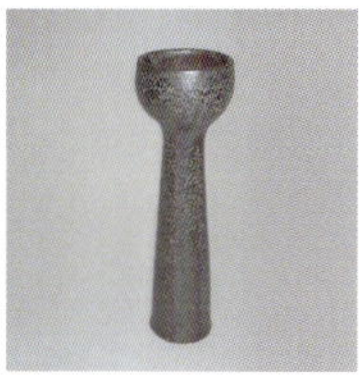

1.229
Vase, 1963/64
Inv.-Nr. 00197-1.229, s. Vetter 1997b, Nr. 540.

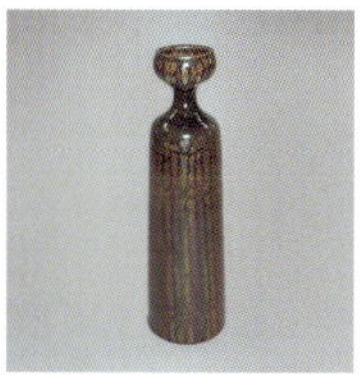

1.230
Vase, um 1964
Inv.-Nr. 00197-1.230, s. Vetter 1997b, Nr. 541.

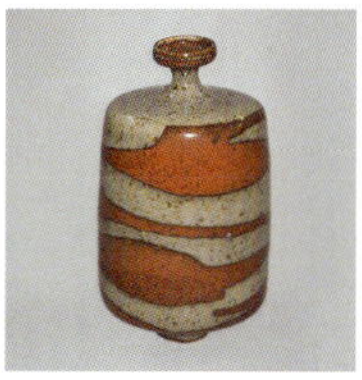

1.231
Vase, um 1964/65
Inv.-Nr. 00197-1.231, s. Vetter 1997b, Nr. 542.

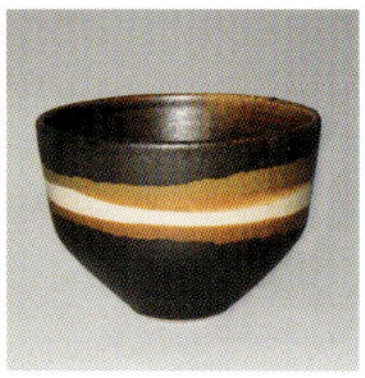

1.232
Schale, um 1964/65
Inv.-Nr. 00197-1.232, s. Vetter 1997b, Nr. 543.

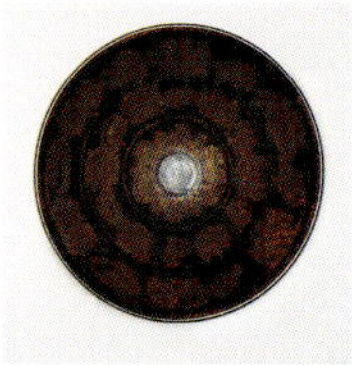

1.233
Schale, um 1964/65
Inv.-Nr. 00197-1.233, s. Vetter 1997b, Nr. 544.

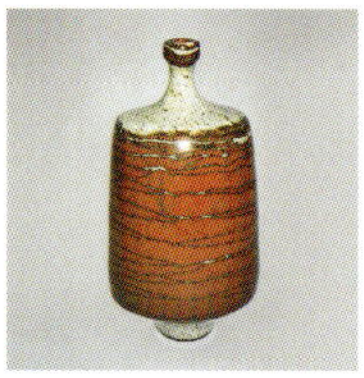

1.234
Vase, um 1964/65
Inv.-Nr. 00197-1.234, s. Vetter 1997b, Nr. 545.

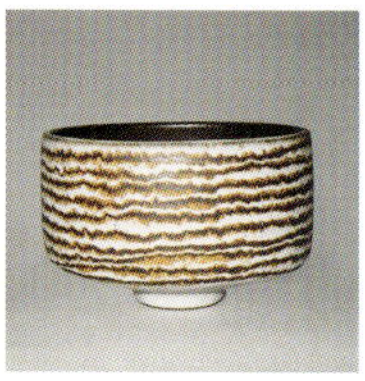

1.235
Ovale Kumme, um 1964/66
Inv.-Nr. 00197-1.235, s. Vetter 1997b, Nr. 546.

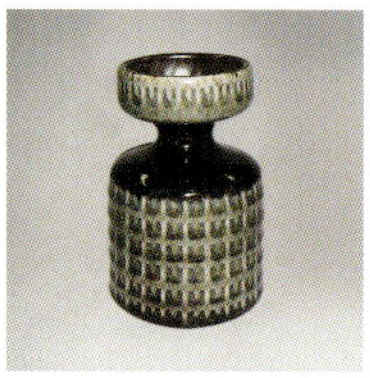

1.236
Vase, um 1964/66
Inv.-Nr. 00197-1.236, s. Vetter 1997b, Nr. 547.

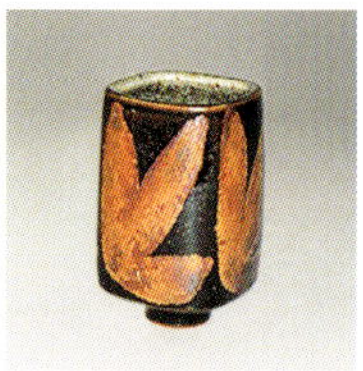

1.237
Becher, um 1965
Inv.-Nr. 00197-1.237, s. Vetter 1997b, Nr. 548.

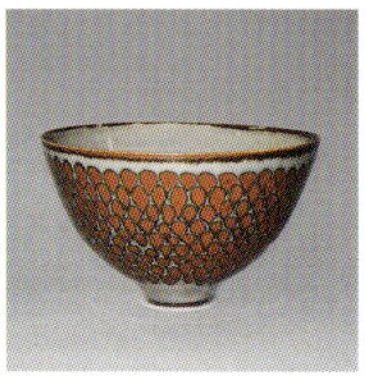

1.238
Schale, um 1966
Inv.-Nr. 00197-1.238, s. Vetter 1997b, Nr. 549.

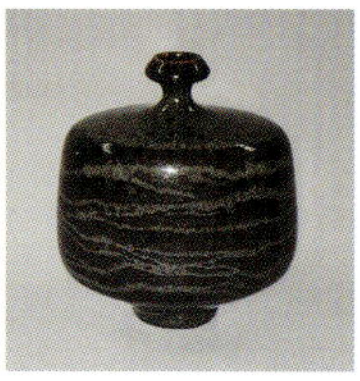

1.239
Vase, 1966
Inv.-Nr. 00197-1.239, s. Vetter 1997b, Nr. 550.

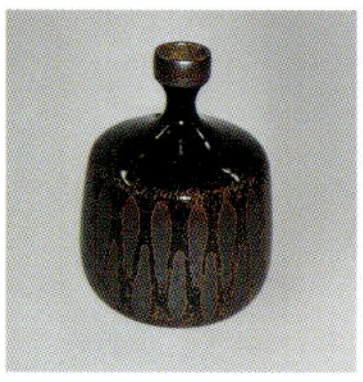

1.240
Vase, 1967
Inv.-Nr. 00197-1.240, s. Vetter 1997b, Nr. 551.

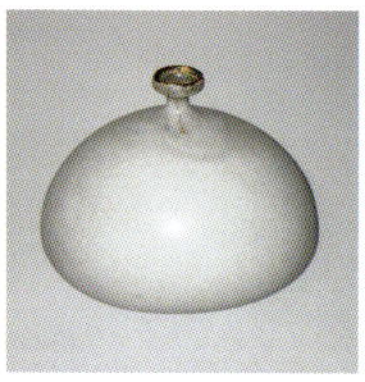

1.241
Vase, 1967
Inv.-Nr. 00197-1.241, s. Vetter 1997b, Nr. 552.

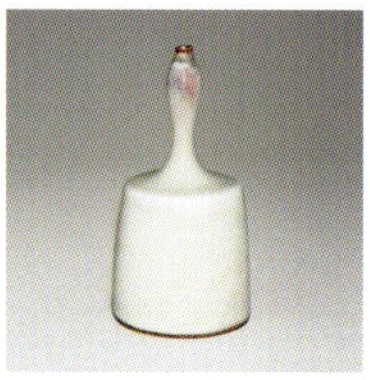

1.242
Vase, 1967
Inv.-Nr. 00197-1.242, s. Vetter 1997b, Nr. 553.

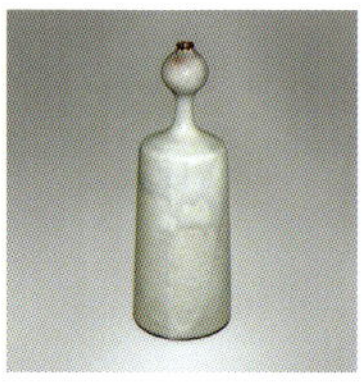

1.243
Vase, 1967
Inv.-Nr. 00197-1.243, s. Vetter 1997b, Nr. 554.

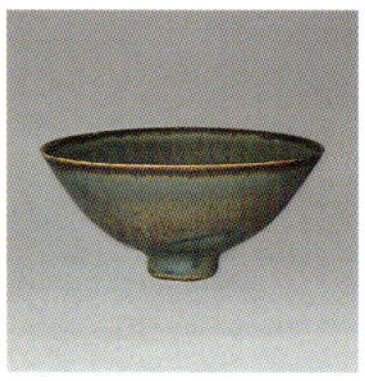

1.244
Schale, 1967
Inv.-Nr. 00197-1.244, s. Vetter 1997b, Nr. 555.

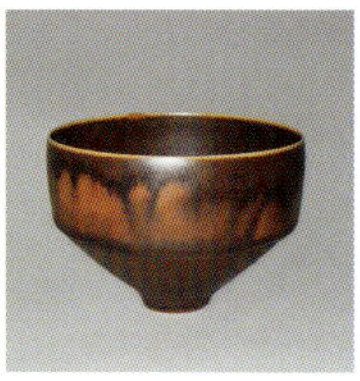

1.245
Schale, 1968
Inv.-Nr. 00197-1.245, s. Vetter 1997b, Nr. 556.

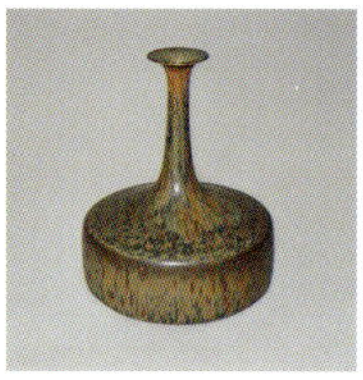

1.246
Vase, 1968
Inv.-Nr. 00197-1.246, s. Vetter 1997b, Nr. 557.

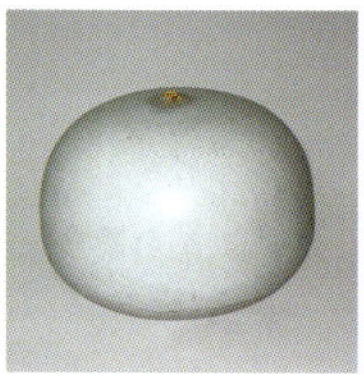

1.247
Vase, 1968
Inv.-Nr. 00197-1.247, s. Vetter 1997b, Nr. 558.

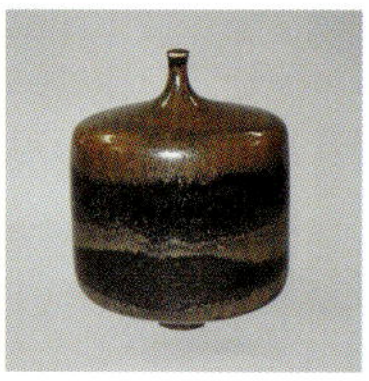

1.248
Vase, 1968
Inv.-Nr. 00197-1.248, s. Vetter 1997b, Nr. 559.

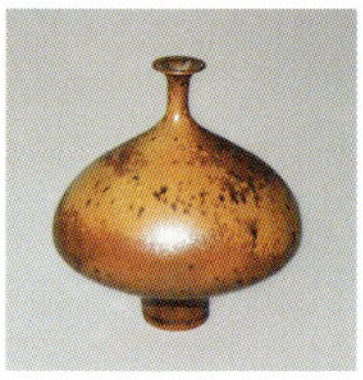

1.249
Ovale Vase, 1968
Inv.-Nr. 00197-1.249, s. Vetter 1997b, Nr. 560.

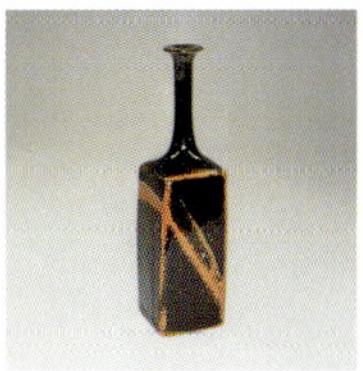

1.250
Eckige Vase, 1968
Inv.-Nr. 00197-1.250,
s. Vetter 1997b,
Nr. 561.

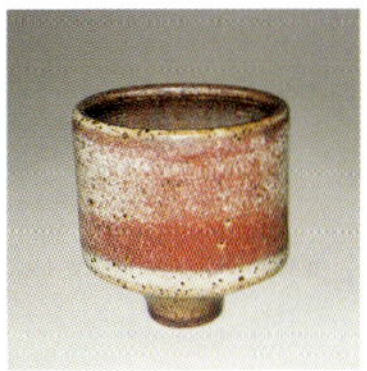

1.251
Kumme, 1968
Inv.-Nr. 00197-1.251,
s. Vetter 1997b,
Nr. 562.

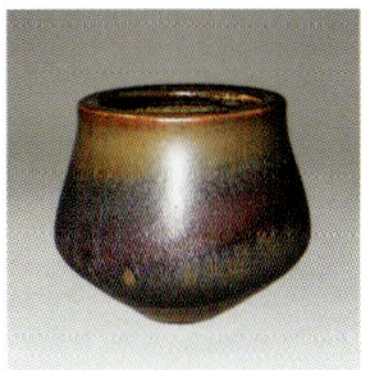

1.252
Kumme, 1969
Inv.-Nr. 00197-1.252,
s. Vetter 1997b,
Nr. 563.

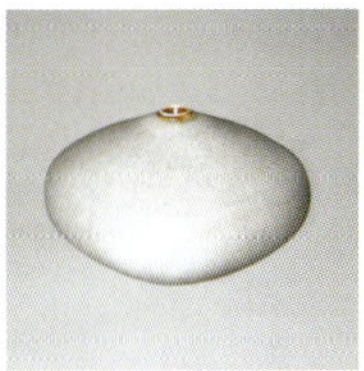

1.253
Kumme, 1969
Inv.-Nr. 00197-1.253,
s. Vetter 1997b,
Nr. 564.

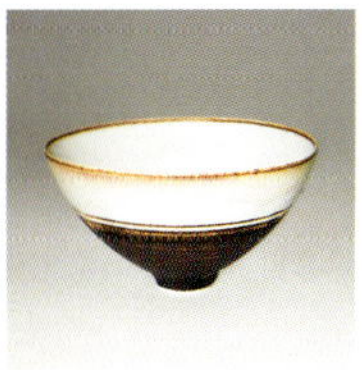

1.254
Schale, 1969
Inv.-Nr. 00197-1.254,
s. Vetter 1997b,
Nr. 565.

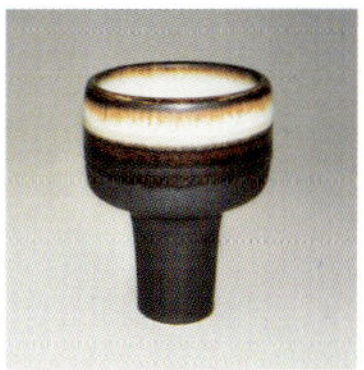

1.255
Becher, 1969
Inv.-Nr. 00197-1.255,
s. Vetter 1997b,
Nr. 566.

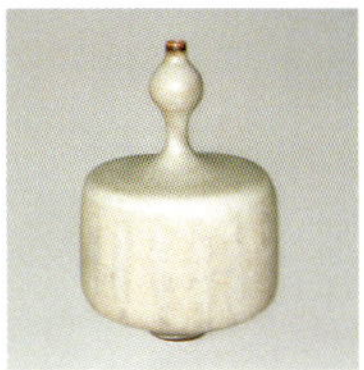

1.256
Vase, 1969
Inv.-Nr. 00197-1.256,
s. Vetter 1997b,
Nr. 567.

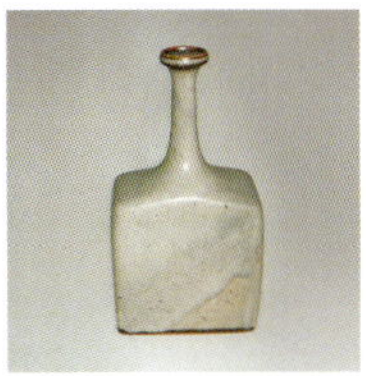

1.257
Vase, 1969
Inv.-Nr. 00197-1.257,
s. Vetter 1997b,
Nr. 568.

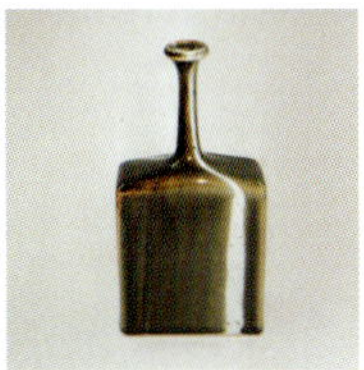

1.258
Vase, eckig, 1969
Inv.-Nr. 00197-1.258,
s. Vetter 1997b,
Nr. 569.

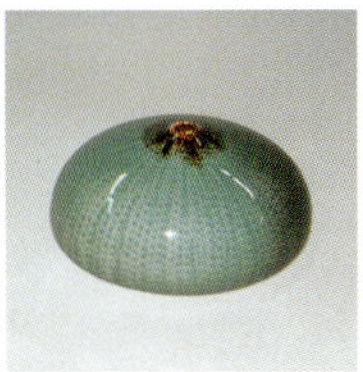

1.259
Vase, oval, 1969
Inv.-Nr. 00197-1.259,
s. Vetter 1997b,
Nr. 570.

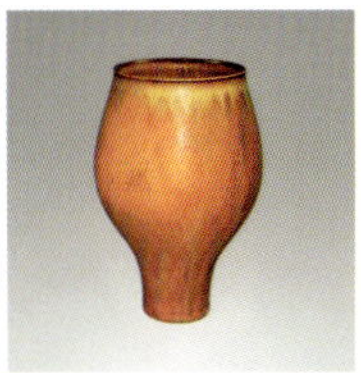

1.260
Becher, 1969
Inv.-Nr. 00197-1.260,
s. Vetter 1997b,
Nr. 571.

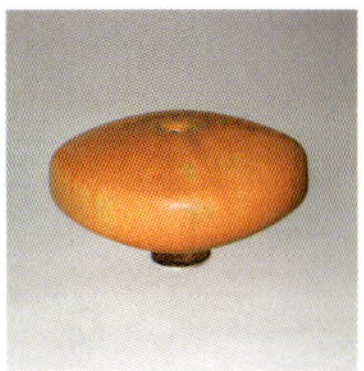

1.261
Vase, eckig, 1969
Inv.-Nr. 00197-1.261,
s. Vetter 1997b,
Nr. 572.

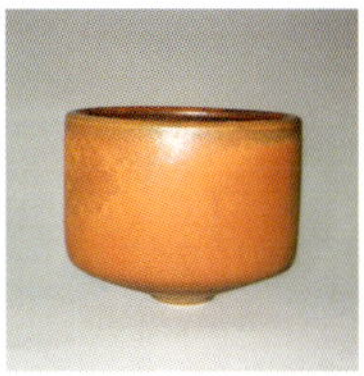

1.262
Kumme, oval, 1969
Inv.-Nr. 00197-1.262,
s. Vetter 1997b,
Nr. 573.

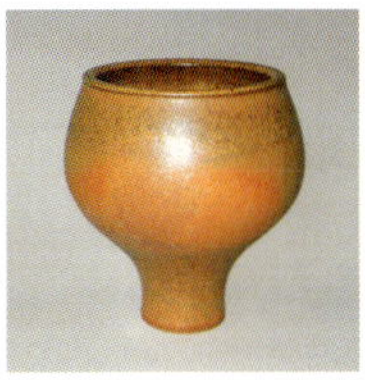

1.263
Becher, 1969
Inv.-Nr. 00197-1.263,
s. Vetter 1997b,
Nr. 574.

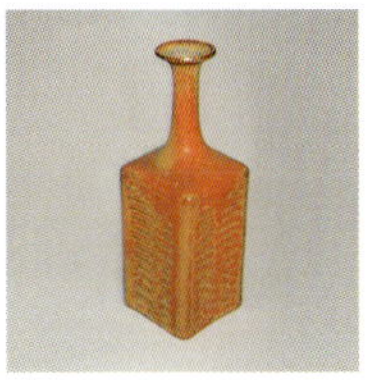

1.264
Vase, eckig, 1969
Inv.-Nr. 00197-1.264,
s. Vetter 1997b,
Nr. 575.

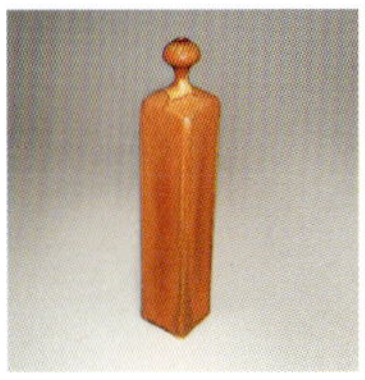

1.265
Vase, 1970
Inv.-Nr. 00197-1.265,
s. Vetter 1997b,
Nr. 576.

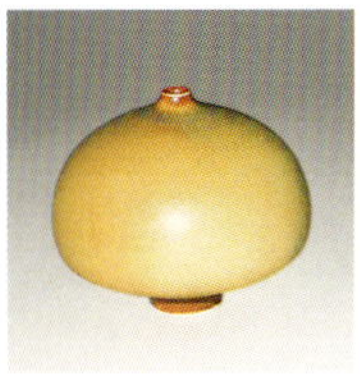

1.266
Vase, 1970
Inv.-Nr. 00197-1.266,
s. Vetter 1997b,
Nr. 577.

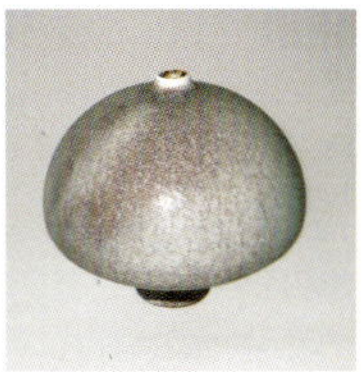

1.267
Vase, 1970
Inv.-Nr. 00197-1.267,
s. Vetter 1997b,
Nr. 578.

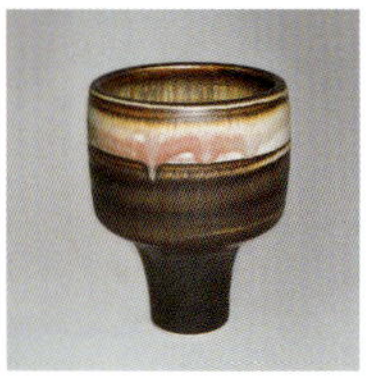

1.268
Becher, 1970
Inv.-Nr. 00197-1.268,
s. Vetter 1997b,
Nr. 579.

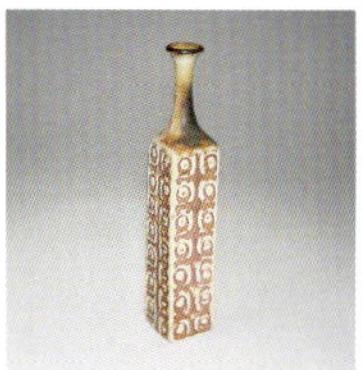

1.269
Vase, eckig, 1970
Inv.-Nr. 00197-1.269,
s. Vetter 1997b,
Nr. 580.

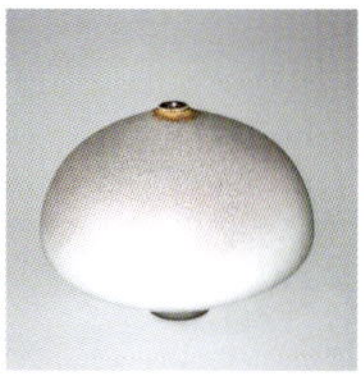

1.270
Vase, 1970
Inv.-Nr. 00197-1.270,
s. Vetter 1997b,
Nr. 581.

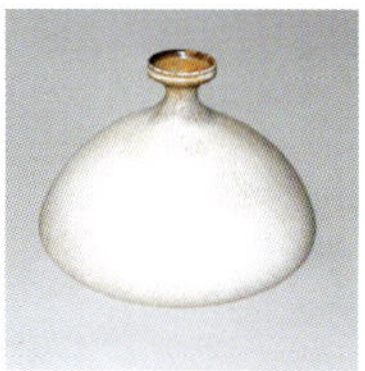

1.271
Vase, 1970
Inv.-Nr. 00197-1.271,
s. Vetter 1997b,
Nr. 582.

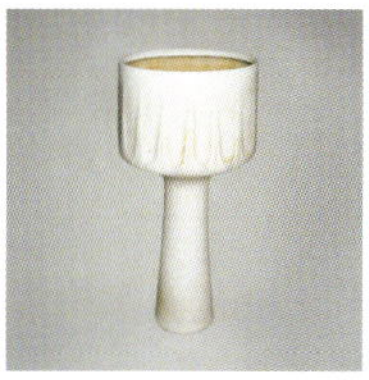

1.272
Becher, 1970
Inv.-Nr. 00197-1.272,
s. Vetter 1997b,
Nr. 583.

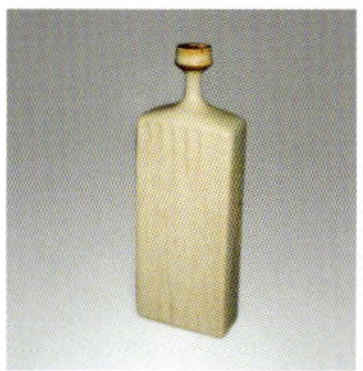

1.273
Vase, eckig, 1970
Inv.-Nr. 00197-1.273,
s. Vetter 1997b,
Nr. 584.

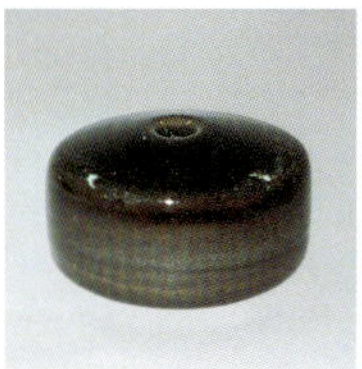

1.274
Vase, oval, 1970
Inv.-Nr. 00197-1.274,
s. Vetter 1997b,
Nr. 585.

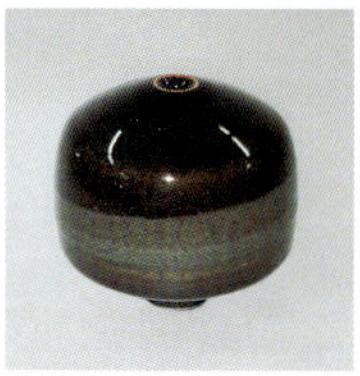

1.275
Vase, 1971
Inv.-Nr. 00197-1.275,
s. Vetter 1997b,
Nr. 586.

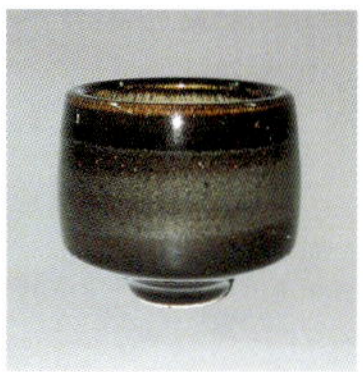

1.276
Kumme, 1971
Inv.-Nr. 00197-1.276,
s. Vetter 1997b,
Nr. 587.

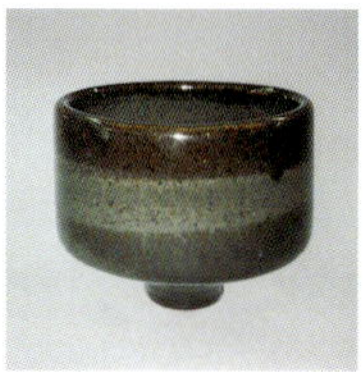

1.277
Kumme, oval, 1971
Inv.-Nr. 00197-1.277,
s. Vetter 1997b,
Nr. 588.

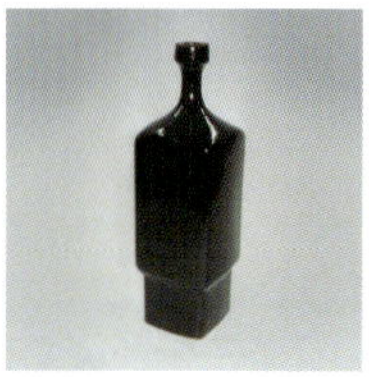

1.278
Vase, 1971
Inv.-Nr. 00197-1.278,
s. Vetter 1997b,
Nr. 589.

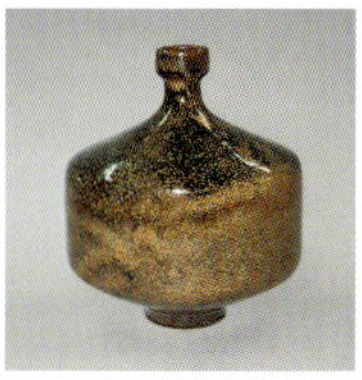

1.279
Vase, 1971
Inv.-Nr. 00197-1.279,
s. Vetter 1997b,
Nr. 590.

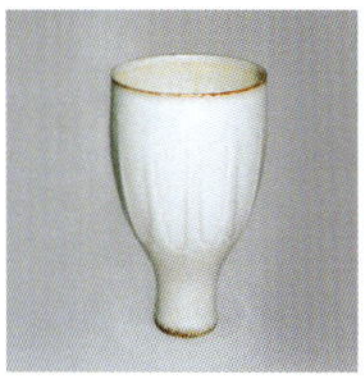

1.280
Becher, 1971
Inv.-Nr. 00197-1.280,
s. Vetter 1997b,
Nr. 591.

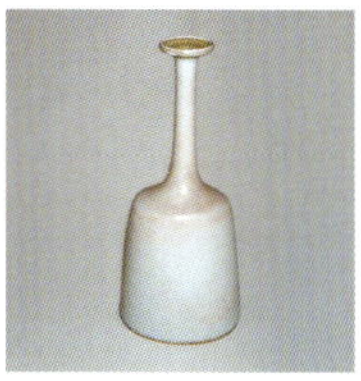

1.281
Vase, 1971
Inv.-Nr. 00197-1.281,
s. Vetter 1997b,
Nr. 592.

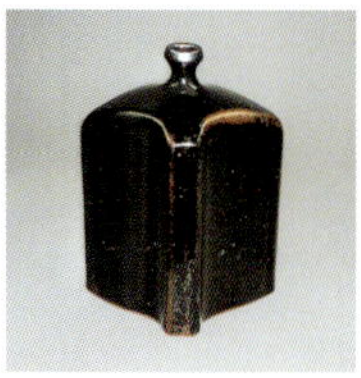

1.282
Vase, 1972 (vermutl.)
Inv.-Nr. 00197-1.282,
s. Vetter 1997b,
Nr. 593.

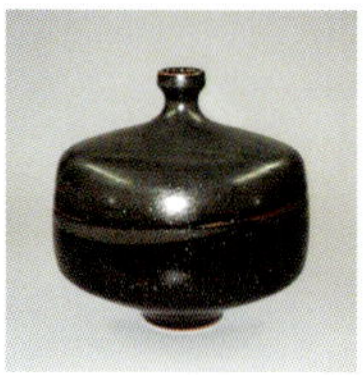

1.283
Vase, 1972 (vermutl.)
Inv.-Nr. 00197-1.283,
s. Vetter 1997b,
Nr. 594.

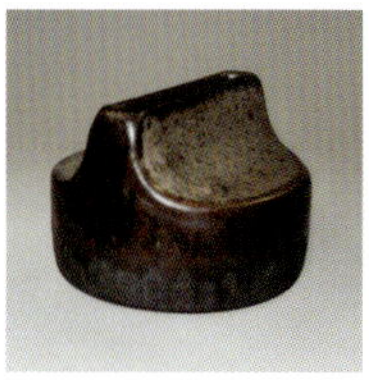

1.284
Vase, 1972
Inv.-Nr. 00197-1.284,
s. Vetter 1997b,
Nr. 595.

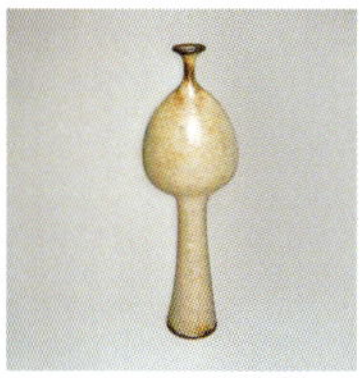

1.285
Vase, 1972
Inv.-Nr. 00197-1.285,
s. Vetter 1997b,
Nr. 596.

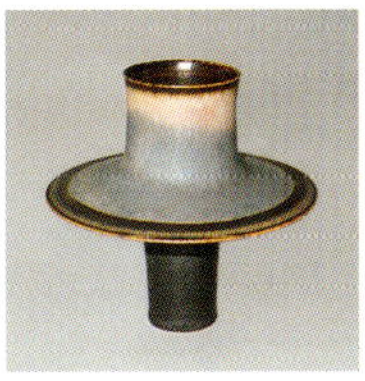

1.286
Vase, 1973
Inv.-Nr. 00197-1.286,
s. Vetter 1997b,
Nr. 597.

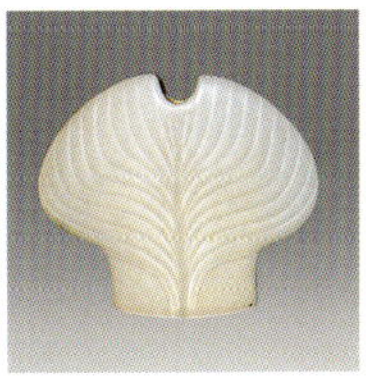

1.287
Vase, 1978
Inv.-Nr. 00197-1.287,
s. Vetter 1997b,
Nr. 598.

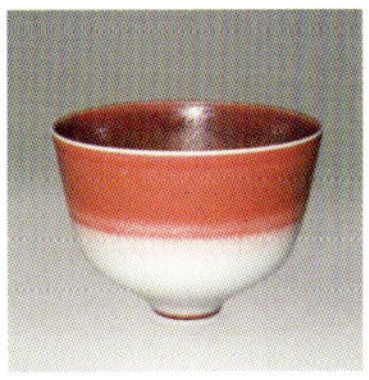

1.288
Schale, 1986
Inv.-Nr. 00197-1.288,
s. Vetter 1997b,
Nr. 599.

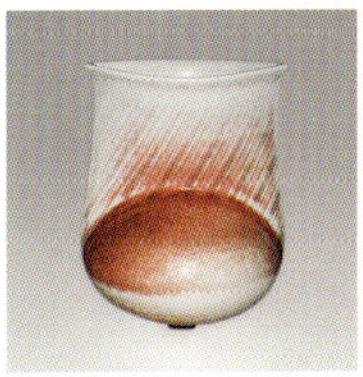

1.289
Vase, 1987
Inv.-Nr. 00197-1.289,
s. Vetter 1997b,
Nr. 600.

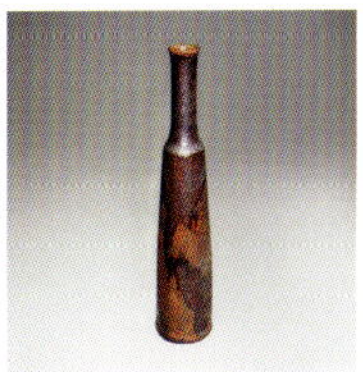

1.290
Vermutlich Karl Scheid
Vase, o. Datierung (vermutl. zwischen 1956 und 1965)
Steinzeug, weiß-brauner Scherben – gedreht.
H 19,5 cm, D 4 cm.
Werkstattzeichen: Stempelzeichen vermutl. Haus Hosset (Karl Scheid).
Inv.-Nr. 00197-1.290.

Scheid, Ursula
00197-1.291 – 00197-1.335

1932 in Freiburg/Brsg. geboren, lebt und arbeitet in Düdelsheim.
1952–1954 Keramikstudium bei Friedrich Theodor Schroeder und Margarete Schott an der Werkkunstschule Darmstadt, 1955 Gesellenprüfung.
1955–1957 Ausbildung zur Krankengymnastin.
1958 Wiederaufnahme der keramischen Tätigkeit, seit 1959 gemeinsame Werkstatt mit Karl Scheid in Düdelsheim. 1979–1992 freie Mitarbeit bei Rosenthal-Porzellan. 1985–1991 Workshops und Vorträge in den USA, Kanada und Australien.

Lit.: Vetter 1997b, S. 117–125, 206–207, 267–269.

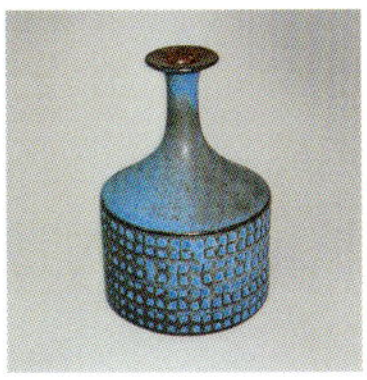

1.291
Vase, 1960/61
Inv.-Nr. 00197-1.291,
s. Vetter 1997b,
Nr. 601.

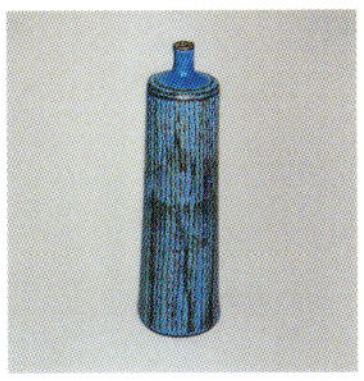

1.292
Vase, um 1961
Inv.-Nr. 00197-1.292,
s. Vetter 1997b,
Nr. 602.

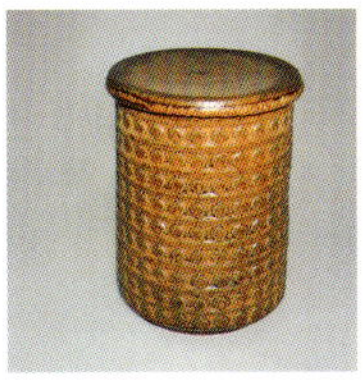

1.293
Dose, 1963/64
Inv.-Nr. 00197-1.293,
s. Vetter 1997b,
Nr. 603.

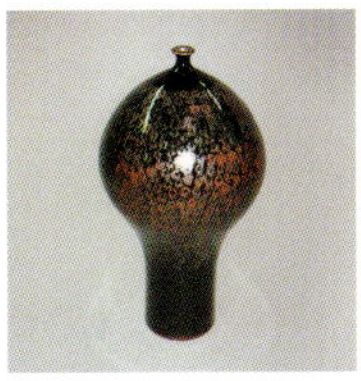

1.294
Vase, um 1964
Inv.-Nr. 00197-1.294,
s. Vetter 1997b,
Nr. 604.

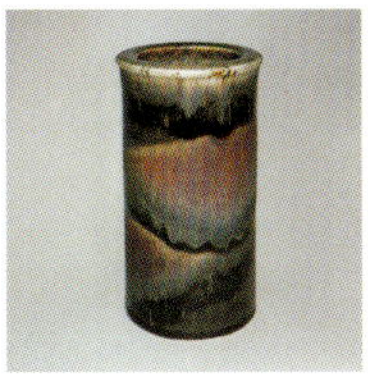

1.295
Becher, 1967
Inv.-Nr. 00197-1.295,
s. Vetter 1997b,
Nr. 605.

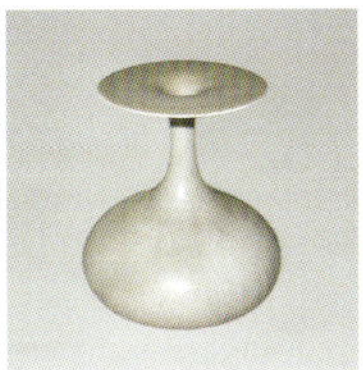

1.296
Vase, 1967
Inv.-Nr. 00197-1.296,
s. Vetter 1997b,
Nr. 606.

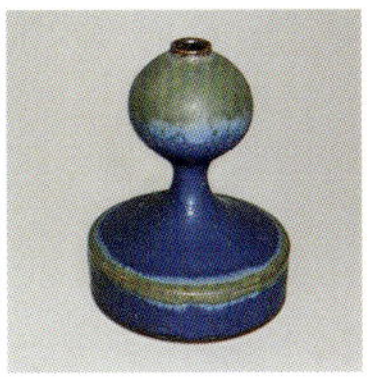

1.297
Vase, 1968
Inv.-Nr. 00197-1.297,
s. Vetter 1997b,
Nr. 607.

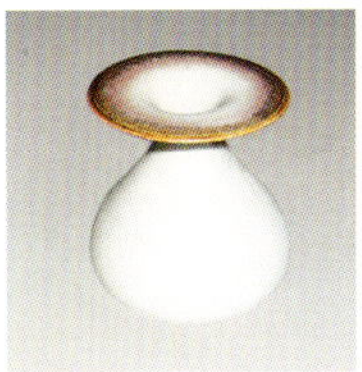

1.298
Vase, 1968
Inv.-Nr. 00197-1.298,
s. Vetter 1997b,
Nr. 608.

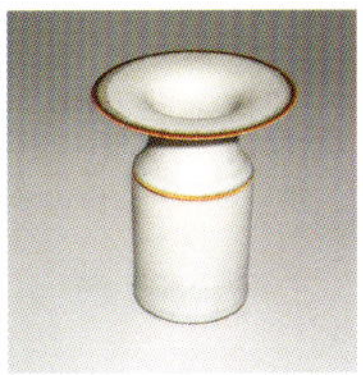

1.299
Vase, 1968
Inv.-Nr. 00197-1.299,
s. Vetter 1997b,
Nr. 609.

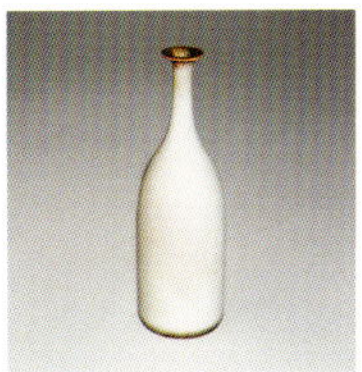

1.300
Vase, 1968
Inv.-Nr. 00197-1.300,
s. Vetter 1997b,
Nr. 610.

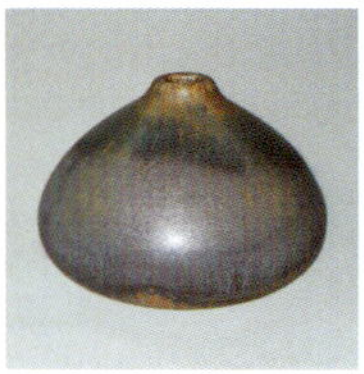

1.301
Vase, 1968
Inv.-Nr. 00197-1.301,
s. Vetter 1997b,
Nr. 611.

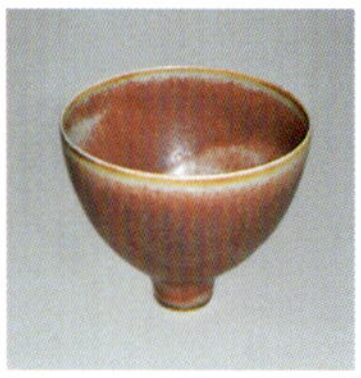

1.302
Kumme, 1968
Inv.-Nr. 00197-1.302,
s. Vetter 1997b,
Nr. 612.

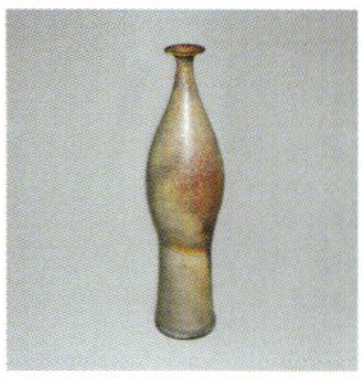

1.303
Vase, 1968
Inv.-Nr. 00197-1.303,
s. Vetter 1997b,
Nr. 613.

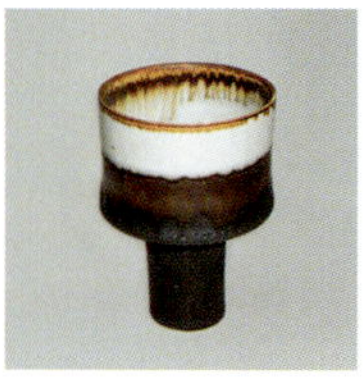

1.304
Becher, 1969
Inv.-Nr. 00197-1.304,
s. Vetter 1997b,
Nr. 614.

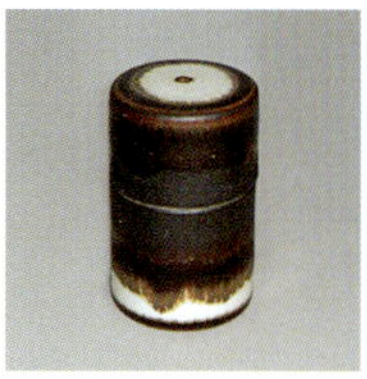

1.305
Dose, 1969
Inv.-Nr. 00197-1.305,
s. Vetter 1997b,
Nr. 615.

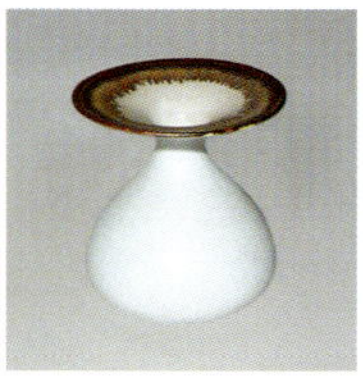

1.306
Vase, 1969
Inv.-Nr. 00197-1.306,
s. Vetter 1997b,
Nr. 616.

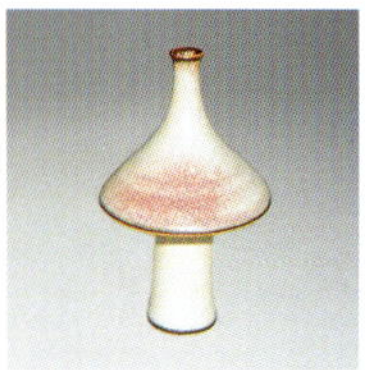

1.307
Vase, 1969
Inv.-Nr. 00197-1.307,
s. Vetter 1997b,
Nr. 617.

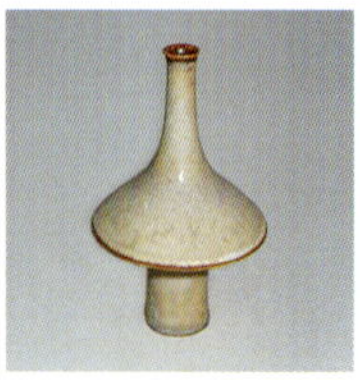

1.308
Vase, 1969
Inv.-Nr. 00197-1.308,
s. Vetter 1997b,
Nr. 618.

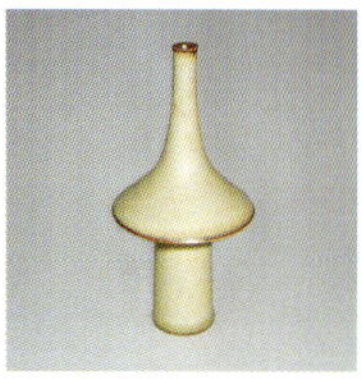

1.309
Vase, 1969
Inv.-Nr. 00197-1.309,
s. Vetter 1997b,
Nr. 619.

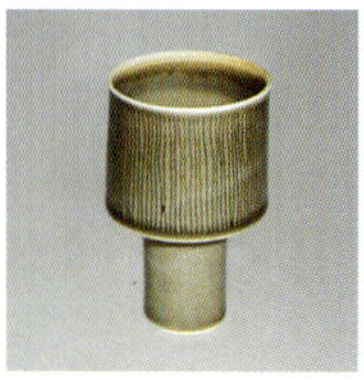

1.310
Becher, 1969
Inv.-Nr. 00197-1.310,
s. Vetter 1997b,
Nr. 620.

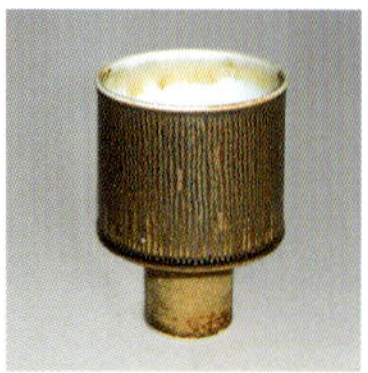

1.311
Becher, 1969
Inv.-Nr. 00197-1.311,
s. Vetter 1997b,
Nr. 621.

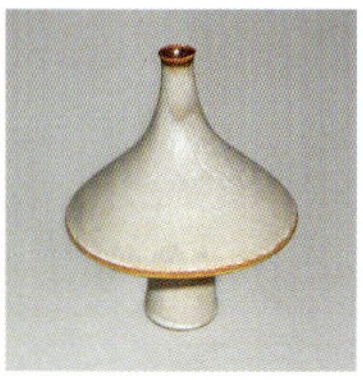

1.312
Vase, 1970
Inv.-Nr. 00197-1.312,
s. Vetter 1997b,
Nr. 622.

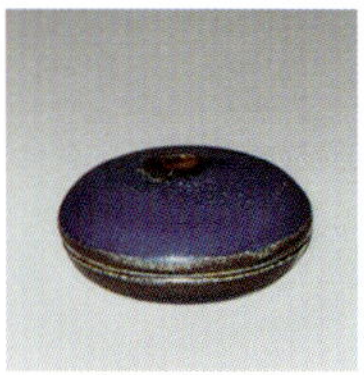

1.313
Dose, 1970
Inv.-Nr. 00197-1.313,
s. Vetter 1997b,
Nr. 623.

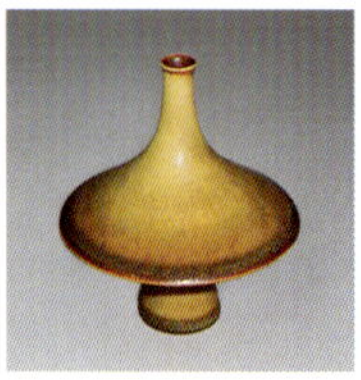

1.314
Vase, 1970
Inv.-Nr. 00197-1.314,
s. Vetter 1997b,
Nr. 624.

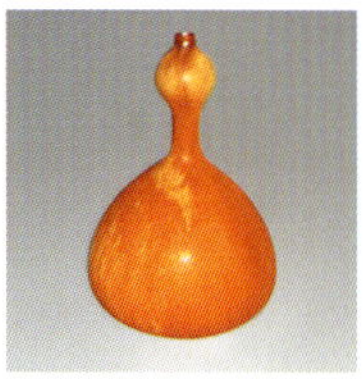

1.315
Vase, 1970
Inv.-Nr. 00197-1.315,
s. Vetter 1997b,
Nr. 625.

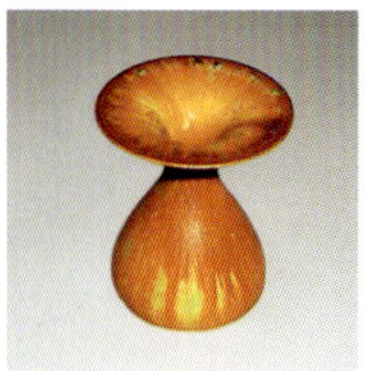

1.316
Vase, 1971
Inv.-Nr. 00197-1.316,
s. Vetter 1997b,
Nr. 626.

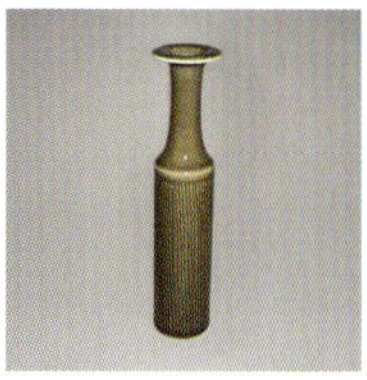

1.317
Vase, 1971
Inv.-Nr. 00197-1.317,
s. Vetter 1997b,
Nr. 627.

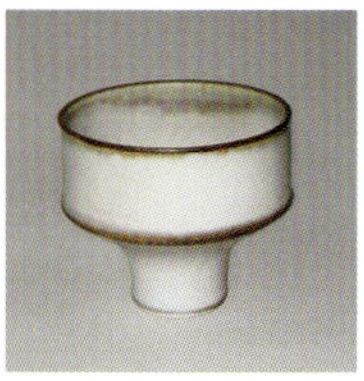

1.318
Schale, 1971
Inv.-Nr. 00197-1.318,
s. Vetter 1997b,
Nr. 628.

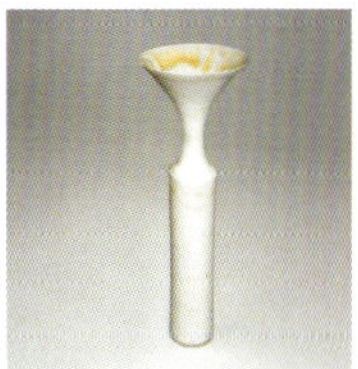

1.319
Vase, 1971
Inv.-Nr. 00197-1.319,
s. Vetter 1997b,
Nr. 629.

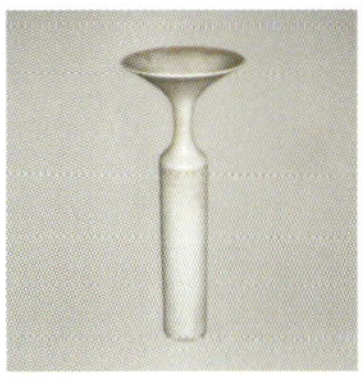

1.320
Vase, 1971
Inv.-Nr. 00197-1.320,
s. Vetter 1997b,
Nr. 630.

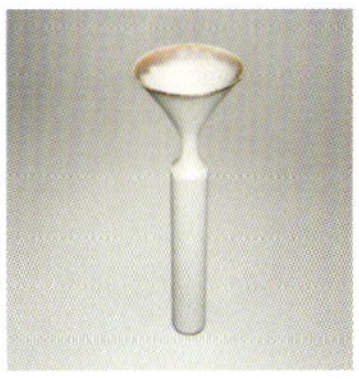

1.321
Vase, 1971
Inv.-Nr. 00197-1.321,
s. Vetter 1997b,
Nr. 631.

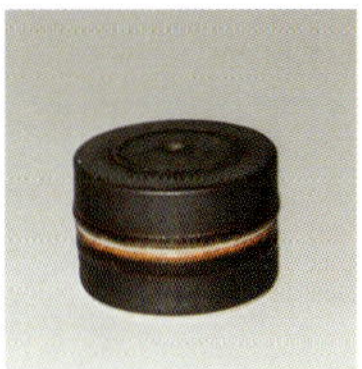

1.322
Dose, 1971
Inv.-Nr. 00197-1.322,
s. Vetter 1997b,
Nr. 632.

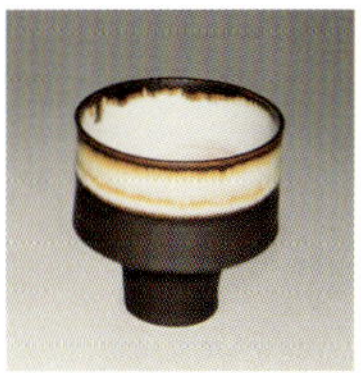

1.323
Becher, 1971
Inv.-Nr. 00197-1.323,
s. Vetter 1997b,
Nr. 633.

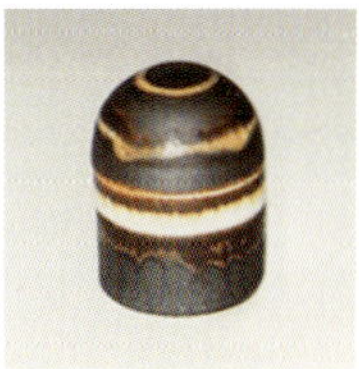

1.324
Dose, 1971
Inv.-Nr. 00197-1.324,
s. Vetter 1997b,
Nr. 634.

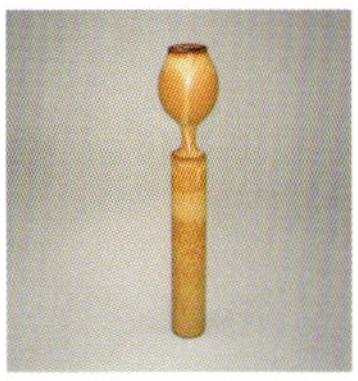

1.325
Vase, 1971
Inv.-Nr. 00197-1.325,
s. Vetter 1997b,
Nr. 635.

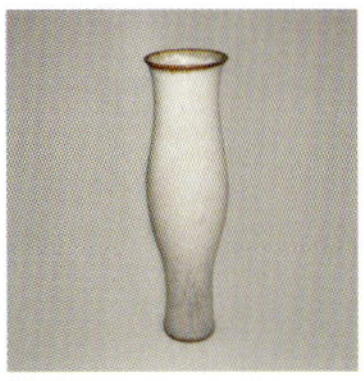

1.326
Becher, 1971
Inv.-Nr. 00197-1.326,
s. Vetter 1997b,
Nr. 636.

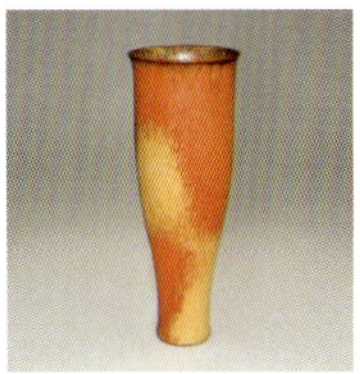

1.327
Becher, 1971
Inv.-Nr. 00197-1.327,
s. Vetter 1997b,
Nr. 637.

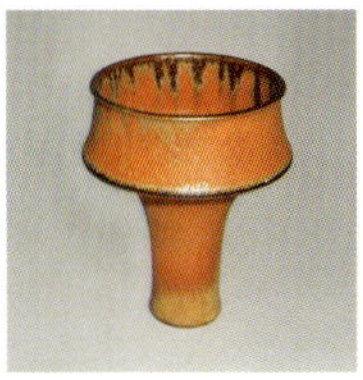

1.328
Becher, 1971
Inv.-Nr. 00197-1.328,
s. Vetter 1997b,
Nr. 638.

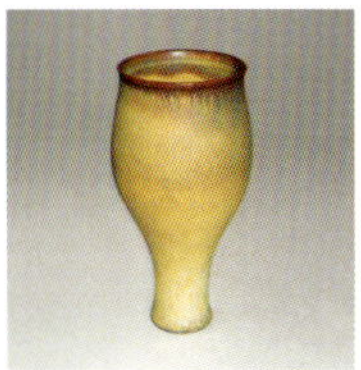

1.329
Becher, 1971
Inv.-Nr. 00197-1.329,
s. Vetter 1997b,
Nr. 639.

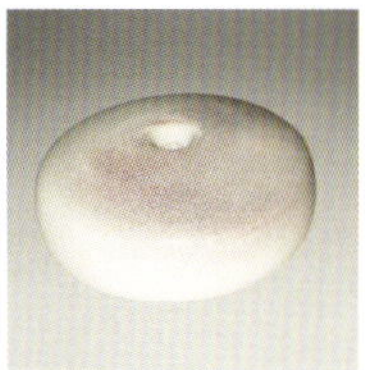

1.330
Vase, 1971
Inv.-Nr. 00197-1.330,
s. Vetter 1997b,
Nr. 640.

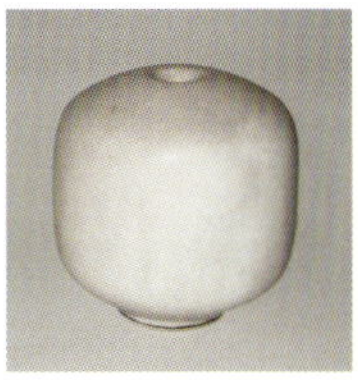

1.331
Vase, 1971
Inv.-Nr. 00197-1.331,
s. Vetter 1997b,
Nr. 641.

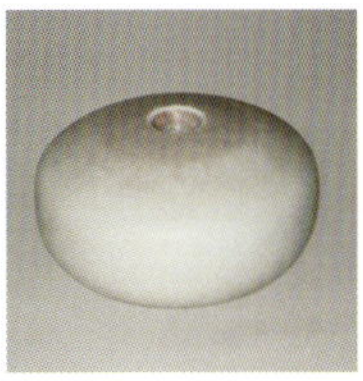

1.332
Vase, 1971
Inv.-Nr. 00197-1.332,
s. Vetter 1997b,
Nr. 642.

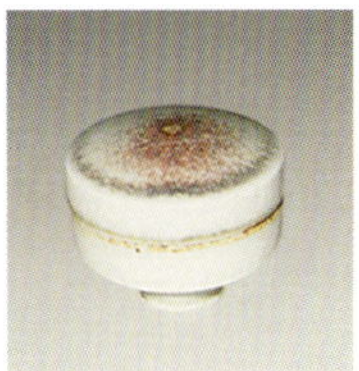

1.333
Dose, 1972
Inv.-Nr. 00197-1.333,
s. Vetter 1997b,
Nr. 643.

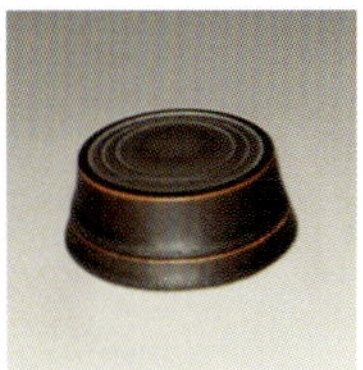

1.334
Dose, 1987
Inv.-Nr. 00197-1.334,
s. Vetter 1997b,
Nr. 644.

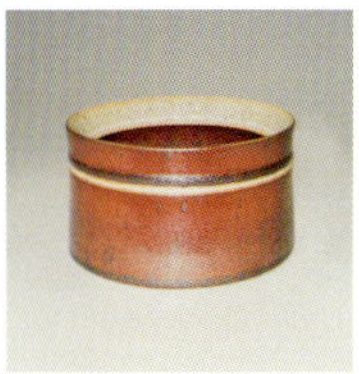

1.335
Kumme, 1980/83
Inv.-Nr. 00197-1.335,
s. Vetter 1997b,
Nr. 645.

Schmidt-Pecht, Elisabeth
00197-1.336

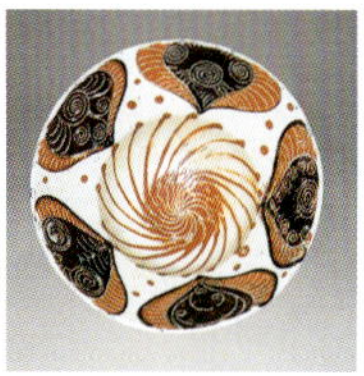

1857 in St. Blasien geboren, 1940 in Konstanz gestorben.
Ausbildung, u.a. Porzellanmalerei bei Franz Keller-Leuzinger, an der Kunststickereischule des Badischen Frauenvereins Karlsruhe. 1880–ca. 1890 Mitarbeit an der Zeitschrift „Modewelt", eigene Stickerei-Entwürfe. Ab 1884 Dekorentwürfe für die Steingutfabrik Haager, Hoerth & Cie in Zell am Hamersbach (später Vereinigte Zeller Keramische Fabriken Georg Schmider). 1895 Praktikantin bei Töpfermeister Benz in Tägerwillen/Schweiz, erste eigene Entwürfe und Beginn der keramischen Tätigkeit zunächst in Tägerwillen, dann bei Töpferei Glatz in Villingen und ab 1906 in Konstanz. Ab 1905 Zusammenarbeit mit Julius Diez, München. 1906/1907–1917 eigene Kunsttöpferei mit Brennofen zusammen mit Heinrich Schmidt-Pecht.

Lit.: Karrenbauer 1997, S. 11–23, 52–73.

1.336
Schale, 1910/14
Mattbraun brennender Ton – gedreht.
H 9,5 cm, D 22 cm.
Werkstattzeichen Nr. 175 = (Werkmarke 1896–1914).
Erworben durch J.W. Hinder.
Inv.-Nr. 00197-1.336.

Schneider, Ursula
00197-1.337

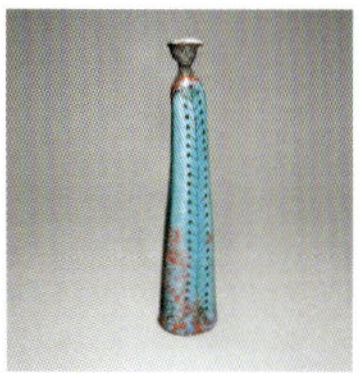

1930 geboren.
Keramikausbildung bei Magda Sauer in Fulda, danach Studium an der Akademie der Bildenden Künste München und Mitarbeit in der Werkstatt Celine von Eichborn, München.

Lit.: Hinder 1972b; Waldrich 1996, S. 645.

1.337
Plastik „Kleine Dame", ohne Datierung, 1950/60er Jahre
Fayence, vermutl. braunschwarzer Scherben – modelliert.
Abmessungen 20,5 x 4,5 x 4 cm.
Unbezeichnet.
Erworben durch J.W. Hinder.
Lit.: Hinder & Reimers 1971, Abb. 117.
Inv.-Nr. 00197-1.337.

Schöneich, Horst
00197-1.338 – 00197-1.339

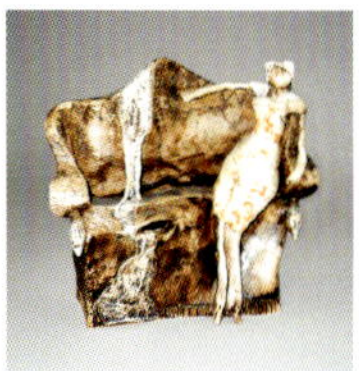

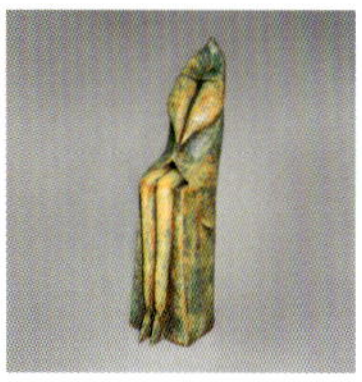

1921 in Breslau geboren, lebt in Grünstadt/Pfalz.
Nach Feinmechanikerlehre und Kriegsdienst Schüler der Bildhauer Jakobus Linden, Bonn, und R. Horn, Halle/Saale, anschließend Schüler des Malers und Grafikers Karl Unverzagt. 1957–1975 Tätigkeit als Designer und Modelleur; 1976–1993 freischaffender Bildhauer in Grünstadt.

1.338
Plastik „Brautsofa", 1980
Steinzeug, braunweißer Schamottescherben – gebaut, modelliert. Oxidationsbrand im Elektro-Ofen bei 1.020°C.
Abmessungen 25 x 27 x 9,5 cm.
Werkstattzeichen Nr. 177.
Erworben durch Lotte Reimers 1980.
Inv.-Nr. 00197-1.338.

1.339
Plastik „Sitzende", 1980
Steinzeug, braunweißer Schamottescherben – modelliert.
Oxidationsbrand im Elektro-Ofen bei 1.020°C.
Abmessungen 31,5 x 8,5 x 13 cm.
Werkstattzeichen Nr. 176.
Erworben durch Lotte Reimers 1980.
Inv.-Nr. 00197-1.339.

Scholz-Schäfer, Karin
00197-1.340 – 00197-1.343

1939 in Köln geboren.
1960–1962 Keramikstudium bei Margot Münster an der Werkkunstschule Wiesbaden; 1962–1965 Studium an der Akademie für Werkkunst, Berlin, 1964 Gesellenprüfung, Staatsexamen für Entwurf und Gestaltung auf dem Gebiet der Keramik. 1967–1974 eigene Werkstatt in Landau/Pfalz; ab 1974 Werkstatt in Mainz, danach in Ilbesheim/Pfalz.

Lit.: Waldrich 1996, S. 651–653.

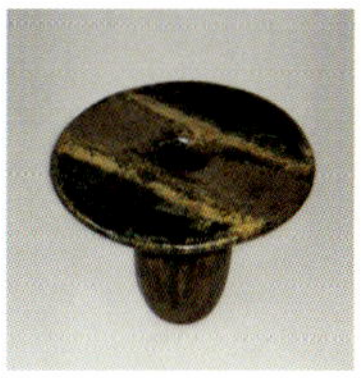

1.340
Vase mit tellerartig eingefasster Öffnung, um 1970
Steinzeug, mattbrauner Schamottescherben – gebaut.
H 18,5 cm, D 24,5 cm.
Werkstattzeichen Nr. 178.
Erworben durch J.W. Hinder.
Lit.: Hinder & Reimers 1971, Abb. 118.
Inv.-Nr. 00197-1.340.

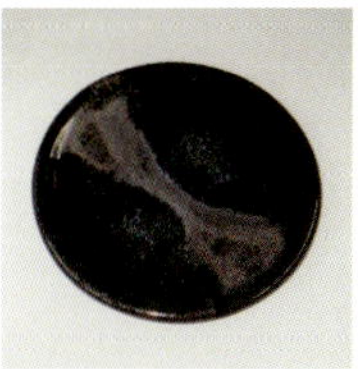

1.341
Teller, um 1973
Steinzeug, orangebrauner Scherben – gedreht.
H 3 cm, D 25,5 cm.
Werkstattzeichen Nr. 178.
Erworben durch J.W. Hinder.
Inv.-Nr. 00197-1.341.

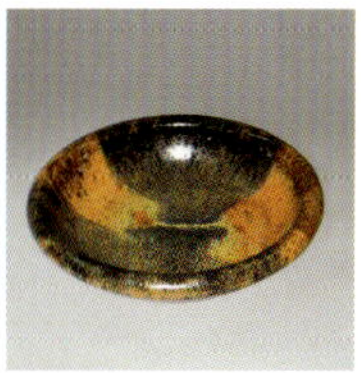

1.342
Schale, 1971
Steinzeug, orangebrauner Scherben – gedreht.
H 4 cm, D 14,5 cm.
Werkstattzeichen Nr. 178.
Erworben durch J.W. Hinder.
Inv.-Nr. 00197-1.342.

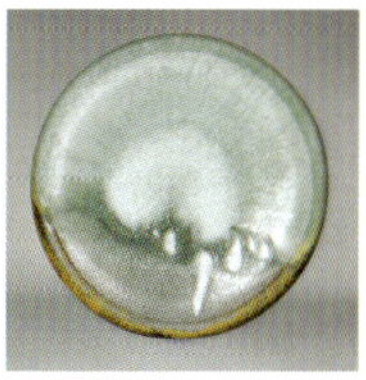

1.343
Wandteller, ohne Datierung, 1970er Jahre
Steinzeug, mattbrauner Scherben – gedreht.
H 2 cm, D 31 cm.
Werkstattzeichen Nr. 178.
Erworben durch J.W. Hinder.
Inv.-Nr. 00197-1.343.

Schott, Margarete
00197-1.344 – 00197-1.365

1911 in Berlin geboren, 2004 in Darmstadt gestorben.
Nach dem Abitur Studium der Philologie, danach Schuldienst.
1947–1948 Praktikum bei Starkenburg-Keramik, Heppenheim; 1948–1951 Ausbildung bei Fr. Th. Schroeder in den Werkstätten für Bildende Kunst Mathildenhöhe (später Werkkunstschule) Darmstadt, dort 1949 Gesellenprüfung. 1951–1952 Mitarbeit in der Crowan Pottery von Harry und May Davis in Praze/Cornwall. 1952–1961 Assistentin und Lehrkraft für Glasurarbeit bei Fr. Th. Schroeder an der Werkkunstschule Darmstadt; 1954 Meisterprüfung in Kassel.
Ab 1959 Herstellung eigener Keramiken in der Werkstatt von Karl und Ursula Scheid in Düdelsheim. 1962–1995 eigene Werkstatt in Darmstadt. 1961–1973 Studienrätin im Schuldienst; 1964 Fachhochschullehrerin am Pädagogischen Fachinstitut in Jugenheim.

Lit.: Waldrich 1996, S. 654–657.

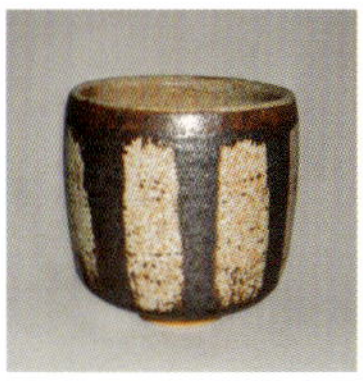

1.344
Kumme, vermutl. 1960er Jahre
Steinzeug, braunweißer Scherben – gedreht. Reduktionsbrand im Gas-Ofen bei 1.350/1.360°C.
H 11 cm, D 11 cm.
Unbezeichnet.
Erworben durch J.W. Hinder.
Inv.-Nr. 00197-1.344.

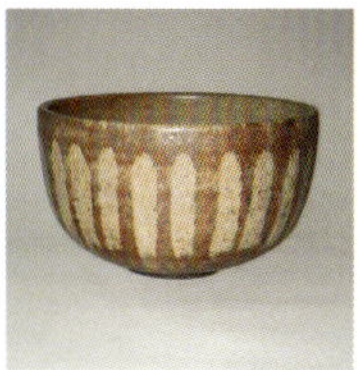

1.345
Schale, vermutl. 1960er Jahre
Steinzeug, braunweißer Scherben – gedreht. Reduktionsbrand im Gas-Ofen bei 1.350/1.360°C.
H 12,5 cm, D 22,5 cm.
Unbezeichnet
Erworben durch J.W. Hinder.
Inv.-Nr. 00197-1.345

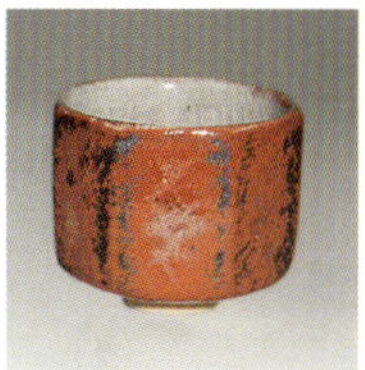

1.346
Kumme, vermutl. 1960er Jahre
Steinzeug; mattgrauer Scherben – gedreht, geschnitten.
Reduktionsbrand im Gas-Ofen bei 1.350/1.360°C.
H 6,5 cm, D 8 cm.
Werkstattzeichen Nr. 179.
Erworben durch J.W. Hinder.
Inv.-Nr. 00197-1.346.

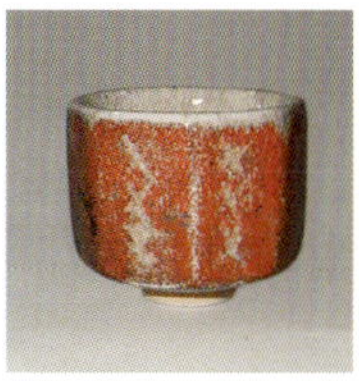

1.347
Kumme, um 1960
Porzellan, mattgrauer Scherben – gedreht, geschnitten.
Reduktionsbrand im Gas-Ofen bei 1.350/1.360°C.
H 6,5 cm, D 8 cm.
Werkstattzeichen Nr. 179, durch Glasur verdeckt.
Erworben durch J.W. Hinder.
Inv.-Nr. 00197-1.347.

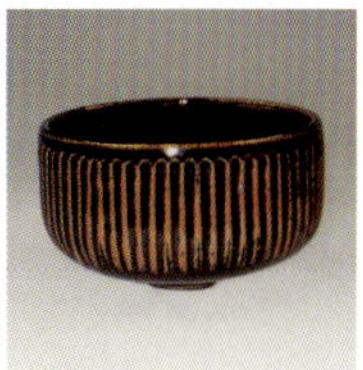

1.348
Kumme, vermutl. 1960er Jahre
Porzellan, mattgrauer Scherben – gedreht, geschnitten.
Reduktionsbrand im Gas-Ofen bei 1.350/1.360°C.
H 8,5 cm, D 14 cm.
Werkstattzeichen Nr. 179.
Erworben durch J.W. Hinder.
Lit.: Hinder & Reimers 1971, Abb. 120.
Inv.-Nr. 00197-1.348.

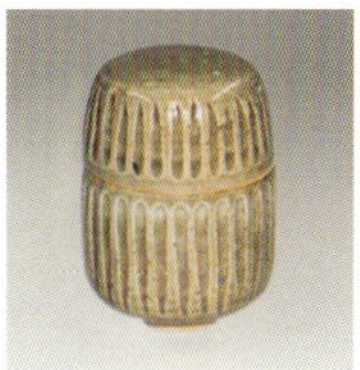

1.349
Dose, 1963
Porzellan, mattgrauer Scherben – gedreht, geschnitten.
Reduktionsbrand im Gas-Ofen bei 1.350/1.360°C.
H 9 cm, D 6,5 cm.
Werkstattzeichen Nr. 179.
Erworben durch J.W. Hinder.
Inv.-Nr. 00197-1.349.

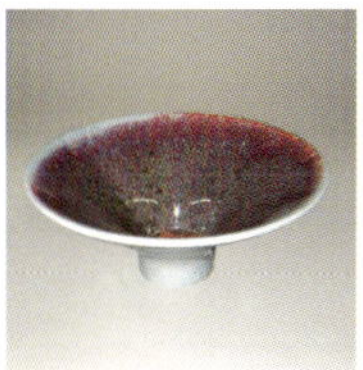

1.350
Schale, 1968
Porzellan, weißer Scherben – gedreht.
Reduktionsbrand im Gas-Ofen bei 1.350/1.360°C.
H 9,5 cm, D 25,5 cm.
Werkstattzeichen Nr. 179.
Erworben durch J.W. Hinder.
Inv.-Nr. 00197-1.350.

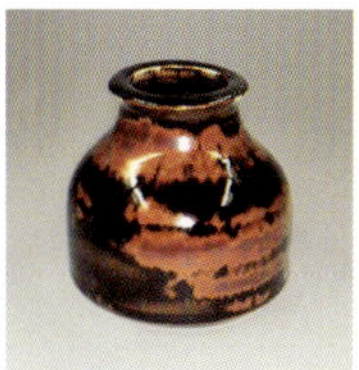

1.351
Vase, 1968
Porzellan, weißer Scherben – gedreht.
Reduktionsbrand im Gas-Ofen bei 1.350/1.360°C.
H 13 cm, D 14 cm.
Werkstattzeichen Nr. 179.
Erworben durch J.W. Hinder.
Lit.: Hinder & Reimers 1971, Abb. 119.
Inv.-Nr. 00197-1.351.

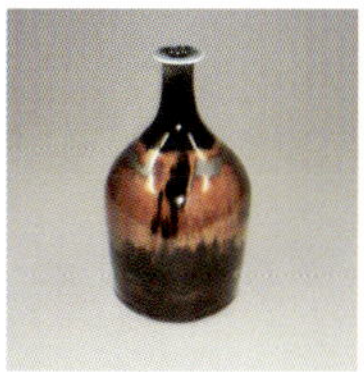

1.352
Vase, 1968
Porzellan, weißer Scherben – gedreht.
Reduktionsbrand im Gas-Ofen bei 1.350/1.360°C.
H 22,5 cm, D 13 cm.
Werkstattzeichen Nr. 179, seitlich am Gefäß.
Erworben durch J.W. Hinder.
Inv.-Nr. 00197-1.352.

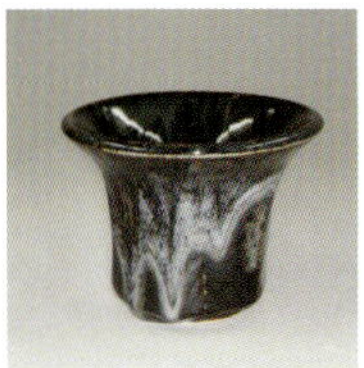

1.353
Becher, 1969
Porzellan, mattgrauer Scherben – gedreht, geschnitten. Reduktionsbrand im Gas-Ofen bei 1.350/1.360°C. H 8,5 cm, D 11,5 cm. Unbezeichnet. Erworben durch J.W. Hinder. Inv.-Nr. 00197-1.353.

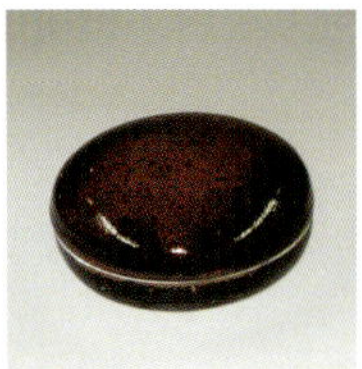

1.354
Dose, 1969
Porzellan, weißer Scherben – gedreht. Reduktionsbrand im Gas-Ofen bei 1.350/1.360°C. H 6,5 cm, D 12 cm. Werkstattzeichen Nr. 179. Erworben durch J.W. Hinder. Inv.-Nr. 00197-1.354.

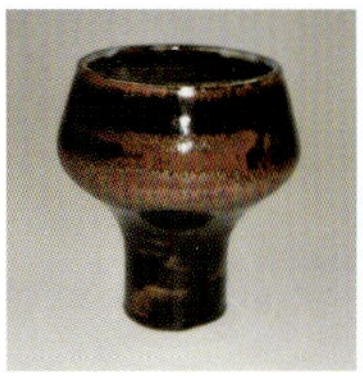

1.355
Becher, vermutl. Anfang 1970er Jahre
Porzellan, weißer Scherben – gedreht. Reduktionsbrand im Gas-Ofen bei 1.350/1.360°C. H 17 cm, D 16 cm. Werkstattzeichen Nr. 179. Erworben durch J.W. Hinder. Inv.-Nr. 00197-1.355.

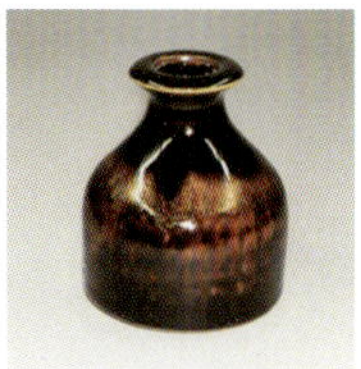

1.356
Vase, vermutl. Anfang 1970er Jahre
Porzellan, weißer Scherben – gedreht. Reduktionsbrand im Gas-Ofen bei 1.350/1.360°C. H 9 cm, D 8 cm. Werkstattzeichen Nr. 179. Erworben durch J.W. Hinder. Inv.-Nr. 00197-1.356.

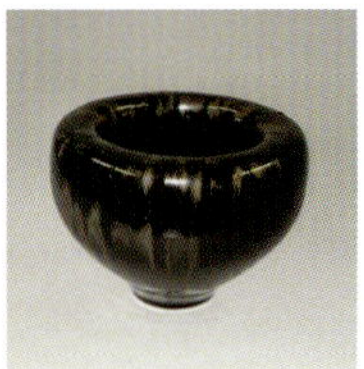

1.357
Schale doppelwandig, vermutl. Anfang 1970er Jahre
Steinzeug, hellgrauer Scherben – gedreht. Reduktionsbrand im Gas-Ofen bei 1.350/1.360°C. H 15,5 cm, D 22 cm. Unbezeichnet. Erworben durch J.W. Hinder. Inv.-Nr. 00197-1.357.

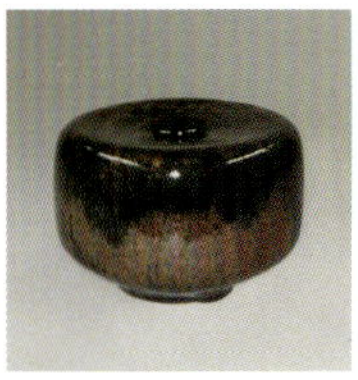

1.358
Schale doppelwandig, vermutl. Anfang 1970er Jahre
Steinzeug, mattgrauer Scherben – gedreht. Reduktionsbrand im Gas-Ofen bei 1.350/1.360°C. H 9,5 cm, D 14 cm. Unbezeichnet. Erworben durch J.W. Hinder. Inv.-Nr. 00197-1.358.

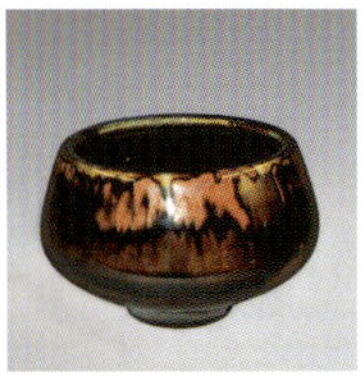

1.359
Kumme, vermutl. Anfang 1970er Jahre
Porzellan, mattgrauer Scherben – gedreht. Reduktionsbrand im Gas-Ofen bei 1.350/1.360°C. H 9 cm, D 14 cm. Werkstattzeichen Nr. 179. Erworben durch J.W. Hinder. Inv.-Nr. 00197-1.359.

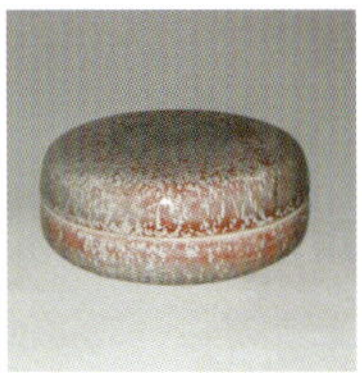

1.360
Dose, vermutl. Anfang 1970er Jahre
Steinzeug, mattgrauer Scherben – gedreht. Reduktionsbrand im Gas-Ofen bei 1.350/1.360°C. H 5,5 cm, D 12 cm. Unbezeichnet. Erworben durch J.W. Hinder. Inv.-Nr. 00197-1.360.

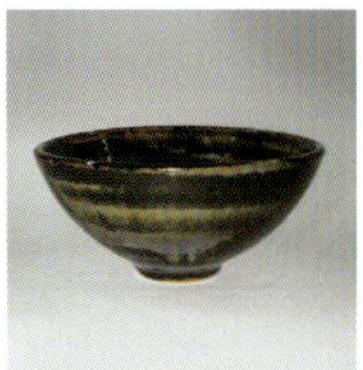

1.361
Schale, vermutl. Anfang 1970er Jahre
Steinzeug, mattgrauer Scherben – gedreht. Reduktionsbrand im Gas-Ofen bei 1.350/1.360°C. H 13 cm, D 27,5 cm. Unbezeichnet. Erworben durch J.W. Hinder. Inv.-Nr. 00197-1.361.

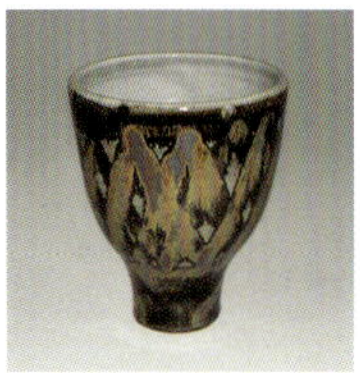

1.362
Becher, vermutl. Anfang 1970er Jahre
Porzellan, mattgrauer Scherben – gedreht. Reduktionsbrand im Gas-Ofen bei 1.350/1.360°C. H 12,5 cm, D 11 cm. Werkstattzeichen Nr. 179. Erworben durch J.W. Hinder. Inv.-Nr. 00197-1.362.

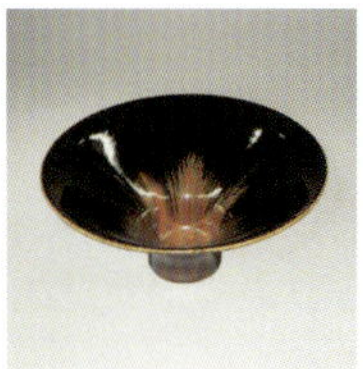

1.363
Schale, vermutl. Anfang 1970er Jahre
Porzellan, mattgrauer Scherben – gedreht. Reduktionsbrand im Gas-Ofen bei 1.350/1.360°C. H 10 cm, D 22 cm. Werkstattzeichen Nr. 179 Erworben durch J.W. Hinder. Inv.-Nr. 00197-1.363.

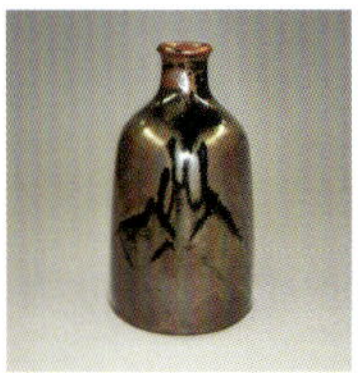

1.364
Vase, vermutl. Anfang 1970er Jahre
Porzellan, hellgrauer Scherben – gedreht. Reduktionsbrand im Gas-Ofen bei 1.350/1.360°C. H 26,5 cm, D 16 cm. Unbezeichnet. Erworben durch J.W. Hinder. Inv.-Nr. 00197-1.364.

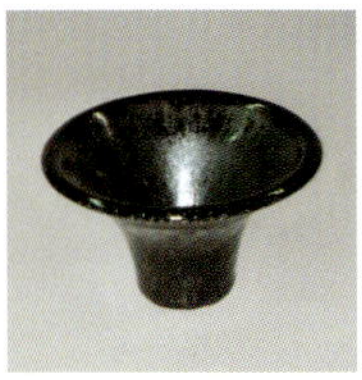

1.365
Kelch-Schale, um 1970
Porzellan, mattgrauer Scherben – gedreht. Reduktionsbrand im Gas-Ofen bei 1.350/1.360°C. H 7,5 cm, D 13 cm. Werkstattzeichen Nr. 179. Erworben durch J.W. Hinder. Inv.-Nr. 00197-1.365.

Schuller, Brigitte

00197-1.366 – 00197-1.370

1934 in Coburg geboren, lebt und arbeitet in Saarbrücken.
1951–1955 Keramikausbildung bei Anneliese Braunmüller an der Staatlichen Schule für Kunst und Handwerk Saarbrücken, Gesellenprüfung. 1956–1957 Studium an der Kunstgewerbeschule Basel, daneben Unterricht bei Mario Mascarin in Muttenz bei Basel. 1957–1958 Mitarbeit in der Werkstatt Hohlt in Katzbach; 1959 Studienreise nach Frankreich, Zeichenkurse an der Académie de la Grand Chaumière in Paris. 1960–1974 eigene Werkstatt in Saarbrücken. 1970 Studienreise nach Japan. 1974–1984 gemeinsames Atelier mit Görge Hohlt in Katzbach/Inn, 1985–1987 eigenes Atelier in Rott/Inn. Seit 1988 eigenes Atelier in Saarbrücken.

Lit.: Waldrich 1996, S. 661–664; Klinge o.J. (2005), S. 6–15, 74–79.

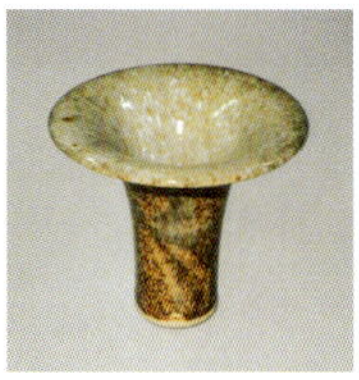

1.366
Vase mit weiter Öffnung auf zyl. Fuß, 1968
Steinzeug, weiß-brauner Schamottescherben – gedreht, gebaut. Oxidationsbrand im Elektro-Ofen bei 1.220°C. H 14,5 cm, D 16,5 cm. Werkstattzeichen Nr. 180. Erworben durch J.W. Hinder. Inv.-Nr. 00197-1.366.

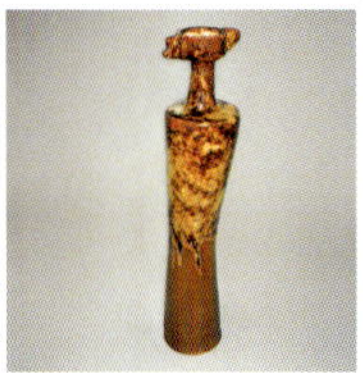

1.367
Gefäß – Montage, um 1968
Steinzeug, hell-braungrauer Schamottescherben – gedreht, montiert. Oxidationsbrand im Elektro-Ofen bei ca. 1.260°C. H 50 cm, D 11 cm. Werkstattzeichen wie Nr. 182 ohne Jahreszahl. Erworben durch J.W. Hinder. Inv.-Nr. 00197-1.367.

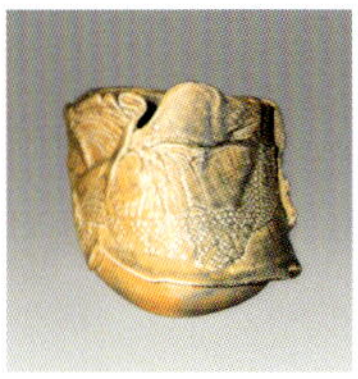

1.368
Kumme, 1982
Porzellan, mattgrauer Scherben – gedreht, gebaut. Reduktionsbrand im Öl-Ofen von Görge Hohlt bei 1.300°C. Abmessungen 15 x 16,5 x 15 cm. Werkstattzeichen Nr. 181. Erworben durch Lotte Reimers 1982. Inv.-Nr. 00197-1.368.

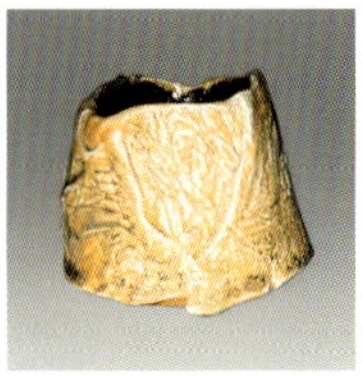

1.369
Kumme, 1982
Porzellan, weißer Scherben – gedreht, gebaut. Reduktionsbrand im Öl-Ofen von Görge Hohlt bei 1.300°C.
Abmessungen 10 x 11,5 x 11 cm.
Werkstattzeichen Nr. 181.
Erworben durch Lotte Reimers 1982.
Inv.-Nr. 00197-1.369.

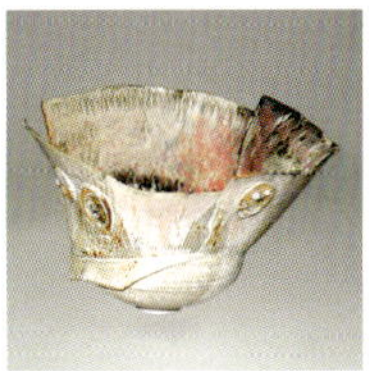

1.370
Gefäß, 1987
Porzellan, mattgrauer Scherben – gedreht, geschnitten, montiert. Oxidationsbrand im Elektro-Ofen (Rott/Inn) bei 1.280°C.
Abmessungen 18 x 24 x 18 cm.
Werkstattzeichen Nr. 182.
Erworben durch Lotte Reimers 1987.
Inv.-Nr. 00197-1.370.

Schwarze, Mathies
00197-1.371

1944 in Krefeld geboren, lebt und arbeitet in Oeschgen/Schweiz. 1962–1964 Studium der Keramik bei Karl Heinz Modigell und Gertrud Schwarze an der Hochschule für Gestaltung und Design Krefeld, 1964 Gesellenprüfung; 1964–1966 Mitarbeit in der Werkstatt Elfriede Balzar-Kopp; 1966–1968 Studium der Keramik bei Hubert Griemert an der Staatlichen Werk- und Ingenieurschule für Keramik Höhr-Grenzhausen, 1968 Meisterprüfung. 1968–1969 Mitarbeiter in der Robin Welch-Pottery in Stradbroke, England. 1970–1982 Homburger Werkstätten M. Schwarze in Nümbrecht; 1982–1984 Mitbegründer und Betriebsleiter der Keramischen Werkstätten Bütgenbach/Belgien; 1983 Töpferstudio Gueuzaine 12 in Waimes/Belgien; 1984–1990 Töpferei in Freiburg/Breisgau; 1990–1996 Atelier de Céramique „Chateau Hartmann" in Giromagny/Frankreich; seit 1997 Töpferei in Oeschgen, 2002 Gründung der Keramikschule Mathies Schwarze in Oeschgen/Schweiz, Designtätigkeit für die Industrie.

Lit.: Waldrich 1996, S. 675–676.

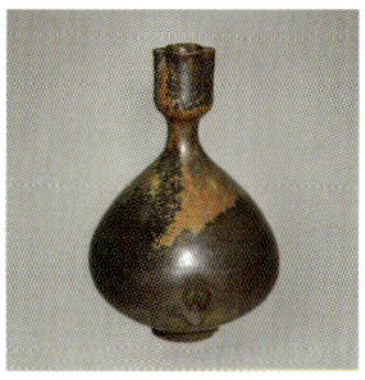

1.371
Vase, 1973
Steinzeug, hellgraubrauner Scherben – gedreht. Oxidationsbrand im Elektro-Ofen bei 1.260°C.
H 22,5 cm, D 15,5 cm.
Werkstattzeichen Nr. 183.
Erworben durch J.W. Hinder 1973.
Inv.-Nr. 00197-1.371.

Siesbye Ebüzziya, Alev
00197-1.372

1938 in Istanbul geboren, lebt und arbeitet in Paris. 1956–1958 Studium der Bildhauerei an der Akademie der Schönen Künste in Istanbul. 1957 Beginn mit keramischen Arbeiten in der Füreya-Werkstatt in Istanbul. 1958–1960 Keramikmalerin bei Dümler & Breiden in Höhr-Grenzhausen und anschließend in der Eczacibaşi-Fabrik in Istanbul. 1963–1969 Designerin bei Den Kongelige Porcelainsfabrik, Kopenhagen. 1969–1993 eigenes Atelier in Kopenhagen, 1987–1995 in Paris, 1996–2002 in Montrouge, seit 2003 in Paris.

Lit.: Klinge 1996, S. 302.

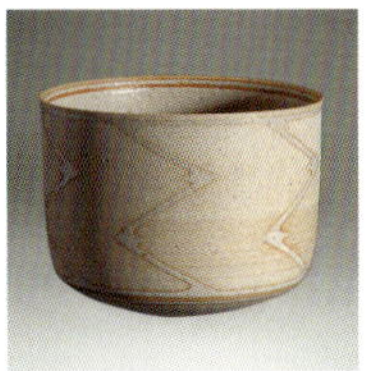

1.372
Schale, 1977
Steinzeug, braunweißer Schamottescherben – gebaut. Oxidationsbrand im Elektro-Ofen.
H 14 cm, D 12,5 cm.
Werkstattzeichen Nr. 184.
Abgebildet in: Kunst + Handwerk, European Handicraft, Issue Documenta 6 (1977), S. 231.
Erworben durch Lotte Reimers.
Inv.-Nr. 00197-1.372.

Simpson, Peter
00197-1.373

1943 in Hillingdon, Middlesex, geboren. 1959–1964 Studium am Bournemouth and Poole College of Art Bournemouth, dort von 1965–1970 Lehrauftrag. 1970–1974 Lehrauftrag am Wimbledon College of Art. 1974–1979 Lehrauftrag an der Polytechnic School in Bristol. 1979–1985 Senior Lecturer an der Camberwell School of Art and Crafts in London, von 1985–1999 dort Leiter der Keramikwerkstatt. Seit 1999 Emeritus Professor of Art, University of Derby.

Lit.: Freudenberg 2007, S. 58.

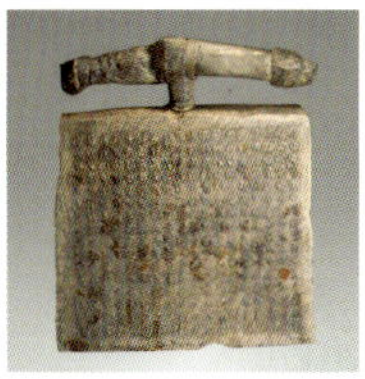

1.373
Plastik „Ocmic Menhir", um 1983
Steinzeug und Porzellan, braunweißer Scherben – gebaut.
Abmessungen 67 x 56 x 12 cm.
Werkstattzeichen Nr. 185.
Erworben durch Lotte Reimers 1983.
Inv.-Nr. 00197-1.373.

Spurey, Kurt
00197-1.374 – 00197-1.375

1941 in Mariazell/Österreich geboren, lebt und arbeitet in Wien.
Nach kaufmännischer Lehre und Militärdienst 1961–1968 Studium am Technologischen Gewerbemuseum Wien, Fachschule für industrielle Keramik, Abschluss Keramik-Ingenieur. 1965–1968 Gemeinschaftsatelier mit Gerda Gruber und Iris Brendel. 1968–1971 Aufbau und Leitung eines Design-Studios in der ÖSPAG (Österreichische Sanitär- und Porzellan-AG). Seit 1968 eigenes Atelier, bis 1975 zusammen mit Gerda Spurey-Gruber. Initiator und Leiter zahlreicher Symposien in Österreich und Italien, Gastprofessuren in Europa und Übersee. Seit 1992 überwiegende Beschäftigung mit Malerei.

Lit.: Waldrich 1996, S. 699–701.

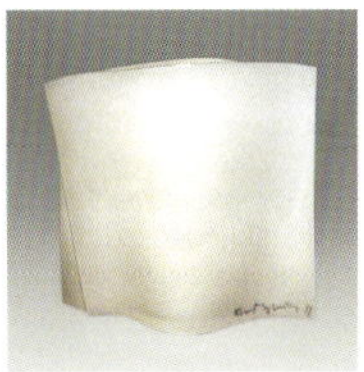

1.374
Flaches Gefäß, 1977
Porzellan, weißer Scherben – gebaut aus dünnen Schichten. Oxidationsbrand bei 1.280°C.
Abmessungen 17 x 16,5 x 6,5 cm.
Werkstattzeichen wie Nr. 186, durch Glasur verdeckt.
Erworben durch Lotte Reimers 1983.
Inv.-Nr. 00197-1.374.

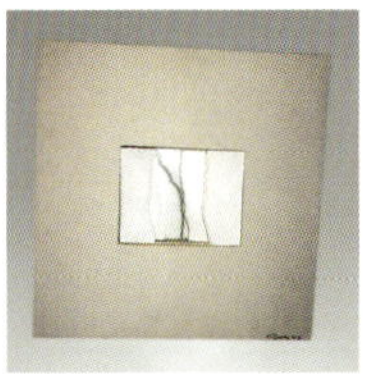

1.375
Relief, 1979
Porzellan, weißer Scherben und Glas in textilem Rahmen – gebaut aus dünnen Schichten. Oxidationsbrand bei 1.280°C.
Abmessungen 40 x 40 cm.
Werkstattzeichen Nr. 186.
Erworben durch Lotte Reimers 1983.
Inv.-Nr. 00197-1.375.

Staatliche Ingenieur- und Werkschule für Keramik Höhr-Grenzhausen

00197-1.376 – 00197-1.377

1878 gegründet, um durch gut ausgebildeten Nachwuchs die heimatliche Steinzeugindustrie zu fördern. Zum Unterricht gehörte Modellieren, Zeichnen und Malen. Kurz vor der Jahrhundertwende kommen neben neu errichteten Werkstätten und Öfen naturwissenschaftliche Fächer zum Unterricht hinzu. Unter der Leitung von Eduard Berdel besteht die Möglichkeit, zwischen einer technischen oder kunstgewerblichen Ausbildung zu wählen. Nach dem Zweiten Weltkrieg wird die klare Trennung in zwei selbstständige Abteilungen, eine für Gestaltung und Dekor und eine chemisch-technische, vollzogen. Im gestalterischen Bereich sind nach 1945 u.a. zu nennen: Hildegard Storr-Britz (1939–1982), Gisela Schmidt-Reuther (1945–1972), Hubert Griemert (1954–1970), Wolf Matthes (1970–1998) und Dieter Crumbiegel (1971–1977). Ein Einschnitt im gestalterischen Bereich geschieht 1970, als mit dem Ausscheiden von Hubert Griemert die Meisterklasse gestrichen wird. Es entsteht die „Staatliche Fachschule für Keramotechnik", die der technischen Aus- und Fortbildung dient, sowie die „Staatliche Fachschule für Keramikgestaltung", bei der die unterschiedlichen Ausbildungsschwerpunkte egalisierend in einem Bildungsgang vereint werden.

Lit.: Klinge 2000, S. 42–43.

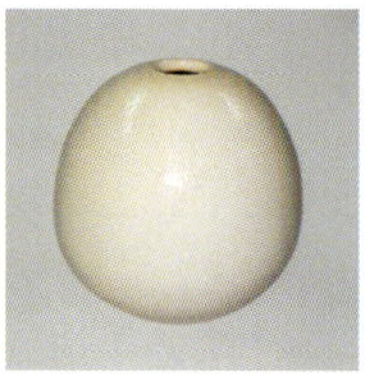

1.376
Vase, Kugelform, erste Hälfte 20. Jahrhundert
Steinzeug, weißbrauner Scherben – gedreht. Salzbrand.
H 15,5 cm, D 15,5 cm.
Unbezeichnet, vermutl. Ernst Stauber.
Erworben durch J.W. Hinder.
Inv.-Nr. 00197-1.376.

Vermutl. Ernst Stauber (geb. 1921), Ausbildung 1935–1936 Staatl. Fachschule Höhr-Grenzhausen, von 1946 an dort Lehrer.

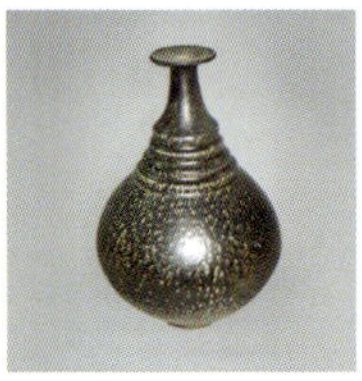

1.377
Vase, um 1954–1970
Steinzeug, hell-graubrauner Scherben – gedreht. Salzbrand.
H 37,5 cm, D 26 cm.
Werkstattzeichen Nr. 187, geritzt M. Hau.
Erworben durch J.W. Hinder.
Inv.-Nr. 00197-1.377.

Stehr, Barbara

00197-1.378 – 00197-1.380

1936 in Weetzen b. Hannover geboren, lebt und arbeitet in Tornesch-Ahrenlohe.
1957–1963 Studium der Kunsterziehung, zunächst an der Werkkunstschule Hannover, ab 1958 an der Hochschule für Bildende Künste, Hamburg, Studium der Keramik bei Otto Lindig und Liebfriede Bernstiel, ab 1960 bei Jan Bontjes van Beek. 1961 eigenes Atelier in Hamburg, seit 1963 in Tornesch-Ahrenlohe. 1981 Gastprofessur an der Hochschule für Bildende Künste Hamburg. 1987–2001 Aufbau und Leitung des Instituts für künstlerische Keramik und Glas (seit 2000) der Fachhochschule Koblenz, Höhr-Grenzhausen.

Lit.: Waldrich 1996, S. 710–713.

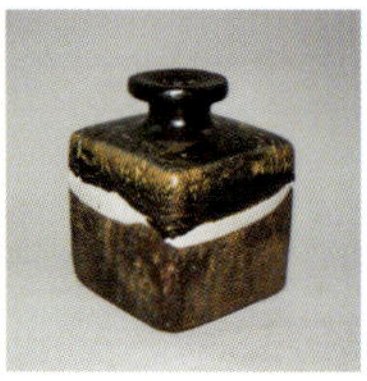

1.378
Vase, 1971
Steinzeug, weißbrennender Scherben – gebaut. Oxidationsbrand im Elektro-Ofen bei 1.280–1.300°C.
Abmessungen 18,5 x 15 x 14 cm.
Werkstattzeichen Nr. 188.
Erworben durch J.W. Hinder.
Lit.: Hinder & Reimers 1971, Abb. 123.
Inv.-Nr. 00197-1.378.

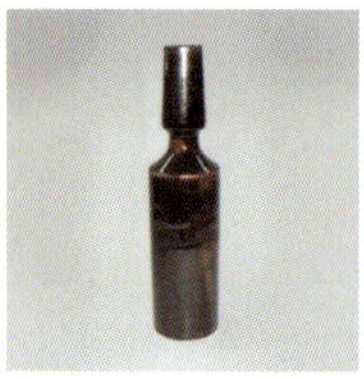

1.379
Vase, um 1971
Steinzeug, weißbrennender Scherben – gedreht. Oxidationsbrand im Elektro-Ofen bei 1.280–1.300°C.
H 35 cm, D 9 cm.
Werkstattzeichen Nr. 188.
Erworben durch J.W. Hinder.
Inv.-Nr. 00197-1.379.

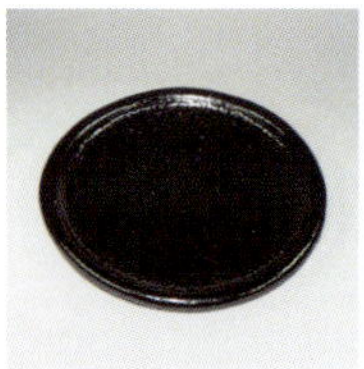

1.380
Teller, um 1971
Steinzeug, weißbrennender Scherben – gedreht. Oxidationsbrand im Elektro-Ofen bei 1.280–1.300 °C.
H 3,5 cm, D 31 cm.
Werkstattzeichen Nr. 188, durch Glasur verdeckt.
Erworben durch J.W. Hinder.
Lit.: Hinder & Reimers 1971, Abb. 122.
Inv.-Nr. 00197-1.380.

Stetten, Werner von

00197-1.381

1900 geboren, 1975 gestorben.
Beginn mit keramischen Arbeiten um 1920 während des Studiums an der Akademie der Bildenden Künste in München. Danach in der Landwirtschaft tätig, 1935 Übernahme des elterlichen Gutes. 1939–1945 Kriegsdienst. 1944–1949 Kriegsgefangenschaft in Russland, dort Durchbruch zu töpferischer Arbeit. Nach der Rückkehr eigene Werkstatt in Hammel bei Augsburg und Lehrtätigkeit an Volkshochschulen.

Lit.: Hinder 1969h.

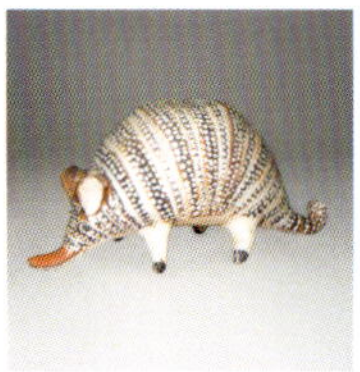

1.381
Drehscheibenplastik „Gürteltier", 1960er Jahre
Irdenware, gelbbrauner Scherben – gedreht, gebaut. Oxidationsbrand im Elektro-Ofen um 1.050°C.
Abmessungen 10,5 x 23 x 10,5 cm.
Unbezeichnet.
Erworben durch J.W. Hinder.
Inv.-Nr. 00197-1.381.

Stewart, Maria

00197-1.382

Geboren in Coventry, lebt und arbeitet in Chapelfields, Coventry/England.
1979 Abschluss des Studiums an der Lancaster Polytechnic (jetzt Coventry University);
1979–1980 Ausbildung bei Peter Beardsmore, Lancaster Polytechnic. Seit 1980 eigenes Studio in Chapelfields, Coventry.

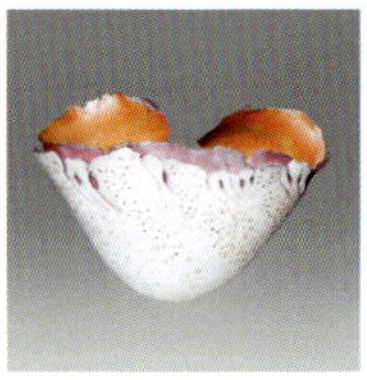

1.382
Ovales offenes Gefäß, 1983
Porzellan, weißer Scherben („David Leach porcelain"). Erster Brand oxidierend im Elektro-Ofen bei 1.230°C, zweiter Brand bei 720°C.
Abmessungen 7,5 x 12,5 x 5 cm.
Werkstattzeichen Nr. 189.
Erworben durch Lotte Reimers.
Inv.-Nr. 00197-1.382.

Steyaert, Frank
00197-1.383 – 00197-1.387

1953 in Dendermonde/Belgien geboren, lebt und arbeitet in Denderbelle/Belgien.
Studium der Architektur und Keramik an der Academie voor Schone Kunsten in Aalst und in Antwerpen; Studium der Bildhauerei und Keramik am Nationaal Hoger Instituut in Antwerpen. 1975 Lehrer für Keramik an der Academie voor Schone Kunsten in Deinze; seit 1986 Lehrer für Keramik an der Academie voor Schone Kunsten in Dendermonde. Arbeitet in der eigenen Werkstatt als Keramiker und Entwerfer für Schmuck und Möbel.

Lit.: Höhr-Grenzhausen et al. 1994, S. 238–241.

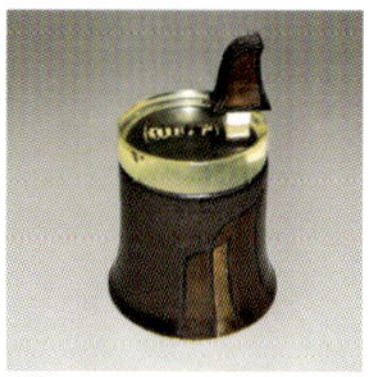

1.383
Dose mit Plexiglasdeckel, um 1984
Steinzeug, braunweißer Scherben (Westerwald) – gedreht und modelliert. Oxidationsbrand im Elektro-Ofen bei 1.280°C.
H (mit Deckel) 17 cm, D 10 cm.
Werkstattzeichen Nr. 190.
Erworben durch Lotte Reimers 1984.
Inv.-Nr. 00197-1.383.

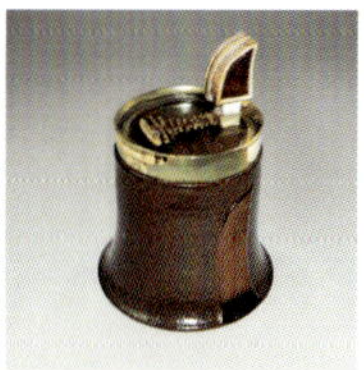

1.384
Dose mit Plexiglasdeckel, um 1984
Steinzeug, weißbrauner Scherben (Westerwald) – gedreht und modelliert. Oxidationsbrand im Elektro-Ofen bei 1.280°C.
H (mit Deckel) 16 cm, D 11 cm.
Unbezeichnet.
Erworben durch Lotte Reimers 1984.
Inv.-Nr. 00197-1.384.

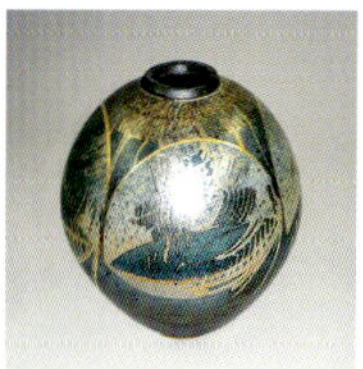

1.385
Vase – Kugelform, um 1984
Steinzeug, weißolivbrauner Scherben (Westerwald) – gedreht. Oxidationsbrand im Elektro-Ofen bei 1.280°C.
H 26 cm, D 23 cm.
Werkstattzeichen Nr. 190.
Erworben durch Lotte Reimers 1984.
Inv.-Nr. 00197-1.385.

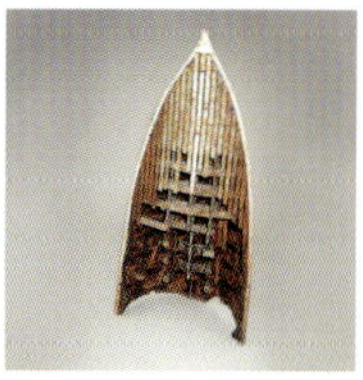

1.386
Plastik „Boot“, 1983
Irdenware, schwarzgrauer Scherben – modelliert. Oxidationsbrand im Elektro-Ofen bei 1.085°C.
Abmessungen 61,5 x 30 x 15 cm.
Unbezeichnet.
Erworben durch Lotte Reimers 1984.
Inv.-Nr. 00197-1.386.

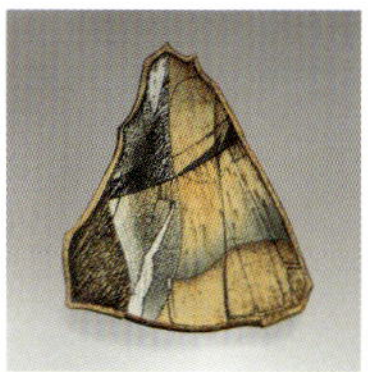

1.387
Platte (leicht gewölbt) zum Aufhängen, um 1984
Irdenware, graubrauner Scherben – gebaut, modelliert. Oxidationsbrand im Elektro-Ofen bei 1.085°C.
Abmessungen 45 x 39 x 6 cm.
Werkstattzeichen Nr. 190.
Erworben durch Lotte Reimers 1984.
Inv.-Nr. 00197-1.387.

Still, Gillian
00197-1.388 – 00197-1.398

1939 in London geboren, lebt und arbeitet in Llandeilo, Wales.
1956–1961 Studium der Malerei und der Bildhauerei an der Farnham School of Art, danach u.a. Pädagogische Psychologie am Brighton College of Art, Lehramtsabschluss. 1961–1964 Leiterin der Abteilung Kunst an der Woking Grammar School; 1964–1966 Dozentin für Bildhauerei am Harrow College of Art. 1967–1977 Dozentin am Swansea College of Art, Dyfed College of Art, University of Wales. Seit 1965 eigenes Studio in Llandeilo, Wales.

Lit.: Ahrendt 1981.

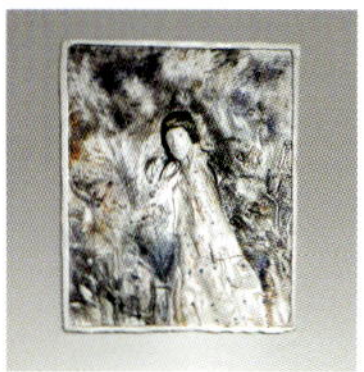

1.388
Relief „Girl in a garden“, 1981
Porzellan, weißer Scherben – modelliert. Oxidationsbrand im Elektro-Ofen bei 1.280°C.
Abmessungen 26,5 x 22,5 x 4 cm.
Unbezeichnet.
Erworben durch Lotte Reimers.
Inv.-Nr. 00197-1.388.

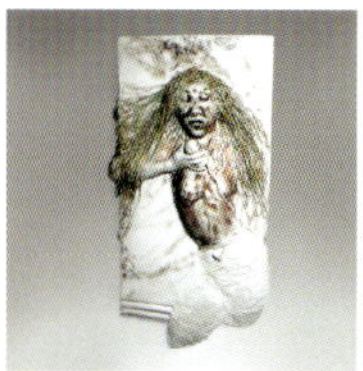

1.389
Relief „Black Singer“, 1981
Porzellan, weißer Scherben – modelliert. Oxidationsbrand im Elektro-Ofen bei 1.280°C.
Abmessungen 31 x 16 x 4,5 cm.
Werkstattzeichen wie Nr. 191, Jahreszahl 1981.
Erworben durch Lotte Reimers.
Inv.-Nr. 00197-1.389.

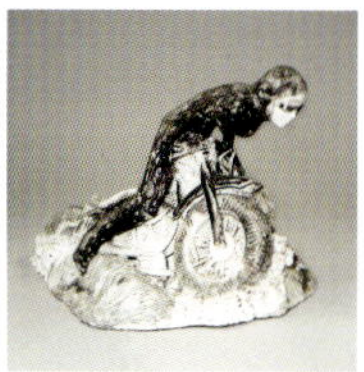

1.390
Skulptur „Persephone“, um 1981
Porzellan, weißer Scherben – modelliert. Oxidationsbrand im Elektro-Ofen bei 1.280°C.
Abmessungen 20 x 28 x 18 cm.
Unbezeichnet.
Erworben durch Lotte Reimers.
Inv.-Nr. 00197-1.390.

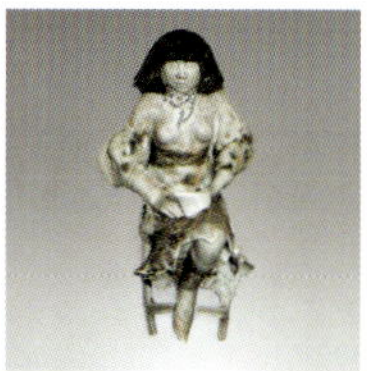

1.391
Wandplastik „Girl from Huddersfield“, um 1981
Porzellan, weißer Scherben – modelliert. Oxidationsbrand im Elektro-Ofen bei 1.280°C.
Abmessungen 36,5 x 18,5 x 11,5 cm.
Unbezeichnet.
Erworben durch Lotte Reimers.
Inv.-Nr. 00197-1.391.

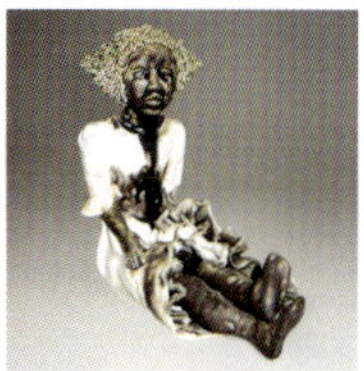

1.392
Plastik „Doll“, 1983
Porzellan, weißer Scherben – modelliert. Oxidationsbrand im Elektro-Ofen bei 1.280°C.
Abmessungen 20 x 11 x 21,5 cm.
Werkstattzeichen wie Nr. 191, Jahreszahl 1983.
Erworben durch Lotte Reimers 1983.
Inv.-Nr. 00197-1.392.

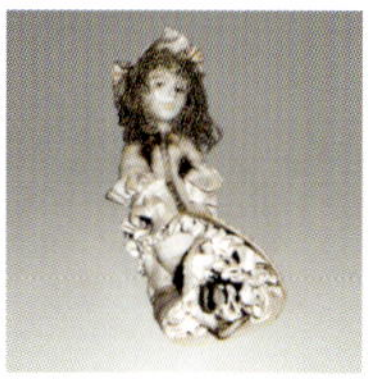

1.393
Plastik „Doll“, um 1983
Porzellan, weißer Scherben – modelliert. Oxidationsbrand im Elektro-Ofen bei 1.280°C.
Abmessungen 14 x 8 x 15 cm.
Unbezeichnet.
Erworben durch Lotte Reimers
Inv.-Nr. 00197-1.393.

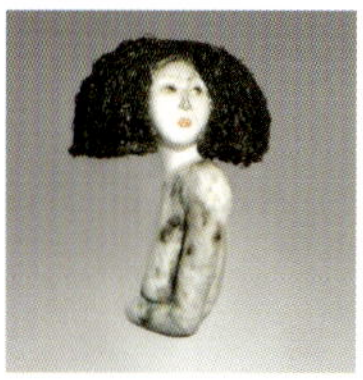

1.394
Wandplastik „Girl with Egyptian Hair“, 1986
Porzellan, weißer Scherben – modelliert. Oxidationsbrand im Elektro-Ofen bei 1.280°C.
Abmessungen 20 x 14 x 6,5 cm.
Unbezeichnet.
Erworben durch Lotte Reimers 1986.
Inv.-Nr. 00197-1.394.

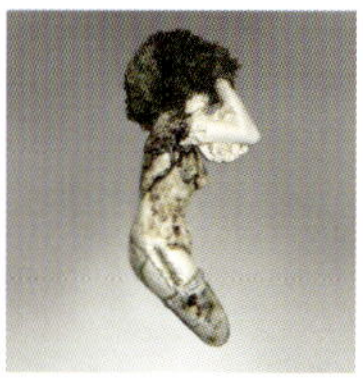

1.395
Wandplastik „Stripper pulling on her Wig“, um 1986
Porzellan, weißer Scherben – modelliert. Oxidationsbrand im Elektro-Ofen bei 1.280°C.
Abmessungen 39 x 19,5 x 6,5 cm.
Werkstattzeichen Nr. 191.
Erworben durch Lotte Reimers
Inv.-Nr. 00197-1.395.

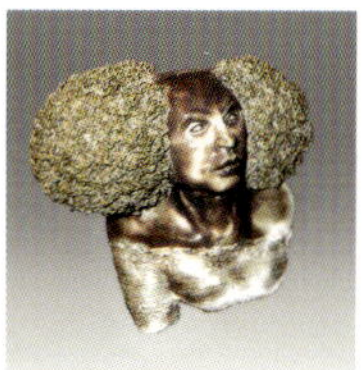

1.396
Wandplastik „Gipsy“, um 1986
Porzellan, weißer Scherben – modelliert. Oxidationsbrand im Elektro-Ofen bei 1.280°C.
Abmessungen 19,5 x 21 x 8,5 cm.
Unbezeichnet.
Erworben durch Lotte Reimers.
Inv.-Nr. 00197-1.396.

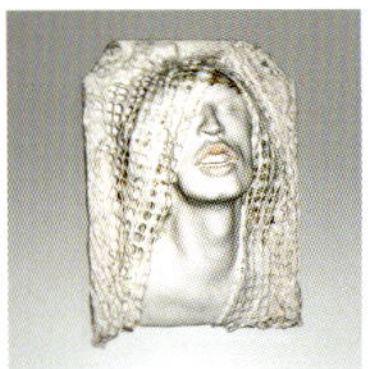

1.397
Wandplastik „Blind Singer“, um 1986
Porzellan, weißer Scherben – modelliert. Oxidationsbrand im Elektro-Ofen bei 1.280°C.
Abmessungen 30,5 x 23 x 9 cm.
Unbezeichnet.
Erworben durch Lotte Reimers.
Inv.-Nr. 00197-1.397.

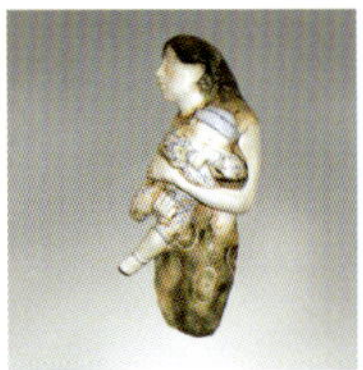

1.398
Plastik „Gipsy Woman with Baby“ (Camargue Festival), 1990
Porzellan, weißer Scherben – modelliert. Oxidationsbrand im Elektro-Ofen bei 1.280°C.
Abmessungen 31 x 14 x 6,5 cm.
Unbezeichnet.
Erworben durch Lotte Reimers 1990.
Inv.-Nr. 00197-1.398.

Storr-Britz, Hildegard

00197-1.399 – 00197-1.410

1915 in Löllbach, Kreis Bad Kreuznach, geboren, 1982 in Höhr-Grenzhausen gestorben.
1935–1938 Studium bei Alfred Kamp, Paul Drossé und Hermann Bollenbach an der Staatlichen Fachschule für Keramik, Höhr-Grenzhausen. 1938 Mitarbeit in der Staatlichen Porzellan-Manufaktur Berlin. 1938 und 1941 vorübergehend in der Werkstatt von Walter Rhaue in Görlitz tätig. 1939–1971 Lehrerin an der Staatlichen Fachschule für Keramik, Höhr-Grenzhausen, ab 1942 Leiterin der Klasse für keramisches Malen, später für Flächen- und Dekorgestaltung. Ab 1945 eigene Werkstatt in Höhr-Grenzhausen. 1948 Meisterprüfung im Töpferhandwerk. 1952 Mal- und Zeichenstudium bei Erich Bucher, Universität Bonn. 1954 Zeichenstudien bei Ferdinand Macketanz an der Staatlichen Akademie der Bildenden Künste Düsseldorf. 1973 und 1976 Vortragsreisen und Seminare in Kanada und USA.

Lit.: Waldrich 1996, S. 721–724.

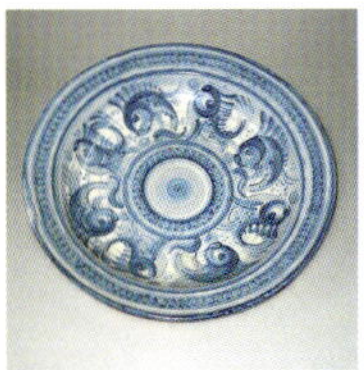

1.399
Wandteller mit „Fischornament“, 1948
Fayence, hellgraubrauner Scherben – gedreht. Oxidationsbrand im Elektro-Ofen bei 1.050°C.
H 7,5 cm, D 40 cm.
Werkstattzeichen Nr. 187 und Nr. 192.
Erworben durch J.W. Hinder.
Inv.-Nr. 00197-1.399.

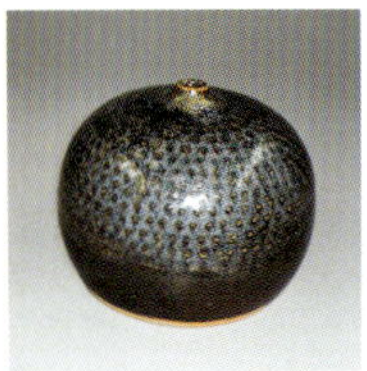

1.400
Vase, um 1973
Steinzeug, weißbrauner Scherben – gedreht.
H 10,5 cm, D 13,5 cm.
Werkstattzeichen wie Nr. 193, geritzt.
Erworben durch J.W. Hinder.
Inv.-Nr. 00197-1.400.

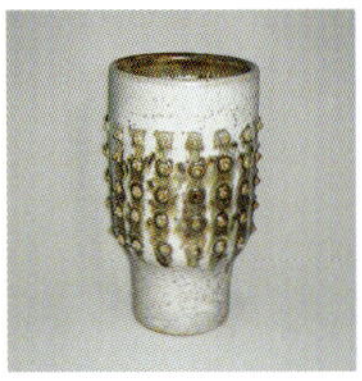

1.401
Bechervase, 1971
Steinzeug, hellgrauer Scherben – gedreht.
H 17 cm, D 10 cm.
Werkstattzeichen Nr. 193.
Erworben durch J.W. Hinder.
Inv.-Nr. 00197-1.401.

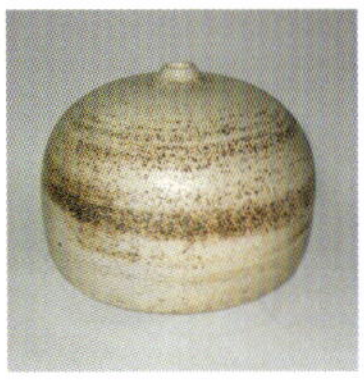

1.402
Vase, vor 1971
Steinzeug, weißbrauner Scherben – gedreht.
H 19 cm, D 25,5 cm.
Werkstattzeichen Nr. 193.
Erworben durch J.W. Hinder.
Lit.: Hinder & Reimers 1971, Abb. 125.
Inv.-Nr. 00197-1.402.

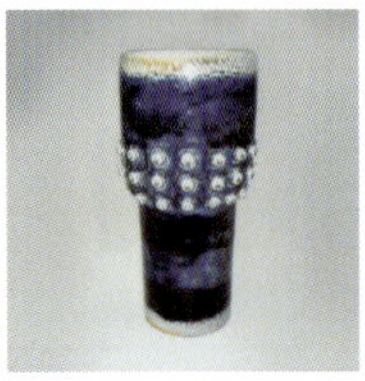

1.403
Bechervase, um 1966
Steinzeug, mattgrauer Scherben – gedreht. Salzglasurbrand.
H 33 cm, D 17 cm.
Werkstattzeichen wie Nr. 193, geritzt.
Erworben durch J.W. Hinder.
Lit.: Hinder & Reimers 1971, Abb. 124.
Inv.-Nr. 00197-1.403.

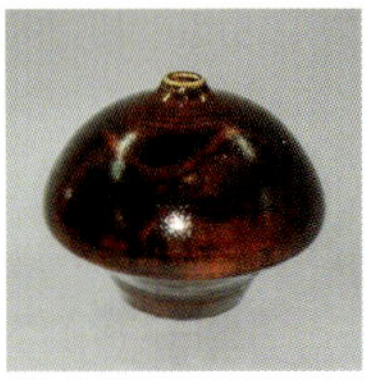

1.404
Vase, 1973
Steinzeug, grauer Scherben – gedreht. Reduktionsbrand.
H 14 cm, D 18 cm.
Werkstattzeichen Nr. 193.
Erworben durch J.W. Hinder.
Inv.-Nr. 00197-1.404.

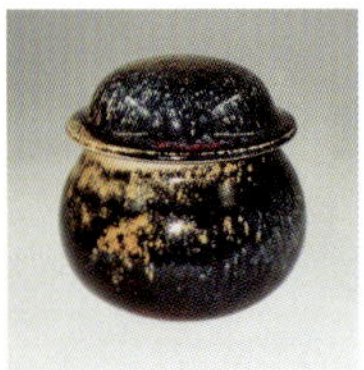

1.405
Dose, 1973
Steinzeug, hell-braungrauer Scherben – gedreht.
H (mit Deckel) 12,5 cm, D 13 cm.
Werkstattzeichen Nr. 193.
Erworben durch J.W. Hinder.
Inv.-Nr. 00197-1.405.

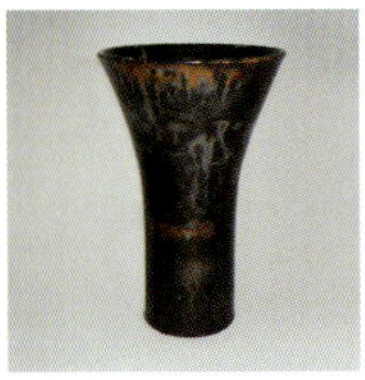

1.406
Bechervase, ab 1970
Steinzeug, hellgrauer Scherben – gedreht.
H 21,5 cm, D 14,5 cm.
Werkstattzeichen Nr. 193.
Erworben durch J.W. Hinder.
Inv.-Nr. 00197-1.406.

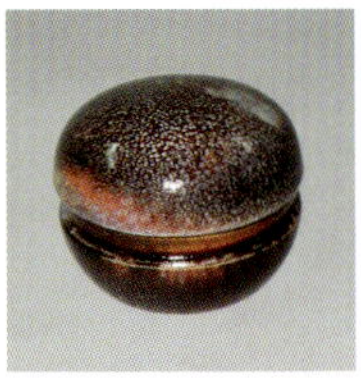

1.407
Dose, 1973
Steinzeug, hellgrauer Scherben – gedreht.
H (mit Deckel) 11,5 cm, D 13,5 cm.
Werkstattzeichen Nr. 193.
Erworben durch J.W. Hinder.
Inv.-Nr. 00197-1.407.

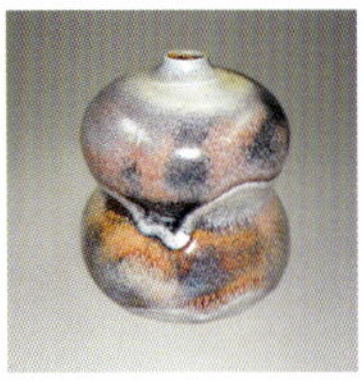

1.408
Ballustervase, 1973
Steinzeug, weißbrauner Scherben – gedreht.
H 16,5 cm, D 14 cm.
Werkstattzeichen Nr. 193, geritzt 194.
Erworben durch J.W. Hinder.
Inv.-Nr. 00197-1.408.

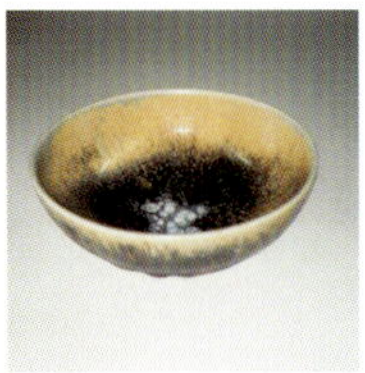

1.409
Schale, ab 1970
Steinzeug, hell-graubrauner Scherben – gedreht.
H 6,5 cm, D 17,5 cm.
Werkstattzeichen Nr. 194.
Inv.-Nr. 00197-1.409.

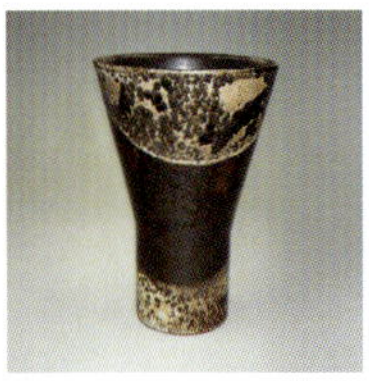

1.410
Bechervase, 1973
Steinzeug, hellgrauer Scherben – gedreht.
H 19,5 cm, D 13 cm.
Werkstattzeichen Nr. 193, geritzt 161.
Erworben durch J.W. Hinder.
Inv.-Nr. 00197-1.410.

Stürmer, Walther
00197-1.411 – 00197-1.418

1933 in Steninge/Husby-Ärlinghundra bei Stockholm geboren, lebt und arbeitet in München-Gräfelfing.
1949–1952 Töpferlehre beim Vater Cornel Stürmer in der Guldkrokens Keramikverkstad, Hjo/Schweden, 1954 Gesellenprüfung, 1954–1957 Mitarbeiter von Wilhelm Kåge und Stig Lindberg und Karin Björquist im Gustavsberg Design Studio und Abendstudium bei Märta Grönvall an der Konstfackskolan Stockholm. 1957–1959 Besuch der Staatlichen Fachschule für Keramik in Landshut/Bayern, Meisterprüfung. 1959–1962 Mitarbeiter in der Werkstatt Rolf Weber, Simmershausen bei Kassel. 1962–1965 Studium an der Staatlichen Ingenieur- und Werkschule für Keramik, Höhr-Grenzhausen, Ingenieurexamen. 1965–1967 Tätigkeit im zentralen Entwicklungs-Laboratorium der Rosenthal AG., Marktredwitz; 1967–1974 Produktentwicklung im Rosenthal Design-Studio, Selb, 1968–1970 Technischer Leiter der Rosenthal Relief-Reihe; 1974–1989 Leitender Angestellter in der W. Goebel KG, Rödental, Gründung und Geschäftsführung der Goebel Galerie. 1984–1989 Lehrauftrag für „Formgebung und Gestaltung" an der Fachhochschule Coburg, Bereich Innenarchitektur. 1974–1990 eigene Werkstatt in Coburg. 1990 Übersiedlung nach München-Gräfelfing.

Lit.: Waldrich 1996, S. 732–735.

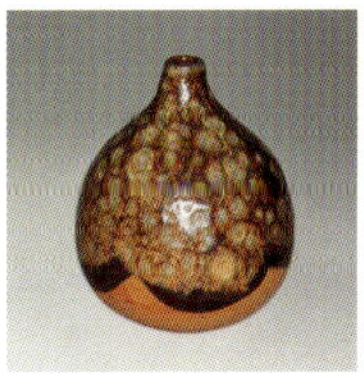

1.411
Vase, 1958
Steinzeug, graubrauner Scherben – gedreht. Oxidationsbrand im elektrischen Herdwagenofen bei 1.250°C.
H 9 cm, D 8 cm.
Werkstattzeichen Nr. 194, Pinselzeichen 10/14.
Erworben durch J.W. Hinder.
Inv.-Nr. 00197-1.411.

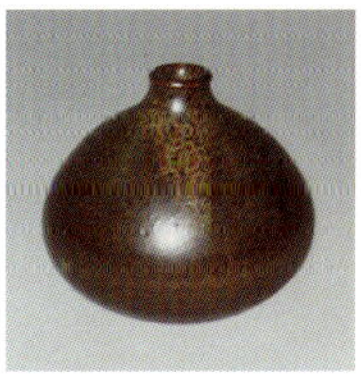

1.412
Vase, 1958
Steinzeug, ockerbrauner Scherben – gedreht. Oxidationsbrand im elektrischen Herdwagenofen bei 1.250°C.
H 6,5 cm, D 7,5 cm.
Werkstattzeichen Nr. 194.
Erworben durch J.W. Hinder.
Inv.-Nr. 00197-1.412.

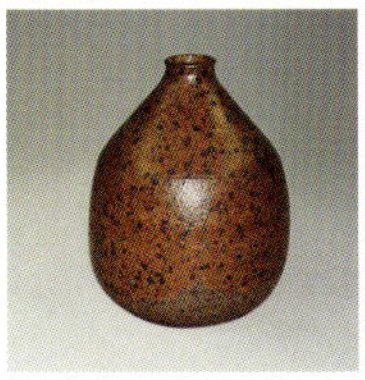

1.413
Vase, 1958
Steinzeug, schwarzbrauner Scherben – gedreht. Oxidationsbrand im elektrischen Herdwagenofen bei 1.250°C.
H 11,5 cm, D 9 cm.
Werkstattzeichen Nr. 194.
Erworben durch J.W. Hinder.
Inv.-Nr. 00197-1.413.

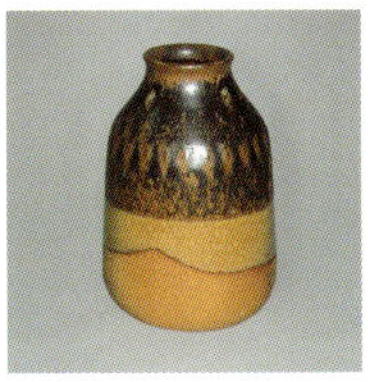

1.414
Vase, 1958
Steinzeug, mattbrauner Scherben – gedreht. Oxidationsbrand im elektrischen Herdwagenofen bei 1.250°C.
H 15,5 cm, D 10,5 cm.
Werkstattzeichen Nr. 194, Pinselzeichen 10°/14.
Erworben durch J.W. Hinder.
Inv.-Nr. 00197-1.414.

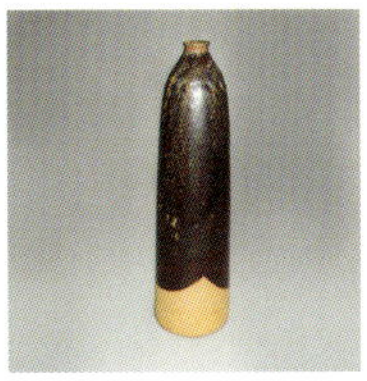

1.415
Vase, 1958
Steinzeug, mattbrauner Scherben – gedreht. Oxidationsbrand im elektrischen Herdwagenofen bei 1.250°C.
H 26,5 cm.
Werkstattzeichen Nr. 194, VII III, Pinselzeichen I0' / 14.
Erworben durch J.W. Hinder.
Inv.-Nr. 00197-1.415.

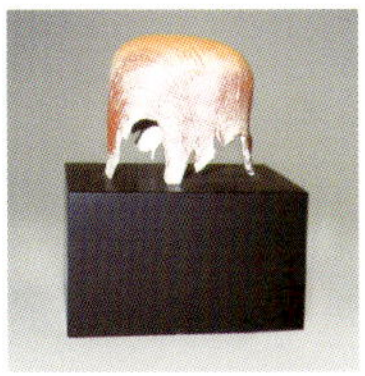

1.416
„Aufsteigende Kraft" – Plastik auf schwarzem Holzsockel, 1980
Fritteporzellan, mattgrauer Scherben – modelliert. Neutrale Brennatmosphäre im Gastunnelofen bei 1.200°C.
Abmessungen 15/8 x 8 x 8 cm.
Werkstattzeichen Nr. 195.
Erworben durch Lotte Reimers 1980.
Inv.-Nr. 00197-1.416.

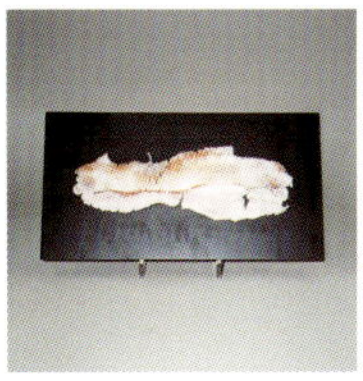

1.417
Relief auf Platte montiert, 1980
Fritteporzellan, mattgrauer Scherben – modelliert. Neutrale Brennatmosphäre im Gastunnelofen bei 1.200°C.
H (mit Platte) 18 cm, B (mit Platte) 36,5 cm.
Werkstattzeichen Nr. 195.
Erworben durch Lotte Reimers 1980.
Inv.-Nr. 00197-1.417.

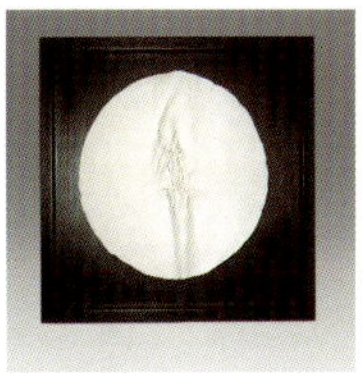

1.418
Kreisförmiges Relief auf Holzgrund „Gefaltetes Centron", 1982
Feldspatporzellan, weißer Scherben – modelliert. Reduktionsbrand im Gas-Herdwagenofen bei 1.400°C.
Abmessungen (mit Platte) 33 x 33 x 5 cm.
Werkstattzeichen wie Nr. 195 (mit weißem Stift), mit Zusatz Nr. 97/1982.
Erworben durch Lotte Reimers.
Inv.-Nr. 00197-1.418.

Sturm, Robert
00197-1.419 – 00197-1.433

1935 in Bad Elster/Sachsen geboren, 1994 in Fulda gestorben.
1955–1956 Studium der Geschichte, Politik und Kunstgeschichte an der Johann-Wolfgang-Goethe-Universität sowie Malerei bei Ferdinand Lammeyer an der Hochschule für Bildende Künste (Städelschule) in Frankfurt/M.; 1956–1962 Studium der Bildhauerei bei Brigitte Meyer-Denninghoff und Bernhard Graf Bylandt-Rheydt sowie ab 1957 Keramik bei Walter Popp an der Hochschule für Bildende Künste in Kassel, dort 1960–1961 Assistent bei Ernst Röttger. 1962–1964 Studienreferendar in Fulda. Ab 1965 eigene Werkstatt in Petersberg/Fulda. Ab 1965 Dozent am Pädagogischen Fachinstitut Fulda, ab 1971 Professor an der Fachhochschule Gießen, jetzt Fachhochschule Fulda, Fachbereich Pädagogik und Sozialarbeit. 1977–1978 Lehrauftrag für Keramik an der Gesamthochschule Kassel. 1980–1994 Keramikatelier in Dipperz/Röhn.

Lit.: Vetter 1997b, S. 126–133, 208–210, 270–271.

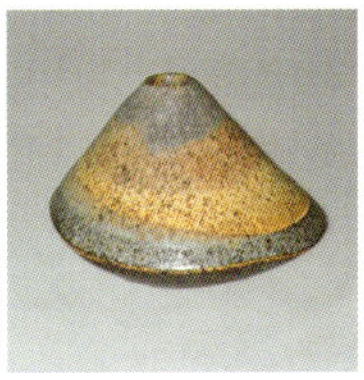

1.419
Vase, 1969
Inv.-Nr. 00197-1.419, s. Vetter 1997b, Nr. 645.

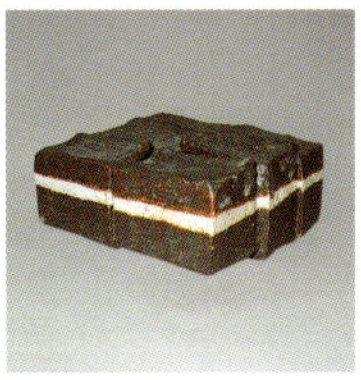

1.420
Gefäß, 1969
Inv.-Nr. 00197-1.420, s. Vetter 1997b, Nr. 646.

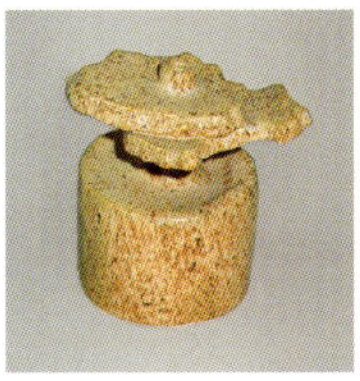

1.421
Vase, 1969
Inv.-Nr. 00197-1.421, s. Vetter 1997b, Nr. 647.

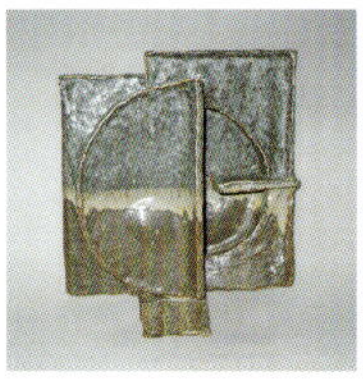

1.422
Plastik, 1969
Inv.-Nr. 00197-1.422, s. Vetter 1997b, Abb. 126. Nr. 648.

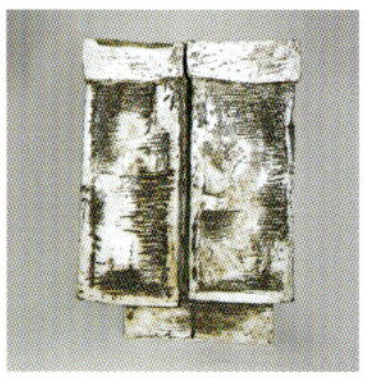

1.423
Gefäß – Doppelform, 1970
Inv.-Nr. 00197-1.423, s. Vetter 1997b, Nr. 649.

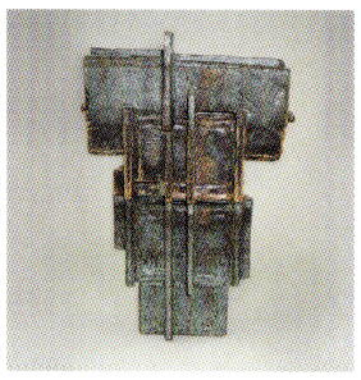

1.424
Plastik, 1970
Inv.-Nr. 00197-1.424, s. Vetter 1997b, Nr. 650.

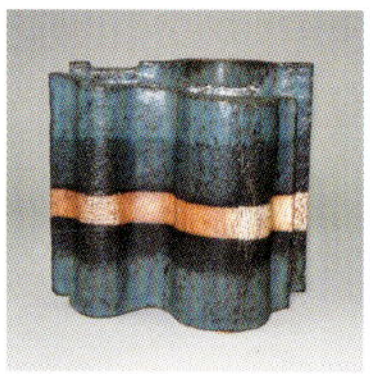

1.425
Gefäß, 1971
Inv.-Nr. 00197-1.425, s. Vetter 1997b, Nr. 651.

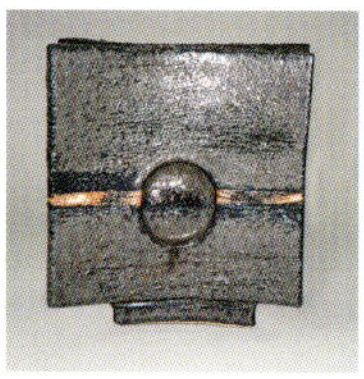

1.426
Gefäß, 1972
Inv.-Nr. 00197-1.426, s. Vetter 1997b, Nr. 652.

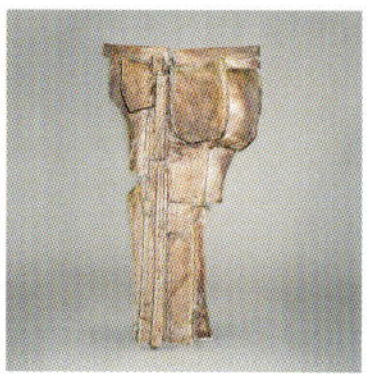

1.427
Torso, 1977
Inv.-Nr. 00197-1.427, s. Vetter 1997b, Nr. 653.

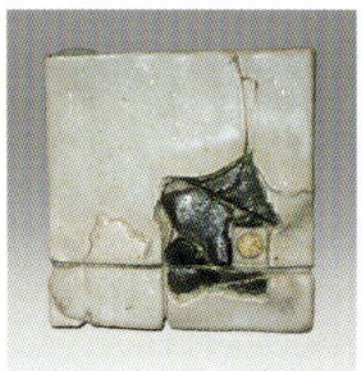

1.428
Relief, 1979
Inv.-Nr. 00197-1.428, s. Vetter 1997b, Nr. 654.

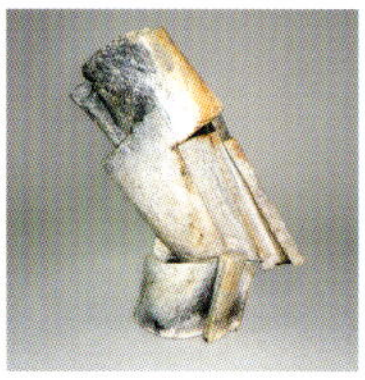

1.429
Plastik, um 1980/82
Inv.-Nr. 00197-1.429, s. Vetter 1997b, Nr. 655.

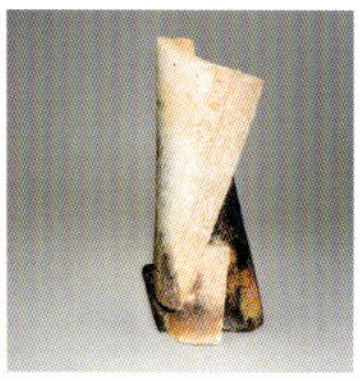

1.430
Plastik, 1982
Inv.-Nr. 00197-1.430, s. Vetter 1997b, Nr. 656.

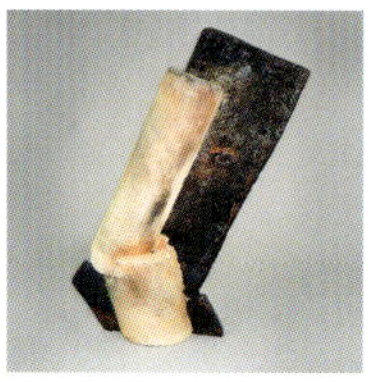

1.431
Plastik, 1982
Inv.-Nr. 00197-1.431, s. Vetter 1997b, Nr. 657.

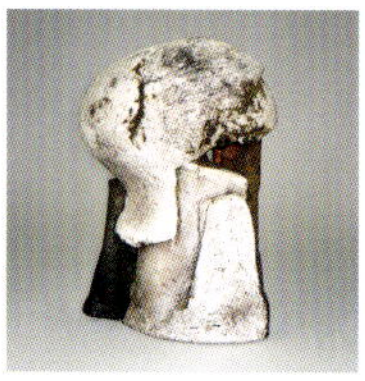

1.432
Kopf, 1984
Inv.-Nr. 00197-1.432, s. Vetter 1997b, Nr. 658.

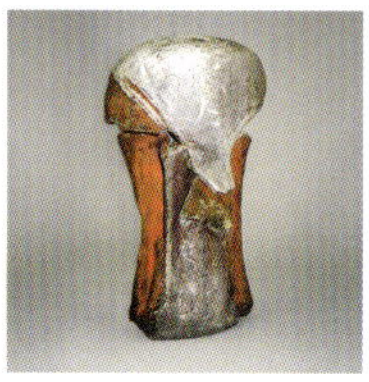

1.433
Großer Kopf, 1986
Inv.-Nr. 00197-1.433, s. Vetter 1997b, Nr. 659.

Sturm-Jöhrens, Ute
00197-1.434

1936 in Berlin geboren, lebt und arbeitet in Dipperz/Röhn.
1961–1972 Tätigkeit als Gymnastiklehrerin.
1968–1994 Zusammenarbeit mit Robert Sturm.

Lit.: Waldrich 1996, S. 734.

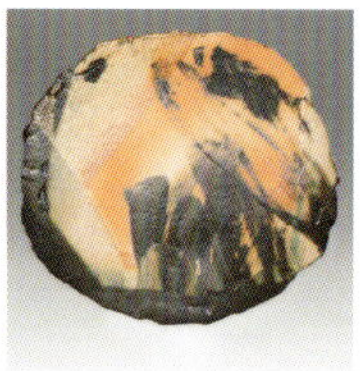

1.434
Wandplatte, 1988
Steinzeug, weißoliv-brauner Schamotte-scherben – gewalzt/manuell verformt. Oxidationsbrand im Elektro-Ofen bei ca. 1.280°C.
D 60 cm.
Werkstattzeichen Nr. 198.
Erworben durch Lotte Reimers.
Inv.-Nr. 00197-1.434.

Swindell, Geoffrey
00197-1.435 – 00197-1.438

1945 in Stoke-on-Trent/England geboren, lebt und arbeitet in Dinas Powis/Vale of Glamorgan, Wales. 1960–1967 Studium am Stoke-on-Trent College of Art, Keramik bei Derek Emms, 1967–1970 am Royal College of Art, London, Keramik bei Hans Coper. 1970–1974 eigene Werkstatt in York und Lehrer an der York School of Art, England. Ab 1975 Werkstatt in Cardiff. 1975–2003 Lehrer an der Cardiff School of Art, University of Wales, Cardiff.

Lit.: Spielmann 1979, S. 332.

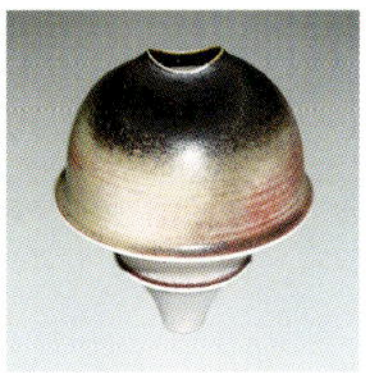

1.435
Vase, 1978
Porzellan, weißer Scherben – gedreht. Oxidationsbrand bei 1.260°C.
H 10,5 cm, D 9 cm.
Werkstattzeichen Nr. 199.
Erworben durch Lotte Reimers.
Inv.-Nr. 00197-1.435.

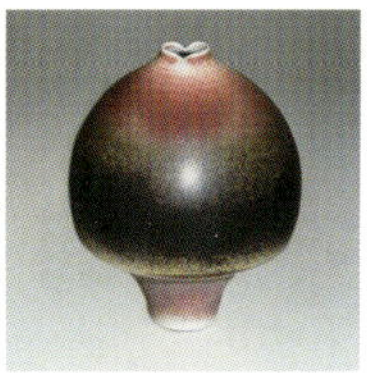

1.436
Vase, 1978
Porzellan, weißer Scherben – gedreht. Reduktionsbrand bei 1.260°C.
H 12 cm, D 9,5 cm.
Werkstattzeichen Nr. 199.
Erworben durch Lotte Reimers.
Inv.-Nr. 00197-1.436.

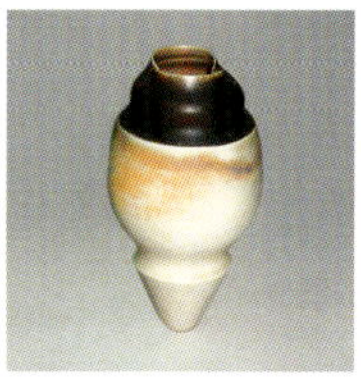

1.437
Vase, 1978
Porzellan, weißer Scherben – gedreht. Oxidationsbrand bei 1.260°C.
H 10 cm, D 5,5 cm.
Werkstattzeichen Nr. 199.
Erworben durch Lotte Reimers.
Inv.-Nr. 00197-1.437.

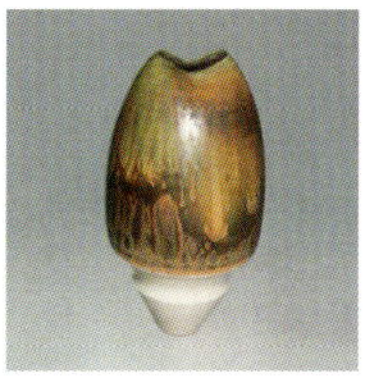

1.438
Vase, 1978
Porzellan, weißer Scherben – gedreht. Oxidationsbrand bei 1.260°C.
H 9,5 cm, D 5 cm.
Werkstattzeichen Nr. 199.
Erworben durch Lotte Reimers.
Inv.-Nr. 00197-1.438.

Tchalenko, Janice
00197-1.439 – 00197-1.440

1942 in Rugby/Warwickshire geboren, lebt und arbeitet in London.
1969–1971 Studium am Harrow College of Art, Harrow, Keramik bei Victor Margrie und Michael Casson. Seit 1971 eigenes Studio in London. 1972–1987 Teilzeitlehrerin an der Camberwell School of Art and Crafts, London. 1981 Tutorin am Royal College of Art, London. Seit 1984 Designerin für die Dartington Pottery, Devon. 1987 Fellow des Royal College of Art, London. 1991 Beratungstätigkeit bei der Goa You Porzellanfabrik, Provinz Jiangsu, Volksrepublik China.

Lit.: Höhr-Grenzhausen et al. 1994, S. 258–261.

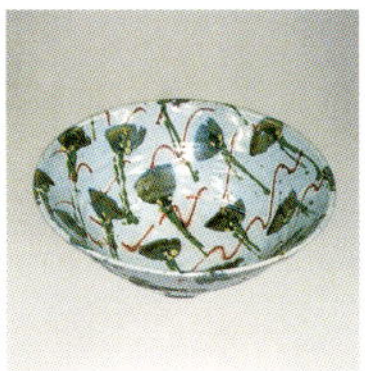

1.439
Schale, vermutl. 1980er Jahre
Steinzeug, braungrauer Scherben – gedreht.
H 11,5 cm, D 31 cm.
Unbezeichnet.
Erworben durch Lotte Reimers.
Inv.-Nr. 00197-1.439.

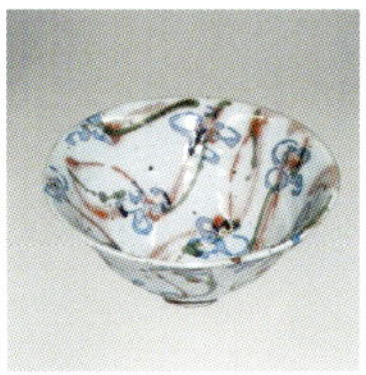

1.440
Schale, vermutl. 1980er Jahre
Steinzeug, braungrauer Scherben – gedreht.
H 11 cm, D 22,5 cm.
Unbezeichnet.
Erworben durch Lotte Reimers.
Inv.-Nr. 00197-1.440.

Ternes, Rita
00197-1.441

1955 in Neuwied geboren, lebt und arbeitet in Utzerath/Eifel.
1976 Praktikum bei J. Böcking, Höhr-Grenzhausen. 1978–1981 Studium an der Staatlichen Fachschule für Keramikgestaltung in Höhr-Grenzhausen, Gestalterexamen. 1982–1987 gemeinsame Werkstatt mit Thomas Naethe in Bippen/Emsland, seit 1988 gemeinsame Werkstatt mit Thomas Naethe in Utzerath/Eifel.

Lit.: Waldrich 1996, S. 742–743; Kaiserslautern 2000, o.P.

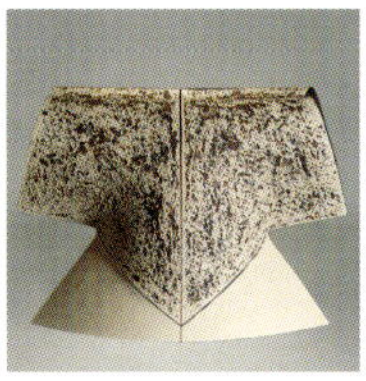

1.441
Plastik – Gewandform, 1986
Steinzeug, weißbrauner Schamottescherben – Platten gerollt, montiert, gebaucht. Reduktionsbrand im Gas-Ofen bei 1.160°C.
Abmessungen 37 x 51 x 20 cm.
Werkstattzeichen Nr. 200.
Erworben durch Lotte Reimers.
Inv.-Nr. 00197-1.441.

Tschentscher, Friedhelm
00197-1.442

1936 in Hofgeismar geboren, lebt und arbeitet in Hofgeismar, Rotenburg, Fulda.
1958 Bildhauerlehre. 1960–1964 Studium an der Hochschule für Bildende Künste Kassel, Keramik bei Walter Popp. 1966–1996 Kunsterzieher an Gymnasien, arbeitet als Bildhauer.

Lit.: Schmalstieg 2001, S. 589–590.

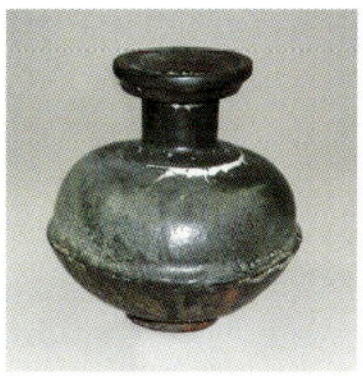

1.442
Vase, 1960/1964
Steinzeug, weißbrauner Scherben – gedreht. Oxidationsbrand im Elektro-Ofen bei 1.290°C.
H 15,5 cm, D 15,5 cm.
Erworben durch J.W. Hinder.
Werkstattzeichen Nr. 201.
Inv.-Nr. 00197-1.442.

Vehring, Fritz

00197-1.443 – 00197-1.463

1944 in Syke geboren, lebt und arbeitet in Syke. 1964–1967 Töpferlehre bei Elfriede Balzar-Kopp in Höhr-Grenzhausen. 1967 Mitarbeit in der Werkstatt von Robin Welch in Stradbroke/Norfolk. 1969–1972 Studium an der Staatlichen Fachschule für Keramikgestaltung, Höhr-Grenzhausen. 1972–1977 Studium der Keramik bei Walter Popp an der Hochschule für Bildende Künste, Kassel. Seit 1974 gemeinsame Werkstatt mit Vera Vehring in Syke. 1974–1976 Lehrauftrag für Keramik an der Gesamthochschule Kassel, 1979–1983 Lehrauftrag für Keramik an der Fachhochschule Niederrhein, Krefeld, 1983–1986 Professor für Keramik-Design. Seit 1986 Professor für Keramik an der Hochschule für Künste, Bremen.

Lit.: Vetter 1997b, S. 134–137, 211–212, 271–272.

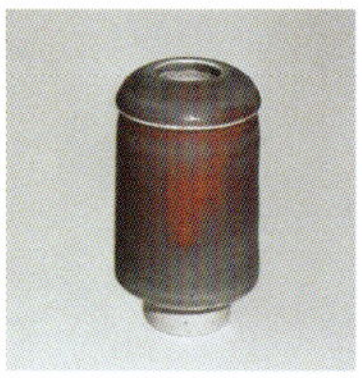

1.443
Vase, 1973
Inv.-Nr. 00197-1.443, s. Vetter 1997b, Nr. 660.

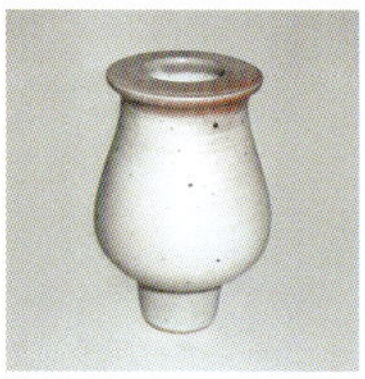

1.444
Vase, 1973
Inv.-Nr. 00197-1.444, s. Vetter 1997b, Nr. 661.

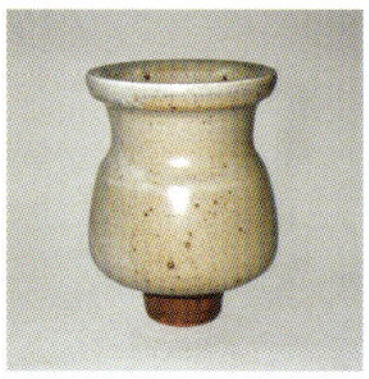

1.445
Bechervase, 1973
Inv.-Nr. 00197-1.445, s. Vetter 1997b, Nr. 662.

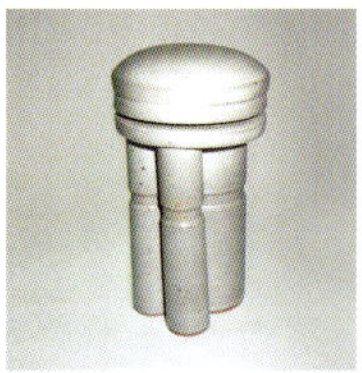

1.446
Plastik, 1973
Inv.-Nr. 00197-1.446, s. Vetter 1997b, Nr. 663.

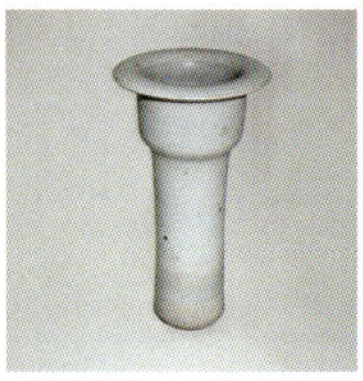

1.447
Vase, 1973
Inv.-Nr. 00197-1.447, s. Vetter 1997b, Nr. 664.

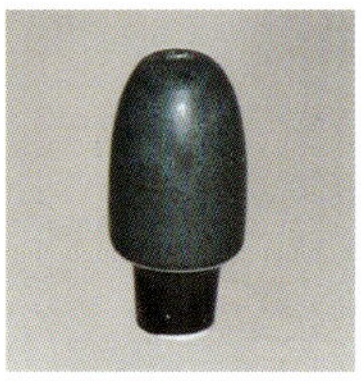

1.448
Kleine Vase, 1974
Inv.-Nr. 00197-1.448, s. Vetter 1997b, Nr. 665.

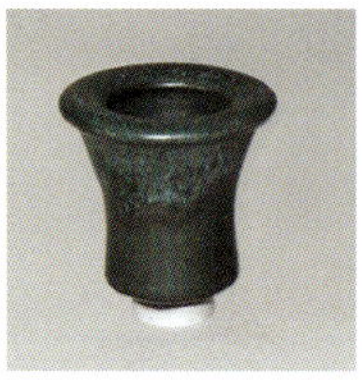

1.449
Vase, 1974
Inv.-Nr. 00197-1.449, s. Vetter 1997b, Nr. 666.

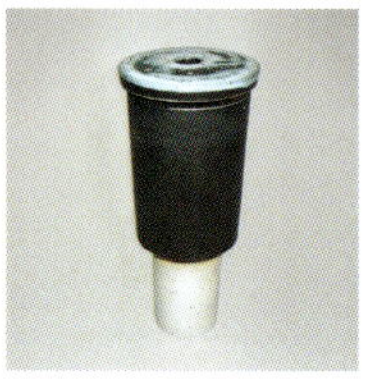

1.450
Vase, 1974
Inv.-Nr. 00197-1.450, s. Vetter 1997b, Nr. 667.

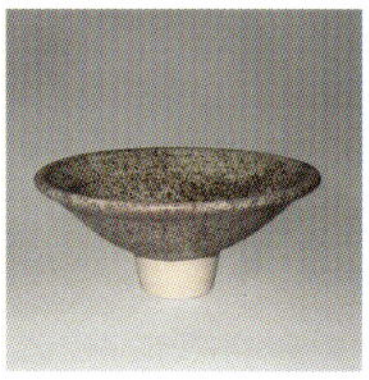

1.451
Schale, 1974
Inv.-Nr. 00197-1.451, s. Vetter 1997b, Nr. 668.

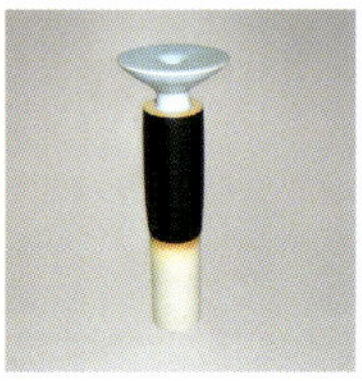

1.452
Vase, 1977
Inv.-Nr. 00197-1.452, s. Vetter 1997b, Nr. 669.

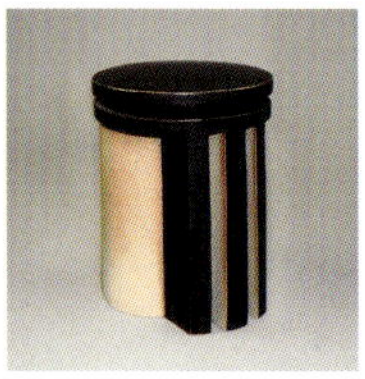

1.453
Objekt, 1978
Inv.-Nr. 00197-1.453, s. Vetter 1997b, Nr. 670.

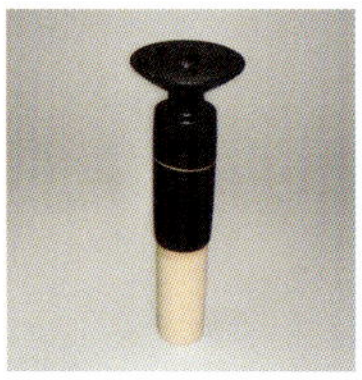

1.454
Gefäßmontage, 1978
Inv.-Nr. 00197-1.454, s. Vetter 1997b, Nr. 671.

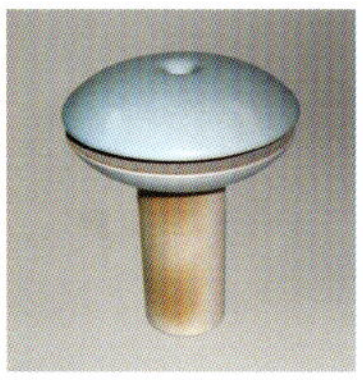

1.455
Gefäßmontage, 1978
Inv.-Nr. 00197-1.455, s. Vetter 1997b, Nr. 672.

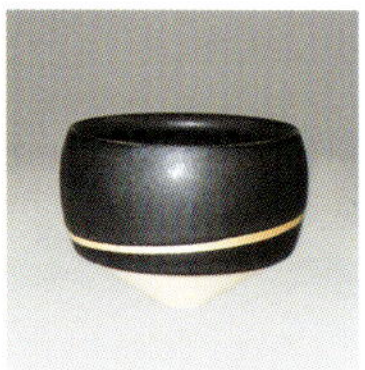

1.456
Kleine Kumme, 1981
Inv.-Nr. 00197-1.456, s. Vetter 1997b, Nr. 673.

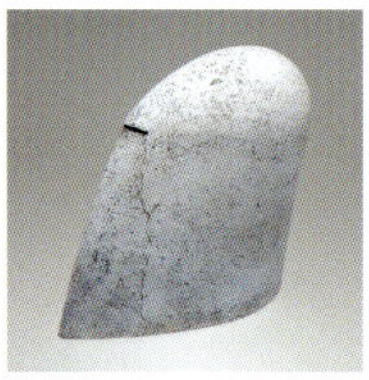

1.457
Großer Helm, 1982
Inv.-Nr. 00197-1.457, s. Vetter 1997b, Nr. 674.

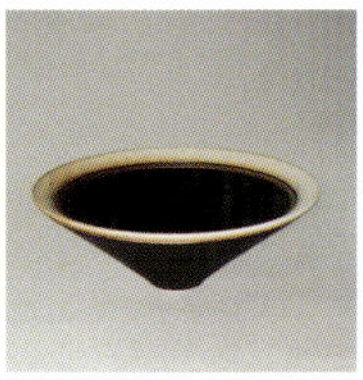

1.458
Schale, 1983
Inv.-Nr. 00197-1.458, s. Vetter 1997b, Nr. 675.

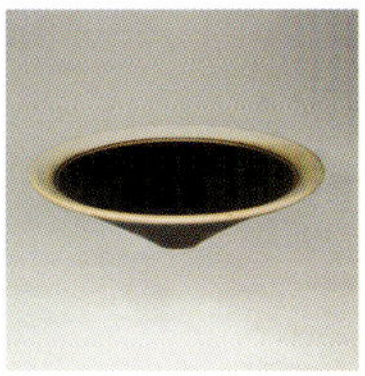

1.459
Schale, 1983
Inv.-Nr. 00197-1.459,
s. Vetter 1997b,
Nr. 676.

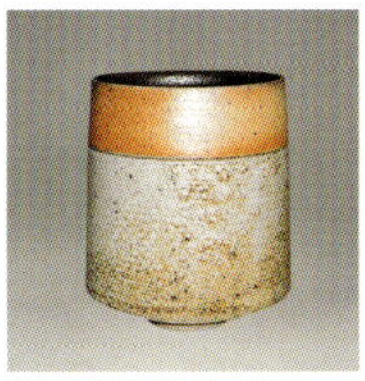

1.460
Ovale Kumme, 1983
Inv.-Nr. 00197-1.460,
s. Vetter 1997b,
Nr. 677.

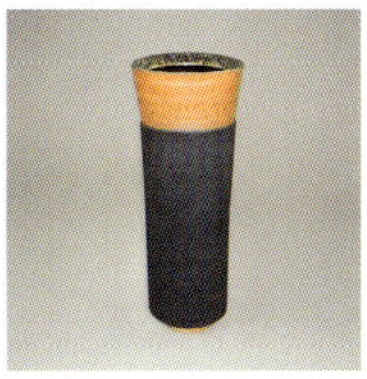

1.461
Ovale Vase, 1983
Inv.-Nr. 00197-1.461,
s. Vetter 1997b,
Nr. 678.

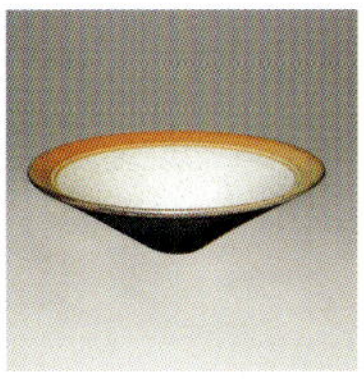

1.462
Schale, 1983
Inv.-Nr. 00197-1.462,
s. Vetter 1997b,
Nr. 679.

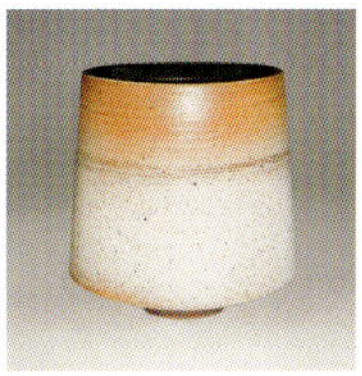

1.463
Kumme – oval, 1985
Inv.-Nr. 00197-1.463,
s. Vetter 1997b,
Nr. 680.

Vehring, Vera

00197-1.464 – 00197-1.476

1944 in Höhr-Grenzhausen geboren, lebt und arbeitet in Syke.
1966–1969 Töpferlehre bei Helmut Müller in Höhr-Grenzhausen, anschließend Studium der Keramik, 1969–1972 an der Staatlichen Fachschule für Keramikgestaltung in Höhr-Grenzhausen, 1972–1977 bei Walter Popp an der Hochschule für Bildende Künste in Kassel. Seit 1974 gemeinsame Werkstatt mit Fritz Vehring in Syke. 1981 Lehrauftrag für Keramik an der Hochschule für Gestaltende Kunst und Musik in Bremen, 1988–1989 an der Gesamthochschule Kassel, 1989–1990 an der Universität Oldenburg.

Lit.: Vetter 1997b, S. 138–141, 213–214, 272–273.

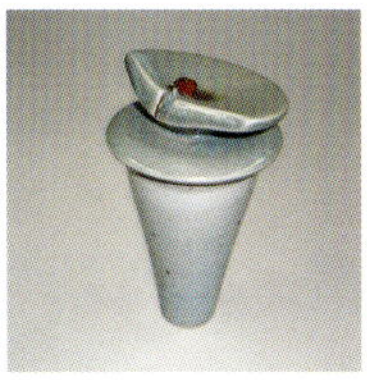

1.464
Gefäß, 1973
Inv.-Nr. 00197-1.464,
s. Vetter 1997b,
Nr. 681.

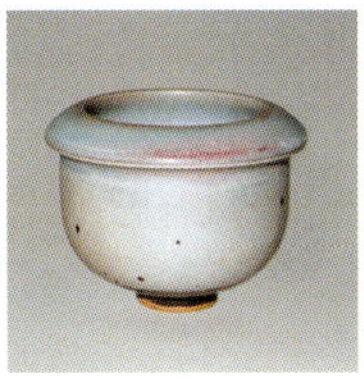

1.465
Kumme, 1973
Inv.-Nr. 00197-1.465,
s. Vetter 1997b,
Nr. 682.

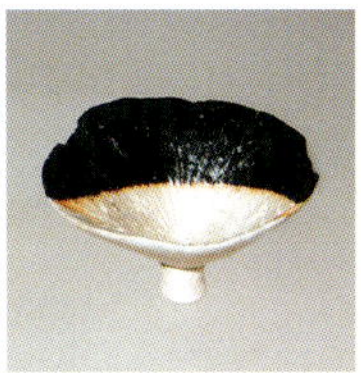

1.466
Schale, 1974
Inv.-Nr. 00197-1.466,
s. Vetter 1997b,
Nr. 683.

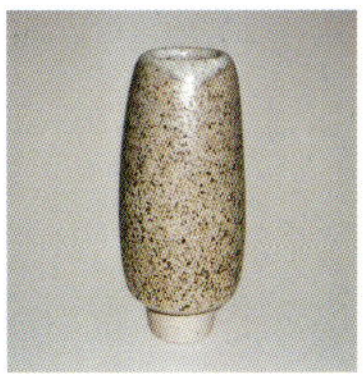

1.467
Vase, 1974
Inv.-Nr. 00197-1.467,
s. Vetter 1997b,
Nr. 684.

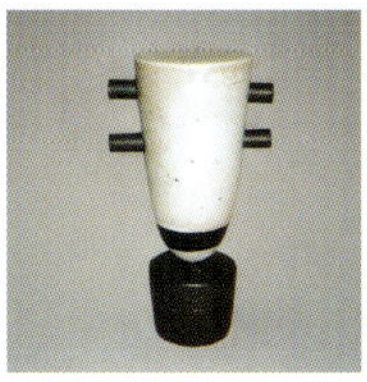

1.468
Plastik, 1974
Inv.-Nr. 00197-1.468,
s. Vetter 1997b,
Nr. 685.

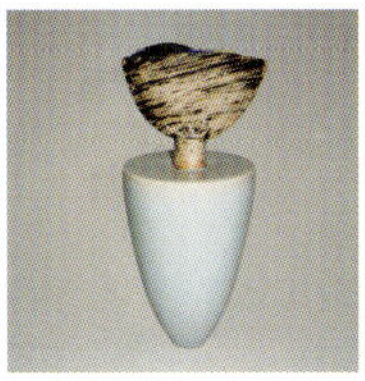

1.469
Gefäßform, 1977
Inv.-Nr. 00197-1.469,
s. Vetter 1997b,
Nr. 686.

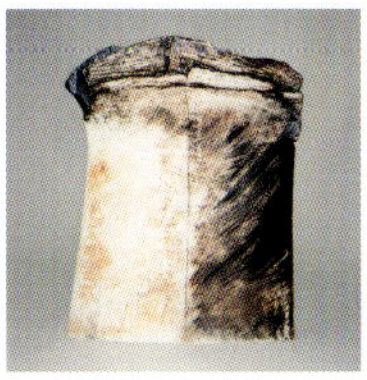

1.470
Gewandform, 1977
Inv.-Nr. 00197-1.470,
s. Vetter 1997b,
Nr. 687.

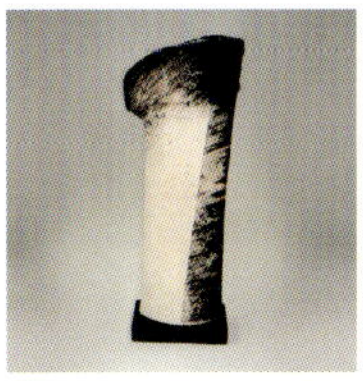

1.471
Stele, 1977
Inv.-Nr. 00197-1.471,
s. Vetter 1997b,
Nr. 688.

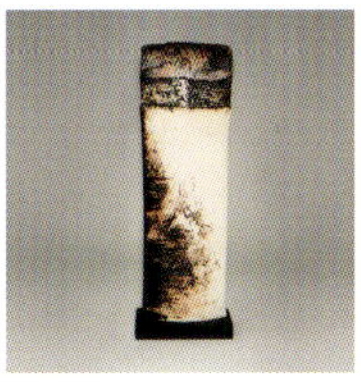

1.472
Kleine Figur, 1977
Inv.-Nr. 00197-1.472,
s. Vetter 1997b,
Nr. 689.

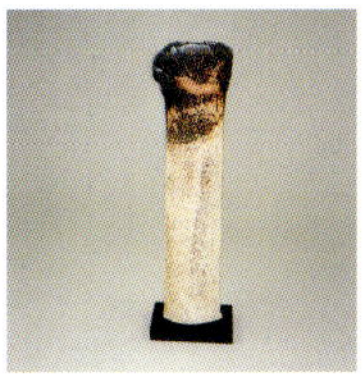

1.473
Kleine Gewandform, um 1979
Inv.-Nr. 00197-1.473,
s. Vetter 1997b,
Nr. 690.

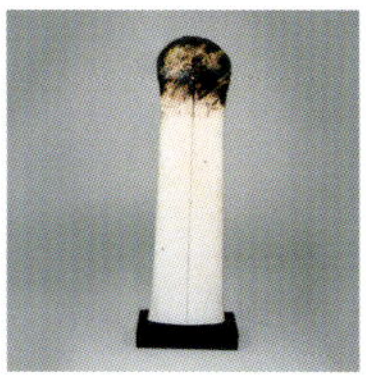

1.474
Kleine Figur, 1977
Inv.-Nr. 00197-1.474,
s. Vetter 1997b,
Nr. 691.

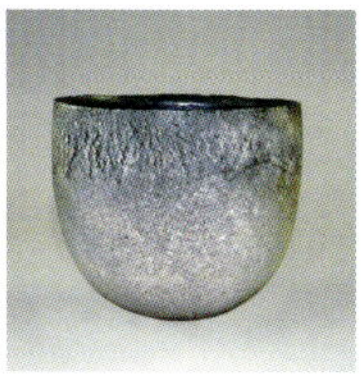

1.475
Kumme, 1983
Inv.-Nr. 00197-1.475,
s. Vetter 1997b,
Nr. 692.

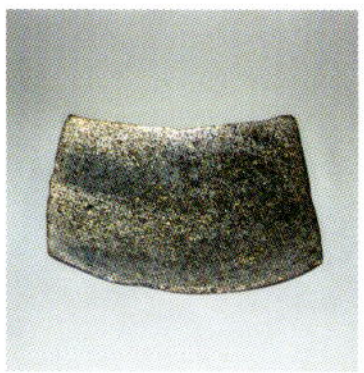

1.476
Große Schale, 1983
Inv.-Nr. 00197-1.476,
s. Vetter 1997b,
Nr. 693.

Veith, Elisabeth T.
00197-1.477 – 00197-1.481

1922 in Mannheim geboren, 2004 in Mannheim gestorben.
Nach Steinmetzlehre bei Fa. Büttner in Grünsfeld bei Würzburg ab 1940 Bildhauereistudium bei Carl Trummer, zuerst in Würzburg, dann an der Staatlichen Akademie der Bildenden Künste, Karlsruhe. 1957 Gründung der eigenen Werkstatt für Bildhauerei und Keramikarbeiten in Mannheim. 15 Jahre lang Dozentin an der Abendakademie und der Fachhochschule für Technik und Gestaltung Mannheim.

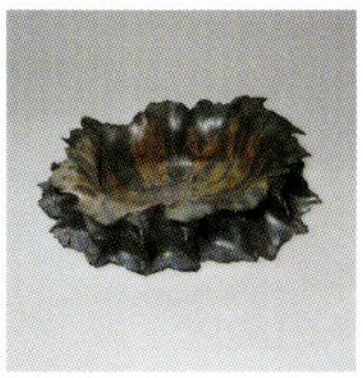

1.477
Schalenobjekt, 1970/80er Jahre
Steinzeug, orange-brauner Scherben – modelliert. Oxidationsbrand im Elektro-Ofen um 1.100°C.
Abmessungen 7 x 17 x 13 cm.
Werkstattzeichen Nr. 206.
Erworben durch Lotte Reimers.
Inv.-Nr. 00197-1.477.

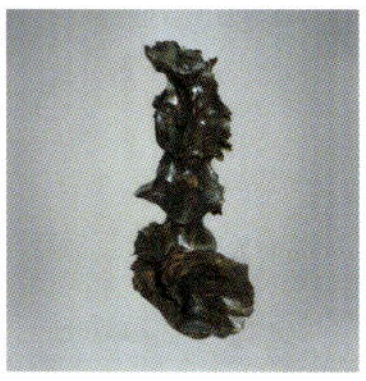

1.478
Plastik, 1970/80er Jahre
Steinzeug, orange-brauner Scherben – modelliert. Oxidationsbrand im Elektro-Ofen um 1.100°C.
Abmessungen 28 x 11,5 x 10,5 cm.
Werkstattzeichen Nr. 206.
Erworben durch Lotte Reimers.
Inv.-Nr. 00197-1.478.

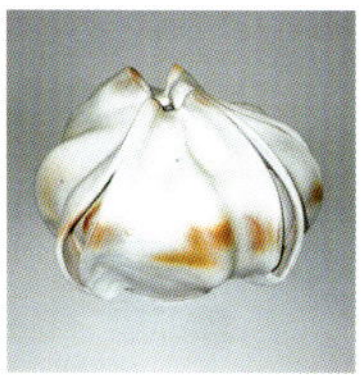

1.479
Plastik, 1970/80er Jahre
Steinzeug, braun-weißer Scherben – modelliert. Oxidationsbrand im Elektro-Ofen um 1.100°C.
Abmessungen 27 x 36 x 37 cm.
Unbezeichnet.
Erworben durch Lotte Reimers.
Inv.-Nr. 00197-1.479.

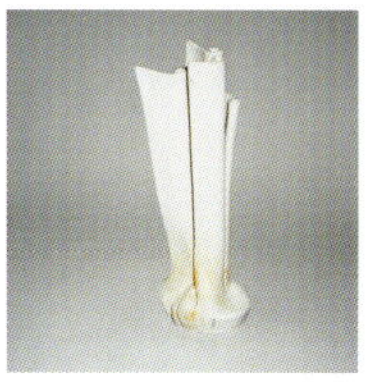

1.480
Plastik, 1970/80er Jahre
Steinzeug, weiß-brauner Scherben – modelliert. Oxidationsbrand im Elektro-Ofen bei 1.100° C.
Abmessungen 34,5 x 13,5 x 11 cm.
Werkstattzeichen Nr. 206.
Erworben durch Lotte Reimers.
Inv.-Nr. 00197-1.480.

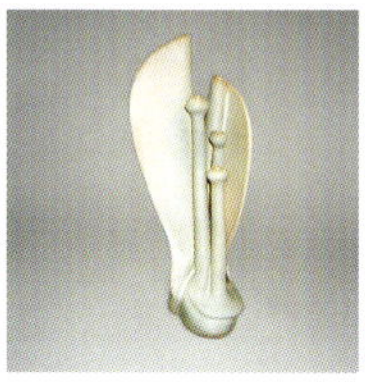

1.481
Plastik, 1970/80er Jahre
Steinzeug, weiß-brauner Schamottescherben – modelliert. Oxidationsbrand im Elektro-Ofen bei 1.100°C.
Abmessungen 30,5 x 12,5 x 9 cm.
Werkstattzeichen Nr. 206.
Erworben durch Lotte Reimers.
Inv.-Nr. 00197-1.481.

Viková, Jindra
00197-1.482 – 00197-1.483

1946 in Prag geboren, lebt und arbeitet in Prag. 1960–1964 Keramikunterricht an der Střední odborná škola výtvarná (Kunstgewerbeschule) in Prag. 1964–1970 Studium bei Otto Eckert an der Vysoká škola umělecko-průmyslová (Hochschule für Angewandte Kunst), Prag. Seit 1974 eigenes Studio in Prag.

Lit.: Klinge 1996, S. 303.

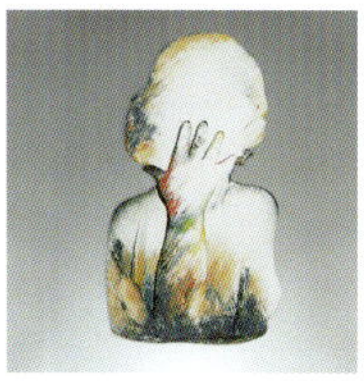

1.482
Plastik/Relief „Nicht hier und nicht dort“, 1988
Porzellan, weiß-brauner Scherben – modelliert. Oxidationsbrand im Elektro-Ofen bei 1.280°C.
Abmessungen 70 x 45 x 23 cm.
Werkstattzeichen Nr. 207.
Erworben durch Lotte Reimers 1988.
Inv.-Nr. 00197-1.482.

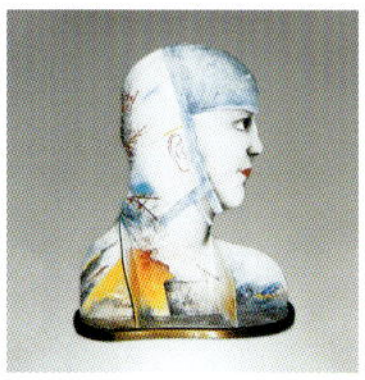

1.483
Plastik „Situation I“, 1986
Porzellan, weißer Scherben – modelliert. Oxidationbrand im Elektro-Ofen bei 1.280°C.
Abmessungen 53,5 (mit Platte) x 45 x 18 cm.
Werkstattzeichen wie Nr. 207, Jahreszahl 86.
Erworben durch Lotte Reimers 1988.
Inv.-Nr. 00197-1.483.

Viotti, Ulla

00197-1.484 – 00197-1.488

1933 in Eskilstuna/Schweden geboren, lebt und arbeitet in Hammenhög/Schweden.
1950–1951 Studium an der School of Art, Blackpool/England, 1952–1956 Keramikstudium bei Edgar Böckman an der Konstfackskolan Stockholm, danach Tätigkeit in der Yorston Keramikwerkstatt in Huddinge und in Rörstrands Verkaufsausstellung in Stockholm. 1957–1959 Lehrtätigkeit in Bofors Ungdomsgård und in Karlskoga/Värmland. Seit 1960 eigene Werkstatt, bis 1965 in Karlskoga, 1965–1976 im Kulturreservat von Örebro in Wadköping. 1967 Formmeisterin bei der Lapid Ceramic Factory in Tel Aviv. 1969–1976 alljährlich mehrere Monate in den IFÖ-Werken (Sanitärkeramik), Bromölla/Schonen tätig, dort entstehen ihre großen Wandreliefs. 1976 Verlegung der Werkstatt nach Hammenhög bei Simrishamn/Schonen.

Lit.: Spielmann 1979, S. 494–495.

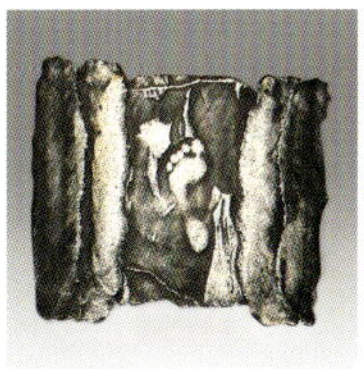

1.484
Relief mit Fußabdruck, um 1985
Steinzeug, grauweißer Scherben – modelliert. Oxidationsbrand (ein Brand) im Elektro-Ofen bei 1.280°C.
H 44 cm, B 53 cm.
Werkstattzeichen geritzt VIOTTI.
Erworben durch Lotte Reimers 1985.
Inv.-Nr. 00197-1.484.

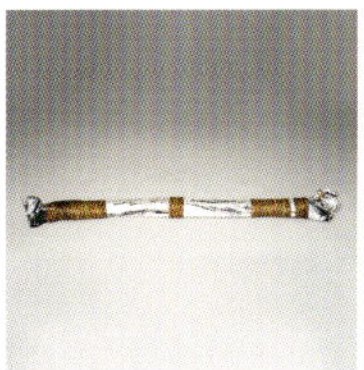

1.485
Objekt „Knochen" mit Seilumschnürung, 1985
Steinzeug, weißgrauer Scherben – modelliert. Oxidationsbrand im Elektro-Ofen (ein Brand) bei 1.280°C.
Abmessungen 4,5 x 44 x 5,5 cm.
Werkstattzeichen wie Nr. 208, geritzt.
Erworben durch Lotte Reimers 1985.
Inv.-Nr. 00197-1.485.

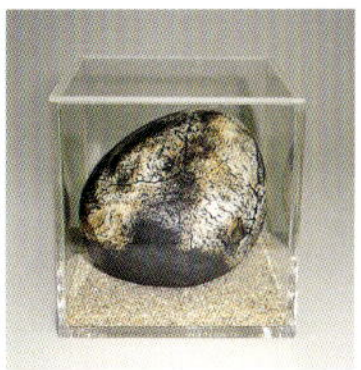

1.486
Stein auf Sand in Plexiglaskasten, um 1970/1980
Steinzeug, weißgrauer Scherben – modelliert. Oxidationsbrand (ein Brand) im Elektro-Ofen bei 1.280°C.
Abmessungen Kasten 15 x 15 x 15 cm.
Werkstattzeichen wie Nr. 208, geritzt (Angabe der Künstlerin).
Erworben durch Lotte Reimers 1985.
Inv.-Nr. 00197-1.486.

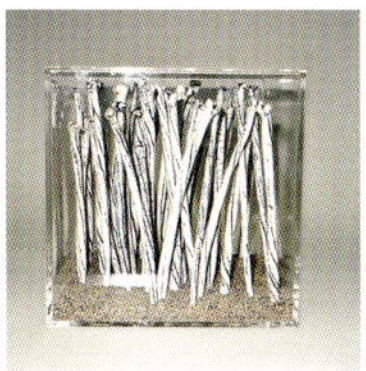

1.487
Plexiglaskasten mit Sand u. bewegten schlanken Knochen, um 1985
Steinzeug, weißgrauer Scherben – modelliert. Oxidationsbrand (ein Brand) im Elektro-Ofen bei 1.280°C.
Abmessungen Kasten 25 x 25 x 25 cm.
Unbezeichnet.
Erworben durch Lotte Reimers 1985.
Inv.-Nr. 00197-1.487.

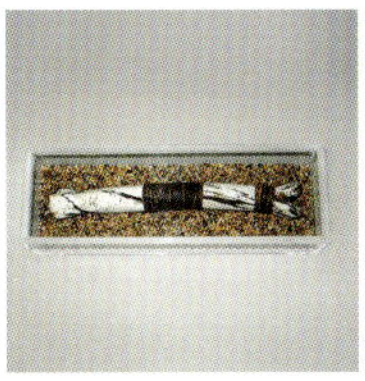

1.488
Knochen mit Schnurumwicklung auf Sand im Plexiglaskasten, 1985
Steinzeug, weißgrauer Scherben – modelliert. Oxidationsbrand (ein Brand) im Elektro-Ofen bei 1.280°C.
Abmessungen Kasten 5 x 24 x 8 cm.
Werkstattzeichen Nr. 208.
Erworben durch Lotte Reimers 1985.
Inv.-Nr. 00197-1.488.

Vollet, Kuno Heribert

00197-1.489

1951 in Petersaurach geboren, lebt und arbeitet in Bayreuth.
1969–1973 Studium an der Hochschule für Bildende Künste Kassel, Keramik bei Walter Popp. Atelier für Malerei in Bayreuth.

Lit.: Waldrich 1996, S. 771.

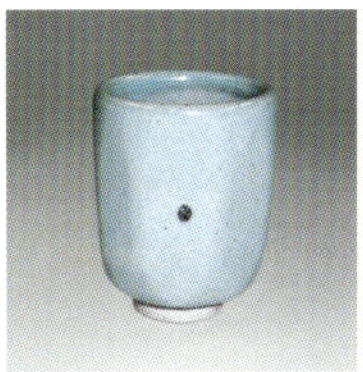

1.489
Kumme, 1972
Steinzeug, mattgrauer Scherben – gedreht und geklopft.
H 10 cm, D 6 cm.
Werkstattzeichen Nr. 209.
Erworben durch J.W. Hinder.
Inv.-Nr. 00197-1.489.

Wagner, Hans-Joachim

00197-1.490

1943 in Waltersdorf/Kr. Zittau geboren.
1964–1967 Studium an der Hochschule für Erziehungswissenschaften in Frankfurt/Main, 1965–1968 keramische Ausbildung bei Konrad Quillmann in Frankfurt/Main. 1968 Eigene Werkstatt in Bergen-Enkheim. 1969 Eintritt in den Schuldienst und Verlegung der Werkstatt nach Bernbach-Freigericht, Kr. Gelnhausen.

Lit.: Waldrich 1996, S. 773.

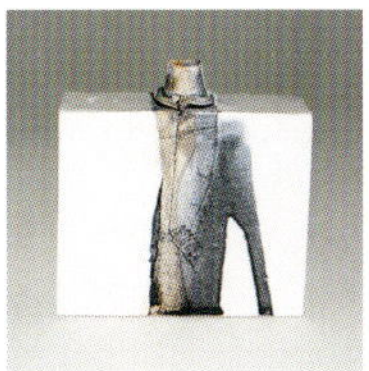

1.490
Vase – eckig, 1980
Steinzeug, weißbrauner Scherben – gebaut.
Abmessungen 11 x 11 x 3,5 cm.
Werkstattzeichen Nr. 210
Erworben durch Lotte Reimers.
Inv.-Nr. 00197-1.490.

Walford, Andrew

00197-1.491 – 00197-1.498

1942 in Bournemouth/England geboren, lebt und arbeitet in KwaZulu-Natal, Südafrika.
1959 Studium von Keramik und Bildhauerei u.a. bei James Hall an der Durban School of Art, Durban, Südafrika. 1960–1962 Keramikausbildung bei Walsh Marais in Durban und Sammy Liebermann in Johannesburg. 1961–1965 Werkstatt in Durban. 1965–1966 Studienreise zu Bernard Leach, Lucie Rie and Michael Cardew und Mitarbeit bei Stig Lindberg und Lisa Larson im Gustavsberg Studio, Gustavsberg/Schweden. 1966 eigene Werkstatt in Staufen/Brsg. 1966–1967 Assistent an der Hochschule für Bildende Künste, Hamburg. 1967–2002 Werkstatt in Shongweni/Natal bei Durban. Seit 2003 Werkstatt in KwaZulu-Natal. Zahlreiche Studienreisen nach Japan, Nordamerika und Europa.

Lit.: Spielmann 1979, S. 334–336, 574–575.

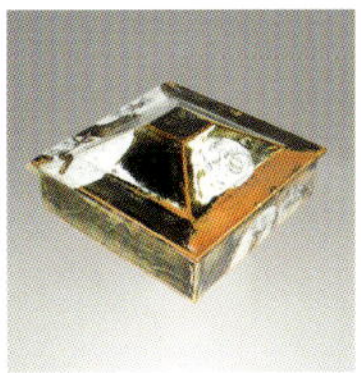

1.491
Dose – eckig, um 1986
Steinzeug, graubrauner Scherben – gebaut. Reduktionsbrand im Öl-Ofen bei 1.380°C.
Abmessungen 11 x 23,5 x 24,5 cm.
Werkstattzeichen Nr. 211.
Erworben durch Lotte Reimers 1987.
Inv.-Nr. 00197-1.491.

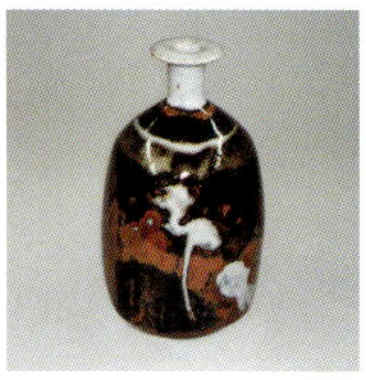

1.492
Vase, um 1986
Steinzeug, grauer Scherben – gedreht. Reduktionsbrand im Öl-Ofen bei 1.380°C. H 20,5 cm, D 11,5 cm. Werkstattzeichen Nr. 211. Erworben durch Lotte Reimers 1987. Inv.-Nr. 00197-1.492.

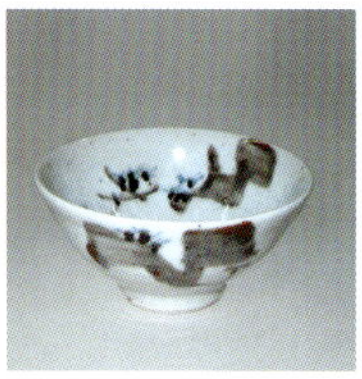

1.493
Schale, um 1986
Steinzeug, mattgrauer Scherben – gedreht. Reduktionsbrand im Öl-Ofen bei 1.380°C. H 7,3 cm, D 14,5 cm. Werkstattzeichen Nr. 211. Erworben durch Lotte Reimers 1987. Inv.-Nr. 00197-1.493.

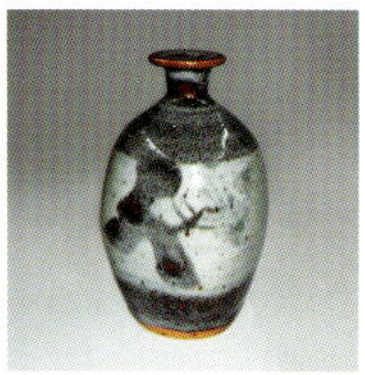

1.494
Vase, um 1986
Steinzeug, grauer Scherben – gedreht, geklopft. Reduktionsbrand im Öl-Ofen bei 1.380°C. Abmessungen 17 x 10 x 10 cm. Unbezeichnet. Erworben durch Lotte Reimers 1987. Inv.-Nr. 00197-1.494.

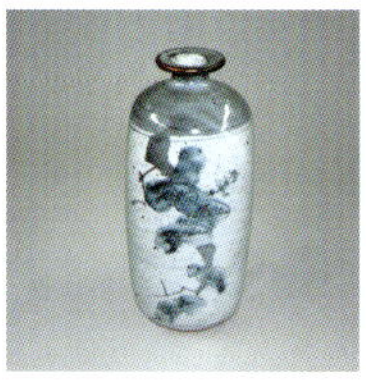

1.495
Vase, um 1986
Steinzeug, hell-graubrauner Scherben – gedreht. Reduktionsbrand im Öl-Ofen bei 1.380°C. H 26 cm, D 13 cm. Unbezeichnet. Erworben durch Lotte Reimers 1987. Inv.-Nr. 00197-1.495.

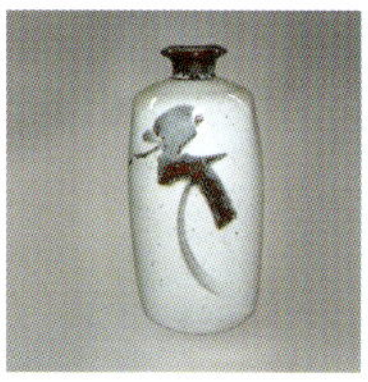

1.496
Hohe Vase, um 1986
Steinzeug, hell-graubrauner Scherben – gedreht, geklopft. Reduktionsbrand im Öl-Ofen bei 1.380°C. Abmessungen 38 x 18,5 x 18,5 cm. Werkstattzeichen Nr. 211. Erworben durch Lotte Reimers 1987. Inv.-Nr. 00197-1.496.

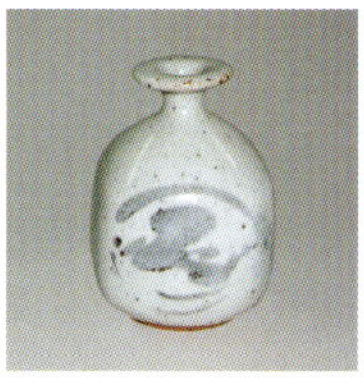

1.497
Vase, um 1986
Steinzeug, gelbbrauner Scherben – gedreht, geklopft. Reduktionsbrand im Öl-Ofen bei 1.380°C. Abmessungen 10,5 x 8 x 8 cm. Werkstattzeichen Nr. 211. Erworben durch Lotte Reimers 1987. Inv.-Nr. 00197-1.497.

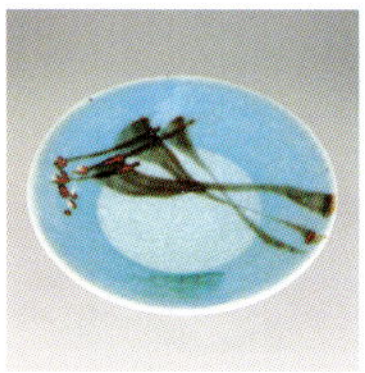

1.498
Schale, um 1986
Steinzeug, mattgrauer Scherben – gedreht. Reduktionsbrand im Öl-Ofen bei 1.380°C. H 5,5 cm, D 21 cm. Werkstattzeichen Nr. 211. Erworben durch Lotte Reimers 1987. Inv.-Nr. 00197-1.498.

Weber, Hans-Georg
00197-1.499 – 00197-1.506

1936 in Wibbecke, Landkreis Northeim, geboren, 1995 in Kassel gestorben. 1957–1961 Studium der Kunsterziehung bei Ernst Röttger, Bildhauerei bei Bernhard Graf Bylandt-Rheydt und Keramik bei Walter Popp an der Hochschule für Bildende Künste, Kassel. 1961–1964 Erstes Staatsexamen, Referendarzeit, Zweites Staatsexamen. 1964–1969 Kunsterzieher am Gymnasium Arolsen, 1969–1995 Kunsterzieher am Friedrichsgymnasium, Kassel. Eigene Werkstatt.

Lit.: Hinder 1970b; Waldrich 1996, S. 778.

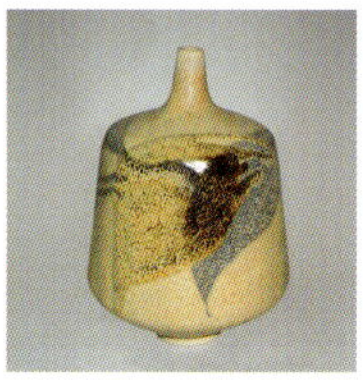

1.499
Vase, 1960er Jahre
Steinzeug, weißbrauner Schamottescherben – gebaut. Oxidationsbrand im Elektro-Ofen bei 1.240–1.280°C. H 27 cm, D 19,5 cm. Werkstattzeichen wie Nr. 212, ohne Jahreszahl. Erworben durch J.W. Hinder. Inv.-Nr. 00197-1.499.

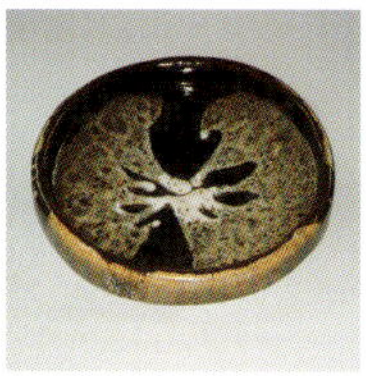

1.500
Schale, 1963
Steinzeug, braunweißer Schamottescherben – gebaut. Oxidationsbrand im Elektro-Ofen bei 1.240–1.280°C. H 10 cm, D 34,5 cm. Werkstattzeichen Nr. 212. Erworben durch J.W. Hinder. Inv.-Nr. 00197-1.500.

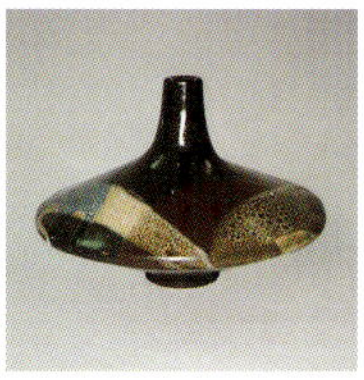

1.501
Spindelvase, 1973
Steinzeug, braunweißer Scherben – gebaut. Oxidationsbrand im Elektro-Ofen bei 1.240–1.280°C. H 18 cm, D 25,5 cm. Werkstattzeichen wie Nr. 212, ohne Jahreszahl. Erworben durch J.W. Hinder. Inv.-Nr. 00197-1.501.

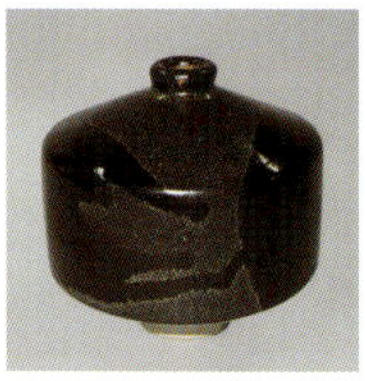

1.502
Vase, 1970er Jahre
Steinzeug, braunweißer Scherben – gebaut. Oxidationsbrand im Elektro-Ofen bei 1.240–1.280°C. H 17 cm, D 15,5 cm. Werkstattzeichen wie Nr. 212, ohne Jahreszahl. Erworben durch J.W. Hinder. Inv.-Nr. 00197-1.502.

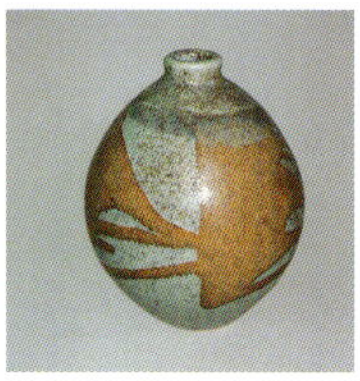

1.503
Kugelvase, 1970er Jahre
Steinzeug, braunweißer Schamottescherben – gebaut. Oxidationsbrand im Elektro-Ofen bei 1.240–1.280°C. H 17 cm, D 14 cm. Werkstattzeichen wie Nr. 212, ohne Jahreszahl. Erworben durch J.W. Hinder. Inv.-Nr. 00197-1.503.

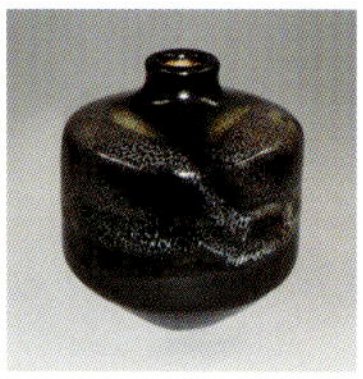

1.504
Vase – Walzenform, 1970er Jahre
Steinzeug, braunweißer Schamottescherben – gebaut. Oxidationsbrand im Elektro-Ofen bei 1.240–1.280°C. H 12,5 cm, D 12 cm. Werkstattzeichen wie Nr. 212, ohne Jahreszahl. Erworben durch J.W. Hinder. Inv.-Nr. 00197-1.504.

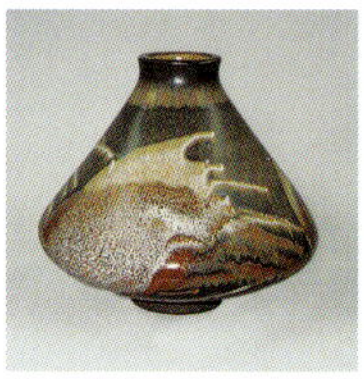

1.505
Vase, 1970er Jahre
Steinzeug, hell-graubrauner Schamottescherben – gebaut. Oxidationsbrand im Elektro-Ofen bei 1.240–1.280°C. H 31 cm, D 32,5 cm. Werkstattzeichen wie Nr. 212, ohne Jahreszahl. Erworben durch J.W. Hinder. Inv.-Nr. 00197-1.505.

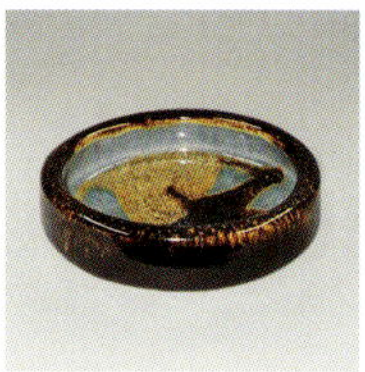

1.506
Schale, 1970er Jahre
Steinzeug, braunweißer Schamottescherben – gebaut. Oxidationsbrand im Elektro-Ofen bei 1.240–1.280°C. H 6 cm, D 17 cm. Werkstattzeichen wie Nr. 212, ohne Jahreszahl. Erworben durch J.W. Hinder. Inv.-Nr. 00197-1.506.

Weigel, Gerald und Gotlind

00197-1.507 – 00197-1.532

Gerald Weigel: 1925 in Rudolstadt-Volkstedt/Thüringen geboren, lebt und arbeitet in Gabsheim. 1942–1947 (mit Unterbrechung durch Kriegsdienst) Ausbildung zum Modelleur an der Ältesten Volkstedter Porzellanfabrik sowie an der Staatlichen Industrieschule in Sonneberg/Thüringen, Bildhauerklasse Emil Wagner. 1954–1959 Mitarbeit in der Werkstatt Elfriede Balzar-Kopp in Höhr-Grenzhausen. 1960 technischer Leiter eines Keramikbetriebes im Allgäu.
1961 eigenes Atelier zusammen mit Gotlind Weigel in Mainz, 1967 in Nisterau-Bach/Westerwald, seit 1973 in Gabsheim.

Lit.: Vetter 1997b, S. 142–147, 215–216, 274–275.

Gotlind Weigel: 1932 in Georgenburgkehlen/Ostpreußen geboren, lebt und arbeitet in Gabsheim. 1949–1952 Töpferlehre in verschiedenen westdeutschen Werkstätten. 1952–1956 Mitarbeiterin in der Werkstatt Uhlemeyer Hannover sowie in einer baukeramisch arbeitenden Werkstatt in Sevelen/Niederrhein. 1956–1958 Studium der Keramik bei Hubert Griemert an der Staatlichen Werkschule für Keramik Höhr-Grenzhausen. 1958–1959 Mitarbeit in der Werkstatt Rolf Weber in Simmershausen. 1960 künstlerische Leiterin eines Keramikbetriebes im Allgäu. Seit 1961 eigenes Atelier zusammen mit Gerald Weigel.

Lit.: Vetter 1997b, S. 142–147, 215–216, 274–275.

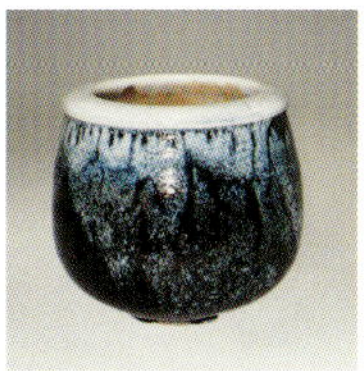

1.507
Kumme, 1966
Inv.-Nr. 00197-1.507,
s. Vetter 1997b,
Nr. 694.

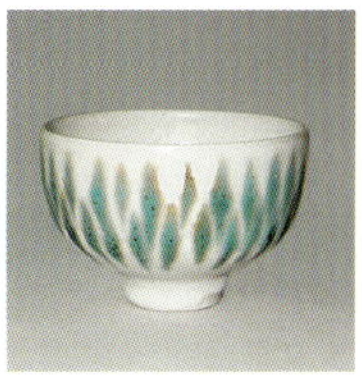

1.508
Kleine Schale, um 1966/67
Inv.-Nr. 00197-1.508,
s. Vetter 1997b,
Nr. 695.

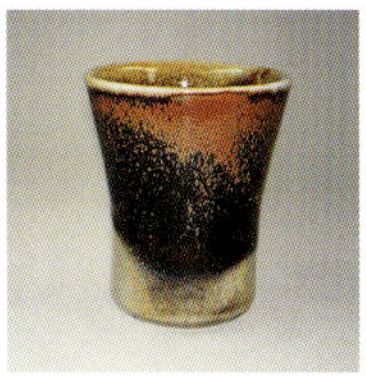

1.509
Becher, um 1968
Inv.-Nr. 00197-1.509,
s. Vetter 1997b,
Nr. 696.

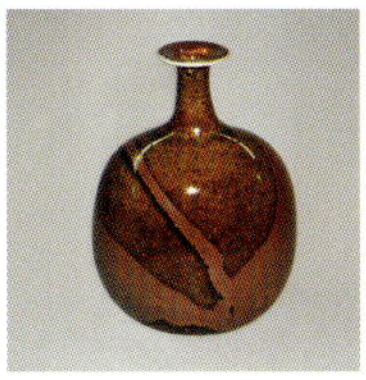

1.510
Vase, um 1968
Inv.-Nr. 00197-1.510,
s. Vetter 1997b,
Nr. 697.

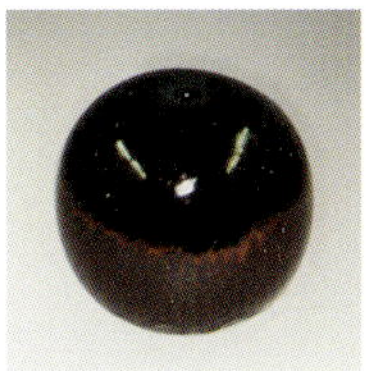

1.511
Vase, um 1968
Inv.-Nr. 00197-1.511,
s. Vetter 1997b,
Nr. 698.

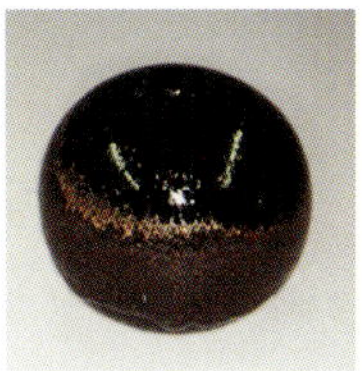

1.512
Vase, um 1968
Inv.-Nr. 00197-1.512,
s. Vetter 1997b,
Nr. 699.

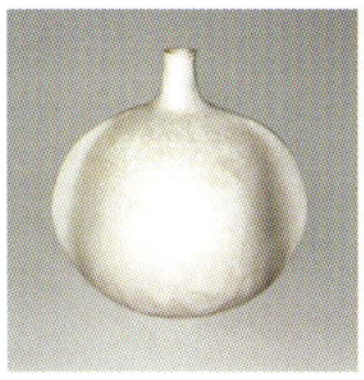

1.513
Vase, 1969
Inv.-Nr. 00197-1.513,
s. Vetter 1997b,
Nr. 700.

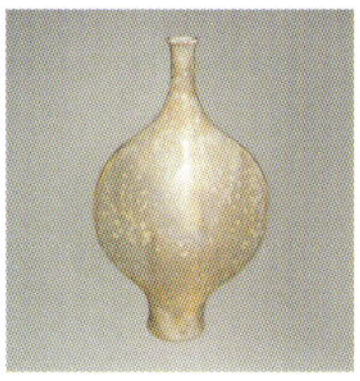

1.514
Vase, 1969
Inv.-Nr. 00197-1.514,
s. Vetter 1997b,
Nr. 701.

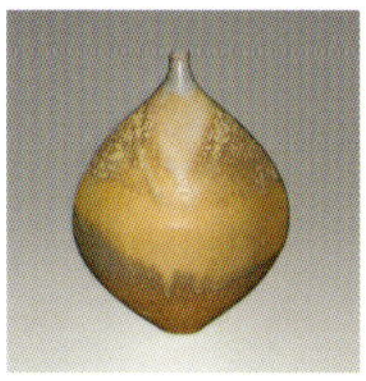

1.515
Vase, 1969
Inv.-Nr. 00197-1.515,
s. Vetter 1997b,
Nr. 702.

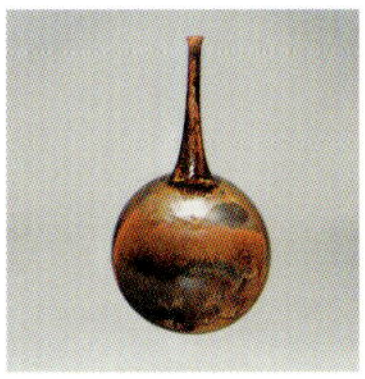

1.516
Vase, um 1970
Inv.-Nr. 00197-1.516,
s. Vetter 1997b,
Nr. 703.

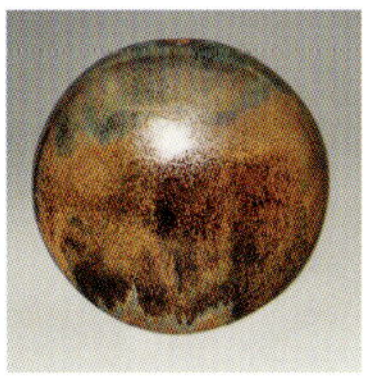

1.517
Vase, 1970
Inv.-Nr. 00197-1.517,
s. Vetter 1997b,
Nr. 704.

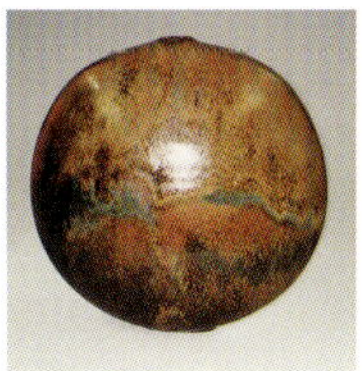

1.518
Vase, 1970
Inv.-Nr. 00197-1.518,
s. Vetter 1997b,
Nr. 705.

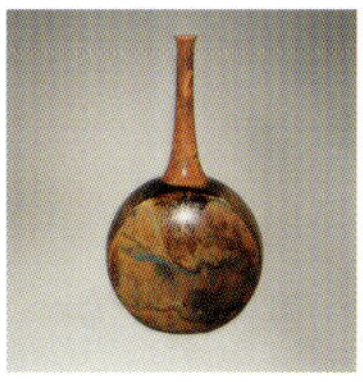

1.519
Vase, um 1970
Inv.-Nr. 00197-1.519,
s. Vetter 1997b,
Nr. 706.

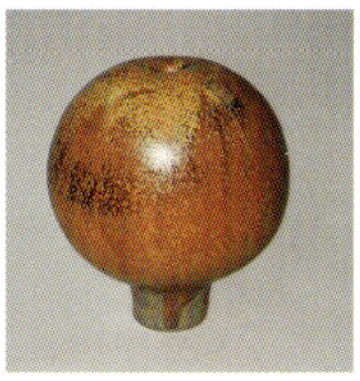

1.520
Vase, 1970/71
Inv.-Nr. 00197-1.520,
s. Vetter 1997b,
Nr. 707.

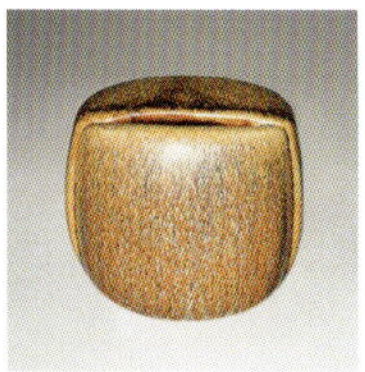

1.521
Vase, um 1970/71
Inv.-Nr. 00197-1.521,
s. Vetter 1997b,
Nr. 708.

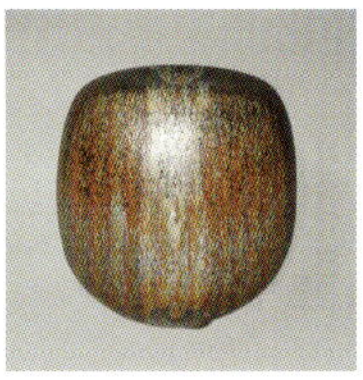

1.522
Vase, 1971
Inv.-Nr. 00197-1.522,
s. Vetter 1997b,
Nr. 709.

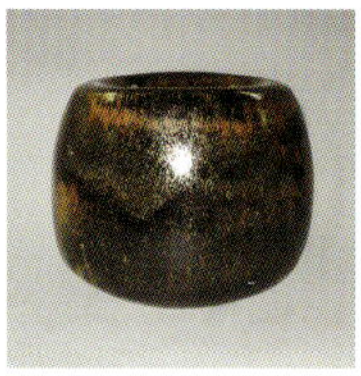

1.523
Vase, um 1972
Inv.-Nr. 00197-1.523,
s. Vetter 1997b,
Nr. 710.

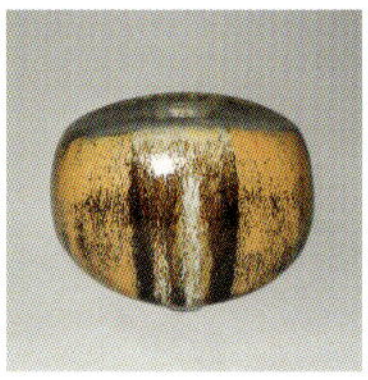

1.524
Vase, 1972
Inv.-Nr. 00197-1.524,
s. Vetter 1997b,
Nr. 711.

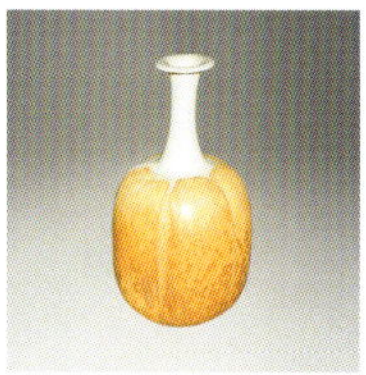

1.525
Vase, um 1973/74
Inv.-Nr. 00197-1.525,
s. Vetter 1997b,
Nr. 712.

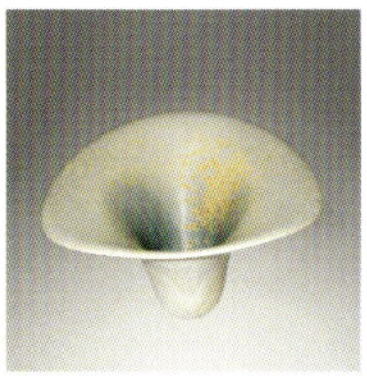

1.526
Vase, 1974
Inv.-Nr. 00197-1.526,
s. Vetter 1997b,
Nr. 713.

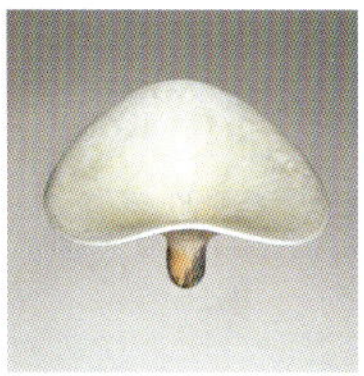

1.527
Gefäß, 1974
Inv.-Nr. 00197-1.527,
s. Vetter 1997b,
Nr. 714.

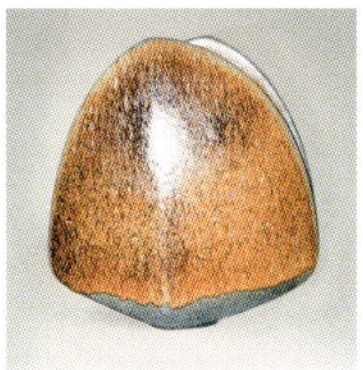

1.528
Spatenform, 1974
Inv.-Nr. 00197-1.528,
s. Vetter 1997b,
Nr. 715.

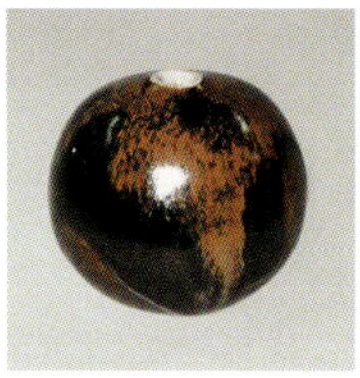

1.529
Vase, um 1975
Inv.-Nr. 00197-1.529,
s. Vetter 1997b,
Nr. 716.

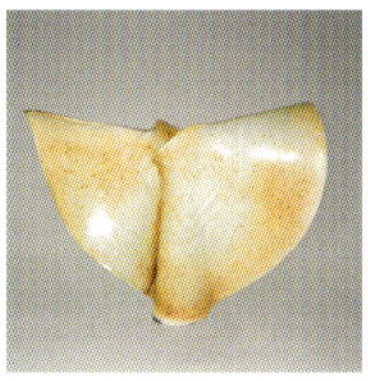

1.530
Plastik, 1977
Inv.-Nr. 00197-1.530,
s. Vetter 1997b,
Nr. 717.

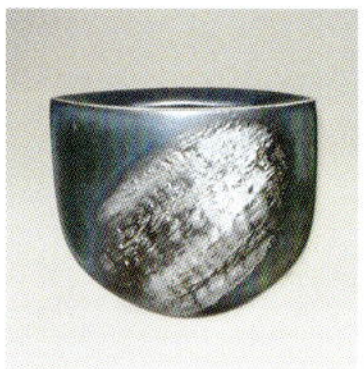

1.531
Vase – „Tasche“, um 1985/86
Inv.-Nr. 00197-1.531,
s. Vetter 1997b,
Nr. 718.

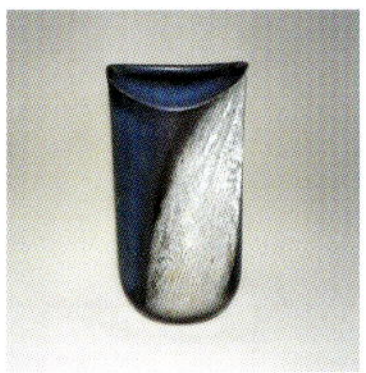

1.532
Vase – „Tasche“, um 1985/86
Inv.-Nr. 00197-1.532,
s. Vetter 1997b,
Nr. 719.

Welch, Robin
00197-1.533 – 00197-1.534

1936 in Nuneaton/Warwickshire geboren, lebt und arbeitet in Stradbroke/Eye Suffolk.
1952–1953 Ausbildung an der Nuneaton School of Art und 1953–1956 an der Penzance School of Art, Penzance/Cornwall, daneben zeitweilig in der Leach Pottery, St. Ives/Cornwall, tätig. 1959–1960 Studium u.a. bei Ian Ault, Gordon Baldwin und Ruth Duckworth an der Central School of Art, London. 1960–1962 eigenes Studio in London. 1962–1965 Aufenthalt in Australien. Seit 1965 eigenes Studio in Stradbroke/Eye Suffolk. Vortrags- und Studienreisen nach USA, Australien und Neuseeland.

Lit.: Landshut/Frechen 2000, S. 89, 127.

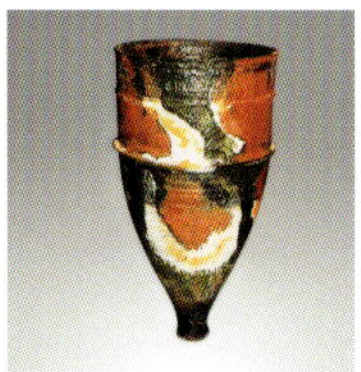

1.533
„Small Vessel“, um 1992
Steinzeug, graubrauner Scherben – gedreht. Oxidationsbrand und Reduktionsbrand bei 1.300°C im Öl-Ofen und im Elektro-Ofen (mehrere Brände).
H 21 cm, D 11,5 cm.
Werkstattzeichen Nr. 215.
Erworben durch Lotte Reimers 1992.
Inv.-Nr. 00197-1.533.

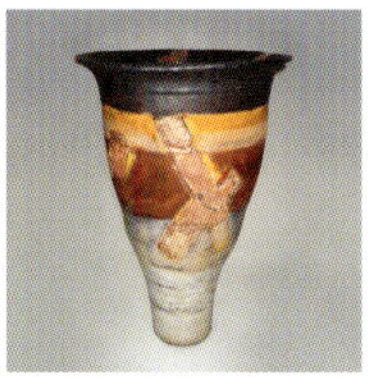

1.534
„Large Vessel“, um 1992
Steinzeug, graubrauner Schamottescherben – gedreht, gebaut, gedreht. Oxidationsbrand und Reduktionsbrand bei 1.300°C im Öl-Ofen und im Elektro-Ofen (mehrere Brände).
H 59 cm, D 39 cm.
Werkstattzeichen Nr. 215.

Geschenk von Lotte Reimers aus Anlass der Übernahme der Sammlung durch das Ministerium für Kultur, Jugend, Familie und Frauen des Landes Rheinland-Pfalz im Jahr 1993.
Inv.-Nr. 00197-1.534.

Wendel, Reinhold
00197-1.535 – 00197-1.536

1921 geboren.
Gewerbelehrer, autodidaktische Ausbildung als Keramiker, durch Lotte Reimers zu Experimenten mit Aschenglasuren angeregt.

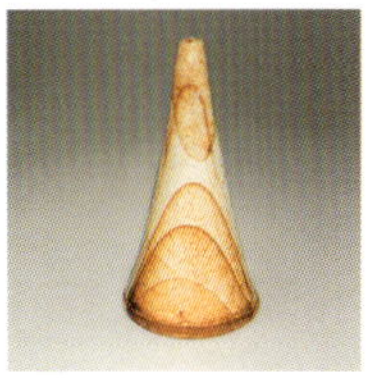

1.535
Vase – Kegelform, 1975
Steinzeug, braun-weißer Schamottescherben – gedreht.
H 14 cm, D 7 cm.
Unbezeichnet.
Inv.-Nr. 00197-1.535.

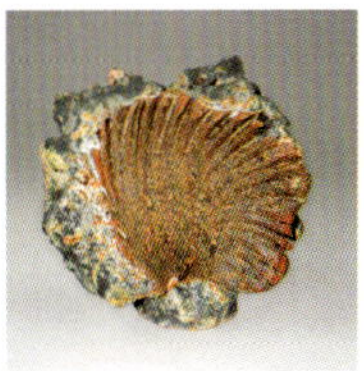

1.536
Gefäß, 1976
Steinzeug, braun-weißer Schamottescherben – gebaut.
Abmessungen
13 x 13,5 x 8 cm.
Unbezeichnet.
Inv.-Nr. 00197-1.536.

White, Mary
00197-1.537 – 00197-1.556

1926 in Croesyceiliog/Wales geboren, lebt und arbeitet in Wonsheim/Rheinhessen.
1943–1946 Studium am College of Art in Newport/Gwent, Wales, 1946–1948 am Hammersmith College of Art, London, Design-Diplom, 1949–1950 Goldsmiths' College, London, Diplom als Kunsterzieherin. 1950–1962 Lehrtätigkeit an verschiedenen Gymnasien; 1962–1973 Dozentin im Bereich Keramik am United World College of the Atlantics, St. Donat's Castle, Wales. Seit 1971 eigene Werkstatt, 1975–1980 in Malmesbury/Wiltshire, England. Seit 1980 Werkstatt in Wonsheim/Rheinhessen.

Lit.: Waldrich 1996, S. 802–804.

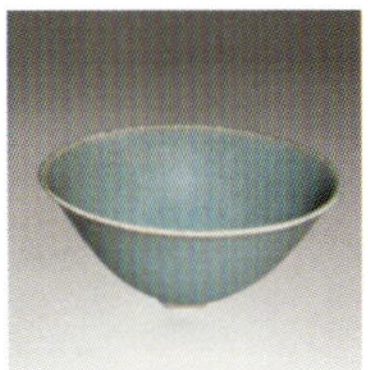

1.537
Kleine Schale, 1978/79
Porzellan, weißer Scherben („David Leach porcelain") – gedreht. Oxidationsbrand im Elektro-Ofen bei 1.250°C.
H 5,5 cm, D 11 cm.
Werkstattzeichen Nr. 216.
Erworben durch Lotte Reimers.
Inv.-Nr. 00197-1.537.

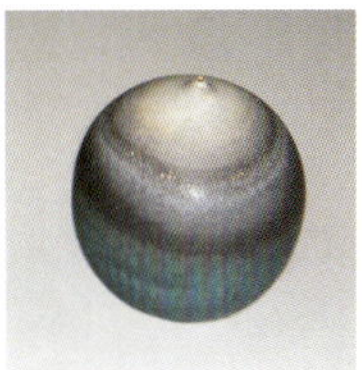

1.538
Kleine „Vase", 1978/79
Porzellan, weißer Scherben – gedreht. Oxidationsbrand im Elektro-Ofen bei 1.250°C.
H 9 cm, D 8,5 cm.
Werkstattzeichen Nr. 216.
Erworben durch Lotte Reimers.
Inv.-Nr. 00197-1.538.

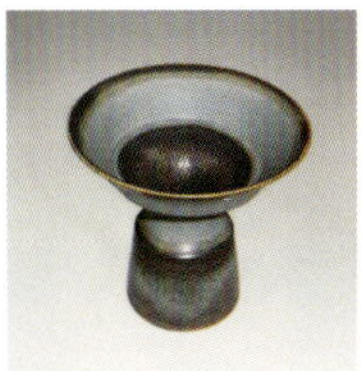

1.539
Vase mit breitem Tellerrand, 1980
Porzellan, weißer Scherben – gedreht. Oxidationsbrand im Elektro-Ofen bei 1.250°C.
H 12,5 cm, D 14 cm.
Werkstattzeichen Nr. 216.
Erworben durch Lotte Reimers.
Inv.-Nr. 00197-1.539.

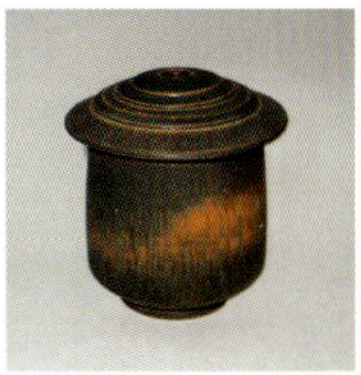

1.540
Vase mit stufenförmigem Dach, 1982
Porzellan, weißer Scherben – gedreht. Oxidationsbrand im Elektro-Ofen bei 1.250°C.
H 14 cm, D 13 cm.
Werkstattzeichen Nr. 216, Jahreszahl 1982.
Erworben durch Lotte Reimers.
Inv.-Nr. 00197-1.540.

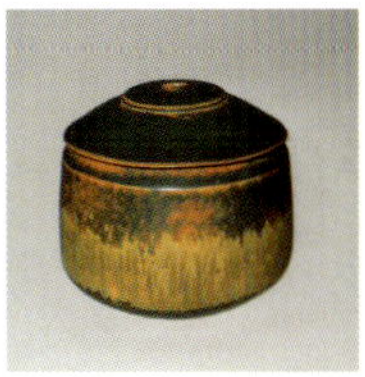

1.541
Vase, 1982
Porzellan, weißer Scherben – gedreht. Oxidationsbrand im Elektro-Ofen bei 1.250°C.
H 10 cm, D 11 cm.
Werkstattzeichen wie Nr. 216 Pinselzeichen, ebenfalls Pinselzeichen Mary White 1982.
Erworben durch Lotte Reimers.
Inv.-Nr. 00197-1.541.

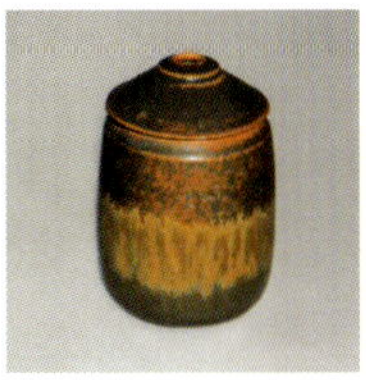

1.542
Vase, 1982
Porzellan, weißer Scherben – gedreht. Oxidationsbrand im Elektro-Ofen bei 1.250°C.
H 10,5 cm, D 7 cm.
Werkstattzeichen Nr. 216, Jahreszahl 1982.
Erworben durch Lotte Reimers.
Inv.-Nr. 00197-1.542.

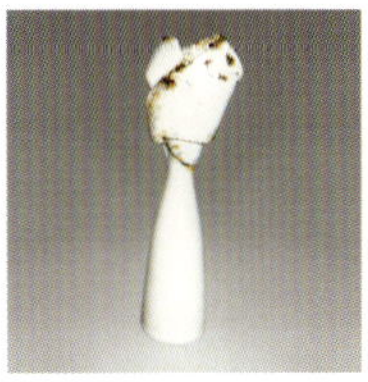

1.543
Kleines schlankes Gefäßobjekt, 1982
Porzellan, weißer Scherben – gedreht und bandagiert bzw. montiert. Oxidationsbrand im Elektro-Ofen bei 1.250°C.
Abmessungen
10,5 x 7 x 5 cm.
Werkstattzeichen Nr. 216.
Erworben durch Lotte Reimers um 1982.
Inv.-Nr. 00197-1.543.

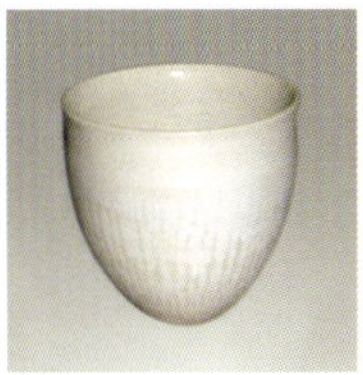

1.544
Bechergefäß, 1982
Porzellan, weißer Scherben – gedreht. Oxidationsbrand im Elektro-Ofen bei 1.250°C.
H 8 cm, D 8 cm.
Werkstattzeichen Nr. 216.
Erworben durch Lotte Reimers.
Inv.-Nr. 00197-1.544.

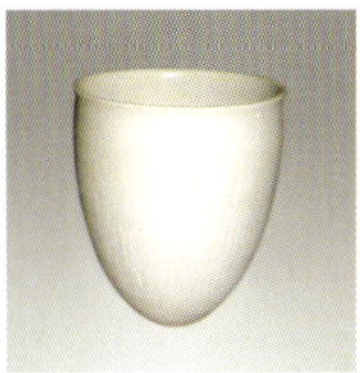

1.545
Bechergefäß, 1982
Porzellan, weißer Scherben – gedreht. Oxidationsbrand im Elektro-Ofen bei 1.250°C.
H 11,5 cm, D 10 cm.
Werkstattzeichen Nr. 216.
Erworben durch Lotte Reimers um 1982.
Inv.-Nr. 00197-1.545.

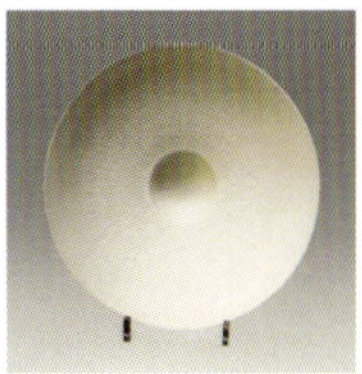

1.546
Teller mit weit ausgezogener Fahne, 1982
Porzellan, weißer Scherben – gedreht. Oxidationsbrand im Elektro-Ofen bei 1.250°C.
H 7,5 cm, D 28,5 cm.
Werkstattzeichen Nr. 216.
Erworben durch Lotte Reimers
Inv.-Nr. 00197-1.546.

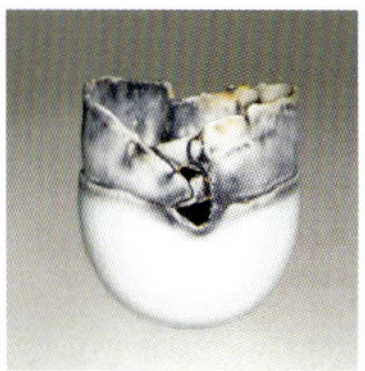

1.547
Kleine Kumme, um 1985
Porzellan, weißer Scherben – gedreht, gebaut und bandagiert. Oxidationsbrand im Elektro-Ofen bei 1.250 °C.
H 8 cm, D 7,5 cm.
Werkstattzeichen Nr. 216.
Erworben durch Lotte Reimers.
Inv.-Nr. 00197-1.547.

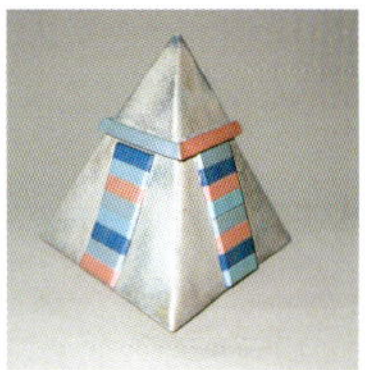

1.548
Kleine Pyramide „AZTEK" mit abnehmbarer Spitze, 1985
Porzellan, weißer Scherben – gebaut, montiert; innen Schichtungen mit Durchblick auf Spiegelstück, außen Auflagen. Oxidationsbrand im Elektro-Ofen bei 1.250°C.
Abmessungen 12 x 14,5 x 14,5 cm.
Werkstattzeichen Mary White 85 (mit Pinsel).
Erworben durch Lotte Reimers
Inv.-Nr. 00197-1.548.

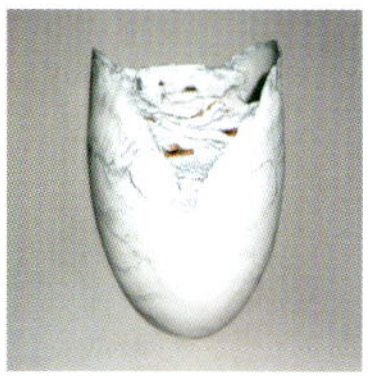

1.549
Offene Form, 1986
Porzellan, weißer Scherben – gedreht und montiert. Oxidationsbrand im Elektro-Ofen bei 1.250°C.
H 18 cm, D 12 cm.
Werkstattzeichen Nr. 216, Jahreszahl 1986.
Erworben durch Lotte Reimers 1986.
Inv.-Nr. 00197-1.549.

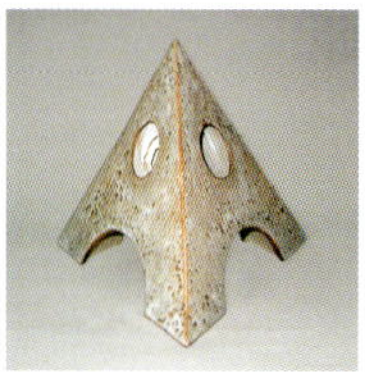

1.550
Große Pyramide auf Bogen-Füßen und rundem Blickloch, um 1986
Steinzeug, hellbraungrauer Scherben, Porzellan, weißer Scherben, Glas – gebaut, montiert – Schichtungen. Oxidationsbrand im Elektro-Ofen bei vermutl. 1.250°C.
Abmessungen 23 x 28,5 x 29 cm.
Werkstattzeichen Nr. 216, durch Glasur teilweise verdeckt Mary White.
Erworben durch Lotte Reimers.
Inv.-Nr. 00197-1.550.

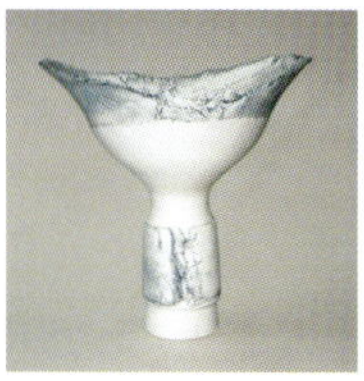

1.551
Ovale Form auf hohem Fuß, 1987
Porzellan, weißer Scherben – gedreht und modelliert. Oxidationsbrand im Elektro-Ofen bei 1.250°C.
Abmessungen 19,5 x 19 x 13 cm.
Werkstattzeichen Nr. 216, Jahreszahl 1987.
Erworben durch Lotte Reimers.
Inv.-Nr. 00197-1.551.

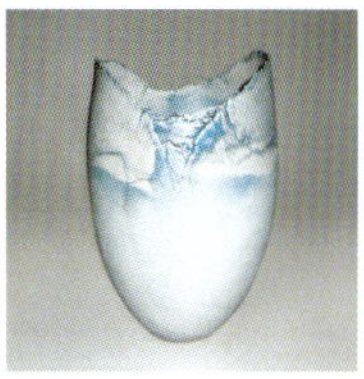

1.552
Hohe ovale Form, 1988
Porzellan, weißer Scherben – gedreht, modelliert und montiert. Oxidationsbrand im Elektro-Ofen bei 1.250°C.
H 18 cm, D 12 cm.
Werkstattzeichen Nr. 216, Jahreszahl 88.
Erworben durch Lotte Reimers.
Inv.-Nr. 00197-1.552.

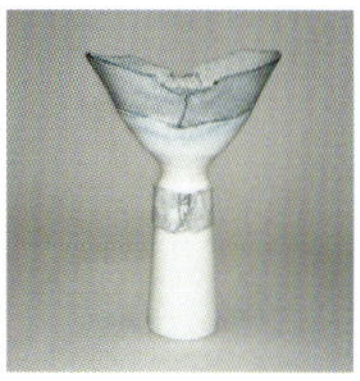

1.553
Hohes Gefäß, um 1987
Porzellan, weißer Scherben – gedreht, modelliert, montiert. Oxidationsbrand im Elektro-Ofen bei 1.250°C.
Abmessungen 35,5 x 23,5 x 16,5 cm.
Werkstattzeichen Nr. 216.
Erworben durch Lotte Reimers.
Inv.-Nr. 00197-1.553.

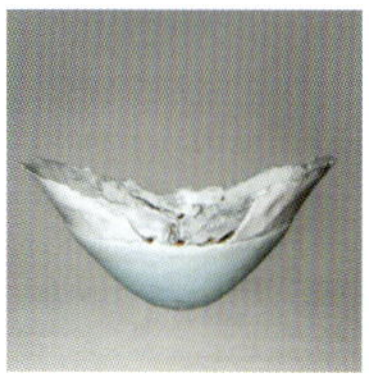

1.554
Ovale offene Form, 1988
Porzellan, weißer Scherben – gedreht, modelliert, montiert. Oxidationsbrand im Elektro-Ofen bei 1.250°C.
Abmessungen 12 x 22 x 14,5 cm.
Werkstattzeichen Nr. 216, Jahreszahl 1988.
Erworben durch Lotte Reimers.
Inv.-Nr. 00197-1.554.

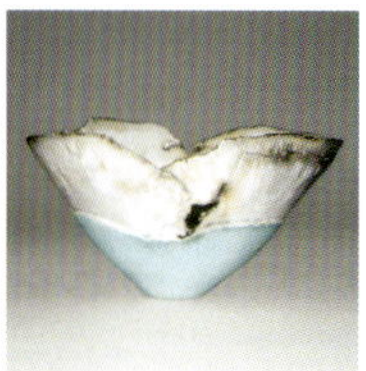

1.555
Ovale offene Form, um 1988
Porzellan, weißer Scherben („David Leach porcelain") – gedreht, gebaut, montiert. Oxidationsbrand im Elektro-Ofen bei 1.250°C.
H 10 cm.
Werkstattzeichen Nr. 216.
Erworben durch Lotte Reimers.
Inv.-Nr. 00197-1.555.

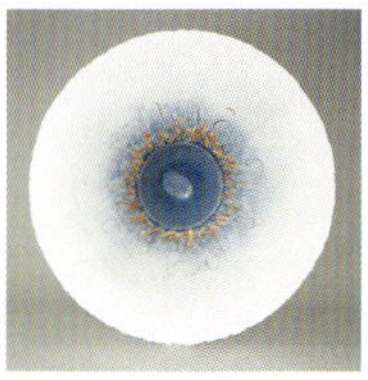

1.556
Schale auf Fuß mit „Bütten"- Rand, 1991
Porzellan, weißer Scherben („David Leach porcelain") – gedreht. Oxidationsbrand im Elektro-Ofen bei 1.250°C.
H 9 cm, D 28 cm.
Werkstattzeichen Nr. 216, Jahreszahl 1991.
Erworben durch Lotte Reimers.
Inv.-Nr. 00197-1.556.

Yang, Seung-Ho
00197-1.557 – 00197-1.563

1956 in Korea geboren, lebt und arbeitet in Henrichemont/Frankreich und in Röthenbach/Schweiz. 1974–1980 Studium der Bildhauerei bei Lee Seung Taek und Keramik bei Kim Suk-Wan an der Dan-Kook-Universität in Seoul. 1981–1983 eigenes Atelier in Birmingham, danach in Meath/Wales; 1983–1985 Werkstatt in La Borne/Frankreich; seit 1985 in Henrichemont/Frankreich sowie in Röthenbach/Emmental.

Lit.: Waldrich 1996, S. 819–820.

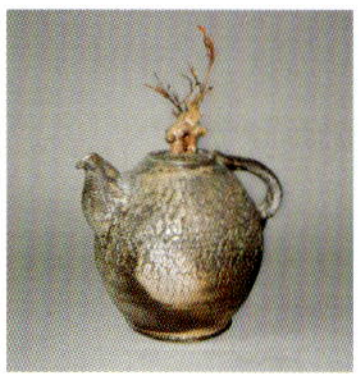

1.557
Teekanne mit „Bonsai"-Deckel, 1987/88
Steinzeug, grauer Scherben – gedreht und gedehnt. Holzbrand – reduzierend.
H (mit „Bonsai"-Deckel) 30 cm, D 18 cm.
Werkstattzeichen Nr. 217.
Erworben durch Lotte Reimers 1988.
Inv.-Nr. 00197-1.557.

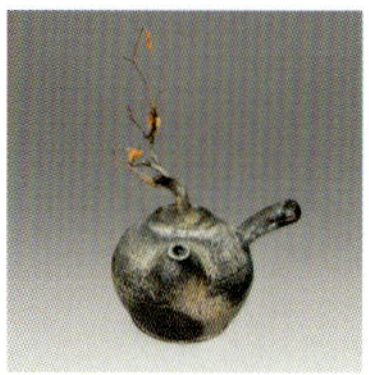

1.558
Teekanne mit „Bonsai"-Deckel (Griff rechts), 1988
Steinzeug, grauer Scherben – gedreht und gedehnt. Holzbrand – reduzierend.
H (mit „Bonsai"-Deckel) 36 cm, D 19 cm.
Werkstattzeichen Nr. 217.
Erworben durch Lotte Reimers 1988.
Inv.-Nr. 00197-1.558.

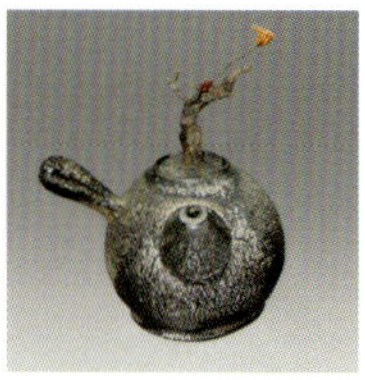

1.559
Teekanne mit „Bonsai"-Deckel (Griff links), 1988
Steinzeug, grauer Scherben – gedreht und gedehnt. Holzbrand – reduzierend.
H (mit „Bonsai"-Deckel) 26 cm, D 17,5 cm.
Werkstattzeichen Nr. 217.
Erworben durch Lotte Reimers 1988.
Inv.-Nr. 00197-1.559.

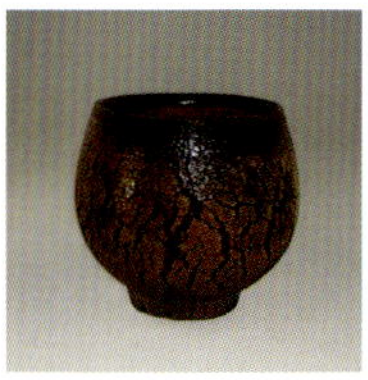

1.560
Teeschale, um 1988
Steinzeug, grauer Scherben – gedreht und gedehnt. Holzbrand – reduzierend.
H 9,5 cm, D 9,5 cm.
Unbezeichnet
Erworben durch Lotte Reimers 1988.
Inv.-Nr. 00197-1.560.

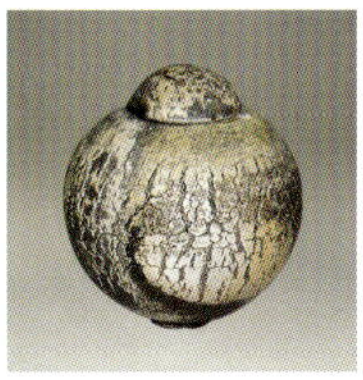

1.561
Kleine Dose, 1988
Steinzeug, grauer Scherben – gedreht und gedehnt. Holzbrand – reduzierend. H (mit Deckel) 15 cm, D 14 cm. Werkstattzeichen Nr. 217. Erworben durch Lotte Reimers 1988. Inv.-Nr. 00197-1.561.

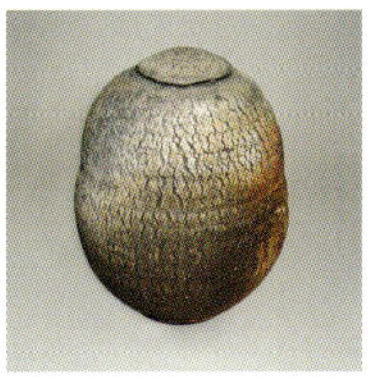

1.562
Große Dose, 1988
Steinzeug, grauer Scherben – gedreht und gedehnt. Holzbrand – reduzierend. H (mit Deckel) 27,5 cm, D 22 cm. Werkstattzeichen Nr. 217. Erworben durch Lotte Reimers 1988. Inv.-Nr. 00197-1.562.

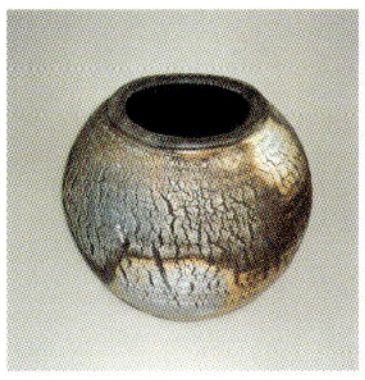

1.563
Große Vase, ovale Form, 1988
Steinzeug, grauer Scherben – gedreht und gedehnt. Holzbrand – reduzierend. H 30 cm, D 32 cm. Werkstattzeichen Nr. 217. Erworben durch Lotte Reimers 1988. Inv.-Nr. 00197-1.563.

Zadelhoff, Heike van
00197-1.564

1952 geboren, lebt und arbeitet in Groß Wokern. 1971–1975 Ausbildung zur technischen Assistentin. 1977–1983 Studium an der Fachhochschule Niederrhein, Krefeld.

Lit.: Waldrich 1996, S. 820–821.

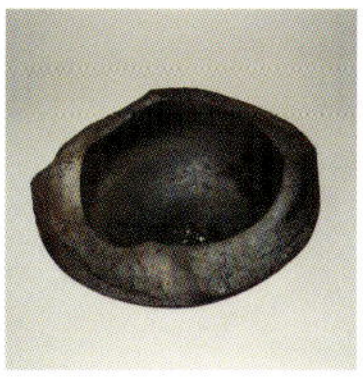

1.564
Große Schale, 1986
Steinzeug, weißer Schamottescherben – geformt. Sodarakubrand im Gasofen bei ca. 1.080°C, Reduktion in Laub und Sägespänen. Abmessungen 15 x 31 x 32,5 cm. Werkstattzeichen Nr. 218. Erworben durch Lotte Reimers. Inv.-Nr. 00197-1.564.

Zweifel, Peter
00197-1.565

1949 in Hanau geboren, 1989 in Volkmarsen gestorben.
1967–1972 Studium der Kunsterziehung, Malerei bei Fritz Winter, Bildhauerei bei Harry Kramer, Keramik bei Walter Popp an der Gesamthochschule (Universität) Kassel, 1972 Staatsexamen. 1972–1974 Lehrauftrag für Keramik an der Gesamthochschule Kassel. 1974–1978 eigene Werkstatt zusammen mit Sonngard Zweifel-Sänger, ab 1979 eigene Werkstatt in Ehringen, Verkaufsladen „Zweifel-Keramik" in Kassel.

Lit.: Waldrich 1996, S. 831–832; Schmalstieg 2001, S. 648.

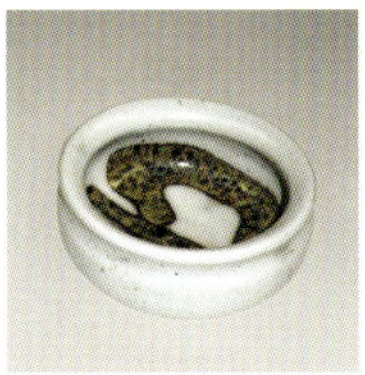

1.565
Schale, 1973
Steinzeug, mattgrauer Scherben – gedreht. H 5 cm, D 11 cm. Werkstattzeichen Nr. 219. Erworben durch J.W. Hinder. Inv.-Nr. 00197-1.565.

Werkstatt Renner-Sommer, Thurnau/Oberfranken
00197-1.566 – 00197-1.570

Töpferei seit 1876.

Max Renner: geboren 1897 in Thurnau, gestorben 1955 in Bayreuth.
1920 Töpfermeister.

Herbert Sommer: geboren 1929 in Naumburg, Kr. Bunzlau.
1959 Töpfermeister.

Lit.: Schaubert 1995, S. 86–101.

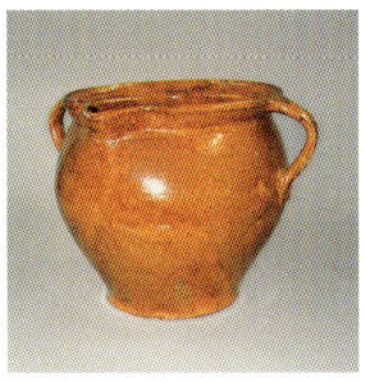

1.566
Großer Doppelhenkeltopf, um 1950
Irdenware, weißbrauner Scherben – gedreht. Holzbrand. H (mit Deckel) 26 cm, D 30 cm. Nicht bezeichnet. Erworben durch J.W. Hinder. Inv.-Nr. 00197-1.566.

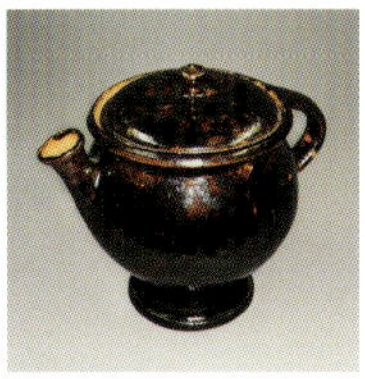

1.567
„Rohrhafen", um 1950
Irdenware, weißbrauner Scherben – gedreht. Holzbrand. H (mit Deckel) 18,5 cm, D 15,5 cm. Nicht bezeichnet. Erworben durch J.W. Hinder. Inv.-Nr. 00197-1.567.

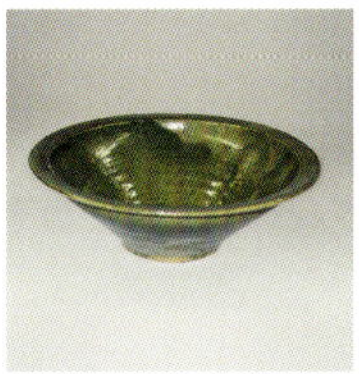

1.568
Schüssel, um 1950
Irdenware, weißbrauner Scherben – gedreht. Holzbrand. H 9,5 cm, D 30,5 cm. Nicht bezeichnet. Erworben durch J.W. Hinder. Inv.-Nr. 00197-1.568.

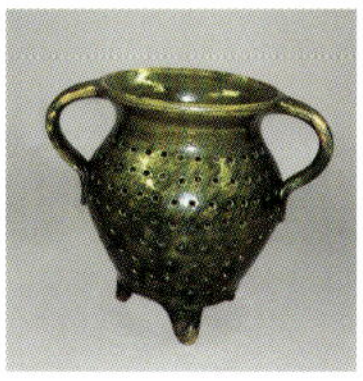

1.569
Käseseiher, um 1950
Irdenware, weißbrauner Scherben – gedreht. Holzbrand. H 22 cm, D (mit Henkel) 25,5 cm. Nicht bezeichnet. Erworben durch J.W. Hinder. Inv.-Nr. 00197-1.569.

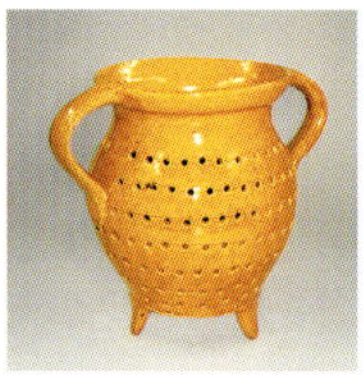

1.570
Käse- oder Erbsenseiher, um 1950
Irdenware, weißbrauner Scherben – gedreht. Holzbrand.
H 21,5 cm, D (mit Henkel) 24 cm.
Nicht bezeichnet.
Erworben durch J.W. Hinder.
Lit.: ähnl. Typ in: Hinder & Reimers 1971, Abb. 139.
Inv.-Nr. 00197-1.570.

Töpferei Hehemann, Gellenbeck b. Osnabrück
00197-1.571

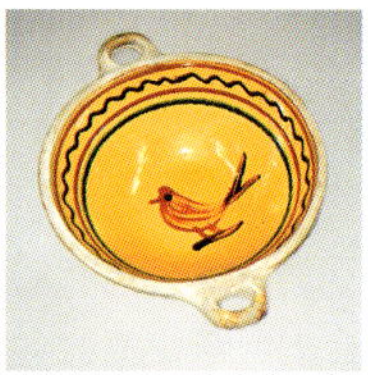

1.571
Schüssel mit zwei Henkelösen, um 1950
Irdenware, orangebrauner Scherben – gedreht.
H 9 cm, D (mit Henkel) 30 cm.
Nicht bezeichnet.
Erworben durch J.W. Hinder.
Lit.: Hinder & Reimers 1971, Abb. 138.
Inv.-Nr. 00197-1.571.

Bauer, Heinrich (Werkstatt), Lauterbach/Hessen
00197-1.572

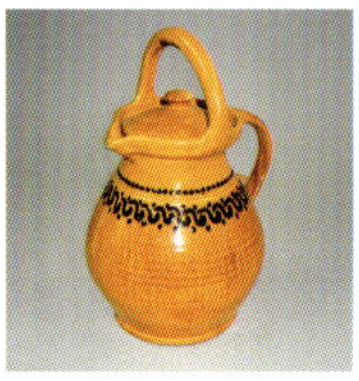

1.572
Kanne mit Deckel, Henkel und Tragehenkel, um 1950
Irdenware, weißbrauner Scherben – gedreht.
H (mit Deckel) 28 cm, D 18 cm.
Nicht bezeichnet.
Erworben durch J.W. Hinder.
Inv.-Nr. 00197-1.572.

Anonyme Bauerntöpferei, Westdeutschland
00197-1.573

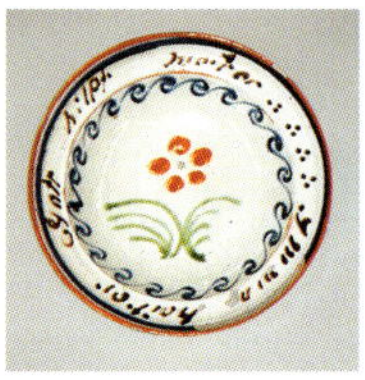

1.573
Teller, 1940er Jahre
Irdenware, hellorangebrauner Scherben – gedreht.
H 4,5 cm, D 21 cm.
Nicht bezeichnet.
Erworben durch J.W. Hinder.
Inv.-Nr. 00197-1.573.

Töpferei Schneider, John, Marburg
00197-1.574

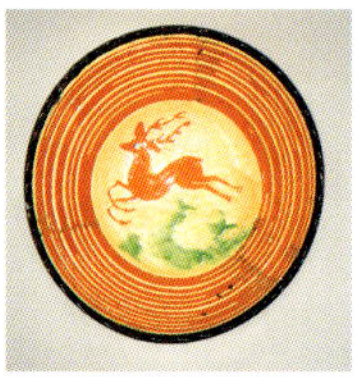

1.574
Schüssel, 1931
Irdenware, mattgrauer Scherben – gedreht, geschnitten.
H 11 cm, D 33 cm.
Nicht bezeichnet.
Erworben durch J.W. Hinder.
Lit.: Hinder & Reimers 1971, Abb. 141.
Inv.-Nr. 00197-1.574.

Töpferei Schneider, Marburg/Lahn
00197-1.575 – 00197-1.577

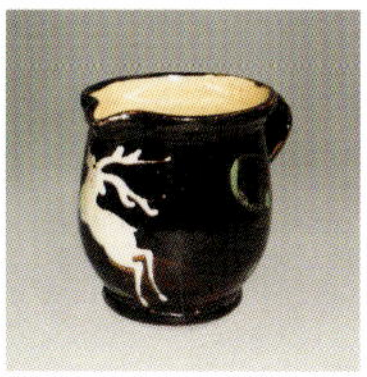

1.575
Milchkrüglein, 1940er Jahre
Irdenware, weißbrauner Scherben – gedreht.
H 9,5 cm, D (Durchmesserangabe mit Henkel und Schnaupe) 12,5 cm.
Werkstattzeichen: Stempel Eichenblatt horizontal mit Inschrift: „Schneider Marburg", darunter „made in Germany".
Erworben durch J.W. Hinder.
Inv.-Nr. 00197-1.575.

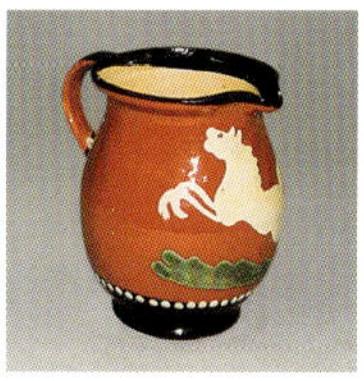

1.576
Milchkrug, 1940er Jahre
Irdenware, braunweißer Scherben – gedreht.
H 12,5 cm, D (mit Henkel und Schnaupe) 13 cm.
Werkstattzeichen: Stempel Eichenblatt horizontal mit Inschrift: „Schneider Marburg 1809", „Hand gearbeitet".
Erworben durch J.W. Hinder.
Inv.-Nr. 00197-1.576.

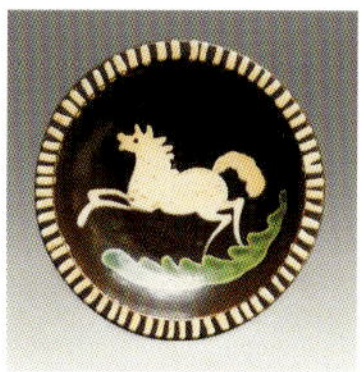

1.577
Kleiner Teller, 1940er Jahre
Irdenware, weißbrauner Scherben – gedreht.
H 3,5 cm, D 15 cm.
Werkstattzeichen: Stempel Eichenblatt horizontal mit Inschrift: „Schneider Marburg", daneben „made in Germany".
Erworben durch J.W. Hinder.
Inv.-Nr. 00197-1.577.

Werkstatt Erning (vermutl.), Stadtlohn
00197-1.578

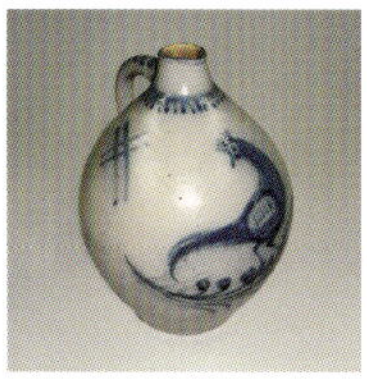

1.578
Bauchiger Krug, 1950er Jahre
Steinzeug, weißbrauner Scherben – gedreht. Salzbrand.
H 23 cm, D 17,5 cm.
Unbezeichnet.
Erworben durch J.W. Hinder.
Inv.-Nr. 00197-1.578.

Marburg (vermutl.)
00197-1.579

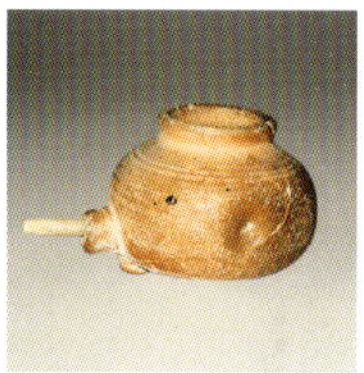

1.579
Malhörnchen, 1. Hälfte 20. Jahrhundert
Steinzeug, mattbrauner Scherben – gedreht.
H 6,5 cm, D 8 cm.
Nicht bezeichnet.
Erworben durch J.W. Hinder.
Inv.-Nr. 00197-1.579.

Anonym
00197-1.580

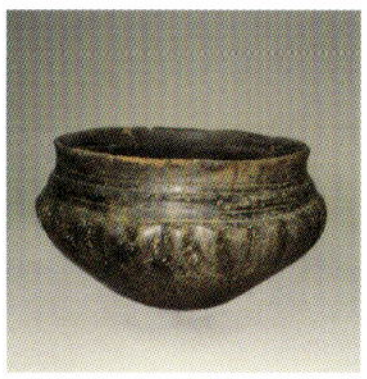

1.580
Gefäß – Bronzezeit, 2. Jahrtausend v. Chr. (Bodenfund, norddeutsch)
Ton, schwarzgrauer Scherben – gebaut.
H 14 cm, D 24 cm.
Erworben durch J.W. Hinder.
Inv.-Nr. 00197-1.580.

Anonym
00197-1.581

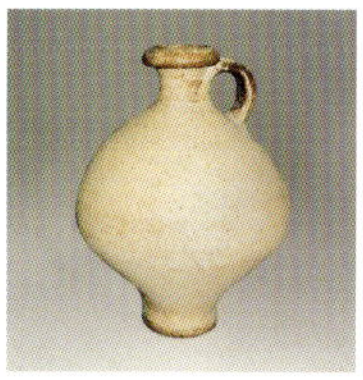

1.581
Feldflasche, römisch, ohne Datierung
Terrakotta, hellgraubrauner Scherben – gedreht.
H 16,5 cm, D 12 cm.
Erworben durch J.W. Hinder.
Inv.-Nr. 00197-1.581.

Didaktik

00197-1.582 – 00197-1.587

Die Gegenstände der Inv.-Nrn. 00197-1.582 – 1.587 bezeichnen einige der sieben Verfahren, die unter dem Sammelbegriff „Keramik" unterschieden werden.
Unter der Überschrift „Was ist Keramik?" wurden diese – zusammen mit Beispielen für Irdenware, Fayence, Steingut, Steinzeug und Porzellan – dem Besucher des Museums für moderne Keramik in einer gesonderten Vitrine erläutert.

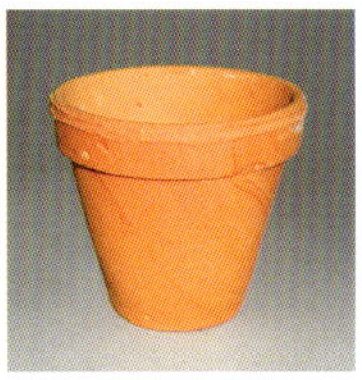

1.582
Blumentopf, 1970er Jahre
Terrakotta, braun-orangefarbener Scherben – gepresst. Brenntemperatur ca. 800–900°C.
H 12 cm, D 13 cm.
Lit.: Hinder & Reimers 1971, Anhang.
Der Blumentopf stammt aus der Produktion der Fa. Marjoß im Spessart.
Inv.-Nr. 00197-1.582.

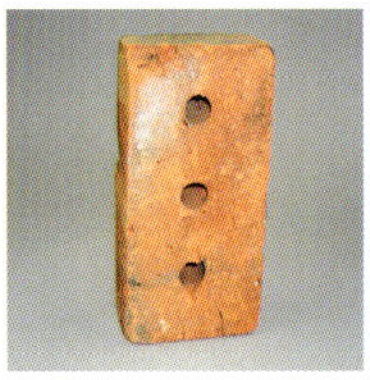

1.583
Lochziegel, 1970er Jahre
Terrakotta, hellorange-brauner Scherben – handgestrichen. Brenntemperatur ca. 800–900°C.
Abmessungen 24,5 x 11 x 7 cm.
Lit.: Hinder & Reimers 1971, Anhang.
Inv.-Nr. 00197-1.583.

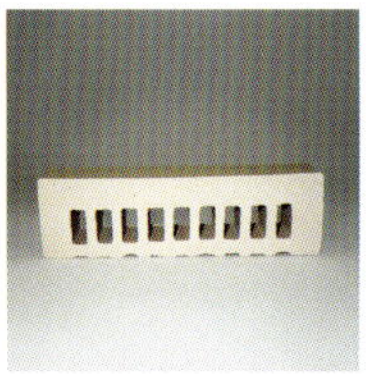

1.584
Spaltklinker, 1970er Jahre
Klinker = hochgebrannte Terrakotta, weißbrauner Scherben – geformt. Brenntemperatur ca. 1.000°C.
Abmessungen 7 x 23,5 x 5,5 cm.
Lit.: Hinder & Reimers 1971, Anhang.
Inv.-Nr. 00197-1.584.

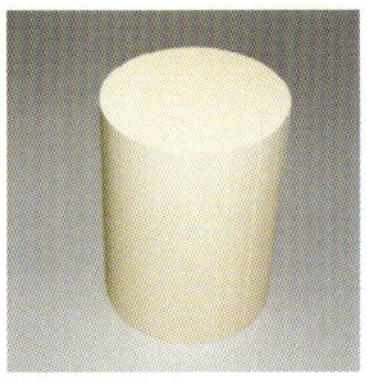

1.585
Abgas-Katalysator (Porzellan für technische Zwecke), 1970er Jahre
Porzellan, gelbweißer Scherben – gegossen. Brenntemperatur ca. 1.300–1.400°C.
H 15 cm, D 11,5 cm.
Lit.: Hinder & Reimers 1971, Anhang.
Inv.-Nr. 00197-1.585.

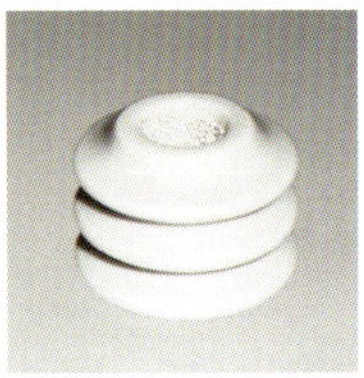

1.586
Kleiner Isolator (Porzellan für technische Zwecke), 1970er Jahre
Porzellan, mattgrauer Scherben – gegossen. Brenntemperatur ca. 1.300–1.400°C.
H 5 cm, D 6 cm.
Lit.: Hinder & Reimers 1971, Anhang.
Der Isolator ist ein Fabrikat der Firma Rosenthal.
Inv.-Nr. 00197-1.586.

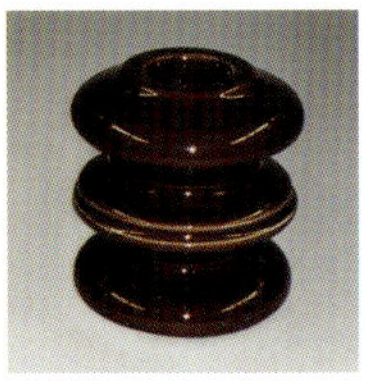

1.587
Isolator (Porzellan für technische Zwecke), 1970er Jahre
Porzellan, mattgrauer Scherben – gegossen. Brenntemperatur ca. 1.300–1.400°C.
H 8,5 cm, D 7,5 cm.
Lit.: Hinder & Reimers 1971, Anhang.
Der Isolator ist ein Fabrikat der Firma Rosenthal.
Inv.-Nr. 00197-1.587.

H: Höhe/height
D: Durchmesser/diameter

Verzeichnis der Marken

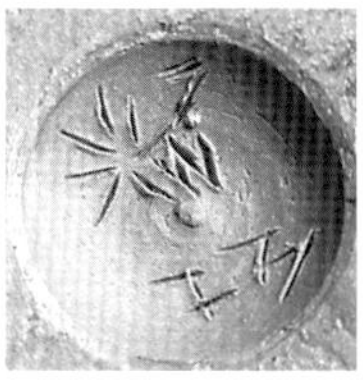

1 – 3
Ader, Reinhard

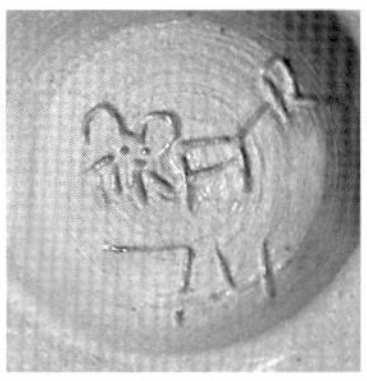

2

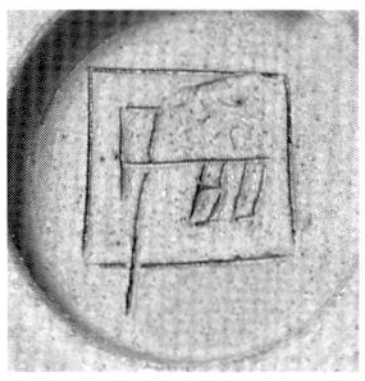

3

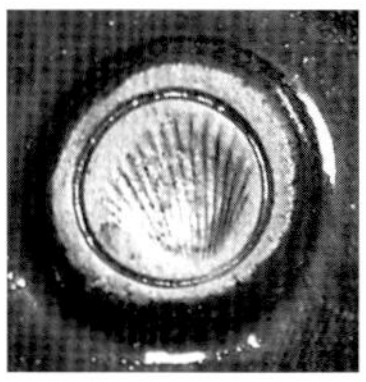

4
Albouts, Wilhelm G.

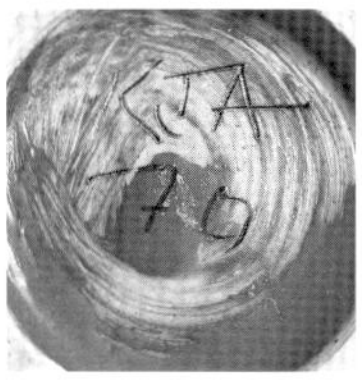

5
Amoah, James Kwame

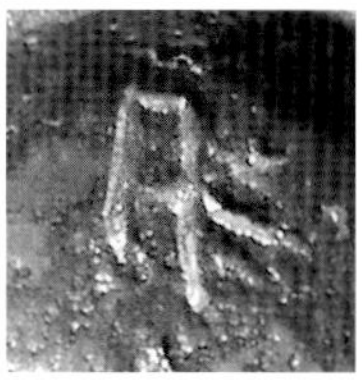

6
Arvay, Esther und Kruse, Hans Werner

7 – 8
Asshoff, Ingeborg und Bruno

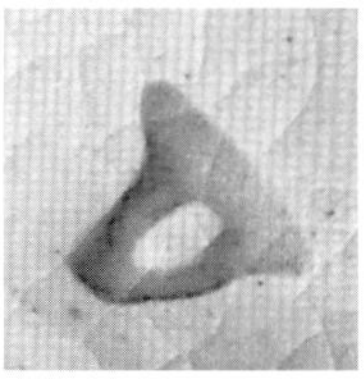

8

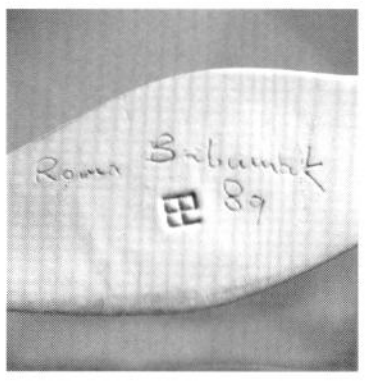

9
Babuniak, Roma

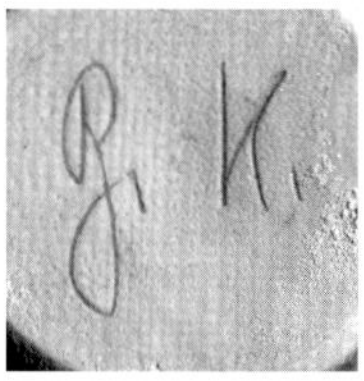

10 – 14
Balzar-Kopp, Elfriede

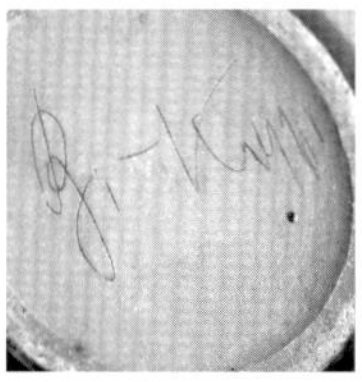

11

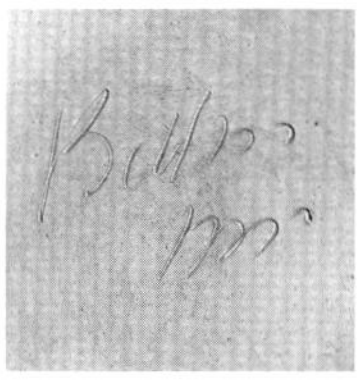

12

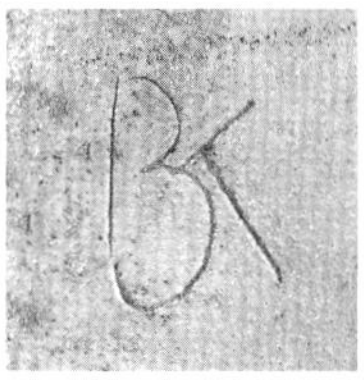

13

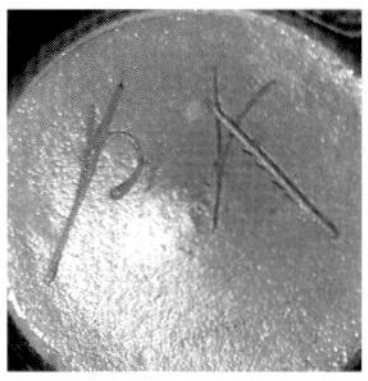

14

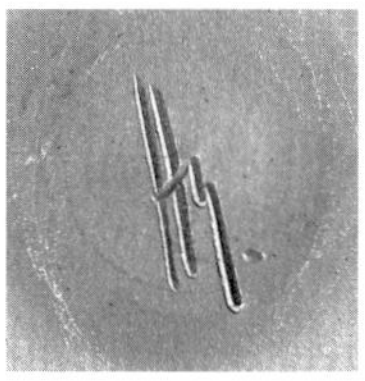

15
Balzar, Heiner

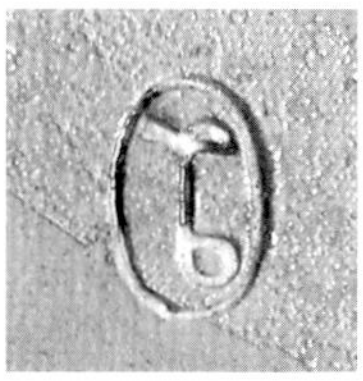

16 – 17
Bampi, Richard

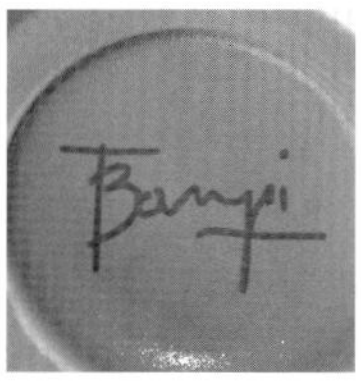

17

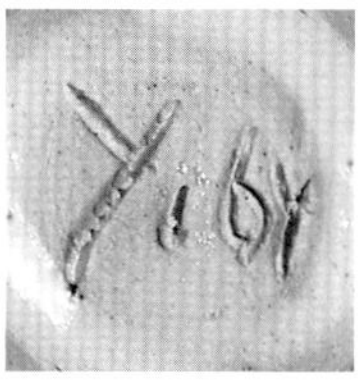

18
Barlogie, Erika Yvonne

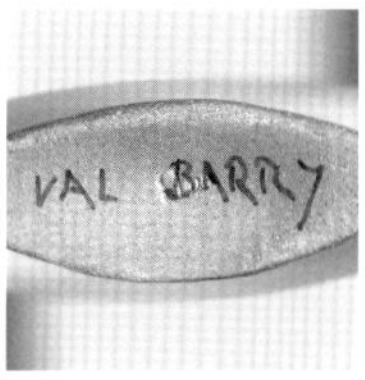

19
Barry, Val (Valerie Fox)

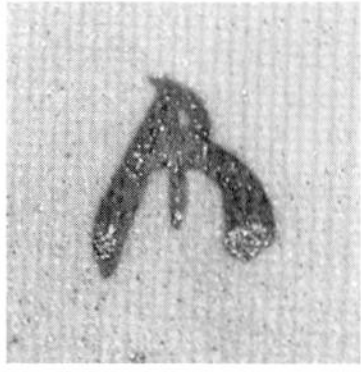

20 – 21
Baxter, Alan

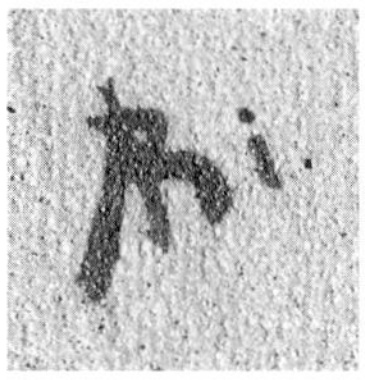

21

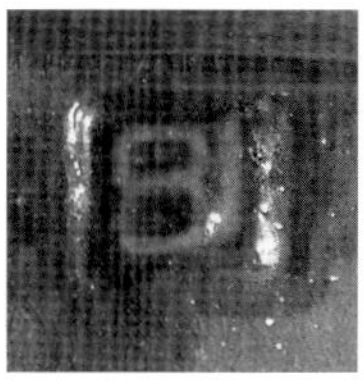

22
Benkö, Ilona

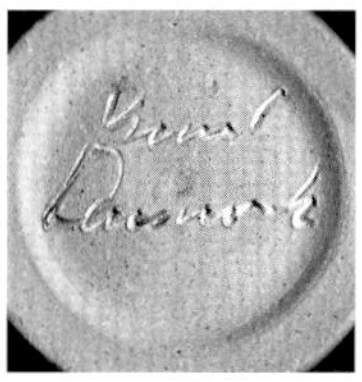

23 – 24
Birck, Aage

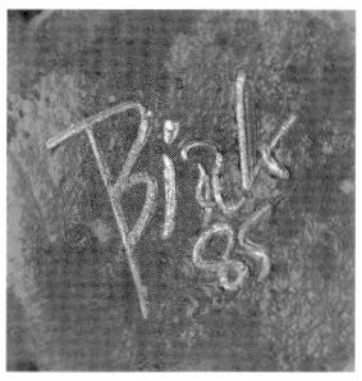

24

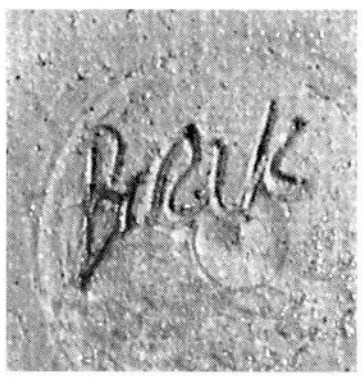
25 – 27
Guthmann Birck, Heidi

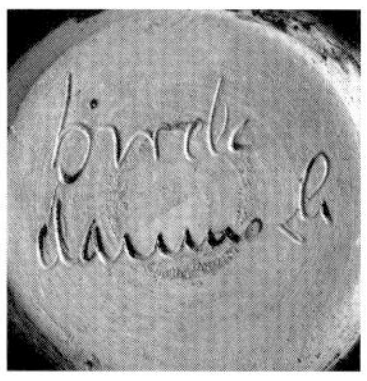
26

27

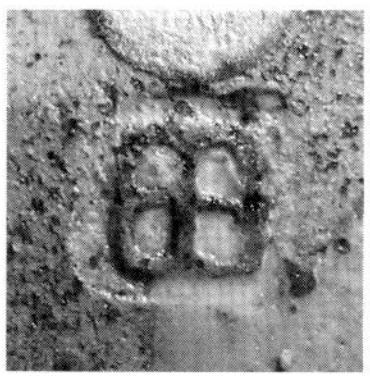
28
Blandino, Betty

29 – 31
Bontjes van Beek, Jan

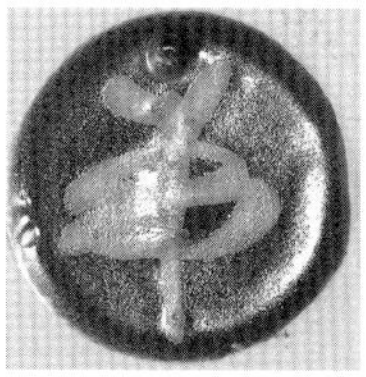
30

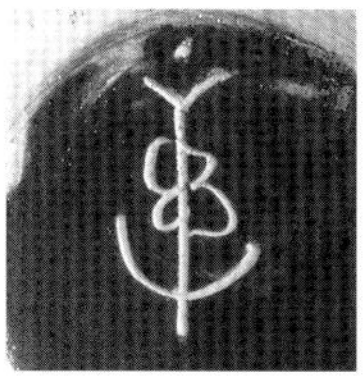
31

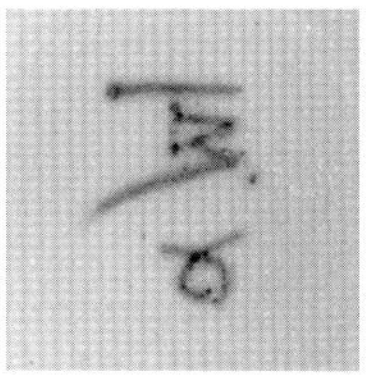
32
Brück, Traute

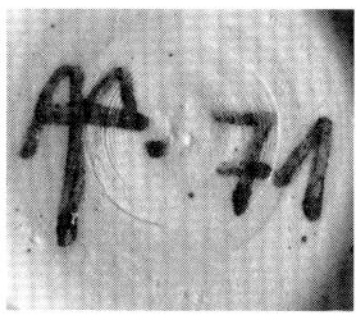
33 – 35
Brüggemann-Breck-
woldt, Antje

34

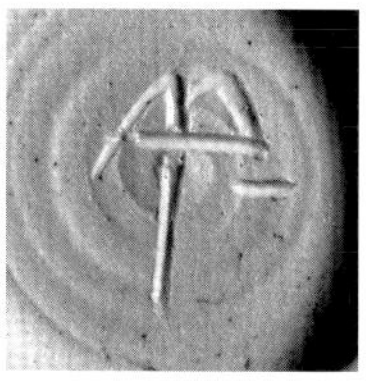
35

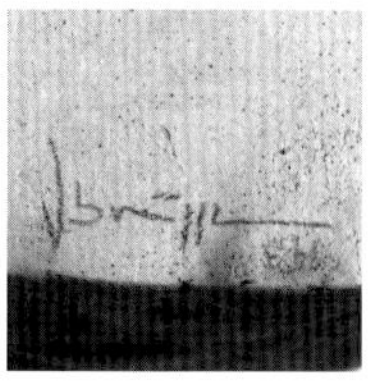
36
Brüggemann, Volker

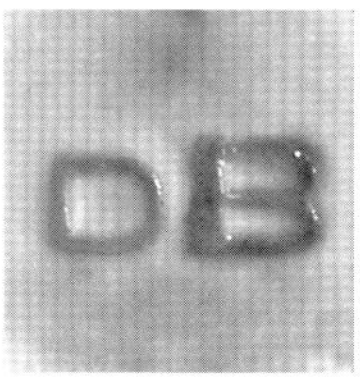

37
Burnett, Deirdre

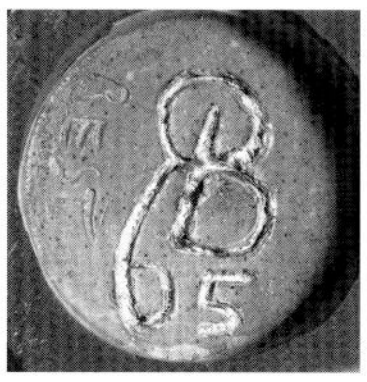
38
Busz, Ralf

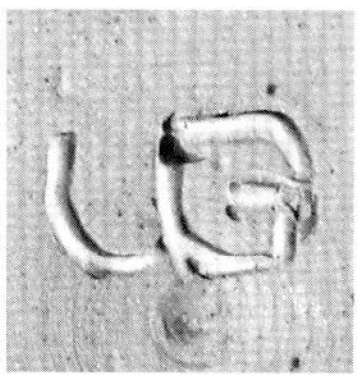
39 – 40
Busz-Gerke (jetzt
Gerke-Schmitt), Ursula

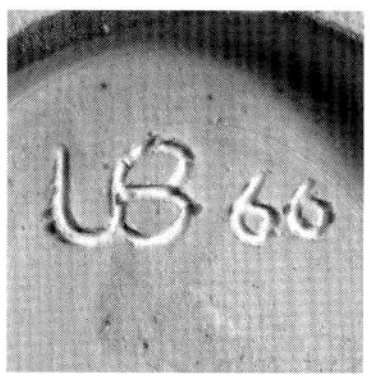
40

41 – 42
Chabert, Dorothea

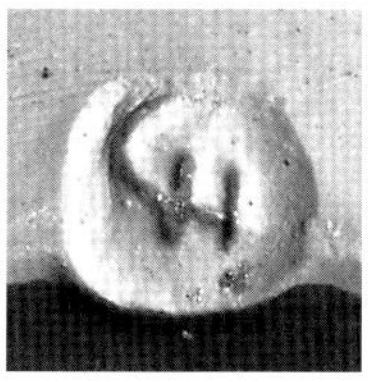
42

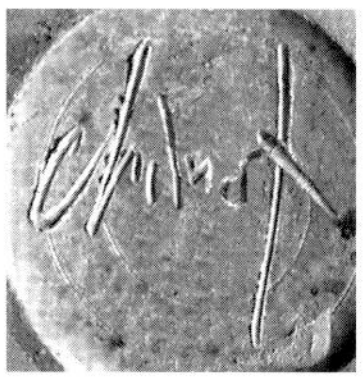
43
Champy, Claude

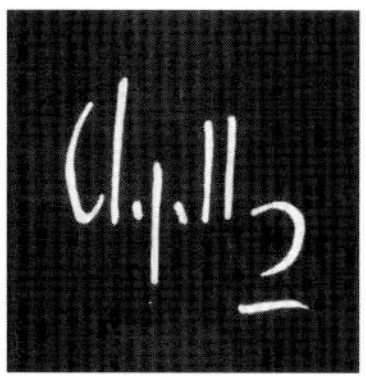
44
Chapallaz, Edouard

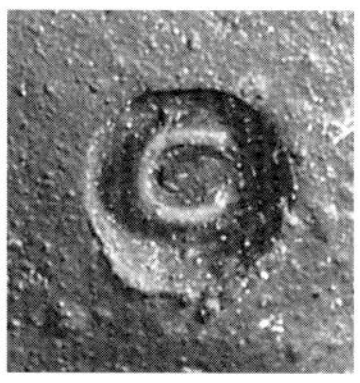
45
Constantinidis, Joanna

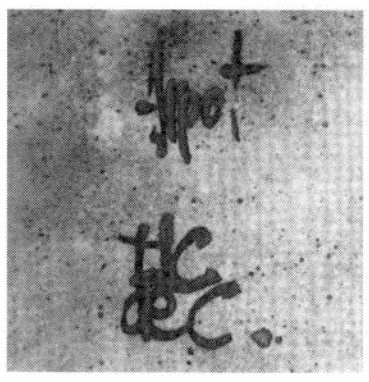
46 – 47
Crousaz,
Jean-Claude de

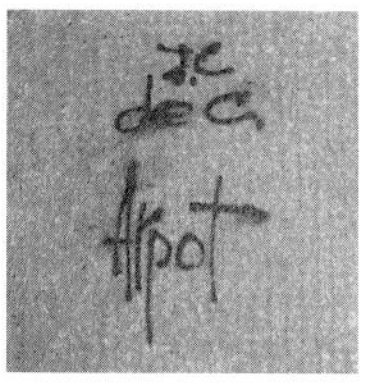
47

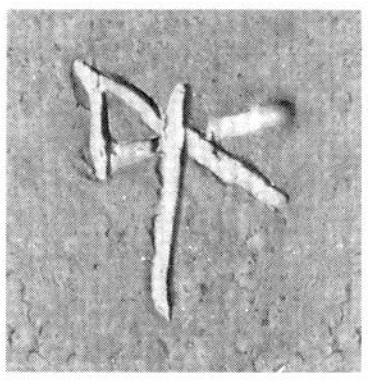
48 – 49
Crumbiegel, Dieter

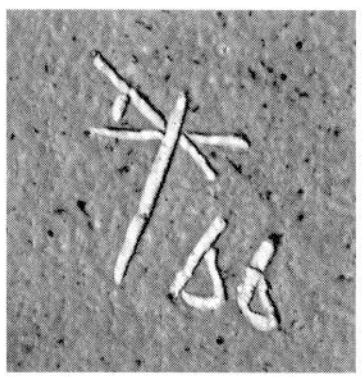
49

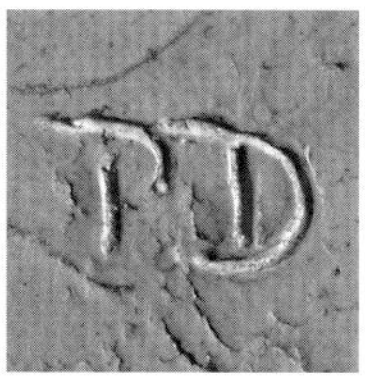

50
Dresler, Paul

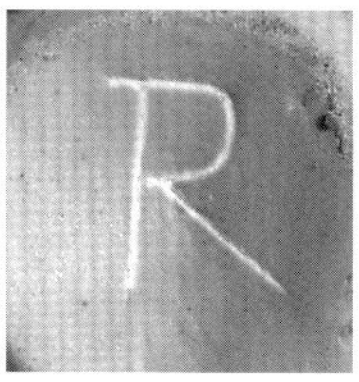

51 – 52
Duckworth, Ruth

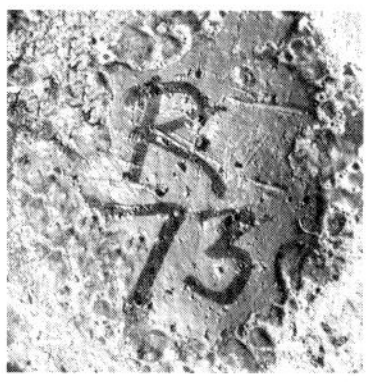

52

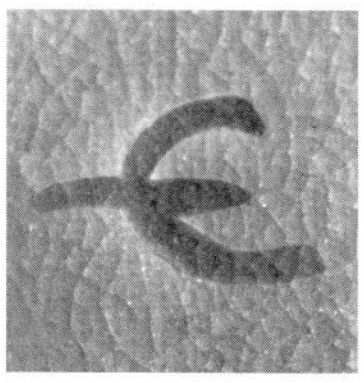
53 – 54
Ellwanger, Volker

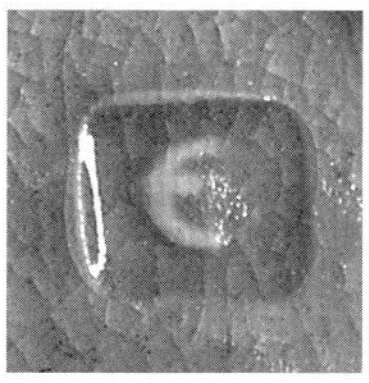
54

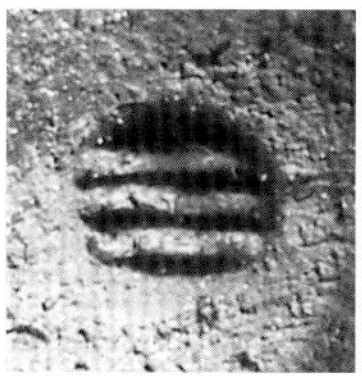
55
Elsner, Dante

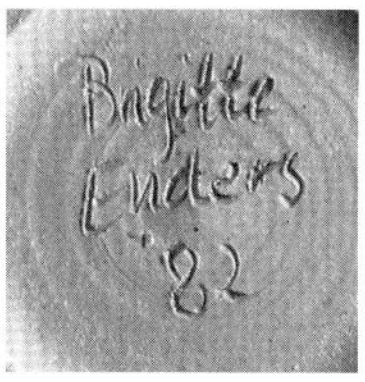

56 – 57
Enders, Brigitte

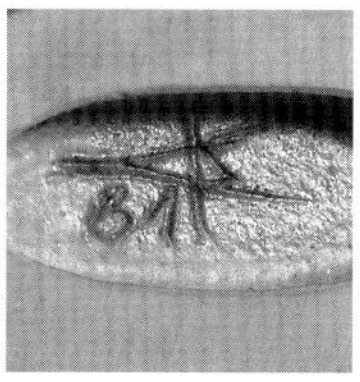
57

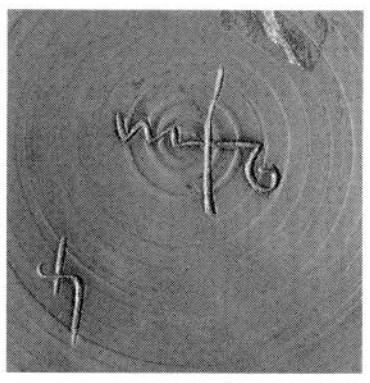
58 – 60
Engler, Heinz H.

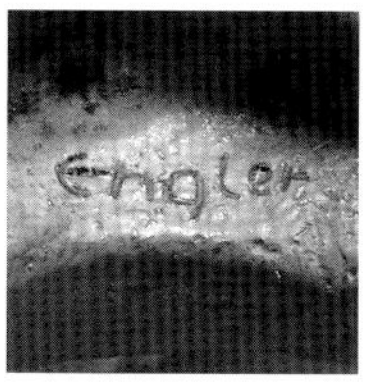

59

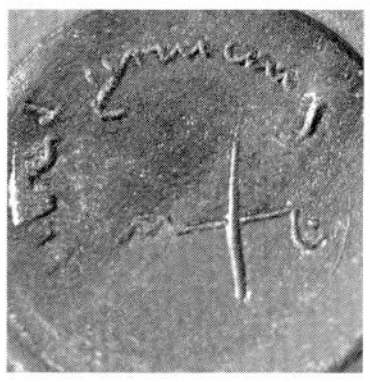
60

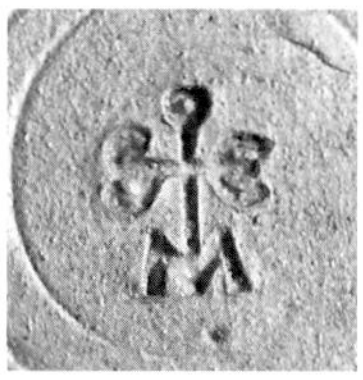
61 – 62
Erdös-Meisinger, Ida, und Erdös, Stephan

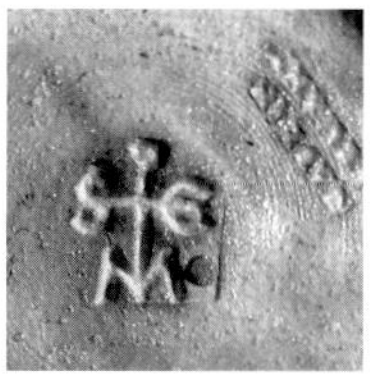
62

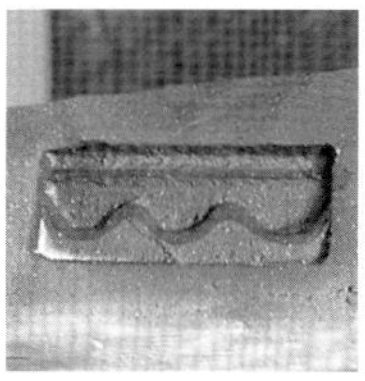
63 – 64
Favre, Aline

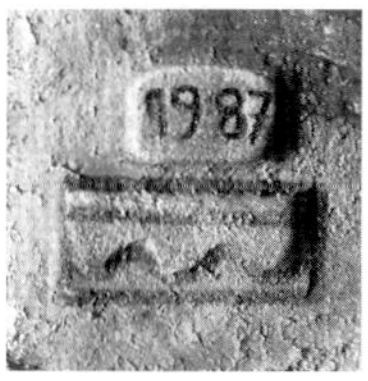

64

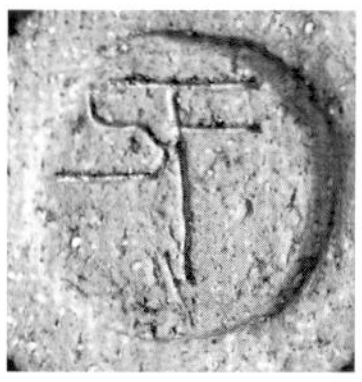
65
Fournier, Sheila

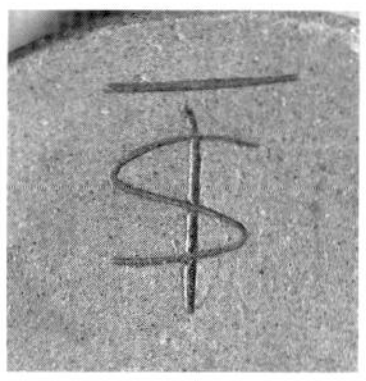
66 – 67
Frenzel, Gisela

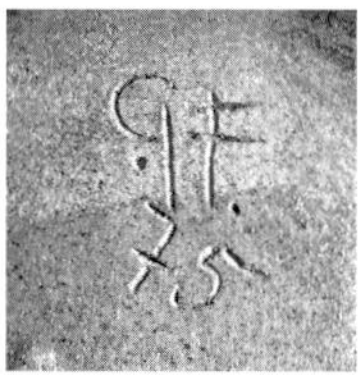
67

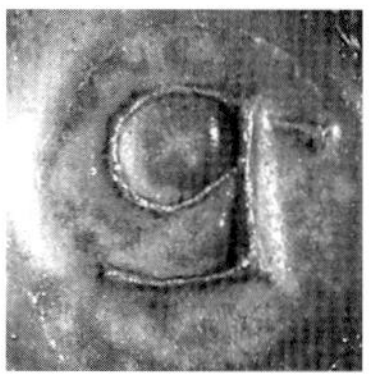
68
Gehrig, Reiner

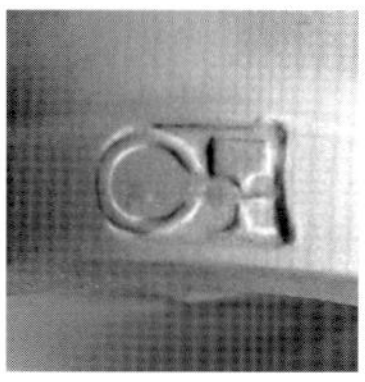
69 – 70
Greenaway, Victor

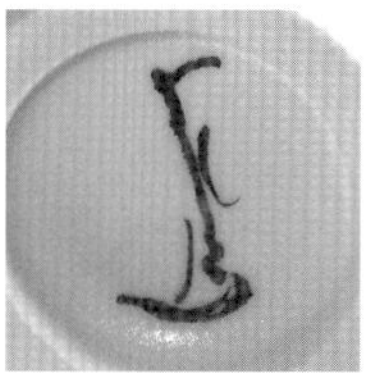
70

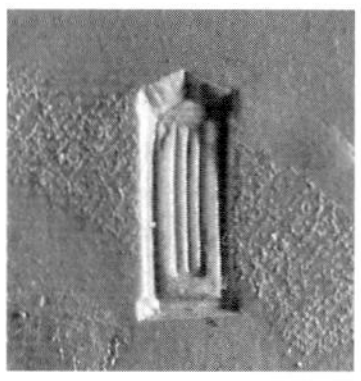
71 – 72
Griemert, Hubert

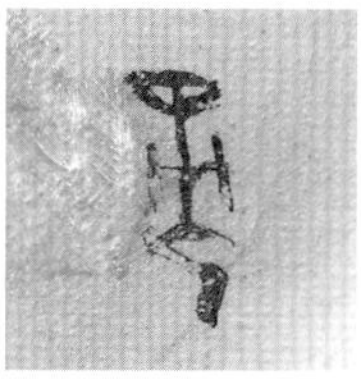
72

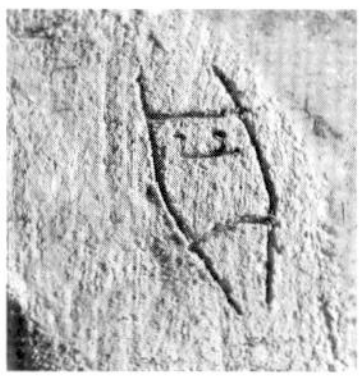
73
Grub, Ludwig

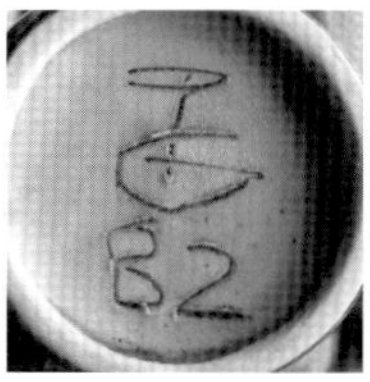
74
Guggenbühler, Peter

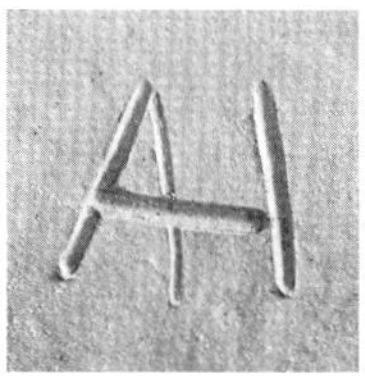
75
Hanke, August

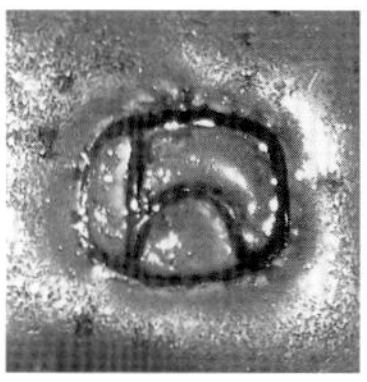
76 – 78
Heckmann, Hans und Renate

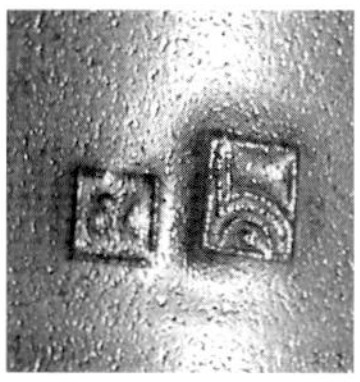
77

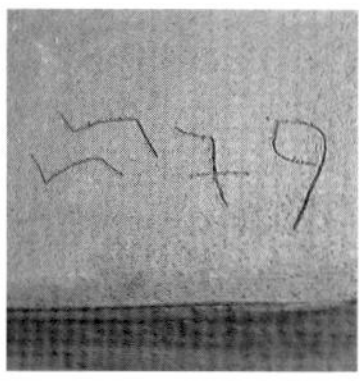
78

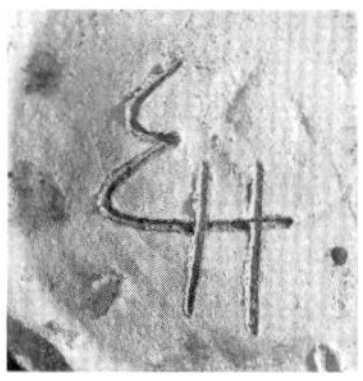
79
Heise, Elisabeth

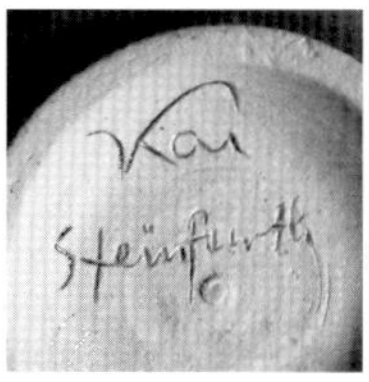
80
Hensellek, Karl-Heinz

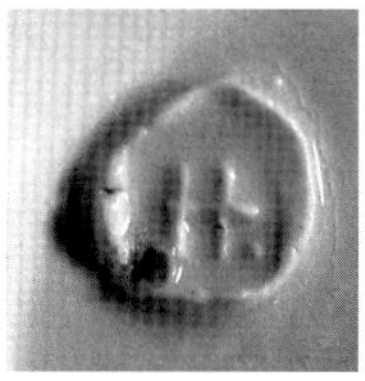
81
Hentschel, Karl

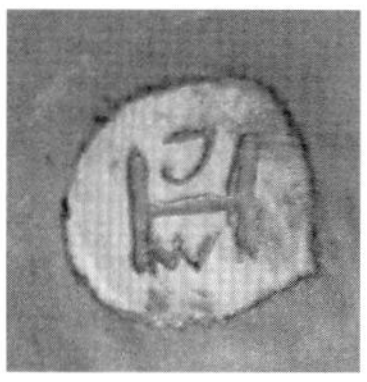
82
Hinder, Jakob Wilhelm

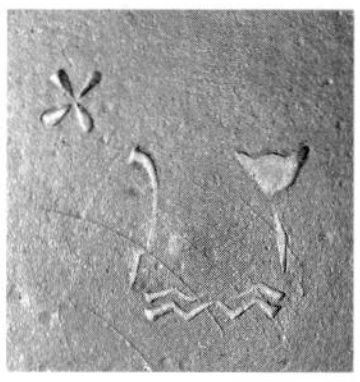
83 – 85
Hohlt, Albrecht

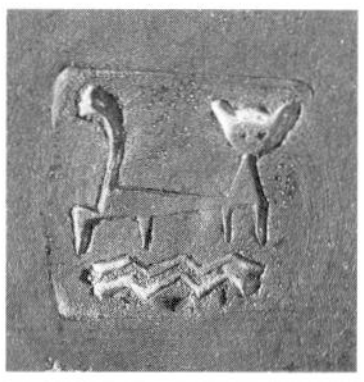
84

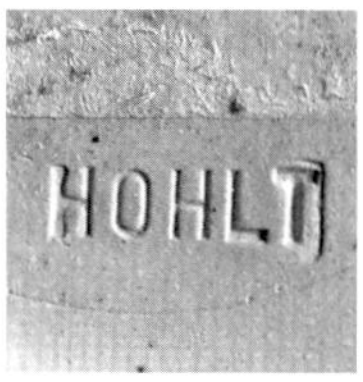

85

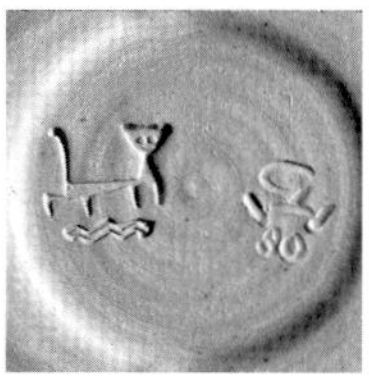
86 – 87
Hohlt, Görge

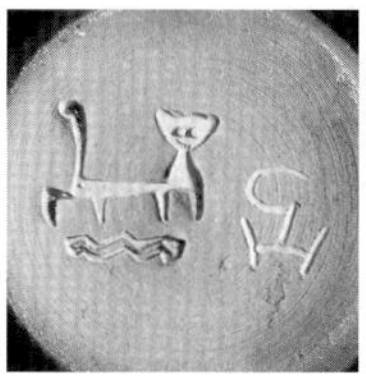
87

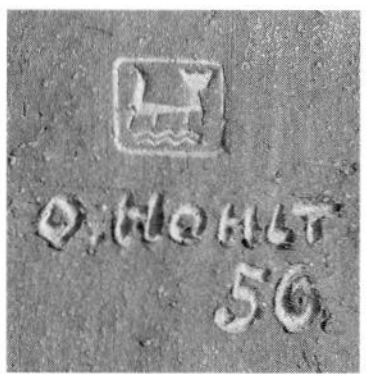

88 – 89
Hohlt, Otto

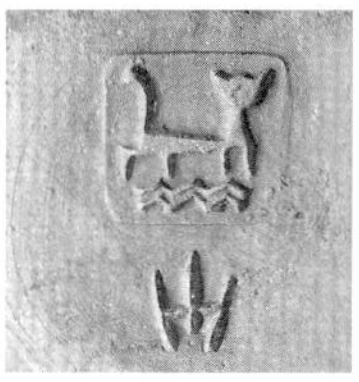
89

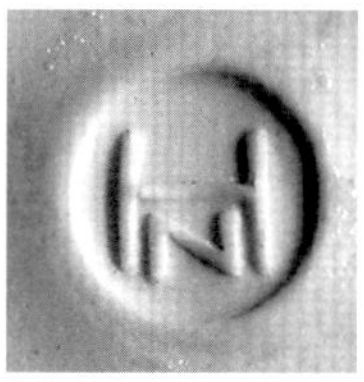
90
Homoky, Nicholas

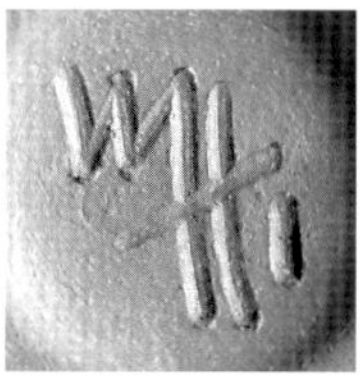
91
Hornberger, Willi

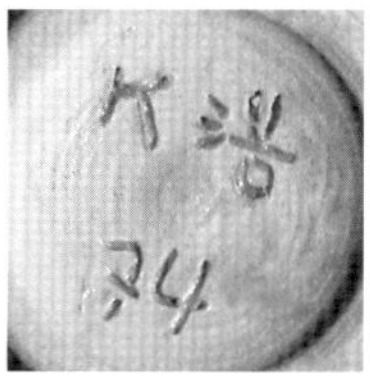
92 – 95
Ikemoto, Kozo

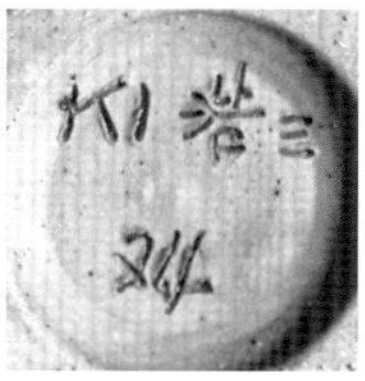
93

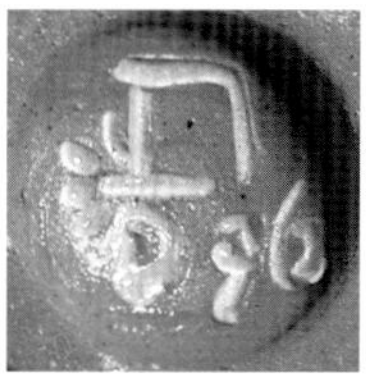
94

95

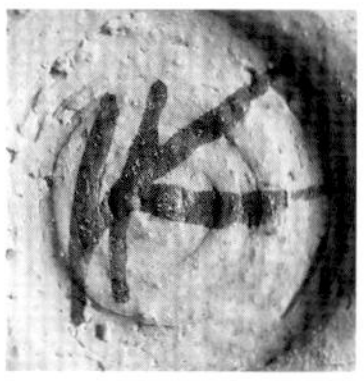
96 – 101
Kerstan, Horst

97

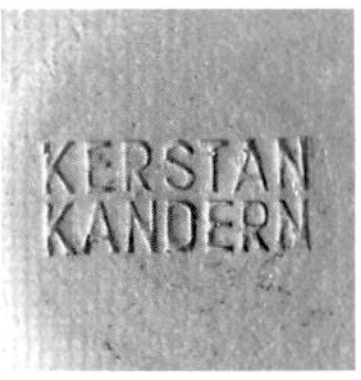

98

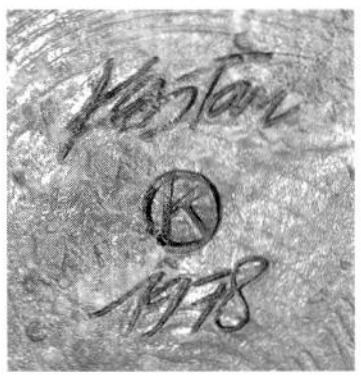
99

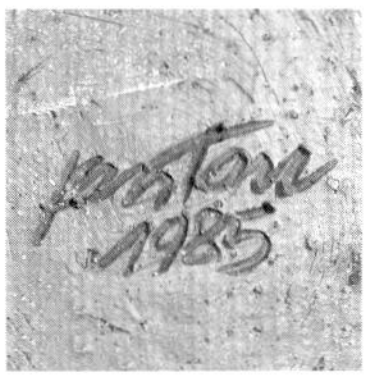
100

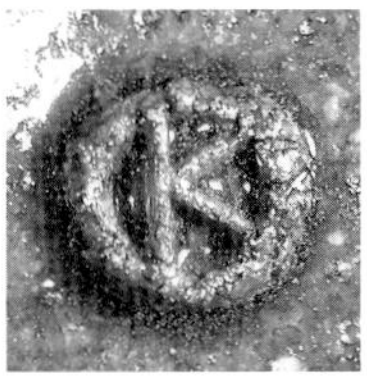
101

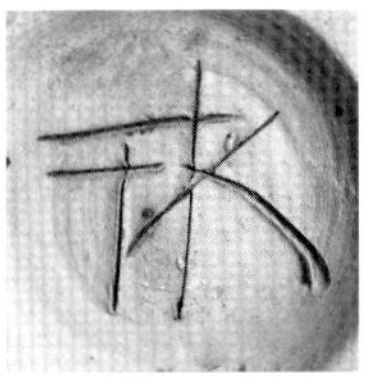
102
Kiessling, Felicity

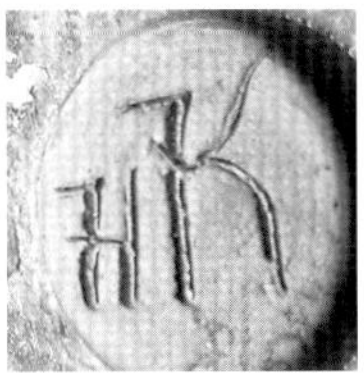
103 – 104
Kiessling, Johannes

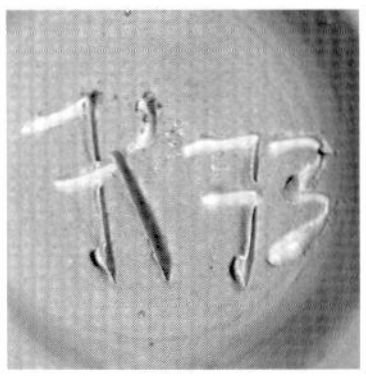
104

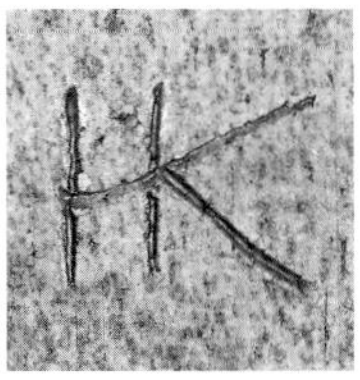
105 – 107
Kippenberg, Heidi

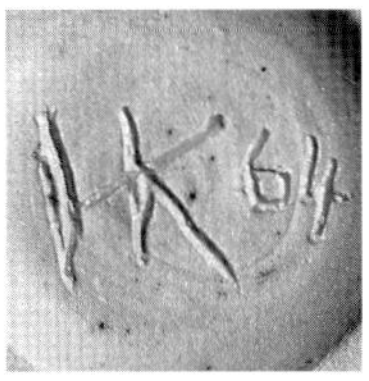
106

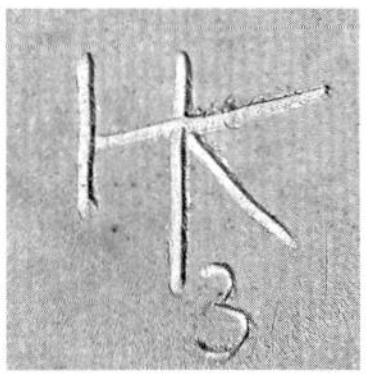
107

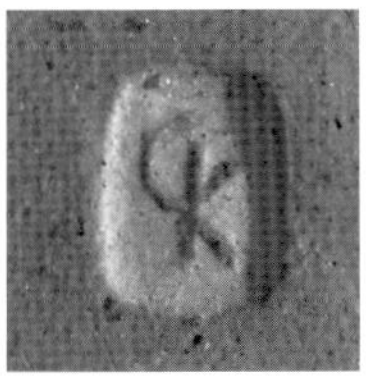
108
Knäpper, Gerd

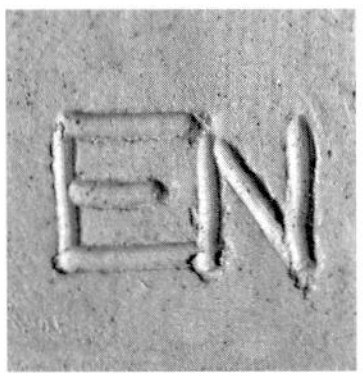
109 – 110
Köhncke-Nebe, Elisabeth

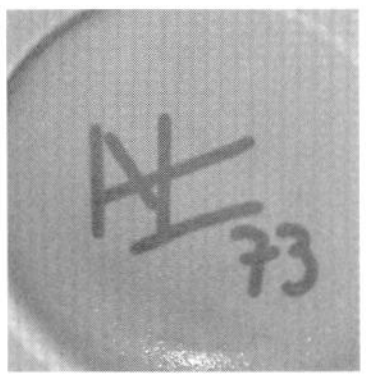
110

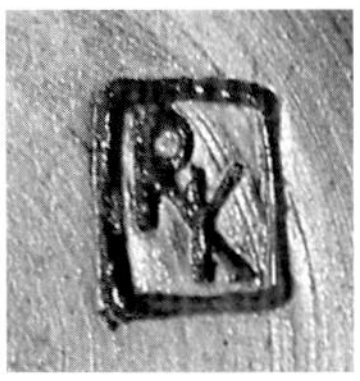
111
Koppenhöfer, Ruth

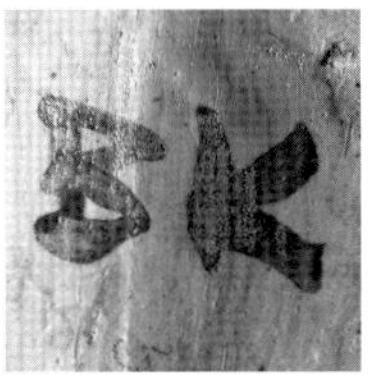
112
Krumbacher, Beate

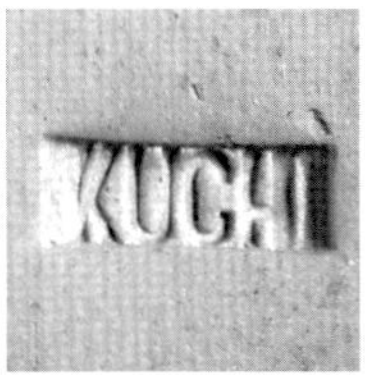

113
Kuch, Elly und Wilhelm

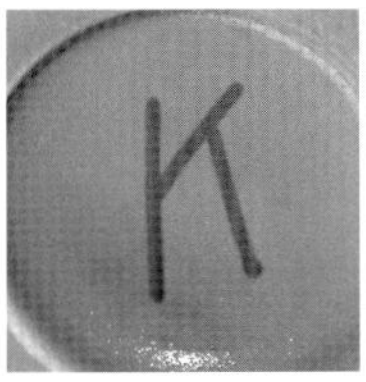
114
Külz, Walburga

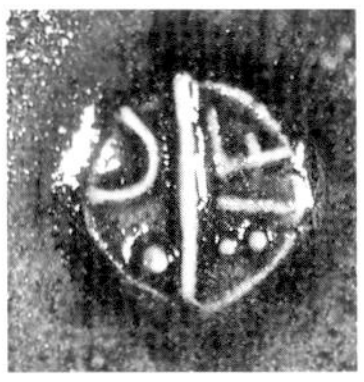
115 – 118
Kuhn, Beate

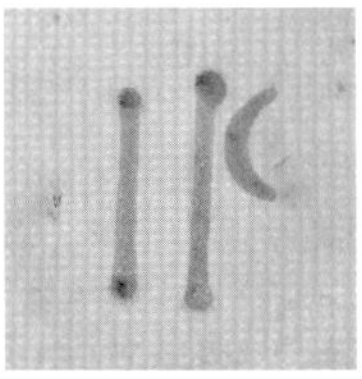
116

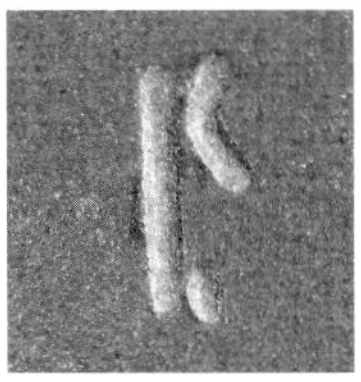
117

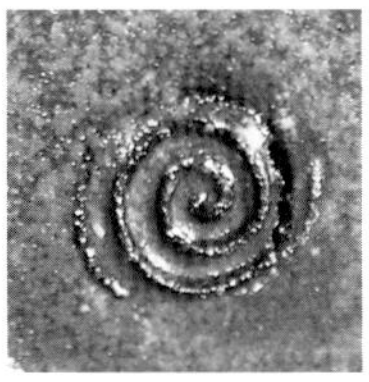
118

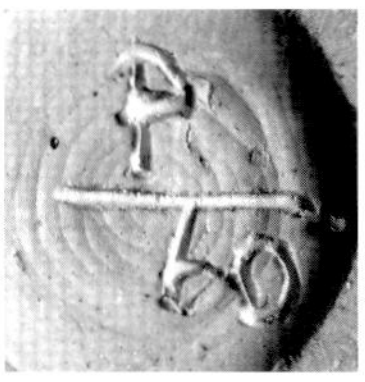
119
Lakotta, Peter

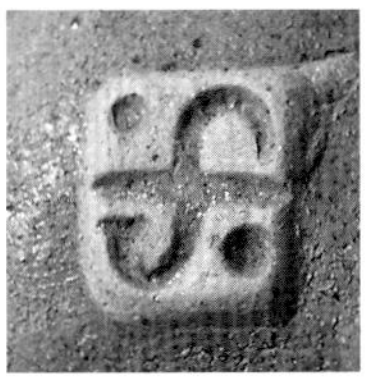
120 – 121
Leach, Bernard Howell

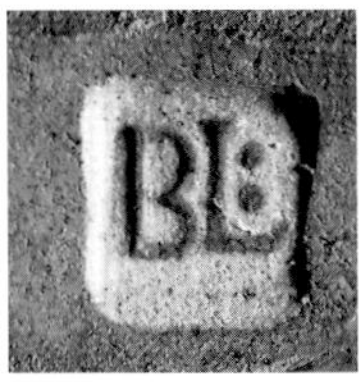
121

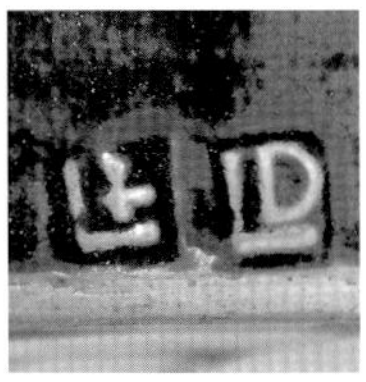
122
Leach, David Andrew

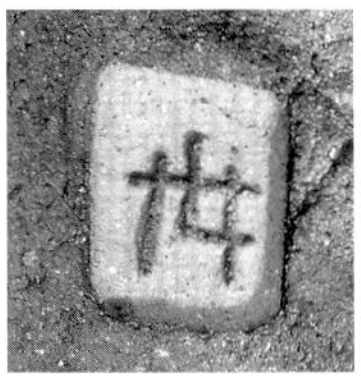
123 – 125
Lehmann, Arno

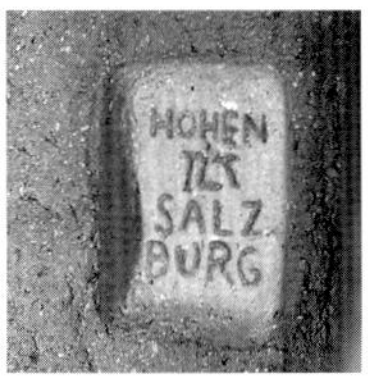

124

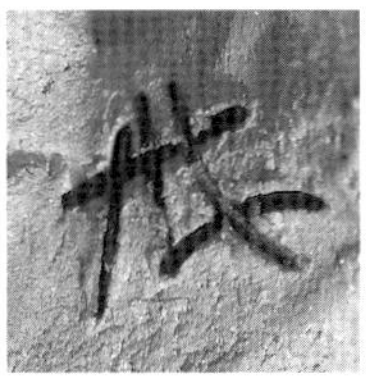
125

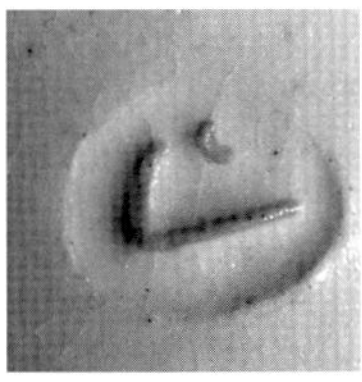
126
Lehmann, Klaus

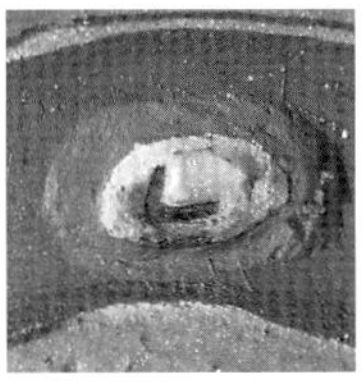
127
Lehmann, Klaus und Pistorius-Lehmann, Signe

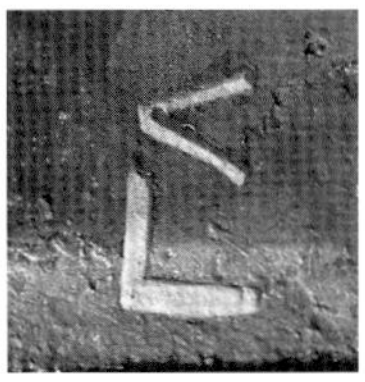
128 – 129
Lehmann, Klaus

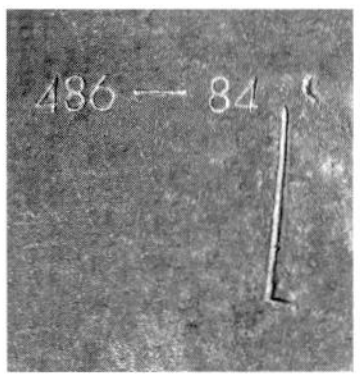

129

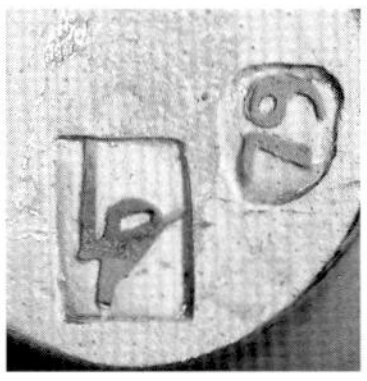
130
Pistorius-Lehmann, Signe

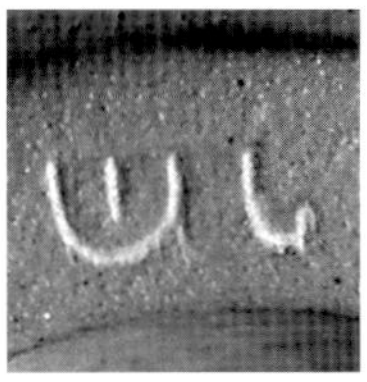
131
Lerch, Uwe

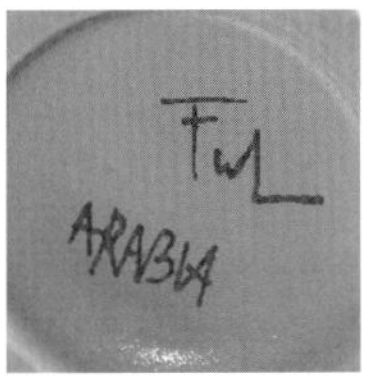

132
Lindh-Mascitti, Francesca

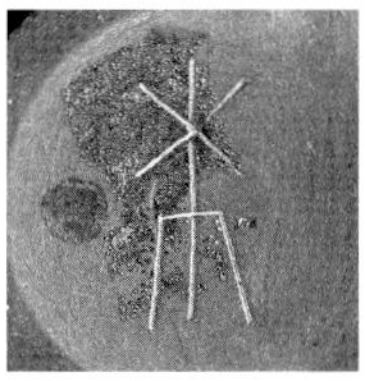
133 – 134
Möller, Siegfried

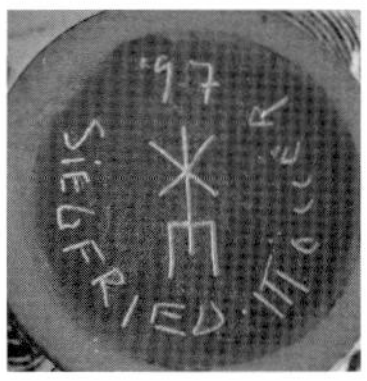
134

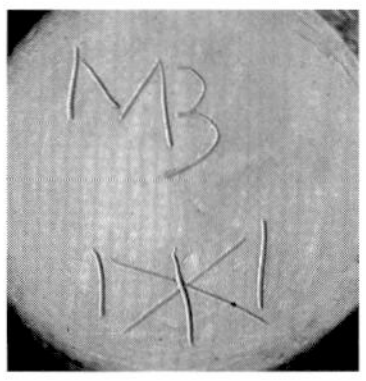
135, 137 und 139
Werkstatt Mühlendyck

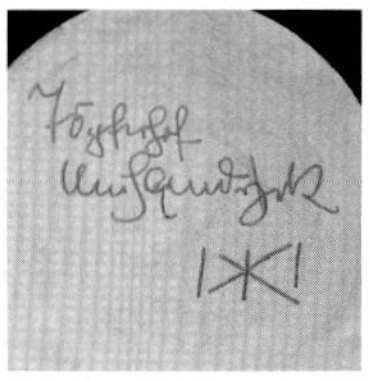
137

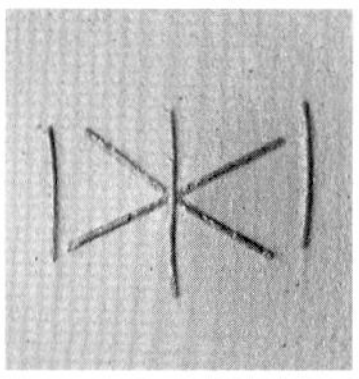
139

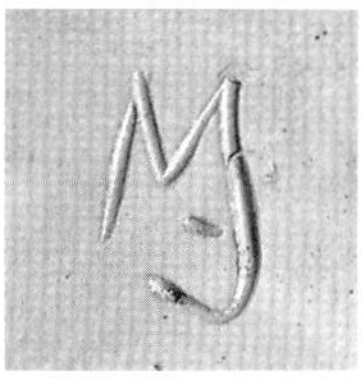
136
Mühlendyck, Johannes

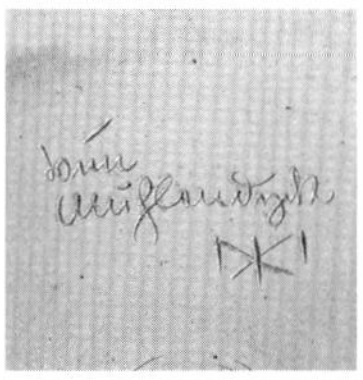
138
Mühlendyck, Wim

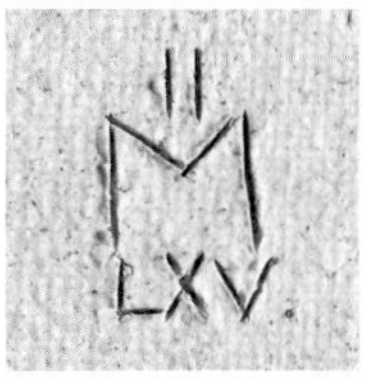
140 – 141
Müller Dr., Horst

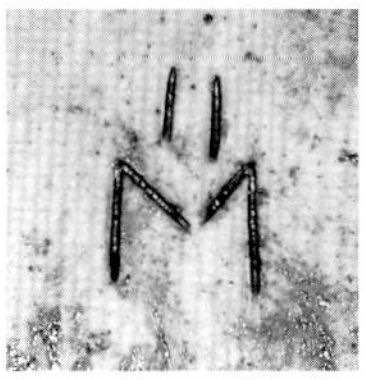
141

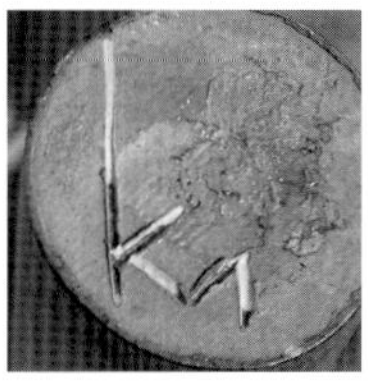
142
Müller, Klaus

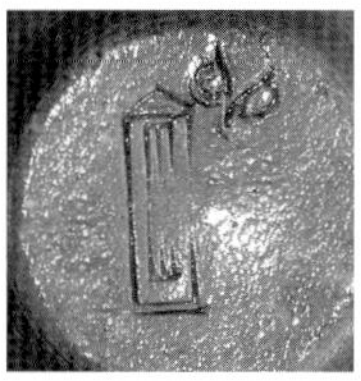
143 – 144
Naethe, Thomas

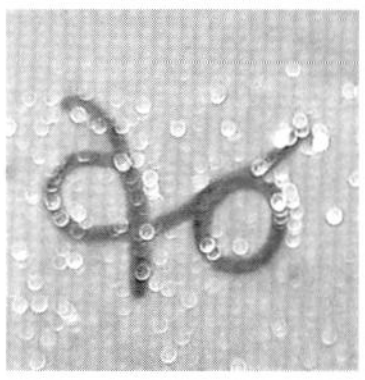
144

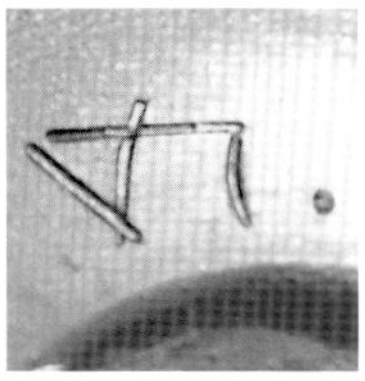
145
Okabe, Norihiko

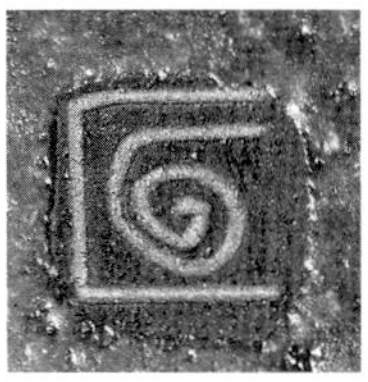
146
Overberg, Rolf

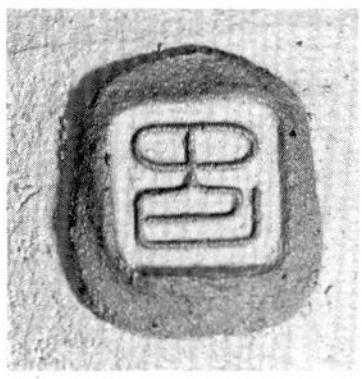
147
Pearson, Colin

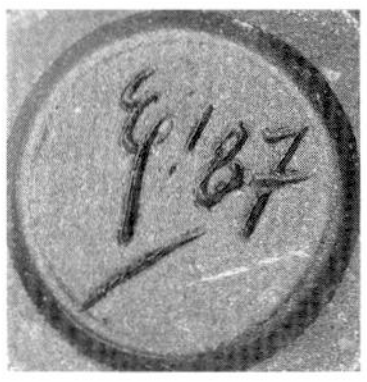
148
Pleuger, Ernst

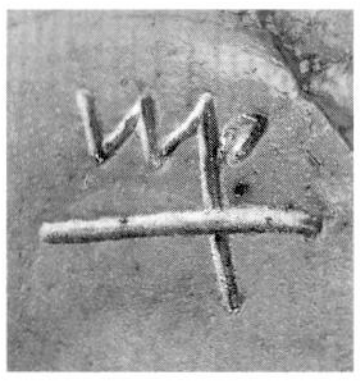
149 – 150
Popp, Walter

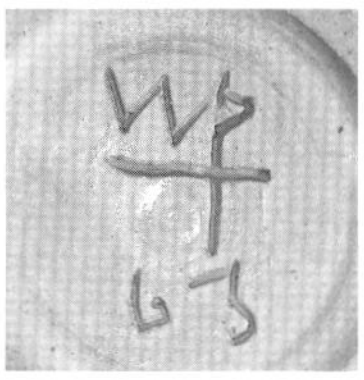
150

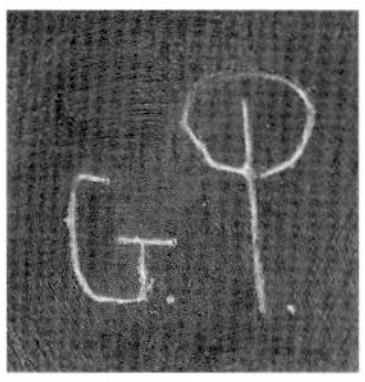
151
Portanier, Gilbert

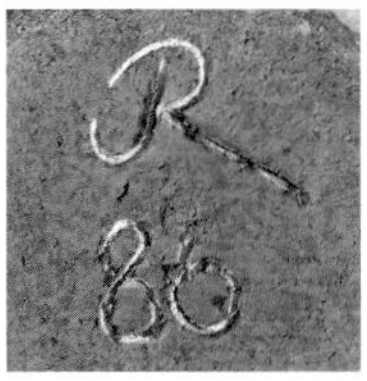
152
Preis, Roswitha

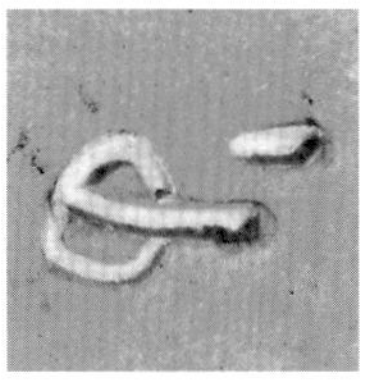
153 – 155
Quillmann, Konrad

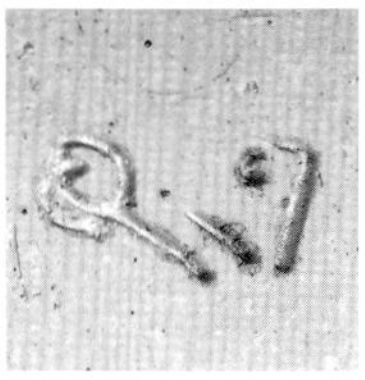
154

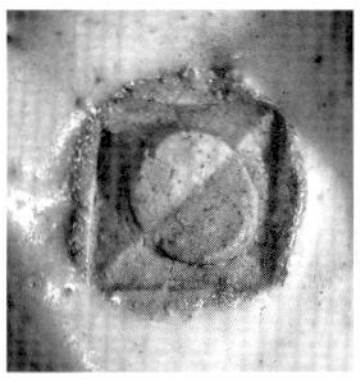
155

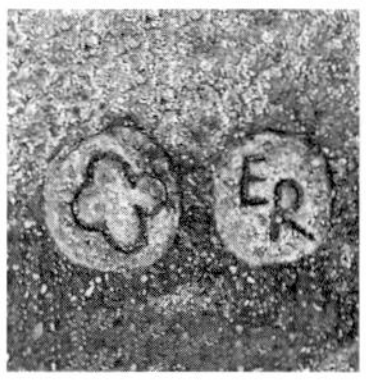
156
Raeburn, Elizabeth

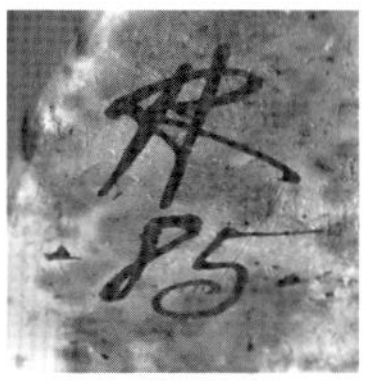
157
Rasmussen, Peder

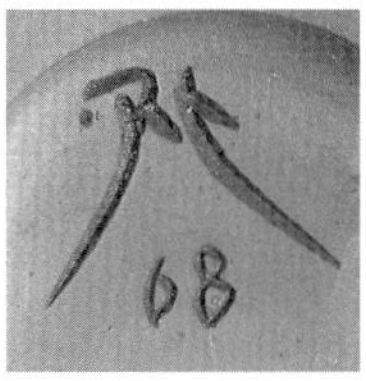
158
Rast, Uwe

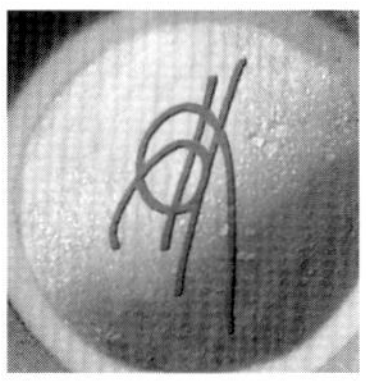
159
Rehfeldt, Per

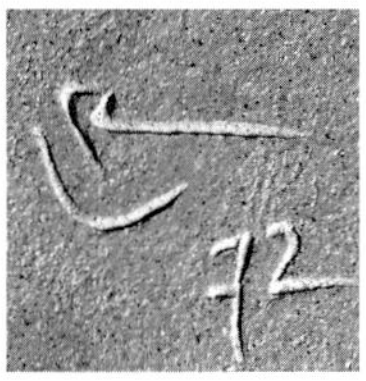
160
Reimers, Lotte

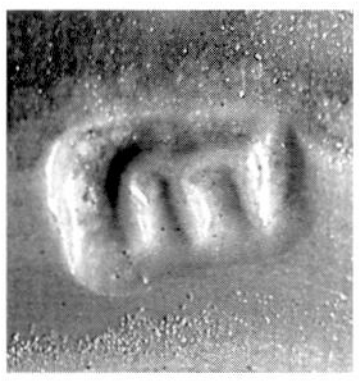
161
Rich, Mary

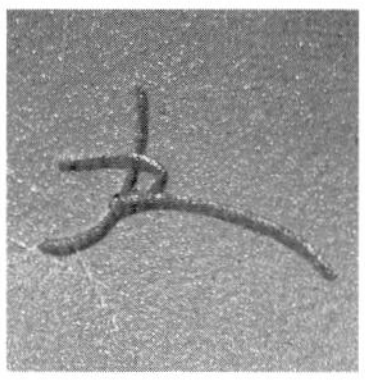
162 – 163
Riecke, Jürgen

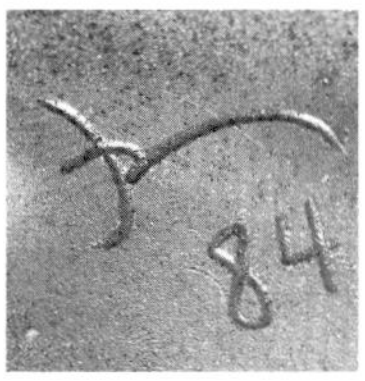
163

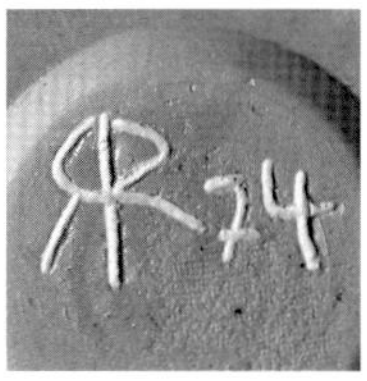
164
Rieckmann, Reinhold

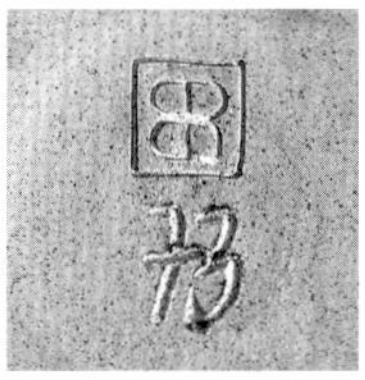
165
Röter, Bernd

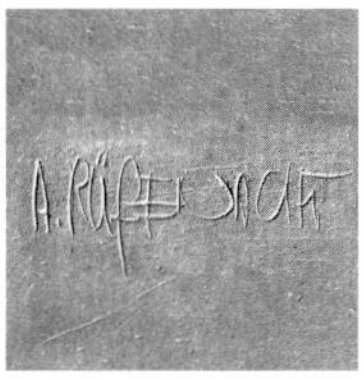
166
Rüfenacht, Aschi

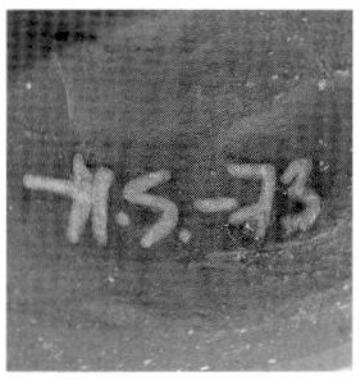
167 – 168
Samohelová, Helena

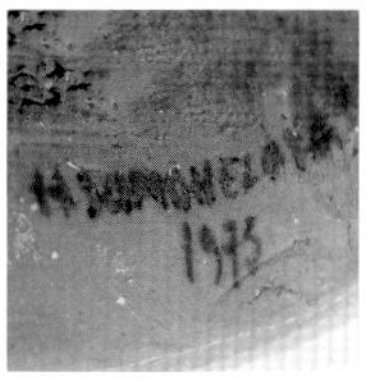
168

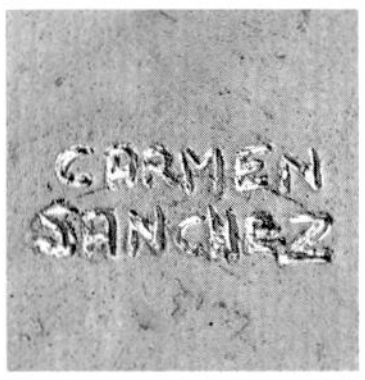

169
Sánchez Oroquieta, Carmen

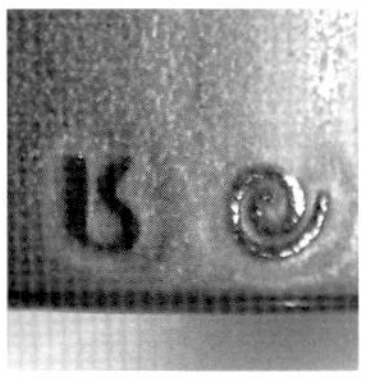

170 – 172
Scheid, Karl

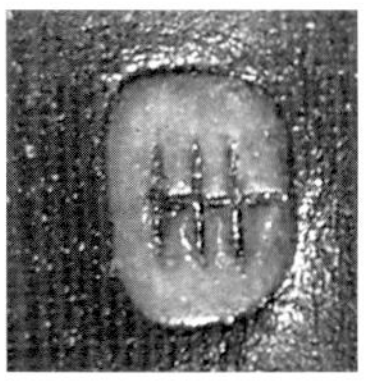

171

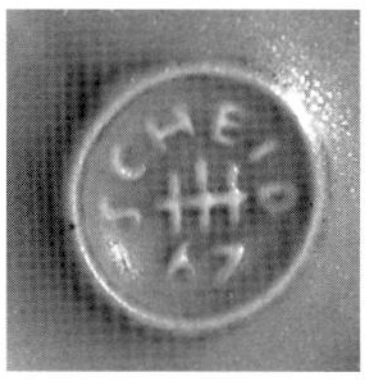

172

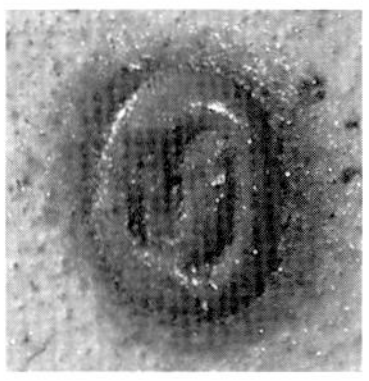

173 – 174
Scheid, Ursula

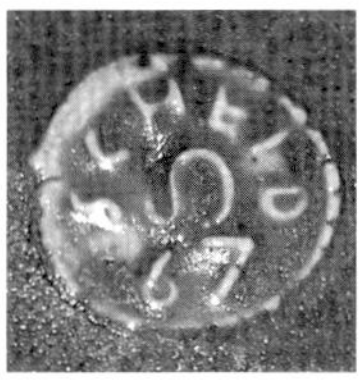

174

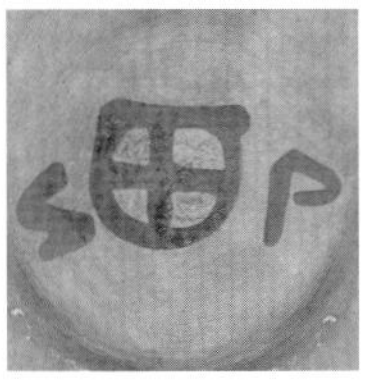

175
Schmidt-Pecht, Elisabeth

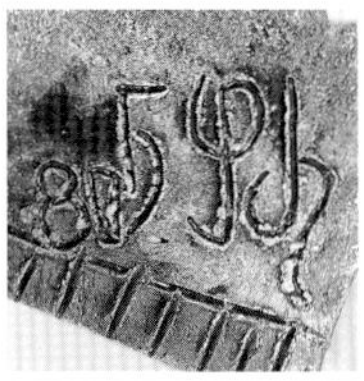

176 – 177
Schöneich, Horst

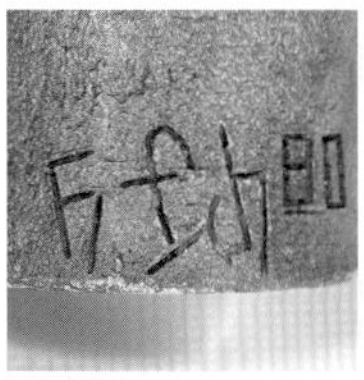

177

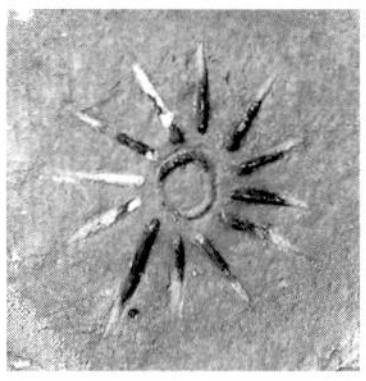

178
Scholz-Schäfer, Karin

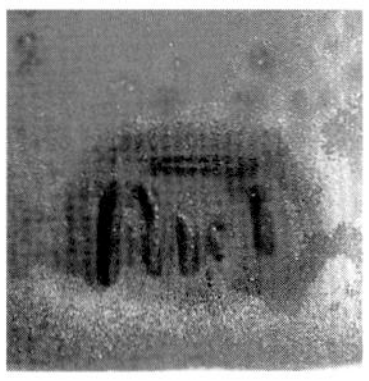

179
Schott, Margarete

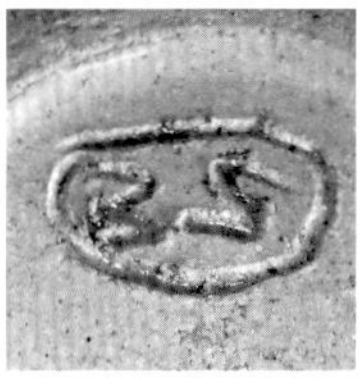

180 – 182
Schuller, Brigitte

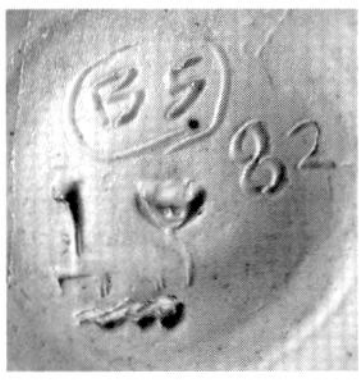

181

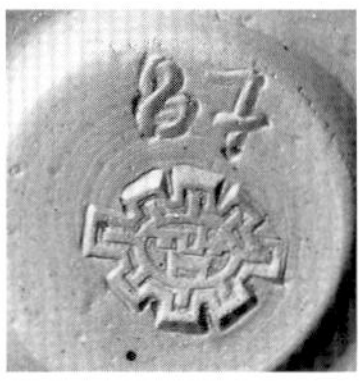

182

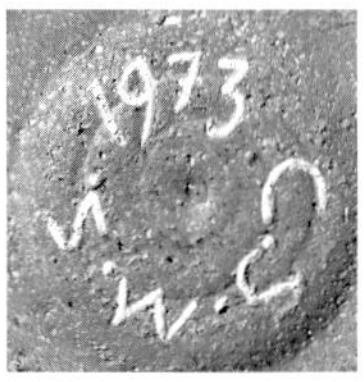

183
Schwarze, Mathies

184
Siesbye Ebbüzziya, Alev

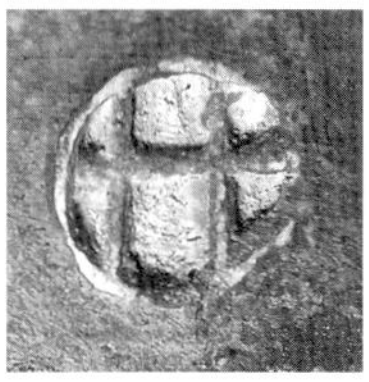

185
Simpson, Peter

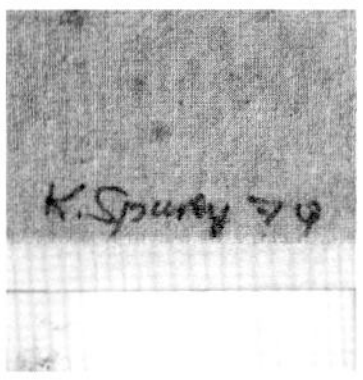

186
Spurey, Kurt

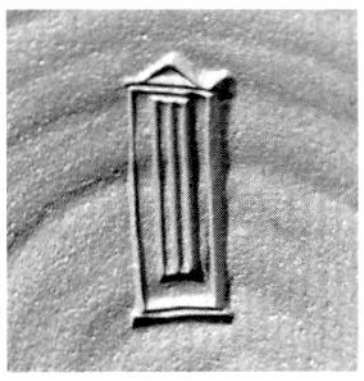

187
Staatliche Ingenieur- u. Werkschule f. Keramik Höhr-Grenzhausen

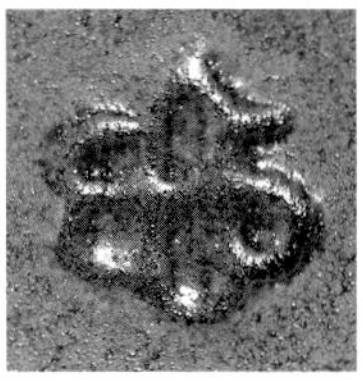

188
Stehr, Barbara

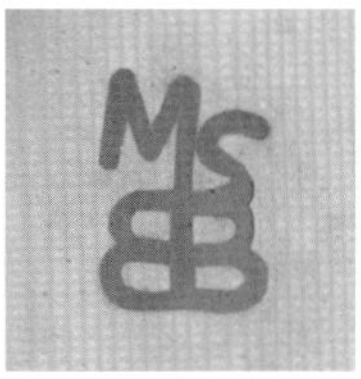

189
Stewart, Maria

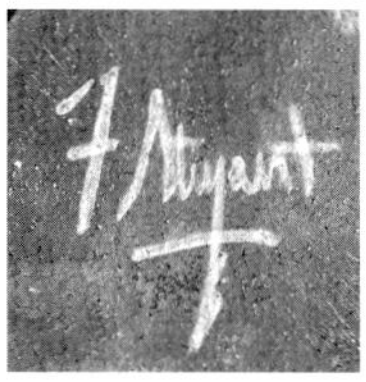

190
Steyaert, Frank

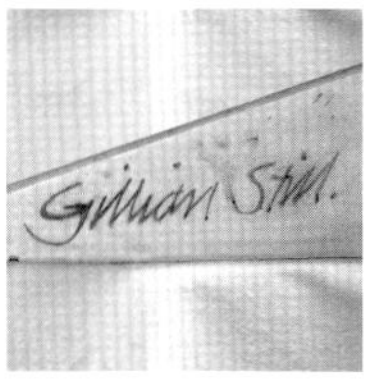

191
Still, Gillian

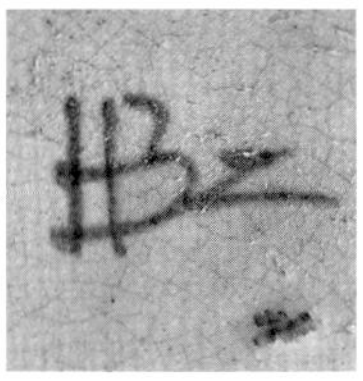

192 – 193
Storr-Britz, Hildegard

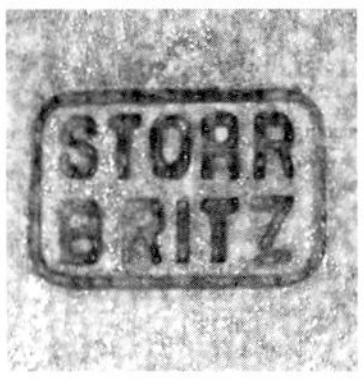

193

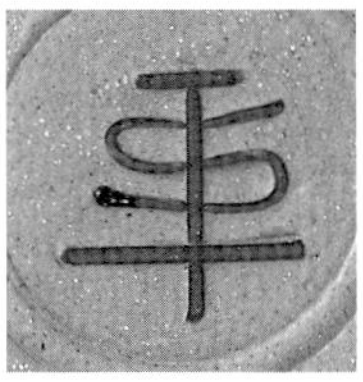

194 – 195
Stürmer, Walther

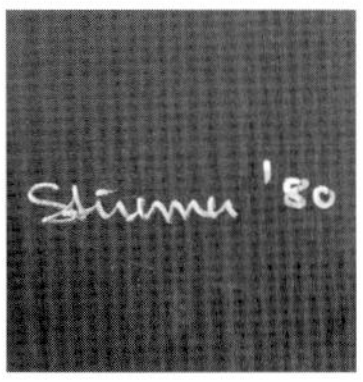

195

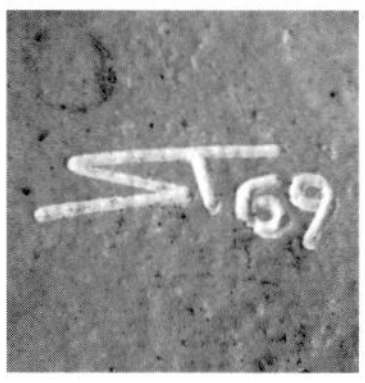

196 – 197
Sturm, Robert

197

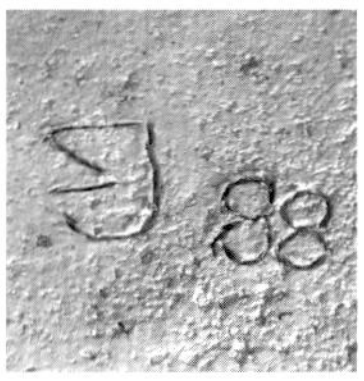

198
Sturm-Jöhrens, Ute

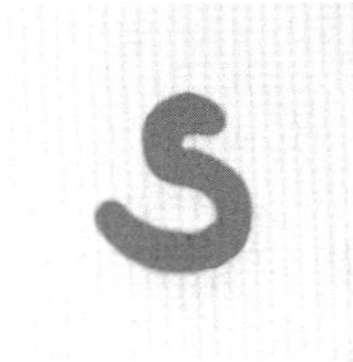

199
Swindell, Geoffrey

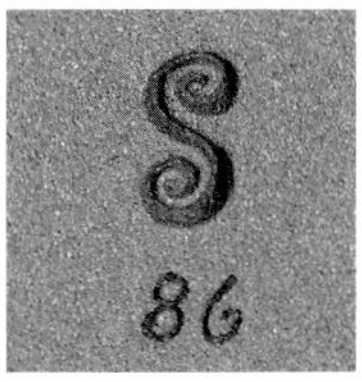

200
Ternes, Rita

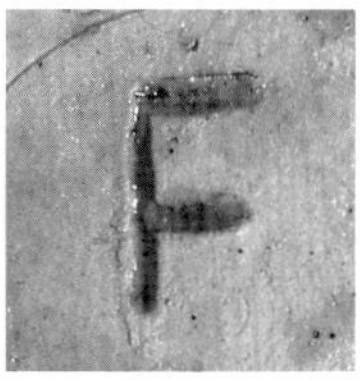

201
Tschentscher, Friedhelm

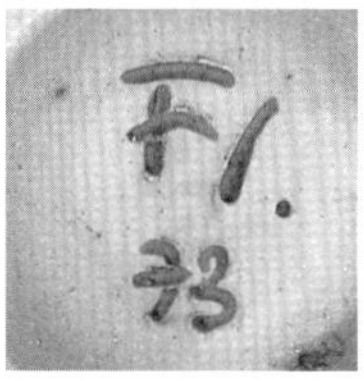

202 – 203
Vehring, Fritz

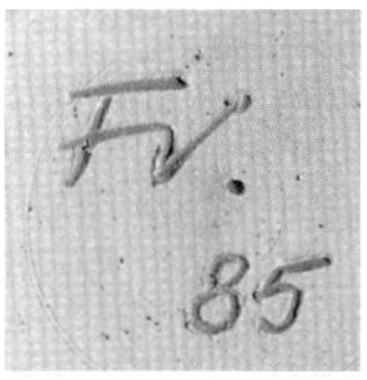

203

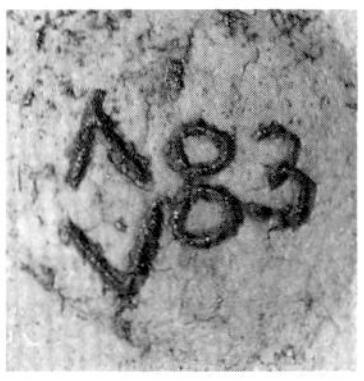

204 – 205
Vehring, Vera

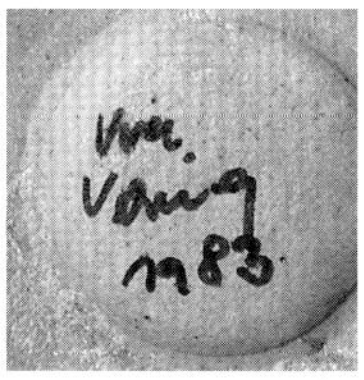

205

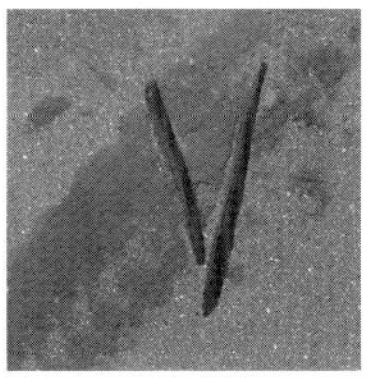

206
Veith, Elisabeth T.

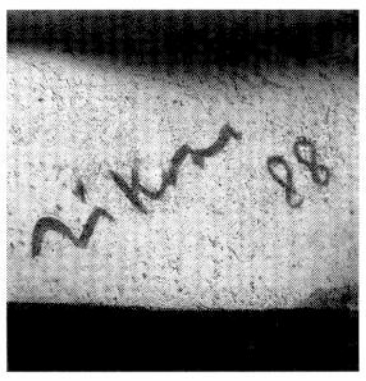

207
Viková, Jindra

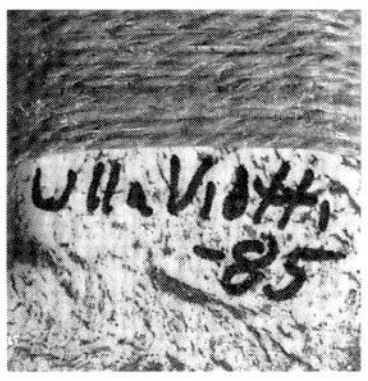

208
Viotti, Ulla

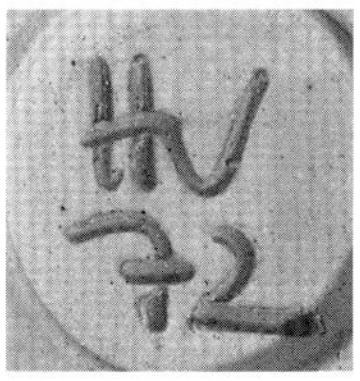

209
Vollet, Kuno Heribert

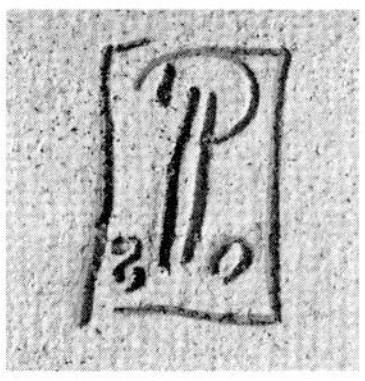

210
Wagner, Hans-Joachim

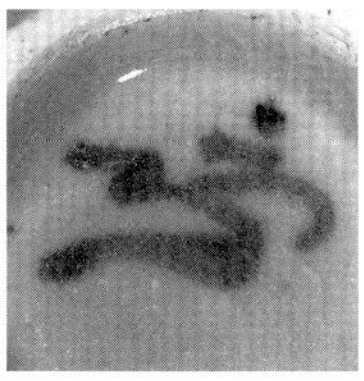

211
Walford, Andrew

212
Weber, Hans-Georg

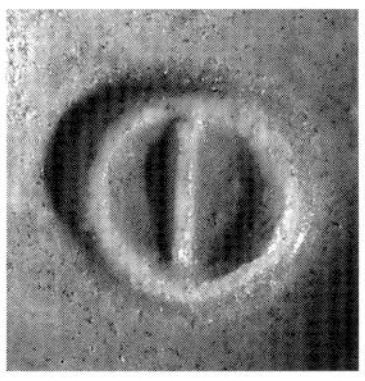

213 – 214
Weigel, Gerald und Gotlind

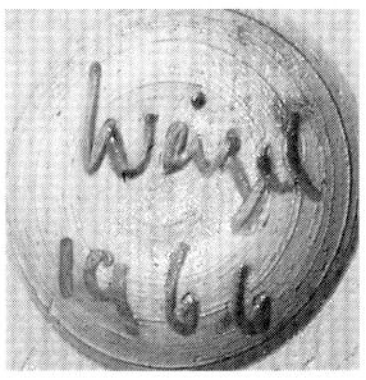

214

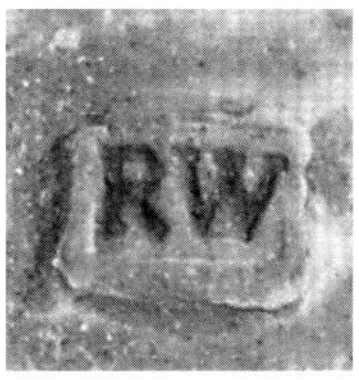

215
Welch, Robin

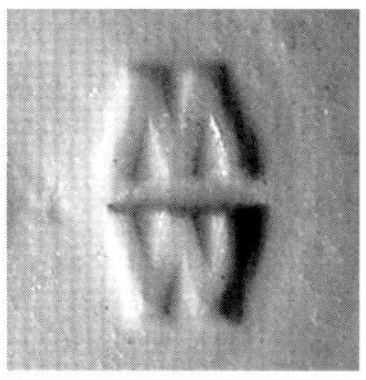

216
White, Mary

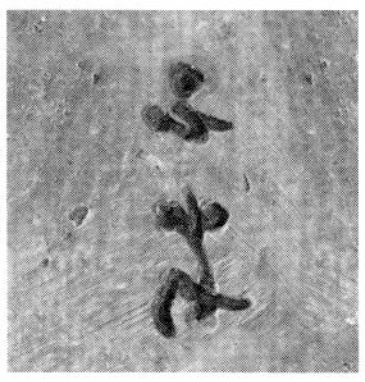

217
Yang, Seung-Ho

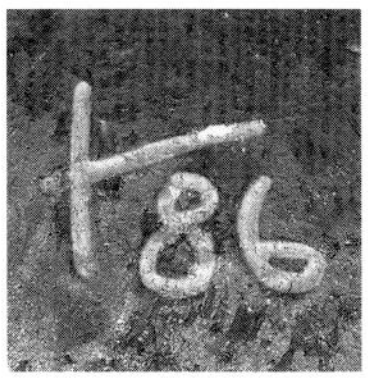

218
Zadelhoff, Heike van

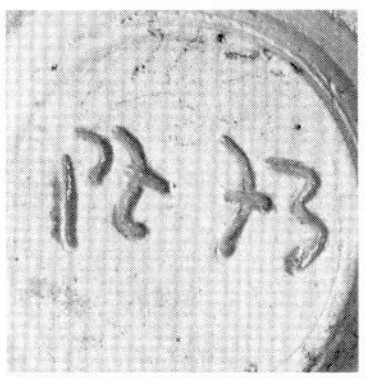

219
Zweifel, Peter

Literaturverzeichnis

Ausstellungs- und Bestands-Kataloge sind in der Rubrik „Kataloge" (S. 252f.) erfasst und alphabetisch nach Ausstellungsorten sortiert. In den Fällen, in denen ein Verfasser oder Herausgeber genannt ist, wurde die Eingliederung unter den Oberbegriff „Kataloge" unterlassen.

Ahrendt 1979 ..... Ahrendt, B. (Reimers, L.), Signe Lehmann-Pistorius – ein keramischer Neubeginn. In: Keramische Zeitschrift 31, (4) 1979, S. 236.

Ahrendt 1981 ..... Ahrendt, B. (Reimers, L.), Gillian Still – „Skulpturen in Porzellan". Ausstellung im Museum für moderne Keramik Deidesheim. In: Keramische Zeitschrift 33, (9) 1981, S. 547–548.

Ahrendt 1983a ... Ahrendt, Bernhard (Reimers, L.), Steinzeug, Porzellan und Goldlüster – Mary White im Museum für moderne Keramik, Deidesheim. In: Keramische Zeitschrift 35, (1) 1983, S. 41.

Ahrendt 1983b ... Ahrendt, Bernhard (Reimers, L.), Objekte aus Dänemark – Keramiken von Aage Birck, Heidi Guthmann Birck, Gunnar Palander, Peder Rasmussen. In: Keramische Zeitschrift 35, (5) 1983, S. 258.

Asshoff 1994a .... Asshoff, Bruno, Weg und Praxis einer Töpferwerkstatt. In: Ausstellungskatalog Höhr-Grenzhausen 1994, S. 35–39.

Asshoff 1994b .... Asshoff, Ingeborg, Die ersten Schritte – 15 Jahre Zechenplatz. In: Ausstellungskatalog Höhr-Grenzhausen 1994, S. 43–50.

Billeter 1979 ...... Billeter, Erika, Design. In: Steingräber, Erich (Hg.), Deutsche Kunst der zwanziger und dreißiger Jahre, München 1979, S. 18–19.

Birks 1994 .... Birks, Tony, Lucie Rie. Yeovil 1994.

Borrmann 1961 ... Borrmann, Gottfried, 35 Jahre Sammlung Hinder. In: Kunst und Handwerk (5), Februar 1, 1961, S. 6.

Braumann 1977 .. Braumann, Bernhard, Jan Bontjes van Beek, 1899–1969. Ausstellungskatalog Berlin 1977.

Broxtermann 1988 Broxtermann, Bettina, Der Keramiker Walter Popp (1913–1977). Dissertation Karlsruhe 1988.

Broxtermann 1990 Broxtermann, Bettina, Der Keramiker Walter Popp (1913–1977). Ausstellungskatalog Karlsruhe 1990.

Buddensieg 1985 Buddensieg, Tilmann, Keramik in der Weimarer Republik 1919–1933. Ausstellungskatalog Nürnberg 1985.

Bürkner 2000 ..... Bürkner, Peter-Winfried, Dr. Gottfried Cremer und die Förderung der keramischen Kunst – Gesellschaftspolitisches Anliegen und persönliche Leidenschaft. In: Ausstellungskatalog Frechen 2000, S. 33.

Camard 1972 ..... Camard, Florence, & Jean-Pierre Camard, Die Bedeutung des fernen Ostens für die Renaissance der französischen Keramik Ende des 19. Jahrhunderts. In: Ausstellungskatalog München 1972, S. 335–337.

Christiani 1989 ... Christiani, Franz-Josef, Yakimono-ten, Traditionelle japanische Keramik der Gegenwart. Braunschweig 1989 (= Spies, Gerd [Hg.], Arbeitsberichte. Veröffentlichungen aus dem Städtischen Museum Braunschweig, Band 59).

Cremer 1968 ..... Cremer, Gottfried (Hg.), Deutsche keramische Kunst der Gegenwart. Frechen 1968.

Czichon 1985 ..... Czichon, Günther, Eigene Wege auf gemeinsamen Grund. In: Ausstellungskatalog Frechen 1985, S. 6.

Dexel 1955 .... Dexel, Thomas, Die Formen chinesischer Keramik. Die Entwicklung keramischer Hauptformen vom Neolithikum bis ins 18. Jahrhundert. Tübingen 1955.

Dexel 1957 .... Dexel, Thomas, Chinesisches Steinzeug. Darmstadt 1957.

Dexel 1935 .... Dexel, Walter, Unbekanntes Handwerksgut. Berlin 1935.

Dexel 1958 .... Dexel, Walter, Keramik. Stoff und Form. Braunschweig 1958.

Freiberger 1994 .. Freiberger, Klaus, Kleine Geschichte des Sammelns. In: Ausstellungskatalog Höhr-Grenzhausen 1994, S. 28.

Freudenberg 2007 Freudenberg & Co. KG., Unternehmensarchiv (Hg.), Keramik aus der Sammlung Gisela Freudenberg, Weinheim 2007, S. 58 (Ausstellungen im Alten Wasserturm, Band 1).

Fritz 1982 .... Fritz, Bernd, Rosenthal – Hundert Jahre Porzellan. Ausstellungskatalog Hannover 1982.

Gertz 1971a ...... Gertz, Ulrich, Jakob Wilhelm Hinder zum 1. März 1971. In: Keramische Zeitschrift 23, 1971, S. 151, 152.

Gertz 1971b ...... Gertz, Ulrich, Keramik. Eine Dokumentation über deutsche Keramikkünstler der Gegenwart in Einzeldarstellungen. Heft 1: Karl und Ursula Scheid. Fulda 1971.

Gertz 1971c ...... Gertz, Ulrich, Keramik. Eine Dokumentation über deutsche Keramikkünstler der Gegenwart in Einzeldarstellungen. Heft 2: Walter Popp. Fulda 1971.

Gertz 1975 .... Gertz, Ulrich, Wettbewerb um den Richard-Bampi-Preis 1975. In: Keramos 69, 1975, S. 6–8.

Gertz 1976 .... Gertz, Ulrich, Jakob Wilhelm Hinder. In: Keramos 74, 1976, S. 55–62.

Gertz 1979 .... Gertz, Ulrich, Keramik am Kreuzweg zwischen Plastik und Malerei? In: Keramos 83, 1979, S. 7–8.

Gertz 1980 .... Gertz, Ulrich, Volker Ellwanger. In: Ausstellungskatalog Deidesheim 1980, S. 7.

Gertz 1981 .... Gertz, Ulrich, Von der Keramik, den Keramikern und Keramikfreunden. In: Keramos 93, Juli 1981, S. 19–24.

Gertz 1982a ...... Gertz, Ulrich, Bildhauer des 20. Jahrhunderts arbeiten in Porzellan. In: Keramos 98, 1982, S. 69–71.

Gertz 1982b ...... Gertz, Ulrich, Keramik des XX. Jahrhunderts im Badischen Landesmuseum Karlsruhe. In: Keramos 95, 1982, S. 137–143.

Hagenah 2000 .... Hagenah, Peter & Arne Hagenah (Hg.), Von der Kunst-Krypta Bremen bis heute. 50 Jahre Peter Hagenah lädt ein. Otterndorf, Bremen 2000.

Hinder 1960 ...... Hinder, Jakob Wilhelm, Moderne Steinzeugtöpferei. Ein neues Feld für den Sammler. In: Keramische Zeitschrift 12, (9) 1960, S. 529–534.

Hinder 1965a ..... Hinder, Jakob Wilhelm, Walter Popp – ein bedeutender Keramiker und Erzieher unserer Zeit. In: Keramische Zeitschrift 17, (3) 1965, S. 161–162.

Hinder 1965b ..... Hinder, Jakob Wilhelm, Kleine Werkstatt von großem Rang – Signe Lehmann. In: Keramische Zeitschrift 17, (7) 1965, S. 469.

Hinder 1965c ..... Hinder, Jakob Wilhelm, Zum keramischen Schaffen des Konrad Quillmann. In: Keramische Zeitschrift 17, (12) 1965, S. 857–858.

Hinder 1966a ..... Hinder, Jakob Wilhelm, Dorothea und Volker Ellwanger – ein Töpfer-Ehepaar im Schwarzwald. In: Keramische Zeitschrift 18, (2) 1966, S. 116–117.

Hinder 1966b ..... Hinder, Jakob Wilhelm, Dieter Crumbiegel, Kunsterzieher und Keramiker. In: Keramische Zeitschrift 18, (4) 1966.

Hinder 1966c ..... Hinder, Jakob Wilhelm, Ruth Koppenhöfer – eine Pfälzer Töpferin. In: Keramische Zeitschrift 18, (6) 1966.

Hinder 1966d ..... Hinder, Jakob Wilhelm, Deutsches Töpfer-Ehepaar in Istanbul – Ralf und Ursula Busz. In: Keramische Zeitschrift 18, (11) 1966, S. 827–828.

Hinder 1967a ..... Hinder, Jakob Wilhelm, Forschung auf archaische Weise: Die keramischen Versuche der Lotte Reimers. In: Keramische Zeitschrift 19, (3) 1967, S. 172–173.

Hinder 1967b ..... Hinder, Jakob Wilhelm, Antje Breckwoldt – Keramikerin auf Sylt. In: Keramische Zeitschrift 19, (5) 1967.

Hinder 1968a ..... Hinder, Jakob Wilhelm, Dieter Crumbiegel. In: Cremer 1968, S. 295–300.

Hinder 1968b ..... Hinder, Jakob Wilhelm, Edles Steinzeug von Heidi Kippenberg. In: Keramische Zeitschrift 20, (1) 1968.

Hinder 1968c ..... Hinder, Jakob Wilhelm, Zur Entwicklung der neuen Deutschen Keramik. In: Keramische Zeitschrift 20, (9) 1968.

Hinder 1968d ..... Hinder, Jakob Wilhelm, Zur Entwicklung der neuen Deutschen Keramik (Teil 2). In: Keramische Zeitschrift 20, (10) 1968.

Hinder 1968e ..... Hinder, Jakob Wilhelm, Zur Entwicklung der neuen Deutschen Keramik (Teil 3). In: Keramische Zeitschrift 20, (11) 1968.

Hinder 1968f ..... Hinder, Jakob Wilhelm, Zur Entwicklung der neuen Deutschen Keramik (Teil 4). In: Keramische Zeitschrift 20, (12) 1968.

Hinder 1969a ..... Hinder, Jakob Wilhelm, Zur Entwicklung der neuen deutschen Keramik (Teil 5). In: Keramische Zeitschrift, 21, (1) 1969, S. 50–51.

Hinder 1969b ..... Hinder, Jakob Wilhelm, Zur Entwicklung der neuen deutschen Keramik (Teil 6). In: Keramische Zeitschrift 21, (2) 1969.

Hinder 1969c ..... Hinder, Jakob Wilhelm, Zur Entwicklung der neuen deutschen Keramik (Teil 7). In: Keramische Zeitschrift 21, (3) 1969.

Hinder 1969d ..... Hinder, Jakob Wilhelm, Zur Entwicklung der neuen deutschen Keramik (Teil 8). In: Keramische Zeitschrift 21, (4) 1969.

Hinder 1969e ..... Hinder, Jakob Wilhelm, Zur Entwicklung der neuen deutschen Keramik (Schluß). In: Keramische Zeitschrift 21, (5) 1969, S. 318, 319.

Hinder 1969f ..... Hinder, Jakob Wilhelm, Zur Keramik der Rheinpfälzerin Karin Scholz. In: Keramische Zeitschrift 21, (6) 1969.

Hinder 1969g ..... Hinder, Jakob Wilhelm, Der Keramiker Robert Sturm. In: Keramische Zeitschrift 21, (7) 1969.

Hinder 1969h ..... Hinder, Jakob Wilhelm, Plastiken von der Töpferscheibe. In: Keramische Zeitschrift 21, (8) 1969, S. 318–319.

Hinder 1970a ..... Hinder, Jakob Wilhelm, Ralf Busz in Istanbul – an der Hochschule für Angewandte Kunst. In: Keramische Zeitschrift 22, (2) 1970, S. 102–103.

Hinder 1970b ..... Hinder, Jakob Wilhelm, Hans-Georg Weber – Kunsterzieher und Keramiker. In: Keramische Zeitschrift 22, (4) 1970.

Hinder 1970c ..... Hinder, Jakob Wilhelm, Ein Plädoyer für die einfache Form. In: Keramische Zeitschrift 22, (9) 1970, S. 575–576.

Hinder 1971 ...... Hinder, Jakob Wilhelm, „Vom Bauerntöpfer zum Kunsthandwerker“ oder „Töpferei im Wandel der Zeit“. In: Keramische Zeitschrift 23, (2) 1971, S. 95–96.

Hinder 1972a .... Hinder, Jakob Wilhelm, Schöne Töpfe – doch die sie schufen, töpfern nicht mehr. In: Keramische Zeitschrift 24, (5) 1972.

Hinder 1972b ..... Hinder, Jakob Wilhelm, Schöne Töpfe – doch die sie schufen, töpfern nicht mehr (Teil 2). In: Keramische Zeitschrift 24, (7) 1972.

Hinder 1972c ..... Hinder, Jakob Wilhelm, Schöne Töpfe – doch die sie schufen, töpfern nicht mehr (Schluß). In: Keramische Zeitschrift 24, (9) 1972.

Hinder 1973a ..... Hinder, Jakob Wilhelm, Moderne deutsche Keramik in Rotterdam. In: Keramische Zeitschrift 25, (2) 1973, S. 90–91.

Hinder 1973b ..... Hinder, Jakob Wilhelm, Das Töpferehepaar Peter Zweifel und Sonngard Zweifel-Sänger. In: Keramische Zeitschrift 25, (4) 1973.

Hinder 1973c ..... Hinder, Jakob Wilhelm, Der große deutsche Keramiker Arno Lehmann auf der Festung Hohensalzburg gestorben. In: Keramische Zeitschrift 25, (8) 1973.

Hinder 1974a ..... Hinder, Jakob Wilhelm, Gisela Frenzel und ihr Bemühen um die Fortsetzung und Neubelebung der Siegburger Steinzeugtöpfer-Tradition. In: Keramische Zeitschrift 26, (2) 1974.

Hinder 1974b ..... Hinder, Jakob Wilhelm, Felicity und Johannes Kiessling – wieder geht ein junges Töpferehepaar aus der Kasseler Kunstakademie hervor, geschult von Walter Popp. In: Keramische Zeitschrift 26, (3) 1974, S. 157–158.

Hinder 1974c ..... Hinder, Jakob Wilhelm, Keramik von Lotte Reimers im Museum für Moderne Keramik Deidesheim an der Weinstraße. In: Ausstellungskatalog Deidesheim 1974, o.P.

Hinder 1976 ...... Hinder, Jakob Wilhelm, Zur Keramik von Reinhold Rieckmann. In: Keramische Zeitschrift 28, (2) 1976.

Hinder & Reimers 1971 .... Hinder, Jakob Wilhelm & Lotte Reimers, Moderne Keramik aus Deutschland. Deidesheim 1971.

Hochschule für Künste (Hg.) 1993 .... Hochschule für Künste (Hg.), Ziegelprojekt – Vom Baustoff der Kunst, Forschungs- u. Entwicklungsprojekt an der HfK Bremen 1992–1993. Bremen 1993.

Hogben 1979 ..... Hogben, Carol, Bernard Leach und seine Kunst. Bonn 1979.

Homoky 1997 .... Homoky, Nicholas & John Fowles, Nicholas Homoky. Yeovil 1997.

Jakobson 2001 .... Jakobson, Hans-Peter, Walburga Külz. Vom Gefäss zum Objekt. Ausstellungskatalog Gera/Marburg 2001.

Jochem 1997 ..... Jochem, Marlene, Lotte Reimers – Keramik aus drei Jahrzehnten. Ausstellungskatalog Deidesheim 1997.

Jochem 2002 ..... Jochem, Marlene, Lotte Reimers – Das keramische Werk. In: Vetter & Jochem 2002, S. 30–42.

Joppien 2004 ..... Joppien, Rüdiger, Erziehung im Museum – Kunsthandwerk als ästhetischer Auftrag. In: Manske 2004, S. 31–35.

Kaindl-Hönig 1983 Kaindl-Hönig, Max, Arno Lehmann, Keramik – Plastik – Malerei. Ausstellungskatalog Salzburg 1983.

Karrenbauer 1997 Karrenbauer, Carlo, Die Kunstkeramikerin Elisabeth Schmidt-Pecht. In: Katalog Keramikzentrum Konstanz – Jugendstil bis 50er Jahre. Stuttgart 1997, S. 11–23, 52–73.

Kessler-Slotta 1985 Kessler-Slotta, Elisabeth, Max Laeuger 1864–1952. Saarbrücken 1985.

Kessler-Slotta 1997 Kessler-Slotta, Elisabeth, „Gäbe es den Ton nicht, so müßte er für mich erfunden werden" – Lotte Reimers zum 65. Geburtstag. In: Keramos 156, 1997, S. 223–230.

Klein 1955 .... Klein, Adalbert, Arno Lehmann. In: Euro-Ceramik, Düsseldorf, (5), 1955, o.P.

Klein 1956a .... Klein, Adalbert, Moderne Deutsche Keramik. Darmstadt 1956.

Klein 1956b ...... Klein, Adalbert, 500 Jahre deutsche Keramik. Ausstellungskatalog Köln 1956.

Klesse 1991 ...... Klesse, Brigitte, Glas und Keramik vom Historismus bis zur Gegenwart. Schenkung Gertrud und Dr. Karl Funke-Kaiser. Köln 1991.

Klinge 1972 ...... Klinge, Ekkart, Ingeborg und Bruno Asshoff. Bielefeld 1972.

Klinge 1974 ...... Klinge, Ekkart, Meister deutscher Keramik der Gegenwart – Beate Kuhn, Karl und Ursula Scheid, Margarete Schott, Gerald und Gotlind Weigel. Ausstellungskatalog Düsseldorf 1974.

Klinge 1975 ...... Klinge, Ekkart, Deutsche Keramik des 20. Jahrhunderts I. Katalog Düsseldorf 1975 (= Kataloge des Hetjens-Museums, Düsseldorf).

Klinge 1977 ...... Klinge, Ekkart, Walter Popp und Schüler. Ausstellungskatalog Frechen 1977 (= Kunst im Keramion, Heft 11).

Klinge 1978 ...... Klinge, Ekkart, Deutsche Keramik des 20. Jahrhunderts II. Katalog Düsseldorf 1978 (= Kataloge des Hetjens-Museums, Düsseldorf).

Klinge 1979 ...... Klinge, Ekkart, Ingeborg und Bruno Asshoff. Ausstellungskatalog Frechen 1979 (= Kunst im Keramion, Heft 14).

Klinge 1986 ...... Klinge, Ekkart, Deutsche Keramik 1950–1980. Sammlung Dr. Vehring, Ausstellungskatalog Düsseldorf 1986.

Klinge 1987 ...... Klinge, Ekkart, Richard Bampi – Jan Bontjes van Beek und ihre Schüler. Ausstellungskatalog Reinbek 1987.

Klinge 1989 ...... Klinge, Ekkart, Die Situation der deutschen Keramik in den zwanziger Jahren. In: Klaus Weber, Keramik und Bauhaus. Ausstellungskatalog Berlin 1989, S. 256–260.

Klinge 1993....... Klinge, Ekkart, Einführung. In: Ausstellungskatalog Saarbrücken/Luxemburg 1993, S. 11.

Klinge 1994 ...... Klinge, Ekkart, Picasso, Miró, Tàpies. Ausstellungskatalog Düsseldorf 1994.

Klinge 1996 ...... Klinge, Ekkart, Keramik des 20. Jahrhunderts – Sammlung Welle. Mit einem Beitrag von Gisela Jahn. Köln 1996.

Klinge 2000 ...... Klinge, Ekkart, Keramik an europäischen Hochschulen – 13 Porträts. Mit einem Beitrag von Manfred Fath. Ausstellungskatalog Saarbrücken/Frechen/Mannheim 2000.

Klinge o.J. (2005) .. Klinge, Ekkart, Brigitte Schuller – Arbeiten in Ton. Dillingen/Saar o.J. (2005), S. 6–15, 74–79.

Koyama 1957 ..... Koyama, Fujio, Keramik des Orients. China – Japan – Korea – Südostasien – Naher Osten. Würzburg/ Wien 1957, 1959.

Krell 1885 .... Krell, P.F., Die Gefäße der Keramik, Schilderung des Entwicklungsganges der Gefäßtöpferei. Stuttgart 1885.

Kuhn & Runde 1989 Kuhn, Beate & Sabine Runde, Beate Kuhn Keramik, 1953–1989. Ausstellungskatalog Frankfurt/M. 1989.

Leach 1971 .... Leach, Bernard, Das Töpferbuch. Bonn 1971.

Lichtwark 1900 ... Lichtwark, Alfred, Übungen in der Betrachtung von Kunstwerken. Dresden 1900.

Lichtwark 1907 ... Lichtwark, Alfred, Vom Arbeitsfeld des Dilletantismus. Berlin 1907 (2. Aufl.).

Lokau 2007 .... Lokau, Walter H., Die gescheiterte Institutionalisierung – Eine kritische Bilanz der Rezeption zeitgenössischer Keramik in Deutschland nach 1945. Phil. Diss. Freiburg 2007 (vorgelegt).

Lucie-Smith 1993 Lucie-Smith, Edward, Elizabeth Fritsch, Vessels from Another World. London 1993.

Manske 2004 ..... Manske, Beate (Hg.), Wie wohnen – Von Lust und Qual der richtigen Wahl. Ästhetische Bildung in der Alltagskultur des 20. Jahrhunderts. Ausstellungskatalog Bremen 2004.

Nassauische Sparkasse (Hg.) 1986 .... Nassauische Sparkasse (Hg.), Keramik – Die Sammlung der Nassauischen Sparkasse. Wiesbaden 1986.

Neufert 1974 ..... Neufert, Kurt, Deidesheim – ein Mekka der keramischen Kunst. In: Die Pfalz am Rhein 74, 4, 1974, S. 106–109.

Neuwirth 1974 … Neuwirth, Waltraud, Wiener Keramik. Historismus – Jugendstil – Art Deco. Braunschweig 1974.

Nievergelt o.J. (2002) Nievergelt, Frank, Beate Kuhn – Bewegung in Ton. In: Beate Kuhn, Katalog Frankfurt/Main o.J. (2002), o.P.

Passarge 1937 … Passarge, Walter, Deutsche Werkkunst der Gegenwart. Berlin 1937, 1944 (2. Aufl.).

Pelka 1924 … Pelka, Otto, Keramik der Neuzeit. Leipzig 1924.

Pevsner 1983 … Pevsner, Nikolaus, Wegbereiter moderner Formgebung. Von Morris bis Gropius. Köln 1983.

Philippi 1989 … Philippi, Ulrich, Keramik als Chiffre – Reinhold Rieckmann. In: Kunst + Handwerk 4, 1989, S. 234–239.

Préaud 1982 … Préaud, Tamara & Serge Gauthier, Die Kunst der Keramik im 20. Jahrhundert. Fribourg/Würzburg 1982.

Reimers 1979 … Reimers, Lotte, Museum für moderne Keramik. Deutsche Keramik der Gegenwart. Ausstellungskatalog München 1979.

Reimers 1987 … Reimers, Lotte, Museum für moderne Keramik. Gefäße und Plastiken. Speyer 1987.

Reineking von Bock 1971 … Reineking von Bock, Gisela, Steinzeug. Katalog Köln 1971 (Kataloge des Kunstgewerbemuseums Köln, Band IV).

Reineking von Bock 1975 … Reineking von Bock, Gisela, Keramik. Vom Historismus bis zur Gegenwart. Sammlung Gertrud und Dr. Karl Funke-Kaiser. Katalog Köln 1975 (= Kataloge des Kunstgewerbemuseums Köln, Band VII).

Reineking von Bock 1978 … Reineking von Bock, Gisela, Meister der Deutschen Keramik 1900 bis 1950. Ausstellungskatalog Köln 1978.

Reineking von Bock 1979 … Reineking von Bock, Gisela, Keramik des 20. Jahrhunderts. Deutschland. München 1979.

Reineking von Bock & Bürkner 1989 … Reineking von Bock, Gisela & Peter-Winfried Bürkner, Bruno und Ingeborg Asshoff – Keramik aus fünf Jahrzehnten. Ausstellungskatalog Frechen 1989 (= Kunst im Keramion, Heft 29).

Reinhold 1983 … Reinhold, Harald, Ehrenpreis Deutsche Keramik 1983. Hubert Griemert. Ausstellungskatalog Höhr-Grenzhausen 1983.

Reuter 1990 … Reuter, Eike, Reinhold Rieckmann – Anmutige Dekore – Plastiken mit Anspruch. In: Keramik creativ 13, (3) 1990, S. 6–16.

Rieckmann 1975 … Rieckmann, Reinhold, Die Situation der keramischen Plastik in der Gegenwart. In: Keramos 69, 1975, S. 9–10.

Roller 1996 … Roller, Hans-Ulrich, Robert Sturm 1935–1994. Ausstellungskatalog Stuttgart 1996.

Roller 2000 … Roller, Hans-Ulrich, Deutsche künstlerische Keramik 1965–2000 im europäischen Kontext. Künstlerprofile, Trends, Aspekte anhand von Beispielen aus der Sammlung des Keramions. In: Ausstellungskatalog Frechen 2000, S. 41–68.

Runde 1989 … Runde, Sabine, Keramik zwischen Malerei und Skulptur. In: Kuhn & Runde 1989, S. 9–106.

Schaubert 1995 … Schaubert, Berthold, Thurnauer Töpfer – Tradition durch vier Jahrhunderte. Bamberg 1995.

Schmalstieg 2001 Schmalstieg, Paul, Künstlerlexikon Hessen-Kassel 1777–2000. Kassel 2001.

Schneider 1992 … Schneider, Katja, Burg Giebichenstein. Die Kunstgewerbeschule unter Leitung von Paul Thiersch und Gerhard Marcks 1915–1933. Band I u. II. Weinheim 1992.

Schriefers & Ernst 2000 … Schriefers, Thomas & Ekkehard Ernst im Auftr. des Deutschen Werkbundes NW, Jupp Ernst – Werk und Lehre. 70 Jahre Designgeschichte. Hagen 2000, S. 45–51.

Schüly 1993 … Schüly, Maria, Richard Bampi – Keramiker der Moderne. Stuttgart 1993.

Schümann 1975 … Schümann, Carl-Wolfgang, Zur Keramik vor und gegen 1900. In: Reineking von Bock 1975, S. 9–10.

Schwarzbauer 1961 Schwarzbauer, Georg F., Moderne italienische Keramik und ihre Stellung zur europäischen Kunst. In: Keramos 12, 1961, S. 3–16.

Seyl 1994 … Seyl, Michael, Der Künstler Ludwig Grub. In: Bildende Kunst im Raum Kusel. Kusel 1994, S. 30 f.

Spielmann 1968 … Spielmann, Heinz, Jan Bontjes van Beek. In: Cremer 1968, S. 109–114.

Spielmann 1971 … Spielmann, Heinz, Jan Bontjes van Beek. In: Jan Bontjes van Beek (= Krefelder Werkhefte, Heft 3). Krefeld 1971, S. 8–16.

Spielmann 1979 … Spielmann, Heinz (Hg.), Europäische Keramik seit 1950. Sammlung Dr. Hans Thiemann. Bestandskatalog Hamburg 1979.

Spielmann 1980 … Spielmann, Heinz, Ursula und Karl Scheid – Keramik (= Monographien des Kunsthandwerks, Band 2). Hamburg 1980.

Spielmann 1981 … Spielmann, Heinz, Subjektive Vermutungen über das Sammeln moderner Keramik in europäischen Museen. In: Keramos 91, 1981, S. 53–56.

Spielmann 1992 … Spielmann, Heinz, Dreißig Jahre später – geschrieben am 11. Januar 1992. In: Thiemann 1992, S. 9–11.

Spielmann 1995 … Spielmann, Heinz, Auszug aus: Die Keramik Albrecht Hohlts. In: Ausstellungskatalog Frechen 1995, S. 30–32.

Spielmann 1997 … Spielmann, Heinz, Zu Beate Kuhn und ihren keramischen Plastiken. In: Beate Kuhn – Keramik 1990–1997. Ausstellungskatalog Mölln 1997, S. 8–11.

Spielmann 2000 … Spielmann, Heinz, Ziele und Aufgaben deutscher Mäzene – Der Sonderfall Keramik. In: Ausstellungskatalog Frechen 2000, S. 7.

Spielmann & Heise 1994 … Spielmann, Heinz & Karin Heise, Ruth Duckworth – Keramische Objekte. Schleswig 1994.

Storr-Britz 1980 … Storr-Britz, Hildegard, Internationale Keramik der Gegenwart. Köln 1980.

Thiemann 1970 … Thiemann, Hans, Zweite Keramikausstellung in der Galerie Deisenroth, Fulda. In: Keramos 48, 1970, S. 72–73.

Thiemann 1992 … Thiemann, Hans, Moderne deutsche Keramik – vor dreißig Jahren. Ausstellungskatalog Reinbek 1992.

Tolstrup 1999 ..... Tolstrup, Lisbeth, Resumé 1966–1999. Heidi Guthmann Birck – Aage Birck, Skulptur Unikat. Kopenhagen 1999.

Tučná 1979 .... Tučná, Dagmar, Keramik in Tschechoslowakei. In: Spielmann 1979, S. 532–533.

Vetter 1991 .... Vetter, Ingrid, Der Keramiker Jan Bontjes van Beek (1899–1969). Arbeiten aus Dehme im Museum für moderne Keramik Deidesheim. Magister-Arbeit Karlsruhe 1991.

Vetter 1993 .... Vetter, Ingrid, Zu Lotte Reimers. In: Ausstellungskatalog Karlsruhe 1993, S. 7–18.

Vetter 1997a ..... Vetter, Ingrid, Zum Einfluß der Skulptur des 20. Jahrhunderts auf die zeitgenössische deutsche Keramik. In: Beuckers, Klaus Gereon & Annemarie Jaeggi (Hg.), Festschrift für Johannes Langner zum 65. Geburtstag am 1. Februar 1997. Münster 1997, S. 321–340.

Vetter 1997b ..... Vetter, Ingrid, Keramik in Deutschland 1955–1990. Die Sammlung Hinder/Reimers (eine Auswahl). Stuttgart 1997.

Vetter 1999 .... Vetter, Ingrid, The Hinder/Reimers Collection – Ceramics in Germany (1955–1990). In: Ceramics Art and Perception 36, 1999, S. 99–101.

Vetter 2002a ..... Vetter, Ingrid, Sammeln – Bewahren – Vermitteln. Von der Wanderausstellung „Handwerkliche Töpfereien" zum Museum für moderne Keramik Deidesheim. In: Vetter & Jochem 2002, S. 12–29.

Vetter 2002b ..... Vetter, Ingrid, Reinhold Rieckmann – Gefäßkeramik und Objekte. In: Keramos 177, 2002, S. 105–110.

Vetter 2004a ..... Vetter, Ingrid, Von der Schönheit des Materials – Walther Stürmer und das Porzellan. In: Keramos 183, 2004, S. 77–82.

Vetter 2004b ..... Vetter, Ingrid, Jürgen Riecke – Ein neuer Weg der Salzglasur im 20. Jahrhundert. In: Keramos 185, 2004, S. 101–106.

Vetter 2007 .... Vetter, Ingrid, Moderne Keramik des 20. Jahrhunderts – Die Sammlung Hinder/Reimers des Landes Rheinland-Pfalz. In: Keramos 195, 2007, S. 95–96.

Vetter & Jochem 2002 .... Vetter, Ingrid & Marlene Jochem, Lotte Reimers und die keramische Kunst. Stuttgart 2002.

Waldrich 1996 .... Waldrich, J. (Hg.). Who's Who in Contemporary Ceramic Arts. A Comprehensive Bio-Bibliographical Guide to Austria – Germany – Switzerland. München 1996.

Weber 1989 ...... Weber, Klaus, Keramik und Bauhaus. Ausstellungskatalog Berlin 1989.

Weinhold, Gebauer & Behrends 1988 Weinhold, Rudolf, Walter Gebauer & Rainer Behrends. Keramik in der DDR – Tradition und Moderne. Leipzig/Triesen (Liechtenstein) 1988.

Weiß 1984 .... Weiß, Gustav, Keramik-Lexikon. Berlin 1984.

Wichmann 1985 .. Wichmann, Hans, Industrial Design. Unikate, Serienerzeugnisse. Die Neue Sammlung. Ein neuer Museumstyp des 20. Jahrhunderts. München 1985.

Wichmann 1980 .. Wichmann, Siegfried, Japonismus. Ostasien – Europa, Begegnungen in der Kunst des 19. und 20. Jahrhunderts. Herrsching 1980.

Kataloge

Berlin 1929 .... Ausstellung Chinesischer Kunst. Ausstellungskatalog Berlin 1929.

Bremen 1989 ..... Gerald und Gotlind Weigel. Ausstellungskatalog Bremen 1989.

Coburg 1983 ...... Antje Brüggemann, Keramiken 1965–1983. Ausstellungskatalog Coburg 1983.

Deidesheim 1974 Hinder, Jakob Wilhelm, Keramik von Lotte Reimers im Museum für Moderne Keramik Deidesheim. Ausstellungskatalog Deidesheim 1974, o.P.

Deidesheim 1979a Reinhold Rieckmann. Keramiken – Gefäße – Objekte. Ausstellungskatalog Deidesheim 1979.

Deidesheim 1979b Gefäße und Plastiken. Neue Arbeiten von Signe Lehmann-Pistorius. Ausstellungskatalog Deidesheim 1979.

Deidesheim 1980 Volker Ellwanger, Gefäßkeramiken. Ausstellungskatalog Deidesheim 1980.

Deidesheim 1982 Lotte Reimers. Ausstellungskatalog Deidesheim 1982.

Deidesheim 1992 Lotte Reimers – Reinhold Rieckmann. Ausstellungskatalog Deidesheim 1992.

Deidesheim/Emden/Jena 1990 .... Lotte Reimers – Keramiken. Ausstellungskatalog Deidesheim/Emden/Jena 1990.

Frankfurt/M. 1992 Vier Elemente – Drei Länder, Deutschland – England – Japan. Moderne Keramik aus der Sammlung Freudenberg. Ausstellungskatalog Frankfurt/M. 1992, S. 296.

Frechen 1985 ..... Gerald und Gotlind Weigel. Ausstellungskatalog Frechen 1985 (= Kunst im Keramion, Heft 24, bearbeitet von Wolfgang Bickel).

Frechen 1991 ..... Deutsche Keramische Kunst der Gegenwart – 20 Jahre Keramion 1971–1991. Ausstellungskatalog Frechen 1991.

Frechen 1995 ..... Werkstatt Hohlt. Ausstellungskatalog Frechen, München, Stuttgart 1995/1996/1997.

Frechen 2000 ..... Keramion 1965–2000. Zeitgenössische keramische Kunst in Frechen – Sammlung Gottfried Cremer. Ausstellungskatalog Frechen 2000.

Frechen 2007 ..... Beate Kuhn. Ausstellungskatalog Frechen, Marburg 2007.

Fulda 1972 .... Reinhold Rieckmann. Keramik, Plastik, Grafik. Ausstellungskatalog Fulda 1972.

Fulda 1983 .... Robert Sturm, Plastik – Relief – Grafik 1960–1983. Ausstellungskatalog Fulda 1983.

Halle/Saale/Frechen 2005 .... Getraud Möhwald – Keramik. Ausstellungskatalog Halle/Saale, Frechen 2005.

Hamburg 1986 ... Die keramische Tradition II: Jan Bontjes van Beek und Christine Atmer de Reig. Ausstellungskatalog Hamburg 1986.

Höhr-Grenzhausen 1975 .... deutsche keramik 75 – westerwaldpreis. Ausstellungskatalog Höhr-Grenzhausen 1975.

Höhr-Grenzhausen 1988 .... Dieter Crumbiegel – Arbeiten von 1961 bis heute. Ausstellungskatalog Höhr-Grenzhausen 1988.

Höhr-Grenzhausen 1994 .... Ehrenpreis Deutsche Keramik 1994 – Ingeborg und Bruno Asshoff. Ausstellungskatalog Höhr-Grenzhausen 1994.

Höhr-Grenzhausen et al. 1994 .... Keramik Europas. Ausstellungskatalog Höhr-Grenzhausen, Leeuwarden, Mulhouse und Gudhjem 1994, S. 238–241.

Kaiserslautern 2000 Britta Bode – Thomas Naethe – Rita Ternes: Schmuck und Keramik. Ausstellungskatalog Kaiserslautern 2000 (= Schriftenreihe des Theodor-Zink-Museums, Heft 3), o.P.

Kaiserslautern 2004 Gerd Knäpper – Ein deutscher Künstler in Japan. Ausstellungskatalog Kaiserslautern/Solingen/Köln/Athen 2004/2005.

Kaiserslautern 2005 Die Sprache der Dinge – Arbeiten internationaler Künstler aus der Lotte Reimers-Stiftung, Katalog Kaiserslautern 2005 (= Schriftenreihe des Theodor-Zink-Museums, Heft 11).

Karlsruhe 1972 ... Deutsche keramische Kunst der Gegenwart. Sammlung Wolf. Ausstellungskatalog Karlsruhe 1972 (Einführung Arianna Giachi).

Karlsruhe 1984 ... Richard-Bampi-Preis zur Förderung junger Keramiker. Ausstellungskatalog Karlsruhe 1984.

Karlsruhe 1993 ... Lotte Reimers – Keramik aus 25 Jahren. Ausstellungskatalog Karlsruhe 1993.

Karlsruhe 2003 ... Volker Ellwanger – Gefäßkeramik. Katalog Karlsruhe 2003.

Kleinsassen 1991 Robert Sturm, Plastik – Grafik. Ausstellungskatalog Kleinsassen 1991.

Köln/München o.J. Französische Keramik zwischen 1850 und 1910. Sammlung Maria und Hans-Jürgen Heuser, Hamburg. Ausstellungskatalog Köln/München o.J.

Krefeld 2004 ...... staffellauf 1904–2004 – Design von Krefeld aus. Katalog Krefeld 2004.

Landshut/Frechen 2000 .... Die Welt der Gefäße – Zeitgenössische Keramik – Sammlung Rudolf Strasser. Ausstellungskatalog Landshut/Frechen 2000 (bearbeitet von Ekkart Klinge, mit Beiträgen von Florian Hufnagl, Peter Nickl und Rudolf Strasser).

Lauenburg 2003 .. Antje Brüggemann – Keramik. Ausstellungskatalog Lauenburg 2003.

Leipzig 1994 ...... Piranesi – Faszination und Ausstrahlung. Ausstellungskatalog Leipzig 1994, Teil I und II.

Leverkusen 1985 .. Robert Sturm (= Meister der Keramik, Heft 38). Ausstellungskatalog Leverkusen 1985.

Ludwigshafen 1982 Gerald und Gotlind Weigel – Keramik. Ausstellungskatalog Ludwigshafen 1982 (bearbeitet von Wolfgang Bickel).

Mainz 1973 .... Keramische Gefäße heute und einst. Ausstellungskatalog Mainz 1973.

Mainz 1996 .... Gerald Weigel – Gotlind Weigel. Keramische Arbeiten 1989 bis 1996. Ausstellungskatalog Mainz 1996 (Einführung Frank Nievergelt).

Mannheim 1988 .. 20 Jahre London-Gruppe – Beate Kuhn, Karl Scheid, Ursula Scheid, Margarete Schott, Gerald Weigel, Gotlind Weigel. Ausstellungskatalog Mannheim 1988.

Marburg 2003 .... Traumräume – Himmelshöhen. Gefäße und Skulpturen von Antje und Volker Brüggemann. Ausstellungskatalog Marburg 2003.

Marburg 2004 .... Keramik – Karl Scheid, Ursula Scheid, Sebastian Scheid. Ausstellungskatalog Marburg 2004.

Mönchengladbach 1972 .... Antje Brüggemann, Keramische Arbeiten mit Notizen von Paul Köster. Ausstellungskatalog Mönchengladbach 1972.

Mönchengladbach 1999 .... Keramik aus Kösters Kunstkammer. Ausstellungskatalog Mönchengladbach 1999.

München 1972 ... Weltkulturen und moderne Kunst. Die Begegnung der europäischen Kunst und Musik im 19. und 20. Jahrhundert mit Asien, Afrika, Ozeanien, Afro- und Indo-Amerika. Ausstellungskatalog München 1972.

München-Neuperlach 1979 .... Museum für moderne Keramik – Deutsche Keramik der Gegenwart. Ausstellungskatalog München-Neuperlach 1979.

Nürnberg 1965 ... Deutsche Keramik der Gegenwart. Ausstellungskatalog Nürnberg 1965.

Oslo o.J. (1983) ... Kecskemét Group, 13 keramikere fra 8 land. Ausstellungskatalog Oslo o.J. (1983).

Saarbrücken/Luxemburg 1993/1994 .... Skulpturen aus Ton. Ausstellungskatalog Saarbrücken/Luxemburg 1993/1994 (Einführung Ekkart Klinge).

Salzau 1994 ...... Für Johannes Gebhardt. Ausstellungskatalog Salzau 1994.

Schwäbisch Hall 1996 .... Erden – Stoff – Feuer – Werk. 100 Jahre Töpferei Heckmann. Ausstellungskatalog Schwäbisch Hall 1996.

Selb 2004 .... 125 Jahre Rosenthal – Das Original unserer Zeit. Ausstellungsbroschüre Selb 2004.

Sögel 1991 .... Antje Brüggemann, Keramische Objekte 1971–1991. Ausstellungskatalog Sögel 1991.

Personenregister

Die fett gedruckten Seitenzahlen verweisen auf die jeweiligen Künstlereinträge im Werkverzeichnis.

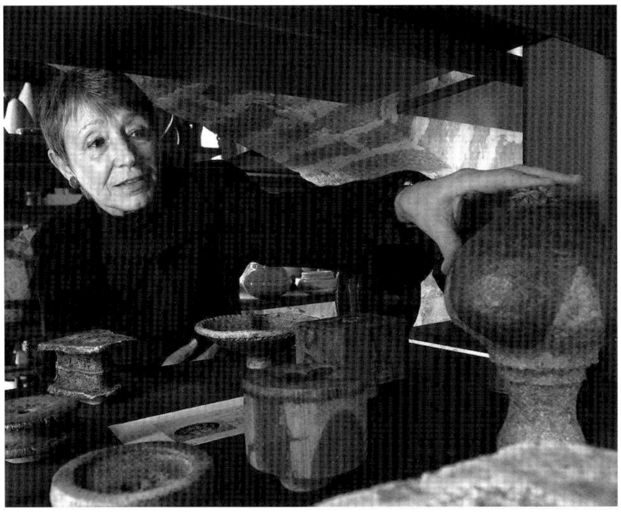

Foto: Paul van Schie, Landau

Autorenbiografie Dr. Ingrid Vetter

Studium der Kunstgeschichte, Geschichte und Baugeschichte an der Universität Fridericiana (TH) Karlsruhe; 1996 Promotion über „Tendenzen der Keramik in Deutschland 1955–1990. Die Sammlung Hinder/Reimers". 1979–1993 Mitarbeit am Museum für moderne Keramik in Deidesheim. 1992–1994 Lehrauftrag für Kunstgeschichte am Institut für Kunstwissenschaft und Bildende Kunst der Universität Koblenz-Landau, Abt. Landau. Seit 1996 Vorsitzende des Vereins Museum für moderne Keramik Deidesheim und in freier Mitarbeit wissenschaftliche Betreuung der Keramik-Sammlung Hinder/Reimers des Landes Rheinland-Pfalz; freie Autorin und Kuratorin; Publikationen zur Keramik des 20. Jahrhunderts.

Publikationen:

Keramik in Deutschland 1950–1990. Die Sammlung Hinder/Reimers – Eine Auswahl. Stuttgart: Arnoldsche Verlagsanstalt 1997.

Mit Marlene Jochem: Lotte Reimers und die keramische Kunst. Stuttgart: Arnoldsche Verlagsanstalt 2002.

Modern 20th-Century Ceramics

The Hinder | Reimers Collection of the State of Rhineland-Palatinate

English Translation

p. 6

Modern 20th-Century Ceramics – The Hinder/Reimers Collection of the State of Rhineland-Palatinate

In taking over all the works in the Museum for Modern Ceramics in Deidesheim, the state of Rhineland-Palatinate took charge of a collection that documents in an unprecedented way the development of ceramics in the Federal Republic of Germany from 1950 to 1990. The various trends of that time can be traced in all their facets in top-quality works created by leading ceramicists of that era.

Founded by Jakob Wilhelm Hinder, the collection continued to be enlarged by his colleague, the ceramicist Lotte Reimers, after his death in 1976. Although most of the works from Jakob Wilhelm Hinder's day were by leading German ceramicists, the acquisitions made by Lotte Reimers until 1993 added important examples of the work of ceramicists from other countries.

Jakob Wilhelm Hinder and Lotte Reimers made an impact in two ways through their exhibitions: they promoted good, crafts-oriented form and helped crucial trends in art ceramics to break through. Works of the latter sort are today known as "studio pottery" or studio ceramics. They represent a line that began in the late 19th century in France under the influence of Japanese and Chinese ceramics and later assimilated impulses from the "Arts and Crafts" movement in the anglophone countries.

The idea for a modern ceramics collection was rooted in the 1920s. In an action without precedent, Jakob Wilhelm Hinder, a young businessman, succeeded in 1925 in preserving the Marburg potteries from extinction, starting in his native Weidenhausen, Hesse.[1] It is due to his commitment that the Marburg potters could again work independently. Jakob Wilhelm Hinder travelled about the region and subsequently throughout Germany – in the beginning in a cart drawn by oxen, later in a rented lorry – and made their wares known.

Studying relevant specialist publications and visiting numerous workshops soon enabled him to link his exhibitions with introductory talks and lectures since he was now able to talk about form, decoration and *Materialtreue* [fidelity to materials].

In 1927 Hinder looked up Elfriede Kopp, a young potter in Höhr-Grenzhausen. She had just become self-employed there and was committed to reviving salt-glazed stoneware, initially, however, with little success. Hinder took works of hers into his selling exhibition, which up to then had been limited to anonymous earthenware made at rural potteries, and sold them as well so that Elfriede Kopp could again adopt the old techniques of salt-glazing and decorating (Red and Knibis) with newly developed forms. Soon works by Wim Mühlendyck were added.

At the same time, attempts were being made elsewhere at reviving old crafts traditions as Morris and Ruskin had advocated. In England Bernard Leach, supported by the Japanese potter Shôji Hamada, did his best to renew traditional slipware pottery-making.[2]

In retrospect, it has turned out that Hinder took part with his operations in a movement of renewal, which, set in motion by the Werkbund and the Bauhaus, encompassed all areas of daily living. Upheld by an avant-garde in architecture, the applied arts, painting, printmaking and sculpture, functional utilitarian wares that did justice to the material and to the production process were developed and produced in line with the "New Living". These

[1] See on this Vetter 2002a, pp. 12–16.
[2] Vetter 1997b, p. 26.
[3] See on this Olaf Thormann et al, 125 Jahre Museum für Kunsthandwerk Leipzig Grassimuseum, Part 2/1. Die Museumschronik von den Anfängen bis zum Jahr 1929. Leipzig 2003.
[4] See on this Vetter 2002a.
[5] See on this the conversation between Martin Eberle and Lotte Reimers, p. 284.

wares were shown by progressively minded museum directors at annual trade fairs such as the Grassimesse in Leipzig.[3]

By the end of his exhibition tour – he was conscripted into the military –, Hinder had advertised the potter's craft at more than 1,100 German towns and cities, enlightening the public with his idea that the co-existence of crafts and industrial production could be productive. The exhibition venues were often municipal or state buildings, castles and museums.[4]

Commitment to potters working in the vernacular tradition was not all Hinder had in mind. On his travels, he had also attended the Grassi trade fairs and forged links with potteries such as "Grootenburg", run by Paul Dresler in Krefeld, and places where crafts training took place, including Burg Giebichenstein in Halle, where Hubert Griemert was teaching. Thus, also the works of those who dared to try something new were encountered in Hinder's exhibition.

While he was travelling, Hinder had also acquired ceramics for himself, pieces that were not intended for sale. Perhaps he had the idea even then of keeping particularly fine pieces for the public at large.

Some of those works were destroyed by the impact of the war on Ludwigshafen. However, with most of his exhibition intact because it had been stored for safekeeping in Schloss Favorite in Rastatt, Hinder was able to resume his lecturing and touring exhibition activities from 1949/50.

In 1951, Hinder arrived at Bad Gandersheim in the Harz. There Lotte Reimers also went to his exhibition. She was fascinated by the pottery and the idea behind the exhibition. She could not shake off a desire to work in ceramics so she persuaded Hinder, who was looking for an assistant – a young man, however, who would be able to help him pack up and unpack and transport the heavy crates of pottery – to hire her and rescinded her matriculation at the Landeskunstschule in Hamburg. After taking her university qualification examinations, she became his employee on a permanent basis early in 1952.[5]

By the time they settled down from their travels through northern and western Germany at Deidesheim in 1961 and Lotte Reimers could finally devote herself to working in ceramics herself, Hinder and Reimers had done pioneering art education work at ninety exhibitions at as many different venues. They had talked about pottery-making to school classes and adults and had selected new ceramics from workshops between Kiel and Constance, applying stringent quality standards. Whenever Hinder spoke about "good form" in his lectures, he illustrated what he was saying with works from his own collections. They spent ten years working on setting up a museum of their own to house that collection. On 3 August 1971, the mayor of the city of Deidesheim and Jakob Wilhelm Hinder jointly inaugurated the Museum for Modern Ceramics in Deidesheim.

Jakob Wilhelm Hinder had been unable to complete the negotiations he had been conducting with the state of Rhineland-Palatinate about the future of the collection before he suddenly died on 1 January 1976. The Deidesheim museum closed down. Ceramicists, collectors and specialists worried about how it was to be kept up.

With the support of the city of Deidesheim, ceramicists and lovers of ceramics, who joined forces to found the "Verein Museum für moderne Keramik Deidesheim"

[Association Museum for Modern Ceramics Deidesheim], Lotte Reimers succeeded in opening the Museum for Modern Ceramics again on 23 October 1977. She continued Hinder's life's work with great assurance and verve. Through a large number of exhibitions and lectures, she kept the public informed on current trends and movements in contemporary ceramics from 1977 until the collection was taken over by the state of Rhineland-Palatinate in 1993.

On 16 March 1994, Dr. Rose Götte, minister for education and culture of the state of Rhineland-Palatinate, opened the special exhibition "Keramik des 20. Jahrhunderts – Sammlung Reimers" [Ceramics of the 20th Century – The Reimers Collection] at the Rheinisches Landesmuseum in Trier. The collection was afterwards stored there. In the years that followed, the collection was completely inventoried and part of it was published.[6]

To keep the museum collection "a buzzword", fifty-five works from the collection were selected in April 1997 to be integrated into the "Art of the 20th Century" division at the Landesmuseum Mainz. In addition, the themed exhibition "Aspekte der Moderne – zeitgenössische Keramik aus der Sammlung Hinder/Reimers" [Aspects of Modernism – Contemporary Ceramics from the Hinder-Reimers Collection] went on tour after the inaugural show in 1997 at the Hambacher Schloss to the following museum venues: the Theodor-Zink-Museum in Kaiserslautern (1998), the Internationales Keramik-Museum Weiden (1999), a branch museum of the Neue Sammlung Munich, the Schlossmuseum Schloss Friedenstein in Gotha (2000) and the Staatliche Galerie Moritzburg Halle/Saale, Landeskunstmuseum Sachsen-Anhalt (2002).

At the same time, the state of Rhineland-Palatinate and the Museum Association were endeavouring to find a permanent home for this internationally important collection. By July 2005 they had found one: the museum collection could move into its new home. A magazine for the collection, which comprises 1,587 pieces, was established in the vaulted cellar of Schloss Villa Ludwigshöhe in Edenkoben. Narrow strips of fenestration allowed glimpses of the treasures in storage. An interesting and broad-ranging selection from the collection is now shown in seven display cases in the room before it.

On 11 January 2007 the collection was presented to the public at its new location by Professor Dr. Joachim Hofmann-Göttig, Secretary of State for Cultural Affairs.

[6] A selection of works from the collection has been published in Vetter 1997b.

p. 10

At the Interface between Vessel and Free Form – a Collection and its Two Movers and Shakers: Jakob Wilhelm Hinder and Lotte Reimers

In retrospect, the latter half of the 20th century looks like the "Golden Age" of modern ceramics in western Germany. Many have been enthusiastic about this craft: talented artists, committed people at museums, avid collectors. Through institutions and "single champions", among them Jakob Wilhelm Hinder, ceramics have been constantly placed within the public field of vision at exhibitions in museums and galleries and through publications and specialist journals.

This development was embedded in the new beginnings after the Second World War, when a fresh start was proclaimed in matters of taste and functional form – with particular consideration to treating the unique qualities of materials as they deserved – became "good form".[1]

In 1949, when Jakob Wilhelm Hinder again took up his travelling and exhibition activities,[2] the first post-war Werkbund exhibition was mounted at the Messehallen Cologne-Deutz under the appropriate motto "New Living". With that exhibition, the Deutscher Werkbund was pursuing the aim "of stimulating industry and crafts and educating consumers to apply higher standards to material, form and colour [...]". The systematic demonstration with which the Werkbund prepared visitors for the documentation of the prevailing standards in architecture and interior design had been put together by Walter Dexel, founding director of the city of Braunschweig "Formsammlung", working through the city of Braunschweig. It showed – with exhibits arranged in work groups – relationships between forms "which have resulted independently of the materials used within the history of form".[3]

In this context, oriented towards collaboration between industry and the crafts sector, "good form" linked with the Materialgerechtigkeit [the just treatment of the unique qualities of materials] played the leading role. It would be, as Rüdiger Joppien describes it, "elevated to the status of a metaphor for a spiritual, intellectual and moral renewal," which *inter alia* was expressed in the founding of the Rat für Formgebung [Council for Design] in 1951. Joppien points out that relevant examples have hardly been assembled in German museums so that the discussion on this tended to originate in special exhibitions.[4]

Jakob Wilhelm Hinder formulated his thoughts on the co-existence of industrial products and crafts in his first brochure, which he printed with the text accompanying his exhibition "Handwerkliche Töpfereien und Webereien" [Crafts Potteries and Looms]: "Wherever the normed mass product also comes from an integral stance, it will never confront the individual crafts piece in an inimical way. But crafts must exist in any case. [...] Because there are powers in it that radiate back to us productively. And finally also because the machine needs the craftsman. It is he who invents, who makes it. Not until then does it spew out the same thing in its thousands. But it does not invent nor does it create anything new."[5]

With his selling exhibition at constantly changing venues, Hinder reached out to a supraregional clientele. He filled a gap in an infrastructure that was only developing slowly because he supplied utilitarian ceramic objects that people had been deprived of for such a long time. His lectures on design as conceived above and beyond the materials used and good utilitarian form were enlightening in character. Hinder's principle of didactic instruction was convincing: he demonstrated to visitors

[1] Joppien 2004, pp. 31–35.
[2] Vetter 2002a, pp. 16–29.
[3] Schriefers & Ernst 2000, pp. 45–51.
[4] Joppien 2004.
[5] Brochure "Handwerkliche Töpfereien", n. place, n. d. [Marburg 1957], n. p.

the formal qualities and material properties of a vessel, using a jug or dish from his collection of display objects, which he was gradually building up again. He made clear the difference between it and formally inferior mass-produced wares relegated to the "kitsch corner" he brought along with him.

From 1952 Lotte Reimers was permanently employed to work in Hinder's exhibition and supported him in all work that came their way, the overall organisation and speaking as Hinder intended on ceramics to groups of visitors and school classes. Her desire to make pots herself was not fulfilled until Hinder and Reimers had found a permanent home for the exhibition and museum collection in Deidesheim.

Since Hinder's activities were also a "public concern", the local Homeland or cultural associations, municipal cultural authorities, individual mayors or municipal directors promoted his exhibition by sponsoring it. At each exhibition opening, after a few words of welcome from the sponsor – usually on a Sunday morning with guests invited –, Hinder would give his introductory lecture "On the Essence of the Ceramic Work Form".[6]

"Deutsche Werkkunst der Gegenwart" [German Contemporary Crafts] by Walter Passarge and other writings by Walter Dexel laid out for the audience promoted going into what was seen and heard in more depth.

By the time Hinder and Reimers settled in Deidesheim in 1961, the privations of the post-war years were a thing of the past. The economic upturn of the 1950s and international trade had been the engines driving trade fairs and exhibitions, which in their turn were an important factor in the resurgent economy.

In the first years after 1945, pottery workshops that had been built up again or newly established with the simplest of means had had to fight for their very existence and supplied the public with only the bare necessities for survival: tableware and crockery for daily use. The descriptions provided by Ingeborg and Bruno Asshoff, who made pottery their profession after the Second World War and set standards, and the founding of the Hohlt Workshop in Katzbach am Inn – to take just two examples – are among many that reflect those times.[7]

Workshops that existed before the war, such as the one run by Richard Bampi in Kandern, were soon able with their employees to link up aesthetically with what they had been doing before the war. Apart from producing utilitarian pottery, tiled stoves, garden sculpture and fountains, Bampi began developing new mould and model types. Along with Erich Köllmann, director of the Cologne Kunstgewerbemuseum, Bampi was a co-founder of the "Society of Friends of Ceramics" [Gesellschaft der Keramikfreunde] and wrote essays on modern ceramics that contributed to a better understanding of the field.[8] His name stands along with those of Jan Bontjes van Beek, Hubert Griemert and Albrecht Hohlt[9] for innovation in glazing techniques and developments that would enlarge the design possibilities open to ceramics in the 1950s and shape styles.

Many of the newly established ceramics workshops presented their work at the trade fairs showcasing household goods that had taken place twice a year since 1951. There they encountered ceramicists who had been influenced by the Bauhaus and Burg Giebichenstein, some of them again teaching at re-opened specialist ceramics schools, including Hubert Griemert[10] and Paul Dresler,[11] or transmitting as designers working for the industrial sector – as Heinz Engler and Hubert Griemert did – the ideas represented by the Bauhaus and Burg Giebichenstein. Jan Bontjes van Beek[12] not only taught; he also supervised the manufacture of series he had designed for the ceramics industry, for instance, for Dr.-Ing. Ungewiß, a firm in Dehme.[13] By employing established artists, the industrial sector as the transmit-

[6] Vetter 1997b, p. 27, p. 149.
[7] Vetter 1997b, pp. 37–45, pp. 169–172, pp. 221–227. Werkstatt Hohlt, Catalogue Munich 1995, pp. 80–84.
[8] Schüly 1993, p. 126f.
[9] Vetter 1997b, p. 18; Schüly 1993, pp. 127–145.

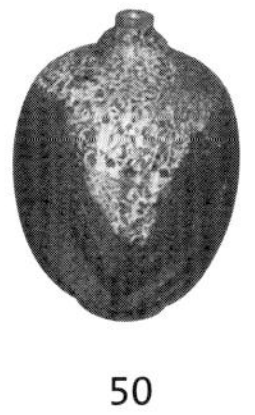

50

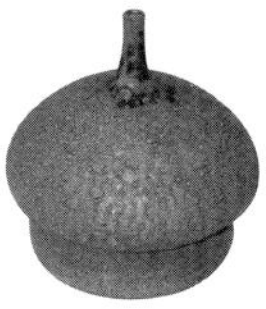

52

ter of Werkbund and Bauhaus ideas could offer good utilitarian wares to consumers.

Thus a functionally oriented trend to perfect form and glazing techniques was also discernible in German ceramics from the early 1950s accompanied by a revival of those ideas. Walter Dexel's commitment to "good form" provided this trend with a major impetus.[14]

At the same time, the impact made by Scandinavian stoneware, which in the main featured monochrome glazes, surfaces often articulated by incised texturing and rather austere forms or, as in Stig Lindberg's work, a moderate asymmetry, could be read in many German works of that time whereas the influence of Italian and French ceramics tended to be revealed in designs submitted to the porcelain industry.[15] At crafts fairs, attention focused on vessels as utilitarian wares and a clear distinction was drawn between crafts and fine arts.[16]

From the 1950s Bernard Leach's seminal "A Potter's Book", published in 1940, had circulated in western Germany. Although not published in a German translation until 1971, it made an impact on the work of German potters from the time it became known. Lotte Reimers translated parts of "A Potter's Book" for Jakob Wilhelm Hinder and took inspiration from it for her later work. Walter Popp, who had taught in Kassel since 1954, also encouraged his pupils to study the techniques and stylistic devices Leach was transmitting and they initially shaped the work of many of those pupils.

In the workshops promoted by Hinder, whose existence depended on producing tableware and utilitarian ceramics to meet the basic needs of the public, the focus was already – as, for instance in the Asshoff workshop – on working out one-off ceramics that were not for replication (inv. nos. -50, -52).

Many ceramicists, and they were consistent in this, increasingly followed the prevailing trends. Gradually, in stages, the stimuli that had been assimilated began to show up. They encompassed all areas of ceramics but the public was not immediately made aware of them.

Through Hinder's instructions on how to look at a vessel (see above), people interested in ceramics were given the tools that enabled them to make value judgements on form or an object. Hinder, therefore, was rooted in a tradition of practical promotion of the arts that had been initiated in the early 20th century in Hamburg by Alfred Lichtwark, an art historian and educationalist. Lichtwark – director of the Hamburg Kunsthalle – aimed at education that encompassed all areas of life through schooling the eye and he viewed collecting contemporary art as the best way of promoting art.[17]

From the mid-1950s private ceramics collections grew up sporadically. The first galleries specialising in modern ceramics were also founded. Apart from the Kunst-Krypta run by Peter Hagenah, which existed in Bremen from 1946, two galleries should be mentioned here as exemplifying the trend in western Germany: Paul Köster was committed from 1960 to modern ceramics

[10] See biography p. 159.
[11] See biography p. 151.
[12] See on this biography p. 139.
[13] Vetter 1997b, pp. 46–48.
[14] Walter Dexel summarised his ideas in "Keramik, Stoff und Form", Braunschweig 1958. The "Form Collection" he established in Braunschweig in 1942 also gives a comprehensive overview.
[15] See for instance the designs by Beate Kuhn for Rosenthal. In: Kuhn & Runde 1989.
[16] Vetter 1997b, pp. 15–16.
[17] "[...] intensive contact with contemporary production is what creates collectors, whom we at present need almost more urgently than artists to promote our living art." In: Lichtwark 1907, pp. 15–17.

at his Mönchengladbach gallery, "Kunstkammer Ludger Köster". From 1969 Alexander Deisenroth in Fulda showed pieces from workshops engaged in modern ceramics.

With his exhibition, Jakob Wilhelm Hinder was **the** jumping-off point for both ceramicists and collectors: young potters were encouraged by the men training them to orient themselves in Hinder's exhibition and show him their work for him to evaluate it. Collectors knew that they would be informed by Hinder on the latest developments and would also find works of good quality. So they travelled to his exhibition – informed by invitations. Ceramicists appreciated this dependable sponsor, who would do everything he could for their work if it met his quality standards.

Articles published from 1960 in the "Keramische Zeitschrift" in a column on form and decoration document Hinder's writing activities. There he presented new developments in the field of modern ceramics and introduced the relevant workshops, most of whom were represented by work in his own collection. The photos illustrating the articles with examples from the museum collection were taken by Lotte Reimers. Published as reprints, those essays reached a public far beyond specialist circles.

For the following representation that is not merely a chronological sequence but is rather arranged thematically, those reports are the sources for documenting Hinder's educational and inspiring work and the impact it made, which many of those then affected may not have been aware of.[18] The objects pictured – Hinder's didactic "teaching and viewing materials" – are still in the Hinder-Reimers Collection of the State of Rhineland-Palatinate.

On the gallerist's work: recommendations for collectors

Hinder's nose for new developments and trends just showing up, linked with specialist knowledge and the experience of thirty-five years of working for ceramics, is reflected in a report from 1960, in which he recommends looking into a new collecting field: "modern stoneware pottery".[19]

In that essay he addressed private art collectors, directing their attention in an era shaped by reconstruction and the "German Economic Miracle" to "ceramics as art", "[...] the wealth of important creative achievements by several craftsmen, which far surpass the quality normally encountered in the 'decorative arts'. Some of them have been shown the appreciation they deserve at international exhibitions by being awarded the highest distinctions and by being acquired by museums. Many private art collectors have also discovered the field of 'New Pottery' as a rewarding new 'hunting ground', whose creations often make them just as happy as the ceramics of earlier civilisations they may already possess, be they of

[18] Whereas Klaus Freiberger reports that Hinder created a uniquely large – on a Europe-wide basis – "collecting community", Heinz Spielmann prefers in retrospect merely to conjecture on how ceramics collections came into being at the time described since there are, as he points out, scarcely any authorial agenda statements on intentions behind ceramics collecting. See on this: Freiberger 1994, p. 28; Spielmann 2000, p. 7.

[19] Hinder 1960, pp. 529–534.

[20] A "New Look" product line in porcelain launched by Philip Rosenthal in an attempt to ally the Bauhaus tradition and avant-garde design in utilitarian form taken over from Italy. In 1961 the Rosenthal Studio Line grew out of this. See on this the exhibition brochure, Selb 2004.

[21] Hinder & Reimers 1971, p. 12, fig. 57.

[22] Heinz Spielmann refers to the volume, heaviness and material properties of ceramics and the closeness to sculpture resulting from them whereas in the inscription, texture and colour of the glaze there are links to painting. Spielmann 1971, p. 17.

[23] Apart from Jan Bontjes van Beek, the following ceramicists are extensively presented in the publication "Keramik in Deutschland": Ingeborg and Bruno Asshoff, Antje Brüggemann-Breckwoldt, Dieter Crumbiegel, Beate Kuhn, Arno Lehmann, Klaus Lehmann, Signe Pistorius-Lehmann, Walter Popp, Lotte Reimers, Reinhold Rieckmann, Karl and Ursula Scheid, Robert Sturm, Fritz and Vera Vehring, Gotlind and Gerald Weigel.

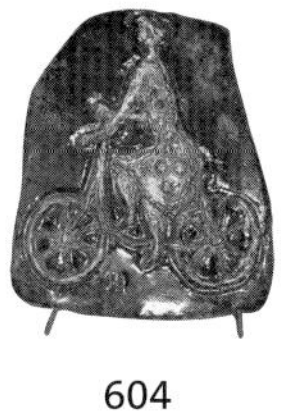

604

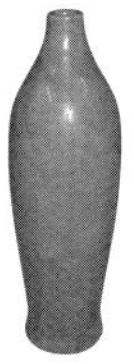

478

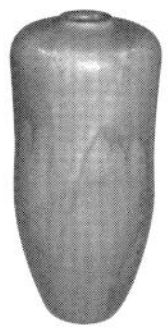

479

native, ancient, Near or Far Eastern provenance. It is only natural that the passion for collecting should grip above all those who break the ground, the earliest pioneers of renewal, which is initially only upheld by a few names."

After this introduction, the reader is given specific suggestions for building up a high-quality collection of contemporary ceramics, one which will identify him as a connoisseur. When one considers that many aficionados were receptive to Hinder's advice and followed it, one realises that this helped the workshops thus presented to financial security. Thus the principle of "collecting as art promotion" advocated by Lichtwark was put into practice. At a time when designer industrial products (such as the Rosenthal "Studio Line"[20]) represented stiff competition for ceramics workshops in making utilitarian tableware, the artist designed and made one-off – studio ceramics – secured workshops' livelihood.

Beginning with the ground-breaking Max Laeuger and Paul Dresler, Hinder pointed out *inter alia* the work of Stephan Erdös and Otto Hohlt, "who came into contact with pottery as a sculptor and at Katzbach/Inn [...] with his hand-built jugs, vases, bowls and free-modelled wall reliefs [inv. no. -604] as well as his kindly and friendly disposition" made friends for pottery.[21] Until his death in 1956, Stephan Erdös (inv. nos. -478, -479) continued his studies of glazes fired in a reducing atmosphere at the workshop he had established in Tittmoning with Ida Erdös-Meisinger (inv. no. -468) after the war ended. Moulded by the training he had received from Michael Powolny at the Viennese Hochschule für Angewandte Kunst and impressed by Max Laeuger, Stephan Erdös discovered monochrome and translucent glazes, which, along with his vocabulary of forms, are certainly unusual in post-war ceramics in the meditative impression they create.

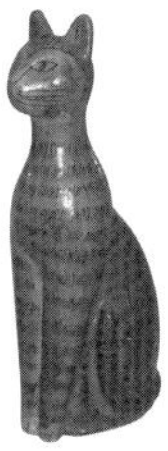

468

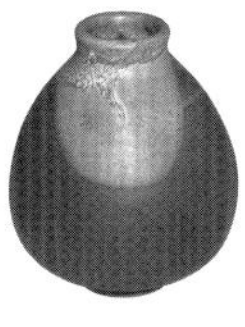

244

Hinder goes on to explain: "Of the masters still living, Jan Bontjes van Beek's works must be accounted among the most coveted. In their lucidity and technical perfection, they are the result of decades of responsible endeavour and – uncompromising statement of today's Zeitgeist – on a par with good works from earlier civilisations." As far as Bontjes's vessel sculpture, whose technoid bodies look so sculptural because of the painterly application of the glazes, is concerned, Hinder's evaluation is still valid today (inv. no. -244).

Ceramic vessels informed by this rare quality have been characterised by Heinz Spielmann as the contribution made by ceramics to "painted sculpture".[22] The exhaustive representation of Jan Bontjes van Beek's œuvre as well as that of eighteen other German artists in the publication "Keramik in Deutschland" [Ceramics in Germany], Vetter 1997b, deals with that subject. Since the work of those ceramicists has already been comprehensively discussed, shown and inventoried in terms of "from vessel to free form" in the above mentioned publication, only one object by each of them will be shown in the coloured illustrations section from p. 74. All works in the collection by those artists are also shown in the catalogue of works from p. 124.[23]

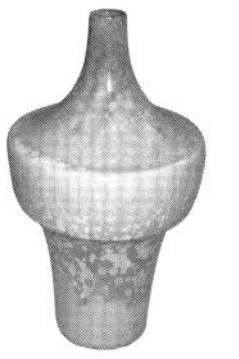

512

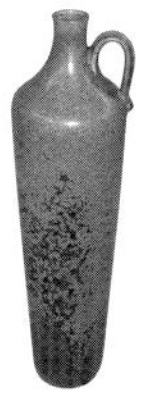

515

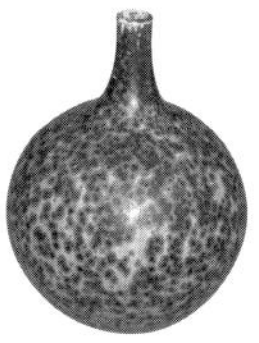

526

After that Hinder draws readers' attention to Hubert Griemert's work. His Bauhaus origins, the fact that he studied with Gerhard Marcks and Griemert's teaching at the Staatliche Werkschule für Keramik in Höhr-Grenzhausen reveal him as an authentic representative of Classic Modernism. The best exemplars of Griemert's vessels, be they spherical vases or tall slender jugs, harmoniously swirling forms with slender necks, which are enhanced by elegant crystal glazes (inv. nos. -512, -515, -526), correspond to a concern prevalent in those days: functional orientation accompanied by a striving for perfection in form and glazing technique.

The pieces recommended by Hinder for building up a collection include as traditional components one-offs by Elfriede Balzar-Kopp and Wim Mühlendyck, the two workshops with which he had been collaborating since the late 1920s – contemporary forms in the traditional Westerwald salt-glaze and stamped and incised decoration techniques [Red und Knibis][24] (inv. nos. -133, -144, -890/91, -893).

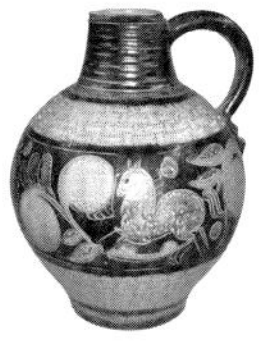

133

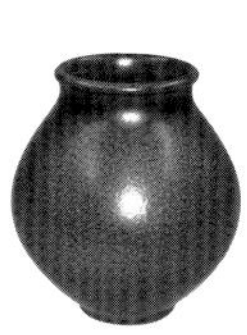

144

After a reference to the Bauhaus potter Otto Lindig and to Rolf Weber, Hinder presents Richard Bampi's work. Bampi's asymmetrically built up, organoid forms, which have been lent a special tension through exquisite, newly developed glazes (inv. nos. -168, -180), should "also not be [missing] from [...] any collections with claims to completeness".

After presenting the "classics", Hinder addresses himself to his real concern: "[...] above all to point out some younger artists of the next generation, who no less than the important masters mentioned above are at present contributing to a great extent [to ensuring] that German crafts stoneware is again receptive to the supreme achievements of this world."

He begins with Walter Popp, whose teaching at the Staatliche Werkakademie Kassel was crucial to the development in western Germany of the vessel from a utilitarian to a free form. When Hinder, following a reference to Popp's innovative stoneware glazes borrowed from East Asian models, writes that Popp's forms (inv. no. -1.013) are often bold and might even occasionally shock adherents of a more traditional canon of forms, he is in fact hinting that Popp failed all his life to achieve official recognition for his ceramics. Montage of different thrown parts, often deviating from axial alignment, were new and remained so as long as he lived. Hinder, on the other hand, recognised that this was novel and ground-breaking especially with regard to form. He appreciated those works and bought them as soon as he could afford to for his own collection. Thanks to his commitment, the complex of Popp works is a "pillar" of his collection.

Then Hinder directs the reader to Ingeborg and Bruno Asshoff of Bochum, whose unmistakably distinc-

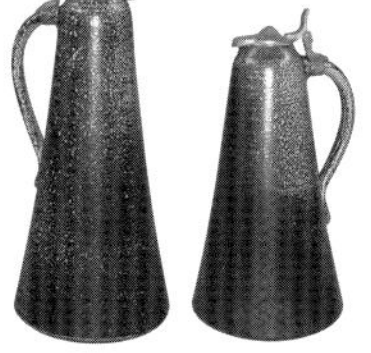

890/91

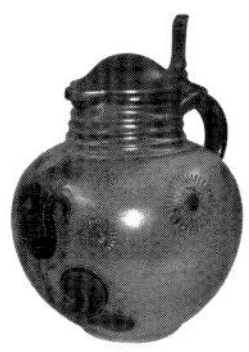

893

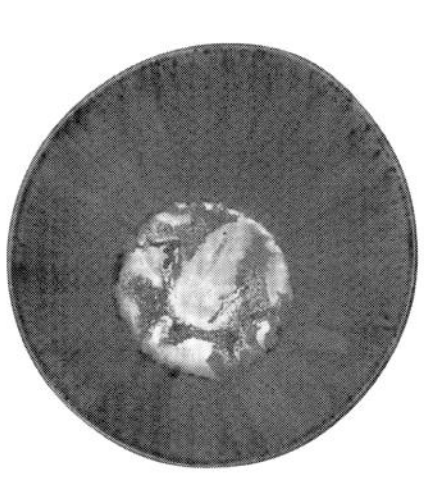

168

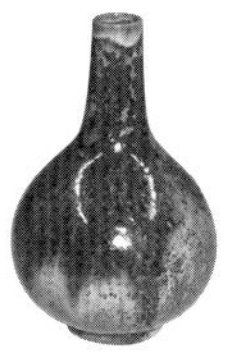

180

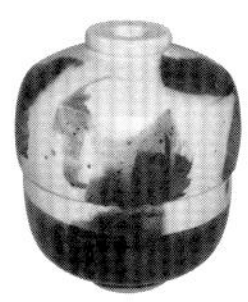

1.013

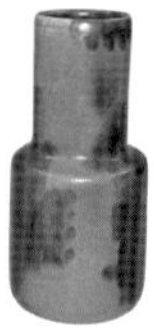

1.127

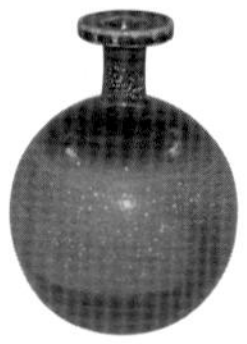

1.132

tive work has already been recognised well beyond the borders of Germany. Hinder describes surfaces and decoration and characterises the Asshoff form as follows: "Sometimes these vessels seem to abandon pure functionality; musically enlivened, they often rise, slender, once again daring to swell at the upper end, to stand in space like sculpture or as a 'vase' symbol." He praises Ingeborg Asshoff's sculpture that has been thrown on the wheel and mentions the prospect of an extra report on it.[25]

Long before art historians discovered "autonomous form", Hinder pointed out this development, making it clear through his powers of description. In this context, the works of Signe and Klaus Lehmann also have a status of their own for the author: due to their independence and inventiveness in respect of form, colour and glaze technique.

Further, Hinder is informative on developments in the field of salt glaze: at the Balzar-Kopp und Mühlendyck workshops in Höhr-Grenzhausen the next generation is, he says, already at work and is ensuring the continuance of those well-known workshops as well as the domestic glaze tradition, "which Germany (in the 14th century) contributed to the ceramics of the world".

And he presents innovations in this field, as represented by Jürgen Riecke, a potter from Duingen: "[...] a salt-glazed stoneware fired in a reduced atmosphere that has never before been seen in such colours [inv. nos. -1.127, -1.132]. What a mildly glowing red on soapy, delicate body, achieved in an open wood-fired kiln with transitions to coppery green, with occasional traces of fire-speckling, and recently often painted in 'metallic

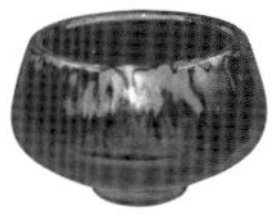

1.359

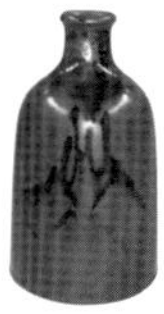

1.364

tones in a minor key', blue-purple-yellow-black carbonised into one another, colours of the kind that sometimes flicker from flames."

He also recommends Walther Stürmer's stoneware and hopes the potter will continue with the approach he has adopted. Encouragement for the young Walther Stürmer and an incentive for the interested collector to take a look at the work of this youthful talent.

When Hinder reports on the high quality of workmanship distinguishing Margarete Schott's attractive work (inv. nos. -1.359, -1.364) and her novel and unusual creations in glazes and then turns to the sophisticated workmanship distinguishing the work of Karl und Ursula Scheid (inv. nos. -1.250, -1.316) of Düdelsheim, which represented a new take on ceramics, a collector today knows that he was given good advice when told to buy those innovative pieces.

Then another insider tip: the formally reductive vessels by the designer Heinz Engler (inv. no. -449) and the one-off "nobly formed" stoneware and porcelain

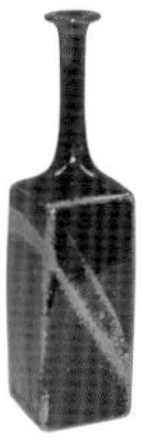

1.250

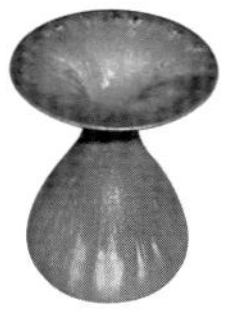

1.316

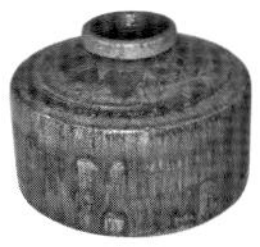

449

[24] A sculptural decoration technique by means of which contours are cut into the clay body with an incising tool or stamping tool and then filled with smalt before the salt firing. Weiß 1984, p. 175, p. 243.
[25] Hinder 1969h.

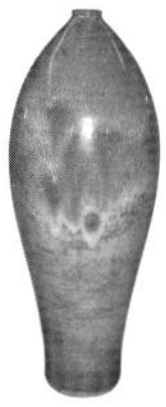

565

works with their "fiery sang-de-boeuf" and delicate blue "claire de lune" glazes fired in a reducing atmosphere which are the work of Albrecht Hohlt, a ceramicist fascinated by Asian stoneware (inv. no. -565).

After pointing out stoneware from the workshops of Karl-Heinz Modigell, who taught at the Krefeld Werkkunstschule, and Liebfriede Bernstiel, Hinder sums up as follows:

"There are still many [potters] of the young generation who are about to make names for themselves. There are innumerable possibilities for training in Germany today: at workshops, arts and crafts schools and academies. The 'new collections' at various museums, exhibitions at home and abroad as well as the 'Haus des Kunsthandwerks' [House of the Applied Arts] in Frankfurt (Fair, Hall VI) and the 'Münchner Internationale Handwerksmesse' [Munich International Applied Arts Trade Fair] etc. represent an invitation to a noble contest. State stewards of the crafts and cultural affairs undersecretaries provide the young generation with support and incentives. Further, the interest in hand-built pottery is being awakened again through the art education at many of our schools and the endeavours of adult education centres [...]."

How and in what way Hinder's pointers exerted a stylistic influence and perhaps shaped how collections were built up by people interested in modern art and ceramics can be traced in the publications on some of the great West German private collections created at that time.[26] As Heinz Spielmann remarked in 1979: "About fifteen years ago collectors of ceramics were still something of a secret society [...]. Nowadays almost everyone who has any self-respect at all owns a few stoneware or porcelain vessels [...]",[27] thus describing a development which to a great extent had been prepared and promoted by Hinder – as the Hinder essay quoted above shows.

In Deidesheim

Jakob Wilhelm Hinder remained fifteen years in Deidesheim, during which he and Lotte Reimers gradually and under difficult financial conditions rebuilt and fitted out the building that had been acquired to house the collection and the selling exhibition. Hinder also managed the gallery and exhibition, gave lectures and issued invitations to symposiums. The activities of the two made the pretty winegrowing town with its celebrated vineyard site a "hub" for the West German ceramics scene. Hinder's work and publications made the town well known beyond the borders of Rhineland-Palatinate as a centre for ceramics aficionados and collectors from Germany, Europe and overseas. His commitment to the regional and supraregional art scene, the Wednesday meetings of the "Deidesheim Artists' Circle" he had initiated, which became an integral element of cultural life in the region, has been discussed elsewhere.[28]

Finally, in August 1971, the "first museum devoted solely to the new German ceramics"[29] was inaugurated in Deidesheim. That year Hinder and Reimers also published "Moderne Keramik aus Deutschland" [Modern Ceramics in Germany], the "book on the exhibition", a compendium that was unusual for the early 1970s because it went into the subject in such depth.[30] In addition, the "Form and Decoration" column in the "Keramische Zeitschrift" remained the platform from which Hinder continued to inform his public on trends and developments in ceramics.

[26] See eg: Cremer 1968, Karlsruhe 1972, Spielmann 1979.
[27] Spielmann 1979, p. 9.
[28] Vetter 2002a, p. 24.
[29] From the text of the invitation to the inauguration of the museum (Lotte Reimers Foundation Archives, Deidesheim).
[30] Hinder & Reimers 1971.
[31] See letter from Hinder to Antje Breckwoldt-Brüggemann of 31 July 1965; the author owns a copy.
[32] Hinder 1965a, pp. 161–162.
[33] Hinder 1965c, pp. 857–858.
[34] Hinder 1966b (n. p.).

Walter Popp and the "Kassel School"

Just as Hinder drew visitors' attention to new trends in modern ceramics at his exhibition, he also spurred on young talent to strive for independence and quality by critically analysing works submitted to him for the purpose and helped those aspiring artists in their quest for their own approaches to design.[31] The teaching and – as described above – the work of Walter Popp attracted particular interest (inv. no. -1.013), as did that of his pupils. From 1954 until 1977 Walter Popp headed the ceramics class at the Hochschule für Bildende Künste in Kassel. He exerted a formative influence on style through his own work, the development of the vessel montage, culminating in ceramic free sculpture, and through his teaching method, which must be called interdisciplinary. The "Kassel School" or the "Popp School" is firmly anchored as a concept in the annals of modern German ceramics. Apart from technical and formal skills, Popp transmitted to his pupils the intellectual stance that was indispensable to their own creative activity.

Hinder was always in contact with Walter Popp and kept the public informed on Popp's work and teaching at irregular intervals from 1965 until he died in 1976: "[...] He schools aspiring art teachers and craftsmen. In view of what young people he has trained – some of whom have not the least intention of becoming ceramicists – are capable of producing in the way of outstanding ceramics after only one or two semesters, it would not be overstating the case if circles in the know today consider this polytechnic one of the best places in the world to train for all those who have chosen 'pottery as a craft' as their vocation."[32] Hinder voices regret in another report that some of those students, who were "often extraordinarily 'talented at ceramics'," were nonetheless "aiming at the 'safe career' of the art teacher." Popp trained a large number of young people, of whom many worked as artists, at least for a while, after finishing their training. Some of his pupils – here Dieter Crumbiegel, Robert Sturm, Ralf Busz and Fritz Vehring might be mentioned – were in turn later able to transmit the knowledge and skills they had acquired by teaching at polytechnics and universities.

Hinder devoted individual reports to outlining the development and current work of the young ceramicists from Kassel who before long were going their own way in ceramics design. The ceramics work process employed by those training with Popp also incorporated experiences from other disciplines, such as sculpture (Konrad Quillmann and Robert Sturm) and painting (Dieter Crumbiegel). In Hinder, those young "artists who had not yet made their name" and were seeking new ways in ceramics had a sponsor who exhibited their work, sold it and also collected it.

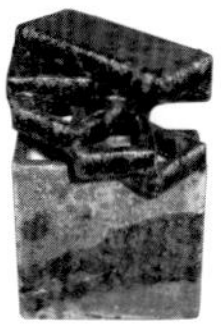

1.037

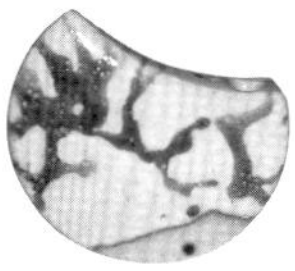

1.040

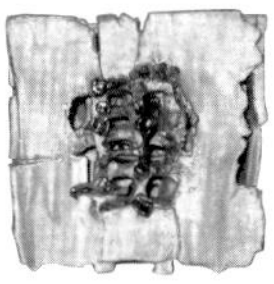

389

In Konrad Quillmann's work, for instance, Hinder noted that it was between vessels and free artistic design and that it was notable for formal independence and original ideas of form.[33] This is expressed both in montage of pottery slabs piled stair-like above a square base and in "Mondsichel" [Crescent Moon], a vessel (inv. nos. -1.037, -1.040). Hinder also attested "a talent for inventing form" to Dieter Crumbiegel with his hand-built vessels with their "non-representational" decoration created by trickling and centrifuging, which was also discernible in his relief-like wall pictures and vessel objects of layered slabs, whose centres were initially accentuated by eruptions of dark glaze in lighter surrounds (inv. no. -389).[34]

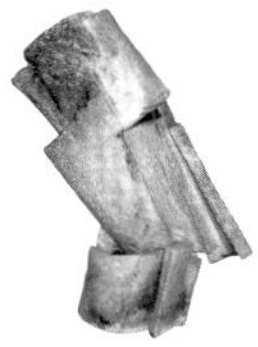

1.429

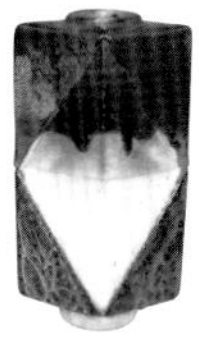

313

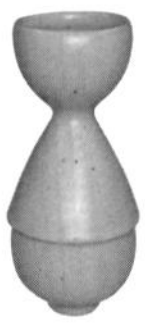

653

Hinder appreciated Robert Sturm's built vessel sculpture and "non-representational sculpture entirely devoid of function" for their "form configurations" and stone glazes, noting that "independence [is enriching] in a gratifying way [...] the new German ceramics scene".[35] Robert Sturm continued on that path, for instance with bodies and heads that were morbidly fragile, developed from tubular forms, and grainy, fissured surfaces (inv. no. -1.429).

Hinder writes as follows on the vessel objects of Antje Brüggemann-Breckwoldt, who studied at first with Jan Bontjes van Beek in Hamburg and then with Walter Popp in Kassel before founding her first workshop on Sylt: "In her hand-built works, to which Antje Breckwoldt is especially inclined, she likes to detach herself from the dictates of function and achieves, spontaneously as it were, astonishing results in fine arts vessel sculpture [inv. no. -313]. And in this, too, her configurations are convincing for their powers of design as well as decorous proportion and discipline."[36] And in his last essay, Hinder remarks on Reinhold Rieckmann's vessel bodies and montages: "No viewer will be able to withhold recognition of Rieckmann's serious struggle for original and clean form quality. Very often he succeeds in his thrown montages in breaking through to free sculpture."[37]

Such "news" of some of the graduates of the Kassel School was supplemented by reports on the recent foundation of workshops, including that of Heidi Kippenberg. Her domain was the thrown and hand-built vessel, whose enormous formal appeal was underscored by reticent velvety glazes (inv. no. - 653).[38] Further, Hinder informed the public on Ralf Busz's activities as a teacher in Istanbul. There Busz and his pupils – as Walter Popp had taught – concentrated, following the tradition of Bernard Leach, on developing glazes by using native, in this case, Turkish, raw materials.[39]

Twenty years later – when Deidesheim had an established position in the history of modern ceramics in the Federal Republic of Germany thanks to the work of Jakob Wilhelm Hinder and Lotte Reimers – Dieter Crumbiegel characterised Hinder's commitment as follows: "That was really pioneering work in its day and it is due to the astonishing specialist knowledge and foresightedness of that man that he was also receptive to all forward-looking, indeed experimental work and immediately added it to his collection without the need to wait for confirmation from third parties, simply following his own quality standards. This ultimately led to one of the most comprehensive collections of German ceramicists."[40]

"On the Development of the New German Ceramics" around 1968/1969

Hinder's 1960 "schriftliche Anleitung zum Sammeln von Keramik" [Written Instructions for Collecting Ceramics] was followed by a series of nine essays "Zur Entwicklung der neuen deutschen Keramik" [On the Development of the New German Ceramics].[41] Eight years after his suggestions, which were, so to speak, an "eye opener" on "modern stoneware", as a new field for collectors, he unfurled in brief outlines the development of ceramics since the latter half of the 19th century. Complete in

[35] Hinder 1969g.
[36] Hinder 1967b.
[37] Hinder 1976.
[38] Hinder 1968b.
[39] Hinder 1970a.
[40] "Museum für moderne Keramik – Deidesheim. 10 Jahre am neuen Platz", observations by Bruno Asshoff, Dieter Crumbiegel, Hans-Ulrich Roller. Special reproduction 1987, Lotte Reimers Foundation Archives, Deidesheim.
[41] Hinder 1968c–1969a.
[42] Hinder 1968f.
[43] Professor Richard Bampi, who died on 10 July 1965, made the Gesellschaft der Keramikfreunde e.V. his heirs under the condition they would award a Richard Bampi Prize, funded by the money he bequeathed. Recipients were supposed to be only those ceramicists who were extremely talented artists, who were self-employed in the Federal Republic of Germany, were not over thirty-three years old and were worthy of the prize. The prize-winners were to be chosen by competition. See on this http://www.gkf-ev.de/texte.php?typ=bampipreis.

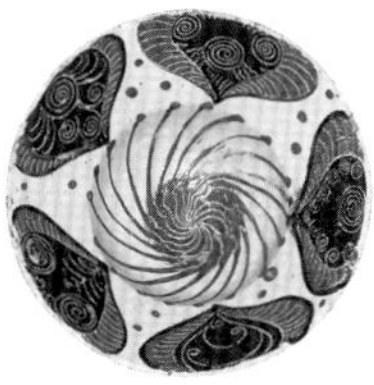

1.336

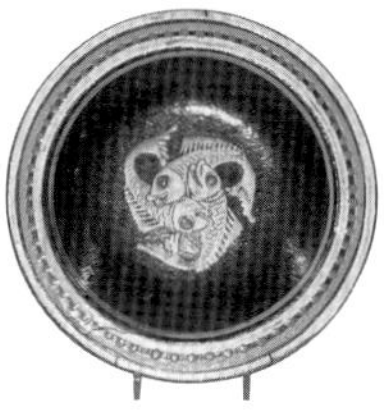

204

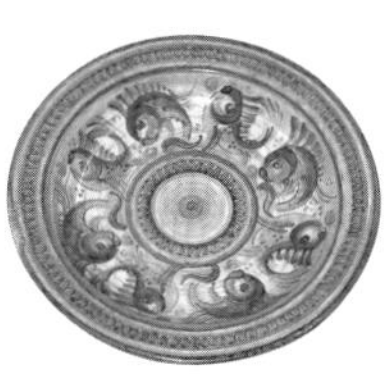

1.399

themselves, these sketches are informative, if read in sequence, on the developmental strands from earthenware to stoneware.

Hinder again travelled through Germany. As if on a "ceramics map", those interested in accompanying him on his journey find the names of pottery workshops, learn connections and receive background information in successive instalments on the West German landscapes and their ceramics traditions.

He reports on crafts training such as that provided by Helma Klett's Fredelsloh workshop, at which "[...] many, today highly acclaimed, master craftsmen and women [received] their first crafts schooling". Their number includes Ingeborg and Bruno Asshoff, Signe Pistorius and Antje Brüggemann.

Possibilities for further training in the 1950s and 1960s at polytechnics and universities are represented by – *pars pro toto* – teachers such as Hubert Griemert, who was at first at the Krefeld Werkkunstschule, then at the Staatliche Werkschule für Keramik in Höhr-Grenzhausen, or Jan Bontjes van Beek, who succeeded Otto Lindig in Hamburg, Johannes Gebhardt in Kiel, Walter Popp in Kassel, Friedrich Theodor Schröder in Wiesbaden and Franz Eska in Munich.[42] Examples of their work are reproduced. This variety, compared to the possibilities for training in 2007, is evidently, indeed certainly, an important aspect of the creation of so many "modern pottery workshops" at that time in West Germany, which contributed to the ceramics "boom" in the 1970s and 1980s.

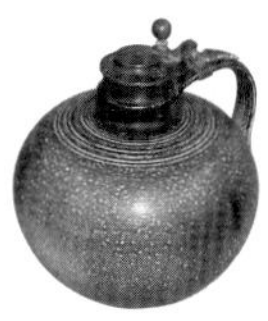

534

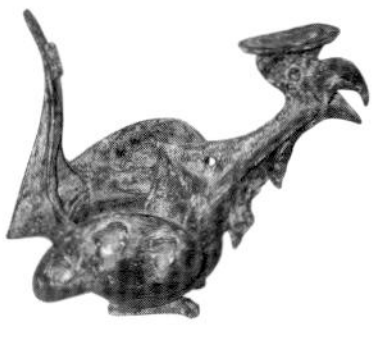

803

Readers are informed on the auctioning of Richard Bampi's estate at the Badisches Landesmuseum in 1967 and on Bampi's legacy: setting up a foundation to promote a young generation of ceramicists.[43] Horst Kerstan – who had been in Bampi's master class – continued the Bampi workshop, which looked back on a fine tradition.

Hinder begins with the earthenware pottery tradition in the early 20th century and such well-known exponents as Elisabeth Schmidt-Pecht (inv. no. -1.336) and Peter Bertlings (inv. no. -204). Further, Hinder goes into the wall pictures and dishes of Hildegard Storr-Britz, decorated with faience paintings (inv. no. -1.399), and the vernacular workshops in the Marburg region. Finally, he points out such leading exponents of salt-glazed stoneware as August Hanke of Höhr-Grenzhausen (inv. no. -534), and the Balzar-Kopp and Mühlendyck workshops, which are already known to the reader. Hinder is not only informative on pre-war and post-war West German workshops but also keeps awareness of traditional workshops in Saxony and Thuringia alive.

Turning to Austria, Hinder reports on Arno Lehmann's workshop in Hohensalzburg Castle. Lehmann's creative powers are expressed in consummate mastery of his material, fantastic vessel forms and sculpture (inv. no. -803). Hinder's itinerary takes him on to Hesse and he describes the impact made by Walter Popp in Kassel: "One would certainly not be exaggerating in maintaining that German crafts ceramics were given a decisive boost through Walter Popp's work at this polytechnic. This is

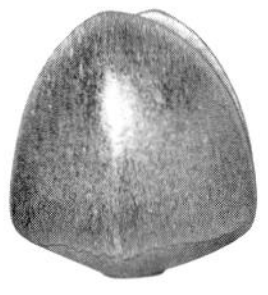

1.528

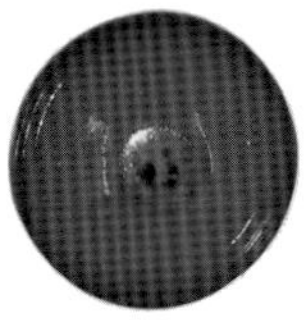

584

true both of his own work as a designer and the effect he had on the students who found their way to him."

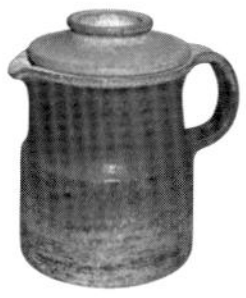

451

Then Hinder turns his attention to the by now acclaimed ceramic artists Ingeborg and Bruno Asshoff, Signe Pistorius-Lehmann and Klaus Lehmann, Karl and Ursula Scheid, Heinz Engler and Margarete Schott, whom he had presented eight years previously as "the young generation". Their achievements are uncontested, their work sought-after. This circle also included Gotlind and Gerald Weigel, married potters "who in recent years strove for and linked up with the highest quality level of German ceramics" (inv. no. -1.528).[44] In Beate Kuhn's wittily lively ceramics, Hinder emphasised that they "were always new, unmistakable, astonishing and [...] [informed] by powerful intellect as well as a creative imagination". Her works of sculpture, developed on the potter's wheel and hand-built from many vessel forms, with coloured surfaces in the wax-resist technique, were particularly prized in Italy.[45]

Continuity was guaranteed by Görge Hohlt's running the workshop in Katzbach after the death of his brother Albrecht and "continuing to bestow [on friends of ceramics] the thin-walled dishes in stoneware and porcelain [...] in 'ox-blood' [sang-de-bœuf] red, celadon and other glazes informed by the highest degree of technical skill" (inv. no. -584). The new book by Heinz Spielmann on the work of the Hohlt family was just off the presses.[46]

Hinder regrets that Heinz Engler has ceased to make stoneware and turned to design. He had bought pieces of Engler's for his museum collection. Heinz Engler had worked since the late 1950s for the porcelain industry in Germany and abroad[47] and had received numerous awards. The jug in the collection (inv. no. -451) might have been the starting-point for the design of the coffee pot in the "RUSTIKA HERDFEST" tableware made by Bauscher in Weiden. In the workshop run by Hans and Renate Heckmann in Schwäbisch-Hall, on the other hand, "functional utilitarian tableware in small crafts editions, which are distinguished by formal elegance" was created (inv. nos. -536, -538) – even in 2007 (in the fourth generation).[48] In southern Germany, Hinder drew the public's attention to the workshops of Wilhelm and Elly Kuch in Burgthann and the stoneware made with Temmoku and "sang-de-bœuf" glazes by Wilhelm G. Albouts, who was a late bloomer in discovering his style in pottery.[49]

Hinder points out the "outstanding stoneware work" of Volker Ellwanger,[50] who studied under Jan Bontjes van Beek in Berlin. Ellwanger's classic vessel bodies represented a virtuoso demonstration of "playing with basic stereometric forms and modifying them significantly on the potter's wheel".[51] Ellwanger taught at the Schule für Gestaltung in Bern (1971–1983) and was professor of ceramics in the fine arts department at Johannes Gutenberg University in Mainz (1984–2000); he instructed his students in the disciplines of crafts and design so they

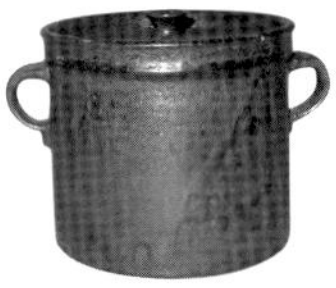

536

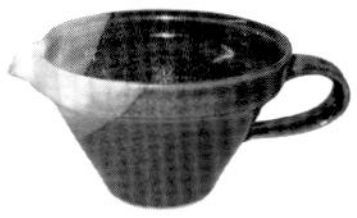

538

could concentrate on the vessel as such. "[F]riends of salt-glazed stoneware" were also introduced to Jürgen Riecke's new form types.[52] Riecke widened the palette of salt-glazed stoneware, which had been limited due to the high firing temperatures needed, by adding new colour tones (eg inv. no. -1.158).

On his ceramics itineraries, Hinder never tired of informing the public on tradition as the basis of Modernism, on workshops in all regions of West Germany, on opportunities for training and initiatives in ceramics, for instance, the work of Baron Werner von Stetten.[53] An idealist, Baron von Stetten worked without recognition and unpaid for "small vernacular potteries" to acquire the basics of earthenware pottery-making. On his return from Siberia, where he had been a prisoner of war, von Stetten occasionally left his manor near Augsburg and journeyed with his potter's wheel through Bavarian villages and cities from school to school. Through his demonstrations on the potter's wheel, von Stetten aroused interest in and enthusiasm for pottery-making – without any thought of commercial advantage to himself – in pupils and teachers alike (inv. no. -1.381).

At the beginning of the final article in this series, Hinder points out "once again the results of research [conducted by] Lotte Reimers in Deidesheim, who creates her forms in the hand-built, montage and 'Raku' techniques and, using no store-bought ingredients such as oxides or fluxes to produce colours and make glazes, has achieved interesting results in this way" (inv. no. -1.065).[54]

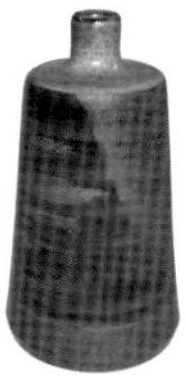
1.158

Concerned for the young generation of ceramicists, Hinder recommends that young potters should visit the trade fairs in Frankfurt and Munich and special exhibitions at museums for "an overview of the supreme achievements in ceramics of our day". Further, he recommends that they should enter competitions "in order to get an idea of most recent standards, not to abandon their independence". Experienced as both a gallerist and promoter of young talent, Hinder was well aware that: "[S]ome market successes which may or may not have been had at the outset are not necessarily a substitute for creating quality."

Finally, Hinder appeals to his readers, the "community" of ceramics lovers: "The circle of collectors, which is also continuing to grow, provides permanent support for really outstanding ceramicists. Among them [the collectors] there are people who know almost all the world's ceramic cultures, with the most subtle sense of fineness in form and glazing, for what is independent and an eye for and an overview of what is going on today in the world of ceramics."

Hinder praises the commitment shown by Gottfried Cremer, an industrialist from Frechen, as a patron of ceramicists. He refers to Cremer's most recent projects, which have included editing the illustrated volume "Deutsche keramische Kunst der Gegenwart" [Contemporary German Ceramic Art] in 1968, a survey "of the major practitioners of contemporary German art ceramics, which was

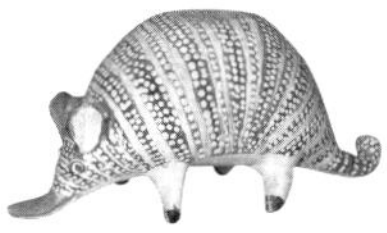
1.381

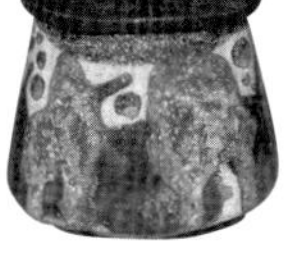
1.065

[44] Hinder 1969b.
[45] More details on this: Runde 1988, pp. 9–33.
[46] Hinder 1969a, pp. 50–51.
[47] Engler worked for Arabia, Helsinki, Dr. Ungewiß/Dehme and Bauscher in Weiden among others. His designs for Bauscher included the "Bauscher B 1100" tableware system that is still in production.
[48] Hinder 1969b.
[49] Hinder 1969c.
[50] Hinder 1969d.
[51] Quoted in Gertz 1980, p. 7.
[52] Hinder 1969d.
[53] Hinder 1969c.
[54] Hinder had already reported, apart from this series, on "Die keramischen Versuche der Lotte Reimers" [Lotte Reimers's experiments in ceramics], in: Hinder 1967a, pp. 172–173.

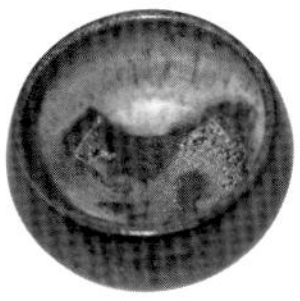

703

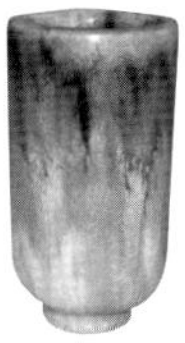

710

written by several authors […]".[55] Since 1961, Hinder and Reimers had worked with Gottfried Cremer, who built up an important collection of modern ceramics in the 1960s and had the "Keramion" gallery built for them[56] in Frechen in 1971. At that time – shortly before they settled permanently in Deidesheim – Cremer bought his first Crumbiegel from them.[57]

It is fascinating to read Hinder's sketches today. They are in keeping with our times; the illustrated section is dominant. In the "Keramische Zeitschrift", a technical and scientific specialist journal that is the mouthpiece of the German ceramics industry, one encounters a column headed "FORM and DECORATION" [FORM und DEKOR] amidst reports on research and technology, industrial manufacturing methods and processes with technical diagrams, portraits of firms and announcements from businesses. Titles such as "Vom Bauerntöpfer zum Kunsthandwerker oder Töpferei im Wandel der Zeiten" [From Rustic Potter to Craftsman or Pottery in Changing Times][58] and illustrations in large formats – such as a floor vase by Beate Kuhn or blocks of illustrations of ceramics by Antje Brüggemann, Ingeborg and Bruno Asshoff and Walter Popp and an earthenware meat roasting pan from the Renner-Sommer workshop in Thurnau – are arresting eye-catchers. Since the number of words permitted was limited, the articles which kept the interested laymen abreast of developments were of necessity succinctly and precisely formulated. And he stayed with his subject matter, be it "Ruth Koppenhöfer – A Potter from the Palatinate" [Ruth Koppenhöfer – eine Pfälzer Töpferin][59] and pupil of Bampi's, her vessel forms and achievements in glazes (inv. nos. -703, -710), a "Plea for the Simple Form" [Plädoyer für die einfache Form] or "Works of Sculpture from the Potter's Wheel" [Plastiken von der Töpferscheibe].[60] These are essays in which Hinder is informative on current processes, takes a stance and illustrates what he has written with relevant photographs. And Hinder's pedagogical drift is always clear: he takes pains with laymen, with the person at a far remove from art, who is the one to be reached.

The promoter reports as an eyewitness on the change that took place from the 1960s and 1970s in modern ceramics in respect of formal conception and also documents it with his own collection: the free sculptural works by pupils of Walter Popp's and others are represented here as are Beate Kuhn's vessel sculptures and one-off-ceramics from such workshops as those of the Asshoffs, Karl and Ursula Scheid, Margarete Schott, Gotlind and Gerald Weigel, Signe Pistorius-Lehmann and Klaus Lehmann, to mention just a few.[61] Not only individual works by the various practitioners are shown but series of works also illustrate stylistic development in all cases.[62] Some readers may not find the name of a particular ceramicist they esteem because the collection amassed by the Museum für moderne Keramik definitely – like any collection – reflects the subjective viewpoint of its creator, the collector.

[55] Hinder 1968f.
[56] "Keramion, Museum für zeitgenössische keramische Kunst", Frechen; since 2002 "Stiftung Keramion – Zentrum für moderne + historische Keramik"
[57] Vetter 1997b, p. 160; Bürkner 2000, p. 33.
[58] Hinder 1971.
[59] Hinder 1966c.
[60] Hinder 1969h; Hinder 1970c.
[61] Also see on this Klinge 1978, pp. 323–326.
[62] For the artists named, see the illustrated catalogue of the collection = Vetter 1997b.

Deidesheim – Stadtmauergasse

On 23 October 1977 – over a year after Jakob Wilhelm Hinder's death – Lotte Reimers inaugurated the Museum für moderne Keramik in Stadtmauergasse, Deidesheim. 1,100 pieces – what Hinder called the nucleus of his collection[63] – had found a new home in the old vintner house with its large vaulted cellar. Representing the ceramicists, Bruno Asshoff gave the inaugural address, expressing the following wish for the further development of the collection under Lotte Reimers's direction: "[...] that she may be given the opportunity to open up this collection, which contains mainly ceramics from the third quarter of this century, to the works of many gifted young potters as well. For with them, who will determine the appearance of the last quarter of the century with their ceramic objects, perhaps also wheel-made ceramic vessels, this collection would be widened so that it would be unique in Europe and would signify an extraordinary cultural contribution to the entire world of ceramics." Since Lotte Reimers had been employed in the travelling operations engaged in by the "itinerant gallerist" and had worked effectively in the background as Hinder's like-minded partner during the time they had together in Deidesheim, she was capable in the state of emergency after Hinder's death of saving the collection, an undertaking which had seemed almost impossible. The city of Deidesheim, Hinder's "community of collectors", ceramics lovers and ceramicists themselves supported Lotte Reimers and placed in her the trust they had given to Hinder. They joined forces as the "Verein Museum für moderne Keramik Deidesheim" [Association Museum for Modern Ceramics Deidenheim].

As a ceramicist herself with a distinctive signature of her own and an unerring eye for quality, Lotte Reimers shaped the Deidesheim Museum collection during the sixteen years she headed it by the acquisitions she made. Further, she created focal points that also document her activity as a gallerist. The funds available to her for this were limited as they had been in Jakob Wilhelm Hinder's lifetime. Now, however, she had the sole responsibility and all the work on her hands. Lotte Reimers set lofty aesthetic standards in presenting the museum collection and gallery on three levels in the old vintner house. As in Hinder's day, visitors were hospitably taken care of and groups were guided. Interest in the Deidesheim Museum collection continued unabated in both the Federal Republic of Germany and abroad; the museum was preserved for the region as an economic factor.[64] Young ceramicists were promoted; their work was shown in the gallery and at special exhibitions. Ceramicists from abroad were provided with a forum in Deidesheim, where they could present their work to the German public. Lotte Reimers kept the public informed on developments and trends in the workshops of established colleagues.

Her activities were accompanied by the friends from the "Deidesheim Artists' Circle", whose "Wednesday meetings" continued and, moreover, attracted interested people from the region and beyond. Their annual retrospectives, at which one guest from outside was invited to show work, for instance in 1982 the sculptor Adolf Luther, remained a "highlight" of the regional art exhibitions.

Lotte Reimers made a point of encouraging solo shows and special exhibitions, a practice begun in Hinder's day.[65] By 1993 ongoing developments in West German and European ceramics had been reflected in fifty-seven special exhibitions, each accompanied by slide lectures given by the artist whose work was being shown. It began in 1979: at Kunstzentrum No. 66 in

[63] See inaugural address given by Bruno Asshoff (representing the potters) of 23 Oct. 1977 (Lotte Reimers Foundation Archives), pp. 46f.
[64] For the first year (1977/78) after the museum reopened, the visitors' book records, apart from individual visitors, fifty-seven guided group tours. In addition to visitors from Germany, there were visitors from twenty-one other nations (European and overseas).
[65] See the chronicles of the exhibition activities, pp. 37f.

Munich-Neuperlach, Lotte Reimers put on the first special exhibition outside the Museum für Moderne Keramik: "Deutsche Keramik der Gegenwart" [Contemporary German Ceramics].[66] Sixty-six exhibits – vessels, objects and reliefs – by leading West German ceramicists, with whom Hinder and Reimers had worked for a long time, documented cutting-edge modern ceramics. At the same time, Lotte Reimers showed "Gefäße – Plastiken – Reliefs – Neue Arbeiten von Signe Lehmann-Pistorius" [Vessels – Sculpture – Reliefs – New Works by Signe Lehmann-Pistorius] in Deidesheim. That same year saw the retrospective "Reinhold Rieckmann – Gefäße und Objekte" [Reinhold Rieckmann – Vessels and Objects].

The concept has been consistently applied. In Deidesheim leading-edge art ceramics of the highest quality were presented and beautifully shown. Important works from each exhibition, including the Signe Pistorius-Lehmann sculpture "Faltentorso" [Fold Torso] (inv. no. -858) and Reinhold Rieckmann's "Wall Charger" from a later presentation, were immediately integrated in the museum collection. The record of events[67] indicates that Lotte Reimers widened the calendar of events from year to year[68] and that she opened a "window on Europe" from 1981 with the work of Gillian Still from England, Heidi Guthmann Birck and Aage Birck from Denmark and Jean-Claude de Crousaz from Switzerland. From those shows as well she bought representative works for the museum collection.

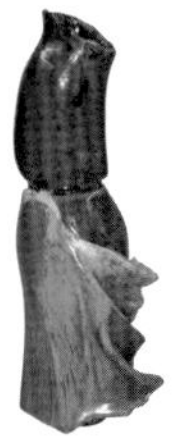

858

The trend towards objects, vessel sculpture and sculpture that had been showing up ever more clearly

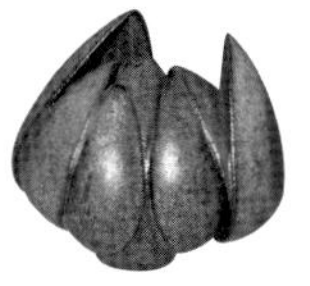

757

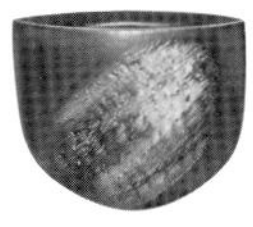

1.531

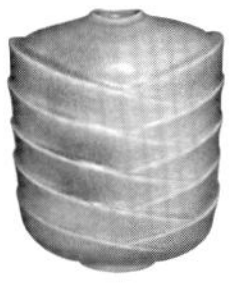

603

since the 1970s became obvious in special exhibitions and acquisitions: forty-five of the exhibitions were devoted primarily to vessel sculpture, objects and sculpture, with only twelve featuring vessels. For the museum collection that meant Lotte Reimers was documenting the development in West Germany by inviting colleagues represented by Hinder to present their new work. This practice ensured that the museum collection was able to acquire exemplary individual works revealing new approaches by "established" ceramicists, including Ingeborg and Bruno Asshoff, Karl and Ursula Scheid, Beate Kuhn (inv. no. -757), Gotlind (inv. no. -1.531) and Gerald Weigel and Görge Hohlt (inv. no. -603), to complete the range of the works by those artists already in the collection (see catalogue of works pp. 124–240). The same holds with some exceptions for exponents of the "Kassel School". New sculpture and helmeted heads by Robert Sturm (inv. no. -1.429) – triggered off by the Kecskemét Symposium – were acquired to round off the works of his in the collection, as was the Antje Brüggemann object "Stilllebenteller" [Still Life Plate] (inv. no. -312) exemplifying a new departure in her work.

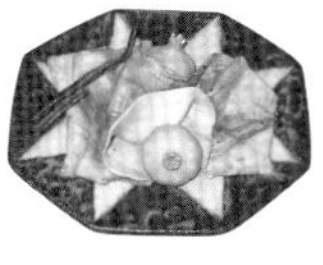

312

Reinhold Rieckmann's 1970s and 1980s work in sculpture dealt *inter alia* with "architectural forms and their symbolism" (inv. no. -1.168) and was represented by surfaces

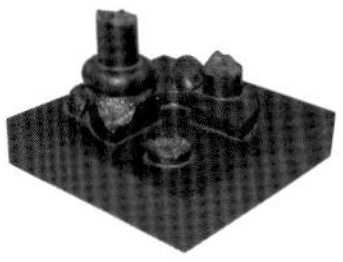

1.168

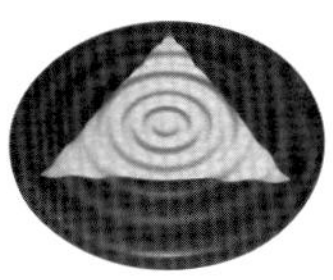

1.193

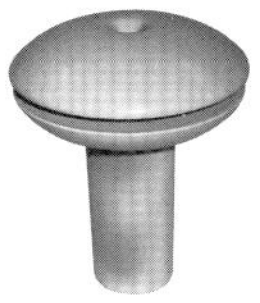
1.455

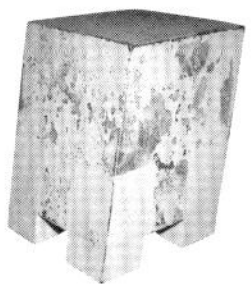
829

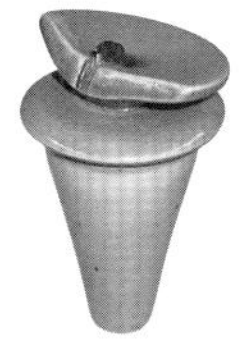
1.464

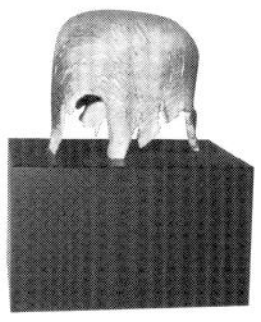
1.416

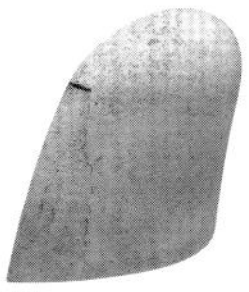
1.457

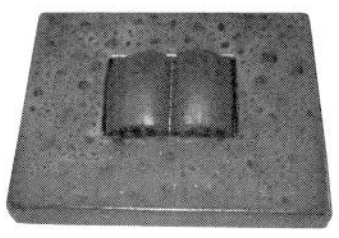
939

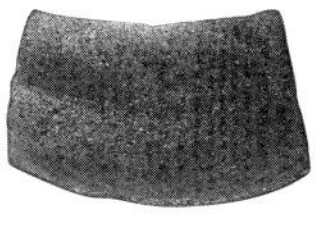
1.476

defamiliarised in the trompe-l'œil manner (inv. no. -1.193). It is documented in the tried and tested fashion and exciting acquisitions have been added. This is also true of his vessel sculpture, with surfaces textured by various reserve processes.

What we have said of Robert Sturm also holds for Fritz and Vera Vehring (inv. nos. -1.455, -1.464): objects with rough and fissured surfaces from the large-scale retrospective mounted by Lotte Reimers in 1983 “after Kecskemét”[69] have been anchored in the museum collection (inv. nos. -1.457, -1.476).

As with Signe Pistorius-Lehmann, a new beginning is documented for Klaus Lehmann. From the late 1970s Lotte Reimers bought objects characteristic of his sculptural work (inv. no. -829). Walther Stürmer showed his first porcelains in a small retrospective in 1980. The new departure in his work is exemplified by the object “Aufsteigende Kraft” [Ascending Force] (inv. no. -1.416).

Rolf Overberg's double-walled works already had the character of objects in the 1970s – even though they were still functional forms. His “Aufgeschlagenes Buch” [Open Book] (inv. no. -939) from the 1983 show, printed with reproduced book pages in a black manganese clay as the centre of the object, represents a variant of consistent further development towards sculpture. Volker Ellwanger's powerful new vessel ceramics, with bands running round them – often with light wood-ash glazes – that underscore the volume, also pinpoint current trends in the vessel tradition for the museum collection (inv. nos. -435, -438).

Also in the vessel tradition are Jürgen Riecke's jugs and vases of Duingen stoneware. Sophisticated new palettes achieved in the salt firing with overall surface decoration lend these bodies a special flair. The worldwide “renaissance” of this historic glaze from Germany is reflected in new examples in the museum collection attesting to Riecke's consummate mastery of it. Dorothea Chabert's tactile, sensuous vessels – in stoneware and porcelain from the Noborigama chambered climbing kiln or oxidation fired in electric kilns, thus linking Europe and Japan – was acquired for the collection over the space of a decade (inv. nos. -346, -352).

Horst Kerstan's early vessels and bowls – the glaze recipes are still indebted to Bampi – were followed by vase objects in shimmering colours produced by wood firing: brownish black or metallic olive green on rough surfaces, sometimes embellished with grooves and incised decoration (inv. no. -638). This new trend towards

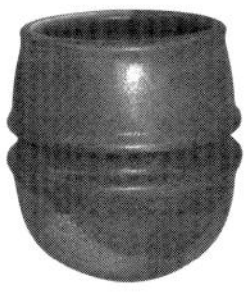
435

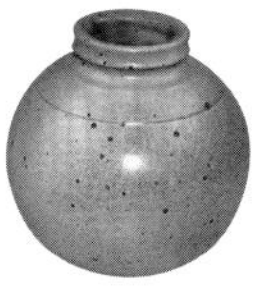
438

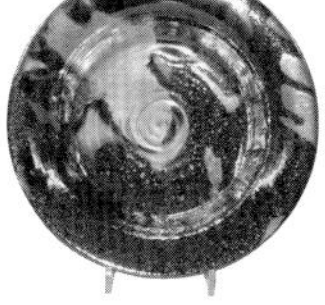
346

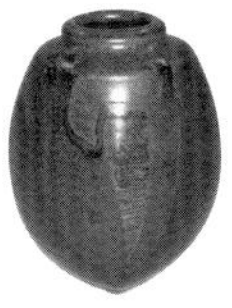
352

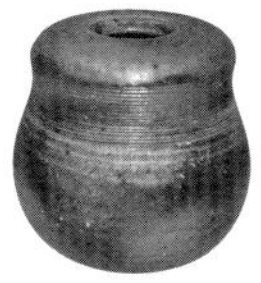
638

[66] Catalogue Munich-Neuperlach 1979.
[67] For this see pp. 37f.
[68] For instance, exhibitions from 1980: 4; 1981: 7; 1982: 6; 1983: 7; 1984: 6; 1985 and 1986: 5 each; 1987 and 1988: 4 each.
[69] Vetter 1997b, pp. 135–137 and pp. 139–141.

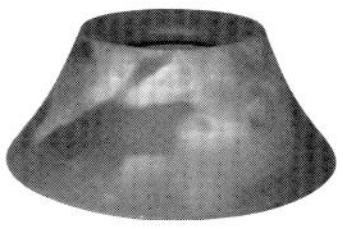

946

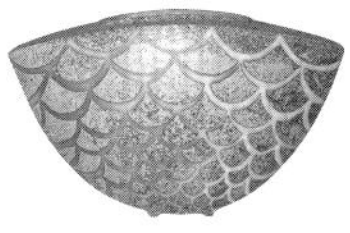

692

East Asian procedures was attractive to the young generation and Lotte Reimers bought examples of it, such as works by other young ceramicists, including muffle-fired objects by Ernst Pleuger (inv. no. -946), and made the public aware of them. Lotte Reimers also acquired stoneware vessels by Gerd Knäpper, whose forms with their walls configured by red-fired or wax resist decoration transmit the Japanese pottery tradition yet still at least hint at Knäpper's Western origins (inv. no. -692).[70]

For the young ceramicists who left the polytechnics after 1980 following rigorous courses of training, Deidesheim was the first port of call. And Lotte Reimers showed the current work of those whose teachers – Dieter Crumbiegel, for instance – went to Hinder at that time with their new work. Works by Thomas Naethe, just "discharged into life" from the master classes at Höhr-Grenzhausen, included his most recently developed – often double-walled – vessel forms, salt-fired with sophisticated glazes and reserved surfaces, that were on view in a small retrospective. Naethe's later, purist departures in vessel design (inv. no. -920) were also documented by Lotte Reimers. Sculptural works such as Rita Ternes's busts made up of slabs in varying formats and her robe forms (inv. no. -1.441) with grainy surfaces covered in engobe in contrasting colours revealed new approaches to form.

A window on the world

It was not the intention behind this high-quality model private collection connected with a gallery oriented towards Germany to look out beyond the borders of Germany to Europe and overseas and document what might be found there. After all, its original purpose had been to rescue rustic art and to support traditional potteries and crafts techniques. What was happening in ceramics in Europe had nonetheless been attentively observed for a long time. Lotte Reimers translated parts of "A Potter's Book" by Bernard Leach for Hinder and contact was also made with Bernard Leach. The two works by Bernard Leach and his workshop, a quadrilateral stoneware bottle with a Temmoku glaze and incised decoration on the broad sides (inv. no. -787) and a bowl, date from that period – the 1950s; a vase by David Leach (inv. no. -789) was later added. Ties of friendship, resulting from a meeting arranged by Karl Scheid, were forged with Henry Rothschild, for instance, proprietor of the Primavera Gallery in London and Cambridge. It was Henry Rothschild who brought English ceramics to the Continent and took over the translation of Hinder's and Reimers's book "Moderne Keramik aus Deutschland". The visitors' books in Deidesheim are informative on the lively interest in the collection, which served both visitors from abroad and museum staff as an information exchange on German ceramics. Apart from the German polytechnics, visitors included schools from neighbouring countries, such as Philippe Lambercy's ceramics class from the Geneva École des Beaux-Arts, who came in 1971.

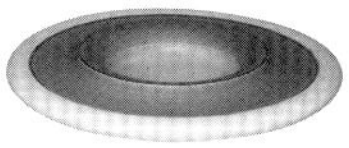

920

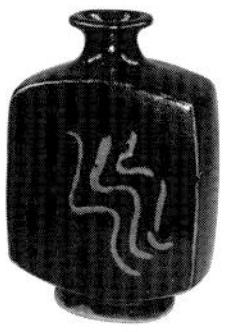

787

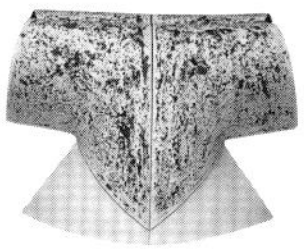

1.441

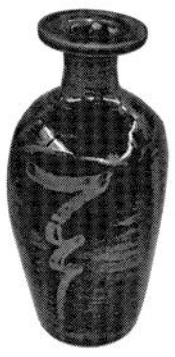

789

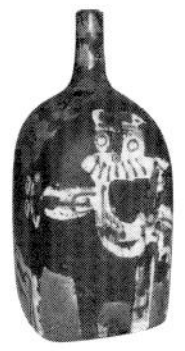

1.022

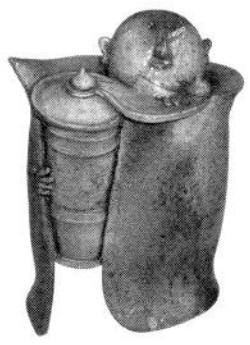

1.213

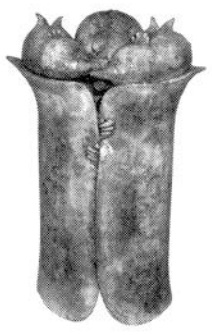

1.211

The small but impressive inventory includes examples from all over the world, such as 1950s works by Gilbert Portanier, including an angular faience vase with painting inspired by Picasso in white, green and greyish green on a black matt ground (inv. no. -1.022). Works from the early 1970s include grotesque pieces of sculpture by Helena Samohelová of Prague, which might be said to represent the equivalent in ceramics of the "ars phantastica" school of painters in the "Deidesheim Artists' Circle". Figurative objects such as "Mann mit Kaffeemühle" [Man with a Coffee Mill] (inv. no. -1.213) and "Frau mit Ratten und Vögeln" [Woman with Rats and Birds] (inv. no. -1.211) demonstrate the positive influence exerted by the Prague Applied Arts School on the training that took place at the ceramics studio there under Otto Eckert.[71] Jakob Wilhelm Hinder's collection was rounded off by early 1970s objects in porcelain and salt-glazed stoneware from the hand of the American sculptor Ruth Duckworth. These are non-utilitarian, hand-built vessels on small, plinth-like feet, bodies with thin walls excluding space that were impressively plastic (inv. nos. -400, -403).

After Lotte Reimers had embarked on her "tour de force" as a gallerist in 1979 in addition to caring for the museum and doing her own work in ceramics, there were seven special exhibitions in 1981, of which three were even then devoted to the work of ceramists from abroad. If one extends this rather static view to include the whole time she spent as a gallerist, a third of the fourteen years Lotte Reimers spent as a "one-woman business" was devoted to colleagues from outside Germany.[72] Since Lotte Reimers also acquired works at such exhibitions and added outstanding pieces to the museum collection, a new focus was created. Some points are to be outlined in the following.

The first three exhibitions featuring the work of ceramicists from abroad in 1981 also corresponded to the countries from which artists often came to Deidesheim with their work: England, Denmark and Switzerland. They were followed by presentations of the work of ceramicists from Belgium, Sweden, Austria, Czechoslovakia, South Africa, Korea and Japan. Remarkably, none of the artists presented by Lotte Reimers with works in the collection represented Schools in the conventional sense of the term. There are no borders in ceramics, ceramicists collaborate at symposiums, spend time studying abroad, move their workshops to Germany as Mary White from England did or, like Alan Baxter, run

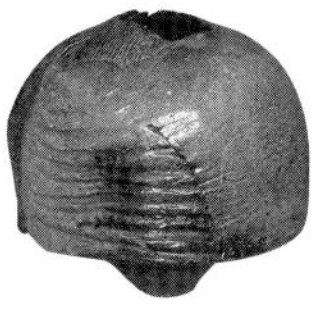

400

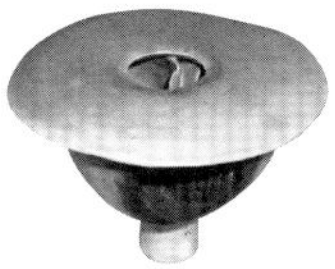

403

[70] The ceramicist trained in Japan, where he has lived since 1967. The bowl he submitted to the 1971 Pan-Japanese Ceramics Biennale was awarded first prize for the reason that it was "a work that most authentically expresses the artistic ethos of Japan" (Ulrich Gertz).

[71] Tučná 1979, pp. 532–533.

[72] At this juncture it should be noted that illness forced Lotte Reimers to close the museum in 1989 so that she was unable to mount any special exhibitions that year. The museum also remained closed from 1990 to 1993. During that time Lotte Reimers still organised six special exhibitions, of which three were devoted to the work of colleagues. On 14 July 1991, a branch of the Museum für moderne Keramik was opened at 16 Weinstraße in Deidesheim in the manor house of the vineyard estate of Reichsrat von Buhl through the efforts of the Museum Association and the city of Deidesheim. There a selection of one hundred and thirty-eight exhibits was on display until the museum collection was taken over by the state of Rhineland-Palatinate.

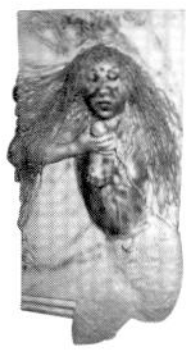
1.389

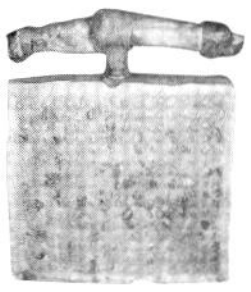
1.373

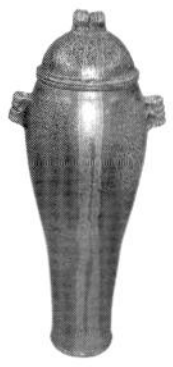
209

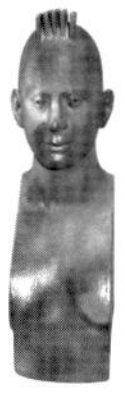
222

workshops and ceramic schools in France. These works include vessels, objects and sculpture. They are thrown, built by hand and mounted, executed in porcelain, stoneware and the raku technique and are informed solely by the personal signature of each ceramicist.

The first exhibition of ceramics from abroad in 1981 was devoted to the porcelain sculpture of the sculptor Gillian Still, whose unconventionally spontaneous rendering of mundane themes is fascinating (inv. no. -1.389). Gillian Still's sculpture in porcelain was the subject of several more exhibitions in Deidesheim in the years that followed. In 1983 Lotte Reimers showed "Plastische Arbeiten" [Sculptural Works] by Peter Simpson, who combined stoneware with porcelain in "Ocmic Menhir" (inv. no. -1.373), a work inspired by landscape.

The next exhibition in 1981 was devoted to salt-glaze and raku. The Danish artists Aage Birck and Heidi Guthmann Birck linked early European tradition with East Asian techniques. A high covered pot with lugs and decorated with longitudinal surface stripes by Aage Birck (inv. no. -209) corresponds in form and decoration to Hinder's creed: contemporary or modern form, here a vessel sculpture, traditionally salt-fired. Heidi Guthmann Birck followed the same principle at that time in "Gesichter" [Faces], reliefs in the raku technique. She accomplished the step from the wall to space with works such as "Punkerin" [Girl Punk] (inv. no. -222) – a salt-glazed sculpture in stoneware – and would consistently follow up on this new approach. Lotte Reimers has accompanied the two Bircks' career with more exhibitions and has also shown the work of other Danish ceramicists in special exhibitions.[73]

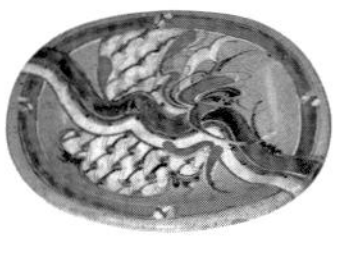
363

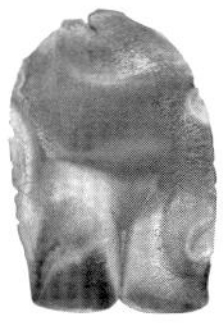
482

The vessels and vessel sculptures of Jean-Claude de Crousaz (Switzerland) were featured in the third 1981 exhibition of ceramics from outside Germany. His platters and chargers, some of which evoke textiles, are executed in consummate brushwork (inv. no. -363) and are no less original than his "Chicken", that recurs in numerous variants. Thrown and hand-built animal sculptures complete "Augenlust". In 1986 the well-known master of the Geneva School showed current work again at Deidesheim. And Aline Favre is another ceramicist with roots in Geneva. Her objects in various clays, thrown or mounted on the wheel or built of slabs and fired in various techniques (inv. no. -482)[74], featured "movement" as the theme of her Deidesheim exhibition.

The diversity of takes on movement can also be studied in the vessel sculpture of Joanna Constantinidis (inv. no. -356) from England, a relief with a footprint by Ulla Viotti (in. no. -1.484) from Sweden[75] and a tripartite, mobile form by Aschi Rüfenacht (inv. no. -1.209) of Switzerland. It would also appear that the porcelain sculpture by Jindra Viková from the

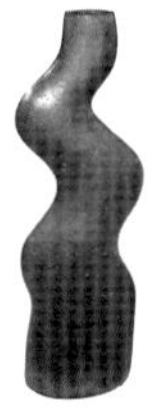
356

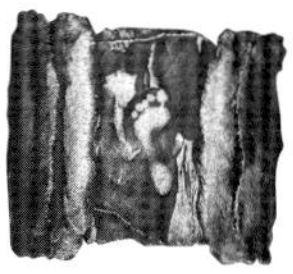
1.484

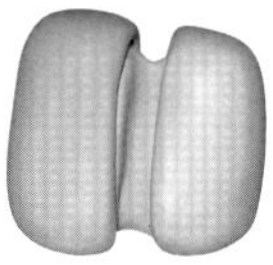
1.209

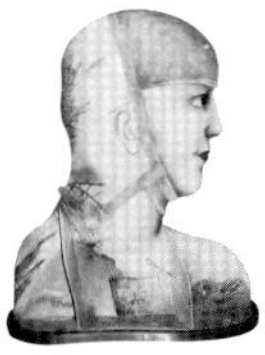
1.483

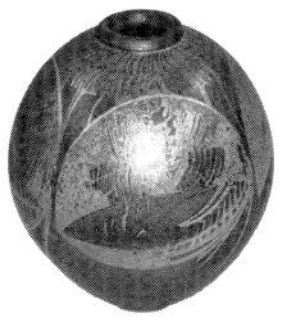
1.385

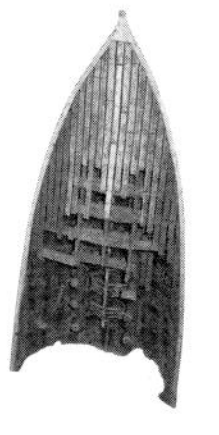
1.386

Czech Republic – a bust of a young woman in porcelain, her head covered with a helmet-like cloth and entitled "Situation I" (inv. no. -1.483)[76] – belongs to this subject area. Thematically similar, the work of the Belgian artist Frank Steyaert features two representations of the boat motif. Steyaert painted and sprayed the greenish blue globular form with abstract, incised semicircular boat motifs in gold (inv. no. -1.385). "Boot", a sculpture that is a fragment – journey's end (inv. no. -1.386)[77] –, is, however, naturalistically modelled and mounted. This impression is confirmed by the material, black fire-clay body with brown and white engobe.

In 1982 Lotte Reimers showed work by Mary White, who lives in Rhine Hesse. Parts of these thrown vessel objects in porcelain with apertures of built elements resembling flower-petal edges are glazed in a delicate bluish pink (inv. no. -1.552). The closeness to nature of Mary White's objects also informs a calyx form by Sheila Fournier (inv. no. -486) and a bowl object rimmed with a wreath of flowers and standing on a tiny foot by Ursula Morley Price (inv. no. -1.025). This conception can also be confirmed in Maria Stewart's little bowl (inv. no. -1.382). Elizabeth Raeburn also went in a floral direction with a raku vessel on a slender cylindrical base (inv. no. -1.046). Delicate tints of pink and orange with a touch of green around the swirling aperture are reminiscent of a tropical flower. All four women artists were represented in Deidesheim at a group show of English ceramicists arranged by Henry Rothschild in 1983. Alan Baxter chose a different expressive form. He painted the grainy surfaces of his open beakers (inv. no. -197)[78] and bowls of stoneware mixed with fire-clay so that form and decoration together represented a landscape detail. Andrew Walford approached the nature theme in his vessels and bowls by orienting himself towards East Asian models (inv. no. -1.494) whereas Robin Welch (inv. no. -1.533)[79] staged nature on the walls of his beaker vessels with tapering feet in contrasting colour surfaces in tones of green, white, ochre and red. Victor Greenaway of Australia handled the blossom theme abstractly in black and orange brush painting highlighted by lustre on white porcelain (inv. no. -492). The wide-ranging diversity of this approach is shown in a swelling flower capsule over a little pointed foot (inv. no. -1.435) by Geoffrey Swindell and was pushed to the utmost by Seung-Ho Yang, who

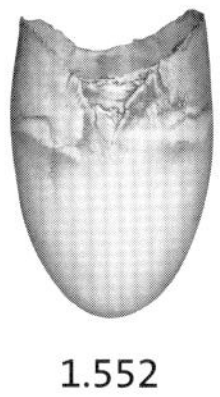
1.552

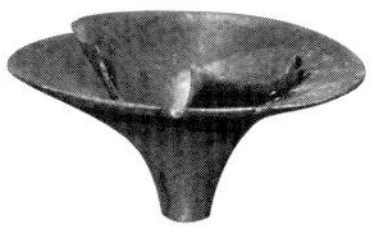
486

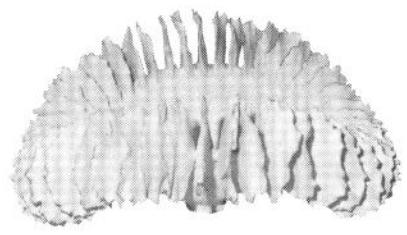
1.025

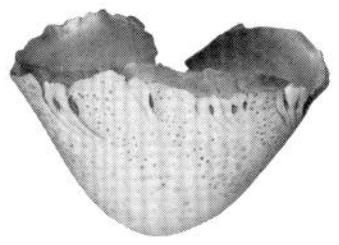
1.382

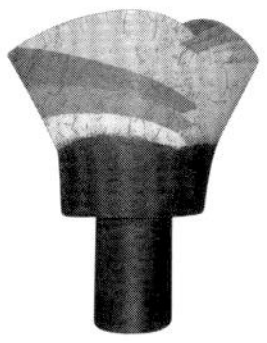
1.046

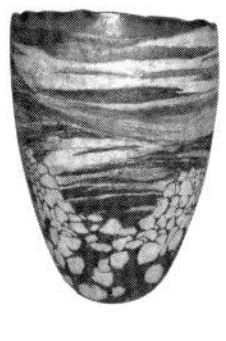
197

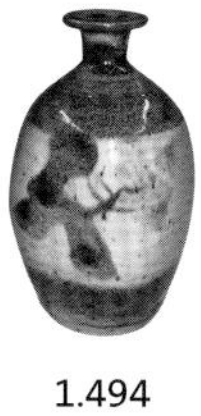
1.494

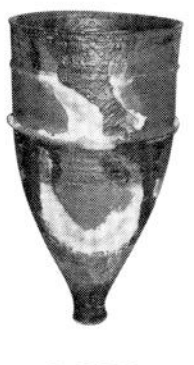
1.533

[73] See the chronicles of the exhibition activities, pp. 37f.
[74] "Aline Favre – eine Schweizer Keramikerin", 30 May–21 June 1987.
[75] "Ulla Viotti – Schweden: Keramische Objekte", 12 May–1 June 1985.
[76] "Kontraste – Keramiken von Jindra Viková und Klaus Lehmann", 11 Sept.–2 Oct. 1988.
[77] "Frank Steyaert – Belgien: Gefäße und Plastiken", 12 Aug.–1 Sept. 1984.
[78] "Alan Baxter – England: Landschaftsimpressionen und textile Strukturen in keramischem Material", 15 Oct.–4 Nov. 1983.
[79] "Robin Welch, England, Steinzeug/Roma Babuniak: Porzellan", 11 April–26 April 1992.

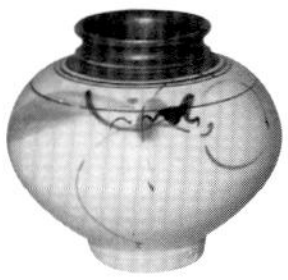

492

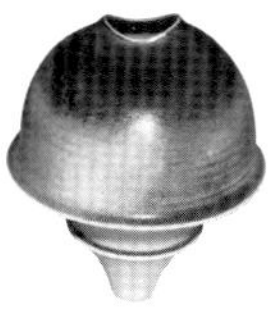

1.435

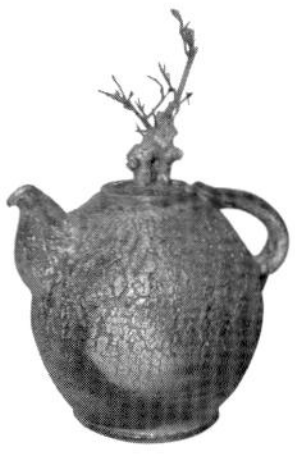

1.557

topped his teapots featuring a rough, fissured surface resembling tree bark with a "bonsai" lid (inv. no. -1.557).[80] Nicholas Homoky represented the counterpoint to all the approaches to nature with a "stemmed vessel" (inv. no. -609). He "drew" with the black inlay slip so that line is both decoration and an integral element of the form itself; the result is pure form. White glazed geometric motifs in porcelain articulate the whole rough fire-clay body of an open vessel by Alev Ebüzziya Siesbye in sophisticated simplicity (inv. no. -1.372) while decoration applied in incised and relief texturing emphasises the geometric aspect of an open cylindrical form by Carmen Sánchez Oroquieta of Spain (inv. no. -1.214).

The above outline reflects various processes and concerns in ceramics. The change in styles and trends that showed up in the painting and sculpture of that time is also manifest in ceramic forms and surfaces. As has been shown, using the collection built up by Jakob Wilhelm Hinder and Lotte Reimers as an example, ceramics has its "place in the arts", there is a connection between fine art and ceramics and, finally, the trends surfacing in the contemporary context make a specific statement in the medium of ceramics.[81] It is to the credit of the two collectors that they selected works to document that and make it so clear to the public.

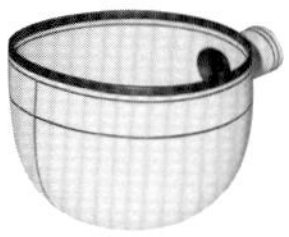

609

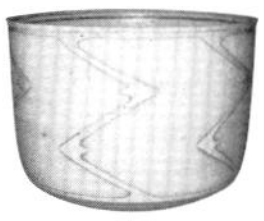

1.372

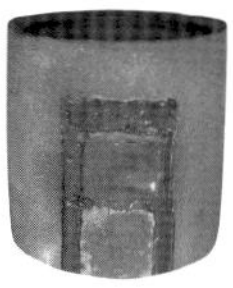

1.214

Prospects

Freed from worries about the future of the museum, Lotte Reimers established the Lotte Reimers Foundation in autumn 1996, a foundation that will continue over the long term to promote art ceramics "through scholarly, journalistic, museum-centred, gallery-related and other projects".[82] The foundation has adopted many measures to pursue that aim, initiating exhibitions, for instance, or supporting the publication of exhibition catalogues. Moreover, the Lotte Reimers Foundation has donated a considerable number of works by contemporary art ceramicists to museums and public collections to close gaps in them or to provide fresh incentives for collecting. It awards distinctions to artists who have stood out for particularly independent and consistent work in ceramics. This prize is awarded at irregular intervals and is not one for which artists compete by submitting work to a jury. However, the prize is not simply conceived as honouring achievement but also as an appeal to the recipients to continue the good work they are doing.[83] It has been awarded three times: in 1997 to Beate Kuhn, in 2003 to Rita Ternes and Thomas Naethe and in 2006 to Reinhold Rieckmann.

It remains to hope that the collection from the former Deidesheim Museum für moderne Keramik and the Lotte Reimers Foundation will continue to set a positive example for the development of modern ceramics so that the principles underlying working with ceramics as a material as summed up by Ulrich Gertz in 1975 may lead to new, distinctive statements:

"Working in ceramics as a sensorily experiential medium for a human and critical awareness.

Working in ceramics as a metaphor for a specific individual process.

Working in ceramics as a possibility for gaining knowledge."[84]

[80] "Roma Babuniak – Porzellan/ Seung-Ho Yang – Steinzeug", 9 Oct.–30 Nov. 1988.
[81] On this see Vetter 1997b.
[82] §2, para. 1, Foundation charter of 28 Aug. 1996
[83] See on this the eulogy by Marlene Jochem, awards ceremony 2006: unpublished manuscript, Lotte Reimers Foundation Archives, Deidesheim.
[84] Gertz 1975, pp. 6–8.

p. 49

The thing I am enthusiastic about ...

Dr. Martin Eberle, Director of the Städtisches Museum am Löwenwall, Braunschweig,[1] talks to Lotte Reimers on 4 May 2006[2]

In front of them stand three golden yellow earthenware vessels and there is a text written in Lotte Reimers' hand in 1994, from which Dr. Martin Eberle quotes as follows:

"My first pots – earthenware from rural potteries in Thurnau, Upper Franconia, bought in the early 1950s with pocket-money from my mother and grandmother, packed in cardboard boxes for decades, dusty and now once again shiny as they were in the early days of my enthusiasm that has lasted to this day."

M.E.
That is really the very subject, for with it an enthusiasm arose, an enthusiasm, on the one hand, but I also believe a corrective to your life as it had gone up to then, for ...

L.R.
A corrective only in so far as I had already cancelled my matriculation at the State Art School in Hamburg. I then went on a probationary year accompanying the Jakob Wilhelm Hinder exhibition after I had quickly taken my university qualification examinations in Bad Gandersheim. The first exhibitions with him took place then in Bad Herzberg, Bad Sachsa and Braunschweig as well, where I had lived with my parents when I was a child. But my father later provided the key to why these things, pottery-making, would interest me so terribly: ancestors of ours were potters in Tellingstedt and that came out. I would have been just as enthusiastic as a painter but the minute ceramics got hold of me, I shut my eye for painting for a while in order to immerse myself completely in ceramics and to learn how to recognise what is good.

Yesterday evening I stood in front of the shop across the way, in which an old Uhlemeyer vase stands, told how I had nothing good to say about Uhlemeyer when I was with Hinder at the exhibition in Gandersheim.[3] The stuff simply wasn't good enough for me. And Hinder was still saying long after that I had been really assertive.

M.E.
I can well imagine. You have just said: your ancestors were ceramicists ...

L.R.
Real rural potters!

M.E.
... and a creative artistic element was, therefore, in your genes ...

L.R.
... other ancestors were church painters ...

M.E.
... and certainly that was awakened relatively early on. I remember the silhouettes. I believe that was also a really important element, those silhouettes, which require precision on a small scale.

L.R.
Yes, the instigator was a sister, with a terrible reputation as an "old battleaxe", dressed in a black habit with a white veil. I don't know what "category" those sisters belonged to. They worked at the children's home in the Harz where I was a TB patient. One day that sister brought me some black paper and a scissors and said: "Lotte, you can do that sort of thing." She must have seen my "scrawls", I must have been ten then. That's when I began on what would later pay for my visits to the theatre, not in Braunschweig – that wasn't good then – but to Hilpert in Göttingen.[4] There was a bookshop in Gandersheim, which sold them like hot cakes and I stood around snipping and making – an example was in an old catalogue. But the instigator was that sister, whom the others were so afraid of, she gave me the first push. And in any case there had already been quite a few precedents.

M.E.
I think it was more than just a push, in fact awakening potential. After all, the silhouette – I can only again cite it as a positive example – means the ability to abstract and to give form. It is a very important aspect of schooling and, therefore, must surely have awakened the passion for art in you as well and, on the other hand, given you courage in those difficult days, for – you've already said it – it was also a time of illness.

L.R.
Yes, true, but we also had art books at home, Giorgione, the Italians and then Hieronymus Bosch, etc. My sister was two years younger, she wasn't interested in this. But in my case – at the age of seven, eight – it fell on fertile soil. When I was later thrust back on my core being through the illness, I knew what I wanted later, namely something to do with art. At that time, at thirteen, I was still writing essays such as "Either Art or Children: I Opt for Art". It could have turned out differently. But that knowledge of what I wanted I owe to the illness, with all the other side-effects. That I've always been scrawny, that doesn't matter. Where there's a will, one can compensate to a certain degree for bodily weakness.

M.E.
That might have also been a question of mine: how important was the illness then? But you've already answered it that it was such a decisive point ...

L.R.
... I even felt privileged ...

M.E.
Via the silhouette, then increasingly discovering art and increasingly that realisation I want to paint ...

[1] Dr. Martin Eberle has been foundation director of the Stiftung Schloss Friedenstein since 1 Oct. 2007.
[2] The conversation was recorded by Dr. Ingrid Vetter, art historian, chairperson of the Verein Museum für moderne Keramik Deidesheim e.V. [Association Museum for Modern Ceramics Deidesheim].
[3] Richard Uhlemeyer (1900–1954), master potter: 1949–1954 first president of the Central Union of German Crafts [Zentralverband des Deutschen Handwerks (ZDH)], Association of Crafts Chambers in the Federal Territory [Vereinigung der Handwerkskammern im Bundesgebiet]; Head Master of the Lower Saxony Potters Guild [Obermeister der Töpferinnung Niedersachsen].
[4] Heinz Hilpert (1890–1967), teacher, actor, director, theatre director, was director of the Deutsches Theater in Göttingen from 1950–1966, which during his tenure became one of the leading theatres in the early Federal Republic.

L.R.
And I must say, too: we had a very good art teacher and we also had good teachers for Latin, English, German, super, tops. I only found out later that some of them weren't even qualified teachers. The maths teacher, for instance, came from the business sector and had been cast up there through the upheavals of war. The others were afraid of him too – another example of this – and he was the one who fascinated me, got me interested in mathematical things even though I'm really hopeless at arithmetic. But so one thing led to the next. And the art teacher was really tops as a painter, which you can't say of some art teachers, they just dabble in it. He also knew how to awaken that enthusiasm and to keep it alive. The man even said once when I complained about why I didn't have the top grade although others who were worse did: "No, you can do more".

M.E.
About the maths, I didn't know that, I find that very interesting. Arithmetic isn't really what matters but the beauty of abstract form.

L.R.
And also about the point where chemistry, physics and maths "converge", if I may put it so simply. At my final school-leaving exams, I had the subject of albumin compounds, that had always fascinated me. Decades later Rainer Flöhl[5] from the "Frankfurter Allgemeine Zeitung" came to us. "Oh," I say, "I appreciate your essays on deoxyribonucleic acid". "Oh," he said ... I had deliberately not used the abbreviated form for the term [DNA]. Those were interrelationships I found fantastic. At that time, in my school days, Pascal Jordan with the "Big Bang" was the buzzword. I had suggested there must be a stasis and a backwards with the Big Bang and that must be like a breathing. In the meantime there are theories along those lines, advanced by specialists. In the same vein, I have also thought of a sort of reverse of the usual definition: the conception of "infinite" is imaginable but one can't imagine a "finite".

That fusion of disciplines, that was fascinating and the good teachers were stimulating. Since I had lain "under lock and key" for so long, hadn't been allowed to go to school for a couple of years, I soaked all that up from all sides like a sponge.

M.E.
And then a desire to attend the academy arose, to go to Hamburg. Not just the wish, you had already enrolled there.

L.R.
My grandmother lived across from it and so Hamburg was my choice – but not just because I was born there but also because the school had a good reputation then. However, when the exhibition came ...

M.E.
Let's dwell a bit on that point. Were your parents supportive, was there only one wish: painting? You were already inclined a bit towards art education, weren't you?

L.R.
My father said: "Just do it, art education as well, you can live off that but not from painting alone." That was the prevailing opinion, as many people nowadays still think, and they are generally right about that. But – here I'm anticipating events again – a "boy" over the age of fifty from Hesse was travelling with ceramics through Germany. Sometimes you knew where he was, sometimes not. It could only be traced in the newspapers. And I said then I wanted to cancel my matriculation at the State Art School and go there, just for food and drink – no longer the safe studies but the insecurity factor of a touring exhibition. Then my parents went with me to an opening in Bad Herzberg and we sat together afterwards. They "tested" him, so to speak, and later said to me: "You may go with him." What other parents would have done so? But they had known me for eighteen or nineteen years and they had noticed how obsessed I was. Others would probably have said, "No, no, what nonsense". The art teacher, he did warn me, he said, "for God's sake" – those were parlous times. But that's the way my parents were. Years later, long after we had settled in Deidesheim, we

were sitting together after some opening or other, as always a large group of us. My mother was visiting and I was talking about parents and how they behave to their children and then I said in a reversal of the usual terms: "I was very satisfied with my choice of parents ...." Then it came from the other end of the table: "I'm glad."

M.E.
That was, so to say – to stick with the metaphor – your "Big Bang", your attendance at that exhibition, which was then followed by a really vibrant life with expansion and then drawing together in ceramics ...

L.R.
I was enthusiastic about art but ...

M.E.
... had you had any contact with ceramics so that you could say there were simply my favourite pots at home?

L.R.
No, we had been evacuated and there wasn't much. Most of what I knew I had from books. Then there was a teacher and his wife, who used to invite me to go by bicycle to Delligsen with them. There was a – not particularly good – pottery and I bought a little pot. That was, so to speak, a beginning but I already knew that that wasn't so good. But I think dealing with art, no matter what fields, sharpens your eye. I used to drive people round the bend sometimes even in my schooldays by saying "Slevogt" or another name, "a piece has to be cut off, bad composition, annoys me, it's wrong". That's still true today with many painters. But in that respect I wasn't a blank sheet of paper and you keep coming back to the whole time I was ill, which I may have spent lying down but certainly not sleeping.

M.E.
Can you still remember the exhibition of 1951?

L.R.
It was a large gymnasium in Gandersheim and a lot of stuff was standing around. Everything was improvised, as it would remain for a long time to come, from boards and trestles and cloths hung over them and the pots stood on them. The first thing I did was to "teach" Hinder how to set up an exhibition better, how to form groups. In doing that, however, I sometimes went too far – as you do – until I learned: you make the little groupings better with just one artist so that his work is distinguishable. Whereas someone else might have tried to limit one in their decisions, views, he never did that.

If I may now take a great leap forwards: I always wanted a catalogue. And then I succeeded in convincing him of this. There was always the worry about expenses because there was never any money. It was printed in Marburg at the university press. On the front cover is the Asshoffs'[6] owl, inside an essay by Hinder on the history of ceramics in very brief outlines and with examples. That was the beginning.

When I later had to go into hospital in Bad Dürkheim – that's the leap I hinted at – I had taken nothing with me but an accounts ledger and had sworn as soon as I awoke from the anaesthesia, but then ... And I scrawled – still half dead – in pencil "Seven potters, seven ways to ceramics" or something like that in it and then

[5] Dr. Rainer Flöhl, 1980–2002 head editor for "Nature and Science" at the "Frankfurter Allgemeine Zeitung".
[6] The ceramicists Ingeborg (1919–1998) and Bruno Asshoff (1914–2003) worked closely with Jakob Wilhelm Hinder and Lotte Reimers. See on this Vetter 1997b, pp. 37–45, pp. 169–172, pp. 221–227.

wrote texts to it. When I returned to the exhibition in Deidesheim, I showed it to Hinder. "Oh," he said, "no we won't do it with only seven ceramicists, we'll do it right". And so it came to the first thick book: "Moderne Keramik aus Deutschland" [Modern Ceramics in Germany][7]. It was difficult to find a publisher, I've learnt all sorts of things about that. But Hinder was someone who, whenever others contributed good ideas, leapt on them and also supported that and expanded it even and added something to it. And so he also picked good pieces at the potters', explained his choice clearly to them, bought immediately and paid with "money in the air". But with it they were supported and spurred on and they saw what things of theirs were good. There are artists who know themselves what's good, what's top quality. But there are many who don't notice that straight off, some notice it later, some never notice it. That was how he supported them.

Decades later Kurt Spurey[8] from Vienna said: "Yes, if we'd had a man like that in Austria, a lot would have been easier for us." That is true of many countries. But there have always been people in some countries who have supported and promoted and set standards.

And that whole way of doing things of his, I was enthusiastic about that. That was probably the family of teachers, generations of them ahead of me, coming out in me, on my father's side and also some from my mother's. All that came together at the right place in Gandersheim, before my university qualification exams, got things going, for otherwise a lot of things would have happened differently. That's why I keep finding it handsome of fate that it has dealt with me positively.

M.E.
Back to 1951, that exhibition. Was it really the ceramics you saw or was it Hinder's explanations or both at once which so aroused your enthusiasm?

L.R.
Well, I did do a bit of fault-finding but it was the ceramics I saw – his brother was there with hand-weaving and I didn't notice it at all. Other visitors asked me: "What about the weaving?" Didn't see it although I later took it up myself. Hinder actually taught his brother how to weave, he then improved on it. Hinder bought me a hand-loom from Kircher in Marburg, which was portable.

[7] Hinder & Reimers 1971.
[8] Kurt Spurey (*1941), Austrian ceramicist. Works of his were shown in 1983 at the series of exhibitions entitled "Kleine Werkschau" at the Museum für moderne Keramik Deidesheim as "Kurt Spurey – Österreich, Porzellan-Plastiken".
[9] Walter Popp (1913–1977), German ceramicist, was head of the ceramics class at the Staatliche Werkakademie (later the Hochschule für Bildende Künste) in Kassel from 1954 until 1970. His work and that of his pupils so lastingly shaped the development of German ceramics that today one speaks of the "Kassel" or "Popp School". See on this Vetter 1997b, pp. 96–101, pp. 194–196, pp. 248–253.
[10] Johann Caspar Lavater (1741–1801), a Swiss pastor, philosopher and writer, gave instructions in "Physiognomische Fragmente zur Beförderung der Menschenkenntnis und Menschenliebe" (4 vols, 1775–78) on how to recognise different characters by studying facial features and body forms.
[11] Phrenology was a pseudo-scientific theory propounded in the early 19th century by Franz Josef Gall (1758–1828), a physician, according to which intellectual and spiritual qualities and states were assigned to clearly defined areas of the brain. A connection was posited on the one hand between the shape of the skull and the brain and, on the other, character and intellectual aptitude. Despite its unscientific approach, phrenology nevertheless represented an important precursor and frame of reference for the modern neurological and cognitive sciences.
[12] Wim Mühlendyck (1905–1986), potter in Höhr-Grenzhausen; see on this Vetter 1997b, p. 24f., p. 151, p. 159.
[13] Jan Bontjes van Beek (1899–1969), from the late 1920s an artist and designer important for the development of modern German ceramics. His career included stints as professor and head of the ceramics class at the Hochschule für Bildende Künste in Hamburg 1960–1966. See on this Vetter 1997b, pp. 46–53, pp. 173–174, pp. 227–230.
[14] Stephan Erdös (1906–1956), ceramicist, 1953–1956 director of the Staatliche Glasfachschule Zwiesel, 1956 appointed to a post at the Akademie der bildenden Künste, Stuttgart. See on this Klinge 1975, pp. 149–156.

I'd drag it into inns and to the exhibitions where there were no visitors. And when visitors came and I actually would have had ... But he would tell me to stay seated. There could be any number of people around me, that never disturbed me, I just kept on going at top speed. But in the beginning I had absolutely no feeling for woven things. Later I would have preferred to start on metalworking as well. With it I wanted to start from the bottom up as well. Preferably with mining, with wood and ore-smelting and then bringing the silver into form and not making something from ready-made wires. But you can't do everything.

Then I began photographing. On our trips there were press photographers with us and they got on my nerves. I would have made a beautiful grouping and they would always pull it apart. So one day I said – Hinder needed a new passport photo – he should show me how to do it and then I quivered so much from sheer excitement that his head wasn't in the picture. Later he bought a Rolleicord and I began to take shots and learned a lot. Not so much from newspaper photographers but there were cultural film-makers, for instance "Turckfilm". He showed me a great deal and also said about my photos that's all right or not. And in Aschaffenburg there was the owner of a photoshop, where we had pictures developed, he must have been a good photographer, in any case, he helped, as Walter Popp[9] did too. Popp was originally a photographer before he headed the ceramics department at the Kassel polytechnic and so I learned from many people.

M.E.

That's quickly told and sounds as if it must have been a purposive operation. But one shouldn't forget that the wish to do ceramics and not just show ceramics was already there in you. Then you joined Hinder and the first thing you had to do – that's how I imagine it – was move about in the briefest time span from place to place, haul crates, build them up, take care of visitors. What you weren't permitted to do, couldn't do, was ceramics. What any of us would have done, I think, as a young person would have been to get out after six months and say: "Get on with it by yourself."

L.R.

Yes, but there was a large plus: the enthusiasm and the missionary-like commitment to winning people for this cause, they enthralled me. Once I was crouched down under our supply cloths on which the things were exhibited up above and was ashamed because I had cried so much. My mother and father came for a visit and caught this and said: "You know you can come back to us at any time." I replied: "Yes, I know, but the thing, I'm enthusiastic about it." But it wasn't the crates that had made me cry; it was the visitors, who couldn't understand a language like the one I spoke with my enthusiasm. Hinder said: "There's no art in making someone enthusiastic who is already close to art but in winning over the others who are far from it, the so-called philistines, who sometimes remain more involved, become enthusiastic promoters, more than many a one who was already with it."

M.E.

I'll put that more casually: I always say I don't do museum for the brightest but for the dumbest and that expresses it also. That isn't arrogant ...

L.R.

No, no, you have to be able to empathise with others and Hinder was right about that. His father used to go to missionary gatherings in Hesse. I didn't know anything like that but there must be something of that kind among the Lutherans. Of eight children, not one was interested, just Jakob Wilhelm Hinder. And he used to go along. He said it interested him that people would go to sleep listening to one orator and would listen captivated to another. Where does that come from? Later he would go into Lavater[10] and phrenology[11].

When I was first with him, he said: "The lady who has just come in will buy a butter-dish by Mühlendyck[12] and a vase by ..." I thought to myself I'll believe that when I see it. It came about as he said, not because he had the seer's gift but because he had psychological empathy and realised he couldn't try in that case to sell Bontjes van Beek[13] or Erdös[14] but she had to "get started". Then he taught me to simply start off by telling how salt glaze is made in the Westerwald and approach people from that angle.

In the beginning, people thought I was really nice and brought me apples and chocolate but didn't buy anything. Later I learned that you can control that. That was the hard school that would sometimes – as I've said – make me break out in tears. But if I hadn't had that hard schooling behind me, I'd have wanted it later. That was foreseeable: he was born in 1901 and I in 1932, at some time the younger one of us was likely to be left alone. He had, after all, tried to give the work of the many, the hundred or even more potters, to the state of Rhineland-Palatinate so that it would be preserved for posterity. His family always said: "You with your silly old pots". I never believed it would come to that. But he didn't live to put his signature on the last documents. That would have taken place on his seventy-fifth birthday. The negotiations with the state – that all took a long time as I myself would later realise – had not been completed when he died on 1 January 1976 – that is, two months before that date. Then his relatives came and wanted to clear out things and did so. But there was a security lock on the museum tract and I slept above it in the attic. Well, and then I fought but he was right about what he had feared – the events connected with it then, which went so far that everything threatened to be destroyed, the whole work, that's also a document, a document of contemporary history. That and the human context, that upset me so much that I could only hide the way my hands shook by crossing my arms. That always showed up even later in newspaper photos. I'm anticipating events, the work has been saved.

M.E.

Yes, now back to the 1950s: It's hard for me to understand how a young person can assume a burden like that and actually not yet be able to realise her ideal but only knowing it will come. I always find that impressive. As you so rightly said: it was an incredibly important time for you. Those were ultimately the apprenticeship years in the very best sense of the term. Apprenticeship years that were not forced on you but ones you did voluntarily, that is the crucial point. That's like a child learning to play a musical instrument: the first three months are an immediate success and then follow twenty years of tiny steps forwards taken in order to attain real perfection at some time far off in the future. I can force a child; as an adult you have to bear the burden yourself. But you've done that very strongly on your own.

L.R.

Yes, but he fertilised the seedling psychologically, as it were. Because he said: Some day we'll settle down, we just need the right place. That was difficult then, even more so if you had no money. We looked around Hamburg, in the Lüneburger Heide, in the Taunus, in the Frankfurt region. In the Palatinate, which he had known twenty years previously, we were later successful.

When we were on exhibition tour at the Bochum Mining Museum, he agreed with the Asshoffs that we would always visit them at the same time on a Saturday. In the two hours they talked up there, drank tea and coffee and I built up pots down below. A pot from it still stands on my window sill. And then we would move on.

Later we were in Hesse. Karl and Ursula Scheid[15] were nearby, in Düdelsheim-Büdingen. We had nineteen days "breathing space" between two shows because some date hadn't worked out and we arranged with the Scheids that I should help out for half of each day in their workshop and the other half of the day would practise throwing. I was thoroughly familiar with Hinder's demonstrations at the potter's wheel in front of school classes, groups of adults, bowling clubs, university students, etc. I already had the grips in my mind and used them in practice. I knew cylinders, always growing more

[15] Ursula (*1932) and Karl Scheid (*1929) were, along with Ingeborg und Bruno Asshoff, ceramicists who collaborated for many years with Jakob Wilhelm Hinder and Lotte Reimers. See on this Vetter 1997b, pp. 115–125, pp. 206–207, pp. 262–269.

[16] Ingrid Vetter – who recorded this conversation, Wilfried Vetter – who took the photograph.

[17] Exhibition "Keramik Lotte Reimers", 1979.

slender and higher, were the most difficult to make because they are easily hurled from the wheel through centrifugal force – but they weren't. Those nineteen days saw seventy – you[16] each have some of them – pots made. The Scheids fired them later but let me choose a glaze: monochrome, brownish black.

Those two disciplines – hand-building and throwing – reassured me somewhat and drove me forwards. When we were underway and were looking and it didn't make sense where we were, I could understand that. And I was only able to do ceramics myself when we settled down. The first thing I did, however, was to help with the masonry. There are still some people in Deidesheim who saw that. But all that was already "underway".

I began on ceramics in 1965. I knew that a firm at Eisenberg near Grünstadt, not far from Deidesheim, made blanks for casting iron from a clay I liked. It was beige-coloured with black dots – impurities from iron – and I liked that, coarse fire-clay. But they didn't want to sell us any of the clay. We coaxed and pleaded until we were able to talk to the boss of the firm and he said: "You'll get some." They turned into a clay supplier; after all, lots of people had heard about it from us.

In any case, I began. I didn't have a kiln of my own at that stage and took the things to be fired at that plant. There was a giant oval there, a circular kiln, which was fired with solid gas. If it was left running over the weekend, they were in there a long time. My pots were placed amidst their things. And because I liked making little pointed feet, they turned my pots over and put them in upside down. Sometimes there were fluctuations in temperature of about 100°C.

I knew that tanners used to use something that potters also used in earlier times, which was still going on in the Odenwald when we were there in the 1950s visiting the rural potteries. The apprentices in fact always had to piss in a particular corner in which the clay was kept. The urine made the clay supple.

In the books it said that the Chinese as well as the Japanese mixed cobalt with tea instead of water and also with urine. So I tried them all out: water, tea, urine. The men who took the things to be fired sometimes said: "That smells funny?" I didn't say anything.

In Trier panels hung in the Simeonstift Municipal Museum[17] with texts of mine. The custodians said they had always noticed from the laughter where exactly the people were reading. There it said: "And when I noticed no difference between water, tea and urine, I stuck to water."

Those were the beginnings. Later I had a kiln of my own. My things stood under a display case in the lobby to dry. People went to them, reached in and pulled them up, oh, oh, oh ....

That on the priming, that Hinder always kept hope psychologically "simmering" and appealed to reason. You knew, after all, when you went into an area where you could be not successful so you kept waiting.

M.E.

But the apprentice and journeyman's years must surely also have meant: getting to know people, getting to know people with ceramics, that was also very important, getting to know museums. What you did as a substitute for satisfying that desire was certainly also important: weaving and photography. Weaving surely also with the incredibly important quality, the tactile quality that you have, with embroidery and textiles, that still comes to the fore to the present day in your ceramics; they have a textile structure ...

L.R.
... without it suppressing the ceramic quality ...

M.E.
Absolutely, and they also have something that shouldn't be underestimated, especially in weaving: that's hand-building thread by thread; that's your technique.

L.R.
Yes, now you're touching on one aspect: I said that I threw seventy vessels but then I had to realise that the deficiencies in my spinal column wouldn't tolerate throwing. They made me get up a couple of times from the potter's wheel and lie down on a cot. Then those deficiencies triggered off heart attacks. So I had to yield: throwing had to be put aside even though it fascinated me and would have continued to do so; I'd like to have done both. But with hand-building I could always "stretch" the damage a bit by leaving my place occasionally and moving about, forced to do so anyway by my work for the museum. If I had had to do without one of the two – throwing or hand-building – I would have preferred doing without throwing to doing without hand-building and that coincides with your "thread by thread" and the idea of building something from nothing. After all, I've always built houses on paper. And when I – there I am again in a different time – had to leave the house after Hinder's death, I bought a house "without money" and did it up. I couldn't pay for restorers. Then I always said when I was scraping and working: "House, you can be glad you've got me."

M.E.
I think that is also a very important point with you, where you've been lucky in your life, been lucky time and time again ...

L.R.
... yes, like the beginning: illness, old witch of a sister ...

M.E.
When I see you like this, I always think you seem so calm. But you're passionate, impetuous, I think, and you had the good fortune that you were always forced to be patient with whatever you were doing. You had to "learn" patience, whether in weaving or the illness, whether hand-building with coils of clay, not throwing, which is quicker.

L.R.
Yes, but, oddly, in all those activities I'm not impatient; however, when I do something else, it has to go really quickly.

M.E.
But I think that was also fortunate that you had to do that. I mean, that takes more thinking over, you have more time to consider, and it tends to be a great temptation for impatient people to let something happen quickly. But that doesn't work for you; ultimately you didn't want that either, basically.

L.R.
I think that also comes from lying in the convalescent homes. Because there was only one possibility: lying as quietly as possible, no sun, breathing, then "you recovered more quickly". And that practising patience, that was always there. But impatience resulted from practising patience because I kept thinking I haven't got any time, everything has to happen quickly.

Only then it's good after all – when a human being has had reason implanted and uses it – that you can only do certain things when you stick with it really persistently and all at once what seemed to take so long is finished. That's what you mean that you're forced by activities. It's more a reciprocal action: you try to do what you want to realise ...

Photographing goes more quickly; that's something I've always consoled myself with because I had those physical deficiencies. When I can no longer work with pottery – for it's already "very bad indeed" with the deficiencies in various places; they often take me out of circulation – then I still could always "show off" my weaving. I can only do pottery the way I want, the spontaneous way. But then, as a consolation, I kept saying to myself even decades ago you can still press the shutter. I didn't do the enlargements myself. At that time Hinder bought a machine and said: "Now we're picking it up with the ceramicist Hans-Georg Weber[18] by car in Mannheim." And Hinder added: "That's it but there mustn't be any wasters." That's how our first book was done. Every day at noon the man from the printers stood there and waited for the new photos.

Speed, patience, impatience, slowness, making use of slowness so you get where you want to get. So presumably some things are innate in a person, then fortunate circumstances come into play and all those different factors have made me what I am today. Formerly, when I went to Hinder and even before that, I used to be a shy person; no one today can believe that.

M.E.
What is so splendid about your life: on the one hand, the reverses, which all of us have, but, on the other, accepting them and accepting them positively and saying: that's how it is and I have to make something of it. That is the high art and the great difficulty. What's also interesting to me is that "settling down". Deidesheim, beautiful areas – I visualise it as beautiful. What were your first impressions in Deidesheim, when you arrived and, specifically, of the people there?

L.R.
... that was like everywhere else in every place ....

M.E.
... an odd couple, arriving there ...

L.R.
... yes, yes, you can say that. To get to the scenery: when we set out, we went by train from Ludwigshafen through this boring market-garden area and were approaching Deidesheim, it was dark. The next morning I saw *Stöckchen* [grapevines] standing around but behind it is forest. "Well," I thought, "that isn't so bleak as I found it last evening and he'll have his reasons for coming here". And the village with the buildings, sandstone walls and handsome houses, you saw that too.

That happened through a classified advert that Hinder – when we were exhibiting in Mainz[19] – placed in the "Rheinpfalz", the newspaper read in this area. In it he had written: "between Bad Dürkheim and Neustadt". He would have preferred Deidesheim, he knew it from earlier tours with his exhibition.

There were several offers. Because we couldn't start off immediately, he arranged immediately for an exhibition in what was then the large hall owned by the Vintners' Association to see how the public would react and how to attract an audience. That made our arrival on the scene different to what it would have been if we had simply emerged with closed crates. And we also still had commitments in Remscheid, Kaiserslautern, we had to deal with those exhibitions first.

While we were building and changing things – there was just the shed there in which the crates had been dumped, I slept in one corner, he slept in the other corner (no heating, we were used to that and the Deidesheim area wasn't all that cold) – visitors soon started looking us up. They knew now the two of us had settled down. Otherwise we had always travelled around. I had a bag with addresses with me for ages. From every town, usually in the cafés, we would write the invitations and we had done the same from Deidesheim. Then people came, I clambered up on the crates and we selected what might be interesting and started selling because there was no money.

[18] Hans-Georg Weber (1936–1995), art teacher and ceramicist, who studied under Walter Popp 1957–1961.
[19] Exhibition at the Institut Français, Mainz, 13 Oct. – 24 Nov. 1960. See on this Vetter 1997b, p. 159.

The architect in Deidesheim with whom we planned the annexe said: "That'll be done quickly, you can open by Christmas." Not a word of that was true but he did dispel our fears and the local savings bank lent money and so did the Deutsche Bank. So we always lived with debts and that's still the case today. Debts because Hinder always spent money on the thing itself and the ceramicists and building ... And I continue to do that with enthusiasm.

M.E.
That's a lot of small threads, a wonderful fabric. I'm interested again in 1965: the first ceramics. You'd been longing for over a decade to be able to do it, then you do it. Were you afraid?

L.R.
No, I started so big, really big. I didn't have a kiln but the works where we bought the clay had the big kilns. That was a bowl, a "monster of a thing", and I had tried out the glaze inside it. We had the ash of charcoal briquettes from our little iron kiln and even urine. Then the people took the big piece to be fired: it was perfect, without a flaw. That was also of course thanks to the fire-brick body and because I – very conscientious I was – knew that air mustn't be trapped in the clay. Afterwards it stood outside on our wall, an eye-catcher. And so the first works were all very large. Until I was able to buy a kiln myself, 35 cubic cm, then were there only small pieces. And since I could only work at night from 9 pm to midnight or 1 am – during the day the museum, later both the museum and the gallery – I would just set the form, and didn't know whether I'd be able to keep on with it the next evening. The main thing was the idea had been spewn out. That's why in the beginning everything in my vaulted cellar[20] was so small and at your exhibition as well. Later that changed.

Now I also had to sell. Hinder sold my pieces. I never had to set the prices, he set them, deducting a percentage for the gallery and the museum. That was also something of the kind. Ingrid Vetter remembers the time when I said to her: "Can't you help me with doing the prizes?" But that, too, is only gradually learnt.

M.E.
Sometimes you skim over things which I can only hear with astonishment. Once again the following point: that dreaming of something for years and then feeling up to doing. For many people are different. Dreaming of something is one thing but, when you have the chance to have the courage to take that step is another ...

L.R.
... to me no courage is needed for that.

M.E.
I'm all the more astonished ... Courage, hand-loom.

L.R.
Hinder bought the hand-loom and I wove. His brother had already woven cloth professionally and then he saw my tapestries. I started at the bottom with the motif. The woven piece is wound round the lower board, has disappeared, and then it just keeps on going. And I simply snipped off the threads behind – the tapestry with the Crucifixion still hangs in my home. It was woven so tightly no thread could hang out. The weaving specialist said: "You don't do it that way" and I said, "But I do it that way."

This self-assurance has nothing to do with arrogance. When I'm convinced I can do something, want to bring something into shape and use a particular way, I don't care whether other people have done it differently. I've never asked ceramicists how they do it. I didn't want them to think I wanted to imitate them. For I've always found that the worst of all. And that's how it was with weaving and photography as well. Knowing what you want was presumably laid into the cradle in which I never lay.

M.E.
That's perhaps the most impressive thing when one looks at photos from your life, when one sees and experiences you, as in your ceramics as well: the consistency. To have found a way, to have gone that way – Your hairstyle doesn't, won't, change in forty years ...

L.R.
... yes it will, my hair's falling out ...

M.E.
Simply knowing that, not subjecting oneself to the dictates of fashion trends but rather knowing: that is my line and you knew that very early on.

L.R.
Yes, the specialist school in Höhr-Grenzhausen[21] also turned up its nose and said that's not a glaze, that's just engobe. They didn't understand what I wanted to do because here in Germany the places where people trained were still differently structured, unlike Holland, for instance. There ceramics was taught at art polytechnics; here in Germany it was the specialist schools and they were used to high-gloss glazes. Also super, we collected it, later I kept on from others. But that wasn't what entranced me but that body, that clay, which had such liveliness I didn't want to cover it over entirely. In the beginning I left a lot more of it exposed because I knew that during firing things start to flow, the mineral ingredients, the ashes, eggshells as fluxes, etc. And from books I knew that the ancient Chinese in their early period only glazed the top third. That way there was enough room for it to run before it baked firm for then the pot would have been ruined. So I always kept on with that. I have always had a preference for that rough body with a fire-clay content that still shimmered through the layer of glaze-like substances. And that was already a decision that someone else who had trained with Uhlemeyer would not have taken. But that was after all the legacy of ambitions in painting and sculpture that had been in it for years by then. That's why I went a different way.

That they turned up their noses then, that changed later and that I – for the above reasons – only hand-built afterwards elicited something similar from others. That the whole development went differently here did not just lie with me but also with the times and the links to other countries. But at the first exhibitions, like the ones at the Boijmans Museum in Rotterdam, in Holland, the collectors there were quick to snap up my work because that wasn't uncharted territory for them because they were familiar with that blend of painting, sculpture and ceramics. The boundaries were fluid and that only broke down in Germany later.

For instance Walter Popp: Kassel, Art Academy, authority in the field. A decade afterwards – oh, even longer – when we exhibited at the Chamber of Commerce in Wiesbaden, there was a furniture store who had bought something from Popp at the Frankfurt Trade Fair. Those pieces stood there forever; we were in Wiesbaden for weeks. So we went in and said we wanted to buy them. "Certainly, you'll get them cheaper, they aren't entirely glazed down on the foot." It's understandable that the dealers didn't know something like that. But general knowledge was also still underdeveloped at that time. That was still before we settled down but the situation changed. Then came people like Robert Sturm:[22] he also did things differently at first. So time goes on and if we live to see that, that is extremely interesting.

M.E.
Yes, that's the most impressive thing about you: when one looks at your pieces from the individual decades,

[20] "Tönernes Archiv" ["Clay Archives"] LR ceramics from 1965 to the present.
[21] Staatliche Fachschule für Keramik Höhr-Grenzhausen.
[22] Robert Sturm (1935–1994), sculptor and ceramicist, studied ceramics under Walter Popp from 1956 to 1962; he was among other things professor for art and visual communications (1971–1994) at the Fachhochschule Fulda and collaborated closely with Jakob Wilhelm Hinder and Lotte Reimers. See Vetter 1997b, pp. 126–133, pp. 208–210, pp. 270–271.

one can naturally, when one looks hard, also at some time guess when something was made. Ultimately, however, it is a very consistent, a very personal, a Lotte Reimers line that you realise and I think you still accept the vessels from 1965 with the same assurance with which you can accept a vessel you shaped last year. That is very impressive indeed, especially with a material that actually tempts you to play, that is very alive.

L.R.
Yes, playing around sometimes takes place on the lips or inside ...

M.E.
... but you're a "child who plays nicely" so it remains within its context ...

L.R.
Yes, it doesn't affect the shape. After all, what still has priority for me has always been form. Irmtraud Schaarschmidt-Richter[23] – formerly the woman for Japan at the "Frankfurter Allgemeine" – was given a catalogue of my pieces that someone brought to her and said: "Ah yes, Japan ...", and I thought: "Yes, well, Japan ...". Later we would sometimes have lively discussions with one another and I sent the television people to her for that one film on us[24] so they could bring that approach from the Japanese angle into the interview. For I appreciate good Japanese pieces but I'd never ... – there are enough examples selling the "Japanese manner" – that is beneath my dignity. And that brings me to something from my schooldays: a year before my university entrance qualification exams we got a new German teacher, who was also headmaster. He expected us repeating a story. They all sat there and wrote. But I wrote: "Repeating is beneath my dignity." There was a lot of hot air bandied about among the staff but I emerged unscathed from the affair. At the age of ten, twelve, thirteen – all right, those were "practice pieces", for learning how to deal with language. But I always found this imitating the worst thing of all. And so: if you're going to do it, it has to be your own way. Now, see that open book[25] there: there are certain things, types of forms that are universal. In 1990 that oval-egg-shaped bowl or however an art historian would describe it correctly – in any case, those are types. And nevertheless: if you were to place a vessel of that kind by G. Koch[26] in London, one by the Scheids and one by me next to one another, those are three similar types but three different characters and I think that's what's important. That something has a character of its own, even though character sometimes doesn't count so much nowadays.

M.E.
You've been very consistent all your life and that doesn't make you the simplest of people. It doesn't make you less likeable but it also doesn't make you simpler.

L.R.
No, and if there were only "simple" people in the world, that would be extremely dull. I've always been drawn to those you have a tough time with and Hinder was like that too. He wanted a young man to pack up the crates and lift them. Because the one he had had was away at the time at the special school in Höhr-Grenzhausen, on the technical side. Hinder had thought that girls couldn't do that sort of thing. But my father taught us how to deal with a hammer and a saw. That was the first "fingernail test" on those splinted, bad wooden crates, packed full.

M.E.
As to your ceramics – you've already said that form is everything to you ...

[23] Irmtraud Schaarschmidt-Richter M.A., art historian, art critic, writer, specialist in Japanese art and literature.
[24] 25 Jahre Sammlung Hinder in Deidesheim, S3, Studio Mainz (Rhineland-Palatinate), Kultur – Spezial (Horst Schäfer), broadcast from 9.15 pm to 9.45 pm on 5 Sept. 1986.
[25] Vetter & Jochem 2002.
[26] Gabriele Koch (*1948), German ceramicist, lives in Britain. See on this Catalogue Kaiserslautern 2005, fig. 13.

L.R.
Yes, I'd say that's true because a bad form isn't saved by beautiful glazes; everything has to fit together. And a weak glaze wrecks a good form, that doesn't work either; they have to complement each other.

Sometimes there are vessels I've made and left to stand for a while because I'm still working on a new glaze and then they simply have to wait. So it can happen that I'm working, hand-building, and when I have a show a year later, all pieces still have the year sign of the year before because I don't rest until I've worked up all the clay. Then and only then do I proceed to the glazes; then I can give them my full concentration. And that takes another six months but then I immerse myself in it and concentrate entirely on it again.

I'd like best just to switch back and forth between those two approaches but I have burdened myself with so many other things – even earlier by conviction – and continue to do so that I have to keep taking breaks. And my body is glad of that because it's so deficient that it needs the breaks, just as, for example, here with you, sitting comfortably in the sun and talking.

M.E.
When you're hand-building something, are you already thinking of the glaze, are you already thinking of it at that very moment?

L.R.
No, then it's just the form ...

M.E.
You hand-build the form and then a year later ...

L.R.
... it isn't always a year, I just wanted to give some idea ...

M.E.
... in the second work phase, it's all the glaze ...

L.R.
Yes, they have to be attuned to one another but for that reason, as I've said, I delay some things for a while because I don't yet have the matching thing. I also have to carry out technical experiments in firing. In the early days the little kiln was a handicap because I couldn't make anything larger but the bigger 60 cm kiln has to be filled up first. I don't like the wastefulness of filling the kiln only half full. One is, after all, too frugal for that, brought up to be responsible. Besides, the atmosphere in the kiln would be different, depending on whether it's packed closely or whether there's a lot of air between the pieces. For there is sometimes a part reduction in the kiln. That in turn is interesting and wouldn't happen with a kiln that's half full.

M.E.
There hasn't just been the ceramics workshop but the museum as well. That has been a major concern, teaching in the broadest sense of the term. That means not just doing ceramics but also conveying your passion for it. You've been doing that for decades, that's also exciting for me ...

L.R.
... a half century ...

M.E.
... has there been a change in the buyers, visitors, the clientele in the broadest sense? I should have thought in the 1950s it was usual, also necessary, to live with such vessels ...

L.R.
Yes, in the makers and the buyers, that's clear; take butter-dishes for example ...

M.E.
In the 1960s, however, there was a very crucial advance – now industry was running at full tilt again, porcelain tableware was cheap, industrial crockery – so that the one-off object was also rediscovered.

L.R.
Yes, although people also always liked to buy individual vessels for use on the side. Gradually fewer and fewer

ceramicists were making utilitarian household crockery because they couldn't ask the prices they needed for them. For instance, Klaus Lehmann[27] with his beautiful tea bowls, from which we sometimes drink at my house, or Quillmann[28]. They could no longer sustain that financially, the work was too labour intensive for a ceramicist if he was supposed to make both tableware and one-offs at the same time. Heckmann,[29] unlike his wife, worked almost entirely on tableware – and his tableware was always top quality. But those are special cases. When you as an individual or as a couple work in the workshop and want to make one-offs, you can't at the same time lavish as much care on serial production, simply because you don't have the strength or sometimes the space. But that changed simultaneously with producers and buyers. It was an entirely natural process that even later people acquired things not because they still wanted to use a vessel as a vase but it went so far that some collectors would say: "Wife, you may not use that for flowers," which I also found stupid.

Hinder had written an essay in which he wanted to induce people to collect (that was the "Keramische Zeitschrift"[30] still in Lübeck): "Moderne Keramik – ein neues Feld für den Sammler" ["Modern Ceramics – A New Field for the Collector"]. At that time there weren't so many collectors. In it there was a passage that went roughly as follows: "Just as others converse about their Picasso, ceramics collectors talk about Bontjes van Beek, Bampi[31] or Walter Popp." Thus collectors gradually began to view ceramics as fine art works. That is why all that rubbish about "here fine art, there applied art" always left us cold. If a thing's good, then that makes no difference. On the other hand, there are many paintings that are so bad that you definitely wouldn't want to talk about them in terms of art. Perhaps I expressed that better in the television broadcasts decades ago. But things changed on both sides.

When the collection was taken over by the state in 1993[32] and the museum as well as the gallery ceased operating, the Asshoffs scolded me because there was no longer a place where a lot was going on. I did the last large exhibition at the museum gallery with the two of them.[33]

When such presentations are lacking, there is no longer any "muscle training". There are still galleries, Heller in Heidelberg[34] and Wunderle[35] in Munich, but it's getting more difficult all the time: rents in the big cities are high and the utilities expenses of a gallerist are enormous. It doesn't help at all if they hire temporary help; they usually aren't up to it. And the less practised people are in seeing, the fewer of these things are sold. There are still places that are good and people who go to them.

In this connection, it's gratifying to hear that there are still individuals out there everywhere – do you hear me tapping on your shoulder? – who share this enthusiasm and represent a mouthpiece for it. For, if you don't speak of it, if Hinder had not arrived on the scene then, the Marburg potters would have been finished. What they make today is worthless but there were still beautiful things for decades and those beautiful earthenware pots here from Upper Franconia would have ceased to exist many decades before they did and this is equally true of very good ceramicists.

If collectors or other people who are committed to them don't expect quality standards in galleries or museums, those standards drop off, even though they don't in those few who know exactly what they want and go their own way, regardless of everything else. But: if they can no longer earn anything, then this source will also dry up. They can't all emigrate and tout their wares elsewhere or work with gallerists in other countries; that depends on their age, their views, their familial dependants, etc. And there aren't all that many posts for teachers of ceramics at schools now because in many places ceramics has been replaced by design departments.

M.E.

What we have lost in mainstream culture is one of the greatest problems. Mainstream culture always entails a struggle and a preoccupation with things. It no longer suffices to say that that is fine art but I have to want to understand it. Whether I can is another matter altogether ...

L.R.
... yes, the "language of things"[36] ...

M.E.
The language of things and today we have the problem that it is no longer imparted to young people ...

L.R.
... they can no longer write well with a few exceptions ...

M.E.
... but naturally have to live up to their position when they become bank directors. So education canons that can be bought with money are created as they were in the 19th century, which are now called "Alessi", "Philippe Starck", etc. It's very easy indeed to buy such things, to acquire them. They are acclaimed and seemingly in good taste but they aren't one's own taste. Unfortunately that has led to a dumbing down of the public because it no longer has any critical judgement, it has become apathetic. That's also a concern of mine, to fight for people learning to see again, learning to feel again ...

L.R.
... for literature there are places where writing is taught and that's also necessary in this field ...

M.E.
... with a major problem being that it's often merely policy statements that ceramics no longer interests anyone. One can also say: if I have something to offer, then the interest is there. And if I offer it consistently, the interest also grows ...[37]

L.R.
... and the ability and the aura of things that make people enthusiastic – win over more people to the cause.

M.E.
So, now the question of collecting:

L.R.
If I only collected, that would be simpler. This jumping about from one field to another, which actually doesn't cause me any difficulty, does, however, take more and more of my strength the older I get. Without that "thread of collecting" which made me so enthusiastic about Hinder and his ideas, there would not be the collection with the state nor would there be a second book[38] with examples. That is how everything is interlinked.

[27] Klaus Lehmann (*1927), ceramicist, worked closely with Jakob Wilhelm Hinder and Lotte Reimers. See on this Vetter 1997b, pp. 86–89, pp. 189–191, pp. 243–245.
[28] Konrad Quillmann (1936–2002), studied ceramics under Walter Popp 1957–1961, ceramicist, sculptor and designer, collaborated with Jakob Wilhelm Hinder and Lotte Reimers.
[29] Hans Heckmann (*1935), ceramicist in Schwäbisch-Hall: see on this Catalogue Schwäbisch-Hall 1996.
[30] "Keramische Zeitschrift", a technical and scientific specialist journal published six times a year by DVS-Verlag, Düsseldorf. Jakob Wilhelm Hinder reported for it in the 1960/70s in a column on "Form und Dekor" ["Form and Decoration"] on developments in modern ceramics in Germany.
[31] Richard Bampi (1896–1965), architect and ceramicist, leading post-war German ceramicist, collaborated closely with Jakob Wilhelm Hinder. See on this Schüly 1993.
[32] In 1993 the collection of the Museum für moderne Keramik Deidesheim was taken over by the Ministry for Education and Cultural Affairs of the state of Rhineland-Palatinate. Also see on this Vetter in: Vetter & Jochem 2002, p. 30.
[33] Special exhibition "Ingeborg und Bruno Asshoff – Keramiken" in the gallery of the Museum für moderne Keramik Deidesheim from 8 May to 23 May 1993.
[34] Galerie Marianne Heller, Heidelberg.
[35] Galerie b15 Renate Wunderle, Munich.
[36] "Die Sprache der Dinge – Arbeiten internationaler Künstler aus der Lotte Reimers-Stiftung": exhibition at the Theodor-Zink-Museum in Kaiserslautern from 16 April to 12 June 2005; see on this also Catalogue Kaiserslautern 2005, with essays by Bernd Goldmann and Marlene Jochem.
[37] Martin Eberle's view that consistently offering one field generated interest in it and therefore made a positive impact is emphasised in the review of the book by Julia Voss (F.A.Z. 19.6.2006) on Carsten Kretschmann, "Räume öffnen sich". Naturhistorische Museen im Deutschland des neunzehnten Jahrhunderts. Berlin 2006, in which she points out, among other things, that natural history museums in Germany functioned as popular institutes of education in the 19th century and that the natural sciences triumphed through being popularised in this way.
[38] First book: Vetter 1997b.

M.E.
In this, you actually represent both sides: on the one hand, you yourself collect, but on the other you are collected, that shouldn't be forgotten. You have or had, on the one hand, the mission you assigned yourself to build up a collection. On the other, however, you have cultivated dealing with collectors, with which one has arrived at a different point, where one must keep asking oneself what actually do you collect and which collector do you wish for yourself on the other hand?

L.R.
That is a question that has never occurred to me because I always went from the standpoint: "I am enthusiastic about beauty". That is a concept that doesn't entirely cover it for there are things about Werner Knaupp,[39] his paintings of fire and ash, where everyone would say that it's awful. But I subsume all statements about art under the following heading. It is: "Beauty from within and without." However, how one might wish others to be, that has never entered my mind. I'm only interested in whether there is someone somewhere who can relate to me on this wave, shares the interest the same way and then also buys something at exhibitions, in galleries. You can only try to prepare the ground in other people. But I'm probably too realistic for wishful thinking, as much as I may dream. I say to myself: if something grows, then I'm glad and if collectors develop a good nose, I'm even happier. And sometimes I'm disappointed when I see how collectors who were with us for years make huge mistakes somewhere else. Then you think: have they forgotten everything, didn't they learn to pick quality on their own? But you have to live with that too and therefore you never entertain a notion of an ideal collector because basically there never can be one because they change too.

I could only wish that young people may continue to share this enthusiasm and collecting; that it won't be as it already is in some galleries – fortunately, not where I'm concerned – that everything only happens at the "age for antiques". For it can happen that collectors have offspring who aren't in the least interested in ceramics and then ask: "What shall we do?" That can, of course, be very good for museums and I welcome it, too, and sometimes give pointers. When you know the collectors and know what they have amassed, then you can make recommendations with a good conscience, as I did with the Crueger Collection[40] in Leipzig.[41] If someone had collected Volker Ellwanger[42] and Dorothea Chabert[43] on a grand scale, I would now say: "Braunschweig".[44] So you can guide matters a bit but that is distributing artistic things to places where they are in good hands. That's just the one pillar, however, which basically doesn't help to sustain young, qualified artists. So I'd like museums, galleries and perhaps other possibilities as well for making people enthusiastic.

Something I sometimes observe now is the market. For a good ceramicist, the market was frowned on in the old days. But because the gallery scene has dwindled to

[39] Werner Knaupp (*1936), painter, 1986–2001 professor for painting at the Nuremberg Art Academy.
[40] Dr. Anneliese Crueger and Dr. Wulf Crueger, art collectors who focus on modern European and Japanese ceramics. Authors of: Tradition in der Gegenwart – Wege zur Japanischen Keramik. Tübingen/Berlin 2004.
[41] GRASSI Museum for the Applied Arts, Leipzig.
[42] Volker Ellwanger (*1933), ceramicist in Lenzkirch, 1971–1984 director of the specialist ceramics class at the Bern Kunstgewerbeschule, 1984–1999 professor in the field of fine arts at Johannes-Gutenberg University, Mainz.
[43] Dorothea Chabert (*1931), ceramicist in Wolfsburg.
[44] Städtisches Museum am Löwenwall, Braunschweig.
[45] Rita Ternes (*1955), ceramicist in Utzerath/Eifel.
[46] Professor Dr. Heinz Spielmann (*1930), art historian, 1986–1998 director of the Schleswig-Holsteinisches Landesmuseum, Schloss Gottorf, Schleswig; 2002–2005 artistic director of the Bucerius Kunst Forum, Hamburg.

such an extent, by now some are going to the market and standing there with their good things. And people who perhaps might otherwise have never gone to a museum or gallery are now buying. The hope that something may develop out of this is small but there. That wouldn't have been needed thirty years ago. But since so much else is lacking, it's good that there's at least that.

What of course incurs expenses but is a good thing is when they exert themselves in Korea or elsewhere to create superarenas, invite the world, ceramicists take part and win prizes, as Rita Ternes[45] did in Korea. But I say that for the following reason: decades ago other countries – Germans living in Colombia told me – financially supported participation in such exhibitions, so to speak, as an advertisement. And that goes on now in China, in Korea, Japan, France: they are using culture as an economic factor. Only in Germany they haven't yet learned to do so and so I'd like it to be taken for granted as an economic factor as in other fields, for instance, in science.

When a climate has been created for it, there's movement again, too, there's interest in it again and if this "furrow" is ploughed, something develops out of that. But: that this takes hard work and that individuals cannot – we've already hinted at that – do it alone, that's clear. It used to be the case that visitors travelled long distances and spent the night. The expense of overnight accommodation and fuel costs were only a minor factor. But today it's the extrinsic factors that have nothing to do with the art work that cost many times over as much as the art work itself. Apart from the unpleasant traffic on the roads; those are all factors that have changed.

In the cities the rents are so high that a person can't make anything at all with ceramics. A gallerist said to Robert Sturm, whose works were not low-priced – an object as high as your arm cost about 7,000–8,000, 12,000 euros –, that he was interested in the things but one couldn't earn anything with prices that low. Galleries do receive percentages but they have to cover all the other expenses. And it isn't enough if someone just puts something there. There are, after all, many so-called galleries in Germany that are – as honourable as this is – the wives of doctors, vineyards, who are mounting the exhibitions and also selling. But they're drawing on the pool of collectors available, not usually creating new ones. And they have the feeling they've put a rose in their buttonhole and done something good but whether they're also doing the artists any good, that's at best of secondary importance ...

M.E.
A gallerist, like a museum director, also must have at least as much passion as an artist and that counts.

L.R.
Yes, and there are very few of those and that difficult attendant circumstances may be an obstacle, that also plays a role. Those are all the things involved, the interlocking factors. Because we also said that the cities see culture as of minor value, which is only noticed at certain times: decades ago Professor Spielmann[46] said to me that anyone who comes into town from a distance of 20 km is leaving a statistically relevant sum of money in that town and that can also be economically useful for the town. When we settled in Deidesheim, the then mayor was at some conference and Hinder's name came up: "Ah, you're from the town where Hinder has settled." The mayor had of course expected to hear "where the good wine grows". But that cultural things can also make money, that still hasn't seeped in.

M.E.
An important problem I think: we have a great deal of art promotion here but that's the wrong word; it's artist promotion. Nowadays you have to be twenty-three years old, fresh out of art academy, then you'll be given a gigantic show at a major museum with a thick catalogue and you're spoilt for the rest of your life because you'll never get over it. One still gets money for that, for promotion instead of really investing the promotion in creating a more favourable climate and thus actually not helping just artists in the first instance but also cultivating a circle of collectors. For the collectors are the ones who will help the artists along at some time. That means those would be investments that would really promote a cultural climate and not just individual artists.

L.R.
And also collections of examples that others can draw on and thus have a feedback for the artist. After all, he's glad he doesn't have all the things standing on shelves at home or hanging on his walls. There we are back at universals: a plant sitting in dry soil can also bloom under certain circumstances, perhaps every ten years. But if you put it in a better place and give it what it needs, it thrives more.

M.E.
And that's no longer just a question of money but also a question of attitude ...

L.R.
Exactly, and if this attitude is neglected as an attitude, it simply dies away. And if someone acquires something only because others are also buying, he's also helping by doing that. And if they weren't industrial objects but one-of-a-kind things, that would set things in motion again and so everything is interrelated.

I first heard of this attitude from Bieber, a Braunschweig architect. He used to discuss a lot about homes and decoration with Hinder, was a lively "boy", and at some time he let fall: "Yes, Herr Hinder, what's the matter with you, culture is over and done with anyway?" If you share that attitude, it really is finished.

What you think of as culture is a second question but it also includes what a person does directly and not what is merely reproduction. At some time a well-meaning person said to me: "Oh, just stick to your photography." Art photography does under certain circumstances earn more money. No, making a ceramic piece, an original, that is for me imagination and creation and the other is merely selection. It also requires creativity but that is on a different plane. Many a brainstorm is at some time – give or take ten years – dead, nothing more happens. If you take a thing like that made sixty years ago in your hands, you still feel something. And since the world in many places – not in all, there are other places where the other is still affirmed – is so far away from so much, from earth and dirt and everything – when this connection is entirely gone, something is missing. As strange as it may sound: a human being does not consist solely in arms and legs and earning money. There's a bit more to it than that, something that wants to be moved and "dug out". It can't just come from greenhouses, it really needs the encounter with the primordial matter. Now that sounds romantic but I'm not at all romantic, but quite realistic.

M.E.
Every dictatorship, each new autocratic system, has always tried to change people yet that's the only certainty we have: man doesn't change. Man has a sense of creativity and he has a love of beautiful things and of art and culture. Perhaps it isn't so well schooled nowadays – part of it is my learning from childhood a decent culture of the table, that I go to concerts. All that is part of it and adds up but you can't let it die out or kill it off. In so far I have a great deal of trust. Perhaps we're going through the wilderness right now but we'll come out again into the blooming garden of paradise.

L.R.
I once said years ago in a lecture: there will always be artists, either down and out or they will be the big guru

but there will always be artists. For, as you also said, it's in people and it manifests itself in many ways but it won't disappear. Unless man disappears and then it's resolved anyway.

M.E.
But then we won't need it any longer ...

L.R.
We won't and animals produce beautiful forms without having to write art historical books on them. But we still write so books can be read by others in turn.

M.E.
That's right and that's how the cultivation of culture continues. And man creates with intention, that is what shapes him, he also destroys with intention but he also creates with intention and builds up. Now we've almost arrived at a philosophical discussion ... Yes, perhaps one more question: have you ever refused to sell an object to a collector?

L.R.
I didn't have to, I had other methods. I can still remember when we hadn't been settled in Deidesheim very long and it was difficult in all respects, someone came from South America, who was supposed to buy art in Europe for the richest man in South America. You've seen pieces in our museum collection in the first book, works Hinder had saved for decades. The person in question wanted to buy some of them but Hinder said: "No, they stay in the collection as a whole, they cannot be had for money (he was desperately in need of it)." Psychologically adroit as Hinder was, he awakened the man's enthusiasm for other things.

Then there was another story concerning a piece of mine that was on display in our house. Kohl[47] was state premier then, it was Christmas and I always went to my parents' for a day and a half. Kohl wanted a piece that I had given Hinder for the museum. Hinder made him promise that he would speak to me first if he wanted to have it. I said no but I would be showing the following year in Höhr-Grenzhausen[48] and then a similar piece would be on display there – not for sale. If he wanted it, it would be his to buy. I thought that would have long since been forgotten. But he bought it. It was standing on his shelf at some time in a television broadcast.

It's good if a "no" can divert desire for a particular object to an object of equal rank. Then you don't have to sell yourself for money if you've never thought in such categories and have reconciled your outer life with your inner life in that respect. On the other hand, it came about that Kohl, when he was in Mainz, infected Heinen, who was later Landrat [chairman of the rural district council] in the Westerwald, with his inclination for ceramics. It was Heinen who later finally built the museum in Höhr-Grenzhausen, of which Hinder had been saying for decades: "You had Griemert[49] at school, you've had Barlach[50] but you've never built a museum." Well, now, there are also interested politicians – we're back there again. Scheel[51] was another one of those who were interested in this field, Heinemann[52] too, to mention those that occur to me from the time of our Göttingen exhibition. So much for refusal to buy.

Refusal is justified when it doesn't originate in covetousness or egoism but from a feeling that this object

[47] Dr. Helmut Kohl (*1930), 1969–1976 Ministerpräsident [premier] of the state of Rhineland-Palatinate, 1982–1998, chancellor of the Federal Republic of Germany.
[48] Took part in the competition for the Westerwald prize, Höhr-Grenzhausen.
[49] Hubert Griemert (1905–1990), influential ceramicist and teacher; stages in his career include 1954–1970 director of the Staatliche Werkschule für Keramik in Höhr-Grenzhausen and close collaboration with Jakob Wilhelm Hinder und Lotte Reimers. See on this Reinhold 1983.
[50] Ernst Barlach (1870–1938), sculptor, writer and draughtsman. 1904/05 taught at the ceramics school in Höhr in the Westerwald.
[51] Walter Scheel (*1919), 1961–1966 Bundesminister für wirtschaftliche Zusammenarbeit [Federal Minister for Economic Co-operation], 1969–1974 Bundesminister des Auswärtigen [Federal Minister for Foreign Affairs] and deputy chancellor of the Federal Republic, 1974–1979 Bundespräsident of the Federal Republic of Germany.
[52] Dr. Gustav Heinemann (1899–1976), 1949–1950 Bundesminister des Innern [Federal Minister of the Interior], 1966–1969 Bundesminister der Justiz [Federal Minister of Justice], 1969–1974 Bundespräsident of the Federal Republic of Germany.

must remain over a particular time span in this museum collection as a document.

The two artists with the "Throne", Herman Muys[53] and his wife, who was also a ceramicist, stated when they saw my beautiful ceramics archives: "We haven't got any pieces of ours at all now." My reply was: "If I had grown up as a ceramicist, I might not either." However, since I came to this view of the influence, of keeping things in museums and of educating the public at large through demonstration and example and for the makers from Hinder, it went over into my flesh and blood so that I also tried to keep examples of my own work. It didn't always work out because I simply needed the money, had to sell in order to pay for the museum. But I find this attitude important for all of us, that doesn't just have a bearing on my own things. On the other hand, I naturally find it very pleasant for an artist to be without "ballast" because "my dreams are also empty rooms". But you can't have everything at once, for instance, when you have other plans and need the example. And how good it was that we were able to assemble ninety-nine works for the ninety-ninth anniversary[54] of the Städtisches Museum Braunschweig – of which about two thirds came from our archives. That gave an overview ...

M.E.

... and for me a very instructive thread and, I hope, for the visitors as well. After all, we learn something each time when we mount an exhibition, that's simply what's so great about this profession ...

L.R.

... on that note I'd like to add: the Asshoffs – you saw that in a film[55] after all – always took a trip to Deidesheim when they had foreign and other visitors and proudly showed their works in our museum collection. They used to say: "We don't collect our own things; we buy glass." Hinder had always advised ceramicists to keep a small collection of their own pieces. The Scheids gave some to their children so they could say that no one could get at them.

To return to your question about refusal: I've already said that there are other ways. I set up the foundation[56] in 1996, which I did as a protest. I could no longer do the museum and the gallery, that was over and done with, and I thought about what I still might be able to do for other people's ceramics. Then the idea of a foundation came. That was of course very naïve thinking on my part. If I had wanted to do that in Hamburg – where I was born – I wouldn't have been able to finance it. But in Rhineland-Palatinate, the sum of money that had to be invested amounted to only half, namely 50,000 DM. A big fuss was raised by our good friends, the specialists, that I would do better to have the roof fixed – the holes are still there to this day; I thought the climate is mild, after all. Nor do I regret that I've done it because that's a sort of "drop in the bucket" since people are always saying money has to be saved and then first of all with culture, which actually devours the least money. That's how I thought, then I'll set up a foundation. The very first thing that came were payments for registration in the "Staatszeitung", for being entered at the district court, etc. Well, now, the foundation exists and it's my legacy. Everything I bought from other artists after the museum collection was out of the house goes into the foundation. Hence my sleepless nights, as I've already said. The money's always gone and debts are always there because, even if I buy just one piece from someone, it has to be fairly large to be to the artist's advantage and I have to pay it off in instalments. But so that these things can also be kept, the foundation is the heir to the house and its contents and the will is kept – certified by a solicitor – at the district court.

[53] Hermann Muys (*1944), Belgian ceramicist: see on this Catalogue Kaiserslautern 2005, p. 15, fig. 15.

[54] Exhibition "Lotte Reimers – 99 Keramiken zum 99sten Geburtstag des Städtischen Museums am Löwenwall", Braunschweig, 20 Mar.–20 May 2005.

[55] See on this n. 24.

[56] Lotte Reimers-Stiftung zur Förderung der keramischen Kunst [Lotte Reimers Foundation for Promoting the Ceramic Arts], Deidesheim.